4 月 1 日，党和国家领导人江泽民、朱镕基、李瑞环、胡锦涛、尉健行、李岚清等在北京中华世纪坛参加首都义务植树活动

王新庆　摄

9月，国家林业局局长王志宝率团赴芬兰出席中芬林业工作组第十一次会议。图为王志宝在林区考察

国家林业局办公室　供稿

国家林业局局长周生贤考察福建三明市岩前林业工作站组培苗生产

国家林业局办公室　供稿

3月，国家林业局副局长李育材参加义务植树活动

国家林业局办公室　供稿

8月，国家林业局党组成员、中国林科院院长江泽慧考察四川德阳英豪花卉基地

国家林业局办公室　供稿

8月，中央纪委驻国家林业局纪检组组长、国家林业局党组成员杨继平在西藏自治区考察人工林建设情况

国家林业局办公室　供稿

10月，国家林业局副局长马福出席南京森林公安高等专科学校成立大会。图为马福在检阅学员方队

王旭东　摄

# 中国林业年鉴

# CHINA FORESTRY YEARBOOK 2001

国家林业局　编纂

中国林业出版社

国家林业局图书出版基金资助出版

图书在版编目（CIP）数据

中国林业年鉴：2001/国家林业局编纂．—北京：中国林业出版社，2001.12
ISBN 7-5038-2920-6

Ⅰ．中…　Ⅱ．国…　Ⅲ．林业-中国-2001-年鉴　Ⅳ．F326.2-54

中国版本图书馆 CIP 数据核字（2001）第 071855 号

ISBN 7-5038-2920-6

9 787503 829208 >

出版　中国林业出版社（100009　北京西城区刘海胡同 7 号）
E-mail：cfphz@public. bta. net. cn　电话　66184477
发行　中国林业出版社
印刷　中国科学院印刷厂
版次　2001 年 12 月第 1 版
印次　2001 年 12 月第 1 次
开本　787mm×1092mm　1/16
印张　30.75
插页　16
字数　1100 千字
书号　ISBN 7-5038-2920-6/S・1619
定价　120.00 元

# 中国林业年鉴编辑委员会

# 中国林业年鉴编辑委员会特约委员

宋希友　北京市林业局局长
张宝恕　天津市林业局局长
杨新世　河北省林业局副局长
曹振声　山西省林业厅厅长
高锡林　内蒙古自治区林业厅厅长
陈绍钧　内蒙古森林工业(集团)总公司董事长
舒兴第　辽宁省林业厅副厅长
王玉明　吉林省林业厅副厅长
宋洪涛　吉林森林工业(集团)总公司副总经理
王英忱　黑龙江省林业厅副厅长
姜春芳　龙江森林工业(集团)总公司副总经理
王忠林　大兴安岭林业集团公司总经理
沈兰全　上海市农林局副局长
夏春胜　江苏省农林厅副厅长
邢最荣　浙江省林业局副局长
王　文　安徽省林业厅副厅长
何团经　福建省林业厅厅长
魏运华　江西省林业厅副厅长
孙庆传　山东省林业局局长
张敬增　河南省林业厅厅长
吴先金　湖北省林业局局长
葛汉栋　湖南省林业厅厅长
邓惠珍　广东省林业局局长
黎梅松　广西壮族自治区林业局局长
韩剑准　海南省林业局局长
周克勤　重庆市林业局局长
曹正其　四川省林业厅厅长
李国恒　贵州省林业厅副厅长
陈继海　云南省林业厅厅长
多吉次仁　西藏自治区林业局局党组书记
权志长　陕西省林业厅厅长
田志勇　甘肃省林业厅副厅长
王　谦　青海省林业局副局长
孙长春　宁夏回族自治区林业局局长
李湘林　新疆维吾尔自治区林业局党委书记
杨江勇　新疆生产建设兵团林业局副局长

# 中国林业年鉴特约编辑

# 中国林业年鉴编辑部

| | | | |
|---|---|---|---|
| 责任编辑 | 刘　慧　周军见　冯峻极<br>韩廷栋　苏晓棠　卢　灵 | 校　对 | 杨　静　沈惠英　苏　梅　吕富鹏<br>许艳艳　梁翔云　黄　悦　姜　文 |
| 封面设计 | 聂崇文 | | |

# 编 辑 说 明

一、《中国林业年鉴》是一部综合反映我国社会主义林业建设重要活动、发展水平、基本成就与经验教训的大型资料性工具书。每年出版一卷，反映上年度情况。2001 年卷为第十五卷，收录限 2000 年的资料。

二、年鉴的基本任务，是为我国林业战线和有关部门的各级生产和管理人员、科技工作者、林业院校师生和广大社会读者全面、系统地提供我国森林资源消长、森林培育、林政保护、森林工业、林业经济、科学技术、专业理论研究、院校教育以及体制改革等方面的年度信息和相关资料。

三、第十五卷编纂内容设 18 个栏目。统计资料除另有说明外，均不含台湾省数字。

四、年鉴编写实行条目化，条目标题力求简洁、规范。长条设黑体和楷体两级层次标题。全卷编排按内容分类。条头设【 】。按分类栏目设书眉。

五、年鉴撰稿及资料收集由国家林业局机关各司、局，各直属单位承担；其中“各省、自治区、直辖市林业”由各省（区、市）林业厅（局）承担。

六、释文中的计量单位执行 1984 年国务院《关于在我国统一实行法定计量单位的命令》和 1984 年 6 月文化部出版局、国家计量局下发的《贯彻〈中华人民共和国法定计量单位〉的联合通知》等规定。数字用法按国家技术监督局 1995 年 12 月发布的《出版物上数字用法的规定》执行。

七、条目、文章一律署名，文责自负。

《中国林业年鉴》编辑部

# 栏　目（2001）

# 目　　录

## 特　　辑



## 中国林业概述



## 重要林业法律法规



## 森林培育与生态环境建设

## 森林资源保护与林政管理

### 森林资源保护

## 对外开放



## 林业科学技术



## 林业教育

## 国有林场（苗圃）、林业工作站建设



## 林业计划统计

## 人 事 劳 动



## 社 会 团 体



## 大事记与重要会议

# 特　辑

## 国家领导人重要讲话

### 中共中央政治局委员、中央书记处书记、国务院副总理温家宝在全国森林防火工作电视电话会议上的讲话

（2000 年 3 月 27 日）

今天，国务院召开全国森林防火工作电视电话会，分析当前森林防火的形势，动员各地和各有关部门，紧急行动起来，采取有力措施，全力做好今年的春季森林防火工作，确保不发生大的森林火灾。刚才，内蒙古自治区和黑龙江、吉林省的负责同志汇报了当前的森林防火情况，王志宝同志通报了去年森林防火和今年春防工作情况。各地对今年春防工作都很重视，抓得早，抓得实，做了大量深入、细致的工作，打下了比较好的基础。当前，全国大部分省区已进入春防关键期，东北、内蒙古林区即将进入春防紧要期。特别是东北、内蒙古林区和西南、西北林区，地处大江大河上游源头，生态地位十分重要，是全国森林防火工作的重中之重，必须确保万无一失。下面，我讲几点意见。

**一、认清形势，高度重视森林防火工作**

去年我国森林防火工作取得了较好的成绩。一年来，全国上下齐心协力，各级领导高度重视，采取有力措施，做了大量卓有成效的工作，全国没有发生特大森林火灾，实现了年初确定的大庆之年不发生森林大火的目标，为促进改革发展和社会稳定作出了积极贡献。

今年春季森林防火面临的形势依然非常严峻，发生森林大火的危险很大。突出表现在：一是根据气象分析，今春气候冷暖变化剧烈，有明显的高温和少雨段，对防火极为不利。二是随着造林绿化步伐加快，易着火的中幼林面积逐年增多，森林防火任务加重。三是去年夏秋季一些林区雨水大，杂草、灌木生长旺盛，可燃物增多，冬季南方又发生大范围低温冻害，造成大量草木冻死干枯，使森林火险等级升高。四是在林区实施天然林保护，调减木材产量，分流下岗人员增多

的情况下，入山从事副业和采矿的人员增加，野外火源管理难度加大。五是与我国接壤的蒙古、朝鲜、俄罗斯、缅甸等周边国家森林、草原火灾频发，外火烧入的危险性很大。总之，今年的春防形势不容乐观，我们在思想上不能有丝毫麻痹，工作上不能有丝毫松懈。

做好今年的森林防火工作，有着极为重要的意义。今年是完成“九五”计划和实现本世纪末奋斗目标的最后一年，改革、发展和稳定的任务十分繁重。决不能因为发生森林大火，引发不安定因素，影响中央和地方的正常工作。各级党委、政府和林业主管部门要从维护改革、发展和社会稳定的大局出发，进一步提高对森林防火工作的认识，切实贯彻落实江泽民总书记作出的“隐患险于明火，防范胜于救灾，责任重于泰山”的重要指示，以对党、对国家和人民高度负责的态度，认真研究和解决当前森林防火工作面临的新情况、新问题，加强领导，强化措施，狠抓落实，把森林防火工作作为当前林区第一位的任务，认真抓好。

**二、严格管理，坚决消灭火险隐患**

森林火灾重在预防，预防的关键在于严格管理。我们一定要深刻认识加强管理、搞好预防工作对森林防火的特殊重要性，针对预防工作的薄弱环节，从严治火，强化管理，加强监督，做到防患于未然。今年的防火工作，要在继续做好经常性工作的基础上，重点抓好以下四个方面：

（一）*广泛动员，开展群防群治*。搞好森林防火工作，基础是群众，重点在基层。森林防火工作要坚持预防为主，防治结合，群防群治，这是森林防火工作多年的经验。要充分发挥全国林火监测系统的作用，对重点林区进行严密监测，加大航空护林飞机的巡护密度，特别要加强对偏远、原始林区的巡护。值班人员要坚守岗位，重点火险地段要增加巡逻力量，加强地面瞭望，发现火情立即报告。要实行科学防火，建立森林火险天气预报、森林火险等级预测预报系统，加快生物防火林带工程建设，积极稳妥地推广计划烧除等科技含量较高的技术手段。要坚持依法治火，在林区大力宣传实施《森林法》、《森林防火条例》等法律法规，使林区广大群众知法守法。要针对林区外来人员多、入山作业人员多的特点，在进入林区的旅客列车及车站、旅馆，加强对外来人员的宣传，提高他们的防火意识。要组织武警森林部队、森林公安人员、林业职工深入林区各作业点，进行宣传。在防火紧要期，要加大宣传教育力度，林区的广播、电视、报刊等宣传媒体要集中宣传，营造浓厚的防火气氛。

（二）*严字当头，狠抓野外火源管理*。近年来，我国发生的森林火灾95%以上都是人为因素引起的。加强火源管理是森林防火最基础、最关键的工作。必须严字当头，采取断然措施，狠抓野外火源管理，管住火灾源头。在防火期内，要加强入山人员的管理，做到凭证上山，严禁携带火种上山，彻底清理未经批准的入山人员。野外用火必须经过严格审批，有组织地进行，并落实好各项防范措施，确保万无一失。在“清明”、“五一”等假日期间，要组织人员在山头、道口、墓地，加强巡查，严防死守。国有重点林区在五级风以上天气，要坚决停止一切野外生产、生活用火。在防火紧要期，林区地方政府要发布戒严令，严禁一切野外用火。各地要找准火源管理的薄弱环节，确定加强火源管理的重点，有针对性地展开工作，坚决杜绝一切火险隐患。

（三）*抓紧时机，搞好森林防火阻隔带的建设*。我国大部分林区已多年未发生大的森林火灾，林缘、林内可燃物逐年增加，再加上去冬北方地区下雪早，雪量大，致使计划烧除和防火隔离带开设任务没有按计划完成，给今年春防带来很大隐患。各地要抓紧时机，采取各种有效手段，力争赶在春防紧要期来临前，完成计划烧除任务。特别是东北、内蒙古林区边境线长，境外火多，要吸取近年来多次发生的因境外火烧入而引发森林大火的教训，保质保量按期完成边境防火隔离带开设工作。同时，要积极搞好生物防火阻隔系统建设，凡新造林地，要按标准配套建设防火阻隔带，做到与造林同步规划、同步设计、同步施工、同步验收。

（四）标本兼治，加快重点火险区综合治理步伐。近年来，我国发生的重、特大森林火灾，70%以上集中东北、内蒙古和西南、西北林区。下大力量治理好这些重点火险区，是森林防火工作的当务之急。要对森林火灾高发区的自然、社会和气候情况进行深入分析，针对各个火险区的具体情况，找出薄弱环节和主要问题，从组织领导、火源管理、设施建设等方面统筹考虑，实施综合治理。要将重点火险区治理规划与“十五”计划及长远规划有机结合起来，作为重点工程列入投资计划，逐年实施，按项目管理，尽快扭转重点火险区森林防火工作的被动局面。

**三、落实责任，确保今年不发生森林大火**

森林防火工作是一项涉及面广的工作，需要全社会的共同努力。地方各级党委、政府、林业主管部门和各有关方面都要自觉承担起各自的责任，加强领导，齐抓共管，形成全社会抓保护、全民重防火、政府负全责的森林防火工作格局，这是做好森林防火工作的重要保证。

（一）切实加强对森林防火工作的领导。地方各级政府，特别是重点林区的主要负责同志，要把防火作为当前工作的一件大事，切实抓紧抓好。要认真落实防火行政领导负责制，把森林防火的责任落实到每一个村屯、每一块林地、每一个人。领导干部要深入防火第一线，加强工作指导，帮助基层解决实际困难。各级人民政府要立即组织开展森林防火工作大检查。国家林业局要派出工作组对重点地区进行检查，发现问题，立即提出整改措施，及时加以解决。各级森林防火指挥部要加强督促，保证整改措施的落实。一旦发现森林、草原火灾，地方领导要亲赴现场指挥扑救。各级林业部门作为森林防火的主管部门，要积极主动地当好政府的参谋，认真履行好职责。要严格执行森林火灾报告制度和归口管理制度，需向国务院报告的火情，必须按规定由国家林业局报告。在防火期内，要坚持24小时值班，并有领导带班。对重点地区的重点布防和综合治理工作，国家林业局和各地林业主管部门要派人指导。对大的森林火灾，国家林业局要迅速派人到现场了解情况，进行指导。对需要由国家组织、指挥、协调扑救的特大森林火灾，由国家林业局成立森林扑火指挥部，有权指挥调动扑火急需的人员、物资、装备。有关部门都要积极支持，绝不允许推诿扯皮，贻误战机。

（二）充分发挥森林消防专业队伍的作用。武警森林部队是扑救森林火灾的突击队和主力军，要把防扑火工作作为部队的首要任务，加强防扑火技能培训和实战演练，努力提高部队快速反应、机动作战能力；要服从地方政府、森林防火指挥部以及林业主管部门的统一调度和指挥。要重视和加强地方森林消防专业队伍的建设和管理，办好基地，强化训练，不断增强森林消防队伍的战斗力；没有组建专业队伍的一、二级火险县市，今年内要组建完毕。要全面加强航空护林工作的组织协调和调度指挥，保证航期飞机按时进场到位，充分发挥航护飞机在偏远林区巡护、快速运送扑火队员、空中直接灭火等方面的优势，满足重点地区防扑火工作需要。

（三）认真做好扑救森林大火的各项准备。要从立足于扑大火的实战需要出发，抓紧制订切实可行的扑火预案，从最困难处着眼，从扑火的实战出发，全面落实扑火的组织指挥、人员调配、机具装备，通讯联络和后勤保障工作。要做好扑火物资储备工作，各地都要建立扑火物资储备库，备足配齐扑火机具、通信设备、运输车辆，并进行检修保养，确保状态完好。进入防火期，重点林区的主要领导要集中精力抓防火，武警森林部队要随时做好战斗准备，森林消防专业队要集中食宿，严阵以待，确保一有火情，能够快速反应，妥善处置，迅速扑灭。

（四）各部门要大力支持森林防火工作。要保证森林防火资金投入，除国家专项投资外，在天然林保护工程资金中，也要列出一定比例用于加强森林防火基础设施建设，专款专用。气象部门要认真履行职责，与森林防火部门密切配合，及时提供森林火险天气预测预报、火场气象信息和人工增雨作业等服务。航空部门和飞行保障单位要积极为航空护林的救灾飞行提供方便。计划、财政、公安、民政、铁路、交通、邮电、农业、广播电视等部门都要在本部门的职能范围内，努力为森林防火工作做好服务。驻林区人民解放军、预备役部队、武警部队和广大公安干警要一如既往地积极参加防火、扑火工作。草原地区的各级领导和农业部门对草原防火工作要加强领导，认真部署，健全制度，落实责任，扎扎实实地做好草原防火的各项工作。

各级党委、政府和有关部门要紧急行动起来，振奋精神，克服困难，团结一致，扎实工作，打一场森林防火攻坚战，为维护社会安定、保护森林资源、改善生态环境、再造祖国秀美山川作出新的贡献。

# 中共中央政治局委员、中央书记处书记、国务院副总理温家宝在全国绿化委员会第十九次全体会议上的讲话

（2000 年 3 月 30 日）

今天全国绿化委员会召开第十九次全体会议，研究部署今年的国土绿化工作。王志宝同志汇报了 1999 年的绿化工作，对 2000 年的工作作了部署，我都同意。这次会议还决定表彰全国造林绿化“四佳”、部门造林绿化“400 佳”、1999 年度全国绿化奖章获得者和 35 条全国绿色通道示范段。下面，我讲几点意见：

**一、充分认识国土绿化的重要意义**

植树造林，绿化祖国，是造福当代，荫及子孙的伟大事业。我们党和政府历来十分重视国土绿化工作。多年来，在党中央、国务院的正确领导下，国土绿化事业取得了巨大的成就。据第五次全国森林资源清查显示，我国森林覆盖率已从 80 年代初的 12.7%提高到 1998 年的 16.55%，有望实现《全国生态环境建设规划》中确定的到 2000 年达到 17%的目标。广东、福建、湖南、安徽、浙江、湖北、山东、江西、广西、吉林、江苏、海南等 12 个省区基本消灭了宜林荒山；全国城市绿化覆盖率达到 26.6%，比 1989 年的 17.1%增加了 9.5 个百分点；城市人均公共绿地面积达到 6.1 平方米；草原草场建设得到进一步加强，全国累计种草及改良草场1 540万公顷。去年，造林绿化继续保持了良好的发展势头，全年完成人工造林 6 080 万亩，全民义务植树 24.3 亿株，累计封山育林 4.7 亿亩。全民义务植树、绿色通道建设、城市绿化美化、林业重点生态工程建设、草场建设等方面都取得了很大成绩。

在充分肯定成绩的同时，也必须清醒地看到，我国的生态环境状况依然相当严峻。水土流失严重，土地沙化面积扩大，风沙旱涝灾害频繁。目前，全国水土流失面积达367万平方公里，还以每年1万平方公里的速度增加。土地沙漠化面积达到262万平方公里，还以每年2 460平方公里的速度扩大。草原退化、水资源短缺现象也很严重。尤其是我国西部地区，长期以来由于自然条件恶劣和人为破坏，森林植被稀少，水土流失和土地沙漠化尤为突出。生态环境的恶化，严重威胁和制约了国民经济和社会的可持续发展，改善生态环境已经成为经济、社会发展和人民生活水平提高的迫切要求。植树绿化具有降低污染、调节气候、保护国土、涵养水源、防风固沙、美化环境和维护生态平衡等多种功能，是改善生态环境的根本途径，是营造优美环境，提高人民生活质量的重要措施，我们一定要增强紧迫感和责任感，迅速行动起来，广泛动员亿万群众，投身于祖国绿化事业，加快建设山川秀美的新河山。

**二、当前国土绿化工作的主要任务**

今年是世纪交替之年，也是国土绿化工作承前启后，开拓前进的一年。努力做好今年的国土绿化工作，对于全面加快我国新世纪的生态环境建设具有十分重要的意义。今年的绿化工作，要按照党中央、国务院的要求，全面落实中央关于生态环境建设和农村工作的一系列政策措施，紧密配合西部大开发战略的实施，继续广泛深入开展全民义务植树运动，全面加快城乡绿化进程，深入推进绿色通道建设，加快实施各项重点生态工程，大力提高造林绿化的质量，努力开创国土绿化新局面。

（一）继续开展全民义务植树运动。植树造林是全社会共同受益的公益性事业，具有广泛的社会性和群众性。必须坚持全社会办林业，全民搞绿化的方针。一要通过大力开展义务植树基地建设，实行绿化与重点工程结合，门前绿化“三包”责任制等形式，进一步拓宽义务植树的形式。按照工程管理的办法，提高义务植树基地建设水平，规范义务植树活动。进一步完善义务植树登记卡制度和定期检查考核制度，明确义务植树要包栽包活包管护，成活成林，提高义务植树的实效。二要切实贯彻部门绿化分工负责制。各部门在努力按规划完成本部门所承担的各项绿化任务之外，还要充分发挥各自的优势，以各种形式支援生态重点治理地区的绿化建设。三要积极探索发挥各方面力量，以各种形式开展绿化建设的新机制、新方法。通过树立典型，开展表彰活动等多种形式，调动全社会参与绿化建设的积极性，引导和鼓励广大群众和社会各界投身于绿化事业。

（二）全面加快城乡绿化进程。绿化美化城乡人居环境，是加强精神文明建设的重要内容，也是人民群众的迫切愿望。近年来，随着社会经济的发展和人们环境意识的增强，城乡绿化美化步伐不断加快。进入90年代后期，南方和东部沿海一部分已灭荒省份和经济发达地区，城乡绿化的重点已由以量为主的普通绿化开始向以质为主的园林化转化，并逐步呈现出由沿海到内地，由南方向北方，由城市向乡村发展的趋势。绿委要把握绿化发展的新趋势，抓住机遇，因势利导，在全面抓好各项绿化工作的同时，着力推进城乡绿化总体进程，坚持以城带乡，以乡促城，城乡联动，总体推进。通过城镇的辐射能力，带动周边乡村绿化的发展，实现城区园林化，郊区森林化，乡村道路林荫化，农民庭院花果化。城乡绿化建设要与城市基础设施建设和小城镇建设相结合，把绿化纳入城乡建设规划，全面安排，同步实施。要实行部门绿化责任制，各负其责，各尽其力，全面推进。

（三）为改善农业生产条件和生态环境服务。国土绿化工作要适应农业和农村经济结构战略性调整的需要，为发展地方经济，增加农民收入多作贡献。要充分利用我国山多的优势，在山区选择地势相对平缓，地理条件较好的地方，根据市场需求，大力营造速生丰产林、工业原料林和经济林，满足国民经济发展对木材和林产品的需求；要进一步加强农田、草场林网建设，发挥生态屏障作用，改善农业生产条件，增强抗灾能力，提高粮草产量；要结合退耕还林，面向市场大力发展名特优经济林和饲草，促进林果业和畜牧业发展，增加农民收入，加快贫困地区脱贫步伐。在生态脆弱地区，要以生态公益林为主，大力植树种草，抓好流域治理等重点生态工程，防治水土流失和沙漠化，保护和改善生态环境。为实现农业可持续发展创造条件。

（四）把国土绿化工作与实施西部大开发战略结合起来。绿化国土，改善环境，是实施西部大开发战略的重要组成部分。西部地区要从生态环境脆弱的实际情况出发，把重点放在生态环境的保护和林草植被的恢复建设上。要全面贯彻中央西部地区开发会议精神，认真落实“退耕还林（草）、封山绿化、以粮代赈、个体承包”的措施，把重点生态工程建设与面上绿化相结合，加快恢复林草植被。要充分发挥社会主义制度的政治优势，广泛动员全社会力量投身于西部绿化。各有关部门要积极开展绿化对口支援活动。东部地区要加强与中西部地区的协作，以投资入股、联合开发、互利合作等各种形式造林种草，促进绿化事业共同发展。

**三、努力提高国土绿化水平**

国土绿化是一项关系经济社会可持续发展的战略性任务，必须着眼长远，统筹规划，努力提高国土绿化水平。

（一）加强管理，提高造林绿化的质量。提高造林绿化质量是搞好绿化工作的基础。当前，一些地方造林绿化成活率、保存率不高，除客观上受自然气候的影响外，其主要原因：一是在营造林技术上缺乏科学性，对良种壮苗重视不够，优良品种率低，特别是适地适树抗逆性强的品种少。二是管理粗放，造林方式不当，造林植树难以成活成林。三是在造林绿化机制上，植树造林同群众和管护人员物质利益结合不紧密，农民缺少造林护绿的内在动力。四是后期抚育管护不够，病虫鼠害防治、护林防火等保护性措施难以落实。今后要把提高造林绿化的成活率、保存率作为突出问题认真抓好。要树立质量第一的意识，切实提高国土绿化工作的质量和效益。要从基础抓起，加强种苗基础建设，加快培育良种壮苗，提高造林绿化良种率和苗木优良率；搞好造林工程规划设计，科学配置树种、草种，优化林分结构，实行乔灌草结合；改革传统的造林方式，因地制宜，科学整地，实行对造林绿化的全面质量管理，加强技术指导和质量监督；创新机制，对重点生态工程实行项目法人责任制、监理制和报账制，将质量好坏与工程投资、个人收入挂起钩来；强化造林绿化后期管理，加强病虫鼠害防治和林草防火。通过管理措施的加强和创新，把造林绿化质量提高到一个新水平。

（二）依靠科技进步，提高国土绿化水平。提高绿化水平，加快绿化建设，必须依靠科学技术，提高造林绿化的科技含量。在绿化工程建设中，要将科技保障措施纳入造林绿化工程规划，与工程建设同步安排，同步实施，同步验收。打破行业界线，组织全国各方面技术力量，围绕提高造林成活率、保存率、林木品质优良率进行技术攻关。要研究速生丰产和品质优良的用材、经济树种，研究适于西部干旱、风沙地区的抗旱抗逆树种草种、造林种草技术和植被恢复技术。围绕耐干旱树（草）种、干旱地区生态林营造、荒漠化治理和病虫害防治，集中选择一批先进适用技术，大力推广。鼓励和组织科技人员到绿化建设第一线承揽绿化工程项目和推广先进技术，促进科技人员与绿化工程项目结合、科技成果与生产实际结合。通过举办培训班、现场观摩、编印技术资料等多种形式，层层抓好技术培训，特别是业务骨干的技术培训，培养一批国土绿化科技带头人和示范户，鼓励创建绿化科技示范点，以典型带动面上造林绿化。

（三）完善利益机制，调动广大群众的绿化积极性。广大群众是造林绿化的主力军，只有充分调动群众的积极性，绿化工作才能充满生机和活力，绿化事业才能持续、健康发展。必须走有中国特色的国土绿化道路，把我国人力资源丰富的优势发挥出来，努力形成千军万马齐心协力搞绿化的局面。在社会主义市场经济条件下，要充分调动广大群众积极性，就必须把思想动员和物质利益结合起来，让群众从绿化中得到实惠。农村要坚持土地、山地承包造林 30 年或更长时间不变的政策，谁绿化谁所有，谁投入谁受益，谁经营谁得利。鼓励不同地区、行业、所有制的投资者从事绿化。城市园林绿化，要建立起让投资者在享有一定利益的同时，为公益事业尽责任，为改善城市环境作贡献的机制。通过合理的利益机制，形成亿万群众自觉自愿、长期不懈地参加绿化建设的局面。在已经绿化的地方，可推行森林、绿地管护经营责任制，实行管护承包，责任到人，利益到人。

（四）严格依法治林，全面加强林草资源与绿化成果的保护。国土绿化及其成果保护，最终要走法治化的道路，这是世界上绿化先进国家的一条共同经验。1998 年我国颁布了重新修订的《森林法》，《森林法实施条例》，绿化领域的法制建设取得了重要进展，但法规还很不完善，有法不依的现象还严重存在。要继续加大法制建设的力度。一要在国土绿化立法上取得新进展。抓紧制定《防沙治沙法》、《全国古树名木保护管理条例》，抓紧修订《草原法》、《国务院关于开展全民义务植树运动的实施办法》。二要在加大执法力度上有新举措。充分发挥行政监察部门在绿化执法领域的监察力度，国家林业局要会同监察部研究破坏森林资源领导责任追究制度，制定行政处罚办法，联合开展资源林政工作执法大检查。要依法严厉查处乱砍滥伐、超限额采伐、毁林毁草开垦、乱占多占林地绿地等违法犯罪行为，切实保护好绿化成果和林草资源。三要加强各级执法机构和队伍建设。强化执法机构，进一步充实和加强绿化执法队伍，提高执法人员的自身素质，提高行政执法水平。

（五）统一认识，切实加强对绿化工作的领导。绿化祖国，再造秀美山川，是伟大而艰巨的事业，是新世纪一项规模宏大的工程。各级领导要充分认识绿化祖国的重大意义，增强国土绿化工作的紧迫感和责任感，坚持实行绿化目标责任制，进一步明确造林绿化和资源保护的任务，切实帮助基层解决绿化工作中的实际问题。各级政府要加强对绿化委员会的领导，充分发挥绿委会在国土绿化中的职能作用。

同志们，二十一世纪将是人类走向绿色文明的世纪。让我们在以江泽民同志为核心的党中央领导下，高举邓小平理论伟大旗帜，团结奋进，扎实工作，把新世纪的国土绿化事业全面推向一个新水平。

# 局领导重要讲话

## 分类经营 分区突破
## 全面开创新世纪林业建设新局面

### ——国家林业局局长王志宝在全国林业厅（局）长会议上的讲话

（2000年2月19日）

这次全国林业厅（局）长会议，是在世纪之交召开的一次重要会议。会议的主要任务是，贯彻落实中央经济工作会议、中央农村工作会议和国务院西部地区开发会议精神，分析林业形势，部署安排2000年及今后一个时期的林业工作。

根据局里研究的意见，我讲三个问题，请大家讨论。

**一、当前的林业形势**

1999年，是我国历史上很不平凡的一年，也是林业发展史上具有重要意义的一年，各项林业事业有了较大发展。一是造林绿化继续保持良好的发展势头。三北防护林等十大生态工程建设、城乡绿化一体化建设、绿色通道建设和全民义务植树稳步推进。全年共完成人工造林6 080万亩，义务植树22亿株，累计封山育林4.7亿亩。二是林地管理工作进一步加强。通过贯彻落实国务院《关于保护森林资源制止毁林开垦和乱占林地的通知》和国务院办公厅《关于继续冻结各项建设工程征占用林地的通知》，有效地遏制了毁林开垦和乱占林地的歪风，进一步提高了全社会保护森林资源的意识。三是森林资源保护工作取得新的成效。森林防火工作克服种种不利因素，实现了“大庆之年无大火”的目标。进一步开展了打击破坏森林资源违法犯罪活动的专项斗争，查办了一批大要案件，打击了犯罪分子的嚣张气焰。自然保护区和森林公园建设进一步加强。野生动植物管理和濒危物种拯救繁育工作取得进展。在抓好原有国家级森林病虫害治理工程的基础上，又启动了苏浙皖鲁松材线虫病和京津冀美国白蛾治理工程。四是以分类经营为重点的林业改革不断深化。在全国组织开展了森林分类区划界定试点工作。全国已有一半以上的省区开展了国有林场的分类经营改革试点工作，一些省（区）通过改革已初步解决了长期以来困扰生态型国有林场的经济困难问题。五是林业法制建设进一步加强。《国家重点保护野生植物名录》已经国务院批准并发布施行。《森林法实施条例》，经过去年一年来的起草、征求意见和协调工作，经国务院批准已于2000年1月29日发布施行。同时，还完成了《防沙治沙法》、《天然林保护管理条例》、《野生动植物进出口管理条例》、《林地管理条例》等一批法律法规草案的起草及征求意见工作。林业执法监督和执法体系建设有所加强。六是科教兴林工作取得新的进展。林业科技体制改革稳步推进。重点林业建设工程科技保障、林业高技术产业化、国家重大基础研究项目立项等工作取得了新的进展。林业教育体制改革不断深化，行业培训工作进一步加强。七是国家对林业的各项投入稳定增加。全年共争取中央各类林业建设资金140多亿元，是近年来增幅最大的一年。通过强化审计监督，严格资金管理，进一步提高了资金的使用效益。八是林业国际合作进一步扩大。对外交流与合作渠道进一步拓宽，政府间、部门间科技合作项目、世行贷款项目以及全球环境基金项目的争取和实施工作取得成效。这些成绩的取得，是党中央、国务院和各级党委、政府对林业关心、重视的结果，是各有关部门大力支持的结果，是林业系统和全国人民努力奋斗的结果，也为新世纪林业发展奠定了良好基础。

1999年，也是林业形势和任务发生重大变化的一年，党中央、国务院对林业高度重视，全社会对林业非常关注，林业发展迎来了前所未有的机遇。江泽民总书记继1997年发出再造祖国秀美山川的伟大号召之后，又进一步对造林绿化、改善生态环境问题作出一系列重要指示。1999年4月，他在参加义务植树时指出：我们要大力开展植树造林，解决我国两大心腹之患，一是长江、黄河上游植被稀少，泥沙俱下，给我国带来的巨大水患；二是沙漠化不断扩大，沙进人退，给我国造成的严重沙害。6月份，他在西安召开的国有企业改革和发展座谈会和在郑州召开的黄河治理开发工作座谈会上，都强调要加强生态建设，解决水土流失和生态环境恶化问题，促进西部地区经济和社会可持续发展。6月28日，他又针对贵州台江发生的天然林采伐问题作出重要指示：禁伐天然林，保护生态环境是党中央、国务院作出的重大决策，任何地方、任何人都必须认真贯彻执行。

去年，国务院领导同志多次开会研究解决林业发展中的重大问题，多方面地关心和支持林业建设。据不完全统计，去年朱镕基总理和温家宝副总理关于林业工作的批示就达70多件。朱镕基总理先后四次到陕西、云南、四川、甘肃、宁夏、青海等省区考察林业工作，每到一地都反复强调要认真贯彻落实江总书记植树造林，绿化荒漠，再造秀美山川的重要指示，深刻阐述搞好天然林保护、荒山荒地造林绿化和陡坡耕地退耕还林的重大意义以及国家采取的扶持政策，要求各级领导一定要高度重视造林绿化，改善生态环境。

我们领会，江泽民总书记和国务院领导同志指示的基本精神主要有以下几点：一是改善生态环境刻不容缓。长期以来，我国一些地区尤其是西部地区林草植被受到严重破坏，致使在生态环境方面付出了巨大代价，水土流失日益严重，洪涝灾害日益频繁，水资源短缺的矛盾日益突出。各级政府每年不得不花费大量人力、物力和财力投入防汛、抗旱及救灾，给经济发展和人民生活带来严重影响。正如中央领导同志指出的：生态问题不解决，长江、黄河就永无宁日，加强生态环境建设已迫在眉睫，刻不容缓，耽误一天，损失就会加重一分。二是改善生态环境必须大抓林草植被建设。造成水土流失和土地荒漠化的根本原因是林草植被遭到破坏，恢复和发展林草植被是治本之策。治理水土流失应坚持生物措施与工程措施相结合，以生物措施为主。三是加强生态环境建设是西部大开发的根本性措施。要发展和繁荣西部地区经济，首先要解决生态环境问题。只有大力改善生态环境，才能改善投资环境，才有利于引进人才、技术和资金，西部的丰富资源才能得到充分的开发。否则，西部大开发就难以顺利进行，全国经济建设重点逐步向西部转移的战略就有可能落空。四是要采取强有力的措施促进生态环境建设。生态环境建设要着力抓好三个方面的工作：实施天然林保护工程，停止采伐天然林，把森林植被管护好；绿化荒山荒地，全面恢复林草植被；对陡坡耕地要有计划、分步骤地退耕还林还草，同时严禁新的毁林毁草开垦。基本措施是："退耕还林（草），封山绿化，以粮代赈，个体承包"。主要政策是：对实施天然林保护的森林管护费、在职职工分流安置费、离退休人员社会保障统筹费以及木材停产后地方财政减收和企业债务冲销费用等国家将给予妥善解决；对退耕还林的农民国家不但要按亩产无偿补助粮食，而且要给予适当现金补贴；造林种草由国家无偿提供种苗；实行谁造林、谁所有，谁管护、谁受益的政策，但采伐要受国家法律、法规和采伐规程的约束。五是加强生态环境建设的时机已经成熟。改革开放20年来，我国的综合国力已显著增强，国家已经有能力集中一部分财力用于重点地区的生态环境建设。特别是党的农村政策的巨大成功和科学技术的迅速发展，使我国粮食综合生产能力明显提高，粮食出现了阶段性相对过剩，为实施以粮食换森林提供了宝贵的历史机遇，而且人民群众也有改善生态环境的强烈愿望。六是要切实做好重点生态工程建设的规划和组织实施工作。生态工程建设实行地方各级政府负责制。林业部门要做好生态工程建设的规划编制、组织协调、技术指导、检查监督工作。工程建设要种苗先行，超前抓好种苗准备工作。要强化工程实施的科技保证措施，依靠科学技术提高造林种草的成活率和保存率。要加强工程实施的方针政策的宣传，统一大家的认识和行动。党中央、国务院这么高度重视生态环境建设，并对林业部门寄予这样高的厚望，这既是对我们的高度信任，又对我们的工作提出了新的更高的要求。

应该看到，林业之所以会得到党中央、国务院和全社会的高度重视，是有其深刻的时代背景和历史原因的。首先，重视和加强林业是人们对经济和生态辩证关系深刻认识的结果。生态恶化已经严重制约我国许多地区的经济和社会的发展，迫使人们幡然猛醒，认识到生态环境是人类生存和发展的基本条件，是经济、社会发展的基础，生态恶化是导致灾害和贫困的主要根源，再也不能靠牺牲生态环境来换取一时的经济发展。第二，重视和加强林业是我国社会主义现代化建设的迫切需要。山川秀美、生态和谐是现代化建设的题中应有之义。最近20年来，我国已经实现了经济发展的第一步战略目标，初步解决了全国人民的小康生活问题。从现在起，就要向建设现代化国家的宏伟目标迈进。经济和科技领域的现代化，我们已经具备了一定基础，但是从总体看，我国生态环境恶化的趋势还没有得到有效遏制，实现祖国大地山川秀美的目标，任务还十分艰巨。第三，重视和加强林业是一个世界性的大潮流。随着森林的不断减少，气候变暖、空气污染、水土流失、土地荒漠化等已经成为世界性的问题，威胁到人类的生存条件。世界环发大会呼吁，在人类当前要解决的问题中，"没有任何问题比林业更重要了"，应"赋予林业以首要地位"。可以这样说，人类发展正在朝着生态文明的阶段迈进，新的世纪也将是走向生态文明的世纪。

党中央、国务院正是站在这样的历史和全局的高度，来把握这一事物发展的必然趋势，并果断做出加强生态环境建设的重大战略决策的。我们只有从这样的高度和深度来认识问题，才能真正理解中央决策的深刻内涵和重大意义，也才能使我们的行动更自觉、更主动，实现由必然王国到自由王国的飞跃。总之，形势正朝着越来越有利于林业的方向发展，林业面临着一个难逢的历史机遇。同时，我们也要看到，形势的变化，也给林业工作提出了一系列新的课题，如林业在经济和社会可持续发展全局中如何定位、林业发展的首要任务是什么、林业建设怎样布局、林业发展要采取什么对策等等，这些都是事关林业发展全局性的重大问题，需要我们很好地加以研究和解决。把握和利用当前林业发展的大好机遇，及时调整林业工作的思路，开拓进取，抓住关键，重点突破，为新世纪林业发展开一个好头，是我们林业工作当前最为紧迫的任务。

**二、新形势下林业工作的基本思路**

怎样根据新的形势研究和调整好林业工作的思路呢？最为重要的是要把林业的发展摆到国民经济和社会可持续发展的全局中统筹考虑，研究和把握国家发展的战略部署，有几大情况须引起我们的高度关注：一是国家调整了经济发展的战略，把生态环境建设放到国民经济和社会发展的基础地位来对待，实施可持续发展战略。随着这一战略思想的调整，改善生态环境问题受到了空前重视，也引发了对林业主导需求的重大变化。二是国家提出了建设秀美山川的目标，并将它列为现代化建设的重大战略任务。随着这一目标的提出，不但赋予了林业建设的重大历史使命，而且进一步确立了林业在现代化建设总体格局中的特殊地位。三是国家确立了实施西部大开发的战略，并把生态建设作为实施西部大开发的根本性措施和切入点来抓。随着生态建设在西部大开发中优先地位的确立，林业已成为国家建设的一个战略重点。深刻理解这些变化，我们可以得出这样一个基本结论：改善生态环境是当前国家对林业建设的首要要求。

为此，我们提出新形势下林业工作的基本思路是：以现代林业思想为指导，以建立比较完备的林业生态体系和比较发达的林业产业体系为目标，以保护和改善生态环境为重点，深化分类经营改革，实施分区突破战略，促进我国林业持续快速健康发展。

这一思路的含意是：按照现代林业的要求，必须坚持林业发展的总体目标是建立比较完备的生态体系和比较发达的产业体系，充分发挥林业的生态效益、社会效益和经济效益，以森林的多功能满足人类的多需求，努力为社会提供持续的、多方位的服务。但是，在推进林业两大体系建设中，必须坚持生态优先的原则，把改善生态环境作为林业建设的首要任务。这是因为时代发展的客观要求和林业自身的科学属性已把林业建设定位在生态建设的主体位置上。应该看到，林业在生态建设中的主体地位是任何行业都代替不了的。只有坚持生态优先，林业建设才能够与国家发展的大局紧密结合，林业部门才能真正成为国家生态环境建设的主体部门，林业的位置才能摆得正、上得去，才能得到国家和社会的高度重视和支持。在坚持生态优先的同时，也不能忽视林业产业发展，因为林业还肩负着向经济建设和人民生活提供木材和林产品的职责，是重要的基础产业，因此，林业的发展必须从满足国家建设和人民生活的需要出发，兼顾林业的三大效益。这就要求我们要正确处理生态环境建设和林业产业发展的关系，积极深化分类经营改革，把林业区分为以发挥生态效益和社会效益为主的公益林业和以发挥经济效益为主的商品林业，按照各自的特点和规律，建立相应的管理体制、经营机制、投入渠道和发展模式。因此，要根据不同地区的不同情况以及国家对各地区林业建设任务的不同要求，分区域确定林业建设的重点。从整体上讲，西部地区生态环境恶劣，是公益林业建设的重点地区；东部地区生态条件相对较好，是商品林业建设的重点地区。具体布局上，可把全国分为四个区域，实行分类指导，分区突破，从而实现全国林业发展的总体推进。

第一个区域是长江上游、黄河上中游地区。这一地区，是我国水土流失最严重，生态环境最脆弱地区。国家已经确定将这一地区的生态建设作为实施西部大开发战略的根本措施和切入点来抓，全面保护和恢复林草植被，从根本上改善这一地区的生态环境。因此，这一地区在兼顾经济发展和农民致富的条件下，林业建设的主体任务是发展公益林业，并以工程建设的形式来推进。其任务主要有三项：

1. 对天然林要停止采伐，并采取有效措施严加管护。

保护好现有森林是改善生态环境最基本的要求。要全面停止这一地区天然林采伐，并采取有效措施将天然林全部封禁起来，严加保护。同时，对其他林木，包括人工林、灌木林、未成林造林地等，也要加强管护，防止造成新的破坏。

加强森林管护的主要办法是：全面推行森林管护责任制，对森林、林木、林地落实管护责任。对国有林，凡地处近山区的，可通过职工个体承包的形式，把管护责任落实到职工；地处偏远地区的，可组织精干的专业管护队伍，采取封山堵卡的办法来管护。对集体林，凡农民愿意承包管护的，可发包给农民管护；群众不愿意承包管护的，国家可给予一定数额的管护费用补助，由当地村、组统一组织管护。

为确保停伐，国家采取的主要政策是，对因森工企业停伐带来的职工分流安置和生活保障，以及企业无力偿还的银行债务、地方财政减收、林区社会性负担等问题，由中央和地方财政给予解决，并以中央财政承担为主。同时，还必须采取由各级政府发布禁伐令、取消停伐单位的年度木材生产计划、撤转采伐队伍、封存采伐机具设备、封山封路堵卡、取消林区及林缘地带木材市场、制定加强天然林保护有关法规制度等行政的、法律的措施，以保证停伐真正落实。

2. 对宜林荒山荒地要造林绿化，尽快恢复林草植被。

宜林荒山荒地造林绿化是工程实施的重点，是提高植被覆盖率的主要途径。在造林绿化中，必须把最大限度地发挥生态效益作为基本原则。

在植被配置上，要以建立稳定的、具有最好的水土保持和水源涵养效能的森林生态系统为目标，坚持适地适树（草），乔、灌、草相结合，宜乔则乔，宜灌则灌，宜草则草。长江流域水热条件好，适宜发展乔灌的比重大一些；黄河流域降雨少、自然条件差，适宜发展灌草的比重大一些。

在造林方式上，实行封山育林、飞播造林、人工造林相结合，宜封则封，宜飞则飞，宜造则造。人工造林，也要避免全垦整地、炼山整地，尽量减少植被和地表的破坏。从自然条件看，长江流域适宜封山育林、飞播造林的比重大一些；黄河流域、特别是西北干旱地区需要人工造林的比重大一些。

在林种布局上，应把这一地区作为一个大的生态建设区，主要发展生态林。凡生态区位重要的地域，要营造各类防护林；为兼顾地区经济发展和农民增收，在地势相对平缓、不易造成水土流失的适宜区域，可合理发展一些经济林和速生丰产用材林；在缺薪少柴地区，应积极发展薪炭林，缓解烧柴对植被破坏的压力。

在树（草）种选择上；以适生、抗性强的乡土树种为主，尤其是干旱地区，应主要选择耐旱树（草）种，并积极引进适宜的优良品种。要重视兼顾群众的利益，注意选用生态效益、经济效益都比较高的树种。

在投入政策上，国有林区造林绿化以国家投入为主。集体林区的人工造林按照退一还二、还三的原则，与退耕还林挂钩，采取以粮代赈办法解决，并由国家无偿提供种苗。

3. 对陡坡耕地，应有计划、分步骤地退耕还林还草。

陡坡开垦，对植被和地表破坏最大，造成的水土流失最严重。陡坡耕地退耕还林还草，是减少水土流失，改善西部地区生态环境的关键措施。总的要求是，陡坡耕地退耕还林应在试点示范的基础上，有计划、分步骤地稳妥推进。

陡坡耕地退耕还林还草的基本政策是以粮代赈、个体承包，主要包括以下几个方面：一是国家向退耕的农民在一定时期内按亩产无偿提供粮食补助和现金补贴。补偿的标准和年限根据实际情况确定，原则上要有利于鼓励农民积极退耕。二是要求实行“退一还二、还三”。国家是按退耕亩产补粮，因此，农民除负责退耕地的造林种草外，还要承担一定数量的荒山荒地造林绿化任务，所造的林草归农民自己所有。考虑到各地的情况不同，具体退一还几，可以省为单位规划，以县为单元实施。三是国家向农民无偿提供种苗。国家将种苗补助费统一拨付给林业部门组织种苗生产，并无偿向农户供应种子苗木。四是退耕还林还草实行个体承包。按照“谁退耕、谁造林（草）、谁经营、谁管护、谁受益”的原则，将植树种草和管护任务长期承包到户，实行责权利挂钩，鼓励农民多植树、多种草，努力扩大林草植被面积。

以粮代赈，退耕还林（草），是一项涉及面广，政策性强，操作难度大的工作，应坚持全面规划，突出重点，先易后难，先行试点，政策引导，农民自愿，注重实效，稳步推进。

*第二个区域是西北北部、华北北部和东北西部风沙干旱地区*。这一地区是我国风沙危害最严重的地区，也是我国生态建设的重点地区。国家将在这一地区进一步实施以发展林草植被为核心的防沙治沙工程，遏制沙化扩展的趋势。因此，这一地区林业建设的主体任务也是发展公益林业，并以工程建设的形式来推进。

其任务主要有四项：一是全面保护好现有林草植被，严禁乱砍滥伐、乱采滥挖和乱垦滥牧，避免造成新的土地沙化。二是在沙漠仍在推进的地带，大力植树种草，建立起遏制沙漠推进的生态屏障。三是对已经沙化的地区开展综合治理，积极扩大林草植被。四是对已形成的沙漠绿洲，要在巩固的基础上不断扩大。

主要的政策措施是：对生态性造林种草和管护费用，以国家投入为主体。对在沙区进行的与防沙治沙有关的开发性经营，国家在信贷上给予扶持，税收上给予优惠。在机制上，应按照谁治理、谁受益的原则，积极推行承包治理，调动农民群众、社会团体和企业参与防沙治沙的积极性。

*第三个区域是东北内蒙古国有林区*。这一地区，既是目前我国最大的木材生产基地，又是东北地区主要江河的发源地和东北三江平原、松辽平原大粮仓及呼伦贝尔大草原牧业基地的天然屏障，搞好这一地区的林业建设，关系到东北、内蒙古地区经济和社会的可持续发展。由于长期过量采伐，目前这一地区的森林质量已经严重下降，大径级林木已基本消耗殆尽，虽然森林面积没有减少，但基本上都是中幼林，已难以继续承担大规模的木材生产。这一地区面临的主要任务是减少木材采伐，使林区能够有效地休养生息。采取的主要办法是实施天然林保护工程，促进林区从采伐森林转向管护森林，通过休养生息恢复森林资源。

实施工程总的考虑是：按分类经营的要求，凡生态地位重要的地区，要划为禁伐区，实行森林禁伐并严加管护；生态地位一般的地区，可划为限伐区，实行低强度择伐，严格限额采伐管理。禁伐区和限伐区内的宜林荒山荒地，主要通过封山管护的措施来恢复植被。部分立地条件较好、不易造成水土流失的地区，可划为商品林业经营区，纳入全国速生丰产用材林和工业原料林基地建设规划，统筹安排建设。

工程实施的着力点是调减木材产量和分流安置森工企业人员，核心是分流安置森工企业人员。人员分流安置的主要去向和政策：一是向森林管护和其他产业转移。二是对愿意自谋职业的，可按国家有关规定给予一次性补助后，解除与企业的劳动关系。三是对暂时转移不了的职工，可进入再就业中心，给予基本生活保障金。四是离退休人员统一纳入社会统筹。五是林区社会性、事业性单位，凡有条件的可从企业中分离出来，交由地方政府管理。

为了有效地控制森林采伐，确保天然林保护工程成功实施，还必须配套进行森林资源管理体制改革，以解决森林资源管理政企不分问题。当前，森工企业既是森林管理者，又是森林使用者，自管自用，对森林采伐难以形成有效的管理和约束机制。改革的核心是将森林资源所有者的职能和经营管理权从森工企业分离出来，建立起有约束力的国有森林资源管理体系。对森工企业采伐，实行林木资源有偿划拨，向企业收取林价(或育林基金)。采伐后由国家出资造林，所造林木为国家所有。对划定的商品林区，还可以实行企业或个人承包造林，并实行林木谁造谁有。

第四个区域是除上述区域以外的地区。这一地区从总体上讲属于经济相对发达、自然条件比较好的地区，林业建设的主要任务是，在继续加速推进本地区生态建设的同时，大力发展商品林业，努力满足国家建设和人民生活的需要。

推进这一地区的林业建设，关键是要搞好分类经营改革，明确公益林业和商品林业建设的区域。首先，要将江河两侧、湖库周围、高山陡坡地区、石质山区以及一切生态地位重要地区，划为公益林业建设区。在公益林业建设区，现有森林要停止采伐，妥善保护；宜林荒山荒地要尽快造林绿化，尤其是要集中力量加快推进沿海防护林、长江防护林、珠江防护林、松嫩防护林、辽河防护林、淮河太湖防护林及太行山绿化、京津周围绿化、平原绿化等已确定的生态工程建设。同时，要充分发挥这一地区降雨充足、积温高、立地条件较好的优势，选择地势平缓、不易造成水土流失的地区，在统一规划的基础上，按项目管理的办法发展速生丰产用材林和经济体，建设商品林业基地。

在这一地区全面推进分类经营，政策条件已逐步具备。森林生态效益补偿基金建立后，可为这些地区生态公益林的管护提供资金支持。在商品林业建设上，国家也将从资本金和政策性贷款方面给予支持。

应该指出的是，分区域确定林业建设的重点，只是给各个区域的林业建设确定出一个主体任务，并不等于在这个地区就不能搞其他的林业建设。同样道理，采取以工程的形式来推进林业建设，只是给了一个主要的实现形式，并不等于这就是林业发展惟一的实现形式。因此，在分区域确定国家林业建设的重点，实行分区突破的同时，对每个地区来说，都有一个从本地区实际出发，全面规划，统筹安排林业建设的问题。

为了促进分区突破战略的实施，去年以来我们举全局之力做了大量的政策争取工作。一是在认真调查研究并反复与有关部门沟通的基础上，提出了长江上游、黄河上中游地区生态工程建设思路，编制了工程规划。国家已经确定将这项工程作为西部大开发的根本和切入点来抓。二是抓住实施西部开发的机遇，不失时机地提出了进一步加强防沙治沙工程建设的意见，得到了国务院的高度重视。目前国家有关部门正在组织论证和立项工作。三是努力争取继续实施东北内蒙古国有林区天然林保护工程，并从实际出发调整了工程实施的思路，取得了有关部门的支持，近期将上报国务院审批。四是以实事求是的精神提出在我国东部地区发展商品林业，立足于国内解决木材和林产品供求问题的意见，不但得到了国务院的高度重视，也得到了国家开发银行的大力支持，当前正在抓紧搞好规划，并努力确定一批符合贷款要求的建设项目。五是积极利用国家高度重视生态建设的有利时机，乘势而上，做好建立森林生态效益补偿基金工作，得到了有关部门的大力支持，目前财政部和国家林业局已联合行文报请国务院审批。

去年，林业改革和发展能够取得这些进展，除了党中央、国务院高度重视外，也使我们深深体会到：抓工作既要研究大的思路，也要在如何突破上下功夫。这里有两点值得大家共同借鉴：一是要把林业改革和发展融入国家和地区经济、社会发展的全局去研究、去安排，只有这样才能进一步引起各级领导和全社会对林业的关注和重视。二是要善于抓林业发展的主要矛盾，解决制约林业发展的要害问题。例如，分区域确定林业建设的重点，实行分区突破，就把全国林业怎么发展这一复杂的问题，简化为各区域林业怎么搞的具体问题，不但主要矛盾容易凸显出来，解决问题更有针对性，而且能够根据不同地区的情况提出不同的目标任务和政策措施，也容易取得有关部门的理解和支持。因此，分区域确定林业建设的重点，实行分区突破，既是林业建设的战略措施，也反映了我们认识问题和解决问题的立场、观点和方法。今后，在实施分区突破战略中虽然会遇到很多困难和问题，但是只要我们坚持解放思想、实事求是的思想路线，就一定能克服前进道路上的困难，扎扎实实地推动林业发展。

**三、2000年林业的重点工作**

2000年是实现“九五”计划的最后一年，也是为新世纪的林业发展奠定基础的一年，做好2000年的工作具有十分重要的意义。中央经济工作会议、中央农村工作会议和国务院西部地区开发会议已对下一步林业工作提出了明确要求，我们一定要按照党中央、国务院的部署，从全国工作的大局出发，从林业面临的形势任务出发，周密安排，精心组织，扎实工作，争取在新的一年里林业工作有一个更大的突破。关于明年的具体工作，生贤同志明天下午还要具体部署，在紧接着召开的全国林业计划会议上还要作具体安排，因此，我在这里只就围绕实行分类经营改革和实施分区突破战略需要集中力量抓好的重点工作提几点要求。

（一）全面制定并认真组织实施四大区域林业建设规划，实现林业发展的总体推进。

编制并组织实施四大区域林业建设工程规划，是今年林业工作的重点，也是林业长远发展的需要，必须认真做好。

关于长江上游、黄河上中游地区生态工程。中央已经明确，天然林保护和荒山荒地绿化工作要全面推进，陡坡耕地退耕还林还草工作今年先搞试点，我们要认真贯彻落实。一是在已经编制工程建设总体规划的基础上，当前最重要的工作是抓紧天然林保护单项工程规划方案的上报审批工作。待国务院批复后，要抓紧做好省级规划方案的修订和审批工作，切实将工程实施的目标、任务、资金、责任落实到省并分解到县。在此基础上，编制好县级实施方案，搞好作业设计，将任务落到山头地块，落到森工企业、林场、农户。二是按照国务院西部地区开发会议确定的原则，做好陡坡耕地退耕还林还草试点示范方案的报批工作。待国务院批准后，抓紧省级试点方案和县级实施方案的编制及组织实施工作。通过试点示范，努力探索出一套符合西部地区实际情况和照顾不同地方特点的政策、措施及操作办法，为进一步开展陡坡耕地退耕还林还草打下良好的基础。三是要强化工程实施的管理和监督工作。国家林业局要会同有关部门抓紧制定工程实施的有关规程、规定和管理办法。各省区也要相应制定工程设计、施工、检查、验收等具体标准和办法，全面规范工程实施工作。同时，要强化中央、省、县三级监督检查机制。

关于三北地区防沙治沙工程。一是要在我局提出的规划思路的基础上，按照国务院领导同志的批示精神进一步与有关部门沟通协调，做好总体规划编制和上报审批工作。待国务院批准规划后，做好省级规划方案编制和子工程的规划立项工作。同时，做好实施的各项准备工作。二是从现在起就要采取强有力的措施，在风沙危害区内刹住破坏林草植被之风，这是实施治理的前提。

关于东北、内蒙古等重点国有林区天然林保护工程。目前，工程实施方案已送请有关部门会签，近期可上报国务院审批。这项工程也是党中央、国务院最为关注的工程，已经实施了两年，我们要坚定不移地把工程继续实施好。当前各地要抓好的主要工作：一是要按规划的要求，划定禁伐区和限伐区，认真落实所确定调减的木材产量。二是要切实做好富余人员安置工作，落实好有关政策，维持林区稳定。三是要加强资金的使用管理和监督，切实管好用好资金，坚决杜绝资金使用上的违纪行为。四是抓紧研究制定与天然林保护工程相配套的森林资源管理体制改革方案。

关于东中部地区生态公益林建设和重点速生丰产用材林基地建设工程。关键是要结合森林分类区划界定，做好省级生态公益林业和商品林业基地建设规划工作。一是要遵照国务院关于生态治理工作应将森林保护、荒山荒地绿化和陡坡耕地退耕还林结合进行的总精神，从各省区的实际出发，编好省级生态公益林业建设规划，并积极做好相应的政策争取工作。二是要按照市场经济的要求和林工结合的运作方式，编制速生丰产用材林基地和工业原料林基地建设规划，在规划的基础上，提出一批与以木材为原料的加工企业紧密结合的、具有一定规模效益和符合贷款要求的商品林业的基地建设项目。

（二）搞好森林分类区划界定，推进分类经营改革。

分类经营改革是林业的一项带有全局性、根本性的改革，是建立现代林业的基本要求。实施分区突破战略，实质上就是从全国的角度进行分类经营。推进分类经营改革，必须首先进行森林分类区划界定，这是实施林业分类经营的基础性工作。

各省（区、市）要按照国家林业局的统一部署和森林区划界定的原则要求、操作办法、政策措施，积极推进分类区划界定工作，为森林生态效益补偿基金管理办法出台后全面推进林业分类改革创造条件。公益林和商品林的划分，应从各地的立地条件、区域的生态地位以及经济和社会发展的实际情况出发，实事求是地加以确定。对这项工作，局里还将作出专题部署。

需要指出的是，长江上游、黄河上中游地区和三北地区，虽然从整体上划为生态公益林业建设区，但是也应该注意按照分类经营的要求，从当地经济发展和农民致富的实际出发，统筹规划和安排好两类林业的发展，对立地条件较好的地方也要适当营造一些经济林和用材林，将森林区划界定与生态工程规划紧密衔接，与当地的经济发展紧密衔接，使这些地区的林业建设建立在科学的森林区划界定的基础上。

为了全面推进分类经营改革，国家林业局在积极争取森林生态效益补偿基金出台的同时，正在拟定与之相配套的实施细则，在这次会上将发给大家征求意见，希望大家对补偿原则、补偿范围、补偿标准、补偿程序和资金使用及监督管理规则等问题仔细研究，提出意见。

（三）调整造林工作指导思想，提高造林绿化的效率和效益。

造林绿化是林业最主要、最基本的工作，必须紧紧围绕实行分类经营改革和实施分区突破战略，调整指导思想，建立新的机制，以适应形势任务的要求。

一是要明确树立符合分类经营要求的造林指导方针。过去我们在造林绿化的工作指导上，过于共性，不大注意分类指导，没有很好地按照两类林业的特点和规律办事，造林绿化的总体效率和效益都比较低。从今年开始，要进一步按照分类经营的原则调整造林工作指导方针，要根据各区域的不同情况和植树造林主导利用的目的，确定林种树种、营造方式和经营管理模式。对商品林业，要按照市场需要和经营目的实行高科技、高投入、高效益的集约经营；而对生态林业，要注意采取充分发挥自然力和比较经济的办法经营，能封则封，能飞则飞，不具备条件封飞的，可以人工造林，以形成生态效益较高的混交林相。总之，要切实做到造林绿化的工作指导与各区域林业建设的要求接轨，以适应不同区域林业建设的要求。这一思路的调整，必须在造林绿化的规划计划、投资安排、作业设计、种苗供应、技术规程、检查验收等各环节全面体现。对这项工作，局里也将作出专题部署。

二是要建立调动造林经营者积极性的激励机制。调动造林经营者积极性的问题，是我们应该始终考虑的大问题。中央一再强调要将个体承包作为造林种草的一项基本措施，我们一定要深刻领会，进一步解放思想，切实调整不利于调动造林经营者积极性的一些规定，建立起能够真正体现“谁造林，谁所有，谁受益”要求的，有利于调动广大农民和社会各种投入主体积极参与造林绿化的政策措施。应该看到，近些年来通过积极探索，在这方面有了不少好的措施办法和经验典型。今年，局里将进一步组织调查研究，在总结经验的基础上作出进一步的部署。

三是要编制好切实体现各区域林业建设特点的《2001～2010年全国造林绿化规划纲要》。实践证明，制定中长期造林绿化规划并在各级政府领导下组织实施，是促进造林绿化事业发展行之有效的好办法。各地要在认真总结前十年经验的基础上，编制好本省（区、市）2001～2010年造林绿化规划，明确奋斗目标、建设重点和政策措施。在此基础上，组织编制《2001～2010年全国造林绿化规划纲要》，并上报国务院批复实施，以指导今后一个时期的造林绿化工作。对这项工作，局里也将作出专题部署。

*（四）加强和改善森林资源保护管理工作，进一步巩固造林绿化成果。*

实行分类经营改革和实施分区突破战略对森林资源保护管理工作提出了更高的要求，我们要积极适应这一要求，加强和改善森林资源保护管理工作，使之更好地促进林业的发展。

一是要强化林地保护管理工作。《森林法实施条例》已经发布施行，要认真做好与国务院国发明电[1998]8号和国办发明电[1999]9号通知的衔接工作，强化征占用林地管理工作。同时，要进一步规范林地和林木权属管理，尚未颁发林权证的地方要力争于今年底完成发证工作，已经核发林权证的要逐步换发全国统一式样的林权证书。

二是要进一步加强和改善林木采伐管理。要适应实行分类经营改革和实施分区突破战略的要求，对林木采伐管理实行分类指导，逐步做到“管死一块，管严一块，放活一块”。“管死一块”就是对公益林一定要管死，不允许商业性采伐，尤其是已经停伐的天然林不得以任何理由发放商业性采伐指标。“管严一块”，就是对兼用林一定要严加管理，严格执行限额采伐和凭证采伐制度。“放活一块”，就是对商品林应允许经营者按经营方案和定向培育的要求依法自主采伐林木，但不得改变林地用途并要按时更新。林木采伐管理政策调整，要积极稳妥地进行，尤其是在“放活一块”上，必须先行试点，探索经验。这项工作，局里将结合编制“十五”期间年森林采伐限额工作，作出进一步的部署。

三是要推行森林管护承包责任制。总的要求是：凡是有条件实行管护承包而又尚未落实管护责任制的，要积极推行管护承包责任制，允许管护者在保护好森林资源的前提下，对林下资源享有优先开发经营的权利，把森林管护与职工、林农的切身利益紧密结合起来，进一步调动广大林业职工、林农群众保护和发展森林资源的积极性。

四是要改革东北内蒙古重点国有林区森林资源管理体制。要切实将国有森林资源的所有权和经营管理权从森工企业分离出来，形成有效的监督、管理和经营机制。今年，要进一步会同有关省区人民政府深入调查研究，提出各林区森林资源管理体制改革的具体方案，并做好实施的有关工作。

五是要加强森林防火工作。森林防火工作虽然连续12年保持了历史最好成绩，但是从总体上看，全面强化火源管理的难度还很大，森林火灾的综合预防和扑救能力还很薄弱，因此，思想上不能有丝毫麻痹，工作上不能有丝毫松懈。要继续加强森林消防队伍建设，进一步强化以火源管理为中心的预防工作，尤其是要强化重点火险区的防范工作，进一步做好扑大火的各项准备工作，确保今年不出大的问题。

六是要大力加强森林病虫害防治工作。当前森林病虫害防治工作面临的形势十分严峻，几种毁灭性的病虫害正在蔓延成灾，严重影响了造林成果的巩固。必须强化综合防治工作力度，扩大防治经费来源，全面组织实施好松材线虫病、松毛虫、美国白蛾、杨树天牛、大小蠹、鼠害等6个主要森林病虫害的国家级工程治理项目，切实把灾害扩大的趋势遏制住。

*（五）加强林业立法和执法工作，强化依法治林。*

要紧紧围绕新形势下林业建设的基本思路，加强林业法制工作，为林业发展创造良好的法律保障环境。

首先，在加强立法上要有新的进展。一是要强化森林和野生动植物保护管理方面的法规制度的建立健全工作。重点要抓好《防沙治沙法》、《天然林保护管理条例》、《林地管理条例》、《森林采伐和更新管理条例》、《森林、林木和林地使用权流转条例》、《野生动植物进出口管理条例》、《湿地管理条例》、《森林防火条例》等法规的建立或修订工作。二是要配合《森林法实施条例》的施行，做好各省（区、市）森林法实施办法的修订工作。同时，要进一步加强地方林业立法工作，尤其是要争取在湿地保护、自然保护区管理、森林公园管理、生态公益林管理等方面有所突破，积极拓展林业立法空间。

第二，在加大执法力度上要有新的举措。今年，要结合贯彻《森林法实施条例》和开展“保护野生动植物法律法规执行年”活动，在全国进一步开展执法大检查和组织专项斗争，尤其是对乱砍滥伐、超限额采伐、毁林开垦、乱侵乱占林地、乱捕滥猎野生动物、侵犯林业生产经营者合法权益等违法行为，要加大依法查处的力度。针对破坏森林资源有很多是领导行为这一情况，中纪委、监察部决定将查处破坏森林和野生动植物资源违法违纪行为纳入纪检、监察重点工作，这就为森林资源保护管理工作提供了强有力的支持。我们一定要积极会同中纪委、监察部做好有关处理标准的制定和实施工作，并要注意在日常工作中主动向各级纪检、监察部门通报情况，积极取得支持。

第三，在加强执法队伍建设上要有新的成效。要加强森林公安队伍的建设，积极争取解决森林公安民警统一纳入行政编制和经费来源问题。要重视森林和野生动植物保护管理机构及队伍建设，强化行政管理和行政执法职能。要进一步加强林业工作站建设，维护基层林业站的稳定，确保机构不乱、人员不散，网络不断、经费不减。同时，要深化林业站管理体制改革，争取将林业站作为县级林业主管部门的派出机构，强化其执法监管的地位和作用。要全面加强林业行政和执法机关普法教育，提高依法行政和执法监管水平。

（六）加强科技兴林工作，提高林业建设的科技含量。

加强科技兴林工作，是实现林业持续快速健康发展的决定因素。西部地区自然条件恶劣，植被恢复难度人，林业建设在很大程度上取决于科学技术的应用。东部地区发展高集约经营的商品林业，更要靠科学技术。因此，强化科技保障已成为实现林业发展的迫切任务。

在生态公益林建设方面，重点是要解决提高干旱、半干旱地区和干热河谷地区造林种草成活率和保存率问题。要尽快筛选、组装和推广应用一批适用的科技成果和先进成熟技术，如宜林宜草地区的科学划分、植被合理配置技术，抗逆性强（耐旱、耐盐碱、耐瘠薄、耐病虫害）的优良树（草）种选择技术，良种壮苗培育技术；径流林业、保水剂应用等蓄水、保水、节水造林种草技术，雨季飞播、飞播前种子包衣处理等飞播造林配套技术，病虫鼠害防治技术等，并对其中的技术难题和技术关键开展进一步的攻关研究。

在商品林基地建设方面，重点是要解决如何做到速生、丰产、优质、高效的问题．要充分利用牛物遗传技术，加大良种壮苗繁育力度，为基地造林提供优良品种和苗木，并在整地、栽植、抚育、施肥、管护等方面提供整套的集约经营措施，形成可以产业化规模经营的栽培模式，使商品林培育成为一项科技含量高的产业。

要进一步采取措施确保先进技术的应用。一是要建立和完善各级科技保障体系。要有相应的科研单位、林业院校和林业技术推广站作为技术依托单位，负责技术指导和技术把关。在这方面，世行贷款造林项目有一套比较成熟的做法和比较成功的经验，值得借鉴。二是要搞好示范。要结合各区域的建设重点，建立一批科技示范区、示范点，通过示范来促进先进技术的推广应用。三是要建立有利于应用先进技术的机制。凡是重点生态工程建设和重点商品林基地建设，在规划制定、计划安排、作业设计、工程实施等环节都要有科技保障的内容，要确定科技保障的资金渠道，并作为强制性的要求加以明确。四是要分层次全面强化教育培训工作，努力提高林业队伍的整体素质。

（七）进一步搞好林业全方位开放，促进林业加快发展。

要适应加快林业发展的要求，进一步解放思想，搞好林业对内对外全方位开放，充分利用国内国外两个市场、两种资源，促进林业发展。

一是要认真分析加入世界贸易组织后对林业发展带来的机遇与挑战。要根据国务院及有关部门的部署，做好有关法律法规、政策规章的清理、修改和衔接工作。二是要结合林业重点工程建设的需要，积极开展多渠道、多层次、多形式的对外合作与交流，进一步扩大对外合作的领域和利用外资的规模，当前，除要注意多渠道吸引外资加快速生丰产用材林基地和工业原料林基地建设步伐外，还要按林工结合的要求，研究以木材为原料的加工企业利用外资问题。三是要切实加强对现有合作项目的管理，树立良好的国际信誉和形象，以此为依托为积极争取新的合作项目创造条件。

同时，要进一步搞好林业对内开放，建立起有利于林业外部力量参与林业发展的机制，动员社会各方面力量广筹造林资金，广泛参与林业建设，进一步做到全社会办林业、全民搞绿化。

要做好上述工作，全面推进林业改革和发展，任务是极为繁重而艰巨的。各级林业部门的领导同志一定要正确认识当前的林业形势，把握好新形势下林业工作的思路，努力把今年和今后一个时期的林业工作做好。多少年来，我们都盼望着林业能有一个好的发展机遇，现在这个机遇来到了，关键就看我们自己的工作能不能跟得上去。有为才能有位，只要我们把党中央、国务院对林业建设的要求把握好，把林业工作完成好，切实为促进经济和社会可持续发展作出贡献，就一定能够取得党中央、国务院和全国人民的更大信任，林业就一定能够更有位置。面对新的形势任务，各级林业部门的领导干部要进一步用邓小平理论武装头脑，坚持解放思想、实事求是的思想路线，认真按照“三个有利于”的原则来研究解决林业改革和建设中的新情况、新问题，不断开创林业工作新局面；要进一步转变工作作风，脚踏实地，真抓实干，对本地区林业改革和发展的重点、难点问题，领导干部要亲自抓，深入实际，调查研究，牢牢把握工作的主动权；要加强思想政治工作，大力提倡艰苦奋斗、无私奉献的行业精神，树立热爱林业、献身林业的思想，把广大林业干部群众的思想和行动凝聚到发展林业的伟大事业上来；要加强党风廉政建设，进一步规范行业行为，对有执法管理职能的单位和岗位要强化监督和制约机制，尤其是要注意发挥群众监督、社会监督、舆论监督的作用，以良好的行业形象来进一步取得全社会和广大人民群众的支持。

同志们，做好今年的林业工作意义重大。我们要高举邓小平理论的伟大旗帜，在以江泽民同志为核心的党中央领导下，振奋精神，克服困难，齐心协力，开拓进取，把今年的各项林业工作做好，将林业建设胜利地推向新世纪。

# 中国林业概述

## 2000年的中国林业

2000年是实现“九五”计划的最后一年，也是为新世纪林业发展奠定基础的重要一年。党中央、国务院对林业高度重视，全社会对林业空前关注。江泽民总书记4月1日在北京中华世纪坛参加首都义务植树时指出：“开展全民义务植树活动，提高了人民群众的绿化意识，也美化了我们的生活环境，一定要长期坚持下去。西部大开发首先要改善环境，加强生态建设，植树种草的工作要抓紧抓好。”在春季我国北方地区连续12次遭受沙尘暴袭击之后，国务院领导同志多次召集有关部门召开专门会议，研究防沙治沙和加强生态环境建设问题。5月12～14日，国务院总理朱镕基专程到河北、内蒙古考察防沙治沙工作，指出：我国土地沙化形势十分严峻，必须把防沙治沙、加强生态环境建设，作为一项重大而紧迫的任务抓紧抓好。要认真总结经验教训，进一步明确工作思路、政策措施，充分调动各方面的积极性，构筑绿色屏障，遏制土地沙漠化趋势，促进可持续发展目标的实现。中央领导同志的讲话，进一步确立了林业在生态建设中的主体地位，明确了林业在经济和社会可持续发展中的基础作用。

根据党中央、国务院的部署，年初召开的全国林业厅（局）长会议，在认真分析和准确把握林业在经济社会可持续发展中的定位、林业发展的首要任务、林业建设的布局、新时期林业发展对策的基础上，提出新形势下林业工作的基本思路是：以现代林业思想为指导，以建立比较完备的林业生态体系和比较发达的林业产业体系为目标，以保护和改善生态环境为重点，深化分类经营改革，实施分区突破战略，促进我国林业持续快速健康发展。在具体布局上，把全国划分为四个区域，实行分类指导，分区突破，从而实现全国林业的整体推进。

第一个区域是长江上游、黄河上中游地区。这一地区是我国水土流失最严重，生态环境最脆弱地区。国家把生态建设作为实施西部大开发战略的根本和切入点，为全面保护和恢复林草植被，从根本上改善这一地区的生态环境，提供了极好的机遇。因此，确定这一地区的主体任务是发展公益林业，并以工程建设的形式整体推进。其主要任务，一是对天然林停止采伐，并采取有效措施严加管护；二是对宜林荒山荒地造林绿化，尽快恢复林草植被；三是对陡坡耕地，有计划、分步骤地退耕还林（草）。

第二个区域是西北北部、华北北部和东北西部风沙干旱地区。这个地区是我国风沙危害最严重的地区，也是我国生态建设的重点地区。因此，确定这一地区主体任务是进一步实施以发展林草植被为核心的防沙治沙工程，遏制沙化扩展趋势。其主要任务，一是全面保护好现有林草植被，严禁乱砍滥伐、乱采滥挖和乱垦滥牧，避免造成新的土地沙化；二是在沙漠仍在推进的地带，大力植树种草，建立起遏制沙漠推进的生态屏障；三是对已经沙化的地区开展综合治理，积极扩大林草植被；四是对已形成的沙漠绿洲，在巩固的基础上扩大。

第三个区域是东北内蒙古国有林区。这一地区，既是我国最大的木材生产基地，又是东北地区主要江河的发源地和东北三江平原、松辽平原大粮仓及呼伦贝尔大草原牧业基地的天然屏障，搞好这一地区的林业建设，意义十分重大。因此确定这一地区的主要任务是减少木材采伐，使林区能够有效地休养生息。采取的主要办法是实施天然林保护工程，促进林区从采伐森林转向管护森林，通过休养生息恢复森林资源。工程实施的着力点是调减木材产量和分流安置森工企业人员。

第四个区域是除上述区域以外的地区。这一地区从总体上讲属于经济发达、自然条件比较好的地区，林业建设的主要任务是，在继续加速推进本地区生态建设的同时，大力发展商品林业，努力满足国家建设和人民生活的需要。

在党中央、国务院的重视和领导下，在社会各界的大力支持下，在林业系统广大干部职工的努力下，2000年各项林业事业得到较大发展。

**造林绿化稳步推进，林业重点生态工程建设取得突破性进展** 随着全民生态意识的增强，社会、部门和群众性造林绿化积极性进一步高涨。2000年全国完成造林面积达510.5万公顷，比1999年增长4.17%。其中，人工造林面积434.5万公顷；飞播造林面积76万公顷。林业重点工程对造林绿化起到了明显的带动作用，特别是退耕还林（草）试点示范工作和天然林保护工程经国务院批准，国家林业局、国家计委、财政部于3月9日印发了《关于开展2000年长江上游、黄河上中游地区退耕还林（草）试点示范工作的通知》，国家林业局、国家计委、财政部、劳动和社会保障部于12月1日印发了《长江上游、黄河上中游地区天然林资源保护工程实施方案》和《东北、内蒙古等重点国有林区天然林资源保护工程实施方案》，标志着天然林保护工程和退耕还林（草）试点工作的正式启动，有效加快了生态建设步伐。在全部造林面积中，林业重点工程造林325.8万公顷，占全部造林面积的63.8%。在林业重点生态工程的带动下，2000年，封山护林面积、育苗面积、苗木产量与1999年同比都有较大增长，分别达到2151万公顷、27.9万公顷、271.7亿株，同比增长85.9%、26.5%、17.4%。

*林业经济持续增长，产品结构进一步优化* 2000年，全国林业总产值达到3 555.5亿元，比1999年增长11.5%。其中，第一产业实现总产值2 389.3亿元，第二产业实现总产值1 034.6亿元，第三产业总产值实现131.6亿元。特别是木材产量继续调减，2000年为4 724万立方米，比1999年下降9.8%；人造板产量大幅度上升，2000年达到2 001.66万立方米，比1999年增长33.2%。产品结构的优化，既提高了木材利用率，有效减少了森林资源过量消耗，又保证了国家建设和人民生活用材。但由于市场因素，林化产品中除紫胶外，松香、松节油、栲胶2000年产量比1999年有较大减少。

林业企业经济运行状况明显好于1999年。2000年系统内国有独立核算大中型工业企业资产保值增值率105.3%，比增提高2.1个百分点；成本费用利润率2.0%，比增提高0.8个百分点；全员劳动生产率9 725元/人，比增提高5.9%。经济效益指标明显好于1999年，但与全国相比还有较大差距。

*森林资源和野生动植物管理与保护成效显著* 在各级林业部门的努力下，第五次全国森林资源连续清查在2000年顺利完成，全国森林面积达到23.9亿亩，活立木蓄积达到124.9亿立方米，表明我国森林面积和蓄积持续“双增长”，为我国林业和生态建设提供了最新的森林资源数据。进一步强化了森林采伐限额管理，编制完成并经国务院批转下发了“十五”期间年森林采伐限额，继续组织了森林采伐限额执行情况的核查，结果显示，各地超限额采伐的情况明显好转，抽查的207个县（局）实现了总体不超，超限额采伐的县（局）也由1998年的50%以上下降到24%。林地保护和林权管理工作得到了切实加强，在加大贯彻《国务院关于保护森林资源制止毁林开垦和乱占林地的通知》的基础上，国家林业局下发了《占用征用林地审核审批管理办法》和《林权登记管理办法》两个部门规章，强化了对征占用林地的约束。据抽查，全国各项建设工程征占用林地经林业主管部门审核率和森林植被恢复费的收取率，都比1999年有明显提高。森林资源林政管理试点示范工作取得了新的进展，森林资源监督工作取得显著效果。

野生动植物保护和自然保护区建设取得了新的进展。2000年在全国范围内开展了野生动植物保护法规执行年活动，各地共进行专项打击行动95次，查处案件2.9万起，取缔非法驯养繁殖单位1 567家、非法经营利用单位1 758家，并制定发布了《国家保护的有益的或者有重要经济、科学研究价值的陆生野生动物名录》等法律法规。2000年，全国林业系统新建自然保护区60多处、自然保护小区700多处，其中新建的三江源国家级自然保护区是我国目前面积最大的自然保护区。

森林防火取得了较好成绩。全年共发生森林火灾5 913次，过火面积167 096公顷，其中受害森林面积88 385公顷，森林火灾受害率为0.56%，因森林火灾死亡81人，受伤97人，与1999年相比，森林火灾次数和伤亡人数分别下降了13%和58%。

相继在福建、广东、广西、云南四省（区）开展了以打击乱捕滥猎野生动物的南方二号行动和旨在全国范围内严厉查处打击破坏森林资源违纪违法行为的保护森林资源三号行动，对乱捕滥猎野生动物和破坏森林资源的行为起到了巨大震慑作用。2000年度全国森林公安机关共受理森林和野生动物案件151 632起，查处149 672起，综合查处率98.71%，共打击处理各类违法犯罪人员224 621人次，为国家挽回经济损失3.4亿元，有效保护了森林和野生动植物资源，维护了林区社会稳定。

*科教兴林工作取得新的进展，林业对外交流与合作进一步活跃* 2000年林业科技和教育体制改革继续稳步，特别是根据国务院办公厅国办发[2000]11号转发《教育部等部门关于调整国务院部门（单位）所属学校管理体制和布局结构实施意见的通知》，按照“共建、调整、合作、合并”的原则，国家林业局所属的8所院校平稳完成了转制，总体上有利于林业教育的发展，同时林业行业培训和职业技能鉴定进一步深化。进一步强化了林业重点生态工程建设科技支撑的作用，国家林业局相继下发了天保工程、退耕还林（草）试点示范科技支撑方案，加大了林业科技投入，此外，高新技术在林业中逐步开始应用，林业基础研究和应用研究不断取得新的成果，有力推动了林业生态工程建设。

对外交流与合作进一步活跃。截至2000年底，由国家林业局负责管理的正在执行的经济合作项目已达60个，总金额3亿美元。为配合林业重点工程和西部大开发，2000年共争取到经济技术合作项目18个，总金额4 087.1万美元，通过国际项目的实施，不仅拓宽了林业利用外资的渠道，为林业发展注入了活力，更为重要的是学习和吸收国外先进的管理和技术。此外，仅国家林业局2000年即派遣出国考察、进修、出席国际会议等达448批1 220人次，接待332批728人次，涉及28个国家和地区。为我国林业与世界接轨创造了条件。

*林业投资大幅增加，生态建设成为国家投资重点*

2000年，林业系统固定资产投资完成167.77亿元，比1999年增长54.76%；其中营林固定资产投资完成151.05亿元，比1999年增加64.58%；森工固定资产投资完成16.72亿元，比1999年增加0.54%。在全部固定资产投资完成额中，国家投资112.45亿元，比1999年增长89.4%；其中营林国家投资110.14亿元，比1999年增加91.35%；森工国家投资2.31亿元，比1999年增加27.31%。

但2000年林业项目、治沙、山区综合开发和森工多种经营4项贴息贷款实际到位资金30.2亿元，比1999年下降24.5%，主要原因是林业和森工企业缺乏有竞争力的建设项目，难以通过各商业银行的效益评估。

林业利用外资规模进一步扩大，2000年利用外资达到5.43亿元，比增75.2%。

林业投资总量的大幅度增加，有力推动了林业生态建设，壮大了林业整体实力，特别是保证了天然林保护工程及退耕还林(草)试点示范工作等林业重点工程的顺利实施。

在肯定成绩的同时，我们还要看到，森林资源总量不足，乱砍滥伐、乱垦滥占等破坏森林资源的问题仍很突出；林业产业结构不合理，所有制单一，宏观调控薄弱，木材经营加工盲目发展；林业重点工程建设资金使用管理、造林质量等方面存在不少隐患；林业税费负担过重，部分经济政策反向调节等林业发展中的很多深层次问题还没有得到根本解决，林业改革与发展的任务还相当艰巨。新的形势和任务对林业建设提出了更新更高的要求，必须在理论上、实践上作出一系列重大调整和安排，促进林业持续、快速、健康发展。

（贯　骞）

# 重要林业法律法规

## 中华人民共和国国务院令

第 278 号

现发布《中华人民共和国森林法实施条例》，自发布之日起施行。

中华人民共和国国务院总理　朱镕基

2000 年 1 月 29 日

## 中华人民共和国森林法实施条例

### 第一章　总　则

**第一条**　根据《中华人民共和国森林法》(以下简称森林法)，制定本条例。

**第二条**　森林资源，包括森林、林木、林地以及依托森林、林木、林地生存的野生动物、植物和微生物。

森林，包括乔木林和竹林。

林木，包括树木和竹子。

林地，包括郁闭度 0.2 以上的乔木林地以及竹林地、灌木林地、疏林地、采伐迹地、火烧迹地、未成林造林地、苗圃地和县级以上人民政府规划的宜林地。

**第三条**　国家依法实行森林、林木和林地登记发证制度。依法登记的森林、林木和林地的所有权、使用法受法律保护，任何单位和个人不得侵犯。

森林、林木和林地的权属证书式样由国务院林业主管部门规定。

**第四条**　依法使用的国家所有的森林、林木和林地，按照下列规定登记：

(一) 使用国务院确定的国家所有的重点林区（以下简称重点林区）的森林、林木和林地的单位，应当向国务院林业主管部门提出登记申请，由国务院林业主管部门登记造册，核发证书，确认森林、林木和林地使用权以及由使用者所有的林木所有权；

(二) 使用国家所有的跨行政区域的森林、林木和林地的单位和个人，应当向共同的上一级人民政府林业主管部门提出登记申请，由该人民政府登记造册，核发证书，确认森林、林木和林地使用权以及由使用者所有的林木所有权；

(三) 使用国家所有的其他森林、林木和林地的单位和个人，应当向县级以上地方人民政府林业主管部门提出登记申请，由县级以上地方人民政府登记造册，核发证书，确认森林、林木和林地使用权以及由使用者所有的林木所有权。

未确定使用权的国家所有的森林、林木和林地，由县级以上人民政府登记造册，负责保护管理。

**第五条**　集体所有的森林、林木和林地，由所有者向所在地的县级人民政府林业主管部门提出登记申请，由该县级人民政府登记造册，核发证书，确认所有权。

单位和个人所有的林木，由所有者向所在地的县级人民政府林业主管部门提出登记申请，由该县级人民政府登记造册，核发证书，确认林木所有权。

使用集体所有的森林、林木和林地的单位和个人，应当向所在地的县级人民政府林业主管部门提出登记申请，由该县级人民政府登记造册，核发证书，确认森林、林木和林地使用权。

**第六条** 改变森林、林木和林地所有权、使用权的，应当依法办理变更登记手续。

**第七条** 县级以上人民政府林业主管部门应当建立森林、林木和林地权属管理档案。

**第八条** 国家重点防护林和特种用途林，由国务院林业主管部门提出意见，报国务院批准公布；地方重点防护林和特种用途林，由省、自治区、直辖市人民政府林业主管部门提出意见，报本级人民政府批准公布；其他防护林、用材林、特种用途林以及经济林、薪炭林，由县级人民政府林业主管部门根据国家关于林种划分的规定和本级人民政府的部署组织划定，报本级人民政府批准公布。

省、自治区、直辖市行政区域内的重点防护林和特种用途林的面积，不得少于本行政区域森林总面积的百分之三十。

经批准公布的林种改变为其他林种的，应当报原批准公布机关批准。

**第九条** 依照森林法第八条第一款第(五)项规定提取的资金，必须专门用于营造坑木、造纸等用材林，不得挪作他用。审计机关和林业主管部门应当加强监督。

**第十条** 国务院林业主管部门向重点林区派驻的森林资源监督机构，应当加强对重点林区内森林资源保护管理的监督检查。

## 第二章 森林经营管理

**第十一条** 国务院林业主管部门应当定期监测全国森林资源消长和森林生态环境变化的情况。

重点林区森林资源调查、建立档案和编制森林经营方案等项工作，由国务院林业主管部门组织实施；其他森林资源调查、建立档案和编制森林经营方案等项工作，由县级以上地方人民政府林业主管部门组织实施。

**第十二条** 制定林业长远规划，应当遵循下列原则：

(一) 保护生态环境和促进经济的可持续发展；

(二) 以现有的森林资源为基础；

(三) 与土地利用总体规划、水土保持规划、城市规划、村庄和集镇规划相协调。

**第十三条** 林业长远规划应当包括下列内容：

(一) 林业发展目标；

(二) 林种比例；

(三) 林地保护利用规划；

(四) 植树造林规划。

**第十四条** 全国林业长远规划由国务院林业主管部门会同其他有关部门编制，报国务院批准后施行。

地方各级林业长远规划由县级以上地方人民政府林业主管部门会同其他有关部门编制，报本级人民政府批准后施行。

下级林业长远规划应当根据上一级林业长远规划编制。

林业长远规划的调整、修改，应当报经原批准机关批准。

**第十五条** 国家依法保护森林、林木和林地经营者的合法权益。任何单位和个人不得侵占经营者依法所有的林木和使用的林地。

用材林、经济林和薪炭林的经营者，依法享有经营权、收益权和其他合法权益。

防护林和特种用途林的经营者，有获得森林生态效益补偿的权利。

**第十六条** 勘查、开采矿藏和修建道路、水利、电力、通讯等工程，需要占用或者征用林地的，必须遵守下列规定：

(一)用地单位应当向县级以上人民政府林业主管部门提出用地申请，经审核同意后，按照国家规定的标准预交森林植被恢复费，领取使用林地审核同意书。用地单位凭使用林地审核同意书依法办理建设用地审批手续。占用或者征用林地未经林业主管部门审核同意的，土地行政主管部门不得受理建设用地申请。

(二)占用或者征用防护林林地或者特种用途林林地面积10公顷以上的，用材林、经济林、薪炭林林地及其采伐迹地面积35公顷以上的，其他林地面积70公顷以上的，由国务院林业主管部门审核；占用或者征用林地面积低于上述规定数量的，由省、自治区、直辖市人民政府林业主管部门审核。占用或者征用重点林区的林地的，由国务院林业主管部门审核。

(三)用地单位需要采伐已经批准占用或者征用的林地上的林木时，应当向林地所在地的县级以上地方人民政府林业主管部门或者国务院林业主管部门申请林木采伐许可证。

(四)占用或者征用林地未被批准的，有关林业主管部门应当自接到不予批准通知之日起7日内将收取的森林植被恢复费如数退还。

**第十七条** 需要临时占用林地的，应当经县级以上人民政府林业主管部门批准。

临时占用林地的期限不得超过两年，并不得在临时占用的林地上修筑永久性建筑物；占用期满后，用地单位必须恢复林业生产条件。

**第十八条** 森林经营单位在所经营的林地范围内修筑直接为林业生产服务的工程设施，需要占用林地的，由县级以上人民政府林业主管部门批准；修筑其他工程设施，需要将林地转为非林业建设用地的，必须依法办理建设用地审批手续。

前款所称直接为林业生产服务的工程设施是指：

（一）培育、生产种子、苗木的设施；

（二）贮存种子、苗木、木材的设施；

（三）集材道、运材道；

（四）林业科研、试验、示范基地；

（五）野生动植物保护、护林、森林病虫害防治、森林防火、木材检疫的设施；

（六）供水、供电、供热、供气、通讯基础设施。

## 第三章　森林保护

**第十九条**　县级以上人民政府林业主管部门应当根据森林病虫害测报中心和测报点对测报对象的调查和监测情况，定期发布长期、中期、短期森林病虫害预报，并及时提出防治方案。

森林经营者应当选用良种，营造混交林，实行科学育林，提高防御森林病虫害的能力。

发生森林病虫害时，有关部门、森林经营者应当采取综合防治措施，及时进行防治。

发生严重森林病虫害时，当地人民政府应当采取紧急防治措施，防止蔓延，消除隐患。

**第二十条**　国务院林业主管部门负责确定全国林木种苗检疫对象。省、自治区、直辖市人民政府林业主管部门根据本地区的需要，可以确定本省、自治区、直辖市的林木种苗补充检疫对象，报国务院林业主管部门备案。

**第二十一条**　禁止毁林开垦、毁林采种和违反操作技术规程采脂、挖笋、掘根、剥树皮及过度修枝的毁林行为。

**第二十二条**　25度以上的坡地应当用于植树、种草。25度以上的坡耕地应当按照当地人民政府制定的规划，逐步退耕，植树和种草。

**第二十三条**　发生森林火灾时，当地人民政府必须立即组织军民扑救；有关部门应当积极做好扑救火灾物资的供应、运输和通讯、医疗等工作。

## 第四章　植树造林

**第二十四条**　森林法所称森林覆盖率，是指以行政区域为单位森林面积与土地面积的百分比。森林面积，包括郁闭度0.2以上的乔木林地面积和竹林地面积、国家特别规定的灌木林地面积、农田林网以及村旁、路旁、水旁、宅旁林木的覆盖面积。

县级以上地方人民政府应当按照国务院确定的森林覆盖率奋斗目标，确定本行政区域森林覆盖率的奋斗目标，并组织实施。

**第二十五条**　植树造林应当遵守造林技术规程，实行科学造林，提高林木的成活率。

县级人民政府对本行政区域内当年造林的情况应当组织检查验收，除国家特别规定的干旱、半干旱地区外，成活率不足85%的，不得计入年度造林完成面积。

**第二十六条**　国家对造林绿化实行部门和单位负责制。

铁路公路两旁、江河两岸、湖泊水库周围，各有关主管单位是造林绿化的责任单位。工矿区，机关、学校用地，部队营区以及农场、牧场、渔场经营地区，各该单位是造林绿化的责任单位。

责任单位的造林绿化任务，由所在地的县级人民政府下达责任通知书，予以确认。

**第二十七条**　国家保护承包造林者依法享有的林木所有权和其他合法权益。未经发包方和承包方协商一致，不得随意变更或者解除承包造林合同。

## 第五章　森林采伐

**第二十八条**　国家所有的森林和林木以国有林业企业事业单位、农场、厂矿为单位，集体所有的森林和林木、个人所有的林木以县为单位，制定年森林采伐限额，由省、自治区、直辖市人民政府林业主管部门汇总、平衡，经本级人民政府审核后，报国务院批准；其中，重点林区的年森林采伐限额，由国务院林业主管部门审核后，报国务院批准。

国务院批准的年森林采伐限额，每5年核定一次。

**第二十九条**　采伐森林、林木作为商品销售的，必须纳入国家年度木材生产计划；但是，农村居民采伐自留山上个人所有的薪炭林和自留地、房前屋后个人所有的零星林木除外。

**第三十条**　申请林木采伐许可证，除应当提交申请采伐林木的所有权证书或者使用权证书外，还应当按照下列规定提交其他有关证明文件：

（一）国有林业企业事业单位还应当提交采伐区调查设计文件和上年度采伐更新验收证明；

（二）其他单位还应当提交包括采伐林木的目的、地点、林种、林况、面积、蓄积量、方式和更新措施等内容的文件；

（三）个人还应当提交包括采伐林木的地点、面积、树种、株数、蓄积量、更新时间等内容的文件。

因扑救森林火灾、防洪抢险等紧急情况需要采伐林木的，组织抢险的单位或者部门应当自紧急情况结束之日起30日内，将采伐林木的情况报告当地县级以上人民政府林业主管部门。

**第三十一条**　有下列情形之一的，不得核发林木采伐许可证：

（一）防护林和特种用途林进行非抚育或者非更新性质的采伐的，或者采伐封山育林期、封山育林区内的林木的；

（二）上年度采伐后未完成更新造林任务的；

（三）上年度发生重大滥伐案件、森林火灾或者大面积严重森林病虫害，未采取预防和改进措施的。

林木采伐许可证的式样由国务院林业主管部门规定，由省、自治区、直辖市人民政府林业主管部门印制。

**第三十二条**　除森林法已有明确规定的外，林木采伐许可证按照下列规定权限核发：

（一）县属国有林场，由所在地的县级人民政府林业主管部门核发；

（二）省、自治区、直辖市和设区的市、自治州所属的国有林业企业事业单位、其他国有企业事业单位，由所在地的省、自治区、直辖市人民政府林业主管部门核发；

（三）重点林区的国有林业企业事业单位，由国务院林业主管部门核发。

**第三十三条** 利用外资营造的用材林达到一定规模需要采伐的，应当在国务院批准的年森林采伐限额内，由省、自治区、直辖市人民政府林业主管部门批准，实行采伐限额单列。

**第三十四条** 在林区经营（含加工）木材，必须经县级以上人民政府林业主管部门批准。

木材收购单位和个人不得收购没有林木采伐许可证或者其他合法来源证明的木材。

前款所称木材，是指原木、锯材、竹材、木片和省、自治区、直辖市规定的其他木材。

**第三十五条** 从林区运出非国家统一调拨的木材，必须持有县级以上人民政府林业主管部门核发的木材运输证。

重点林区的木材运输证，由国务院林业主管部门核发；其他木材运输证，由县级以上地方人民政府林业主管部门核发。

木材运输证自木材起运点到终点全程有效，必须随货同行。没有木材运输证的，承运单位和个人不得承运。

木材运输证的式样由国务院林业主管部门规定。

**第三十六条** 申请木材运输证，应当提交下列证明文件：

（一）林木采伐许可证或者其他合法来源证明；

（二）检疫证明；

（三）省、自治区、直辖市人民政府林业主管部门规定的其他文件。

符合前款条件的，受理木材运输证申请的县级以上人民政府林业主管部门应当自接到申请之日起3日内发给木材运输证。

依法发放的木材运输证所准运的木材运输总量，不得超过当地年度木材生产计划规定可以运出销售的木材总量。

**第三十七条** 经省、自治区、直辖市人民政府批准在林区设立的木材检查站，负责检查木材运输；无证运输木材的，木材检查站应当予以制止，可以暂扣无证运输的木材，并立即报请县级以上人民政府林业主管部门依法处理。

## 第六章 法律责任

**第三十八条** 滥伐森林或者其他林木，以立木材积计算不足0.5立方米或者幼树不足20株的，由县级以上人民政府林业主管部门责令补种盗伐株数10倍的树木，没收盗伐的林木或者变卖所得，并处盗伐林木价值3倍至5倍的罚款。

盗伐森林或者其他林木，以立木材积计算0.5立方米以上或者幼树20株以上的，由县级以上人民政府林业主管部门责令补种盗伐株数10倍的树木，没收盗伐的林木或者变卖所得，并处盗伐林木价值5倍至10倍的罚款。

**第三十九条** 盗伐森林或者其他林木，以立木材积计算不足2立方米或者幼树不足50株的，由县级以上人民政府林业主管部门责令补种滥伐株数5倍的树木，并处滥伐林木价值2倍至3倍的罚款。

滥伐森林或者其他林木，以立木材积计算2立方米以上或者幼树50株以上的，由县级以上人民政府林业主管部门责令补种滥伐株数5倍的树木，并处滥伐林木价值3倍至5倍的罚款。

超过木材生产计划采伐森林或者其他林木的，依照前两款规定处罚。

**第四十条** 违反本条例规定，未经批准，擅自在林区经营（含加工）木材的，由县级以上人民政府林业主管部门没收非法经营的木材和违法所得，并处违法所得2倍以下的罚款。

**第四十一条** 违反本条例规定，毁林采种或者违反操作技术规程采脂、挖笋、掘根、剥树皮及过度修枝，致使森林、林木受到毁坏的，依法赔偿损失，由县级以上人民政府林业主管部门责令停止违法行为，补种毁坏株数1倍至3倍的树木，可以处毁坏林木价值1倍至5倍的罚款；拒不补种树木或者补种不符合国家有关规定的，由县级以上人民政府林业主管部门组织代为补种，所需费用由违法者支付。

违反森林法和本条例规定，擅自开垦林地，致使森林、林木受到毁坏的，依照森林法第四十四条的规定予以处罚；对森林、林木未造成毁坏或者被开垦的林地上没有森林、林木的，由县级以上人民政府林业主管部门责令停止违法行为，限期恢复原状，可以处非法开垦林地每平方米10元以下的罚款。

**第四十二条** 有下列情形之一的，由县级以上人民政府林业主管部门责令限期完成造林任务；逾期未完成的，可以处应完成而未完成造林任务所需费用2倍以下的罚款；对直接负责的主管人员和其他直接责任人员，依法给予行政处分：

（一）连续两年未完成更新造林任务的；

（二）当年更新造林面积未达到应更新造林面积50%的；

（三）除国家特别规定的干旱、半干旱地区外，更新造林当年成活率未达到85%的；

（四）植树造林责任单位未按照所在地县级人民政府的要求按时完成造林任务的。

**第四十三条** 未经县级以上人民政府林业主管部门审核同意，擅自改变林地用途的，由县级以上人民政府林业主管部门责令限期恢复原状，并处非法改变用途林地每平方米10元至30元的罚款。

临时占用林地，逾期不归还的，依照前款规定处罚。

**第四十四条** 无木材运输证运输木材的，由县级以上人民政府林业主管部门没收非法运输的木材，对货主可以并处非法运输木材价款30%以下的罚款。

运输的木材数量超出木材运输证所准运的运输数量的，由县级以上人民政府林业主管部门没收超出部分的木材；运输的木材树种、材种、规格与木材运输证规定不符又无正当理由的，没收其不相符部分的木材。

使用伪造、涂改的木材运输证运输木材的，由县级以上人民政府林业主管部门没收非法运输的木材，并处没收木材价款10%至50%的罚款。

承运无木材运输证的木材的，由县级以上人民政府林业主管部门没收运费，并处运费1倍至3倍的罚款。

**第四十五条** 擅自移动或者毁坏林业服务标志的，由县级以上人民政府林业主管部门责令限期恢复原状；逾期不恢复原状的，由县级以上人民政府林业主管部门代为恢复，所需费用由违法者支付。

**第四十六条** 违反本条例规定，未经批准，擅自将防护林和特种用途林改变为其他林种的，由县级以上人民政府林业主管部门收回经营者所获取的森林生态效益补偿，并处所获取森林生态效益补偿3倍以下的罚款。

## 第七章 附 则

**第四十七条** 本条例中县级以上地方人民政府林业主管部门职责权限的划分，由国务院林业主管部门具体规定。

**第四十八条** 本条例自发布之日起施行。1986年4月28日国务院批准、1986年5月10日林业部发布的《中华人民共和国森林法实施细则》同时废止。

# 国务院关于进一步做好退耕还林还草试点工作的若干意见

国发［2000］24号

各省、自治区、直辖市人民政府，国务院各部委、各直属机构：

今年以来，按照党中央、国务院的部署，长江上游、黄河上中游各有关地区认真开展退耕还林还草的试点工作，进展比较顺利，得到广大农民的拥护和支持。但试点工作中也出现了一些新情况、新问题。主要是：一些地区由于试点范围偏大，工作衔接不够，种苗供需矛盾突出，树种结构不够合理，经济林比重普遍较大；有些地区由于严重干旱以及管理粗放，造林成活率较低。为了明确责任，严格管理，推动试点工作的健康发展，根据国务院总理办公会议的决定，并经今年七月中西部地区退耕还林还草工作座谈会讨论，现就进一步做好退耕还林还草试点工作作出以下规定：

**一、加强领导，明确责任，实行省级政府负总责**

1. 各级领导要深刻领会党中央、国务院关于实施退耕还林还草，加强西部生态环境保护和建设的重大意义，进一步提高认识，加强领导，切实把退耕还林还草试点工作列入重要议事日程，及时研究解决实施中的重大问题，保证这项工作健康有序地开展。

2. 实行省级政府对退耕还林还草试点工作负总责和市（地）、县（市）政府目标责任制。退耕还林还草试点工作，实行目标、任务、资金、粮食、责任五到省。各有关省级政府要确定一位省级领导同志具体负责，并认真组织实施好退耕还林还草试点工作。市（地）、县（市）、乡级政府也要层层落实退耕还林还草试点工作的目标和责任，实行目标管理责任制，层层签订责任状，认真进行检查和考核，确保试点工作顺利实施。

3. 国务院各有关部门要根据职能分工，密切配合，共同做好退耕还林还草的有关工作。国务院西部地区开发领导小组办公室负责退耕还林还草工作的综合协调，组织有关部门研究制定退耕还林还草有关政策和办法；国家计委会同有关部门负责退耕还林还草总体规划的审核、计划的汇总、基建年度计划的编制和综合平衡；财政部负责退耕还林还草中央财政补助资金的安排和监督管理，参与退耕还林还草总体规划、计划的编制；国家林业局负责退耕还林还草工作总体规划、计划的编制，以及工作指导和督促检查监督；农业部负责已垦草场的退耕还草及天然草场的恢复和建设有关规划、计划的编制，以及技术指导和监督检查；水利部负责退耕还林还草地区小流域治理、水土保持等相关工作的技术指导和监督检查；国家粮食局负责粮源的协调和调剂工作。

各有关省（自治区、直辖市）、市（地）、县（市）

的计划、财政、林业、农业、水利、粮食等部门，要在本级政府的统一领导下，按照各自的职能分工，各司其职、各负其责，密切配合，共同做好工作。

4. 实施退耕还林还草，应坚持“全面规划、分步实施，突出重点、先易后难，先行试点、稳步推进”的原则，有计划、分步骤地进行。各省（自治区、直辖市）政府根据国家核定的试点计划任务，负责编制本地区的年度计划，审批县级实施方案，报国务院有关部门备案。各地必须严格执行计划，不准随意扩大试点范围和增加面积。对于超出试点计划面积的，其粮食、现金和种苗补助，由本地区自行解决。

5. 各地退耕还林还草目标的确定，应与改善生态环境、调整农业结构和农民脱贫致富相结合，做好统筹规划和相互衔接，处理好退耕还林还草和农民生计的关系问题。退耕还林还草要坚持政策引导和农民自愿原则，充分尊重农民的意愿。对生产条件较好，粮食产量较高，又不会造成水土流失的耕地，农民不愿退耕的，不得强迫退耕。

**二、完善退耕还林还草政策，充分调动广大群众的积极性**

6. 要认真落实“退耕还林（草）、封山绿化、以粮代赈、个体承包”的措施，切实把国家无偿向退耕户提供粮食、现金、种苗的补助政策落实到户。国家每年根据退耕面积核定各省（自治区、直辖市）退耕还林还草所需粮食和现金补助总量。粮食和现金的补助年限，先按经济林补助5年，生态林补助8年计算，到期后可根据农民实际收入情况，需要补助多少年再继续补助多少年。要坚持营造生态林为主，而且不许自行砍伐。各部门、各地区要抓紧进行调查研究，对生态林和经济林的比例做出科学的规定，生态林一般应占80%左右。对超过规定比例多种的经济林，只补助种苗费，不补助粮食。退耕户完成现有耕地退耕还林还草后，应继续在宜林荒山荒地造林种草，国家除对退耕地补助粮食外，还将对荒山荒地造林种草所需种苗给予补助。对1999年先行试点地区要按此抓紧兑现。

7. 粮源的组织由省（自治区、直辖市）政府负责，原则上以地方国有粮食企业的商品周转粮为主。当地政府要统一组织粮食的供应，就近调运，组织到乡、到村，兑付到户，减少供应环节，降低供应成本。每亩退耕地每年补助粮食（原粮）的标准，长江上游地区为300斤，黄河上中游地区为200斤。退耕地实际产量超过粮食补助标准，而农民不愿退耕的，要尊重农民自愿，绝不可强迫农民退耕。水土流失严重的地区，需要退耕而实际亩产粮食超过补助标准的，应相应提高补助标准。补助粮食的价款由中央财政承担，调运费用由地方财政承担，都不得向农民分摊。有关补助粮食费用的结算，由财政部门会同粮食部门和农业发展银行办理。

8. 国家给退耕户适当的现金补助。为鼓励农民退耕还林还草，并考虑到农民日常生活需要，国家在一定时期内可给予现金补助。现金补助标准按退耕面积每年每亩20元计算，补助年限与粮食补助年限相同。补助款由国家提供。

9. 国家向退耕户提供造林种草的种苗费补助。种苗费补助标准按退耕还林还草和宜林荒山荒地造林种草每亩50元计算，直接发给农民自行选择采购种苗。补助款由国家提供。

10. 退耕还林还草试点工程的前期工作和科技支撑等方面的费用，按退耕还林还草基本建设投资的一定比例由国家给予补助，由国家计委根据工作情况在年度计划中适当安排。

11. 对应税的退耕地，自退耕之年起，对补助粮达到原收益水平的，国家扣除农业税部分后再将补助粮发放给农民；停止粮食补助时，不再对退耕地征收农业税。具体由国务院有关部门另行规定。进行生态林草建设的，按国家有关税收优惠政策执行。

12. 采取中央对地方财政转移支付方式，对地方财政减收给予适当补偿。实施退耕还林还草试点的县，其农业税等收入减收部分，由中央财政以转移支付的方式给予适当补助。

13. 实施退耕还林还草的地区，要把退耕还林还草与扶贫开发、农业综合开发、水土保持等政策措施结合起来，对不同渠道的资金，可以统筹安排，综合使用。要调整农业支出结构，统筹安排使用支农资金。实施退耕还林还草地区的财政扶贫资金可重点用于该地区包括基本农田、小型水利在内的基础设施建设和农牧民科技培训、科技推广，提高缓坡耕地和河川耕地的生产能力，提高农民的科技水平，促进退耕还林还草。

14. 要在确定土地所有权和使用权的基础上，实行“谁退耕、谁造林（草）、谁经营、谁受益”的政策，将责权利紧密结合起来，调动农民群众的积极性，使退耕还林还草真正成为农民的自觉行为。农民承包的耕地和宜林荒山荒地，植树种草以后，承包期一律延长到50年，允许依法继承、转让，到期后可按有关法律和法规继续承包。

15. 采取多种形式推进退耕还林还草。有条件的地区可本着协商、自愿的原则，由农村造林专业户、社会团体、企事业单位等租赁、承包退耕还林还草，其利益分配等问题由双方协商解决。鼓励在有条件的地区实行集中连片造林、种草，鼓励个人兴办家庭林场和草场，实行多种经营。

**三、健全种苗生产供应机制，确保种苗的数量和质量**

16. 要按市场规律和科学规律办事，加强退耕还林还草的种苗基地建设，做好种苗生产和供应工作。要根据本行政区域内退耕还林还草的总体规划，做好种苗建设规划。林业部门和农业部门要做好对种苗生产、供应的指导、管理工作，切实抓好种苗基地建设。鼓励集体、企业和个人采取多种形式培育种苗，扩大种苗生产能力。

17. 要加强种子、苗木检验检疫工作。有关部门要加强种子质量检验工作，及时发现和制止生产、销售不合格种子。加强苗木生产全过程质量管理、检查监督、检验检疫，杜绝伪劣、带病虫害等不合格苗木造林。生产、销售种子和苗木必须有林业或农业部门出具的标签、质量检验证和检疫证，凡是不具备"一签两证"的种子、苗木，不准进入市场。

18. 要加强种苗调剂工作。各试点县退耕还林还草所用种苗，要做到尽量在本县内解决，尽量使用乡土和抗逆性强的树草种及新品种。因本地种苗供应不足须从外县调拨的，由林业或农业部门积极组织调剂。

19. 要加强种苗市场行政执法力度。坚决制止垄断种苗市场、哄抬种苗价格的行为，严厉打击种苗销售中的不法行为，维护农民合法权益。

**四、依靠科技进步，合理确定林草种结构和植被恢复方式**

20. 要根据不同气候水文条件和土地类型进行科学规划，作到因地制宜，乔灌草合理配置，农林牧相互结合。要加强推广应用先进实用科技成果，特别是要推广应用耐旱树草种以及良种壮苗繁育技术、集水保墒技术、植物生长促进剂、干热河谷造林种草技术等，提高造林种草质量。要加强防治林草病虫害的研究和管理，确保林草的健康成长。

21. 要在作业设计中科学地确定林种、树种和草种比例。要以分类经营为指导，坚持因地制宜的原则。在水土流失和风沙危害严重、25度以上的陡坡地段及江河源头、湖库周围、石质山地、山脉顶脊等生态地位重要地区，要全部还生态林草，并做到宜乔则乔、宜灌则灌、宜草则草，乔灌草结合，还林后实行封山管护，还草后实行围栏封育。在立地条件适宜且不易造成水土流失的地方，在保证整体生态效益的前提下，适当发展经济林、用材林和薪炭林。退耕还林还草要确保生态林草的主体地位。

22. 要建立科技支撑体系。各地要因地制宜制定退耕还林还草科技保障方案，依据植被地带性分布规律和水资源的承载力，研究乔灌草植被建设的适宜类型、适宜规模与合理布局，确定科学的乔灌草植被结构模式及相应的科技支撑措施。

**五、加强建设管理，确保退耕还林还草顺利开展**

23. 做好退耕还林还草的前期工作。要抓紧组织编制县级退耕还林还草实施方案，特别是要做好乡镇作业设计工作。要把退耕还林还草任务落实到山头地块，落实到农户。

24. 在地方各级政府对本行政区域内的退耕还林还草实行目标责任制的同时，还要实行项目责任制，确定项目责任人，对退耕还林还草的数量、质量、效益和管理负全责。

25. 各试点县（市）都要建立技术承包责任制，认真抓好先进科技成果的推广应用和工程建设质量。可由科技人员对退耕还林还草项目进行技术承包，技术承包人要与试点县(市)签订承包合同，负责技术指导、技术服务，其报酬与工程质量挂钩，实行奖惩制度。

26. 建立规范的退耕还林还草项目管理机制，严格按规划设计、按设计施工、按标准验收、按验收结果兑现政策和奖惩。

27. 实行报账制。退耕还林还草任务完成后，由省、县两级政府组织林业、农业等有关部门专业人员，对农户退耕还林还草进行检查验收，农户凭验收卡领取粮食和现金补助，并逐级报账。

28. 退耕还林还草任务完成后，由当地林业、农业主管部门进行核实和登记，并由当地政府依法发放林草权属证书，明晰权属，使农民退耕后能安心地从事林草管护和其他生产，并为防止复垦提供法律保障。

29. 建立分级技术培训制度。国家林业局和农业部按各自职能分工，认真抓好试点县的县级主管领导、工程技术骨干等人员的培训工作。各地也要结合工程建设需要，对基层干部和农民进行退耕还林还草方针政策和先进实用技术等方面的培训。

30. 建立信息反馈和定期报告制度，及时、准确地反馈各地试点工作的情况和问题。

**六、严格检查监督，确保退耕还林还草工程质量**

31. 国务院有关部门要抓紧制定检查验收办法，认真做好监督检查工作。国务院有关部门和省、县两级政府及其有关部门，要通过自查、抽查、核查，认真落实验收工作，并将检查验收结果作为政策兑现的依据。

32. 要依据检查结果严格兑现奖惩。对于成绩突出的地方和个人要予以奖励；对未完成任务、质量不合格的，要相应扣减粮食及现金补助；对出现重大问题的，将追究项目责任人及相关人员的责任。

33. 要建立退耕还林还草举报制度。有关县、乡政府要公布举报电话，设立举报信箱，接受社会和群众监督。对违法违纪现象，一经核实，要按照有关规定对责任人做出处罚，对举报有功人员给予奖励。

国务院

2000年9月10日

# 国务院关于进一步推进全国绿色通道建设的通知

国发［2000］31号

各省、自治区、直辖市人民政府，国务院各部委、各直属机构：

绿色通道建设是我国国土绿化的重要组成部分，主要任务是对公路、铁路、河渠、堤坝沿线进行绿化美化。近年来，绿色通道建设取得了一定成绩。但是，发展很不平衡，绿化的空间和潜力还很大。为进一步推进全国绿色通道建设，现通知如下：

**一、绿色通道建设是一项具有战略意义的国土绿化工程**

建设绿色通道，是贯彻落实江泽民总书记关于建设秀美山川的重大举措，是我国从总体上构建以重点林业生态工程为骨架，以城镇、村庄绿化为依托，以公路、铁路、河渠、堤坝等沿线绿化为网络的国土绿化战略的需要。实施绿色通道工程，不仅能够保护公路、铁路、河渠、堤坝，改善沿线生态环境，全面推进全国城乡绿化美化向纵深发展，而且能够促进沿线地区的农业结构调整，改善和优化沿线地区社会经济环境，加强社会主义物质文明和精神文明建设。各级政府和部门要深刻认识绿色通道建设对于促进国民经济和社会可持续发展，实现祖国山川秀美的重要意义，广泛宣传和发动，组织好各方面的力量，投入到绿色通道建设工程中去，力求取得新的成效。

**二、绿色通道建设的基本思路和目标**

绿色通道建设是一项社会公益性事业，应动员全社会和全民参与这项工作，鼓励国家、部门、集体、个人一起上，实行谁绿化谁所有、谁投资谁受益、谁经营谁得利，充分调动各方面建设绿色通道的积极性。

绿色通道建设要在保障公路、铁路视野开阔，无安全隐患的前提下进行，要和公路、铁路、水利设施建设统筹规划并与工程建设同步设计、同步施工、同步验收。要实行分级负责，部门密切配合，将建设和管护任务落实到单位和个人。要坚持从实际出发，遵循客观规律，科学规划，合理布局，宜林则林，宜草则草，适地适树（草），乔灌草综合考虑，优化配置，不断提高绿色通道建设的质量。绿色通道建设要和道路、堤坝等防护工程设施以及沿线城镇、乡村的绿化工作结合起来，既要绿化美化环境，又要能够保障安全，护路护堤（坝），提高工程的防护性能。要注意节约耕地。

绿色通道建设任务艰巨，必须突出重点，分步实施。要优先抓好高速公路、铁路、国道、省道、重要堤坝沿线以及重点水库周边地区的绿化。新建、改建、扩建的道路、堤坝等沿线的绿化要和工程项目统筹规划，统一纳入工程概算，同步建设。

绿色通道建设要纳入全国生态环境建设规划、全国造林绿化规划和城市总体规划。绿色通道建设用地规划应当与各级土地利用总体规划相衔接，并纳入年度土地利用计划。

全国绿色通道建设的目标是：到2005年，全国的高速公路、60%的现有铁路、国道、省道、河渠、堤坝实现绿化。到2010年，力争全国所有可绿化的公路、铁路、河渠、堤坝全面绿化，形成带、网、片、点相结合，层次多样、结构合理、功能完备的绿色长廊，使绿色通道与生态环境、城乡绿化美化融为一体。

**三、科学规划和设计，提高绿色通道建设质量**

绿色通道建设要考虑到各方面的实际情况和要求，因地制宜，科学规划，确定合理的建设标准，注重实效，提高质量。

高速公路、铁路、国道、省道绿色通道建设，应以防风固土，美化环境为主要功能。原则上，新建、改建、扩建的道路沿线绿化带宽度每侧严格按5～10米进行规划设计，有条件的地区可加宽到10米以上。现有上述道路沿线尚未绿化的，要尽快绿化，可参照上述标准拓宽绿化带。在条件适宜的地区，应合理配置主副林带，主林带树种应以高大乔木为主，副林带树种应选择乔木、亚乔木或灌木，实行针阔混交，形成立体复层的绿化带。在干旱、半干旱地区，应宜灌则灌、宜草则草，有条件的可选择一些耐旱乔木，形成乔、灌、草结合的绿化带。城市规划区内的公路、铁道旁的防护林带宽度每侧按30～50米进行规划设计，有条件的地区可加宽到50米以上。

县、乡道路沿线绿化，应以防风固土，改善环境为主要功能。原则上，新建、改建、扩建道路沿线绿化带宽度每侧严格按3～5米进行规划设计，有条件的地区可加宽到5米以上。现有县、乡道路沿线尚未绿化的，也要尽快绿化，可参照上述标准拓宽绿化带。在水热和土壤条件较好的地区，以优质速生乔木为主，针阔混交；在干旱、半干旱地区，应宜灌则灌、宜草则草，有条件的要实行乔、灌、草相结合。

河渠、堤坝、水库沿线绿化应以保持水土、护坡护岸、涵养水源为主要功能。尚未绿化的河渠、堤坝等要尽快绿化，有条件的地区也要提高绿化标准。树种、草种的选择根据护堤（坝）和绿化美化要求确定，有条件的要增加乔木、灌木的比重。

绿色通道建设应选择生态、经济、观赏价值较高的树种，选择根系发达、适应性强、无病虫害、主干通直、抗病性强的良种壮苗。

在绿色通道建设中，各地要因地制宜，有条件的地方允许栽植一定比例的经济林、用材林树种。

**四、多渠道筹集绿色通道建设的资金**

国家和地方各级政府要把绿色通道建设作为生态环境建设的重点工程，列入基本建设计划，增加资金投入。绿色通道建设资金实行分级负责。铁道的绿化由铁道部负责；国道、省道的绿化由国家和省级政府负责；河渠、堤坝、水库按隶属关系划分，属于中央管理的工程由中央负责，属于地方管理的工程由地方负责；县、乡道路由所在地地方政府负责。已经建成的道路、堤坝等尚未进行绿化的，应按原规划做好绿化工作。已规划征用但被占用的绿化用地，要限期退出，搞好绿化。今后，凡新建、改建、扩建的道路、堤坝等，都要把绿化纳入工程规划，列入工程概算并与所建工程同步设计、同步建设，同步验收，验收合格后明确管护责任。

林业、交通、铁道、水利等部门以及沿线地区，要按照各自的责任，安排相应的资金用于绿色通道工程建设。同时，要动员社会各方面的力量，增加对绿色通道建设的投资。要把道路、堤坝等沿线的绿化带作为开展全民义务植树的重点地区。

采取多种方式，解决好绿色通道建设的用地问题。新建、改建、扩建道路和河渠、堤坝、水库沿线的绿化用地和工程用地要统一规划。现有道路在现行设计标准以内的用地，由建设单位负责解决；超出现行技术标准的，由所在地区提供用地。严格控制占用基本农田，确需占用的，按照《中华人民共和国基本农田保护条例》的规定，履行报批程序后，方可占用。地方政府负责的县、乡道路绿化用地可推行农民自愿出地、国家出苗、个体承包造林管护、收益按比例分成的做法，实行谁造林谁收益的政策，调动各方面参与绿色通道建设的积极性。各地可以从实际出发，采取拍卖、承包和合理补偿等方式，安排好绿色通道建设用地。具体由国土资源部商有关部门另行规定。

**五、加强领导，抓好落实**

绿色通道建设是一项跨部门、跨行业、跨区域的系统工程，必须纳入各级政府的重要议事日程，加强领导，精心组织，确保工程顺利实施。要实行领导目标责任制，层层签订责任状，建立严格的检查奖惩制度。各有关部门要按照职责分工，密切配合，积极主动做好工作。全国绿化委员会办公室要积极配合有关部门制定全国绿色通道工程建设质量标准和检查验收办法，搞好组织协调、督促检查，建立检查通报制度。各级林业、园林、水土保持部门要搞好行业指导，在规划设计、种苗供应、技术咨询等方面搞好服务。各地区、各部门要突出抓好一批示范路段，通过典型示范，全面推进全国绿色通道建设。

国务院

2000 年 10 月 11 日

# 国务院办公厅关于将怒江省级自然保护区纳入高黎贡山国家级自然保护区有关问题的通知

国办函［2000］34 号

云南省人民政府，国家环保总局、国家林业局：

原林业部《关于将云南怒江省级自然保护区纳入云南高黎贡山国家级自然保护区范围的请示》(林护字［1997］16 号）和国家环保总局《关于批准云南怒江自然保护区纳入高黎贡山国家级自然保护区的请示》(环发［2000］62 号）收悉。经国务院批准，现通知如下：

一、同意将怒江省级自然保护区纳入高黎贡山国家级自然保护区范围。扩大后高黎贡山国家级自然保护区总面积为 40.52 万公顷，由北、中、南互不相连的三片组成。北片位于北纬 27°31′～28°22′、东经 98°08′～98°52′之间，北与西藏自治区察隅地区接壤，东起怒江，西和西南至担当力卡山山脊与缅甸相邻，面积 24.28 万公顷；中片位于北纬 25°11′～26°15′、东经 98°40′～98°49′之间，西至高黎贡山山脊与缅甸相邻，向南延伸至泸水县古登乡，北至福贡县的架科底，东以泸水县、福贡县海拔 2 500 米以上的无人居住处为界，面积 3.79 万公顷；南片位于北纬 24°56′～26°09′、东经 98°34′～98°50′之间，北起听命山的中缅国境线，南至保腾公路 78～90 公里处，东以泸水县、保山市境内高黎贡山东坡海拔 1 090 米以上的山腰为界，西以泸水县、腾冲县境内高黎贡山西坡海拔 1 900 米以上的山腰为界，面积 12.45 万公顷。

二、按照《中华人民共和国自然保护区条例》等有关规定，请抓紧制定完善该自然保护区总体规划，合理确定功能分区并经论证和审定后，标明区界，予以公告。

三、加强领导，切实搞好自然保护区的各项保护工作。坚决制止在自然保护区内滥捕乱猎野生动物、滥采乱挖野生植物的违法行为，停止一切林木采伐。自然保护区的核心区和缓冲区，不得开展旅游等任何生产经营活动。自然保护区实验区内的旅游开发、生产经营和建设活动，必须严格执行环境影响评价制度和有关审批手续。

四、要按照国家有关规定，加强对自然保护区的监督管理，并在政策、资金、科学研究等方面对该自然保护区给予支持和帮助，共同把这一自然保护区管理好、保护好、建设好。

国务院办公厅
2000 年 4 月 27 日

# 国务院办公厅关于调整扩大白马雪山国家级自然保护区有关问题的通知

国办函［2000］35 号

云南省人民政府，国家环保总局、国家林业局：

云南省人民政府《关于调整扩大白马雪山国家级自然保护区的请示》（云政发［1999］114 号）和国家环保总局《关于批准云南白马雪山国家级自然保护区扩界调整的请示》（环发［2000］63 号）收悉。经国务院批准，现通知如下：

一、同意调整扩大白马雪山国家级自然保护区范围。扩大后白马雪山国家级自然保护区总面积为 27.64 万公顷，范围为北纬 27°25′～28°36′、东经 98°47′～99°21′之间，东临金沙江河谷至德钦县奔子栏乡后接格里雪山山脊线到维西县塔城乡的马跨底，南至维西县白济汛乡的安一，北起德钦县羊拉乡的巴杂丫口，西以白马雪山山脊线至维西县叶枝乡海拔 2 120 米以上的山腰为界。

二、按照《中华人民共和国自然保护区条例》等有关规定，请抓紧制定完善该自然保护区总体规划，合理确定功能分区并经论证和审定后，标明区界，予以公告。

三、加强领导，切实搞好自然保护区的各项保护工作。坚决制止在自然保护区内滥捕乱猎野生动物、滥采乱挖野生植物的违法行为，停止一切林木采伐。自然保护区的核心区和缓冲区，不得开展旅游等任何生产经营活动。自然保护区实验区内的旅游开发、生产经营和建设活动，必须严格执行环境影响评价制度和有关审批手续。

四、要按照国家有关规定，加强对自然保护区的监督管理，并在政策、资金、科学研究等方面对该自然保护区给予支持和帮助，共同把这一自然保护区管理好、保护好、建设好。

国务院办公厅
2000 年 4 月 27 日

# 国务院办公厅关于墨脱国家级自然保护区扩界更名为雅鲁藏布大峡谷国家级自然保护区有关问题的通知

国办函［2000］36 号

西藏自治区人民政府，国家环保总局、国家林业局：

西藏自治区人民政府《关于墨脱国家级自然保护区扩界更名为雅鲁藏布大峡谷国家级自然保护区的请示》（藏政发［1999］50 号）和国家环保总局《关于批准西藏墨脱国家级自然保护区扩界更名为雅鲁藏布大峡谷国家级自然保护区的请示》（环发［2000］64 号）收悉。经国务院批准，现通知如下：

一、同意将墨脱国家级自然保护区扩界并更名为雅鲁藏布大峡谷国家级自然保护区。扩大后雅鲁藏布大峡谷国家级自然保护区总面积为 91.68 万公顷，范围为北纬 29°05′～30°20′、东经 94°39′～96°06′之间，南以高尤拉与丹巴江北部分水岭为界，北抵纳雍嘎簸雪山、迫龙藏布江和哽日嘎布山脉主脊，西自东喜马拉雅山脉主脊线至白努弄巴和则巴弄巴西侧分水岭，东达哽日嘎布主峰。

二、按照《中华人民共和国自然保护区条例》等有关规定，请抓紧修改完善该自然保护区总体规划，合理确定功能分区并经论证和审定后，标明区界，予以公告。

三、加强领导，切实搞好自然保护区内的各项保护工作。坚决制止在自然保护区内滥捕乱猎野生动物、滥采乱挖野生植物的违法行为，停止一切林木采伐。自然保护区的核心区和缓冲区，不得开展旅游等任何生产经营活动。自然保护区实验区内的旅游开发、生产经营和建设活动，必须严格执行环境影响评价制度和有关审批手续。

四、要按照国家有关规定，加强对自然保护区的监督管理，并在政策、资金、科学研究等方面对该自然保护区给予支持和帮助，共同把这一自然保护区管理好、保护好、建设好。

国务院办公厅
2000 年 4 月 27 日

# 国家林业局令
## （第 5 号）

现发布《中华人民共和国植物新品种保护名录（林业部分）》（第二批），自发布之日起施行。

国家林业局局长　王志宝
2000 年 2 月 2 日

## 附：中华人民共和国植物新品种保护名录（林业部分）
### （第二批）

| 种或者属名 | 学　名 |
|---|---|
| 1. 杨属 | *Populus* |
| 2. 柳属 | *Salix* |
| 3. 桉属 | *Eucalyptus* |
| 4. 板栗 | *Castanea mollissima* |
| 5. 核桃属 | *Juglance* |
| 6. 枣 | *Zizyphus jujuba* |
| 7. 柿 | *Diospyros kaki* |
| 8. 杏 | *Prunus armeniaca* |
| 9. 银杏 | *Ginkgo biloba* |
| 10. 油桐属 | *Vernicia* |
| 11. 红豆杉属 | *Taxus* |
| 12. 杜鹃花属 | *Rhododendron* |
| 13. 桃花 | *Prunus persica* |
| 14. 紫薇 | *Lagerstroemia indica* |
| 15. 榆叶梅 | *prunus triloba* |
| 16. 腊梅 | *Chimonanthus praecox* |
| 17. 桂花 | *Osmanthus fragrans* |

# 国家林业局令
## （第 6 号）

现发布《林业工作站管理办法》，自发布之日起施行。

国家林业局局长　王志宝
2000 年 3 月 13 日

# 附：林业工作站管理办法

## 第一章 总 则

**第一条** 为加强林业工作站(以下简称林业站)的建设与管理，发挥林业站在保护森林和野生动植物资源以及发展林业中的作用，根据国家有关规定，制定本办法。

**第二条** 林业站的建设和管理，适用本办法。

**第三条** 林业站依法对森林和野生动植物资源实行管理和监督，是组织和指导农村集体经济组织、个人发展林业生产和开展林业社会化服务的基层事业单位。

**第四条** 林业站由县级林业行政主管部门直接领导或者实行由县级林业行政主管部门和所在地乡镇人民政府双重领导的管理体制。

**第五条** 国家林业局主管全国林业站的管理和监督工作。

县级以上地方人民政府林业行政主管部门主管本行政区域内林业站的管理和监督工作。

## 第二章 林业站的职责

**第六条** 林业站的主要职责是：

(一)宣传与贯彻执行森林和野生动植物资源保护等法律、法规和各项林业方针、政策；

(二)协助乡镇人民政府制定林业发展规划和年度计划、组织和指导农村集体、个人开展林业生产经营活动；

(三)配合林业行政主管部门开展资源调查、造林检查验收、林业统计和森林资源档案管理工作，掌握辖区内森林资源消长和野生动植物物种变化情况；

(四)协助林业行政主管部门管理林木采伐工作，配合做好林木采伐的伐区调查设计，并参与监督伐区作业和伐区验收工作；

(五)配合林业行政主管部门和乡镇人民政府做好森林防火、森林病虫害防治工作；

(六)依法保护、管理森林和野生动植物资源；依法保护湿地资源；

(七)协助有关部门处理森林、林木和林地所有权或者使用权争议、查处破坏森林和野生动植物资源案件；

(八)协助林业行政主管部门管理辖区内的乡村林场、个体林场；

(九)配合乡镇人民政府建立健全乡村护林网络，负责乡村护林队伍的管理；

(十)推广林业科学技术，开展林业技术培训、技术咨询和技术服务等林业社会化服务，为林农提供产前、产中、产后服务；

(十一)根据国家有关规定代收和协助管理各项林业行政事业性收费等；

(十二)承担县级林业行政主管部门委托的其他事项。

## 第三章 林业站的建设

**第七条** 凡有林业生产和经营管理任务的地方，应当在乡镇设立林业站；林业生产和经营管理任务相对较轻的地方，可以在两个以上的乡镇设立林业站。

暂时不具备设立林业站条件的乡镇，应当根据《中华人民共和国森林法》的规定设专职或者兼职人员负责林业工作。

**第八条** 林业站的设立，应当由县级林业行政主管部门提出意见或者由县级林业行政主管部门与当地乡镇人民政府协商后提出意见，报县级人民政府批准。

**第九条** 林业站人员的编制应当根据国家有关规定和当地实际情况，由县级林业行政主管部门商机构编制部门确定。

林业站新增人员应当主要接收大中专院校毕业生，实行考试与考核办法，择优录用。

**第十条** 林业站工作人员应当具有中专或高中以上文化水平。林业站专业技术人员的比例应当不少于80%。

林业站负责人和主要岗位人员，应当经培训并取得岗位合格证书，实行持证上岗。

**第十一条** 林业站的建设应当统一纳入地方经济和社会发展规划。

国家对林业站的建设给予适当的扶持。林业站所需事业经费，根据国家有关规定纳入地方财政预算。

**第十二条** 林业站应当具有必要的房屋、交通、通讯工具等设施。

任何单位和个人不得非法侵占、平调、拍卖或者出租林业站的房屋、交通、通讯工具等设施和其他资产。

## 第四章 林业站的管理

**第十三条** 林业站的撤销或者变更，应当由县级林业行政主管部门提出意见或者由县级林业行政主管部门与当地乡镇人民政府协商后提出意见，报原批准设立的机关批准。

**第十四条** 林业站负责人的任免，应当由县级林业行政主管部门或者由县级林业行政主管部门在征求有关乡镇人民政府的意见后按照所在地人事管理规定办理。

**第十五条**　县级以上林业行政主管部门应当对林业站的工作人员进行培训、考核。

林业站应当按照国家有关规定对达到相应技术水平的人员聘任相应的技术职务。

**第十六条**　林业站应当建立健全岗位责任制、目标管理责任制和技术承包责任制，制定和完善各项工作制度。

**第十七条**　林业站应当建立健全人事、财务、物资管理等各项制度，并接受县级林业行政主管部门的监督和检查。

**第十八条**　林业站在做好林业管理工作的前提下，可以建立示范和生产基地，开展多种经营，增强自我发展能力。

林业站开展技术服务的收入，按照国家有关规定享受免征营业税等优惠政策。

林业站从事的多种经营，不得影响其依法执行的公务活动。

**第十九条**　林业站有权拒绝任何单位或者个人的非法摊派、乱收费或者强行提留。

**第二十条**　成绩显著的林业站或者林业站工作人员，由县级以上林业行政主管部门给予奖励。

**第二十一条**　对有滥用职权、徇私舞弊、索贿受贿或者玩忽职守等行为的林业站工作人员，依照国家有关规定处理。

## 第五章　附　则

**第二十二条**　新疆生产建设兵团设立的团场林业站以及国有农场设立的林业站，参照本办法执行。

前款所称的林业站，按照其行政隶属关系进行管理并接受林业行政主管部门的业务指导；撤销或者变更的，由原批准设立的单位决定。

**第二十三条**　本办法由国家林业局负责解释。

**第二十四条**　本办法自发布之日起施行。1988年7月7日林业部发布的《区、乡（镇）林业工作站管理办法》同时废止。

# 国家林业局令

（第7号）

现发布《国家保护的有益的或者有重要经济、科学研究价值的陆生野生动物名录》，自发布之日起施行。

国家林业局局长　王志宝

2000年8月1日

# 附：国家保护的有益的或者有重要经济、科学研究价值的陆生野生动物名录

| | |
|---|---|
| 兽纲 MAMMALIA | 6目14科88种 |
| 鸟纲 AVES | 18目61科707种 |
| 两栖纲 AMPHIBIA | 3目10科291种 |
| 爬行纲 REPTILIA | 2目20科395种 |
| 昆虫纲 INSECTA | 17目72科120属另110种 |

# 国家林业局令
## （第1号）

《林木和林地权属登记管理办法》，已于2000年11月2日国家林业局第3次局务会议审议通过，现予发布，自发布之日起施行。

国家林业局局长　周生贤

2000年12月31日

# 附：林木和林地权属登记管理办法

**第一条**　为了规范森林、林木和林地的所有权或者使用权（以下简称林权）登记工作，根据《中华人民共和国森林法》及其实施条例规定，制定本办法。

**第二条**　县级以上林业主管部门依法履行林权登记职责。

林权登记包括初始、变更和注销登记。

**第三条**　林权权利人是指森林、林木和林地的所有权或者使用权的拥有者。

**第四条**　林权权利人为个人的，由本人或者其法定代理人、委托的代理人提出林权登记申请；林权权利人为法人或者其他组织的，由其法定代表人、负责人或者委托的代理人提出林权登记申请。

**第五条**　林权权利人应当根据森林法及其实施条例的规定提出登记申请，并提交以下文件：

（一）林权登记申请表；

（二）个人身份证明、法人或者其他组织的资格证明、法定代表人或者负责人的身份证明、法定代理人或者委托代理人的身份证明和载明委托事项和委托权限的委托书；

（三）申请登记的森林、林木和林地权属证明文件；

（四）省、自治区、直辖市人民政府林业主管部门规定要求提交的其他有关文件。

**第六条**　林权发生变更的，林权权利人应当到初始登记机关申请变更登记。

**第七条**　林地被依法征用、占用或者由于其他原因造成林地灭失的，原林权权利人应当到初始登记机关申请办理注销登记。

**第八条**　林权权利人申请办理变更登记或者注销登记时，应当提交下列文件：

（一）林权登记申请表；

（二）林权证；

（三）林权依法变更或者灭失的有关证明文件。

**第九条**　登记机关应当对林权权利人提交的申请登记材料进行初步审查。

登记机关认为林权权利人提交的申请材料符合森林法及其实施条例以及本办法规定的，应当予以受理；认为不符合规定的，应当说明不受理的理由或者要求林权权利人补充材料。

**第十条**　登记机关对已经受理的登记申请，应当自受理之日起10个工作日内，在森林、林木和林地所在地进行公告。公告期为30天。

**第十一条**　对经审查符合下列全部条件的登记申请，登记机关应当自受理申请之日起3个月内予以登记：

（一）申请登记的森林、林木和林地位置、四至界限、林种、面积或者株数等数据准确；

（二）林权证明材料合法有效；

（三）无权属争议；

（四）附图中标明的界桩、明显地物标志与实地相符合。

**第十二条**　对经审查不符合本办法第十一条规定的登记条件的登记申请，登记机关应当不予登记。

在公告期内，有关利害关系人如对登记申请提出异议，登记机关应当对其所提出的异议进行调查核实。有关利害关系人提出的异议主张确实合法有效的，登记机关对登记申请应当不予登记。

**第十三条**　对不予登记的申请，登记机关应当以书面形式向提出登记申请的林权权利人告知不予登记的理由。

**第十四条**　对于经过登记机关审查准予登记的申请，应当及时核发林权证。

**第十五条**　按照森林法及其实施条例的规定，由国务院林业主管部门或者省、自治区、直辖市人民政府以及设区的市、自治州人民政府核发林权证的，登记机关应当将核发林权证的情况通知有关地方人民政府。

**第十六条**　国务院林业主管部门统一规定林权证式样，并指定厂家印制。

**第十七条**　发现林权证错、漏登记的或者遗失、损坏的，有关林权权利人可以到原林权登记机关申请更正或者补办。

**第十八条**　登记机关应当配备专(兼)职人员和必要的设施，建立林权登记档案。

**第十九条**　登记档案应当包括下列主要材料：

(一) 本办法第五条规定的申请材料；

(二) 林权登记台账；

(三)本办法第十二条第二款涉及的异议材料和登记机关的调查材料和审查意见；

(四) 其他有关图表、数据资料等文件。

**第二十条**　登记机关应当公开登记档案，并接受公众查询。

**第二十一条**　省级林业主管部门登记机关应当将当年林权证核发、换发、变更等登记情况统计汇总，并于次年1月份报国务院林业主管部门。

**第二十二条**　本办法由国家林业局负责解释。

**第二十三条**　本办法自发布之日起施行。

# 国家林业局、国家计委、财政部<br>关于开展2000年长江上游、黄河上中游地区<br>退耕还林（草）试点示范工作的通知

林计发［2000］111号

各有关省、自治区、直辖市人民政府：

为认真贯彻落实党中央、国务院关于西部大开发战略部署，指导好各地退耕还林（草）工作，在广泛调查研究、充分听取各地意见基础上，组织编制了《长江上游、黄河上中游地区2000年退耕还林（草）试点示范实施方案》，现印发给你们，并将有关事项通知如下：

一、充分认识开展退耕还林（草）试点示范的重要意义

在西部地区实施以天然林保护、宜林荒山荒地造林种草和陡坡耕地有计划、分步骤地退耕还林（草）为主的生态环境保护和建设，是党中央、国务院针对我国西部生态环境状况，站在国家和民族长远发展的高度，着眼于经济与社会可持续发展全局作出的重大决策，是实施西部大开发的根本和切入点。加快西部生态环境建设，可以大大改善这一地区的生存环境，拓展中华民族的生存空间；可以为西部开发创造良好的生产建设条件和投资环境，加速推进西部大开发的进程；可以推动西部地区农业生产要素优化配置和农村经济结构调整，促进西部地区脱贫致富，增进民族团结，巩固国防；还是防治水土流失，从根本上扭转长江、黄河流域水患灾害的治本之策。

在西部地区生态环境建设中，陡坡耕地退耕还林（草）是减少水土流失，改善生态环境的关键措施。陡坡地开垦，对植被和地表破坏最大，造成的水土流失最严重，导致中下游江河和湖库不断淤积抬高，加重了长江、黄河中下游地区的水患。因此，实施退耕还林（草），恢复林草植被势在必行。

改革开放20年来党的农村政策的巨大成功和科学技术的迅速发展，我国粮食综合生产能力明显提高，全国粮食总量出现了阶段性、结构性、区域性供过于求。为西部地区实施退耕还林（草）提供了重要条件和历史机遇。以粮食换林草，可以大大减轻粮食存储的压力，节省大量的仓储和保管费用，减少库存粮食的陈化、损耗。从长远看，生态环境逐步改善后，还会促进平川地区和中下游地区粮食进一步增产，有利于实现全国粮食生产的良性循环。同时，实施退耕还林（草）还有利于带动西部地区农业产业结构调整，发展效益农业，增加农民收入，加快贫困地区农民脱贫致富，有效扩大西部农村需求，拉动经济增长。

二、正确把握好退耕还林（草）试点示范的主要原则

开展退耕还林（草）应坚持全面规划，分步实施，突出重点，先易后难，先行试点，稳步推进。试点示范工作组织中，应注意把握好以下原则：

(一) 坚持因地制宜，分类指导，实事求是，注重实效。要核准坡耕地的面积、分布、结构，并根据财力、物力、人力和科技等条件可能，合理确定坡耕地退耕还林（草）的任务。

(二) 坚持生态、经济和社会效益相统一。在确保生态目标实现的同时，要保证农民的生计，切实解决好群众最为关心的吃饭、烧柴、增收等实际问题。真正做到退得下，稳得住，能致富，不反弹。

(三) 坚持政策引导与农民自愿相结合。要尊重农民的意愿，不搞强迫命令。要通过政策引导，使农民认识到退耕还林（草）既是改善生态环境的迫切需要，又是调整农村种植结构、增加经济收入的必然选择，符合农民的根本利益，使退耕还林（草）逐步成为农民的自觉行动。

(四) 坚持依靠科技进步。要围绕提高造林种草成活率和保存率，依据不同区域自然条件的差异，按照适

地适树（草）的要求，相应确定适宜的造林树（草）种。在植被配置上，宜乔则乔，宜灌则灌，宜草则草，乔、灌、草相结合。在植被恢复方式上，宜封则封，宜飞则飞，宜造则造，封、飞、造结合。做到规划、设计、施工都要严格按照科学规律办事。

（五）坚持示范带动，稳步推进。通过试点带动，逐步推进，确保工程开好头、起好步，经过试点不断总结和完善，在积累经验的基础上全面展开。

（六）坚持省级政府负全责和实行地方各级政府目标责任制。实行退耕还林（草）的目标、任务、资金、粮食、责任“五到省”，并由省级政府对国家负总责。同时，还要将目标、任务、责任分解落实到市、县、乡人民政府，建立地方各级政府责任制。

三、选择好试点县，明确工程任务

退耕还林（草）工作涉及千家万户，事关广大农民当前收入和长远生计，政策性强，操作难度大，是一项复杂的社会系统工程。因此，退耕还林（草）应在全面规划的基础上，选择一些干部素质好、群众觉悟高、自然条件适宜、地域有代表性，种苗供应有保证、粮食组织供应机构健全的县先行开展试点、摸索经验、稳步推进。

退耕还林（草）试点范围确定为长江上游（以三峡库区为界）的云南、四川、贵州、重庆、湖北和黄河上中游（以小浪底库区为界）的陕西、甘肃、青海、宁夏、内蒙古、山西、河南、新疆（含生产建设兵团）13个省（自治区．直辖市）的174个县（团、场）。

2000年工程任务确定为退耕还林（草）面积515万亩，并按照“退一还二、还三”的要求，相应安排宜林荒山荒地人工造林种草面积648万亩。

在退耕还林（草）规模不变的前提下，各省（自治区、直辖市）对试点县可以进行调整，但必须报国家林业局备案。

四、实施以粮代赈、退耕还林（草）的政策及投入

试点示范工作的开展要按照“退耕还林（草）、封山绿化、以粮代赈、个体承包”要求进行。

（一）国家向退耕户无偿提供粮食。粮食补助的标准，应根据农户退耕面积、当地实际平均粮食单产和还林还草情况综合确定，原则上要有利于鼓励农民积极退耕。粮食补助的期限，根据试点情况确定，需要几年就补几年，以防止砍树复耕。粮源的组织由省（自治区、直辖市）负责，原则上以地方国有粮食企业的商品周转粮为土，必要时可动用地方储备粮或中请动用中央储备粮。粮食的供应要在当地政府统一组织下，就近调运，组织到乡、到村，兑付到户，减少供应环节，降低供应成本。向农民提供的粮食，不仅要兑现数量，而且要确保质量，坚决杜绝给农民陈化粮。粮食供应的品种及各品种搭配比例，由省（自治区、直辖市）政府根据当地农民的生活与种植习惯、当地粮食库存实际情况等合理确定。每亩退耕地每年补助粮食（原粮）的标准，长江上游地区300斤，黄河上中游地区200斤，每斤粮食按0.7元折算，由中央财政承担，以省为单位统一算账。粮食调运费用由地方财政承担，不能转嫁到农民身上。各地不得以任何形式将补助粮食折算成现金发放。有关粮食费用的结算，由财政部门会同粮食部门和农业发展银行办理。

（二）国家给退耕户适当现金补助。考虑到农民退耕后近几年内需要维持医疗、教育等必要的开支，中央财政在一定时期内给农民适当的现金补助。现金补助标准按每亩退耕地每年补助20元安排，现金补助的期限，根据试点情况确定，需要几年就补几年。

（三）国家向退耕户无偿提供种苗。退耕还林（草）和宜林荒山荒地人工造林种草，由林业部门统一组织采种、育苗单位向农民无偿供应所需的种子和苗木。种苗费按建设生态林标准每亩补助50元，由中央基建投资安排，提供给种苗生产单位。

（四）实行个体承包。按照“谁造林（草）、谁管护、谁受益”的原则，实行责权利挂钩，积极引导和支持退耕后的农民大力治理荒山荒地，并把植树种草和管护任务长期承包到户到人，30年不变。退耕地造林种草后由当地县级人民政府逐块登记造册，及时核发林草权属证明，并纳入规范化管理。

（五）实行“退一还二、还三”甚至更多。国家补助的粮食和现金是按退耕地亩产计算的，包括补助了农民投入的种子、化肥、劳务及净产出。因此，在有条件的地方，农民除负责退耕地造林外，还要承担两亩或两亩以上宜林荒山荒地造林种草任务。考虑到各地现有宜林荒山荒地数量不同，有的可能做不到“退一还二、还三”，有的可能要超过。因此，要因地制宜，以省为单位规划，以县为单元实施。

（六）实行报账制。国家在各省（自治区、直辖市）申报基础上平衡下达退耕还林（草）的年度计划和粮食、现金、种苗费用指标。各地要将退耕还林（草）的任务逐级落实到户，并分户建卡，由农户按规定的数量和进度进行退耕还林（草）。造林后，在地方政府统一组织下，由林业部门对退耕还林（草）进度、质量及管护情况组织检查验收，农户凭卡和验收证明，按报账制办法领取粮食和补助现金。

五、认真抓好退耕还林（草）试点示范的实施工作

（一）加强组织领导，落实好责任制。工程实施实行省级政府负全责和地方各级政府目标责任制。各有关省（自治区、直辖市）要以对党和人民高度负责的态度，切实做到对本地区的试点示范工作负全责，并要采取有力措施，层层签订责任状，落实责任制。要把试点的成效作为考核地（市）、县、乡各级领导干部政绩的重要内容；同时，各有关部门要明确职责，分工合作，共同做好工作。各级林业部门要当好政府的参谋助手，积极做好规划、指导、组织、协调和监督工作。

（二）加强宣传引导工作。各级宣传部门和新闻单

位，要广泛利用广播、电视、报刊等各种形式，以生动、形象的事实来宣传退耕还林（草）的重大意义、政策措施以及相关的规定，形成有力的舆论氛围；各级党委和政府，特别是农村基层组织要深入细致地做好农民的思想政治工作和教育引导工作。对实施退耕还林（草）中出现的一些暂时性问题，要采取有效措施及时解决，绝不能因此而影响农民对退耕还林（草）工作的信心；要组织编印相应的宣传手册、宣传提纲和宣传挂图，发到试点示范区，使广大干部群众充分了解建设内容、操作办法、治理措施和政策规定等，确实做到思想统一，认识统一，行动统一。

（三）结合各地实际，认真编制好各级退耕还林（草）试点示范实施方案。各地要从实际出发，认真编制好省级、县级退耕还林（草）试点示范实施方案和基层的作业设计，明确任务，落实政策，探索经验，逐步推广。省级实施方案由省林业主管部门会同计划、财政、粮食等有关部门编制，报国家林业局、国家计委、财政部、国家粮食局审核。县级实施方案由省组织编制、论证和审批，报国家有关部门备案。

（四）加强种苗供应工作。种苗生产供应工作直接关系到工程实施的成效甚至成败，必须超前组织好。要搞好种苗建设规划；加快种苗生产基地和基础设施建设；组织好采种和育苗生产，并建立起以现有采种基地、种子园和苗圃为主体的省、地、县、乡四级种苗生产供应体系；同时，各级林业部门要强化服务意识，特别是对农民所需优良经济林苗木，要提前掌握需求情况，做好市场预测和技术指导工作。

（五）加强科技保障工作。要坚持对试点示范工作实行科学规划、科学设计、科学实施、科学管理，切实将科技保障贯穿于试点示范的全过程，覆盖试点的所有区域。要根据不同气候条件、土地类型进行科学分类，认真区划宜林宜草地的区域，合理确定林草植被的恢复方式；要积极筛选、组装配套一批先进成熟的科技成果，系统地加以推广；要结合工程实际需要，组织各级科研部门对工程建设存在的技术难题进行攻关；要建立健全各级科技推广网络，做好技术指导及科技服务工作；要积极进行不同层次的培训，特别是要加强对农民的培训，提高工程建设者的整体素质。

（六）加强试点示范的管理和监督检查工作。为使退耕还林（草）试点示范工作健康有序地进行，国家林业局将会同国家计委、财政部。国家粮食局等部门研究制定退耕还林（草）试点示范各项管理办法和规定。各省（自治区、直辖市）也要相应制定工程设计、施工、检查、验收等具体标准和办法，强化和规范工程实施的管理。要强化对试点工作的检查监督和实绩考核。国家林业局会同有关部委加强对退耕还林（草）试点示范工作进行检查、核查和稽查。国家林业局内设立的工程管理监督机构专司此项工作。各省（自治区、直辖市）也要对本地区试点示范县的监督检查工作做出安排，并结合当地情况制定相应的调控措施。

附件：《长江上游、黄河上中游地区 2000 年退耕还林（草）试点示范实施方案》（略）

国家林业局、国家计委、财政部

2000 年 3 月 9 日

# 国家林业局关于印发重点林业工程资金稽查工作的暂行规定的通知

林基发［2000］129 号

各省、自治区、直辖市林业（农林）厅（局），内蒙古、吉林、龙江、大兴安岭林业（森工）集团公司：

为加强对国家重点林业工程各项资金的管理与监督，便于资金稽查人员更好地开展工作，进一步使稽查工作制度化、规范化，我们制定了《国家林业局关于重点林业工程资金稽查工作的暂行规定》，现印发给你们，请结合实际认真贯彻执行。执行中有什么问题，请及时反馈给我们。

附件：国家林业局关于重点林业工程资金稽查工作的暂行规定

国家林业局

2000 年 3 月 22 日

# 附件：国家林业局关于重点林业工程资金稽查工作的暂行规定

一、为加强对国家重点林业工程（以下简称“重点工程”）各项资金的管理与监督，建立健全资金监督制约机制，提高资金使用效益，保证各重点工程的顺利实施，根据国家计委、财政部、国家林业局的有关文件精神，特制定本规定。

二、国家林业局重点工程稽查办公室是受国家林业局委托，行使重点工程资金稽查职能的专门机构，负责按照工程建设规划、年度计划和资金管理的有关规定对重点工程资金的使用和管理情况进行监督检查。

三、本规定中所称重点工程资金，指由中央和地方预算安排的专门用于重点工程的基本建设投资、各项财政资金以及工程项目实施单位的自有资金。

四、资金稽查的对象为重点工程实施地区的各级林业主管部门及工程项目实施单位。

五、稽查的内容包括各项重点工程资金计划的下达、资金的拨付、到位、核算、使用、管理、使用效益及其他有关情况，其中以资金的及时拨付、专户储存、正确核算、安全完整、合理使用、充分发挥效益为重点。具体包括：

（一）资金转拨单位是否按规定的期限和程序拨付资金，资金使用单位是否按计划和工程进度及时将资金投入使用。有无截留、滞留资金现象；

（二）资金使用单位是否按规定用途和计划下达的内容使用资金，实行专款专用。有无挤占、挪用资金的现象和虚列工程资金支出、擅自调整工程投资计划等问题；

（三）资金运行和会计核算是否按国家有关规定，实行专项管理、专户储存、单独建账、单独核算。有无串用和转移资金、账外设账等问题；

（四）资金的使用效益如何。有无损失、浪费资金现象；

（五）其他有关情况。

六、稽查人员开展稽查工作，可以采取下列方式：

（一）查阅被稽查单位的财务报告、会计凭证、会计账簿等会计资料以及与资金拨付、使用有关的其他资料；

（二）听取被稽查单位有关资金使用管理情况的汇报，并提出质询；

（三）调查、核实被稽查单位的资金使用管理情况，到实地查看工作量完成情况，并可以要求被稽查单位作出必要的说明；

（四）向被稽查单位的有关人员了解情况，听取意见；

（五）向有关部门调查了解被稽查单位的有关情况。

七、国家林业局每年派出稽查工作组对重点工程资金的使用和管理情况进行定期和不定期的稽查。如需被稽查单位进行自查，应将具体检查内容、要求和期限事先通知被稽查单位，被稽查单位应按要求将自查结果及时报告国家林业局。国家林业局根据自查情况，派出稽查工作组进行重点核查。

八、被稽查单位应积极配合稽查工作组开展稽查工作，并按要求实事求是地及时、完整提供有关资料和情况，不得拒绝提供或隐匿、伪报资料，不得阻碍稽查工作。

九、稽查工作组应针对在稽查过程中发现的问题，及时向被稽查单位指出并交换意见，提出限期整改的建议。每次稽查工作完成后，稽查工作组应当及时向国家林业局提交客观、全面、真实、明确的稽查报告，其中对发现的问题应提出具体的处理意见或建议。

十、经审查核实，对违反规定，滞留、截留、挤占、挪用重点工程资金或由于管理不善而造成资金损失、浪费的单位，国家林业局可建议有关部门追究单位负责人及其有关责任人的责任，同时酌减该单位以后年度资金指标。

十一、稽查人员在工作中必须严格遵守稽查工作纪律，做到坚持原则、实事求是、清正廉洁、秉公办事，忠实履行职责，自觉维护国家利益。

十二、本规定自下发之日起执行。

# 国家林业局关于进一步加强自然保护区管理工作的通知

林护发［2000］131号

各省、自治区、直辖市林业（农林）厅（局），内蒙古、吉林、龙江、大兴安岭森工（林业）集团公司：

为了进一步加强自然保护区建设和管理，解决自然保护区在保护和管理工作上存在的如土地林地权属不清，投资严重不足，执法力度薄弱，管理体制不顺和缺乏行业规范等问题，推进自然保护区事业的正常发展，现将有关事项通知如下：

一、委托自然保护区管理机构行使林业行政处罚权，加大执法力度。县级以上林业行政主管部门应根据《行政处罚法》、《森林法实施条例》、《自然保护区条例》和《森林和野生动物类型自然保护区管理办法》等法律法规的有关规定和当地实际情况，对符合《行政处罚法》规定的委托条件的自然保护区管理机构，委托其在自然保护区内行使林业行政处罚权；同时，要进一步加强国家级和省级自然保护区森林公安机构建设，理顺执法和管理关系，增加基础设施及装备投入，从而加大执法力度，严厉打击和制止破坏自然保护区内野生动植物及其栖息地的违法犯罪活动。

二、编制自然保护区总体规划，落实土地林地权属。各级林业行政主管部门和自然保护区管理机构要认真做好总体规划的编制工作。总体规划必须由有资质的规划设计部门编制，并分级报批。其中，国家级自然保护区总体规划大纲由国家林业局颁布；总体规划的编制、评审和申报由省级林业行政主管部门负责，报国家林业局审批。自然保护区要按国家有关规定科学合理地划分核心区、缓冲区和实验区，并确定“四至”，标桩立界。国家级自然保护区的功能区划定和调整由国家林业局批准。县级以上林业主管部门应当按照《森林法》、《森林法实施条例》的规定做好自然保护区的森林、林木和林地权属的登记造册工作，建立资源档案，并为自然保护区管理机构办理权属证书，切实加强管理。

三、制定管理办法，实行规范化管理。根据国家关于自然保护区管理的有关规定，县级以上林业行政主管部门要组织制定自然保护区管理办法，并提请政府或人大批准施行。国家级和省级自然保护区的管理办法要报所在地人大或政府批准颁布施行，跨区域的要报上一级人大或政府批准颁布施行，要做到一个保护区一个管理办法。管理办法中应明确自然保护区管理机构的职责、权力和执法范围等，对自然保护区实行规范化管理。

四、理顺管理体制，统一机构名称。各级林业行政主管部门要切实理顺自然保护区管理体制，明确管理机构的管理权限，进一步加大对森林、湿地、荒漠生态系统类型和野生动植物类型自然保护区的指导和管理力度。同时，要规范国家级自然保护区管理机构名称，一律统称为×××国家级自然保护区管理局，如四川九寨沟国家级自然保护区管理局。

五、加大投资力度，加快建设步伐。自然保护区建设是各级政府的一项重要职责。县级以上林业行政主管部门要做好计划和预算，积极争取将自然保护区建设纳入同级政府的国民经济和社会发展计划。国家级自然保护区基本建设要根据国家林业局批准的总体规划和建设项目可行性研究报告，由国家和省共同投资进行建设。各省、自治区、直辖市林业主管部门要积极做好配套资金的安排落实工作。凡配套资金不到位的，国家林业局将停止安排国家投资资金。

六、实行自然保护区领导干部管理目标责任制。县级以上林业行政主管部门要制定自然保护区管理机构领导干部考核评定标准和办法，每年进行一次业务考核工作，对作出突出贡献者实行奖励，对考核不合格者通报批评并要求限期改正。同时，自然保护区领导干部实行岗位培训和持证上岗制度。岗位培训实行分级负责。国家级自然保护区管理机构领导干部岗位培训由国家林业局负责，地方级自然保护区领导干部岗位培训由各省、自治区、直辖市林业行政主管部门负责。培训后获得“关键岗位合格证书”，方可上岗。

七、加强野外巡护工作。各自然保护区管理机构要高度重视野外巡护工作，认真做好保护站点建设和设施配备，充实野外巡护人员，建立巡护制度和鼓励机制，划定管辖范围，实行承包责任制，并要定期进行核查监督，发现问题及时解决，确保自然保护区利益不受侵害。

八、加强社区共管工作。自然保护区管理机构要积极争取当地政府对保护区各项工作的支持，共同组成自然保护区联合保护委员会，开展自然保护区联保联防工作。有条件的自然保护区管理机构要积极帮助当地社区发展经济，为群众提供致富信息，开展技术培训，调动和吸引群众参与自然保护区管理工作，为自然保护区的保护、发展和建设创造良好的社会环境。

九、编制旅游规划，积极开展生态旅游。要积极稳妥地推进自然保护区的生态旅游。自然保护区开展的生态旅游要坚持“保护第一、统一规划、统一管理、崇尚自然、防止污染”的原则。旅游活动仅限于在自然保护区的实验区内开展，为有效管理自然保护区的旅游活动，应加强对旅游区域的管理，要统一自然保护区内旅游区域的名称。自然保护区开展旅游活动要体现当地景观特色和民族风情，促进当地社区的经济发展，但不得在自然保护区内新建庙宇，乱建人工设施和景观。

国家林业局

2000年2月22日

# 国家林业局、国家计委、财政部印发《关于在湖南、河北、吉林和黑龙江省开展退耕还林（草）试点示范工作的请示》的通知

林计发［2000］268号

河北、吉林、黑龙江、湖南省人民政府：

国家计委、国家林业局和财政部联合上报的《关于在湖南、河北、吉林和黑龙江省开展退耕还林（草）试点示范工作的请示》（计农经［2000］463号文）已经国务院同意，现印发给你们，请按照文件要求，抓紧组织开展各项工作。

附件：《关于在湖南、河北、吉林和黑龙江省开展退耕还林（草）试点示范工作的请示》（计农经［2000］463号）

国家林业局、国家计委、财政部

2000年6月21日

# 附件：关于在湖南、河北、吉林和黑龙江省开展退耕还林（草）试点示范工作的请示

国务院：

根据党中央、国务院关于实施西部大开发的部署，国家林业局、国家计委、财政部联合下发了《关于开展2000年长江上游、黄河上中游地区退耕还林（草）试点示范工作的通知》（林计发［2000］111号）。同时，按照国务院领导同志的有关指示，我们对其它地区的退耕还林（草）也进行了认真地研究，并按照国务院办公厅批转文件的要求，对湖南、河北、吉林和黑龙江省政府关于申请开展退耕还林(草)试点示范工作报告进行了审核。现将有关情况和我们意见报告如下：

**一、在湖南、河北、吉林和黑龙江省开展试点示范工作的必要性**

湖南、河北、吉林和黑龙江省土地总面积15.8亿亩，其中部分地区坡耕地比重较大。这些省所处的生态地位十分重要，部分地区生态环境恶化状况亟待治理，特别是坡耕地退耕还林(草)是当务之急。湖南省的湘、资、沅、澧四水和洞庭湖，对于长江中下游地区的防汛抗洪、蓄水调洪起着至关重要的作用。河北省的张家口、承德两市是京津水源的主要发源地，也是京津及华北平原的重要生态屏障。吉林和黑龙江省是我国重要的商品粮和商品材基地。这几个省由于历史的原因，加上陡坡地开垦、乱砍滥伐林木、毁林开荒、乱侵滥占林地等人为因素，使这些地区的林草植被遭到破坏，造成严重的生态后果，水土流失严重，水患加剧，自然灾害频繁发生，给国民经济和社会发展及人民的生命财产带来巨大损失。如湖南全省水土流失面积4.7万平方公里，年土壤侵蚀量达1.7亿吨，其中50％以上来自坡耕地。目前平均每年淤积在洞庭湖的泥沙在1亿吨以上，其中湘西地区注入洞庭湖的泥沙就达3 000万吨，洞庭湖的调蓄能力大大降低。河北省的张家口、承德两市水土流失面积4.84万平方公里，占两市总面积的63％，是首都周围地区风沙扬尘的重要源头，由于水土流失，使京津水源的官厅、密云、潘家口三大水库蓄水及防洪能力严重下降，对下游地区人民生活和首都城市安全构成威胁。松花江、嫩江流域的洪涝灾害以及干旱、风沙等自然灾害给吉林、黑龙江等省造成了重大损失。

加快这些地区以天然林保护、宜林荒山荒地造林种草和陡坡耕地退耕还林(草)为主要内容的生态环境保护和建设，是当前摆在我们面前的一项紧迫而艰巨的任务。由于坡耕地退耕还林（草）比较复杂，政策性强，实施难度大，因此，先选择一些具有典型、示范作用的县进行试点十分必要。

**二、试点范围及主要任务**

在湖南、河北、吉林和黑龙江四省中，选择14个县（市）开展退耕还林（草）试点示范工作。其中：湖南省4个县，河北省6个县，吉林省2个市，黑龙江省2个市。

2000年安排退耕还林（草）面积50万亩，并按照“退一还二”的要求，安排宜林荒山荒地人工造林种草面积53.8万亩。其中：

湖南省退耕还林（草）面积20.0万亩，宜林荒山荒地人工造林种草面积21.0万亩。

河北省退耕还林（草）面积10.0万亩，宜林荒山

荒地人工造林种草面积10.0万亩。

吉林省退耕还林（草）面积10.0万亩，宜林荒山荒地人工造林种草面积12.8万亩。

黑龙江省退耕还林（草）面积10.0万亩，宜林荒山荒地人工造林种草面积10.0万亩。

**三、实施以粮代赈、退耕还林（草）的相关政策**

参照林计发［2000］111号文件中实施以粮代赈、退耕还林（草）的有关政策，一是国家向退耕户无偿提供粮食。每亩退耕地每年补助粮食（原粮）湖南省按300斤、其它三省按200斤计算，每斤粮食按0.7元折算，由中央财政承担。粮食调运费用由地方财政承担；二是国家给退耕户适当现金补助。按每亩退耕地每年补助20元安排，由中央财政承担；三是国家向退耕户无偿提供种苗。种苗费按建设生态林标准每亩补助50元，由国家提供给采种、育苗单位；四是实行个体承包。按照"谁造林（草）、谁管护、谁受益"的原则，实行责权利挂钩；五是实行"退一还二、还三"甚至更多；六是实行报账制。

**四、试点示范工作的主要保障措施**

为保障退耕还林（草）试点示范工作的顺利实施，一是切实加强组织领导，各部门协同配合，分工负责做好相关政策及投入落实工作。国家林业局要积极做好规划、指导、组织、协调、监督工作。二是建立省级政府目标责任制，实行退耕还林（草）目标、任务、资金、粮食、责任"五到省"。三是结合各地实际，认真编制好各级退耕还林（草）试点示范实施方案。四是切实抓好宣传动员工作，做到思想统一，认识统一，行动统一。五是研究制定退耕还林（草）试点示范工作的管理办法，认真做好监督和检查工作。六是坚持种苗先行，确保良种壮苗的充足供应。七是坚持科技先行，加强对试点示范的科技保障工作。八是建立试点示范工作的信息反馈制度，及时掌握试点示范工作动态，加强工作指导。

以上妥否，请示。

附表：一、湖南、河北、吉林和黑龙江省退耕还林（草）试点示范县范围表

二、湖南、河北、吉林和黑龙江省试点示范县2000年退耕还林（草）任务量表

三、湖南、河北、吉林和黑龙江省试点示范县2000年中央投入汇总表

2000年5月25日

**附表一：湖南、河北、吉林和黑龙江省试点示范县范围表**

单位：个

| 实施单位 | 试点县数 | 试点示范县名称 |
|---|---|---|
| 合 计 | 14 | |
| 湖 南 | 4 | 湘西土家族苗族自治州：永顺县<br>张家界市：桑植县<br>怀化市：沅陵县<br>邵阳市：隆回县 |
| 河 北 | 6 | 承德市：围场县、丰宁县<br>张家口市：沽源县、张北县、康保县、尚义县 |
| 吉 林 | 2 | 延边朝鲜族自治州：敦化市<br>白城市：大安市 |
| 黑龙江 | 2 | 牡丹江市：穆棱市<br>哈尔滨市：尚志市 |

**附表二：湖南、河北、吉林、黑龙江省试点示范县**
**2000年退耕还林（草）任务量表**

单位：万亩

| 实施单位 | 合 计 | 退耕地造林（草） | 宜林荒山荒地造林种草 |
|---|---|---|---|
| 合 计 | 103.8 | 50.0 | 53.8 |
| 湖 南 | 41.0 | 20.0 | 21.0 |
| 河 北 | 20.0 | 10.0 | 10.0 |
| 吉 林 | 22.8 | 10.0 | 12.8 |
| 黑龙江 | 20.0 | 10.0 | 10.0 |

附表三：湖南、河北、吉林、黑龙江省试点示范县
2000年中央投人汇总表 单位：万元、万斤

| 实施单位 | 合计 | 基本建设投资 | | | | 财政资金投入 | | | 粮食补助量 |
|---|---|---|---|---|---|---|---|---|---|
| | | 计 | 人工造林种草种苗补助 | 种苗基础设施建设 | 其它 | 计 | 粮食折算现金 | 退耕现金补助 | |
| 合计 | 18834.8 | 9434.8 | 5190 | 3970 | 274.8 | 9400 | 8400 | 1000 | 12000 |
| 湖南 | 7820 | 3220 | 2050 | 1170 | | 4600 | 4200 | 400 | 6000 |
| 河北 | 3500 | 1900 | 1000 | 900 | | 1600 | 1400 | 200 | 2000 |
| 吉林 | 3740 | 2140 | 1140 | 1000 | | 1600 | 1400 | 200 | 2000 |
| 黑龙江 | 3500 | 1900 | 1000 | 900 | | 1600 | 1400 | 200 | 2000 |
| 待分配 | 274.8 | 274.8 | | | 274.8 | | | | |

注：其它费用包括中央和地方科技支撑、前期工作费等费用。

# 国家林业局关于加强林木采伐许可证核发管理工作的通知

林资发［2000］331号

各省、自治区、直辖市林业（农林）厅（局），内蒙古、吉林、龙江、大兴安岭森工（林业）集团公司：

为加强林木采伐管理，严格执行凭证采伐制度，根据《中华人民共和国森林法》（以下简称《森林法》）和《中华人民共和国森林法实施条例》（以下简称《森林法实施条例》）的有关规定，现就加强林木采伐许可证核发管理工作通知如下：

一、凡采伐林木，必须申请林木采伐许可证，实行凭证采伐；农村居民采伐自留地和房前屋后个人所有的零星林木除外。凡申请林木采伐许可证的，必须按照《森林法》和《森林法实施条例》的规定向发证机关提交有关证明文件。

二、《森林法》第三十二条、《森林法实施条例》第三十二条规定的林木采伐许可证的核发机关，必须按照规定权限，认真负责地做好林木采伐许可证的核发工作；确需委托发证的，必须以书面形式明确被委托单位的发证权限和具体的发证对象、范围。各地委托发证的情况，由各省（含自治区、直辖市，下同）林业主管部门汇总后报国家林业局备案。

三、发证机关（含被委托发证单位）要依法严格审核申请林木采伐许可证的单位和个人提交的有关证明文件。对证明文件不齐全、权属不清或者存在权属争议的，以及有《森林法实施条例》第三十一条规定的情形之一的，一律不得核发林木采伐许可证。

发证人员要认真负责，规范填写林木采伐许可证，防止错填、漏填、涂改等现象的发生。

四、任何发证机关或发证人员都必须依据国家批准、下达的年森林采伐限额和木材生产计划核发林木采伐许可证。发证采伐蓄积总量不得超过年森林采伐限额，其中商品材发证量不得超过年度木材生产计划。同时，严禁跨年度发证或超越规定权限发证。

发证机关所核发的林木采伐许可证存根至少保存两年。

五、核发林木采伐许可证，实行一小班（地块）一证制。国有林木的采伐，以伐区调查设计的小班为单位，不得跨小班发证；集体或个人林木的采伐，采伐地点必须落实到山头地块，注明四至，不允许多地一证或一证多户。

六、发证机关要确定专人负责林木采伐许可证的核发工作。发证人员要凭省级以上林业主管部门颁发的核发林木采伐许可证资格证书和专用名章发证，严格执行持证上岗制度。证书和名章式样由各省林业主管部门统一规定，并报国家林业局备案。

七、发证机关要建立健全林木采伐审批、林木采伐许可证核发台账制度，并逐级汇总、定期上报核发情况。具体办法由省林业主管部门确定，报国家林业局备案。

八、发证机关和发证人员要严格执行《森林法》、《森林法实施条例》等法律、法规以及国务院林业主管部门关于林木采伐管理的有关规定，自觉接受上级林业主管部门及其派驻的森林资源监督机构的监督，切实做好林木采伐许可证的核发和管理工作。各级林业主管部门要加强对林木采伐许可证核发管理的监督检查，定期或不定期地对发证机关和发证人员核发管理

采伐证的工作进行评定。对违反《森林法》和《森林法实施条例》的规定核发林木采伐许可证,或发证不规范致使森林资源遭受破坏或其它损失的,除责令纠正外,要依法给有关责任人员以行政处分,构成犯罪的要依法追究刑事责任。

九、省级林业主管部门林木采伐许可证的核发管理要实现计算机化,并逐步与国家林业局联网。在计算机联网之前,各省每年发放林木采伐许可证的数量要以省为单位分县(区、市、国有林业局)统计汇总,于翌年1月底以前上报国家林业局备查。

十、林木采伐许可证式样由国家林业局统一规定(见附件)(略),由各省林业主管部门统一套色印制、统一编号、统一管理。任何单位和个人不得伪造、买卖林木采伐许可证。

新版林木采伐许可证于2001年1月1日启用,旧版林木采伐许可证同时废止。各省林业主管部门要按照本通知规定的林木采伐许可证式样,抓紧本省林木采伐许可证的印制工作。各发证机关要及时办理好新、旧版林木采伐许可证启用和废止的有关手续,妥善保存发证存根,做好已核发的旧版林木采伐许可证的登记造册工作。

十一、依照《森林法》的规定,由有关主管部门审核发放林木采伐许可证的,必须使用国家林业局统一规定式样、本部门所在地省级林业主管部门统一印制的林木采伐许可证。具体核发管理林木采伐许可证的要求,遵照本通知精神执行。

十二、东北、内蒙古国有林区使用的林木采伐许可证由国家林业局统一印制。具体管理办法另文通知。

附件:林木采伐许可证(式样)(略)

国家林业局

2000年7月17日

# 国家林业局、国家计委、财政部、劳动和社会保障部关于组织实施长江上游黄河上中游地区和东北内蒙古等重点国有林区天然林资源保护工程的通知

林计发[2000]661号

各有关省、自治区、直辖市人民政府:

国家林业局会同有关部门组织编制的《长江上游、黄河上中游地区天然林资源保护工程实施方案》和《东北、内蒙古等重点国有林区天然林资源保护工程实施方案》(以下简称《方案》),业经国务院批准,现印发给你们,请认真贯彻执行。实施天然林保护工程,是党中央、国务院总揽全局、面向新世纪的重大决策,对于实现全国经济、社会的可持续发展,具有重要的战略意义。为做好工程的组织实施工作,特提出以下要求:

一、加强组织领导,实行省级政府负全责和各级地方政府目标责任制。工程区各级政府要成立由政府主要领导牵头的工程领导小组,统一协调、解决工程实施中的重大问题。要有专门力量,抓好这项工作。省级政府对工程实施负全责,实行目标、任务、资金、责任"四到省",省以下也要层层落实责任制,并把工程建设的好坏作为考核各级地方政府领导干部的重要内容。各级林业、计划、财政、劳动保障等有关部门要按照职责分工,密切配合,在基建投资、财政补助安排等方面协调行动,共同做好工程的实施工作。

二、认真编制和严格执行天然林停伐和木材减产计划。要严格按照国务院批准的实施方案的规定,认真组织编制天然林停伐和木材减产计划,将森林采伐消耗量和木材产量调减到位。对于工程区内人工林(包括速生丰产林)的商品性采伐问题,要在国务院批准全国"十五"期间年森林采伐限额后,经国家林业局组织力量充分调查研究后再有计划、有步骤地加以解决。长江上游、黄河上中游地区天然林资源保护工程区,要全面停止对天然林的商品性采伐。东北、内蒙古等重点国有林区天然林资源保护工程区内的禁伐区,必须停止一切采伐活动;限伐区必须严格选择采伐作业方式和控制采伐数量。要严格执行森林采伐限额、木材生产计划管理制度,认真执行森林采伐消耗量和木材产量调减计划。要建立健全责任追究制度,对超森林采伐限额、超木材生产计划和违法使用林地的单位及其主要负责人和直接责任人,必须从严处理,情节严重的,要依法追究刑事责任。

三、加强森林资源管护工作。各省(区、市)要高度重视森林资源管护工作。要建立健全森林资源管护责任制,实行责权利相结合,护林成效与经济收入及经济处罚挂钩,严格奖惩;要加强森林管护队伍建设,充实一线管护人员;要进一步理顺林业公安管理体制,加强林业公安力量,加大森林执法力度。同时,要紧紧依

靠当地政府，充分发动和依靠农村乡镇、群众等社会力量，参与森林管护工作。

四、各级政府部门要做好富余职工的分流安置工作，确保思想工作到位，措施得当，落实到人。采取一次性安置方式安置富余职工的，要按财政部、国家林业局《关于做好森工企业下岗职工一次性安置工作的通知》（财农［2000］83号）执行，坚持自愿、公正、公开和稳妥的原则，结合各地实际情况，尽快制定一次性安置方案，落实补助资金，报省（区、市）政府批准后实施；大兴安岭林业集团公司富余职工一次性安置方案，报国家林业局批准后实施。要按照国家有关规定，尽快将森工企业纳入养老保险社会统筹，实行省级管理，确保离退休人员养老金按时足额发放。同时，对于中央财政和地方财政给予的森工企业缴纳养老保险费的补助资金，省级财政部门要会同省级林业、劳动保障部门根据国家有关规定制定具体使用办法，并将办法报财政部、国家林业局、劳动和社会保障部备案。

五、当前要首先做好省级、县（局）级工程实施方案的编制工作。省、县（局）级工程实施方案的编制，要在森林分类经营区划的基础上进行。省级实施方案，要依据国务院批准的《方案》进行编制，达到可行性研究报告的要求。县（局）级实施方案，要在省级实施方案的控制之下，严格按照国家林业局的有关要求进行编制，要达到初步设计的要求。

各省（区、市）的实施方案由省级人民政府组织审核后，报国家林业局组织审批；县（局）级实施方案由省级林业主管部门会同省级计划、财政、社保部门审核后报省政府审批。大兴安岭林业集团公司的实施方案，由国家林业局商有关部门审批。省、县（局）级实施方案经批准后，必须严格执行。在实施过程中确需进行调整的，须经原批准单位同意。各有关省（区、市）要依据省级工程实施方案，认真做好年度实施计划的编制上报工作。各有关省（区、市）天然林资源保护工程年度基本建设投资计划由林业主管部门会同计划部门联合上报国家林业局，抄报国家计委，国家林业局汇总审核后报国家计委申请下达年度投资。

六、加强天然林保护工程资金监督和管理。要严格按照国家规定的基本建设程序，加强工程实施中各类基本建设项目的建设管理，认真执行项目法人责任制、招投标制、工程建设监理制和工程建设合同制，建立健全工程管理、技术规程、质量保证、检查验收等制度，做到按实施方案确定建设项目，按建设项目组织设计，按设计进行项目建设和检查验收，确保工程建设目标的实现。

要严格按照国家有关天然林保护工程财政资金管理规定和会计核算办法，加强对财政资金的监督和管理。天然林保护财政资金实行“专户存储、专款专用、单独核算”。要加强对天然林保护资金的检查和监督力度，对违反资金使用规定，截留、挤占、串用、挪用或造成资金损失浪费的部门和单位，要追究有关部门、单位和当事人、负责人的责任。各省（区、市）要及时足额落实地方配套资金。要严格实行定员定额和项目的预决算制度，并通过制定定额标准，明确控制目标等措施，实现资金的全过程管理。为了保证资金的有效使用，各省级财政部门会同林业部门，在不突破资金预算总量的前提下，按照中央财政下拨资金和地方配套资金数额，结合本地区实施单位定员定额实际情况，认真编制年度预算，制定具体分配方案和使用计划，并报财政部、国家林业局、劳动和社会保障部备案。

各级领导要高度重视，切实加强组织领导，加强宣传发动工作，使全社会和广大人民群众了解、关心和支持这一举世瞩目的生态工程建设，真正把工程建设好、管理好。

附件：1.《长江上游、黄河上中游地区天然林资源保护工程实施方案》（略）

2.《东北、内蒙古等重点国有林区天然林资源保护工程实施方案》（略）

国家林业局、国家计委、财政部、
劳动和社会保障部

2000年12月1日

# 森林培育与生态环境建设

## 林木种苗生产

**【综　述】**

**林木种子生产**　据28个省（区、市）和龙江集团林木种苗管理部门统计，2000年全国共采收林木种子22 144 734千克，比1999年增加8 242 687千克。其中主要造林树种种子共采收13 763 448千克，与1999年相比产量增加4 855 827千克，占全国林木种子采收量的63%，其他树种种子采收8 381 286千克。采种基地采收种子5 703 570千克，比1999年增加2 445 957千克，占全国种子采收量的26%。

*用材林树种*　用材林树种种子采收量为5 819 750千克，其中采收量比1999年增加的树种有刺槐、红松、杉木、华山松、马尾松、云南松，共增加2 637 447千克；减少的树种为油松，共减少155 482千克。

*经济林树种*　经济林树种种子共采收2 680 688千克，比1999年增加的树种有核桃、油茶、板栗，共增加了689 673千克；减少的树种相对较少，只有油桐种子采收量下降。

*灌木树种*　灌木树种种子采收量为1 082 960千克。

**良种生产**　2000年共采收良种1 856 019千克，占全国种子采收量的9%，比1999年增加1 290 916千克，其中种子园种子391 288千克，母树林种子1 464 731千克。吉林、辽宁、黑龙江、龙江集团红松母树林种子产量比1999年有较大幅度的增加。油松、杉木的良种产量比1999年有一定幅度的减少。

2000年全国大部分树种为丰年，种子产量比1999年有大幅度提高。

**苗木生产**　2000年全国共完成育苗面积24.83万公顷，其中新育苗面积15.86万公顷；总产苗量350.9亿株，容器育苗24.07亿株，良种苗120.45亿株；在总产苗量中可供造林用合格苗木221.72亿株。花卉面积13 765.82公顷，产量33.02亿株（盆）。

与1999年相比，育苗面积增加5万公顷，产苗量增加46.74亿株，容器育苗增加1.8亿株，良种苗增加14.57亿株。

**种苗生产建设投资**　据31个省（区、市）、1个计划单列市和新疆生产建设兵团统计，2000年全国林木种苗建设投资总计6 824万元（不包括种苗国债投资），比1999年减少7 062万元。其中：国家投资1 957万元，省、地、县配套投资4 867万元。

2000年全国种苗债券投资下达190 411万元，其中：国家投资148 491万元，地方配套投资41 920万元。国债投资主要用于省级种苗示范基地、良种基地、采种基地和国有苗圃建设项目，投资范围涉及全国31个省（区、市）和新疆生产建设兵团。

**林木种子基地建设**　截至2000年底，全国共建良种基地583处（局省合建237处），总面积为149 263公顷（局省合建34 362公顷）。其中种子园14 763公顷（局省合建7 608公顷），母树林109 455公顷（局省合建19 776公顷），采穗圃3 874公顷（局省合建456公顷），实验林7 471公顷（局省合建2 792公顷），无性系繁殖圃2 521公顷（局省合建507公顷），良种示范林9 998公顷（局省合建2 409公顷），其它1 180公顷（局省合建814公顷）。采种基地162处（局省合建57处），可采种面积为1 869 446公顷（局省合建1 360 723公顷）。

（隗合飞　高　举）

**【学习宣传贯彻落实《中华人民共和国种子法》】**　2000年7月8日，第九届全国人大常委会第十六次会议审议通过了《中华人民共和国种子法》（以下简称《种子法》），并于2000年12月1日起施行。这是我国第一部关于种子的专门法律，它标志着我国林业在依法治种进程中又向前迈出了重要一步，林木种苗发展进入了一个崭新的历史阶段，也是在应对即将加入WTO挑战、尽快与国际种业接轨、积极参与国际竞争和提高种业的市场竞争力等方面所采取的重大举措。尤其重要的是，《种子法》的调整对象包括了苗木，结束了苗木生产、经营和管理一直处于无法可依的状况。

为了认真学习、广泛宣传、全面贯彻落实《种子法》，国家林业局采取了一系列的措施。首先，2000年7月14日，国家林业局下发了《国家林业局关于贯彻实施〈中华人民共和国种子法〉有关事项的通知》(以下简称《通知》)，要求各级林业主管部门及其领导和林木种苗行政管理人员要通过举办学习班、辅导讲座等多种形式带头学好《种子法》，全面掌握《种子法》规定的各项法律制度，不断提高行政执法水平；同时，要结合各地实际充分利用广播、电视、报刊、板报等各种形式，广泛深入地宣传《种子法》，努力做到在广大农村特别是林区家喻户晓、人人皆知；《通知》还要求各级林业主管部门要切实加强林木种苗行政执法队伍和林木种苗质量监督检验机构的建设，抓紧做好林木品种审定、林木种子生产、经营许可证的发放管理以及抓紧做好相关法规的清理和制定。其次，国家林业局除在《中国绿色时报》刊发了《种子法》全文，并配发社论和李育材副局长答记者问等文章外，还在《中国绿色时报》、《农民日报》、《中国花卉报》等报刊上以专版或专栏等形式多层次、多角度宣传《种子法》。2000年11月还与全国人大农委在广西联合举办了《种子法》培训班，取得了良好的效果。第三，抓紧制定《种子法》的配套法规，统一制作了《林木种子生产许可证》和《林木种子经营许可证》，初步确定了《主要林木目录》。

与此同时，各地也开展了形式多样、内容丰富的学习、宣传活动，掀起了学习、宣传、贯彻落实《种子法》的热潮。一是加大了宣传贯彻力度。各省(区、市)林业行政主管部门都相继转发了《国家林业局关于贯彻实施〈中华人民共和国种子法〉有关事项的通知》，并对本地区学习、宣传、贯彻《种子法》做了具体安排。湖南、福建、浙江等省由省人大农委、农业厅、林业厅(局)联合下文部署《种子法》的学习、宣传工作；湖南省委、省政府、省人大对宣传贯彻《种子法》十分重视，由省政府牵头召开了宣传贯彻《种子法》的动员大会，在《湖南日报》刊登《种子法》全文，并配发多位省领导和林业主管部门负责人的署名文章，为《种子法》的宣传大造声势；福建、浙江、贵州等省开展了《种子法》宣传月活动，林业主管部门的工作人员上街义务宣传和咨询，向公众免费发放《种子法》单行本及相关宣传材料，并开展了《种子法》知识竞赛；福建、浙江等省还把《种子法》的有关内容编成了通俗易懂的宣传标语，广泛张贴和散发，使公从对《种子法》的有关规定能有比较形象深刻的理解。二是加强了学习培训。各地有计划、有步骤地对林木种苗生产、经营和管理人员普遍培训一次。培训一般分两级进行，省级负责对分管局长、法制工作机构负责人、执法队队长、种苗管理站站长培训；地方负责对执法人员和种苗管理人员的培训。据不完全统计，各级林业主管部门共举办各类《种子法》的学习班或培训班120多个，培训万余人次，使他们成为了宣传贯彻《种子法》的骨干力量。

通过开展上述活动，在很多地方，已开创了一个学法、知法、守法的良好氛围，培养了广大林木种苗生产、经营和使用者知法、懂法和守法的积极性，提高了各级林业主管部门领导、种苗管理人员和执法人员学法、依法行政、公正执法的自觉性。学习、宣传、贯彻落实《种子法》的活动取得了良好的效果。 (罗军民)

**【林木种苗项目管理】** 为适应国家生态环境建设的总体要求，保障林业六大工程的顺利实施，本着强化基础、优化布局、调整结构的原则，2000年国家林业局批准了一批良种基地、采种基地和国有苗圃建设项目。其中省级种苗示范基地26处，良种基地447处，采种基地467处，国有苗圃1 130处，项目总投资42.6亿元，需要国家投资31.6亿元，2000年国家林业局已下达种苗项目建设资金14.9亿元，建设规模和投资力度前所未有。管好、用好这笔建设资金，是当前种苗工作的头等大事，按照国家计委要求，种苗工程建设必须实行项目管理。

种苗工程实行项目管理必须坚持以下几点：一是必须严格执行基本建设程序。各地要严格按照国家林业局批准的项目建设可行性研究报告，组织建设单位及设计单位编制项目初步设计，不得擅自变更建设地点、规模和主要建设内容；二是要坚持项目法人责任制。项目法人的组建，要按照政企分开的原则进行；三是工程实施要积极推行招投标制。凡适宜招投标的项目，都应采取招投标的形式。招投标过程要体现公开、公平、公正和择优的原则；四是积极推行工程监理制。工程监理制是实施项目管理的基本要求之一，省级种苗示范基地必须严格实行工程监理制；五是必须加强工程的资金管理。各项目建设单位要确保资金运行安全，禁止截留、挪用工程资金。要加强对资金使用情况的检查监督，发现问题要及时纠正。 (隗合飞)

**【全国林木种苗工作会议】** 为贯彻落实全国林业厅(局)长会议精神，认真解决目前全国林业重点生态工程建设，特别是天然林保护工程和退耕还林工程中种苗工作出现的新情况和新问题。2000年4月11～14日在南宁市召开了全国林木种苗工作会议，来自全国各省(区、市)林业厅(局)分管种苗工作的厅长、种苗站长及局有关司局的领导和新闻单位的代表约90人参加了会议，李育材副局长作了题为《培育适地适树优质种苗，为实现祖国大地山川秀美作贡献》的讲话，他在讲话中充分肯定了建国以来特别是改革开放以来林木种苗工作取得的巨大成绩，指出了存在的突出问题，深刻分析了当前林业建设和林木种苗工作面临的新形势、新任务，并根据局党组提出的林业建设“分类经营，分区突破”的总体要求，从党中央、国务院提出的加强生态环境建设和西部大开发两大战略和林业可持续发展全局的高度，提出了种苗工作新思路和“十五”期间种苗生产建设的奋斗目标，同时部署了今后一个时期应抓好的几项重点工作。会议安排了大会典型经验交流和种苗生产基地现场参观。会议期间，还召集了有退耕还林任务的17个省（区）负责人就种苗工作出现的新情况进行了专题研究，提出了应对措施。

（马志华）

**【《全国林木种苗工程建设总体规划》编制完成】** 根据国家林业局和国家计委有关领导的指示精神，为超前组织好种苗生产供应，加强种苗生产基地建设，确保西部造林绿化工程、防沙治沙工程、速生丰产林工程和其他在建防护林工程建设对林木种苗的需求，在各省所报材料的基础上，经过充分调查研究，编制完成了《全国林木种苗工程建设总体规划》（2000～2005年）。该《规划》从我国林木种苗实际出发，以《林业“十五”计划和2015年规划纲要》和《全国生态环境建设规划》为指导，以实现种苗生产区域化、供应基地化、质量标准化、品种多样化、造林良种化为目标，以全面提高种苗数量、质量、效益为核心，进一步加大种苗工程基础设施建设。经过6年时间的建设，初步形成以良种、采种基地、国有苗圃为依托，集体、个体育苗为补充的布局合理、稳产高产、品种多样化的种苗生产、加工、贮备、供应、质量检验和信息服务体系。

建设内容及规模：2000～2006年建设国家级、省级种苗示范基地23处，规模40 158亩。其中：国家级种苗示范基地6处，规模为14 658亩（含北京、广东湛江2处国家级种苗示范基地），省级种苗示范基地17处，规模为25 500亩；建设良种基地600处，规模643 917亩；建设采种基地473处，规模5 511 535亩；建设苗木生产基地1 891处，规模354 125亩；新建种子冷库8座，建筑面积14 600平方米；维修改造冷库17座；配备种子（苗）加工处理设施460套；建设林木种苗质量检测站（室）735个；扶持589个省、市和部分重点地（市）、县、森工企业局种苗站改善管理条件，配备部分较先进的计算机及辅助设备。工程建设范围包括全国31个省（区、市）及黑龙江森工总局、大兴安岭林业集团公司、内蒙古森工集团、吉林森工集团和新疆生产建设兵团。规划工程总投资为68.3亿元。其中：国家投资55亿元，地方配套投资13.3亿元。

到2005年，工程建设任务完成后，可实现年产种子900万千克、优良穗条12亿株，基地供种率由现在的30%提高到55%以上；年产良种220万千克、穗条12亿株，良种使用率由目前的20%提高到40%。速生丰产工程造林和经济林用种全部使用良种；种子合格率由现在的80%提高到90%；裸根苗出圃苗合格率由目前的85%提高到95%以上，一级苗出圃率由目前的55%提高到75%以上。容器苗率由目前的10%提高到20%；建成6～8个高起点、高标准的国家级种苗示范基地和17处省级种苗示范基地；年种子贮备能力由现在的230万千克提高到340千克，约占年工程造林用种量的15%；全国各省、自治区、直辖市均成立林木良种审定委员会，审定推广200个优良品种（家系）；省（区、市）、地区（市）及重点林木种苗生产单位建立种苗质量监督检验站（室），全国种子、苗木受检率达到90%以上；完成种苗质量监督检验体系和种苗信息管理服务体系的建设。

（马志华）

**【中国林木种苗生产管理考察团赴德国考察】** 经中国科学院批准，国家林业局人才开发交流中心与国有林场和林木种苗工作总站共同组织的赴德国林木种苗管理考察团于2000年1月8～24日对德国下萨克森州林木种子站和私营苗圃进行了实地考察。考察团由国家林业局人才开发交流中心副主任贾骞任团长，场圃总站、吉林省、山西省、云南省和贵州省长期从事种苗生产和管理的专家和生产管理技术人员共17人组成。这次考察的主要目的是学习和了解德国林木种苗先进的管理经验和做法，以促进中国林木种苗事业的健康发展。

德国林木种子生产、使用有以下主要特点：①在采种林分的划定、种子的采集加工、贮藏、检验，苗木的培育，种苗的鉴定和销售等方面都有明确规定，严格禁止在遗传品质低劣的林分和林木上采种，允许并鼓励在政府批准的林分中采种。②对林木种子的使用有明确的规定，造林用种不仅要明确产地和种源，还必须坚持使用“经过改良”和“经过检验”的种子。③对生产中使用的种子都有明确的质量标准，已制定出29个造林树种的种子等级标准，确保使用优良种子。④种子检验严格执行“国际种子检验规程”，德国检验机构的检验仪器都是很先进的，这些先进的检测仪器对保证和提高种子检验的精度和工作效率起到了积极的作用。

通过考察，团员们不仅认识到了我国林木种苗生产管理方面与德国的差距，同时也学到了许多好的经验和先进技术，团员们普遍表示，今后将努力学习，抓住西部大开发这一历史机遇，努力搞好林木种苗生产和供应工作，为我国生态环境建设作出更大贡献。

（鲁新政）

**【《中华人民共和国种子法》颁布实施】** 2000年7月8日，第九届全国人大常委会第十六次会议审议通过了《中华人民共和国种子法》（以下简称《种子法》），并于2000年12月1日起施行。《种子法》是在《中华人民共和国种子管理条例》（以下简称《条例》）实施十多年基础上制定的，将《条例》中经实践检验适应当前形势的制度上升为法律规范。同时根据形势的需要，还增加了一些新内容，主要体现在以下几个方面：

1.《种子法》的调整对象扩大到既包括农作物、林木种子，也包括苗木。使得长期以来苗木生产经营基本上无法可依的状况得到了改变。

2.建立种子专项资金制度。明确规定国务院和省、自治区、直辖市人民政府设立种子专项资金，用以扶持良种选育和推广。

3.强调对种质资源的保护。明确规定国务院农业、林业行政主管部门应当建立种质资源库，省、自治区、直辖市人民政府农业、林业行政主管部门可以根据需要建立种质资源库、种质资源保护区或种质资源保护地。

4. 推行植物新品种保护制度，保护植物新品种权所有人的合法权益。规定选育的品种得到推广应用的，育种者依法获得相应的经济利益，以鼓励植物新品种的选育。

5.规定了主要农作物品种和主要林木品种审定制度。主要农作物和主要林木种子的商品种子生产实行许可证制度，而种子经营许可制度则包括所有农作物和林木种子。

6. 加强了林木良种推广使用力度。除了规定国家投资的造林项目和国有林业单位造林，应当根据计划使用林木良种外，还规定国家对推广使用林木良种营造防护林、特种用途林给予扶持。

7. 明确了政企分开的原则。规定农业、林业行政主管部门及其工作人员不得参与和从事种子生产、经营活动，种子的行政主管部门与生产经营机构在人员和财务上必须分开。

8. 细化和明确了法律责任。对违反法律规定的各种行为都规定了明确的处罚措施和处罚金额，使执法的可操作性更强。 (王襄平)

**【林木品种审定】** 截至2000年底，全国已有河北、山西、内蒙古、辽宁、吉林、黑龙江、浙江、安徽、福建、江西、河南、湖北、湖南、广东、广西、四川、重庆、贵州、云南、陕西、甘肃、青海、宁夏、新疆等24个省(区、市)和龙江森工集团成立了林木良种审定委员会。

2000年，根据《中华人民共和国种子法》关于林木品种审定的有关规定，各地积极开展了林木品种审定工作。山西省、黑龙江省、黑龙江森工总局根据工作需要对省林木品种审定委员会进行了调整，山西省、黑龙江森工总局还分别颁布了《山西省林木良种审定标准》、《黑龙江省森工企业林木良种审定管理办法》；浙江省根据《种子法》，对以前审(认)和公布的林木品种重新进行了公布。

安徽、湖北、贵州、山西、黑龙江森工总局又审(认)定并公布了一批林木优良品种(见下表)：

| | | |
|---|---|---|
| 贵州省 | 审 定 | QS2000-PM-08 (03) -01-马尾松良种<br>QS2000-PM-08 (02) -01-马尾松初级良种 |
| | 认 定 | QR2000-CL-08 (03) -01-杉木良种<br>QR2000-CM-09-02-板栗穗条 |
| 安徽省 | 审 定 | 临泉贡柿；大红光、小红光板栗；中涡1号杨树；西田杉木种子园种子；花生榧；小木榧 |
| 湖北省 | 审 定 | 杉鄂咸91033、91009、91025、91036、91037、91039、91038、91098、91085、91087、91108、91062、91109、91007、91022、91001、91082、91054、91080杉木；光叶白兰；红毛早板栗；红梅李 |
| 陕西省 | 审 定 | 中富2001苹果，蓝田红明栗板栗，中富柳1号、2号、3号柳树，84K杨树，意101杨树，无性系7号、14号、25号、30号、85号毛白杨，陕林3号、4号杨树，陕桐3号、4号泡桐 |
| 河南省 | 审 定 | 豫猕猴桃1号、2号、3号，豫枣1号，豫板栗1号、2号、3号，豫刺槐1号、2号 |
| 黑龙江森工总局 | 认 定 | GR/黑森001-2000、GR/黑森010-2000、GR/黑森002-2000长白落叶松天然母树林<br>GR/黑森003-2000、GR/黑森017-2000、GR/黑森013-2000、GR/黑森020-2000、GR/黑森022-2000、GR/黑森023-2000、GR/黑森024-2000、GR/黑森026-2000、GR/黑森027-2000、GR-黑森028-2000、GR/黑森031-2000、GR/黑森032-2000、GR/黑森-033-2000、GR/黑森035-2000、GR/黑森037-2000红松天然母树林；GR/黑森019-2000红松人工母树林<br>GR/黑森013-2000赤松天然母树林<br>GR/黑森021-2000兴安落叶松天然母树林<br>GR/黑森025-2000、GR/黑森034-2000、GR/黑森004-2000红皮云杉天然母树林<br>GR/黑森036-2000紫杉无性系<br>GR/黑森039-2000樟子松人工母树林<br>GR/黑森040-2000、GR/黑森006-2000白桦天然母树林<br>GR/黑森041-2000柞树天然母树林 |

(王襄平)

**【林木种苗余缺调剂】** 2000年主要造林树种种子结实属平年偏上。由于我国大部分地区遭受干旱天气，尤其是辽宁、内蒙古、河北、山西、陕西、青海等西部省（区）受灾严重，种子产量、质量都受到不同程度的影响，油松、落叶松、樟子松等树种种子产量与往年相比产量减少，有的省（区）种子减产高达20%～30%，种子质量也比往年差。

预计2001年主要造林树种用种量为1 430万千克，2000年预计种子可采收量为2 600多万千克，现库存种子98万千克。从总量上看，种子供大于求。但是有些树种供需不平衡。由国家林业局组织调剂了42个树种，68万千克种子。各省自行调剂约80多个树种，450万千克种子，2000年总调剂量为518万千克。其中退耕还林还草工程区内2001年预计用种量333万千克，2000年可采收量490万千克，库存种子6万千克，调剂8个树种，13万千克。省内自行调剂30多个树种，130多万千克种子。通过调剂后，工程区内用种能满足供应。

从各省（区）的情况看，通过省际和省内调剂，刺槐、侧柏、马尾松、杉木、云南松、华山松、红松及部分经济林树种种子仍有剩余；油松、华北落叶松、兴安落叶松、长白落叶松、樟子松、柠条等树种种子供需基本持平；踏郎、高山松和青海云杉等个别树种种子仍有缺口。柠条种子产量较往年减产20%～30%，虽供需基本持平，但种子价格较去年上涨幅度较大。踏郎种子用种量较往年有大幅度增加，从40 000千克增加到135 000千克，由于采种基地不足及今年种子结实量较少，造成2001年的用种缺口约在30 000千克左右。高山松树种生长的海拔高，组织采收劳动强度大，加上产量较小，因此，用种缺口较大，为45 000千克。由于连续几年干旱，1998年、1999年两年青海云杉种子连续绝收，2000年种子结实虽略好于往年，但种子质量较差，仍有6 000千克的缺口。

2001年全国造林绿化共需苗木量113亿株，2000年可供造林用苗木145亿株，其中良种苗33.5亿株，不但能够满足造林用苗，而且还将有剩余，但品种结构不合理，绿化大苗有缺口。国家林业局统一组织调剂了15个树种的苗木，约6 520万株。通过调剂后，内蒙古、甘肃、贵州、河南、青海等西部省（区）苗木大量剩余。内蒙古苗木可调出8.6亿株，其中油松1.2亿株，杨树1.9亿株，沙棘1.9亿株。贵州省苗木可调出6.1亿株，其中杉木1.8亿株，柳杉1.3亿株。其它省区的苗木均有不同程度的剩余。西部退耕还林还草地区有育苗过热的现象，据各地反映，生态环境建设苗木供大于求，苗木大量积压。据不完全统计，今年剩余苗木有32亿株。

虽然种苗供需在总量上基本满足供应，但还存在着种苗生产与造林计划衔接不好的情况，造林计划下达晚，迟于种子采收和育苗计划。种苗的生产计划只能依据上一年度造林任务来制定，因此种苗生产计划带有一定的盲目性。由于种苗生产计划不能满足造林任务，有些地方为完成造林任务，四处凑种苗，种苗质量差，或用其他种子代替，很难保证适地适树。

（郑欣民）

**【林木种苗质量抽查】** 受国家林业局委托，国家林业局南方、北方林木种子检验中心于2000年第一、二季度对重庆市、四川省、陕西省和甘肃省造林、育苗使用的马尾松、杉木、云南松、油松、华北落叶松、侧柏等16个树种的种子质量和17个树种的苗木质量进行了抽查，本次抽查共涉及从事林木种苗生产、经营、使用的单位42个，共抽查190个种批，48个苗批。

此次抽查的16个树种190个种批的种子质量平均合格率仅为47.4%，较1999年的68.2%有较大幅度下降，其中，重庆市种子平均合格率为43.5%，四川省种子平均合格率为40.4%，陕西省种子平均合格率为50%，甘肃省种子平均合格率为72%。

重庆市的杉木种子合格率虽为100%，但全部为Ⅲ级种子，马尾松种子合格率也仅为35%。四川省的马尾松、油松、云南松种子合格率分别为26.1%、22.6%、42.1%，云杉种子合格率为0。陕西省的花棒、漆树种子合格率为0，油松、侧柏种子合格率分别为76.9%、66.7%，且Ⅲ级种子比重很大。甘肃省的华北落叶松、沙棘种子合格率为0。

此次抽查4省（市）的17个树种48个苗批的苗木合格率分别是：重庆市3个树种的12个苗批苗木质量合格率为83%，但有的苗批Ⅰ级苗率低；四川省2个树种4个苗批苗木合格率为100%；陕西省11个树种的15个苗批苗木质量合格率为60%，其中，杉木、日本落叶松苗木合格率为0；甘肃省6个树种17个苗批苗木合格率为82.4%，其中一个苗批的日本落叶松苗木合格率仅为11%。总的看，苗木质量合格率明显低于往年。

在此次抽查中，所抽查的林木种子、苗木都不同程度存在质量问题，导致这种状况的主要原因：一是各级林业主管部门主要领导的种苗质量意识不强，放松了对林木种苗质量的管理和监督力度。在种子调拨中，质量把关不严，自检自查不够，没有真正地发挥质量监督作用，造成种苗质量低下；二是种苗基础设施建设滞后，资金投入不足。一些种子生产单位加工贮藏手段落后，缺少必要的种子加工贮藏设施设备，基层生产单位贮存种子的场所均是简易库房，温湿度难以控制，严重影响了种子质量，使种苗质量难以得到保障；三是有的省（区）只注重造林速度和数量，忽视造林质量，使种子生产与造林计划严重脱节。如四川省、重庆市飞播任务下达太迟，造成种苗部门难以提前准备飞播用种，而为完成飞播任务，不得不临时到处调种，致使种子质量难以得到保证。

针对此次抽查所存在的问题，国家林业局发了通报，要求各级林业主管部门对林木种苗生产和林木种苗质量监督工作中所存在问题务必引起高度重视，要结合本地实际，有针对性地对本地区本部门存在的问题，认真加强整改，使林木种苗质量尽快得到提高。

（郑欣民）

**【林木种苗进口和引种】** 随着人们对林木种苗引进重要性的认识和积极性的普遍提高，引进工作开展得如火如荼，各级林业生产、科研单位及相关行业纷纷加入到引进林木种苗的行列中来。2000年引进了许多新、奇、特、优的林木品种和花卉种苗。据统计，2000年国家林业局批准进口了各类林木、花卉种子202.6万千克，其中：雪松、黑核桃、西伯利亚红松、相思树、欧洲七叶树、欧洲槭、欧洲栎、北美鹅掌楸等各类林木种子16.6万千克，鸡冠花、一串红、郁金香、百合、唐菖蒲等花卉种子60万千克，早熟禾、黑麦草、高羊茅、三叶草、狗牙根等草坪种子126万千克；2000年共进口苗木396.7万株，其中：刺柏、崖柏、锦熟黄杨、石楠、阿月浑子、李、梨、树莓等绿化、果木苗木116万株，牡丹、芍药、蔷薇、杜鹃、金钟花、香石竹、月季、红山茶等花卉苗木280.7万株；同时，还进口了郁金香、百合、唐菖蒲、鸢尾、马蹄莲等种球1 255万粒。

（罗军民）

**【《林木种子检验规程》和《林木种子质量分级》两项国家标准颁布实施】** 《林木种子检验规程》(GB2772-1999)和《林木种子质量分级》(GB7908-1999)两项国家标准已于2000年4月1日起实施。这两项标准均为强制性国家标准，是《林木种子检验方法》(GB2772-81)和《林木种子》(GB7908-87)的修订本。新标准在主要技术内容和林木种子质量分级技术的测定方法上等效采用ISTA1993《国家种子检验规程》。

《林木种子检验规程》比原标准增加了软X射线测定和质量检验证书两章的内容，将发芽标准由芽提高到幼苗，使检验结果更符合田间发芽实际。规定了149个树种的发芽测定技术条件，对130个树种的优良种子进行了详细的形态描述。《林木种子质量分级》在种子净度、发芽率和生活力技术指标，均参照国际规程的测定方法。

该标准的颁布实施，对造林用种质量有了一个更加科学的检测依据，标志着我国在种子质量的测定技术与测定方法上已与国际接轨，必将推动林木种苗事业的健康发展。

（郑欣民）

**【林木种质资源信息库建设】** 自“八五”计划以来，各地在林木良种基地和良种繁育中心建设过程中，陆续收集保存了大量的林木种质资源。由于这些资源较为分散，不利于评价和利用，为了搞好种质资源评价和利用工作，国家林业局场圃总站与中国林科院合作开展了“林木种质资源的收集、保存、评价和利用的研究”，共收集保存了我国41个主要造林树种的遗传资源共1万余份，确定了11套林木种质资源保存的模式，基本建立起了国家林木种质资源信息库及其管理系统。

从1998年起，为了充分利用“林木种质资源的收集、保存、评价和利用的研究”的研究成果，及时评价和利用分散保存在各林木良种基地、良繁中心的种质资源，加快国家林木种质资源信息库的建设步伐，场圃总站与中国林科院合作，重点开展了对各地分散保存的林木种质资源的清查工作。

为搞好这次种质资源的清查、登记、评价和利用工作，场圃总站与中国林科院合作编制了《全国林木种质资源信息库编码说明》、《全国林木种子基地编码》、《林木种质资源信息库建立实施方案》，以指导各地在种质资源收集、登记中实现规范化、标准化，提高种质资源信息的利用价值，为顺利开展种质资源信息的评价和利用奠定了基础。目前已登记、整理了内蒙古、新疆、四川、吉林、福建、贵州、山西、辽宁、江西、河南、湖北、重庆等省（区、市）和黑龙江森工总局的种质材料20 000余份，并全部录入了国家林木种质资源信息库。

（王襄平）

**【退耕还林（草）种苗供求情况调度】** 2000年，退耕还林（草）试点工程在云南、四川、贵州、湖北、甘肃、青海、宁夏、内蒙古、山西、河南、新疆等11个省（区）正式启动。为了全面掌握退耕还林（草）省（区）种苗生产供需动态情况，及时发现问题，解决问题，调剂种苗余缺，加强种苗管理，确保退耕还林（草）试点示范工程的顺利实施。国家林业局于4月11日下发了《关于切实抓好退耕还林（草）种苗供应与管理工作的紧急通知》，按照“通知”精神，国家林业局国有林场和林木种苗工作总站起草并下发了退耕还林（草）种苗动态信息收集提纲，建立了西部省（区）种苗动态信息调度制度。并按照制度认真、及时地开展种苗供求情况的调度工作。

1. 退耕还林（草）工程区种苗生产情况。各地在抓好年度工程造林种苗供应的同时，已提前安排明年的种苗生产，为今后退耕还林（草）工程的实施做好种苗供应准备。11个省区已贮藏林木种子1 439 000千克，草籽540 000千克，并将在秋季采收林木种子9 886 800千克，草籽18 000 000千克。工程区各省（市、区）计划新育苗面积74 420公顷，实际完成育苗面积77 366.67公顷，占总任务量的104%，可为今冬明春提供苗木1 153 300万株。

2. 春季退耕还林（草）工程种苗供应情况。11个省（区）退耕还林（草）任务共733 920公顷，共需林木种子2 644 100千克，草籽980 500千克，苗木250 789万株。各地准备了林木种子3 657 250千克，草籽611 500千克，苗木350 843万株，种苗供应总体上基本平衡，但存在结构性缺口，如甘肃、新疆、山西、河南、四川、湖北等省出现名优经济林树种苗木短缺，也有少数地区缺少乡土常绿针叶树种苗木，如四川阿坝州和青海省缺云杉苗，但同时一些树种苗木出现剩余，如甘肃富余油松、沙棘等苗木15 000万株。

3. 退耕还林（草）种苗质量情况。根据调度情况，工程区种苗质量总体水平不高。一是Ⅰ级种苗比例低，如内蒙古虽然多数树种种苗质量达标，但林木种子和草籽Ⅱ级Ⅲ级较多，苗木质量Ⅱ级居多，新疆主要造林树种苗木Ⅰ级苗仅占40%。二是良种苗、容器苗比例较低，如重庆使用苗木6.5亿株，其中良种苗仅占27%，容器苗仅占2%；贵州退耕还林（草）工程使用苗木5.7亿株，容器苗仅占3.28%。（陈恩军）

**【向约旦赠送苗木】** 1999年11月间，我国驻约旦使馆来电，希望我国捐赠适合约旦生长的树苗，于纪念已故侯赛因国王逝世一周年时，在侯赛因公园内举行植树活动。为了增进中约两国友谊，经国家林业局国际合作司与场圃总站协商，决定于2000年下半年捐赠圆柏苗木450株，其中3米以上苗木100株、1.2米苗木350株，并由场圃总站具体负责苗木的筹备及运输。在北京市房山区复兴苗圃和中国林木种子公司的大力协助下，捐赠的圆柏苗木于2000年12月24日和28日分两批全部顺利运抵约旦首都安曼。

据中国驻约旦使馆来电称，在2001年年初，胡锦涛副主席访约期间出席了捐赠树苗交接暨景观奠基仪式，并在奠基碑前栽种了圆柏苗木。安曼市市长哈迪德先生代表安曼市全体市民对友好的中国政府和人民的捐赠表示"最诚挚的敬谢"。（赵 兵）

**【种苗购销洽谈会】** 为规范苗木市场，更好地组织苗木生产和交流种苗供求信息，进一步活跃苗木、花卉流通市场，满足造林绿化对种苗的需求，给苗木生产者、供求者提供一个较为公平的交易场所。国家林业局场圃总站分别与大连市林业局和河北省林业局于2000年2月22、23日和10月12、13日在大连市、河北省廊坊市举办了林木种苗、花卉购销洽谈会。据统计，共有191个参展单位和4.3万人参加了洽谈会，苗木花卉成交量达149 002万株；成交金额达12 361.6万元。

这次种苗购销会主要特点是：①参展踊跃，摊位总数均突破原计划。不但本地区及周边地区参加了洽谈会，外省（区）的国有、集体、私营、中外合资苗木、花卉经营单位及企业也参加了洽谈会；②参展品种较全。在近万个参展商品中，不仅有林木种子、苗木、花卉，还有园林机械、温室设备等生产辅助材料；③布展水平较高。参展单位采取影像传递、灯箱、照片、图表、实物等多种形式进行促销，其效果受到了参展人员的一致好评；④领导重视，媒体参与。这两次活动得到了场圃总站领导和各地林业主管部门领导的高度重视，近十家新闻媒体对这两次活动进行了报道。从总的情况来看，这两次洽谈会取得了很好的效果，群众反响强烈。普遍对这种组织形式给予认可，并要求今后多组织类似的活动。（高 举）

**【胖龙杯全国林业育苗知识竞赛】** 为了使林业工作者及广大林农更好地了解育苗常识、掌握科学育苗技术，为西部大开发和再造秀美山川提供高质量的苗木。国家林业局场圃总站与中国绿色时报社联合举办了《胖龙杯全国育苗知识竞赛》。此项活动自1999年12月20日起至2000年3月10日止，历时两个多月，得到了全国种苗战线广大工作者和广大读者的热情支持和各地林业主管部门的高度重视，许多单位有组织地参加了这次活动。本次活动共收到22个省、自治区、直辖市的4 285份答卷。经过判卷和评选，共产生一等奖1人，二等奖5人，三等奖15人，优胜奖500人，同时，本次活动组织较好的5个单位，河南省经济林和林木种苗管理站、贵州省林木种苗管理站、湖南省林木种苗管理站、内蒙古自治区林业厅林木种苗管理站和辽宁省林木种苗管理站被授予组织奖。（赵 兵）

# 森林培育

**【全国造林综述】** 2000年是实施《1989～2000年全国造林绿化规划纲要》的最后一年。一年来，全国共完成人工造林434.5万公顷（其中退耕还林75.1万公顷），飞播造林75.2万公顷，封山育林3 258.4万公顷（其中新封613.0万公顷），分别比1999年增长1.59%、21.84%、-6.33%。按林种分，共完成用材林121.8万公顷，防护林243.1万公顷，经济林135.0万公顷，薪炭林8.2万公顷，特种用途林2.3万公顷。同时，完成封山护林2 151.4万公顷，低产林改造107.3万公顷，成林抚育752.9万公顷，中、幼龄林抚育501.3万公顷。2000年全国造林工作的主要特点：一是早安排，早部署。2月15日，国家林业局发出明传电报《关于切实抓好今春植树造林工作的通知》，对春季全国植树造林工作提出具体要求。辽宁、浙江、江西、安徽、湖南、重庆、四川、贵州、陕西、宁夏、甘肃等省（市）先后以省政府名义召开全省（市）林业工作会议，并发出名传电报或紧急通知，对本省造林绿化工作进行部署，把春季造林绿化各项任务落到实处。二是规模大，进度快。围绕西部大开发战略的实施，西部地区普遍加在造林绿化的力度，重庆、四川等西部10省（区、市）共完成造林177.7万公顷，占全国40.6%，比去年增加10多万公顷，而且规模明显加大。河南省新建千亩以上林业基地百余处连续数十公里绿色通道近百段。甘肃省建成千亩以上工程442处、万公顷以上工程12处，总面积126.7万公顷，占全省造林总面积58%；浙江省建设百万公顷林业基地4处。吉林省共完成造林12.8万公顷，占年计划的118%。江苏省共完成造林168.1万公顷，为省计划任务的6倍多，比去年同期翻了一番。三是精品多、质量高。湖北省突出抓好平原绿化等10大林业重点工程。河南省重点抓好20个林业精品工程项目，建设高新林业示范园区8个，精品工程36处，工程面积72万公顷，占造林总面积35%。四川、陕西等省把退耕还林（草）作为造林绿化工作重点，从技术、资金等方面予以重点扶持，确保了造林进度和质量。四是个体造林发展快、势头猛。各地认真落实谁投入、谁管理、谁受益等政策，大大调动了农民造林绿化的积极性。2000年全国造林中存在的突出问题：一是有些地区严重干旱给造林带来不利影响。春夏之间，我国北方广大地区降雨偏少，特别是4～7月份，各地旱情持续发展，旱持续时间长、范围广、程度重，致使造林成活率偏低。二是部分地区种苗供应结构性矛盾突出。一些地区林木种苗生产准备不足，特别是生态防护林和经济林种苗供应比较紧缺。 （樊喜斌）

**【三北防护林体系工程第一阶段（1～3期）建设】** 为了客观反映三北防护林体系工程第一阶段建设成果，对工程建设进行科学分析和评估，总结经验教训，推动三北防护林体系工程在新世纪持续、健康、快速发展，根据国家林业局的统一部署，各级工程管理部门周密部署，精心安排，采取由下而上、典型调查与面上调研相结合，在各省（区、市）林业厅（局）全面总结的基础上，对三北工程第一阶段进行了全面系统的总结。

三北防护林体系建设开展以来，党中央、国务院始终给予了高度的重视，一直把三北工程列为国民经济和社会发展的重点建设项目，为工程建设提供了强大动力；各有关部门对工程建设给予了大力支持和积极配合；三北地区的各级党委政府带领广大干部群众同心同德，艰苦奋斗，工程建设取得了举世瞩目的成就。三北工程第一建设阶段（1978～2000年）规划造林1 801.68万公顷，实际完成造林面积24 306 315公顷，为本阶段规划任务的122.31%。其中人工造林1 538.6万公顷，飞播造林88.17万公顷，封山育林576.96万公顷。一期工程（1978～1985年）规划造林593.33万公顷，完成造林534.72万公顷，占规划任务的90.12%，其中人工造林459.33万公顷，封山育林71.83万公顷，飞播造林3.77万公顷。二期工程（1986～1995年）规划造林808.27万公顷，10年累计完成造林11 289 309公顷，占规划任务的133.32%，其中人工造林1077.62万公顷，封山育林305.44万公顷，飞播造林45.49万公顷。三期工程建设期限（1996～2000年）规划造林400.08万公顷，共完成造林591.38万公顷，占规划任务的147.82%，其中人工造林352.80万公顷，封山育林199.67万公顷，飞播造林38.91万公顷。

三北工程不仅改善了三北地区的生态环境，加快了群众脱贫致富的步伐，为经济发展和社会进步提供了基础保障，而且对于三北地区的社会稳定，巩固国防，维护国家安全，都具有重大的现实意义和深远的战略意义。一是森林植被增加，森林覆盖率大幅度提高，东北三省和京津二市以及73多个县基本建成区域性防护林体系框架。二是重点治理地区生态环境有了明显改善，风沙危害和水土流失得到初步控制，平原农区基本实现林网化。三是促进了农村经济的发展和产业结构的调整，提高了农民经济收入，成为农村经济的新增长点。四是三北防护林体系建设促进了社会的全面进步，成为精神文明建设和窗口和开展国际交流与合作的优先领域，在国内外产生了重大而深远的影响。五是对中国特色的防护林建设道路进行了有益的探索，为我国现代林业建设奠定了坚实的基础。 （熊善松）

**【黄河中游防护林工程】** 为了减少黄河中下游地区的水土流失和输入黄河的泥沙，改善生态环境，保障黄河中下游地区的人民生产、生活安全，延长小浪底水利枢纽等工程的效能期，1995年底，国家计委以计农经[1995]2078号文件批复了《黄河中游防护林工程总体规划》。

工程确定在山西、陕西、甘肃、宁夏、内蒙古、河南6省（区）的177个县（市、旗、区）范围内，营造315万公顷的多功能防护林，工程建成后，可使该地区的森林覆盖率由14.9%增加24.9%。

黄河中游防护林工程于1995年顺利启动80多个县，各地按规划设计，按设计施工。据统计，前四年共完成51.79万公顷，是规划任务的16.44%。通过工程建设，黄河中游地区生态环境初步得到改变，经济与社会同步发展，如山西省吉县经过多年努力，建成一条百里绿色长廊和四大林果基地，全县林地面积达到8万公顷，森林覆盖率达39.8%，林木蓄积量达到131.6万立方米，全县人均在绿色银行存款4 386.0元，人均林果收入243.3元，人均有林面积0.94公顷。由丁林多树多，水土流失面积由1978年的12.47万公顷减少到9.2万公顷，侵蚀模数由1978年的每平方千米7 604吨降低到4 150吨，平均降雨量比周边县增多15～40毫米，成为林茂粮丰的农业先进县；地处陕、晋、内蒙古等省（区）的皇甫川、无定河、三川河、昕水河、朱家川等流域，林地面积增加了54万多公顷，植被覆盖度提高到了20.6%，已控制水土流失面积990

万公顷；山西平陆县从造林绿化改善生态环境起步，实现农村经济总收入成倍增长，农民走上了脱贫致富的道路。全县水土流失面积占86.7%。县委、政府提出“平陆不平三千沟，沟沟都用树来填”的口号，把造林绿化摆到治山治水，振兴农业的战略位置，带领群众在立地条件较好的荒坡、荒滩、荒地上造经济林和速生丰产林。森林覆盖率达到49.3%，林地达到4.74万公顷，为解放初的56倍。人均有经济林1亩，“四旁”树50株。使进入黄河的泥沙减少，由800万吨下降到400万吨，种粮面积减少1.33万公顷，而粮食总产、单产比60年代都翻了一番多，开展林果增值加工业。林果业年总收入7 545万元，占农业总收入的59%，农村经济总收入比1980年增长2.6倍。部分地区通过兴建几万亩甚至几十万亩的经济林基地，林果收入占到农业收入的30%以上。山西省昕水河流域森林覆盖率达到36.5%，治理水土流失面积35.93万公顷，占应治理面积的60%，土壤侵蚀模数由7 175吨/平方千米·年下降到3 226吨/平方千米·年。 （熊善松）

**【辽河流域防护林工程】** 辽河流域防护林工程建设范围，涉及内蒙古、河北、辽宁、吉林四省（区）的77个县（市、区、旗）。规划总面积120万公顷。“九五”期间规划任务71.7万公顷，其中：人工造林62.3万公顷，飞机播种造林1.2万公顷，封山育林8.2万公顷。

辽河流域防护林，经过四省（区）77个县（区、市、旗）各族人民的共同努力，工程建设取得阶段性的成果，截至2000年底，共完成任务580.57万亩，占规划总任务1 075万亩的54%（详见下表）。

**辽河流域防护林工程任务完成情况调度统计表**

| 年　度 | 规划任务 | 完成任务（万亩） | 完成率（%） |
|---|---|---|---|
| 1996 | 156 | — | — |
| 1997 | 264 | 105.68 | 40.0 |
| 1998 | 271 | 261.49 | 96.5 |
| 1999 | 217 | 103.20 | 47.6 |
| 2000 | 167 | 110.20 | 66.0 |
| 合　计 | 1 075 | 580.57 | 54.0 |

各地在工程建设中，普遍采用工程造林，做到了整地标准化、苗木标准化、栽植标准化，积极推行生物措施与工程措施相结合，多林种、多树种相结合。为适应市场经济建设和农民脱贫致富的需要，适当缩小一般用材林比重，增加速生用材林和经济林的比重，使工程建设既发挥了生态效益，又能在近期收到经济效益，达到以短养长，充分调动了广大群众参与工程建设的积极性。同时，工程建设普遍增加了针阔混交的比重，使林种结构得到了改善，并涌现出一批高标准、高质量的治理模式。

各建设区在项目建设中，发扬自力更生、艰苦奋斗的精神，在国家投入不到位的情况下，充分用政策调动广大农牧民的积极性，多方筹集资金，采取群众投工、投劳、贷款、集资等措施，保证了工程建设的顺利实施。

（熊善松）

**【中德合作三北防护林体系工程监测管理网络系统项目实施】** 2000年，是三北防护林体系网络监测系统项目实施的第一年。首先，在讨论用户需求的基础上，制定了项目检测管理体系建设解决方案。中德专家以及项目工作人员，对项目用户需求状况进行了广泛深入的分析讨论，在征求各级用户意见的前提下，制定了三北防护林体系建设工程监测管理网络管理体系建设解决方案。该方案从用户需求、工程建设信息的获取、管理、分析、应用等方面详细论述了三北防护林体系工程监测管理信息系统的建设原则、技术路线和工作步骤。方案内容丰富，技术可行，实践性、操作性强，不仅是项目执行取得的重要成果之一，而且也是指导项目执行的根本指南。其次，制定了初实可行的项目执行计划，使项目开始步入了全面启动执行的快车道。依据监测管理体系建设方案，中德双方共同研究确定了项目一期工程实施计划，并详细规划设计了项目2000～2001年具体工作计划，确定了每项工作开始和完成期限、完成情况评价指标以及主要负责人，使项目开始进入实质性操作阶段。一是详细规划设计了运用现有图形、数据资料以及遥感、地理信息系统、数据库技术编制、发布数字化土地利用现状图、森林分布图的工作流程框图，在得到德方专家认同的基础上，依据项目文本确定的目标及成果，编制了项目一期工程实施草案；二是制定了编制土地利用现状图、森林分布图、林相图的技术标准；三是依据项目用户需求分析报告，在中外专家的指导下，对监测中心数据库结构进行了逻辑和物理上的设计，建成了中心数据库基本结构框架；四是9月底在银川召开项目中方工作会议，总结了项目启动以来的工作，研究制定了各项技术标准，安排布署了下一阶段的工作。五是设计完成了中心数据库代码库的设计和编码等工作，完成了北京市平谷县小班调查数据的录入工作，为下一步进行全面测试作好了准备工作。第三、完成了一系列相关的培训与考察任务。根据项目文本确定的实施内容、任务，制定了项目人员培训与考察计划，并按计划今年完成了部分培训与考察任务。4月份，邀请上海的专业技术人员来银川对项目办工作人员进行了为期两周的地图扫描、数字化处理等方面的培训，制作了项目试点县景泰县的数字化行政区划图；9月份，邀请有关专家在银川进行了PCI遥感图像处理软件、数据库结构设计等方面的培训，学习了遥感图像增强、分类、判读、信息提取以及与GIS结合等关键技术的原理和操作，并制作输出了处理后的遥感影像图；讨论并初步设计了监测中心数据库的结构和功能，对系统开发过程中的一些关键环节进行了技术可行性测试；10月下旬，派员赴上海参加了SICAD/OPEN地理信息系统的初级培训，初步了解了SICAD系统的基本原理、操作技能以及运用SICAD进行监测管理信息系统开发的基本方法和步骤，11月初，邀请外国专家来银川结合三北工程建设实际，进行了SICAD/OPEN地理信息系统应用的深度培训，并结合培训自主开发了地理信息系统演示模型。

（熊善松）

**【中外合作三北地区造林、林业研究、规划与发展项目】** 三北地区造林、林业研究、规划与发展项目（以下简称009项目）是我国三北防护林体系工程接受联合国粮农组织、比利时政府援助的一项大的林业科技开发合作项目。该项目建设区设在奈曼旗、通榆县和彰武县。十年来，该项目已分别在杨树引种造林研究、针叶树引种造林研究、林业机械研究和沙地综合治理研究四个方面开展了230多项对比试验，取得了20多项科研、生产成果，基本完成了立项时中外双方签定的各项科研、生产和培训任务，多次受到联合国粮农组织和中外专家的好评。

*杨树引种造林研究* 引进国内外杨树无性系650多个，在科尔沁沙地建立了沙地杨树基因库，选育出适合科尔沁沙地种植的杨树优良无性系23个，其中，有6个正在逐步推广。开展了小叶杨天然选优和杂交育种工作，建立了小叶杨种质资源库，现有6个单株的年胸径生长量超过3.5厘米。上述基因库已成为三北地区开展杨树基因交换和引种的重要基地之一，并将成为国内外开展杨树遗传改良的重要资源库。现已有5个省（区）从该基因库中索取了优良无性系种条。

*针叶树引种造林研究* 009项目针对科尔沁沙地树种单一，针叶树仅以樟子松为主的现状，及时开展了针叶树引种和造林研究。十年来，先后引进国内外优良松树种20多个，种源100多批，现已选育出优良针叶树树种长白松、班克松等优良针叶树树种，其生长和抗性均超过樟子松，适宜在科尔沁地造林。另外，铅笔柏、沙地云杉、欧洲赤松等也有良好的发展前景，需进一步试验。在开展樟子松种源选择研究中，三个建设区同时开展了樟子松种源对比试验，对国内引进的12个种源的樟子松进行了不同立地条件造林对比试验和综合评价研究，初步选出了产于青山、高峰的两个优良樟子松种源。

*林业机械设备引进和改造研究* 在林业机械设备引进和改造研究方面，引进先进机械与改造研制相结合、国外先进机械与国内机械应用相结合、机械研制与林业生产所需相结合、科研与生产、推广相结合的方式，在机械研究和开展机械化造林方面取得多项成果。先后改造和研制出侧悬挂钻孔机、深松插干植树机和针叶树切根育苗机三种新型沙地抗旱造林机械和育苗机械，这些机械在开展抗旱造林方面发挥了重要作用，得到项目周遍地区广泛应用。同时，各建设区还根据当地实际情况，将引进国内外先进林业机械设备与改造有机结合，成功的改造出多种适用机械，如掘根机、翻转四铧犁等，这些机械在林业生产中发挥了重要作用。

*沙地综合治理研究* 在开展科尔沁沙地综合治理研究方面，完成了科尔沁沙地立地类型划分工作，制定了立地类型划分标准和绘制了了二十万分之一的立地类型卫星影视图，为决策和地方各级部门进一步了解掌握科尔沁沙地发展现状和更好地实施综合治理措施提供了科学的依据。并对科尔沁沙地天然疏林的现状和保护开展了广泛调查研究，阐述了科尔沁沙地保护和发展以榆树为主的疏林草原的意义。在国内外收集了80多份榆树资源，建立了沙地榆树基因库，为进一步保护和利用榆树资源作了大量基础性工作。在开发利用流动沙丘研究中，建造了沙丘温室，种植葡萄获得成功。

（熊善松）

**【长江中上游防护林体系建设工程】** 2000年是长江中上游防护林体系建设工程一期规划实施最后一年，各地完成了或超额完成了工程建设规划的造林任务。据统计，工程区12个省（区、市）共完成造林任务37.5万公顷，占计划任务的103.5%，其中人工造林17.1万公顷，封山育林19.3万公顷，飞播造林1.1万公顷。主要做了以下工作：一是1998年长防林工程的人工造林实际进行了核查，共抽查了9个省（市）的19个县，抽查结果表明，长防工程的面积核实率和核实合格率分别为99.0%、93.9%，有6个县“两率”达百分之百。二是总结推广了林业生态建设治理模式，组织有关人员编写了《西部地区林业生态建设模式》一书，归纳总结出长江上游地区了林业生态建设与治理模式32个。并向长防地区的省（区、市）林业厅（局）、县、乡林业局、林业站赠送书籍近2万册。三是加大林种树种结构调整力度，针对过去工程造林中存在着用材林、经济林比重过大，针叶林、纯林造林过多的状况，各地2000年工程造林狠抓了林种树种的调整力度。四是开展一期工程建设的检查总结；五是组织编制了“二期”规划。根据党中央、国务院关于生态环境建设的重点指示精神，结合国务院颁布的《全国生态环境规划》，国家林业局按照林业发展“十五”规划的总体部署，在总结长江中上游防护林体系一期工程和淮河太湖流域综合治理防护林体系工程建设的基础上，国家林业局组织四川省林业勘察设计研究院编制了《长江中下游、淮河流域综合治理防护林体系建设工程总体规划（2001～2010年）》。

（李 冰）

**【太行山绿化工程】** 2000年，太行山绿化工程重点示范区完成造林11.1万公顷，占计划任务109.1%，其中人工植苗造林5.9万公顷，飞播造林0.5万公顷，封山育林4.7万公顷。在重点工程示范项目的推动下，整个工程区造林绿化工作蓬勃展开。一是强化管理，提高工程建设质量，为提高工程建设的管理和技术水平，山西、河北等省分别制定了《太行山绿化示范工程管理办法》、《精品工程建设实施方案》、《太行山绿化人工造林设计办法》等制度，用于强化工程管理和建设，同时，开展了管理人员的培训工作。如河北省进行了工程造林流程管理技术、容器育苗造林技术、封山育林技术和工程管理技术的培训。山西省突出抓了混交林建设，制定下发了《混交林建设实施方案》，使工程全部建成人工植苗与天然灌木相结合的乔灌混交林，基本上扭转了人工植苗纯林为主的局面。河南省一改造林作业调查设计粗放作风，省厅要求太行山绿化工程8个重点县按照总体设计要求，依据年度造林计划，提出施工设计方案，报省林业厅审核、批准并备案，彻底做到了施工有设计、验收有依据，提高了造林成效。二是加强监督检查力度。山西省严格按照《山西省太行山绿化"四评"管理办法》，在5县8处工程上进行了自评、复评、共评、终评。通过"四评"，使被评单位认识了问题所在，明确了努力方向。同时，省林业厅组织了对1999年度示范工程的检查，对照《太行山绿化示范工程建设检查方案》，对38个示范单位进行了抽查；河北省引入竞争机制，实行竞争淘汰制，对在工程建设中造林质量不高、面积核实率低的县进行了黄牌警告。三是突出重点，搞好科技示范，在太行山绿化工程中，项目区从不同的角度，抓了一大批典型和精品工程建设。省、市、县建立示范基地，做到规模、数量、地点、行政负责人、技术负责人五落实。如河北省的阜平县槐树底和吴家沟绿化工程、行唐县上阎庄造林模式、临城县北盘石综合开发、沙河市史峪沟示范工程、封山育林示范基地等；河南省突出做好种苗科技示范。该省辉县为提高育苗质量，共印发"侧柏容器育苗技术要点"和"油松容器育苗技术要点"等技术资料1 000余份，举办育苗技术培训班30余次，培训人员45 000余人次，通过科技示范，使良种壮苗的出圃率大大提高。四是总结一期工程工作，搞好二期规划编制。根据国家林业局的部署，太行山工程范围内的北京、河北、山西、河南四省(市)，组织开展了一期工程建设的总结检查和二期工程规划的编制工作。总结一期不足，二期规划在指导思想、布局、建设内容、投资主体等方面都较一期工程有较大改进。 （曾宪芷）

**【沿海防护林体系工程】** 2000年，沿海防护林体系建设工程共完成营造林10.4万公顷，为全年计划任务的100.3%，其中人工造林4.5万公顷，封山育林5.9万公顷。2000年沿省区针对各自海防林建设的薄弱环节，在抓好面上造林绿化、加强现有林管护的同时，突出重点，集中力量抓好了沙荒风口、沿海基干林带断带、老林带更新、护路护岸林、试验示范林以及红树林、木麻黄等珍贵树种的建设，在人力物力和财力上给予重点倾斜，以确保一期工程的建设质量。同时，沿海各省区为适应市场经济大环境，积极探索，许多地方一改过去林业部门统管造林，栽后无人管的消极局面，推广了多种形式、多种渠道的造林。包括股份合作制、承包责任制、买断经营权、社会化公开招标等形式，取得了较好成效。 （曾宪芷）

**【平原绿化工程】** 据统计，2000年平原绿化工程共完成人工造林任务22.2万公顷，占计划任务的109.3%。各省（区、市）继续加强农田林网建设和深入开展平原绿化达标活动和高标准平原绿化试点工作。为加快平原绿化步伐，适应市场经济的需要，不少省区积极探索平原绿化产权制度改革，采取拍卖、承包、租赁宜林地绿化权、"返租倒包"和采取"公司＋基地＋农户"形式，制定优惠政策，鼓励企业建立自己的原材林基地。各地在平原绿化中还注意推广三倍体毛白杨、中林46、107、毛新杨、中嘉8号、中潜3号、辽河杨、等优良品系树种。至2000年，全国平原绿化达标县已达819个，占全国920个平原（半平原、部分平原）县的94.5%。2000年，国家林业局授予了天津市蓟县等19个县（市、区）"全国平原绿化先进单位"称号。 （曾宪芷）

**【珠江防护林工程】** 2000年共完成造林任务6.87万公顷，占计划任务的111.3%，其中人工造林3.53万公顷，封山育林3.34万公顷。2000年，各工程建设省区认真按照珠防林工程建设任务的有关要求，充分利用报刊、广播、电视、标语等多种方式宣传珠防工程，发动广大农户参与珠防工程的规划和实施，同时，组织专业技术人员编制作业设计，并按基建程序审批，并通过各种方式筹集建设资金，作到按设计施工，确保了任务的完成。 （曾宪芷）

**【淮河太湖流域工程】** 2000年共完成造林任务10.4万公顷，占计划任务的100.5%，其中人工造林4.5万公顷，封山育林5.9万公顷。2000年各地在工程实施过程中，重点在提高成活率上下功夫，坚持集中领导、集中时间、统一规划、统一标准、统一整地、统一购苗、统一栽植、统一检查验收，确保了造林质量。 （曾宪芷）

**【林业生态建设先进单位表彰】** 为表彰在林业生态建设中取得突出成绩的单位，国家林业局于2000年6月14日作出决定，授予衡水市等18个市（地区）"全国林业生态建设先进市（地区）"称号；授予密云县等63个县（市）"全国林业生态建设先进县（市）"称号；

此次评选对象为全国各省（区、市）的地（市）、县（市）；评选的主要条件是：①超额完成各年度计划安排的植树造林任务，近3年每年造林面积核实率保持在95%以上，造林合格率达到90%以上，人工造林中混交林比例逐年提高；②新中国成立以来，造林绿化成效显著。山区：以地（市）为单位的，新增森林面积不低于500万亩，或淮河以北地区森林覆盖率净增10个百分点以上；淮河以南地区森林覆盖率净增20个百分点以上；以县（市）为单位的，新增森林面积不低于50万亩，或淮河以北地区森林覆盖率净增15个百分点以上（或森林覆盖率达到40%以上）；淮河以南地区森林覆盖率净增25个百分点以上（或森林覆盖率达到60%以上）。丘陵地区：以地（市）为单位的，林业用地利用率达到75%以上，森林覆盖率达到40%以上；以县（市）为单位的，林业用地利用率达到80%以上，森林覆盖率达到45%以上。平原地区：以县市为单位的，平原县（市）森林覆盖率达到15%以上，半干原县（市）森林覆盖率达到30%以上，部分平原县（市）森林覆盖率达到40%以上。农田林网控制率85%以上，道路两侧绿化率90%以上，村庄绿化率25%以上；以地（市）为单位的，地（市）所辖的县（市）均应达到上述的县（市）级平原绿化参评标准。③重视造林成果的保护，近期连续5年无乱砍滥伐，随意侵占、破坏林草地的现象，无重大森林病虫害和森林火灾发生。各地共上报市（地区）20个，县（市）73个，按照以上条件，共选出18个市（地区）、63个县（市）给予了表彰。（曾宪芷）

**【飞播造林】** 2000年全国有26省（区、市）开展飞播造林，完成播种面积75.2万公顷。国家林业局、财政部分别扶持1 000万元、1 300万元。飞播造林直接成本元/公顷。2000年全国飞播造林播前播前准备比较充分，有关省（区、市）强化了施工作业设计管理，严把种子质量关，陕西省、四川省将国家生态环境建设工程和天然林保护工程中飞播造林的规划设计、方案制定、飞机联系、种子处理药剂、检查验收等工作纳入省林业厅负责完成，统一管理，统一组织实施。各省在飞播造林中还大力推广应用了多效复合剂包衣、GPS卫星定位导航、小粒种子粘胶化或丸化处理、高海拔地区飞播造林等先进技术，飞播造林成本大大降低，飞播造林成效显著提高。针对国家加强生态环境建设力度，提高防护效益的要求，河南省、河北省积极探索油松与黄连木、火炬树、臭椿、漆树等阔叶树混播造林，效果显著。此外，各部门通力协作施工速度加快。（刘道平）

**【全国飞播造林工作座谈会和中国南方飞播造林技术协作组第十五次年会】** 2000年10月18～20日，国家林业局造林司在四川省绵阳市组织召开了全国飞播造林工作座谈会。参加会议的有28个省（区、市）林业厅（局）飞播造林主管处长（林勘院院长、飞播站站长、技术人员），中国民航总局运输司、成都空军司令部航管处、中国民航第二科研所、贵州双阳通用航空公司、绵阳飞行学校以及新闻等单位的代表，共计70余人。会议主要任务是：落实全国林业厅（局）长会议和全国营造林工作会议精神，以党的十五届五中全会精神为指针，总结交流“九五”成绩经验，分析形势，研究新形势下进一步推进我国飞播造林工作的基本思路、目标和具体措施。

会议期间，大家参观了四川省江油市飞播造林现场；陕西、江西、贵州、云南、内蒙古5省（区）以及绵阳市作了典型发言；认真讨论修改了《2001～2010全国飞播造林实施意见》；汇报了《全国飞播造林（治沙）工程管理办法（试行）》（林造发［1999］508号）执行一年来的情况；进一步落实了2001年飞播造林任务，对全国飞播造林工作将起到推动作用。（刘道平）

**【西藏自治区飞播造林可行性考察】** 为落实李岚清副总理的指示精神，进一步加快西藏生态环境建设步伐，在搞好人工造林、封山育林的基础上，拟在西藏开展飞播造林种草。2001年11月12～22日，由国家林业局造林司、四川省林勘院营林调查队、中国民航总局第二科研所、贵州双阳通用航空公司一行6人组成的西藏自治区飞机播种造林考察组，就西藏开展飞机播种造林的可行性进行了考察。专家组认为，拉萨市周围以及林芝、山南、日喀则地区有适宜飞播的立地条件和可供飞播的树种，2001年先开展小面积的人工撒播试验，并组织协调运12飞机进藏试飞，以取得技术参数和适航许可，一旦条件具备，即开展大面积飞播造林。（刘道平）

**【森林经营】** 为提高我国森林经营管理水平，按照分类经营要求，探索优化林分结构，提高森林质量的新途径，实现由粗放经营向集约经营转变。从2000年开始，在全国建立了不同类型的6个县级森林经营示范点，各地按照要求，认真编制《森林经营示范县（市）建设实施方案》，把各项建设任务真正落到实处。为进一步指导各示范点森林经营示范建设工作开展，2000年11月，在北京召开了全国森林经营示范县（市）建设座谈会，邀请了部分森林经营专家、示范县（市）及有关省林业主管领导对示范点建设工作和实施方案进行了座谈，会后，国家林业局批准了《森林经营示范县（市）建设实施方案》，各示范县按照要求精心组织落实示范方案；按照分类经营要求，突出重点，努力提高森林经营水平，确保完成各项示范建设任务。尽管2000年我们在推动森林经营工作方面取得了积极进展，但全国森林经营工作长期仍存在以下问题：一是现有中幼龄林面积人，抚育间伐任务繁重；二是现有中幼龄林抚育间伐进展缓慢，森林资源损失严重；一是对森林抚育认识不足，重视不够，资金投入严重不足；四是森林抚育间伐生产税费项目多，税费负担重；五是森林抚育间伐材流通渠道不畅；六是森林经营基础设施薄弱；七是森林经营管理、指导跟不上。（钱能志）

**【西部地区木质能源/薪炭林建设研讨会】** 2000年11

月20—22日，国家林业局造林司、中国林科院联合在贵州省贵阳市召开了西部地区木质能源/薪炭林建设研讨会。来自林业、农业部门的管理、生产、科研及教学单位的40位专家出席会议，联合国粮组织也派员参加，会议共收到论文28篇，会议交流15篇。与会者从国内外木质能源/薪炭林发展趋势、发展规划及技术、西部各省的现状与发展战略等方面进行了广泛交流和讨论。专家们一致认为，为进一步缓解西部地区农村能源供应紧张状况，有效地保护天然林资源，制定新世纪薪炭林发展战略，重点抓好六方面工作：一是确立薪炭林在林业建设中的地位与作用，在"十五"计划中增加薪炭林比重，建设一批薪炭林基地。二是设立专项经费，实行工程项目管理。尤其对西部地区薪炭林的发展给予扶持。三是切实落实"谁造林、谁经营、谁受益"的政策，允许对薪炭林的合理采伐，实现可持续利用。四是加强薪炭林栽培、经营和利用技术的科学研究和效益评估，建立木质能源/薪炭林综合利用示范点。五是加强国际合作，实现信息共享，积极参与多边和双边合作项目，加强人员培训与技术推广。六是加强林业、农业、能源、环保、卫生等部门间的沟通和合作。

（刘道平）

**【经济林建设】** 2000年，全国经济林建设继续保持稳定发展态势。据统计，全年共营造各类经济林135.03万公顷，占人工造林面积的26.45%，经济林产品总产量达6700万吨，比1999年增加3%。呈现以下特点：①结构调整进一步优化。不少地方针对经济林产品在市场的变化情况，以及生产中一些树种品种结构性过剩、区域性滞销和价格下跌的现象，及时进行树种品种结构调整和优化更新，经济林生产的区域性特色越来越明显。如河南省近年的经济林发展由过去重鲜果轻干果，逐步转向干鲜果并重发展。②新品种引进力度加大。不少地方在积极开发本地名优品种的同时，大力引进名特优新经济林品种，丰富了当地品种资源，满足了市场多样化、优质化的需求。如北京市仅2000年引进葡萄、樱桃、梨等新品种达四五十个。③促销力度扩大。随着产品供求形势的变化，各级政府部门从过去单抓生产转向生产流通的联动发展，解决了一些产品的销售问题和果农的后顾之忧，提高了经济林生产的经济效益。

在抓好全国经济林行业管理和指导方面，主要开展了以下工作：第一，组织评选了62个县（市、区）为"全国经济林建设示范县"的工作，并以国家林业局发文确定，以探索实行经济林规模化管理、科学化经营、社会化服务的产业发展模式；第二，组织举办了山东乐陵全国红枣交易会，有来自全国20多个省（区、市）的生产、加工、销售方面的人员计1 800多人参加，成交额4.6亿多元，促进了我国红枣产品的易地交流和流通；第三，审定颁布了《名特优经济林基地建设技术规程》（行业标准），将对规范经济林基地建设，强化质量管理，有积极的推动作用；第四，配合西部大开发中名特优经济林的建设与发展，根据西部地区地域特点，组织编写了《适宜西部地区栽植的主要经济林树种及优良品种》技术小册子发送西部地区14个省（区、市）。

（易　哲）

**【花卉生产】** 2000年，我国花卉业继续保持旺盛的发展势头，全国花卉生产面积已达14.7万公顷，比1999年的12.24万公顷增长了20%。生产经营水平和产品质量大幅度提高，规模效益更加明显，已成为农业产业结构调整，发展高效农业和创汇农业的重要途径。2000年的花卉行业管理主要抓了以下几方面工作：一是加强花卉标准建设，规范生产经营活动。组织完成了《花卉名称、术语》行业标准和《主要花卉产品等级》国家标准的评审工作。《花卉名称》标准已于2000年7月1日发布实施，《花卉术语》标准于2000年11月10日发布，2001年2月1日实施。《主要花卉产品等级》(GB/T1824.1—7)国家标准已于2000年11月16日经国家技术监督局批准发布，2001年4月1日实施。二是树立示范样板，实施名牌战略。继1999年"全国花卉生产示范基地"评选命名之后，又在全国评选命名了41个"全国重点花卉市场"和59个"中国花木之乡"，并在中央电视台、《中国花卉报》、《中国绿色时报》进行了广泛宣传，在带动全国花卉生产和流通上规模、上档次，创名牌、出效益等方面发挥了积极作用。三是加强人才培训，提高经营管理水平。组织各省花卉管理和生产技术人员赴荷兰进行了为期一个月的现代花卉设施栽培和管理技术培训，对充分认识了解设施栽培技术，扭转我国大批洋温室普遍亏损的局面起到了积极作用。四是抓宣传，对引导花卉产业健康发展发挥了积极作用。

（吴秀丽）

## 全民义务植树和部门绿化

**【综　述】** 据统计，2000年全国参加义务植树人数达5.58亿人次，合计完成株数24.58亿株，其中：植树21.67亿株；植绿篱9 479万延长米；铺草坪8 183万平方米。建立义务植树登记卡的县（市）达1 833个。乡（镇）级以上各级领导办绿化点31.75万个，其中2000年新建3.88万个，当年完成造林80.33万公顷。全国城市建城区绿化覆盖率已达27.44%，人均公共绿地面积达6.52平方米。

为了推动今年及今后一个时期全民义务植树运动，3月30日，全国绿化委员会在北京召开第十九次全体会议，温家宝副总理主持会议并作重要讲话。全国各地、各部门以植树节为重点，利用电视、广播、报刊、杂志等新闻媒体，开展了全方位绿化宣传活动，同时组织开展了多种形式的全民义务植树活动。2000年3月，全国绿委、国家林业局、中直机关绿委、中央国家机关绿委、首都绿委、全军绿委联合组织机关干部和解放军官兵600多人，在北京市开展了以"植千禧年树造新世纪林，保护首都生态环境"为主题的义务植树活动。地方各级政府始终把生态建设和义务植树作为大事来抓，落实责任制，兴办绿化点，建立义务植树基地。全国绿委通过在全国确定义务植树示范基地，继续推动义务植树向基地化发展。结合义务植树，各地还广泛开展植纪念树、造纪念林和绿地认种认养活动，不断拓宽了义务植树实现形式。（杨淑艳）

**【部门绿化】** 据统计，2000年部门（系统）参加义务植树人数552万人，植树8 334万株，庭院绿化面积达17 242公顷。（梁宝君）

**【绿色通道工程建设】** 2000年是全国绿色通道建设的快速发展的一年。2月5日，温家宝副总理在全国绿化委员会办公室呈送的《关于开展绿色通道示范路段建设的情况汇报》上，作了长篇重要批示，指出：绿色通道建设是绿化工作的一种形式，要从实际出发，因地制宜，讲求实效；建立激励机制，调动群众的积极性，把建设、管护与物质利益结合起来，使责权利相统一；通过示范，总结经验，加以引导。5月，朱镕基总理在视察河北省、内蒙古自治区治沙工作时指示：路边没有树不行，今后修公路、铁路、河渠、堤坝，都要把造林绿化纳入预算，要制定统一标准。7月27日在全国退耕还林会议上，朱总理再次强调：最近我们准备颁布这样一个规定，公路、铁路、堤坝等公共工程的两边都要种树，规定标准，所需资金打入投资，资金有保证；铁路、公路修起来了，沿线的树没有种起来，不能验收，要制定规范。随后，国务院下发了《关于进一步推进全国绿色通道建设的通知》（国发［2000］31号），全国绿化委员会和国家林业局联合在安徽省合肥市召开了全国绿色通道工程建设现场会，同时制定了绿色通道建设管理办法（征求意见稿），开展了全国绿色通道工程示范路段建设的检查、评比、表彰。各地党委政府认真贯彻党中央、国务院有关绿色通道建设的指示精神，认真落实全国绿色通道工程建设现场会精神，把绿色通道工程建设作为生态环境建设的重点工程，列入了各级政府的重要议事日程，实行人财物集中投入，高标准建设，大力推进，工程建设取得了显著成绩。据统计，全年全国共完成绿色通道建设总里程12.6万千米，折合造林绿化26.4万公顷，投入资金17.3亿元。其中公路绿化7.7万千米，折合造林绿化16.3万公顷；铁路绿化2.2万千米，折合造林绿化1.4万公顷；河渠、堤坝绿化2.7万千米，折合造林绿化8.7万公顷，涌现出像北京、河北、山西、安徽、河南省和蚌埠铁路分局等一批建设速度快、标准高、质量好的省份和单位。（王福祥）

## 森林公园建设

**【综　述】** 2000年，我国森林公园建设继续保持平稳增长的态势。据不完全统计，截至2000年底，全国已建立各级森林公园1 078处，总经营面积983.8万公顷，分布遍及除台、港、澳、西藏的30个省（区、市）。森林公园共拥有旅游车船4 310台（艘），接待床位117 428张，电话62 751门，旅游从业人员46 705人，其中导游2 656人。全年森林公园累计投入建设资金15.87亿元，其中用于环保的投入1.82亿元，营造风景林106 300公顷，改造林相21 498公顷。

森林公园规范化管理明显加强。继湖南省颁布《湖南省森林公园管理条例》之后，5月25日，山西省以第142号政府令发布施行《山西省森林公园管理办法》，四川省人大于2000年11月30日审议通过《四川省森林公园管理条例》，并于2001年1月1日起颁布施行，极大地推进了地方性森林公园法制建设步伐。针对部分国有林场和森林公园合法权益受到侵犯及经营管理不善、旅游环境较差等实际问题，山东省下发《关于对全省国有林场、森林公园的安全生产、经营活动进行检查的通知》，通过各市自查、省厅抽查的形式，有效维护了森林公园的合法权益，改善了生产经营安全状况，促进了国有林场和森林公园的发展。陕西省建立了"森林生态旅游工作报告制度"，要求公园对开展的重大活动、节假日、安全月活动、事故、半年和全年工作等情况进行汇总，及时按程序上报，强化监督检查，有力地推动了森林公园良好旅游环境和旅游秩序的建立。

森林公园建设受到进一步重视。河南、重庆等地召开了全省森林公园和森林旅游工作会议，对今后一个时期的工作做了部署,要求各级林业部门抓住机遇,主动出击,把全省的森林旅游事业推向一个新的台阶。辽宁省在丹东举办了首届森林旅游研讨会,聘请专家讲授有关森林公园建设管理以及森林旅游产品开发等方面的知识。甘肃省在天水举办了全省首届森林公园导游培训班,共有40多名公园骨干导游参加了培训,福建省也组织了一期森林公园建设与旅游开发培训班,对规范森林生态旅游行业管理和提高旅游人员素质起到了积极作用。辽宁、山东等省还先后编制完成森林公园建设"十五"计划及2010年规划,确定了森林公园的长远发展目标。

森林公园经营制度改革取得显著成效。重庆市森林公园进一步深化内部经营管理制度改革,全市压缩非生产人员20%,50%以上的经营项目实行了承包,人、财、物、劳动、计划、资金等管理工作日趋科学化和合理化。为充分发挥资源优势,山西省森林公园管理中心与省国营林场管理局联合五大森林经营局,共同出资100万元,成立了山西大森林旅游发展有限公司。湖南张家界国家森林公园对所属企业进行了整改,通过改制、改组、合作经营和委托经营,基本实现了经营权和所有权的分离,以往亏损的宾馆如今每年都有上交和盈利,经济效益明显提高,企业经营和去年相比减亏300万元,扭亏率达到23%。

森林公园的宣传促销形式多样化。面对首次实施的"五一"和"十一"长假制度,各地紧紧把握假日旅游的有利时机,积极开展宣传促销。山东省森林公园管理办公室与省有线电视台合作,在假日旅游栏目宣传森林公园。甘肃省林业厅委托森林沙漠旅行社在万维网注册了森林假期之旅网址,全省各森林公园积极加入,上网宣传。陕西省森林旅游公司和省青年施行社联合在西安市建立森林旅游超市,集中推销森林旅游产品,为人们到森林公园旅游提供更为全面和便捷的服务。浙江千岛湖森林公园推出"春之约"、"夏之魅"、"秋之韵"、"冬之情"的特色主题推荐活动。山东原山森林公园在国内率先开通了原山旅游号专列,在提高知名度的同时,也带来了可观的经济效益。

森林公园的资源潜力得到深入挖掘。黑龙江丹清河森林公园因地制宜,充分依托巴兰河的优势,投资20余万元开发了漂流项目。不仅在4个月内全部收回投资,而且带动了餐饮、住宿等服务的发展,为40名林场职工提供了就业机会。广西良凤江森林公园利用紧靠城市的优势,围绕森林特色,开发了斋菜、野生菌、森林野菜三大特色菜系,"五一"期间成功举办了21世纪绿色食品美食节,并参加了广西第一届美食节,有5个菜被评为广西名菜。歌乐山森林公园以建成重庆市体育休闲中心为目标,完成了热气球、攀岩、欢乐林、猎人屋等项目建设,举办了中国吉尼斯重庆挑战赛等近10次大型文体活动,旅游收入比1999年增加88%。森林旅游所蕴含的广阔发展前景,极大地吸引了民间、社会资本进入森林公园建设。甘肃省山丹县致富大户梁廷辉联合10个石棉开采企业,投资100万元,在焉支山森林公园建设生态旅游观光点,为民资的再发展提供了绝佳思路。据不完全统计,2000年全国森林公园共为社会提供就业机会427 455个,创社会经济收入31.08亿元。 (许 晶)

**【新建国家森林公园35处】** 2000年,经中国森林风景资源评价委员会考察评审通过,国家林业局审核同意,以林场发[2000]74号文件批准建立国家森林公园13处,以林场发[2000]698号文件批准建立国家森林公园22处,全年共建立国家森林公园35处,经营面积49.77万公顷(见下表)。截至2000年底,经国家林业局批准建立的国家森林公园已达到344处,经营面积656.02万公顷。目前,全国各级森林公园总数已超过1 078处,总面积983.8万公顷。森林公园建设已成为我国生态环境建设与森林资源保护的一个重要组成部分。

**2000年新建国家森林公园情况表**

| 省(区、市) | 个 数 | 公 园 名 称 | 面积(公顷) |
|---|---|---|---|
| 北 京 | 1 | 小龙门国家森林公园 | 1 595.00 |
| 河 北 | 1 | 五岳寨国家森林公园 | 3 800.00 |
| 内蒙古 | 2 | 阿尔山国家森林公园 | 103 149.00 |
| | | 达尔滨湖国家森林公园 | 22 081.00 |
| 黑龙江 | 2 | 绥芬河国家森林公园 | 971.00 |
| | | 日月峡国家森林公园 | 1 000.00 |
| 浙 江 | 1 | 紫微山国家森林公园 | 5 500.00 |
| 福 建 | 5 | 华安国家森林公园 | 8 153.33 |
| | | 猫儿山国家森林公园 | 2 560.00 |
| | | 龙岩国家森林公园 | 2 200.00 |
| | | 旗山国家森林公园 | 3 586.90 |
| | | 三元国家森林公园 | 4 572.50 |

（续）

| 省（区、市） | 个数 | 公 园 名 称 | 面积（公顷） |
| --- | --- | --- | --- |
| 江 西 | 5 | 天柱山国家森林公园 | 10 512.00 |
| | | 泰和国家森林公园 | 3 000.00 |
| | | 鹅湖山国家森林公园 | 7 950.00 |
| | | 龟峰国家森林公园 | 7 400.00 |
| | | 上清国家森林公园 | 11 800.00 |
| 山 东 | 3 | 仰天山国家森林公园 | 2 400.00 |
| | | 伟德山国家森林公园 | 8 362.40 |
| | | 珠山国家森林公园 | 4 000.00 |
| 河 南 | 1 | 甘山国家森林公园 | 3 800.00 |
| 广 东 | 1 | 英德国家森林公园 | 107 000.00 |
| 海 南 | 1 | 海口火山国家森林公园 | 2 000.00 |
| 重 庆 | 1 | 茂云山国家森林公园 | 1 910.00 |
| 四 川 | 3 | 黑竹沟国家森林公园 | 28 154.20 |
| | | 夹金山国家森林公园 | 92 175.00 |
| | | 龙苍沟国家森林公园 | 7 573.00 |
| 云 南 | 3 | 紫金山国家森林公园 | 1 700.00 |
| | | 飞来寺国家森林公园 | 3 431.25 |
| | | 圭山国家森林公园 | 3 206.00 |
| 陕 西 | 2 | 南宫山国家森林公园 | 3 100.00 |
| | | 王顺山国家森林公园 | 3 633.00 |
| 甘 肃 | 1 | 渭河源国家森林公园 | 7 917.00 |
| 宁 夏 | 2 | 苏峪口国家森林公园 | 9 587.00 |
| | | 六盘山国家森林公园 | 7 900.00 |
| **合 计** | **35** | | **497 679.58** |

（俞 晖）

**【森林公园管理人员赴澳大利亚、新西兰考察和培训】**

经国家林业局批准，应澳大利亚可持续旅游合作研究中心和新西兰林业研究所的邀请，森林公园管理人员考察团一行12人于2000年3月25日至2000年4月12日对澳大利亚和新西兰进行了为期18天的考察，较系统地学习了两国在国家公园建设、经营与管理方面的经验。

澳大利亚是世界上第二个建立国家公园的国家，到1997年，全澳已有5 793个各种类型的陆地与海洋保护区，面积达98.66万平方千米。新西兰是世界上唯一一个由新西兰保护局一个部门承担所有自然保护工作的国家，现新西兰保护局总共管理着800万公顷的土地，其中有国家公园13处，森林公园或保护公园29处，海洋保护区14处，另外还有各种类型的保护区及历史遗迹地等约3 500处，世界遗迹地3处。

澳大利亚、新西兰国家公园经营管理具有以下经营管理特点：一是国家公园突出保护，强调社会公益性，每年国家投入大量的资金建设国家公园，不以盈利为目的。二是国家公园的经营采取的是所有权与经营权相分离的方式，由企业或个人经营，国家公园局监督、管理。经营承包商的职责就是在不违背“合约”的前提下改进服务，加强管理，提高效益。国家公园局的主要职责是执法。三是国家公园开展的旅游活动强调以人为本，倡导生态旅游，澳大利亚正在全国范围内普遍推行一种自然和生态旅游证书制度。四是国家公园重视宣传工作，强化其教育功能。五是国家公园一切活动均以法律为准绳。

（胡春姿）

**【国家林业局作出向杨文洲同志学习的决定】** 杨文洲同志是在我国森林公园建设事业发展中涌现出来的一位杰出代表，生前是陕西省太白山国家森林公园管理处主任、太白风景林场场长。他以高度的责任感和强烈的事业心，在林业工作第一线上奋战了40多个春秋，他带领全场干部群众克服种种困难，锐意改革、开拓进取、顽强拼搏、艰苦创业，将一个以伐木为主的国有林场建设成为以开展森林旅游为主导的新型林场，把一个难以维持生计的贫困林场发展成年旅游收入逾1 000万元的在全国享有较高知名度的国家森林公园，走出了一条林业可持续发展的新路子。2000年7月28日，杨文洲同志因积劳成疾，不幸病逝。

为了表彰杨文洲同志的先进事迹，弘扬艰苦创业、无私奉献的精神，国家林业局以林场发［2000］602号文件作出《关于向杨文洲同志学习的决定》。要求全国林业干部职工要以杨文洲同志为榜样，学习他热爱林业、淡泊名利、开拓创新、无私奉献、艰苦创业、自强不息的革命精神和优良品质，努力实践江泽民总书记“三个代表”的要求；《决定》强调向杨文洲同志学习要与抓好当前各项林业工作结合起来，进一步转变观念，深化改革，积极调整林业产业结构，为推动我国林业事业跨越式发展作出更大贡献。

杨文洲同志病逝后，国家林业局李育材副局长代表局党组赴陕西亲切慰问了杨文洲同志的家属，并实地考察了太白山国家森林公园。　　（俞　晖）

# 森林资源保护与林政管理

## 森林资源保护

【**野生动植物保护综述**】 2000年，国家林业局高度重视野生动植物保护工作，狠抓了法制建设，加大了执法力度，快速、抢救性地划建了一批自然保护区，濒危物种拯救和湿地保护取得重大进展，夯实了各项基础工作，进一步加强了管理体系建设，扩大了对外合作与交流，各项工作都有较大的进展，取得了可喜的成绩。

自然保护区建设　召开了加快西部地区自然保护区建设工作座谈会．交流了经验，探讨了加快西部地区自然保护区建设的思路和措施。全国林业系统新建自然保护区60多处、自然保护小区700多处，其中新建的三江源自然保护区是我国目前面积最大的自然保护区，还有12个自然保护区晋升为国家级自然保护区。国家投资3 450万元用于国家级自然保护区基本建设，是历年来投入较多的一次。

法制建设与执法　在全国开展了野生动植物保护法律法规执行年活动，各地共进行专项打击行动95次，查处案件2.9万起，取缔非法驯养繁殖单位1 567家、非法经营利用单位1 758家；制定发布了《国家保护的有益的或者有重要经济、科学研究价值的陆生野生动物名录》,《大熊猫出口审批原则和程序》获得国务院批准，就修改《野生动物保护法》进行了前期调研，并完成了有关野生动物猎捕管理、驯养繁殖管理、鸟类环志管理、野生动物园管理及资源保护管理费收费等配套法规的起草或修改工作，各省（区、市）也根据本地实际加强了配套法规建设。

基础工作　组织编写了《全国野生动植物保护和自然保护区建设工程规划》，并通过科技委专家论证，为实施全国野生动植物保护和自然保护区建设工程打下了基础。全国陆生野生动物资源调查、野生植物资源调查、湿地资源调查已全面完成外业工作，进入数据汇总和处理阶段，都分省份已上报调查成果。正式启动了第三次全国大熊猫调查，各项工作进展顺利。信息管理系统建设取得重大进展，中国生物多样性信息管理系统初步运行成功，在互联网上开通了中国野生动植物保护、中国自然保护区建设、中国湿地保护和中国大熊猫4个网页。

濒危物种拯救　目前，大熊猫野生种群生存环境得到良好改善，种群数量仍保持在1 000多只；2000年全国人工圈养大熊猫繁殖20仔，成活18仔，其中中国卧龙大熊猫研究中心共繁殖6胎12仔，成活11仔，创历史最高纪录，使全国人工圈养大熊猫种群达到110多只。朱鹮种群数量已达248只，濒危状况得到进一步缓解。野生大象的数量已达到270只左右。东北和华东、华南地区不断发现东北虎和华南虎的活动痕迹。麋鹿的种群数量为1 300多只；扬子鳄的人工饲养数量接近1万条。

湿地保护　颁布实施了《中国湿地保护行动计划》,对全面指导和规范全国的湿地保护管理将起到积极作用。全国政协人口资源环境委员会首次将湿地和野生动植物保护列为四大调研主题之一，共分4个组到广东、云南、湖南、江西、广西等地考察，并与国家林业局共同召开了全国湿地保护工作座谈会，对推动我国湿地和野生动植物保护工作产生了积极的影响。

国际合作与交流　向美国、日本各提供两只大熊猫用于合作研究、向日本赠送了1只朱鹮，派团参加了湿地公约第二十五次常务委员会和IUCN第二届世界保护大会，组织召开了第五届海峡两岸国家公园与保护区研讨会，白鹤GEF项目指导委员会会议，认真实施GEF国际合作项日。通过加强国际合作与交流，大力宣传了我国保护政策和成就，进一步加深了国际社会对我国保护事业的理解和支持，为引进资金和技术，推动我国野生动植物保护事业的发展起到积极的作用。

保护管理机构与队伍　野生动植物保护工作普遍受到各省（区、市）的高度重视，在省级政府精简机构和人员情况下，有21个省级林业行政主管部门设置了专门的保护管理处，其中12个为新增设机构，其他省份也均设置了有行政职能的事业机构，充实了管理人员，并有近2 000个基层林业工作站增挂了野生动植物保护管理站牌子。为提高各级保护管理人素质，国家林业局举办了第三期国家级自然保护区领导干部培训班、自然保护区可持续发展研讨班、野生动物剥制技术培训班、湿地保护国际培训班等，各省（区、市）根据本地实际举办了各类培训班。 （李青文）

# 森林病虫害防治

**【综　述】** 2000年是森林病虫害发生比较严重的一年。据统计，全年全国森林病虫害发生面积为850万公顷，比1999年增加60多万公顷。其发生特点，一是食叶害虫发生面积比较大。松毛虫发生面积153万公顷，主要发生在湖南、湖北、江西、辽宁、云南、广西等省（区）。杨树食叶害虫发生面积67万公顷，山东、河南和新疆等省（区）发生面积比较大。二是森林鼠害严重。全年发生面积近90万公顷，主要发生在我国的东北、西北和西南等省（区），尤其在西北退耕还林还草地区成为植被恢复的主要障碍之一。三是经济林病虫害发生面积与1999年大体持平，发生面积为50万公顷。四是重大危险性病虫害得到初步遏制。红脂大小蠹虫的疫情发生面积比1999年减少7.9万公顷；松材线虫病发生面积和疫点数量比1999年略有增加，纵坑切梢小蠹虫发生程度比1999年有所加剧。

2000年，森防工作采取了一系列有力的措施，取得了显著的成绩。一是全面启动实施了松材线虫病、红脂大小蠹虫、杨树天牛、美国白蛾、松毛虫和森林鼠害六大病虫害工程治理项目。病虫害工程治理是针对重大危险性病虫害或者跨省（区）、大面积发生的森林病虫害，采取工程项目管理和综合治理相结合的管理方式，有计划地集中人力、物力和财力防治病虫害的一种模式。六大病虫害工程治理项目包括615个县，治理面积180多万公顷，制定了工程治理的规划和年度实施计划，明确了工程治理范围、工程任务、年度目标、主要技术指标、治理对策和保障措施等，使主要森林病虫害的防治管理实现了实质性的转变，防治效果显著提高。年底，组织专家对广东、辽宁、内蒙古三个工程治理试点项目进行了检查验收，全面总结了工程治理工作的做法，为进一步开展工程治理工作提供了经验。二是开展了松材线虫病防治年活动。会同科技部调研了黄山等地松材线虫病预防工作，并向国务院呈报了松材线虫病治理对策措施的建议，国务院办公厅印发了国家林业局和科技部的《关于我国松材线虫病防治工作形势和任务的报告》的通报。8月，国家林业局在山东烟台召开了松材线虫病防治现场会，李育材副局长参加会议并作了讲话，会议进一步理清了松材线虫病防治工作的思路和防治策略。新时期松材线虫病防治工作，实行加强监测，早发现、早防治，堵疏结合，加大有效封锁力度，更新改造与拔除疫点相结合的治理策略，进一步加大松材线虫病工程治理工作力度，继续抓好黄山等著名风景名胜区和重点生态区域的松材线虫病预防工作。据统计，2000年有11个县、19个乡（镇）达到了基本拔除疫点的要求。三是加快了监测预报网络体系建设。国家林业局设定公布了510个国家级中心测报点，完成了183个中心测报点的建设任务并下达了测报点运行经费，公布了松毛虫等11种主要病虫害的测报办法，基本完成了全国地区级森林病虫害防治信息网络软件应用培训工作。四是森林植物检疫工作得到加强。组织制定了35种森林植物检疫对象检疫技术操作办法，全国有76个苗圃获得了全国无检疫对象苗圃称号，国家林业局下发了《关于进一步加强森林植物检疫工作的通知》，组织有关人员编写《国外危险性森林病虫疫情数据》。五是利用国家投入国债资金的有利时机，继续大力开展森防基础设施建设。全国对120多个地、县级森防站开展了标准站建设，国家林业局公布命名了首批287个标准站名单，中国平安保险公司捐资100万元援建了延安地区等7个标准站，建设了一大批防治基础设施设备，有效地提高了防治能力。六是继续实行森防目标管理。组织各地对2000年及对“九五”期间森防目标管理工作进行全面检查总结，结果表明，绝大多数地方完成了预定的任务，全国森林病虫害防治工作总体上达到了“九五”初期确定的森林病虫害发生率控制在6%以下，防治率、监测覆盖率和种苗产地检疫率达到65%、75%和85%以上的目标，对加强防治工作起到了重要的推动作用。为完善“十五”期间森防目标管理办法，研究制定了以“成灾率”为核心的“十五”森防目标管理指标体系，增强了目标管理的引导性。七是明确了森防工作实行“四个转变”的发展战略。李育材副局长在2000年全国森防站长会议上提出并系统阐述了森防工作“四个转变”的重要思想，即由重除治向重预防，由治标向标本兼治、以治本为主，由一般防治向工程治理，由化学防治向生物防治转变，制定了加快实现“四个转变”的政策措施，为实现森林病虫害可持续控制提供了理论依据。

（朱新飞）

**【森林病虫害国家级工程治理项目全面启动】** 2000年，全面启动实施了松材线虫病、杨树天牛、红脂大小蠹虫、美国白蛾、松毛虫、森林鼠害等6个国家级工程治理项目。这些项目覆盖全国26个省（区、市）142个地（市）612个县（区），涉及森林病虫害总发生面积176.07万公顷。通过一年努力，工程取得初步成效。2000年，6个国家级工程治理项目共投入资金14 323.4万元，其中，中央投入3 600万元，省、地、县财政配套5 820.5万元，自筹4 902.9万元（含投工投劳） （吴 坚）

**【松材线虫防治工程】** 2000年，共治理41.38万公顷，占发生面积94.1%。其中，防治面积30.48万公顷（生物、仿生防治15.56万公顷，化学防治11.66万公顷，人工防治3.26万公顷），封山育林和林分改造10.90万公顷。共完成疫情监测普查面积452.67万公顷，皆伐改造松林2 724.93公顷，清除病死树及衰弱木370.3万株，除害处理疫木及枝桠15.37万立方米、综合防治面积4 780公顷。有17个县（区、市）和23个乡（镇）达到基本拔除目标。重点保护的黄山、西湖、千岛湖、九华山、太湖等著名旅游景点和历史名胜未出现疫情。发生区传媒天牛虫口密度有所下降，病害蔓延速度得到减缓。同时在工程区建立监测点3 137个，监测覆盖面积284.34万公顷，监测覆盖率达95%以上。通过建立完善县、乡、村三级测报网络，加大轻度发生区营林措施和生物预防的力度，积极推广应用营林措施、生物制剂、仿生制剂和人工物理措施等综合防治技术，建立了一批以封山育林、林分改造、生物防治、仿生防治、毒绳防治、飞机防治为主的示范区，有力地推动了工程治理整体水平的提高。 （吴 坚）

**【杨树天牛防治工程】** 共完成防治面积6.92万公顷，清理虫害木215万株，伐根嫁接毛白杨18.4万株，修枝及截干3.13万公顷，剪虫瘿80.4万个，捕杀成虫486万头。工程治理区增设监测点62个。青海省湟中县、黑龙江省哈尔滨市区、双城市一些以乡（镇）为单位的疫点实现基本拔除。 （吴 坚）

**【红脂大小蠹虫防治工程】** 2000年，工程区采用绑塑料布磷化铝密闭熏杀、喷雾和打孔注药等措施，共防治21.79万公顷。共拔除30个疫点县乡，压缩疫区面积8万公顷。从欧洲和美国引进了利用大唼蜡甲控制大小蠹虫的生物防治技术和植物性引诱剂监测防治大小蠹虫的技术。 （吴 坚）

**【美国白蛾防治工程】** 2000年，工程区发生面积2.65万公顷，总防治面积5.98万公顷（次）。除治区由31个县（区）压缩到24个县（区）；监控区由18个县（区）扩大到24个县（区）。工程区虫口密度大幅度下降，疫情范围开始收缩。保护区北京市尚未发现美国白蛾；天津市宝坻县发生区距北京市最近距离向后退缩了10千米以上。拔除以乡（镇）为基本单位的疫点93个，比计划多完成了36个。 （吴 坚）

**【森林鼠害防治工程】** 2000年，采用低毒、无二次中毒、环保型杀鼠药剂防治2.81万公顷（次），机械捕打1.1万只。完成了主要森林鼠害调查工作，摸清了害鼠种类、优势种群、分布范围、分布规律及危害程度，掌握了害鼠天敌种类和对害鼠的控制能力。对主要害鼠的生物学特性进行了研究。进行了主要害鼠防治及药剂筛选试验，筛选出了C-肉毒素等几种经济高效的杀鼠剂及毒饵。 （吴 坚）

**【松毛虫等3个国家级工程治理试点项目通过验收】** 到2000年底，由财政部和国家林业局共同组织实施的辽西地区松毛虫持续控灾工程，内蒙古自治区光肩星天牛治理工程和广东省松材线虫病工程治理试点项目已完成试点任务，并通过了专家验收。经过治理，工程区内松毛虫、杨树天牛和松材线虫病灾害得到了有效的控制。其中松毛虫累计防治面积达18.11万公顷；天牛发生面积由治理前的4.67万公顷降至2.27万公顷，降低了48.5%。现有的2.27万公顷的天牛分布区，虫株率基本控制在2%以下；松材线虫病发生面积由治理前的2.13万公顷降至1.71万公顷，降低了19.9%。拔除以镇为单位的疫点9个。3个试点项目3年总计共投资超过1.4亿元。其中，中央投资1 500万元，省级配套投资1 556万元，市、县财政配套3 313.10万元。林业部门还使用中央专项（国债）投资和国家基本建设投资近千万元配合防治试点工程。（吴 坚）

**【国家森林病虫害预测预报网络工程】** 2000年，全国共完成国家级预测预报网络工程510个测报点中的183个点的建设，通过政府采购方式，统一为各测报点配备了测报技术所需计算机、显微镜、照相机、恒温箱和全球定位仪等基础设备，通过实施国家森林病虫害预测预报网络工程，将在全国建立510个国家级森林病虫害中心测报点，建成省级森林病虫害数据处理工作站和国家森林病虫害监测数据处理系统，应用地理信息系统、航天、航空遥感和GPS等3S技术，实现对森林病虫害的航天、航空和地面的立体监测体系，逐步建立起以数字林业为基础的与新世纪跨越式林业发展相适应的国家森林病虫害预警系统。 （王 洋）

**【国家级森林病虫害中心测报点管理办法（试行）】** 为了贯彻落实对森林病虫害"预防为主，综合治理"的方针，规范国家级森林病虫害中心测报点的管理，国家林业局造林司下发了《国家级森林病虫害中心测报点管理办法（试行）》（林造防［2000］59号）。《办法》具体规定了国家级森林病虫害中心测报点的设置条件、职责、任务和申报方式以及奖惩办法等，明确了国家级森林病虫害中心测报点是设置在具备一定条件的基层森防站，它的日常管理由当地林业主管部门负责，同时接受国家林业局和各上级森防站的技术和业务指导。《办法》对从事国家级森林病虫害中心测报点工作的县级以上测报人员，要求须经国家林业局森防总站统一培训并持证上岗。（王 洋）

**【全国森林病虫害防治工作站长会议】** 2000年1月15～17日，国家林业局造林司在北京怀柔召开了全国森林病虫害防治工作站长会议。会议的主要任务是，全面总结1999年森林病虫害防治工作，进一步贯彻落实杭州、广州和郑州会议精神，研究部署2000年防治工作，提出了2000年的工作重点和今后一个时期森林病虫害防治工作基本思路。今后一个时期森林病虫害防治工作要紧紧围绕全国的森林病虫害发生面积控制在666.67万公顷以下的目标，同时要努力实现森防工作的“四个转变”。即在指导思想上，必须由重除治向重预防转变；在防治策略上，必须由治标向标本兼治，以治本为主转变；在组织管理上，要从一般防治向工程治理转变；在防治措施上，要从以化学防治为主向以生物防治为主转变。各省（区、市）林业厅（局）、各计划单列市林业局和森工（林业）集团公司的森防站长参加了会议。（王晓华）

**【中国森林植物检疫对象检疫技术操作办法颁发】** 为进一步规范森林植物检疫技术，提高检疫水平，根据《森林植物检疫对象和应施检疫的森林植物及其产品名单》和《森林植物检疫技术规程》，国家林业局造林司组织有关专家和人员制定了杨干象等35种森林植物检疫对象检疫技术操作办法。该操作办法经有关专家审定后，2000年11月10日，国家林业局下发了《关于发布杨干象等35种森林植物检疫对象检疫技术操作办法的通知》（林造发［2000］615号），要求各地认真遵照执行。（王晓华）

**【“九五”森防目标管理】** 根据全国森林病虫害防治工作面临的严峻形势，“九五”期间，全国继续实行了以“四率”（发生率、防治率、监测覆盖率和种苗产地检疫率）为基本内容的森防目标管理。主要做法：一是层层分解目标管理指标任务。综合考虑某个地方的森林面积、病虫害发生情况、社会经济状况和防治工作水平等因素，合理分解确定指标任务。二是层层签订森防目标管理责任状。在林业系统内，省与市、市与县层层签订目标管理责任状，明确任务要求，明确奖惩措施，落实工作责任。全国有一半省份将森防目标管理指标纳入了地方各级政府“保护和发展森林资源目标责任状”，使森防由部门工作变为政府责任，强化了对防治工作的领导。三是制定目标管理检查考核办法。在过去检查考核办法的基础上，1998年造林司制定了森防目标管理综合考评方案，从指标任务完成情况、防治、检疫、测报和领导措施等方面制定了具体标准。多数省根据这些标准，制定了更为详细考核办法。四是认真进行考核检查。按地方自查、全国抽查的考核检查规定，各地在每年第四季度组织检查组进行了考核检查，年底前上报自查报告和指标任务完成情况。五是通报表彰。造林司以文件或会议的形式通报了两次检查的结果。全国有近1/3的省（区、市）在检查的基础上综合打分，评定等级，通报表彰，兑现奖惩。

根据各地自查结果，“九五”期间，实现了全国森林病虫害发生率控制在6%以下，防治率、监测覆盖率和种苗产地检疫率分别达到了65%、75%和85%以上的总体要求。（朱新飞）

## 自然保护区建设

**【中国自然保护区建设】** 我国自然保护区建设在20世纪末取得了可喜成绩，截至2000年年底统计，全国共建立各种类型自然保护区1 276处，总面积1.23亿公顷，占全国国土面积的12.44%，已居身世界前列。江泽民总书记题名的三江源自然保护区是我国最大的自然保护区，总面积为3 180万公顷，占全国国土面积的3.31%。经国务院批准的国家级自然保护区有155处。全国还建立各类自然保护小区50 319个，总面积135.58万公顷。目前，全国已建立森林公园1 050处，总面积982.53万公顷，其中国家森林公园有344处，总面积692.53万公顷。

全国已建湿地类型自然保护区289处，总面积4 945万公顷；以保护大熊猫为主的自然保护区33处，总面积181.77万公顷。

我国已有19处自然保护区加入国际生物圈保护区网，它们是：长白山、卧龙、鼎湖山、梵净山、神农架、武夷山、博格达峰、锡林郭勒、盐城、西双版纳、天目山、茂兰、丰林、九寨沟、南麂列岛、山口、黄龙、高黎贡山、白水江自然保护区。扎龙、向海、东洞庭湖、鄱阳湖、鸟岛、东寨港和米浦7处自然保护区被列入国际重要湿地名录。张家界、九寨沟和黄龙3处自然保护区被列为世界自然遗产地。

全国林业系统建立和管理自然保护区共909个，总面积1.02亿公顷，占全国国土面积的10.63%。其中国家级自然保护区105个。2000年，全国林业系统共新建自然保护区133处，总面积3 491.28万公顷。

（严 向）

**【加快西都地区自然保护区建设工作座谈会】** 为了进一步促进并加快西都地区自然保护区建设，交流保护工作经验，2000年6月，国家林业局保护司在兰州市召开了加快西部地区自然保护区建设工作座谈会，全国林业系统主管保护的厅（局）长及保护处（站）负责人参加了会议。各省就以下方面达成了共识：要在继续保护好森林、野生动植物和湿地类型自然保护区的同时，在大江大河源头、生态系统脆弱区要尽快划建一批湿地生态系统和荒漠生态系统类型的自然保护区。同时，还要高度重视加强对现有保护区的建设和管理，巩固好已有的建设成果，起到巩固和扩大相互促进的作用。

座谈会上重点探讨了西部地区自然保护区建设需要解决的问题，以及加快工作步伐需要采取的措施。一要早划多划自然保护区，将自然保护区建设纳入到林业重点工程建设中去。二是要加大对西部地区自然保护区建设的投入。为鼓励和推动西部地区自然保护区建立，国家将专门安排资金，用于新建自然保护区的前期补助。三是提倡和鼓励自然保护区要在坚持统一规划，统一管理的原则下积极开展生态旅游，以带动经济可持续发展。四是要加强对自然保护区的科学分类指导和管理。应根据自然保护区的不同保护对象，不同生态类型，不同保护面积，不同地理地带等各种具体条件进行科学的分类和管理。五是要切实加强对自然保护区建设的领导。总的要求是，在新形势下西部地区自然保护区工作要转变观念，拓宽领域，积极保护，促进发展，早划多划，逐步完善，实现西部地区山川秀美。

（安丽丹）

**【青海三江源自然保护区建立】** 2000年8月，由江泽民总书记亲笔题写区名的三江源自然保护区宣布正式成立。

三江源保护区地处青藏高原腹地的青海省玉树地区，总面积31.8万平方千米，是长江、黄河、澜沧江三大江河的发源地，素有“江河源”之称，被我国生态学家誉为“中华水塔”。这里的生物资源十分丰富，是世界上高海拔地区生物多样性最集中的地区，也是江河中下游地区可持续发展的生态屏障。多年来，随着人们经济活动的不断加剧，对自然资源的不合理开发已导致这一地区的植被严重退化，生态环境严峻恶化。为了更好地保护好母亲河和中华水塔，遏制三江源地区日益恶化的生态环境，2000年5月，国家林业局和青海省人民政府开始了三江源自然保护区的策划和筹建工作。

国家领导人为自然保护区题名这是建国以来的第一次，充分表明了对自然保护区发展和建设工作的重视，对从事自然保护区建设和管理工作的广大职工是一个极大的鼓舞。为此，国家林业局和青海省人民政府共同决定，在三江源头竖立一处三江源自然保护区纪念碑，将江总书记的题名镌刻在象征着保护三条母亲河和中华水塔意义的“牛头”碑上，全国人大常委会副委员长布赫特为纪念碑题写了碑文。同时为了扩大和唤起社会公众对保护母亲河的意识，国家林业局与中央电视台共同策划举办了三江源自然保护区成立和纪念碑揭碑仪式现场的电视直播活动，使国内外亿万观众都能观看到这次活动的实况，起到了非常好的宣传效果和影响作用。

（汪铁军）

**【中国湿地保护行动计划颁布实施】** 由国家林业局牵头，在国务院17个部门的共同努力和社会各界的大力支持下，经过5年的积极工作，于2000年完成了《中国湿地保护行动计划》的编制和颁布实施工作。《行动计划》从我国湿地保护和合理利用现状出发，依据可持续发展战略的要求，提出了我国湿地保护和合理利用的指导思想、发展目标、优先行动和项目，将成为我国各有关部门和各级政府开展湿地保护工作的行动指南，是今后实施湿地保护和合理利用工作的纲领性文件，对规范部门行为和加强合作将起到巨大的推动作用。

在《行动计划》中明确了中国湿地保护行动的总目标以及优先行动。总目标为：全面加强中国湿地及其生物多样性保护，维护湿地生态系统的特征和基本功能，重点保护好在国际与国家领域内具有重要意义的湿地，保护和最大限度地发挥湿地生态系统的各种功能和效应，保证湿地资源的可持续利用，以造福当代惠及子孙。根据中国湿地保护基本战略，近期的中国湿地保护优先行动主要是：建设并完善湿地保护的法律体系，建立全国湿地保护与合理利用的管理协调机制，开展宣传、教育、培训，开展湿地资源的调查、评价、监测，建立湿地保护区并提高管理水平，对湿地资源的可持续利用进行规划，开展湿地恢复重建，实施湿地保护专项行动计划，开展湿地的基础研究，筹措湿地保护资金，开展国际合作与交流。

《行动计划》颁布实施的几项优先行动是实现中国湿地保护行动计划的保证。

1. 统一行动、规范行为。湿地保护是一项涉及部门多、社会性强、协调难度大的事业，需要社会各阶层的广泛理解、支持和参与。因此，建立有效的湿地保护管理协调机制是顺利实现我国湿地保护和合理利用的关键因素。

2. 开辟资金渠道，建立投入机制。由于湿地保护具有跨部门、多学科、综合性的特点，其投入也应是多渠道、多元化、多层次的。湿地保护属社会公益事业，根据中央和地方事权、财权划分的原则，国家投入应是湿地保护的主要来源。还要尽最大努力将湿地保护纳入各级政府的国民经济与社会发展规划中，使湿地保护在各级政府渠道中有稳定和持续的资金来源。同时,《行动计划》也鼓励社会各类投资主体积极对湿地保护进行投入,力争形成全社会关注湿地保护投入的局面。

3. 开展国际合作,吸纳国际资金。改革开放以来,我国开展了广泛的国际合作,湿地保护和管理工作已引起国际社会的高度重视。目前,我国已争取到大约4 000万美元的资金直接用于湿地及其生物多样性保护,另有一些项目正在申请之中。

4. 履行《湿地公约》,提高国际形象。

(肖　红)

**【全国政协人资环委湿地考察】** 全国政协人口资源环境委员会将湿地和野生动物保护作为2000年度的重点调研题目之一,开展了4次实地考察活动。赵南起副主席考察了广西,人资环委副主任江泽慧考察了湖南和江西,蔡延松委员考察了香港和广东,沈茂成委员考察了云南。全国政协人资环委、国家林业局、国家计委、农业部、水利部、国家电力公司等许多部门的同志陪同参加了考察活动。

2000年12月29日,全国政协人资环委和国家林业局共同举办了全国湿地保护工作座谈会,赵南起副主席出席会议并作了重要讲话。会议对我国湿地面临的形势进行了认真研究,对今后开展湿地保护工作提出了许多建设性的建议。通过这次大会,明确了今后工作的重点,一是尽快成立全国湿地保护领导小组,二是争取早日颁布《全国湿地保护条例》,三是加大湿地保护的投入力度,四是要确立中国湿地日。这些工作的开展将对林业部门更好地组织协调全国湿地保护工作产生良好的影响,也提高了湿地在全国生态建设中的地位。(鲍达明)

**【GEF中国自然保护区管理项目培训】** 培训子项目,作为GEF中国自然保护区管理项目的一个重要组成内容,其目标是通过成立一个全国培训组,对中央、省和自然保护区各级提供900人月的培训,以加强生物多样性管理技能。通过为自然保护区的工作人员制定并讲授培训课程,以提高他们在野外保护、计划制定、组织管理、数据库管理、生态学原理、保护区管理等方面的理解水平。项目培训工作实施以来,先后共试办了保护区体系规划与管理、高级管理、中层管理(科长、所长、站长)、巡护管理、巡护技能、社区共管、保护教育、研究方法、数据管理、地理信息系统、计算机操作、生态旅游13个类型培训班,在诸多方面成效颇丰。近期,根据有关项目实施单位对培训需求以及培训的工作的进展,结合培训教员和保护区方面的意见与建议,对原培训计划作了适当调整,把培训工作主要集中在保护区高级管理班、巡护管理和技能班等方面。为此,2000年举办了一期针对保护区业务副局长的高级管理班和10个保护区巡护管理和技能培训班。通过对保护区领导的培训,向他们介绍了世界保护领域的新知识,促进其观念和意识的转变;通过对保护区巡护管理和技能的培训,促进了保护区人员对自然保护、自然保护区等基本概念的了解,懂得保护管理与科研外业数据的需求,掌握基本的巡护、监测、救护和社区工作技能。经世界银行检查评估,认为培训工作在实现其目标,促进GEF项目实施和保护区保护管理工作方面已显示出积极的效果。

(武立磊)

**【GEF中国自然保护区管理项目宣传】** 2000年,为更好地传播GEF项目取得的成绩,向全国其他保护区推广介绍成功的经验,项目实施了一系列的宣传教育活动,完成了305分钟的项目纪录片、成果汇报片和教学片,制作了彩色折页和网页。

全球环境基金中国自然保护区管理项目共包括5个方面:①自然保护区管理,在5个具有国际重要意义的示范保护区域建立更有效的保护和管理体系。该部分的主要内容是为项目保护区编制管理计划。②企业转产,通过将一处已经破坏的大熊猫栖息地的陕西省森工采伐企业转产安置,引入一个创新性的示范活动,建立长青国家级自然保护区。③机构能力建设,加强国家、省以及地方在生物多样性保护方面的管理水平和技能。④信息管理系统,通过提供设备和开展培训,提高管理决策能力。各项目保护区建立完善了野外巡护制度,使用了统一的用于记录野生动植物和人为活动情况的表格;配置了专人负责处理和分析数据。⑤小型科研基金,通过支持保护区开展与管理有关的研究活动,提高自然保护区的研究技能,解决管理工作中的实际问题。

为全面反映项目内容,摄制组自1月份起分赴各项目省拍摄。9月份,项目制作的8集纪录片《走进中国自然保护区》在中央电视台一套的"纪录片之窗"中播出,《中国电视报》、《中国环境报》、《中国绿色时报》、《中国日报》、《北京晚报》、新华社、中央人民广播电台等数家媒体对此进行了报道,收到了很好的社会效果。此外,还编辑完成了90分钟的教学片和全面反映项目成绩的65分钟的成果汇报片。同时,制作了英文版的成果汇报片,提交给了世行并用于国际交流。

编辑完成了项目折页,建立了中国自然保护区网页。折页精选了项目活动或设施的图片,配以中英文说明,图文并茂,制作完成后,发往各省林业厅(局)和国家级自然保护区;中国自然保护区网(www. natureserve. gov. cn)于2000年底完成了上网工作。

(陈立伟)

**【GEF中国自然保护区管理项目数据管理】** 数据管理是全球环境基金(GEF)中国自然保护区管理项目的一个子项目,该项目的主要目的是建立全国生物多样性信息的收集,分析和查询系统并为系统的建立提供技术咨询、培训和设备援助。该项目启动时曾选定了国外已开发的生物多样性信息管理系统(BIMS)。但经过软件汉化，扩充、培训和试运行，发现由于软件系统存在的问题造成系统不稳定，且功能也不能满足需求。后经招标，选择了国家林业局调查规划设计院在保留原BIMS主要逻辑框架的基础上重新编写软件系统。在软件编制和试运行期间，软件编制组的成员两次到实施该项目林业厅和保护区征求意见和提供培训。重新编制的中国生物多样性信息管理系统CBIMS，无论在系统的稳定性和功能方面都比原系统有了很大提高，特别是图形编辑和查询功能有了很大改进。2000年3月，世行对项目进行检查时给予了充分肯定，并于2000年5月底通过了由中科院动物所、植物所，中国林科院、北京林业大学等单位组成的专家组的评审。目前已经在GEF项目主要的省林业厅保护办和保护区安装运行。CBIMS已经在项目保护区稳定地运行，从而提高了项目保护区以及部分项目省林业厅保护办的数据管理能力。（陈康娟）

**【GEF中国自然保护区管理项目管理计划编制】** 为对中国10个具有国际意义的示范自然保护区编制和实施新的管理计划，以及资助具有极其丰富的生物多样性的云南省编制云南省保护规划，并对原林业部保护司提供技术援助编制全国自然保护区体系规划，是全球环境基金(GEF)中国自然保护区管理项目加强自然保护区的管理部分的重要活动之一。主要目标是提高保护区一级的计划制定的技能和机构能力，为保护区的长期管理提供战略蓝图，并以此为基础确定保护区的短期计划，从而提高自然保护区的科学管理水平。通过援助云南省林业厅和国家林业局保护司制定省级和中央级的保护区体系规划，为中国生物多样保护引入了一种新的部门性规划方法，摆脱了各自为政的无重点的保护投资计划，把全国的利益纳入了部门的规划和管理之中。截至2000年底，云南西双版纳国家级自然保护区、陕西太白山国家级自然保护区、陕西长青国家级自然保护区、陕西佛坪国家级自然保护区、陕西周至国家级自然保护区、陕西牛背凉国家级自然保护区、湖北神农架国家级自然保护区、江西鄱阳湖国家级自然保护区、福建武夷山国家级自然保护区等和云南省林业厅、国家林业局保护司已完成了管理计划和省级、中央级自然保护区体系规划的编制工作，并且获得了世行和国家林业局保护司的批准。由GEF资助编制的自然保护区管理计划包括说明，评价，讨论和结论，措施，预算，附件等部分内容，分别描述了自然保护区的基本情况，确定了保护区的详细经营管理目标，为达到目标采取的计划行动，实施计划的详细开支预算和与主报告有关的技术资料。上述10个自然保护区的管理计划和云南省保护规划将由GEF资助于2001年上半年出版发行。（贺　超）

**【WCPA/IUCN第一届中国自然保护区高级研讨会】**

为进一步提高我国自然保护区的建设管理水平，由国家林业局保护司、世界自然保护联盟国家公园和保护区委员会东亚地区常委会和四川省林业厅共同主办，中国人与生物圈国家委员会，中国生物多样性保护基金会，四川卧龙、九寨沟国家级自然保护区管理局协办的WCPA/IUCN第一届中国自然保护区高级研讨会，于2000年10月20～26日在成都市举行。来自全国31个省（区、市）自然保护区主管部门和保护区管理人员共140多人参加了这次研讨会。

这是世界自然保护联盟国家公园及保护区委员会东亚地区常委会（WCPA－EA）第一次与我国共同举办自然保护区高级研讨会，主要是针对我国自然保护区在保护、管理和建设等方面存在的问题，将从自然保护区总体规划的编制和管理计划、自然保护区管理、自然保护区法规建设和制度、自然保护区生态旅游、自然保护区基础设施的建设和建筑风格设计等方面开展了研讨。会议开幕式上，国家林业局保护司司长张建龙、世界自然保护联盟国家公园及保护区委员会东亚地区常委会主席、韩国汉城大学禹保命教授、四川省林业厅厅长曹正其和特邀代表台湾张隆盛先生作了发言。会议邀请了来自中科院、北京大学、清华大学、四川大学和台湾大学、东台大学等自然保护区和国家公园方面的学者和专家作了学术报告和演讲。会后，与会人员参观考察了四川卧龙、九寨沟国家级自然保护区。（严　旬）

## 野生动植物保护

**【野生动植物保护法律法规执行年】** 2000年1月20日，国家林业局发出《关于开展野生动植物保护法律法规执行年活动的通知》（林护发［2000］39号），对开展野生动植物保护法律法规执行年活动中，在加强领导、实施专项打击行动、开展联合执法检查、建章立制、加强机构和队伍建设、广泛深入进行法制宣传教育六个方面提出了具体要求。在各林业厅（局）领导协调小组的领导下，各级林业行政主管部门开展了实实在在的大量工作，取得了明显成效。

**集中力量实施专项打击行动** 国家林业局先后组织实施了南方二号行动和保护森林资源三号行动，各省（区、市）也对本地区较为严重的滥捕乱猎野生动物、滥挖乱采野生植物及非法经营利用、走私野生动植物及其产品等问题，集中实施了专项打击行动95次，查处案件28 913起，特别是一批大案要案得到从快从严处理，许多积案也得到依法审判，有力遏制了猖狂破坏野生动植物资源的犯罪势头，并在全社会产生了强烈的反响。

*全面开展联合执法检查和行业清理整顿* 各省（区、市）林业行政主管部门联合公安、工商、海关、民航、铁道等部门，重点对集贸市场、宾馆酒店、边境口岸、车站码头等重点环节进行了联合执法检查，对野生动物驯养繁殖和经营利用单位全面清理整顿，取缔存在非法行为的驯养繁殖单位1 567家、经营利用单位1 758家，对驯养繁殖单位663家、经营利用单位452家要求限期整改，还查处了294家非法驯养繁殖单位和2 773家非法经营单位。通过联合执法检查和行业清理整顿，使市场环境得到综合整治。

*积极推动法制建设，强化依法行政* 在执行年中，国家林业局发布了《国家保护的有益的或者有重要经济、科学研究价值的陆生野生动物名录》、《大熊猫出口审批原则和程序》（经国务院办公厅批准），完成了《野生动物猎捕管理办法》、《野生动物驯养繁殖管理办法》等5项部门规章初稿，部分省也完成了有关野生动物经营利用管理地方法规的起草工作，并已进入地方立法程序。同时，各省（区、市）林业厅（局）加强了建章立制工作，制定了规范的审批制度，公布了举报电话，有些省还设立了举报奖金，以加强对保护管理工作的监督制约。

*促进保护管理机构和队伍建设* 在2000年省级机构改革中，在省级林业行政主管部门普遍降格的情况下，有21个省级林业行政主管部门内设置了专门的保护管理处，其中12个省的保护管理处为增设机构，其他省也都设置了有行政职能的事业机构；各省专职保护管理人员总数中行政编制从41人增加到69人，事业编制从296人增加到315人，野生动植物保护管理职能也相应得到加强；野生动植物保护管理基层机构建设有了新的发展，国家林业局专项安排了基层保护体系建设试点，并有25个省（区、市）强化了林业工作站野生动植物保护管理职能，10 892个林业工作站增挂了野生动植物保护管理站牌子，并确定了专职或兼职人员负责保护工作。同时，还进一步加强了对保护管理人员的素质教育和业务培训。

*加大宣传教育力度，普及依法保护意识* 国家林业局保护司和中国野生动物保护协会联合在11个省（区、市）开展了“爱鸟护鸟南北行”大型主题宣传活动；各地在“爱鸟周”、“野生动物保护月”、“湿地日”也开展了大型宣传活动和法律知识咨询，共组织专题讨论101次；在日常宣传工作中，还充分利用报刊和广播电视等新闻媒体，结合专项打击行动和联合执法检查，组织专题采访和大案要案追踪采访，共播发节目和刊登稿件达17 000多件，在社会上引起强烈反响。

（斯　萍）

**【国家林业局发布“三有名录”】** 根据《中华人民共和国野生动物保护法》第九条“国家保护的有益的或者有重要经济、科学研究价值的陆生野生动物名录及其调整，由国务院野生动物行政主管部门制定并公布”的规定，国家林业局在进一步掌握了我国野生动物资源本底状况和总结多年管理经验的基础上，经国内30多位权威专家论证后，于2000年8月1日以国家林业局令第7号发布了《国家保护的有益的或者有重要经济、科学研究价值的陆生野生动物名录》（简称“三有名录”），该名录共包括兽纲6目14科88种、鸟纲18目61科707种、两栖纲3目10科291种、爬行纲2目20科395种，昆虫纲17目72科120属另110种，其中脊椎动物占我国脊椎动物总数的59.96%。《三有名录》是《野生动物保护法》的又一重要基础性配套法规，它的制定和公布，使《国家重点保护野生动物名录》以外的野生动物资源的依法保护和管理具备了坚实的法律基础，将对我国生态环境的保护和建设起到重要的积极作用。

（斯　萍）

**【《全国野生动物园建设与发展规划（2000～2010）》编制完成】** 根据全国野生动物园管理工作的需要，国家林业局于2000年1月编制完成了《全国野生动物园建设与发展规划（2000～2010）》。该规划从全国野生动物资源及保护的现状入手，分析了建立野生动物园的现实意义和我国野生动物园建设的概况，确定了野生动物园建设的指导思想、基本原则和规划目标，规划了野生动物园建设的总体布局和建设重点，提出了实施规划目标的保证条件及政策措施，并进行了野生动物园的投资与收益分析预测。

该《规划》的突出特点是：结合各地经济发展水平的差异，按照突出各地特色、保证可持续发展和坚持市场导向的原则，对野生动物园的建设与发展实行总量控制、适度发展、合理布局、规范管理。为我国今后对野生动物园的管理工作提供了较为科学的指导作用。

（张德辉）

**【中国野生动植物保护网站开通】** 为广泛宣传我国野生动植物保护方针、政策，并利用现代信息技术提高工作效率、加强政府与社会之间的联系和交流，中国野生动植物保护网（www.wildlife-plant.gov.cn）于2000年12月31日正式开通并入国际互联网。该网站与中国自然保护区网、中国湿地网和中国大熊猫网合并运行，旨在全面展示我国丰富的野生动植物资源和繁复多样的自然生态系统，宣传我国自然保护区建设、大熊猫等濒危物种拯救、湿地保护现状和取得的成绩，发布有关法律法规和管理规定，公开办公程序，普及保护知识，介绍行业动态，拓展国际交流途径，征集社会意见和建议，加快信息反馈。该网站的开通运行，为国内、国际社会及时了解我国野生动植物保护进展，监督各级保护管理机构依法行政行为，参与保护行动，提出意见和建议等，开创了又一新窗口。同时，也为各级政府野生动植物保护管理部门及时了解公众愿望，掌握资源保护动态，制止行政违规行为和完善与各部门、民间团体、企业的联系提供了有效的途径。（王维胜）

**【我国科技人员攻克大熊猫繁殖难关】** 中国保护大熊猫研究中心是我国最早建立的以大熊猫保护研究为主体的科研机构，在大熊猫的繁殖研究领域作出了突出贡献，是我国重要的大熊猫繁殖基地。近几年，研究中心在解决大熊猫“配种难”的过程中，通过对大熊猫种公兽培育课题的研究，成功地培育出了4只具有自然交配能力的种公兽，而目前全世界仅有6只公兽有此能力，这是中国保护大熊猫研究中心取得繁殖成功的重要成果之一。

针对大熊猫“受孕难”的难关，研究中心进行了大熊猫精子库、大熊猫尿液、毛发、粪便中雌激素研究、大熊猫外源促性腺激素治疗研究等课题的研究。在大熊猫精子库研究中，采取一系列措施，提高了大熊猫精液质量，尤其是大熊猫冻精解冻活力达到了80%，大大提高了雌性大熊猫的受孕率；在对大熊猫雌激素的研究过程中，通过掌握大熊猫体内雌激素的变化规律，及时发现激素水平不正常的大熊猫，并能较准确地进行大熊猫的受孕诊断；通过对外源促性腺激素治疗的研究，先后使3只发情不正常的雌性大熊猫正常发情并受孕产仔，为提高大熊猫繁殖率提供了新思路。

繁殖成功的重要标志之一是种群成活率的高低。为突破人工繁殖大熊猫成活率低的难关，科研人员进行了大熊猫人工育幼、大熊猫疾病防治、大熊猫产后饲养管理、大熊猫适宜饲料及营养标准等课题的研究。通过引入生态育幼这一大熊猫人工育幼的新方法，大大改善了人工育幼环境，并通过对大熊猫母兽培训、大熊猫产后饲养管理、提高大熊猫幼仔免疫力、大熊猫幼仔人工乳研究等课题的研究，大大提高了初生大熊猫幼仔的成活率。亚成体大熊猫死亡率很高也是困扰大熊猫人工繁殖研究水平提高的关键。在这一领域，科研人员先后进行了亚成体大熊猫细菌性败血病研究、亚成体大熊猫疾病研究等课题研究。制定了科学的疾病预防程序及治疗措施，大大提高了亚成体大熊猫的成活率，至今亚成体大熊猫成活率高达90%，基本攻克了大熊猫亚成体成活率低的难关。

2000年，中国保护大熊猫研究中心的科研人员在总结以前经验的基础上，进一步加大研究的广度和深度，再次提高了雌性育龄大熊猫的受孕率。通过人工授精、自然交配等方法，从3月下旬至5月中旬，先后给11只雌性大熊猫配种，其中3只发情不典型，1只生殖系统有疾病，8只受孕成功。2000年8月6日至9月26日，研究中心受孕的8只大熊猫，在50天里共产幼仔12只，有两只熊猫妈妈1胎3仔。这8胎12仔除其中1只幼仔在出生前就窒息死亡以外，其余11只全部存活。在产仔胎数、只数、存活数等方面又创造了世界纪录。同时，成都大熊猫繁育研究基地和成都动物园共繁殖了大熊猫4胎6仔，全部存活；北京动物园繁殖大熊猫1胎2仔，存活1仔。至此，2000年全国共繁殖大熊猫13胎，20仔，到目前存活18仔，存活率达到90%，是至今人工繁殖大熊猫史上的高峰年，使我国大熊猫繁育又上了一个新台阶。（李　忠　罗　颖）

**【全国第三次大熊猫调查正式启动】** 为了全面掌握我国大熊猫的资源现状，进一步推动大熊猫保护工作，我国政府决定于2000年在全国开展第三次大熊猫调查工作。为此，国家林业局专门成立了以马福副局长为组长的全国第三次大熊猫调查领导小组和以保护司刘永范副司长为主任的调查办公室，同时还成立了由14名国内知名专家组成的全国第三次大熊猫调查专家委员会。国家林业局调查规划设计院作为本次调查的技术负责单位，积极与川、陕、甘三省的有关部门合作，编写了《全国第三次大熊猫调查技术方法》和《全国第三次大熊猫调查实施方案》等有关技术文件，并经全国第三次大熊猫调查领导小组会、专家委员会审议通过。2000年3月，全国第三次大熊猫调查领导小组第二次会议在北京召开，马福副局长正式对外宣布全国第三次大熊猫调查工作全面启动。

经过一年的努力，大熊猫调查工作进展十分顺利，其中，四川省共完成了汶川、若尔盖、松潘、九寨沟、北川、宝兴、芦山、邛崃、康定、泸定、雅安11个县（市）和卧龙、九寨沟、白河、勿角、黄龙寺、白羊、片口、小寨子沟、蜂桶寨9个自然保护区，以及天全、大邑县部分地区的大熊猫调查任务，同时，还完成了汶川、若尔盖、松潘、九寨沟、茂县、安县、北川、天全、泸定、石棉、荥经、什邡、绵竹、彭州、都江堰、宝兴等16个县54个大熊猫分布区周边乡（镇）社会经济调查，共完成大熊猫调查路线和栖息地植物调查样线3 564条，其中大熊猫调查路线2 906条，栖息地植物调查样线658条；陕西省完成了洋县全部外业（包括长青国家级自然保护区）318条路样线调查，佛坪县356条路样线（其中佛坪国家级自然保护区已完成165条路样线），以及太白县二郎坝、黄柏源地区的173条路样线调查，共计完成大熊猫调查路线710条，植被调查样线137条；甘肃省外业调查主要集中在白水江保护区、迭部县和文县尖山保护区等3个区域，共计完成大熊猫调查路、样线1 368条，其中大熊猫调查路线1 094条，植被调查样线274条，占全省计划调查任务1 610条的84.97%，超额完成了本年度的工作计划。

（李　忠　罗　颖　温战强）

**【大熊猫对外合作研究】** 经国务院批准，中国野生动物保护协会于2000年6月18日和12月6日，分别组织两对大熊猫赴日本神户王子动物园和美国华盛顿国家动物园，开展为期10年的合作研究。两对大熊猫来自四川卧龙国家级自然保护区的中国保护大熊猫研究中心，到日本的两只大熊猫的名字叫“锦竹”、“爽爽”，到美国的两只大熊猫的名字叫“美香”、“添添”。美方为保证大熊猫的运输安全，由美国联邦快递公司提供一架取名为“熊猫一号”的专机，从成都双流国际机场起飞直达美国华盛顿。在合作研究期间，中方将派出专家赴日、美参加大熊猫合作研究工作，外方两个合作单位将分别每年向我国大熊猫保护提供100万美元的捐款。 （宋慧刚）

**【中国向日本赠送朱鹮】** 朱镕基总理在2000年10月13日访问日本时宣布，为了表达中国人民对日本人民的传统友谊，并进一步加强两国对朱鹮保护的合作，他代表中国人民向日本人民赠送一只雌性朱鹮“美美”，“美美”将生活在日本佐渡的朱鹮保护中心，并与在日本出生的朱鹮“优优”将结为夫妻。国家林业局副局长李育材率团护送，中国国家林业局代表团在日期间，与日本国环境厅签署了《中华人民共和国林业局和日本国环境厅关于朱鹮保护合作的会谈纪要》。在纪要中，中日双方均表明了对进一步加强合作保护朱鹮的愿望，并将共同制定中长期的中日朱鹮保护计划。

纪要还明确了“美美”的所有权归属日本，但与“优优”配对所产后代中的第一、三、五…… 只为中方所有，第二、四、六……只为日方所有。归中方所有的朱鹮在其出生后一年内运回中国。 （郭红燕）

**【国家濒管办主任工作会议】** 2000年12月21、22日在长沙市举行。会议就我国政府加入濒危野生动植物种国际贸易公约20年来，在履约和加强野生动植物进出口管理方面所做的工作和取得的成绩作了简要回顾，对2000年的野生动植物进出口管理工作进行了总结，并对2001年的工作进行了部署。国家林业局副局长马福出席会议并讲话。 （张志忠 张 旗）

**【国家制定野生动植物进出口管理收费新政策】** 我国自1988年起对野生动植物进出口管理实行收费以来，对规范野生动植物进出口活动，弥补濒危野生动植物救护收容的资金不足，调节野生动植物资源的进出口流向和内外供求关系等都取得了明显的成效。随着我国改革的不断深入，原收费办法已不适应市场经济的发展。在经过多年调查研究的基础上，2000年，财政部、国家计委联合下发了《关于调整野生动植物进出口管理费政策有关问题的通知》（财综字［2000］75号）和《国家计委、财政部关于野生动植物进出口管理费收费标准的通知》（计价格［2000］1004号），重申了对野生动植物进出口实行收费管理的政策。在收费标准的调整中，按照分类管理的原则，大幅度降低了野生植物和人工繁殖、培植野生动植物出口的收费标准，同时对进口野生动植物实行收费。这对鼓励人工驯养繁殖、培植业的发展，促进野生动植物产业的专业化生产和规模化经营，减缓对我国野生动植物资源的压力起到了积极作用。 （张志忠 张 旗）

**【《进出口野生动植物种商品目录》调整】** 《进出口野生动植物种商品目录》（以下简称《目录》）是海关系统对野生动植物的进出口实行管理的重要依据。它把海关的商品分类系统和动植物的物种分类系统有机地结合起来，对加强我国野生动植物的进出口管理发挥着极其重要的作用。1999年国务院正式批准公布了《国家重点保护野生植物名录（第一批）》，根据《中华人民共和国野生植物保护条例》的有关规定，国家濒危物种进出口管理办公室（以下简称国家濒管办）和海关总署联合对《目录》进行了调整，将国家重点保护植物全部列入《目录》，使野生植物的进出口管理得到切实加强。为认真执行第十一届缔约国大会修订后的附录，贯彻落实《国务院关于禁止采集销售发菜，制止滥挖甘草和麻黄草有关问题的通知》精神，2000年年底，国家濒管办和海关总署再次对《目录》进行了调整。 （于永福）

**【对大宗贸易物种松茸实行出口限额管理】** 为保护松茸资源，使松茸资源得以永续利用，维护产区人民的长期经济利益，1999年，国务院批准将松茸列为国家二级保护野生植物。根据《中华人民共和国野生植物保护条例》的有关规定，2000年，在对我国松茸贸易和资源进行了充分的调查和评估的基础上，国家对松茸出口实行限额管理试点和允许出口证明书管理制度。限额的制定限制了松茸的非法收购和出口，制止了对松茸的滥采乱挖，防止在出口贸易中的不正当竞争、打价压价等现象的发生。 （鲁兆莉）

**【野生动植物允许进出口证明书实行规范化管理】** 我国于1980年12月正式宣布加入濒危野生动植物国际贸易公约（以下简称公约），1981年4月公约对中国正式生效。根据公约规定，我国开始对野生动植物及其产品的进出口实行允许进出口证明书（以下简称证明书）管理制度，并分别采用两种证明书进行管理：对于列入公约附录Ⅰ、Ⅱ、Ⅲ的野生动植物物种（含其产品，下同）采用濒危野生动植物种国际贸易公约允许进出口证明书；对于国家重点保护野生动植物及其它非公约附录物种，采用中华人民共和国濒危物种进出口管理办公室野生动植物允许进出口证明书。两种证明书的实行，在我国野生动植物及其产品的进出口管理中，发挥了重要作用，也为履行公约职责奠定了良好的基础。我国原来使用的证明书是20纪80年代设计的，随着社会主义市场经济的发展，日益活跃的野生动植物进出口贸易活动不断增加，假冒和伪造野生动植物允许进出口证明书的事件也有发生，影响了野生动植物进出口管理的正常秩序，急需加强对证明书的规范化管理。为此，2000年国家濒管办组织设计了新的证明书，并对新证明书的打印系统程序进行了设计。新证明书及打印系统具有以下特点：一是按照公约的要求，新证明书的内容进一步规范化和标准化，证明书采用了流水序号，无碳复写，增加了海关签注，安全印花等栏目，在证明书的背面印有允许进出口证明书栏目说明及注意事项；二是证明书的正本及副本各联分别采用了不同颜色，采用了具有防伪标志的不同水印；三是新证明书的证号采用16位编号系统，证明书内各个栏目采用电脑设计，按程序操作分类自动生成，打印中如出现废证也可保留备案；四是新的证明书打印系统可随时从库中提供和汇总有关资料和数据，对于编制公约年度报告节省了大量的时间和精力。

2000年8月，国家濒管办对于使用新的证明书及打印系统，发出了《关于野生动植物允许进出口证明书管理有关问题的通知》，对证明书管理的物种范围予以明确的规定；对申办证明书的单位或个人应具备的条件明文公布；申办证明书应提交的材料按照物种类别不同——公约附录物种、国家重点保护野生动植物、其它野生动物，分别提交有关材料和批件；对于审批和核发证明书的时限及证明书的管理，也作了具体而明确的规定。新证明书及打印系统的采用，既促进了国家对野生动植物进出口工作进行规范化、科学化、制度化的管理，也在履行公约职责方面树立了良好的形象，同时，也为中国在加入世界贸易组织后，按照国际规则开展野生动植物进出口贸易活动打下了良好的基础。

新证明书及打印系统的启用，经国家濒管办和海关总署发文，于2001年10月1日正式启用。

（施光孚）

**【CITES 常务委员会虎问题政治代表团访华】** 继1999年6月4～7日濒危野生动植物种国际贸易公约(CITES)常务委员会虎问题技术代表团来华，就中国虎保护和虎骨及其产品禁贸情况检查后，根据CITES缔约国大会第10.66号决定和CITES常务委员会第四十二次会议精神，由CITES常务委员会主席、CITES秘书长、虎问题技术代表团团长组成的CITES虎问题政治代表团于2000年3月20～23日访问了中国。虎问题政治代表团与国家林业局、国家濒危物种进出口管理办公室、国家濒危物种科学委员会、北京市林业局等部门进行了会谈，了解了中国在虎的就地保护、迁地保护、国际和国内贸易控制等方面所做的工作、取得的成绩和面临的困难，初步探讨了中国人工繁殖虎的自然死亡标本和中国加入公约前合法获得的库存虎骨标本的储存和利用问题，就拟提交CITES第十一届缔约国大会讨论的虎问题技术代表团访华报告中的建议进行磋商并作了部分修订，还就中国包括虎在内的所有野生动植物种的保护和国际贸易控制问题进行了座谈。另外，代表团还参观了同仁堂医药集团公司和北京濒危物种救护繁殖中心。

通过访问，CITES常务委员会虎问题政治代表团对中国政府在野生动植物种保护和国际贸易控制方面所做的努力和取得的成绩有了更为系统和全面的了解，作出了高度评价，并对中国提出的困难和问题、有关处理合法所获库存虎骨和自然死亡虎标本的意见表示理解。

（袁继明）

**【中央政府与澳门特别行政区政府就CITES履约协调举行第一次会谈】** 2000年3月29～31日，中央政府与澳门特别行政区政府在北京就澳门回归后濒危野生动植物种国际贸易公约（以下简称CITES）的履行举行了第一次会谈。中央政府由外交部、国务院港澳办、国家林业局、国家濒危物种进出口管理办公室、国家濒危物种科学委员会派员出席了会谈，澳门特别行政区政府经济局派员出席了会谈。会谈双方相互介绍了各自在CITES履约的机构设置、法制建设、政策措施等情况，确定了澳门回归祖国后其特区政府履约管理机构与中央政府履约管理机构之间的关系和沟通机制，商定了今后澳门特区政府代表参加各种CITES会议的形式、澳门特区政府向CITES秘书处提交年度报告和双年度报告的方式，并明确今后中国政府在CITES信托基金中的会费统一由中央政府缴纳。另外，双方还就今后澳门特区野生动植物种进出口许可证/证明书的格式、澳门特区与大陆之间野生动植物贸易的控制和管理问题、澳门与大陆之间的罚没的非法贸易标本交换等问题进行了磋商，探讨了澳门与台湾、内地与台湾之间通过澳门转口的野生动植物贸易活动的管理方式。双方还商定，2001年将在澳门特区举行中央政府、澳门特区政府、香港特区政府三方之间的履约管理机构会谈。

（袁继明）

# 森林防火

## 森林火灾

**【2000年全国森林火灾情况】** 2000年，全国森林火灾情况（详见下页表）如下：

*森林火灾次数* 2000年，全国共发生森林火灾5 934次，其中受害森林面积1公顷以下的森林火警2 722次，占火灾总次数的45.87%；受害森林面积1公顷以上不足100公顷的一般森林火灾3 144次，占火灾总次数的52.98%；受害森林面积100公顷以上不足1 000公顷的重大森林火灾60次（福建26次，黑龙江8次，浙江8次，内蒙古7次，陕西3次，安徽、江西、河南、湖南、广西、重庆、贵州、新疆各1次），占火灾总次数的1.01%；受害森林面积1 000公顷以上的特大森林火灾8次（黑龙江4次，内蒙古3次，湖北1次），占火灾总次数的0.14%。

*受害森林面积* 2000年，全国森林火灾受害森林面积88 390公顷，其中原始林46 960公顷，占53.13%；人工林40 529公顷，占45.85%；其余为次生林。

*人员伤亡情况* 2000年在森林火灾中受伤（含轻伤、重伤）97人，死亡81人。

*“四率”情况* 森林火灾发生率（10万公顷森林面积发生森林火灾次数）全国平均3.86次，比1999年减少1.34次。森林火灾受害率（火灾受害森林面积同森林总面积的千分比）全国平均0.58/1000，比1999年增加0.25个千分点。森林火灾控制率（每次森林火灾受害森林面积）全国平均14.90公顷/次，比1999年增加8.52公顷/次。森林火灾案件查处率（已查明火因并处理的森林火灾次数与森林火灾总数的百分比）全国平均65.39%，比1999年增加6.46个百分点。

*森林火灾原因分析* 已查明火因的森林火灾5 221次，占全年森林火灾总数的87.98%。

生产性用火引起森林火灾2 861次，占已查明火因火灾的54.80%，其中烧荒引起森林火灾2 446次，占46.85%。非生产性用火引起森林火灾2 123次，占已查明火因火灾的40.66%，其中上坟烧纸引起820次，占15.71%；野外吸烟引起549次，占10.52%；小孩玩火引起219次，占4.19%。故意放火引起森林火灾59次，占已查明火因火灾的1.13%。雷击火和其他自然火引起森林火灾129次，占已查明火因火灾的2.47%。

*森林火灾情况综合分析* 2000年，森林火灾总数比1999年下降了13.33%，比1988～1999年12年平均值（以下简称均值）下降了12.33%。森林火灾受害森林面积比1999年增加了102.31%，比均值增加了78.92%。在森林火灾中受伤人数比1999年和均值分别下降了69.88%和50.34%；死亡人数比1999年下降了18.18%，比均值上升了56.52%。

2000年，各地认真贯彻落实全国森林防火电视电话会议精神，工作力度较往年明显加大，森林火灾次数有所减少。但是受自然条件制约，3月下旬，华北、华南和西南地区火灾次数短期内大幅度上升，6月下旬，东北大兴安岭地区因雷击发生森林火灾情况突出，致使内蒙古大兴安岭和黑龙江大兴安岭发生7起特大森林火灾，森林资源损失严重。（邱 林 周俊亮）

**【大兴安岭林区因雷击引发多起森林火灾】** 进入2000年6月份以来，我国大兴安岭林区气候异常，持续高温、干旱，风大物燥，干雷暴活动异常活跃，6月11日以后，因雷击引发多起森林火灾，并形成7起特大森林火灾。其中松岭特大森林火灾受害森林面积2 900公顷，呼中亚里河特大森林火灾受害森林面积4 100公顷，呼源特大森林火灾受害森林面积4 600公顷，漠河富克山特大森林火灾受害森林面积4 330公顷，奇乾特大森林火灾受害森林面积1 224公顷，乌玛特大森林火灾受害森林面积1 440公顷，永安山特大森林火灾受害森林面积3 600公顷。在扑火中，共出动扑火人员47 659人，动用飞机15架，直接扑火费用1.8亿多元。在呼中火场的扑火战斗中有3人牺牲、5名森警战士被烧伤。

国务院高度重视森林火灾的扑救工作，温家宝副总理多次作出重要批示，要求各级政府始终不懈地抓好森林防火工作。王志宝局长、周生贤副局长坐阵国家林业局森林防火指挥中心，密切关注火场态势，随时对扑火工作提出具体的指导意见。正在甘肃参加会议的马福副局长率领工作组紧急赶赴黑龙江大兴安岭，协调扑救森林火灾。（周俊亮）

## 全国森林火灾统计表

| 地区 | 森林火灾次数 计 | 森林火灾次数 森林火警 | 森林火灾次数 一般火灾 | 森林火灾次数 重大火灾 | 森林火灾次数 特大火灾 | 火场总面积（公顷） | 受害森林面积（公顷） 计 | 受害森林面积（公顷） 其中 原始林 | 受害森林面积（公顷） 其中 人工林 | 损失林木 成林蓄积（立方米） | 损失林木 幼林株数（万株） | 人员伤亡 计 | 人员伤亡 轻伤 | 人员伤亡 重伤 | 人员伤亡 死亡 | 其他损失折款（万元） | 出动扑火人工（工日） | 出动车辆（台） 计 | 出动车辆（台） 其中汽车 | 出动飞机（架次） | 扑火经费（万元） |
|---|---|---|---|---|---|---|---|---|---|---|---|---|---|---|---|---|---|---|---|---|---|
| **全国合计** | **5 934** | **2 722** | **3 144** | **60** | **8** | **167 098** | **88 390** | **46 960** | **40 529** | **708 655.8** | **4 861.74** | **178** | **53** | **44** | **81** | **3 068.606** | **1 231 409** | **48 749** | **37 626** | **2 084** | **24 930** |
| 北京 | 40 | 33 | 7 | — | — | 546.72 | 99.27 | 0.33 | 99.11 | 694.32 | 10.91 | — | — | — | — | — | 29 794 | 771 | 742 | — | 80.541 |
| 天津 | 13 | 13 | — | — | — | 20.1 | 1 | — | 1 | — | 0.171 | — | — | — | — | 1.506 | 978 | 117 | 108 | — | 0.768 |
| 河北 | 24 | 19 | 5 | — | — | 364.03 | 46.74 | 4.8 | 41.94 | 11.4 | 0.339 | — | — | — | — | 0.8 | 4 470 | 177 | 161 | — | 3.07 |
| 山西 | 31 | 2 | 29 | — | — | 2197.5 | 834.6 | 45 | 789.6 | 31 471.4 | 9.34 | — | — | — | — | 447.4 | 45 302 | 1 624 | 959 | — | 153.5 |
| 内蒙古 | 75 | 39 | 26 | 7 | 3 | 10 488 | 9 645.7 | 7 200 | 2 345 | — | — | — | — | — | — | — | 34 066 | 2 396 | 2 386 | 886 | 14 852 |
| 辽宁 | 112 | 76 | 36 | — | — | 842.54 | 281.27 | 31.71 | 249.56 | 544.8 | 13.851 | 1 | — | — | 1 | 2.054 | 7 990 | 565 | 513 | 14 | 30.32 |
| 吉林 | 36 | 29 | 7 | — | — | 104.1 | 66 | 5.41 | 52.09 | 67.5 | 5.2 | — | — | — | — | 7.351 | 2 877 | 216 | 192 | 21 | 22.623 |
| 黑龙江 | 258 | 190 | 56 | 8 | 4 | 76 614 | 33 678 | 33 678 | — | — | — | 8 | — | 5 | 3 | — | 39 734 | 2 662 | 2 662 | 1 148 | 7 655.3 |
| 上海 | — | — | — | — | — | — | — | — | — | — | — | — | — | — | — | — | — | — | — | — | — |
| 江苏 | 137 | 113 | 24 | — | — | 444.24 | 179.95 | 0.3 | 179.65 | 857.81 | 10.133 | — | — | — | — | 7.9 | 11 630 | 663 | 657 | — | 37.81 |
| 浙江 | 760 | 186 | 566 | 8 | — | 9 679 | 5 319 | 870 | 4 449 | 122 935 | 880 | 45 | 22 | 16 | 7 | 76 | 131 037 | 3 578 | 2 921 | — | 206 |
| 安徽 | 110 | 40 | 69 | 1 | — | 1 267.3 | 706 | 7.3 | 698.7 | 15 875 | 21.32 | 4 | 2 | 2 | — | 321.51 | 35 436 | 1 034 | 978 | — | 67.27 |
| 福建 | 915 | 107 | 782 | 26 | — | 25 497 | 18 974 | — | 18 904 | 225 508.7 | 2 310.74 | 15 | 3 | 2 | 10 | 7 | 185 016 | 8 181 | 4 960 | — | 589.92 |
| 江西 | 418 | 107 | 310 | 1 | — | 8 891.3 | 4 584.1 | 1 519.2 | 3 064.9 | 40 270.78 | 382.68 | 18 | 3 | 4 | 11 | 510.53 | 117 406 | 3 835 | 3 030 | — | 165.25 |
| 山东 | 87 | 56 | 31 | — | — | 507.03 | 229.85 | — | 229.55 | 50.39 | 25.018 | — | — | — | — | 3.92 | 32 458 | 988 | 988 | — | 10.43 |
| 河南 | 93 | 61 | 31 | 1 | — | 1 058.8 | 590.44 | 405.8 | 184.64 | 1 313.1 | 6.848 | 1 | — | — | 1 | 46.085 | 50 587 | 1 550 | 1 504 | — | 68.092 |
| 湖北 | 377 | 244 | 132 | — | 1 | 3 864.8 | 2 387.5 | 350.2 | 1 945.9 | 88 442.07 | 49.077 | 18 | 3 | 3 | 12 | 113.33 | 83 477 | 1 852 | 1 748 | — | 64.77 |
| 湖南 | 444 | 186 | 257 | 1 | — | 3 026.1 | 1 695.6 | 250.78 | 1 352.2 | 24 219.39 | 140.028 | 6 | 2 | 3 | 1 | 144.48 | 81 929 | 2 151 | 2 127 | — | 98.19 |
| 广东 | 257 | 63 | 194 | — | — | 3 114.5 | 2 172.8 | — | 2 161.4 | 23 246.3 | 126.992 | 9 | 4 | 1 | 4 | 67.705 | 69 343 | 5 226 | 2 474 | — | 196.72 |
| 广西 | 311 | 126 | 184 | 1 | — | 5 476.1 | 1 691.7 | 3 | 1 549.2 | 41 209.07 | 155.055 | 20 | 1 | 2 | 17 | 111.703 | 49 438 | 3 845 | 2 087 | 8 | 104.35 |
| 海南 | 71 | 33 | 38 | — | — | 335.16 | 210.29 | — | 210.29 | 1 149.9 | 5.179 | 1 | — | 1 | — | 11.748 | 3 658 | 415 | 212 | — | 4.76 |
| 重庆 | 217 | 185 | 31 | 1 | — | 880.63 | 449.96 | 277.46 | 172.5 | 11 034.39 | 79.334 | 6 | 4 | — | 2 | 112.53 | 54 077 | 1 649 | 1 611 | — | 50.049 |
| 四川 | 125 | 114 | 11 | — | — | 849.84 | 66.75 | 17.04 | 49.74 | 333.9 | 7.457 | 3 | 2 | 1 | — | 10.261 | 22 964 | 624 | 480 | — | 216.78 |
| 贵州 | 648 | 438 | 209 | 1 | — | 3 495.8 | 1 458.5 | 220.71 | 1221.3 | 41 668.7 | 244.045 | 9 | 5 | — | 4 | 92.457 | 43 053 | 1 835 | 1 819 | — | 27.056 |
| 云南 | 192 | 154 | 38 | — | — | 2 470.8 | 293.77 | 2 | 195.22 | 4 800.38 | 298.543 | 4 | — | — | 4 | 9.56 | 38 070 | 1 321 | 1 285 | 7 | 86.411 |
| 西藏 | 14 | 11 | 3 | — | — | 402.95 | 41.19 | 41.19 | — | 12 357 | 14.42 | — | — | — | — | 537.54 | 8 485 | 330 | — | — | 30.77 |
| 陕西 | 119 | 56 | 60 | 3 | — | 2 763.2 | 1 793.2 | 1 178.9 | 340.86 | 20 447.45 | 60.292 | 8 | 1 | 3 | 4 | 93.186 | 42 031 | 899 | 787 | — | 74.313 |
| 甘肃 | 27 | 25 | 2 | — | — | 185.11 | 10.873 | 1.4 | 9.473 | 125 | 0.373 | 2 | 1 | 1 | — | 12.544 | 1 729 | 88 | 88 | — | 2.67 |
| 青海 | 1 | — | 1 | — | — | 2 | 2 | — | 2 | — | 0.012 | — | — | — | — | — | 60 | 5 | 5 | — | — |
| 宁夏 | 5 | 3 | 2 | — | — | 29.97 | 27.2 | — | 27.2 | — | 1.882 | — | — | — | — | — | 500 | 12 | 2 | — | 2 |
| 新疆 | 17 | 13 | 3 | 1 | — | 1 679.9 | 852.83 | 849.53 | 3.3 | 22 | 2.501 | — | — | — | — | 319.506 | 3 814 | 140 | 140 | — | 28.422 |

（邱　林　周俊亮　韩学林）

# 森林防火体系建设

**【全国森林公安和森林防火工作会议】** 2000年9月12～14日在南昌市召开。

会上，马福副局长代表国家林业局作了题为《夯实基础，重点突破，努力开创21世纪森林公安和森林防火工作新局面》的主题报告；公安部党委委员、部长助理杨焕宁作了讲话；森林公安局局长（森林防火办公室主任）肖兴威作了总结讲话，副局长（副主任）杜永生在会议结束时作了讲话。会上有12个单位介绍了典型经验，10个单位作了书面典型经验交流，与会代表讨论了会议提交的7个专题材料。

参加会议的有公安部、国家中编办、国家计委、国家林业局、总参作战部、中国气象局、武警森林指挥部、江西省人民政府的领导，各省（区、市）林业厅（局）分管森林公安和森林防火的副厅长，森林公安局（处）局长（处长）和森林防火办公室主任，中国林科院、南京森林公安高等专科学校、西南航空护林总站、东北航空护林中心、内蒙古大兴安岭、黑龙江大兴安岭、黑龙江省森工总局以及内蒙古森林总队、黑龙江森林总队、吉林森林总队和云南森林总队的领导。

（刘　萌）

**【2000年重点省（区、市）春季森林防火工作会议】** 为总结1999年森林防火工作，分析2000年春防形势，部署春防工作，国家林业局于2000年3月1、2日在北京召开了2000年重点省（区、市）春季森林防火工作会议。内蒙古、吉林、黑龙江、福建、广东、云南等14个省（区、市）林业厅（局）领导和防火办主任参加了会议。国家林业局办公室、计资司、东北航空护林中心、西南航空护林总站等单位及武警森林指挥部领导参加了会议。

会议期间，中国气象局、国家海洋局、黑龙江森保所、中国林科院的气象专家对春防期间全国及东北、西南重点林区的天气、森林火险等级进行了客观分析，为科学、合理的部署春防工作奠定了基础。

马福副局长出席会议并讲话，马福副局长总结了1999年森林防火工作经验，分析了2000年森林防火的严峻形势，要求各级森林防火部门要认真落实全国林业厅（局）长会议精神，扎实地做好森林防火工作，突出“实、广、严、专、早、快”六个字，抓好“组织领导、宣传教育、火源管理、队伍建设、扑火准备、值班调度”六件事，全力以赴打好春防攻坚战，最大限度地减少森林火灾损失，确保不发生大的问题。

（张连生）

**【北京、东北、西南森林防火物资储备中心成立】** 为满足扑救特大森林火灾的需要，合理调整国家级森林防火物资储备库的布局，提高国家林业局协调指挥扑救特大森林火灾的机动能力，国家林业局决定分别在北京市林业局、国家林业局东北航空护林中心和国家林业局西南航空护林总站设立北京森林防火物资储备中心、东北森林防火物资储备中心和西南森林防火物资储备中心。各储备中心主任由国家林业局森林公安局（防火办）领导兼任，扑火物资的计划、储备、调拨工作由国家林业局森林公安局（防火办）归口管理。各储备中心具体承担储备物资的入库、验货、保管维护、出库发货等日常管理工作。原设的哈尔滨森林防火物资储备库、长春森林防火物资储备库、牙克石森林防火物资储备库划归东北森林防火物资储备中心管理，北京森林防火物资储备库划归北京森林防火物资储备中心管理。

（周俊亮）

**【首批国家级重点火险区综合治理工程建设项目正式批复实施】** 2000年，首批18个国家级重点火险区综合治理工程建设项目由国家林业局正式批复实施。项目批复总投资29 964万元，其中中央投资15 762万元，地方配套投资14 202万元。项目区主要是我国东北、内蒙古和西南重点原始林、原始次生林区，覆盖范围5 419.2万公顷，占国土面积的5.6%。有林地面积1 979.4万公顷，活立木总蓄积199 196.2万立方米，占全国森林总蓄积的16.4%，森林覆盖率39.4%。预计2003年项目建成后，项目区森林防火基础设施建设将比较完善，森林火灾的预防和扑救能力将有较大提高。

（韩彦君）

**【赴澳大利亚森林防火考察】** 为执行中澳林业合作项目，以国家林业局森林防火办公室主任肖兴威为团长的中国森林防火考察团，于2000年11月6～21日，考察了澳大利亚新南威尔士州、维多利亚州、昆士兰州的森林防火工作。考察中了解到，澳大利亚的森林皆分属各州所有，按其权属的不同可分为州有林、私有林两大块，而州有林又可分为国家森林公园和州林务局所有林两部分。森林防火的职能部门有乡村消防局、国家森林公园及野生动物管理局、林务局三家。在私有林地上发生的火灾主要由乡村消防局负责，在国家森林公园发生的火灾主要由国家森林公园及野生动物管理局负责，在林务局所有林地上发生的火灾主要由林务局负责。每年的10月至次年3月是澳大利亚的防火期。在澳大利亚的旱季，由于气温高，湿度小，风大，再加上其主要树种桉树含油脂多，特别易燃，一旦发生火灾极易形成大火乃至飞火，产生新的火场，扑救难度大，给森林资源造成的损失也大。

澳大利亚的森林防火工作对我国森林防火的实际工作有一定的借鉴作用：一是社会自觉参与程度高，支持大。二是法制化程度高，管理规范。三是重视培训，大纲制定科学针对性强。四是防火经费充足，装备优良。五是森林消防的科技含量高，先进技术的推广应用深入。六是注重可燃物管理，计划烧除工作开展普遍。

（周俊亮）

## 航 空 护 林

【综　述】 2000年，全国共租用各类航空护林飞机81架次（直升机43架次、固定翼飞机38架次），累计飞行6 142小时，空中发现火情308次，机降飞行377架次，运送扑火人员6 760人次。其中，黑龙江、内蒙古和吉林3省（区）全年租用航空护林飞机70架次，累计飞行5 354小时，空中发现火情269次，机降飞行340架次，运送扑火人员6 314人次；西南林区春秋两航共租用航空护林飞机11架次，累计飞行788小时，空中发现火情39次，机降飞行37架次，运送扑火人员446人次。

（陈介平）

# 森林资源与林政管理

**【森林资源与林政管理工作综述】** 2000年，我国森林资源林政管理工作在党中央、国务院的高度重视和地方各级党委、政府的正确领导下，以江泽民同志“三个代表”重要思想为指导，认真贯彻党的十五届四中、五中全会精神，紧紧围绕林业改革、发展的总体思路和中心工作，进一步强化了管理措施，加大了工作力度，在森林采伐限额管理、林地保护、林政执法和森林资源调查、监测、监督等方面取得了新的成效。

*“十五”期间年森林采伐限额编制工作* 依据《森林法》、《森林法实施条例》的规定，在认真总结“八五”和“九五”期间森林采伐限额编制经验的基础上，国家林业局对“十五”期间森林采伐限额的编制工作进行了认真的部署，提出了明确的要求。各省、地、县林业主管部门和各有关森林采伐限额编制单位，及时组织精干人员开展编限工作，按期完成了“十五”期间年森林采伐限额的编制和成果上报工作。国家林业局对各省、自治区、直辖市上报的编限成果进行了认真的汇总和审核，多次召开有关会议进行科学论证。国务院于2001年1月3日正式批转了《国家林业局关于各省、自治区、直辖市“十五”期间年森林采伐限额审核意见的报告》（国发［2001］2号）。与前几期编制森林采伐限额相比，“十五”期间的采伐限额编制具有以下四个特点：一是首次实现了采伐限额的“全覆盖”，全国各地区、各部门、各单位均纳入了“十五”采伐限额编制的范围。二是采伐限额编制方法更加科学、规范，首次采用了先进的“模似计算法”，有效地克服了传统森林采伐量计算公式的缺陷。三是做到了与天然林保护工程等重点林业生态工程的有机衔接。四是实现了由采伐利用天然林为主向采伐利用人工林为主的转变。

*森林采伐限额管理和监督检查* 为了进一步强化森林采伐限额的管理，国家林业局下发了《关于严格执行森林采伐限额制度有关事宜的通知》（林资发［2000］479号）、《关于加强林木采伐许可证核发管理工作的通知》（林资发［2000］331号）、《关于严格依法执行木材运输证制度有关问题的通知》（林资发［2000］656号）。继续组织开展了森林采伐限额执行情况的核查，全国共抽查了20个县（局）的森林采伐限额执行情况和35个县（局）的伐区调查设计质量情况。与1999年核查结果相比，各地超限额采伐的情况有明显好转，抽查的县（局）超限额的比率由平均超限额11.5%下降为总体不超，超限额采伐的县（局）数占抽查县（局）数的比率下降了24.3%。

*林地保护和林权管理工作* 国家林业局继续组织力量对29个省（区、市）、207个县（企业局）、812个建设工程征占用林地情况进行了调查，对检查中发现的未批先占、少批多占、不批也占等乱占林地行为和擅自减免森林植被恢复费情况进行了通报。据调查，全国各项建设工程征占用林地经林业主管部门审核率和森林植被恢复费的收取率，较1999年度有明显提高。各地在前两年贯彻《国务院关于保护森林资源制止毁林开垦和乱占林地的通知》（国发明电［1998］8号）精神的基础上，进一步加大了对各种破坏林地资源行为的打击力度，大面积毁林开垦和乱占林地现象得到了基本遏制。

为了进一步强化林地保护和林权管理，国家林业局发布了《占用征用林地审核审批管理办法》和《林权登记管理办法》两个部门规章。依法确定了全国统一的林权证式样，解决了多年来各地林权证式样不统一、不规范的问题。各省（区、市）按照国家林业局的部署和要求，陆续组织开展了林权登记发证试点，为全面推开林权登记和换发统一式样林权证书工作打下了良好的基础。

*森林资源监测和核查（调查）*　2000年，国家林业局顺利完成了第五次全国森林资源连续清查成果的发布工作，为我国林业和生态建设提供了最新的森林资源数据。黑龙江、辽宁、山西、江苏、广西、贵州、宁夏7个省（区）完成了第六次森林资源连续清查工作，其中，江苏、宁夏、黑龙江森工总局3个总体的清查体系得到了进一步完善。对西藏、甘肃、新疆、河北等省（区）的森林资源清查工作，从技术方法、标准和人员组织、培训等方面进行了认真准备和全面部署，为实现第六次全国森林资源连续清查的“全覆盖”奠定了良好的基础。以“3S”为代表的现代高新技术在第六次森林资源清查中得到了广泛应用，有力地提高森林资源清查的工作效率和成果质量。同时，按照《森林法实施条例》的规定，开展了重点国有林区的森林资源调查、森林资源档案建立和森林经营方案编制等有关规程规范的制定和修订工作。

继续组织开展了全国人工造林（更新）实绩核查、保存状况调查工作和飞播造林、封山育林成效核查试点工作，为进一步巩固造林绿化成效作出了积极贡献。其中全国人工造林（更新）实绩核查共抽查了231县（局）；保存状况调查共抽查了125县（局）。经统计汇总，2000年各项核查、调查的结果分别为：全国人工造林（更新）实绩核查，面积核实率为92.9%，合格率为80.4%；保存状况调查，保存率为82.8%。为了尽快查清我国红树林资源的现状，于2000年10月召开了红树林工作会议，对红树林资源调查进行部署，组织制定了红树林资源调查的有关技术规范，为2001年全面开展红树林资源调查作好了准备。

*林业行政执法*　2000年度全国共发生各类林业行政案件45.7万起，各级林业主管部门和林政执法队伍依法查处44.6万起，查处率达97.6%，为国家挽回直接经济损失4.8亿多元。加强了国家林业局办理林政案件的机构和力量。国家林业局2000年度共受理和批转群众举报案件800多件，经国家林业局直接督办的破坏森林资源案件近300件。在全国范围内开展的保护森林资源三号行动专项打击活动中，各地共查处超限额采伐、乱砍滥伐、乱占林地和毁林开垦等案件近13.6万起，其中行政案件13.3万起，刑事案件0.3万起，实施行政处罚11.0万人次，追究刑事责任0.26万人次。国家林业局在三号行动中先后组派了11个督查组，分赴26个省（区、市），对63个重大破坏森林资源案件进行了督办和查办，截至2000年12月底，除个别情况特别复杂、查处特别困难的外，所有列入重点督办的案件都得到了依法处理。这次行动声势浩大，效果良好，引起了全社会尤其是新闻舆论界广泛关注和支持，对今后进一步强化林业执法工作具有十分重要的影响。

*森林资源监督工作*　国家林业局驻四川省森林资源监督专员办事处正式挂牌成立。编辑出版了《森林资源监督理论与实践》、《森林资源监督文件汇编》、《森林资源监督十年大事记》等文献资料，为向重点林业省（区）全面派驻监督机构，有效开展森林资源监督工作奠定了比较充分的理论基础。继续组织对内蒙古自治区根河林业局、吉林省泉阳林业局、黑龙江省绥阳林业局、大兴安岭林业集团公司西林吉林业局、云南省华坪林业局、福建省将乐县等6个局（县）1999年度“三总量”执行情况的大检查。各级森林资源监督机构针对驻在地区木材经营加工及木材市场交易中存在的突出问题，加大了监督和查处力度，有效地遏制了非法经营加工木材的现象。开展了对伐区调查设计、林地征占用情况、造林实绩核查等专项检查监督，取得了较好的效果。同时，各级森林资源监督机构依据自身的职责和派出机关的要求，进一步强化了对驻在地区森林资源管理者及其管理行为的监督，有力保证了国家有关保护发展森林资源方针、政策和法律、法规的贯彻落实。

*森林资源林政管理试点示范工作*　2000年，国家林业局正式批准了云南思茅地区作为探索实施森林资源年度动态监测、改革完善森林采伐限额管理模式的地区级示范点，进一步完善森林资源林政管理示范点的类型。一年来，国家林业局和有关省（区、市）林业主管部门进一步严格了对森林资源林政管理示范点的管理，强化了业务指导，实行了示范试点项目同补助经费挂钩的管理方式，更加有效地调动了各示范点的积极性。各森林资源林政管理示范点，按照上级林业主管部门统一的部署和要求，相继开展了林权登记发证、伐区调查设计、采伐限额管理和林地保护等示范项目，取得了很好示范成果。有的示范点还积极地运用现代高新技术，开发了三证（林权证、采伐证、运输证）办证系统、地理信息系统和森林资源林政管理网络系统等，不仅极大地提高了示范点自身的管理现代化水平，同时也有效地带动了周边地区森林资源林政管理水平的提高。

（寇文正）

# 调查规划设计

**【省级林业调查规划设计单位效绩考核】** 2000年，为加强行业管理，提高林业调查规划设计水平，国家林业局聘请有关专家组成效绩考核委员会，首次对全国省级以上林业调查规划设计单位进行了考核。

申报本次效绩考核有43个单位，国家林业局昆明勘察设计院、新疆生产建设兵团林业调查规划设计院、重庆市森林调查设计队3个单位属1999年以后认证资质，不参加本次考核。云南省林业勘察设计院和上海市林业站没有提交申报材料。

效绩考核委员会对各单位的技术力量、生产业绩、科技进步、管理水平、精神文明建设和经济效益等方面进行综合考核、评分，并对各单位的综合得分进行排序。综合得分90分以上的单位有11个，80～90分有24个单位，80分以下有5个单位。考核结果见下表。

**林业调查规划设计单位效绩考核得分情况表**

| 单位名称 | 得　分 |
|---|---|
| 国家林业局调查规划设计院 | 95.7 |
| 辽宁省林业勘测设计研究院 | 88.4 |
| 国家林业局中南林业调查规划设计院 | 94.3 |
| 广西壮族自治区林业勘测设计院 | 86.9 |
| 国家林业局华东林业调查规划设计院 | 94.1 |
| 黑龙江省第一林业调查规划设计院 | 86.6 |
| 国家林业局西北林业调查规划设计院 | 93.8 |
| 北京市林业勘察设计院 | 85.9 |
| 四川省林业勘察设计研究院 | 93.1 |
| 内蒙古大兴安岭森林调查规划院 | 85.6 |
| 广东省林业勘测设计院 | 91.8 |
| 河南省林业勘察设计院 | 85.4 |
| 云南省林业调查规划设计院 | 91.4 |
| 山西省林业勘测设计院 | 85.4 |
| 湖北省林业勘察设计院 | 91.0 |
| 河北省林业勘察设计院 | 85.0 |
| 福建省林业勘察设计院 | 90.5 |
| 山东省林业勘察设计院 | 84.1 |
| 湖南省林业调查规划设计院 | 90.3 |
| 黑龙江省第二林业调查规划设计院 | 83.9 |
| 黑龙江省林业勘察设计院 | 90.2 |
| 黑龙江省第三林业调查规划设计院 | 83.6 |

（续）

| 单位名称 | 得　分 |
|---|---|
| 内蒙古自治区第二林业勘察设计院 | 89.9 |
| 浙江省林业勘察设计院 | 83.4 |
| 贵州省林业勘察设计院 | 89.6 |
| 大兴安岭林管局林业调查规划设计院 | 82.9 |
| 甘肃省林业勘察设计研究院 | 89.5 |
| 江苏省林业勘察设计院 | 82.6 |
| 新疆维吾尔自治区林业勘察设计院 | 89.2 |
| 吉林省林业勘察设计研究院 | 81.6 |
| 陕西省林业勘察设计院 | 89.1 |
| 青海省林业勘察设计院 | 79.1 |
| 安徽省林业勘察设计院 | 89.0 |
| 西藏自治区林业勘察设计研究院 | 79.1 |
| 吉林省林业调查规划院 | 88.9 |
| 宁夏回族自治区林业勘察设计院 | 79.1 |
| 内蒙古林业勘察设计院 | 88.7 |
| 海南省林业勘测设计院 | 78.2 |
| 江西省林业勘察设计院 | 88.7 |
| 天津市农林局林业调查队 | 67.9 |

（邹连顺）

**【全国省级林业调查规划设计院院长培训班】** 为了加强林业调查规划设计行业管理，进一步提高林业调查规划设计水平，国家林业局资源司于2000年11月16～23日在北京林业管理干部学院，举办了全国林业调查规划设计院院长培训班。

参加本次培训班有34人，来自全国各省（区、市）的林业调查规划设计院。主要的课程有：我国森林资源管理形势与任务，《森林法》和《森林法实施条例》释疑，森林资源采伐利用管理，林地林权管理，国家森林资源调查与综合监测体系建立，林业调查规划设计新技术的开发与应用，计算机网络技术等。除理论课程以外，还就我国森林资源管理的形势与任务以及林业调查规划设计单位体制改革等问题组织了讨论和交流，并考察了北京市房山区森林资源和林政管理示范点。通过培训，34名学员成绩及格，获得人教司颁发的国家林业局关键岗位资质证书。通过本次培训，学员们主要在以下几个方面取得了收获：

1. 对我国森林资源和林政管理工作严峻形势和

所负担艰巨任务有了进一步的了解，从而提高了对林业调查规划设计工作重要意义的认识，明确了今后林业调查规划设计工作的任务以及行业的发展方向。随着林业改革的逐步深入，林业事业正面临新的发展时期，林业工作的重点已由木材生产为主转移到以保护生态环境为中心。工作重点的转移，要求全国林业调查规划设计工作的指导思想、方向、任务也必须随之转变，才能跟上林业工作的要求。林业调查规划设计工作要实现三个转变，这就是林业调查要由以单一的林木蓄积调查为主向森林蓄积、生态环境，森林生态等综合性调查转变；要从资源现状调查向资源动态监测转变，要研究其消长动态变化规律和变化发展原因；要由专业技术调查到执法性检查相结合的调查转变，既要有专业技术的蓄积因子调查，也要在开展森林资源资产价值的评估，保护森林资源、加强森林资源管理承担各种调查任务。

2. 通过对《森林法》、《森林法实施条例》以及相关的法规政策的学习，加深了对森林资源管理相关的法律、法规的理解，树立正确的法制观念，更为准确、有效运用相关的法律、法规，做好林业调查规划设计工作。

3. 对林业调查规划设计新技术的开发与应用以及我国的森林资源综合监测体系有了一个全面的了解，同时，对计算机网络技术的应用有了初步的认识。这必将对进一步提高各省林业调查规划设计工作的技术含量产生积极的影响。

4. 通过讨论和交流，各省院互相学习、取长补短，明确了努力的方向和目标，增强了信心。大家一致认为：森林资源是国家生态建设和林业发展的基础，国家对森林资源保护管理工作空前重视，林业调查规划设计工作应当适应新形势，抓住新机遇，为保护发展森林资源再作新贡献。 （邹连顺）

**【国家林业局换发林业调查规划设计资质证书】** 根据《关于颁发〈林业调查规划设计单位资格认证管理暂行办法〉的通知》（林资字［1989］327号）和《国家林业局关于对林业调查规划设计单位实施效绩考核工作的通知》（林资发［1999］40号）要求，国家林业局于2000年对全国林业调查规划设计单位统一换发了林业调查规划设计资质证书。 （邹连顺）

## 林地林权管理

**【综　述】** 2000年，林地林权管理以继续深入贯彻落实国发明电［1998］8号和国办发明电［1999］9号通知精神为重点，依据《森林法》及其实施条例的规定，采取有力措施，加大了林地保护和管理的力度，完善了林权登记工作，取得了较好的成绩。

1. 强化征占用林地审核审批。2000年1月29日《森林法实施条例》的发布实施，明确了各项建设工程征占用林地的审核审批权限。各级林业主管部门依法审查，认真把关，严格执行建设工程尽量不占和少占林地的原则，对确实需要征占用林地的必须到县级以上林业主管部门办理审核同意手续，并按照规定足额收取森林植被恢复费。据统计2000年全国县级以上林业主管部门收取森林植被恢复费3.75亿元，保证了恢复森林植被所需的资金。为强化征占用林地的审核审批工作，国家林业局依法统一印制了《使用林地审核同意书》，并统一了有关文书格式。

2. 重视林权争议调处工作，保护森林资源，确保林区社会稳定，为林区经济建设和发展提供保证。2000年国家林业局成立了林权争议处理领导小组及办公室，负责指导各地林权争议调处机构的业务指导，承办省际之间和重点国有林区的林权争议确认、调查、调解工作。

3. 完善林地林权管理的规章制度。根据《森林法》及其实施条例的规定，国家林业局先后颁布实施了《林木和林地权属登记管理办法》（国家林业局令1号）和《占用征用林地审核审批管理办法》（国家林业局令2号）。1号令对森林、林木和林地权属登记过程中的申请条件、应提交的材料、登记机关审查的原则，办理的程序要求等都作出了明确的规定，为了防止登记过程中造成新的林权纠纷，本办法特别规定了发放林权证前的公示制度。2号令对占用征用林地过程中的申请条件、各级林业主管部门的职责、审核的原则、审查的重点、临时占地的审批权限等都作出了具体的规定。特别是本办法为提高办事效率，树立各级林业主管部门对外服务的形象，对审核审批征占用林地时限作出了明确的规定，一般情况要在15个工作日内必须提出审核或审批的意见。

4. 加大对征占用林地的检查和违法占地案件的查处力度。2000年组织局直属调查规划设计院和国家林业局驻内蒙古自治区、吉林省、黑龙江省、大兴安岭林业集团公司森林资源监督专员办事处完成了对全国29个省（区、市）在冻结征占用林地期间及《森林法实施条例》实施后，征占用林地及森林植被恢复费落实情况的调查工作。共抽查县（市、区、森工局）207个，查出812个征占用林地项目，经过林业主管部门审核的项目有586项，经审核面积3 655公顷，项目审核率

72.17%，面积审核率85.62%；812个项目按标准应收森林植被恢复费总计8 724.4万元，落实森林植被恢复费占按标准应收森林植被恢复费的47.9%。对于非法征占用林地的项目进行了通报，并责成地方各级林业主管部门限期查处。

5. 认真开展林权登记发证试点工作。根据《森林法实施条例》的规定，国家林业局制定了全国统一的林权证式样，解决了多年来林权证式样不规范的问题。各地普遍开展了林权登记试点工作，北京市和辽宁省已经在试点的基础上全面开展了发证和换证工作。林权证作为森林、林木和林地所有权或使用权的法律凭证的重要意义已被广大的森林、林木和林地应有者所认识。

6. 加强林地林权管理人员业务培训任务。针对各地机构改革之后人员变动较大的情况，在2000年加大了省级林地林权管理人员的培训，各地也加大了培训的力度，广东、陕西、山东、湖北等省都培训到县级林业主管部门。较好地提高了工作人员的业务水平和工作能力，为全面强化林地保护管理工作奠定了基础。

林地林权管理尚存的主要问题，一是征占用林地方面，不办理任何审核审批手续非法征占用林地情况仍比较突出；二是不经过林业主管部门审核违法批准征占用林地及县(市)级林业主管部门越权审核的情况依然存在；三是采石、开矿等蚕食林地是征占用林地管理工作的难点；四是林权纠纷十分突出。

（冯树清）

**【全国征占用林地调查】** 2000年，国家林业局组织直属调查规划设计院和国家林业局驻内蒙古自治区、吉林省、黑龙江省、大兴安岭林业集团公司森林资源监督专员办事处，对《国务院关于保护森林资源制止毁林开垦和乱占林地的通知》（国发明电［1998］8号，以下简称《通知》）、《国务院办公厅关于继续冻结各项建设工程征占用林地的通知》（国办发明电［1999］9号）下发后冻结征占用林地期间（以下简称冻结期间）以及2000年1月29日《森林法实施条例》颁布施行后，全国29个省（含自治区、直辖市，以下同）和东北、内蒙古重点国有林区森工（林业）集团公司征占用林地及森林植被恢复费落实情况进行了调查。本次调查共抽查县（市、区、森工局）207个，查出征占用林地项目812项，其中：工程建设278项，开发区建设34项，乡（镇）和农村建设293项，国有林业单位改变林地用途25项，其他（采石、开矿、取土等）182项（见下表）。

**调查结果**

1. 征占用林地经林业主管部门审核情况。查出的812项征占用林地项目共发生征占用林地面积7422.9公顷。其中依法经过林业主管部门审核的项目有584项，项目审核率71.9%；审核面积6240.3公顷，面积审核率84.1%。以上两项审核率较高的有北京、河北、黑龙江、福建、重庆、甘肃等省（市）；两项审核率较差的有江苏、江西、山东、四川、贵州、青海等省。

2. 国务院明令冻结期间乱占林地情况。在冻结期间违背《通知》精神，不按照规定报国务院批准或未批先占的项目162项，征占用林地面积764.9公顷。其中无任何审核、批准手续的项目106项，面积562.9公顷；越权审核和未经审核违法批准的项目56项，面积202公顷。

3.《森林法实施条例》颁布施行后乱占林地情况。2000年1月29日《森林法实施条例》颁布后，违法乱占或不按照规定审核的项目66项，征占用林地面积417.3公顷。其中无任何审核、批准手续的项目50项，面积317.9公顷；越权审核和未经审核违法批准的项目16项，面积99.4公顷。

4. 森林植被恢复费等四项补偿费用收取情况。查出的812项征占用林地项目中实际落实四项补偿费用的项目599项，收取补偿费用28 544万元。其中实际落实森林植被恢复费的项目584项，收取森林植被恢复费4 179.4万元，落实的森林植被恢复费占按标准应交纳森林植被恢复费的49%。

**主要成绩**

1. 各地通过宣传《森林法》及其实施条例，贯彻落实《通知》精神，普遍加大了林地保护管理的力度，取得了比较显著的成效。

2. 各地林业主管部门认真贯彻两个《通知》要求，严格执行《森林法实施条例》，征占用林地的审核审批程序基本上能依法办理，林地管理工作进一步走上法制化、规范化的轨道。

3. 国家林业局每年开展的征占用林地调查工作，通过宣传、指导、监督、检查，对基层林地管理工作起到了很大的推动和促进作用。

**存在的问题**

1. 不办理任何审核、批准手续非法征占用林地情况仍比较严重。

2. 不经过林业主管部门审核违法批准征占用林地及县（市）级林业主管部门越权审核的情况依然存在。

3. 个体采石、开矿、取土等小项目是征占用林地管理工作的难点。

4. 一些地方林业主管部门依法管理林地意识淡薄，执法力度弱，不能有效地贯彻执行林地管理方面的法律法规。

5. 目前林地资源管理的基础工作还比较薄弱。

**2000年全国征占用林地调查情况统计表** 单位：公顷、万元、%

| 省（区、市、集团） | 项目总数 | 实际征占用林地面积 | 经林业主管部门审核情况 | | | | 林木采伐许可证办理情况 | | | 四项费用缴纳情况 | 森林植被恢复费缴纳情况 | | |
|---|---|---|---|---|---|---|---|---|---|---|---|---|---|
| | | | 项目数 | 面积 | 审核率 | | 应办面积 | 已办面积 | 面积办证率 | | 按标准应缴纳费用 | 实际缴纳费用 | 落实率 |
| | | | | | 项目 | 面积 | | | | | | | |
| **全　国** | **812** | **7 422.9** | **584** | **6 240.3** | **71.9** | **84.1** | **5 052.1** | **4 442.1** | **87.9** | **28 544.0** | **8 525.2** | **4 179.4** | **49.0** |
| 北　京 | 2 | 24.5 | 2 | 24.5 | 100.0 | 100.0 | 7.1 | 7.1 | 100.0 | 245.4 | 245.4 | 245.4 | 100.0 |
| 天　津 | 1 | 1.6 | 1 | 1.6 | 100.0 | 100.0 | 1.6 | 1.6 | 100.0 | 3.0 | 16.0 | 3.0 | 18.8 |
| 河　北 | 8 | 51.5 | 8 | 51.5 | 100.0 | 100.0 | 7.1 | 7.1 | 100.0 | 196.5 | 41.4 | 39.4 | 95.2 |
| 山　西 | 10 | 256.1 | 4 | 246.8 | 40.0 | 96.4 | 152.9 | 152.9 | 100.0 | 1452.1 | 124.0 | 120.0 | 96.8 |
| 内蒙古 | 10 | 30.7 | 7 | 19.0 | 70.0 | 61.8 | 16.3 | 16.2 | 99.5 | 202.5 | 68.9 | 12.5 | 18.1 |
| 辽　宁 | 17 | 193.0 | 15 | 171.1 | 88.2 | 88.6 | 166.3 | 166.3 | 100.0 | 2 833.8 | 491.0 | 288.6 | 58.8 |
| 吉　林 | 9 | 58.2 | 8 | 57.6 | 88.9 | 99.0 | 47.3 | 45.3 | 95.8 | 382.2 | 80.9 | 76.9 | 95.1 |
| 黑龙江 | 8 | 213.8 | 8 | 213.8 | 100.0 | 100.0 | 211.7 | 211.7 | 100.0 | 769.3 | 84.6 | 84.6 | 100.0 |
| 江　苏 | 9 | 17.1 | 2 | 2.7 | 22.2 | 15.8 | 10.5 | 0.0 | 0.0 | 5.2 | 36.1 | 5.2 | 14.4 |
| 浙　江 | 50 | 182.0 | 44 | 181.6 | 88.0 | 99.8 | 72.5 | 72.5 | 100.0 | 3 397.0 | 498.7 | 498.0 | 99.9 |
| 安　徽 | 24 | 967.0 | 19 | 965.4 | 79.2 | 99.8 | 845.0 | 840.6 | 99.5 | 510.2 | 759.9 | 173.9 | 22.9 |
| 福　建 | 62 | 417.6 | 57 | 389.5 | 91.9 | 93.3 | 185.6 | 175.5 | 91.6 | 2 206.2 | 434.7 | 392.9 | 90.4 |
| 江　西 | 71 | 418.2 | 33 | 266.0 | 46.5 | 63.6 | 278.1 | 211.8 | 76.2 | 1069.4 | 328.5 | 149.5 | 45.5 |
| 山　东 | 39 | 111.9 | 8 | 78.8 | 20.5 | 70.5 | 86.8 | 83.3 | 95.9 | 229.1 | 172.2 | 92.8 | 53.9 |
| 河　南 | 5 | 45.1 | 3 | 26.4 | 60.0 | 58.6 | 26.1 | 26.1 | 100.0 | 589.0 | 269.6 | 157.6 | 58.5 |
| 湖　北 | 18 | 143.4 | 14 | 127.2 | 77.8 | 88.7 | 107.6 | 92.8 | 86.2 | 311.2 | 267.0 | 241.9 | 90.6 |
| 湖　南 | 284 | 408.7 | 254 | 305.6 | 89.4 | 74.8 | 220.5 | 199.3 | 90.4 | 255.7 | 681.3 | 135.0 | 19.8 |
| 广　东 | 12 | 1 197.7 | 10 | 1 046.7 | 83.3 | 87.4 | 1071.4 | 977.2 | 91.2 | 3 412.7 | 632.2 | 278.0 | 44.0 |
| 广　西 | 16 | 162.0 | 10 | 138.3 | 62.5 | 85.4 | 14.8 | 6.9 | 46.4 | 3 741.8 | 114.4 | 87.4 | 76.4 |
| 海　南 | — | — | — | — | — | — | — | — | — | — | — | — | — |
| 重　庆 | 14 | 14.5 | 14 | 14.5 | 100.0 | 100.0 | 13.7 | 13.7 | 100.0 | 226.3 | 48.8 | 44.4 | 91.0 |
| 四　川 | 41 | 322.5 | 9 | 193.9 | 22.0 | 60.1 | 298.2 | 178.2 | 59.8 | 1729.7 | 950.8 | 239.9 | 25.2 |
| 贵　州 | 22 | 48.2 | 7 | 23.9 | 31.8 | 49.6 | 27.5 | 23.1 | 84.3 | 111.9 | 151.0 | 111.5 | 73.8 |
| 云　南 | 16 | 522.8 | 8 | 434.1 | 50.0 | 83.0 | 380.4 | 173.6 | 45.7 | 754.3 | 295.0 | 145.0 | 49.2 |
| 陕　西 | 17 | 256.9 | 6 | 237.7 | 35.3 | 92.5 | 40.0 | 3.6 | 84.0 | 298.7 | 167.5 | 126.0 | 75.2 |
| 甘　肃 | 2 | 67.8 | 2 | 67.8 | 100.0 | 100.0 | 14.0 | 14.0 | 100.0 | 798.6 | 84.5 | 84.5 | 100.0 |
| 青　海 | 3 | 13.3 | 1 | 6.4 | 33.3 | 48.3 | 0.0 | 0.0 | 0.0 | 12.1 | 39.8 | 0.8 | 2.0 |
| 宁　夏 | 2 | 140.3 | 2 | 140.3 | 100.0 | 100.0 | 33.6 | 12.7 | 38.0 | 706.7 | 1 011.7 | 74.5 | 7.4 |
| 新　疆 | — | — | — | — | — | — | — | — | — | — | — | — | — |
| 黑龙江森工集团 | 9 | 440.0 | 8 | 399.0 | 88.9 | 90.7 | 388.4 | 388.4 | 100.0 | 1017.5 | 127.3 | 127.3 | 100.0 |
| 吉林森工集团 | 14 | 236.6 | 6 | 111.2 | 42.9 | 47.0 | 204.7 | 198.7 | 97.1 | 898.3 | 110.6 | 50.1 | 45.3 |
| 内蒙古森工集团 | 11 | 218.5 | 11 | 218.5 | 100.0 | 100.0 | 99.5 | 99.5 | 100.0 | 136.2 | 64.7 | 51.6 | 79.8 |
| 大兴安岭林业集团 | 6 | 241.3 | 3 | 78.9 | 50.0 | 32.7 | 22.9 | 12.2 | 53.4 | 41.4 | 126.7 | 41.4 | 32.7 |

（付长捷）

**【2000年省级林业主管部门权限内审核征占用林地情况】** 根据全国各省、自治区、直辖市上报的征用、占用林地审核情况汇总统计，2000年，全国省级林业主管部门（台湾、西藏除外）审核的征用、占用和临时使用林地项目（以县为单位）共计6 404项，面积14 688.414 2公顷，收缴森林植被恢复费21 716.210 9万元（见下表）。

**2000年省级林业主管部门权限内审核征占用林地统计表**

单位：公顷、万元

| 省（区、市） | 起数 | 面积 | 植被恢复费 |
|---|---|---|---|
| **全　国** | **6 406** | **14 688.414 2** | **21 716.210 9** |
| 北　京 | 20 | 137.14 | 1 246.769 |
| 天　津 | 4 | 10.29 | 92.4 |
| 河　北 | 44 | 382.7 | 246.957 7 |
| 山　西 | 57 | 124.696 | 149.635 2 |
| 内蒙古 | 57 | 545.488 2 | 293.516 6 |
| 辽　宁 | 129 | 531.44 | 1 237.163 1 |
| 吉　林 | 61 | 697.92 | 819.63 |
| 黑龙江 | 108 | 460.713 2 | 282.840 3 |
| 上　海 | 12 | 5.74 | 16.921 5 |
| 江　苏 | 63 | 418.762 1 | 1 087.68 |
| 浙　江 | 765 | 2 258.76 | 4 247.337 |
| 安　徽 | 78 | 282.092 | 232.095 7 |
| 福　建 | 970 | 1 512.81 | 1 171.674 5 |
| 江　西 | 2714 | 836.19 | 565.08 |
| 山　东 | 43 | 413.226 4 | 418.750 3 |
| 河　南 | 24 | 116.97 | 684.28 |
| 湖　北 | 67 | 166.761 3 | 365.348 5 |
| 湖　南 | 603 | 1 262.085 1 | 1 554.107 9 |
| 广　东 | 163 | 1 447.052 | 4 922.42 |
| 广　西 | 71 | 488.311 4 | 352.843 3 |
| 海　南 | 30 | 176.74 | 90.413 5 |
| 重　庆 | 27 | 175.61 | 130.01 |
| 四　川 | 106 | 980.243 5 | 739.330 3 |
| 贵　州 | 44 | 200.8 | 136.275 4 |
| 云　南 | 47 | 260.41 | 228.321 7 |
| 西　藏 |  | 0 | 0 |
| 陕　西 | 64 | 568.071 | 173.533 9 |
| 甘　肃 | 8 | 56.122 | 177.9 |
| 青　海 | 10 | 154.76 | 27.52 |
| 宁　夏 | 2 | 3.29 | 15.009 4 |
| 新　疆 | 15 | 13.22 | 10.446 1 |

（王晓丽）

**【国家林业局审核审批占用征用林地情况】** 2000年，国家林业局审核了192个占用、征用林地的工程项目。其中，有4个不属于确需占用、征用林地项目，不同意这些项目占用、征用林地。其他的188个项目，根据《国务院关于保护森林资源制止毁林开垦和乱占林地的通知》（国发明电［1998］8号）的规定和国务院的授权，批准了93个，审核同意了15个。《森林法实施条例》颁布后，根据《森林法》及其实施条例的规定，批准了16个临时占用林地或直接为林业生产服务占用林地项目，审核同意了64个占用、征用林地项目。共计占用、征用林地15 114.62公顷，收取森林植被恢复费15 770.26万元。审核同意或批准占用、征用林地情况见下表。

**国家林业局审核同意或批准占用征用林地表**

单位：公顷、万元

| 省（区、市） | 工程数量 | 征占用林地总面积 | 收取森林植被恢复费 |
|---|---|---|---|
| **全国合计** | **188** | **15 114.62** | **15 770.26** |
| 北　京 | 2 | 490.79 | 1 186.30 |
| 河　北 | 2 | 155.50 | 356.14 |
| 山　西 | 3 | 283.13 | 478.90 |
| 内蒙古 | 2 | 98.60 | 29.61 |
| 辽　宁 | 3 | 1 261.75 | 1 396.40 |
| 吉　林 | 14 | 565.07 | 665.28 |
| 黑龙江 | 37 | 4 933.17 | 2 608.99 |
| 浙　江 | 45 | 619.03 | 1 005.32 |
| 安　徽 | 3 | 33.54 | 45.09 |
| 福　建 | 15 | 820.52 | 745.64 |
| 江　西 | 2 | 215.48 | 13.91 |
| 山　东 | 6 | 208.28 | 412.44 |
| 湖　北 | 3 | 347.61 | 623.43 |
| 湖　南 | 19 | 2 044.37 | 3 779.88 |
| 广　东 | 5 | 192.75 | 442.62 |
| 广　西 | 1 | 434.09 | 270.18 |
| 海　南 | 1 | 53.30 | 24.00 |
| 重　庆 | 1 | 0.05 | 0.29 |
| 贵　州 | 2 | 192.94 | 716.29 |
| 云　南 | 15 | 1159.41 | 689.95 |
| 陕　西 | 1 | 447.73 | 80.00 |
| 甘　肃 | 1 | 14.00 | 41.00 |
| 新　疆 | 5 | 543.51 | 158.60 |

（曲春宁）

**【全国林地林权管理人员培训班】** 为进一步加强林地林权管理工作，交流各地开展林权登记和发证工作的经验，及时解决工作中出现的新情况、新问题，提高林地林权管理人员的业务水平，国家林业局资源司于2000年10月25日至11月1日，在南京林业大学举办了林地林权管理人员培训班。参加人员为省级和开展林权登记发证试点工作的地、县级林业主管部门负责林地林权管理的人员。

寇文正司长在培训班作了《努力进取 开拓新世纪林地林权管理的新局面》的讲话，分析了目前我国森林资源管理面临的形式，提出了加强征占用林地管理，依法严格审核审批林地，加快林权登记发证进程的要求。

此次培训的主要内容是：①《森林法》及《森林法实施条例》中涉及林地林权管理的有关条款；②全国统一式样的林权证和林权登记申请表等表格的填写要求；③林权登记发证信息软件系统的使用方法；④林权纠纷调处的基本知识。⑤其他与林地林权管理有关的法律、法规。

培训期间，北京市对该市林权登记发证工作的进展情况作了阶段性总结。福建省介绍了省际林权纠纷的处理办法。湖北省介绍了贯彻国发明电［1998］8号文件期间查处违法征占用林地案件取得的成效。

（王晓丽）

# 森林采伐与采伐限额管理

**【全国北方木片管理工作会议】** 2000年6月8、9日，国家林业局在沈阳市召开了北方省（区）木片管理工作会议。河北、内蒙古、辽宁、吉林、黑龙江省（区）林业厅（局），内蒙古、吉林、龙江、大兴安岭森工（林业）集团公司，国家林业局驻有关单位森林资源监督专员办事处，延边林管局，中国林产品经销公司的有关领导和具体负责同志参加了会议。

会议期间，与会代表结合本单位木片生产经营的管理情况，就当前我国木片生产经营中存在的问题，如何进一步加强监督管理、规范木片生产经营秩序进行了讨论。监察部驻国家林业局监察局刘双来局长就加强森林资源保护，充分发挥纪检、监察部门在保护森林资源，严厉打击破坏森林资源违法违纪行为方面的作用作了讲话。国家林业局资源司寇文正司长作了总结讲话。

与会代表达成共识，一是充分肯定了木片产业在林业产业发展中的地位和所起的突出作用；二是认清在当前存在的非法木片经营加工单位过多过滥，非法私收乱购木材、木片，恶性压价竞争现象屡禁不止等不容忽视的突出问题；三是对木片生产经营要加强监督管理，坚决贯彻执行国家林业局木片生产经营统一纳入森林采伐限额管理、统一纳入木材生产计划管理、统一纳入木材运输管理、统一最低限价的“四统一”管理政策，严格林木采伐许可证、木材运输许可证、木材经营加工许可证的“三证”管理管理制度，进一步加强、规范执法行为，理顺管理体制。 （陈 昱）

**【2000年森林采伐限额核查结果】** 根据林资通字［1998］23号文件精神，2000年国家林业局对全国20个县（局）1999年森林采伐限额的执行结果进行了核查。20个县（局）1999年采伐限额总量为555.2万立方米，实际采伐林木总量为498.6万立方米。在采伐总量中，发证采伐量为233.8万立方米，占46.9%；无证采伐量276.7万立方米，占55.5%（表1）。

实际采伐林木总量与采伐限额比较。20个县（局）1999年度实际采伐林木总量498.6万立方米，与采伐限额555.2万立方米比较，低于限额56.6万立方米。但仍有7个县（局）不同程度超限额采伐，占核查总县（局）数的35.0%。与1999年核查的结果相比，超限额采伐的县（局）数占抽查县（局）数的比率下降了24.3%。

7个超限额采伐的县（局）采伐林木总量219.2万立方米，与采伐限额191.2万立方米比较，超采伐限额28.0万立方米，超限额比率为12.8%。超限额县（局）分别是：辽宁本溪县超限额7.1万立方米，超限额比率29.3%；广西融水县超限额6.6万立方米，超限额比率10.2%；安徽岳西县超限额4.3万立方米，超限额比率24.5%；湖北房县超限额4.5万立方米，超限额比率17.4%；贵州都匀市超限额2.1万立方米，超限额比率12.8%；陕西宁陕县超限额2.8万立方米，超限额比率9.3%；湖南攸县超限额0.5万立方米，超限额比率4.3%（表2）。

“三率”情况。20个县（局）采伐林木的发证率平均为46.9%。其中融水、房县、都匀、巧家、政和、岳西、伽师等县（市）发证率低于20%。

发证合格率平均为61.1%。其中新县发证合格率为0；都匀、伽师、宁陕、融水、黔江、房县等6个县（市）发证合格率低于60%。

伐区凭证采伐率平均为72.2%。其中都匀市、吉文局、房县、伽师县、贵溪县、广元市市中区、岳西县等7个单位的伐区凭证采伐率低于70%（表3）。

**表 1 各县(局)1999 年度林木采伐量表** 单位:立方米、%

| 单 位 | 合 计 | 发证采伐量 | 百分比 | 超证采伐量 | 百分比 | 无证采伐量 | 百分比 |
|---|---|---|---|---|---|---|---|
| **合 计** | **4 986 440** | **2 337 807** | **46.9** | **−118 890** | **−2.4** | **2 767 523** | **55.5** |
| 森工局小计 | 1 945 682 | 1 412 248 | 72.6 | −204 784 | −10.5 | 738 218 | 37.9 |
| 甘肃洮河局 | 61 565 | 0 | 0.0 | 0 | 0.0 | 61 565 | 100.0 |
| 大兴安岭松岭局 | 800 629 | 563 291 | 70.4 | −230 445 | −28.8 | 467 783 | 58.4 |
| 龙江集团鹤北局 | 513 140 | 354 310 | 69.0 | 84 011 | 16.4 | 74 819 | 14.6 |
| 内蒙古吉文局 | 324 432 | 260 923 | 80.4 | −64 779 | −20.0 | 128 288 | 39.5 |
| 吉林松江河局 | 245 916 | 233 724 | 95.0 | 6 429 | 2.6 | 5 763 | 2.3 |
| 县小计 | 3 040 758 | 925 559 | 30.4 | 85 894 | 2.8 | 2 029 305 | 66.7 |
| 江西贵溪市 | 176 729 | 61 771 | 35.0 | 22 224 | 12.6 | 92 734 | 52.5 |
| 福建政和县 | 226 382 | 38 603 | 17.1 | 11 993 | 5.3 | 175 786 | 77.7 |
| 河南新县 | 42 619 | 19 735 | 46.3 | 256 | 0.6 | 22 628 | 53.1 |
| 安徽岳西县 | 218 632 | 40 864 | 18.7 | 8 830 | 4.0 | 168 938 | 77.3 |
| 浙江庆元县 | 221 387 | 103 463 | 46.7 | 8 663 | 3.9 | 109 261 | 49.4 |
| 湖南攸县 | 122 285 | 74 180 | 60.7 | 4 537 | 3.7 | 43 568 | 35.6 |
| 湖北房县 | 305 171 | 45 976 | 15.1 | 212 | 0.1 | 258 983 | 84.9 |
| 贵州都匀市 | 188 933 | 26 833 | 14.2 | 69 | 0.0 | 162 031 | 85.8 |
| 广西融水县 | 718 436 | 136 993 | 19.1 | 873 | 0.1 | 580 570 | 80.8 |
| 云南巧家县 | 84 795 | 12 494 | 14.7 | 48 | 0.1 | 72 253 | 85.2 |
| 陕西宁陕县 | 326 619 | 118 013 | 36.1 | 9 232 | 2.8 | 199 374 | 61.0 |
| 四川广元市中区 | 54 155 | 13 697 | 25.3 | 1 975 | 3.6 | 38 483 | 71.1 |
| 重庆黔江县 | 40 651 | 13 765 | 33.9 | 0 | 0.0 | 26 886 | 66.1 |
| 新疆伽师县 | 2 155 | 31 | 1.4 | 25 | 1.2 | 2 099 | 97.4 |
| 辽宁本溪县 | 311 809 | 219 141 | 70.3 | 16 957 | 5.4 | 75 711 | 24.3 |

**表 2 各县(局)1999年度林木采伐量与采伐限额比较** 单位:立方米、%

| 单 位 | 林木采伐量 | 采伐限额 | 差值 | 比率 |
|---|---|---|---|---|
| **合 计** | **4 986 440** | **5 551 626** | **−565 186** | **−10.2** |
| 森工局小计 | 1 945 682 | 2 462 052 | −516 370 | −21.0 |
| 甘肃洮河局 | 61 565 | 141 410 | −79 845 | −56.5 |
| 吉林省松江河局 | 245 916 | 392 000 | −146 084 | −37.3 |
| 内蒙古吉文局 | 324 432 | 428 300 | −103 868 | −24.3 |
| 大兴安岭松岭局 | 80 0629 | 920 342 | −119 713 | −13.0 |
| 龙江集团鹤北局 | 513 139.6 | 580 000 | −66 860.4 | −11.5 |
| 县小计 | 3 040 758 | 3 089 574 | −48 816 | −1.6 |
| 新疆伽师县 | 2 155 | 10 007 | −7 852 | −78.5 |
| 四川广元市中区 | 54 155 | 119 605 | −65 450 | −54.7 |
| 云南巧家县 | 84 795 | 160 000 | −75 205 | −47.0 |
| 河南新县 | 42 619 | 72 500 | −29 881 | −41.2 |
| 福建政和县 | 226 382 | 291 900 | −65 518 | −22.4 |
| 浙江庆元县 | 221 387 | 267 780 | −46 393 | −17.3 |
| 江西贵溪市 | 176 729 | 209 890 | −33 161 | −15.8 |
| 重庆黔江县 | 40 651 | 45 578 | −4 927 | −10.8 |
| 湖南攸县 | 122 285 | 117 200 | 5 085 | 4.3 |
| 陕西宁陕县 | 326 619 | 298 800 | 27 819 | 9.3 |
| 广西融水县 | 718 436 | 652 134 | 66 302 | 10.2 |
| 贵州都匀市 | 188 933 | 167 447 | 21 486 | 12.8 |
| 湖北房县 | 305 171 | 260 000 | 45 171 | 17.4 |
| 安徽岳西县 | 218 632 | 175 604 | 43 028 | 24.5 |
| 辽宁本溪县 | 311 809 | 241 129 | 70 680 | 29.3 |

**表 3 各县(局)1999年度森林采伐限额核查“三率”** 单位:%

| 单 位 | 发证率 | 发证合格率 | 伐区凭证采伐率 |
|---|---|---|---|
| **平 均** | **46.9** | **61.1** | **72.2** |
| 广西融水县 | 19.1 | 28.0 | 95.6 |
| 湖北房县 | 15.1 | 47.7 | 49.2 |
| 贵州都匀市 | 14.2 | 6.9 | 42.0 |
| 湖南攸县 | 60.7 | 97.6 | 94.0 |
| 云南巧家县 | 14.7 | 70.1 | 96.8 |
| 福建政和县 | 17.1 | 99.5 | 75.5 |
| 河南新县 | 46.3 | 0.0 | 88.9 |
| 安徽岳西县 | 18.7 | 61.2 | 69.8 |
| 浙江庆元县 | 46.7 | 97.2 | 92.6 |
| 江西贵溪市 | 35.0 | 98.1 | 60.8 |
| 陕西宁陕县 | 36.1 | 20.7 | 86.5 |
| 四川广元市市中区 | 25.3 | 75.8 | 63.2 |
| 重庆黔江县 | 33.9 | 35.3 | — |
| 新疆伽师县 | 1.4 | 14.5 | 54.6 |
| 甘肃洮河局 | 0.0 | — | — |
| 辽宁本溪县 | 70.3 | 90.8 | 79.4 |
| 大兴安岭松岭局 | 70.4 | 95.5 | 70.3 |
| 龙江森工集团鹤北局 | 69.0 | 96.9 | 80.8 |
| 内蒙古吉文局 | 80.4 | 90.0 | 43.5 |
| 吉林松江河局 | 95.0 | 96.4 | 97.3 |

(谢守鑫)

**【全国2000年森林总采伐量指标和木材生产计划】** 根据全国"九五"期间年森林采伐限额和有关重点地区天然林资源保护工程实施方案，国家林业局制定并下达了全国2000年森林总采伐量指标和木材生产计划（下表）。要求各地林业主管部门严格按照《森林法》和《森林法实施条例》的规定，严格执行森林总采伐量指标和木材生产计划，坚决杜绝超森林总采伐量指标和木材生产计划的行为，并对本地区执行森林总采伐量指标和木材生产计划情况进行检查，对超森林总采伐量指标和木材生产计划采伐森林或者其他林木的，依法严处。对纳入全国重点地区天然林资源保护工程范围的单位，要坚决按照有关实施方案的要求，确保木材生产计划调减到位。凡实行天然林停伐的地区，要全面停止天然林的商业性采伐活动。对工程区内的农民自用材、烧材，要严格控制在森林总采伐量指标内，并依法办理采伐许可证，不得进入流通渠道。

**2000年森林总采伐量指标计划**

单位:万立方米

| 地区、集团 | 森林总采伐量指标 | 其中:商品材 | | 地区、集团 | 森林总采伐量指标 | 其中:商品材 | |
|---|---|---|---|---|---|---|---|
| | | 采伐量 | 出材量 | | | 采伐量 | 出材量 |
| **合　计** | **18 658.397 8** | **7 846.467 8** | **4 672.564 4** | 湖　南 | 1 142.5 | 617.1 | 373.0 |
| 北　京 | 16.9 | 5.4 | 3.0 | 广　东 | 1 000.0 | 715.0 | 415.0 |
| 天　津 | 3.0 | 0.0 | 0.0 | 广　西 | 1 308.8 | 516.6 | 336.0 |
| 河　北 | 121.6 | 79.9 | 40.0 | 海　南 | 181.1 | 79.2 | 57.0 |
| 山　西 | 20.0 | 18.6 | 8.3 | 重　庆 | 84.7 | 0.0 | 0.0 |
| 内蒙古 | 151.6 | 123.7 | 68.8 | 四　川 | 591.9 | 0.0 | 0.0 |
| 辽　宁 | 300.0 | 262.5 | 157.6 | 贵　州 | 651.4 | 56.6 | 35.0 |
| 吉　林 | 592.6 | 352.0 | 192.0 | 云　南 | 2 481.166 6 | 68.566 6 | 46.275 4 |
| 黑龙江 | 827.5 | 324.5 | 184.8 | 西　藏 | 114.0 | 48.0 | 16.0 |
| 上　海 | 0.0 | 0.0 | 0.0 | 陕　西 | 237.6 | 0.0 | 0.0 |
| 江　苏 | 72.2 | 55.7 | 32.0 | 甘　肃 | 54.7 | 0.0 | 0.0 |
| 浙　江 | 748.3 | 342.3 | 188.1 | 青　海 | 3.2 | 0.0 | 0.0 |
| 安　徽 | 614.2 | 204.4 | 121.0 | 宁　夏 | 2.0 | 0.0 | 0.0 |
| 福　建 | 2 021.4 | 917.5 | 582.4 | 新　疆 | 139.4 | 16.0 | 8.0 |
| 江　西 | 1 363.7 | 553.7 | 349.2 | 龙江森工集团 | 909.0 | 763.5 | 465.0 |
| 山　东 | 295.0 | 152.0 | 99.4 | 吉林森工集团 | 488.298 3 | 396.108 3 | 246.122 1 |
| 河　南 | 406.3 | 140.8 | 77.9 | 内蒙古森工集团 | 597.932 9 | 546.492 9 | 269.166 9 |
| 湖　北 | 644.0 | 101.0 | 63.1 | 大兴安岭林业集团 | 472.4 | 389.3 | 238.4 |

**2000 年木材生产计划表**

单位:万立方米

| 地区、集团 | 木材生产计划 | 地区、集团 | 木材生产计划 |
|---|---|---|---|
| **合　计** | **4 672.564 4** | 湖　南 | 373.0 |
| 北　京 | 3.0 | 广　东 | 415.0 |
| 天　津 | 0.0 | 广　西 | 336.0 |
| 河　北 | 40.0 | 海　南 | 57.0 |
| 山　西 | 8.3 | 重　庆 | 0.0 |
| 内蒙古 | 68.8 | 四　川 | 0.0 |
| 辽　宁 | 157.6 | 贵　州 | 35.0 |
| 吉　林 | 192.0 | 云　南 | 46.275 4 |
| 黑龙江 | 184.8 | 西　藏 | 16.0 |
| 上　海 | 0.0 | 陕　西 | 0.0 |
| 江　苏 | 32.0 | 甘　肃 | 0.0 |
| 浙　江 | 188.1 | 青　海 | 0.0 |
| 安　徽 | 121.0 | 宁　夏 | 0.0 |
| 福　建 | 582.4 | 新　疆 | 8.0 |
| 江　西 | 349.2 | 龙江森工集团 | 465.0 |
| 山　东 | 99.4 | 吉林森工集团 | 246.122 1 |
| 河　南 | 77.9 | 内蒙古森工集团 | 269.166 9 |
| 湖　北 | 63.1 | 大兴安岭林业集团 | 238.4 |

(陈　昱)

**【国家林业局预下达各地 2001 年木材生产计划】**　为便于各地安排 2001 年前期木材生产,国家林业局预下达了各地 2001 年木材生产计划(下表)。要求各地严格按照《长江上游、黄河上中游地区天然林资源保护工程实施方案》和《东北、内蒙古等重点国有林区天然林资源保护工程实施方案》的要求,对划为长江上游、黄河上中游天然林资源保护工程区的单位,一律不得对天然林进行商品性采伐,该工程区内的人工林采伐,待国务院批准"十五"期间年森林采伐限额后,经过充分调研,报请国务院批准后,再有计划、有步骤地落实。对划为东北、内蒙古重点地区天然林资源保护工程区的单位,严禁在划定的禁伐区安排任何形式的木材生产,严格控制在限伐区的采伐作业方式,限伐区只能安排低强度择伐和抚育性质的采伐。同时规定,下达的人工林木材生产计划必须用于人工林的采伐,不得采伐天然林;人工林木材生产计划指标不足的,可以占用天然林木材生产计划指标,并优先安排对中幼林的抚育采伐并严格控制主伐采伐量。

待国务院批准各地上报的"十五"期间年森林采伐限额后,国家林业局将根据"十五"期间年森林采伐限额对各地 2001 年木材生产计划进行调整,并依据批准的 2001 年木材生产计划正式下达。

**2001年木材预下达生产计划表** 单位:万立方米

| 地区、单位 | 木材生产计划 | | | | 其中:人工林 | 其中:东北、内蒙古天保工程区 |
|---|---|---|---|---|---|---|
| | 小计 | 主伐 | 抚育采伐 | 其他 | | |
| **合　计** | **3 910.5** | **2 154.0** | **702.5** | **754.0** | **2 266.5** | **849.0** |
| 北　京 | 3.3 | 0.8 | 0.4 | 2.1 | 3.3 | |
| 天　津 | 0.0 | 0.0 | 0.0 | 0.0 | 0.0 | |
| 河　北 | 43.0 | 14.3 | 17.5 | 11.2 | 43.0 | |
| 山　西 | 14.8 | 1.2 | 7.1 | 6.5 | 14.8 | |
| 内蒙古自治区地方 | 79.7 | 37.1 | 24.8 | 17.8 | 63.4 | 9.5 |
| 辽　宁 | 169.8 | 70.4 | 71.2 | 28.2 | 97.4 | |
| 吉林省地方 | 134.4 | 95.6 | 33.0 | 5.8 | 68.7 | 15.8 |
| 黑龙江省地方 | 129.4 | 86.3 | 31.2 | 11.9 | 59.0 | |
| 上　海 | 0.2 | 0.0 | 0.0 | 0.2 | 0.2 | |
| 江　苏 | 22.4 | 3.3 | 4.3 | 14.8 | 22.4 | |
| 浙　江 | 131.7 | 95.0 | 17.8 | 18.9 | 44.7 | |
| 安　徽 | 90.1 | 68.9 | 12.0 | 9.2 | 90.1 | |
| 福　建 | 411.9 | 272.0 | 63.8 | 76.1 | 311.4 | |
| 江　西 | 287.1 | 171.2 | 48.1 | 67.8 | 99.7 | |
| 山　东 | 48.4 | 0.6 | 8.8 | 39.0 | 48.4 | |
| 河　南 | 50.3 | 6.6 | 6.3 | 37.4 | 50.3 | |
| 湖　北 | 63.1 | 42.2 | 13.2 | 7.7 | 43.8 | |
| 湖　南 | 255.2 | 200.7 | 31.2 | 23.3 | 145.2 | |
| 广　东 | 272.3 | 199.3 | 33.1 | 39.9 | 207.3 | |
| 广　西 | 313.3 | 266.0 | 19.7 | 27.6 | 247.4 | |
| 海　南 | 75.6 | 59.3 | 11.0 | 5.3 | 75.6 | |
| 重　庆 | 0.0 | 0.0 | 0.0 | 0.0 | 0.0 | |
| 四　川 | 0.0 | 0.0 | 0.0 | 0.0 | 0.0 | |
| 贵　州 | 20.0 | 15.0 | 3.5 | 1.5 | 20.0 | |
| 云　南 | 98.6 | 87.6 | 2.9 | 8.1 | 52.6 | |
| 西　藏 | 10.5 | 6.2 | 0.0 | 4.3 | 1.7 | |
| 陕　西 | 0.0 | 0.0 | 0.0 | 0.0 | 0.0 | |
| 甘　肃 | 0.0 | 0.0 | 0.0 | 0.0 | 0.0 | |
| 青　海 | 0.0 | 0.0 | 0.0 | 0.0 | 0.0 | |
| 宁　夏 | 0.0 | 0.0 | 0.0 | 0.0 | 0.0 | |
| 新　疆 | 35.1 | 6.4 | 13.8 | 14.9 | 28.0 | 5.6 |
| 新疆生产建设兵团 | 8.2 | 1.4 | 0.7 | 6.1 | 6.0 | |
| 雷州林业局 | 18.2 | 18.2 | 0.0 | 0.0 | 18.2 | |
| 中国林科院系统 | 5.8 | 3.5 | 2.3 | 0.0 | 5.8 | |
| 龙江森工集团 | 314.8 | 143.4 | 74.8 | 96.6 | 61.4 | 314.8 |
| 吉林森工集团 | 161.2 | 60.4 | 51.6 | 49.2 | 25.2 | 161.2 |
| 内蒙古森工集团 | 180.8 | 77.5 | 67.9 | 35.4 | 11.5 | 180.8 |
| 大兴安岭林业集团 | 161.3 | 43.6 | 30.5 | 87.2 | 0.0 | 161.3 |
| 国家备用 | 300.0 | | | | 300.0 | |

（陈　昱）

**【中国森林采伐作业规程项目制定】** 中国政府十分重视森林可持续发展，努力减少森林采伐对生态环境和社会的影响，在联合国粮农组织（FAO）和国际劳工组织（ILO）的帮助下，在国家林业局的直接领导下，制定中国森林采伐作业规程项目进展顺利。

在国家林业局的组织下，于1999年12月成立了由12人组成的国家森林采伐作业规程制定起草小组和3人组成的项目协调组。起草小组下设森林规划与伐区作业设计、森林采伐类型、林区道路与贮木场、采伐作业与更新、安全场地卫生与作业监督检查验收5个专业小组和1个协调组，并于2000年1月召开了第一次工作会议，初步确定规程的框架。之后各专业研制起草小组在国内各林区开展调研，收集资料，对我国现行的规程进行了分析评价，并草拟了草案编写细纲。

通过FAO和ILO收集了《亚太区域森林采伐作业规程》、《林业安全卫生规程》、《标准森林采运方法规范》和《斐济国家森林采伐作业规程》，并在有关单位和组织（包括澳大利亚国际开发署、ILO和FAO）的帮助支持下按要求翻译成中文本，于2000年4月完成印刷，在中国31个省（区、市）散发。

召开了中国国家森林采伐作业规程研讨会。2000年5月9～11日在北京召开了中国国家森林采伐作业规程研讨会，会议对《亚太区域森林采伐作业规程》、《林业安全卫生规程》、《标准森林采运方法规范》和《斐济国家森林采伐作业规程》进行了研讨，分析了其与中国相关法律法规协调性和中国现行规程的相容性，确定了中国国家森林采伐作业规程的目标、目的、适用范围、基本要点、原则和所涉及的领域，确定了编写细纲。包括有关单位的森林规划、采伐作业专业技术人员、采伐工人、管理人员，大专院校、科研单位有关院士、教授、专家、科研人员，FAO官员（Lorbach）和ILO官员（Poschen），以及规程起草小组成员共26人参加了会议，

广泛开展国际交流，以便更好的与国际接轨。项目执行期间，美国林务局Douglas MacCleery先生应邀到中国进行实地考察，并与起草小组在京人员进行了交流；中方选派了一个由5人组成的考察组，赴美国对森林采伐作业与森林经营进行了实地考察。规程草案初稿形成后，ILO官员Peter Poschen先生应邀来华，协助规程起草小组制定了国家森林采伐作业规程第二阶段实验实施项目建议书，以上活动对保证项目的圆满完成起到积极作用，为规程草案的实验打下坚实的基础。

完成中英文规程草案的定稿。各起草小组根据国际研讨会确定的细纲，在2000年5～10月期间陆续完成各章节的起草工作，并于11月形成草案初稿，分别在国内选择11位有关专家，在国际上选择3位有关专家，进一步征求对规程草案的意见，汇集各方意见的《中国森林采伐作业规程》（草案）已经定稿，并初步完成项目第一阶段的工作。

项目第二阶段需要开展的工作。按协议要求，中国政府已经完成第一阶段中国国家森林采伐作业规程（草案）的研制编写和起草第二阶段项目实验项目建议书工作。

（张松丹）

**【国务院批准“十五”期间年森林采伐限额】** 按照《森林法》的规定，2001年1月3日，国务院以国发[2001]2号文下发了《国务院批转国家林业局关于各省、自治区、直辖市“十五”期间年森林采伐限额审核意见报告的通知》。

国务院批准全国“十五”（2001～2005）期间的年森林采伐限额为：22 310.2万立方米。按采伐类型的分项限额为：主伐8 451.8万立方米；抚育采伐6 053.2万立方米；其他采伐7 805.2万立方米。按消耗结构的分项限额为：商品材11 590.2万立方米，出材量6 943.6万立方米，其中人工林采伐量7 387.9万立方米，出材量3 978.8万立方米；农民自用材4 352.4万立方米；烧材6 367.6万立方米。全国竹类采伐限额为104 636.5万根，其中，毛竹采伐限额36 991.9万根，杂竹采伐限额47 644.6万根。

“十五”期间全国年森林采伐限额占年均林木净生长量的48.8%，比“九五”期间的63.6%下降14.8%。按“九五”编制森林采伐限额的生长量比例同口径比较，全国“十五”期间的年森林采伐限额总量减少了6 788.1万立方米，商品材限额减少了4 210.2万立方米。长江上游、黄河上中游天然林资源保护工程区确定的“十五”期间年森林采伐限额2 648.1万立方米，与1997年的实际森林资源消耗量相比，减少了6 109.9万立方米；东北、内蒙古等重点国有林区天然林资源保护工程区确定的“十五‘期间年商品材出材量限额1 212.8万立方米，与1997年的木材产量相比，调减640.8万立方米，完全符合两个工程实施方案中调减森林资源消耗量和木材产量的要求。

同过去几期森林采伐限额相比，在保障措施上有以下几个突出的方面：

1. 强调了严格执行森林采伐限额制度是各级政府的重要职责。严格执行森林采伐限额制度是切实控制森林资源消耗，实现森林资源可持续发展的重要保障。各级人民政府要从维护改善生态环境和实现社会经济可持续发展的战略高度，充分认识实行森林采伐限额制度的重要意义，加强领导，精心组织，狠抓落实，确保“十五”期间年森林采伐限额的严格执行。要进一步建立健全领导干部保护、发展森林资源任期目标责任制，把省（区、市）长、县（市）长作为第一责任人，把各级林业主管部门的一把手作为主要责任人，真正把执行年森林采伐限额的好坏，作为考核各级政府领导干部政绩的重要内容。要建立责任追究制度，坚决扼制住长期以来超采伐限额的破坏森林资源行为。今后，

凡发生超限额采伐的，要追究第一责任人和主要责任人的行政责任；情节严重、造成森林资源破坏的，要追究其法律责任。

2. 提出了积极稳妥地推进森林资源管理体制改革，建立健全森林资源监督机构。按照产权清晰、权责明确、政企分开、管理科学的要求，依据森林资源国家所有，分级管理的原则，对国务院确定的国有重点林区的森林资源，由国家林业局依法直接管理。对其他地区的森林资源管理机构实行上管一级的管理制度。在业务上既受所在地林业主管部门的领导，也受上一级林业主管部门的领导。森林资源管理机构负责人的任免，要征得上一级林业主管部门的同意。

加大国家向重点林区派驻森林资源监督机构的力度。通过10年试点，森林资源监督已发挥明显作用。要在现有监督机构的基础上，对国家天然林资源保护工程区和重点生态工程区及重点集体林区所在省（区、市）派驻森林资源监督机构，加强对森林资源保护管理的监督检查。各地要稳定和充实森林资源林政管理机构和林政稽查队伍，确保森林采伐限额管理的力量不受削弱。

3. 出台了一些具体的森林采伐限额管理政策。首次在国务院的文件中规定，省级林业主管部门可在国务院批准的年商品材采伐限额内，预留不超过8%的指标，以备因征占用林地等原因采伐林木时使用；明确了木材生产计划管理的范围；首次预留了国家备用年森林采伐限额，并规定其由国家林业局根据具体情况严格控制使用；提出了对商品林中速生丰产林（含定向培育的工业原料林），尤其是非公有人工林采伐的管理，要在核定的商品材采伐限额内优先安排，以调动社会各界造林的积极性；规定了人工林的采伐限额必须用于人工林采伐，严禁使用人工林采伐限额采伐天然林，人工林采伐限额不足的，可以占用天然林采伐限额采伐人工林。严禁挤占、挪用抚育采伐限额，抚育采伐限额不足的，可以占用主伐采伐限额；提出了鼓励节约森林采伐限额的奖励政策：对非天然林资源保护工程区，凡每年能够对森林资源消耗进行监测，并经国家林业局检查核实，确属节约森林采伐限额的单位，允许其节约的全部商品材限额、农民自用材和烧材限额的一半，接转到下年度的商品材限额中使用。

4. 明确了林木采伐管理的具体要求。国发2号文件要求，凡是采伐林木都要依法申请符合国家林业局规定式样、由省级林业主管部门统一印制的林木采伐许可证。凡是没有采伐限额的单位和部门，不得进行林木采伐。核发林木采伐许可证必须认真审核其林木林地权属，凡权属不清或存有争议的，一律不得采伐林木。严禁超计划和无证采伐林木，对不按规定发证，超限额或超计划发证的，严格按森林采伐限额和年度木材生产计划核发林木采伐许可证。严禁超计划和无证采伐林木，对不按规定发证，超限额或超计划发证的，要坚决依法处理发证人员和发证部门的主要负责人。

铁路、公路的护路林和城镇林木是我国森林资源的重要组成部分，其林木的采伐应纳入采伐限额管理并依法办理林木采伐许可证。

国有、集体森林经营单位和集体经济组织采伐林木，必须实行伐区调查设计、审批和验收制度。要积极推行个人采伐林木的伐区调查设计验收制度。伐区调查设计必须由有相应资质的调查设计单位承担完成。凡征、占林地需要采伐林木的，必须纳入森林采伐限额管理，除按规定提交有关文件外，还必须提交依法有批准权限的林业主管部门核发的使用林地审核同意书，才可以发放林木采伐许可证。

5. 切实加强木材运输和木材经营加工的监督管理。国发2号文要求，要建立健全木材运输检查监督网络，严格执行木材凭证运输制度。各级人民政府和各有关部门要严格执行《森林法》及其实施条例有关木材凭证运输的制度，把木材运输检查监督作为严格执行森林采伐限额制度的重要措施和手段，加大对木材检查站基础设施建设的投入，努力解决木材检查执法人员的编制和执法经费，改善木材检查监督的执法环境和条件，使木材运输检查监督走上法制化、制度化的轨道。铁路、交通等运输主管部门要积极支持配合林业行政主管部门对木材运输的检查，严格要求承运人依法凭证运输木材。

各级林业主管部门要加强对以消耗林木资源为主的经营加工企业的原料来源的审核。严禁木材经营单位和个人收购没有林木采伐许可证或者其他合法来源证明的木材。对新建扩建的大中型纸浆、人造板等以消耗林木资源为主的加工企业，必须先报经国家林业局进行森林资源审核，并进行相应的工业原料林基地建设。要严厉查处违法经营木材行为，堵住违规采伐木材的运输、销售和加工渠道，把采伐限额监督管理措施落到实处。

6. 要求各级林业主管部门建立森林采伐限额执行情况的监督检查制度。国发2号文指出，凡不按规定和要求进行森林资源清查和森林资源调查的单位，国务院将不予审批其森林采伐限额。要建立健全年森林采伐限额执行情况的检查和通报制度。地方各级林业主管部门每年要对森林采伐限额、年度木材生产计划、凭证采伐、凭证运输和凭证经营（加工）制度的执行情况进行检查。检查的结果要通报，同时上报同级人民政府和上一级林业主管部门，并与领导干部保护、发展森林资源任期目标责任制挂钩。对违反规定采伐、运输、经营加工木材的，要严肃查处，确保森林采伐限额的严格执行。国家林业局要对各地森林采伐限额的执行情况组织检查，检查情况上报国务院并通报全国。

同过去森林采伐限额的编制情况相比，“十五”期间年森林采伐限额的编制有以下突出特点：一是覆盖全。也就是说，“十五”期间的年森林采伐限额是个全面覆盖的限额。上海市和西藏自治区首次参加了采伐限额的编制。同时，各个非林业部门的森林和林木，也基本上参加了采伐限额的编制。因此，“十五”期间的年森林采伐限额覆盖了全国除台湾、香港和澳门以外的所有地区和部门。二是方法新。在“十五”期间年森林采伐限额的编制中，第一次应用了“模拟计算法”对森林经营单位的合理年采伐量进行测算。这种方法克服了传统年采伐量测算公式的随意性和主观性等弊端，用数学模拟的办法来保证测算的采伐量能够保证森林资源的可持续经营利用。它是对我国森林采伐限额编制技术的突破和重要贡献。三是严格与有关的工程衔接。对东北、内蒙古等重点国有林区天然林资源保护工程和长江上游、黄河上中游天然林资源保护工程区的森林采伐限额的确定，是严格按照其《实施方案》进行木材产量和森林资源消耗量调减的。四是实现了由采伐天然林向采伐利用人工林的转移。本次限额第一次区分出了人工林采伐限额。“十五”期间的年森林采伐限额中，人工林采伐限额占 38.6%，体现了由采伐利用天然林向采伐利用人工林转变的指导思想。这完全符合党中央和国务院保护天然林资源的方针。

（张松丹）

**【新采伐证启用】** 为加强对森林、林木的采伐管理，严格执行凭证采伐制度，根据《森林法》及其实施条例的有关规定，国家林业局研究制定了新的林木采伐许可证（式样），并作为附件下发了《关于加强林木采伐许可证核发管理工作的通知》（林资发［2000］331 号）。

新的林木采伐许可证式样与原林木采伐许可证格式比较，主要作了如下修改：一是统一了国有林与集体、个人所有林的林木采伐许可证格式，并将世纪年号“19”改为“20”。二是增加了“林权证号”。林权清楚是申请林木采伐许可证的必要条件，增加林权证号可以避免因采伐林木而发生林权纠纷，从而有效防止滥砍盗伐。三是增加了采伐林分、林木的“起源”和采伐“林种”，有利于加强对天然林资源的保护和严格按森林法规定的五大林种实施管理，同时又适应了我国林业分类经营、分类管理的需要。四是增加了“采伐类型”、“采伐方式”、“采伐强度”，以适应当前森林采伐方式的变革，有利于强化林木采伐管理。五是增加了“采伐株数”，使林带、零星林木等难以测量其面积的采伐情况可以准确规定，增强了可操作性。《通知》要求如下：

1. 凡采伐林木，必须申请林木采伐许可证，实行凭证采伐；农村居民采伐自留地和房前屋后个人所有的零星林木除外。凡申请林木采伐许可证的，必须按照《森林法》和《森林法实施条例》的规定向发证机关提交有关证明文件。

2.《森林法》第三十二条、《森林法实施条例》第三十二条规定的林木采伐许可证的核发机关，必须按照规定权限，认真负责地做好林木采伐许可证的核发工作；确需委托发证的，必须以书面形式明确被委托单位的发证权限和具体的发证对象、范围。各地委托发证的情况，由各省（含自治区、直辖市，下同）林业主管部门汇总后报国家林业局备案。

3. 发证机关（含被委托发证单位）要依法严格审核申请林木采伐许可证的单位和个人提交的有关证明文件。对证明文件不齐全、林权不清或者存在权属争议的，以及有《森林法实施条例》第三十一条规定的情形之一的，一律不得核发林木采伐许可证。

发证人员要认真负责，规范填写林木采伐许可证，防止错填、漏填、涂改等现象的发生。

4. 任何发证机关或发证人员都必须依据国家批准、下达的年森林采伐限额和木材生产计划核发林木采伐许可证。发证采伐蓄积总量不得超过年森林采伐限额，其中商品材发证量不得超过年度木材生产计划。同时，严禁跨年度发证或超越规定权限发证。

发证机关所核发的林木采伐许可证存根至少保存两年。

5. 核发林木采伐许可证，实行一小班（地块）一证制。国有林木的采伐，以伐区调查设计的小班为单位，不得跨小班发证；集体或个人林木的采伐，采伐地点必须落实到山头地块，注明四至，不允许多地一证或一证多户。

6. 发证机关要确定专人负责林木采伐许可证的核发工作。发证人员要凭省级以上林业主管部门颁发的核发林木采伐许可证资格证书和专用名章发证，严格执行持证上岗制度。证书和名章式样由各省林业主管部门统一规定，并报国家林业局备案。

7. 发证机关要建立健全林木采伐审批、林木采伐许可证核发台账制度，并逐级汇总、定期上报核发情况。具体办法由省林业主管部门确定，报国家林业局备案。

8. 发证机关和发证人员要严格执行《森林法》、《森林法实施条例》等法律、法规以及国务院林业主管部门关于林木采伐管理的有关规定，自觉接受上级林业主管部门及其派驻的森林资源监督机构的监督，切实做好林木采伐许可证的核发和管理工作。各级林业主管部门要加强对林木采伐许可证核发管理的监督检查，定期或不定期地对发证机关和发证人员核发管理采伐证的工作进行评定。对违反《森林法》和《森林法实施条例》的规定核发林木采伐许可证，或发证不规范致使森林资源遭受破坏或其他损失的，除责令纠正外，要依法给有关责任人员以行政处分，构成犯罪的要依法追究刑事责任。

9. 省级林业主管部门林木采伐许可证的核发管理要实现计算机化，并逐步与国家林业局联网。在计算机联网之前，各省（区、市）每年发放林木采伐许可证的数量要以省为单位分别县（区、市、国有林业局）统计汇总，于翌年 1 月底以前上报国家林业局备查。

10. 林木采伐许可证式样由国家林业局统一规定，由各省林业主管部门统一套色印制、统一编号、统一管理。任何单位和个人不得伪造、买卖林木采伐许可证。

新版林木采伐许可证于2001年1月1日启用，旧版林木采伐许可证同时废止。各省林业主管部门要按照本通知规定的林木采伐许可证式样，抓紧本省林木采伐许可证的印制工作。各发证机关要及时办理好新、旧版林木采伐许可证启用和废止的有关手续，妥善保存发证存根，做好已核发的旧版林木采伐许可证的登记造册工作。

11. 依照《森林法》的规定，由有关主管部门审核发放林木采伐许可证的，必须使用国家林业局统一规定式样、本部门所在地省级林业主管部门统一印制的林木采伐许可证。具体核发管理林木采伐许可证的要求，遵照本通知精神执行。

12. 东北、内蒙古国有林区使用的林木采伐许可证由国家林业局统一印制。具体管理办法另文通知。

（谢守鑫）

**【加强东北、内蒙古重点国有林区采伐许可证管理】** 为贯彻落实《森林法实施条例》第三十二条关于重点林区的林木采伐许可证由国务院林业主管部门核发的规定，保证重点国有林区林木采伐许可证核发工作的时效性，国家林业局发出通知（林资发［2000］667号），决定委托国家林业局驻内蒙古自治区森林资源监督专员办公室、国家林业局驻黑龙江省森林资源监督专员办公室和国家林业局驻大兴安岭林业集团公司森林资源监督专员办公室分别核发中国内蒙古森林工业集团有限责任公司、中国龙江森林工业（集团）总公司和大兴安岭林业集团公司所属的林业企业事业单位的林木采伐许可证。中国吉林森林工业（集团）总公司（含延边林管局所属重点国有林区）的林木采伐许可证由国家林业局森林资源管理司核发。

通知规定，从2001年1月1日起，在东北、内蒙古重点国有林区使用国家林业局统一印制的《重点国有林区林木采伐许可证》，同时启用统一刻制的国家林业局林木采伐管理专用章和国家林业局林木采伐许可证签证专用章核发林木采伐许可证。同时，要实行谁发证、谁抽查、谁审查、谁检查、谁申请、谁负责的林木采伐管理制度，采伐单位必须严格按林木采伐许可证的规定进行采伐。各级森林资源管理和监督机构要认真检查监督，被委托单位要在各有关部门（机构）对伐区检查验收的基础上组织抽查，抽查面不低于伐区个数的1%。凡发现有滥伐或不按规定采伐的，被委托单位有权收回林木采伐许可证，并责令其限期改正，在改正之前，可以停止对其核发林木采伐许可证。

通知要求，被委托单位要充分认识国家林业局委托核发林木采伐许可证的重大意义和所肩负的重大责任，不断增强依法从严管理国有森林资源和对国家林业局高度负责的事业心及责任感，模范执行《森林法》、《森林法实施条例》等法律、法规以及国家关于林木采伐管理的有关规定，自觉接受国家林业局的管理和监督，切实做好林木采伐许可证的核发工作。各有关省（区、公司）森工（林业）主管部门和国有林业企、事业单位以及森林资源监督机构要积极支持和配合被委托单位的工作，并严格按照国家的有关规定，认真作好伐区调查设计和林木采伐管理工作，共同保护和合理利用好森林资源。

（谢守鑫）

# 林业行政执法

**【2000年度林业行政案件统计分析】** 2000年，各地认真贯彻新《森林法》及《森林法实施条例》，全面部署了打击破坏森林资源三号行动的专项斗争，大力开展了林政执法大检查工作，积极组织了野生动植物保护执行年的活动。加大了林政执法和资源管理的力度，林政案件发生总数得到控制，各类林政案件查处取得了较好的效果。据31个省（区、市）林业主管部门和内蒙古、龙江森工集团及大兴安岭林业集团统计，全国共发生林政案件457 140起，查处446 336起，查处率97.64%。没收违法所得木材427 355立方米，挽回经济损失48 136.06万元。现统计分析如下：

林政案件基本情况

1. 多类林政案件发生与同期基本持平，个别类林政案件发生减、增较大。案件发生为457 140起、1999年为448 210起，查处率为97.64%、1999年为96.37%；盗伐林木为42 430起、1999年为39 090起；滥伐林木为43 453起、1999年为40 063起；违法运输木材为299 897起、1999年为316 035起。乱捕滥猎野生动物和非法收购、出售、运输、携带野生动物及产品，违反林木种苗管理规定，违反运输松香规定，伪造、买卖林业票证，其他等林政案件基本相同。毁坏林木、苗木案件为6 171起，1999年为8 058起，减少23.42%；违法征、占用林地为10 231起，1999年为12 235起，减少16.38%；违反森林植物检疫规定为11 034起，1999年为20 514起，减少46.21%。非法收购、经营、加工木材为15 946起，比1999年的10 886起增长了46.48%。

2. 林地损失与同期增长较大，其中乱捕滥猎野生动物损失严重。林地损失为7 552公顷，1999年为7 245公顷，增长了4.24%；其中违法征、占用林地为3 042公顷，1999年为2 969公顷，增长了2.45%，其他林地损失为4 368公顷，1999年为4 095公顷，增长了6.67%。野生动物损失为1 221 511只，1999年为1 062 137只，增长了15%，其中乱捕滥猎野生动物为250 552只，去年为189 916只，增长了31.92%。

3. 挽回经济损失与同期增长较大，其中没收非法所得金额减少，处理金额增大。挽回经济损失为48 136.06万元，1999年为39 880.74万元，增长了20.70%. 其中，没收非法所得金额为8 501.52万元，1999年为12 392.73万元，减少31.40%；处理金额为39 634.49万元，比1999年的27 488.01万元，增加了44.19 %，其中赔偿损失金额为6 128.74万元，处罚金额为21 993.51万元；分别比1999年的2 610.69万元、13 682.80万元，增长了134.75%、60.74%。

4. 林政案件的特点、趋势。各林区林政案件变化情况。违法运输木材案件仍居首位，占总案件的65.60%；依次为滥伐林木43 453起，占总案件的9.50%；盗伐林木42 430起，占总案件的9.28%；非法收购、经营、加工木材15 946起；违反森林植物检疫规定11 034起。

国有林区案件减少。为80 719起，1999年为83 393起，减少了2 674起，其中违法运输木材减少较大，为23 109起，1999年为30 390起，减少了7 281起。集体林区案件增多。为320 058起，1999年为285 772起，增加了34 286起；其中滥伐林木为24 353起，非法收购、经营、加工木材为11 659起，1999年为6 593起。增加了5 066起。少林省（区）案件减少。为56 363起。1999年为79 045起，减少了22 682起，其中违法运输木材为30 174起，违反森林植物检疫规定为7 763起，1999年分别为42 460起、11 850起，减少了12 286起、4 087起。

*林政案件分析*

1. 损失增大，大案要案增加。如林地案件数量变化不大，但损失增大，主要是地方政府只顾当前的经济发展，不注重生态环境的保护，毁林开垦和道路建设和工程建设较多。野生动物损失较大，一些不法分子仍受经济利益驱动，私自乱捕滥猎和收购野生动物大案要案增多。

2. 依法处罚，有利于保护森林资源。处罚金额加大，挽回经济损失提高，各地严格执行新《森林法》和《森林法实施条例》的各项处罚条款，使挽回经济损失金额大幅度增加。

3. 提高法律意识，是减少林政案件的关键。违法运输木材案件仍居首位，一是木材经营者法律意识不高，凭证运输的法制观念淡薄，案件发生起数多、数量少、小车装、大客车夹带的违法运输次数多；二是林政执法力度加强，执法人员素质的提高，漏网违法运输案件逐渐减少。

4. 规范木材加工行业，推动许可证制度。非法收购经营、加工木材案件增加，主要是各地广泛开展了清理整顿木材加工经营行业，强化了许可证制度，提高林业主管部门批准经营（加工）木材的意识。但从木材加工行业整顿的情况看，在市场经济利益的驱动下，非法收购、经营、加工木材还十分严重。

*存在问题* ①一是上报不及时，二是数字不准确，质量不高。②违法运输木材案件仍居首位。③基层木材检查站人员编制和工资及基层护林员的工资还存在问题。

（王亚军）

**【2000年林政案件受理】** 为了切实加强森林资源的保护管理，加大执法力度，加强对各地查处林政案件的督办力度，打击破坏森林资源的违法犯罪活动。2000年4月国家林业局资源司增设了林政案件稽查处并公布了举报电话。林政案件稽查处成立以来，在司领导的领导下；积极参加组织保护森林资源三号行动，全年共受理林政案件718件。其中：举报信465件（中央领导批示33件、属重大案件63件），举报电话253个。据统计，林政案件稽查处2000年4～12月共批转各地查处的群众举报材料385份，其中：朱镕基总理批示的18份，温家宝副总理批示的15份，局领导批示的约20份。其他案件均由司领导作了批示。在批转办理的案件中有250份要求报处理结果，对要求上报查处结果的案件林政案件稽查处都发了督办函并跟踪督办，经各级林业主管部门的努力和资源司的大力督办，已有76件处理完毕。

（伍步生　刘铁军）

**【国家林业局组织开展保护森林资源三号行动】** 继可可西里一号、南方二号行动之后，2000年6月，国家林业局决定在全国范围内开展一次集打击乱砍滥伐林木、乱批滥占林地、非法运输倒卖木材和乱捕滥猎国家珍稀野生动物等违法犯罪活动为目的的保护森林资源三号行动，这是根据我国当前森林资源保护管理工作所面临的形势，开展的保护森林资源的又一次重大举措。

这次行动在各级政府、公、检、法和新闻媒体等部门的大力支持和密切配合下，依法严厉查处了一批破坏森林资源的违法犯罪活动，取得了明显成效。一是坚决查处了一批破坏森林资源的违法犯罪案件，严厉打击了违法犯罪活动，震慑了罪犯，弘扬了正气，保护了国家森林资源。三号行动开展以来，全国各级林业行政执法机关和森林公安机关加大执法力度，依法查处了一批森林案件，尤其是超限额采伐、毁林开垦和乱占林地、乱砍滥伐及乱捕滥猎野生动物案件，集中整顿木材流通、加工领域秩序，使破坏森林资源的违法犯罪行为得到了有效遏制，弘扬了正气，震慑了罪犯，教育了群众，保护了国家森林资源，取得了丰硕成果。据不完全统计，从 2000 年 7～12 月三号行动开展期间，全国共查处各类森林案件 135 723 起，其中林业刑事案件 3 112起，行政案件 132 611 起；结案 131 922 起，未结案3 801起，结案率为 97.2%；依法处理112 721人，其中刑事处罚 2 669 人，行政处罚 110 052 人，处理县（处）级以上干部 21 人。全国共没收非法木材 79 256 立方米，取缔非法加工点 2 035 处，清理乱占林地 364 公顷，没收非法倒卖野生动物 15 086 只（头）等，为国家挽回经济损失 15 075.63 万元。二是保护森林资源的法律意识进一步深入人心，形成了依法治林的良好社会氛围。保护森林资源三号行动，引起了社会广泛关注和重视，提高了全社会对保护森林资源重要性的认识。引起各级党政领导对保护森林资源和查处案件的重视，一些久拖未决的大案要案得到了处理；通过一些破坏森林案件的新闻曝光和各地林业部门开展的林业法律法规的宣传报道，使各界群众对森林资源保护工作倍加关注，依法保护森林资源的意识明显增强，爱林护林意识日益深入人心，积极为林业行政执法部门提供了重要线索，举报破坏森林资源案件也日趋增多。社会各界群众的积极参与，加快了破案进程，为三号行动的顺利开展奠定了坚实基础。三是促进了林业执法队伍自身建设，树立了林业行政执法新形象。三号行动的开展，促进了全国各级林政执法队伍的建设，规范了林业执法行为，使森林资源管理和林政执法工作逐步走上规范化、制度化和法制化轨道，提高了林业主管部门的执法地位。各级林业主管部门以三号行动为契机，把其看作是一次锻炼队伍的大好时机，组织动员广大干部职工积极投入到保护森林资源行动中去，接受教育，经受锻炼，提高林业干部职工的政治业务素质；同时，规范了林业执法程序，完善了林业管理工作体系，树立了林政执法的良好形象。此次行动对乱占林地、滥伐林木的违法犯罪活动进行了集中处理，尤其是对越权审批，乱占林地案件严格执行法律程序，责其按时补办手续，补交森林植被恢复费等，并对其责任人严惩，提高了林政执法工作在人民群众中的地位。

这次行动的主要做法：一是加强领导、精心组织。国家林业局对本次行动给予了高度重视，2000 年 6 月 26 日，召开了三号行动新闻发布会，宣布正式启动保护森林资源三号行动，并下发《国家林业局关于印发〈保护森林资源三号行动实施方案〉的通知》（林资发［2000］269 号），对三号行动进行了统一部署。同时，编发了 8 期《保护森林资源三号行动简讯》，及时报道和反映三号行动的动态和做法。各级林业主管部门领导高度重视，及时传达国家林业局关于三号行动精神，为加强组织领导，成立了领导机构和办事机构，制定了具体的工作方案、精心组织、周密部署。并及时向当地党委、政府汇报宣传当前森林资源保护面临的形式和保护森林资源的重要性，争取各级政府领导的重视和支持，将三号行动提到议事日程，作为重要工作来抓，抽调专门力量组成行动小组，保证了三号行动顺利进行。二是广泛宣传，提高全社会对保护森林资源重要性的认识。各级林业主管部门充分利用新闻媒体等广泛宣传《森林法》、《森林法实施条理》等林业法律、法规，宣传保护森林资源的重要意义，教育群众保护森林资源就是保护人类自己，提高了全民对林业法律法规的认识。并通过向群众发放宣传材料，宣传有关林业的法律法规，唤起了广大人民群众保护森林资源的参与意识，同时设立举报电话、举报信箱，欢迎全社会积极参与，提供线索。对人民群众反映强烈的大案要案跟踪报道，以案析法，震慑罪犯，使一些不法分子闻风丧胆，主动投案自首，形成了全社会关注林业，保护森林资源的良好社会氛围，加快了三号行动进程。三是坚持督办与查办相结合，以点带面，推进三号行动向纵深发展。三号行动开展期间，国家林业局将 1999 年 3 月以来中央领导批示批示、群众举报、新闻媒介披露的案件；单位或个人破坏森林资源的重大典型案件及 1999 年 3 月以来各地查处未结案件；尤其是国家工作人员和林业主管部门及其主要负责人以权谋私、玩忽职守、重案轻办、徇私枉法，导致严重破坏森林资源的典型案件。如广西壮族自治区金秀县原副县长郭廷肇乱批乱伐林木案；贵州省天柱县林业局林政股股长杨顺堂勾结原林业局局长杨麾非法倒卖木材运输案等依法进行重点查处，国家林业局于 2000 年 9 月 4～23 日共分 10 个督查组分赴各省（区、市、森工集团），对中央领导批示、群众反映强烈的 63 起典型案件进行督查。并将查处结果利用新闻媒体公布于众，共同监督，扩大影响。各省（区、市、森工集团）林业主管部门也在认真清理的基础上，查处了一批久拖未结的历史积累案件，以此为突破口带动整个三号行动的全面开展。四是坚持依法行政，敢于碰硬。三号行动期间，各级林政执法部门敢打硬仗，在办案中坚持从实际出发，只要是重大案件，不管遇到多大的阻力，都能坚持原则，排除干扰，把问题查清查实，不徇私情，依法处理，树立了良好的执法形象。五是各部门密切配合、相互支持。全国各级林业主管部门积极主动地与公安、检察院、新闻媒体等单位联系，争取支持与协作，有的还共同研究，联合发文，形成合力，使案件查处力度到位，破案进度和办案质量都有很大提高，严厉打击了破坏森林资源违法犯罪活动。六是认真总结、表彰先进。国家林业局印发了《国家林业局办公室关于做好保护森林保护森林资源三号行动总结工作的通知》（办资字［2000］69 号），要求各级林业主管部门认真做好保护森林资源三号行动的总结工作，对这此行动中反映出的问题，研究制定相应的改进措施。国家林业局和各级林业主管部门相继表彰了一批在此次行动中做出突出贡献的先进单位和先进个人。

三号行动的开展，使各地林政执法工作取得了明显成效。但同时也暴露出了林业管理工作中的许多问题与不足。一是森林资源的非正常消耗没有得到有效的遏制，乱砍滥伐现象时有发生；二是毁林开垦和蚕食林地的现象没有得到完全的控制；三是乱捕乱猎现象没有得到根本的制止；四是木材经营加工单位的清理整顿任务还很艰巨。五是少数地方对保护森林资源的重要性认识不足，特别是一些地方保护主义严重，加之林业法律法规不完善，更增加了林政执法难度。此外，一些地方林业部门执法不严，林政执法队伍的素质也有待进一步提高。

**保护森林资源三号行动查处案件统计**

单位：件、人

| 地区、单位 | 立案数 | | | 结案数 | | | 未结案数 | | | 处理人数 | | | |
|---|---|---|---|---|---|---|---|---|---|---|---|---|---|
| | | | | | | | | | | 刑事 | | 行政 | |
| | 计 | 刑事 | 行政 | 计 | 刑事 | 行政 | 计 | 刑事 | 行政 | 计 | 县(处)级以上 | 计 | 县(处)级以上 |
| **合计** | **135 723** | **3 112** | **132 611** | **131 922** | **2 613** | **129 309** | **3 801** | **512** | **3 289** | **2 669** | **20** | **110 052** | **28** |
| 北京 | 118 | 2 | 116 | 118 | 2 | 116 | | | | 18 | | 69 | |
| 天津 | 36 | 9 | 27 | 31 | 4 | 27 | 5 | 5 | | 5 | | 110 121 | |
| 河北 | 1 972 | 67 | 1 905 | 1 940 | 53 | 1 887 | 32 | 14 | 18 | 58 | | 1 608 | |
| 山西 | 3 059 | 162 | 2 897 | 2 960 | 142 | 2 818 | 99 | 31 | 68 | 143 | | 3 775 | |
| 内蒙古 | 2 073 | 30 | 2 043 | 2 063 | 27 | 2 036 | 10 | 4 | 6 | 78 | 16 | 2 241 | 12 |
| 辽宁 | 4 782 | 132 | 4 650 | 4 563 | 125 | 4 438 | 219 | 8 | 211 | 204 | | 5 307 | |
| 吉林 | 2 816 | 145 | 2 671 | 2 815 | 1 45 | 2 670 | 1 | | 1 | 163 | | 4 189 | |
| 黑龙江 | 1 514 | 103 | 1 411 | 1 464 | 78 | 1 386 | 50 | 25 | 25 | 110 | | 1 054 | 5 |
| 上海 | 4 | | 4 | 3 | | 3 | 1 | | 1 | | | 6 | 2 |
| 江苏 | 352 | 37 | 315 | 320 | 27 | 293 | 32 | 10 | 22 | 11 | | 311 | 2 |
| 浙江 | 4 444 | 119 | 4 325 | 4 427 | 115 | 4 312 | 17 | 4 | 13 | | | 1 | 1 |
| 安徽 | 18 | 5 | 13 | 12 | 2 | 10 | 6 | 3 | 3 | 6 | | 5 | |
| 福建 | 5 744 | 540 | 5 204 | 5 625 | 421 | 5 204 | 119 | 119 | | | | | |
| 江西 | 19 335 | 77 | 19 258 | 19 156 | 72 | 19 084 | 179 | 5 | 174 | | | | |
| 山东 | 28 | 15 | 13 | 23 | 10 | 13 | 5 | 5 | | 11 | | 14 | |
| 河南 | 5 178 | 127 | 5 051 | 5 070 | 102 | 4 968 | 108 | 25 | 83 | 178 | | 5 555 | |
| 湖北 | 4 098 | 172 | 3 926 | 3 983 | 149 | 3 834 | 115 | 23 | 92 | 334 | | 6 661 | |
| 湖南 | 37 830 | 361 | 37 469 | 37 031 | 354 | 36 677 | 799 | 7 | 792 | 158 | | 40 647 | |
| 广东 | 4 515 | 83 | 4 432 | 4 373 | 76 | 4 297 | 142 | 7 | 135 | 117 | | 2 732 | |
| 广西 | 3 287 | 180 | 3 107 | 2 633 | 43 | 2 590 | 654 | 137 | 517 | 206 | 4 | 3 145 | |
| 海南 | 759 | 5 | 754 | 734 | 4 | 730 | 25 | 1 | 24 | | | | |
| 四川 | 5 103 | 176 | 4 927 | 4 962 | 152 | 4 810 | 141 | 24 | 117 | 268 | | 5 460 | 3 |
| 重庆 | 3 474 | 48 | 3 426 | 3 395 | 48 | 3 347 | 79 | | 79 | | | | |
| 贵州 | 6 106 | 103 | 6 003 | 5 883 | 91 | 5 792 | 223 | 12 | 211 | 104 | | 5 924 | 2 |
| 云南 | 10 209 | 260 | 9 949 | 10 149 | 242 | 9 907 | 60 | 18 | 42 | 242 | | 12 443 | |
| 西藏 | | | | | | | | | | | | | |
| 陕西 | 4 388 | 99 | 4 289 | 3 948 | 78 | 3 870 | 440 | 21 | 419 | 131 | | 4 458 | |
| 甘肃 | 1 614 | 26 | 1 588 | 1 430 | 23 | 1 407 | 184 | 3 | 181 | 41 | | 1 927 | |
| 青海 | 391 | 5 | 386 | 371 | 5 | 366 | 20 | | 20 | 14 | | 562 | |
| 宁夏 | 284 | | 284 | 284 | | 284 | | | | | | | |
| 新疆 | 1 048 | | 1 048 | 1 023 | | 1 023 | 25 | | 25 | | | 1 122 | |
| 新疆生产建设兵团 | 234 | 1 | 233 | 229 | 1 | 228 | 5 | | 5 | | | 1 | 1 |
| 内蒙古森工集团 | 748 | 23 | 725 | 747 | 22 | 725 | 1 | 1 | | 61 | | 758 | |

（续）

| 地区、单位 | 立案数 | | | 结案数 | | | 未结案数 | | | 处理人数 | | | |
|---|---|---|---|---|---|---|---|---|---|---|---|---|---|
| | | | | | | | | | | 刑事 | | 行政 | |
| | 计 | 刑事 | 行政 | 计 | 刑事 | 行政 | 计 | 刑事 | 行政 | 计 | 县（处）级以上 | 计 | 县（处）级以上 |
| 吉林森工集团 | | | | | | | | | | | | | |
| 龙江森工集团 | 10 | | 10 | 10 | | 10 | | | | | | | |
| 大兴安岭林业集团 | 152 | | 152 | 147 | | 147 | 5 | | 5 | 8 | | 146 | |

注：案件统计日期为 2000 年 7～12 月。

（伍步生　刘铁军）

**【全国森林资源和林政管理先进单位先进个人】** 多年来，各级林业主管部门和广大森林资源保护管理人员为强化林业管理、保护和发展森林资源作出了突出贡献。为了调动各级林业主管部门和广大森林资源保护管理人员的积极性，进一步加强森林资源保护管理，巩固造林绿化成果，国家林业局 2000 年对在森林资源林政管理工作中做出显著成绩的 83 个单位和 257 位个人进行了表彰。

**全国森林资源和林政管理先进单位**

**北京市**

市林业局林政和资源管理处　朝阳区农林局林政科

**天津市**

武清县林业局

**河北省**

围场满族蒙古族自治县林业局　迁西县林业局资源林政管理站

**山西省**

省林业行政稽查大队　晋城市林业执法稽查大队

**内蒙古自治区**

宁城县林业局　乌审旗林业局　自治区第二林业勘察设计院　奈曼旗林业局

**辽宁省**

建平县林业局　本溪县林业局调查设计队　清原县林业局

**吉林省**

省林业厅资源林政处　辽源市林业局资源林政处　汪清林业局资源林政处

**黑龙江省**

宾县林业局　鹤岗市红旗林场　庆安国有林场管理局　尚志国有林场管理局

**上海市**

崇明林业站

**江苏省**

南京市农林局林业处　新沂市多种经营管理局

**浙江省**

台州市林业局　安吉县林业局

**安徽省**

池州地区林业局林政科　祁门县林业局木竹检查总站

**福建省**

建阳市林业委员会　德化县林业局　永安市林业局

**江西省**

省林业厅林政资源管理处　崇义县林业局

**山东省**

胶南市林业局　东平县林业局

**河南省**

南乐县乔崇町木材检查站　郑州市林业局林政管理处

**广东省**

始兴县林业局　省林业勘测设计院林业分院

**广西壮族自治区**

苍梧县林业局

**海南省**

通什市林业局　白沙黎族自治县林业局

**湖北省**

五峰县渔洋关木材检查站　襄樊市林政管理稽查大队

**湖南省**

邵阳市林业局林政科　资兴市林业局

**重庆市**

江津林业局　万州区林业局资源保护科

**四川省**

筠连县林业委员会　阿坝州漩口木材检查站　省林业厅资源林政管理处

**贵州省**

铜仁地区林业局林政科　道真县溪镇林业站

**云南省**

保山地区林业局资源林政管理科　红河州个旧市林业局

**西藏自治区**

工布江达县林业局

**陕西省**

凤县林业局　商洛地区林特局资源林政科

**甘肃省**

祁连山国家级自然保护区管理局　省林业厅资源和林政管理处　省林业勘察设计研究院

**宁夏回族自治区**

贺兰山国家级自然保护区管理局

**青海省**

湟中县林业局　祁连县林场

**新疆维吾尔自治区**

自治区林业厅驻阿尔泰山林业局资源林政处　喀什地区林业局资源林政科

**新疆生产建设兵团**

哈密农场管理局黄田农场园林科

**中国吉林森林工业（集团）总公司**

吉林省林业厅驻白石山林业局森林资源监督专员办事处　松江河林业有限公司

**中国内蒙古森林工业集团有限责任公司**

莫尔道嘎林业局资源林政科　内蒙古大兴安岭森林调查规划院　甘河大桥木材检查站

**中国龙江森林工业（集团）总公司**

牡丹江林政稽查支队　省第二林业调查规划设计院　黑龙江省森林工业总局驻方正林业局资源林政科

**大兴安岭林业集团公司**

塔河林业局资源林政科　图强林业局资源林政科

**国家林业局直属单位**

国家林业局调查规划设计院　国家林业局中南林业调查规划设计院　国家林业局华东林业调查规划设计院　国家林业局西北林业调查规划设计院　国家林业局驻吉林省森林资源监督专员办事处　国家林业局驻内蒙古自治区森林资源监督专员办事处

## 全国森林资源管理先进个人

**北京市**

王博兰　丁玉贵　张小龙　王美凤　高奇福

**天津市**

吴广宏　张金平　王乐民

**河北省**

李福江　王万珍　陈书兴　韩国义　王占华
王　栋

**山西省**

宋满福　唐兴平　闫宝荣　宁星龙　张林涛
赵汉儒　弓国庆

**内蒙古自治区**

王长洪　张秀莲　王召宽　纪仁生　范金阜
安庆丰　刘　枫　赵满仓

**辽宁省**

冯继红　周立城　纪明臻　袁明清　白元生
邹丽坤　田德启

**吉林省**

初功名　曲德彦　郑承友　慕　民　苏文宏
赵连祥　冯贵生　邓国祥　王艳萍

**黑龙江省**

辛万金　曹树铭　赵寅春　姜　峰　李继清
姜　岛　丁学聪　张国祥　满东斌

**上海市**

王杏林　周林才

**江苏省**

王春生　沈钟湘　陈　强　王国洪　曹立银
李　尧

**浙江省**

陈勤娟　任　斐　陈　高　周华荣　程水根
梁寒生　宋光裕

**安徽省**

孙承源　郝锡鸣　解厚忠　孙堂业　何文亚
曾　林　程三明　黄政清

**福建省**

陈则生　林亚地　郭建全　简德胜　吴振熙
李世清　张志雄　罗沛韬　陈茂德　毛起钗

**江西省**

罗职全　黄弼国　施雨晨　林毓资　周保华
吴平发　黎思耀　杨明亮

**山东省**

王跃东　刘宪存　李华润　江　敏　张传喜
申学勤　梁子山

**河南省**

卓山成　李国俊　徐银顶　段绍光　齐满常
刘东亮　孔繁济　宋全义

**湖北省**

黄炳炎　蔡忠玉　谢　勇　王致锋　易能干
陈　勇　望运喜　周长柱

**湖南省**

李　晖　谢正富　黄树森　陈福玉　欧成喜
江方明　邹玉湘

**广东省**

颜文希　黄　平　林峻钦　林海广　陈耀锦
谢季元　孙广丰

**广西壮族自治区**

朱锦忠　冼光刚　罗关荣　李友彦　李新华
吕郁彪　李怡毅

**海南省**

黄泽斌　符元生　吴挺介　王利堂　王　波

**重庆市**

刘跃和　李　毅　晏文剑　刁永华　李　明
周康云

**四川省**

龚智强　闵俊贤　黄　跃　仁开全　刘　波
王睦弟　罗家泽　谢彰元　邓祖元

**贵州省**

万君益　唐继方　金贵榕　潘盛雄　张隆胜
陈正松　侯勇军

**云南省**

陈永贵　曹善寿　王绍彬　史增国　徐品坤

谢华林　陈良才　苏琨波　李东吉

**西藏自治区**

任青次任　普琼　拉巴觉典　索朗平措

**陕西省**

陈东升　李奉斌　刘戈飞　侯景荣　谢志胜

刘协帮

**甘肃省**

谈克平　相　旭　王宏林　周维林　明海国

裴　雯

**青海省**

蒋明宽　沈文录　木　哈　赵金德　汪　荣

**宁夏回族自治区**

马学军　李秋梅　刘伟泽　王有德　候克仁

**新疆维吾尔自治区**

邵立山　王俊　周方其　贺泽尔汗　田国柱

**新疆生产建设兵团**

李保国　李书长　徐德明　王　玺

**吉林森工集团**

王建升　方立军　刘振国　王延岩　王启顺

**内蒙古森工集团**

李凤光　马俊芳　周文恒　朱兴国　宁　福

曹文俭　孙桂梅

**黑龙江省森工总局**

孙天绎　那常富　吴永民　付　鹏　宁　波

吴德理　赵德君　周国兰　殷　才

**大兴安岭林业集团公司**

王森业　周光达　王　玲　郎广林　孙志彬

苏位和

**国家林业局**

魏建祥　唐小平　包拓华　黄金玲　傅宾领

陈金海　郭天相　胡冰花　林清增　李百航

田　键　黄庆昌　隋景海　程焕章　金永洪

李国臣　周华永　凌　鹤　孟宪宇　方　伟

（邹连顺）

**【全国森林资源和林政管理工作会议】**　经国家林业局党组批准，2000年全国森林资源和林政管理工作会议，于3月15～18日在福州召开。会议的主要任务是分析森林资源林政管理工作面临的形势和任务；认真落实2000年全国林业厅局长会议精神，贯彻《森林法实施条例》；部署2000年及今后一段时期内的森林资源林政管理工作。参加会议的人员有各省、自治区、直辖市林业厅（局）主管厅（局）长，森林资源林政处处长，驻有关省（区）森林资源监督办的专员，局直属调查规划设计院的院长，森林资源林政管理示范县（市）的主管县（市）长和林业局局长，重点国有林区部分调查规划设计院院长、森工企业局资源科长、伐区设计队队长等，部分木材检查站站长。中央有关部（委）也派人参加了会议。

会议开幕时，国家林业局王志宝局长写来了书面讲话，对全国森林资源林政管理工作作出重要的指示，提出了明确的要求。马福副局长作了题为《抓住机遇，迎接挑战，依法行政，全面开创新世纪森林资源林政管理工作新局面》的主题报告。马福副局长指出，保护和发展森林资源是林业工作的核心，是林业建设的出发点和落脚点。新时期林业工作的基本思路就是在保护和发展森林资源的基础上，充分发挥森林资源以生态为主的多种效益。改革开放以来，在各级党委、政府的重视和领导下，我国的森林资源林政管理工作得到了切实加强，正在向着规范化、制度化和法制化的轨道迈进。但是，应该清醒地看到，我国森林资源的增长速度和结构、质量与改善生态环境、促进经济社会可持续发展的要求还相差甚远。森林资源总量不足与破坏严重、增长缓慢的矛盾十分突出。超限额采伐、毁林开垦和乱占林地等破坏森林资源行为屡禁不止，仍然是当前森林资源保护管理中最严重、最突出、最尖锐的问题。他要求，各地要以贯彻《森林法实施条例》为契机，乘势而上，进一步加大工作力度，严格依法管理，全面做好森林资源林政管理各项工作。一是要切实加强林地保护管理，严厉打击各种乱占林地行为，坚决制止林地非法流失。二是要严格执行采伐限额制度，加强对采伐限额执行情况的监督检查，坚决制止乱砍滥伐和超限额采伐。三是要依法整顿木材流通秩序，强化对木材经营（加工）和木材运输的检查监督。四是要进一步加强森林资源调查和监测工作，逐步提高森林资源调查、监测的现代化水平，为林业建设和森林资源管理提供科学可靠的决策依据。五是要进一步加强森林资源监督工作，努力提高森林资源监督实效。六是要进一步推进森林资源管理体制改革，尽快理顺国有重点林区森林资源管理体制。七是要进一步稳定机构、队伍，加强基础设施建设，保证森林资源林政管理各项工作的顺利开展。八是要进一步抓好森林资源林政管理示范点的工作，真正发挥其在森林资源林政管理中的示范和带头作用。

会议期间，各省（区、市）汇报了近几年来森林资源林政管理工作的开展情况。福建、辽宁、四川省林业厅和国家林业局华东调查规划院、驻吉林省森林资源监督办，以及吉林省松江河林业局、福建省闽清县木材检查站等单位，在会上还作了典型发言，交流了经验。对国家林业局起草的《林权登记发证管理办法》、《征用占用林地审核审批管理办法》、《森林植被恢复费收取使用管理办法》、《木材运输监督检查办法》等十几个与《森林法实施条例》配套的法规、规章和政策文件，进行了认真的讨论和修改。

（袁少青）

# 森林资源监督与森林资源管理示范点

【综　述】 2000年，全体森林资源监督工作者坚持以邓小平理论为指导，紧密围绕全国林业改革与发展的大局，全面落实全国林业厅（局）长会议和森林资源林政管理工作会议精神，严格按照《森林法》和《森林法实施条例》赋予的神圣职责，针对森林资源保护、管理和发展方面存在的问题和薄弱环节，不断改进监督方法，加大监督力度，勤于探索，努力工作，为有效地保护和发展森林资源发挥了积极而重要的作用。

监督机构队伍建设得到加强

1. 驻四川省监督专员办正式成立。2000年9月，在局领导的重视、四川省的大力配合和支持下，驻四川省监督专员办正式挂牌成立。至此，按照中编办[1994] 178号文的批复，国家林业局已向全国7省（区、公司）派驻了森林资源监督机构。

2. 加强了监督队伍干部培训。为了加强监督队伍建设，提高监督干部队伍素质，2000年10月16日至11月1日，在北京举办了第三期森林资源监督干部培训班，对来自驻省（区、公司）、驻林管局、驻林业局的33名监督干部进行了系统培训。

3. 召开了机构成立10周年总结大会　2000年9月，在成都召开了森林资源监督机构成立10周年工作总结大会，马福副局长到会并作了讲话，对10年来的森林资源监督工作进行了全面总结。

加强了限额采伐制度的监督力度

1. 开展"三总量"大检查工作。2000年1～5月，驻内蒙古、吉林、黑龙江、大兴安岭、福建、云南省（区、公司）专员办集中力量，对根河林业局、泉阳林业局、绥阳林业局、西林吉林业局、华坪林业局、将乐县6个局（县）1999年度森林采伐总量、木材销售总量、木材运输总量（以下简称"三总量"）计划的执行情况进行了检查，对检查出来的问题及时要求被检单位进行了整改，对有关责任人进行了严肃处理。

2. 做好日常的监督检查。各监督专员办结合驻在地区的实际，强化事前、事中监督，强化对资源管理者和管理行为的监督，认真总结以往"三总量"检查工作经验，为督促驻在地区加大采伐限额管理力度，坚决杜绝超限额采伐，发挥了积极作用。

3. 加强了对伐区调查设计的监督。驻东北、内蒙古专员办按照国家林业局的统一要求和部署，完成对驻在地区一个林业企业局10个伐区的调查设计质量专项核查任务，对于促进驻在地区提高设计质量，取得了良好效果。

4. 加强了对木材加工厂（点）和木材市场的监督。2000年各专员办针对驻在地区在木材经营加工及市场交易中存在的突出问题以及产生问题的关键环节加大了监督力度，有效地规范了木材经营加工行为。

加强了对林地保护管理的监督　针对毁林开垦、违法乱批乱占林地以及拒不缴纳或擅自减免森林植被恢复费问题，各专员办继续贯彻落实国务院8号、9号明传电报精神，加大了对违法征占用林地、毁林开垦中的政府、部门领导行为和企业法人行为的监督力度，查处了一批违法征、占用林地案件，依法维护了森林资源所有者和使用者的合法权益，维护了林权证的法律地位。

加强了对林业重点生态建设工程的监督　各专员办认真抓好对长江上游黄河中上游地区生态工程、天然林保护工程、防沙治沙工程等重点林业建设工程的监督检查，加强对工程规划方案编制是否合理、木材停产减产是否到位等方面的监督检查。驻重点国有林区专员办还承担了部分局的造林实绩核查任务，严格按照《全国人工造林、更新实绩核查管理办法（试行）》、《全国人工造林、更新实绩核查技术规定（试行）》的要求和国家林业局的统一部署，集中力量认真组织了核查。

加强了对林政执法监督　各专员办对驻在地区的林政执法情况开展了专项监督检查，对在森林资源保护管理中有法不依、执法不严、违法不究、执法犯法的行为，会同纪检、监察等有关部门依法进行查处。配合国家林业局组织开展的三号行动，加大了林政案件查处力度，2000年全年共查处各类林政案件300多起，有效地震慑了犯罪分子，教育了群众。　（苏祖云）

**【国家林业局驻四川省森林资源监督专员办事处成立】**

按照原国家机构编制委员会《关于森林资源监督员有关问题的通知》（机编中函[1991] 30号）和中央机构编制委员会办公室《关于森林资源监督机构有关问题的批复》（中编办[1994] 178号），国家林业局驻四川省森林资源监督专员办事处于2000年9月20日正式成立。核定办事处事业编制9人，其中专员1人，副专员1人，综合处3人，林政资源处4人。

办事处的主要职责是：①监督有关森林资源和林政管理的法律、法规和政策的执行；②监督森林资源消长目标责任制的执行；③监督年森林采伐限额、木材生产计划和木材运输出省总量的编制和执行；④监督林木采伐证和木材运输证的发放与管理；⑤监督基层林业行政执法单位依法行政；⑥监督林地林权的管理；⑦监督森林资源档案管理；⑧监督森林分类经营方案的

编制与实施。（苏祖云）

**【森林资源监督工作10周年回顾】** 2000年，是资源监督机构成立10周年。自森林资源监督机构成立以来，森林资源监督事业不断发展，各监督专员办积极探索，努力开拓，紧紧围绕国家林业改革与建设的总体目标，针对森林资源保护管理的薄弱环节，以监督检查“三总量”为主线，对驻在地区森林资源保护管理的各项工作实施了全面监督，为促进国家有关森林资源保护管理法律法规的贯彻执行，规范森林经营管理行为，强化森林资源保护管理，有效遏制超限额采伐和乱占滥用林地发挥了重要作用。

*森林资源监督机构建设不断加强* 截至2000年年底，国家林业局已向全国7个省（区、集团公司）派驻了森林资源监督机构，全国已有森林资源监督专职人员2 300余人，其中驻省、自治区、林业集团公司森林资源监督机构125人，省、自治区、林业集团公司主管部门派驻森工企业局森林资源监督人员609人，森工企业局派驻林场资源监督人员1 587人，初步建立起了一支森林资源监督队伍和监督网络。

*森林资源监督工作卓有成效* 森林资源监督机构自成立以来，各专员办紧紧围绕国家林业建设的大政方针，紧密结合森林资源保护管理工作目标，把遏制超限额采伐、毁林开垦和乱占林地作为监督工作的重点，依照国家有关法律、法规，对驻在地区的森林资源保护管理实施了全面监督。通过10年的努力，森林资源监督机构对抑制森林资源过量消耗，促进各级林业主管部门加强管理，维护林区稳定发挥了重大作用。

1. 通过不断开展“三总量”大检查，对驻在地区森林采伐限额执行情况实施了有力的监督。实践证明，开展“三总量”检查，是森林资源监督工作的重要内容与有效形式。从1991年开始，各专员办就年年组织对驻在地区上一年度“三总量”执行情况进行检查，国家林业局监督办根据检查结果，每年发检查情况通报，并督促有关资源管理部门采取有效措施进行严肃处理，对促进驻在单位严格执行采伐限额制度，提高“三总量”管理水平，加强资源林政管理工作起到了积极作用。各专员办在开展“三总量”检查过程中，边检查、边总结、边摸索，在检查方法、检查实效等方面都有了改进和提高。从检查范围看，从1996年起，抽查、检查的面逐步得到拓宽。去年，派驻六省（区）、公司监督专员办对49个森工企业局和12个县（市）1999年度“三总量”计划执行过程中的情况进行了日常监督检查，并结合驻在地区的实际，对木材运输和经营加工环节进行了重点检查。2000年，各专员办在加强日常监督的基础上，抽查“三总量”的林业局（县）由以前的1个局（县）增加到2个。从检查方法上看，由过去单纯的事后监督检查，改为对本年度计划执行情况的全过程监督。在日常监督工作中，突出了事前监督和事中监督，加强了对管理者和管理行为的监督，做到及时发现问题，及时进行纠正。据统计，1991年至1999森林资源监督机构共对101个林业局（县）进行了“三总量”检查，共查出超计划采伐木材120多万立方米。

2. 加强了对林地管理的监督。各监督专员办一直把对林地保护管理的监督作为监督工作的重点来抓，特别是国务院8号、9号明传《通知》发布之后，依法对驻在地区有关林地管理文件的清理和林地清查、冻结征占用林地、退耕还林等项工作的开展情况进行了监督检查。根据国家林业局的统一要求和部署，驻内蒙古、黑龙江、吉林、云南、福建等专员办还针对当地违法征占用林地问题比较突出的情况，督促、配合当地政府及资源管理部门进行了专项治理整顿，对相关案件进行了查处，推动了国务院明传《通知》的贯彻落实，促进了林地管理。

3. 积极开展了对国家重点林业生态建设工程实施情况的监督。为了吸取历史教训，大力改善生态环境，实现生态与经济协调发展，国家林业局组织实施了一些大型生态建设工程。各专员办结合驻在地区实际，为推动工程顺利实施，一是做到了在驻在地区，用各种途径和方式，加强对工程建设的宣传，提高林区干部群众对实施工程重大意义的认识；二是围绕工程调查规划是否科学合理、停产减产和管护是否到位、工程资金使用和管理是否符合有关规定等问题，普遍组织了专项检查，并结合造林实绩核查对生态公益林的营林质量及管理情况进行了监督检查，及时督促当地主管部门纠正了工程规划和实施中的问题，收到了良好的效果。

4. 加大对林政执法的监督力度。各监督专员办围绕当前资源林政管理中的突出问题，加大了对各种破坏森林资源的违法案件的督办和查处工作。无论是国家林业局交办的案件，还是群众举报的案件，都力求做到认真查处，件件有答复。据统计，10年来，驻六省（区、集团公司）监督专员办共办理林政案件 近千起。黑龙江孙吴县、萝北县及双鸭山林业局等几起超限额采伐、毁林开荒重大案件，通过专员办的调查和督办，使有关领导和责任人受到了严肃处理。又如驻内蒙古专员办针对大杨树地区乱砍滥伐、毁林开荒严重，违法犯罪活动气焰嚣张的情况，与当地政府和林业主管部门联合，开展了专项打击斗争，已查处毁林开荒、侵占林地案件13起，移送司法机关5起，处理犯罪人员22人，严厉打击了破坏森林资源的违法犯罪活动，刹住了毁林开荒、乱占林地的歪风。内蒙古专员办还坚持实行由森林资源管理、森林资源监督、森林公安、纪检监察等部门参加的森林案件联合督查制度，督办了几起大案，对破坏森林资源的违法犯罪活动起到了很大的震慑作用。1996年驻内蒙古专员办对博克图地区木材流通秩序检查，查处森林案件17起，收缴森林资源补偿费19余万元，收缴木材10 000立方米，折款30余万元，挽回经济损失40余万元。

5. 认真完成国家林业局交办的各项专项检查、核查任务。随着森林资源管理工作的不断加强，按照国家林业局的统一安排，有关专员办承担了驻在地区专项调查、核查任务，比如森林采伐限额制度执行情况核查、造林实绩核查和保存状况调查、征占用林地调查、伐区设计调查等。各专员办进行了认真组织安排，不仅按时完成了任务，而且结合监督工作，发现和纠正了存在的一些问题，收到了较好的效果。

*存在问题*

1. 森林资源监督机构管理体制不顺。目前，森林资源监督机构是国家、省（自治区、公司）森工主管部门和森工企业逐级“分段”向下派驻，没有形成真正的垂直管理体系。驻森工企业局的森林资源监督机构，容易受地方政府和驻在单位的干预，难以形成对森林资源公正的监督。

2. 存在一些困难没有得到妥善解决。森林资源监督机构的事业经费不足，除财政部拨给的经费外，还有一半需要由驻在单位提供。另外，专员办离退休费、专项检查工作经费、办公设备购置维护费等维持正常运转的经费，每年缺口也很大。森林资源监督机构的事业经费不解决好，必然会影响监督职能的有效发挥。

3. 监督手段有待进一步提高。随着资源监督工作的不断加强，监督手段的进一步提高也迫在眉睫。应用先进科技手段提高工作效率，不断提高业务人员的综合素质，以及驻在地区森林资源的各类基础数据及其动态变化情况的随时掌握等都需要亟待解决。

（*苏祖云*）

**【第五次全国森林资源清查（1994～1998）】** 对30个省（区、市）进行了清查，共调查27万多个样地，有2万余人参加了清查工作。

本次森林资源清查成果的内业统计分析采用全国统一的数据库格式、统一的统计计算程序，并严格按照规定的程序，对产出的成果进行了认真核实。各主要调查项目均达到预定精度，保证了清查成果的客观性、连续性和可比性。在全国森林资源统计分析中，新疆、甘肃、青海、四川等省（区）样地未覆盖的少林地区的森林资源数据采用了统计数据。西藏我国实际控制线内部分采用数学模型更新数据，实际控制线外部分仍沿用1977年公布的数据；台湾省采用1993年完成的台湾第三次森林资源及土地利用调查数据；香港特别行政区和澳门特别行政区数据暂缺。

为加强对森林资源的保护管理，从我国实际出发，原林业部在广泛征求意见和科学论证的基础上，对森林资源连续清查部分技术标准作了修订，并修订颁布了《国家森林资源清查主要技术规定》(1994)。修订后的技术规定与第四次全国森林资源清查相比，技术标准变化主要有：

1. 森林郁闭度标准由郁闭度0.3（不含0.3）改为0.20以上（含0.20），2000年1月颁布的《森林法实施条例》对这一标准予以确认。

2. 按保存株数判定为人工林的标准，由每公顷保存株数大于或等于造林设计株数的85%改为80%。

3. 判定为未成林造林地的标准，由每公顷保存株数大于或等于造林设计株数的41%改为80%。

4. 灌木林地的覆盖度标准由大于40%改为大于30%（含30%）。

除技术标准有所变化外，第五次清查还科学、合理地规范了各省（区、市）地面样地的数量；增加了统计成果产出的信息量；逐步引入了遥感、地理信息系统、全球定位技术等高新技术，为进一步满足国家宏观决策的需求，全面提高调查工作的效率和调查成果的精度奠定了基础。

国家林业局科学技术委员会邀请了全国28位有关方面的专家、学者对本次清查成果进行了审定。经认真、严格的分析、论证，专家们对清查成果给予了充分的肯定，一致认为本次清查技术方法正确，信息量丰富，清查成果客观反映了我国森林资源状况和消长变化情况，为正确制定和调整林业发展的方针、政策提供了科学依据。

根据本次清查结果，全国森林资源现状是：林业用地面积26 329.5万公顷，森林面积15 894.1万公顷，全国森林覆盖率为16.55%；活立木总蓄积量124.9亿立方米，森林蓄积量112.7亿立方米。除台湾省外，全国人工林面积4 666.7万公顷，人工林蓄积10.1亿立方米。我国人工林面积居世界首位。

清查结果表明，森林面积、蓄积继续保持双增长：①森林面积持续增长。两次清查间隔期内(以下简称间隔期内)，森林面积净增1 370.3万公顷，年均增长273.4万公顷；森林覆盖率由前期的15.12%（按原森林标准是13.92%），增加到本期的16.55%，净增了1.43个百分点。间隔期内，全国人工林面积净增1 025.2万公顷，年均增长205.0万公顷，全国人工林面积净增量占森林面积净增量的74.8%。其中人工经济林面积净增量为430.6万公顷，占人工林面积净增量近一半。

②活立木总蓄积量和森林蓄积量持续增长。间隔期内，全国活立木总蓄积量净增5.4亿立方米，森林蓄积量净增6.0亿立方米，用材林蓄积净增2.4亿立方米，继续保持增长势头。间隔期内林木年均净生长量为45 752.5万立方米，年均净消耗量为37 075.2万立方米，林木蓄积生长量继续大于消耗量。

**全国森林资源状况表（1994～1998）** 单位：百公顷、百立方米

| 地区 | 活立木总蓄积 | 森林 | | 森林覆盖率 |
|---|---|---|---|---|
| | | 面积 | 蓄积 | （%） |
| **全国总计** | **124 878 639** | **1 589 409** | **112 665 914** | **16.55** |
| 北京 | 111 525 | 3 374 | 68 582 | 18.93 |
| 天津 | 25 046 | 858 | 16 025 | 7.47 |
| 河北 | 785 682 | 33 613 | 594 819 | 18.08 |
| 山西 | 800 904 | 18 358 | 564 397 | 11.72 |
| 内蒙古 | 11 685 943 | 147 485 | 9 816 348 | 12.73 |
| 辽宁 | 1 736 263 | 45 105 | 1 613 690 | 30.95 |
| 吉林 | 8 275 339 | 70 698 | 7 865 681 | 37.43 |
| 黑龙江 | 15 661 558 | 176 031 | 14 106 930 | 38.72 |
| 上海 | 13 367 | 218 | 2 393 | 3.66 |
| 江苏 | 363 357 | 4 624 | 86 577 | 4.51 |
| 浙江 | 1 266 040 | 51 718 | 1 112 200 | 50.80 |
| 安徽 | 1 044 114 | 31 705 | 829 577 | 22.95 |
| 福建 | 4 176 362 | 73 537 | 3 649 099 | 60.52 |
| 江西 | 2 769 569 | 88 978 | 2 230 838 | 53.37 |
| 山东 | 602 219 | 19 152 | 148 099 | 12.58 |
| 河南 | 1 316 755 | 20 901 | 525 850 | 12.52 |
| 湖北 | 1 475 904 | 48 284 | 1 322 382 | 25.98 |
| 湖南 | 2 314 709 | 82 397 | 1 989 046 | 38.90 |
| 广东 | 2 132 515 | 81 502 | 1 972 670 | 45.81 |
| 广西 | 3 102 739 | 81 666 | 2 760 002 | 34.37 |
| 海南 | 728 149 | 13 493 | 661 303 | 39.56 |
| 四川 | 15 452 065 | 133 015 | 14 462 165 | 23.50 |
| 贵州 | 1 702 235 | 36 731 | 1 405 018 | 20.81 |
| 云南 | 14 239 106 | 128 732 | 12 836 494 | 33.64 |
| 西藏 | 20 906 372 | 72 877 | 20 761 142 | 5.93 |
| 陕西 | 3 340 795 | 59 203 | 3 026 574 | 28.74 |
| 甘肃 | 1 922 452 | 21 741 | 1 720 176 | 4.83 |
| 青海 | 372 846 | 3 088 | 327 036 | 0.43 |
| 宁夏 | 67 417 | 1 464 | 58 526 | 2.20 |
| 新疆 | 2 899 852 | 17 837 | 2 540 195 | 1.08 |
| 台湾 | 3 587 440 | 21 024 | 3 582 090 | 58.79 |

（陈雪峰　张　敏）

**【全国森林资源连续清查数据库系统通过论证并使用】**

全国森林资源连续清查数据库系统是在联合国援助项目CPR/91/151成果基础上，依据《国家森林资源连续清查主要技术规定》及其《补充规定》，以Oracle数据库系统为基础开发的全国森林资源连续清查统计软件。该项目由国家林业局华东林业调查规划设计院承担，于1997年10月开始启动，1998年5月开始在局直属院进行试运行。1999年9月召开了全国森林资源连续清查数据库系统技术研讨会。会后华东院对系统进行了充分的完善，重点解决生长消耗计算方法问题。同时，各直属院组织技术人员利用1999年连清复查省数据进行双轨运行测试，严格对照新旧程序结果，细致分析成果的差异与原因，形成新旧程序成果测试报告，其结果表明：新程序结果符合实际，结果准确、可靠，基本可以投入使用。

为此，国家林业局资源司组织了有关森林经理、信

息管理、资源管理等方面的专家10余人，召开了全国森林资源连续清查数据库系统论证会。与会专家认真听取了系统的研制报告、测试报告及各项专题报告，经质疑、答辩，充分讨论，认为：①该系统是在认真分析、继承我国20多年森林资源连续清查技术基础上，运用新技术开发研制的成果，总体技术达到国内领先地位，较大地促进我国森林资源连续清查体系及其产出的科学化、规范化、标准化；②该系统设计思路明确，数据校验手段、逻辑检查、通用数据库功能强大，创造性地开发了智能化模拟技术，提高了成果的完备性和资源动态估计的准确性；③该系统界面友好，融合了遥感和GIS技术，增加了湿地、荒漠化、沙化土地等内容；④系统经试用、测试，结果稳定，数据正确，系统运行可靠，达到了既定目标，可投入使用。

（陈雪峰　张　敏）

**【2000年全国森林资源连续清查前期工作会议】**　为了切实做好2000年连清复查工作，国家林业局资源司于2000年1月16、17日在山西召开了2000年复查省连续清查前期工作会议。会议听取了各省（区、公司）关于连清准备工作的汇报，研究完善了各省复查方案，布置了复查工作。同时，广泛交流了清查工作经验，查摆存在的问题，研究了解决办法，会议要求：①需要改进抽样体系的省（区、公司）要严格做到全覆盖，不重不漏，统一合理布设样地，同时做好新旧体系的衔接工作；②各省（区）必须严格按《规定》的要求执行，把遥感应用、荒漠化、沙化土地、湿地监测作为复查内容，纳入复查方案、技术细则中；③要不断采用新技术，提高和完善“连清”体系，努力作好遥感RS、GIS、GPS技术和连续清查技术的结合；④要建立连清质量追溯制度，切实加强质量管理；⑤充实完善了连清具体操作技术，并形成规范性规定，如“四旁”树、单位面积株数标准确定林分问题、地类变化原因调查问题以及林种划分与分类经营结合问题等等。

（陈雪峰　张　敏）

**【1999年度全国人工造林、更新实绩核查和1996年度全国人工造林、更新保存状况调查】**

造林、更新实绩核查　2000年，国家林业局继续组织对全国各省、自治区、直辖市（不含西藏，简称省份，下同）及东北、内蒙古国有森工企业1999年度的人工造林、更新实绩进行了核查。本次核查共抽查了231个县（局）的701个乡（林场），10 503个小班（地块），核查总面积77 895公顷。核查主要结果为：

1.1999年度全国人工造林、更新实绩。①1999年度全国人工造林、更新上报面积的核实率为92.9%，比1998年度提高了3.2个百分点。其中人工造林的核实率为92.4%，人工更新的核实率为95.0%，与1998年度相比，分别提高了2.7个百分点和4.9个百分点。与1998年度相比，人工造林、更新核实率上升的有20个省份，下降的有6个省份。②核实面积合格率。1999年度全国人工造林、更新核实面积的合格率为84.0%，比1998年度下降了2.1个百分点。其中人工造林核实面积的合格率为83.6%，比1998年度下降了1.2个百分点；人工更新核实面积的合格率为86.1%，比1998年度下降了7.2个百分点。与1998年度相比，全国人工造林、更新合格率有15个省份上升，10个省份下降。③人工造林、更新管理工作开展情况。1999年度全国人工造林、更新的作业设计率为75.4%、检查验收率为87.4%、新造林地抚育率为74.8%、管护率为92.9%、建档率为81.8%。与1998年度相比，各项管理指标均有不同程度的提高。④人工造林、更新合格面积。1999年度全国上报完成的人工造林、更新总面积为486.7万公顷，根据对各省份的测算结果统计，全国人工造林更新合格面积为380.8万公顷，比1998年度的354万公顷增加了26.9万公顷。

2.对各省份人工造林、更新的综合评价。按核实率、合格率和作业设计率、抚育率、检查验收率、管护率、建档率等指标对各省份进行综合评价，成绩较好的省份依次为湖南、重庆和福建，成绩较差的省份依次为辽宁、河南和山西。其中湖南连续3年保持领先地位。从单项指标看，人工造林、更新核实率较高的省份是北京和福建，核实率为100%，特别是福建和湖南两省，核实率连续多年保持在100%或近于100%的较高水平上；核实率较低的省份依次是河南、上海、山西和贵州，分别为63.0%、77.9%、88.3%和88.8%。人工造林、更新核实面积的合格率达到100%的有湖南、重庆和福建，特别是福建连续6年合格率为100%，湖南也多年保持较高的合格率水平。合格率较低的省份依次为辽宁、内蒙古森工和吉林，分别为39.9%、53.2%、54.6%。

3.其他统计结果。①按林种统计。1999年度全国人工造林、更新面积中，各林种所占比例依次为：经济林39.3%、防护林36.6%、用材林22.3%、特用林1.4%、薪炭林0.4%。各林种的合格率为用材林80.4%、防护林78.4%、薪炭林69.2%、经济林91.3%、特用林86.5%。经济林比重偏大，是近年来我国造林的显著特点。②按权属统计结果。1999年全国人工造林、更新面积中，各权属所占比例依次为：集体49.4%、个人34.6%、国有15.1%、合作0.9%。各权属人工造林、更新的合格率依次为：合作97.4%、个人88.6%、国有84.5%、集体80.4%。③新造林的混交情况。新造林中，混交林的比例为18.9%，比1998年度的10.0%增长了8.9个百分点。④造林前地类情况。全国人工造林、更新前地类所占的比例分别为：林业用地66.7%，非林业用地33.3%。在林业用地中，有林地5.9%、疏林地3.2%、宜林荒山荒地44.1%、迹地10.6%、灌木林地及其他林业用地2.9%；在非林业用地中，农地28.9%、牧地1.0%，其他非林地3.4%。从各林种造林更新前地类所占比例看，用材林大多为宜林荒山荒地造林和迹地更新，占 52.8%；防护林主要为宜林荒山荒地造林，占 72.6%；经济林主要为农地造林，占 54.6%。⑤各项工程造林、更新的核查情况。1999 年度全国各项工程造林、更新面积综合核实率为 97.0%、合格率为 86.9%。与一般造林相比，各项工程造林的作业设计率、检查验收率、档案建立率和管护率都相对较高；各项工程项目新造混交林比例为 21.4%；工程项目造林中经济林比例为 31.6%。⑥非林业用地造林管理情况。1999 年度非林业用地造林面积占总核实面积的 33.3%。在非林业用地造林面积中，由林业部门管理的占 53.5%，其中发林权证的占 5.5%；由非林业部门管理的占 46.5%。7、人工造林、更新失败原因。1999 年度全国人工造林、更新失败面积所占比例为 5.2%，失败原因主要为：自然灾害占总失败面积的 67.1%、苗木质量占 7.2%、人畜破坏占 5.3%、造林技术占 2.1%。

*保存状况调查* 2000 年，国家林业局继续组织对全国（不含上海、天津、西藏，下同）1996 年度的人工造林、更新保存状况进行了调查，调查的主要对象为 1996 年度人工造林、更新实绩核查的合格小班（地块）。共调查了 125 个县的 7 312 个小班，调查总面积 40 771 公顷。主要调查结果为：

1. 保存率。1996 年度全国人工造林、更新保存率为 82.8%，与 1995 年相比，下降了 1.6 个百分点。其中，人工造林的保存率为 81.3%，与 1995 年度相比，下降了 1.7 个百分点，人工更新的保存率为 90.8%，与 1995 年度相比，下降了 4.8 个百分点。与 1995 年度相比，人工造林、更新保存率上升的有 15 个省份，下降的有 13 个省份。

2. 分项目统计结果。①按权属统计。保存率依次为合作 100%、国有 86.7%、集体 83.4%、个人 79%。②按林种统计。保存率依次为竹林 97.3%、特用林 96.2%、用材林 90.9%、经济林 82.4%、防护林 72.6%、薪炭林 66.8%。③按工程项目统计。保存率依次为长防工程 92.2%、世行速丰林 94.9%、三北工程 69.3%、太行工程 90.4%、沿海工程 90.9%。④按基础工作开展情况统计。1996 年度全国人工造林、更新原合格面积的管护率为 79.3%，建档率为 72.7%。调查结果表明，对未成林造林地进行管护的地块保存率高达 91.3%，比没进行管护地块高出 60.3 个百分点，建立造林档案地块的保存率高达 86.7%，比没有档案的地块高 20.1 个百分点，说明加强新造林地管理、完善基础工作对造林绿化成效的巩固影响较大。⑤原合格面积损失后地类情况。损失面积占原合格面积的比例为 1.4%。在损失面积中，损失后变为农地的占 78.2%，变为牧地的占 2.4%，变为建设用地的占 5.6%，变为其他非林地的占 13.8%。

3. 保存面积的测算。1996 年度全国人工造林、更新合格面积为 421 万公顷，根据对各省的测算结果统计，保存面积为 3 475.5 万公顷。

4. 综合评分。按保存率和综合管理情况对各省份进行综合评分，成绩较好的的依次为海南、浙江和湖南，成绩较差省份依次为陕西、辽宁和内蒙古。

（闫宏伟）

# 林业公安、检察、法院工作

## 林业公安工作

**【森林公安机构、人员】** 2000年，全国森林公安机构有了新的发展。

*机构* 森林公安机构比1999年增加了0.86%。

*人员* 2000年，全国森林公安民警实有数比1999年增加2.8%，年内共增加民警1 491人。在民警总数中，女民警占6.3%，比1999年增加0.2%；党团员民警占56.1%；大专以上文化程度民警占31.96%，比1999年增加14.4%；高中、中专文化程度民警占60.2%，比1999年减少0.18%；初中以下文化程度民警占7.9%，比1999年减少13.1%；年龄在30岁以下的民警占总数27.3%，比1999年减少0.67%，31～50岁的民警占总数67.75%，比1999年增加3.7%；51岁以上民警占总数5.9%，比1999年增加9.4%。

（冯晓东）

**【南方二号行动】** 针对南方部分省（区）破坏野生动物资源违法犯罪活动十分猖獗的严峻形势，经国家林业局党组批准，由国家林业局森林公安局牵头，保护司、濒管中心、宣传办参加，于2000年1月15～29日，在云南、广东、广西、福建四省（区）组织开展了严厉打击破坏野生动物资源违法犯罪的专项斗争，即南方二号行动。行动期间，四省（区）共出动森林公安民警51 664人次，破获刑事案件264起，其中特大案件106起，治安案件64起，林业行政案件2 344起，清理非法市场8 370个，抓获违法犯罪人员2 705人，收缴野生动物40 748只（其中国家重点保护野生动物16 157只）、野生动物产品28 316千克、野生动物皮1 652张、枪支42支、猎具6 025件。这次行动是继可可西里一号行动之后，又一次跨省（区）、大规模的集中打击破坏野生动物资源违法犯罪统一行动。这次行动得到了国际、国内的广泛关注，向世界展示了中国政府依法保护野生动物资源、履行国际公约的决心和能力。3月22日，国家林业局召开了南方二号行动表彰大会，对在行动中作出突出贡献的先进单位进行了表彰。国家林业局森林公安局授予云南森林公安局等9个单位集体二等功一次，福建省莆田市森林公安局等11个单位集体三等功一次，马胜等4人荣获个人一等功一次，史英平等14人荣获个人二等功一次，万思寿等9人荣获个人三等功一次。

（范鲁安）

**【全国森林及野生动物案件分析】** 2000年度，全国森林公安机关共受理森林和野生动物案件151 632起，比1999年上升9.58%。其中：刑事案件9 447起，上升31.7%；治安案件15 820起，上升14.55%；林业行政案件126 365起，上升7.65%。共查处各类森林和野生动物案件149 672起，综合查处率为98.71%。其中：破刑事案件8 840起；查处治安案件15 600起；处理林业行政案件125 232起。共打击处理各类违法犯罪人员224 621人次，其中：逮捕5 892人，劳动教养525人，治安拘留6 856人，警告5 871人，治安罚款14 061人，林业行政罚款152 246人。破获犯罪集团515个，抓获作案人员2 230人。全部案件毁坏林地70 838公顷。造成直接经济损失2.3亿元，其中：损失木材128.55万立方米；毁坏幼树3 069.99万株；损失野生动物340 139只（头）。造成执法护林人员亡1人、伤76人。办案为国家挽回经济损失3.39亿元。

*森林案件* 2000年度全国森林公安机关共受理各类森林案件141 116起，比1999年度上升6.36%。其中：森林刑事案件8 832起，上升31.6%；治安案件15 115起，上升12.68%；林业行政案件117 169起，上升4.1%。

在森林刑事案件中，立重大案件1 747起，破1 646起，破案率为94.22%，立案比1999年上升32.65%；立特别重大案件285起，破262起，破案率为91.93%，立案比1999年上升13.1%。

全部案件毁坏林地70 838公顷，造成直接经济损失2.18亿元，其中：损失林木128.55万立方米；毁坏幼树3 069.99万株。造成执法护林人员亡1人、伤76人。

全国森林公安机关共查处森林案件 139 316 起，综合查处率为 98.72%。其中：破森林刑事案件 8 257 起，破案率为 93.49%；查处治安案件 14 901 起，查处率为 98.58%；处理林业行政案件 116 158 起，处理率为 99.14%。共打击处理各类违法犯罪人员 185 782 人次，其中：逮捕 5 589 人，劳动教养 462 人，治安拘留 6 661 人，警告 4 769 人，治安罚款 13 308 人，林业行政罚款 118 424 人。破获犯罪集团 434 个，抓获作案人员 1 887 人。

办案为国家挽回经济损失 2.44 亿元。其中：收缴木材 428 956 立方米。

*野生动物案件* 2000 年度全国森林公安机关共受理各类野生动物案件 10 516 起，比 1999 年度上升 84.69%。其中：立刑事案件 615 起，上升 33.12%，立重大案件 204 起，破 187 起，破案率为 91.67%，立案上升 37.84%；立特别重大案件 212 起，破 202 起，破案率为 95.28%，立案上升 69.6%；受理治安案件 705 起，上升 77.58%；受理林业行政案件 9 196 起，上升 90.2%。

全部案件造成直接经济损失 1 196.09 万元。损失野生动物 340 139 只（头），其中：国家一级保护野生动物 3 657 只（头），国家二级保护野生动物 21 405 只（头）。

全国森林公安机关共查处野生动物案件 10 356 起，综合查处率为 98.48%。其中：破刑事案件 583 起，破案率为 94.8%；查处治安案件 699 起，查处率为 99.15%；处理林业行政案件 9 074 起，处理率为 98.67%。共打击处理违法犯罪人员 38 839 人次，其中：逮捕 303 人，劳动教养 63 人，治安拘留 195 人，警告 1 102 人，治安罚款 753 人，林业行政罚款 33 822 人。破获野生动物犯罪集团 81 个，抓获作案人员 343 人。

为国家挽回经济损失 9 480.29 万元。收缴野生动物 845 864 只（头），其中：国家一级保护野生动物5 627 只（头），国家二级保护野生动物 21 405 只（头）。收缴野生动物皮 26 491 张，猎具 10 252 件，车辆 70 辆，枪支 416 支，其中：军用枪 12 支。 （关旭庆）

**【林区治安形势分析】**

1. 案件总数上升，重特大案件突出，造成的损失增加，形势严峻。2000 年，全国森林公安机关共受理森林和野生动物案件 151 632 起，同比上升 9.58%。森林重大、特大案件上升 32.65%和 13.1%。野生动物重大、特大案件上升 37.84%和 69.6%。由于重大、特大案件增加，所造成的损失也大幅增加。

2. 盗伐、滥伐案件依然是各类案件的重头案，对资源破坏最严重。2000 年这两类案件同比分别上升 9.99%和 5.86%。两类案件共 56 010 起，占全部案件的 35%。这两类案件主要表现为：一是一些省（区）天保工程停运停采后，一些木材经营单位和木材商贩在林区的投资未能收回，以清理困山材、积存材为幌子，盗伐、滥伐林木。二是一些省（区）由于商品材计划调低或无商品材计划，木材供需矛盾突出，乱砍滥伐不断发生。三是部分地区以林种、树种调整或以低产林改造为名，滥伐林木。四是少批多砍、不批也砍的现象大量存在。五是单位犯罪突出。六是黑龙江、吉林等大面积国有林区滥伐盗伐呈逐年增长之势，一些承包户盗伐滥伐国有林猖狂，有的盗伐团伙已带有黑社会倾向。

3. 随着形势的发展，林区治安出现了新情况和新的动向。一是一些省（区）非法炼柏油、烧木炭、掘根制盆景的活动屡禁不止，有的愈演愈烈，对资源的破坏严重。二是随着城市绿化的推进，一些单位向山区收购林木，促使一部分农民上山乱挖活立木卖苗木，导致毁林案发生。三是新疆、西藏等地地域辽阔，野生植物资源丰富，大量非法采集人员涌入，过度采集采挖使草场退化，荒漠林遭到很大的破坏。四是判卖青山、承包滥伐出现增长趋势。五是随着退耕还林和天保工程的实施，一些地方出现了盗窃哄抢苗圃苗木的违法犯罪活动。

4. 木材流通领域混乱，非法运输、收购、加工经营木材的大量存在，成为诱发盗伐滥伐的重要原因之一。云南、广东、江西、福建、辽宁等省这类案件占有较大的比例。这类违法犯罪的特点表现为：一是伪造、套用木材运输证件甲地办证、乙地装货赚地域差价，偷漏金、税、费。二是以各种手法伪装超量运输。三是利用军、警、邮车辆运输仍很突出。

5. 侵害野生动物的违法犯罪仍非常严重。2000 年森林公安机关共受理野生动物案件 10 516 起，同比上升 84.69%，有的省（区）上升 200%以上。一是非法猎杀严重。二是非法经营野生动物严重，特别是广东、广西等沿海沿边省（区）突出。三是非法加工、出售、运输野生动物禁而不止。青海可可西里森林公安机关 2000 年 12 月破获一起特大收购、运输羚羊案件，共收缴藏羚羊皮 941 张。新疆巴州森林公安机关破获一起特大收购、出售野生动物标本案，共收缴国家一、二类保护野生动物标本 50 余种，各类鸟类标本2 000种。

6. 森林火灾案件仍居高不下。2000 年的森林火灾案件在 1998、1999 年两年持续上升的基础上继续上升 10%。部分省（区）大幅度上升，刑事案件比重增大。福建省森林火灾刑事案件是 1999 年的 4.3 倍，扑火造成 14 人死亡。浙江、辽宁森林火灾案件增加一倍，所造成的损失均占全年林木损失的 80%以上。在森林火灾案件中，各地因非生产性引发的森林火灾占 60%以上。其原因，2000 年大部分省（区）出现了连续晴燥、大风、高温等不利天气，野外用火管理难度大，引起火灾案件频发。 （范鲁安）

**【最高人民法院通过审理破坏森林和野生动物资源刑**

事案件的司法解释】 2000年11月17日，最高人民法院审判委员会第1 141次会议通过了《关于审理破坏森林资源刑事案件具体应用法律若干问题的解释》和《关于审理破坏野生动物资源刑事案件具体应用法律若干问题的解释》。关于破坏森林资源刑事案件的司法解释明确了盗伐林木、滥伐林木的概念，规定了非法采伐毁坏珍贵树木罪、盗伐林木罪、滥伐林木罪、非法收购盗伐滥伐林木罪、违法发放林木采伐许可证罪、哄抢林木罪的法定情节，以及盗窃罪、伪造变造买卖国家机关公文证件罪在破坏森林资源刑事案件中的运用，规定了单位犯罪的定罪量刑标准。关于破坏野生动物资源刑事案件的司法解释，明确了珍贵濒危野生动物的范围，规定了非法猎捕杀害收购运输出售珍贵濒危野生动物及其制品罪、非法狩猎罪的法定情节，以及非法经营罪、伪造变造买卖国家机关公文证件罪在破坏野生动物资源刑事案件中的运用，也规定了单位犯罪的定罪量刑标准。两个司法解释，都明确规定了破坏森林和野生动物资源犯罪定罪量刑的具体标准，准确地阐明立法原意，对罪与非罪、此罪与彼罪的界限做出明确的规定，对于全国各级审判机关、检察机关和公安机关办理破坏森林和野生动物资源刑事案件提供明确具体的法律依据。 （范鲁安）

**【森林公安机关“三项教育”试点工作全面展开】** 根据公安部和国家林业局的统一部署，国家林业局森林公安局决定，2000～2001年在全国森林公安机关开展以“全心全意为人民服务的宗旨教育，实事求是的思想路线教育和严格、公正、文明执法的法制教育”为主要内容的“三项教育”。为了搞好“三项教育”，成立了以国家林业局副局长马福任组长，森林公安局局长肖兴威和中纪委驻国家林业局纪检组副组长、监察部驻国家林业局监察局局长刘双来任副组长的全国森林公安机关“三项教育”工作领导小组，同时专门成立了办事机构，负责日常工作。

为探索工作方法，积累实践经验，更好地推进“三项教育”工作，2000年10～12月，全国森林公安机关“三项教育”工作领导小组在湖南怀化、吉林白河、甘肃舟曲和内蒙古阿尔山森林公安机关进行“三项教育”试点工作。各试点单位对“三项教育”工作十分重视，分别成立了由主要领导任组长的“三项教育”工作领导小组，具体负责领导“三项教育”工作。同时，制定了详细周密的工作计划，并对计划的每一个环节进行层层分解，狠抓计划的落实，确保取得实效。试点单位在“三项教育”工作中注重对民警进行深入细致的思想政治工作，打消民警对“三项教育”工作的种种顾虑和误解，使民警以极大的热情投入到学习教育中去，形成了近年来少有的学习热潮。通过学习教育和查摆剖析，广大民警和领导干部认真查找了自身存在的问题和不足，落实了整改措施，并针对队伍中容易发生问题的环节和部位制定了相应的规章制度，建立了森林公安工作和队伍建设的长效管理机制。“三项教育”使广大民警提高了认识，明确了提高森林公安队伍整体素质的重要性和必要性，坚定了干好森林公安工作的信心和决心，队伍的精神面貌和工作作风有了明显改观。“三项教育”后期，各试点单位根据民警的宗旨意识、求实作风和执法水平，结合民警自身存在的具体问题，通过认真细致的民主测评和组织考核，共分离了60名民警进行素质教育培训，占全体民警总数的7.5%，同时确定了一批后进单位进行重点整治，进一步纯洁了森林公安民警队伍。实践证明，“三项教育”是新时期改进和加强森林公安机关思想政治工作，增强森林公安队伍的凝聚力和战斗力，提高队伍整体素质的一项行之有效的措施。 （郭发忠）

**【森林公安教育培训工作】** 近年来，随着森林公安保卫任务的日益艰巨繁重和森林公安队伍的不断壮大，各级森林公安机关对开展民警教育培训工作重要性的认识不断深化，教育培训工作的力度不断加强。2000年，全国参加新警初任培训的有1 895人，警衔晋升培训2 185人，专业与岗位培训有9 412人次，参加知识更新培训、实战技术训练和岗位练兵的有15 350人次。不同层次、不同类型教育培训的全面开展，有力地促进了广大民警政治业务素质和文化水平的提高。

针对近年来公安部对公安机关领导干部和民警的培训工作要求越来越严格，越来越具体，为落实公安部各项培训工作的部署，搞好森林公安机关的培训工作，结合森林公安实际，森林公安培训工作重点做了以下五方面工作。一是加强了规范化建设。下发了《进一步加强森林公安机关人民警察培训工作的通知》，进一步明确各类培训的时间、内容和方式；同时组织编制了《全国森林公安机关2001年至2005年培训规划》。对领导干部、新录用民警、在职民警、警衔晋升、学历教育和专业警种任职资格、民警计算机等培训工作做了具体安排。二是在继续做好警衔晋升培训工作的基础上，加大了对首次任职的省、地、县林业单位三级领导干部的培训力度。根据2000年省级林业机构改革领导干部变动较大的实际，在长春培训中心、南京培训中心举办了两期初任和新提拔的领导干部培训班，有近60名新任森林公安机关领导干部参加了培训。三是积极创造条件，鼓励在职民警参加学历教育。下发了《关于组织参加南京森林公安高等专科学校〈治安管理〉专业专科函授教育的通知》，转发了公安部《关于做好成人教育3+2考试改革有关工作的通知》，鼓励森林公安民警积极报考。据统计，2000年森林公安民警大专以上文化程度达到32%，比1999年增加了4个百分点。四是加快了警察院校和培训中心的建设。经教育部批准，南京警校改建为南京森林公安高等专科学校。为把学校建成集教学、科研、培训为一体的森林公安教育科研基地，国家林业局将投入2.46亿元对学校校区进行扩建；同时加强了对直属两所培训中心的领导，明确森林公安局两位局领导分别担任两所培训中心主任。目前，森林公安系统有警校、培训中心6个，教职工总数422人，其中专任教师148人。（耿淑芬）

**【立功创模】** 2000年，全国森林公安系统受到记功表彰的集体有428个，其中：记集体二等功23个，三等功153个，嘉奖236个。共青团中央、公安部授予吉林省白河森林公安局第二派出所、内蒙古大兴安岭克一河森林公安局、安徽省珙县公安局森林公安分局、浙江省诸暨市公安局林业公安科、江西省万载县公安局森林分局、江西省安福县公安局森林公安局章庄派出所6个集体为全国公安系统青年文明号荣誉称号。内蒙古大兴安岭阿尔山森林公安局森保大队、安徽省宁国市公安局胡乐森林派出所、安徽省祁门县公安局历口森林公安派出所、江西省崇仁县森林公安局许坊派出所、浙江省开化县公安局林业分局、福建省顺昌县公安局埔上森林派出所、福建省连城县公安局姑田森林派出所、吉林省红石林业公安局第一派出所、辽宁省海城市公安局林业治安派出所、新疆维吾尔自治区奇台县公安局林区派出所等10个单位荣获全国公安机关人民满意基层单位荣誉称号。全国森林公安民警受到表彰奖励2 542人，其中全国优秀人民警察30人，全国森林公安系统优秀人民警察39人，全国森林公安机关优秀人民满意民警86人。个人一等功5人，个人二等功41人，个人三等功665人，个人嘉奖1 676人。

（冯晓东）

# 政策法规与体制改革

## 林业法制建设

**【林业立法】** 2000年是林业法制建设取得丰硕成果的一年，一批新的法律法规及配套规章相断出台，“三五”普法任务圆满完成，林业执法力度继续得到加强。

1.《中华人民共和国种子法》公布施行。2000年7月8日第九届全国人大常委会第十六次会议通过了《中华人民共和国种子法》(以下简称《种子法》)，并于12月1日起施行。《种子法》对种子资源保护、品种选育与审定、种子生产、经营、使用、质量管理以及进出口等方面进行了规范。对林木种子确立了几项重大制度：一是国家依法保护种质资源，禁止采集或者采伐国家重点保护的天然种质资源。二是主要林木品种在推广应用前应当经过国家级或者省级审定，应当审定的林木品种未经审定通过的，不得作为良种经营推广。三是主要林木的商品种子生产实行许可证制度。四是采集种子时，禁止强采掠青、损坏母树，禁止在劣质林内、劣质母树上采集种子，在林木种子生产基地采集种子的，由种子生产基地的经营者组织进行。五是国务院或者省级人民政府林业主管部门建立的林木种子生产基地生产的种子，只能由国务院或者省级政府林业主管部门指定的单位有计划地统一组织收购和调剂使用，未经批准不得收购珍贵树木种子。六是国家投资或者国家投资为主的造林项目和国有林业单位造林，应当根据林业主管部门制定的计划使用良种。

2.《中华人民共和国森林法实施实例》公布施行。1月29日，国务院总理朱镕基签署第278号国务院令，公布了《中华人民共和国森林法实施条例》(以下简称《条例》)。《条例》是根据1998年修订的森林法并结合林业新形势发展的需要制定的，与1986年的森林法实施细则相比，主要在以下几个方面进行了完善和修改：

一是根据国民经济对生态环境的要求以及与国际接轨的需要，界定森林、林木、林地和森林资源，将林地定义中的郁闭度由0.3变为0.2，将森林资源，包括林地以及林区内野生的植物和动物，修改为包括森林、林木、林地以及依托森林、林木、林地生存的野生动物、植物和微生物，扩大了森林资源保护的范围。二是规定了森林、林木、林地的登记发证制度，具体包括权属证书的式样由国务院林业主管部门制定、登记发证的程序、各级林业主管部门之间核发证书上的职权划分；森林、林木和林地所有权、使用权改变的，应当依法办理变更登记手续等。三是对林种划分作出了具体规定，明确了国家防护林和特种用途林、省级防护林和特种用途林，一般防护林和特种用途林的划定及批准公布机关；省级行政区域的重点防护林和特种用途林的建设目标，即其面积不得少于本区域森林总面积的30%；改变林种的需由原批准机关同意；防护林和特种用途林的经营者，有获得森林生态效益补偿的权利等。四是通过派驻森林资源监督机构强化对重点国有林区森林资源的监管力度。五是细化了林业长远规划的制定程序、原则及其包括的内容。六是规定了征用占用林地的审批制度，用地单位必须按照法定程序向县级以上林业主管部门提出用地申请，经国务院或省级林业主管部门审核同意，并缴纳相关费用，领取使用林地审核同意书之后，再办理建设用地审批手续。七是明确森林经营单位在所经营的林地范围内修筑直接为林业生产服务的六类工程设施，需要占用林地的，由县级以上人民政府林业主管部门批准，不按征用占用林地手续办理。八是明确了国家对造林绿化实行部门和单位负责制，具体责任单位的造林绿化任务，由所在地的县级人民政府下达责任通知书；植树造林要由政府检查验收；有关部门和单位提取的绿化资金，审计机关和林业主管部门有权监督使用。九是明确了办理林木采伐许可证、木材运输证应当具备的条件。十是规定了在林区经营(含加工)木材，必须经县级以上林业主管部门批准。十一是对利用外资营造的用材林，可以在国务院批准的年森林采伐限额内，实行单列。十二是对违反条例规定的行为明确处罚措施。

3. 完成了《中华人民共和国防沙治沙法(建议

稿)》的起草工作。1999年6月，受全国人大环资委和农委的委托，国家林业局开始正式起草《防沙治沙法(建议稿)》。通过反复调查研究，多方征求专家、地方各级主管部门、科研机构的意见，总结以往治沙工作中的经验和教训，完成了建议稿的起草工作，并于2000年12月由全国人大环资委和农委提请九届全国人大常委会第二十次会议进行第一次审议。

建议稿针对导致土地沙化的主要人为因素，建立了一系列对沙化土地预防和治理的管理制度，强化对地方行政领导的防沙治沙责任，设立土地沙化监测报告制度，对防沙治沙的行为予以各种优惠和鼓励措施，对以治理开发为名，乱治理、滥开发导致土地沙化状况严重以及违反管理规定的行为予以处罚。同时，建议稿规定了各相关行政主管部门在国务院规定的职责范围内履行相应的职责。

4. 公布了与《中华人民共和国森林法》、《中华人民共和国野生动物保护法》相配套的规章。国家林业局于3月13日公布了《林业工作站管理办法》，明确了林业站的性质、管理体制，规定了林业站的十二项主要工作职责，同时对林业站的设立、管理、工作人员素质要求等问题作出了明确规定。

根据《野生动物保护法》，国家林业局于8月1日公布了《国家保护的有益的或者有重要经济、科学研究价值的陆生野生动物名录》。名录包括五个纲(兽纲、鸟纲、两栖纲、爬行纲、昆虫纲)，36目、177科、1 591种的陆生野生动物。

国家林业局于12月31日公布了《森林林木权属登记管理办法》，规范了森林、林木和林地的所有权或者使用权（简称林权）登记工作，主要内容包括：林权权利人办理登记的程序、应提交的文件材料，登记机关的审查条件、登记程序，与林权登记相配套的管理工作等等。

这些部门规章的公布施行，在保证森林法和野生动物保护法的实施过程中将发挥重要作用。

（李淑新）

**【林业执法监督】** 2000年，林业执法监督工作以规范执法行为、完善执法责任制度、促进林业依法行政为重点，各级林业行政主管部门及其执法人员执法水平不断提高，办案质量越来越好。国家林业局重新修订了林业行政处罚文书格式，各省（区、市）林业行政主管部门对林业行政处罚文书统一印制、统一编号，指定专人负责，加强了处罚文书的管理。

北京市林业局为了严格规范执法行为，克服和防止执法的随意性，把执法活动置于群众监督之下，在林政处、公安处、保护处、林保站、野保站、种苗站和政法处六个执法部门和一个法制机构实行了政务公开办事制度，公示了执法种类、执法权限、执法程序等内容。

湖南省林业厅制定了《林业行政执法过错责任追究暂行办法》，明确规定了执法人员因执法过错所应承担责任的范围和追究过错责任的种类和程序，其中，执法人员如果受到记大过以上处分的，必须调离行政执法岗位，对增强执法人员的责任心，促进执法人员依法履行职责，保护当事人的合法权益，起到了积极的作用。

江西省加强了对林业行政执法的统一领导，要求县级以上林业行政主管部门成立行政执法领导小组，协调各执法单位的执法关系，决定执法单位联合办案，集体研究重大、疑难案件，组织开展重大专项整治活动，组织对下级执法单位进行年度考核。

甘肃省结合国家实施西部大开发战略，进一步加大执法力度，在全省开展了林业行政执法大检查，重点对乱砍滥伐、超限额采伐、毁林开垦、乱占林地等违法行为进行了查处，促进了依法治林。 （文海忠）

**【林业“三五”普法】** 2000年是林业“三五”普法，依法治理工作进入全面检查验收阶段。按照原林业部“三五”普法规划的安排和全国普法办工作计划要求以及工作实际，本年度林业普法工作主要是抓好“三五”普法总结验收工作，同时抓好《森林法实施条例》的宣传教育，促进依法治理，较好地完成了各项工作任务。

*扎实抓好“三五”普法总结验收工作* 2月14日，国家林业局副局长、局普法领导小组组长李育材主持召开普法领导小组全体成员会议，讨论修改局普法办起草的《林业“三五”普法检查验收办法》(以下简称《办法》)。会议原则同意将《办法》(草案)提交全国各省（区、市）林业厅（局）普法办主任会议讨论。2月25～28日在广西北海市召开各省、自治区、直辖市林业（农林）厅（局），内蒙古、吉林、龙江、大兴安岭森工（林业）集团公司普法办主任，局机关有关司(局)，局直属单位负责法治宣传教育负责人会议。会议交流了各地“三五”普法的工作情况，着重讨论修改《办法》。会上宣读了李育材副局长对会议作的书面讲话。他说：“我们这次会议很重要，会议的主要任务是研究布置今年的‘三五’普法工作。今年，‘三五’普法进入了最后一年，也是最关键的一年。2000年的林业普法工作重点，一是学习宣传《森林法实施条例》；二是做好‘三五’普法总结验收工作。搞好‘三五’普法总结验收，对于总结成绩、检查不足，全面完成林业系统‘三五’普法规划的任务具有十分重要的意义。”最后，李副局长强调指出：“‘三五’普法是我国林业法制建设大踏步前进的五年，‘三五’普法四年多来，各地区、各单位都花费了大量的人力、物力、财力，在实践中做了大量卓有成效的工作，积累了不少好经验。总结验收就是要回过头来看一看，找出带规律性的东西，以指导今后的工作。林业部门的各级领导，要高度重视，加强领导，狠抓落实，全面完成‘三五’普法总结验收任务。”3月30日，国家林业局办公室将《林业系统实施法制宣传教育第三个五年规划总结验收办法》

(办策字［2000］15号）印发全国执行。至2000年底，各地区、各单位基本完成了“三五”普法总结验收工作，全国31个省（区、市）林业主管部门和森工（林业）集团公司及局直属单位都上报了书面总结报告。其中大多数单位都同时上报了自我检验测评表，在自我测评中，最高的达99分，最低的84分。

**突出重点，切实抓好法制宣传教育**　2000年1月29日，中华人民共和国国务院278号令发布了《森林法实施条例》（以下简称《条例》），国家林业局抓住了这个契机，进行认真宣传贯彻，利用各种会议或举办法制培训班等形式，对各级领导干部进行法律培训。1月29日《条例》发布后，2月18日在全国林业厅（局）长会议上，政策法规司司长陈根长就向参加会议的厅（局）长宣讲了《条例》。之后国家林业局普法办又专门举办了8期《条例》培训班，对来自各地的973名干部进行了培训，学员中有司（局）级干部6人，处级干部137人（次），其余大多数是县（市）林业局长和法制科长等。广西壮族自治区林业局张锁副局长、甘肃省林业厅田志勇副厅长、福建省林业厅陈家东副厅长都带头参加听课。贵州省黔东南州陈锡望副州长率州、县林业局主要负责人14人参加国家林业局《条例》培训班的学习，并自始至终带头参加听课、讨论和考试。回去后又组织全州14个县的分管县长、林业局长参加省林业厅组织的培训学习。各省（区、市）各单位也分别举办各种类型培训班，认真学习《条例》，对《条例》的学习贯彻，收到很好的效果。

**深入调查研究，总结“三五”普法检查验收经验，全面推动林业普法工作**　6月底7月初，派出检查组对辽宁省林业“三五”普法依法治理工作进行了检查及初步验收。检查组先后到大连市、普兰店市、葫芦岛市、绥中县检查了林业“三五”普法工作，听取了省林业厅和大连、葫芦岛和普兰店、绥中等市（县）林业局的工作汇报，与省厅及市县林业局相关处（室）、科、股、站的同志进行座谈，实地查看了普法材料，抽查了部分行政执法档案，以及辽宁省绥中万家木材检查站近期行政处罚案卷。通过检查，认为辽宁省林业普法依法治理工作取得了明显成效。他们的主要作法：一是各级领导高度重视，强化组织领导工作。省、市、县（市）三级林业普法领导小组都由一把手担任组长，分管领导任副组长，具体抓，层层有机构、有专职人员抓。二是采取多种形式，抓好落实，有五年规划，学习8法（通用法与专业法）、10规（行政法规8个，地方法规2个）、20章（部门规章13个、地方规章7个），每年有学习重点。三是抓普法与抓执法队伍建设紧密结合，推行行政执法责任制，促进依法治理。仅大连市“三五”期间就办培训班120多期，培训6 000多人（次），100%的执法人员受到培训。7月25～29日国家林业局普法办又对浙江省丽水市、龙泉市、安吉县及安吉县灵峰寺林场的林业“三五”普法情况进行了为期一周的检查考核。所到之处，各级林业部门对“三五”普法工作都十分重视，龙泉、安吉两市（县）是受原林业部表彰的“二五”普法先进单位，“三五”普法更进一步深入，执法队伍素质明显提高，广大群众法律意识普遍增强，盗伐、滥伐、乱捕、滥猎等破坏森林和野生动物资源的案件大幅度下降。《条例》发布后，他们一是抓广泛深入地宣传，龙泉市将《条例》翻印成大布告2 000张，在各乡、（镇）、村办公地张贴；印成便于携带的小册子，免费送到每个农户家；采取各种形式组织群众学习，出动宣传车200多台（次），到各集镇向群众宣传；利用当地报社、电台、电视台等新闻媒体进行宣传，收到较好的效果。二是加强林业职工队伍建设，提高执法人员素质。对林业行政干部和执法人员严格培训，严格考试，不合格者令其下岗。三是依靠各级党委、人大、政府领导，加大林业法制宣传力度。龙泉市委组织部、司法局、人事局、林业局联合发文，将《森林法》等有关林业法律法规的学习考试成绩列入全市公务员的年终考绩档案，促进全市各级领导和全体公务员都重视林业法律法规的学习。

**“三五”普法考试**　普法考试是检查普法教育成果的重要手段。为了配合广大林业职工“三五”普法考试，普法办编写了39万字的《中国林业普法教育读本——中国林业法律实用手册》一书。该书受到广大林业职工欢迎，连印两版。统一印制了《全国林业职工“三五”普法试题》一套，印发全国各省（区、市）和森工（林业）集团公司及局机关、局直属单位，组织林业职工参加考试。据统计，全国林业系统有95%以上应试人员参加了考试，成绩都在85分以上。有201位厅（局）级干部的试卷由局普法办进行统一评卷，对推动领导干部学法起到较好作用。

**评选先进集体和先进个人**　2000年11月14日，李育材副局长主持召开普法领导小组成员会，讨论修改普法办起草的《林业系统“三五”普法依法治理先进单位和先进个人评选办法》，12月17日以国家林业局文件印发《国家林业局关于评选全国林业系统“三五”普法依法治理先进单位和先进个人的通知》（林策发［2000］263号），《通知》指出，“三五”普法五年来，各级林业部门十分重视林业普法依法治理工作，采取多种形式广泛开展林业法制宣传教育活动，取得显著成效，有力地推动了林业改革和建设事业的发展。为了总结经验，表彰先进，国家林业局决定在全国林业系统内评选林业系统“三五”普法依法治理先进单位和先进个人。并且印制了先进单位和先进个人评选办法，办法对先进单位、先进个人的申报、评选范围、评选条件和评选程序等都作了详细安排，具有很强的操作性，使这项工作进行井然有序。截至12月底，31个省、自治区、直辖市和内蒙古、吉林、龙江、大兴安岭森工（林业）集团公司以及局直属单位都基本做完总结推荐工作。

**新闻宣传**　林业系统的“三五”普法工作，取得显著成效，得到全国普法办的充分肯定，12月6日人民日报在全国普法办和人民日报社联合主办的《实施依法治国方略三五普法成效显著》行业普法依法治理篇的专版中，以“依法治林——记林业系统全面推进普法治理”的标题，综合报道林业系统的“三五”普法成绩。12月25日，局普法办和中国绿色时报社联合主办了《普法宣传深入人心　林业建设欣欣向荣》，专题报道了浙江、新疆、河北、辽宁、贵州5省（区）的先进事迹。

经验交流　编辑普法工作简报11期，选登各地普法典型材料21篇，交流各地区、各单位的经验和做法；编辑《林业法制工作动态》2期，宣传国家林业局贯彻实施《立法法》的工作部署以及福建省林业厅等省开展依法行政、依法治理的做法和经验。

深入开展法制宣传教育　编辑出版了《中国林业法律法规大典》数据光盘。收集了1949～2000年5月31日前我国颁布的部分公共法律、林业及与林业相关的法律、法规、规章、司法解释、规范性文件，各省、自治区、直辖市，部分省会城市、计划单列市的地方性林业法规、政府规章、规范性文件，收条目3 426条，计1 300余万字。这是我国林业行业第一次编辑出版的法律法规数据光盘。　（莫泽昇）

**【林业分类经营】**　为了推进林业分类经营，加强对国家公益林的保护和管理，科学合理地划分中央和地方对公益林的事权，根据《中华人民共和国森林法》和《森林法实施条例》的规定，国家林业局10月草拟了《国家公益林认定办法（暂行）》，对国家公益林的划定范围、申报和批准程序等进行了规定。该办法规定国家公益林具体划定范围包括：江河源头流程500千米以上河流干流、一级支流源头20千米以内汇水区，流程1000千米以上河流，二级支流源头10千米以内汇水区的森林、林木和林地。江河干流，一、二级支流两岸，流程500千米以上河流的干流、一级支流，两岸自然地形的第一层山脊以内或平地2 000米以内；流程1 000千米以上河流一、二级支流，两岸自然地形的第一层山脊以内或平地1 000米以内的森林、林木和林地。重要湖泊（库容一亿立方米以上的大型水库）周围自然地形第一层山脊以内或平地1 000米范围内森林、林木和林地。沿海岸线第一层山梁以内或平地1 000米以内的森林、林木和林地。干旱荒漠化严重地区的天然林和郁闭度0.2以上的沙生灌丛植被、沙漠地区的绿洲人工生态防护林及周围2千米以内地段的大型防风固沙林基干林带。雪线以下500米及冰川外围2千米以内地段的森林、林木和林地。山体坡度在36度以上，土层瘠薄，岩石裸露，森林采伐后难以更新或森林生态环境难以恢复的森林、林木和林地。国铁、国道（含高速公路）、国防公路、公路干线两旁第一层山脊以内或平地100米范围内的森林、林木和林地。沿国境线20千米范围内及国防军事禁区以内的森林、林木和林地。国务院批准的自然与人文遗产地和具有特殊保护意义地区的森林、林木和林地。国家级自然保护区及其它有重点保护一级、二级野生动植物及其栖息环境的森林和野生动物类型自然保护区的森林、林木和林地。除按上述划定为国家公益林以外的国家重点林业生态工程所形成的公益林及天然林保护工程区内的公益林。

通过对云南、湖南、福建、广西、吉林等省（区）的调查研究，明确了分类经营中的几个问题：当务之急要对所有林业用地进行分类。以分类经营为原则，抓好重点工程的建设，分类经营的实施规划要与天然林保护、退耕还林等六大重点生态工程的规划协调统一，要形成内在有机联系。要在森林分类区划界定工作的基础上，划分国家公益林与地方公益林，国家公益林的划定主要根据生态区位和受益范围确定。森林生态效益补偿基金使用原则：目前森林生态效益补偿基金以补偿公益林管护费为主，其营造、抚育的费用未包括在内；森林分类区划界定是森林生态效益补偿的前提条件，凡已经完成森林分类区划界定工作，权属清楚，权属证书核发规范，已落实管护机构和人员，并经国家林业局验收合格的，先行进行补偿；作为森林生态效益补偿基金的补偿对象，不分所有制，同等对待；根据我国分级财政体制，国家设立的森林生态效益补偿基金，分为中央基金和地方基金，并对应公益林生态效益补偿责任划分中央与地方的财政事权；森林生态效益补偿基金在必要时可用于赎买或征用被划入重点公益林核心区的非国有林。

2000年12月，拟定了《国家林业局关于开展全国森林分类区划界定工作的补充通知》，对全国开展此项工作提出了明确要求，推动了分类经营改革由理论走向实践。在1999年提出的森林分类区划界定的基础上，进一步提出该项工作的具体的技术要求、图文表规范和工作步骤。森林分类区划界定的工作步骤包括：结合森林资源清查搞好森林分类区划界定的规划，特别是要根据森林的生态区位，确定哪些地方的森林应该划为防护林和特种用途林，为森林分类区划界定提供一个指导方案；建立领导办事机构和工作队伍，县、乡（镇）两级政府要成立由主管领导牵头，各相关部门参加的林业分类经营领导小组和以政策法规机构为主体的分类经营办公室，组建承担森林分类区划界定具体操作工作的工作队，先培训后上岗；搞好试点培训，要组织参加此项工作的人员集中学习，掌握分类经营和森林分类区划界定的各项方针、政策、任务、目标、原则和工作步骤，然后才能上岗操作；利用各种舆论宣传工具，采取通俗易懂、生动活泼的方式，举办不同层次的培训班，宣讲森林分类区划界定工作的目的、意义、任务，以及有关技术标准。进行广泛宣传、动员，县级人民政府要组织召开乡（镇）长工作会议，乡（镇）政府要组织召开村长（主任）会议，统一思想认识和工作方法，层层落实工作任务和责任；搞好现场界定的外业工作，森林分类区划界定工作队要深入山头地块，逐界定落实林种。各县、乡（镇）要集中所有的林业技术员，与有关部门的人员组成工作组，下到村、社进行宣传动员，宣传森林分类区划界定的目的、意义和政策原则，争取他们的理解和支持。工作组和村、社要紧密配合，进行现场认定，按照各乡（镇）林种规划图上行政区域和区划的公益林，逐村、逐组、逐山头、逐地块、逐个林班、小班落实界定，明确四至界线和权属，核准土地种类和林种类型，并进行认真的填表登记，填写现场界定书，由乡、村、社干部群众签字认可；搞好内业统计、汇总及成果评审上报及建档工作。林权单位对林种认定登记表，与林权单位签订的管护合同是森林分类区划界定工作结束后要长期归档和保存的有法律效力的基本凭证，必须做好。同时要搞好公益林、商品林综合统计表和林种分布图，将完整的森林分类区划界定成果资料，上报县级人民政府，由县级人民政府组织审定验收后，正式行文上报省级林业主管部门，经省（区、市）人民政府批准确认后，向全县发文公布。

开展试点示范工作。国家林业局在已公布的13个国家林业局林业分类经营示范区的基础上，2000年1月和8月先后增加了安徽省黄山市和吉林省吉林市为全国林业分类经营示范区，开展分类经营改革试点示范工作。各省（区、市）林业厅（局）按照国家林业局的要求，选择了60个县进行了分类经营改革试点示范工作。

研究部署，推动分类经营工作的深入开展。国家林业局召开了多次分类经营领导小组会议，并在每年召开的全国林业厅(局)长会议等多种场合强调分类经营工作。2000年11月，在长沙举办了160多人参加的全国森林分类区划界定研讨会。国家林业局李育材副局长参加了这次会议，并在会上作了讲话。会议分析了当前林业分类经营所面临的形势和任务，并对各地开展森林分类区划界定工作作出了具体的部署。会后，各省高度重视森林分类区划界定工作，基本上都成立了以省政府主要领导为组长的林业分类经营领导小组，并相应在林业主管部门设立了分类经营办公室，配备了专门的人员编制，做到了“组织领导上要到位，人员经费要有保障，方方面面积极配合形成合力”。这次会议对促进林业分类经营工作的全面推开具有重要作用。目前，已经基本完成森林分类区划界定工作的省有云南省、广东省，已在全省铺开的有湖南、安徽、福建、辽宁、吉林、广西、黑龙江、湖北、河南、青海等省（区）。

开展人员培训，建立起了一支有相当力量和水平的专业骨干队伍。森林分类区划界定工作，政策性强，覆盖面宽，业务量大，其内涵和外延远远超出了行业范畴，涉及地方政府、国有林业企事业经营单位和农村千家万户的经济利益，是一项浩大的系统工程。为搞好此项工作，国家林业局分类经营办公室每年都举办一至二期培训班或以会代训，接受培训人数达600多人次。

（江机生　周金锋　缪光平）

# 对外开放

**【林业外事综述】** 2000 年，国家林业局派遣出国考察、进修、出席国际会议等 448 批 1 220 人次，接待 332 批 728 人次。

*高层互访* 王志宝局长率团访问美国，访问期间，王志宝局长和美国农业部副部长共同签署了《中华人民共和国国家林业局和美国农业部关于林业合作谅解备忘录》。王志宝局长率团赴芬兰出席了中芬林业工作组第十一次会议，会上双方签署了《中芬林业第十一次工作组会议议定书》，确定了 2001～2002 年度 7 个林业合作项目。周生贤副局长率团赴法国参加了世界山区论坛会议，与法国农渔业部农村管理和森林总局签署了《中法林业合作协议》，为中法林业合作奠定了良好的基础。李育材副局长率中国代表团出席了在德国波恩举行的联合国防治荒漠化公约第四次缔约国大会，会上，我国与广大发展中国家，特别是非洲国家合作，积极推进了公约的实施。李育材副局长率团专程赴日本赠送朱鹮“美美”，并考察了日本林业情况。中国林科院院长江泽慧率团赴印度尼西亚、新加坡访问，并对两国在国际组织运作管理、森林资源培育、林产品开发及科研成果转化等方面进行了考察。国家林业局党组成员杨继平赴日本进行了访问，并就中日林业合作事宜与日方农林水产省、环境厅和林野厅的负责人交换了意见。马福副局长率中国代表团出席了在肯尼亚内罗毕联合国环境规划署总部举行的濒危野生动植物种国际贸易公约第十一次缔约国大会，会前，我国先后与 20 多个国家进行了接触，协调立场，成功地顶住了西方发达国家对我国施加的压力，并首次成为公约常委会副主席国。马福副局长率团赴美国出席了大熊猫国际研讨会。马福副局长率中国代表团赴约旦出席了国际自然与自然资源保护联盟第二届世界自然保护大会。

加拿大自然资源部部长古德尔访华期间，中加双方共同举办了中加林业合作研讨会，李育材副局长会见了加方部长，并介绍了我国西部大开发战略和林业生态环境建设的形势，双方共同签署了《森林防火培训合作意向书》。2000 年是中芬建交 50 周年，应国家林业局邀请，芬兰农林部部长卡莱维·海米莱来华参加了在北京召开的中芬环境研讨会，朱镕基总理会见了海米莱一行，王志宝局长参加了会见。俄罗斯自然资源部第一副部长库库耶夫访华，周生贤局长和李育材副局长分别会见了代表团，双方就落实《中华人民共和国政府和俄罗斯联邦政府关于共同开发森林资源合作的协定》交换了意见。日本执政三党干事长和访问团以及日中绿化推进议员联盟代表团，专程来北京出席中日绿化合作纪念林营造和揭碑仪式，其间，国务院总理朱镕基、政协主席李瑞环、中组部部长曾庆红、国务委员吴仪、绿化基金会主席王丙乾分别会见了日方代表团，全国人大常委会副委员长布赫及国家林业局领导出席了纪念林营造活动。应国家林业局邀请，以日本林野厅长官伴次雄为团长的日本林业代表团访华，这是日本林野厅长官首次访华，主要就气候变化框架公约、我国加入 WTO 中日林产品贸易、国际森林问题等共同关心的事宜与国家林业局领导交换了意见。国家林业局党组成员杨继平会见了到访的日本环境厅政务次官，双方就中日政府间开展朱鹮合作事宜交换了意见。韩国山林厅厅长申洵雨率团来华访问，与国家林业局领导就加强中韩两国林业合作交换了意见。马来西亚初级产业部副部长来华访问，国家林业局党组成员杨继平会见了马方部长，代表团在华期间先后在北京和上海举办了中马木材流通和贸易研讨会。

*出席国际会议* 2000 年，国家林业局有选择地出席了 64 个国际会议，其中比较重要的有：联合国政府间森林论坛第四次会议，联合国粮农组织亚太区域林业委员会第十八次会议，濒危野生动植物种国际贸易公约亚洲区域会议，国际热带木材组织第二十八、二十九届理事会会议，联合国生物多样性公约第五次缔约国大会，国际竹藤组织捐助方会议，国际农业研究磋商小组中心周会议，第十二届国际杨树大会，世界水论坛会议，国际自然与自然资源保护联盟地区论坛会议，国际林业研究组织联盟第二十一届世界林业大会。在华召开的会议有：蒙特利尔进程工作组第十二次会议，国际森林年 15 周年纪念大会，国际竹藤组织理事会会议、董事会会议，联合国粮农组织亚太示范林建设区域项目启动会，联合国粮农组织林业支持项目第八次高级顾问会议，世界自然基金会 2000 年合作年会。在上述国际会议中，有的是林业系统第一次派员参加，对扩大我国林业对外合作起到了积极的推动作用。在出席这些会议的过程中，我国代表团本着广交朋友，促进合

作的原则积极参与了会议的讨论，扩大了我国林业在国际上的影响，维护了国家利益。

*对外科技交流*　2000年，国家林业局通过各种渠道派出181批477人次赴28个国家和地区进行了科技交流。此外，国家林业局通过国家外国专家局和有关渠道派遣出国进修、留学、培训人员共44批422人次。国家林业局所属林业高等院校、科研单位和有关直属单位共邀请80批261人次来华进行讲学、任教、考察和进行合作研究。对外科技合作与交流不断扩大，先后与美国、法国、芬兰签署了部门间林业合作协议；举办了中加（拿大）林业合作研讨会，并签署了森林防火培训合作意向书；参加了中美科技合作联委会执行秘书会议、中美农业科技合作联委会工作组会议、中美环发研讨会；出席了中澳、中芬、中韩林业工作组会议、中日农业工作组会议，确定科技合作项目24个，执行了中美、中加（拿大）、中澳、中德、中芬、中日、中韩政府间、部门间科技合作项目18个。

*多边和双边经济合作*　截至2000年底，由国家林业局负责管理的正在执行的经济合作项目已达60个，总金额已超过3亿美元。各项目单位按照项目实施计划圆满完成了年内预定的任务。其中，中德林业合作项目先后召开了项目办主任研讨会，中德技术合作（2002～2005）框架项目研讨会，中德财政合作江西、四川、湖南3省项目第三次协调会；先后完成了中德云南热带林保护、四川大熊猫保护和海南热带林保护项目的终期评审。联合国开发计划署援助的提高中国防治荒漠化能力等3个项目、联合国粮农组织援助的三北造林与研究规划项目、国际热带木材组织援助的海南热带林示范项目分别通过了项目审评，得到高度评价。此外，在合作渠道及合作形式上，日本政府援助的小渊基金项目、大使基金项目（利民工程项目）、专家来华短期调查项目、开发调查项目等，均是首次在我国林业领域中启用。通过这些国际援助项目的实施，不仅有助于我国在人工林培育技术、森林可持续经营的标准与指标、湿地生物多样性保护、防治荒漠化技术等方面与国际先进水平接轨，而且将为我国21世纪林业事业的发展注入新的活力，对我国林业的可持续发展起到积极的促进作用。

*争取外援工作*　为配合林业重点工程和西部大开发建设，共争取到经济技术合作项目18个，总金额4 087.1万美元，其中包括双边合作项目9个：陕西延安生态造林项目、内蒙古赤峰生态造林项目、辽宁朝阳生态造林项目、中国林科院人工林木材有效利用研究项目、四川省凉山地区示范林营造项目、四川省凉山地区林业开发调查项目、国家林业局调查规划设计院执行的森林火灾监测信息系统项目、小渊基金项目、2000年上海广中绿地合作城市绿化项目；多边合作项目9个：湖北鄂州市生态防护林工程项目、中国林科院热林所中国南方散生竹可持续经营和利用项目、广东热带人工林木材防腐技术开发和推广项目、中国林科院速生人工林定向培育和开发利用研究项目、中国林科院沙巴木浆基地良种定向培育及利用研究项目、中国湿地保护和合理利用培训需求评估项目、中国林科院参与的亚太示范林建设区域项目、中国林科院热带天然林可持续经营标准指标的制定项目，以及非政府组织援助的小型项目。项目涉及野生动物、湿地和生物多样性、森林保护与可持续经营等。

（国际合作司）

## 重大对外往来

**【综　述】**

**1月31日至2月11日**　政府间森林论坛第四次会议在美国纽约联合国总部举行。国家林业局和外交部共同组团参加了此次会议。会议决定成立联合国森林论坛，这是国际社会为全面解决所有类型森林可持续发展问题而成立的最高级别国际机构，也是森林问题谈判历经10年的重要成果。

**4月9～20日**　濒危野生动植物种国际贸易公约第十一次缔约国大会在肯尼亚首都内罗毕召开。以马福副局长为团长的中国代表团出席了本届大会。

**6月2～13日**　周生贤副局长率中国林业代表团赴法国参加世界山区论坛，与法国农渔业部签署了《中法林业合作协议》，考察了法国林业，并赴罗马会见了联合国粮农组织总干事迪乌夫先生等。

**6月26日**　李育材副局长在北京会见了蒙古国民防局局长兼国家常设委员会副主席伦琴汗德上校（副部级），并向蒙方介绍了我国森林防火工作。1999年中蒙签署了《中华人民共和国和蒙古国政府关于边境地区森林、草原防火联防协定》。双方还就中方为具体落实该协定而起草的《中蒙关于边境地区森林、草原防火联防协定实施细则（待议稿）》初步交换了意见。

**6月27日至7月6日**　应日本林野厅的邀请，国家林业局党组成员杨继平率代表团赴日本进行了访问。在日期间，杨继平一行拜会了日本农林水产省、环境厅和林野厅的负责人，就中日林业合作事宜与日方交换了意见。

**7月25日**　经全国人大环资委批准，中华环保世纪行执委会与香港长春社在北京人民大会堂共同举行绿色礼物送祖国仪式。该礼物是指香港长春社自1997年以来投资为内地筹备一项大型植树造林计划。3年来，他们先后在广东、内蒙古、四川和云南完成了3个植树计划。仪式上，长春社将3个植树计划的成果转送政府。全国人大环资委曲格平主任、国家环保总局解振华局长和国家林业局李育材副局长出席了赠送仪式。

**8月2日** 李育材副局长在北京会见了应农业部邀请来华访问的埃塞俄比亚农业部部长格斯图胡鲁卡博士。双方就两国之间加强在植树造林方面的合作问题交换了意见。根据埃方要求，国家林业局将向埃塞俄比亚捐赠少量的泡桐种子。

**9月6日** 王志宝局长在北京会见了联合国粮农组织总干事迪乌夫。王志宝局长对粮农组织在全球范围内发挥的促进森林保护和林业可持续发展的作用表示赞赏，并向客人介绍了我国西部大开发和退耕还林还草方面的情况，指出退耕还林还草所造成的粮食减产可通过采取其他措施弥补，不会影响中国的粮食安全。

**10月4日** 由世界自然保护联盟（IUCN）主持的第二届世界自然保护大会在约旦首都安曼召开，近140个国家约3 000名代表出席会议。会议的主题是：生态空间——聚焦于各种地理范围的环境保护是人类社会、经济和政策安全的先决条件。由马福副局长率领的中国政府代表团出席了会议。

**10月14～21日** 朱镕基总理于2000年10月访日期间在与森喜朗首相会谈时宣布，为进一步增进中日两国人民的友谊，代表中国人民向日本人民提供一只取名为“美美”的雌性朱鹮，与1998年江泽民主席访日期间向日本人民赠送的一对朱鹮“友友”和“洋洋”于1999年产下的雄性幼仔“优优”配对。为实施朱鹮“美美”的提供事宜，应日本环境厅的邀请，李育材副局长率团护送朱鹮“美美”前往日本。在日期间，代表团受到日本环境厅、林野厅等有关部门高级官员的盛情款待，起到了从高层推动中日两国间的林业交流与合作的积极作用。

**10月26～31日** 2000年是中芬建交50周年，应国家林业局邀请，芬兰农林部部长卡莱维·海米莱访华，并参加了于10月27日在北京召开的中芬环境研讨会。朱镕基总理于27日上午在中南海紫光阁会见了来访的芬兰农林部部长海米莱一行，王志宝局长参加了会见。

**11月8日** 由国家林业局承办的蒙特利尔进程工作组第十二次会议在北京召开。来自12个成员国和有关国际组织的代表出席会议，并就蒙特利尔进程的进展情况、技术报告及其他机构的关系、未来发展方向展开了讨论。李育材副局长出席开幕式并讲话。

**11月27日至12月2日** 应国家林业局邀请，俄罗斯自然资源部第一副部长库库耶夫率团访华。11月28日国家林业局局长周生贤会见了俄罗斯自然资源部第一副部长库库耶夫一行，双方就落实《中华人民共和国政府和俄罗斯联邦政府关于共同开发森林资源合作的协定》交换了意见。在此前的11月27日，李育材副局长与来访的库库耶夫副部长举行了工作会谈。

**12月11～22日** 联合国防治荒漠化公约第四次缔约国大会在德国波恩举行。172个公约缔约国派代表出席会议。我国由外交部。国家林业局组团出席了会议。李育材副局长和全国人大环资委王涛（女）委员分别出席了防治荒漠化部长级会议和议员圆桌会议。

**12月19日** 周生贤局长在北京会见了韩国国际协力团（KOICA）总裁闵形基一行。近年来国家林业局与KOICA已建立起十分良好的合作关系。韩国政府将出资500万美元用于在中国西部地区开展植树造林改善生态环境的合作项目，并通过KOICA具体实施。双方对下一步开展更加紧密的合作充满信心。

**12月28日** 为配合胡锦涛副主席访问约旦，增进中国与约旦两国之间的友谊，国家林业局向约旦首都安曼侯赛因公园捐赠的450株圆柏树苗顺利抵达目的地。这批树苗将在2001年1月胡锦涛副主席对约旦进行正式友好访问时，由中国驻约旦大使代表中国政府正式移交给安曼市。

（章红燕 黄晓光 黄雪菊 张忠田 刘 昕 许强兴）

## 出席重要国际会议

**【濒危野生动植物种国际贸易公约第十一届缔约国大会】** 中国作为濒危野生动植物种国际贸易公约（以下简称公约）的缔约国，2000年4月9～20日以马福副局长为团长，由国家林业局、国家濒危物种进出口管理办公室、外交部、农业部、海关总署等8个部门组成的中国代表团，参加了在肯尼亚首都内罗毕召开的第十一届缔约国大会。来自146个缔约国、56个政府间和国际组织、129个非政府组织的代表及记者2 100人出席了会议。在大会期间，我国代表主动与各方交换意见、协调立场，积极参与有关议题的讨论，全面阐述了中国的立场，较好地处理了与我国关系密切的议题，维护了国家权益，扩大了中国在公约事务上的影响，达到了预期的目的。

取得的主要成果有：①中国自1981年加入公约以

来，首次作为亚洲地区代表进入公约权力机构——常务委员会，并被选为副主席国；②中国首次自己提出的物种提案——画眉和肉苁蓉列入公约附录Ⅱ，经艰辛的努力获得了通过，实现了零的突破；③中国提出保护藏羚羊的决议草案获得通过，成为缔约国大会11.8号决议；④经艰苦的磋商和协调，避免了麝类和穿山甲列入公约附录Ⅰ，缓解了对传统中医药的压力，保护了中成药的国际贸易，但穿山甲的出口限额为零；⑤说服了以欧盟为主国家放弃就老虎问题上的制裁提议，避免了对我国可能出现的不利局面；⑥阻止了一些国家提出自愿禁止熊类产品国内贸易的提议，避免了事态的扩大，维护了国家的权益；⑦加强中国的国际贸易管理，主动出击，缓解了大量从东南亚进口龟鳖类和蛇类对我国形成的不利形势，弱化了对我国的攻击；⑧反击了中医药需求导致世界海马、海龙资源大幅度下降的观点，使会议接受了传统中医药使用只是可能原因之一，而其他致危因素的影响才是关键的；⑨阻止了人参列入附录Ⅱ的扩大化，仅将人参的俄罗斯种群列入，保证了我国人参产品出口的畅通国际贸易环境；⑩与一些共同利益国家一起，说服了公约暂不大规模介入鱼类海上引进控制，为我国远洋渔业的发展争取了一个宽松环境；⑪与一些发展中国家联合，否决了发达国家提出将一些鲨类列入公约附录的提案，缓解了对港澳地区的一些压力。（范志勇）

**【联合国防治荒漠化公约第四次缔约国会议】** 2000年12月11～22日在德国波恩举行。172个公约缔约国派代表出席会议。我国由外交部、国家林业局组团出席了会议。国家林业局李育材副局长和全国人大环资委王涛(女)委员分别出席了防治荒漠化部长级会议和议员圆桌会议。李育材副局长在部长级会议上发言，阐述了我国对公约的原则立场，宣传了我国在荒漠化问题上取得的成就，获得与会各国一致好评。李育材副局长还与公约执行秘书迪亚罗先生、德国、加拿大、国际农业发展基金的代表进行了双边会谈。（刘 昕）

**【国际竹藤组织董事会、理事会会议】** 国际竹藤组织第四次董事会会议于2000年1月在北京召开。董事会主席高登·史密斯、董事会联合主席江泽慧等8名董事会成员到会讨论国际竹藤组织筹资和发展政策等问题。

国际竹藤组织第二次理事会会议于2000年1月26日在北京召开，理事会主席王志宝出席并主持会议，董事会联合主席江泽慧与其他董事会成员出席了会议。会议任命伊恩·亨特博士为国际竹藤组织新总干事。同日，由中国政府为该组织兴建的国际竹藤组织总部大楼奠基仪式举行，国务院副总理钱其琛等领导出席了奠基仪式。（刘 昕）

**【政府间森林论坛第四次会议】** 2000年1月31日至2月11日在美国纽约联合国总部举行。国家林业局和外交部共同组团参加了此次会议。会议通过了组建联合国森林论坛的建议，该建议包括4个主要部分：①在经济社会理事会或联合国大会下，建立联合国森林论坛（UNFF）。②建立森林合作（CPF）。③寻求达成可能的法律框架。④寻找合适的资金资助和技术转让渠道。

联合国森林论坛是国际社会为全面解决所有类型森林可持续发展问题而成立的最高级别国际机构，也是森林问题谈判历经10年的重要成果。它将在今后5年时间内，讨论是否开展森林公约的谈判。（刘 昕）

**【联合国粮农组织亚太区域林业委员会第十八次会议】** 2000年5月15～19日在澳大利亚昆士兰州召开。来自25个成员国和8个国际组织的89名代表出席了本次会议。

会议的主要议题包括审议本区域的林业现状、粮农组织项目执行情况、亚太林委会森林可持续经营特设工作组进展报告、政府间森林论坛后续行动、认证与林产品标签以及林业和京都议定书的关系等。

会议认为，森林和林业是本区域许多国家国民经济和社会发展的重要支柱，亚洲金融危机的阴影正在消失，亚太区域林业形势逐渐好转。粮农组织实地项目管理权下放有利于节约资金、提高效率、完善项目管理。森林可持续经营工作组编制的《亚太区域森林采伐作业规程》为本区域成员国编制国家规程提供了可以借鉴的样板。会议通过的《亚太区域森林采伐作业规程实施战略》将为各国实施规程提供技术指导。会议还认为，联合国森林论坛应注重实效，建议粮农组织在支持各国实施政府间森林问题工作组和政府间森林论坛行动建议和开展多边合作方面发挥积极作用。森林认证应建立在自愿基础上并由市场需求所驱动，粮农组织应积极促进成员国之间的信息交流与对话，为推行林产品认证打下基础。会议提请粮农组织加强对林业与京都议定书关系的研究，帮助成员国加强能力建设，充分利用京都议定书提供的新的机遇。会议决定于2001年第一季度在马来西亚古晋召开低影响采伐国际会议。

此外，会议还讨论了2000年全球森林资源评估和2002年国际山区年相关事宜。（吴志民）

**【蒙特利尔进程工作组第十二次会议】** 旨在制定欧洲以外温带和北方森林内保护和可持续经营标准和指标体系的蒙特利尔进程工作组第十二次会议于2000年11月7～12日在我国召开，其中7～10日在北京召开工作组会议，10～12日赴浙江省考察。来自进程12个成员国和秘书处的24名代表和国际组织/非政府组织25名观察员共49人出席了会议。

会议主要内容:①如何在国家级指标框架下,研制与实施亚国家级的指标;②蒙特利尔进程2003年森林状况报告;③蒙特利尔进程成员国间的技术合作与信息共享;④蒙特利尔进程技术顾问委员会的运作程序;⑤蒙特利尔进程的未来工作计划等。最后通过了会议备忘录。

会后,20余名与会代表赴浙江省临安市,对当地森林可持续经营试验示范区内人工林经营、混农林业、天然林保护、非木质林产品生产与社区发展等进行了实地考察。 (吴志民)

**【"八国倡议"国际森林问题专家磋商会】** 为协助联合国森林论坛制定多年工作计划,由澳大利亚、巴西、加拿大、法国、德国、伊朗、马来西亚和尼日利亚政府2000年9月发起的"八国倡议"于2000年11月27日至12月1日在德国波恩召开了国际森林问题专家磋商会。33个国家和30个政府或非政府组织的95名专家参加了磋商会。我国国家林业局派人与会。

磋商会的主要议题包括:论坛多年工作计划和论坛具体职能之间的关系;工作方式和手段;论坛多年工作计划的成果等。大多数与会专家强调论坛在涉及林业的国际组织和公约中应起重要作用,提供从对话到行动的转折良机。关于森林合作伙伴机制,与会专家强调有关国际组织的首脑被邀请参加森林合作伙伴机制的目的是协助和支持论坛工作,虽受论坛指导但各成员具有相对独立性。与会专家一致认为,论坛多年工作计划要素的确定将主要依据《里约热内卢宣言》、《关于森林问题的原则声明》、《21世纪议程》第十一章以及联合国政府间森林问题工作组和政府间森林论坛行动建议。会上,许多发展中国家专家发言指出,建立促进森林可持续经营的财务机制是行动的基础和保障。

(吴志民)

**【国际森林年15周年纪念大会】** 2000年12月19日,关注森林——国际森林年15周年纪念大会在全国政协礼堂隆重举行。全国政协副主席赵南起宣读了李瑞环主席给大会的致信,强调保护森林改善生态是新世纪的重大历史责任。

周生贤局长作了题为《保护森林是新世纪人类面临的重大责任》的主题报告。中国绿化基金会主席王丙乾、全国政协人资环委主任陈邦柱出席会议并讲话。联合国粮农组织驻华代理代表凯文坎普代表粮农组织到会致辞,对中国政府组织这次重要盛会、宣传森林和生态保护的意义,积极实施天然林保护工程和退耕还林还草工程表示高度赞赏。

全国政协人环资委、全国绿委、国家林业局、国家广电总局、中国绿化基金会的领导和代表及19个国家的驻华大使和代表、联合国粮农组织、世界银行驻华代表处等国际组织的代表700多人出席了大会。

(吴志民)

**【第二十一届国际杨树会议】** 2000年9月24～30日在美国俄勒冈州的波特兰市举行。本次会议的主题是"杨树栽培如何满足社会与环境的需求"。出席会议的有41个国家与地区的约300名代表。我国由国家林业局派出以中国杨树委员会主席尹伟伦为团长的一行18人参加了会议。会上共收到论文225篇,其中中国代表共发表论文38篇。中国杨树委员会向大会提交了中国国家杨树报告,内容包括中国杨树资源与管理、杨树栽培、杨树育种、杨树病虫害防治及杨树加工利用的新进展。中国杨树栽培成就和杨树科研队伍的阵容强大,及中国杨树新品种的选育都引起了国际杨树界的重视。会上我国有近十位代表分别就杨树人工林集约栽培技术、转基因杨树育种、毛白杨的三倍体育种等方面进行了报告交流,中国杨树资源的丰富引起各国学者的兴趣。但我们在杨树分子生物学、遗传图谱构建、转基因技术育种及抗病抗虫良种的选育等距国际水平有较大差距。

与大会同时举行了国际杨树委员会的第四十届执行委员会会议和改选工作,我国尹伟伦教授再次当选为国际杨树委员会的执行委员。执行委员会对新一届执委会的工作进行了讨论,一致认为要明确杨树作为速生树种在21世纪将肩负满足社会发展和环境建设的双重需求,要加强杨树新品种的管理和登记工作,使世界上的杨树资源得到更好的利用。 (吴志民)

**【国际热带木材组织第二十八、二十九届理事会】** 国际热带木材组织(ITTO)第二十八届理事会于2000年5月在秘鲁举行,中国代表团出席了会议。

本届理事会主要讨论了1994年国际热带木材协定的到期问题。根据该协定规定,除非理事会以特别表决决定延长、重新谈判或终止协定,该协定在生效后4年期内有效。协定到期后,理事会可通过特别表决来决定延长该协定,延长以两次为限,每次3年。本届理事会一致通过延长该协定。经过代表团的努力,我国提交的热带人工林木材防腐技术的开发和推广以及中国南方散生竹可持续经营和利用项目获得理事会通过,总援助金额64.94万美元。此外,1998年第二十五届理事会审议通过的云南省热带阔叶树种造林技术开发与示范项目因捐助国荷兰政府改组原因拨款一直没有到位,经我国代表团多方工作,荷兰在此次会议上终于宣布确认拨款。本届理事会还决定给予我国一个奖学金名额。

国际热带木材组织第二十九届理事会于2000年10月30日至11月4日在日本横滨举行,中国代表团参加了会议。会议主要讨论了ITTO2000年目标和2001年工作计划、ITTO在国际森林领域的作用及与其他国际组织的关系、热带森林管理指导框架、红树林保护工程、建立ITTO森林可持续经营标准与指标监督体系的指导原则、木材认证、非法砍伐及木材非法贸易等重要议题。经过代表团的努力,会议审议通过了我国提交的中国热带天然林可持续经营标准与指标的研制和推广项目,受援金额为32.3252万美元。中国林科院陈绪和教授在会议上当选为ITTO造林委员会2001年主席。 （夏 军）

**【国际林联(IUFRO)第二十一届世界大会】** 2000年8月7～12日在马来西亚吉隆坡召开,来自有关国家和组织的2 000多名代表出席了本次林业科研盛会。马来西亚基础工业部长代表总理出席大会开幕式并宣读了总理讲话。

本次大会的主题是“森林与社会:科学研究的作用”,这一主题充分反映了全球对森林在环境改善与社会发展中的重要地位和作用,同时强调了林业科学研究活动在未来林业发展中的重要性。上届IUFRO主席Jeffery Burley教授在开幕式的致辞中指出,加强研究人员与决策部门之间的对话非常重要,IUFRO将在今后工作中继续保持与各种国际组织之间的紧密联系,鼓励科学研究的国际合作,促进研究人员与决策部门之间的沟通。

会议对IUFRO过去5年的工作进行了总结,并提出了今后的发展规划。同时对在林业科学研究中取得显著成绩的200多名科学家给予了表彰,中国林科院惠刚盈博士和加拿大的中国留学生韦兰鹏博士(广东林科院)获国际林联杰出博士研究奖。另有10位中国林业科研人员获国际林联科学成就奖。大会执委会还通过选举产生了IUFRO新一届主席、副主席和执行委员。中国林科院熊耀国副院长被推选为IUFRO新一届执委会委员,接替中国林科院洪菊生研究员的工作。

由中国林科院张久荣副院长率领的中国代表团一行9人出席了会议,另有来自中国林科院、东北林业大学、南京林业大学等科研院所和高等院校的30多名林业科研人员也参加了本届大会。 （胡元辉）

**【世界自然保护同盟(IUCN)第二届世界自然保护大会】** 2000年10月4～11日在约旦首都安曼召开,来自140多个国家近3 000人参加了本届大会,其中有许多国家派出了部长级官员。以马福副局长为团长,由外交部、国家林业局、国家环保总局和中科院组成的中国政府代表团共9人参加了会议,中国野生动物保护协会代表团和香港特别行政区渔农自然保护署的代表也参加了会议。

本届大会的主题是“生态空间”,会议的主要内容包括总结回顾IUCN过去4年的工作,审议今后4年发展规划、重点领域、相关预算,并选举产生了新的机构领导人和区域理事。会议还安排了以地球论坛为主线的内容丰富、形式多样的热点问题研讨,举办了12个专题研讨会,邀请许多知名科学家介绍自然保护相关领域最新研究成果与进展,内容涉及转基因工程、农业技术、病虫害防治、气候变化等诸多领域。本次大会还表决通过了《野生生物资源可持续利用》等一系列纲领性文件,肯定资源合理利用对保护的推动作用。这一观点与我国长期坚持的保护与合理利用有机结合的原则是一致的。

根据参会任务,中国代表团于会前反复研究了会议形势,确定了工作方案,准备了各类翔实资料。代表团抵达安曼后,首先大量散发了宣传材料,积极宣传我国加强自然保护的原则立场、方针和政策。马福团长在大会开幕前与IUCN主席、总干事进行了专门会谈,介绍了中国当前自然保护总体情况,就中方有关原则立场双方换了意见,强调指出了IUCN部分成员的不良政治倾向,要求IUCN高层予以关注,以防止这股潜流对IUCN促进自然保护国际合作的努力产生消极影响。在此基础上,代表团积极展开活动,主动寻求机遇,拓宽与有关国际保护组织加强国际合作途径,争取IUCN在华设立办事处和华南虎、扬子鳄等合作项目取得实质性进展;通过广泛争取各国政府代表和政府组织代表的支持,确保了我方候选人韩兴国顺利当选IUCN南亚及东亚区域理事;在提案磋商中,对5项涉及我国南海、西藏、台湾和大坝建设的提案,代表团与提案方进行了辩论,据理力争、以理服人,对自然保护政治化倾向则针锋相对,最终说服提案方收回1项提案、大会打掉1项提案,并且迫使其他3项提案获重大原则性修改,我方3项提案也终获大会顺利通过,维护了我国国家利益。

大会期间,中国代表团还积极参加了大会审议今后4年发展规划、资金预算等活动,参加了有关物种拯救、保护区、环境法、教育与交流、环境经济及社会政策、生态系统管理的信息和科技手段6个专业委员会和12个专题研讨会的学术活动,收集到大量有关自然保护的先进技术和管理经验等资料,对提高我国自然保护水平有较高的借鉴价值。

在本届世界自然保护大会上,中国代表团多角度、全方面参与了大会各项活动,不仅完成了各项参会任务,维护了国家权益,并在众多IUCN成员组织中进一步扩大了影响,树立了中国积极参与国际自然保护事务的良好形象。 （王维胜 胡元辉）

## 对外科技交流

【综　述】　2000年1月25日，李育材副局长在北京会见了加拿大自然资源部部长古德尔，并向加方部长介绍了我国西部大开发战略和林业生态环境建设的形势，双方表达了在《中加林业合作谅解备忘录》的基础上进一步加强合作的愿望。李育材副局长和加拿大自然资源部部长古德尔还共同出席了当天在北京举行的中加林业合作研讨会，签署了《中加森林防火培训合作意向书》。

2月，中澳农业合作协定下林业工作组会议在澳大利亚堪培拉召开，确定了2000～2002年中澳林业科技合作项目。

4月，王志宝局长率团访问美国，与美国农业部共同签署了《中华人民共和国国家林业局和美国农业部关于林业合作谅解备忘录》，使中美林业合作渠道的层次得到提高，领域扩大，访问取得了积极成果。

9月21～28日，王志宝局长率团赴芬兰出席了中芬林业工作组第十一次会议，会上双方签署了《中芬林业第十一次工作组会议议定书》，确定了2001～2002年度中芬林业合作的具体7个项目。

（章红燕　黄雪菊）

## 对外经济技术合作

【中国与德国合作项目】

### 中德财政合作生态造林项目

2000年，中德两国政府又批准了陕西延安、内蒙古赤峰、辽宁朝阳3个中德财政合作生态造林项目，德国政府提供无偿援助4 000万德国马克。

*中德合作陕西延安生态造林项目*　德国政府无偿援助1 200万德国马克。项目区为吴旗、志丹、安塞3个县，将营造防护林、经济林、农耕地边缘灌木林带共18 000公顷；建设林道50公里；建设节柴灶2 000个；建设苗圃、护林站等。中方配套资金2 700万元人民币。

*中德合作内蒙古赤峰生态造林项目*　德国政府无偿援助1 600万德国马克。项目区为巴林右旗、翁牛特旗、敖汉旗、松山区共4个旗（区），项目实施期8年，将人工造林、飞播造林种草、封（沙）山育林育草、人工种草、治沙造田等4 025万公顷，同时配备建设种苗、森林保护、营林道路、环境监测等工程内容。中方配套资金11 370万元。

*中德合作辽宁朝阳生态造林项目*　德国政府无偿援助1 200万德国马克。项目区为朝阳市所辖的北票市、凌源市、朝阳区。项目实施期5年，将营造防护林带15 200公顷，防护经济混交林带3 500公顷，封山育林3 800公顷，封山补植7 500公顷。同时配套建设种苗、森林保护、营林道路、环境监测工程等。中方配套资金2 700万元人民币。

随着1993年中德第一个财政合作陕西西部生态造林项目的实施，经过7年的艰苦努力，积极争取，中德财政合作项目已发展到15个，遍及我国长江中上游、黄河中游水土流失严重、生态环境恶化的陕西、湖北、湖南、云南、四川、重庆、安徽、江西、山西、河北、宁夏、内蒙古、辽宁等13个省（区、市）80多个县（市），设计造林总面积约45万公顷，德国政府提供无偿援助1.92亿马克。项目的实施对于恢复项目区的森林植被，改善生态环境，帮助农民摆脱贫困，鼓励农民参与生态林业建设，推动林业改革，加快林业发展起到了积极的作用。新的世纪，中德财政合作生态造林项目还将继续发展。

### 中德技术合作项目

*密云水库流域保护和经营项目*　德国政府无偿援助400万德国马克。项目的目标是：林业部门及水源保护部门与当地群众共同按当地居民需求和饮用水源保护的要求，成功地治理密云水库流域。制定并实施其有代表性的、可推广的密云水库水源保护区的可持续经营模式。项目的第一阶段（1998年9月至2001年8月）划定示范区，营造经济林，制定林业经营模式和小流域治理模式。项目短时间内取得的间接的积极影响很大。2000年5月，中德两国政府批准项目延期3年，德国政府承诺提供300万马克的无偿援助。

*海南、云南热带林保护和恢复项目*　中国的热带雨林主要分布在海南、云南两省，且林况在生态上尤其独特，拥有丰富的珍稀动植物。中德两国政府1997年9月2日批准两个合作项目，执行期4年，德国政府提供无偿援助资金共1 200万马克。项目旨在解决环境保护、男女平等和扶贫等综合性问题。为使中国热带雨林生态系统得到有效保护和可持续地管理森林资源，中德双方执行部门于2000年11月共同提出继续实施项目，开展项目的第二期合作。德国政府拟为二期投入350万马克。

（章红燕）

**【中国与荷兰合作项目】**

中荷财政合作广东湛江红树林保护和恢复项目　湛江市在其 1 538 公里长的海岸线上，有红树林约 12 400公顷，占全国红树林总面积的 50%以上，是中国面积最大、大陆种类最多的红树林，是我国不可多得的“海上森林”。

中荷政府于 2000 年 12 月 13 日签署了该项目的合作协议。荷兰政府提供无偿援助 5 468 475 荷兰盾(1 荷兰盾＝0.39 美元)，中国政府亦将为项目投入相当于 3 645 649 荷兰盾的人民币。

中荷技术合作云南热带林保护和社区发展项目　中荷政府于 1998 年 1 月 15 日签署合作协议。荷兰政府为项目提供 2 870 万荷兰盾，用于国内外咨询专家、车辆、设备、人力资源开发及社区发展等；中国政府对项目的投入主要用于项目人员和项目办公室的运行、保护区的各类房建、道路建设以及车辆等的运行费用。项目确定的目标为：加强保护区机构能力建设，减少人口对森林资源的压力，改善保护区对森林资源的管理，促进社区的经济发展。项目实施以来，在进行林业快速评估（RFA）、周边农村快速评估（RRA）、项目保护区管理能力评估以及培训需求评估的基础上，编制了 6 个保护区的初步综合管理计划，为项目的实施创造了条件。两年多来，项目共举办各类研讨班、培训班 81 个，参加人员达 2 500 余人次。除此之外，项目的实施促进了保护区的建设，扩大了项目保护区面积，并新建保护区生物走廊带共 94 942.9 公顷。社区项目的实施，为当地居民提供了大量的农村能源，减少了对森林能源的依赖，有效地促进了社区的发展。（章红燕）

**【中日技术合作项目】**

四川省安宁河流域示范林营造项目　中日两国政府于 2000 年 4 月 28 日签署了项目的实施协议会谈纪要，项目于 2000 年 7 月 1 日正式启动，执行期 5 年，由四川省林业厅负责具体实施。根据会谈纪要，日本政府将提供 5 亿日元的无偿援助。通过项目的实施和营造示范林，将为在这一地区开展植树造林提供有益的经验，形成当地居民独立开展造林活动的基础，进而进一步推动该地区的持续性造林活动。主要内容包括：开发造林用苗木的生产技术，营造示范林，培训技术人员，向当地居民普及推广育苗及造林技术。

中国人工林木材研究项目　中日技术合作中国人工林木材研究项目实施会谈纪要于 2000 年 1 月 14 日在北京签署。项目由中国林科院木材工业研究所负责具体实施。根据协议，日方将为项目提供约 8 亿日元的无偿援助。项目已于 2000 年 3 月 31 日正式启动实施。项目旨在加强中国林科院独立开展人工林木材基础研究的能力，进而提高中国人工林木材研究的水平。项目主要内容包括：开展人工林木材特性的基础研究；人工林木材化学处理的基础研究；人工林木材物理处理的基础研究。项目执行期限为 5 年。

中日开发调查合作四川省安宁河流域造林规划调查项目　实施细则会谈纪要于 2000 年 5 月 30 日签署，日方将提供约 3 亿日元的无偿援助。项目已于 2000 年 10 月 16 日正式开始实施，期限 22 个月，由四川省林业厅负责具体实施。项目旨在通过对上述流域的 5 个市（县）约 50 万公顷面积进行调查，制定出符合当地自然、社会、经济条件的造林规划，为大规模开展植树造林奠定良好的基础。（刘立军）

**【中国与全球环境基金合作项目】**

西部生态项目　全球环境基金(GEF)与中国财政部合作建立了中国-全球环境基金（GEF）战略伙伴关系，并基于 GEF-OP12 即综合生态系统管理的基本目标，开始了干旱生态系统土地退化防治的战略伙伴项目的准备。受财政部委托，国家林业局牵头协调农业部、水利部和国家环保总局执行该项目的前期准备工作。为促进这项工作，亚洲开发银行投入 10 万美元供中方组建项目办公室和中方专家组，聘请国际专家，编写项目概要。

援助湿地生物多样性保护与可持续利用项目　由全球环境基金援助、澳大利亚国际发展署融资的中国湿地生物多样性保护与可持续利用项目于 2000 年 7 月全面启动，召开了项目启动会，建立健全了各级项目实施机构，审议通过了项目启动报告，聘请了首席技术顾问，制定了 5 年工作计划，与项目合作实施机构签订了实施协议，完成了项目培训需求分析，开展了分包合同的招标工作，举办了 11 期国内培训班，为各级项目实施机构采购了办公等设备。（刘　昕）

**【中国与联合国开发计划署合作项目】**　2000 年，联合国开发计划署第四周期（1996～2000）援助的森林可持续经营能力建设、研究与推广项目（简称 109 项目，外援金额 90 万美元）、湖北西部乡村林业扶贫项目（简称 110 项目，外援金额 72 万美元）和中国执行联合国防治荒漠化公约能力建设项目（简称 111 项目，外援金额 110 万美元），自 1997 年启动以来，实施进展顺利。2000 年 8 月，独立国际专家组的终期评估和 11～12 月三方审评，对上述项目取得的成果表示满意，并建议及时推广项目经验、扩大项目成果。

3 年来，由中国林科院实施的 109 项目在森林可持续经营标准和指标的研制与测试、能力建设与推广方面取得了显著成果，并研制了《中国森林可持续经营标准与指标框架》。由湖北省鹤峰县政府实施的 110 项目运用国际先进管理模式和社区林业的思想，通过多层次技术培训、发展混农林业、建立联络员、农民技术员、示范户、农民自助组织等一系列服务网络，采用“五个到户”（档案、规划、培训、受益和监督到户）的扶贫开发模式，提高了农民的素质和自我脱贫能力，促进了贫困农民脱贫和贫困地区的可持续发展，对项目地区的扶贫攻坚起到了很大的推动和示范作用。由国家林业局防治荒漠化中心实施的111项目，通过建立实验示范点、技术培训与推广、建立国家级监测与评价系统和荒漠化信息交换网络等一系列项目活动，在国家防治荒漠化监测与评价体系与信息网络的建设以及技术培训和推广方面取得了很大的成绩，有力地促进了我国干旱地区防治荒漠化实用技术的研制、推广和应用。（吴志民）

**【中国与联合国粮农组织合作项目】** 2000年，联合国粮农组织援助我国的林业项目进展顺利。中国三北地区造林项目（外援金额169万美元）在杨树和松树引种、杂交育种、育苗造林新技术、增加固氮植物提高防护林效益、针叶树容器育苗、建立科尔沁沙地复合经营示范模式等方面的研究工作按计划顺利进行。亚洲部分国家林业市场化改革区域项目经过3年多的实施顺利结束，项目组织的林业政策研究、培训和学术研讨、信息交流等活动，增进了我国林业部门与项目其他参与国（缅甸、蒙古、越南）以及国际林业界的相互了解和交流，在提高我国林业政策研究、制定、分析和决策咨询能力等方面，起到了积极的促进作用。

2000年，联合国粮农组织和意大利政府又批准实施了湖北鄂州生态防护林建设项目（外援金额52万美元）。该项目于2000年8月启动，目前进展顺利，已建立了省、市两级项目办公室完成了办公设备的采购，举办了一期项目培训班，高标准完成了660公顷的冬季造林任务。粮农组织亚太示范林建设区域项目（总金额158万美元），于2000年5月在我国浙江临安市召开了项目启动会，来自中国、缅甸、菲律宾和泰国4个项目国家以及有关国际组织的代表共60余人参加了启动会。中国林科院作为中方项目实施单位开展了卓有成效的工作，在该区域项目中发挥了比较重要的作用，得到了粮农组织和其他项目成员国的赞赏。

（吴志民）

**【中国与国际热带木材组织合作项目】** 2000年，我国与国际热带木材组织合作项目进展顺利。正在执行项目5个，分别是中国林科院执行的中国热带森林资源价值核算及纳入国民经济核算体系的研究、建立可持续的中国热带林产品信息系统项目、中国南方丛生竹可持续经营和利用项目，广东省林科院执行的热带人工林木材防腐技术的开发与推广项目、中国林科院与云南省林科院共同执行的云南省热带阔叶树种造林技术开发与示范项目。

2000年的国际热带木材组织第二十八、二十九届理事会共审议批准了我国3个新项目，总金额约97.3万美元。（夏　军）

**【中国与世界自然基金会合作项目】** 根据国家林业局与世界自然基金会（WWF）2000年签订的《国家林业局与世界自然基金会2000年合作项目年会谅解备忘录》，2000年12月底，马福副局长和世界自然基金会总干事克劳德·马丁签署了全国大熊猫种群和栖息地调查项目（第二部分）合同书。根据该合同书，从2000年5月10日至2002年6月30日，WWF将对岷山和相岭地区的大熊猫调查提供总金额为4 000 367元人民币的支持，主要用于人员培训、野外调查、数据分析、资料印刷、购置相关设备等活动。

该项目的实施将有助于更好地开展全国大熊猫调查，充实调查资金，并且有利于在国际上宣传我国的大熊猫调查活动和获得的成果。（郭瑜富）

**【日中绿化交流基金项目】** 根据1998年江泽民主席访日和1999年日本首相小渊惠三访华时，两国领导人就加强双方在植树造林和森林保护领域合作达成的共识，1999年11月，中日两国政府签署换文，决定设立中日民间绿化合作委员会，指导两国民间绿化合作事业。同时，日本政府出资100亿日元，设立专项基金，对合作项目提供资助。经国务院批准，中日民间绿化合作委员会中方由国家林业局牵头，外交部派员参加。同时在日本国内日本国土绿化推进机构设立委员会事务局，作为基金的具体运行单位。中方委员会委托国家林业局对外合作项目中心负责中方民间团体申请项目的受理、审查、初选和报批及与日方事务局的联系和协调，并具体指导和监督项目的实施。1999年3月底，在日本东京召开了中日民间绿化合作委员会第一次会议，双方就基金项目合作的方向和重点进行了磋商。2000年10月8日，在北京昌平举行了北京纪念林营造仪式，标志日中绿化交流基金合作项目正式启动。（许强兴）

## 林业世界银行贷款项目

**【综　述】** 2000年，林业世界银行（以下简称世行）贷款项目紧紧围绕新形势下林业的改革和发展的重点，特别是扩大开放和天然林保护工程这两大领域，实现了“整体推进，重点突破”的工作总目标。

林业持续发展项目（FSDP） 经过2000年的艰苦努力，最终与世行确定了FSDP的宗旨、目标与内容。

①项目的宗旨为:通过采用新的方法,以保护和持续经营天然林,改善和提高林区农村群众的生活水平。②项目的目标为:探索先进的天然林可持续经营模式,加强生物多样性的保护;发展人工商品林,解决我国日益严重的木材短缺问题。③项目的内容包括三部分:一是天然林管理,将由欧盟提供1 500万美元赠款,支持四川、湖南、海南3省的6个重点县的21万公顷天然林管理;二是保护地区管理,将由全球环境基金提供1 600万美元赠款,支持湖北、海南、湖南、四川、贵州、云南、甘肃等7个省的13个保护区的建设;三是人工林营造,将由世行提供9 500万美元贷款,支持安徽、湖南、山东、辽宁等11个省的110个县的25万公顷商品人工林发展。

2000年5月,世行派出20多人组成的团组对FSDP进行了预评估,为此国家林业局世行中心做了大量的准备工作:①人工林营造部分。在对大量材料进行分析和研究的基础上,编制了项目涉及的36个树种的造林模型43个;根据项目的需要,制定了科技推广与培训计划、苗木标准和苗圃管理技术规程、环境保护管理规程、病虫害监测和农药使用计划、物资设备采购管理计划、社区林业评估工作提纲。②保护地区保护部分。分别编制了13个保护区的管理计划;开展了保护区内或周边社区磋商和社会经济评估,完成了13个社评报告、相关省自然保护区机构能力建设方案。③协调和配合国家林业局天保中心做好天然林管理部分的有关准备工作。通过认真扎实、细致耐心的工作,顺利通过了预评估,并基本达到了预期的目标。

*贫困地区林业发展项目(FDPA)* 2000年FDPA进入了第二个实施年度,两年共完成造林32万公顷,造林质量全面达到了预期标准。国家林业局世行中心以完善管理、强化培训、增加科技投入为手段,以提高质量为目标,做了一些工作,归纳起来主要有:①强化以"资金报账"和"检查验收"为主要内容的质量管理。首先,在坚持各级项目办全面推行计划、质量和财务三方面把关的"联锁"报账办法,把"报账"这一手段全方位地与项目实施要求挂起钩来,真正发挥"报账"在提高项目实施水平上的调控作用。②抓点促面,进一步强化项目管理和规范实施要求。为了使项目实施既符合我国林业实际又能达到世行对扶贫项目的要求,这一年世行中心突出抓了项目综合示范县的建设和管理工作,以求实现以点促面的工作效果。为此,在充分理解项目目标、世行的要求和有关标准的基础上,制定了项目《综合示范县建设和管理意见》,并以此为中心内容,于2000年6月份召集12个项目省有关人员进行专门研讨,形成了最终的决议,并予以颁布执行。③狠抓科技推广与培训工作,以提高基层项目管理人员与农户指导和实施项目的水平,这一年按照项目科技推广与培训计划,以及项目实施的需要,一方面,做好了中央级项目科技推广与培训工作,于7月底举办了一次大型培训班,并全面完成了山西隰县和湖北阳新两个科技推广示范县的建设工作。另一方面,指导和督促各项目省(区)开展其省(区)内的项目培训工作,据统计,全年举办各级培训班5 500期,培训人员35万多人次,其中有近26万多人次的农民得到了培训。

*国家造林项目(NAP)* 2000年3月召开了NAP竣工总结会议,李育材副局长作了《总结经验,发扬成绩,再接再厉,为新世纪林业的大发展再立新功》的讲话,对多年战斗在世行贷款战线的同志们振奋精神、激扬斗志、坚定信心,以崭新的姿态踏入林业建设的新征程,开创林业外资项目的新局面起到了很好的作用。同时,世行中心组织10多个省对世行贷款项目的建设成效和经验,在《中国绿色时报》上做了一次全面的反映,向整个林业系统和全社会作了一次系统的汇报,收到了很好的效果。

*森林资源发展和保护项目(FRDPP)* FRDPP经过5年的实施,共完成造林102万公顷。2000年是项目实施结束之年,这一年重点抓了三件事:①制定出项目竣工总结方案,为2001年项目的竣工总结打下基础。②督促各项目省(区)按照1998年制定的项目幼林"保护一类林、转化二类林、抢救三类林"的经营方案,加强幼林管理。③根据项目幼林即将进入第一次间伐的需要,制定间伐试验、示范方案,并加以落实,为今后项目幼林提供科学的依据。

*自然保护区管理项目(NRMP)* NRMP是由全球环境保护基金(GEF)提供1 790万美元的援助项目,2000年是项目实施的扫尾年。按照分工,世行中心在与保护司共同对项目全面实施工作进行指导、监督和强化质量管理的同时,很好地履行了职责,使这三方面的工作均按计划得以顺利进行。

*全面做好外事接待和考察、培训工作* 2000年世行中心外事接待和对外联络工作十分繁重,这一年完成了15批次、共计近80人次的世行检查、咨询组接待工作,主要包括:2次共计1个月的FDPA和FRDPP项目实施检查组、3次为期21天的NRDP项目检查和咨询组、10次共计近50天的FSDPP项目准备工作检查咨询、预评估组;赴加拿大、美国、澳大利亚、新西兰等4个团组,共计53人的国外林业技术和管理考察、培训计划。

(宋士奎 王 俊)

**【贫困地区林业发展项目】** 2000年,各项目省造林进展情况良好。据统计,共营造人工林146 661公顷,占年度计划180 641公顷的81.19%。其中,用材林71 277公顷,经济林3 848公顷,竹林36 936公顷。在各项质量指标中,一级苗使用率为97.72%,整地合格率为97.63%,环保合格率为98.03%,造林成活率94.69%。没有完成造林计划的主要原因是干旱等气候原因。

2000年各项目省为造林的苗木准备做了大量的

工作，共培育苗木 32 179 万株，其中经济林 3 719 万株，用材林 28 388 万株，其中容器苗 3 749.46 万株，裸根一级苗 27 342.46 万株。

2000 年 6 月，世行中心召集 12 个省项目办主任，针对世行备忘录中的建议和意见，以及项目实施过程中存在的问题，举办了专题研讨会。这次研讨会主要对造林作业设计、造林实体与上一级转贷合同及股份林场内部农户之间的转贷合同、苗圃管理等三个问题进行研究。经过为期三天的讨论，各项目省对实施过程中遇到问题的薄弱环节有了更清楚的认识，对今后工作中怎样进行规范指导有了明确的思路，形成了统一的要求，为今后的项目实施打下了良好的基础。

11 月，世行中心根据世行备忘录中的建议并结合实际情况下发了关于做好作业设计的通知，要求各省项目办重点督促各项目县认真做好 2001 年的造林施工设计，尤其要注意"一表三图"及环保措施的落实情况，同时对经济林树种的造林设计中增加了经济林授粉树的配置设计。

1999 年共有 187 个县的 1 050 个乡、3 713 个村、184 120 户农户、1 086 个集体林场和 7 057 个股份林场参加项目。2000 年共有 151 个县的 888 个乡、2 998 个村、155 965 户农户、1 122 个集体林场和 6 485 个股份林场参加项目。从实施面的情况看，基本符合项目扶贫的宗旨。

科技推广与培训工作进展顺利。主要开展了以下工作：①制定并颁布了《贫困地区林业发展项目科技推广与培训计划实施管理办法》；②制定并颁布了《贫困地区林业发展项目环境监测方案》；③举办了贫困地区林业发展项目中央级环境保护技术、病虫害防治技术和农业推广方法培训班，培训 12 个项目省（区）及其重点（县）市的技术人员 60 人，12 个项目省（区）共举办省（区）级技术培训班 67 期，共培训县级技术人员3 145人次，近 180 多个项目县（市）共举办县级技术培训班1 829期，共培训乡（镇）技术人员和骨干农户93 729人次，1 000 多个项目乡（镇）共举办乡级技术培训班 3 684 期（次），共培训项目农户 257 489 人次；④制作了近 20 种经济林栽培技术录像带共计 800 多盘，并且将其发放到 12 个项目省（区）和 180 多个项目县（市），作为科技推广与培训的声像教材；⑤在山西省隰县和湖北省阳新县建立贫困地区林业发展项目中央级科技示范区。计划在山西省隰县建成杏、梨、核桃、刺槐等树种的育苗、丰产园、低改园和品种园共 10 个科技示范样板和一套完整的科技推广与培训系统；在湖北省阳新县建成板栗、枣、桃、柿子、竹、杉木等树种的育苗、丰产园、低改园和品种园共 16 个科技示范样板和一套完整的科技推广与培训系统；⑥在 12 个项目省（区），营建了经济林、用材林和竹林等三类科技示范林共计 14 397.23 公顷。

截至 2000 年底，整个项目已使用信贷资金 3 926.05万个 SDR，占协议信贷额 7 430 万个 SDR 的 52.84%。其中第一类别——物资 610.85 万美元，折合 462.77 万个 SDR；第二类别——造林 37 600.4 万元，折合 3 448.57 万个 SDR；第三类别——咨询服务 11.8 万美元，折合 8.94 万个 SDR；第四类别——乡镇企业 62.96 万元，折合 5.77 万个 SDR。2000 年使用信贷资金 2 976.38 万个 SDR，其中第一类别——物资 436.98 万美元，折合 331.04 万个 SDR；第二类别——造林 28 774.01万元，折合 2 635.85 万个 SDR；第三类别——咨询服务 4.91 万美元，折合 3.72 万个 SDR；第四类别——乡镇企业 62.96 万元，折合 5.77 万个 SDR。

2000 年各省配套资金筹集情况比较好，当年整个项目已到位配套资金 13 328.93 万元，其中省级 5 348.55万元、地（市）级 895.89 万元、县级 4 195.98 万元、造林单位 2 888.51 万元。

2000 年 9 月，世行中心在济南市举办了林业世行贷款项目财务管理培训班。培训班上，世行中心宋士奎主任作了讲话，对切实加强林业世行贷款项目资金与财务管理工作提出了具体要求。各项目省逐项汇报了审计意见的落实情况和整改措施，审计报告中所披露的问题已全部得以落实和解决。

国家林业局世行中心在实际调查的基础上，详细分析了各省造林提款报账中经济林的实际成本情况，申请将原经济林成本支付计划平均提高 10%，于 2000 年 5 月得到了世行的批准。

（王　俊　董　晖　兰再平）

**【森林资源发展和保护项目】**　2000 年是世行贷款森林资源发展和保护项目（FRDPP）建设的最后一年。FRDPP 的实施主要是围绕幼林管抚工作展开，并按照 1999 年 12 月世行项目检查组备忘录中提出的各项建议和意见，在改善人工林的质量控制方面采取了措施。

造林计划的实施　各项目省（区）按照实施计划和造林模型，对 1997、1998 和 1999 年的幼林进行抚育。据检查验收结果，2000 年幼林抚育面积共计约 30 万公顷，幼林抚育率 100%，质量达标率都在 98%以上。

1. 人工林质量管理。为了切实落实 1999 年 12 月世行项目检查组提出的建议，国家林业局世行中心 2000 年 2 月向各项目省（区）发出了《关于下发世行检查组备忘录和交叉检查汇总报告的通知》，要求各项目省（区）在当年的项目执行中，加强项目管理，认真抓好项目后期管抚工作。

各省（区）认真贯彻落实《通知》的精神，重点抓了因类施策、分类经营。①根据造林模型继续对一类林进行抚育，及时间伐，并做好森林防火和病虫害的防治工作，以确保到主伐时仍为一类林。②对于二类林加大了管理措施，特别是采取施肥和加强抚育等措施，改善幼林的生长环境，促进其尽快转变为一类林。搞好补植，确保造林面积和报账面积相符。对那些因气候、病虫害和人为等因素造成死株或缺株的林分，抓紧时间利用春季造林补植上。③对于有条件的三类林进行重造。④建立了护林责任制，分片包干，责任到人，加强项目林的管护，巩固造林成果。⑤做好项目竣工验收准备工作，提前着手准备有关资料的收集、整理和分析。

2. 间伐。根据世行检查组的建议，世行中心召集中国林科院和有关省，对项目林的间伐管理技术进行了研究。根据中国林科院10多年的间伐试验研究，并结合项目地区不同地理区域、土壤肥力类型和不同气候类型的主要树种幼林生长情况进行分析，形成了《世行贷款项目主要造林树种人工林间伐研究报告》，已报世行进行审查。

3. 环境保护与幼林健康状况。总体上，2000年，各地环境保护规程执行情况是良好的。针对世行备忘录的意见，相关省在幼林抚育中改进了环保措施，即在幼林抚育中以有利于造林树种生长且不加剧水土流失为原则。一般采取局部抚育方法，扩穴、松土、清除栽植穴内杂草等。清除的杂草要留在原地，以覆盖地表，增加林地有机质。根据各项目省提交的2000年检查验收报告，该年项目林未发现大的病虫危害和森林火灾的危害。

*项目后续运营计划* 世行中心召集中国林科院和有关省，对项目林的间伐管理技术、幼林的防火、防病虫害等后续运营计划进行了研究。

1. 总的原则。一要坚持质量第一，效益优先的原则。项目后续运营计划要紧紧围绕巩固和提高林分质量，确保经济效益这个中心来展开。二要按照投入产出比合理的原则制定技术措施和经济投入。三要遵循技术措施与行政、政策措施相结合的原则。四要坚持造林单位为主，其他协助为辅的原则。

2. 制定项目后续运营计划的具体思路：①根据1998年对幼林的摸底结果，针对一、二、三类林的林分情况，实行分类经营（重点是抚育、间伐、修枝等的安排）。在1999年各地制定的“保一转二抢三”经营方案的基础上，督促各地严格按方案实施。②强化幼林的常规管抚，避免项目林分的自然损害和人为破坏。项目林分后期常规管抚内容主要是“三防”，即防火、防病虫害、防偷盗和牲畜破坏。对于这一工作，主要是组织和督促各级项目办，将其移交给同级林业主管部门，纳入其正常职责范围。③筹措必要的经费，保证项目后期管理工作的顺利开展。对于后期管理所需资金，将以造林实体自筹为主，林业部门拨一点的办法进行筹措。④进一步落实现有林业政策，使项目造林单位真正成为自主经营的实体。主要包括：项目造林实体所有制的巩固与完善，利益分配的确定和完善，以及其他营林优惠政策的争取和安排。

*科研和推广* 6月14、15日，世行中心在中国林科院召开了世行贷款FRDPP科研推广中心课题组组长会议。会议主要内容有：总结和交流FRDPP各科研推广课题5年多来的成效和经验；讨论FRDPP全面检查总结提纲，部署课题和项目科研推广部分的全面总结工作。②按照全面总结FRDPP科研推广工作的部署，各中心课题组按照FRDPP科研推广工作全面检查和总结提纲的要求，积极开展总结工作。

*森林资源发展和保护项目资金和财务管理情况*

1. 信贷资金的使用。截至2000年底，整个项目已使用信贷资金13 631.09万个SDR，占信贷资金总额14 170万个SDR的96.20%。其中货物、营林、技援、科研分别已使用信贷950.43万个SDR、12 597.54万个SDR、47.12万个SDR、36万个SDR，分别占信贷协定各类别分配额的100%、96.0%、83.58%、100%。项目所有物资采购和科研合同已支付完毕。2000年共提取信贷资金1 959.98万个SDR，其中营林1 937.98万个SDR、技援12.78万个SDR、科研9.22万个SDR。

2. 信贷资金的运转。财政部将信贷资金下拨到各省财政厅，再由其层层下拨直至造林单位，平均需要2个月左右的时间，项目资金运转基本正常。

3. 配套资金到位情况。在审核营林信贷资金提款报账的同时，各级项目办严格审查配套资金的到位情况。2000年，配套资金实际到位2 071.90万元，占当年计划的104.8%，其中省、地、县、造林单位分别到位609.09万元、168.24万元、832.85万元、461.72万元，分别占各级计划的118.9%。88.2%、101.4%、102.2%。

4. 申请调整信贷协定各类别核定金额。项目采购业务已全部完成；技援和培训在完成计划任务的情况下，将有资金剩余；而由于近年来苗木价格的上涨，营林资金出现缺口。为了保证项目资金更加充分、有效地使用，4月，世行中心自1997年第一次调整信贷各类别限额以来，再一次向世行项目检查组提出信贷资金类别调整计划，申请将第一类别（货物）全部剩余资金525 740个SDR，第三类别（技援）完成现有任务后剩余资金206 260个SDR调到第二类别（营林）中使用。此项申请于2000年8月2日得到了世行的批准。

5. 为项目竣工验收做好准备工作。在9月举办的财务管理培训班上，各省项目办的财务人员对项目竣工验收财务部分需要完成的数据收集和资料整理工作进行了研讨。（陈京华 董 晖）

**【国家造林项目还贷】** 为以实际行动落实国务院关于实施天然林资源保护工程的战略决策，解决世行贷款林业项目因禁伐林木而产生的还贷困难问题，经充分研究与协商，财政部以财际[2000]33号文调整了世行贷款国家造林项目的转贷条件，即降低利率并延长贷款期限，以缓解在天保工程实施期间各项目单位的还贷压力。具体调整内容如下：①调整贷款期限。该项目原8年的宽限期保持不变，还本期由12年延长为

17年(即从1998年8月20日至2015年2月20日,其贷款期限由原来的20年延长为25年)。②调整贷款利率。将外汇部分贷款的利率由4%调减为3%,人民币部分的利率由6%调减为4%。③自1999年8月21日起,还本付息额执行新的转贷条件,该日以前计收的还本付息额不作调整。经过本次调整,项目单位面临的还款压力有所缓解。至2000年12月31日,各省累计应还款折合人民币7.7亿,累计已偿还折合人民币5.2亿,完成率为68%。(刘玉英)

**【自然保护区管理项目】** 2000年是由全球环境基金资助的自然保护区管理项目实施的第六年。项目开展的主要活动包括:

1. 加强自然保护区管理。项目保护区的管理计划都获得了世行的批准。大部分土建工程(包括:哨卡、保护站、保护区办公楼、电话线、水电站、苗圃、观鸟者宿舍、电网连接、观察塔、船坞)都已建设完成。大大加强了项目保护区基础设施的建设,为进一步加强野外保护和管理提供了良好的基础。武夷山保护区的生物走廊带也已建设完成。

2. 宣传教育和社区参与。3月在云南举办了社区教育研讨会,交流了云南社区教育试点的经验,讨论了环境教育指南。7月出版了社区环境教育指南。各项目保护区都建立了信息咨询服务站,制定了社区教育计划,并开展了社区教育活动。太白山保护区继续开展了与宗教人士的联合保护。项目还与世行专家一起对项目社区投资基金的实施情况进行了总结和评价。

3. 长青林业局转产工作。由全球环境基金赠款资助的长青商贸公司的林海大酒店于9月8日正式开业,至此项目资助的转产建设工作均已完成,长青林业局转产安置工作已经结束,各自进入正常的运作。

4. 加强机构能力建设。项目资助的3项政策研究已完成了研究报告。全国林业系统自然保护区保护计划正在加紧进行。组织了社区共管人员进行了互相访问和经验交流。开展了从巡护员到保护区局长的各类培训。项目还资助进行了选拔人员的学位学习。初步完成保护区管理计划指南草案的制定工作。项目实施的经验教训和有关培训教育的内容制作了VCD。

5. 信息系统的建设。项目资助进行了生物多样性信息系统(BIMS)的重新设计和完善工作,并给项目有关保护区和项目省保护办安置了新的系统。项目还资助国家林业局保护司、云南省林业厅保护办的GIS系统的运行。各项目保护区都按照管理计划对生物资源的监测和数据收集分析工作。

6. 科研工作。各保护区均完成了科研室或野外实验室的修建工作,并继续开展有关科研课题。项目资助的21个小型科研基金课题在2000年继续进行。

7. 项目原定在2001年6月实施结束,根据项目实施的具体情况,经与世行商定,项目的实施期将延长到2001年年底。(胡柏炯)

**【林业持续发展项目准备工作】** 林业持续发展项目已于1998年列入我国政府和世行1999~2001年3年滚动计划,从1999年初开始正式准备。

2000年2月,世行派专家组对项目的准备工作进行了检查,2000年5月项目通过了世行的预评估。国家林业局于2000年4月和11月向国家计委报送了项目建议书。

通过多次磋商,中方与世行就项目的目标、布局和投资初步达成了一致。该项目的宗旨是通过采用新的方法,以保护和持续经营天然林资源,改善和提高林区农村群众的生活水平。①探索先进的天然林可持续经营模式,以改善天然林管理,提高林区群众的生活水平,并为今后制定天然林管理政策提供依据。②建立先进的自然保护区管理模式,加强生物多样性保护。③发展人工商品林,解决我国日益严重的木材短缺问题。

项目由三个部分组成,即天然林管理,保护地区管理和人工林营造。①天然林管理部分确定在四川、湖南和海南3省6个县实施。②保护地区管理部分计划在四川、湖南、海南、贵州、湖北、甘肃和云南7省13个保护区实施。③人工林营造部分计划在河北、山西、辽宁、安徽、山东、河南、湖北、湖南、海南、四川、甘肃11省110个县实施。

项目的内容及规模为:①天然林管理部分的主要内容包括:开展资源评价;制定参与性的森林管理计划;制定并实施森林经营方案;从事监测与评价;开展技术培训;从事技术推广;发放小额信贷和开展小规模乡村基础设施建设。该部分将在四川、湖南和海南3省6县的重点天然林地区实施,实施面积涉及21万公顷。②保护地区管理部分的主要内容包括:加强保护区管理;促进当地社区参与保护区管理,提高自然资源的可持续利用性;增强项目区生物多样性保护机构的能力,促进成果的推广。该部分涉及的保护面积为50万公顷。③人工林营造部分的主要内容包括:营造用材林,包括建筑材、纸浆材等;营造经济林;支持人工中幼林抚育间伐活动;提供技术支持服务。该部分计划营造用材林9万公顷,竹林3万公顷,经济林7万公顷,人工中幼林间伐6万公顷,共计25万公顷。项目的建设期为6年,从2001年至2007年。

项目的总投资为2.32亿美元(折合19.256亿元人民币)。其中资金主要来自:①天然林管理部分中请欧盟赠款1 500万美元(折合1.245亿元人民币);保护地区管理部分申请全球环境基金赠款1 550万美元(折合1.2865亿元人民币);人工林营造部分申请世行贷款9 500万美元(折合7.885亿元人民币)。赠款和世行贷款合计1.255亿美元(折合10.4165亿元人民币),占总投资的54%。②省、地、县和造林实体配套资金1.065亿美元(折合8.8395亿元人民币),占总投

资的46%。（王周绪）

【物资设备采购与管理】 2000年通过国际、国内竞争招标及货比三家询价采购等方式，为贫困地区林业发展项目完成采购合同6个，完成采购金额341.67万美元，其中采购复合肥2 200吨，用汇34.72万美元；尿素2 625吨，用汇31.45万美元；过磷酸钙950吨，用汇4.54万美元；氯化钾245吨，用汇3.65万美元；护林防火指挥车77辆，用汇218万美元；轻型货车23辆，用汇30万美元；计算机37台，用汇3.78万美元；激光打印机32台，用汇1.37万美元；复印机16台，用汇4.36万美元；传真机19台，用汇1.1万美元；育苗设备18台（套），用汇5.5万美元；林木良种4万磅，用汇5.5万美元。除化肥外所有设备及林木良种均已经过项目单位验收，并已投入使用。（杨柏权）

【世行贷款林业项目对外联络】

1. 接待世行林业贷款项目检查组。①应财政部邀请，以沈苏珊为组长的项目工作组，于2001年2月8～23日来华，对拟由世行及有关捐助机构资助的林业持续发展项目进行了预评估，并赴安徽、河南、湖南、海南、四川、云南省工作；②应财政部邀请，以刘瑾为组长的世行中国林业项目检查组于2000年4月14～24日赴河北、江西省，检查了森林资源发展和保护项目、贫困地区林业发展项目的实施情况；③应财政部及国家林业局邀请，以刘瑾为组长的世行林业持续发展项目人工林子项目工作组于2000年4月30日至5月10日赴河南、甘肃省，检查了项目的准备情况；④应财政部及国家林业局邀请，以沈苏珊为组长的林业持续发展项目工作组，于2000年4月25日至5月14日赴湖南、海南、四川，检查了项目天然林子项目、保护地区子项目的准备情况；⑤应财政部邀请，以刘瑾为组长的世行中国林业项目检查组于2000年10月9～25日赴山西、云南省检查了森林资源发展和保护项目及贫困地区林业发展项目的实施情况。

2. 林业持续发展项目国际技术援助。2000年2～10月，根据国家林业局和世行商定的林业持续发展项目的准备安排并应国家林业局的邀请，社区发展专家麦科米克先生、培训专家毕蔚林先生、自然资源管理专家阿施先生、用材林专家普尔先生、保护规划专家考科思先生、社会学家沈楠女士、经济林专家科西约先生等7名国际专家相继来华并赴有关项目省，为林业持续发展项目的项目准备工作提供了咨询服务。

3. 世行贷款林业项目国外考察和培训。①根据森林资源发展和保护项目信贷协定和评估报告中技术援助的安排及项目实施的需要，世行中心组织派出了2个为期各2周的考察组共30人分别赴美国和澳大利亚，对人工林幼林抚育管理进行了考察；世行中心还组织选派了7名具有一定英语基础的项目技术骨干赴加拿大进行了为期3个月的英语和项目管理培训；②根据贫困地区林业发展项目信贷协定和评估报告中技术援助的安排及项目的实际需要，世行中心组织派出了由国家林业局和项目省共13人组成的考察组，赴新西兰考察了用材林和经济林的经营管理，为期2周。

（王　宏）

# 林业科学技术

## 林业科研管理

**【国家林业局科学技术委员会】**

2000年是我国林业取得重要进展的一年，国家林业局科学技术委员会在局党组的正确领导下，在各有关单位的大力支持下，紧密围绕林业中心任务，认真开展咨询、审议和论证工作，积极宣传林业各项方针、政策，提高了林业综合性重大问题的决策水平，大力加强自身建设，求真务实，开拓进取。

*认真组织专家对林业重大问题进行审议和论证，促进重大决策的科学化、民主化* 科学技术委员会注重发挥专家的集聚功能和参谋作用，先后对《林业“十五”计划和到2010年长期规划》、《2000～2050年全国野生动植物及其栖息地保护总体规划》、《长江中下游、淮河流域防护林体系建设工程总体规划》、《2001～2005年年森林采伐限额》等国家林业局的一系列重要规划和重大问题进行了审议和论证。如在对《“十五”计划和到2010年长期规划》的论证中，专家认为，规划是新世纪的第一个中长期规划，必须做到高层次、高起点、高质量；提出在总体规划布局中，应按照中央实施西部大开发战略的需要，将林业建设任务和重点向西部地区倾斜，特别是加大西部林草植被建设的力度，注重质量和效益；强调林业两大体系建设要均衡、有序、协调发展；抓紧建立林业生态效益补偿基金制度；加大对林业企业的资产重组、资本运行、产权制度等方面的改革力度等。这些意见和建议，提高了规划的战略性、科学性和针对性，受到了局领导的好评。

*加强宣传工作，正确引导社会舆论，提高社会对林业的认识* 2000年，党中央、国务院向全国人民发出了实施西部大开发战略的号召，并把生态环境建设作为西部大开发的根本和切入点。西部地区自然条件恶化，水土流失严重，生态环境十分恶劣，如何搞好西部地区的生态环境建设，倍受社会各界瞩目。科学技术委员会及时组织专家撰写了《西北地区植被建设与水资源关系》、《西部开发的生态环境建设要科学设计》、《合理选用植物材料和实施工程责任制》、《荒漠化地区植被恢复与重建的科学建议》、《黄土高原恢复林草植被的必要性与科学性分析》、《森林非万能，没有森林则不行》和《生物措施是防治荒漠化的根本措施》等系列文章，在《科技日报》、《中国绿色时报》等报刊上相继发表，对正确引导公众舆论，形成社会共识，为更好地判断、理解和支持林业发展产生了积极影响。专家们的文章为西部地区的植被恢复与重建，荒漠化防治等工作提供了参考和依据。

2000年春天，我国西北东部、东北西南部、华北北部等地连续出现大范围、高强度、多频次的沙尘暴天气，得到了中央领导和社会各界的普遍关注。科学技术委员会及时主持召开了沙尘暴成因与对策研讨会，提出应立即制止滥垦、滥牧、滥伐、滥采和滥用水资源的“五滥”问题，通过固沙造林、恢复和发展植被，以减轻沙尘暴的发生程度，减少损失。强调要从战略高度认识防止荒漠化的重要性和紧迫性，从更高层次上制定一个综合性、战略性的长远规划，进一步实行优惠政策，加大资金投入，强化科技支撑，完善有关法律法规的建议，得到国家林业局领导高度评价。《人民日报》、《科技日报》、《光明日报》、《中国绿色时报》、新华社、中央电视台、北京电视台、中央广播电台和新华社等19家重要新闻单位均对此进行了报道，在社会上引起强烈反响，收到了良好的效果。

*组建国家林业局西部地区生态环境建设专家咨询委员会* 为更好地落实党中央、国务院关于实施西部大开发战略，确保“长江上游、黄河上中游国家造林绿化工程”、“防沙治沙工程”和“天然林资源保护工程”等一系列重大林业生态工程的顺利实施，促进决策科学化、民主化，2000年，根据国家林业局党组的批示，由科学技术委员会负责，组建了国家林业局西部地区生态环境建设专家咨询委员会。该委员会由38个单位的55位专家组成，除了林业领域专家外，还吸收了中国科学院、中国工程院、中国科学技术协会、中国社会科学院、中国农业科学院、北京大学、中国农业大学、

国家发展计划委员会、科学技术部、财政部、水利部、国土资源部、国家计划生育委员会等非林业部门的知名专家参加。国家林业局西部地区生态环境建设专家咨询委员会成立后，科学技术委员会通过不同形式，充分发挥专家的作用，不少专家参与了对西部地区重大生态环境建设工程的评估和论证，深入实地调查研究，提出了许多合理化建议。

2000 年 9 月，中国科学技术协会在西安召开了建国以来参加人数最多、规模最大的大型学术年会，以李振声、江泽慧为首的 8 位专家，建议把陕西建设成为西部生态省，受到了陕西省委、省政府的高度重视。

（李晓华）

**【科技期刊工作】**

调整林业科技期刊结构　根据科学技术部《关于落实中办发［1999］30 号文件精神调整科技期刊结构的通知》（国科发财字［1999］614 号）要求，为进一步做好科技期刊整顿和布局调整工作，国家林业局对局属林业科技期刊进行了结构调整：①各司局不再办刊。原办期刊可由所属事业单位，包括科研院所、高等院校、国家一级协会、学会或专业科技出版社接办。②划归教育部管理的原局属林业高校，其主办期刊由教育部管理。③中央与地方共建、以地方管理为主的原局属林业高校及实行属地化管理的原局属单位主办的期刊转由所在省、自治区、直辖市科委负责归口管理。④本次经调整的林业科技期刊一律不得改变原办刊宗旨、专业范围。如发现严重偏离办刊宗旨、违反出版管理法规、不具备办刊条件、质量不高的期刊将予以停办。林业科技期刊结构调整工作于 2000 年 5 月底前初步完成，科学技术司通过协调各林业科技期刊主办单位、地方科委和教委开展整顿和布局调整工作，上报了国家林业局对局属 22 种期刊进行调整的结果。

进一步加强林业科技期刊管理　2000 年 5 月 23 日，科学技术司为认真贯彻科学技术部《关于进一步加强科技期刊管理的通知》（国科发财字［2000］201 号）精神，按照中共中央办公厅、国务院办公厅有关文件精神以及期刊管理的法规、规章和《科学技术期刊管理办法》，对国家林业局局属林业科技期刊办刊情况进行了检查，进一步加强了林业科技期刊的管理，对主办单位出现的不符合期刊出版要求的问题进行了及时纠正，严格了期刊出版纪律，要求各林业科技期刊要继续坚持正确的办刊方向和编辑方针，充分发挥好林业科技期刊的窗口作用。科学技术司从讲政治的高度，切实发挥了科技期刊主管作用，履行了领导和管理职责。

期刊核验和重新登记工作　2000 年 7 月，根据北京市新闻出版局《关于实施 1999 年度报纸期刊核验的通知》（京新出报［2000］243 号）要求，科学技术司组织国家林业局北京地区 19 种期刊进行了总结、年检和重新换证工作。19 种期刊均顺利通过年检，办刊情况良好，受到北京市新闻出版局好评。

创办《人造板通讯》期刊　为进一步推动我国人造板行业的发展，促进人造板质量监督工作走向科学化、规范化管理，加强行业信息交流，国家林业局向科学技术部申请创办《人造板通讯》正式期刊，并在 2000 年经科学技术部［2000］084 号文件批复同意。该刊由中国质量管理协会林业分会、国家人造板质量监督检验中心和全国人造板标准化技术委员会秘书处共同主办，月刊，主要报道国内外人造板行业的各类信息，宣传和介绍林业的政策与法规、企业质量管理、人造板及木材加工产品质量情况和行业内先进企业的管理经验，在政府、科研单位与企业之间发挥了很好桥梁作用。

林业科技期刊对外合作情况调查　2000 年 12 月 6 日，根据科学技术部《关于科技期刊对外合作情况调查的通知》（国科财便字［2000］109 号）要求，科学技术司对林业期刊对外合作情况进行了全面调查。国家林业局的《竹子研究》（英文版）、《中国林业文摘》（英文版）和《林业与社会》（英文版）3 种科技期刊得到国外资助，资助单位分别是加拿大国际发展中心、国际林业研究中心和福特基金会。（李晓华）

**【科技统计工作】**　1999 年，全国林业研究与开发机构总数不变，仍为 251 个（其中部属林业研究与开发机构中，中国林科院森环森保所和森林保护研究所合并为森林生态与环境保护研究所，地属机构增加一个）。总体来看，全国政府部门属林业科研机构在科技体制改革逐步深化的过程中继续保持良好的发展势头。2000 年 1 月，科学技术司和中国林科院共同组织在京林业独立研究与开发机构开展科技统计调查工作，向科学技术部等主管部门报送了各项统计表格，并将 251 所县以上（不包括县级）全国林业科研机构科技统计数据进行汇总分析和研究，编印出版了 1999 年《全国林业科技统计资料汇编》。

1999 年，县以上（不包括县级）全国林业科研机构从业总人数 1.66 万人，其中专业技术干部约 0.92 万人；从事科技活动人员数量为 0.97 万人，占从业人员总数的比重为 58.29%；从事生产经营活动人员数量为 0.47 万人，占职工总数的 28.34%，比 1999 年增加 2.66 个百分点，说明从事科技产业活动人员增加；离退休人员总数为 0.76 万人，比 1999 年增加 510 人。

从事科技活动人员中，科技管理人员 0.20 万人，课题活动人员 0.53 万人，科技服务人员 0.24 万人，分别占科技活动人员的 20.16%，54.78%，25.06%。课题活动和科技服务人员数量比 1999 年有所增加，说明科研人员结构趋于更加合理的状态。

从事科技活动人员中，有博士 120 人，研究生 536 人。大学以上学历人数为 4136 人，比重为 42.66%，中级以上职称的科研人员总数为 5158 人，比重为 53.19%。

从年龄结构上看，35岁以下科研人员总数为0.61万人，35～50岁之间人员数量为0.82万人，50岁以上科研人员数量为0.23万人，分别为36.87%，49.26%，13.86%。其中45岁以下科研人员数量为1.23万人，占从业人员总数的74.1%，成为林业科技活动的主体力量，科研人员年龄老中青结合，趋于合理化。

全国林业科研机构经费总收入为5.56亿元，比1999年增加554万元，增长11.09%。经费收入中，政府拨款3.67亿元，比1999年增加575.32万元，增长18.61%，增幅比1999年多17.87个百分点；非政府拨款为1.51亿元，比1999年减少174.4万元。政府拨款、非政府拨款及借贷款的比重分别为65.92%，27.16%，6.92%。政府拨款仍为林业科研机构经费收入的主渠道。

全国林业科研机构经费支出总额为5.07亿元，比1999年增加0.44亿元。经费支出总额中，人员费用2.10亿元，比1999年增加0.22亿元，增长11.70%，增幅比1999年多1个百分点；离退休人员支出为0.63亿元，比1999年增加0.07亿元；设备购置费0.20亿元，比1999年略有增加。

全国林业科研机构基本建设投资实际完成额为0.46亿元，比1999年减少0.28亿元。其中科研仪器设备投资0.10亿元，比1999年减少0.25亿元；科研土建工程0.26亿元，比1999年减少0.06亿元；基本建设按投资来源分，政府拨款0.29亿元，比1999年减少0.29亿元，减少一半。

全国林业科研机构课题数2 461个，课题经费内部支出为1.11亿元，比1999年增长9.90%（0.10亿元），其中用于基础研究、应用研究、试验发展、成果应用及科技服务和生产性活动的支出分别为141.69万元，0.22亿元，0.42亿元，0.33亿元，0.11亿元和136.47万元，与1999年相比，成果应用、试验发展的支出增幅较大，而基础研究在1999年较大幅度下降的情况下进一步下降。

全国林业科研机构R&D活动经费内部总支出为1.18亿元，比1999年增加0.33亿元，增长38.82%，人均支出（5.09万元）比1999年增加近万元。其中基础研究支出627万元，比1999年增加252万元，应用研究支出0.38亿元，比1999年增加0.55亿元，试验发展0.65亿元，比1999年增加0.24万元。从事R&D活动的科学家、工程师2 316人，比1999年增加143人，占从事R&D活动人员的74.09%。

全国林业科研机构下属经济实体全年总收入为1.13亿元，比1999年增加0.25亿元。经济实体人均创收6.38万元，比1999年增加1.42万元。其中高新技术产品销售收入为0.23亿元，占收入总额的20.27%。下属经济实体实现利润总额为1076.7万元，比1999年增加491.8万元，增长84.09%。出口创汇收入为163万美元，比1998年增加9万美元。其中高新技术产品出口额为160万美元，占出口创汇收入的97.62%。

《汇编》很好地反映了这一年的科技活动状况，供各级领导、决策机关和管理部门参考使用，为科技决策提供了有力支撑。《汇编》出版情况受到科技部好评。

*组织开展部门R&D资源清查活动* 2000年8月22日，科学技术部、国家统计局、财政部、国家发展计划委员会、国际经济贸易委员会、教育部和国防科学技术工业委员会七部委联合发出了《关于在全国进行全社会R&D资源清查的通知》(国科发计字[2000]371号)，旨在全国进行“全社会R&D资源清查”工作。这次调查是一次重要的国情国力调查，是继1985年科技普查以来最大规模的科技统计调查工作，目的按照国际标准切实弄清我国R&D资源的投入状况，正确衡量我国科技投入的现状及其国际地位，使之纳入国家“十五”科技发展计划的考虑之中，以满足国家和地方宏观决策与科技管理需要，加快科技统计工作适应新形势的步伐。

为此，科学技术部和国家统计局为本次调查做了前期准备工作，即对各政府部门和地方有关单位分别进行了摸底调研培训，通报了全社会R&D清查工作思路，进行R&D基本概念培训，布置政府R&D资源摸底调研工作，讨论政府R&D资源摸底导演工作如何开展等。科学技术司派员参加。

2000年9月，科学技术部和国家统计局发生《关于进行政府R&D资源清查调研工作的通知》（国科计字［2000］049号）。根据通知要求，国家林业局科学技术司、计划与资金管理司和中国林科院调研室共同开展了本部门政府R&D资源摸底调研工作。通过调查，如实上报了1998、1999两年国家林业局政府资助科技活动的资金及R&D活动资金的安排情况、1999年政府资助科技活动资金按活动类型、社会经济目标及按领域的分布结构、经常性接受政府科技经费或开展科研活动的机构和单位情况、与本部门有关的行业或系统开展科技活动的情况等。 （李晓华）

**2000年林业科技成果鉴定项目**

| 序号 | 项目名称 | 完成单位 | 组织鉴定单位 | 主持鉴定单位 | 鉴定地点 | 成果水平 |
|---|---|---|---|---|---|---|
| 001 | 银杏培育机理及综合开发利用 | 南京林业大学 | 国家林业局 | 南京林业大学 | 南京 | 国际先进 |

（续）

| 序号 | 项目名称 | 完成单位 | 组织鉴定单位 | 主持鉴定单位 | 鉴定地点 | 成果水平 |
|---|---|---|---|---|---|---|
| 002 | 以马尾松下脚料精制苯甲醛系列产品 | 厦门涌泉科技发展股份有限公司 | 国家林业局 | 国家林业局 | 厦门 | 国际先进 |
| 003 | 名优花卉良种引种栽培技术研究 | 上海花卉良种试验厂 | 国家林业局 | 国家林业局 | 上海 | 国内领先 |
| 004 | 高黄酮甙银杏良种选育技术 | 山东农业大学 | 国家林业局 | 国家林业局 | 山东莱州 | 国际先进 |
| 005 | 杜仲丰产专用肥加工及应用技术 | 西北农林科技大学 | 国家林业局 | 陕西省林业厅 | 陕西杨凌 | 国内领先 |
| 006 | 名优花卉品种微型化技术研究 | 北京林业大学等 | 国家林业局 | 国家林业局 | 北京 | 国际先进 |
| 007 | 桉树菌根技术研究及其应用 | 中国林科院热带林业研究所 | 国家林业局 | 中国林业科学研究院 | 广州 | 国际先进 |

（王剑波）

**【引进国外智力】** 2000年林业引智工作分出国培训和引进国外人才两个部分开展。出国培训共派出4个培训团组，参加培训人数51人，分别派往美国、澳大利亚、德国和瑞典进行植被恢复技术管理、现代林业分类、森林资源管护技术和湿地保护技术等方面的培训，取得了较好的效果。引进国外人才项目20项，聘请外国专家29名，主要来华开展合作研究和技术指导，解决科研课题在生产中的难题。国家外专局资助经费55.40万元。（李　青）

## 林业科学研究

**【国家重点基础研究规划项目】** 国家重点基础研究规划项目“树木育种的分子基础研究”经过多次反复讨论、修改与答辩，正式列入国家“973”计划，共获国家资助2 900万元。项目执行期为2000～2004年。项目分5个课题，主要就木材结构及化学组成与其品质特性的分子基础，木材材性形成的分子基础及调控机制，树木抗逆、抗虫基因的分离及功能鉴定，树木重要木材性状基因的定位及克隆，分子改良树木的性状表达与鉴定5个方面开展研究。通过本项研究，将在揭示木材材性形成，树木抗逆、抗虫的分子机理等方面有所突破，在树木形成层的活动、木质部细胞的分化与发育，相关基因的表达与调控等林木研究热点领域达到国际先进水平。同时通过鉴定上述过程中起关键作用的因子，应用基因工程手段，为定向改良我国人工林建设急需树种作出贡献。（新　芳）

**【2000年度林业科研项目计划】** 2000年林业科技体制改革深入进行，林业科研继续稳步向前推进，以市场和需求为导向，以科学、公平、高效为原则，林业科研项目计划工作圆满完成。在项目投入上，高技术应用部门发展项目、林业良种区域化试验项目基本保持原有的投资规模，社会和单位自筹资金的投入有所增加，在兼顾其他的同时，紧紧围绕西部生态建设这个大主题，加大了对西部地区的科研投入力度。针对该年度林业工作重点，根据林业科技发展规划，结合专家项目建议，利用国家计委、财政部科技三项经费、局内配套资金和社会投入，共安排林业科研项目36项，总投入840万元。在选题和投资力度上，继续加强林业生态建设研究和林业新种、良种的开发利用研究，为林业生产建设提供强有力的科技支撑，同时，针对林业生产建设中出现的宏观决策问题，安排了一定数量的软科学研究。

**2000年度林业科研项目计划**

| 项目编号 | 项目名称 | 承担单位 | 备注 |
|---|---|---|---|
| 2000-01 | 华北落叶松变异类型区试 | 甘肃省林科所 | 林业良种区域化试验与中试项目 |
| 2000-02 | 阿月浑子良种区试 | 云南省林科院 | |
| 2000-03 | 大兴安岭药用植物鉴定与区试 | 大兴安岭林科所 | |
| 2000-04 | 西藏林下优良野生植物资源区试 | 西藏农牧学院 | |

（续）

| 项目编号 | 项目名称 | 承担单位 | 备注 |
| --- | --- | --- | --- |
| 2000-05 | 金叶台湾杉品种区试 | 贵州省黔东南州林科所 | 林业良种区域化试验与中试项目 |
| 2000-06 | 印楝优良种源区试 | 中国林科院资源昆虫研究所 | |
| 2000-07 | 仁用杏良种区试 | 西北农林科技大学林科院 | |
| 2000-08 | 刺槐优良无性系抗逆性区试 | 河南省林科所 | |
| 2000-09 | 沙棘新品种区试 | 中国林科院林业研究所 | |
| 2000-10 | 沙地雨养固沙植物区试 | 内蒙古林科院 | |
| 2000-11 | 喜树优良品种区试 | 东北林业大学 | |
| 2000-12 | 名优花卉微型化品种区试 | 北京林业大学 | |
| 2000-13 | 功能型森林野菜有机栽培区试 | 浙江省林科院 | |
| 2000-14 | 耐火树种优良种质资源区试 | 中国林科院森林环境与保护研究所 | |
| 2000-15 | 郁金香良种开发及区试 | 上海市花卉良种繁育中心 | |
| 2000-16 | 薇甘菊综合防治技术区试 | 广东省林业局 | |
| 2000-17 | 西部林业生态建设综合效益评价与经济发展关系的研究 | 北京林业大学 | 第一批局重点科研项目 |
| 2000-18 | 遗鸥栖息地选择模式及保护对策研究 | 内蒙古林科院 | |
| 2000-19 | 西部地区"山川秀美"指标体系研究 | 中国林科院 | |
| 2000-20 | 新时期林业发展的总体构思及基本政策研究 | 国家林业局林业经济发展研究中心 | |
| 2000-21 | 西部林木工厂化育苗技术应用前景研究 | 广西壮族自治区林科院 | |
| 2000-22 | "十五"林业科技发展重点领域研究 | 中国林科院 | |
| 2000-23 | 嘧磺隆合成新工艺和新剂型的研究开发 | 西安欣瑞农用化学品研究所、北京享比森防技术服务中心 | 自筹资金项目 |
| 2000-24 | 春尺蠖核型多角体病毒生产与应用技术研究 | 中国林科院森林环境与保护研究所 | |
| 2000-25 | 美国白蛾核型多角体病毒生产与应用技术研究 | 中国林科院森林环境与保护研究所 | |
| 2000-26 | 西部地区经济林良种壮苗技术研究 | 中国林科院林业研究所 | 第二批局重点科研项目（含高技术应用部门发展项目） |
| 2000-27 | 柠檬酸专用活性炭开发研究 | 中国林科院林产化学工业研究所 | |
| 2000-28 | 西部地区退耕还林还草类型区划与优化模式研究 | 北京林业大学 | |
| 2000-29 | 我国生态环境工程建设的跟踪评价及对策 | 东北林业大学 | |
| 2000-30 | 青冈栎、麻栎等难干材干燥技术研究 | 南京林业大学 | |
| 2000-31 | 银杏、香榧无性系品种及黄山松与黑松种子的分子鉴别 | 中南林学院 | |
| 2000-32 | 西北地区林业发展战略研究 | 西北农林科技大学 | |
| 2000-33 | 蜂窝塑料薄膜育苗容器规模化生产技术研究 | 山西省林科院 | |
| 2000-34 | 黑龙江西部半干旱区复合农林业植物新品种引选及栽培技术研究 | 黑龙江省防护林研究所 | |
| 2000-35 | 森林资源连续清查生态环境指标体系研究 | 国家林业局林业调查规划设计院 | |
| 2000-36 | 木兰属等4个种属新品种测试技术及方法研究 | 南京林业大学、国家林业局植物新品种保护办公室 | |

（杨锋伟）

**【引进国际先进林业科学技术项目计划】** 2000年度引进国际先进林业科学技术项目计划编制围绕国家西部大开发和林业"两大"体系建设，把国家生态建设中急需的植被恢复和环境治理技术、林业生产中亟待改良的种质资源和亟待解决的关键技术作为引进重点，兼顾引进经济效益显著的林产品加工技术和下世纪我国林业发展需要的前沿技术。2000年度安排"948"项目42个，其中地方高校和科研单位承担25项，中央直属高校和科研院所承担17项。

## 2000年度引进国际先进林业科学技术项目

| 项目编号 | 项目名称 | 时间 | 引进国别 | 承担单位 |
|---|---|---|---|---|
| 2000-04-01 | 铅笔柏种源及栽培技术引进（01）<br>沙漠葳种源及栽培技术引进（02） | 2000～2003 | 美国 | 甘肃省林科所<br>甘肃省治沙研究所 |
| 2000-04-02 | 洛基山刺柏、白云杉及繁育技术引进 | 2000～2003 | 加拿大 | 青海省林科所 |
| 2000-04-03 | 奥地利黑松、花旗松种质与栽培技术引进 | 2000～2003 | 美国，加拿大 | 西北农林科技大学 |
| 2000-04-04 | 希蒙得木优良种质资源引进 | 2000～2003 | 美国 | 四川省林科院 |
| 2000-04-05 | 科尔沁沙地美国皂角引进 | 2000～2003 | 美国 | 辽宁省固沙造林研究所 |
| 2000-04-06 | 日本椵等珍贵阔叶树种引进 | 2000～2003 | 日本 | 辽宁省林科院 |
| 2000-04-07 | 盐碱地、沙地植被恢复草种及配套技术引进 | 2000～2003 | 英国，美国 | 吉林省林科院四平分院 |
| 2000-04-08 | 加拿大黄桦优良种源引进 | 2000～2003 | 加拿大 | 吉林省林科院 |
| 2000-04-09 | 国外耐寒花卉优良新品种及其配套技术的引进 | 2000～2003 | 日本，荷兰 | 东北林业大学 |
| 2000-04-10 | 芬兰山杨杂种优良无性系和繁殖技术的引进 | 2000～2003 | 芬兰 | 东北林业大学 |
| 2000-04-11 | 日本无刺花椒优良品种及丰产无公害栽培技术引进 | 2000～2003 | 日本 | 河北省林科院 |
| 2000-04-12 | 抗逆性柏树种质与培育技术引进 | 2000～2003 | 美国，丹麦 | 中国林科院林业研究所 |
| 2000-04-13 | 桉树实木加工利用技术引进 | 2000～2003 | 澳大利亚 | 中国林科院木材工业研究所 |
| 2000-04-14 | 杏李种间杂交新品种引进 | 2000～2003 | 美国 | 中国林科院经济林研究中心 |
| 2000-04-15 | 耐水湿和耐盐碱优良树种资源引进 | 2000～2003 | 美国 | 中国林科院亚热带林业研究所 |
| 2000-04-16 | 优良速生竹种引进 | 2000～2003 | 印度，<br>马来西亚 | 中国林科院亚热带林业研究所 |
| 2000-04-17 | 热带多用途沙生植物的引进 | 2000～2003 | 墨西哥，美国 | 中国林科院热带林业研究所 |
| 2000-04-18 | 紫胶关键加工技术引进 | 2000～2003 | 日本 | 中国林科院资源昆虫研究所 |
| 2000-04-19 | 捕食性天敌大唼蜡甲防治强大小蠹技术引进（01）<br>强大小蠹信息素及其应用技术引进（02） | 2000～2003 | 瑞典，比利时 | 中国林科院森林生态环境与保护研究所 |
| 2000-04-20 | 林木病虫害控制新技术——Alamo生产工艺及应用技术引进 | 2000～2003 | 美国 | 中国林科院森林生态与环境保护研究所 |
| 2000-04-21 | 医药中间体3,4,5-三甲氧基苯甲酸甲酯精品的制造技术引进 | 2000～2003 | 日本 | 中国林科院林产化学工业研究所 |
| 2000-04-22 | 桉树珍贵用材树种引进 | 2000～2003 | 澳大利亚 | 国家林业局桉树中心 |
| 2000-04-23 | 盐生植物引进 | 2000～2003 | 以色列，<br>巴基斯坦 | 中国林科院花卉中心 |
| 2000-04-24 | 核果类果品气调保鲜技术引进 | 2000～2003 | 美国，意大利 | 山东省林科所 |
| 2000-04-25 | 西洋梨贮藏技术引进 | 2000～2003 | 美国 | 山东省冠县林业局 |
| 2000-04-26 | 乌饭树优良品种及其栽培技术引进 | 2000～2003 | 日本 | 山西省林科院 |
| 2000-04-27 | 科罗拉多冷杉及其栽培技术引进 | 2000～2003 | 美国 | 北京林业大学 |
| 2000-04-28 | 美国树月季砧木引进 | 2000～2003 | 美国 | 北京林业大学 |
| 2000-04-29 | 防治荒漠化新品种植物——羽扇豆的引进 | 2000～2003 | 德国，美国 | 南京林业大学 |
| 2000-04-30 | 美洲观赏竹引进 | 2000～2003 | 美国，智利 | 南京林业大学 |
| 2000-04-31 | 林木组培快繁新技术的引进 | 2000～2003 | 日本 | 南京林业大学 |

（续）

| 项目编号 | 项目名称 | 时间 | 引进国别 | 承担单位 |
|---|---|---|---|---|
| 2000-04-32 | 日本辽杨杂交新品种引进 | 2000～2003 | 日本 | 湖北省林木育种中心 |
| 2000-04-33 | 美国西加云杉种源引进 | 2000～2003 | 爱尔兰 | 湖北省林科院 |
| 2000-04-34 | 日本柳杉优良无性系引进 | 2000～2003 | 日本 | 贵州省林科院 |
| 2000-04-35 | 高效肥药两用植物大荨麻的引进 | 2000～2003 | 德国 | 浙江省林科院 |
| 2000-04-36 | 食用椰子优良新品种及栽培技术引进 | 2000～2003 | 菲律宾，马来西亚 | 海南省林科所 |
| 2000-04-37 | 能源树种绿玉树引进 | 2000～2003 | 美国，南非 | 湖南省林科院 |
| 2000-04-38 | 育苗及种子处理系统技术引进 | 2000～2003 | 瑞典 | 黑龙江省森林工业总局 |
| 2000-04-39 | 美国三角叶杨杂交无性系及其栽培技术引进 | 2000～2003 | 美国 | 江苏省农林厅林业技术指导站 |
| 2000-04-40 | 环保型生物能源配套技术引进 | 2000～2003 | 瑞典 | 中南林学院 |
| 2000-04-41 | 木材干燥与防腐处理一体化技术的引进 | 2000～2003 | 英国，新西兰 | 厦门涌泉集团有限公司<br>南京林业大学 |
| 2000-04-42 | 先进切花保鲜、储运新技术引进 | 2000～2003 | 日本，荷兰 | 中国林业国际合作集团公司 |

（王　琦）

**【“九五”国家林业科技攻关项目通过验收】**　“九五”期间，由国家林业局主持的国家重点科技攻关项目3个，课题1个，分别是“生态林业工程技术研究与开发”、“优质工业用材林培育与高效利用技术”、“荒漠化治理技术研究与示范”和“重大森林病虫害综合控制技术”，在2000年底之前，对上述项目的63个专题、96个子专题全部通过了由国家林业局组织的专家组的验收。认定的成果达124项。

“生态林业工程技术研究与丌发”项目，分别设置了4个课题、29个专题、24个子专题、涉及全国20个省（区、市）。经过5年攻关，研究提出了防护林体系空间配置、稳定林分结构设计与调控、农林复合持续经营、抗逆性植物材料选育、困难立地造林和低效防护林改造等关键技术，选育出各地区适用的优质抗逆植物材料637个，建立了林业生态工程功能监测网络及信息管理系统，经专家认定的成果41项。获专利成果1项。

“优质工业用材林培育与高效利用技术研究”项目，设置了纸浆材、单板材、建筑材3个课题，25个专题、39个子专题。通过研究，一是选育出了一批速生优质新品种和育种新材料，生长快、材质好，材积增益达10%～15%；二是研究成功了一批工业用材林定向培育技术，如：杉木大中径材培育的立地控制、密度控制技术等；三是高效加工方面，试制出了各类新产品、新工艺和设备，如：木纤维/合成纤维复合工程材料的制造技术，填补了我国轿车内衬材料生产上的空白，有广阔的市场；四是低污染、高得率木浆生产技术，实现了低能耗、低污染的目标；五是对水曲柳、福建柏等珍贵用材树种进行了研究。本项目经专家组认定的成果达45项，获综合经济效益约19.4亿元。

“荒漠化治理技术研究与示范”项目，共设置5个专题、18个子专题，在新疆、青海、甘肃等10个省（区、市）的干旱区、半干旱区和亚湿润干旱区共建成了10个试验示范区、面积近0.8万公顷。通过研究，在节水灌溉、植被恢复等关键技术方面取得了较大突破；初步筛选和培育出31种优良抗逆灌木种质材料，并引种了优质牧草及药用植物；完成了沙质荒漠化土地评价指标体系，建立了多层次、多尺度的沙质荒漠化评价指标体系，填补了荒漠化动态与成因研究的空白。经专家认定的成果达21项。

“重大森林病虫害综合控制技术研究”课题，共设置4个专题，15个子专题，涉及目前在我国发生比较严重的松材线虫、杨树天牛、松毛虫、桉树青枯病、松树枯梢病等11大类病虫害。通过研究，在病虫害监测、生物防治、病虫害防治机具和病虫害综合防治等关键技术取得了较大的突破。经专家认定的成果达17项。获专利成果1项。

以上3个项目、1个课题的研究成果大都应用到生产实践，取得了较好的生态效益、经济效益和社会效益，为国家林业局的六大工程建设提供了有力的科技支撑。

## “九五”国家科技攻关生态林业工程技术研究与开发项目

### 各专题验收认定的科技成果

| 序号 | 成果名称 | 成果第一完成单位 | 负责人 |
|---|---|---|---|
| 1 | 黄土区防护林体系高效空间配置与稳定林分结构设计技术 | 北京林业大学 | 朱金兆 |
| 2 | 黄土区农林复合可持续经营的结构配置和调控技术 | 北京林业大学 | 朱金兆 |
| 3 | 西北黄土丘陵沟壑区防护林体系综合配套技术 | 西北农林科技大学 | 罗伟祥 |
| 4 | 贺兰山麓洪积平原砂砾山、白僵土爆破整地造林技术 | 三北局试验研究中心 | 洪家宜 |
| 5 | 水源保护林培育、经营、管理与效益监测评价综合配套技术 | 北京林业大学 | 余新晓 |
| 6 | 东北西部低山缓丘区复合农林业综合配套技术 | 吉林林科院 | 王宪成 |
| 7 | 干旱半干旱地区丘陵山地集水、保水、贮水和节水造林与密度控制技术 | 北京林业大学 | 王斌瑞 |
| 8 | 退化草牧场防护林体系营建综合配套技术 | 东北林业大学 | 赵雨森 |
| 9 | 三北地区防护林植物材料抗逆性选育及栽培技术 | 北京林业大学 | 尹伟伦 |
| 10 | 刺槐抗逆性家系及选育技术 | 北京林业大学 | 李　悦 |
| 11 | 三北地区现有防护林持续经营与低产低质低效林早期诊断及更新改造技术 | 中国科学院沈阳应用生态研究所 | 姜凤岐 |
| 12 | 黄土高原集流节水型经济林丰产栽培技术 | 西北农林科技大学 | 樊金栓 |
| 13 | 长江中上游防护林经营利用技术 | 四川省林科院 | 李荣伟 |
| 14 | 长江中上游低质低效次生林改造技术 | 中南林学院 | 曾思齐 |
| 15 | 干热河谷人工造林模式及配套技术 | 西南林学院 | 张尚云 |
| 16 | 干旱河谷人工造林模式及配套技术 | 中国科学院成都生物研究所 | 陈建中 |
| 17 | 喀斯特区植被恢复配套技术 | 贵州大学 | 祝小科 |
| 18 | 三峡库区防护林体系营建技术 | 湖北省林科院 | 葛正明 |
| 19 | 长江中上游高原、山地、丘陵区防护林体系建设综合配套技术 | 湖南省林科院 | 袁正科 |
| 20 | 长江中下游不同类型滩地综合治理与开发配套技术 | 中国林科院林业研究所 | 彭镇华 |
| 21 | 柳树抗逆选育和改良技术 | 江苏省林科院 | 潘明建 |
| 22 | 沿海泥质海岸防护林体系综合配套技术 | 辽宁省林科院 | 李绍忠 |
| 23 | 沿海沙质海岸防护林体系综合配套技术 | 山东省林科院 | 张敦论 |
| 24 | 沿海岩质海岸防护林体系综合配套技术 | 浙江省林科院 | 高智慧 |
| 25 | 沿海红树林培育和经营技术 | 中国林科院热带林业研究所 | 郑德璋 |
| 26 | 江苏海岸带复合农林业综合配套技术 | 江苏省林科院 | 张纪林 |
| 27 | 广东海岸带复合农林业综合配套技术 | 广东省林科院 | 陈远生 |
| 28 | 海岸带木麻黄防护林更新改造技术 | 福建省林科院 | 张水松 |
| 29 | 太行山不同类型区生态林业工程综合配套技术 | 山西省林科院 | 李新平 |
| 30 | 太行山水土保持林多目标经营技术 | 河北省林科院 | 毕　君 |
| 31 | 太行山干旱阳坡石榴引种栽培技术及产业化开发 | 中国科学院石家庄农业现代化研究所 | 张万军 |
| 32 | 太行山低山丘陵区复合农林业综合配套技术 | 中国林科院林业研究所 | 孟　平 |
| 33 | 林业生态工程功能观测网络及信息管理系统 | 中国林科院森林生态与环境保护研究所 | 刘世荣 |
| 34 | 长江中上游生态林业工程效益评价指标体系及其应用 | 四川省林科院 | 王金锡 |

### “九五”期间已通过鉴定的科技成果

| | | | |
|---|---|---|---|
| 1 | 沿海泥质海岸防护林体系建设技术研究 | 辽宁省林科院 | 李绍忠 |
| 2 | 河北省沿海泥质海岸防护林体系建设技术研究 | 河北省林科院 | 金子明 |
| 3 | 辽河三角洲盐渍土防护林建设技术研究 | 辽宁省林科院 | 李绍忠 |
| 4 | 爆破整地可持续利用配套技术研究 | 河北省林科院 | 王振亮 |
| 5 | 太行山区域经济林适度规模研究 | 山西省林科院 | 王　棣 |
| 6 | 太行山南段石灰岩区水土保持林立地类型划分及优化配套模式研究 | 山西省林科院 | 李永生 |
| 7 | 太行山中部地区甜柿引种研究 | 中国科学院石家庄农业现代化研究所 | 张万军 |

### “九五”国家科技攻关优质工业用材林培育与高效利用技术研究项目验收认定成果

| 序号 | 成果名称 | 成果第一完成单位 | 负责人 |
|---|---|---|---|
| 1 | 快速固化酚醛脂胶生产技术 | 中国林科院林产化学工业研究所 | 赵临五 |
| 2 | 刨花板用 YQJ-A 异氰酸酯树脂胶生产技术 | 东北林业大学 | 顾继友 |
| 3 | 低甲醛释放中（高）密度纤维板用脲醛树脂胶生产技术 | 中国林科院木材工业研究所 | 吴书泓 |
| 4 | 单板连续接触干燥设备及工艺 | 南京林业大学 | 顾炼百 |
| 5 | 多效木材功能性改良药剂及使用技术 | 东北林业大学 | 方桂珍 |
| 6 | 低施胶量中密度纤维板生产工艺 | 中国林科院木材工业研究所 | 曹忠荣 |
| 7 | 人造方材生产工艺技术 | 东北林业大学 | 刘一星 |
| 8 | 重组木生产工艺技术 | 东北林业大学 | 马　岩 |
| 9 | 人造装饰单板成套技术 | 黑龙江省木材工业研究所 | 刘振国 |
| 10 | 木基工程复合材料制造技术 | 中国林科院木材工业研究所 | 吴健身 |
| 11 | 隔音型复合地板生产技术 | 东北林业大学 | 濮安彬 |
| 12 | 速生材纸浆制高附加值纸种的研制 | 南京林业大学 | 周小凡 |
| 13 | CEH 三段漂废水的生化处理及简易 AOX 测定方法 | 南京林业大学 | 王书翰 |
| 14 | 硫酸盐法深度脱木素制浆技术 | 南京林业大学 | 薛国新 |
| 15 | 低污染、高白度纸浆漂白技术 | 南京林业大学 | 曹云峰 |
| 16 | 速生材低能耗、高强度、高得率制浆及废水处理技术 | 中国林科院林产化学工业研究所 | 房桂干 |
| 17 | 竹木复合层积材加工工艺技术 | 南京林业大学 | 张齐生 |
| 18 | 杨树纸浆材 4 个新品种选育 | 中国林科院林业研究所 | 张绮纹 |
| 19 | 杨树分子标记辅助抗病选育技术 | 中国林科院林业研究所 | 苏晓华 |
| 20 | 杨树纸浆林配套栽培技术 | 中国林科院林业研究所 | 朱春全 |
| 21 | 落叶松优良杂种规模繁殖配套技术 | 中国林科院林业研究所 | 张守攻 |
| 22 | 红皮云杉纸浆用材树种良种选育及培育技术 | 黑龙江省林业研究所 | 周显昌 |
| 23 | 纸浆用材林微生物应用及施肥技术 | 中国林科院林业研究所 | 杨承栋 |
| 24 | 桉树人工诱导结瘤固氮技术 | 中国林科院热带林业研究所 | 康丽华 |
| 25 | 水曲柳扦插繁殖和栽培技术 | 东北林业大学 | 王政权 |
| 26 | 紫椴无性繁育技术 | 黑龙江省林业研究所 | 吴晓春 |
| 27 | 泡桐单板类人造板材林优良无性系选育技术 | 国家林业局泡桐研究开发中心 | 李宗然 |
| 28 | 泡桐单板类人造板材林优质高效培育技术 | 国家林业局泡桐研究开发中心 | 李宗然 |
| 29 | 白桦良种选育技术 | 东北林业大学 | 杨传平 |
| 30 | 西南桦栽培技术 | 中国林科院热带林业研究所 | 郑海水 |
| 31 | 美洲黑杨及其杂种单板类人造板材新品种 | 南京林业大学 | 潘惠新 |
| 32 | 美洲黑杨单板类人造板材优质高效定向培育技术 | 南京林业大学 | 方升佐 |
| 33 | 毛白杨单板类人造板材三倍体新品种 | 北京林业大学 | 张志毅 |
| 34 | 杉木大中径材培育技术 | 中国林科院林业研究所 | 张建国 |
| 35 | 杉木第三代育种群体选择技术及其效果 | 南京林业大学 | 施季森 |
| 36 | 红松珍贵建筑材树种良种选育及培育技术 | 东北林业大学 | 王凤友 |
| 37 | 福建柏人工林低地位级立地环境中应用的研究 | 福建省林科院 | 杨宗武 |
| 38 | 马尾松优质纸浆材林的良种选育与优化栽培模式 | 贵州大学 | 丁贵杰 |
| 39 | 桉树纸浆用材林树种良种选育及培育技术 | 国家林业局桉树研究开发中心 | 陈少雄 |
| 40 | 马占相思和厚荚相思优化栽培模式 | 中国林科院热带林业研究所 | 张方秋 |
| 41 | 相思纸浆材新品系选择和繁育技术 | 中国林科院热带林业研究所 | 张方秋 |
| 42 | 云南松单板类人造板材树种良种选育与壮苗培育技术 | 云南省林科院 | 郑　畹 |
| 43 | 柚木无性系组培快繁与栽培技术 | 中国林科院热带林业研究所 | 梁坤南 |
| 44 | 工业用竹材培育技术 | 中国林科院亚热带林业研究所 | 萧江华 |
| 45 | 国外松多世代遗传改良及培育技术 | 广东省林科院 | 赵奋成 |

**"九五"国家科技攻关荒漠化治理技术研究与示范项目各专题验收认定成果**

| 序号 | 成果名称 | 成果第一完成单位 | 负责人 |
|---|---|---|---|
| 1 | 沙漠绿洲边缘滴灌节水造林配套技术 | 新疆林科院治沙造林室 | 刘钰华 |
| 2 | 绿洲开发生态风险分析评价方法 | 中国科学院兰州沙漠研究所 | 刘新民 |
| 3 | 提高绿洲边缘防护林体系稳定性的生态调控技术 | 中国科学院兰州沙漠研究所 | 刘新民 |
| 4 | 甘肃河西走廊盐碱地中麻黄栽培技术 | 甘肃省治沙研究所 | 王继和 |
| 5 | 甘肃河西走廊盐渍化土地"三系统"治理技术 | 甘肃省治沙研究所 | 王继和 |
| 6 | 高寒干旱区荒漠化土地治理技术 | 青海省林科所 | 伍海芳 |
| 7 | 深井低压渗漏型管道节水灌溉技术 | 中国林科院沙漠林业试验中心 | 王玉魁 |
| 8 | 毛乌素沙地治理的"三圈"试验示范模式 | 中国科学院植物研究所 | 郑元润 |
| 9 | 榆林毛乌素沙地综合治理"片圈面"试验示范模式 | 陕西治沙研究所 | 漆建忠 |
| 10 | 嫩江沙地治理技术 | 黑龙江省林科所 | 周　彬 |
| 11 | 赤峰地区杨树低产林综合改造治理技术 | 内蒙古林科所 | 姚洪林 |
| 12 | 辽西北沙漠化土地恢复治理技术 | 辽宁省固沙造林研究所 | 邢兆凯 |
| 13 | 永定河沙地治理技术 | 北京林业大学 | 孙保平 |
| 14 | 科尔沁沙地翁牛特旗退化土地治理技术 | 中国科学院沈阳生态研究所 | 蒋德明 |
| 15 | 干旱区优良抗逆乔灌木种初步选择及育苗造林技术 | 中国林科院林业研究所 | 马文元 |
| 16 | 枣树优良品种对比试验园 | 北京林业大学资源管理学院 | 续九如 |
| 17 | 科尔沁沙地榆树基因库的建立 | 北京林业大学资源管理学院 | 续九如 |
| 18 | 元宝枫丰产栽培产业化技术 | 西北林学院 | 王性炎 |
| 19 | 魔芋北移引种及产业化技术 | 陕西省林科所 | 吴万兴 |
| 20 | 沙参美白精华霜开发技术 | 中国林科院林产化学工业研究研究所 | 杨　伦 |
| 21 | 沙质荒漠化指标体系及动态评估技术 | 中国林科院林业所 | 刘星晨 |

**"九五"国家科技攻关重大森林病虫害综合控制技术项目各专题验收认定成果**

| 序号 | 成果名称 | 成果第一完成单位 | 负责人 |
|---|---|---|---|
| 1 | 防护林杨树天牛持续控制技术 | 北京林业大学 | 骆有庆 |
| 2 | 利用诱饵技术控制单板类杨树速生丰产林天牛灾害技术 | 中国林科院森林生态与环境保护所 | 高瑞桐 |
| 3 | 杨树冰核细菌溃疡病防治技术 | 东北林业大学 | 项存悌 |
| 4 | 松材线虫病树早期诊断技术及应用 | 中国林科院森林生态与环境保护所 | 杨宝君 |
| 5 | 靖远松叶蜂控制技术 | 中国林科院森林生态与环境保护所 | 周淑芷 |
| 6 | 鞭角华扁叶蜂控制技术 | 四川省林科院 | 郭亨孝 |
| 7 | 湿地松粉蚧控制技术 | 广东省林科院 | 殷凤鸣 |
| 8 | 中国南方松树梢枯病综合防治技术 | 南京林业大学 | 叶建仁 |
| 9 | 以营林技术措施为主的云南松小蠹综合控制技术 | 云南省林科院 | 李丽莎 |
| 10 | 泡桐丛枝病防治技术 | 中国林科院森林生态与环境保护所 | 张锡津 |
| 11 | 防护林木麻黄主要蛀干害虫控制技术 | 福建省林科院 | 黄金水 |
| 12 | 抗青枯病桉树优良品系筛选技术及应用 | 广西壮族自治区林科院 | 奚福生 |
| 13 | 马尾松毛虫性外激素诱芯及其应用 | 中国科学院动物研究所 | 李典谟 |
| 14 | 松毛虫 CPV 病毒 PCR 检测技术 | 中国林科院森林生态与环境保护所 | 张永安 |
| 15 | 白僵菌工业化固体封闭式发酵工艺 | 安徽农业大学 | 李增智 |
| 16 | 背负机均衡供药系统 | 国家林业局森林病虫害防治总站 | 蹇永训 |
| 17 | 背负式树干打孔注药机 | 国家林业局森林病虫害防治总站 | 蹇永训 |

（何力春）

**【"农业科技发展纲要"编制】** 继科技部通过《农业科技发展纲要》林业专题调研报告后，科技司进一步组织专家配合科技部进行《农业科技发展纲要》的编制，将林业专题调研报告的内容落实到《纲要》中提出的"十五"期间农业科技工作重点实施10大科技行动中，林业重点实施两大科技行动，解决30余项关键技术问题。

实施生态环境建设科技行动，恢复并改善农村生态环境。以改善生态环境为目标，加强天然林保护区、生态脆弱区的生态恢复与重建技术的研究与示范，为天然林保护与恢复、退耕还林还草和资源高效利用提供技术支撑。培育林木新品种，提高林产品加工技术及高效利用水平，加速林业产业发展，提高资源利用率，增效增收。限额采伐、加速绿化，促进林业由开发型向生态优先型发展，保护农业生态环境，实现农业可持续发展。

实施防沙治沙科技行动，保护并改善重点地区生态环境。坚持生态效益、经济效益和社会效益兼顾，整体布局、长远规划与分区治理、突出重点相结合的原则，治沙与治穷技术相结合，控制沙源技术与减少裸地技术相结合，为沙区整体控制提供技术服务。政府主导、社会广泛参与，大力推广一批防沙治沙的先进实用技术，为沙区生产、生活提供技术支撑；加速攻克一批防沙治沙关键技术，全面提高防沙治沙技术水平；建设一批防沙治沙试验示范基地，建设土地沙化监测、预警系统，为防沙治沙工作提供全面技术服务与支撑。

整个《纲要》已编制完成，将在2001年1月召开的全国农业科学技术大会讨论。 （李二波）

## 林业科技成果推广

**【林业推广体系建设】** 各级林业技术推广站（中心）是专门的推广机构，建立健全推广体系是搞好推广的重要组织保证。2000年为适应退耕还林（草）等林业重点工程建设的需要，进一步加大了推广体系建设力度，建站经费由原来的1 000多万元增加到2 696万元，新建和续建省、地、县三级推广站100多个。与此同时，各级林业技术推广站（中心）进一步调整思路，突出重点，紧紧围绕退耕还林（草）工程中退耕后种什么、如何种等实际问题，大力引进推广优良的乔、灌、草品种，并加大了对各级林业生产单位的有关人员和林农的技术培训。并结合林业重点工程，通过建立示范林（点）、技术咨询、技术服务等多种形式，推广先进成熟的科技成果，促进科技与生产的结合，为工程建设质量的提高起到了促进作用。 （田亚玲）

**【局领导领办退耕还林（草）科技示范点和科技试验点】** 为了贯彻落实党中央、国务院实施西部大开发战略，推动林业科学技术与环境建设紧密结合，提高退耕还林（草）试点工作的科技含量和建设质量，2000年，国家林业局6位在职局领导在174个退耕还林（草）试点县中选择了6个县作为局领导负责的科技示范点，并联系了6个县为科技试验点。这6个示范点和6个试验点是：

| 局领导 | 科技示范点 | 科技试验点 |
|---|---|---|
| 王志宝 | 四川省北川县 | 甘肃省天祝县 |
| 周生贤 | 贵州省黎平县 | 青海省大通县 |
| 李育材 | 陕西省吴旗县 | 贵州省普定县 |
| 江泽慧 | 湖北省秭归县 | 山西省中阳县 |
| 杨继平 | 新疆维吾尔自治区奇台县 | 云南省鹤庆县 |
| 马福 | 内蒙古自治区卓资县 | 宁夏回族自治区固原县 |

局领导科技示范点和科技试验点对退耕还林（草）试点工作有着重要意义：一是从科技入手，通过科技成果在生产中的应用，促进科技与生产的结合，为退耕还林（草）工作探路子、出经验、作示范，以点带面，全面推动退耕还林（草）工作高质量、高标准的实施；二是带动广大科技人员深入退耕还林（草）生产第一线，为工程建设做好技术培训、技术咨询等各种服务；三是进一步加强了局领导与退耕还林（草）基层单位的联系，有利于及时了解和掌握退耕还林（草）实施过程中在执行各项政策、运用措施等可能出现的各种情况，为宏观指导退耕还林（草）工作掌握第一手资料。

（田亚玲）

**【退耕还林（草）试点示范科技支撑实施方案】** 国家林业局、国家计委、财政部联合发文确定174个县为2000年退耕还林（草）试点示范县，为配合退耕还林（草）试点示范工作的顺利开展，提高工程建设质量和效益，国家林业局科技司组织编制了《长江上游、黄河上中游地区2000年退耕还林（草）试点示范科技支撑实施方案》，并以《国家林业局关于印发长江上游黄河上中游地区2000年退耕还林（草）试点示范科技支撑实施方案的通知》下发实施。该方案分为6个部分：试点示范县立地类型划分和适地适树适草；推广和应用先进成熟的科技成果；开展与工程配套的林业科学技术攻关研究；建立分级技术培训制度；建立工程质量技术监督体制；建立科技支撑组织体系。其目标是：实现科学规划、科学施工、科学管理，做到适地适树适草；初步建立起我国重大生态工程管理网络化系统；大力推广先进、适用的科技成果，使科技成果推广应用率由

30%提高到50%以上；科技进步贡献率由目前的27.3%提高到50%以上；工程建设按国家标准或行业标准的施工率达到95%以上；提高工程建设的良种使用率，由目前的不足20%提高到30%以上，造林保存率超过85%，全面提高工程建设质量。（佟金权）

**【林业新技术推广】** 2000年，林业新技术推广工作紧密结合当前林业工作的重点，重点围绕天然林资源保护工程、退耕还林（草）试点示范工程、环北京地区防沙治沙工程和速生丰产林建设，通过组织实施成果推广计划、开展多层次的林业技术培训等多种形式，全面为各项林业工程建设提供科技支撑。

通过在项目适宜地区建立示范样板林，推广了以下五大类技术：1、林木良种及丰产栽培技术；2、困难立地植被恢复技术；3、经济林良种及丰产栽培技术；4、森林病虫害防治技术；5、林副产品加工技术，共计58项。至项目完成时，建立示范林184 666公顷，辐射推广58 000公顷，预期经济效益将达42亿元，具有显著的生态和经济效益。

此外，为提高基层林业技术人员素质，加强林业科技信息交流，使基层人员及时掌握先进成熟的实用技术，开展了多层次的林业实用技术培训，并编辑出版了《西部地区生态环境建设实用技术》丛书、《推广100项科技成果项目指南》等实用技术丛书，向生产单位发放。共举办各类培训班10个，发放科技丛书和技术资料7万册（份）。（宋红竹）

**【国家级星火项目林业项目】** 2000年，国家级星火计划林业项目主要是结合各地林业生产的实际情况，以引导山（林）区农民依靠科技发展农村经济，促进农村经济持续、快速发展为目标，选择技术成熟、先进适用，有利于增加农民收入，带动农民脱贫致富的项目组织实施。2000年组织实施了“核桃、樟子松优良苗木繁育技术”；“三倍体毛白杨良种、相思良种示范”；“竹材加工利用、活性炭精制和应用技术、新型竹地板开发”等共9个项目。至项目完成时，共建立示范林433公顷，年生产2 000吨活性炭，预计经济效益将达到2亿元。（宋红竹）

**【西部生态环境建设实用技术交流洽谈会】** 针对西部大开发生态环境建设的需要，为了加速科技信息交流，及时为基层林业生产单位提供先进适用的技术成果，科技司于2000年12月20～22日在北京组织召开了西部地区生态环境建设实用技术交流洽谈会，西部12个省区的林业科技管理部门、生产单位人员和专家近百人参加了交流与洽谈。会议期间筛选出适合西部地区应用的重点技术数10项，由成果完成单位进行技术信息发布，同时，成果完成单位和生产单位进行技术洽谈，开展了送技术下乡活动，活动期间共发放技术资料一万多份，为基层提供技术近百项，其中有12项重点科技成果与生产单位达成了45个意向性合作协议，有效地促进了科技与生产的结合。（宋红竹）

**【林业新品种、新技术中间试验计划】** 2000年，林业新品种、新技术中试计划共安排了20个项目。主要分为以下三大类：1、林木优良品种及育苗技术。重点选择“紫杉扦插育苗技术”、“桉树萌枝扦插生根育苗技术”以及“油茶、加勒比松优良家系、陕桐3、4号、银中杨”等优良品种；2、优良经济林品种。主要是仁用杏、甜柿、麻竹、桐柏枣、优质梨、沙生经济植物白刺等良种；3、先进的营造林技术。主要是林果渗灌技术、乌江流域低效林改造、祁连山水源涵养林营造技术、干旱沙化地区抗旱节水保苗钵等技术。

至项目完成时，共建立育苗基地60公顷；示范林1 480公顷，辐射推广2 000公顷，预期经济效益将达1.2亿元。（宋红竹）

**【国家高技术产业化项目林业项目】** 为进一步提高各项林业生态工程建设质量，加大工程建设中林木良种的使用率，并促进林业传统产业的优化升级。国家计委进一步开展了林木良种繁育高新技术产业化项目。根据森林资源分布的地域性、林业工程建设的不同区域以及企业的经济、技术实力等特点，经国家计委批准，2000年“国家林业局林木优良无性系快繁基地高技术产业化示范工程”分别在陕西西安、山西太原、四川成都、福建厦门、广东高要建立5个林木优良无性系快繁基地。项目总投资41 383万元，其中国家投资4 500万元，地方配套和单位自筹24 383万元，银行贷款12 500万元。

该项目通过优良种源收集，采用组培等工厂化生产规模，为生产上提供优质壮苗。至项目完成时，每年可生产优良苗木2.7亿株，预期经济效益2.57亿元。（宋红竹）

## 林业质量技术监督

**【林业标准化综述】** 2000年，国家林业局共发布实施了《公益林和商品林分类技术指标》等27项林业行业标准，《红木》等23项国家标准。至2000年底，国家林业局共有林业行业标准和国家标准848项，其中行业标准581项，国家标准267项。

2000年，国家林业局科学技术司在南京召开林业标准化技术委员会秘书长和技术归口单位负责人会议，对林业标准化工作进行了总结和布置。

2000年，国家林业局科学技术司广西资源县召开了全国林业标准化示范县经验交流现场会，会议着重对林业标准化示范县的工作进行了总结和经验交流，对林业标准化示范工作起到了很大的推动作用。

2000年共下达了56项林业标准的制修订任务，包括《生态公益林建设》等国家标准28项，《中国森林可持续经营的标准和指标》等行业标准28项。

2000年，科学技术司共组织了10次标准审定会，有《生态公益林建设规程》、《仁用杏丰产技术》、《草坪割草机》、《实木地板》和《主要进口木材名称》等40项林业国家标准和林业行业标准通过审定。

2000年，国家质量技术监督局对国家林业局申请成立全国竹藤制品标准化技术委员会进行了批复，现筹备工作正在进行。 （李启岭）

**【林业标准化示范县经验交流现场会】** 2000年9月25～27日，国家林业局科学技术司在广西壮族自治区资源县召开了林业标准化示范县经验交流现场会。来自全国30个省（区、市）的林业（农林）厅（局）和内蒙古、吉林、龙江、大兴安岭森工（林业）集团公司的标准化工作及主管人员，各标准化示范县的项目主管人员共80余人出席了会议。国家林业局科学技术司黎云昆副司长、广西壮族自治区林业局裴安道副局长出席了会议。会上黎云昆副司长代表国家林业局科学技术司总结了一年来林业标准化示范县工作的经验，同时就今后如何开展林业标准化工作进行了布置。今后标准化工作的重点是切实加强对林业标准化工作的领导，加快林业标准的制修订步伐，加大林业标准的实施力度，抓好林业标准化示范县的工作，加强林业标准实施监督检查。河北省林业局、广西资源县林业标准化示范县等12个单位的代表，就如何做好林业标准化工作交流了经验。会议还参观了资源杉木速生丰产林林业标准化示范项目 （李启岭）

**【国家林业局华东木材及木制品质量监督检验中心成立】** 为了加强对木材及木制品的质量监督，国家林业局批准成立了国家林业局华东木材及木制品质量监督检验中心，设在上海木材工业研究所，并取得了国家质量技术监督局的计量合格认证。其检测范围是包括复合地板在内的所有人造板材及木（竹）材树种鉴定、材质检测等。 （李启岭）

**【全国人造板标准化技术委员会换届】** 经国家质量技术监督局批准，全国人造板标准化技术委员会第二届委员会成立，并于2000年12月22日在上海召开全体委员会议。科学技术司黎云昆副司长任主任委员，中国林科院木材工业研究所丁美蓉任秘书长。

（李启岭）

**【2000年发布的林业行业标准】**

1. LY/T1556-2000 公益林与商品林分类技术指标
2. LY/T1557-2000 名特优经济林基地建设技术规程
3. LY/T1558-2000 仁用杏丰产技术
4. LY/T1036-2000 便携式割灌机和割草机 切割附件 安全罩 尺寸
5. LY/T1349-2000 便携式割灌机和割草机 切割附件 安全罩 强度
6. LY/T1571-2000 国有林区营造林检查验收规则
7. LY/T1572-2000 东北、内蒙古天然次生林经营技术
8. LY/T1573-2000 竹地板
9. LY/T1574-2000 混凝土模板用竹材胶合板
10. LY/T1575-2000 汽车车厢底板用竹篾胶合板
11. LY/T1576-2000 花卉名称
12. LY/T1577-2000 山珍八宝块
13. LY/T1578-2000 便携式链锯 止链销 尺寸和机械强度
14. LY/T1579-2000 单板内贴式有孔胶纸带
15. LY/T1580-2000 定向刨花板
16. LY/T1581-2000 化学试剂用活性炭
17. LY/T1582-2000 柠檬酸脱色用活性炭
18. LY/T1006-2000 无垫板装卸机
19. LY/T1362-2000 有垫板装卸机
20. LY/T1379-2000 双圆锯裁边机
21. LY/T1583-2000 网带式单板干燥机维修规则
22. LY/T1584-2000 热压机维修规则
23. LY/T1585-2000 宽带砂光机维修规则
24. LY/T1586-2000 热压机产品质量分等
25. LY/T1587-2000 涂胶机
26. LY/T1588-2000 气流分选机
27. LY/T1589-2000 花卉术语 （李启岭）

**【2000年发布的林业国家标准】**

1. GB/T5051-2000 刨花铺装机通用技术条件
2. GB/T6197-2000 辊筒式单板干燥机
3. GB/T6199-2000 网带式单板干燥机
4. GB/T6202-2000 宽带式砂光机通用技术条件
5. GB/T18247.1-2000 主要花卉产品等级 第1部分 鲜切花
6. GB/T18247.2-2000 主要花卉产品等级 第2部分 盆花
7. GB/T18247.3-2000 主要花卉产品等级 第2部分 盆栽观叶植物
8. GB/T18247.4-2000 主要花卉产品等级 第4部分

花卉种子
9. GB/T18247.5-2000 主要花卉产品等级 第5部分 花卉种苗
10. GB/T18247.6-2000 主要花卉产品等级 第6部分 花卉种球
11. GB/T18247.7-2000 主要花卉产品等级 第7部分 草坪
12. GB/T18259-2000 人造板及其表面装饰术语
13. GB/T18260-2000 木材防腐剂 对白蚁毒效实验室试验方法
14. GB/T18261-2000 防腐剂防治木材霉菌及蓝变菌的试验方法
15. GB/T18262-2000 人造板机械 通用技术条件
16. GB/T18263-2000 人造板机械 热压机术语
17. GB/T18264-2000 刨花板生产线验收通则
18. GB/T2690-2000 毛竹材
19. GB/T18101-2000 难燃胶合板
20. GB/T18102-2000 浸渍纸层压木质地板
21. GB/T18103-2000 实木复合地板
22. GB/T18104-2000 魔芋精粉
23. GB/T18107-2000 红木

（李启岭）

# 林业植物新品种保护

**林业植物新品种保护授权品种一览表**

| 序号 | 品种名称 | 申请号 | 品种权号 | 颁证日 | 申请日 | 品种权人 |
|---|---|---|---|---|---|---|
| 1 | 三毛杨1号 | CN19990001 | 19990001 | 1999.12.29 | 1999.4.23 | 北京林业大学 |
| 2 | 三毛杨2号 | CN19990002 | 19990002 | 1999.12.29 | 1999.4.23 | 北京林业大学 |
| 3 | 三毛杨1号 | CN19990003 | 19990003 | 1999.12.29 | 1999.4.23 | 北京林业大学 |
| 4 | 三毛杨1号 | CN19990004 | 19990004 | 1999.12.29 | 1999.4.23 | 北京林业大学 |
| 5 | 三毛杨1号 | CN19990005 | 19990005 | 1999.12.29 | 1999.4.23 | 北京林业大学 |
| 6 | 三毛杨1号 | CN19990006 | 19990006 | 1999.12.29 | 1999.4.23 | 北京林业大学 |
| 7 | 多瓣白玉兰 | CN19990009 | 20000001 | 2000.4.7 | 1999.4.23 | 王飞罡 |
| 8 | 常春二乔玉兰 | CN19990014 | 20000002 | 2000.4.7 | 1999.4.23 | 王飞罡 |
| 9 | 红元宝玉兰 | CN19990010 | 20000003 | 2000.4.7 | 1999.4.23 | 王飞罡 |
| 10 | 丹磬玉兰 | CN19990011 | 20000004 | 2000.4.7 | 1999.4.23 | 王飞罡 |
| 11 | 景新玉兰 | CN19990012 | 20000005 | 2000.4.7 | 1999.4.23 | 王飞罡 |
| 12 | 长花玉兰 | CN19990015 | 20000006 | 2000.4.7 | 1999.4.23 | 王飞罡 |
| 13 | 红运玉兰 | CN19990013 | 20000007 | 2000.4.7 | 1999.4.23 | 王飞罡 |
| 14 | 飞黄玉兰 | CN19990009 | 20000008 | 2000.4.7 | 1999.4.23 | 王飞罡 |
| 15 | 太行之恋 | CN19990016 | 20000009 | 2000.4.7 | 1999.4.23 | 河南焦作园林局 |
| 16 | 贵夫人 | CN19990017 | 20000010 | 2000.4.7 | 1999.4.23 | 河南焦作园林局 |
| 17 | 山阳红 | CN19990018 | 20000011 | 2000.4.7 | 1999.4.23 | 河南焦作园林局 |
| 18 | 女王之友 | CN19990019 | 20000012 | 2000.4.7 | 1999.4.23 | 河南焦作园林局 |
| 19 | 挚友 | CN19990020 | 20000013 | 2000.4.7 | 1999.4.23 | 河南焦作园林局 |
| 20 | 玉丹 | CN19990021 | 20000014 | 2000.12.29 | 1999.4.23 | 林兆洪 |
| 21 | 华美红 | CN19990022 | 20000015 | 2000.12.29 | 1999.4.23 | 林兆洪 |
| 22 | 奥丽帕拉姆 OLIJPLAM | CN19990007 | 20000016 | 2000.12.29 | 1999.11.28 | OLIJ ROZEN V. O.F |
| 23 | 抗虫杨12号 | CN20000017 | 20000017 | 2000.12.29 | 2000.8.15 | 中国林科院 |
| 24 | 美卡丽 MEIQUALIS | CN20000006 | 20000018 | 2000.12.29 | 2000.3.28 | MELLAND STAR ROSE S.A |
| 25 | 美康馥 MEICOFUM | CN20000012 | 20000019 | 2000.12.29 | 2000.5.12 | MELLAND STAR ROSE S.A |
| 26 | 山新杨 | CN20000013 | 20000020 | 2000.12.29 | 2000.6.20 | 黑龙江防护林研究所 |
| 27 | 黑防杨3号 | CN20000014 | 20000021 | 2000.12.29 | 2000.6.20 | 黑龙江防护林研究所 |
| 28 | 卡罗吉罗 KORROGILO | CN20000015 | 20000022 | 2000.12.29 | 2000.7.25 | W. KORDES'SOHNE Rosenchu ulen Gmbh & Cokg |
| 29 | 芳碧莎 FEBASA | CN20000016 | 20000023 | 2000.12.29 | 2000.9.8 | MEILLAND STAR ROSE S.A |

（林业植物新品种保护办公室）

# 林业教育

【"九五"期间林业教育培训工作综述】 "九五"期间，在原林业部和现国家林业局党组的领导下，在各级林业主管部门的重视和支持下，经过广大林业教育工作者的不懈努力，林业教育培训工作取得了显著的成绩。

*林业教育管理体制改革顺利完成，普通高、中等林业教育稳步发展* "九五"期间是我国教育管理体制改革的重要时期，国家林业局认真贯彻国务院关于高等教育管理体制改革的方针、政策，积极稳妥地推进林业教育管理体制改革和布局结构调整。到2000年，局属高中等林业院校的管理体制改革工作基本结束，局属北京、东北林业大学直接划转教育部管理；西北林学院与西北农业大学、中国科学院水利部水土保持研究所、水利部西北水利科学研究所、陕西省农业科学研究院、陕西省西北植物研究所、陕西省林业科学研究院等教学、科研单位合并，成立西北农林科技大学，由教育部主管；南京林业大学，中南、西南林学院划转所在省，以地方政府管理为主；局属白城、宁波林校划转所在省管理并分别并入白城师范专科学校和宁波大学。根据国务院决定和教育部、国家计委、财政部《关于调整国务院部门(单位)所属学校管理体制和布局结构的实施意见》精神，北京林业管理干部学院和升格后的南京森林公安高等专科学校继续由国家林业局管理。在教育管理体制改革中，局属林业院校在总体上保持了稳定和健康的发展，首先，局属高校有两所大学成建制地进入教育部成为国家队，继续作为林业高等学校的排头兵；其次，高等林业院校基本上都保持独立办学，在改革中得到稳定、快速的发展；三是南京警校升格为高等专科学校，从而加大了森林公安高等人才的培养力度。与此同时，地方原4所高等林业院校除浙江林学院外，其他3所学校的布局结构也发生了变化，吉林林学院与吉林师范学院、吉林医学院、吉林电气化高等专科学校合并，组建北华大学；内蒙古林学院与内蒙古农牧学院合并，组建内蒙古农业大学；福建林学院与福建农业大学合并，组建福建农林大学，两院合并后，福建林学院逐步由南平市迁至福州（福建农业大学校址）办学。到2000～2001学年，全国独立设置的高等林业院校还有6所，即北京、东北、南京林业大学和中南、西南、浙江林学院；林业公安高等学校1所，即南京森林公安高等专科学校（各校具体情况见林业教育附表）。"九五"期间，特别是1999～2000年的两年间，林业中等专业学校的管理体制和布局结构改革不断推进，部分省(区)的林业中等专业学校已经由林业部门划转地方教育部门管理，林业中等专业学校积极拓宽专业设置，拓展发展空间，部分学校通过调整申办高级职业技术学院，提高了办学层次。到2000～2001学年，根据体制和结构调整的实质性进展情况统计，原60所林业中等职业学校调整为54所，其中林业学校47所，林业师范学校4所，林业卫生学校3所(各校具体情况见林业教育附表)。

"九五"期间，林业教育不断深化专业教学改革，更新思想观念，探索人才培养新路子，全面完成了林科本科专业目录修订工作，开展了高、中等林业院校面向21世纪教学内容和课程体系改革研究与实践。各林业院校以改革为契机，抓住发展机遇，保持办学优势，扩大招生规模，普遍推行了学分制改革，加强了教学管理，努力提高办学质量和效益，保持了稳定和健康发展。"九五"期间，全国普通高等林业院校（系）共培养本专科生5.68万人，研究生1 600人，并取得了一大批林业科研成果；林业中等专业学校培养毕业生近10万人。到2000～2001学年，全国普通高等林业院校(包括南京森林公安高等专科学校)、林业科研单位研究生、本专科生在校规模达到3.58万人，比1995年增长50.4%；林科博士授权点发展到了30多个，硕士授权点发展到了130多个；普通林业中等专业学校在校生达到7.40万人，比1995年增长44.8%，在林业中等专业学校中，有16所被确定为国家级重点学校。

*林业教育培训工作成绩显著* "九五"期间，林业全行业共培训从业人员1 500万人次，其中林业职工500万人次，年平均培训率达42.32%，林农1 000万人次。林业教育培训工作取得的成绩主要体现在以下几方面：

1. 各级各类林业培训工作全面展开，重点工程专题培训成绩突出。"九五"期间，全国林业行业各级各类教育培训工作全面展开，各级林业领导干部、林业公务员、经营管理人员的培训和林业专业技术人员继续教育取得较大进展，围绕长江、黄河流域重点林业生态工程、防沙治沙工程和退耕还林(草)试点示范工程等，实施的工程区域林业和地方领导干部的专题培训成绩突出。全行业共培训74万人次，其中培训地方县、乡级领导干部8万人次。

2000年国家林业局会同中组部，组织实施了对退耕还林还草试点示范工程和防沙治沙工程区域地方县级领导干部和地（市）林业局长、县林业局长的政策和科技专题培训，共培训600多人，收到了很好的效果。国务院领导对此给予了充分肯定，朱镕基总理批示“要坚持和推广”，温家宝副总理批示“办班学政策、学科技很有必要。要注意联系实际，讲求实效。”国务院领导的批示，肯定了成绩，也为今后的工作指明了努力的方向。

2. 林业关键岗位持证上岗工作取得重要进展。“九五”期间，国家林业局着力加强关键岗位持证上岗工作，公布了首批33个林业行业关键岗位，印发了《林业行业关键岗位持证上岗管理暂行办法》。按照“九五”规划目标，到2000年，北京、辽宁等部分省（区、市）和林业工作站管理总站、森林病虫害防治检疫站系统基本完成关键岗位人员培训和持证上岗工作。全行业共培训关键岗位人员10万人，完成总任务量的40%。

3. 林业行业林农培训全面推进。“九五”期间，各级林业部门结合林业生态重点建设工程和山区综合开发等，广泛开展了林农文化和林业实用技术培训，全行业共培训林农1 000万人次，对加快林区、山区的林业发展，促进林农脱贫致富起到了积极的作用。

4. 林业成人学历教育快速发展。“九五”期间，在林业职工中，有11万人通过在职学习取得高等学历，9万人取得中等专业学历。到2000年，高等林业函授、夜大学在校生达到1.37万；中央农业广播电视学校林业专业已招生9万人；1998年正式开办的林业生态环境管理专业高等自学考试已在全国14个省（区、市）开考，在册生近1万人。一个以岗位培训和继续教育为重点，包括成人高等教育、职业技术教育和林农培训在内的，采用函授、夜大学、广播电视、自学考试等多层次、多形式的林业成人教育格局已经初步形成。

5. 林业全行业培训工作的基础建设和对外交流进一步得到加强。“九五”期间，国家林业局会同人事部印发了《林业行业专业技术人员继续教育科目指南》，印发了乡（镇）、村林场场长等10个《林农技术资格岗位规范》；组织编制了《林业行业干部岗位培训指导性教学计划》、《林业行业干部岗位培训指导性教学大纲》，并正式出版了《林业政策与法规》等4种林业干部岗位重点培训教材。实施了林业行业关键岗位持证上岗制度、林业专业技术人员继续教育登记制度、林业工人职业资格证书制度和林农技术资格证书制度。各种规范和制度的实施，为实现教育培训工作科学化、规范化和制度化奠定了良好的基础。“九五”期间，林业成人教育对外合作培训与交流进一步得到加强。中德林业培训与进修项目进展顺利，国外考察、交流活动更为频繁，促进了与国外现代培训方法与经验的相互学习与交流。

“九五”期间教育培训工作的主要经验是：领导重视是做好教育培训工作的关键；紧紧围绕林业中心工作，是把握好教育培训工作切入点的根本；抓好科学化、规范化、制度化建设是提高教育培训质量的保证；高素质的管理和师资队伍是搞好教育培训工作的基础；建设好培训基地是开展教育培训的基本条件。在充分肯定成绩的同时，也应看到我们工作中的不足和一些亟待解决的问题。一是林业教育培训工作发展还不平衡，一些地方林业部门和单位对林业教育培训工作的重要性认识仍然不足，教育培训工作还很薄弱；二是教育培训经费渠道单一，经费投入还远远不能满足完成教育培训工作任务的需要；三是部分教育培训基地的办学条件较差，影响了教学质量的进一步提高；四是教育培训与人才使用相配套的规章制度还不够完善，有的制度已经建立但执行不力，教育培训工作的激励与约束机制还不健全。这些问题的存在，在不同程度上影响和制约着教育培训工作的发展，需要在今后的工作中认真研究解决。（蓝增寿　吴友苗）

**【王志宝局长在第16个教师节致信慰问全国林业行业教师和教育工作者】** 2000年9月10日是我国第16个教师节，同时也是在我国教育体制改革后林业教育战线广大教师、教育工作者迎来的第一个教师节。在林业院校管理体制和布局结构发生了深刻变化，林业教育培训工作正处在重要转折的历史时刻，国家林业局局长王志宝以《科教兴林再造祖国秀美山川》为题，代表局党组向辛勤工作在林业教育战线上的广大教师、教育工作者致以节日的祝贺和问候。

王志宝在慰问信中指出：林业行业的广大教师、教育工作者坚持教书育人、管理育人，用自己的辛勤耕耘和无私奉献，继承、传播、丰富、发展了林业知识和科学成果，造就了数以万计的林业专门人才和取得了大量的林业科技成果，服务于林业生产实践，从而造福于社会，造福于人类，创造了辉煌的业绩，赢得了全行业和全社会的尊重，铸造了林业教育发展史上的一个个历史的丰碑。在教育管理体制改革中，林业行业的广大教师、教育工作者识大体、顾大局，坚守岗位、恪尽职守，以实际行动热情关心和支持改革，使林业教育在体制改革中保持持续和健康发展。

王志宝局长在慰问信中表示：教育管理体制改革，对林业教育的发展产生了深刻的影响，使林业教育面临着新形势、新任务，但无论教育管理体制和布局结构发生怎样的变化，林业院校都仍然是林业建设事业和林业教育的宝贵资源和阵地，是建设面向21世纪现代林业的科技和人才的重要保障，国家林业局将继续实施“科教兴林”的发展战略，继续从宏观上对林业教育进行行业管理和指导，在强化在职林业从业人员教育培训的同时，继续关心、重视和支持各级各类林业教育事业的改革与发展。各级林业主管部门也要充分认识发展林业教育事业的重要性和紧迫性，把关心和支持林业教育作为自己义不容辞的职责。要在全行业进一步弘扬尊师重教的美德，要切实为林业教育第一线的广大教师、教育工作者多办实事好事，进一步改善教师的工作、生活条件，解决他们的后顾之忧，使他们安居乐教。

王志宝局长最后强调：振兴民族的希望在教育，振兴教育的希望在教师。面向21世纪的中国林业建设承担着改善生态环境，促进社会经济可持续发展，建设祖国秀美山川的艰巨而光荣的历史使命。我国正在实施的西部大开发战略，把林业生态环境建设作为根本性措施和切入点。完成林业建设的历史使命，实现林业的分类经营，建立比较完备的林业生态体系、比较发达的林业产业体系和健全的林业保障体系，必须依靠科学技术，依靠人才，有赖于提高林业从业人员队伍的整体素质。为21世纪林业建设和西部开发中的林业生态建设提供强有力的人才和林业科学技术保障，是新世纪赋予林业教育的历史重托，也是林业行业的广大教师、教育工作者的光荣而艰巨的任务。国家林业局殷切希望林业教育战线广大教师和教育工作者转变教育观念和教育思想，适应新形势的要求，增强责任感和使命感，以更加饱满的精神状态和勇于探索、创新的工作热情，投身于林业教育事业，为建设现代林业和西部大开发再建新功。各级各类林业教育要继续深化改革，优化教育结构，合理配置教育资源，提高教育质量和办学效益，为林业建设多出人才、多出成果，再创辉煌。

（蓝增寿）

**【全国高中等林业院校管理体制和布局结构调整】** 2000年10月，福建林学院与福建农业大学合并组建福建农林大学。至此，新的一轮全国高等学校管理体制和布局结构调整基本完成。到2000年底，独立设置的高等林业院校由90年代初的11所调整为6所。其中，教育部直属2所：北京林业大学、东北林业大学；地方直属4所：南京林业大学、中南林学院、西南林学院、浙江林学院。全国普通高等学校中设置林科专业（共8种专业）的学校由90年代初18所增加到39所（详见右表）。

到2000年底，已合并、升格或更名的中等林业职业学校有11所。其中，南京人民警察学校升格为南京森林公安高等专科学校，白城林校并入白城师范专科学校，宁波林校并入宁波大学，作为该大学的职业技术学院分院，吉林林校并入长春大学职业技术学院，山东林校并入山东农业大学林业职业技术学院，黄山林校与有关中专校合并组建黄山高等专科学校，浙江林校与有关中专校合并组建丽水师范专科职业技术学院，湖南林校并入中南林学院，湖北咸宁林校更名为湖北咸宁应用科技学校，陕西林校与有关中专校合并组建杨凌职业技术学院，为该学院的林学系，青海农林学校并入青海农林大学，为该大学中专部。至此，中等林业职业学校由90年代初的48所调整为37所，其中，由省级林业部门主管的学校22所。而且，正在调整中的林校还有几所。

**高等林业院校及设置林科本科专业的普通高等学校布点情况表**

| 所在地区 | 所在省（区、市） | 高等林业院校 | 设置林科本科专业的普通高等学校 |
|---|---|---|---|
| 华北地区 | 北京 | 北京林业大学 | 北京农学院 |
| | 河北 | | 河北农业大学<br>河北职业技术师范学院 |
| | 山西 | | 山西农业大学 |
| | 内蒙古 | | 内蒙古农业大学 |
| 东北地区 | 辽宁 | | 沈阳农业大学 |
| | 吉林 | | 北华大学<br>吉林农业大学<br>延边大学 |
| | 黑龙江 | 东北林业大学 | 东北农业大学 |
| 华东地区 | 上海 | | 上海农学院 |
| | 江苏 | 南京林业大学 | 南京农业大学 |
| | 浙江 | 浙江林学院 | 浙江大学 |
| | 安徽 | | 安徽农业大学 |
| | 福建 | | 福建农林大学 |
| | 江西 | | 江西农业大学 |
| | 山东 | | 山东农业大学 |
| 中南地区 | 河南 | | 河南农业大学<br>华北水利水电学院 |
| | 湖北 | | 华中农业大学<br>湖北农学院<br>湖北民族学院 |
| | 湖南 | 中南林学院 | 湖南农业大学 |
| | 广东 | | 华南农业大学<br>华南热带农业大学<br>仲凯农业技术学院 |
| | 广西 | | 广西大学 |
| 西南地区 | 重庆 | | 西南农业大学 |
| | 四川 | | 四川农业大学 |
| | 贵州 | | 贵州大学 |
| | 云南 | 西南林学院 | 云南农业大学 |
| | 西藏 | | 西藏农牧学院 |
| 西北地区 | 陕西 | | 西北农林科技大学 |
| | 甘肃 | | 甘肃农业大学 |
| | 青海 | | 青海大学 |
| | 宁夏 | | 宁夏农学院 |
| | 新疆 | | 新疆农业大学<br>塔里木农垦大学<br>石河子大学 |

继国家林业局与教育部签订联合共建西北农林科技大学协议后，2000年11月21日，湖南省副省长唐之享、国家林业局党组成员江泽慧在株洲市签订国家林业局、湖南省人民政府共建中南林学院协议。《协议》规定：湖南省将中南林学院的建设和发展纳入本省经济建设和社会发展规划，确保国家财政划拨学校的教育事业费、基建投资和专项补贴切实到位，并根据本省高等教育事业发展的需要和财力的可能，逐年增加对学校的投入。并采取积极措施，对学校现有国家管理的专业点和部级重点学科、重点实验室给予大力支持，促使其尽快建成省级重点专业和国家级重点学科、重点实验室。支持学校积极承担林业科技攻关、成果推广和人才培养任务，支持学校整体面向全国招生；国家林业局根据林业建设和区域林业经济发展的需要，在林科学科专业建设、师资培养、教学改革、招生就业和人才培养等方面继续保持对学校的指导和支持。继续扶持学校的部级重点学科、重点开放实验室和国家管理的专业点建设。在林科重点开放实验室及科研项目的申报评审、成果转化与推广应用、国际合作与交流、智力引进、信息沟通、与行业联系等方面，将学校按国家林业局直属单位同等对待，并根据学校所承担的行业性任务，给予相应的专项经费等方面的支持；中南林学院应在林业重点生态工程、天然林资源保护、荒漠化防治、生物多样性保护、林木种苗基地、速生丰产林基地、经济林产品开发利用、西部大开发等工程项目和科研项目的招标竞标中，充分发挥学校的林业科学研究、技术创新和林区创业人才培养等方面的骨干支撑作用，更好地为林业现代化建设和区域经济发展服务。

（黄桂荣）

**【高中等学校林科教学工作】** 随着国务院部门（单位）所属学校管理体制和布局结构调整的到位，国家林业局人教司及时转变职能，从对高中等林业院校教学工作的指导管理转向对高中等学校林科教学工作的宏观指导与服务。2000年高中等学校林科教学工作的重点是：组建教学工作的专家组织，启动高等林业教育教学改革工程，制定中等职业学校林科专业目录，开展国家级重点专业教学改方案及其主干专业课程教学大纲的研究开发工作。

组建高等学校林科学科专业教学指导委员会。为适应高等学校管理体制调整的需要，国家林业局组建了高等学校林科学科专业教学指导委员会（以下简称林科指委会），旨在对高等林业教育教学改革的重大问题进行研究、咨询、指导、服务，为国家林业局宏观指导和协调高等学校林科本科人才培养工作提供咨询意见和决策依据。林科指委会下设8个学科专业组教学指导委员会（以下简称专业组指委会），其委员由高等学校相关专业、课程的专家学者86人组成。其中，林学、园林、水土保持与荒漠化防治专业组指委会牵头挂靠学校为北京林业大学；野生动植物保护与游憩、森林工程、林业机电专业组指委会牵头挂靠学校为东北林业大学；木材科学与工程、林产化工专业组指委会牵头挂靠学校为南京林业大学。林科指委会由有关高等学校校（院）长、专业组组长和林业行政管理部门的专家学者19人组成，主任委员江泽慧，副主任委员朱金兆、李坚、余世袁，日常办事机构设在国家林业局人教司。委员会主要职责是：研究探讨林业建设与科技创新对林科本科专门人才的知识、素质、能力要求，制定指导性教学文件，组织主干课程教材编审出版，开展主干课程的骨干教师培训，进行教学改革成果和经验的交流研讨，指导教学基本建设，推动教学改革不断深化，提高林科本科人才培养质量。

启动新世纪高等林业教育教学改革工程。经教育部批准（教高［2000］14号），列入新世纪高等教育教学改革工程涉及林科教育教学改革项目9项。其中，东北林业大学迟德富、北华大学林学院杜凤国主持森林资源类人才培养中的教学方法和教学手段的改革与实践项目；北京林业大学尹伟伦、华南农业大学陈北光主持林学专业人才培养方案及系列课程的整合研究与实践项目；北京林业大学张启翔、华中农业大学包满珠主持园林专业创新人才培养途径的研究与实践项目；北京林业大学朱金兆、内蒙古农业大学姚云峰主持产学研相结合的水土保持与荒漠化防治人才培养改革与实践项目；南京林业大学余世袁主持林业工程类本科人才培养模式的研究与实践；华南农业大学骆世明、南京林业大学薛建辉主持非环境生态类专业学生环境保护意识与可持续发展教育的研究与实践项目；东北林业大学曹军主持完善农林科实践教学体系和管理模式的实践（林科部分）项目；北京林业大学周心澄主持现代教育技术应用及教学方法改革的研究与实践项目；中国林业教育学会宋长义主持21世纪初高等农林教育发展战略规划研究（林业部分）项目。3所林业大学和中国林业教育学会主持的项目获教育部资助经费33万元，国家林业局配套资助经费10万元，上述项目研究期限2001～2003年。编写出版了面向21世纪课程教材6本，即北京林业大学张洪江主编的《土壤侵蚀原理》、孙保平主编的《荒漠化防治工程学》、程金水主编的《园林植物遗传育种学》，中南林学院胡景初主编的《家具设计概论》、单圣涤主编的《工程索道》，内蒙古农业大学张武文主编的《地学概论》。

制定中等职业学校林科专业目录。按照教育部的统一部署，组织中等职业学校（包括普通中专校、成人中专校、技工校、职业高中校）林科专业目录的制定工作。中等林业职业教育教学指导委员会组织中等林业职业学校相关学科专业的教育教学专家深入调研，分析当代中国林业建设与科技发展对中等林科专门人才的要求，评价1993年制定的林科专业目录对中等林科人才培养的实效性与局限性，按照符合中等职业教育层次，适应国家产业分类与职业分类，业务范围以宽为主宽窄结合，现实性与前瞻性相结合，专业名称准确、科学、规范的原则，采用“拓宽、重组、合并”的办法，制定了适用于高中阶段实施学历教育的各类中等职业学校林科专业目录。教育部于2000年9月颁布了中等职业学校专业目录，共13大类270个专业，其中林科专业由1993年的21个调整为9个，设置情况为农林类7个：野生动植物保护、林业、园林、木材加工、林特产品加工、森林资源与林政管理、森林采运工程；资源与环境类1个：水土保持生态环境；加工制造类1个：林产化工。另外，森林生态旅游作为商贸与旅游类旅游服务与管理专业的专业方向，林业公安作为社会公共事务类公安保卫专业的专业方向。同时，编写了林科专业简介，包括专业培养目标、业务范围、教学的主要内容和建议修业年限。林科专业目录和专业简介，规定了专业划分、专业名称，反映培养人才的业务规格和就业方向，是规划中等林业职业教育发展，设置、调整专业，实施人才培养，指导招生就业，进行教育统计和信息处理等工作的重要依据。

研究开发重点专业教学改革方案及其主干专业课程教学大纲。教育部确定林业、园林、木材加工3个专业为中等职业学校国家级重点建设专业，并下拨18万元专项经费用于研究开发重点专业整体教学改革方案及其主干专业课程教学大纲。国家林业局配套资助近10万元开展此项工作。按照教育部的统一部署，中等林业职业教育教学指导委员会组织有关教学、管理、生产、科研部门的64名专家，按专业组成3个课题组，分别对专业教学现状进行深入调研，通过背景研究、国内外比较研究、现状分析，明确当今林业建设、经济发展、科技进步对专业教学提出的新要求，明确本专业所涵盖的职业岗位及其对从业人员的全面素质、综合能力的基本要求和特殊要求，提出专业教学改革的指导思想、原则、目标及对策，提出课程设置、教学模式选择的依据，按照宽基础、活模块、学程分段、专业方向分流、课程整合综合化、课程设置模块化、教学手段现代化、专业知识与专业技能融合化的技术路线，制定指导性教学计划，制定专业设置标准，形成3个专业整体教学改方案（以下简称教改方案）。教育部组织专家审定通过了这3个专业教改方案，在此基础上确定林业、园林、木材加工专业各11门、9门、10门课程为主干专业课程。以教改方案课题组为基础，调整充实人员，按专业组成教学大纲研究开发项目组，以教改方案的研究成果为依据，通过深入调查分析，确定课程的性质、任务和教学目标，确定课程的教学内容和要求，确定课程必需的专业知识和专业技能，确定各实践教学环节的内容和要求，充分反映本课程所涉及生产技术领域的新知识、新技术、新工艺、新方法，充分体现对学生思想政治素质和职业道德、创新精神和实践能力的培养，完成了3个专业30门主干专业课程教学大纲的研究开发工作，通过教育部的审定。

召开国家林业局原直属院校招生就业工作总结表彰大会。总结“九五”期间研究生、普通及成人本专科和中专招生就业工作的经验，表彰29名在此工作中作出突出业绩的先进个人，提出新形势下创新林业院校招生就业机制的建议。

## 高等学校林科学科专业教学指导委员会组成名单

**主任委员**

| | | | | | |
|---|---|---|---|---|---|
| 江泽慧 | 本科 | 教授 | 党组成员 | 木材科学与技术 | 国家林业局 |

**副主任委员**

| | | | | | |
|---|---|---|---|---|---|
| 朱金兆 | 硕士 | 教授 | 校长 | 水土保持与荒漠化防治 | 北京林业大学 |
| 李　坚 | 博士 | 教授 | 校长 | 木材科学与工程 | 东北林业大学 |
| 余世袁 | 博士 | 教授 | 校长 | 林产化学加工工程 | 南京林业大学 |

**委　员**

| | | | | | |
|---|---|---|---|---|---|
| 李葆珍 | 本科 | 高工 | 巡视员 | 林业经济管理 | 国家林业局人教司 |
| 宋长义 | 本科 | 教授 | 副秘书长 | 森林保护学 | 中国林业教育学会 |
| 尹伟伦 | 硕士 | 教授 | 副校长 | 生理学（树木生理） | 北京林业大学 |
| 何　平 | 博士 | 教授 | 副院长（校级） | 生态学（森林生态学） | 中南林学院 |
| 刘惠民 | 本科 | 副教授 | 院长（校级） | 经济管理 | 西南林学院 |
| 苏惠民 | 二学位 | 副研 | 校长 | 高等教育学 | 南京森林公安高等专科学校 |
| 陈晓阳 | 博士 | 教授 | 院长 | 林木遗传育种学 | 北京林业大学 |
| 贾竞波 | 博士 | 教授 | 院长 | 野生动植物保护与利用 | 东北林业大学 |
| 张启翔 | 博士 | 教授 | 院长 | 园林植物与观赏园艺 | 北京林业大学 |
| 孙保平 | 本科 | 教授 | 院长 | 水土保持与荒漠化防治 | 北京林业大学 |
| 王立海 | 博士 | 教授 | 院长 | 森林工程 | 东北林业大学 |
| 周定国 | 博士 | 教授 | 院长 | 木材科学与工程 | 南京林业大学 |
| 安鑫南 | 硕士 | 教授 | 院长 | 林产化学加工工程 | 南京林业大学 |

| | | | | | |
|---|---|---|---|---|---|
| 曹　军 | 博士 | 教授 | 副校长 | 控制理论与控制工程 | 东北林业大学 |

秘书委员

| | | | | | |
|---|---|---|---|---|---|
| 黄桂荣 | 二学位 | 高级经济师 | 调研员 | 林学、林业经济管理 | 国家林业局人教司 |

**一、林学学科专业组教学指导委员会**

组长委员

| | | | | | |
|---|---|---|---|---|---|
| 陈晓阳 | 博士 | 教授 | 院长 | 林木遗传育种学 | 北京林业大学 |

副组长委员

| | | | | | |
|---|---|---|---|---|---|
| 赵雨森 | 硕士 | 教授 | 副院长 | 森林培育 | 东北林业大学 |
| 薛建辉 | 博士 | 教授 | 院长 | 生态学（森林生态学） | 南京林业大学 |

委　员

| | | | | | |
|---|---|---|---|---|---|
| 尹伟伦 | 硕士 | 教授 | 副校长 | 生理学（树木生理） | 北京林业大学 |
| 郑小贤 | 博士 | 教授 | 系主任 | 森林经理学 | 北京林业大学 |
| 赵垦田 | 博士 | 副教授 | 室主任 | 森林培育（种苗学） | 东北林业大学 |
| 胡海清 | 博士 | 教授 | | 森林保护（森林防火） | 东北林业大学 |
| 施季森 | 硕士 | 教授 | 副校长 | 林木遗传育种 | 南京林业大学 |
| 嵇宝中 | 博士 | 教授 | 总支书记 | 森林保护学 | 南京林业大学 |
| 吴晓芙 | 博士 | 教授 | 副院长（校级） | 土壤学（森林环境学） | 中南林学院 |
| 曹福祥 | 博士 | 副教授 | 教务处长 | 生理学（树木生理） | 中南林学院 |
| 徐正会 | 博士 | 教授 | 院长 | 森林保护学 | 西南林学院 |
| 赵　忠 | 博士 | 教授 | 教务处长 | 森林培育 | 西北农林科技大学 |
| 方　伟 | 博士 | 教授 | | 森林培育（经济林） | 浙江林学院 |
| 洪　伟 | 本科 | 教授 | 院长（校级） | 生态学（森林生态） | 福建林学院 |
| 李增智 | 本科 | 教授 | 副校长 | 森林保护学 | 安徽农业大学 |
| 吴泽民 | 本科 | 教授 | 院长 | 生态学（树木学） | 安徽农业大学 |
| 谢正生 | 硕士 | 副教授 | 副院长 | 土壤学（森林土壤） | 华南农业大学 |
| 张　健 | 硕士 | 教授 | 科研副处长 | 森林培育 | 四川农业大学 |
| 郑维列 | 本科 | 教授 | 教务处长 | 植物学（森林植物） | 西藏农牧学院 |
| 潘存德 | 博士 | 教授 | 室主任 | 森林经理学 | 新疆农业大学 |
| 金大刚 | 硕士 | 副教授 | 院长 | 森林经理学 | 广西大学 |

秘书委员

| | | | | | |
|---|---|---|---|---|---|
| 刘　勇 | 博士 | 教授 | 副院长 | 森林培育 | 北京林业大学 |

**二、野生动植物保护与游憩（涵盖野生动物与自然保护区管理、森林资源保护与游憩专业）学科专业组教学指导委员会**

组长委员

| | | | | | |
|---|---|---|---|---|---|
| 贾竞波 | 博士 | 教授 | 副院长 | 野生动物保护与利用 | 东北林业大学 |

副组长委员

| | | | | | |
|---|---|---|---|---|---|
| 杜凤国 | 博士 | 教授 | 系主任 | 野生植物资源开发与利用 | 北华大学 |

委　员

| | | | | | |
|---|---|---|---|---|---|
| 华育平 | 博士 | 教授 | 副院长 | 野生动物保护与利用 | 东北林业大学 |
| 郄　恩 | 硕士 | 讲师 | 中心主任 | 旅游管理（森林旅游） | 北京林业大学 |
| 钟永德 | 博士 | 副教授 | 室主任 | 旅游管理（森林旅游） | 中南林学院 |
| 欧晓红 | 博士 | 副教授 | | 野生动物保护与利用 | 西南林学院 |
| 杨宇民 | 硕士 | 教授 | 副院长（校级） | 野生植物开发与利用 | 西南林学院 |
| 樊金拴 | 研究生 | 教授 | 副院长 | 野生植物开发与利用 | 西北农林科技大学 |
| 张立钦 | 博士 | 副教授 | 系主任 | 旅游管理（森林旅游） | 浙江林学院 |
| 王全凯 | 博士 | 教授 | 副院长 | 野生动物保护与利用 | 吉林农业大学 |

秘书委员

| | | | | | |
|---|---|---|---|---|---|
| 陈　动 | 博士 | 教授 | 室主任 | 自然保护区资源管理 | 东北林业大学 |

三、园林学科专业组教学指导委员会

组长委员

| | | | | | |
|---|---|---|---|---|---|
| 张启翔 | 博士 | 教授 | 院长 | 园林植物与观赏园艺 | 北京林业大学 |

副组长委员

| | | | | | |
|---|---|---|---|---|---|
| 卓丽环 | 硕士 | 教授 | 院长 | 园林植物与观赏园艺 | 东北林业大学 |
| 高　翅 | 硕士 | 副教授 | 教务处长 | 风景园林规划设计 | 华中农业大学 |

委　　员

| | | | | | |
|---|---|---|---|---|---|
| 王向荣 | 博士 | 教授 | 副院长 | 风景园林规划设计 | 北京林业大学 |
| 许大为 | 硕士 | 副教授 | 室主任 | 风景园林规划设计 | 东北林业大学 |
| 汤庚国 | 硕士 | 教授 | 副院长 | 风景园林规划设计 | 南京林业大学 |
| 彭重华 | 博士 | 副教授 | 室主任 | 园林植物与观赏园艺 | 中南林学院 |
| 樊国盛 | 博士 | 教授 | 系主任 | 园林植物与观赏园艺 | 西南林学院 |
| 杨秋生 | 硕士 | 教授 | 院长 | 园林植物与观赏园艺 | 河南农业大学 |
| 包满珠 | 博士 | 教授 | 系主任 | 园林植物与观赏园艺 | 华中农业大学 |
| 张文英 | 硕士 | 副教授 | | 风景园林规划设计 | 华南农业大学 |
| 戚继忠 | 博士 | 副教授 | 副院长 | 园林植物与观赏园艺 | 北华大学 |

秘书委员

| | | | | | |
|---|---|---|---|---|---|
| 李　雄 | 硕士 | 教授 | 副院长 | 风景园林规划设计 | 北京林业大学 |

四、水土保持与荒漠化防治学科专业组教学指导委员会

组长委员

| | | | | | |
|---|---|---|---|---|---|
| 孙保平 | 本科 | 教授 | 院长 | 水土保持 | 北京林业大学 |

副组长委员

| | | | | | |
|---|---|---|---|---|---|
| 姚云峰 | 博士 | 教授 | 院长 | 荒漠化防治 | 内蒙古农业大学 |

委　　员

| | | | | | |
|---|---|---|---|---|---|
| 孙向阳 | 博士 | 副教授 | 系主任 | 土壤学（土壤侵蚀） | 北京林业大学 |
| 吴发启 | 博士 | 教授 | 副院长 | 水土保持 | 西北农林科技大学 |
| 王治国 | 硕士 | 教授 | 副院长 | 林业生态工程 | 山西农业大学 |
| 杨吉华 | 本科 | 教授 | 系主任 | 水土保持 | 山东农业大学 |
| 史东梅 | 博士 | 副教授 | | 水土保持 | 西南农业大学 |
| 蒋志荣 | 本科 | 教授 | 系主任 | 荒漠化防治 | 甘肃农业大学 |

秘书委员

| | | | | | |
|---|---|---|---|---|---|
| 张洪江 | 博士 | 教授 | 副院长 | 水土保持（森林水文） | 北京林业大学 |

五、森林工程学科专业组教学指导委员会

组长委员

| | | | | | |
|---|---|---|---|---|---|
| 王立海 | 博士 | 教授 | 院长 | 森林工程（森工生产规划设计） | 东北林业大学 |

副组长委员

| | | | | | |
|---|---|---|---|---|---|
| 赵　尘 | 硕士 | 教授 | 院长 | 森林工程（采运工程） | 南京林业大学 |

委　　员

| | | | | | |
|---|---|---|---|---|---|
| 刘晋浩 | 硕士 | 教授 | | 森林工程（森林道路工程） | 东北林业大学 |
| 黄　新 | 硕士 | 副教授 | 室主任 | 森林工程（森林道路工程） | 南京林业大学 |
| 王忠伟 | 博士 | 副教授 | 室主任 | 森林工程（森林道路工程） | 中南林学院 |
| 周新年 | 本科 | 教授 | | 森林工程（采运工程） | 福建林学院 |
| 申向东 | 本科 | 副教授 | 室主任 | 工程力学 | 内蒙古农业大学 |
| 赵秀海 | 博士 | 教授 | 院长 | 森林工程（采运工程） | 北华大学 |

秘书委员

| | | | | | |
|---|---|---|---|---|---|
| 董希斌 | 硕士 | 副教授 | 院长助理 | 森林工程（采运工程） | 东北林业大学 |

六、木材科学与工程学科专业组教学指导委员会

| | | | | | |
|---|---|---|---|---|---|
| 组长委员 | | | | | |
| 周定国 | 博士 | 教授 | 院长 | 木材科学与技术（人造板工艺） | 南京林业大学 |
| 副组长委员 | | | | | |
| 王逢瑚 | 博士 | 教授 | 院长 | 设计艺术学（室内与家具设计） | 东北林业大学 |
| 于志明 | 博士 | 副教授 | 副院长 | 木材科学与技术（人造板工艺） | 北京林业大学 |
| 委　员 | | | | | |
| 童省菊 | 博士 | 副教授 | 室主任 | 木材科学与技术（制材学） | 南京林业大学 |
| 赵广杰 | 博士 | 教授 | | 木材科学与技术（木材学） | 北京林业大学 |
| 李　坚 | 博士 | 教授 | 校长 | 木材科学与技术（木材学） | 东北林业大学 |
| 刘一星 | 博士 | 教授 | | 木材科学与技术（木材学） | 东北林业大学 |
| 刘　元 | 博士 | 教授 | 科研处长 | 木材科学与技术（木材学） | 中南林学院 |
| 唐开军 | 硕士 | 教授 | 室主任 | 设计艺术学（室内与家具设计） | 中南林学院 |
| 张宏健 | 硕士 | 教授 | 研究所所长 | 木材科学与技术（人造板工艺） | 西南林学院 |
| 马灵飞 | 博士 | 教授 | | 木材科学与技术（人造板工艺） | 浙江林学院 |
| 陆继胜 | 硕士 | 教授 | 系书记 | 木材科学与技术（制材学） | 福建林学院 |
| 秘书委员 | | | | | |
| 吴智慧 | 博士 | 教授 | 副院长 | 木材科学与技术（人造板工艺） | 南京林业大学 |

七、林产化工学科专业组教学指导委员会

| | | | | | |
|---|---|---|---|---|---|
| 组长委员 | | | | | |
| 安鑫南 | 硕士 | 教授 | 院长 | 林产化学加工工程（林产化工） | 南京林业大学 |
| 副组长委员 | | | | | |
| 方桂珍 | 博士 | 教授 | | 林产化学加工工程（林产化学） | 东北林业大学 |
| 委　员 | | | | | |
| 洪建国 | 博士 | 副教授 | | 林产化学加工工程（林产化学） | 南京林业大学 |
| 蒲俊文 | 博士 | 副教授 | 系主任 | 林产化学加工工程（林产化工） | 北京林业大学 |
| 张力平 | 本科 | 副教授 | 副主任 | 林产化学加工工程（林产化学） | 北京林业大学 |
| 钱学仁 | 博士 | 副教授 | | 化学工程 | 东北林业大学 |
| 刘超钢 | 博士 | 副教授 | 室主任 | 林产化学加工工程（林产化工） | 中南林学院 |
| 陈礼辉 | 博士 | 副教授 | | 林产化学加工工程（制浆造纸） | 福建林学院 |
| 秘书委员 | | | | | |
| 姚春才 | 博士 | 副教授 | 副院长 | 化学工程 | 南京林业大学 |

八、林业机电学科专业组教学指导委员会

| | | | | | |
|---|---|---|---|---|---|
| 组长委员 | | | | | |
| 曹　军 | 博士 | 教授 | 副校长 | 控制理论与控制工程 | 东北林业大学 |
| 副组长委员 | | | | | |
| 郑加强 | 博士 | 教授 | 院长 | 机械制造及其自动化（林业机械） | 南京林业大学 |
| 委　员 | | | | | |
| 于建国 | 博士 | 教授 | 副院长 | 机械制造及其自动化（林业机械） | 东北林业大学 |
| 于文华 | 博士 | 教授 | 院长 | 机械制造及其自动化（林业机械） | 北京林业大学 |
| 王兆伍 | 博士 | 教授 | | 机械电子工程 | 南京林业大学 |
| 徐学林 | 本科 | 教授 | 室主任 | 机械制造及其自动化（林业机械） | 中南林学院 |
| 吴舒辞 | 硕士 | 教授 | 副院长 | 机械电子工程 | 中南林学院 |
| 周新民 | 硕士 | 教授 | 室主任 | 机械制造及其自动化（林业机械） | 西南林学院 |

**秘书委员**

| | | | | | |
|---|---|---|---|---|---|
| 李东升 | 博士 | 教授 | 院长 | 机械电子工程 | 东北林业大学 |

（黄桂荣）

**【林业行业关键岗位培训】** 2000年，国家林业局继续推进林业行业关键岗位培训工作。

*增列林业行业关键岗位* 为加强森林病虫害防治队伍建设，根据《林业行业关键岗位持证上岗管理暂行办法》有关精神，国家林业局以办人字［2000］67号文发出通知，决定增列县级森林病虫害防治检疫站站长、森林病虫鼠害测报员为首批林业行业关键岗位，至此，已有33个岗位被列为林业行业关键岗位。上述2个岗位在岗人员自2001年起逐步实行持证上岗，2004年底以前全部持林业行业《关键岗位上岗资格证》上岗，其中所在单位被列为国家森林病虫鼠害中心测报点的上述岗位人员于2002年底以前全部持证上岗。

国家林业局要求，凡未参加过资格性岗位培训的县级森林病虫害防治检疫站站长、森林病虫鼠害测报员，应在规定的时间内取得国家林业局统一印制的《岗位培训合格证书》和《关键岗位上岗资格证》，其中所在单位被列为国家级森林病虫鼠害中心测报点的上述岗位人员由国家林业局组织培训，其他人员由所在省林业主管部门组织培训。

为适应培训工作需要，国家林业局有关部门立即组织编写《国家级森林病虫鼠害中心测报点的组织与管理》、《森林病虫害预测预报工作组织与管理》、《森林病虫鼠害监测与数理统计预报》、《3S技术在森林保健中的应用》、《森林昆虫监测技术及抽样调查方法》、《主要病虫害的测报办法》、《测报仪器设备使用方法》等作为新增林业行业关键岗位的培训教材。

*积极组织示范性岗位培训* 王志宝局长在2000年初全国林业厅（局）长会议讲话中强调，要分层次全面强化教育培训工作，努力提高林业队伍的整体素质。根据全国林业厅（局）长会议精神，局人事教育部门积极组织示范性岗位培训，先后组织培训了省级林业调查规划设计院院长，林木采伐消耗管理人员，森林资源监督人员，林地林权管理人员，省、地级森林病虫害防治检疫站站长以及国家级自然保护区管理局局长等首批林业行业关键岗位人员近400人。

*审批新的林业行业关键岗位培训单位* 鉴于内蒙古森林工业集团有限责任公司没有关键岗位培训基地，根据《林业行业关键岗位持证上岗管理暂行办法》和《林业部人事教育司关于开展林业行业关键岗位培训单位资格确定工作有关问题的通知》的有关规定，国家林业局人教司批复内蒙古森林工业集团有限责任公司，确定内蒙古大兴安岭林业学校为林业行业关键岗位培训单位，负责该集团公司林业行业关键岗位培训的具体实施工作。至此，全国共有53个单位具备承担林业行业关键岗位培训任务的资格。 （吴友苗）

**【农广校林业专业教学改革】** 开办于1988年的中央农业广播电视学校林业专业十几年来共招生9万人，为乡（镇）林业工作站、国有林场、国有苗圃等基层林业单位输送了4万多名“留得住、用得上”的应用型中等专业毕业生，改善了基层林业队伍的文化、专业结构。实践证明，农业（林业）广播电视教育是培养林业人才的一条有效途径。但随着社会主义市场经济体制的逐步建立和完善，农广校林业专业由于教材老化等自身问题和外部环境的变化（各类教育迅速发展导致激烈竞争）已不能适应基层林业建设的需要，生源急剧减少，急需通过改革求得生存和发展。为此，1999年6月国家林业局人教司、中央农业广播电视教育学校组成南北两个联合调研组赴广东、江西、黑龙江三省进行调研，提出该专业教学改革的思路，即“根据林业建设的实际需要，按照现代化、职业化、模块化的要求，对现行的林业专业教学计划、大纲和教材进行改造，使之成为一个专业多个方向、符合基层林业建设需要的新型专业。该专业的职业基础课、职业技术主干课教材建设由国家林业局与中央农业广播电视学校共同负责；地方选开课教材由地方林业部门负责。地方林业部门可根据当地需要，在林业专业下开设专业方向”。经局领导同意，国家林业局财务部门安排了农广校林业专业教学改革专项经费，为教改的实施提供了资金保障。经过充分准备，2000年8月24日，国家林业局人教司、中央农业广播电视学校联合召开了中央农广校林业专业教学改革方案研讨会，初步确定了该专业新的教学计划，其培养目标是“主要为林业基层单位培养与我国社会主义现代化建设需要相适应，德智体美的全面发展，具有综合职业能力，能够从事森林培育、保护、森林资源调查与管理的中初级技术管理人才以及能够进行营、造林生产、森林资源管护的高素质劳动者”；课程分为文化基层课程（邓小平理论与实践概论、应用文写作和农业化学基础3门）、专业通修课程（森林植物、森林环境、森林培育、森林病虫害防治、林业政策与法规、森林计测、毕业实践与职业技能鉴定7门）、专项技术课程和专业拓展课程四类。研讨会提出，文化基层课程采用中央农广校统编教材，专业通修课程借用普通中等林业专业学校教材，并新编专项技术课程教材。2000年11月，国家林业局人教司、中央农业广播电视学校在广州联合召开了中央农广校林业专业专项技术课程教材编写工作会议，部署了《银杏栽培技术》、《枣树栽培技术》、《杏树栽培技术》、《核桃栽培技术》、《猕猴桃栽培技术》、《柿子栽培技术》、《杜仲栽培技术》、《板栗栽培技术》、《笋用林栽培技术》、《沙棘栽培技术》、《林果贮存保鲜技术》、《马尾松人工林培育技术》、《油松人工林培育技术》、《马尾松人工林培育技术》等教材编写任务。

中央农广校林业专业新课程体系将在2001年秋季招生时实施。 （吴友苗）

**【西部地区林业培训工作座谈会】** 为贯彻落实党中央、国务院西部大开发战略，进一步推动西部地区林业培训工作的深入开展，国家林业局人教司于2000年4月17～20日在西安召开了西部地区林业培训工作座谈会。西部13个省（区、市）林业厅（局）人教（科教）处处长，有关高等林业院校成人教育学院和中等林校（干校）领导，国家林业局计资司及局有关直属单位，中国林业教育学会的代表共50余人参加了会议。

会议认真学习贯彻西部大开发战略的文件精神，交流了西部林业培训工作情况，研讨了新形势下进一步加强西部地区林业培训工作的对策，并讨论了国家林业局《林业全行业培训“十五”计划及2015年规划要点（征求意见稿）》。

国家林业局人教司副司长李葆珍在会上作了题为《加强培训工作，为西部生态建设提供有力的人才保证》的讲话。李副司长在讲话中阐述了党中央、国务院把生态环境保护和建设摆在西部大开发首位的深刻内涵和重要意义，分析了西部林业当前人才队伍状况，提出了西部林业培训工作的基本思路和主要任务，并对推动西部林业培训工作的开展提出了要求。

与会代表在深刻把握中央关于西部大开发战略精神的基础上，结合西部林业重点任务和林业职工队伍的实际情况，对西部地区林业培训工作进行了广泛深入的研讨。

与会同志一致认为，西部大开发，人才是关键。强化西部地区林业培训工作，提高林业队伍整体素质，是加强西部生态环境建设的一项紧迫工作。结合西部林业生态重点工程建设项目开展培训，提高干部职工和林业从业人员以及广大林农的生态环保意识和科学文化素质，培养一大批林业经营管理人才、专业技术人才和掌握植树种草技术与致富实用技术的农村劳动者，是西部林业生态环境建设的迫切需要。

会议提出了西部林业培训工作的基本思路：根据国家林业局关于加快西部地区生态环境保护与建设的总体思路，以林科教结合为先导，以促进西部地区生态、资源、环境、经济、社会协调持续发展为目标，以推广先进林业科学技术为动力，统筹规划，分类指导，分级培训，全面强化西部林业培训工作，为改善生态环境和加快西部地区发展步伐培养大批应用型实用人才。西部林业培训工作的主要任务是：通过培训，培养一支具有高度生态环境保护意识和一定林业基本知识的农村干部队伍；培养一支掌握现代林业知识和国家生态环境保护与建设方针、政策，熟悉西部地区自然环境，素质优良、高效廉洁的林业公务员队伍；造就一支为加强西部地区生态环境保护和建设服务的林业科研、教学和科技推广队伍；建设一支以技术工人和农村林业技术人员为骨干，掌握一定科学文化知识和致富实用技术的林业劳动者队伍。

会议认为，西部林业培训工作应采取如下对策：

1. 提高各级领导和广大林业工作者对西部地区林业培训工作重要意义的认识，牢固树立起西部开发，生态优先；生态建设，人才优先；人力资源开发要先于自然资源开发的新意识。

2. 国家林业局和省（区、市）林业厅（局）要加强在西部培训工作中的宏观调控，坚持统筹规划，分类指导，分级培训的原则，避免多头培训和重复培训现象的出现。

3. 西部林业培训工作必须紧紧围绕西部地区林业生态建设重点工程进行，因地制宜地开展灵活多样的林业科技培训与推广活动，做到工程实施、科技推广、人才培训、经济发展相结合。

4. 加强培训管理机构和培训基地建设，充分利用现有高、中等林业院校、林业成人院校、科研院（所）、培训中心和科技推广机构的力量和优势，增强服务意识，“送培训上门”、“送科技上门”，提供智力和技术服务。

5. 西部地区林业培训经费从天然林资源保护工程和退耕还林（草）工程投资3%的科技支撑经费中列支。在此基础上，还要采用多种形式，广开渠道，为西部林业培训筹措经费。 （吴友苗）

**【退耕还林（草）专题培训】** 为确保2000年退耕还林（草）试点示范工作的顺利进行，国家林业局以退耕还林（草）为主题，先后举办了3期县级领导干部专题研究班、1期地（市）林业局长研讨班和4期县林业局干部科技支撑培训班，对退耕还林（草）试点示范县县级领导干部、地（市）林业局长、县林业局长进行以生态工程政策和林业科技为主要内容的整体配套专题培训，共培训600多人。

退耕还林（草）试点示范县县级领导干部专题研究班得到中组部和国家林业局党组的高度重视。在第一期县级领导干部专题研究班开班典礼上，中组部干部教育局领导亲临指导并作讲话。国家林业局党组书记、局长王志宝亲自作了《统一思想、提高认识、扎实开展好退耕还林（草）试点示范工作》的主题报告。局党组副书记、副局长周生贤、局党组成员江泽慧等领导也分别为其他各期县级领导干部专题研究班学员作报告或专题讲座，有关业务部门领导和参与制定工程技术规范的专家讲解了林业法律法规和退耕还林（草）工程的方针、政策和技术措施；江泽慧还主持、参加学员们座谈会，倾听学员对国家退耕还林（草）工作的建议和意见。王志宝局长就局领导与第一期退耕还林还草研究班学员座谈时涉及的22个问题逐一作出批示，分解到有关司局（单位），进行研究落实。

退耕还林(草)专题培训促进了林业工程的实施和地方经济发展。学员们普遍反映,研究班办得及时,实在必要。通过学习和研讨,学员们吃透了中央精神,明确了方向,开阔了视野,启迪了思路,增强了社会责任感和历史使命感,表示要抓住机遇,迎接挑战,全力克服困难,正确处理好老百姓要生存、富裕,地方经济要开拓发展,国家社会要生态环境三者的关系,扎扎实实地把退耕还林(草)的试点示范工作做好,不辜负党和政府的重托和人民群众的信任,为西部大开发、为加快西部生态环境建设作出应有的贡献。

这些学员回到单位后,都能把所学知识应用于工作实际,按科学规律办事,大大推动了基层林业事业的发展,起到了"培训一个人,推动一个县"的作用。第二期退耕还林还草研究班班长、陕西省吴旗县县长师合林通过学习,提高了对退耕还林还草必要性和可行性的认识,回到单位后,进一步加大了退耕还林(草)工作的力度,在加快山川秀美工程建设的同时,着力开发羊、杏、草三大产业,使生态修复的过程同时成为农村经济开发的过程,初步走出一条以市场为导向、大力发展避灾农业的新路子,该县的退耕还林(草)工作走在全国的前列。

专题培训促进了国家有关退耕还林(草)工程政策的完善。第一期退耕还林(草)县级领导干部研究班提出的许多问题和建议,如基层领导和农民普遍关心的粮食补助年限问题,原来国务院文件规定需要补多少年就补多少年,补到农民有生计为止;学员在与国家林业局领导座谈时提出,没有明确粮食补助年限,用意是好的但基层群众不能理解,建议加以明确,让群众放心,这一建议被《国务院关于进一步做好退耕还林还草试点工作若干问题的意见》(国发[2000]24号)所采纳,在文件中明确规定"粮食和现金补助年限,先按经济林补助5年,生态林补助8年计算,到后期根据农民实际收入情况,需要补助多少年再继续补助多少年"。这一政策极大地调动了广大人民群众退耕还林还草的积极性。国家林业局的退耕还林还草培训工作也因此引起了党和国家领导人的重视。国务院总理朱镕基在国家林业局王志宝局长关于举办退耕还林(草)县级领导干部专题研究班的报告上批示"要坚持和推广",温家宝副总理也作了重要批示:"办班学政策、学科技很有必要。要注意联系实际,讲求实效。" (吴友苗)

## 2000～2001学年初普通高中等林业院校（系）基本情况

单位：人

| | 学校数（所、个） | 毕业生数 | 招生数 | 在校学生数 | 毕业班学生数 | 教职工数 | |
|---|---|---|---|---|---|---|---|
| | | | | | | 计 | 其中：专任教师 |
| **总　计** | **61** | **33 800** | **48 099** | **147 328** | **34 967** | **15 825** | **7 095** |
| 一、研究生 | — | 468 | 921 | 2 177 | 571 | — | — |
| 1. 高等林业院校 | — | 364 | 724 | 1 703 | 452 | — | — |
| 国家任务 | — | 303 | 459 | 1 199 | 354 | — | — |
| 委托培养 | — | 25 | 113 | 266 | 65 | — | — |
| 自 费 生 | — | 36 | 152 | 238 | 33 | — | — |
| 2. 其他高等学校（林科） | — | 79 | 173 | 420 | 104 | — | — |
| 国家任务 | — | 68 | 118 | 317 | 82 | — | — |
| 委托培养 | — | 6 | 4 | 17 | 6 | — | — |
| 自 费 生 | — | 5 | 51 | 86 | 16 | — | — |
| 3. 科研单位培养 | — | 25 | 24 | 54 | 15 | — | — |
| 国家任务 | — | 25 | 24 | 54 | 15 | — | — |
| 二、普通本专科 | 7 | 8 191 | 24 223 | 55 681 | 8 686 | — | — |
| 1. 高等林业院校 | 6 | 4 967 | 14 454 | 33 727 | 5 250 | 7 172 | 2 874 |
| 国家任务 | — | 4 779 | 14 454 | 33 724 | 5 247 | — | — |
| 委托培养 | — | 75 | — | 3 | 3 | — | — |
| 自 费 生 | — | 113 | — | — | — | — | — |
| 2. 森林公安高等学校 | 1 | — | 305 | 305 | — | 254 | 106 |
| 国家任务 | — | — | 305 | 305 | — | — | — |
| 3. 其他高等学校（林科） | — | 3 224 | 9 464 | 21 649 | 3 436 | — | — |
| 国家任务 | — | 3 217 | 9 464 | 21 649 | 3 436 | — | — |
| 委托培养 | — | 6 | — | — | — | — | — |
| 自 费 生 | — | 1 | — | — | — | — | — |
| 三、林业中等专业学校 | 54 | 25 141 | 22 955 | 89 470 | 25 710 | 8 399 | 4 115 |
| 1. 林业学校 | 47 | 19 536 | 17 408 | 69 978 | 20 472 | 7 874 | 3 868 |
| 国家任务 | — | 13 562 | 17 302 | 65 929 | 17 338 | — | — |
| 委托培养 | — | 5 005 | — | 2 586 | 2 334 | — | — |
| 自 费 生 | — | 969 | 106 | 1 463 | 800 | — | — |
| 2. 林业师范学校 | 4 | 1 020 | 480 | 1 694 | 389 | 172 | 97 |
| 国家任务 | — | 560 | 480 | 1 234 | 160 | — | — |
| 委托培养 | — | 460 | — | 457 | 229 | — | — |
| 自 费 生 | — | — | — | 3 | — | — | — |
| 3. 林业卫生学校 | 3 | 533 | 874 | 2 366 | 296 | 353 | 150 |
| 国家任务 | — | 96 | 874 | 2 097 | 130 | — | — |
| 委托培养 | — | 355 | — | 40 | 40 | — | — |
| 自 费 生 | — | 82 | — | 229 | 126 | — | — |
| 4. 其他中等专业学校（林科） | — | 4 052 | 4 193 | 15 432 | 4 553 | — | — |
| 国家任务 | — | 3 179 | 4 116 | 14 959 | 4 157 | — | — |
| 委托培养 | — | 653 | 77 | 406 | 329 | — | — |
| 自 费 生 | — | 220 | — | 67 | 67 | — | — |

## 2000～2001学年初普通高等林业院校（系、科研单位）研究生基本情况

单位：人

| 学校名称 | 毕业生数 | 招生数 | 在校学生数 | 毕业班学生数 |
|---|---|---|---|---|
| **总　计** | **468** | **921** | **2 177** | **571** |
| 一、博士生 | 97 | 224 | 583 | 178 |
| 1. 普通高等林业院校 | 88 | 198 | 528 | 165 |
| 北京林业大学 | 25 | 75 | 196 | 58 |
| 东北林业大学 | 28 | 61 | 165 | 54 |
| 南京林业大学 | 28 | 52 | 140 | 48 |
| 中南林学院 | 7 | 10 | 27 | 5 |
| 2. 其他高等学校（林科） | — | 5 | 8 | — |
| 河北农业大学 | — | 5 | 8 | — |
| 3. 科研单位 | 9 | 21 | 47 | 13 |
| 中国林科院 | 9 | 21 | 47 | 13 |
| 二、硕士生 | 371 | 697 | 1 594 | 393 |
| 1. 普通高等林业院校 | 276 | 526 | 1 175 | 287 |
| 北京林业大学 | 83 | 165 | 356 | 89 |
| 东北林业大学 | 85 | 153 | 337 | 76 |
| 南京林业大学 | 72 | 114 | 261 | 65 |
| 中南林学院 | 27 | 70 | 163 | 43 |
| 西南林学院 | 9 | 24 | 58 | 14 |
| 2. 其他高等学校（林科） | 79 | 168 | 412 | 104 |
| 河北农业大学 | 5 | — | 3 | 3 |
| 山西农业大学 | — | 5 | 7 | — |
| 内蒙古农业大学 | 8 | 16 | 41 | 11 |
| 沈阳农业大学 | 4 | 12 | 27 | 8 |
| 吉林农业大学 | — | 2 | 4 | — |
| 南京农业大学 | 1 | 3 | 7 | 2 |
| 浙江大学 | — | 3 | 5 | — |
| 安徽农业大学 | 3 | 6 | 16 | 4 |
| 福建农林大学 | 15 | 29 | 66 | 17 |
| 江西农业大学 | 3 | 6 | 17 | 2 |
| 山东农业大学 | 2 | 11 | 24 | 7 |
| 河南农业大学 | 4 | 7 | 18 | 4 |
| 华南农业大学 | 2 | 3 | 13 | 4 |
| 西南农业大学 | — | 2 | 5 | — |
| 四川农业大学 | 4 | 13 | 34 | 6 |
| 四川师范学院 | — | 1 | 2 | — |
| 贵州大学 | 4 | 6 | 16 | 5 |
| 西北农林科技大学 | 19 | 33 | 84 | 28 |
| 甘肃农业大学 | 2 | 6 | 13 | 3 |
| 新疆农业大学 | 3 | 4 | 10 | — |
| 3. 科研单位 | 16 | 3 | 7 | 2 |
| 中国林科院 | 15 | — | — | — |
| 中国科学院南京土壤研究所 | — | 1 | 2 | 1 |
| 中国农科院研究生院 | 1 | 2 | 5 | 1 |

## 2000～2001学年初普通高等学校（系、科研单位）分专业研究生情况

单位：人

| 学校名称 | 毕业生数 | 招生数 | 在校学生数 | 毕业班学生数 |
|---|---|---|---|---|
| **总计** | **468** | **921** | **2 177** | **571** |
| 一、博士生 | 97 | 224 | 583 | 178 |
| 植物学 | 8 | 21 | 54 | 12 |
| 森林保护学 | 7 | 6 | 28 | 12 |
| 造林学 | 12 | 29 | 63 | 15 |
| 经济林 | 7 | 10 | 27 | 5 |
| 生态学 | 19 | 29 | 81 | 26 |
| 林木遗传育种 | 5 | 14 | 36 | 12 |
| 水土保持 | 3 | 12 | 31 | 10 |
| 野生动物 | 2 | 3 | 13 | 7 |
| 森林经理学 | 6 | 11 | 30 | 10 |
| 园林植物与观赏园艺 | 1 | 6 | 14 | 4 |
| 城市规划与设计 | 2 | 3 | 6 | 1 |
| 林业经济管理 | 5 | 29 | 68 | 21 |
| 机械设计及理论 | 5 | 5 | 20 | 9 |
| 木材科学与技术 | 12 | 37 | 87 | 26 |
| 林产化学加工工程 | 1 | 4 | 10 | 4 |
| 森林采运工程 | 2 | 5 | 15 | 4 |
| 二、硕士生 | 371 | 697 | 1 594 | 393 |
| 植物学 | 25 | 57 | 116 | 29 |
| 森林保护学 | 31 | 53 | 137 | 37 |
| 造林学 | 52 | 92 | 220 | 55 |
| 经济林 | 5 | 12 | 28 | 10 |
| 生态学 | 31 | 39 | 106 | 27 |
| 土壤学 | 6 | 7 | 21 | 7 |
| 林木遗传育种 | 16 | 30 | 71 | 18 |
| 水土保持 | 18 | 49 | 109 | 25 |
| 动物学 | — | 3 | 5 | — |
| 野生动物 | 9 | 8 | 21 | 5 |
| 森林经理学 | 35 | 70 | 166 | 45 |
| 园林植物与观赏园艺 | 13 | 41 | 89 | 19 |
| 城市规划与设计 | 9 | 28 | 51 | 11 |
| 会计学 | — | 16 | 27 | — |
| 林业经济管理 | 57 | 34 | 85 | 28 |
| 环境与资源保护法 | — | 24 | 31 | — |
| 机械设计及理论 | 19 | 25 | 68 | 17 |
| 木材科学与技术 | 22 | 47 | 109 | 28 |
| 林产化学加工工程 | 8 | 13 | 32 | 11 |
| 载运工具运用工程 | 1 | 10 | 19 | 3 |
| 森林采运工程 | 4 | 14 | 27 | 5 |
| 林业自动化 | 5 | 11 | 20 | 3 |
| 林区道路与桥梁工程 | 4 | 9 | 24 | 7 |
| 制浆造纸工程 | 1 | 5 | 12 | 3 |

## 2000～2001学年初普通高等林业院校（系）分学校学生情况

单位：人

| 学校名称 | 毕业生数 | | | 招生数 | | | 在校学生数 | | | 毕业班学生数 | | |
|---|---|---|---|---|---|---|---|---|---|---|---|---|
| | 合计 | 本科 | 专科 | 合计 | 本科 | 专科 | 合计 | 本科 | 专科 | 合计 | 本科 | 专科 |
| **总计** | **8 191** | **5 826** | **2 365** | **24 223** | **17 548** | **6 675** | **55 681** | **44 671** | **11 010** | **8 686** | **6 612** | **2 074** |
| 一、普通高等林业院校 | 4 967 | 3 814 | 1 153 | 14 454 | 12 193 | 2 261 | 33 727 | 29 692 | 4 035 | 5 250 | 4 328 | 922 |
| 北京林业大学 | 907 | 745 | 162 | 2 672 | 2 261 | 411 | 6 238 | 5 456 | 782 | 1 189 | 818 | 371 |
| 东北林业大学 | 1 470 | 1 274 | 196 | 3 405 | 3 095 | 310 | 8 272 | 7 782 | 490 | 1 284 | 1 225 | 59 |
| 南京林业大学 | 930 | 688 | 242 | 3 043 | 2 337 | 706 | 6 741 | 5 510 | 1231 | 984 | 809 | 175 |
| 中南林学院 | 752 | 643 | 109 | 2 460 | 2 300 | 160 | 5 852 | 5 466 | 386 | 871 | 813 | 58 |
| 西南林学院 | 608 | 322 | 286 | 1 120 | 1 020 | 100 | 3 071 | 2 872 | 199 | 555 | 456 | 99 |
| 浙江林学院 | 300 | 142 | 158 | 1 754 | 1 180 | 574 | 3 553 | 2 606 | 947 | 367 | 207 | 160 |
| 二、森林公安高等学校 | — | — | — | 305 | — | 305 | 305 | — | 305 | — | — | — |
| 南京森林公安高等专科学校 | — | — | — | 305 | — | 305 | 305 | — | 305 | — | — | — |
| 三、其他高等学校（林科） | 3 224 | 2 012 | 1 212 | 9 464 | 5 355 | 4 109 | 21 649 | 14 979 | 6 670 | 3 436 | 2 284 | 1 152 |
| 北京农学院 | 52 | 52 | — | 173 | 173 | — | 445 | 414 | 31 | 87 | 56 | 31 |
| 天津农学院 | — | — | — | 30 | — | 30 | 30 | — | 30 | — | — | — |
| 河北农业大学 | 291 | 174 | 117 | 311 | 224 | 87 | 903 | 758 | 145 | 236 | 178 | 58 |
| 山西农业大学 | 120 | 87 | 33 | 220 | 180 | 40 | 598 | 558 | 40 | 73 | 73 | — |
| 内蒙古农业大学 | 215 | 167 | 48 | 154 | 90 | 64 | 733 | 608 | 125 | 139 | 139 | — |
| 沈阳农业大学 | 58 | 58 | — | 335 | 199 | 136 | 776 | 517 | 259 | 122 | 95 | 27 |
| 吉林农业大学 | 64 | 30 | 34 | 361 | 321 | 40 | 928 | 788 | 140 | 126 | 55 | 71 |
| 北华大学 | 164 | 128 | 36 | 129 | 129 | — | 509 | 470 | 39 | 114 | 75 | 39 |
| 黑龙江八一农垦大学 | — | — | — | 120 | — | 120 | 120 | — | 120 | — | — | — |
| 东北农业大学 | — | — | — | 100 | 60 | 40 | 213 | 173 | 40 | — | — | — |
| 牡丹江师范学院 | — | — | — | 80 | — | 80 | 80 | — | 80 | — | — | — |
| 上海交通大学 | 35 | 35 | — | 125 | 81 | 44 | 346 | 259 | 87 | 39 | 39 | — |
| 苏州大学 | — | — | — | — | — | — | 29 | — | 29 | — | — | — |
| 扬州大学 | — | — | — | 61 | 61 | — | 61 | 61 | — | — | — | — |
| 南京农业大学 | — | — | — | — | — | — | 25 | — | 25 | 25 | — | 25 |
| 宁波大学 | — | — | — | 49 | — | 49 | 49 | — | 49 | — | — | — |
| 浙江大学 | 31 | 31 | — | 29 | 29 | — | 114 | 114 | — | 30 | 30 | — |
| 安徽农业大学 | 58 | 58 | — | 345 | 238 | 107 | 742 | 605 | 137 | 128 | 128 | — |
| 福建农林大学 | 180 | 145 | 35 | 369 | 260 | 109 | 1 047 | 876 | 171 | 182 | 150 | 32 |
| 江西农业大学 | 123 | 92 | 31 | 230 | 140 | 90 | 702 | 579 | 123 | 135 | 102 | 33 |
| 山东农业大学 | 88 | 88 | — | 394 | 141 | 253 | 753 | 500 | 253 | 62 | 62 | — |
| 河南农业大学 | 52 | 52 | — | 214 | 184 | 30 | 654 | 564 | 90 | 86 | 86 | — |
| 华中农业大学 | 65 | 65 | — | 126 | 126 | — | 405 | 405 | — | 60 | 60 | — |
| 湖南农业大学 | 25 | 25 | — | 100 | 100 | — | 191 | 191 | — | — | — | — |
| 华南农业大学 | 49 | 49 | — | 174 | 89 | 85 | 469 | 384 | 85 | 82 | 82 | — |
| 湖北农学院 | — | — | — | 106 | 106 | — | 348 | 348 | — | 71 | 71 | — |
| 海南大学 | 40 | — | 40 | — | — | — | 41 | — | 41 | 41 | — | 41 |
| 广西大学 | 165 | 70 | 95 | 140 | 126 | 14 | 515 | 464 | 51 | 145 | 108 | 37 |
| 西南农业大学 | 55 | 55 | — | 176 | 176 | — | 492 | 492 | — | 81 | 81 | — |
| 四川农业大学 | 81 | 81 | — | 317 | 278 | 39 | 691 | 652 | 39 | 83 | 83 | — |
| 贵州大学 | 86 | 38 | 48 | 184 | 184 | — | 521 | 431 | 90 | 89 | 49 | 40 |
| 贵州师范大学 | — | — | — | 43 | — | 43 | 43 | — | 43 | — | — | — |
| 云南农业大学 | 30 | 30 | — | 118 | 118 | — | 208 | 208 | — | — | — | — |
| 西藏农牧学院 | 92 | 26 | 66 | 54 | 23 | 31 | 152 | 46 | 106 | 49 | — | 49 |
| 西北农林科技大学 | 330 | 254 | 76 | 567 | 436 | 131 | 1 576 | 1 205 | 371 | 340 | 258 | 82 |
| 甘肃农业大学 | 57 | 28 | 29 | 118 | 118 | — | 327 | 306 | 21 | 79 | 58 | 21 |
| 青海大学 | — | — | — | 80 | 34 | 46 | 80 | 34 | 46 | — | — | — |
| 青海师范大学 | 40 | — | 40 | — | — | — | — | — | — | — | — | — |
| 宁夏农学院 | — | — | — | 74 | 74 | — | 182 | 182 | — | — | — | — |
| 新疆农业大学 | 63 | 63 | — | 276 | 246 | 30 | 550 | 506 | 44 | 82 | 82 | — |
| 其他学校 | 515 | 31 | 484 | 2 982 | 611 | 2 371 | 5 001 | 1 281 | 3 720 | 650 | 84 | 566 |

## 2000～2001学年初普通高等林业院校（系）分专业学生情况

单位：人

| 专业名称 | 毕业生数 | | | 招生数 | | | 在校学生数 | | | 毕业班学生数 | | |
|---|---|---|---|---|---|---|---|---|---|---|---|---|
| | 合计 | 本科 | 专科 | 合计 | 本科 | 专科 | 合计 | 本科 | 专科 | 合计 | 本科 | 专科 |
| **总计** | **8 191** | **5 826** | **2 365** | **24 223** | **17 548** | **6 675** | **55 681** | **44 671** | **11 010** | **8 686** | **6 612** | **2 074** |
| 林学 | 1 412 | 1 094 | 318 | 2 475 | 2 202 | 273 | 7 560 | 6 841 | 719 | 1 560 | 1 289 | 271 |
| 森林保护 | 372 | 269 | 103 | 267 | 176 | 91 | 744 | 632 | 112 | 224 | 203 | 21 |
| 经济林 | 442 | 240 | 202 | 293 | 36 | 257 | 828 | 436 | 392 | 264 | 211 | 53 |
| 园林 | 981 | 538 | 443 | 5 995 | 2 999 | 2 996 | 12 124 | 7 510 | 4 614 | 1 276 | 663 | 613 |
| 风景园林 | 240 | 200 | 40 | 711 | 248 | 463 | 1 797 | 1 164 | 633 | 307 | 307 | — |
| 野生植物资源开发与利用 | 204 | 105 | 99 | 145 | 145 | — | 550 | 470 | 80 | 104 | 80 | 24 |
| 野生动物保护与利用 | 81 | 30 | 51 | 126 | 126 | — | 521 | 458 | 63 | 117 | 87 | 30 |
| 自然保护区资源管理 | 29 | 29 | — | — | — | — | — | — | — | — | — | — |
| 生物学 | — | — | — | 138 | 138 | — | 320 | 320 | — | 57 | 57 | — |
| 生物技术 | — | — | — | 318 | 318 | — | 542 | 542 | — | — | — | — |
| 沙漠治理 | 53 | 53 | — | 77 | 77 | — | 307 | 307 | — | 82 | 82 | — |
| 水土保持 | 255 | 234 | 21 | 663 | 588 | 75 | 1 849 | 1 697 | 152 | 319 | 267 | 52 |
| 森林工程 | 155 | 155 | — | 307 | 307 | — | 636 | 636 | — | 85 | 85 | — |
| 森林防火 | 20 | — | 20 | 51 | — | 51 | 51 | — | 51 | — | — | — |
| 木材加工 | 239 | 216 | 23 | 642 | 584 | 58 | 1 669 | 1 611 | 58 | 237 | 237 | — |
| 林业与木工机械 | 164 | 164 | — | 93 | 93 | — | 439 | 418 | 21 | 150 | 129 | 21 |
| 林产化工 | 126 | 126 | — | 178 | 178 | — | 595 | 595 | — | 128 | 128 | — |
| 制浆造纸工程 | 18 | 18 | — | 119 | 119 | — | 183 | 183 | — | 26 | 26 | — |
| 制浆造纸工艺 | 69 | 69 | — | — | — | — | 218 | 193 | 25 | 102 | 102 | — |
| 精细化工 | 31 | 31 | — | — | — | — | 69 | 69 | — | 36 | 36 | — |
| 化工工程 | — | — | — | 102 | 102 | — | 198 | 198 | — | — | — | — |
| 工业自动化 | 34 | 34 | — | 144 | 144 | — | 281 | 281 | — | 31 | 31 | — |
| 载运工具运用工程 | 163 | 136 | 27 | 258 | 229 | 29 | 650 | 578 | 72 | 139 | 96 | 43 |
| 计算机及应用 | 116 | 74 | 42 | 944 | 686 | 258 | 1 652 | 1 321 | 331 | 97 | 66 | 31 |
| 机械制造工艺与设备 | 47 | 28 | 19 | 222 | 222 | — | 448 | 418 | 30 | 60 | 30 | 30 |
| 应用电子技术 | 103 | 85 | 18 | 186 | 127 | 59 | 554 | 495 | 59 | 106 | 106 | — |
| 机械电子工程 | 56 | 56 | — | 162 | 162 | — | 329 | 329 | — | 63 | 63 | — |
| 林业信息管理 | 88 | 88 | — | 238 | 238 | — | 420 | 420 | — | 30 | 30 | — |
| 贸易经济 | 130 | 130 | — | 242 | 242 | — | 664 | 664 | — | 140 | 140 | — |

（续）

| 专业名称 | 毕业生数 | | | 招生数 | | | 在校学生数 | | | 毕业班学生数 | | |
|---|---|---|---|---|---|---|---|---|---|---|---|---|
| | 合计 | 本科 | 专科 | 合计 | 本科 | 专科 | 合计 | 本科 | 专科 | 合计 | 本科 | 专科 |
| 国际贸易 | — | — | — | 220 | — | 220 | 220 | — | 220 | — | — | — |
| 林业经济管理 | 68 | 68 | — | 428 | 428 | — | 922 | 922 | — | 81 | 81 | — |
| 人力资源管理 | — | — | — | 70 | 70 | — | 70 | 70 | — | — | — | — |
| 法学 | 207 | 147 | 60 | 383 | 383 | — | 1 214 | 1 214 | — | 255 | 255 | — |
| 会计学 | 422 | 323 | 99 | 515 | 515 | — | 1 712 | 1 616 | 96 | 367 | 317 | 50 |
| 国际金融 | — | — | — | 64 | 64 | — | 64 | 64 | — | — | — | — |
| 工商管理 | — | — | — | 216 | 216 | — | 314 | 314 | — | 11 | 11 | — |
| 市场营销 | — | — | — | 7 | — | 7 | 7 | — | 7 | — | — | — |
| 统计学 | 67 | 48 | 19 | 140 | 140 | — | 381 | 381 | — | 60 | 60 | — |
| 广告学 | 30 | — | 30 | 200 | 134 | 66 | 266 | 171 | 95 | 29 | — | 29 |
| 美术学 | — | — | — | 108 | 108 | — | 108 | 108 | — | — | — | — |
| 室内与家具设计 | 258 | 227 | 31 | 690 | 404 | 286 | 1 673 | 1 235 | 438 | 246 | 219 | 27 |
| 城市规划 | — | — | — | 164 | 164 | — | 201 | 201 | — | — | — | — |
| 工艺美术学 | 19 | — | 19 | — | — | — | 25 | — | 25 | 25 | — | 25 |
| 装潢艺术设计 | — | — | — | 110 | 110 | — | 168 | 168 | — | — | — | — |
| 环境学 | — | — | — | 168 | 168 | — | 278 | 278 | — | — | — | — |
| 环境工程 | — | — | — | 62 | 62 | — | 62 | 62 | — | — | — | — |
| 环境艺术设计 | 75 | — | 75 | 193 | 129 | 64 | 466 | 215 | 251 | 187 | — | 187 |
| 观赏园艺 | 30 | — | 30 | 275 | 100 | 175 | 316 | 100 | 216 | 41 | — | 41 |
| 房地产经营管理 | — | — | — | — | — | — | — | — | — | — | — | — |
| 中国语言文学 | 29 | — | 29 | 68 | 68 | — | 158 | 132 | 26 | 26 | — | 26 |
| 英语 | 143 | 109 | 34 | 321 | 271 | 50 | 883 | 761 | 122 | 128 | 91 | 37 |
| 治安管理 | — | — | — | 254 | — | 254 | 334 | — | 334 | — | — | — |
| 食品科学与工程 | 28 | 28 | — | 155 | 121 | 34 | 204 | 170 | 34 | 23 | 23 | — |
| 旅游经济 | 108 | 108 | — | 263 | 143 | 120 | 832 | 605 | 227 | 104 | 104 | — |
| 建筑工程 | 72 | 50 | 22 | 156 | 156 | — | 650 | 650 | — | 143 | 143 | |
| 交通工程 | — | — | — | 175 | 120 | 55 | 264 | 209 | 55 | — | — | — |
| 交通土建工程 | 138 | 138 | — | 172 | 172 | — | 675 | 669 | 6 | 167 | 167 | — |
| 其他专业（或专业类） | 869 | 378 | 491 | 3 550 | 2 816 | 734 | 7 016 | 5 570 | 1 446 | 1 053 | 590 | 463 |

## 2000～2001学年初普通高等林业学校分学校函授、夜大学学生情况

单位：人

| 学校名称 | 毕业生数 | | | 招生数 | | | 在校学生数 | | | 毕业班学生数 | | |
|---|---|---|---|---|---|---|---|---|---|---|---|---|
| | 合计 | 本科 | 专科 | 合计 | 本科 | 专科 | 合计 | 本科 | 专科 | 合计 | 本科 | 专科 |
| **总计** | **2 992** | **102** | **2 890** | **6 483** | **387** | **6 096** | **14 474** | **1 136** | **13 338** | **3 674** | **248** | **3 426** |
| 一、函授 | 2 238 | 102 | 2 136 | 4 392 | 387 | 4 005 | 10 017 | 1 070 | 8 947 | 2 352 | 214 | 2 138 |
| 北京林业大学 | 458 | 22 | 436 | 853 | 20 | 833 | 1 977 | 186 | 1 791 | 537 | 85 | 452 |
| 东北林业大学 | 604 | 78 | 526 | 1 029 | 215 | 814 | 2 379 | 410 | 1 969 | 528 | 69 | 459 |
| 南京林业大学 | 342 | 2 | 340 | 518 | 82 | 436 | 1 388 | 200 | 1 188 | 365 | 38 | 327 |
| 中南林学院 | 353 | — | 353 | 516 | 53 | 463 | 1 159 | 181 | 978 | 286 | 22 | 264 |
| 西南林学院 | 292 | — | 292 | 1 218 | — | 1218 | 2 461 | 10 | 2 451 | 458 | — | 458 |
| 浙江林学院 | 189 | — | 189 | 258 | 17 | 241 | 653 | 83 | 570 | 178 | — | 178 |
| 二、夜大 | 358 | — | 358 | 346 | — | 346 | 1714 | 66 | 1648 | 579 | 34 | 545 |
| 北京林业大学 | 183 | — | 183 | 236 | — | 236 | 680 | — | 680 | 196 | — | 196 |
| 东北林业大学 | 25 | — | 25 | — | — | — | 190 | 66 | 124 | 158 | 34 | 124 |
| 南京林业大学 | 4 | — | 4 | 43 | — | 43 | 71 | — | 71 | — | — | — |
| 中南林学院 | 146 | — | 146 | 67 | — | 67 | 773 | — | 773 | 225 | — | 225 |
| 三、成人脱产班 | 396 | — | 396 | 1745 | — | 1 745 | 2 743 | — | 2 743 | 743 | — | 743 |
| 北京林业大学 | — | — | — | 545 | — | 545 | 654 | — | 654 | 64 | — | 64 |
| 东北林业大学 | 9 | — | 9 | 93 | — | 93 | 338 | — | 338 | 98 | — | 98 |
| 南京林业大学 | 144 | — | 144 | 491 | — | 491 | 812 | — | 812 | 258 | — | 258 |
| 中南林学院 | 243 | — | 243 | 589 | — | 589 | 912 | — | 912 | 323 | — | 323 |
| 浙江林学院 | — | — | — | 27 | — | 27 | 27 | — | 27 | — | — | — |

## 2000～2001学年初普通高等林业院校教职工基本情况

单位：人

| 学校名称 | 总计 | 校本部教职工数 | | | | | | | | | | 科研机构人员数 | 校办工厂、林场职工数 | 附设机构人员数 |
|---|---|---|---|---|---|---|---|---|---|---|---|---|---|---|
| | | 计 | 专任教师 | | | | | | 教辅人员 | 行政人员 | 工勤人员 | | | |
| | | | 计 | 教授 | 副教授 | 讲师 | 教员 | 助教 | | | | | | |
| **总计** | **7 426** | **5 881** | **2 980** | **340** | **917** | **980** | **614** | **129** | **900** | **1 154** | **847** | **310** | **601** | **634** |
| 一、普通高等林业院校 | 7 172 | 5 648 | 2 874 | 340 | 878 | 944 | 588 | 124 | 877 | 1 087 | 810 | 310 | 601 | 613 |
| 北京林业大学 | 1 274 | 811 | 449 | 101 | 161 | 129 | 52 | 6 | 93 | 207 | 62 | 127 | 73 | 263 |
| 东北林业大学 | 2 076 | 1 588 | 716 | 90 | 229 | 228 | 154 | 15 | 391 | 196 | 285 | 53 | 337 | 98 |
| 南京林业大学 | 1 519 | 1 180 | 681 | 64 | 185 | 226 | 184 | 22 | 130 | 244 | 125 | 83 | 119 | 137 |
| 中南林学院 | 1 118 | 991 | 480 | 52 | 146 | 151 | 100 | 31 | 145 | 189 | 177 | 44 | 66 | 17 |
| 西南林学院 | 630 | 596 | 291 | 27 | 99 | 107 | 41 | 17 | 53 | 162 | 90 | — | — | 34 |
| 浙江林学院 | 555 | 482 | 257 | 6 | 58 | 103 | 57 | 33 | 65 | 89 | 71 | 3 | 6 | 64 |
| 二、森林公安高等学校 | 254 | 233 | 106 | — | 39 | 36 | 26 | 5 | 23 | 67 | 37 | — | — | 21 |
| 南京森林公安高等专科学校 | 254 | 233 | 106 | — | 39 | 36 | 26 | 5 | 23 | 67 | 37 | — | — | 21 |

## 2000～2001学年初普通林业中等专业学校分专业学生数

单位：人

| 专业名称 | 毕业生数 | 招生数 | | | 在校生数 | 毕业班学生数 |
|---|---|---|---|---|---|---|
| | | 计 | 招高中毕业生数 | 招初中毕业生数 | | |
| **总　计** | **25 141** | **22 955** | **1 078** | **21 877** | **89 470** | **25 710** |
| 林　业 | 3 862 | 2 306 | — | 2 306 | 10 359 | 3 518 |
| 森林保护 | 344 | 75 | — | 75 | 1 179 | 458 |
| 经济林 | 2 106 | 922 | 40 | 882 | 4 613 | 1 818 |
| 园　林 | 3 582 | 6 187 | 294 | 5 893 | 20 931 | 5 013 |
| 水土保持 | 548 | 685 | 85 | 600 | 2 390 | 658 |
| 沙漠治理 | 78 | 160 | — | 160 | 395 | 76 |
| 森林防火 | 53 | 27 | — | 27 | 127 | 44 |
| 森林资源管理 | 705 | 349 | — | 349 | 2 135 | 693 |
| 自然保护区资源管理 | 77 | — | — | — | 216 | 69 |
| 野生植物栽培与利用 | 128 | — | — | — | 212 | 111 |
| 林特产品加工 | 93 | — | — | — | 37 | 37 |
| 野生动物保护与饲养 | — | 23 | — | 23 | 51 | — |
| 野生动物产品开发利用 | — | — | — | — | — | — |
| 森林采运工程 | 44 | — | — | — | 329 | 157 |
| 木材加工 | 342 | 188 | — | 188 | 667 | 243 |
| 林业机械 | 67 | — | — | — | 84 | 84 |
| 林产化工 | 136 | 7 | — | 7 | 292 | 144 |
| 林业财务会计 | 807 | 518 | — | 518 | 2 130 | 620 |
| 林业计划与统计 | 51 | — | — | — | — | — |
| 林业经济管理 | 312 | 22 | — | 22 | 403 | 148 |
| 林产品贸易 | 477 | 79 | — | 79 | 873 | 485 |
| 森林旅游 | 354 | 526 | — | 526 | 1 529 | 355 |
| 园林经济与管理 | 38 | — | — | — | — | — |
| 公安保卫 | — | — | — | — | — | — |
| 治安管理 | 179 | — | — | — | 660 | 198 |
| 林业公安 | 510 | 691 | 96 | 595 | 1 898 | 375 |
| 法　律 | 241 | 119 | 42 | 77 | 749 | 296 |
| 植物保护 | — | — | — | — | — | |
| 园　艺 | — | 367 | — | 367 | 942 | 117 |
| 果　树 | 214 | 49 | — | 49 | 338 | 125 |
| 草原与饲料 | — | — | — | — | — | — |
| 蚕业 | — | — | — | — | — | — |

（续）

| 专业名称 | 毕业生数 | 招生数 | | | 在校生数 | 毕业班学生数 |
|---|---|---|---|---|---|---|
| | | 计 | 招高中毕业生数 | 招初中毕业生数 | | |
| 多种经营 | 47 | 1 | — | 1 | 162 | 61 |
| 农村能源开发与利用 | — | — | — | — | 30 | — |
| 国有资产管理 | 44 | 51 | — | 51 | 188 | — |
| 保　险 | 52 | 4 | — | 4 | 102 | 59 |
| 金　融 | — | 20 | — | 20 | 20 | — |
| 财务会计 | 1 004 | 519 | 70 | 449 | 2 437 | 1 060 |
| 涉外财务会计 | — | — | — | — | — | — |
| 审　计 | — | — | — | — | — | — |
| 计划与统计 | 70 | — | — | — | 48 | 48 |
| 工业企业管理 | 160 | — | — | — | 56 | 56 |
| 企业物资管理 | 49 | — | — | — | 34 | 34 |
| 农业经济管理 | — | — | — | — | — | — |
| 市场营销 | 138 | 44 | — | 44 | 163 | 58 |
| 对外贸易业务 | — | 24 | — | 24 | 40 | — |
| 经贸外语 | — | 189 | — | 189 | 502 | 95 |
| 餐旅管理 | — | 21 | — | 21 | 155 | 77 |
| 土地管理 | 78 | 2 | — | 2 | 150 | 73 |
| 环境生态 | 103 | 638 | 64 | 574 | 2 059 | 454 |
| 环境管理 | 56 | 46 | 37 | 9 | 259 | 103 |
| 文秘与档案 | 197 | 237 | — | 237 | 803 | 190 |
| 装潢设计 | 123 | 41 | — | 41 | 375 | 172 |
| 室内设计 | 60 | 53 | — | 53 | 233 | 56 |
| 发电厂及电力系统 | — | — | — | — | — | — |
| 机械制造 | — | 1 | — | 1 | 41 | — |
| 汽车拖拉机运用与维修 | 162 | 137 | — | 137 | 721 | 79 |
| 锅炉制造与维修 | — | — | — | — | — | — |
| 机械设备维修 | — | — | — | — | — | — |
| 电机与电器 | — | — | — | — | — | — |
| 机电设备维修 | 61 | 27 | — | 27 | 213 | 87 |
| 机电技术应用 | 68 | — | — | — | 87 | 87 |
| 电子技术应用 | 306 | 159 | 12 | 147 | 451 | 114 |
| 计算机及应用 | 1 737 | 2 093 | 180 | 1 913 | 7 402 | 1 797 |
| 自动控制技术 | 20 | — | — | — | — | — |
| 果蔬贮藏与加工 | 78 | — | — | — | 99 | 75 |

（续）

| 专业名称 | 毕业生数 | 招生数 | | | 在校生数 | 毕业班学生数 |
|---|---|---|---|---|---|---|
| | | 计 | 招高中毕业生数 | 招初中毕业生数 | | |
| 小型土木工程 | 165 | 98 | — | 98 | 453 | 156 |
| 家用电器 | — | 1 | — | 1 | 45 | — |
| 家具设计与制造 | 59 | 87 | — | 87 | 369 | 48 |
| 电力机车 | — | — | — | — | — | — |
| 建筑装饰 | 41 | 1 | — | 1 | 208 | 42 |
| 城镇规划 | 175 | — | — | — | 312 | 152 |
| 工业与民用建筑 | 172 | 97 | 16 | 81 | 410 | 187 |
| 市政工程施工 | 195 | 42 | — | 42 | 545 | 204 |
| 水利水电工工程建筑 | 47 | 2 | — | 2 | 134 | 60 |
| 水政水资源管理 | — | 2 | — | 2 | 11 | — |
| 农田水利工程 | — | 2 | — | 2 | 54 | 27 |
| 工程测量 | 97 | 99 | — | 99 | 239 | 73 |
| 环境监测 | 41 | 99 | 35 | 64 | 369 | 43 |
| 普通师范 | 843 | 180 | — | 180 | 1 207 | 401 |
| 幼儿师范 | — | — | — | — | 86 | — |
| 体　育 | 38 | 30 | — | 30 | 92 | 48 |
| 播　音 | — | 34 | — | 34 | 152 | — |
| 电视摄像 | — | 11 | — | 11 | 84 | — |
| 音　乐 | 119 | 64 | — | 64 | 147 | 14 |
| 美　术 | 109 | 29 | — | 29 | 263 | 109 |
| 外　语 | 74 | 105 | — | 105 | 417 | 65 |
| 社区医学 | 150 | 51 | — | 51 | 307 | 81 |
| 护　理 | 293 | 214 | — | 214 | 742 | 66 |
| 计划生育 | — | — | — | — | 40 | 40 |
| 预防医学 | — | — | — | — | — | — |
| 妇幼卫生 | — | 118 | — | 118 | 280 | 69 |
| 病案管理 | 40 | 45 | — | 45 | 130 | 40 |
| 医学检验 | 50 | — | — | — | — | — |
| 卫生检验 | — | — | — | — | — | — |
| 口腔医学 | — | 160 | — | 160 | 366 | — |
| 其他专业（专业类） | 2 472 | 3 777 | 107 | 3 670 | 11 639 | 3 108 |

## 2000～2001学年初普通林业中等专业学校基本情况

单位：人

| 省区及学校名称 | 学校数(所) | 毕业生数 | 招生数 计 | 招生数 招高中毕业生数 | 招生数 招初中毕业生数 | 在校学生数 | 毕业班学生数 | 教职工数 合计 | 校本部教职工 计 | 专任教师 计 | 专任教师 高级讲师 | 专任教师 讲师 | 专任教师 助理讲师 | 专任教师 教员 | 教辅人员 | 行政人员 | 工勤人员 | 校办厂(场)职工 | 附设机构人员 | 兼任教师(不计入教工数中) |
|---|---|---|---|---|---|---|---|---|---|---|---|---|---|---|---|---|---|---|---|---|
| **总　　计** | **54** | **25 141** | **22 955** | **1 078** | **21 877** | **89 470** | **25 710** | **8 399** | **8 048** | **4 115** | **949** | **1 837** | **1 293** | **36** | **832** | **1 373** | **1 728** | **276** | **75** | **29** |
| 一.林业学校 | 47 | 19 536 | 17 408 | 966 | 16 442 | 69 978 | 20 472 | 7 874 | 7 526 | 3 868 | 895 | 1 743 | 1 198 | 32 | 778 | 1 258 | 1 622 | 276 | 72 | 29 |
| 北京市 | 1 | 175 | 266 | — | 266 | 711 | 187 | 91 | 91 | 35 | 7 | 19 | 9 | — | 12 | 21 | 23 | — | — | — |
| 北京市园林学校 | — | 175 | 266 | — | 266 | 711 | 187 | 91 | 91 | 35 | 7 | 19 | 9 | — | 12 | 21 | 23 | — | — | — |
| 天津市 | 1 | 413 | 294 | — | 294 | 1 761 | 481 | 164 | 164 | 82 | 14 | 45 | 23 | — | 6 | 32 | 44 | — | — | — |
| 天津市园林学校 | — | 413 | 294 | — | 294 | 1 761 | 481 | 164 | 164 | 82 | 14 | 45 | 23 | — | 6 | 32 | 44 | — | — | — |
| 河北省 | 1 | 300 | 262 | — | 262 | 1 288 | 324 | 184 | 179 | 100 | 11 | 46 | 42 | 1 | 21 | 34 | 24 | 5 | — | — |
| 河北林业学校 | — | 300 | 262 | — | 262 | 1 288 | 324 | 184 | 179 | 100 | 11 | 46 | 42 | 1 | 21 | 34 | 24 | 5 | — | — |
| 山西省 | 1 | 457 | 1 000 | — | 1 000 | 2 489 | 504 | 196 | 168 | 86 | 16 | 41 | 29 | — | 15 | 35 | 32 | 28 | — | — |
| 山西省林业学校 | — | 457 | 1 000 | — | 1 000 | 2 489 | 504 | 196 | 168 | 86 | 16 | 41 | 29 | — | 15 | 35 | 32 | 28 | — | — |
| 内蒙古自治区 | 2 | 428 | 326 | — | 326 | 1 121 | 378 | 386 | 386 | 202 | 34 | 97 | 64 | 7 | 31 | 53 | 100 | — | — | — |
| 内蒙古大兴安岭林业学校 | — | 165 | 211 | — | 211 | 453 | 131 | 243 | 243 | 118 | 17 | 60 | 41 | — | 19 | 34 | 72 | — | — | — |
| 扎兰屯林业学校 | — | 263 | 115 | — | 115 | 668 | 247 | 143 | 143 | 84 | 17 | 37 | 23 | 7 | 12 | 19 | 28 | — | — | — |
| 辽宁省 | 1 | 392 | 431 | — | 431 | 1 469 | 302 | 241 | 237 | 112 | 33 | 46 | 33 | — | 44 | 32 | 49 | — | 4 | — |
| 辽宁省林业学校 | — | 392 | 431 | — | 431 | 1 469 | 302 | 241 | 237 | 112 | 33 | 46 | 33 | — | 44 | 32 | 49 | — | 4 | — |
| 吉林省 | 3 | 1 154 | 711 | 105 | 606 | 3 358 | 1 045 | 607 | 602 | 287 | 93 | 144 | 50 | — | 59 | 94 | 162 | — | 5 | — |
| 白城林业学校 | — | 441 | 127 | — | 127 | 1 126 | 448 | 241 | 236 | 111 | 34 | 75 | 2 | — | 18 | 33 | 74 | — | 5 | — |
| 吉林省林业学校 | — | 318 | 324 | 105 | 219 | 1 026 | 210 | 214 | 214 | 101 | 46 | 39 | 16 | — | 32 | 32 | 49 | — | — | — |
| 延边林业学校 | — | 395 | 260 | — | 260 | 1 206 | 387 | 152 | 152 | 75 | 13 | 30 | 32 | — | 9 | 29 | 39 | — | — | — |
| 黑龙江省 | 6 | 2 053 | 1 009 | — | 1 009 | 6 639 | 2 235 | 1 313 | 1 289 | 563 | 194 | 240 | 128 | 1 | 83 | 245 | 398 | 20 | 4 | — |
| 黑龙江省伊春林业学校 | — | 465 | 274 | — | 274 | 1 189 | 565 | 178 | 166 | 76 | 14 | 47 | 15 | — | 8 | 44 | 38 | 12 | — | — |
| 黑龙江省牡丹江林业学校 | — | 346 | 194 | — | 194 | 1 529 | 273 | 224 | 220 | 111 | 39 | 51 | 20 | 1 | 22 | 52 | 35 | — | 4 | — |
| 黑龙江省齐齐哈尔林业学校 | — | 526 | 353 | — | 353 | 1 604 | 511 | 229 | 227 | 111 | 72 | 34 | 5 | — | 7 | 53 | 56 | 2 | — | — |
| 黑龙江农垦林业学校 | — | 483 | 110 | — | 110 | 1 314 | 450 | 376 | 376 | 103 | 27 | 40 | 36 | — | 31 | 53 | 189 | — | — | — |

（续）

| 省区及学校名称 | 学校数(所) | 毕业生数 | 招生数 计 | 招生数 招高中毕业生数 | 招生数 招初中毕业生数 | 在校学生数 | 毕业班学生数 | 教职工数 合计 | 校本部教职工 计 | 专任教师 计 | 专任教师 高级讲师 | 专任教师 讲师 | 专任教师 助理讲师 | 专任教师 教员 | 教辅人员 | 行政人员 | 工勤人员 | 校办厂(场)职工 | 附设机构人员 | 兼任教师(不计入教工数中) |
|---|---|---|---|---|---|---|---|---|---|---|---|---|---|---|---|---|---|---|---|---|
| 黑龙江省大兴安岭林业学校 | — | 153 | 50 | — | 50 | 294 | 196 | 127 | 127 | 73 | 10 | 31 | 32 | — | — | 13 | 41 | — | — | — |
| 黑龙江省东京城林业机电学校 | — | 80 | 28 | — | 28 | 709 | 240 | 179 | 173 | 89 | 32 | 37 | 20 | — | 15 | 30 | 39 | 6 | — | — |
| 上海市 | 1 | 182 | 322 | — | 322 | 913 | 122 | 102 | 102 | 37 | 5 | 16 | 16 | — | 17 | 20 | 28 | — | — | — |
| 上海市园林学校 | — | 182 | 322 | — | 322 | 913 | 122 | 102 | 102 | 37 | 5 | 16 | 16 | — | 17 | 20 | 28 | — | — | — |
| 江苏省 | — | 368 | — | — | — | 1 167 | 328 | — | — | — | — | — | — | — | — | — | — | — | — | — |
| 南京森林公安高等专科学校(中专)＊ | — | 368 | — | — | — | 1167 | 328 | — | — | — | — | — | — | — | — | — | — | — | — | — |
| 浙江省 | 1 | 833 | 664 | — | 664 | 2 364 | 884 | 146 | 146 | 106 | 18 | 54 | 30 | 4 | 13 | 3 | 24 | — | — | — |
| 浙江林业学校 | — | 833 | 664 | — | 664 | 2 364 | 884 | 146 | 146 | 106 | 18 | 54 | 30 | 4 | 13 | 3 | 24 | — | — | — |
| 安徽省 | 1 | 580 | 627 | 50 | 577 | 2 540 | 879 | 119 | 119 | 67 | 19 | 23 | 25 | — | 14 | 14 | 24 | — | — | — |
| 合肥林业学校 | — | 300 | 400 | 50 | 350 | 1 406 | 502 | 119 | 119 | 67 | 19 | 23 | 25 | — | 14 | 14 | 24 | — | — | — |
| 黄山林业学校＊ | — | 280 | 227 | — | 227 | 1 134 | 377 | — | — | — | — | — | — | — | — | — | — | — | — | — |
| 福建省 | 2 | 692 | 1 252 | — | 1 252 | 4 581 | 938 | 307 | 275 | 162 | 47 | 77 | 37 | 1 | 14 | 52 | 47 | 30 | 2 | 4 |
| 福建林业学校 | — | 433 | 642 | — | 642 | 2 849 | 572 | 196 | 164 | 104 | 34 | 48 | 22 | — | 6 | 23 | 31 | 30 | 2 | 4 |
| 三明林业学校 | — | 259 | 610 | — | 610 | 1 732 | 366 | 111 | 111 | 58 | 13 | 29 | 15 | 1 | 8 | 29 | 16 | — | — | — |
| 江西省 | 2 | 1 045 | 677 | — | 677 | 3 313 | 1 113 | 348 | 325 | 199 | 35 | 80 | 82 | 2 | 41 | 24 | 61 | 21 | 2 | — |
| 江西省赣州林业学校 | — | 494 | 357 | — | 357 | 1 948 | 696 | 188 | 165 | 98 | 21 | 36 | 39 | 2 | 16 | 18 | 33 | 21 | 2 | — |
| 江西省南昌林业学校 | — | 551 | 320 | — | 320 | 1 365 | 417 | 160 | 160 | 101 | 14 | 44 | 43 | — | 25 | 6 | 28 | — | — | — |
| 山东省 | — | 450 | — | — | — | 1 307 | 596 | — | — | — | — | — | — | — | — | — | — | — | — | — |
| 山东省林业学校＊ | — | 450 | — | — | — | 1 307 | 596 | — | — | — | — | — | — | — | — | — | — | — | — | — |
| 河南省 | 3 | 1 282 | 1 094 | 30 | 1 064 | 4 513 | 1 436 | 420 | 420 | 210 | 53 | 78 | 72 | 7 | 48 | 70 | 92 | — | — | — |
| 河南省洛阳林业学校 | — | 356 | 108 | — | 108 | 1 082 | 482 | 112 | 112 | 65 | 22 | 20 | 21 | 2 | 12 | 8 | 27 | — | — | — |
| 河南省汝南园林学校 | — | 500 | 576 | 30 | 546 | 1 916 | 487 | 200 | 200 | 90 | 18 | 35 | 37 | — | 26 | 49 | 35 | — | — | — |
| 河南省信阳林业学校 | — | 426 | 410 | — | 410 | 1 515 | 467 | 108 | 108 | 55 | 13 | 23 | 14 | 5 | 10 | 13 | 30 | — | — | — |
| 湖北省 | 4 | 2 923 | 2 126 | 279 | 1 847 | 7 096 | 2 256 | 647 | 566 | 360 | 70 | 162 | 122 | 6 | 81 | 65 | 60 | 60 | 21 | 20 |
| 湖北省林业学校 | — | 345 | 564 | 177 | 387 | 1 482 | 321 | 164 | 149 | 106 | 19 | 43 | 42 | 2 | 13 | 17 | 13 | 3 | 12 | 10 |

（续）

| 省区及学校名称 | 学校数(所) | 毕业生数 | 招生数：计 | 招生数：招高中毕业生数 | 招生数：招初中毕业生数 | 在校学生数 | 毕业班学生数 | 教职工数：合计 | 校本部教职工：计 | 专任教师：计 | 专任教师：高级讲师 | 专任教师：讲师 | 专任教师：助理讲师 | 专任教师：教员 | 教辅人员 | 行政人员 | 工勤人员 | 校办厂(场)职工 | 附设机构人员 | 兼任教师(不计入教工数中) |
|---|---|---|---|---|---|---|---|---|---|---|---|---|---|---|---|---|---|---|---|---|
| 宜昌市林业学校 | — | 429 | 401 | — | 401 | 962 | 301 | 110 | 110 | 68 | 15 | 34 | 19 | — | 13 | 14 | 15 | — | — | — |
| 咸宁地区林业学校 | — | 1 059 | 926 | — | 926 | 2 767 | 754 | 167 | 167 | 109 | 26 | 56 | 25 | 2 | 22 | 19 | 17 | — | — | 10 |
| 黄冈市林业学校 | — | 1 090 | 235 | 102 | 133 | 1 885 | 880 | 206 | 140 | 77 | 10 | 29 | 36 | 2 | 33 | 15 | 15 | 57 | 9 | — |
| 湖南省 | 1 | 592 | 412 | 102 | 310 | 2 154 | 842 | 217 | 217 | 107 | 43 | 58 | 6 | — | 30 | 35 | 45 | — | — | — |
| 湖南省林业学校 | — | 592 | 412 | 102 | 310 | 2 154 | 842 | 217 | 217 | 107 | 43 | 58 | 6 | — | 30 | 35 | 45 | — | — | — |
| 广东省 | 2 | 510 | 421 | — | 421 | 1 614 | 440 | 210 | 203 | 95 | 18 | 54 | 23 | — | 21 | 53 | 34 | — | 7 | 1 |
| 广州林业学校 | — | 510 | 421 | — | 421 | 1 614 | 440 | 205 | 198 | 90 | 17 | 51 | 22 | — | 21 | 53 | 34 | — | 7 | 1 |
| 广州园林中等专业学校 | — | — | — | — | — | — | — | 5 | 5 | 5 | 1 | 3 | 1 | — | — | — | — | — | — | — |
| 广西壮族自治区 | 3 | 1 329 | 1 126 | — | 1 126 | 5 011 | 1 243 | 442 | 361 | 204 | 31 | 109 | 64 | — | 32 | 67 | 58 | 54 | 27 | — |
| 广西林业学校 | — | 700 | 663 | — | 663 | 2 926 | 712 | 303 | 222 | 108 | 23 | 56 | 29 | — | 20 | 45 | 49 | 54 | 27 | — |
| 桂林地区林业学校 | — | 320 | 295 | — | 295 | 1 089 | 247 | 84 | 84 | 55 | 5 | 33 | 17 | — | 8 | 18 | 3 | — | — | — |
| 梧州地区林业学校 | — | 309 | 168 | — | 168 | 996 | 284 | 55 | 55 | 41 | 3 | 20 | 18 | — | 4 | 4 | 6 | — | — | — |
| 四川省 | 1 | 1 126 | 661 | 92 | 569 | 3 367 | 1 324 | 340 | 286 | 126 | 42 | 47 | 37 | — | 30 | 77 | 53 | 54 | — | — |
| 四川省林业学校 | — | 1 126 | 661 | 92 | 569 | 3 367 | 1324 | 340 | 286 | 126 | 42 | 47 | 37 | — | 30 | 77 | 53 | 54 | — | — |
| 贵州省 | 2 | 468 | 617 | — | 617 | 2 270 | 589 | 283 | 283 | 155 | 25 | 66 | 64 | — | 21 | 72 | 35 | — | — | — |
| 贵州省林业学校 | — | 314 | 410 | — | 410 | 1 518 | 406 | 184 | 184 | 85 | 18 | 35 | 32 | — | 16 | 53 | 30 | — | — | — |
| 黔东南林业学校 | — | 154 | 207 | — | 207 | 752 | 183 | 99 | 99 | 70 | 7 | 31 | 32 | — | 5 | 19 | 5 | — | — | — |
| 云南省 | 2 | 628 | 584 | 53 | 531 | 2 233 | 700 | 257 | 257 | 131 | 21 | 67 | 41 | 2 | 30 | 57 | 39 | — | — | — |
| 云南省林业学校 | — | 495 | 415 | 53 | 362 | 1 570 | 553 | 202 | 202 | 100 | 19 | 53 | 26 | 2 | 28 | 44 | 30 | — | — | — |
| 思茅林业学校 | — | 133 | 169 | — | 169 | 663 | 147 | 55 | 55 | 31 | 2 | 14 | 15 | — | 2 | 13 | 9 | — | — | — |
| 陕西省 | 2 | 465 | 740 | 130 | 610 | 1 935 | 480 | 269 | 267 | 127 | 14 | 47 | 66 | — | 41 | 35 | 64 | 2 | — | 4 |
| 陕西省榆林林业学校 | — | 305 | 450 | 90 | 360 | 1 169 | 296 | 193 | 191 | 84 | 8 | 30 | 46 | — | 33 | 23 | 51 | 2 | — | — |
| 延安林业学校 | — | 160 | 290 | 40 | 250 | 766 | 184 | 76 | 76 | 43 | 6 | 17 | 20 | — | 8 | 12 | 13 | — | — | 4 |
| 甘肃省 | 2 | 408 | 1 246 | 45 | 1 201 | 3 203 | 406 | 287 | 285 | 181 | 27 | 74 | 80 | — | 27 | 29 | 48 | 2 | — | — |
| 甘肃林业学校 | — | 318 | 796 | 45 | 751 | 2 243 | 276 | 199 | 197 | 133 | 22 | 48 | 63 | — | 16 | 13 | 35 | 2 | — | — |

（续）

| 省区及学校名称 | 学校数(所) | 毕业生数 | 招生数 | | | 在校学生数 | 毕业班学生数 | 教职工数 | | | | | | | | | | | | 兼任教师(不计入教工数中) |
|---|---|---|---|---|---|---|---|---|---|---|---|---|---|---|---|---|---|---|---|---|
| | | | 计 | 招高中毕业生数 | 招初中毕业生数 | | | 合计 | 校本部教职工 | | | | | | | | | 校办厂(场)职工 | 附设机构人员 | |
| | | | | | | | | | 计 | 专任教师 | | | | | 教辅人员 | 行政人员 | 工勤人员 | | | |
| | | | | | | | | | | 计 | 高级讲师 | 讲师 | 助理讲师 | 教员 | | | | | | |
| 甘肃省庆阳林业学校 | — | 90 | 450 | — | 450 | 960 | 130 | 88 | 88 | 48 | 5 | 26 | 17 | — | 11 | 16 | 13 | — | — | — |
| 宁夏回族自治区 | 1 | 80 | 220 | — | 220 | 626 | 130 | 78 | 78 | 37 | 10 | 19 | 7 | 1 | 9 | 9 | 23 | — | — | — |
| 宁夏林业学校 | — | 80 | 220 | — | 220 | 626 | 130 | 78 | 78 | 37 | 10 | 19 | 7 | 1 | 9 | 9 | 23 | — | — | — |
| 新疆维吾尔自治区 | 1 | 203 | 320 | 80 | 240 | 935 | 310 | 220 | 220 | 97 | 15 | 34 | 48 | — | 38 | 30 | 55 | — | — | — |
| 新疆林业学校 | — | 203 | 320 | 80 | 240 | 935 | 310 | 220 | 220 | 97 | 15 | 34 | 48 | — | 38 | 30 | 55 | — | — | — |
| 二、林业师范学校 | 4 | 1 020 | 480 | — | 480 | 1 694 | 389 | 172 | 172 | 97 | 26 | 37 | 30 | 4 | 9 | 27 | 39 | — | — | — |
| 内蒙古自治区 | 1 | 120 | 220 | — | 220 | 548 | 120 | — | — | — | — | — | — | — | — | — | — | — | — | — |
| 内蒙古大兴安岭林业师范学校 | — | 120 | 220 | — | 220 | 548 | 120 | — | — | — | — | — | — | — | — | — | — | — | — | — |
| 黑龙江省 | 3 | 900 | 260 | — | 260 | 1 146 | 269 | 172 | 172 | 97 | 26 | 37 | 30 | 4 | 9 | 27 | 39 | — | — | — |
| 伊春林业师范学校 | — | 260 | 120 | — | 120 | 352 | 76 | — | — | — | — | — | — | — | — | — | — | — | — | — |
| 牡丹江林业师范学校 | — | 170 | 140 | — | 140 | 494 | 193 | 98 | 98 | 45 | 18 | 17 | 9 | 1 | 6 | 23 | 24 | — | — | — |
| 黑龙江省大兴安岭林业师范学校 | — | 470 | — | — | — | 300 | — | 74 | 74 | 52 | 8 | 20 | 21 | 3 | 3 | 4 | 15 | — | — | — |
| 三、林业卫生学校 | 3 | 533 | 874 | — | 874 | 2 366 | 296 | 353 | 350 | 150 | 28 | 57 | 65 | — | 45 | 88 | 67 | — | 3 | — |
| 内蒙古自治区 | 1 | 163 | 234 | — | 234 | 826 | 216 | 102 | 99 | 54 | 4 | 19 | 31 | — | 5 | 27 | 13 | — | 3 | — |
| 内蒙古大兴安岭林业卫生学校 | — | 163 | 234 | — | 234 | 826 | 216 | 102 | 99 | 54 | 4 | 19 | 31 | — | 5 | 27 | 13 | — | 3 | — |
| 黑龙江省 | 2 | 370 | 640 | — | 640 | 1 540 | 80 | 251 | 251 | 96 | 24 | 38 | 34 | — | 40 | 61 | 54 | — | — | — |
| 黑龙江省林业卫生学校 | — | 220 | 600 | — | 600 | 1 280 | 40 | 140 | 140 | 50 | 16 | 21 | 13 | — | 31 | 37 | 22 | — | — | — |
| 黑龙江大兴安岭林业卫生学校 | — | 150 | 40 | — | 40 | 260 | 40 | 111 | 111 | 46 | 8 | 17 | 21 | — | 9 | 24 | 32 | — | — | — |
| 四、其他学校(林科) | — | 4 052 | 4 193 | 112 | 4 081 | 15 432 | 4 553 | — | — | — | — | — | — | — | — | — | — | — | — | — |

备注：根据教育部的统计口径，带“＊”号的学校因体制发生了变化，只计学生数，不计学校数。

（统计表由国家林业局人教司教育处提供）

# 国有林场（苗圃）、林业工作站建设

## 国有林场、苗圃建设

**【国有林场建设】** 2000年，全国国有林场已发展到4 466个，经营面积达5 666.67万公顷。全国国有林场认真贯彻“以发展为主题，以结构调整为主线”的战略方针，结合实际，采取有力措施，进一步推动了国有林场的改革与发展。

国有林场分类经营　全国已完成了国有林场的区划界定工作，有3 618个国有林场被区划为公益型国有林场，经营公益林达2 466.67万公顷。按照分类经营的要求，转换了林场内部经营机制，改革了劳动、人事和分配制度。通过三项制度改革，改善了国有林场的内部管理，活化了经营机制。一是搬倒“铁交椅”，实行聘任制。按照“精简、高效、协调”的原则，合理设置内部管理机构，减少管理层次，压缩非生产人员，有的省（区、市）将管理人员控制在10%以内，提高了工作效率；通过辞退大量的临时工、对外招标等措施，节约了支出，仅安徽和江西两省统计，每年减少的费用就达1 100万元。二是打破了“铁工资”，实行岗位工资、效能工资和计件工资等分配方式。健全和完善了各种形式的承包经营责任制，正确处理好“统”与“分”的关系，把“统”与“分”有机地结合起来，收入与效益挂钩，参照农业上的做法，全国国有林场承包转让青山0.89万公顷，一些省（区、市）规定承包一定30年不变，极大地调动了职工的积极性。三是根据林场实际，制定了操作性强的内部管理制度，做到开源节流，累计有501个林场摆脱了贫困。

国有林场产业结构调整　长江上游、黄河上中游地区998个国有林场实行了禁伐，国有林场由后备的森林资源基地转变成生态建设的主体，木材产量3年内调减了25.5%；由单纯培育用材林调整到用材林与经济林相结合，2000年新造林中经济林占20%以上，经济林的产值占林业产值的20%；经济林建设正在朝优化品种、提高质量方向迈进。竹藤业、花卉业和森林旅游业呈现出良好的发展势头，已成为国有林场新的林业经济增长点。由单纯经营林产品原料调整到同时开展综合利用，建设了一批家具厂、纤维板厂和木竹加工厂，综合利用收入已占销售总收入的12.2%；由单纯开发利用林业资源调整到同时开发利用林场内一切资源，建电站、开矿、开发山野菜、开展服务业及森林旅游等，第三产业收入已占到国有林场总收入的20.5%。非林非木产业发展和对林地资源多种利用步伐加快。

国有林场所有制结构调整　继续深化了林地及场办企业的产权制度改革，实行“两权”分离，稳定所有权，放活使用权，为非公有制林业发展提供基本条件。湖南、广西等省（区）完善优化了林木所有权和林地使用权的流转、承包、租赁、抵押、继承、转让、拍卖等政策，调动了职工的积极性。国有林场扶持职工发展自营经济，浙江、福建、广西等省（区）将林场零星分散的经济林，租赁或作价转让给职工个人经营。林场的荒山荒地、采伐迹地，在统一规划的基础上，由职工家庭或联户投资营造用材林或经济林，形成了一批家庭林场。在资本运营上，通过合资、合作、联营等多种形式，开发资源，联合兴办多种经营及营造项目。辽宁、湖南、江西等省采取股份制、股份合作制等多种形式，筹集资金、增加投入，扩大规模，开发新产品，提高产品质量和档次，打破了国有国营的单一格局。福建、广东等省通过国有民营，将小型多种经营项目，承包、租赁给职工个人经营，在确保国有资产不流失的前提下，依法采取有偿转让、作价出售、公开拍卖等形式，改变产权关系，由新的产权所有者自主经营，使林场长期闲置或很少利用的厂房、机械、设备等资产，通过多种形式的改革，提高利用率，盘活了存量资产。（訾长岭）

**【国有林场分类经营改革】** 2000年，以分类经营为重点的国有林场改革进展顺利，各省（区、市）在不同层次上不同程度地开展了国有林场分类经营改革。作为这项改革的全国试点单位，山东省、湖南省邵阳市、云南省思茅地区、辽宁省清原满族自治县走在了改革的前沿，为全面实施国有林场分类经营改革提供了宝贵的经验。他们在操作程序、政策创新、体制改革、制度建设和经营模式等方面，真正起到了超前探索、积累经验和典型示范的作用。山东省的国有林场分类经营改革工作见效最早，2000 年他们一如既往地开展此项工作，从抓政策落实入手，通过现场会及检查等多种形式，真正把国有林场分类经营政策落到实处，使全省国有林场分类经营工作向前又迈进一大步，在一定程度上缓解了国有林场经济困难的状况，为全国实施国有林场分类经营开了个好头，树立了榜样。绝大部分省（区、市）召开了专门会议，传达贯彻了全国国有林场分类经营改革现场会会议精神，河北省林业部门还向政府作了汇报，积极争取政府的支持，努力使这项工作变为政府行为；河南省组织召开本省分类经营改革会，发动和部署国有林场分类经营改革工作；浙江省着手开展分类经营调查，为下一步工作做准备；安徽省制定出国有林场类型划分标准和分类经营实施方案；内蒙古自治区先行试点，在总结试点经验的基础上逐步推开此项改革；重庆市根据林场自身条件，采取成熟一个改革一个，从局部向整体推进国有林场分类经营改革。

国家林业局在各省（区、市）林业主管部门对国有林场类型划分的基础上，提出了 3 618 个全国重点生态区域公益型国有林场的名单，为下一步对国有林场实施生态效益补偿做好了准备工作。在这些公益型国有林场中，从范围上看，流程 500～1 000 千米的江河干流及一级支流，流程 1 000 千米以上的江河干流及一、二级支流流域内的国有林场有 2258 个，大中型水库（库容 1 亿立方米以上）和重要的湖泊周围的国有林场有 244 个，地处风沙区的国有林场有 488 个，边防、军事重地、沿海防护林基干林带的国有林场有 242 个，对区域环境有重大影响、生态环境极端脆弱和生态地位极端重要地区的国有林场有 386 个；从隶属关系上看，省（区、市）所属林场有 370 个，地（州、市、盟）所属林场有 431 个，县（旗、市、区）所属林场有 2 811 个。这些公益型国有林场经营公益林 2 466.67 万公顷，其中 1 733.33 万公顷已禁伐，998 个纳入天然林保护工程。（李　焰）

**【贫困林场脱贫】** 2000 年，贫困林场脱贫工作在各级政府、林业主管部门和贫困国有林场广大干部职工的共同努力下，通过采取多种有效措施，部分贫困林场的贫困状况得到进一步改善，有 81 个林场脱贫。

2000 年贫困林场脱贫主要做了以下几方面工作：①安排落实好扶贫项目资金。2000 年国家财政下拨扶贫资金 4 000 万元，用于贫困国有林场发展多种经营项目。扶持了经济果木、花卉、森林食品、苗木等投资少、见效快、有市场优势的脱贫项目，共有 231 个贫困林场得到了扶持。各地也积极筹措落实配套资金，推动了贫困林场脱贫的步伐。②加强贫困林场领导班子建设。实践证明，林场能否脱贫，领导是关键。各地调整了贫困林场的领导班子，重点是一把手。湖南省按照事业心强、肯吃苦、懂业务、会管理、能带领职工脱贫的标准，建立了坚强有力的林场领导班子，贫困林场领导班子名单报省林业厅备案，做到林场不脱贫，领导不调离，2000 年有 5 个林场实现了脱贫。辽宁省近两年来，对 41 个贫困林场领导班子成员正副职调整 148 人次，大大加快了贫困林场脱贫步伐。③加快三项制度改革步伐。改革是贫困林场脱贫的一项重要措施。通过进一步深化三项制度改革，精简了管理机构和人员，机关管理人员由过去的 20%以上调整到现在的 10%以下。打破了工人与干部的身份界线，建立起了平等竞争、择优上岗、能上能下的合理流动用人新机制；打破了分配“大锅饭”，实行绩效工资制等多种分配形式。通过改革降低了非生产性支出，提高了工作效率。如辽宁省黑山县康屯林场通过三项制度改革，每年节省管理费用 24 万元。④利用扶贫资金，抓好贫困林场经营机制的转换。根据实际情况，把扶贫资金与发展职工自营经济结合起来，取得了较好效果。山西省伊侯山林场，充分利用国家扶贫资金 15 万元，职工和社会集资 25.75 万元，租乡村土地 2.13 公顷，兴建了股份合作制苗圃，实行风险共担，利益共享，全员劳动合同制，按岗定资，论工计酬。职工既是工人，又是股东，苗圃的经济效益与职工的个人利益直接挂钩，大大地调动了职工的积极性和主观能动性，使得林场的苗木质量和种类，在晋城市苗木市场独占鳌头，经济效益明显提高。石门林场利用扶贫资金兴办起了由林场、职工、社会参股的股份制牧场，安置职工 10 名，养羊、养牛 500 多只，2000 年收入达 7 万元。⑤鼓励支持职工发展自营经济。针对国有林场职工困难而又具有土地资源丰富，具备发展职工家庭经济的实际，鼓励、支持林场职工在完成生产任务、做好本职工作的同时，利用林地种植经济作物、培植食用菌、发展养殖业等，把职工自营经济作为国有林场的重要经济增长点来培育。一些林场依托自营经济，增加了职工收入，维护了林场稳定，使林场摆脱了困境。辽宁省凌源市每名职工承包 333.33 公顷山林，负责防虫、防火、管护，以林副产品收入抵职工工资，职工可在承包山里自由发展种植业、养殖业，搞林粮、林药间种。职工收入增加了，林场每年节约开支 30 多万元。

贫困林场扶贫工作，本着先易后难的原则进行，随着脱贫工作的不断深入，脱贫难度加大。对那些由于地理位置偏僻、自然社会经济条件差、基础设施建设严重滞后的贫困林场，如果不加大扶持力度，林场短期内难以脱贫。部分靠中央扶贫资金支持，经济状况有所好转的林场，脱贫成果也很不稳定，随时可能返贫。因此，贫困林场脱贫工作艰巨而复杂。（吴丽萍）

# 林业工作站建设

**【综　述】** 2000年，林业站工作以邓小平理论和江泽民总书记“三个代表”的重要思想为指导，按照国家林业局党组的统一部署和要求，紧紧围绕林业中心工作，全力抓好基层林业站的稳定，加强职工队伍的培训，切实强化林业站职能，进一步巩固了林业工作的基础。

**调整处（室）设置，增加充实总站职能**　根据1999年“三讲”教育中国家林业局党组的要求及与资源司、造林司协商，2000年“三讲”回头看结束后，国家林业局林业工作站管理总站（以下简称工作总站）接受了造林司移交的“负责乡村集体林场的指导和宏观管理”职能，资源司移交的“全国林权纠纷调处”、“林政案件稽查”两项职能。2000年6月5日人教司以《国家林业局人事教育司关于调整国家林业局林业工作站管理总站处室设置和职能的通知》（林人综字［2000］54号），调整了总站的职能和处室设置，成立林权争议处理处、林政案件稽查处（与综合处实行一套人马、两块牌子），将培训处和指导处合并为培训指导处，保留建设处和办公室，通过半年多的运转，办事效率明显提高。

**制定完善林业站“十五”计划和2010规划**　对国家林业局制定的《林业“十五”计划和2010年长期规划》中有关林业站的部分进行了认真的完善和修改，并对1999年制定的《林业工作站“十五”计划和2010年长期规划》进行了补充和完善，明确提出了林业站建设的指导方针、发展目标、发展方向和建设重点。并要求各省（区、市）林业站主管部门制定和完善本省（区、市）林业站建设“十五”计划。

**全力抓好林业站机构和队伍的稳定工作**　2000年，受地方机构改革的影响，基层林业站的机构队伍出现了波动。为防止基层林业站建设出现滑坡，巩固建设成果，做到“网络不断、机构不乱、人员不散、经费不减”。一年来，工作总站和各级林业主管部门做了大量具体细致的工作。一是参与了国家林业局组织的关于地方机构改革对林业机构和职能影响的调研，向局领导提供了《关于浙江、湖北两省林业机构改革情况的调查报告》；二是与有关部（委）沟通，强调基层林业机构的重要性，争取他们的支持；三是要求各级林业主管部门密切关注机构改革动态，提前做党委、政府的工作，保持林业站的稳定；四是进一步加强了林业站建设，强化了对基层林业站的管理。2000年，河北、宁夏两省（区）成立了林业站专管机构。目前，全国31个省（区、市）的林业（农林）厅局中，建立林业站专管机构的已达16个，另有吉林、福建、河南、湖南、广东、重庆等6省（市）正在加紧做工作，争取尽早成立林业站专管机构；五是积极宣传各地机构改革中稳定林业站的好的做法和经验及稳定林业站的重要意义，提请局办公室转发了《辽宁省人民政府办公厅转发省农业厅等部门关于进一步加强全省乡镇农业技术推广机构建设意见的通知》。同时，利用《全国林业站网讯》和在《中国绿色时报》开辟的林业站专栏，介绍各地稳定林业站工作的做法和经验；六是在2000年召开的全国林业站建设研讨会上，着重强调了各地要密切关注地方机构改革，保持林业站的稳定。

通过一年的努力工作，全国基层林业站基本保持了稳定。

**继续抓好林业站建设合格县工作**　开展林业站建设合格县活动是林业站巩固、完善、提高的重要举措。2000年继续把这项工作作为林业站建设的中心工作来抓，要求各地，特别是合格县建设速度较慢的省（区、市），要采取得力措施，加快合格县建设步伐，力争完成“九五”建设目标。2000年，全国共有20个省（区、市）向国家林业局申报林业工作站建设合格县，总站组织了13个检查验收小组，对16个省（区、市）的18个县（区、市）进行了抽查，经国家林业局批准，确认153个县（市、区）为1999年度全国林业站建设合格县。到1999年底，全国林业站建设合格县的数量达到1 422个，占2 450个有规划建站任务县数的58%。北京、辽宁、吉林等3省（市）已率先完成了合格县建设任务；山西、福建、河南、湖北等4省合格县比率已超过80%，完成了“九五”建设目标；黑龙江已基本达到“九五”建设目标，合格县比率达79.4%；安徽、广东、广西等3省（区）合格县比率也超过了70%。另外，为保障合格县建设的质量，巩固建设成果，总结合格县建设经验，探索林业站建设新途径，工作总站下发了《关于对“八五”期间林业工作站建设合格县进行复查的通知》（林站建［2000］10号），决定在各地自查的基础上，对“八五”期间建成的597个林业站建设合格县进行复查。这次复查和林业站建设合格县检查验收工作相结合，共复查了12个省（区）的12个县（市、区）。复查表明，“八五”期间的合格县没有出现滑坡现象，经过几年的发展，在软、硬件建设、内部管理及职能作用发挥方面有了进一步的提高。

**积极开展职工培训工作，提高职工队伍整体素质**　2000年5月，工作总站在广西召开了全国林业站培训工作会议，全面部署了林业站系统的培训工作，要求各级林业主管部门在继续加强林业站岗位培训和学历教育的同时，加强林业法律、法规和林业实用技术的培训。在深入调查研究的基础上，制定了“十五”期间全国林业站人员培训的总体思路并报人教司，根据这一思路，正在抓紧制定“十五”期间全国林业站人员培训规划。同时，主持编写了《林业法规与行政执法》教材，完成了人教司要求的《林业站管理教学大纲》的编写任务。在全国林业站建设研讨会上，举办了省级林业站站长林业法律法规培训班。通过多年的培训，林业站职工的素质有了较大提高，基本实现了站长和主要岗位人员持证上岗。

认真做好林业站加挂野生动植物保护管理站牌子的准备工作　为适应新形势，贯彻落实全国野生动植物保护管理工作会议精神，积极参加由保护司组织的《全国地、县、乡野生动植物保护管理体系建设方案》的编制工作，并对青海、甘肃两省野生动植物保护管理体系建设情况进行了调研。同时，还参加了野生动植物保护法律法规执行年活动执行情况检查和《野生动物保护法》修改调研活动。对20个省（区、市）上报的基层林业站开展野生动植物保护管理情况进行了统计汇总，编制了《乡镇林业站增挂“野生动植物保护管理站”牌子实施初步方案》，为在基层林业站举行增挂野生动植物保护管理站挂牌启动仪式做好了准备工作。

召开全国林业站建设研讨会　2000年10月，工作总站在安徽召开了全国林业站建设研讨会，主要研讨了“十五”期间及今后一段时期林业站建设的发展思路，为2001年召开全国林业站工作会议作准备；通报了合格县建设工作情况和2000年《全国林业站网讯》工作；同时安排部署了当前要着力抓好的几项工作。会议部署了开展林业站建设示范县建设及评选表彰林业站建设先进个人和先进林业站工作，会后，向分管局领导进行了汇报，此项工作已经局办公室发文作了部署。

实行站务公开制度，促进基层林业站依法行政和加强廉政建设　根据党中央、国务院的要求，制定并下发了《国家林业局关于基层林业工作站实行站务公开制度的通知》，对基层林业站实行站务公开的原则、目标、内容、形式及组织领导、监督检查作了明确的要求。目前，站务公开工作正在各地逐步展开，随着站务公开制度的的全面实行，将进一步加强基层林业站的廉政建设，提高依法行政水平。

加强基层林业规章的研究制定　一是认真做好《林业工作站管理办法》的颁布工作。在1999年工作的基础上，广泛征求意见，认真进行修改，形成送审稿报政法司，同时做好修改《林业工作站管理办法》的说明工作。该《林业工作站管理办法》已于2000年3月13日以国家林业局第6号令发布实行。《林业工作站管理办法》发布后，工作总站要求各地认真贯彻执行。二是做好《乡村护林员管理办法》的制定工作。2000年上半年已完成《乡村护林员管理办法（送审稿）》及其制定说明报政法司。三是做好《林业承包合同纠纷仲裁办法》的制定工作。根据局领导的批示，在与政法司及法律事务中心充分协商的基础上，从2000年10月份开始，在认真调查研究的基础上，结合林业发展形势和我国目前解决林业承包合同纠纷的现实情况，起草《林业承包合同纠纷仲裁办法（征求意见稿）》和办法的制定说明一并报政法司，政法司已下发各有关单位征求意见。

（马广仁）

**【林业工作站建设合格县工作】**　2000年，全国共有20个省（区、市）向国家林业局申报林业站建设合格县，国家林业局工作总站对各地申报的材料进行了认真的审核，组织了13个检查验收小组，对16个省（区、市）的18个县（市、区）进行了重点抽查，根据抽查结果和各省（区、市）检查验收情况，国家林业局确认河北省井陉县等153个县（市、区）为1999年全国林业站建设合格县，并以《国家林业局关于公布1999年全国林业工作站建设合格县的通报》（林站发［2000］649号）文公布了合格县名单。至此，全国林业站建设合格县的数量达到1 422个，占有规划建站任务县的58%。另外，为进一步巩固建设合格县建设成果，总结建设经验，探索林业站建设新途径，强化对林业站建设的分类指导，工作总站要求各地对“八五”期间建成的597个林业站建设合格县进行复查，并对12个省（区）的12个县（市、区）进行了重点抽查。复查表明，“八五”期间的合格县没有出现滑坡现象，经过几年的发展，在软、硬件建设，内部管理及职能作用发挥方面有了进一步的提高。

**1999年全国林业工作站建设合格县名单**

**河北省**

井陉县　赞皇县　邯郸市峰峰矿区　阜平县　唐县　怀来县　涿鹿县　丰宁满族自治县　丰南市　唐海县　乐亭县　抚宁县　东光县　盐山县　永青县

**吉林省**

大安市

**黑龙江省**

依安县　绥滨县　肇州县　杜尔伯特蒙古族自治县　大庆市红岗区　铁力市　嘉荫县　林口县　桦川县　逊克县　安达市　海伦市　绥棱县

**浙江省**

富阳市　淳安县　宁波市镇海区　鄞县　象山县　苍南县　长兴县　新昌县　义乌市　永康市　浦江县　常山县　台州市黄岩区　天台县　三门县　丽水市　缙云县　青田县　庆元县

**安徽省**

淮南市谢家集区　宿松县　明光市　利辛县　涡阳县　阜阳市颍泉区　和县

**福建省**

连江县　安溪县　漳浦县　东山县　漳州布龙文区

**江西省**

萍乡市湘东区　分宜县　瑞昌市　石城县　大余县　会昌县　广丰县　上高县　临川市　乐安县　宜黄县　崇仁县　吉安市

**山东省**

莱芜市莱城区

**河南省**

郑州市二七区　中牟县　偃师市　伊川县　新安县　叶县　温县　长垣县　延津县　内黄县　台前县　临颍县　渑池县　社旗县　淮滨县　光山县　平舆县　遂平县

**湖南省**

安仁县　永兴县　桂阳县　安化县　永州市芝山区　泸溪县

**广东省**

龙门县　陆丰市　罗定市　普宁市　惠来县

**海南省**

保亭黎族苗族自治县

**重庆市**

重庆市万盛区　重庆市涪陵区　铜梁县　武隆县

**四川省**

都江堰市　金堂县　新都县　蒲江县　攀枝花市西区　华蓥市

**贵州省**

息烽县　六枝特区　湄潭县　道真仡佬族苗族自治县　铜仁市　兴仁县　天柱县　黄平县　黎平县　贵定县

**云南省**

安宁市　富民县　宜良县　新平彝族傣族自治县　玉溪市红塔区　耿马傣族佤族自治县　个旧市　弥渡县

**陕西省**

西安市灞桥区

**甘肃省**

张家川回族自治县　岷县　临洮县　庆阳县　镇原县　环县　徽县　张掖市　永靖县　和政县

**宁夏回族自治区**

中卫县　吴忠市利通区　隆德县

**新疆维吾尔自治区**

拜城县　柯坪县　乌恰县　库尔勒市　尉犁县　温泉县　新源县

（张志刚）

**【《林业工作站管理办法》发布实施】**　为进一步加强林业站建设、规范林业站管理，从1996年开始，工作总站组织对林业部1988年发布的《区、乡（镇）林业工作站管理办法》（以下简称《办法》）进行修改。通过几年的工作，对《办法》广泛征求了意见，认真进行了修改，于2000年初形成《办法》（送审稿）报政法司，同时对《办法》的修改工作作了认真的说明。新修订的《林业工作站管理办法》于2000年3月13日以国家林业局第6号令发布实施。修订后的《办法》共5章24条。《办法》进一步明确了林业站的性质、地位和管理体制；更加具体地规定了林业站的主要职责；对林业站的建设与管理、林业站人员的素质、人员培训和内部管理；林业站的建设资金和事业经费渠道等作了具体规定。《办法》明确要求：林业站的建设应当纳入地方经济和社会发展规划；林业站所需事业经费，根据国家有关规定纳入地方财政预算。《办法》把切实加强森林资源保护和林政管理作为林业站第一位的任务，《办法》中规定的12条林业站主要职责中，有7条与森林资源保护有关。《办法》是加强林业站建设、规范林业站管理、促进林业站发展的一部重要规章，是林业站建设和管理的总的遵循，对稳定林业站机构队伍、理顺林业站管理体制、充分发挥林业站职能作用，都具有十分重要的意义。

《办法》发布后，各省（区、市）都及时转发了《办法》，要求结合实际情况认真贯彻执行，有些省（区、市）还制定了本省（区、市）的管理办法或实施细则。安徽省林业厅发出通知，要求各地认真贯彻执行《办法》，并提出具体意见：一要认真学习和宣传《办法》；二要结合学习贯彻《办法》，进一步强化林业站的职能作用；三要切实加强对林业站的管理与监督。辽宁省林业厅于2000年7月召开了全省林业站工作会议，会上省林业厅对贯彻落实《办法》和全省林业站工作提出7点要求：一要理顺林业站管理体制；二要增加资金投入，加强林业站基础设施建设；提高办公现代化水平；三要搞好林业站人员培训，全面提高人员素质；四要完善林业站各项规章制度，对林业站实行规范化管理；五要进一步明确工作职责，充分发挥林业站职能作用；六要切实搞好林业社会化服务，兴办经济实体，增强林业站经济实力；七要加强市（地）、县林业站建设。

（伍步生）

**【基层林业工作站实行站务公开制度】**　林业站是林业部门最基层的管理机构，依法对森林和野生动植物资源进行管理和监督，并负有组织和指导农村集体经济组织、个人发展林业生产和开展林业社会化服务的职能作用，具有一定的管理和执法权限。因此，加强对林业站工作的监督管理十分必要。2000年，按照中共中央纪委和监察部的部署，国家林业局决定在基层林业站实行站务公开工作。通过对基层林业站工作中群众最关心、反映最强烈的问题，影响当地经济发展和社会稳定的问题，行政工作中容易滋生腐败的问题等进行深入的挖掘，认真的整理、归纳，确定了林业站需要公开的重点工作事项，包括工作职责、办事依据、办事程序、监督办法和办事结果，于9月18日正式下发了

《国家林业局关于基层林业工作站实行站务公开制度的通知》（林站发［2000］526号）。主要内容是：

**站务公开的原则** 推行站务公开，必须坚持以加强对权力的监督制约和促进廉政建设为着眼点，以提高依法行政水平，提高办事效率，提高服务质量，促进林业发展为落脚点。对凡是运用行政权力办理的与群众利益密切相关的各类林业事项，只要不属于机密，都要向群众公开。推行站务公开，还要与加强科学管理，推进林业站改革等相关工作紧密结合起来，切实解决好基层林业工作的难点问题和群众最关心的热点问题，为林业事业的发展和农村改革、发展、稳定的大局服务。

**站务公开工作的目标** 推行站务公开，必须坚持高标准，严要求，注重实效，做到简化办事程序，明确办事要求，方便群众和企业、事业单位办事，工作效率得到提高；强化对各项林业行政管理工作的制约监督，使消极腐败现象得到有效遏制；严格依法管理、审批、收费、处罚，使依法行政水平得到提高；民主决策、民主管理、民主监督制度得到落实，基层民主政治建设进一步加强，切实把基层林业工作站建设成为廉政、勤政、务实、高效的基层站。

**站务公开的内容**

*依据* ①基层林业工作站（野生动植物保护管理站）的性质、职责、任务；②上级林业主管部门委托书。

*主要行政事项* ①本年度的林木采伐指标及分解落实方案，批准的林木采伐数量及地点；②申请林木采伐许可证的依据和办理程序；③造林面积、成活率验收的方法、标准和结果；④伐区调查、设计、验收的方法、标准和结果；⑤林业规费征收的标准和依据；⑥林业行政处罚的权限、依据、程序和处理结果；⑦林权登记及林权证发放的程序和条件；⑧林权纠纷调处的有关规定及调处结果。

*申请行政复议的程序*

*本站工作人员岗位职责和办事纪律*

**站务公开的形式和办法** ①在对外办公的场所设置公示栏，公布站务公开的内容，并向广大群众广泛宣传基层林业站的性质、职能和任务，宣传有关林业建设的法律、法规和规章、制度。②通过报刊、电台、电视台、宣传车及其他信息传播途径公布。

另外，通知还对站务公开工作的时间、组织领导、监督检查办法提出了明确要求。

从各省反馈的情况看，大部分省的林业主管部门都很重视该项工作，先后转发了局通知，其中辽宁省结合本省林业工作站业务工作的实际情况，制定了《辽宁省基层林业工作站实行站务公开工作的实施意见》，福建、浙江、安徽、广东等省在转发文件时提出了补充意见。有的省还对站务公开工作作出了分阶段安排，像辽宁省把站务公开工作分为三个阶段进行：一是宣传发动和制定实施方案阶段，二是组织实施阶段，三是检查验收阶段，工作有要求、有部署、有检查，总的来看，站务公开工作贯彻落实情况良好可信。在基层林业站实行站务公开制度，必将进一步完善民主监督制度，推进民主政治和勤政廉政建设，强化职业道德，规范工作行为，促进基层林业站更好地为人民群众服务，为当地经济发展服务。 （侯 艳）

**【全国林业工作站建设研讨会】** 全国林业工作站建设研讨会暨《全国林业站网讯》（以下简称《网讯》）年会于2000年10月20～22日在安徽省歙县召开。出席会议的代表有来自全国30个省（区、市）和新疆生产建设兵团主管林业站工作的站（处）长及干部共计47人。会议提出“十五”期间林业站工作的发展思路是：按照新时期林业工作的基本思路，坚持“巩固、完善、提高”的林业站建设方针，以分类指导、重点扶持、加强管理为原则，以强化林业站职能作用为中心，以林业站体系建设、提高人员素质为重点，全面提高林业站的建设质量和管理水平，保障林业事业的健康发展。根据这一发展思路，提出“十五”及2015年林业站建设目标，拟在合格县基础上建设一批不同区域的、体现不同特点的、有代表性的、高标准的林业站建设示范县，为今后一段时期林业站建设探索发展模式。同时进一步明确了“十五”期间着重要抓好的几项工作：①进一步提高对林业站工作重要性的认识；②加强省、地、县各级林业站管理体系建设，理顺林业站管理体制；③继续抓好合格县建设，同时启动林业站建设示范县试点工作；④切实强化林业站的职能作用；⑤加强森林资源和林政管理工作；⑥做好林业科技推广和开展林业社会化服务工作；⑦重视提高职工队伍的整体素质的提高；⑧加强林业站精神文明和廉政建设。代表们一致认为，工作总站代表国家林业局提出的发展思路和建设目标，紧紧扣住了当前林业的中心工作，是符合当前林业发展形势和林业站实际的，发展思路清晰，目标可行。代表们还对示范县建设试点方案和评选先进条件，提出了修改意见和建议。会议期间还举办了基层林业站贯彻执行林业政策、法规等有关问题的知识讲座。大家反映两个讲座讲的很好，对今后的工作有很大帮助。会上还安排部署了当前要抓的几项重点工作及2001年《网讯》的征订工作。

代表们一致认为，这次会开得很好，很有必要，也很及时，是一个时间紧、内容多、成效显著的一次会议，在即将迈入新世纪的时刻，召开这样的一个研讨会，对“十五”期间林业站建设具有重要的指导意义，会议达到了预期的目的。 （贾菁莉）

**【基层林业站人员培训】** 为贯彻落实国家林业局提出的“科教兴林”方针和新时期林业发展的基本思路，配合林业六大工程建设，实现林业跨越式发展，根据林人教育字［2000］46号文件精神及国家教委等5部

(委)《关于开展岗位培训若干问题的意见》和原林业部《关于开展林业行业培训的通知》精神，国家林业局工作总站在总结“九五”期间培训工作取得的成绩和经验的基础上，确定“十五”期间培训工作的重点：一是继续坚持岗位培训和持证上岗制度。对尚未完成岗位培训和人员发生变动的林业站实行岗位培训和持证上岗制度。二是抓好地（市）、县两级林业站管理人员法律法规知识培训。地（市）、县两级林业站是林业站系统的中间环节，起着桥梁和纽带的作用，要抓好这两级人员有关国家和地方林业方针、政策和法规的培训，不断地提高地（市）、县两级林业站管理人员的政策水平和组织管理能力，更好地为六大工程服务。三是对乡（镇）林业站人员继续加强实用技术培训。首先各省（区、市）林业主管部门要有计划有步骤地安排乡（镇）林业站人员参加计算机应用技术培训，不断适应办公自动化的需要。其次要加强新品种引进和林业生产实用技术方面的培训，增加林业发展的科技含量。四是抓好学历教育。继续组织林业站系统人员参加大、中专学历教育。在“十五”期间地（市）、县两级林业站人员要达到大专以上学历；乡（镇）林业站适龄初中文化程度的人员达到中专以上学历，对高中文化程度的要有计划地安排他们参加林业大专班学习，林业中专毕业的，逐步安排他们继续深造。（周　戬）

**【基层林业站宣传】** 2000年，国家林业局工作总站在肯定和总结以往林业站行业宣传工作的基础上，围绕全年的中心工作，积极采取多种形式；加大了行业宣传的力度。

1. 与中国绿色时报社合作，在《中国绿色时报》上开辟了林业站专栏，主要是宣传贯彻党和国家有关林业站建设的方针政策，反映林业站不同的工作侧面，以及探讨新形势下林业站如何充分发挥职能和保障作用。2000年总计发稿10篇，近4万字。专栏开辟后各省投稿十分踊跃，来稿的质量也比较高，普遍反映这种形式广泛地宣传了林业站的地位、作用及多年来林业站建设取得的成绩，树立了林业站崭新的工作形象。

2. 充分利用好《全国林业站网讯》这块宣传阵地，及时传达有关政策，交流各地林业站建设的先进经验，积极推广新成果、实用技术，为基层林业工作者提供信息。2000年《全国林业站网讯》改为双月刊后，办刊质量有了一定提高，尤其是加大了对政策法规和信息的宣传。据统计，《全国林业站网讯》2000年共计发稿61篇，其中政策法规类的有12篇，信息类的有15篇，经验类的有18篇，科技类的有9篇，为促进基层林业站建设，指导林业生产，做了一些有益的工作。

3. 利用现代信息技术手段加强行业宣传，尤其是国家林业局网站开通后，专门开辟了林业站建设栏目。工作总站及时组织稿件以最快的速度把党和国家有关林业站建设方针、政策传达贯彻到基层林业生产的第一线，介绍林业站建设的先进典型，及时报道各地林业站建设的最新动态。扩大了宣传范围，进一步提高了林业站的知名度。（董　原）

# 林业计划统计

## 林业计划

**【2000年林业基本建设投资计划执行情况】** 2000年，国家继续实施积极的财政政策，林业建设资金总量仍然保持了较高水平。2000年，国家计委累计安排各项林业建设资金512 428万元，其中：林业预算内基本建设投资90 240万元，林业国债资金422 188万元。

**2000年中央财政预算内林业建设资金使用情况**

*按工程项目划分* 天然林资源保护工程126 905万元，占24.8%；退耕还林还草试点示范工程133 295万元，占26.0%；环北京防沙治沙工程30 488万元，占5.9%；三北等防护林工程及其他造林绿化工程64 803万元，占12.6%；种苗工程71 838万元，占14.0%；森林保护项目31 611万元，占6.2%；科技教育项目14 809万元，占2.9%；林业基础设施建设21 311万元，占4.2%；国有林区基础设施项目17 368万元，占3.4%。

*按资金用途划分* 人工、飞播造林及封山育林262 887万元，占51.3%；种苗设施建设155 672万元，占30.3%；野生动植物保护7 000万元，占1.4%；森林病虫害防治9 111万元，占1.8%；森林防火与公安18 700万元，占3.6；科技与教育20 379万元，占4.0%；林业工作站、木材检查站等基础设施建设21 311万元，占4.2%；国有林区基础设施17 368万元，占3.4%。

**计划执行中存在的主要问题**

1. 国家计委部分投资计划下达较晚，影响了当年工作量完成。如因2000年部分天然林资源保护工程投资计划和环北京防沙治沙工程投资计划结转到2001年下达，造林种草任务只能推移到2001年完成。

2. 部分省（区）地方配套资金落实情况不好。由于地方财力困难等原因，部分省（区）地方配套资金不能按要求足额到位，对工程项目的实施带来一定影响。

3. 少数地方和单位存在擅自调整投资计划，违规截留、挪用、串用建设资金的情况。据国家林业局重点工程稽查办公室2000年对天然林资源保护工程区内有关省（区、市）开展的工程资金稽查，共检查出挪用、串用资金等违纪金额4.2亿元。 （闫 振）

**【天然林资源保护工程规划】** 天然林资源保护工程包括长江上游、黄河上中游地区和东北内蒙古等重点国有林区以及其他地区的天然林资源保护。其中，长江上游、黄河上中游和东北内蒙古等重点国有林区天然林资源保护工程涉及云南、四川、贵州、重庆、湖北、西藏、陕西、甘肃、青海、宁夏、山西、河南、内蒙古、吉林、黑龙江（含大兴安岭）、海南、新疆共17个省（区、市）的734个县（市、区）、167个重点森工局（场）。规划调减木材产量1 991万立方米，管护0.94亿公顷森林，分流安置74万富余人员，对48.3万离退休人员基本养老保险金实行社会化发放。长江上游、黄河上中游地区全面停伐天然林，造林0.13亿公顷。

规划总投入962亿元，其中，中央投入784亿元（中央基建投资144亿元，中央财政专项资金640亿元），地方投入178亿元。

**长江上游、黄河上中游地区天然林资源保护工程**

工程实施范围包括长江上游地区（以三峡库区为界）的云南、四川、贵州、重庆、湖北、西藏6省（区、市）和黄河上中游地区（以小浪底库区为界）的陕西、甘肃、青海、宁夏、内蒙古、山西、河南7省（区），共13个省（区、市）的764个县（森工局）。

工程主要任务有三项：一是调减木材产量，工程区商品材产量由1997年的1 351.8万立方米调减到2000年的112.8万立方米，调减1 239万立方米，调减幅度92%。二是全面停止天然林采伐；分流安置25.6万富余职工；解决好15万离退休职工的养老保险问题。三是加快工程区内的宜林荒山荒地造林种草。规划11年造林1 273万公顷。

到2010年，天然林资源保护工程区内的6 118万公顷森林，新增森林面积0.09亿公顷，森林覆盖率由目前的17.52%提高到21.24%，增加3.72个百分点。

工程投入533亿元，其中中央投入426亿元（中央基建投资144亿元，中央财政专项282亿元），地方投入107亿元。

**东北、内蒙古等重点国有林区天然林资源保护工程**　工程实施范围包括内蒙古、吉林、黑龙江（含大兴安岭）、海南、新疆共5个省（区）的86个国有重点森工企业、16个地方森工企业、23个县及12个县级林业局（场）。

工程实施任务主要有四项：一是按照分类经营的要求，将工程区3 418万公顷林业用地区划为：生态保护区2 615万公顷，占76.5%；商品林经营区803万公顷，占23.5%。二是调减木材产量。工程区木材产量由1997年的1 853.2万立方米调减到2003年的1 101.7万立方主，调减751.5万立方米，下调41%。三是加强森林资源管护。对工程区0.33亿公顷森林进行全面有效管护。四是妥善分流和安置48.4万富余职工。解决好33.3万离退休职工的养老保险问题，最终实现森工企业的战略性转移。

工程投入429亿元，其中中央投入358亿元（全部为中央财政专项资金），地方投入71亿元。

（付建全）

**【重点地区速生丰产用材林基地建设工程规划】**　工程实施范围涉及河北、内蒙古、辽宁、吉林、黑龙江、江苏、浙江、安徽、福建、江西、山东、河南、湖南、湖北、广东、广西、海南、云南等18个省（区）的886个县（市、区）114个林业局（场）。规划15年新建和改造1 333万公顷，其中，工业原料林1 083万公顷，占81%，包括纸浆原料林586万公顷，占44%，人造板原料林497万公顷，占37%；大径级用材林250万公顷，占19%。工程完成后，每年提供木材13 337万立方米，约占国内生产用材需求量的40%，加上现有森林资源的利用，国内木材供需基本趋于平衡，可支撑木浆生产能力1 386万吨、人造板生产能力2 150万立方米。

规划15年投资718亿元，其中，国家注入资本金144亿元，占20%；申请银行贴息贷款502亿元，占70%；企业自筹72亿元，占10%。　（付建全）

**【环北京地区防沙治沙试点示范工程】**　近年来由于气候的原因和土地沙化的扩展，北京及周边地区生态环境恶化，特别是近两年连续出现的沙尘暴，引起我国政府的高度重视。为此2000年，国家决定启动环北京地区防沙治沙工程。

工程的范围　包括内蒙古、河北、山西、北京、天津3省2市的69个县（旗、市、区）。

指导思想　认真贯彻落实中央领导关于防沙治沙的指示精神，以《全国生态环境建设规划》为指导，将环北京地区防沙治沙工程作为生态建设的重中之重，率先启动，重点扶持，重点治理，以缓解风沙对北京及其周围地区的危害。

从北京周围风沙化土地分布的现状、扩展趋势和成因及治理的有利条件出发，采取强有力措施，对现有植被进行有效保护，防止产生新的沙化土地；对现有沙地通过大力封沙育林、植树造林，营造和恢复沙区植被，建设乔灌草相结合的防风固沙体系；对退化草原进行综合治理，恢复草原生态及产业功能；搞好以小流域为单元的水土流失综合治理，合理开发利用水资源。促进北京及周边地区的国民经济和社会可持续发展。

工程建设分区　沙化草原治理区；浑善达克沙地治理区；农牧交错地带沙化土地治理区；燕山丘陵山地水源保护区。

工程建设的基本内容　包括现有资源保护100万公顷；人工造林9.9万公顷，封山育林4.6万公顷，飞播造林4万公顷；退耕还林还草4万公顷及林木种苗建设；人工种草67万公顷，飞播牧草2.5万公顷，围栏封育6.7万公顷，基本草场建设5.3万公顷，草种基地建设0.5万公顷，小流域综合治理600平方公里；同时配套必要的小水利设施。

保障措施　实行各级政府目标责任制，认真抓好试点工作；加强种苗基地建设；强化科技保障；加强法制建设，实行依法治沙。　（郝学峰）

**【三北防护林体系建设四期工程规划】**　对原三北地区林业建设工程进行整合，调整了工程的建设范围。根据《全国生态环境建设规划》的总体布局和国务院批准的国家林业局六大重点工程整合的思路，将原三北工程的环北京地区风沙危害严重的86个县（旗、市、区）纳入环北京地区防沙治沙等工程，将东北地区原属松嫩辽流域工程的98个县（旗、市、区）纳入三北四期规划范围，这样原三北工程县（旗、市、区）为465个，由于行政区划变动增加27个县级单位，加上新纳入98个县（旗、市、区），三北四期规划范围共计590个县（旗、市、区）。

指导思想　认真贯彻落实党的十五届五中全会精神，紧紧围绕中央关于西部大开发战略部署，以防沙治沙为重点，以保护现有森林资源、恢复和增加林草植被为核心，以科技为先导，调整布局，加快进度，提高质量，讲求效益，推进三北防护林体系建设，促使西北地区生态环境取得突破性进展，为建设一个经济繁荣、社会进步、生活安定、民族团结、山川秀美的新三北作出积极贡献。

工程期限　2001～2010年，其中第一时段为2001～2005年，第二时段为2006～2010年。

工程总目标　到2010年，工程区内森林资源得到有效保护，森林覆盖率由现在的10.17%提高到11.94%；沙化严重地区基本遏制沙化土地扩展趋势，生态环境得到明显改善，建成一批比较完备的区域性防护林体系。

主要建设规模　资源管护4 160.5万公顷；营造林922.7万公顷，其中人工造林628.9万公顷，封山育林 183.7 万公顷，飞播造林 110.1 万公顷。

三北四期工程建设的保障措施

1. 加强领导，确保三北防护林体系建设四期工程规划目标的实现。继续实行领导挂帅、抓点带面的做法，落实政府领导任期目标责任制，确保工程目标的实现。

2. 深化改革，正确处理生态建设与地区经济发展和群众增收致富的关系，不断增强三北防护林体系建设的活力。建立适应社会主义市场经济体制的投入机制，把资本运营的机制引入防护林建设，促进林木、林权的有偿流转，吸引个人、集体、机关、企业等社会资金流向防护林体系建设；同时以林地使用权改革为突破口，大力发展多种所有制林业，增强三北防护林建设活力；引进竞争机制，在竞争中优化配置生产要素，打破重点项目“终身制”，实行“差额启动，末位淘汰”的制度。

3. 加强法制建设，加大执法力度，依法保护三北防护林体系建设成果。

4. 依靠科技进步，努力提高三北防护林体系建设的质量。着重提高重点项目的科技含量；加大面上实用科技成果的推广应用，建立完善社会化服务体系；并通过示范区建设，探索研究整体组装配套、质量效益双优的建设模式，以全面提高三北防护林体系建设质量。

5. 完善管理办法，适应三北防护林体系建设的需要。严格执行基本建设程序，实行建设项目法人制，建立现代化工程监测管理网络信息系统，利用“3S”（全球定位系统、地理信息系统、遥感信息系统）技术提高工程现代化管理水平。使三北防护林建设提高到新的水平。 （郝学峰）

**【天然林资源保护工程和退耕还林还草工程投资情况】** 2000 年，国家安排长江上游黄河上中游地区天然林资源保护工程中央财政预算内专项投资 126 905 万元，其中：公益林建设 78 791 万元、种苗工程 42 214 万元、森林防火 3 200 万元、科技支撑建设 2 700 万元。安排公益林建设任务人工造林 17.2 万公顷、封山育林 21 万公顷、飞播造林 23 万公顷。

2000 年，国家安排长江上游黄河上中游地区退耕还林草试点示范工程中央财政预算内专项投资 98 750 万元，其中：退耕还林还草 62 810 万元，种苗基础设施建设 33 070 万元，科技支撑建设及前期工作费 2 870 万元。2000 年完成退耕地还林还草 38.6 万公顷，占计划任务 37.7 万公顷的 102.5%；完成宜林荒山荒地造林种草 47.8 万公顷，占计划任务 46.8 万公顷的 102%。兑现到户粮食 6.2 亿公斤，完成计划 13.35 亿公斤的 47%，发放现金补助 1.3 亿元，完成计划 2.3 亿元的 58%，拨付种苗补助 8.4 亿元，完成计划 9.1 亿元 92%。 （吕光辉）

**【天然林资源保护工程转产项目建设】** 根据天然林资源保护工程确定的政策，国家林业局经商国家计委、财政部同意，先后批复了 41 个转产项目。累计批复转产项目总投资 16.74 亿元，其中，国家资本金 3.02 亿元，银行贷款 8.96 亿元，自筹 4.76 亿元。

**天然林资源保护工程转产项目**

| 项目名称 | 批准投资（万元） | | | |
|---|---|---|---|---|
| | 合计 | 国投 | 贷款 | 自筹 |
| 大兴安岭恒友木业有限公司扩建 | 4 177 | 2 088 | 2 089 | — |
| 大兴安岭北芪神茶保健品扩建 | 4 775 | 2 387 | — | 2 388 |
| 大兴安岭福来克西木屋生产线 | 4 566 | 733 | 3 100 | 733 |
| 大兴安岭林田公司粮食处理综合加工 | 3 198 | 1 265 | 670 | 1 263 |
| 大兴安岭丽雪精淀粉加工生产线改扩建 | 4 994 | 1 600 | — | 3 394 |
| 大兴安岭森林旅游开发 | 2 400 | 1 200 | — | 1 200 |
| 大兴安岭呼中林业局恒友家具生产线扩建 | 2 726 | 638 | 1 908 | 180 |
| 大兴安岭加格达奇林业局北药开发 | 3 300 | 722 | 2 578 | — |
| 大兴安岭呼玛林业局精淀粉深加工 | 3 913 | 1 045 | 2 868 | — |
| 大兴安岭新林新兴木业公司刨花板厂改扩建 | 1 887 | 427 | 960 | 500 |
| 大兴安岭塔河盘古木材综合加工厂集装箱地板 | 2 565 | 643 | 1 733 | 189 |
| 大兴安岭西林吉林业局木业有限公司扩建 | 2 798 | 708 | 1 940 | 150 |
| 大兴安岭地区马铃薯原种基地 | 1 775 | 483 | 1 292 | — |

（续）

| 项 目 名 称 | 批准投资（万元） | | | |
| --- | --- | --- | --- | --- |
| | 合计 | 国投 | 贷款 | 自筹 |
| 大兴安岭丽雪精淀粉公司变性淀粉加工 | 2 969 | 750 | — | 2 219 |
| 内蒙古阿龙山林业局复合地板厂 | 4 927 | 740 | 3 240 | 947 |
| 内蒙古乌尔旗汉林业局木制品生产线 | 3 222 | 483 | 2 200 | 539 |
| 吉林大石头林业局赴俄罗斯境外采伐 | 7 505 | 555 | 4 700 | 2 250 |
| 吉林露水河林业局均质刨花板技术改造 | 10 524 | 1 550 | 5 175 | 3 799 |
| 吉林黄泥河林业局出口系列木制品加工制造 | 2 892 | 434 | 2 025 | 433 |
| 吉林汪清林业局中密度纤维板改造 | 5 281 | 711 | 3 000 | 1 570 |
| 吉林和龙林业局中密度纤维板改造 | 3 896 | 483 | 2 500 | 913 |
| 吉林敦化纤维板厂改扩建 | 4 896 | 646 | 3 200 | 1 050 |
| 吉林红石林业局中密度纤维板 | 11 994 | 1 500 | 4 500 | 5 994 |
| 吉林白石山林业局中密度纤维板二次加工扩建 | 4 561 | 510 | 1 150 | 2 901 |
| 吉林珲春林业局铝塑复合板生产 | 6 526 | 979 | 4 900 | 647 |
| 吉林露水河林业局果仁系列加工 | 4 967 | 597 | 2 000 | 2 370 |
| 黑龙江乌马河林业局春庆家具厂改扩建 | 1 281 | 147 | 650 | 484 |
| 黑龙江双丰林业局家具生产线改扩建 | 3 377 | 387 | 2 190 | 800 |
| 黑龙江万力林业局刨花板家具生产线 | 3 715 | 607 | 2 600 | 508 |
| 黑龙江大海林林业局石材改扩建 | 3 968 | 537 | 2 785 | 646 |
| 黑龙江海林林业局装饰材料厂改扩建 | 3 400 | 534 | 2 489 | 377 |
| 黑龙江海林市林业局野生动物养殖扩建 | 3 473 | 503 | 2 713 | 257 |
| 黑龙江东京城林业局集成材厂改扩建 | 3 384 | 577 | 2 267 | 540 |
| 黑龙江迎春林业局实木门、家具改扩建 | 4 309 | 556 | 2 700 | 1 053 |
| 黑龙江东京城林业局林机厂风力灭火机 | 1 586 | 197 | 920 | 469 |
| 黑龙江清河林业局五味子系列加工 | 3 385 | 200 | 2 200 | 985 |
| 黑龙江穆棱林业局集成材扩建 | 3 952 | 450 | 2 752 | 750 |
| 黑龙江方正林业局西洋参生产基地 | 3 517 | 200 | 2 151 | 1 166 |
| 黑龙江林口林业局石材基地 | 3 664 | 506 | 2 200 | 958 |
| 黑龙江山河屯林业局石材基地 | 3 484 | 330 | 2 684 | 470 |
| 甘肃河西异地林特资源综合开发 | 3 671 | 550 | 2 660 | 461 |

在已批复的41个转产项目中，按性质划分：新建23个，改扩建18个；按内容划分：木材精深加工类22个，林下资源开发类11个，林机产品类1个，石矿开采加工类3个，替代建材开发类1个，异地安置、开发类2个，境外木材采伐类1个。

为了确保项目建设质量，国家林业局以林计财建字［2000］36号文件下发了《国家林业局发展计划与资金管理司关于组织实施天然林资源保护工程转产项目建设有关问题的通知》。2000年7月，国家林业局又派出专项检查组分赴各项目省（区、市）对项目执行情况进行了实地调研。实践证明，转产项目的建设为调整林区经济结构、安置林区富余人员，从而更加有效地保护森林资源做出了重大贡献。

（杨　冬　刘跃祥　陈瑞国）

**【森林病虫害防治工程】** 为了从根本上控制森林病虫害的扩散蔓延，最大限度减少森林病虫害造成的危害，根据国家计委关于森林病虫害防治体系建设项目要实行项目管理的要求，2000年，国家林业局批复了4个国家级森林病虫害综合治理工程项目。批复总投资11 468万元，其中，中央投资8 100万元，各工程区地方配套3 368万元，见下表。

**森林病虫害综合治理工程项目**

| 项目名称 | 批复投资（万元） | | |
|---|---|---|---|
| | 计 | 国投 | 自筹 |
| 国家级森林病虫鼠害中心测报点基础设施建设一期工程 | 2 978 | 2 978 | — |
| 国家级松材线虫病防治体系基础设施建设一期工程 | 2 890 | 1 907 | 983 |
| 国家级蛀干害虫防治体系基础设施建设一期工程 | 2 654 | 1 545 | 1 109 |
| 国家级食叶害虫防治体系基础设施建设一期工程 | 2 946 | 1 670 | 1 276 |

据统计，经过一年的综合治理。到2000年底，全国共计安排森林病虫害防治国债资金计划13 000万元(包括黄山松材线虫病监测工程)，实际完成国债投资13 908万元，其中：中央投资10 800万元，地方配套3 108万元。全国23个省的233个项目实施单位的森防基础设施建设得到加强，完成了360个国家级中心测报点的建设任务，重点支持了黄山松材线虫病监测预防工程（用于专项资金1 200万元）。

（刘跃祥　陈瑞国）

**【速生丰产林基地建设工程】**　通过国家林业局初审，2000年向国家计委上报了4个重点速生丰产林基地建设项目。①广东湛江3.3万公顷桉树、相思树速生丰产林基地项目可行性研究报告；②海南省林业总公司1.8万公顷木麻黄、柚木速生丰产林基地项目建议书；③福建省南纸有限公司5万公顷速生丰产造纸原料林基地项目建议书；④宁夏美利纸业有限公司50公顷杨树纸浆原料林基地项目建议书。同时，国家林业局批复了广西梧州木材厂0.67万公顷马占相思树速生丰产工业原料林基地项目可行性研究报告，批复投资4561万元，资金渠道由银行贷款和自筹解决。

（刘跃祥　陈瑞国）

**【国家林业局直属单位基本建设项目】**　2000年，国家林业局审批了直属单位26个基本建设项目的可行性研究报告、10个项目的初步设计，并对2个项目的设计概算进行了调整。共批复总投资50 452万元，其中国家预算内林业非经营性基本建设投资36 218万元，建设单位自筹资金13 323万元，银行贷款911万元。批复情况见下表。

| 项目名称 | 批复投资（万元） | | | |
|---|---|---|---|---|
| | 合计 | 国家 | 自筹 | 贷款 |
| 东北林业大学图书馆扩建工程 | 1 986 | 1 986 | — | — |
| 东北林业大学学生宿舍楼项目 | 1 197 | 837 | 360 | — |
| 西南林学院图书馆 | 2 503 | 2 503 | — | — |
| 白城林业学校学生食堂 | 216 | 216 | — | — |

（续）

| 项目名称 | 批复投资（万元） | | | |
|---|---|---|---|---|
| | 合计 | 国家 | 自筹 | 贷款 |
| 南京林业大学教学三楼和四楼加固加层 | 1 162 | 1 162 | — | — |
| 宁波林校校区给水系统改造工程 | 155 | 155 | — | — |
| 昆明勘察设计院综合楼 | 330 | 277 | 53 | — |
| 中国林业科学研究院特种生物资源开发中试基地 | 1 673 | 1 166 | 507 | — |
| 中国林业科学研究院棕榈藤研究开发中心 | 310 | 310 | — | — |
| 西南林学院教学楼 | 683 | 683 | — | — |
| 西南航空护林站机关危房改建与西南森林防火指挥中心 | 2 207 | 1 051 | 245 | 911 |
| 南京森林公安高等专科学校学生食堂 | 434 | 367 | 67 | — |
| 中南规划院职工食堂及职工住宅 | 730 | 317 | 413 | — |
| 北京林业大学6#楼学生宿舍 | 1 289 | 1 232 | 57 | — |
| 国家林业局驻黑龙江森林资源监督办基础设施填平补齐 | 186 | 186 | — | — |
| 中南林学院综合实验楼 | 2 927 | 2 050 | 877 | — |
| 北京林业大学第二教室楼 | 2 470 | 2 470 | — | — |
| 北方国家级林木种苗示范基地 | 6 079 | 6 079 | — | — |
| 南方国家级林木种苗示范基地 | 5 892 | 5 892 | — | — |
| 南京森林公安高等专科学校教学综合楼 | 2 166 | 2 166 | — | — |
| 北京林业大学离退休职工活动中心 | 234 | 234 | — | — |
| 北京林业大学科贸实业总公司鹫峰科普基地 | 3 181 | — | 3 181 | — |
| 北京林业大学三倍体毛白杨产业化基地 | 4 926 | — | 4 926 | — |
| 北京林业大学科贸实业总公司林木花卉新品种研究中心 | 2 194 | | 2 194 | — |
| 卧龙保护区建设大熊猫育幼研究所 | 61.5 | — | 61.5 | — |
| 卧龙保护区建设大熊猫医院 | 179 | 179 | — | — |
| 中国林业科学研究院高级专家公寓 | 457 | 457 | — | — |
| 南京森林公安高等专科学校锅炉房更新改造 | 94 | 94 | — | — |
| 南京森林公安高等专科学校改建学员宿舍楼 | 850 | 850 | — | — |
| 卧龙自然保护区中华大熊猫园一期工程 | 356 | 356 | — | — |
| 中国林业科学院研究院郑州泡桐研究中心采暖供热系统改造 | 294 | 294 | — | — |

（续）

| 项目名称 | 批复投资（万元） | | | |
|---|---|---|---|---|
| | 合计 | 国家 | 自筹 | 贷款 |
| 全国重点地区荒漠化监测设施设备建设 | 1 721 | 1 500 | 221 | — |
| 三北局改建防护林监测网络管理中心 | 212 | 212 | — | — |
| 国家林业局招待所员工楼 | 110 | 110 | — | — |
| 北京林业大学教工住宅区辅助生活服务用房 | 40 | | 40 | — |
| 北京林业大学大京林加油站增设加气站 | 120 | — | 120 | — |
| 国家林业局北戴河培训中心锅炉房及1#3#楼维修改造 | 827 | 827 | — | — |

同时，向国家计委上报了关于南京森林公安高等专科学校新校址改扩建项目建议书初审意见、国际竹腾网络中心（INBAR）工程调整投资概算的初审意见。

“九五”期间局直属单位基本建设。与“八五”相比，国家预算内基本建设投资增加103 303万元，增长幅度为135.5%，大大改善了直属单位的教学、科研、办公和生活基础设施条件。“九五”期间，局各直属单位土建工程竣工面积52.3万平方米，其中，科研业务用房16.5万平方米，职工住宅13.8万平方米，筒子楼改造3.5万平方米，其他设施18.5万平方米。购置大型设备154台（套）。同时，国家林业局一大批重点基本建设项目相继竣工交付使用，增强了直属单位对林业重点工程建设的基础保障能力，有力促进了全局工作的顺利开展。国家林化中试基地、国家木材工程中心、北京林业大学“211”工程、局直属高校筒子楼改造工程、国家竹子研究开发中心、国际竹藤网络中心以及局科技综合楼等重点项目的建成，为确保新世纪林业重点任务的完成打下了坚实的基础。

（杨 冬 陈瑞国）

**【林业基本建设行业管理】**

1. 2000年，国家林业局建立了林业行业管理基本数据库。①建立林业专家咨询数据库系统，并向中国施工企业管理协会推荐了重点工程评标国家级专家37名；②组织并建立林业系统勘察设计及施工企业进入中国建筑业数据库。

2. 进一步加强了行业咨询设计及施工企业管理工作。①完成局属10家工程咨询设计单位的资质年检工作，其中林产工业规划设计院等9个单位顺利通过年检，1个单位停业整顿；②分别组织了注册造价工程师、注册监理工程师和全国林业系统概预算人员培训班共4期。

3. 积极推进局直属勘察设计单位管理体制改革，组织完成了局属林产工业设计院、昆明林业勘察设计院体制改革方案的编制和上报工作。

4. 积极组织各项勘察设计、施工质量评优活动。①协同中国农林工会开展合理化建议及技术革新评优活动，评选出全国农林行业先进个人（优胜者）465名，先进集体（优生单位）56个；②组织并参与中国建筑业协会及中国施工企业管理协会等部门组织的评选优秀设计及优秀施工企业活动。河南省林业设计院的河南省集约经营人工造林总体设计（世行项目）获国家级银质奖；大兴安岭建筑工程公司获全国质量效益型施工企业称号。

5. 继续全面开展林业工程标准化工作。2000年下达了21项标准、规范和经济定额的编制任务。到年底，共完成制订、修订任务2项，完成征求意见稿4项、送审稿6项，见下表。

| 项目名称 | 进度 |
|---|---|
| 林业工程建设标准化工作管理办法 | 完成送审稿 |
| 林业工程建设标准化工作“十五”计划 | 完成送审稿 |
| 自然保护区工程建设标准 | 完成征求意见稿 |
| 自然保护区工程总体设计规范 | 完成征求意见稿 |
| 设计、施工单位及QC小组评优 | 完成送审稿 |
| 林业工程勘察设计收费标准 | 完成送审稿 |
| 国家林业局工程建设标准规范目录（体系表） | 完成送审稿 |
| 《造价信息》双月期刊 | 完成编审任务 |
| 林业行业勘察设计资质分级标准 | 完成送审稿 |
| 营造林工程建设监理实施细则 | 完成征求意见稿 |
| 森林工业建设工程监理实施细则 | 完成征求意见稿 |
| 森工总体工程设计文件编制办法及深度要求 | 完成编审任务 |

6. 进一步规范林业工程质量监督与造价管理。①根据林业非经营性基本建设项目造价审查管理办法，在项目审查中，严把造价关，核减不合理投资3 400余万元；②充分发挥全国各林业工程造价信息点作用，编汇《林业工程造价信息》内部刊物共4期。

7. 积极开展与其他行业的交流活动。①林业工程建设协会加入国务院各部委勘察设计秘书长联席会；②林业工程建设协会加入中国施工管理协会秘书长联席会；③林业工程建设协会被中国工程咨询协会吸收为林业专业委员会，并接受委托负责全国林业行业咨询设计及林业专题研究的管理工作。

（杨 冬 陈瑞国）

**【野生动植物保护及自然保护区工程】** 2000年共审批20个自然保护类基本建设项目。其中，国家级自然保护区建设项目15个，珍稀和濒危野生动植物救护中心5个。批复总投资18 167万元，其中国家投资10 136万元，地方配套投资8 031万元，见下表。

| 项 目 名 称 | 批复投资（万元） | | |
|---|---|---|---|
| | 合计 | 国投 | 地方 |
| 广西珍稀濒危野生动物救护研究中心续建 | 855 | 600 | 255 |
| 辽宁省鸟类环志站建设 | 793 | 357 | 436 |
| 陕西省长青国家自然保护区繁育基地 | 842 | 505 | 337 |
| 湖南八大公山国家级自然保护区二期工程 | 700 | 420 | 280 |
| 吉林长白山自然保护区一期建设 | 1028 | 463 | 565 |
| 广东南岭国家级自然保护区一期工程 | 862 | 388 | 474 |
| 辽宁白石砬子自然保护区一期工程 | 766 | 345 | 421 |
| 海南大田国家级保护区二期工程 | 916 | 412 | 504 |
| 青海可可西里国家级自然保护区一期工程 | 1120 | 672 | 448 |
| 海南东寨港国家级保护区二期工程 | 773 | 348 | 425 |
| 河北秦皇岛野生动物救护中心 | 644 | 644 | — |
| 贵州梵净山国家级自然保护区二期工程 | 814 | 488 | 326 |
| 福建武夷山国家级自然保护区二期工程 | 839 | 410 | 429 |
| 宁夏白芨滩国家级自然保护区一期工程 | 1282 | 641 | 641 |
| 广西花坪国家级自然保护区二期工程 | 836 | 392 | 444 |
| 广东广州野生动物救护繁育中心 | 786 | 606 | 180 |
| 江西鄱阳湖保护区区址迁址及续建工程 | 1399 | 699 | 700 |
| 黑龙江三江自然保护区一期工程 | 914 | 548 | 366 |
| 四川唐家河自然保护区 期工程 | 1139 | 683 | 456 |
| 黑龙江省濒危野生动物救护中心 | 859 | 515 | 344 |

截至“九五”期末，已完成一期工程建设的国家级自然保护区有52处，共完成国家投资1.1亿元，其中，通过一期工程竣工验收的有河北雾灵山、吉林长白山、内蒙古贺兰山、河南宝天曼、福建武夷山、贵州梵净山、甘肃祁连山、安徽扬子鳄、河南鸡公山、湖北神农架、湖南八大公山、山东长岛、山东黄河三角洲、辽宁双台河口等。

（刘跃祥　吴晓赟）

**【国家林业局直属单位2000年基本建设计划执行情况】** 2000年在局党组和局领导的关心和重视下，局直属单位完成基本建设投资31 753万元，其中国家预算内投资27 342万元，国债投资4 411万元。

*进一步调整和优化投资结构，投资规模过大和战线过长的势头得到初步控制*　“九五”期间，国家林业局进一步加大了投资结构的调整力度，在各单位的积极配合下，对直属单位基本建设项目进行了全面清理，主要从项目的审批和投资的安排入手，采取了“一压、二控、三保”的措施。

*转变观念、深化改革，逐步建立多渠道筹集建设资金的新机制*　2000年，局直属单位按照建立社会主义市场经济体制的要求，从本单位实际情况出发，进一步解放思想，在多渠道筹措建设资金和增强自我发展能力等方面进行了积极的探索。一是切实转变观念，由片面追求扩大建设规模，争项目、争投资，向新建项目与充分挖掘内部潜力，盘活存量资产，提高使用效益相结合转变。二是由片面强调国家扶持向国家扶持与增强自我发展能力相结合转变。“九五”期间，直属单位根据各自实际，因地制宜地利用自身条件，将过去仅为内部服务的后勤设施、中试基地、实验（习）林场、工厂及实验室等向社会开放，兴办了一批各具特色的科技开发项目，既促进了业务工作的开展，安置了部分富余人员，又增加单位收入，有效增强了直属单位的自我积累、自我发展的能力，缓解了国家投资不足的压力。三是由国家单一投资渠道向多渠道、多方位筹集资金转变。直属单位抓住国家实行住房制度改革和教育扩大招生的有利时机，加大了多渠道、多方位筹措建设资金的力度，进一步拓宽了筹资渠道。

此外，2000年还按照国家有关实行政府采购改革的要求，对部分直属单位的大宗设备采购进行了公开招标采购，完成采购金额近200万元，节省资金30多万元。

*进一步强化直属单位基本建设全过程管理，规范建设行为*　针对局直属单位基本建设中存在的不按基建程序办事，擅自调整建设计划，擅自扩大建设规模，擅自提高建设标准，项目超概算严重以及建设资金使用管理不规范等突出问题，2000年进一步加强了直属单位基本建设管理工作，工程项目普遍实行了招投标制，重点项目实行了监理制，部分单位还建立了针对施工队伍选用、建筑材料和设备采购的内部约束机制，强化了工程项目岗位责任制，对新开工项目实施了定责任人、定进度、定质量的“三定”措施，加强了建设项目的开工前和竣工后审计工作，进一步规范了管理行为，从项目立项、可研报告批复、初步设计、开工建设直至竣工验收等各个环节，实行了基本建设的全过程管理。加强了组织建设和人员培训。各直属单位按照局统一要求，调整充实了基本建设管理力量，加强了对工程技术人员和管理人员的岗位培训。通过上述措施，2000年，局直属单位基本建设管理工作有了进一步加强，违反基本建设程序的现象明显减少，超概算严重的问题基本得到控制，工程建设质量普遍提高。

*存在问题*　2000年，局直属单位基本建设工作，

虽然通过加强组织协调，科学安排建设周期，合理压缩基建规模，使局直属单位基本建设投资规模过度膨胀和基本建设战线过长的势头得到初步控制，项目储备量与年度投资量趋于协调，各项管理工作得到加强，工程质量普遍提高，基本建设成绩显著。但是还存在一些问题，一是投资供求矛盾依然比较突出，建设摊子大、战线长的问题仍未从根本上得到解决；二是部分建设单位管理力量薄弱，有章不循，管理不严的问题依然比较突出；三是面对国家财政、投资体制改革和事业单位改革形势，部分直属单位思想观念转变缓慢，改革意识淡漠，缺乏危机感、紧迫感，没有将主要精力放在挖掘内部潜力，盘活存量资产，提高整体效益上，“等、靠、要”的思想还很严重，不能适应当前形势发展的需要。

（田勇臣）

**【2000 年全国重点火险区综合治理工程】** 审批了 6 个省区的重点火险区综合治理工程项目共 18 项，总投资 30 771 万元，其中：国家投资 15 384 万元，地方配套或自筹 13 389 万元，使全国森林防火重点火险区基本建设工作实现了按项目管理。其主要项目有：

1. 黑龙江省 4 项：黑河重点火险区、伊春大平台重点火险区、松花江林区沾河顶子重点火险区、大兴安岭韩家园子重点火险区综合治理工程项目。

2. 内蒙古自治区 4 项：岭南八局重点火险区，阿尔山重点火险区，北部林区重点火险区，毕拉河、大杨树重点火险区综合治理工程项目。

3. 吉林省 1 项：长白山林区重点火险区综合治理工程项目。

4. 云南省 3 项：滇中南地区重点火险区、滇中安宁片重点火险区、滇西北地区重点火险区综合治理工程项目。

5. 四川省 4 项：阿坝重点火险区、甘孜重点火险区、凉山重点火险区、攀枝花重点火险区综合治理工程项目。

6. 广西 2 项：桂西北（河池）重点火险区、桂西北（百色）重点火险区综合治理工程项目。

（胡迎端）

**【2000 年林业技术改造工作】**

1. 向国家经贸委报送技术改造限额以上项目的初审意见：①吉林森工集团三岔子林业局刨花板厂均质刨花板生产线技术改造工程可行性研究报告，改造规模达到年产均质刨花板 5 万立方米。②广西梧州木材厂年产 10 万立方米强化地板基材生产线可行性研究报告。

2. 国家经贸委批复了吉林敦化丹峰林业有限公司家具技术改造项目建议书，改造后，形成年产 25 万件（套）高档系列家具生产能力；总投资 6 901 万元（含外汇 200 万美元），其中固定资产投资 5 926 万元。

（胡迎端）

**【林木种苗建设工程】** 国家林业局审批省级林木种苗建设项目 25 个，建设总面积 2 333 公顷，总投资61 026 万元（国家投资 42 017 万元，地方配套 19 009 万元）。

国家林业局审批打捆种苗建设项目 138 个，建设总规模 641 335 公顷，总投资 319 799 万元（国家投资 236 985 万元，地方配套 82 814 万元）。其中良种基地 32 个，建设规模 48 390 公顷，总投资 75 952 万元（国家投资 55 650 万元，地方配套 20 302 万元）；采种基地 27 个，建设规模 568 420 公顷，总投资 65 729 万元（国家投资 48 926 万元，地方配套 16 803 万元）；苗圃 79 个，建设规模 24 525 公顷，总投资 178 118 万元（国家投资 132 409 万元，地方配套 45 709 万元）。

（高述超）

**【森工非经营性建设项目】** 国家林业局审批管理局以上行政事业单位基本建设项目 7 个，总投资 3 081.2 万元，其中国家投资 2 084.2 万元，单位自筹 997 万元，见下表。

| 项目名称 | 批复总投资（万元） | | |
|---|---|---|---|
| | 合计 | 国家 | 地方 |
| 合　计 | 3 081.2 | 2 084.2 | 997 |
| 黑龙江省林业设计研究院设备购置项目 | 260 | 182 | 78 |
| 黑龙江省合江林区分公司机关住宅危房改造项目 | 554 | 196 | 358 |
| 龙江集团机关幼儿园改造工程 | 124.6 | 87.2 | 37.4 |
| 黑龙江省伊春林业科学研究院科技技术改造工程 | 203 | 142 | 61 |
| 黑龙江省伊春林管局第一中学改扩建工程 | 659 | 460 | 199 |
| 大兴安岭林业集团公司资源馆建设项目 | 604 | 544 | 60 |
| 大兴安岭林业集团公司信息中心建设工程 | 676.6 | 473 | 203.6 |

国家林业局审批林业企业（国有林业局）社会性项目 11 个。总投资 10 082 万元，其中国家投资 5 040 万元，企业自筹 5 042 万元，见下表。

| 项目名称 | 批复总投资（万元） | | |
|---|---|---|---|
| | 合计 | 国家 | 地方 |
| 合　计 | 10 082 | 5 040 | 5 042 |
| 黑龙江省迎春林业局油库迁址工程 | 424 | 212 | 212 |
| 黑龙江省穆棱林业局给水改造工程 | 518 | 259 | 259 |
| 黑龙江省山河屯林业局局址给水改造工程 | 729 | 365 | 364 |
| 黑龙江南岔林业局局址供水水源工程 | 860 | 430 | 430 |
| 龙江集团友好林业局第三中学改造工程 | 492 | 246 | 246 |
| 黑龙江省沾河第三中学改扩建二期工程 | 436 | 218 | 218 |

（续）

| 项目名称 | 批复总投资（万元） | | |
|---|---|---|---|
| | 合计 | 国家 | 地方 |
| 大兴安岭林业集团公司新林林业局局址给水改扩建项目 | 1535 | 767 | 768 |
| 大兴安岭林业集团公司呼中林业局址给水扩建工程 | 1411 | 705 | 706 |
| 大兴安岭林业集团公司塔河林业局局址给水扩建项目 | 1371 | 685 | 686 |
| 大兴安岭林业集团公司十八站林业局局址给水改扩建工程 | 780 | 390 | 390 |
| 大兴安岭林业集团公司西林吉林业局局址桥南区给水工程 | 1526 | 763 | 763 |

（高述超）

**【全国山区综合开发试点试范工程】** 2000 年是世纪交替之年，也是完成“九五”计划和实施我国现代化建设第二步战略目标的最后一年。根据新时期山区综合开发的工作思路和重点，2000 年山区综合开发紧紧围绕西部开发和重点林业建设工程着力抓了以下几个方面的工作。

认真总结示范县山区综合开发“九五”规划实施情况，做好“十五”规划编制工作　全国山区综合开发协调小组办公室组织专门力量，研究拟订了《全国山区综合开发“十五”规划纲要》和《示范县山区综合开发“十五”规划编制要点》，指导示范县的“十五”规划编制工作。各示范县在认真总结本县山区综合开发“九五”规划实施情况的基础上，结合本县《经济发展“十五”规划》的编制，根据《示范县山区综合开发“十五”规划编制要点》积极开展了本县山区综合开发“十五”规划的编制工作。

深入调查研究，全面总结、宣传、推广山区综合开发的成功经验，充分发挥示范功能　全国山区综合开发协调小组办公室按照分类指导的原则，针对性地开展工作。一是与协调小组成员单位、专家咨询组组成调研组，对西部地区、天然林资源保护区、经济发达地区和示范工作成就突出的示范县进行深入调研，全面总结山区综合开发在改善示范县区域生态环境、调整示范县农村经济结构、增加示范县农民收入等方面的好经验、好做法；二是召开高级专家研讨会，探讨新形势下进一步推进山区综合开发的工作思路；三是围绕重点工作的开展，利用多种宣传媒体对一些具有普遍指导意义的先进治理开发模式、先进经营模式以及治理开发典型继续进行强有力的宣传，实现全社会对山区的关注和支持。

各示范县在总结成效、推广经验的基础上做了以下工作。一是大力交流推广好的开发经验和做法；二是积极探索山区综合开发与退耕还林（草）、增加农民收入、调整农业结构等有机结合的方法和措施；三是深入研究、努力寻求解决目前存在问题的办法和对策；四是充分发挥示范功能，重点建设几个具有区域、山系或流域特色的精品示范项目，为本区域、山系或流域其他山区县作示范。

进一步强化科技和信息服务及项目管理，不断提高山区综合开发总体水平，巩固扩大开发成果　一是进一步做好中国山区网网站建设，为示范县做好政策、项目、科技、市场、产品等方面的信息服务；二是鼓励各级山区综合开发管理部门多层次、多形式地举办培训班，加强从业人员培训，提高从业人员素质；三是加强项目的组织协调和管理，年度安排示范项目 200 多个，完成贷款投资 10 亿元；四是不断完善《山区综合开发示范县治理与开发建设情况统计年报制度》，积极开展《山区综合开发示范县治理与开发建设考核体系》的研究；五是在示范县积极推广应用一批适合当地山区特点的先进实用技术，使农民得到实惠；鼓励科技人员进山开展多种形式的科技开发和举办各类实用技术培训班。

加强国际交流与合作，努力实现我国山区综合开发与世界山区开发接轨　一是联合国已确定 2002 年为国际山区年，并于 2000 年 6 月在法国举办了“世界山区论坛”做先期筹备。组织中国代表团参加了首届“世界山区论坛”，并代表中国政府在论坛上发言；二是组织了山区综合开发赴西班牙考察团；三是与联合国粮农组织、联合国发展计划署、国际山地组织进行更深层次的联系，积极争取外援。（孙小兵）

**【林业定点扶贫工作】** 2000 年，国家林业局扶贫办公室多方筹资，继续加大对九万大山地区定点帮扶的投资力度；在全面了解黔桂九万大山地区林业基础设施建设现状、1999 年计划完成情况、协调预算内资金加大投入的基础上，本着与地方扶贫攻坚总体进程相一致，实行分县、分类指导的原则，编制并下达了 2000 年扶贫专项林业基本建设投资计划 1 400 万元，其中贵州 900 万元，广西 500 万元。与此同时，对 2001 年的林业专项扶贫资金 1 400 万元，与计划处进行了沟通，并积极组织广西、贵州两省区提报项目计划，着手扶贫项目的编报工作。经过一年的努力，林业定点扶贫工作取得了明显的进展，但是定点扶贫的任务依然很繁重。

认真做好扶贫工作总结　2000 年是“八七”扶贫攻坚计划的最后一年。为全面了解十多年来国家林业局定点扶贫攻坚情况、积累经验，为下一步扶贫工作打下坚实基础，2000 年上半年，国家林业局组织对广西、贵州两省区 5 个地州 18 个县的扶贫情况进行了认真的总结，贵州省还专门召开了全省林业定点扶贫工作会议，对全省十多年来的扶贫工作进行了全面的回顾总结。

开展送报下乡工作　2000 年继续为九万大山地区订阅《中国绿色时报》400 份、《农民日报》200 份及《林业科技通讯》，发送到 18 个县的 200 多个乡镇。

*继续加强对林业定点扶贫工作的宣传* 为大力宣传林业在九万大山地区的扶贫成果，扩大社会影响，2000年，出版了《绿染九万大山》一书，全面总结十几年来林业扶贫取得的成就、经验、做法和教训，提出今后一个阶段林业扶贫的思路与打算。

*积极争取对国有贫困林场的扶持政策* 起草、上报了以局名义给国务院扶贫办的《国家林业局关于申请将公益性特困国有林场纳入21世纪扶贫纲要予以重点扶持的函》。

*举办林业扶贫培训班* 为进一步贯彻落实中央扶贫开发工作会议精神，做好林业定点扶贫工作，10月17日～11月6日，国家林业局委托中南林学院资源与环境学院，举办了第四期黔桂九万大山地区林业扶贫干部培训班，对黔桂两省区5地州18个贫困县的有关扶贫干部进行了培训。 （刘韶辉）

**【第二届中国环境与发展国际合作委员会第四次会议】**

2000年10月底，第二届中国环境与发展国际合作委员会第四次会议在北京召开。李育材副局长作为该委员会的委员，代表国家林业局出席了会议，并作了题为《加快西部地区生态环境建设的总体思路》的讲话。讲话分两个部分：一是加快西部地区生态环境保护和建设的重要意义。主要包括4个方面的内容：第一、加快生态环境建设是实施西部大开发战略的根本和切入点；第二、加快生态环境建设是根治长江、黄河水患刻不容缓的紧迫任务；第三、加快生态环境建设是推进脱贫致富、促进民族团结、巩固国防的有力保障；第四、全面推进西部地区生态环境建设的时机已经成熟。二是实施西部生态环境建设的基本思路。主要介绍了两个方面的内容：一是实施长江上游、黄河上中游地区生态环境建设工程，根本改善这一地区的生态环境，减少水土流失，减轻水患危害；二是在西北、华北北部和东北西部的风沙干旱区组织实施防沙治沙工程，努力控制土地沙漠化扩大的趋势。 （刘韶辉）

**【三峡库区陆生动植物监测】** 2000年，继续组织完成三峡库区陆生动植物资源本底清查工作。在已经完成外业调查、材料整理、汇编工作的基础上，完成了《三峡库区的陆生动植物生态》专著的编写工作。同时，野外监测工作仍在按计划、有序地进行。 （刘韶辉）

**【农业综合开发林业建设】** 2000年，国家林业局农业综合开发项目共安排中央财政资金1.21亿元，其中：长江中上游防护林工程3 700万元，太行山绿化工程1 700万元，名优经济林和木本粮油项目5 000万元，防沙治沙示范项目1 100万元，花卉项目600万元。据初步统计，完成造林15.13万公顷，其中防护林10.42万公顷，用材林2.12万公顷，经济林0.62万公顷，薪炭林0.76万公顷，名优经济林示范基地1.21万公顷。

与此同时，为使国家农业综合开发部门项目实现规范化管理，根据《国家农业综合开发项目和资金管理暂行办法》和中央农口部门有关规定，结合农业综合开发部门项目，国家农业综合开发办公室组织中央农口有关部门制定了《国家农业综合开发部门项目管理试行办法》。 （李 砾）

**【1997～1999年农业综合开发太行山绿化工程项目通过国家验收】** 2000年7月4～15日，国家农业综合开发办公室牵头组织的验收组对国家林业局1997～1999年农业综合开发太行山绿化项目进行了验收；太行山绿化项目涉及北京、河北、山西、河南4省（市）的66个县（市、区）。验收组严格按照《国家农业综合开发竣工项目验收考核评分试行标准》及其他有关规定和程序，结合国家林业局、省、县的自验报告，采取听、看、查、访、议等方法重点抽验了山西省平定县、河南省淇县两个项目县。验收组一致认为，国家林业局1997～1999年农业综合开发太行山绿化项目认真贯彻执行国家农业综合开发的指导思想和原则，超额完成了国家下达的建设任务，工程建设质量较好，特别是改善区域生态环境、减少水土流失和促进群众脱贫致富等方面成效显著，为农业综合开发开展重大生态建设工程探索了路子、作出了示范。经国家农业综合开发办公室审定，该项目通过国家验收。 （李 砾）

**【林业利用外资情况】**

1. 我国首次大规模利用日本政府优惠贷款的林业生态建设项目业经国务院批准立项。4月，国务院批准国家林业局使用第四批日本海外协力基金贷款1亿美元，加上国内配套资金共投入人民币11.62亿元，在陕西省、山西省和内蒙古自治区的75个县，实施黄河中游生态林建设项目，预计营造生态公益林、用材林、经济林等34万公顷。6～9月，项目省区通过日本国际协力银行专家组的评估。这是我国大规模造林项目迄今使用的最优惠国外贷款。

2. 《中国与俄罗斯关于共同开发森林资源合作协定》正式签署，对俄森林开发进入实质阶段。11月3日，俄罗斯总理卡西亚诺夫访华期间，双方政府正式签定了《中华人民共和国政府和俄罗斯联邦政府关于共同开发森林资源合作的协定》。协定基本内容是：双方将在合理和节约利用森林资源原则基础上，在共同采伐俄境内木材、吸引对俄森林采伐和木材加工的投资、木材加工、森林更新、森林防火、森林病虫害防治等方面开展长期合作。协定签署后，俄罗斯自然资源部副部长库库耶夫率团访华，与国家林业局磋商共同开发森林资源事宜，并向国家林业局提交了《落实共同开发森林合作协定实施建议》。同期，吴仪国务委员就对俄森林开发批示："要支持国有森工企业参与开发，切不可撒'胡椒面'"；国务院批准使用外贸发展基金4～6亿元支持对俄森林开发项目贷款贴息。

3. 中国林业面临“入世”机遇与挑战，国家林业局积极开展对策研究。随着加入世界贸易组织的进程，我国林业对外开放将进入新的阶段，将面临引进更多资金、技术和管理经验，促进生态环境建设，扩大出口等新的发展机遇；也面临国际竞争加剧的严峻挑战。为抓住机遇，迎接挑战，积极参与国际分工和国际贸易，逐步建立起一个与整个国家建设接轨、与世界林业和世界经济接轨的开放型林业体系，国家林业局组织北京林业大学、林业经济发展研究中心、中国林业科学研究院等单位开展专题研究，研究内容包括：WTO有关条款及运行机制、WTO和中国林业的关系、中国林业现状和国际比较、加入WTO对中国林业发展的影响、中国林业迎接加入WTO的对策。

4. 亚太经合组织（APEC）资助我国的三个林业经济技术合作项目。即：①APEC成员主要木材贸易多媒体数据库建议项目；②3S（RS、GIS、GPS）技术对森林病虫害监测和防治研究）；③遥感在森林资源评价中的作用研究。正式启动。为配合林产品贸易投资自由化谈判，亚太经合组织秘书处正式通知中国政府，2000年资助中国林业科学研究院10万美元，通过实施3个林业经济技术合作项目，提高亚太地区各国森林资源监测管理水平及开发促进林产品国际贸易新的有效手段。项目成果也将直接向WTO各成员国推广。

5. 国家林业局机电产品进出口办公室获得外经贸部授予的“九五”机电产品进出口工作先进集体称号。在全国机电产品进出口工作会上，国家林业局机电办及北京、上海等11家机电办受到外经贸部表彰并被授予“九五”机电产品进出口工作先进集体称号。国家林业局机电办也是国务院各部门机电办中唯一受到表彰的单位。2000年，局机电办为林业行业办理机电设备进口审批登记481批，总计金额1446万美元，满足了林业生产建设需要。

6. 中法木材贸易和森林开发情况通报会。7月6日，为落实周生贤局长访问法国成果，国家林业局组织召开了中法木材贸易和森林开发情况通报会，参加会议的有外经贸部、内贸部、原局属公司、中信大型木材流通企业，以及土畜产商会、新闻单位等。会议就法国林业情况、进口木材与合作开发资源等推进合作的必要性和可行性、国内木材市场的近远期分析预测等内容进行情况通报。经跟踪了解，目前我国从法国进口木材量趋增，2000年从法国进口木材已达33万立方米，是1999年的近3倍。（许 庆 陈嘉文）

# 林 业 统 计

**【2000年全国林业生产建设综合分析】**

**营林生产** 2000年是执行国务院批复的《1989～2000年全国造林绿化规划纲要》的最后一年，又是党中央、国务院实施西部大开发战略的第一年。2000年2月15日，国家林业局发出了《关于切实抓好今春植树造林工作的通知》的明传电报，对春季全国植树造林工作提出了明确要求。国家林业局先后派出8个调研组分赴河北等15省、区对春季造林绿化工作进行检查指导并及时解决发现的问题。尽管2000年全国大部分地区旱情严重，但经过广大林业干部职工的艰苦努力，全年造林绿化工作顺利完成。

*造林面积稳定增长，造林方式、林种结构进一步得到合理调整* 2000年全国完成造林面积510.51万公顷，其中人工造林434.50万公顷，飞播造林76.01万公顷，分别比1999年增长4.17%、1.59%和21.84%。人工造林完成年计划的101.74%，飞播造林仅完成年度计划的67.19%，飞播造林计划完成情况不理想的主要原因有：①山东、河南、湖北以及北方大部分地区出现了持续高温干旱天气，许多地方进行了造林整地而无法植苗和实施飞播造林，很多地区出现幼苗旱死现象，造林成活率受到严重影响；②“九五”期间全国飞播造林计划达480万公顷，其中2000年计划113万公顷，而各地在飞播造林地的选择、种子准备、幼林抚育等方面措施落实不具体，实际仅完成333万公顷和76万公顷。尽管飞播造林没有完成预定计划，但面对大部分地区持续严重高温干旱和造林难度越来越大的现实情况，取得这样的成绩还是来之不易的。

在退耕还林（草）试点示范工程的带动下，2000年全国退耕地造林面积达75.17万公顷，比1999年增长15.45%，占人工造林面积的17.30%，退耕地造林占人工造林面积的比重提高2.08个百分点。这说明陡坡耕地将成为人工造林的一个新的战场。

2000年，随着分类经营改革的推进，各地普遍重视了生态公益林的建设和造林树种的选择，坚持生态公益林建设以乡土树种为主，并做到针阔树种的合理搭配，不允许营造纯林；商品林建设更加注重经济效益，提高科技含量，选用优质树种和品种，有些地方把商品林基地作为工厂的第一车间来进行管理。2000年造林面积按林种用途分，用材林、经济林、薪炭林造林面积分别比1999年下降14.07%、3.82%和28.59%，防护林、特种用途林造林面积比1999年增长了24.75%和55.06%，用材林、经济林、防护林、薪炭林、特种用途林的比例由 1999 年的 28.9∶28.6∶39.8∶2.4∶0.3 调整为 2000 年的 23.9∶26.4∶47.6∶1.6∶0.5，用材林、经济林、薪炭林的比重进一步下降，防护林的比重进一步提高，防护林所占比重由 1996 年的 27.8%提高到 2000 年的 47.6%，四年提高了 19.8 个百分点，个别省区防护林造林面积的比重已达 60%以上。由于薪炭林所占比重持续下降，应采取有效措施加强薪炭林建设，以解决广大农村居民的烧柴问题，保护森林资源。2000 年，速生丰产用材林造林面积 24.69 万公顷，比 1999 年下降 10.37%。已被局党组列为林业六大重点工程之一的速生丰产林基地建设工程应采取相应措施，加快发展。

*迹地更新、低产林改造、封山育林面积明显下降*　2000 年，全国完成迹地更新面积 91.98 万公顷，其中人工更新面积 56.83 万公顷，人工更新的比重比 1999 年提高 5.6 个百分点，2000 年迹地更新及人工更新面积分别比 1999 年下降 11.80%和 2.98%，这主要是由于天然林资源保护工程 2000 年安排迹地更新的投资明显减少。低产林改造面积 107.34 万公顷，比 1999 年下降 12.88%。封山育林面积 3 258.44 万公顷，比 1999 年下降 6.33%，其中工程封山育林和一般封山育林各占 30.89%和 69.11%。2000 年，新封山育林面积 613.00 万公顷，完成年度计划的 124.15%，但比 1999 年下降 8.57%。2000 年，封山护林面积 2 151.45 万公顷，比 1999 年增长 85.92%。

*林木种苗建设工作大力加强*　2000 年，西部各省区抓住国家推进生态环境建设的有利时机，一方面通过采取强化管理和各项技术措施，提高种苗生产质量；另一方面，采取联营、股份合作、个体承包等形式，落实育苗任务，扩大育苗面积，确保造林绿化对种苗数量、品种和质量的要求。针对退耕还林（草）种苗管理与供应工作中出现的问题，国家林业局及时发出了明传电报《关于切实抓好退耕还林（草）种苗生产供应与管理的紧急通知》（林传［2000］14 号），要求各地规范种苗供应与管理，制定商品林苗木最高限价，为造林绿化提供品种对路、数量充足、质量优良的种苗。东部省区重点从苗圃的规模、品质的优化、种类的多样性和苗木经营管理等环节上下功夫，种苗数量和质量明显好于往年。各地积极调整林木育种结构，从原来的较单一的用材苗木逐步向多品种、多类型苗木发展，特别是阔叶树苗木和优质大苗所占比例有所增加，为林种结构调整和加快绿化步伐打下了基础。福建、浙江、湖南、江西等省区春季造林良种使用率都在 90%以上，平均比 1999 年提高近 10 个百分点。

2000 年，全国育苗面积 27.86 万公顷，其中本年新育苗面积 18.52 万公顷，分别比 1999 年增长 26.53%和 33.61%，新育苗面积完成年度计划的 138.21%。2000 年，亩木产量 271.7 亿株，可供 2001 年造林的苗木株数为 170.1 亿株，分别比 1999 年增长 17.38%和 17.70%。但有些国有苗圃基础设施薄弱，育苗科技含量低，且没有形成规模，经济效益差，职工生活困难，只能将苗圃地承包给职工育苗甚至种蔬菜和粮食。这种状况极不适应退耕还林和防沙治沙等生态建设工程对苗木的需要。

2000 年年末，实有母树林面积 27.94 万公顷，种子园面积 4.75 万公顷，分别比 1999 年下降 11.02%和 13.90%。林木种子采集量 49 977 吨，比 1999 年增长 50.68%。今后应加强林木良种壮苗基地建设，特别是西部干旱地区治沙造林等需要的耐旱灌木良种基地建设。否则，一方面为完成治理任务临时建立的种苗基地或者在社会上收购的种子质量得不到保障，影响治理建设成效；另一方面种苗缺乏导致种苗供应市场混乱，价格上涨，治理成本也相应提高。

*幼林抚育略有加强，成林抚育大幅度减少*　幼林抚育作业面积在 1998～1999 年连续两年下降的情况下，2000 年比 1999 年增长 2.6%，达到 1 182.5 万公顷。今后应进一步加强林地的抚育管理工作，并保证幼林抚育投入在营造林投资中占有一定的比例，特别是要重视面上一般造林的抚育管理。2000 年，成林抚育面积及中、幼龄林抚育面积分别为 752.89 万公顷和 501.30 万公顷，分别比 1999 年下降 11.31%和 18.09%。抚育改造出材量及中、幼龄林抚育出材量分别为 1 206.13 万立方米和 762.18 万立方米，分别比 1999 年下降 14.62%和 14.96%。

*林产品中可食用林产品产量继续大幅度增加，工业用原料产品产量有增有减*　2000 年，油茶籽、竹笋干、核桃、板栗、松籽等可食用林产品产量分别为 823 224 吨、339 084 吨、309 875 吨、598 185 吨和 23 439 吨，分别比 1999 年增长 3.85%、9.21%、12.99%、11.89%和 103.50%。工业用原料产品中，生漆产量 5279，五倍子 8 678 吨，松脂 551 057 吨，紫胶 1 419 吨，分别比 1999 年下降 0.66%、3.66%、3.57%和 22.46%，油桐籽、乌桕籽、棕片产量也仅比 1999 年增长 1.15%、1.06%和 0.07%，分别为 453 461 吨、35 775吨和 61 082 吨。2000 年，全国花椒、八角、桂皮等林产调味产品产量分别达到 79 133 吨、36 060 吨和 34 798 吨；食用菌 794 663 吨，山菜 83 684 吨；人参 52 168 吨，中药材 256 207 吨。由于部分经济林品种发展太多太快，品种良莠不齐，有些地方经济林产品出现了结构性过剩、区域性滞销的问题，今后应该定期发布经济林产品供求信息，引导经济林种植的健康发展。

**全国森林工业企业经济效益情况**　2000 年，林业系统各级各部门认真贯彻落实中央关于国有企业改革和发展的一系列政策措施，国有森工企业改革调整迈出较大步伐，森工企业运行质量有了一定的提高。

*国有森工企业工业生产持续平稳增长*　林业系统全年完成工业增加值 105.32 亿元，比 1999 年减少

20.21%，其中国有森工企业完成79.80亿元。按行业分，木材及竹材采运业完成工业增加值59.65亿元，木材加工企业完成22.23亿元，林产化学企业完成2.64亿元，林业机械制造及修理企业完成1.05亿元，分别比1999年同期增长－39.92%、8.28%、－33.16%和9.38%。数据表明，木材采运业、林产化学制造业生产均比1999年有较大幅度的减少，主要原因仍为天然林资源保护工程实施所带来的影响，并且这种影响还要持续一段时间。林产化学制造业的下降一方面由于原材料的供应还存在一定的问题，另一方面，成本居高不下、销售渠道不畅等原因也是制约行业发展的一大原因。

全国人造板产品产量大幅度增长，木材产品产量继续减少，产销衔接状况有所改善　2000年，全年完成人造板产量2 001.66万立方米，比1999年同期增长33.2%，林业系统产量仅占24.66%。其中全国胶合板产量992.54万立方米，纤维板产量514.43万立方米，刨花板产量286.77万立方米，分别比1999年增长36.4%、31.7%和19%。虽然三大板产量增长较快，但是平均生产规模仅为1.47万立方米，水平仍较低。

由于继续受实施天然林资源保护工程的影响，木材产量继续减少。全年完成木材产量4 723.97万立方米，比1999年同期又减少9.8%，其中原木4 395.72万立方米，薪材328.25万立方米，分别比1999年同期减少9.3%和15.4%。全年完成竹材产量5.62亿根，锯材634.44万立方米，分别比1999年同期增长4.2%和－60.0%，锯材产量持续减少的主要原因是原材料即原木的供应继续减少。

全年主要林化产品除紫胶产品产量较1999年有大幅度增长以外，松香、松节油、紫胶产品均比1999年有不同程度的减少。全年生产松香38.68万吨，比1999年同期减少11.0%，生产松节油3.49万吨，减少17.0%，栲胶7 510吨，减少13.6%。紫胶产量完成778吨，比1999年增加484吨，增长164.6%。

林业系统工业经济效益综合水平有所降低　2000年，全国森林工业经济效益指标除产品销售率略高于全国标准值以外，其余6项指标均低于全国标准值。全国林业系统工业经济效益综合指数为68.51，虽比1999年提高3个百分点，但大大低于全国117.8的平均水平。全年林业系统产品产销率为97.0%，比1999年提高了0.2个百分点，说明产销衔接情况良好。其中总资产贡献率为3.4（全国标准值为10.7），资本保值增值率为105.3（全国标准值为120），资产负债率为73.1%（全国标准值为小于或等于60%），流动资产周转率为0.7次（全国标准值为10.7），成本费用利润率2.0（全国标准值为3.71），劳动生产率9725元/人（全国标准值为16 500），产品销售率为97.0%（全国标准值为96%）。

**从业人员继续减少，年均劳动报酬有所增加**

林业系统国有事业、机关单位继续增加，而企业单位继续减少　2000年，全国林业系统拥有各种经济类型单位54 382个，其中国有单位52 810个，集体单位1 238个，其他单位334个，分别比1999年增加1 818个、1 356个、347个和115个。国有单位按性质分，企业单位4 282个，比1999年减少127个，事业单位45 416个，机关单位3 112个，分别比1999年增加1 233个和250个；按行业分，农林牧渔业，社会服务业，卫生、体育和社会福利业，国家机关、政党机关和社会团体单位数分别增加1 447个、17个、7个、196个；而采掘业，制造业，建筑业，教育、文化艺术和广播电影电视业，科学研究和综合技术服务业，其他行业单位数分别减少33个、151个、7个、36个、26个和58个。林业事业单位增加，是由于各地林业工作得到加强以及一些地方调整了乡镇建制，增设了林业工作站、林业科技推广站、林业公安派出所等；工业企业个数减少的主要原因是由于部分亏损企业因资不抵债而破产，或者通过联营、兼并等形式，实行资产重组。但林业事业、机关单位的大量增加必将增加经费开支。

林业系统从业人员和在岗职工大幅度减少　2000年末，林业系统从业人员197.8万人，比1999年减少23.4万人，下降了10.58%。按所有制分，国有、集体经济单位从业人员分别下降了9.77%和26.60%，而其他各种经济单位从业人员增加了19.08%。从业人员中，女性占31.5%。从业人员中在岗职工192.3万人，比1999年减少24.1万人，其中专业技术人员42.9万人，占在岗职工的22.3%. 长期职工和临时职工分别占在岗职工的93.5%和6.5%。国有单位在岗职工比1999年下降10.04%，其中企业、事业、机关单位分别下降了14.34%、4.95%和3.82%，按行业分除农林牧渔业中的科技推广站、社会服务业中的自然保护区管理业及卫生、体育和社会福利业在岗职工有所增加外，其他均有所减少，特别是采掘业、制造业、社会服务业中的旅游业以及教育、文化艺术及广播电影电视业在岗职工分别下降了16.34%、19.44%、19.84%和52.25%。工业从业人员和在岗职工减少，林业从业人员和在岗职工增加的原因主要是天然林资源保护工程范围扩大到长江上游、黄河上中游以后，部分地区限制甚至停止木材采伐，采伐工人转产从事森林管护，林区大部分木材加工企业停产，加上部分国有和集体企业改制、兼并、破产，职工下岗分流。

林业系统单位从业人员年劳动报酬略有减少，而在岗职工年平均工资除国有林场略有下降外均有不同程度的增加　2000年，林业系统从业人员劳动报酬及在岗职工工资分别比1999年减少1.40%和2.17%，为105.41亿元和103.22亿元。国有经济单位在岗职工年工资98.24亿元，集体经济单位2.67亿元，其他各种经济单位2.31亿元，国有经济单位和集体经济单位在岗职工年工资分别比1999年下降2.86%和

1.81%，而其他各种经济单位在岗职工年工资比1999年增长39.15%。这说明林业系统股份合作企业、联营企业、有限责任公司、股份有限责任公司、港澳台商投资及外商投资企业等发展较快，但所占比重较小，林业系统经济成份仍然比较单一。按行业分，农林牧渔业，建筑业，社会服务业，卫生、体育和社会福利业，科学研究和综合技术服务业，国家机关、政党机关和社会团体以及其他行业在岗职工年工资分别比1999年增长2.82%、5.05%、9.59%、11.80%、11.51%、5.88%和13.49%，采掘业、制造业、教育文化艺术及广播电影电视业在岗职工年工资分别比1999年下降了11.03%、11.03%和44.35%。林业系统从业人员劳动报酬减少的主要原因是林业系统从业人员大量减少，同时1999年全国增加机关、事业单位工资时有些省区林业系统没有到位而将应增加的工资计算在劳动报酬中，有些地方1999年增加工资到2000年因为经费紧张又无线发放，导致工资总额减少。

林业系统在岗职工年平均工资5 366元，仅为全国城镇单位在岗职工年平均工资9 371元的57.26%；其中国有经济单位在岗职工年平均工资5 513元，集体经济单位2 564元，其他各种经济单位6 166元，分别为全国城镇平均水平的57.72%、40.94%和56.14%。林业系统在岗职工年平均工资2000年比1999年增长7.04%，其中国有经济单位、集体经济单位、其他各种经济单位分别增长5.51%、29.35%和19.44%，但林业系统在岗职工及国有经济单位在岗职工年平均工资增长幅度分别比全国城镇在岗职工工资增幅慢5.24个百分点、6.30个百分点，林业系统工资水平与全国城镇工资水平差距越来越大。林业系统工资增幅较大的行业有教育文化艺术及广播电影电视业，科学研究和综合技术服务业，国家机关、政党机关和社会团体，分别达16.34%、15.45%和12.31%，而采掘业仅增长了1.59%，农林牧渔业增长了4.96%，但其中国有林场下降了0.49%，是林业系统在岗职工平均工资下降的唯一部门。林业系统中各行业在岗职工年平均工资差距较大，工资较高的行业分别为：教育文化艺术及广播电影电视业最高达11 015元、卫生福利9 519元、科研技术9 201元、党政社团8 764元，收入较低的行业为：采掘业最低仅为4 383元、建筑业5 155元、制造业5 542元、农林牧渔业5 897元。

*林业系统离开本单位仍保留劳动关系的职工大幅度增加，离开本单位仍保留劳动关系的职工生活费低于全国城镇单位平均水平*　2000年，林业系统离开本单位仍保留劳动关系的职工（以下简称“离岗职工”）增长较快，达到64.5万人，比1999年增长16.06%，其中国有经济单位、集体经济单位、其他各种经济单位分别为53.0万人、10.3万人和1.2万人，分别比1999年增长14.33%、20.18%和79.65%。林业系统在岗职工与离岗职工的比例达到3.2∶1（1999年为3.9∶1），国有林区有些林业局离岗职工占全部职工的一半以上。国有经济单位中，企业离岗职工增长17.57%，达到45.2万人，而事业单位、机关离岗职工分别减少1.18%和17.41%，各为7.6万人和0.2万人；按行业分，农林牧渔业、采掘业、建筑业、社会服务业、卫生体育和社会福利业以及其他行业分别比1999年增长了10.08%、20.46%、11.19%、27.76%、357.14%和24.39%，而制造业，教育文化艺术及广播电影电视业，科学研究和综合技术服务业，国家机关、政党机关和社会团体离开本单位仍保留劳动关系的职工分别比1999年下降7.05%、26.32%、6.90%和14.26%，农林牧渔业、采掘业和制造业离岗职工分别占到了国有经济单位离岗职工的18.31%、58.72%和12.38%。离岗职工增加较多的地方有内蒙古、黑龙江和大兴安岭，分别比1999年增加了1.4万人、4.8万人和2.2万人。

2000年，林业系统共发放离岗职工生活费5.99亿元，其中国有单位离岗职工生活费5.83亿元，分别比1999年增长17.91%和16.83%。林业系统各部门及国有单位离岗职工平均生活费963元和1 158元，分别比1999年增长2.88%和5.27%，增幅比全国城镇单位及国有城镇单位少15.23个百分点和12.47个百分点。随着离开本单位仍保留劳动关系的职工和离退休职工人数的不断增加，各单位负担的生活费和医疗费用将越来越沉重，特别是一些企业不堪重负，削弱了企业扩大再生产的能力。

*2000年林业系统职工伤亡比1999年明显下降*　2000年，全国林业系统职工伤亡事故共造成1 646人次轻伤、201人次重伤、180人死亡，分别比1999年减少24.4%、4.7%和11.3%，每千名林业从业人员中轻伤、重伤、死亡人员分别为0.83人次、0.10人次和0.09人。按国民经济行业分，职工伤亡情况较严重的有农林牧渔业、采掘业。其中农林牧渔业职工轻伤207人次、重伤77人次、死亡119人，分别占总数的12.6%、38.3%和66.1%，轻伤、死亡人数比1999年减少，而重伤比1999年增加8人次；采掘业职工轻伤1 179人次、重伤79人次、死亡36人，分别占总数的71.6%、39.3%、20.0%，均比1999年有较大幅度的减少。林业系统职工伤亡事故发生较多的地区有吉林、江西、湖北、广西、四川、云南以及内蒙古集团、龙江集团、大兴安岭集团，特别是江西和四川死亡人数分别比1999年增加18人和14人。

**林业固定资产投资**　2000年，在国家继续实行积极的财政政策、增发长期国债、对林业大幅度增加投入的推动下，全社会林业固定资产投资总体上继续保持快速增长趋势。全年完成林业固定资产投资总额为167.77亿元，比1999年同期增长54.76%，大大高于全社会固定资产投资增长速度（9.3%）。全年用于林业重点生态工程建设的营林基本建设投资完成151.05亿元，占全社会林业固定资产投资总量的90.03%，比

1999年继续上升5.57个百分点。由于国债资金的注入，全年林业生态工程建设进展速度加快，特别是以长江上游、黄河上中游天然林保护工程为代表的一批林业重点生态工程建设顺利实施，把国土绿化进程大大向前推进了一步。

*全社会固定资产投资完成情况*

1. 投资总量大幅度上升，结构有所调整。2000年，国家继续实行积极的财政政策，加快基础设施建设，基础产业、基础设施建设投资中的农林牧渔水利业投资893亿元，比1999年增长8%，其中安排林业国债资金47.38亿元，占5.3%。在国债资金的带动下，全年全社会完成林业固定资产投资总额为167.77亿元，其中基本建设投资完成150.66亿元，更新改造投资完成6.93亿元，其他固定资产投资完成39 152万元，所占比重分别为93.54%、4.13%和2.33%，在基本建设投资完成总额中，用于林业重点生态工程建设的营林基本建设投资完成150.66亿元，占全部林业基本建设投资总额96%，比1999年又上升了4个百分点，森工基本建设投资完成6.27亿元，所占比重为4.0%，比1999年又下降了4个百分点。继1995年营林、森工固定资产投资水平出现平衡以后，5年来，两者投资总量差距持续扩大，因此要进一步加快林业产业建设，提升林业产业发展速度，如不尽快扭转森工生产建设持续走低的局面，两大体系协调发展将面临巨大的挑战。

2. 国家预算内基本建设资金（含国债）和中央财政专项资金继续成为林业固定资产投资主体。在全部林业固定资产投资资金来源179.22亿元中，资金来源总量排在前三位的分别是国家预算内资金112.76亿元（比重为62.92%）、自筹资金34.11亿元（比重为19.03%）和国内贷款9.06亿元（比重为5.06%）。在国家预算内资金中，中央财政专项资金所占比重列首位为43.33亿元（占38.43%）、中央国债资金列第二位为38.53亿元（占34.17%）、地方预算内资金10.02亿元（占8.89%），在地方国家预算内资金中，省级预算内资金6.12亿元（占省级61.08%）。

3. 林业固定资产投资范围主要集中在营造林、抚育、种苗、科技教育以及护林防火等方面。2000年，全国林业基本建设投资中用于营造林的资金为56.28亿元，占营造林资金总量的37.36%，同比1999年增长56.51%，其中封山育林资金75 992万元（减少39.44%），迹地更新资金35 896万元（减少19.13%），中幼龄林抚育资金40 790万元（减少63.92%），种苗工程资金118 159万元（增长1.61倍），护林防火资金23 196万元，森林病虫害防治资金17 583万元（增长1.11倍），以及林业科技教育30 258万元（增长24.41%），所占比重分别为5.04%、2.38%、2.71%、7.84%、1.54%、1.1%和2.01%。

上述变化表明，2000年林业生态环境建设步伐明显加快，营林生产结构调整出现积极的变化，种苗工程、森林病虫害防治、林业教育等基础投入资金成倍增长；不容忽视的是，在营林基本建设资金大幅度增长的情况下，封山育林、迹地更新、中幼龄林抚育下滑过快。

*存在的问题* 尽管2000年是林业建设史上发展最快的一年，林业生态环境建设取得了前所未有的成效，以长江上游、黄河上中游天然林资源保护工程、退耕还林还草工程为代表的一批生态环境建设重点工程进展稳步推进，对改善我国生态环境的现状将起到积极的推动作用；但是，在林业固定资产投资建设中仍然存在着一些问题，主要表现在：

1. 森林工业固定资产投资规模继1999年大幅度下降的基础上，进一步萎缩，已达到历史最低点 2000年，森工固定资产投资完成投资167 171万元，占全部林业固定资产投资完成总额的9.96%，比1999年又下降了5.38个百分点，更比1990年下降了49.02个百分点。

2. 以内涵型扩大再生产为主的森工技术改造投资已严重倒退，林业产业的发展因缺少有竞争力的建设项目而失去商业银行资金的支持。在林业固定资产投资完成总额中，按管理渠道分，2000年，林业技术改造投资完成69 305万元，与林业基本建设投资完成额1 569 255万元相比仅为0.044∶1，占全部林业固定资产投资完成总额的4.1%，比1999年又下降了0.7个百分点。

3. 林业基本建设投资占全社会基本建设投资总额比重首次超过百分之一。2000年，林业固定资产投资总额比1999年增幅较大，超过了全社会固定资产增长幅度（9.3%），按投资管理渠道划分，林业基本建设投资占全社会基本建设投资总额的比重为1.19%，近年来首次超过百分之一，但与1980年占2.48%的水平尚差1.69个百分点。 （汤晓文 汪飞跃）

**【“九五”期间林业发展状况】**

**主要成就**

*林业生态环境建设*

1. 造林绿化全面超额完成“九五”计划。“九五”时期，全国完成造林面积2 409.12万公顷，完成“九五”计划的105.41%，其中人工造林2 076.06万公顷，完成计划的114.96%，飞播造林333.06万公顷，完成计划的69.44%。“九五”期间累计新封山育林面积3 005.93万公顷，完成计划的137.69%，比“八五”时期增长18.05%。“九五”前四年，全国共有21.4亿人次参加了义务植树，植树96.8亿株，完成计划的104.52%；绿色通道工程“九五”期间投入资金17.3亿元，完成建设里程12.6万公里，相当于造林26.4万公顷。

2. 森林资源继续实现“双增长”。据第五次全国森林资源清查结果显示，我国现有林地总面积26 329.5万公顷，其中森林面积15 894.1万公顷，森林覆盖率

16.55%；现有活立木总蓄积量124.9亿立方米，其中森林蓄积量112.7亿立方米。除台湾省和香港、澳门特别行政区外，全国现有人工林面积4 666.7万公顷，人工林蓄积量10.1亿立方米，居世界首位。我国森林面积、蓄积继续保持双增长的发展趋势。5年内，我国森林面积净增1 370.3万公顷，年均增加273.4万公顷，森林覆盖率由15.12%（按原森林标准为13.92%）增加到16.55%。其中全国人工林面积净增1 025.2万公顷，年均增加205.0万公顷，全国人工林面积净增量占森林面积净增量的74.8%。全国活立木总蓄积量5年净增5.4亿立方米，森林蓄积量净增6.0亿立方米，用材林蓄积量净增2.4亿立方米。林木年均净生长量为4.57亿立方米，年均净消耗量为3.71亿立方米，林木蓄积生长量继续大于消耗量。

3. 林种结构得到合理调整。据统计，“九五”期间全国共营造用材林727.21万公顷，经济林719.23万公顷，防护林888.62万公顷，薪炭林65.02万公顷，特种用途林9.04万公顷，其中防护林比“八五”期间增长36.84%，用材林、经济林、薪炭林、特种用途林分别比“八五”期间减少47.53%、0.66%、37.20%和14.63%。我国现有薪炭林445.17万公顷，比5年前增加了16.31万公顷。

“九五”期间，竹林造林面积由1995年的5.14万公顷增加到2000年的7.98万公顷，毛竹林每亩（即每0.7公顷）立竹数由90年代初的不足100株提高到现在的138株，村及村以下竹材采伐量由1991年的5.55亿根增加到2000年的12.33亿根，竹产业已形成一个由资源培育到加工利用、旅游及出口创汇的新兴产业。

4. 迹地更新、低产林改造得到明显加强。全国“九五”期间预计完成迹地更新面积436.21万公顷，其中人工更新面积316.26万公顷，分别比“八五”期间增长22.86%和6.77%；低产林改造面积559.06万公顷，比“八五”期间猛增56.74%。

5. 成林抚育改造力度进一步加大。“九五”时期，完成成林抚育面积3 642.57万公顷，其中中幼龄林抚育面积2 405.41万公顷，分别比“八五”时期增长41.32%和58.47%；年均成林抚育及中幼龄林抚育规模分别达750多万公顷和500多万公顷，分别比1995年增长12.95%和36.74%；抚育改造出材量占全部木材产量的比重由1995年的21.57%提高到2000年25.53%。

6. 大力发展名特优新经济林。“九五”时期，11种主要经济林产品产量达1 459万吨，比“八五”期间增长37.54%；其中可食用的油茶籽、竹笋干、核桃、板栗产量分别达到389.11万吨、129.47万吨、134.09万吨和232.11万吨，分别比“八五”时期增长30.07%、106.76%、41.39%和156.44%；工业原料中生漆、油桐籽、五倍子、棕片、松脂产量有所增加，“九五”时期产量分别达2.37万吨、219.73万吨、5.19万吨、31.31万吨和295.10万吨，分别比“八五”时期增长49.40%、8.65%、30.07%、34.14%和13.15%；乌桕、紫胶产量有所下降，“九五”时期产量分别为19.49%万吨和1.09万吨，分别比“八五”时期减少5.04%和12.82%。

7. 林业重点工程建设速度明显加快。“九五”时期，在全面推进十大林业重点生态建设工程的基础上，突出了长江、黄河流域的生态环境治理，启动了退耕还林试点示范工程，并全面实施了天然林资源保护工程，还新启动了淮河太湖流域、珠江流域、黄河中游、辽河流域4大防护林体系工程及全国生态环境建设重点工程。“九五”时期，全国林业重点工程完成投资294.82亿元，比“八五”时期增长483.02%，年投资规模由1995年的16.26亿元增加到2000年的113.19亿元，年均递增47.41%。其中，国家投资185.99亿元，比“八五”时期增长1 097.43%，国家投资规模由1995年的4.31亿元猛增到2000年的89.41亿元，年均递增达83.42%，国家投资比重由1995年的26.48%提高到2000年的78.99；林业重点工程建设投资逐步由地方自筹和农民投工投劳为主转变为国家投资为主体。“九五”时期，全国林业重点工程预计完成造林面积1 550.80万公顷，比“八五”时期增长23.23%。

①天然林资源保护工程。1998～2000年，国家安排天然林资源保护工程公益林及商品林建设基本建设投资（国债）80.4亿元，中央财政专项安排森林管护事业、离退休统筹、政策性社会性支出以及一次性安置和生活保障补助资金113亿元，主要在长江上游、黄河上中游地区和东北、内蒙古国有林区开展天然林资源保护工作。

②退耕还林试点示范工程。2000年，全国17个省区的193县全面顺利地启动了退耕还林还草试点示范工程。1999～2000年底，全国完成退耕造林面积140.28万公顷。其中，退耕还林草试点工程国家两年投入339 675万元，其中种苗补助和种苗基础设施建设129 525万元，现金补助22 414万元，粮食补助132.09万吨（折合现金184 926万元）。

③三北防护林体系三期工程。“九五”期间，是三北防护林体系三期工程实施阶段，共完成投资50.45亿元，其中国家投资23.17亿元，分别比“八五”期间增长213.06%和159.13%；完成造林面积615.09万公顷，比“八五”期间下降0.38%，完成三期工程规划任务的153.74%。三北防护林工程自1978年启动以来，突破了单一的生态防护林模式，走上了建设生态经济型防护林体系的路子，已累计造林2 761万公顷，森林覆盖率已由5.05%提高到9%。

④长江中上游防护林体系建设工程。“九五”期间，长江中上游防护林体系建设工程完成投资13.46亿元，其中国家投资6.06亿元，分别比“八五”期间增

长 92.08%和 151.30%；完成造林面积 193.71 万公顷，比“八五”期间减少 28.30%，完成“九五”规划任务的 115.67%。该工程自 1989 年在长江中上游 12 个省（市）271 个县启动以来，已累计造林 500.87 万公顷，森林覆盖率由 19.9%提高到 29.5%，有 50%的工程县基本消灭了宜林荒山，100 多个县的水土流失状况基本得到了治理。

⑤沿海防护林体系建设工程。该工程自 1991 年在沿海 11 个省（区、市）的 195 个县（市、区）全面实施以来，已累计造林 114.40 万公顷，1.8 万公里的大陆海岸基干林带初步形成。“九五”时期，完成投资 10.47 亿元，其中国家投资 2.76 亿元，分别比“八五”期间增长 149.29%和 152.1%；完成造林面积 29.73 万公顷，比“八五”期间减少 64.88%，只完成“九五”规划任务的 53.31%。

⑥全国防沙治沙工程。该工程自 1991 年启动以来累计完成治理面积近 800 万公顷，其中造林 154.55 万公顷，增加林草植被 660 多万公顷。“九五”期间，完成投资 16.58 亿元，其中国家投资 5.08 亿元，分别比“八五”期间增长 851.37%和 497.37%；完成造林面积 110.43 万公顷，比“八五”期间增长 150.31%，完成“九五”规划任务的 98.24%。

⑦太行山绿化工程。该工程自 1990 年启动以来，累计完成造林面积 357.76 万公顷，项目区森林覆盖率由 20.7%提高到目前的 25.1%。“九五”期间，完成投资 7.90 亿元，其中国家投资 3.70 亿元，分别比“八五”期间增长 243.89%和 503.23%；完成造林面积 170.44 万公顷，比“八五”期间增长 12.24%，完成“九五”规划任务的 137.08%。

⑧平原绿化工程。“九五”期间，完成投资 10.69 亿元，其中国家投资 3.93 亿元，分别比“八五”期间增长 573.02%和 363.00%；完成造林面积 23.84 万公顷，比“八五”期间增长 34.06%。到 2000 年底，全国 920 个平原、半平原县有 860 多个达到了部颁平原绿化标准，比“八五”期末增加 100 多个，完成“九五”规划任务的三分之二。

⑨其他防护林体系建设工程。淮河、太湖流域防护林体系建设工程 1996 年试点启动以来完成投资 3.85 亿元，其中国家投资 1.31 亿元；完成造林面积 20.23 万公顷，仅完成“九五”规划任务的 35.52%。黄河中游防护林体系工程 1996 年试点启动以来完成投资 2.36 亿元，其中国家投资 1.34 亿元；完成造林面积 56.95 万公顷，只完成“九五”规划任务的 57.18%。珠江流域防护林体系建设工程 1997 年试点启动以来完成投资 5.93 亿元，其中国家投资 1.17 亿元；完成造林面积 15.93 万公顷，只完成“九五”规划任务的 44.08%。辽河流域防护林体系工程 1997 年试点启动以来完成投资 2.21 亿元，其中国家投资 0.63 亿元；完成造林面积 30.42 万公顷，只完成“九五”规划任务的 47.90%。

⑩世界银行贷款造林项目。“九五”时期，我国共利用世界银行贷款 2.53 亿美元，造林 113.32 万公顷。项目建成后可增加森林蓄积量 1.5 亿立方米，果品产量 250 万吨。其中森林资源发展与保护项目利用世行贷款 1.85 亿美元，造林 87.66 万公顷；贫困地区林业发展项目利用世行贷款 0.68 亿美元，造林 25.66 万公顷。世行贷款造林中，速生丰产用材林基地“九五”期间完成投资 27.70 亿元，比“八五”期间增长 57.36%，营造速生丰产林 74.52 万公顷，比“八五”期间增长 2.97%。

8. 野生动植物保护力度进一步加强，森林资源和生物多样性保护工作取得显著成效。

①自然保护区建设管理。“九五”期间，全国新建自然保护区 230 多个，其中有 33 个保护区晋升为国家级自然保护区，总面积为 36.57 万平方千米。截止 1999 年底，全国已建各种类型自然保护区 1 146 处，总面积 8 813 万公顷（含海洋面积 380 多万公顷），占国土面积的 8.80%，其中林业系统管理的自然保护区 776 处，总面积 6 697 万公顷，占全国自然保护区总面积的 76%。目前全国已有国家级自然保护区 155 处，其中林业系统管理的 105 处。全国还建立了 1 002 处森林公园，面积 912.5 多万公顷。80 年代以来，我国先后有 16 处自然保护区加入联合国教科文组织的“人与生物圈”保护区网络，有 7 处被列为国际重要湿地名录，有 3 处被列入世界自然遗产地。2000 年 8 月 19 日建立的三江源自然保护区，总面积为 31.8 万平方千米，是目前我国面积最大的自然保护区。

②野生动植物保护管理。目前已建立大熊猫自然保护区 33 个，含大熊猫栖息地 16.5 万公顷，保护面积达 64.3 万公顷。“九五”以来，先后救护病饿大熊猫 50 只左右，人工繁殖大熊猫 31 胎 43 仔，成活 31 仔。朱鹮从 1981 年的 7 只发展到目前的 200 多只。扬子鳄由野生种群 200 多条，经过人工繁育，到 2000 年底繁育种群可望突破 10 000 条。此外，野马、海南坡鹿、金丝猴等 20 余种濒危动物的保护及人工繁育工作也取得重要进展。“九五”期间还建成 8 处救护繁育中心，建立了金丝猴、黄腹锦鸡、羚牛、食蟹猴等 20 多种野生动物人工繁育种群。

“九五”期间，还开展了首次全国野生动物调查，布设常规样带 63 000 条，覆盖面积 800 多平方公里，约占国土面积的 83.3%。该项调查将全面了解和掌握我国野生动物的分布和资源情况。

为拯救和繁育濒危野生植物，到“九五”末期，我国已建立 400 余处珍稀植物迁地保护繁育基地和种子资源库、100 多处植物园和树木园，种植 1 万多种植物，使 1 000 多种珍稀植物得到保护和繁育。全国首次野生植物资源调查亦在“九五”期间启动。该项调查涉及 59 科 192 种及兰科所有种。

**林业产业体系建设有了新发展，在国民经济和社会发展中继续发挥着重要作用**　“九五”期间，林业产业已发展成为包括营林造林、木竹采伐、木材加工、林产化工、制浆造纸、机械制造、野生动植物合理利用、森林旅游、多种经营等综合性的产业；由于天然林资源保护工程的实施，除木材产量有所调减外，其他主要林产品产量均有一定的增加，人造板产量已上升到世界第二位。

1. 林业产业发展速度明显加快，特别是第一产业的迅速发展，已成为林业产业的主力军。“九五”期间，林业产业发展速度明显加快。“九五”期间林业第一、第二产业（指国有及年产品销售收入在500万元以上的非国有企业）增加值将达到4 216.77亿元，比1995年增长22.55%，年平均发展速度为4.15%；“九五”期间，林业第一产业增加值达到3 043.89亿元，发展最为迅速，第二产业发展速度有所回落，实现增加值1 162.54亿元，但仍比“八五”期间增长64.14%，林业第三产业森林旅游也在“九五”期间发展迅速，其他服务业增长比较缓慢。

2. 林业为国民经济和社会发展提供了主要木材产品。“九五”后期，国家实施天然林资源保护工程，我国主要的木材生产基地木材产量按计划逐步有所调减；“九五”期间，全国木材产量完成29 032.03万立方米，比“八五”期间减少8.58%。锯材产量也呈下降态势，“九五”期间完成8 462.78万立方米，比“八五”期间下降7.41%。竹材生产“九五”期间发展较快，共完成26.64亿根，比“八五”增长27.99%，年平均发展速度为6.86%。

3. 林产工业结构得到初步调整，特别是新兴产业表现出良好的发展势头。一批新型人造板项目在“九五”期间建成投产，标志着林业产业在规模生产、集约经营、新产品开发方面有了进一步的发展。“九五”期间，共建成投产10个大型人造板项目，新增生产能力65万立方米（其中刨花板15万立方米，中密度纤维板50万立方米）。“九五”期间，全国人造板产量中的三大板（胶合板、纤维板、刨花板）将达到6 514.17万立方米，比“八五”期间增加3 230.03万立方米，增长98.35%。其中胶合板3 415.47万立方米、纤维板1 605.95万立方米、刨花板1 492.75万立方米。此外，各种新型建材如水泥模板用胶合板、竹胶合板、石膏刨花板、水泥刨花板、定向刨花板及各种农作物废料（如蔗渣、棉秆、麦秆等）生产的碎料板，以及经过表面装饰处理的各种饰面板、阻燃板、抗静电人造板等均可批量生产。

4. 松香等林产化学产品的科技含量和技术水平逐步提高。我国是松香生产大国，“九五”期间平均年产量保持在40～50万吨的水平，约占世界年产量的40%，年出口量在30万吨左右。“九五”期间，全国松香产量达到241.43万吨，同比“八九”期间增加22.93万吨。“九五”期间，松香收得率已达到78.7%，比“八五”初期提高近1个百分点。

栲胶、紫胶产量在“九五”期间大幅度下滑，分别比“八五”期间减少33 529吨和1 577吨。产量持续下降：一是产品成本居高不下；二是合成树脂不断开发并得到广泛应用；三是企业规模普遍较小。

5. 木材加工行业生产技术水平、设备制造水平和主要工业产品质量明显提高。“九五”期间，通过引进技术和成套设备，我国的木材加工行业特别是人造板加工业的生产技术水平有了较大的提高。全国现有中密度生产企业108家，其中有40家是引进国外设备，占现有厂家的37%。我国可独立生产具有国际80年代水平的木材加工设备，并已在林区大量中小型企业投入使用。

6. 林产品贸易有较大幅度增长。“九五”期间，我国林产品年进口额达到379.77亿美元，同比“八五”增长96.5%；原木进口量达到3 261万立方米，比“八五”期间的1 813万立方米增加1 448万立方米，增长79.9%。在林产品年进口总额中，纸及纸浆产品约占60%，其余依次为原木、锯材、人造板、木制品等。我国原木进口主要来源于俄罗斯、马来西亚、加蓬、德国、赤道几内亚和印度尼西亚等国家。

“九五”期间，我国林产品出口贸易额达到303.98亿美元，同比“八五”增长48.3%，林产品出口所占比重变化不大。出口产品最多的是家具，约占36%，其余依次为木制品、纸类、锯材、人造板等，原木由于国家政策的限制已很少出口。

7. 山区综合开发蓬勃开展。“九五”期间，在全国先后分4批安排了除上海以外的30个省（区）的114个示范县，实施以“改土、治水、植树、修路、办电”为主要内容的山区综合开发工作。一是引导了各种生产要素投入山区建设，山区生产和生活条件得到明显改善。二是示范县立足本地特点，建立适度规模的农副产品和林果基地。三是县域经济发展速度加快，综合实力大大加强，农民收入大幅度增加。四是建成了一批科技含量高、经济效益好、带动能力强、辐射面广的示范项目。

**基础设施建设进一步加强**

1. 林业科技事业快速发展。据统计，“九五”期间，林业行业共获得国家级科技奖励56项。其中国家科技进步奖54项，国家技术发明奖2项。截止到1999年，国家林业局（原林业部）科技进步奖共 评出获奖项目346项。“九五”期间还有4个林业科研项目列入国家科技攻关计划。

“九五”期间，新建省级推广站5个，地级推广站70个，县级推广站343个，为林业科技成果推广起到了组织保障作用。实施科技成果转化项目（国家级、局级）近300项，推广了500多个林业新品种和新技术。林业科技进步贡献率已由“八五”时期的21%提高到

"九五"时期27.3%。

"九五"期间,引进国外先进林业技术力度加大。共签订"948"项目合同153项,已引进和正在引进的项目416项,引进造林树种、经济林木和灌草425种,花卉品种418个,森林害虫天敌3种。

林业植物新品种保护是在"九五"期间起步的一项新工作,"九五"期间,国家颁布了《中华人民共和国种子法》,国家林业局制定了《植物新品种保护条例实施细则(林业部分)》,植物新品种保护的法律体系初步形成。1999年4月23日开始正式受理林业新品种权的申请。

2. 林业教育培养各类高中等林业专门人才15.8万人,全行业培训各类人员1 500万人次。"九五"期间,普通高、中等林业院校招生和在校生人数都比"八五"末期增长5成以上。2000年,普通高等林业院校(包括林业科研单位)研究生和本专科招生数达到1.72万人,比1995年增长125%,在校研究生和本专科生3.99万人,比1995年增长67.5%。普通林业中等专业学校1999年招生2.74万人,比1995年增长53.1%,在校生数达到8.30万人,比1995年增长62.5%。

普通高等林业院校成人教育学院的函授和夜大学教育2000年招生数达到5 858人,比1995年增长113.6%,在校生达到1.37万人,比1995年增长104.1%。林业成人中等专业学校和林业广播电视教育办学规模达到1.5万多人。

1996~2000年,全国普通高中等林业院校(系)为国家培养和输送各类专门人才15.8万人,其中研究生1 600多人,本专科毕业生5.68万人,中等专业毕业生近10万人。

"九五"时期,全行业共培训1 500万人次,其中培训林农1 000万人次,培训林业系统职工500万人次,林业系统职工年平均培训率达到了42.4%。

3. 基层林业工作站建设得到巩固和发展。"九五"末期,全国已建林业工作站37 518个,其中8 660个站是县级林业主管部门的派出机构,现有职工16.14万人,平均每站4.3人。

4. 林木种苗建设稳步推进。"九五"时期,国家批复建设广东台山、四川成都、浙江衢县、贵州黎平四处良种繁育中心,项目总投资1 261万元,建设规模542.6公顷。到2000年底,全国共建有良种基地697处,面积94 667公顷,年产种量109万公斤,产穗条39 691万株;采种基地312处,面积108万公顷,年产种量400万公斤。2000年末,全国实有母树林面积27.94万公顷,种子园面积4.75万公顷,分别比1995年增长2.93%和45.63%。"九五"期间,林木种子采集量21.88万吨,比"八五"增长7.75%。

我国现有国有苗圃2 358处,经营面积12.8万公顷,育苗面积4万公顷,平均每年生产苗木35亿株。"九五"时期年均产苗量200亿株(2000年为271.7亿株),其中合格苗150亿株左右(包括良种苗近100亿株,容器苗约22亿株)。

5. 建立健全各级森林防火指挥扑救机构。据统计,"九五"期间,我国平均每年发生森林火灾4 896次,比"八五"时期的平均每年4 920次减少24次;平均每年受害森林面积80 740公顷,比"八五"时期的平均每年43 557公顷增长85.36%,主要是由于1996年发生了3次特大森林火灾和57次重大森林火灾,受害森林面积达18万多公顷,是正常年份的四倍多。"九五"时期我国森林火灾受害率只有0.51/1000。"九五"以来,共使300万公顷的森林免遭森林火灾吞噬,约占我国现有林地面积的2%,仅此一项就相当于增加我国森林覆盖率0.3个百分点。

"九五"时期,全国新增县级以上森林防火指挥部16个,森林防火办事机构101个。截至到1999年底,全国共设有县以上森林防火指挥部3 023个,办事机构3 147个,工作人员15 389人。

"九五"时期,全国共新营造生物防火林带17.4万公里,使总长度达到了39.8万公里,南方部分林区已初步形成了以生物防火林带为主体的防火阻隔网络。

"九五"时期,全国共筹集专项资金近1 000万元,建立了国家和西南、西北三个卫星林火监测中心,并在各省及重点地、县配备了300多个远程网络终端。"九五"时期,全国新建防火瞭望台3 076座,新购短波、超短波电台3.2万部,新增风力灭火机4.7万台。目前,全国共有瞭望台10 237座,无线电台12万部,风力灭火机10万台,大大增强了控制森林火灾的综合能力。

6. 森林病虫鼠害防治水平明显提高。"九五"时期,全国现有各级森防检疫站2 782个,其中省级站31个,地级站344个,县级站2 407个,从业人员共14 930人,各级测报站点22 807个,检疫检查站858个。

"九五"时期,预计全国森林病虫鼠害累计发生面积3 879.83万公顷,防治面积2 741.05万公顷,分别比"八五"时期减少10.65%和2.40%,森林病虫鼠害综合防治率为70.65%,比"八五"时期提高5.98个百分点。其中森林病害发生面积550.49万公顷,防治面积374.22万公顷,分别比"八五"时期减少31.50%和24.63%,森林病害防治率为67.98%,比"八五"时期提高6.19个百分点,其中松材线虫病防治率已达100%;森林虫害发生面积2 946.22万公顷,防治面积2 090.72万公顷,分别比"八五"时期减少7.96%和增加0.88%,森林虫害防治率为70.96%,比"八五"时期提高6.21个百分点;森林鼠害发生面积383.11万公顷,防治面积276.12万公顷,分别比"八五"时期增长13.41%和15.39%,森林鼠害防治率为72.07%,比"八五"时期提高1.23个百分点。

7. 全国森林公安和林政管理部门年均查处各类森

林案件 11.4 万起、林业行政案件 50 万起。据统计，“九五”时期，全国森林公安机关共查处各类森林和野生动物案件 57 万起，打击处理违法犯罪人员 82.9 万余人次，收缴木材 212 万立方米、野生动物 1 569 万只（头），挽回经济损失近 40 亿元。

“九五”时期，全国新增森林公安机构 815 个。截至目前，全国共建有省级森林公安机构 29 个，地（市）级机构 333 个，县级机构 1 307 个，派出所 4 805 个，森林公安高等专科学校 1 所及培训中心 2 个。森林公安干警达 53 267 人，比“八五”时期增加了 6 436 人。

“九五”时期，国家共投入 8 779 万元专门用于森林公安设施和装备建设，比“八五”时期增加了 1.5 倍。

**林业固定资产投资完成情况**

林业固定资产投资完成总额呈快速增长势头，“九五”末期已达到历史最高水平。“九五”期间，林业固定资产投资完成总额达到 501.69 亿元，比“八五”期间增加 296.47 亿元，增长 144.46%。林业基本建设投资完成 441.77 亿元（含债券投资），比“八五”期间的 155.36 亿元增加 286.41 亿元，增长 184.35%。其中林业基本建设国家投资完成 243.23 亿元，比“八五”期间 73.59 亿元增加 171.64 亿元，增幅 233.24%。林业固定资产投资中，国家投资完成 193.38 亿元，是“八五”期间的 2.63 倍，发展速度高于“八五”期间平均发展速度 16.77 个百分点。

投资结构变化较大，营林固定资产投资比重大幅度上升，森工固定资产投资比重急速下滑。“九五”期间全部林业固定资产投资完成总额按行业分，营林固定资产投资完成 372.69 亿元，森工固定资产投资完成 129.00 亿元，所占比重分别为 74.29%和 25.71%，营林固定资产投资所占比重比“八五”期间上升了 34.32 个百分点，而森工固定资产投资所占比重比“八五”期间下降了 34.32 个百分点。

营林固定资产投资重点用于支持林业重点生态工程建设。“九五”期间，国家用于生态环境建设的资金成倍增长，全国林业重点工程预计完成投资 294.82 亿元，比“八五”时期增长 483.02%，年投资规模由 1995 年的 16.26 亿元增加到 2000 年的 113.19 亿元，年均递增 47.41%。其中，国家投资 185.99 亿元，是“八五”时期的近 12 倍，国家投资规模由 1995 年的 4.31 亿元猛增到 2000 年的 89.41 亿元，年均递增达 83.39%。国家投资已成为各类资金来源的主体，国家投资占林业重点工程投资比重由 1995 年的 26.48% 提高到 2000 年的 78.99%，林业重点工程建设投资逐步由地方自筹和农民投工投劳为主转变为国家投资为主体。

“九五”期间，用于林业十大生态工程建设、天然林资源保护工程、全国生态环境建设重点工程以及世界银行贷款速生丰产用材林基地工程的投资总额达到 294.82 亿元，占“九五”营林基本建设投资完成总额的 79.86%。

国家营造林资金重点向西部地区倾斜。从林业固定资产投资的地区分布看，“九五”时期西部 13 个省（区、市）的林业投资总量大幅度上升；1995 年，西部 13 个省区的林业固定资产投资完成额为 20.48 亿元，所占比重为 36.31%；2000 年，西部 13 个省区完成林业固定资产投资 85.69 亿元，占全国林业固定资产投资总额的比重为 51.08%，比 1995 年高 14.77 个百分点。

林业建设资金的一半来源于国家预算内资金。“九五”期间，林业固定资产投资资金来源中，排在前三位的分别是国家预算内资金、自筹资金和国内贷款，所占比重分别为 50%、24%和 10%。在国家预算内资金中，国债资金所占比重最高为 40%，中央财政专项补助经费次之约占 20%。在国内贷款中，商业银行贷款比重占 86%，政策性银行贷款比重明显下降，不到贷款总额的 10%，这也是森工固定资产投资急剧下降的主要原因。

**“九五”期间林业发展的主要特点**

1. 国家把生态环境建设作为可持续发展战略的重大举措，摆在了十分优先的位置，林业生态环境建设得到进一步加强。

2. 比较好地处理了林业保护与发展并重、巩固与扩大并举的关系，森林资源特别是国有天然林资源保护得到明显加强。

3. 林业生产力布局进行了重大调整。以十大林业生态工程建设、天然林资源保护工程和退耕还林还草工程为代表的一批国家重点林业建设工程的相继展开，构建了我国林业生态环境建设的新格局。

4. 林产品结构有了进一步调整，产品适销对路的状况有明显好转。林业正逐步由为社会提供物质产品转变为为社会提供包括森林环境产品在内的多种产品。

5. 加强法制建设，健全执法体系，强化执法力度对保护森林资源、保障林业发展发挥了至关重要的作用。

6. 林业建设对科技的需求明显增强，科学技术对林业发展的支撑力度有所提高。

**存在问题**

1. 由于长期以来林业所有制结构单一，林业经营机制和管理体制没有根本性的突破，在一定程度上阻碍了林业市场化的进程；

2. 尽管“九五”期间森林资源实现了双增长，但是森林覆盖率增长缓慢；

3. 林业投资总量尽管在“九五”期间有较大幅度的增长，投资总量不足仍然是今后一个时期制约林业发展的主要因素；

4. 林业税费负担依然较重，阻碍了地方、企业、农民个人特别是非公有制经济投资造林的积极性；

5. 林业产业建设的宏观管理薄弱，行业管理的规范还存在诸多困难。 （姚昌恬 汤晓文 汪飞跃）

# 营 林 生 产

## 各地区林业产业总产值

（按现行价格计算） 单位：万元

| 地 区 | 总 计 | 第一产业 | 第二产业 | 第三产业 | 地 区 | 总 计 | 第一产业 | 第二产业 | 第三产业 |
|---|---|---|---|---|---|---|---|---|---|
| **全国合计** | **35 554 725** | **23 893 044** | **10 346 002** | **1 315 679** | 山 东 | 2 917 352 | 2 320 276 | 574 373 | 22 703 |
| 北 京 | 303 863 | 205 638 | 82 650 | 15 575 | 河 南 | 1 517 613 | 1 338 708 | 167 269 | 11 636 |
| 天 津 | 33 658 | 19 869 | 13 169 | 620 | 湖 北 | 1 213 943 | 893 653 | 226 628 | 93 662 |
| 河 北 | 1 680 849 | 1 243 808 | 419 960 | 17 081 | 湖 南 | 2 331 635 | 1 734 262 | 512 886 | 84 487 |
| 山 西 | 506 845 | 490 632 | 12 400 | 3 813 | 广 东 | 2 427 303 | 1 910 282 | 488 047 | 28 974 |
| 内蒙古 | 558 572 | 265 275 | 252 672 | 40 625 | 广 西 | 1 747 010 | 1 215 911 | 501 927 | 29 172 |
| 内蒙古集团 | 289 274 | 43 921 | 214 536 | 30 817 | 海 南 | 682 220 | 659 380 | 22 386 | 454 |
| 辽 宁 | 1 142 582 | 843 295 | 221 715 | 77 572 | 重 庆 | 272 216 | 225 645 | 38 993 | 7 578 |
| 吉 林 | 1 107 075 | 325 676 | 597 605 | 183 794 | 四 川 | 1 192 495 | 970 950 | 184 367 | 37 178 |
| 吉林集团 | 309 156 | 37 022 | 195 240 | 76 894 | 贵 州 | 253 056 | 215 001 | 35 045 | 3 010 |
| 黑龙江 | 1 236 756 | 360 592 | 689 718 | 186 446 | 云 南 | 1 156 737 | 749 460 | 385 701 | 21 576 |
| 龙江集团 | 1 004 768 | 227 877 | 619 360 | 157 531 | 西 藏 | 18 010 | 12 174 | 5 836 | — |
| 上 海 | 95 145 | 86 652 | 6 183 | 2 310 | 陕 西 | 705 363 | 628 076 | 59 811 | 17 476 |
| 江 苏 | 1 214 162 | 823 507 | 311 998 | 78 657 | 甘 肃 | 392 611 | 368 865 | 16 136 | 7 610 |
| 浙 江 | 4 823 118 | 1 757 256 | 2 893 064 | 172 798 | 青 海 | 20 839 | 19 673 | 125 | 1 041 |
| 安 徽 | 1 150 254 | 1 006 269 | 89 818 | 54 167 | 宁 夏 | 78 502 | 71 183 | 6 691 | 628 |
| 福 建 | 2 862 079 | 1966 559 | 866 589 | 28 931 | 新 疆 | 343 194 | 319 819 | 9 193 | 14 182 |
| 江 西 | 1 282 913 | 790 813 | 445 288 | 46 812 | 大兴安岭 | 286 755 | 53 885 | 207 759 | 25 111 |

## 全国历年造林面积

单位：千公顷

| 年 别 | 造林面积 | 年 别 | 造林面积 | 年 别 | 造林面积 | 年 别 | 造林面积 |
|---|---|---|---|---|---|---|---|
| 1949～1952 | 1 707.33 | 1968 | 3 413.33 | 1984 | 8 253.67 | 2000 | 5 105.14 |
| 1953 | 1 112.93 | 1969 | 3 479.33 | 1985 | 8 336.80 | 1949～1952 | 1 707.33 |
| 1954 | 1 166.20 | 1970 | 3 884.00 | 1986 | 5 274.00 | 1953～1957 | 14 068.00 |
| 1955 | 1 710.53 | 1971 | 4 525.13 | 1987 | 5 414.20 | 1958～1962 | 18 332.33 |
| 1956 | 5 723.27 | 1972 | 4 635.73 | 1988 | 5 533.27 | 1963～1965 | 7 866.79 |
| 1957 | 4 355.07 | 1973 | 4 982.87 | 1989 | 5 023.33 | 1966～1970 | 19 213.99 |
| 1958 | 6 098.67 | 1974 | 5 002.47 | 1990 | 5 208.47 | 1971～1975 | 24 119.93 |
| 1959 | 5 449.67 | 1975 | 4 973.73 | 1991 | 5 594.47 | 1976～1980 | 23 256.60 |
| 1960 | 4 143.93 | 1976 | 4 925.73 | 1992 | 6 030.40 | 1981～1985 | 31 520.54 |
| 1961 | 1 441.33 | 1977 | 4 793.27 | 1993 | 5 903.40 | 1986～1990 | 26 453.27 |
| 1962 | 1 198.73 | 1978 | 4 496.33 | 1994 | 5 992.00 | 1991～1995 | 28 735.54 |
| 1963 | 1 530.13 | 1979 | 4 489.27 | 1995 | 5 214.61 | 1996～2000 | 24 091.21 |
| 1964 | 2 911.33 | 1980 | 4 552.00 | 1996 | 4 919.38 | **1949～2000** | **219 365.53** |
| 1965 | 3 425.33 | 1981 | 4 110.07 | 1997 | 4 354.93 | | |
| 1966 | 4 533.33 | 1982 | 4 495.60 | 1998 | 4 811.05 | | |
| 1967 | 3 904.00 | 1983 | 6 324.40 | 1999 | 4 900.71 | | |

注：1985 年以前，造林合格率达到 40％以上即统计在造林面积中；1986 年以后为合格率达到 85％以上才统计在造林面积中。

## 全国历年迹地更新面积

单位:千公顷

| 年别 | 迹地更新面积 | 其中:人工更新 | 年别 | 迹地更新面积 | 其中:人工更新 |
|---|---|---|---|---|---|
| 1949～1952 | 22.53 | 22.47 | 1983 | 508.80 | 422.93 |
| 1953 | 16.53 | 16.07 | 1984 | 552.00 | 476.07 |
| 1954 | 38.80 | 30.07 | 1985 | 638.27 | 544.93 |
| 1955 | 39.20 | 31.87 | 1986 | 577.40 | 485.13 |
| 1956 | 94.13 | 48.47 | 1987 | 703.50 | 586.93 |
| 1957 | 55.80 | 44.07 | 1988 | 636.90 | 542.60 |
| 1958 | 391.13 | 193.67 | 1989 | 719.10 | 571.20 |
| 1959 | 560.33 | 342.13 | 1990 | 671.50 | 537.67 |
| 1960 | 483.73 | 301.93 | 1991 | 664.10 | 539.60 |
| 1961 | 157.07 | 103.53 | 1992 | 673.60 | 565.70 |
| 1962 | 106.33 | 86.00 | 1993 | 739.20 | 609.00 |
| 1963 | 183.00 | 146.87 | 1994 | 722.70 | 608.73 |
| 1964 | 206.53 | 170.20 | 1995 | 750.96 | 638.95 |
| 1965 | 238.93 | 210.87 | 1996 | 794.75 | 683.27 |
| 1966 | 321.00 | 227.00 | 1997 | 798.38 | 659.39 |
| 1967 | 303.00 | 278.27 | 1998 | 806.30 | 665.93 |
| 1968 | 240.00 | 209.73 | 1999 | 1 042.83 | 585.75 |
| 1969 | 233.00 | 200.00 | 2000 | 919.80 | 568.31 |
| 1970 | 325.00 | 265.13 | 1949～1952 | 22.53 | 22.47 |
| 1971 | 307.53 | 253.00 | 1953～1957 | 244.46 | 170.55 |
| 1972 | 319.00 | 259.53 | 1958～1962 | 1 698.59 | 1 027.26 |
| 1973 | 356.73 | 293.40 | 1963～1965 | 628.46 | 527.94 |
| 1974 | 362.00 | 318.27 | 1966～1970 | 1 422.00 | 1 180.13 |
| 1975 | 422.00 | 366.67 | 1971～1975 | 1 767.26 | 1 490.87 |
| 1976 | 420.80 | 374.33 | 1976～1980 | 2 126.86 | 1 859.59 |
| 1977 | 416.40 | 369.53 | 1981～1985 | 2 580.47 | 2 191.00 |
| 1978 | 458.40 | 390.93 | 1986～1990 | 3 308.40 | 2 723.53 |
| 1979 | 409.33 | 355.27 | 1991～1995 | 3 550.56 | 2 961.98 |
| 1980 | 421.93 | 369.53 | 1996～2000 | 4 362.06 | 3 162.65 |
| 1981 | 442.60 | 371.80 | **1949～2000** | **21 711.65** | **17 317.97** |
| 1982 | 438.80 | 375.27 | | | |

注:1998 年人工更新面积没有统计,系根据 1997 年人工更新占迹地更新面积的比例推算。

## 全国营林生产主要指标 2000 年与 1999 年比较

| 指 标 名 称 | 单 位 | 2000 年 | 1999 年 | 2000 年比 1999 年增减(%) |
|---|---|---|---|---|
| 1. 当年造林面积合计 | 公顷 | 5 105 138 | 4 900 710 | 4.17 |
| 其中:竹林面积 | 公顷 | 79 800 | 84 010 | —5.01 |
| 按造林方式分 | | | | |
| (1)人工造林 | 公顷 | 4 345 008 | 4 276 850 | 1.59 |
| 其中:退耕地造林 | 公顷 | 751 731 | 651 110 | 15.45 |
| (2)飞机播种造林 | 公顷 | 760 130 | 623 860 | 21.84 |
| 按林种用途分 | | | | |
| (1)用材林 | 公顷 | 1 218 461 | 1 418 010 | —14.07 |
| 其中:速生丰产林 | 公顷 | 246 877 | 275 440 | —10.37 |
| (2)经济林 | 公顷 | 1 350 277 | 1 403 880 | —3.82 |
| (3)防护林 | 公顷 | 2 430 834 | 1 948 540 | 24.75 |
| (4)薪炭林 | 公顷 | 82 338 | 115 300 | —28.59 |
| (5)特种用途林 | 公顷 | 23 228 | 14 980 | 55.06 |
| 2. 迹地更新面积 | 公顷 | 919 799 | 1 042 830 | —11.80 |
| 其中:人工更新面积 | 公顷 | 568 309 | 585 750 | —2.98 |
| 3. 低产林改造面积 | 公顷 | 1 073 420 | 1 232 160 | —12.88 |
| 4. 封山育林面积 | 公顷 | 32 584 372 | 34 784 680 | —6.33 |
| 其中:本年新封山育林面积 | 公顷 | 6 130 041 | 6 704 500 | —8.57 |
| 5. 封山护林面积 | 公顷 | 21 514 468 | 11 571 940 | 85.92 |
| 6. 零星(四旁)植树 | 万株 | 300 504 | 298 392 | 0.71 |
| 7. 林木种子采集量 | 吨 | 49 977 | 33 167 | 50.68 |
| 8. 育苗面积 | 公顷 | 278 629 | 220 200 | 26.53 |
| 其中:本年新育面积 | 公顷 | 185 197 | 138 610 | 33.61 |
| 9. 当年苗木产量 | 万株 | 2 716 983 | 2 314 683 | 17.38 |
| 10. 可供下年造林苗木量 | 万株 | 1 701 491 | 1 445 650 | 17.70 |
| 11. 幼林抚育作业面积 | 公顷次 | 11 825 322 | 11 526 020 | 2.60 |
| 12. 成林抚育面积 | 公顷 | 7 528 960 | 8 489 200 | 11.31 |
| 其中:中、幼龄林抚育面积 | 公顷 | 5 012 999 | 6 120 060 | —18.09 |
| 13. 抚育改造出材量 | 万立方米 | 1 206.13 | 1 412.67 | —14.62 |
| 其中:中、幼龄林抚育出材量 | 万立方米 | 762.18 | 896.25 | —14.96 |
| 14. 年末实有母树林面积 | 公顷 | 279 455 | 314 060 | —11.02 |
| 15. 年末实有种子园面积 | 公顷 | 47 494 | 55 160 | —13.90 |
| 16. 主要林产品产量(含自用) | | | | |
| (1)生 漆 | 吨 | 52 79 | 5 314 | —0.66 |
| (2)油桐籽 | 吨 | 453 461 | 448 323 | 1.15 |
| (3)油茶籽 | 吨 | 823 224 | 792 690 | 3.85 |
| (4)乌桕籽 | 吨 | 35 775 | 35 401 | 1.06 |
| (5)五倍子 | 吨 | 8 678 | 9 008 | —3.66 |
| (6)棕 片 | 吨 | 61 082 | 61 040 | 0.07 |
| (7)松 脂 | 吨 | 551 057 | 571 477 | —3.57 |
| (8)竹笋干(鲜笋折笋干) | 吨 | 339 084 | 310 480 | 9.21 |
| (9)核 桃 | 吨 | 309 875 | 274 246 | 12.99 |
| (10)板 栗 | 吨 | 598 185 | 534 631 | 11.89 |
| (11)紫胶(原胶) | 吨 | 1 419 | 1 830 | —22.46 |
| (12)银杏(白果) | 吨 | 30 868 | 34 480 | —10.48 |
| (13)松 籽 | 吨 | 23 439 | 11 518 | 103.50 |
| 17. 村及村以下竹、木采伐量 | | | | |
| (1)木材 | 万立方米 | 3 704.98 | 3 536.84 | 4.75 |
| (2)竹材 | 万根 | 123 343 | 115 211.32 | 7.06 |

## 各地区按造林方式分和按林种用途分的造林面积

单位：公顷

| 地区 | 合计 | 按造林方式分 | | | 按林种用途分 | | | | | |
|---|---|---|---|---|---|---|---|---|---|---|
| | | 人工造林 | | 当年飞机播种造林 | 用材林 | | 经济林 | 防护林 | 薪炭林 | 特种用途林 |
| | | 小计 | 其中：退耕地造林 | | 小计 | 其中：速生丰产林 | | | | |
| **全国合计** | **5 105 138** | **4 345 008** | **751 731** | **760 130** | **1 218 461** | **246 877** | **1 350 277** | **2 430 834** | **82 338** | **23 228** |
| 北京 | 26 093 | 18 987 | 3 171 | 7 106 | 951 | 951 | 7 540 | 14 319 | — | 3 283 |
| 天津 | 9 324 | 9 324 | 449 | — | 89 | — | 3 983 | 5 252 | — | — |
| 河北 | 365 179 | 276 752 | 8 664 | 88 427 | 72 217 | 6 701 | 110 346 | 179 666 | 2 883 | 67 |
| 山西 | 404 864 | 368 247 | 19 343 | 36 617 | 50 839 | 5 219 | 113 051 | 239 674 | 1 130 | 170 |
| 内蒙古 | 589 977 | 477 976 | 89 763 | 112 001 | 65 732 | 13 494 | 76 569 | 437 382 | 9 665 | 629 |
| 内蒙古集团 | 27 625 | 27 625 | 3 260 | — | 14 730 | 9 450 | 62 | 12 833 | — | — |
| 辽宁 | 143 953 | 77 880 | 25 817 | 66 073 | 28 370 | 13 270 | 32 607 | 71 178 | 11 682 | 116 |
| 吉林 | 156 717 | 153 925 | 51 511 | 2 792 | 72 275 | 5 203 | 20 384 | 63 050 | 409 | 599 |
| 吉林集团 | 20 883 | 20 883 | 129 | — | 18 542 | — | — | 2 341 | — | — |
| 黑龙江 | 302 483 | 296 772 | 18 213 | 5 711 | 157 193 | 13 413 | 20 855 | 103 188 | 5 526 | 5 721 |
| 龙江集团 | 65 748 | 65 748 | 5 327 | — | 39 533 | 284 | 1 310 | 24 755 | — | 150 |
| 上海 | 4 072 | 4 072 | — | — | 402 | 150 | 1 616 | 778 | — | 1 276 |
| 江苏 | 51 252 | 51 252 | 6 300 | — | 40 833 | 7 000 | 7 284 | 2 948 | 25 | 162 |
| 浙江 | 33 310 | 33 310 | 12 068 | — | 7 173 | 728 | 19 814 | 5 378 | 637 | 308 |
| 安徽 | 75 704 | 75 704 | 12 485 | — | 35 558 | 15 204 | 33 592 | 4 730 | — | 1 824 |
| 福建 | 24 505 | 19 312 | 137 | 5 193 | 8 071 | 732 | 6 469 | 8 036 | 1 900 | 29 |
| 江西 | 35 233 | 28 199 | 2 036 | 7 034 | 13 447 | 5 520 | 10 319 | 11 290 | 101 | 76 |
| 山东 | 153 389 | 153 389 | 21 377 | — | 18 007 | 6 657 | 100 769 | 34 268 | 63 | 282 |
| 河南 | 160 536 | 125 670 | 32 833 | 34 866 | 34 767 | 18 968 | 44 101 | 80 796 | 484 | 388 |
| 湖北 | 196 926 | 196 926 | 48 517 | — | 75 181 | 24 867 | 86 998 | 28 199 | 6 145 | 403 |
| 湖南 | 51 542 | 51 542 | 4 911 | — | 22 207 | 10 740 | 12 075 | 17 130 | 9 | 121 |
| 广东 | 17 172 | 17 172 | 461 | — | 5 149 | 3 091 | 3 966 | 7 621 | 436 | — |
| 广西 | 65 744 | 57 973 | 23 411 | 7 771 | 30 535 | 5 680 | 28 305 | 5 953 | 934 | 17 |
| 海南 | 17 676 | 17 676 | 631 | — | 9 249 | 4 087 | 2 998 | 4 165 | 273 | 991 |
| 重庆 | 128 993 | 97 580 | 13 573 | 31 413 | 17 906 | 2 459 | 36 669 | 72 884 | 1 511 | 23 |
| 四川 | 489 133 | 396 467 | 80 400 | 92 666 | 87 933 | 23 596 | 90 800 | 307 261 | 2 880 | 259 |
| 贵州 | 293 727 | 263 568 | 13 333 | 30 159 | 83 679 | 10 325 | 82 576 | 124 168 | 1 693 | 1 611 |
| 云南 | 430 645 | 330 914 | 19 531 | 99 731 | 144 407 | 36 063 | 138 045 | 140 670 | 5 632 | 1 891 |
| 西藏 | 12 400 | 12 400 | — | — | — | — | 1 173 | 11 227 | — | — |
| 陕西 | 417 860 | 309 118 | 131 659 | 108 742 | 83 573 | 4 605 | 139 307 | 192 140 | 2 840 | — |
| 甘肃 | 206 300 | 199 193 | 65 600 | 7 107 | 22 601 | 5 162 | 52 599 | 122 300 | 6 300 | 2 500 |
| 青海 | 45 284 | 45 284 | 4 826 | — | 2 290 | — | 883 | 33 941 | 8 168 | 2 |
| 宁夏 | 81 897 | 65 376 | 11 260 | 16 521 | — | — | 11 353 | 70 544 | — | — |
| 新疆 | 87 026 | 86 826 | 17 951 | 200 | 1 605 | — | 53 231 | 30 698 | 1 012 | 480 |
| 大兴安岭 | 26 222 | 26 222 | 11 500 | — | 26 222 | 2 992 | — | — | — | — |

## 各地区营林生产主要指标完成情况

单位:公顷

| 地区 | 迹地更新面积 | 低产林改造面积 | 封山育林面积 | | 育苗面积 | | 当年苗木产量（万株） | 幼林抚育作业面积（公顷次） | 成林抚育面积 | |
|---|---|---|---|---|---|---|---|---|---|---|
| | | | 合计 | 其中：本年新封 | 合计 | 其中：本年新育 | | | 合计 | 其中:中、幼龄林抚育面积 |
| **全国合计** | **919 799** | **1 073 420** | **32 584 372** | **6 130 041** | **278 629** | **185 197** | **2 716 983** | **11 825 322** | **7 528 960** | **5 012 999** |
| 北京 | 471 | 35 | 82 268 | 22 211 | 7 295 | 3 383 | 6 846 | 50 453 | 17 122 | 15 112 |
| 天津 | — | — | 10 508 | 3 333 | 2 526 | 1 342 | 7 655 | 40 195 | 44 108 | 29 822 |
| 河北 | 19 551 | 14 244 | 1 166 725 | 202 205 | 29 862 | 20 213 | 168 373 | 663 222 | 419 944 | 382 367 |
| 山西 | 1 016 | 8 589 | 628 443 | 116 639 | 26 061 | 15 414 | 189 724 | 136 227 | 100 403 | 76 218 |
| 内蒙古 | 33 629 | 3 838 | 1 113 216 | 192 826 | 10 325 | 7 600 | 195 252 | 657 301 | 145 358 | 416 700 |
| 内蒙古集团 | 27 897 | — | 143 696 | 28 470 | 142 | 30 | 26 065 | 155 815 | 224 175 | 218 177 |
| 辽宁 | 26 595 | 36 955 | 1 265 923 | 209 705 | 12 162 | 7 673 | 114 054 | 291 550 | 96 231 | 61 484 |
| 吉林 | 37 292 | 19 823 | 1 103 254 | 130 234 | 4 094 | 1 531 | 73 456 | 732 029 | 224 618 | 195 651 |
| 吉林集团 | 15 107 | 1 252 | 193 114 | 40 027 | 107 | 46 | 10 638 | 147 818 | 45 231 | 43 410 |
| 黑龙江 | 43 593 | 20 042 | 2 038 349 | 297 449 | 18 311 | 9 040 | 223 899 | 1 523 252 | 232 062 | 122 950 |
| 龙江集团 | 22 704 | 11 536 | 854 512 | 157 000 | 1 835 | 228 | 88 878 | 692 446 | 121 583 | 87 980 |
| 上海 | 15 | — | — | — | 4 022 | 1 685 | 1 803 | 13 252 | 2 510 | 2 351 |
| 江苏 | 3 231 | 1 855 | 23 755 | 6 002 | 16 555 | 6 538 | 40 534 | 103 573 | 117 429 | 77 245 |
| 浙江 | 24 197 | 35 297 | 754 605 | 212 930 | 5 485 | 2 386 | 31 371 | 198 402 | 358 758 | 128 143 |
| 安徽 | 6 564 | 18 559 | 448 236 | 45 859 | 5 933 | 4 335 | 40 622 | 750 488 | 431 746 | 211 169 |
| 福建 | 54 912 | 37 997 | 1 060 374 | 207 676 | 319 | 271 | 16 090 | 232 003 | 188 053 | 188 053 |
| 江西 | 22 603 | 247 061 | 1 463 055 | 341 333 | 1 020 | 812 | 24 209 | 344 786 | 298 317 | 142 284 |
| 山东 | 16 342 | 46 027 | 802 580 | 248 650 | 26 799 | 17 656 | 119 260 | 1 333 440 | 711 267 | 608 110 |
| 河南 | 10 519 | 39 214 | 475 455 | 112 268 | 18 213 | 13 308 | 225 347 | 978 005 | 694 787 | 384 731 |
| 湖北 | 51 285 | 23 593 | 3 536 078 | 956 812 | 10 953 | 10 818 | 71 467 | 341 815 | 474 305 | 194 031 |
| 湖南 | 31 822 | 219 513 | 121 830 | 99 718 | 2 853 | 1 784 | 69 652 | 274 269 | 346 201 | 301 772 |
| 广东 | 115 196 | 126 735 | 1 713 549 | 122 729 | 2 237 | 1 924 | 33 217 | 314 270 | 289 443 | 175 149 |
| 广西 | 100 727 | 76 594 | 4 251 241 | 287 086 | 1 414 | 1 101 | 49 256 | 390 517 | 280 318 | 109 761 |
| 海南 | 28 534 | 520 | 280 870 | 10 670 | 3 977 | 3 977 | 11 162 | 32 359 | 36 555 | 10 862 |
| 重庆 | 151 | 679 | 406 252 | 98 683 | 2 635 | 1 832 | 38 335 | 53 223 | 21 640 | 17 223 |
| 四川 | 8 811 | 10 970 | 2 161 744 | 218 371 | 6 664 | 5 240 | 188 317 | 366 369 | 246 382 | 150 182 |
| 贵州 | 103 782 | 8 035 | 777 763 | 302 298 | 1 935 | 1 687 | 66 864 | 292 256 | 96 667 | 62 101 |
| 云南 | 151 792 | 3 403 | 3 371 709 | 749 678 | 1 886 | 1 431 | 96 893 | 167 996 | 181 381 | 166 651 |
| 西藏 | 2 200 | — | 9 000 | 3 733 | 243 | 113 | 600 | 2 500 | 6 200 | 6 000 |
| 陕西 | 12 732 | 51 387 | 894 376 | 300 599 | 20 595 | 16 218 | 237 681 | 295 388 | 289 818 | 251 642 |
| 甘肃 | 4 759 | 8 593 | 539 100 | 98 800 | 17 153 | 14 117 | 201 143 | 180 422 | 117 435 | 66 683 |
| 青海 | 71 | 200 | 429 798 | 205 649 | 3 126 | 1 100 | 22 039 | 91 455 | 16 | 16 |
| 宁夏 | 3 | 352 | 137 940 | 67 700 | 7 448 | 6 014 | 86 480 | 162 581 | 56 943 | 43 987 |
| 新疆 | 3 704 | 13 177 | 1 332 674 | 254 262 | 6 402 | 4 564 | 47 326 | 709 953 | 646 550 | 369 153 |
| 大兴安岭 | 3 700 | 133 | 183 702 | 3 933 | 126 | 90 | 18 056 | 101 771 | 45 393 | 45 393 |

## 各地区主要林产品产量

单位:吨

| 地 区 | 生漆 | 油桐籽 | 油茶籽 | 乌桕籽 | 五倍子 | 棕片 | 松脂 | 竹笋干（鲜笋折笋干） | 核桃 | 板栗 | 紫胶（原胶） |
|---|---|---|---|---|---|---|---|---|---|---|---|
| **全国合计** | **5 279** | **453 461** | **823 224** | **35 775** | **8 678** | **61 082** | **551 057** | **339 084** | **309 875** | **598 185** | **1 419** |
| 北 京 | — | — | — | — | — | — | — | — | 8 816 | 9 016 | — |
| 天 津 | — | — | — | — | — | — | — | — | 371 | 224 | — |
| 河 北 | — | — | — | — | — | — | — | — | 30 102 | 34 620 | — |
| 山 西 | — | — | — | — | — | — | — | — | 46 988 | 89 | — |
| 内蒙古 | — | — | — | — | — | — | — | — | — | — | — |
| 内蒙古集团 | — | — | — | — | — | — | — | — | — | — | — |
| 辽 宁 | — | — | — | — | — | — | — | — | 5 603 | 24 676 | — |
| 吉 林 | — | — | — | — | — | — | — | — | 4 489 | 281 | — |
| 吉林集团 | — | — | — | — | — | — | — | — | 169 | — | — |
| 黑龙江 | — | — | — | — | — | — | — | — | — | — | — |
| 龙江集团 | — | — | — | — | — | — | — | — | — | — | — |
| 上 海 | — | — | — | — | — | — | — | — | — | — | — |
| 江 苏 | — | 38 | 38 | — | — | — | — | 1 279 | — | 13 514 | — |
| 浙 江 | 137 | 501 | 32 547 | 287 | — | 1 277 | 5 352 | 119 730 | — | 33 450 | — |
| 安 徽 | 280 | 3 109 | 10 419 | 2 649 | 59 | 1 884 | 8 851 | 18 680 | 182 | 45 710 | — |
| 福 建 | 71 | 18 121 | 62 983 | 121 | 58 | 10 891 | 72 949 | 120 970 | 17 | 19 439 | 46 |
| 江 西 | — | 13 973 | 194 763 | 2 397 | 32 | 4 244 | 41 638 | 11 041 | 176 | 13 157 | 191 |
| 山 东 | — | — | — | — | — | — | — | — | 10 866 | 146 839 | — |
| 河 南 | 569 | 57 054 | 3 270 | 934 | 934 | — | 2 371 | 26 | 17 143 | 85 650 | — |
| 湖 北 | 358 | 16 030 | 17 343 | 18 145 | 1 130 | 4 283 | 5 377 | 1 364 | 2 628 | 70 818 | — |
| 湖 南 | 78 | 42 064 | 337 956 | 1 474 | 1 611 | 7 961 | 18 713 | 16 930 | 2 663 | 19 764 | 16 |
| 广 东 | — | 3 817 | 26 268 | 70 | — | 663 | 113 118 | 14 132 | — | 5 440 | 407 |
| 广 西 | 13 | 63 002 | 118 620 | 15 | 201 | 2 674 | 216 015 | 16 208 | 262 | 22 008 | 1 |
| 海 南 | — | — | — | — | — | — | 4 328 | 180 | — | — | — |
| 重 庆 | 449 | 39 478 | 1 171 | 2 843 | 823 | 3 117 | 126 | 1 963 | 2 958 | 2 847 | — |
| 四 川 | 826 | 46 534 | 4 372 | 1 961 | 1 307 | 6 227 | 2 717 | 8 914 | 32 095 | 6 616 | 30 |
| 贵 州 | 1 006 | 116 593 | 8 195 | 4 180 | 1 495 | 4 620 | 4 392 | 3 593 | 7 492 | 7 471 | 11 |
| 云 南 | 445 | 19 698 | 4 886 | 547 | 131 | 10 213 | 54 360 | 3 660 | 68 788 | 14 614 | 717 |
| 西 藏 | — | — | — | — | — | — | — | — | 1 829 | — | — |
| 陕 西 | 990 | 12 935 | 393 | 152 | 892 | 2 962 | 750 | 394 | 34 498 | 19 653 | — |
| 甘 肃 | 57 | 514 | — | — | 5 | 66 | — | 20 | 20 095 | 2 289 | — |
| 青 海 | — | — | — | — | — | — | — | — | 154 | — | — |
| 宁 夏 | — | — | — | — | — | — | — | — | 137 | — | — |
| 新 疆 | — | — | — | — | — | — | — | — | 11 523 | — | — |
| 大兴安岭 | — | — | — | — | — | — | — | — | — | — | — |

## 全国历年林业重点工程完成造林面积

单位：千公顷

| 年别 | 合计 | 十大林业生态工程 | | | | | | | | | | | 全国生态环境建设重点工程 | 世行贷款速生丰产用材林基地工程 | 天然林资源保护工程 | 退耕还林试点示范工程 |
|---|---|---|---|---|---|---|---|---|---|---|---|---|---|---|---|---|
| | | 小计 | 三北防护林体系工程 | 长江中上游防护林体系工程 | 沿海防护林体系工程 | 淮河、太湖流域防护林体系工程 | 珠江流域防护林体系工程 | 黄河中游防护林体系工程 | 辽河流域防护林体系工程 | 治沙一期工程 | 太行山绿化工程 | 平原绿化工程 | | | | |
| 1979～1985 | 10 109.80 | 10 109.80 | 10 109.80 | — | — | — | — | — | — | — | — | — | — | — | — | — |
| 1986 | 1 106.73 | 1 106.73 | 1 106.73 | — | — | — | — | — | — | — | — | — | — | — | — | — |
| 1987 | 1 064.80 | 1 064.80 | 1 064.80 | — | — | — | — | — | — | — | — | — | — | — | — | — |
| 1988 | 1 063.93 | 1 063.93 | 1 063.93 | — | — | — | — | — | — | — | — | — | — | — | — | — |
| 1989 | 1 001.80 | 1 001.80 | 956.07 | 45.73 | — | — | — | — | — | — | — | — | — | — | — | — |
| 1990 | 1 662.06 | 1 662.06 | 983.33 | 324.13 | — | — | — | — | — | — | 354.60 | — | — | — | — | — |
| “七五”小计 | 5 899.32 | 5 899.32 | 5 174.86 | 369.86 | — | — | — | — | — | — | 354.60 | — | — | — | — | — |
| 1991 | 2 082.20 | 2 082.20 | 1 170.47 | 462.40 | 223.60 | — | — | — | — | — | 225.73 | — | — | — | — | — |
| 1992 | 2 308.00 | 2 308.00 | 1 255.20 | 584.60 | 235.80 | — | — | — | — | — | 232.40 | — | — | — | — | — |
| 1993 | 2 602.10 | 2 344.60 | 1 160.00 | 573.00 | 131.20 | — | — | — | — | 132.80 | 275.20 | 72.40 | — | 257.50 | — | — |
| 1994 | 2 729.59 | 2 506.27 | 1 255.49 | 546.00 | 152.78 | — | — | — | — | 139.79 | 358.22 | 53.99 | — | 223.32 | — | — |
| 1995 | 2 862.17 | 2 619.30 | 1 333.26 | 535.71 | 103.27 | — | — | — | — | 168.59 | 427.04 | 51.43 | — | 242.87 | — | — |
| “八五”小计 | 12 584.06 | 11 860.37 | 6 174.42 | 2 701.71 | 846.65 | — | — | — | — | 441.18 | 1 518.59 | 177.82 | — | 723.69 | — | — |
| 1996 | 2 916.01 | 2 728.20 | 1 342.28 | 463.96 | 72.17 | 69.65 | — | 176.87 | — | 164.95 | 402.46 | 35.86 | — | 187.81 | — | — |
| 1997 | 2 843.45 | 2 650.25 | 1 266.12 | 447.75 | 63.48 | 40.51 | 56.72 | 112.08 | 48.25 | 215.95 | 366.32 | 33.07 | — | 193.20 | — | — |
| 1998 | 3 173.26 | 2 685.67 | 1 243.96 | 448.60 | 60.29 | 37.97 | 39.85 | 145.52 | 74.58 | 231.58 | 343.74 | 59.58 | 59.19 | 138.05 | 290.35 | — |
| 1999 | 3 317.52 | 2 460.67 | 1 245.41 | 369.84 | 44.48 | 29.37 | 32.09 | 83.43 | 103.83 | 211.58 | 293.36 | 47.28 | 273.19 | 106.10 | 477.56 | — |
| 2000 | 3 257.71 | 2 143.07 | 1 053.16 | 206.94 | 56.91 | 24.81 | 30.68 | 51.61 | 77.59 | 280.27 | 298.51 | 62.59 | — | — | 431.04 | 683.60 |
| “九五”小计 | 15 507.95 | 12 667.86 | 6 150.93 | 1 937.09 | 297.33 | 202.31 | 159.34 | 569.51 | 304.25 | 1 104.33 | 1 704.39 | 238.38 | 332.38 | 625.16 | 1 198.95 | 683.60 |
| **1979～2000** | **44 101.13** | **40 537.35** | **27 610.01** | **5 008.66** | **1 143.98** | **202.31** | **159.34** | **569.51** | **304.25** | **1 545.51** | **3 577.58** | **416.20** | **332.38** | **1 348.85** | **1 198.95** | **683.60** |

注：太行山绿化工程1990年造林面积354.60千公顷系指1984～1990年的造林面积，其中1990年造林面积为109.73千公顷；全国生态环境建设重点工程和世行贷款速生丰产林基地工程2000年没有统计。

## 全国历年林业重点工程

| 年别 | | 合计 | 十大林业 | | | | |
|---|---|---|---|---|---|---|---|
| | | | 小计 | 三北防护林体系工程 | 长江中上游防护林体系工程 | 沿海防护林体系工程 | 淮河、太湖流域防护林体系工程 |
| 1979～1989年 | 实际完成投资 | 62 295 | 62 295 | 53 781 | 1 167 | — | — |
| | 其中:国家投资 | 35 443 | 35 443 | 33 076 | 427 | — | — |
| 1990 | 实际完成投资 | 25 537 | 25 537 | 16 733 | 6 676 | — | — |
| | 其中:国家投资 | 13 469 | 13 469 | 10 291 | 2 616 | — | — |
| 1991 | 实际完成投资 | 34 949 | 34 949 | 19 750 | 7 747 | 5 214 | — |
| | 其中:国家投资 | 20 247 | 20 247 | 14 315 | 3 205 | 1 983 | — |
| 1992 | 实际完成投资 | 44 640 | 44 640 | 24 921 | 10 342 | 7 250 | — |
| | 其中:国家投资 | 22 888 | 22 888 | 15 978 | 3 608 | 2 613 | — |
| 1993 | 实际完成投资 | 118 913 | 70 276 | 35 080 | 15 112 | 9 773 | — |
| | 其中:国家投资 | 32 351 | 29 527 | 18 076 | 5 283 | 2 346 | — |
| 1994 | 实际完成投资 | 144 563 | 86 148 | 38 928 | 18 587 | 9 485 | — |
| | 其中:国家投资 | 36 779 | 35 251 | 19 589 | 6 535 | 1 899 | — |
| 1995 | 实际完成投资 | 162 611 | 93 670 | 42 459 | 18 308 | 10 268 | — |
| | 其中:国家投资 | 43 062 | 39 808 | 21 454 | 5 474 | 2 089 | — |
| 八五小计 | 实际完成投资 | 505 676 | 329 683 | 161 138 | 70 096 | 41 990 | — |
| | 其中:国家投资 | 155 327 | 147 721 | 89 412 | 24 105 | 10 930 | — |
| 1996 | 实际完成投资 | 211 554 | 148 905 | 71 169 | 23 114 | 16 548 | 5 701 |
| | 其中:国家投资 | 57 811 | 54 978 | 30 802 | 7 455 | 2 531 | 1 195 |
| 1997 | 实际完成投资 | 255 056 | 196 425 | 80 567 | 21 095 | 12 653 | 4 264 |
| | 其中:国家投资 | 71 557 | 67 309 | 34 704 | 7 196 | 2 198 | 877 |
| 1998 | 实际完成投资 | 533 920 | 233 591 | 90 289 | 27 774 | 21 029 | 9 562 |
| | 其中:国家投资 | 306 676 | 78 701 | 37 206 | 11 154 | 3 340 | 2 871 |
| 1999 | 实际完成投资 | 815 780 | 291 328 | 118 754 | 31 384 | 22 897 | 7 173 |
| | 其中:国家投资 | 529 789 | 126 645 | 57 383 | 16 345 | 5 717 | 2 751 |
| 2000 | 实际完成投资 | 1 131 873 | 369 384 | 173 682 | 31 273 | 31 551 | 11 779 |
| | 其中:国家投资 | 894 103 | 164 594 | 71 602 | 18 427 | 13 768 | 5 444 |
| 九五小计 | 实际完成投资 | 2 948 183 | 1 239 633 | 504 461 | 134 640 | 104 678 | 38 479 |
| | 其中:国家投资 | 1 859 936 | 492 227 | 231 697 | 60 577 | 27 554 | 13 138 |
| 1979～2000 | 实际完成投资 | 3 541 691 | 1 657 148 | 736 113 | 212 579 | 146 668 | 38 479 |
| | 其中:国家投资 | 2 064 175 | 688 860 | 364 476 | 87 725 | 38 484 | 13 138 |

注:1979～1989年的国家投资没有统计,系根据1990年国家投资占实际完成投资的比例推算得出;全国生态环境建设重点

## 实际完成投资及国家投资

单位:万元

| 生态工程 | | | | | | 全国生态环境建设重点工程 | 世行贷款速生丰产用材林基地工程 | 天然林保护工程 | 退耕还林试点示范工程 |
|---|---|---|---|---|---|---|---|---|---|
| 珠江流域防护林体系工程 | 黄河中游防护林体系工程 | 辽河流域防护林体系工程 | 治沙一期工程 | 太行山绿化工程 | 平原绿化工程 | | | | |
| — | — | — | — | 7 347 | — | — | — | — | — |
| — | — | — | — | 1 940 | — | — | — | — | — |
| — | — | — | — | 2 128 | — | — | — | — | — |
| — | — | — | — | 562 | — | — | — | — | — |
| — | — | — | — | 2 238 | — | — | — | — | — |
| — | — | — | — | 744 | — | — | — | — | — |
| — | — | — | — | 2 127 | — | — | — | — | — |
| — | — | — | — | 689 | — | — | — | — | — |
| — | — | — | 3 351 | 4 436 | 2 524 | — | 48 637 | — | — |
| — | — | — | 1 914 | 949 | 959 | — | 2 824 | — | — |
| — | — | — | 6 822 | 6 903 | 5 423 | — | 58 415 | — | — |
| — | — | — | 3 064 | 1 643 | 2 521 | — | 1 528 | — | — |
| — | — | — | 7 259 | 7 443 | 7 933 | — | 68 941 | — | — |
| — | — | — | 3 523 | 2 253 | 5 015 | — | 3 254 | — | — |
| — | — | — | 17 432 | 23 147 | 15 880 | — | 175 993 | — | — |
| — | — | — | 8 501 | 6 278 | 8 495 | — | 7 606 | — | — |
| — | 2 743 | — | 15 741 | 7 371 | 6 518 | — | 62 649 | — | — |
| — | 1 844 | — | 4 506 | 2 085 | 4 560 | — | 2 833 | — | — |
| 16 430 | 5 127 | 928 | 33 782 | 12 247 | 9 332 | — | 58 631 | — | — |
| 502 | 1 407 | 284 | 12 247 | 2 853 | 5 041 | — | 4 248 | — | — |
| 12 060 | 5 144 | 4 929 | 37 741 | 11 970 | 13 093 | 18 525 | 54 043 | 227 761 | |
| 1 557 | 1 548 | 309 | 10 176 | 5 411 | 5 129 | 16 337 | 5 273 | 206 365 | |
| 16 463 | 6 021 | 7 136 | 35 477 | 24 232 | 21 791 | 67 289 | 47 938 | 409 225 | |
| 2 775 | 4 390 | 2 874 | 8 198 | 14 195 | 12 017 | 46 662 | 5 173 | 351 309 | |
| 14 392 | 4 559 | 9 123 | 43 102 | 23 781 | 56 142 | — | — | 608 414 | 154 075 |
| 6 831 | 4 165 | 2 790 | 15 655 | 13 327 | 12 585 | — | — | 582 886 | 146 623 |
| 59 345 | 23 594 | 22 116 | 165 843 | 79 601 | 106 876 | 85 814 | 223 261 | 1 245 400 | 154 075 |
| 11 665 | 13 354 | 6 257 | 50 782 | 37 871 | 39 332 | 62 999 | 17 527 | 1 140 560 | 146 623 |
| 59 345 | 23 594 | 22 116 | 183 275 | 112 223 | 122 756 | 85 814 | 399 254 | 1 245 400 | 154 075 |
| 11 665 | 13 354 | 6 257 | 59 283 | 46 651 | 47 827 | 62 999 | 25 133 | 1 140 560 | 146 623 |

工程和世行贷款速生丰产林基地工程 2000 年没有统计。

## 各地区林业重点

| 地区 | 总计 | 十大林业 合计 | 三北防护林工程 | 长江中上游防护林工程 | 沿海防护林工程 | 淮河、太湖流域防护林工程 |
|---|---|---|---|---|---|---|
| **全国合计** | **3 257 706** | **2 143 070** | **1 053 161** | **206 943** | **56 906** | **24 811** |
| 北京 | 26 093 | 26 093 | 12 769 | — | — | — |
| 天津 | 9 324 | 9 324 | 8 605 | — | 719 | — |
| 河北 | 316 806 | 306 873 | 156 472 | — | 5 434 | — |
| 山西 | 404 864 | 319 123 | 122 401 | — | — | — |
| 内蒙古 | 580 512 | 448 756 | 266 763 | — | — | — |
| 内蒙古集团 | 20 800 | — | — | — | — | — |
| 辽宁 | 109 191 | 109 191 | 64 517 | — | 14 149 | — |
| 吉林 | 94 295 | 71 712 | 54 077 | — | — | — |
| 吉林集团 | 14 983 | — | — | — | — | — |
| 黑龙江 | 137 760 | 93 701 | 66 867 | — | — | — |
| 龙江集团 | 33 333 | — | — | — | — | — |
| 上海 | 3 069 | 3 069 | — | — | 108 | 70 |
| 江苏 | 4 195 | 4 195 | — | — | 13 | 1769 |
| 浙江 | 10 761 | 10 761 | — | — | 7 463 | 1 528 |
| 安徽 | 17 998 | 17 998 | — | 5 996 | — | 6 753 |
| 福建 | 15 146 | 15 146 | — | — | 14 446 | — |
| 江西 | 14 656 | 14 656 | — | 12 567 | — | — |
| 山东 | 27 586 | 27 586 | — | — | 10 471 | 8 205 |
| 河南 | 82 665 | 52 665 | — | 10 769 | — | 5 853 |
| 湖北 | 54 307 | 35 797 | — | 28 990 | — | 633 |
| 湖南 | 24 370 | 19 459 | — | 19 421 | — | — |
| 广东 | 3 602 | 3 602 | — | — | 2 691 | — |
| 广西 | 10 428 | 10 428 | — | 275 | 560 | — |
| 海南 | 5 340 | 852 | — | — | 852 | — |
| 重庆 | 110 324 | 19 236 | — | 19 236 | — | — |
| 四川 | 295 259 | 8 812 | — | 8 692 | — | — |
| 贵州 | 99 843 | 33 564 | — | 22 778 | — | — |
| 云南 | 82 619 | 28 619 | — | 18 773 | — | — |
| 西藏 | 442 | — | — | — | — | — |
| 陕西 | 332 762 | 202 013 | 113 943 | 43 923 | — | — |
| 甘肃 | 159 645 | 90 827 | 67 656 | 14 753 | — | — |
| 青海 | 45 282 | 39 449 | 35 291 | 770 | — | — |
| 宁夏 | 81 897 | 41 796 | 30 493 | — | — | — |
| 新疆 | 86 940 | 77 767 | 53 307 | — | — | — |
| 大兴安岭 | 9 725 | — | — | — | — | — |

## 工程完成造林面积

单位:公顷

| 生态工程 | | | | | | 天然林资源保护工程 | 退耕还林试点示范工程 |
|---|---|---|---|---|---|---|---|
| 珠江流域防护林工程 | 黄河中游防护林工程 | 辽河流域防护林工程 | 治沙工程 | 太行山绿化工程 | 平原绿化工程 | | |
| **30 683** | **51 606** | **77 587** | **280 272** | **298 506** | **62 595** | **431 037** | **683 599** |
| — | — | — | 1 132 | 6 404 | 5 788 | — | — |
| — | — | — | — | — | — | — | — |
| — | — | — | 37 706 | 107 261 | — | — | 9 933 |
| — | 12 594 | — | 1 239 | 168 776 | 14 113 | 2 715 | 83 026 |
| — | 10 203 | 55 713 | 116 077 | — | — | 20 800 | 110 956 |
| — | — | — | — | — | — | 20 800 | — |
| — | — | 15 756 | 11 754 | — | 3 015 | — | — |
| — | — | 6 118 | 11 517 | — | — | 14 983 | 7 600 |
| — | — | — | — | — | — | 14 983 | — |
| — | — | — | 26 834 | — | — | 33 333 | 10 726 |
| — | — | — | — | — | — | 33 333 | — |
| — | — | — | — | — | 2 891 | — | — |
| — | — | — | — | — | 2 413 | — | — |
| — | — | — | 56 | — | 1 714 | — | — |
| — | — | — | 2 067 | — | 3 182 | — | — |
| — | — | — | — | — | 700 | — | — |
| — | — | — | 428 | — | 1 661 | — | — |
| — | — | — | 3 433 | — | 5 477 | — | — |
| — | 11 562 | — | 6 096 | 16 065 | 2 320 | — | 30 000 |
| — | — | — | — | — | 6 174 | — | 18 510 |
| — | — | — | — | — | 38 | — | 4 911 |
| 458 | — | — | — | — | 453 | — | — |
| 9 593 | — | — | — | — | — | — | — |
| — | — | — | — | — | — | 4 488 | — |
| — | — | — | — | — | — | 50 421 | 40 667 |
| — | — | — | — | — | 120 | 187 207 | 99 240 |
| 10 786 | — | — | — | — | — | 48 213 | 18 066 |
| 9 846 | — | — | — | — | — | 22 254 | 31 746 |
| — | — | — | — | — | — | 442 | — |
| — | 17 247 | — | 24 306 | — | 2 504 | 7 581 | 123 168 |
| — | — | — | 8 418 | — | — | 15 769 | 53 049 |
| — | — | — | 3 388 | — | — | 1 007 | 4 826 |
| — | — | — | 11 303 | — | — | 11 508 | 28 593 |
| — | — | — | 14 518 | — | 9 942 | 591 | 8 582 |
| — | — | — | — | — | — | 9 725 | — |

**各地区林业重点**

| 地 区 | 总 计 | 十大林业 | | | | |
|---|---|---|---|---|---|---|
| | | 合 计 | 三北防护林工程 | 长江中上游防护林工程 | 沿海防护林工程 | 淮河、太湖流域防护林工程 |
| **全国合计** | **1 131 873** | **369 384** | **143 682** | **31 273** | **31 551** | **11 779** |
| 北 京 | 39 298 | 39 298 | 9 391 | — | — | — |
| 天 津 | 5 145 | 5 145 | 4 709 | — | 436 | — |
| 河 北 | 25 808 | 23 460 | 11 740 | — | 1 408 | — |
| 山 西 | 41 013 | 21 381 | 7 926 | — | — | — |
| 内蒙古 | 136 081 | 46 264 | 35 440 | — | — | — |
| 内蒙古集团 | 58 431 | — | — | — | — | — |
| 辽 宁 | 16 368 | 16 368 | 2 019 | — | 8 751 | — |
| 吉 林 | 74 442 | 9 244 | 6 753 | — | — | — |
| 吉林集团 | 27 482 | — | — | — | — | — |
| 黑龙江 | 142 021 | 3 752 | 2 018 | — | — | — |
| 龙江集团 | 135 849 | — | — | — | — | — |
| 上 海 | 16 661 | 16 661 | — | — | 913 | 1 880 |
| 江 苏 | 2 865 | 2 865 | — | — | 300 | 2 475 |
| 浙 江 | 10 241 | 10 241 | — | — | 7 335 | 891 |
| 安 徽 | 4 245 | 4 245 | — | 1 318 | — | 1 174 |
| 福 建 | 5 275 | 5 275 | — | — | 5 150 | — |
| 江 西 | 5 098 | 5 098 | — | 4 590 | — | — |
| 山 东 | 11 067 | 11 067 | — | — | 3 021 | 4 120 |
| 河 南 | 16 866 | 7 503 | — | 466 | — | 925 |
| 湖 北 | 14 851 | 7 588 | — | 6 115 | — | 314 |
| 湖 南 | 11 701 | 8 404 | — | 8 302 | — | — |
| 广 东 | 5 611 | 5 611 | — | — | 2 075 | — |
| 广 西 | 10 125 | 10 125 | — | 72 | 1 397 | — |
| 海 南 | 3 960 | 867 | — | — | 765 | — |
| 重 庆 | 31 055 | 1 192 | — | 1 192 | — | — |
| 四 川 | 166 813 | 3 830 | — | 3 810 | — | — |
| 贵 州 | 28 459 | 2 101 | — | 713 | — | — |
| 云 南 | 39 364 | 3 808 | — | 2 409 | — | — |
| 西 藏 | 1 280 | — | — | — | — | — |
| 陕 西 | 51 268 | 10 116 | 5 021 | 1 010 | — | — |
| 甘 肃 | 31 055 | 12 601 | 11 243 | 98 | — | — |
| 青 海 | 39 323 | 17 927 | 14 685 | 1 178 | — | — |
| 宁 夏 | 9 618 | 4 685 | 4 051 | — | — | — |
| 新 疆 | 59 968 | 52 665 | 28 686 | — | — | — |
| 大兴安岭 | 74 931 | — | — | — | — | — |

## 工程实际完成投资

单位:万元

| 生态工程 | | | | | | 天然林资源保护工程 | 退耕还林试点示范工程 |
|---|---|---|---|---|---|---|---|
| 珠江流域防护林工程 | 黄河中游防护林工程 | 辽河流域防护林工程 | 治沙工程 | 太行山绿化工程 | 平原绿化工程 | | |
| **14 392** | **4 559** | **9 123** | **43 102** | **23 781** | **56 142** | **608 414** | **154 075** |
| — | — | — | 3 969 | 3 567 | 22 371 | — | — |
| — | — | — | — | — | — | — | — |
| — | — | — | 1 485 | 8 827 | — | — | 2 348 |
| — | 759 | — | 394 | 10 793 | 1 509 | 7 183 | 12 449 |
| — | 132 | 4 268 | 6 424 | — | — | 69 102 | 20 715 |
| — | — | — | — | — | — | 58 431 | — |
| — | — | 3 692 | 1 746 | — | 160 | — | — |
| — | — | 1 163 | 1 323 | — | 5 | 64 011 | 1 187 |
| — | — | — | — | — | — | 27 482 | — |
| — | — | — | 1 734 | — | — | 135 849 | 2 420 |
| — | — | — | — | — | — | 135 849 | — |
| — | — | — | — | — | 13 868 | — | — |
| — | — | — | — | — | 90 | — | — |
| — | — | — | 165 | — | 1 850 | — | — |
| — | — | — | 700 | — | 1 053 | — | — |
| — | — | — | — | — | 122 | — | — |
| — | — | — | 259 | — | 249 | — | — |
| — | — | — | 1 234 | — | 2 692 | — | — |
| — | 1 251 | — | 3 853 | 594 | 414 | 6 111 | 3 252 |
| — | — | — | — | — | 1 159 | 2 822 | 4 441 |
| — | — | — | — | — | 102 | — | 3 297 |
| 3 012 | — | — | 50 | — | 474 | — | — |
| 8 593 | — | — | 63 | — | — | — | — |
| — | — | — | 102 | — | — | 3 093 | — |
| — | — | — | — | — | — | 19 597 | 10 266 |
| — | — | — | — | — | 20 | 128 513 | 34 470 |
| 1 388 | — | — | — | — | — | 18 609 | 7 749 |
| 1 399 | — | — | — | — | — | 28 971 | 6 585 |
| — | — | — | — | — | — | 1 280 | — |
| — | 2 417 | — | 833 | — | 835 | 19 976 | 21 176 |
| — | — | — | 1 260 | — | — | 11 770 | 6 684 |
| — | — | — | 2 064 | — | — | 11 621 | 9 775 |
| — | — | — | 634 | — | — | 1 526 | 3 407 |
| — | — | — | 14 810 | — | 9 169 | 3 449 | 3 854 |
| — | — | — | — | — | — | 74 931 | — |

# 森 工 生 产

## 全国森工主要工业产品产量2000年与1999年比较

| 主 要 指 标 | 计算单位 | 2000年 | 1999年 | 2000年比1999年增减(%) |
|---|---|---|---|---|
| 全部木材产量 | 万立方米 | 4 723.97 | 5 236.80 | −9.8 |
| 原木 | 万立方米 | 4 395.72 | 4 848.69 | −9.3 |
| 薪材 | 万立方米 | 328.25 | 388.11 | −15.4 |
| 全部人造板产量 | 万立方米 | 2 001.66 | 1 503.05 | 33.2 |
| 其中：胶合板 | 万立方米 | 992.54 | 727.64 | 36.4 |
| 纤维板 | 万立方米 | 514.43 | 390.59 | 31.7 |
| 刨花板 | 万立方米 | 286.77 | 240.96 | 19.0 |
| 全部竹材产量 | 万 根 | 56 183.05 | 53 920.96 | 4.2 |
| 全部锯材产量 | 万立方米 | 634.44 | 1585.94 | −60.0 |
| 全部松香产量 | 吨 | 386 760 | 434 528 | −11.0 |
| 全部松节油产量 | 吨 | 34 867 | 42 469 | −17.9 |
| 全部栲胶产量 | 吨 | 7 510 | 10 972 | −31.6 |
| 全部紫胶产量 | 吨 | 778 | 294 | 164.6 |
| 林业系统木材产量 | 万立方米 | 2 460.67 | 3 051.36 | −19.4 |
| 原木 | 万立方米 | 2 354.51 | 2 896.80 | −18.7 |
| 薪材 | 万立方米 | 106.16 | 154.56 | −31.3 |
| 林业系统人造板产量 | 万立方米 | 493.52 | 353.34 | 39.7 |
| 其中：胶合板 | 万立方米 | 47.17 | 54.88 | −14.0 |
| 纤维板 | 万立方米 | 260.32 | 168.36 | 54.6 |
| 刨花板 | 万立方米 | 151.20 | 114.31 | 32.3 |
| 林业系统竹材产量 | 万 根 | 5 035.33 | 2 492.19 | 102.0 |
| 林业系统锯材产量 | 万立方米 | 139.21 | 203.29 | −31.5 |
| 林业系统松香产量 | 吨 | 170 677 | 219 059 | −22.1 |
| 林业系统松节油产量 | 吨 | 26 144 | 32 070 | −18.5 |
| 林业系统栲胶产量 | 吨 | 7 230 | 7 956 | −9.1 |
| 林业系统紫胶产量 | 吨 | 763 | 294 | 159.5 |

## 全国历年木材、竹材、木材加工及林产化学产品产量

| 时期 | 年份 | 木材产量（万立方米） | 竹材产量（万根） | 锯材产量（万立方米） | 人造板产量（立方米） | 其中：三板产量 | | | | 松香产量（吨） | 栲胶产量（吨） | 紫胶产量（吨） |
|---|---|---|---|---|---|---|---|---|---|---|---|---|
| | | | | | | 合计 | 胶合板 | 纤维板 | 刨花板 | | | |
| | 1949 | 567.00 | | | | | | | | — | — | — |
| 恢 | 1950 | 664.40 | | | | | | | | — | — | — |
| 复 | 1951 | 764.40 | | | | | | | | — | — | — |
| | 1952 | 1 233.20 | *2 710 | *1 151.40 | *44 540 | *44 540 | *44 540 | — | — | *78 056 | *88 | *180 |
| | 1953 | 1 753.90 | 2 643 | 664.00 | 35 353 | 35 353 | 35 353 | — | — | 22 267 | 120 | 15 |
| 一 | 1954 | 2 220.60 | 5 021 | 759.90 | 46 542 | 46 542 | 46 542 | — | — | 45 905 | 157 | 105 |
| | 1955 | 2 093.30 | 5 902 | 678.20 | 51 752 | 51 752 | 51 752 | — | — | 80 091 | 568 | 142 |
| 五 | 1956 | 2 104.80 | 12 490 | 890.80 | 56 435 | 56 435 | 56 435 | — | — | 109 992 | 1 275 | 154 |
| | 1957 | 2 786.90 | 9 348 | 824.10 | 69 835 | 69 835 | 69 835 | — | — | 116 799 | 1 633 | 143 |
| | 1958 | 3 579.40 | 14 873 | 1 187.60 | 125 744 | 125 744 | 125 715 | 29 | — | 98 373 | 3 679 | 245 |
| 二 | 1959 | 4 517.70 | 15 547 | 1 454.70 | 164 701 | 164 701 | 153 068 | 11 633 | — | 79 387 | 11 266 | 201 |
| | 1960 | 4 129.30 | 8 869 | 1 622.90 | 207 146 | 207 146 | 147 575 | 59 571 | — | 78 429 | 13 650 | 245 |
| 五 | 1961 | 2 193.50 | 4 993 | 778.70 | 95 843 | 95 843 | 74 337 | 21 506 | — | 39 227 | 6 661 | 332 |
| | 1962 | 2 374.60 | 6 076 | 672.80 | 95 165 | 95 165 | 74 211 | 15 541 | 5 413 | 33 595 | 4 800 | 241 |
| 调 | 1963 | 3 250.20 | 6 853 | 826.40 | 135 989 | 135 989 | 104 316 | 18 639 | 13 034 | 97 982 | 6 078 | 180 |
| | 1964 | 3 800.00 | 6 726 | 1 063.90 | 168 882 | 168 882 | 119 542 | 27 951 | 21 389 | 162 914 | 9 276 | 220 |
| 整 | 1965 | 3 978.00 | 7 031 | 1 160.10 | 220 602 | 220 602 | 138 975 | 50 188 | 31 439 | 167 172 | 13 064 | 440 |
| | 1966 | 4 192.40 | 6 991 | 1 117.80 | 231 311 | 231 311 | 150 425 | 62 394 | 18 492 | 178 943 | 15 789 | 640 |
| 三 | 1967 | 3 249.60 | 7 223 | 1 157.40 | 167 838 | 167 838 | 122 333 | 34 626 | 10 879 | 166 119 | 14 320 | 800 |
| | 1968 | 2 791.20 | 6 603 | 909.10 | 140 741 | 140 741 | 105 850 | 25 854 | 9 037 | 181 911 | 13 100 | 1 400 |
| 五 | 1969 | 3 283.30 | 6 619 | 1 004.80 | 200 550 | 200 550 | 146 663 | 41 792 | 12 095 | 204 158 | 18 969 | 1 100 |
| | 1970 | 3 781.80 | 6 958 | 1 100.30 | 240 379 | 240 379 | 170 684 | 54 706 | 14 989 | 189 288 | 22 098 | 1 800 |
| | 1971 | 4 067.30 | 7 542 | 1 104.90 | 278 076 | 278 076 | 172 129 | 87 257 | 18 690 | 200 411 | 23 209 | 1 873 |
| 四 | 1972 | 4 253.50 | 7 629 | 957.80 | 317 373 | 317 373 | 182 441 | 108 152 | 26 780 | 240 074 | 21 850 | 1 076 |
| | 1973 | 4 466.90 | 11 493 | 993.10 | 351 965 | 351 965 | 188 409 | 131 368 | 32 188 | 261 467 | 17 581 | 1 302 |
| 五 | 1974 | 4 607.10 | 9 954 | 1 009.00 | 339 905 | 339 905 | 176 166 | 133 448 | 30 291 | 289 287 | 18 085 | 1 562 |
| | 1975 | 4 702.70 | 9 073 | 1 069.10 | 373 678 | 373 678 | 192 142 | 154 868 | 26 668 | 266 224 | 20 861 | 915 |
| | 1976 | 4 572.80 | 10 439 | 1 001.10 | 381 053 | 381 053 | 184 416 | 170 164 | 26 473 | 237 773 | 19 066 | 807 |
| 五 | 1977 | 4 967.20 | 10 799 | 1 125.20 | 458 748 | 458 748 | 208 491 | 221 324 | 28 933 | 259 150 | 23 959 | 783 |
| | 1978 | 5 162.30 | 11 181 | 1 105.50 | 624 504 | 624 504 | 252 154 | 328 781 | 43 569 | 282 027 | 30 130 | 1 384 |
| 五 | 1979 | 5 438.93 | 10 507 | 1 271.40 | 774 578 | 774 578 | 292 402 | 429 321 | 52 855 | 297 034 | 33 831 | 2 234 |
| | 1980 | 5 359.31 | 9 621 | 1 368.70 | 914 300 | 914 300 | 329 900 | 506 200 | 78 200 | 327 283 | 36 314 | 2 134 |

（续）

| 时期 | 年份 | 木材产量（万立方米） | 竹材产量（万根） | 锯材产量（万立方米） | 人造板产量（立方米） | 其中:三板产量 | | | | 松香产量（吨） | 栲胶产量（吨） | 紫胶产量（吨） |
|---|---|---|---|---|---|---|---|---|---|---|---|---|
| | | | | | | 合计 | 胶合板 | 纤维板 | 刨花板 | | | |
| | 1981 | 4 942.31 | 8 656 | 1 301.06 | 996 100 | 996 100 | 351 100 | 568 300 | 76 700 | 406 214 | 40 159 | 1 095 |
| 六 | 1982 | 5 041.25 | 10 183 | 1 360.85 | 1 166 700 | 1 166 700 | 394 100 | 669 900 | 102 700 | 400 784 | 36 000 | 1 397 |
| | 1983 | 5 232.32 | 9 601 | 1 394.48 | 1 389 500 | 1 316 700 | 454 800 | 734 500 | 127 400 | 246 916 | 34 131 | 1 045 |
| 五 | 1984 | 6 384.81 | 9 117 | 1 508.59 | 1 513 800 | 1 390 400 | 489 700 | 735 900 | 164 800 | 307 993 | 36 523 | 1 489 |
| | 1985 | 6 323.44 | 5 641 | 1 590.76 | 1 659 300 | 1 615 800 | 538 700 | 895 000 | 182 100 | 255 736 | 36 875 | 2 102 |
| | 1986 | 6 502.42 | 7 716 | 1 505.20 | 1 894 400 | 1 848 100 | 610 800 | 1 027 000 | 210 300 | 293 500 | 42 059 | 1 661 |
| 七 | 1987 | 6 407.86 | 11 855 | 1 471.91 | 2 476 600 | 2 360 600 | 776 300 | 1 206 500 | 377 800 | 395 692 | 50 306 | 1 909 |
| | 1988 | 6 217.60 | 26 211 | 1 468.40 | 2 898 800 | 2 794 100 | 826 900 | 1 484 100 | 483 100 | 376 482 | 41 862 | 1 482 |
| 五 | 1989 | 5 801.80 | 15 238 | 1 393.30 | 2 705 600 | 2 612 500 | 727 800 | 1 442 700 | 442 000 | 409 463 | 26 411 | 833 |
| | 1990 | 5 571.00 | 18 714 | 1 284.90 | 2 446 000 | 2 359 100 | 758 700 | 1 172 400 | 428 000 | 344 003 | 20 402 | 829 |
| | 1991 | 5 807.30 | 29 173 | 1 141.50 | 2 960 100 | 2 842 100 | 1 054 000 | 1 174 300 | 613 800 | 343 300 | 19 516 | 876 |
| 八 | 1992 | 6 173.60 | 40 430 | 1 118.70 | 4 289 000 | 4 167 700 | 1 564 700 | 1 444 500 | 1 158 500 | 419 503 | 26 141 | 732 |
| | 1993 | 6 392.20 | 43 356 | 1 401.30 | 5 797 900 | 5 505 500 | 2 124 500 | 1 809 700 | 1 571 300 | 503 681 | 26 176 | 931 |
| 五 | 1994 | 6 615.10 | 50 430 | 1 294.30 | 6 647 200 | 6 218 500 | 2 606 200 | 1 930 300 | 1 682 000 | 437269 | 18 177 | 1 001 |
| | 1995 | 6 766.90 | 44 792 | 4 183.80 | 16 846 000 | 1 4107 600 | 7 592 600 | 2 164 000 | 4351000 | 481264 | 19 662 | 1 393 |
| | 1996 | 6 710.27 | 42 175 | 2 442.40 | 12 032 600 | 10 341 000 | 4 903 200 | 2 055 000 | 3 382 800 | 501 221 | 23 766 | 1 450 |
| 九 | 1997 | 6 394.79 | 44 921 | 2 012.40 | 16 484 800 | 13 948 100 | 7 584 500 | 2 759 200 | 3 604 400 | 675 758 | 19 814 | 579 |
| | 1998 | 5 966.20 | 69 253 | 1 787.60 | 10 563 300 | 9 323 300 | 4 465 200 | 2 195 100 | 2 663 000 | 416 016 | 14 081 | 255 |
| 五 | 1999 | 5 236.80 | 53 921 | 1 585.94 | 15 030 500 | 13 591 900 | 7 276 400 | 3 905 900 | 2 409 600 | 434 528 | 10 972 | 294 |
| | 2000 | 4 723.97 | 56 183 | 634.44 | 20 016 600 | 17 937 400 | 9 925 400 | 5 144 300 | 2 867 700 | 386 760 | 7 510 | 778 |
| | 总计 | 226 119.48 | 839 280 | 61 912.53 | 137 128 327 | 123 756 727 | 59 142 400 | 37 213 913 | 27 400 414 | 12 827 421 | 952 020 | 44 784 |
| | 1949～1952 | 3 229.00 | 2 710 | 1 151.40 | 44 539 | 44 539 | 44 539 | — | — | 78 056 | 88 | 180 |
| | 一五小计 | 10 959.50 | 35 404 | 3 817.00 | 259 917 | 259 917 | 259 917 | — | — | 375 054 | 3 753 | 559 |
| | 二五小计 | 16 794.50 | 50 358 | 5 716.70 | 688 599 | 688 599 | 574 906 | 108 280 | 5 413 | 329 011 | 40 056 | 1 264 |
| | 三年调整 | 11 028.20 | 20 610 | 3 050.40 | 525 473 | 525 473 | 362 833 | 96 778 | 65 862 | 428 068 | 28 418 | 840 |
| | 三五小计 | 17 298.30 | 34 394 | 5 289.40 | 980 819 | 980 819 | 695 955 | 219 372 | 65 492 | 920 419 | 84 276 | 5 740 |
| | 四五小计 | 22 097.50 | 45 691 | 5 133.90 | 1 660 997 | 1 660 997 | 911 287 | 615 093 | 134 617 | 1 257 463 | 101 586 | 6 728 |
| | 五五小计 | 25 500.54 | 52 547 | 5 871.90 | 3 153 183 | 3 153 183 | 1 267 363 | 1 655 790 | 230 030 | 1 403 267 | 143 300 | 7 342 |
| | 六五小计 | 27 924.13 | 43 198 | 7 155.74 | 6 725 400 | 6 485 700 | 2 228 400 | 3 603 600 | 653 700 | 1 617 643 | 183 688 | 7 128 |
| | 七五小计 | 30 500.68 | 79 734 | 7 123.71 | 12 421 400 | 11 974 400 | 3 700 500 | 6 332 700 | 1 941 200 | 1 819 140 | 181 040 | 6 714 |
| | 八五小计 | 31 755.10 | 208 181 | 9 139.60 | 36 540 200 | 32 841 400 | 14 942 000 | 8 522 800 | 9 376 600 | 2 185 017 | 109 672 | 4 933 |
| | 九五小计 | 29 032.03 | 266 453 | 8 462.78 | 74 127 800 | 65 141 700 | 34 154 700 | 16 059 500 | 14 927 500 | 2 414 283 | 76 143 | 3 356 |

注:标有 * 号的产品产量数据为 1949～1952 年合计数。

## 各地区全部森工主要产品产量

| 地区 | 木材（万立方米） | 竹材（万根） | 锯材（万立方米） | 人造板（万立方米） | | | | 松香（吨） | 栲胶（吨） | 紫胶（吨） |
|---|---|---|---|---|---|---|---|---|---|---|
| | | | | 合计 | 其中：胶合板 | 纤维板 | 刨花板 | | | |
| **全国合计** | **4 723.97** | **56 183.05** | **634.44** | **2 001.66** | **992.54** | **514.43** | **286.77** | **386 760** | **7 510** | **778** |
| 北京 | 6.74 | — | 0.65 | 13.80 | 0.37 | 12.09 | 1.33 | — | — | — |
| 天津 | — | — | 2.78 | 4.41 | 1.59 | 0.22 | 1.47 | — | — | — |
| 河北 | 55.12 | — | 11.43 | 195.00 | 131.57 | 29.57 | 27.25 | — | — | — |
| 山西 | 13.49 | — | 0.08 | 0.50 | — | 0.47 | 0.03 | — | — | — |
| 内蒙古 | 327.79 | — | 23.83 | 24.33 | 2.80 | 7.83 | 12.82 | — | 1549 | — |
| 辽宁 | 145.88 | — | 26.03 | 28.16 | 2.20 | 17.97 | 2.14 | — | — | — |
| 吉林 | 456.82 | — | 44.38 | 47.99 | 9.24 | 8.42 | 20.37 | — | — | — |
| 黑龙江 | 819.99 | — | 35.36 | 64.04 | 4.29 | 12.88 | 33.30 | — | — | — |
| 上海 | — | — | 2.72 | 71.61 | 66.32 | 3.80 | 0.97 | — | — | — |
| 江苏 | 67.00 | 711.37 | 6.78 | 278.87 | 195.32 | 16.18 | 5.63 | — | — | — |
| 浙江 | 212.19 | 12 595.82 | 133.39 | 279.26 | 203.17 | 52.19 | 5.89 | 2 233 | — | — |
| 安徽 | 299.95 | 3 460.81 | 24.39 | 65.38 | 40.47 | 11.84 | 7.51 | 1 108 | — | — |
| 福建 | 406.44 | 11 632.00 | 36.42 | 97.63 | 44.27 | 31.35 | 14.87 | 30 723 | 199 | — |
| 江西 | 237.93 | 3 698.72 | 14.37 | 42.79 | 15.81 | 16.62 | 7.16 | 19 230 | — | — |
| 山东 | 174.30 | — | 56.00 | 280.34 | 136.95 | 55.02 | 18.35 | 100 | — | — |
| 河南 | 176.97 | 158.00 | 15.29 | 64.66 | 11.51 | 30.55 | 10.83 | 1 055 | — | — |
| 湖北 | 90.76 | 4 024.23 | 10.04 | 62.13 | 15.47 | 27.48 | 12.67 | 1 067 | — | — |
| 湖南 | 368.19 | 5 542.64 | 51.66 | 46.31 | 20.98 | 14.83 | 8.90 | 8 477 | — | — |
| 广东 | 274.51 | 6 809.43 | 22.03 | 144.51 | 65.61 | 50.77 | 28.12 | 75 082 | 322 | — |
| 广西 | 315.17 | 321.26 | 58.81 | 69.03 | 6.99 | 48.50 | 9.17 | 198 000 | 3 448 | — |
| 海南 | 30.32 | 131.00 | 5.73 | 15.16 | 7.25 | 5.08 | 2.83 | 3 711 | — | — |
| 重庆 | — | 166.36 | — | 0.23 | — | — | 0.18 | — | — | — |
| 四川 | 18.18 | 2 501.62 | 2.46 | 34.79 | 2.11 | 22.83 | 6.03 | 2 197 | — | 19 |
| 贵州 | 32.08 | 168.79 | 3.76 | 9.36 | 2.78 | 1.93 | 4.65 | 2 914 | — | — |
| 云南 | 127.15 | 4 064.00 | 19.58 | 38.46 | 5.18 | 22.32 | 10.02 | 40 263 | 1 712 | 759 |
| 西藏 | 16.00 | — | 13.37 | 2.00 | — | — | — | — | — | — |
| 陕西 | 38.28 | 197.00 | 1.14 | 10.21 | 0.03 | 8.85 | 0.30 | 600 | 280 | — |
| 甘肃 | — | — | 0.27 | 4.53 | — | 0.94 | 1.32 | — | — | — |
| 青海 | 2.37 | — | 0.10 | — | — | — | — | — | — | — |
| 宁夏 | 0.80 | — | 2.42 | 0.25 | — | — | — | — | — | — |
| 新疆 | 9.55 | — | 9.17 | 5.92 | 0.26 | 3.00 | 2.66 | — | — | — |

## 林业系统各地区木材、竹材、锯材产量

| 地区 | 木材(万立方米) | | | 竹材(万根) | | | 锯材(万立方米) | | |
|---|---|---|---|---|---|---|---|---|---|
| | 2000年 | 1999年 | 2000年为1999年% | 2000年 | 1999年 | 2000年为1999年% | 2000年 | 1999年 | 2000年为1999年% |
| **全国合计** | **2 460.67** | **3 051.36** | **80.64** | **5 035.33** | **2 492.19** | **202.04** | **139.21** | **203.29** | **68.48** |
| 北京 | 0.09 | 0.64 | 14.06 | — | — | — | — | — | — |
| 天津 | — | — | — | — | — | — | — | — | — |
| 河北 | 17.29 | 17.41 | 99.31 | — | — | — | 0.06 | 0.06 | 100.00 |
| 山西 | 9.51 | 3.95 | 240.76 | — | — | — | — | — | — |
| 内蒙古 | 307.78 | 377.22 | 81.59 | — | — | — | 9.73 | 9.11 | 106.81 |
| 辽宁 | 73.08 | 64.75 | 112.86 | — | — | — | 13.05 | 4.24 | 307.78 |
| 吉林 | 401.11 | 443.94 | 90.35 | — | — | — | 24.25 | 30.36 | 79.87 |
| 黑龙江 | 553.31 | 670.54 | 82.52 | — | — | — | 24.24 | 10.84 | 223.62 |
| 上海 | — | — | — | — | — | — | — | — | — |
| 江苏 | 5.07 | 5.37 | 94.41 | 25.50 | 44.88 | 56.82 | 2.70 | 1.60 | 168.75 |
| 浙江 | 26.38 | 25.24 | 104.52 | 114.14 | 448.20 | 25.47 | 6.90 | 9.15 | 75.41 |
| 安徽 | 28.97 | 21.73 | 133.32 | 301.39 | 58.38 | 516.26 | 7.90 | 5.70 | 138.60 |
| 福建 | 208.31 | 366.33 | 56.86 | 1 218.00 | 107.00 | 1 138.32 | 10.94 | 12.17 | 89.89 |
| 江西 | 95.37 | 97.39 | 97.93 | 470.03 | 575.26 | 81.71 | 0.31 | 0.76 | 40.79 |
| 山东 | 4.80 | 2.17 | 221.20 | — | — | — | 0.32 | 0.23 | 139.13 |
| 河南 | 8.63 | 9.98 | 86.47 | 0.50 | 1.00 | 50.00 | 2.34 | 1.18 | 198.31 |
| 湖北 | 28.80 | 35.25 | 81.70 | 1 006.05 | 407.78 | 246.71 | 2.78 | 37.29 | 7.46 |
| 湖南 | 69.94 | 77.82 | 89.87 | 393.24 | 423.13 | 92.94 | 12.80 | 8.38 | 152.74 |
| 广东 | 96.66 | 95.57 | 101.14 | 152.55 | 77.92 | 195.78 | 2.58 | 3.36 | 76.79 |
| 广西 | 141.44 | 154.17 | 91.74 | — | — | — | — | 1.15 | — |
| 海南 | 22.20 | 32.93 | 67.42 | 54.00 | 71.00 | 76.06 | 2.31 | 0.05 | 4 620.00 |
| 重庆 | — | 6.68 | — | 13.00 | 30.51 | 42.61 | — | 0.29 | — |
| 四川 | 8.10 | 24.27 | 33.37 | 71.71 | 9.13 | 785.43 | 1.04 | 11.44 | 9.09 |
| 贵州 | 13.98 | 18.36 | 76.14 | 70.22 | 238.00 | 29.50 | 0.54 | 7.71 | 7.00 |
| 云南 | 74.89 | 108.30 | 69.15 | 1 145.00 | — | — | 3.38 | 7.15 | 47.27 |
| 西藏 | 16.00 | 19.50 | 82.05 | — | — | — | — | 13.87 | — |
| 陕西 | 1.95 | 49.94 | 3.90 | — | — | — | 0.08 | 1.41 | 5.67 |
| 甘肃 | — | 7.29 | — | — | — | — | — | 4.04 | — |
| 青海 | 0.07 | — | — | — | — | — | — | — | — |
| 宁夏 | 0.01 | 0.15 | 6.67 | — | — | — | — | — | — |
| 新疆 | 8.53 | 25.97 | 32.85 | — | — | — | 0.89 | 1.97 | 45.18 |
| 大兴安岭 | 238.40 | 288.50 | 82.63 | — | — | — | 10.07 | 19.78 | 50.91 |

## 林业系统各地区胶合板、纤维板、刨花板产量

单位：万立方米

| 地区 | 胶合板 | | | 纤维板 | | | 刨花板 | | |
|---|---|---|---|---|---|---|---|---|---|
| | 2000年 | 1999年 | 2000年为1999年% | 2000年 | 1999年 | 2000年为1999年% | 2000年 | 1999年 | 2000年为1999年% |
| **全国合计** | **47.17** | **54.88** | **85.95** | **260.32** | **168.36** | **154.62** | **151.20** | **114.31** | **132.27** |
| 北京 | — | — | — | — | — | — | — | — | — |
| 天津 | — | — | — | — | — | — | — | — | — |
| 河北 | — | 0.19 | — | — | 0.62 | — | 4.56 | — | — |
| 山西 | — | — | — | 0.27 | 0.18 | 150.00 | 0.03 | 0.48 | 6.25 |
| 内蒙古 | 0.13 | 0.16 | 81.25 | 6.62 | 3.02 | 219.21 | 10.38 | 5.99 | 173.29 |
| 辽宁 | 1.19 | 0.20 | 595.00 | 9.43 | 2.01 | 469.15 | 1.03 | 1.97 | 52.28 |
| 吉林 | 2.40 | 3.16 | 75.95 | 8.42 | 8.11 | 103.82 | 18.06 | 18.26 | 98.90 |
| 黑龙江 | 2.03 | 1.13 | 179.65 | 9.73 | 0.35 | 2 780.00 | 29.71 | 11.13 | 266.94 |
| 上海 | — | — | — | — | — | — | — | — | — |
| 江苏 | 0.46 | 1.80 | 25.56 | 1.70 | 0.40 | 425.00 | — | — | — |
| 浙江 | 1.14 | 1.70 | 67.06 | 42.13 | 24.99 | 168.59 | 0.67 | 0.93 | 72.04 |
| 安徽 | 3.23 | 1.83 | 176.50 | 9.92 | 8.23 | 120.53 | 5.21 | 4.88 | 106.76 |
| 福建 | 10.21 | 10.56 | 96.69 | 29.12 | 24.58 | 118.47 | 10.07 | 9.14 | 110.18 |
| 江西 | 4.32 | 4.98 | 86.75 | 10.19 | 9.61 | 106.04 | 3.49 | 4.37 | 79.86 |
| 山东 | 3.23 | 6.00 | 53.83 | 29.02 | 13.69 | 211.98 | 21.78 | 10.40 | 209.42 |
| 河南 | 3.08 | 0.72 | 427.78 | 6.09 | 3.40 | 179.12 | 2.84 | 5.44 | 52.21 |
| 湖北 | 5.45 | 9.90 | 55.05 | 14.30 | 7.33 | 195.09 | 6.00 | 4.17 | 143.88 |
| 湖南 | 3.24 | 2.81 | 115.30 | 11.83 | 10.49 | 112.77 | 7.69 | 5.91 | 130.12 |
| 广东 | 1.10 | 1.81 | 60.77 | 8.30 | 5.87 | 141.40 | 9.22 | 12.37 | 74.54 |
| 广西 | 1.25 | 0.20 | 625.00 | 28.42 | 20.41 | 139.25 | 9.17 | 7.74 | 118.48 |
| 海南 | 0.21 | 0.05 | 420.00 | — | — | — | — | — | — |
| 重庆 | — | 0.05 | — | — | — | — | — | 0.80 | — |
| 四川 | 0.03 | 0.46 | 6.52 | 13.78 | 11.32 | 121.73 | 1.83 | 4.11 | 44.53 |
| 贵州 | — | 1.30 | — | 1.93 | 0.97 | 198.97 | 4.65 | 2.06 | 225.73 |
| 云南 | 3.59 | 5.64 | 63.65 | 10.08 | 7.32 | 137.70 | 2.87 | 3.37 | 85.16 |
| 西藏 | — | — | — | — | — | — | — | — | — |
| 陕西 | — | — | — | 8.65 | 3.53 | 245.04 | 0.30 | 0.08 | 375.00 |
| 甘肃 | — | — | — | — | 1.52 | — | — | — | — |
| 青海 | — | — | — | — | — | — | — | — | — |
| 宁夏 | — | — | — | — | — | — | — | — | — |
| 新疆 | — | — | — | — | — | — | 0.44 | 0.42 | 104.76 |
| 大兴安岭 | 0.88 | 0.23 | 382.61 | 0.39 | 0.41 | 95.12 | 1.20 | 0.29 | 413.79 |

## 林业系统各地区

（按现行

| 地区 | 总计 | 在总计中 | | | | | | 按主 | | | |
|---|---|---|---|---|---|---|---|---|---|---|---|
| | | 国有 | 集体 | 联营 | 股份制 | 外商投资 | 港、澳、台投资 | 木材及竹材采运业 | | 木材加工 | |
| | | | | | | | | 合计 | 木材采运业 | 合计 | 锯材、木片加工业 |
| **全国合计** | **3 432 068** | **2 511 358** | **301 580** | **50 257** | **267 720** | **78 634** | **96 672** | **1 217 976** | **1 185 196** | **1 389 671** | **194 872** |
| 北京 | 3 335 | 2 885 | 75 | — | 375 | — | — | — | — | — | — |
| 天津 | — | — | — | — | — | — | — | — | — | — | — |
| 河北 | 44 407 | 34 945 | 1 242 | — | 2 500 | — | 3 410 | 8 130 | 8 130 | 8 972 | 681 |
| 山西 | 4 464 | 4 464 | — | — | — | — | — | 3 425 | 3 425 | 800 | — |
| 内蒙古 | 213 975 | 177 863 | 12 185 | — | 20 419 | 128 | 2 402 | 129 260 | 128 709 | 42 948 | 5 951 |
| 内蒙古集团 | 182 213 | 155 779 | 5 395 | — | 18 509 | 128 | 2 402 | 113 328 | 113 328 | 31 026 | 3 334 |
| 辽宁 | 141 854 | 37 593 | 63 304 | 10 305 | 16 173 | 10 329 | 4 150 | — | — | 76 806 | 3 104 |
| 吉林 | 446 817 | 368 284 | 11 287 | 3 077 | 38 246 | 1 806 | 19 522 | 286 635 | 284 408 | 98 983 | 26 102 |
| 吉林集团 | 169 750 | 119 769 | 235 | 3 077 | 36 929 | 520 | 9 220 | 71 730 | 71 730 | 69 912 | 16 051 |
| 黑龙江 | 596 224 | 448 632 | 116 965 | 5 427 | 1 248 | 8 641 | 7 135 | 237 744 | 237 744 | 240 945 | 48 823 |
| 龙江集团 | 525 906 | 392 316 | 110 258 | — | — | 8 021 | 7 135 | 193 478 | 193 478 | 221 128 | 40 659 |
| 上海 | 5 874 | 5 874 | — | — | — | — | — | — | — | 1 149 | — |
| 江苏 | 97 940 | 61 180 | 14 026 | 990 | 3 638 | 13 280 | 1 068 | — | — | 28 904 | 1 777 |
| 浙江 | 108 761 | 44 627 | 3 441 | 3 624 | 53 789 | 204 | — | 12 996 | 9 348 | 66 445 | 6 467 |
| 安徽 | 87 208 | 53 071 | 4 829 | 888 | 2 371 | 12 900 | — | 14 071 | 13 041 | 52 053 | 10 420 |
| 福建 | 325 312 | 211 859 | 27 743 | 3 404 | 62 815 | 2 999 | 10 749 | 149 460 | 143 164 | 110 362 | 12 430 |
| 江西 | 121 887 | 121 887 | — | — | — | — | — | 80 200 | 74 170 | 27 164 | 1 045 |
| 山东 | 76 263 | 70 847 | — | — | — | — | 5 416 | — | — | 63 619 | 4 700 |
| 河南 | 78 574 | 46 617 | 2 163 | 9 643 | 17 380 | — | — | 11 730 | 11 336 | 50 128 | 6 173 |
| 湖北 | 162 816 | 76 827 | 2 432 | 3 194 | 5 446 | 25 037 | 25 132 | 17 294 | 17 294 | 123 208 | 8 572 |
| 湖南 | 96 929 | 62 276 | 12 847 | 6 333 | 12 334 | 857 | 2 282 | 27 751 | 22 696 | 47 203 | 13 879 |
| 广东 | 153 655 | 142 105 | 2 575 | 1 035 | 974 | — | 6 623 | 34 113 | 33 156 | 90 227 | 15 712 |
| 广西 | 190 810 | 179 964 | 2 152 | — | — | 1 644 | 7 050 | 51 679 | 51 679 | 80 954 | 2 720 |
| 海南 | 22 386 | 22 341 | 45 | — | — | — | — | 4 018 | 3 882 | 15 936 | 14 535 |
| 重庆 | 4 944 | 4 139 | 374 | — | — | 331 | — | 794 | 359 | 1 580 | 213 |
| 四川 | 102 567 | 35 403 | 1 276 | 874 | 19 005 | — | 35 | 4 129 | 804 | 43 481 | 1 143 |
| 贵州 | 24 247 | 22 233 | 353 | 426 | 1 235 | — | — | 11 053 | 8 988 | 8 910 | 608 |
| 云南 | 86 335 | 74 446 | 5 300 | 477 | 4 414 | — | 1 698 | 24 525 | 24 163 | 33 506 | 2 556 |
| 西藏 | 5 836 | 5 836 | — | — | — | — | — | 5 836 | 5 836 | — | — |
| 陕西 | 25 381 | 16 020 | 3 755 | 560 | 4 646 | — | — | 1 845 | 1 599 | 15 250 | 426 |
| 甘肃 | 2 482 | 2 482 | — | — | — | — | — | — | — | 2 461 | — |
| 青海 | 125 | 125 | — | — | — | — | — | 23 | 23 | 86 | 19 |
| 宁夏 | 3 609 | 3 291 | 318 | — | — | — | — | — | — | 31 | — |
| 新疆 | 6 960 | 4 690 | — | — | 712 | 478 | — | 5 253 | 5 230 | 1 544 | 436 |
| 大兴安岭 | 190 091 | 168 552 | 12 893 | — | — | — | — | 96 012 | 96 012 | 56 016 | 6 380 |

**工业总产值**

价格计算）

单位:万元

要　行　业　分:

及竹、藤、棕、草制品业

| 人造板制造业 合计 | 胶合板制造业 | 纤维板制造业 | 刨花板制造业 | 木制品业 | 竹、藤、棕、草制造业 | 家具制造业 | 造纸及纸制品业 | 林产化学产品制造业 | 建筑材料制造业 | 机械制造及修理业 | 电力生产业 | 其他行业 |
|---|---|---|---|---|---|---|---|---|---|---|---|---|
| **811 342** | **168 513** | **422 734** | **145 205** | **345 533** | **37 924** | **41 570** | **84 378** | **131 154** | **54 343** | **64 537** | **66 916** | **381 523** |
| — | — | — | — | — | — | — | — | — | — | 284 | — | 3 051 |
| — | — | — | — | — | — | — | — | — | — | — | — | — |
| 7 725 | — | — | 7 725 | 566 | — | — | 2 500 | 10 | — | — | — | 24 795 |
| 402 | — | 281 | 81 | 398 | — | 2 | — | 120 | — | — | — | 117 |
| 19 420 | 2 642 | 7 583 | 7 536 | 17 138 | 439 | 399 | 15 075 | 1 679 | 2 625 | 932 | 13 327 | 7 730 |
| 12 548 | 114 | 5 888 | 4 887 | 15 144 | — | 155 | 15 075 | 1 661 | 2 211 | 932 | 13 208 | 4 617 |
| 23 579 | 963 | 17 099 | 769 | 48 633 | 1 490 | 2 370 | — | 10 | 635 | 965 | — | 61 068 |
| 35 309 | 6 999 | 3 194 | 15 660 | 37 572 | — | 61 | 4 450 | 2 604 | 5 742 | 5 268 | 1 875 | 41 199 |
| 34 693 | 6 924 | 3 194 | 15 283 | 19 168 | — | 61 | 4 403 | 2 604 | 5 742 | 1 336 | 1 860 | 12 102 |
| 68 039 | 7 118 | 10 187 | 30 729 | 124 083 | — | 17 963 | 5 902 | 5 294 | 15 559 | 7 706 | 15 074 | 50 037 |
| 66 160 | 5 503 | 10 119 | 30 729 | 114 309 | — | 17 903 | 5 895 | 5 294 | 13 615 | 7 030 | 15 074 | 46 489 |
| — | — | — | — | 1 149 | — | — | — | — | — | 3 497 | — | 1 228 |
| 18 611 | 4 121 | 14 290 | — | 6 277 | 2 239 | 105 | — | 45 | 3 117 | 16 714 | — | 49 055 |
| 50 079 | 2 465 | 41 606 | 1 156 | 4 212 | 5 687 | 1 375 | 1 465 | 5 134 | 2 360 | 2 363 | 483 | 16 140 |
| 30 816 | 4 797 | 2 983 | 7 421 | 6 750 | 4 067 | 230 | — | 6 592 | 7 847 | — | — | 6 415 |
| 93 029 | 29 773 | 49 995 | 6 764 | 3 383 | 1 520 | 2 227 | 7 941 | 21 615 | 355 | 6 792 | 403 | 26 157 |
| 25 575 | 10 850 | 11 171 | 3 554 | 534 | 10 | 184 | — | 7 058 | 301 | 3 660 | — | 3 320 |
| 55 056 | 29 283 | 10 254 | 15 519 | 3 863 | — | 4 300 | — | — | — | — | — | 8 344 |
| 25 515 | 12 003 | 8 900 | 1 972 | 7 913 | 10 527 | 970 | 400 | 2 525 | 300 | — | — | 12 521 |
| 93 442 | 34 981 | 35 511 | 22 950 | 20 103 | 1 091 | 2 346 | 1 000 | 4 794 | 2 616 | 418 | 134 | 11 006 |
| 23 275 | 8 636 | 8 362 | 3 682 | 4 520 | 5 529 | 1 163 | 4 479 | 4 649 | 1 139 | 817 | 2 181 | 7 547 |
| 73 259 | 1 953 | 62 932 | 8 366 | 1 107 | 149 | 4 586 | 361 | 10 887 | — | 204 | 11 267 | 2 010 |
| 77 930 | 1 300 | 73 576 | 3 054 | 304 | — | — | 26 500 | 28 918 | 488 | 843 | — | 1 428 |
| 358 | 358 | — | — | 843 | 200 | — | — | 1 259 | — | — | 800 | 373 |
| 731 | 631 | — | — | 581 | 55 | 100 | — | — | 1 600 | 530 | 194 | 146 |
| 38 427 | 453 | 36 793 | 1 094 | 1 089 | 2 822 | 500 | 14 006 | 9 677 | 7 695 | 3 329 | 7 787 | 11 963 |
| 7 013 | — | 2 216 | 2 797 | 97 | 1 192 | 350 | 181 | 812 | — | — | — | 2 941 |
| 26 445 | 7 600 | 13 680 | 2 809 | 4 505 | — | 961 | 18 | 16 406 | 232 | 5 842 | 72 | 4 773 |
| — | — | — | — | — | — | — | — | — | — | — | — | — |
| 9 849 | — | 9 420 | 266 | 4 068 | 907 | 1 215 | 100 | 1 066 | 25 | 3 790 | — | 2 090 |
| 2 319 | — | 2 319 | — | 142 | — | — | — | — | — | — | — | 21 |
| — | — | — | — | 67 | — | — | — | — | — | — | — | 16 |
| — | — | — | — | 31 | — | — | — | — | 287 | — | — | 3 291 |
| 478 | — | — | 478 | 630 | — | 163 | — | — | — | — | — | — |
| 4 661 | 1 587 | 382 | 823 | 44 975 | — | — | — | — | 1 420 | 583 | 13 319 | 22 741 |

## 林业系统各地区

（按 1990 年不

| 地　区 | 合　计 | 在总计中 | | | | | | 按主 | | | |
|---|---|---|---|---|---|---|---|---|---|---|---|
| | | 国　有 | 集　体 | 联　营 | 股份制 | 外商投资 | 港、澳、台投资 | 木材及竹材采运业 | | 木材加工 | |
| | | | | | | | | 合　计 | 木材采运业 | 合　计 | 锯材、木片加工业 |
| **全国合计** | **3 029 840** | **2 174 757** | **276 559** | **39 193** | **259 212** | **57 905** | **115 317** | **1 001 927** | **967 426** | **1 344 328** | **161 111** |
| 北　京 | 2 651 | 2 265 | 45 | — | 341 | — | — | — | — | — | — |
| 天　津 | — | — | — | — | — | — | — | — | — | — | — |
| 河　北 | 45 740 | 36 900 | 1 220 | — | 1 900 | — | 3 410 | 7 434 | 7 434 | 11 515 | 452 |
| 山　西 | 3 668 | 3 668 | — | — | — | — | — | 2 778 | 2 778 | 662 | — |
| 内蒙古 | 172 360 | 141 034 | 10 394 | — | 17 725 | 73 | 2 172 | 99 344 | 98 823 | 44 647 | 5 426 |
| 　内蒙古集团 | 142 774 | 119 738 | 5 203 | — | 15 588 | 73 | 2 172 | 83 830 | 83 830 | 33 994 | 3 376 |
| 辽　宁 | 113 829 | 31 636 | 55 146 | 6 549 | 14 113 | 4 416 | 1 969 | — | — | 64 975 | 2 354 |
| 吉　林 | 372 025 | 295 489 | 10 645 | 2 253 | 31 309 | 1 967 | 22 119 | 234 700 | 227 760 | 86 533 | 15 355 |
| 　吉林集团 | 130 429 | 80 716 | 205 | 2 253 | 30 021 | 432 | 12 137 | 47 886 | 43 217 | 59 510 | 7 289 |
| 黑龙江 | 529 475 | 387 330 | 112 659 | 5 130 | 1 291 | 9 875 | 6 915 | 195 186 | 195 186 | 238 844 | 35 123 |
| 　龙江集团 | 457 921 | 328 662 | 106 659 | — | — | 9 410 | 6 915 | 148 393 | 148 393 | 219 451 | 27 447 |
| 上　海 | 5 039 | 5 039 | — | — | — | — | — | — | — | 977 | — |
| 江　苏 | 90 340 | 56 649 | 12 423 | 816 | 3 236 | 13 050 | 958 | — | — | 25 358 | 1 562 |
| 浙　江 | 110 658 | 41 914 | 2 521 | 3 306 | 59 759 | 173 | — | 10 857 | 7 984 | 70 118 | 6 552 |
| 安　徽 | 84 347 | 61 847 | 4 789 | 499 | 1 959 | 8 223 | — | 12 017 | 11 155 | 45 459 | 7 712 |
| 福　建 | 290 264 | 167 461 | 25 586 | 2 778 | 73 735 | 3 552 | 11 473 | 105 797 | 101 336 | 124 548 | 10 566 |
| 江　西 | 120 454 | 120 454 | — | — | — | — | — | 80 033 | 74 433 | 26 189 | 1 191 |
| 山　东 | 73 321 | 69 321 | — | — | — | — | 4 000 | — | — | 62 230 | 4 260 |
| 河　南 | 65 726 | 48 634 | 1 396 | 4 577 | 10 852 | — | — | 11 156 | 10 805 | 35 611 | 4 531 |
| 湖　北 | 147 316 | 50 398 | 785 | 3 464 | 7 257 | 13 046 | 45 460 | 11 650 | 9 089 | 117 861 | 4 440 |
| 湖　南 | 95 359 | 60 895 | 11 338 | 5 749 | 14 194 | 913 | 2 270 | 26 644 | 22 545 | 50 048 | 13 323 |
| 广　东 | 142 099 | 130 823 | 1 694 | 2 067 | 313 | — | 6 990 | 27 204 | 26 386 | 93 824 | 21 879 |
| 广　西 | 170 788 | 161 627 | 1 352 | — | — | 1 978 | 5 831 | 44 438 | 44 438 | 80 977 | 1 761 |
| 海　南 | 22 486 | 22 439 | 47 | — | — | — | — | 4 113 | 4 011 | 16 528 | 15 157 |
| 重　庆 | 4 152 | 3 689 | 259 | — | — | 204 | — | 673 | 320 | 1 122 | 162 |
| 四　川 | 75 596 | 27 146 | 816 | 946 | 12 472 | — | — | 3 521 | 654 | 32 056 | 767 |
| 贵　州 | 20 746 | 18 705 | 278 | 348 | 1 415 | — | — | 8 471 | 6 945 | 8 506 | 397 |
| 云　南 | 71 704 | 62 268 | 4 103 | 345 | 3 238 | — | 1 750 | 18 419 | 18 152 | 31 913 | 1 705 |
| 西　藏 | 5 200 | 5 200 | — | — | — | — | — | 5 200 | 5 200 | — | — |
| 陕　西 | 23 278 | 15 426 | 3 440 | 366 | 3 636 | — | — | 1 508 | 1 224 | 14 800 | 342 |
| 甘　肃 | 2 523 | 2 523 | — | — | — | — | — | — | — | 2 502 | — |
| 青　海 | 84 | 84 | — | — | — | — | — | 18 | 18 | 50 | 12 |
| 宁　夏 | 2 780 | 2 627 | 153 | — | — | — | — | — | — | 10 | — |
| 新　疆 | 4 685 | 3 157 | — | — | 467 | 435 | — | 3 500 | 3 484 | 1 058 | 288 |
| 大兴安岭 | 161 147 | 138 109 | 15 470 | — | — | — | — | 87 266 | 87 266 | 55 407 | 5 794 |

**工业总产值**

变价格计算）

单位:万元

| 要行业分<br>及竹、藤、棕、草制品业<br>人造板制造业<br>合计 | 胶合板制造业 | 纤维板制造业 | 刨花板制造业 | 木制品业 | 竹、藤、棕、草制造业 | 家具制造业 | 造纸及纸制品业 | 林产化学产品制造业 | 建筑材料制造业 | 机械制造及修理业 | 电力生产业 | 其他行业 |
|---|---|---|---|---|---|---|---|---|---|---|---|---|
| **819 443** | **174 309** | **401 359** | **145 584** | **330 080** | **33 694** | **36 778** | **72 418** | **113 857** | **42 512** | **56 124** | **22 203** | **339 693** |
| — | — | — | — | — | — | — | — | — | — | 175 | — | 2 476 |
| — | — | — | — | — | — | — | — | — | — | — | — | — |
| 10 641 | — | — | 10 641 | 422 | — | — | 1 900 | 10 | — | — | — | 24 881 |
| 393 | — | 251 | 81 | 269 | — | 1 | — | 110 | — | — | — | 117 |
| 21 930 | 1 945 | 8 912 | 9 809 | 16 872 | 419 | 338 | 13 936 | 1 445 | 1 890 | 753 | 3 036 | 6 971 |
| 15 689 | 176 | 7 217 | 7 032 | 14 929 | — | 174 | 13 936 | 1 433 | 1 435 | 753 | 2 949 | 4 270 |
| 20 829 | 443 | 16 929 | 1 016 | 40 509 | 1 283 | 1 972 | — | 4 | 540 | 880 | — | 45 458 |
| 32 455 | 7 455 | 2 848 | 14 029 | 38 723 | — | 56 | 4 347 | 3 236 | 3 696 | 4 953 | 277 | 34 227 |
| 31 863 | 7 335 | 2 848 | 13 718 | 20 358 | — | 56 | 4 303 | 3 236 | 3 696 | 1 336 | 269 | 10 137 |
| 75 126 | 7 811 | 9 311 | 21 517 | 128 595 | — | 16 916 | 5 317 | 5 064 | 11 629 | 7 381 | 3 987 | 45 151 |
| 73 249 | 6 200 | 9 243 | 21 517 | 118 755 | — | 16 868 | 5 310 | 5 064 | 9 969 | 6 865 | 3 987 | 42 014 |
| — | — | — | — | 977 | — | — | — | — | — | 2 972 | — | 1 090 |
| 17 245 | 3 605 | 13 480 | — | 5 071 | 1 480 | 120 | — | 38 | 2 783 | 14 108 | — | 47 933 |
| 54 546 | 2 162 | 44 824 | 2 123 | 3 849 | 5 171 | 1 240 | 1 406 | 2 877 | 1 805 | 1 563 | 383 | 20 409 |
| 27 288 | 5 921 | 3 172 | 7 626 | 6 485 | 3 974 | 168 | — | 13 081 | 6 982 | — | — | 6 640 |
| 108 997 | 41 007 | 52 298 | 9 788 | 3 425 | 1 560 | 2 175 | 6 913 | 19 538 | 242 | 6 447 | 187 | 24 417 |
| 24 414 | 8 822 | 11 567 | 4 025 | 574 | 10 | 184 | — | 6 883 | 313 | 3 990 | — | 2 862 |
| 54 076 | 27 552 | 11 130 | 15 394 | 3 894 | — | 4 300 | — | — | — | — | — | 6 791 |
| 14 881 | 8 081 | 3 754 | 908 | 6 032 | 10 167 | 295 | 45 | 1 995 | 305 | — | — | 16 319 |
| 99 052 | 33 227 | 24 375 | 22 163 | 13 703 | 666 | 1 222 | — | 5 484 | 2 218 | 365 | 83 | 8 433 |
| 27 499 | 10 876 | 9 589 | 4 708 | 4 175 | 5 051 | 1 019 | 3 738 | 3 869 | 1 103 | 675 | 1 142 | 7 121 |
| 70 803 | 2 319 | 60 112 | 8 352 | 1 062 | 80 | 4 414 | 361 | 10 480 |  | 75 | 4 660 | 1 081 |
| 78 919 | 2 129 | 73 883 | 2 907 | 297 | — | — | 22 271 | 20 842 | 363 | 830 | — | 1 067 |
| 447 | 447 | — | — | 764 | 160 | — | — | 1 019 | — | — | 673 | 153 |
| 464 | 404 | — | — | 441 | 55 | 71 | — | — | 1 580 | 471 | 113 | 122 |
| 28 852 | 59 | 27 543 | 1 138 | 957 | 1 480 | 200 | 11 890 | 4 385 | 5 925 | 2 204 | 5 144 | 10 271 |
| 6 625 | — | 2 216 | 4 409 | 89 | 1 395 | 350 | 181 | 582 | — | — | — | 2 656 |
| 25 993 | 8 208 | 12 654 | 3 151 | 4 215 | — | 618 | 13 | 11 861 | 252 | 4 825 | 48 | 3 755 |
| — | — | — | — | — | — | — | — | — | — | — | — | — |
| 9 983 | — | 9 701 | 282 | 3 732 | 743 | 992 | 100 | 1 054 | 25 | 2 862 | — | 1 937 |
| 2 358 | — | 2 358 | — | 144 | — | — | — | — | — | — | — | 21 |
| — | — | — | — | 38 | — | — | — | — | — | — | — | 16 |
| — | — | — | — | 10 | — | — | — | — | 143 | — | — | 2 627 |
| 435 | — | — | 435 | 335 | — | 127 | — | — | — | — | — | — |
| 5 192 | 1 836 | 452 | 1 082 | 44 421 | — | — | — | — | 718 | 595 | 2 470 | 14 691 |

**林业系统各地区**

（按现行

| 地区 | 合计 | 在总计中 | | | | | | 按主 | | | |
|---|---|---|---|---|---|---|---|---|---|---|---|
| | | 国有 | 集体 | 联营 | 股份制 | 外商投资 | 港、澳、台投资 | 木材及竹材采运业 | | 木材加工 | |
| | | | | | | | | 合计 | 木材采运业 | 合计 | 锯材、木片加工业 |
| **全国合计** | **3 321 721** | **2 460 998** | **279 869** | **46 044** | **255 998** | **64 218** | **73 764** | **1 224 603** | **1 187 578** | **1 327 355** | **182 386** |
| 北京 | 3 280 | 2 836 | 75 | — | 368 | 1 | — | — | — | — | — |
| 天津 | — | — | — | — | — | — | — | — | — | — | — |
| 河北 | 37 131 | 31 399 | 1 132 | — | 2 300 | — | 2 300 | 2 615 | 2 609 | 8 662 | 672 |
| 山西 | 4 313 | 4 313 | — | — | — | — | — | 3 530 | 3 530 | 534 | — |
| 内蒙古 | 224 364 | 193 786 | 9 852 | — | 17 598 | 154 | 2 009 | 146 264 | 145 845 | 40 259 | 4 836 |
| 内蒙古集团 | 192 509 | 170 024 | 4 634 | — | 15 688 | 154 | 2 009 | 128 398 | 128 398 | 30 017 | 2 861 |
| 辽宁 | 138 960 | 37 626 | 61 387 | 10 146 | 16 279 | 10 022 | 3 500 | — | — | 74 835 | 2 767 |
| 吉林 | 449 979 | 372 108 | 10 754 | 2 949 | 39 442 | 1 786 | 18 382 | 290 076 | 283 150 | 101 339 | 25 127 |
| 吉林集团 | 183 301 | 132 253 | 267 | 2 949 | 38 577 | 497 | 8 758 | 81 613 | 77 031 | 74 870 | 15 365 |
| 黑龙江 | 570 839 | 432 597 | 109 400 | 4 737 | 907 | 8 855 | 6 121 | 235 387 | 235 387 | 234 214 | 47 189 |
| 龙江集团 | 505 094 | 379 629 | 102 887 | — | — | 8 235 | 6 121 | 193 695 | 193 695 | 216 101 | 39 569 |
| 上海 | 5 869 | 5 869 | — | — | — | — | — | — | — | 1 149 | — |
| 江苏 | 77 974 | 57 287 | 15 456 | 868 | 3 358 | — | 915 | — | — | 10 388 | 1 503 |
| 浙江 | 106 190 | 43 471 | 3 052 | 3 319 | 53 097 | 265 | — | 12 020 | 8 459 | 65 564 | 6 739 |
| 安徽 | 69 409 | 41 781 | 4 292 | 551 | 2 114 | 13 019 | — | 11 604 | 10 692 | 44 369 | 8 482 |
| 福建 | 317 900 | 209 394 | 26 766 | 3 355 | 59 567 | 2 562 | 11 009 | 146 906 | 140 854 | 105 774 | 11 892 |
| 江西 | 117 179 | 117 179 | — | — | — | — | — | 76 821 | 72 705 | 24 856 | 589 |
| 山东 | 73 444 | 69 225 | — | — | — | — | 4 219 | — | — | 61 940 | 5 162 |
| 河南 | 71 809 | 45 005 | 1 368 | 7 203 | 15 127 | — | — | 11 346 | 11 005 | 45 395 | 5 439 |
| 湖北 | 171 593 | 68 007 | 2 272 | 3 243 | 5 302 | 24 584 | 8 074 | 19 706 | 17 103 | 133 029 | 5 786 |
| 湖南 | 93 505 | 60 139 | 12 508 | 6 277 | 11 439 | 782 | 2 360 | 26 182 | 21 954 | 47 417 | 13 780 |
| 广东 | 150 669 | 138 320 | 2 477 | 2 165 | 929 | — | 6 745 | 33 596 | 32 592 | 88 362 | 16 087 |
| 广西 | 190 755 | 180 855 | 1 763 | — | — | 1 484 | 6 653 | 51 156 | 51 156 | 79 110 | 2 315 |
| 海南 | 22 386 | 22 341 | 45 | — | — | — | — | 4 018 | 3 882 | 15 936 | 14 535 |
| 重庆 | 3 639 | 3 207 | 30 | — | — | 302 | — | 573 | 487 | 609 | 210 |
| 四川 | 93 727 | 35 049 | 241 | 222 | 18 854 | — | — | 3 739 | 759 | 37 008 | 906 |
| 贵州 | 22 145 | 21 007 | 171 | 278 | 689 | — | — | 10 409 | 8 952 | 7 335 | 614 |
| 云南 | 71 290 | 61 901 | 3 619 | 587 | 3 621 | — | 1 477 | 21 175 | 20 754 | 29 596 | 1 557 |
| 西藏 | 5 625 | 5 625 | — | — | — | — | — | 5 625 | 5 625 | — | — |
| 陕西 | 25 720 | 17 613 | 3 375 | 144 | 4 232 | — | — | 5 146 | 3 392 | 13 058 | 410 |
| 甘肃 | 2 531 | 2 531 | — | — | — | — | — | — | — | 2 510 | — |
| 青海 | 131 | 131 | — | — | — | — | — | 25 | 25 | 90 | 20 |
| 宁夏 | 2 860 | 2 713 | 147 | — | — | — | — | — | — | 26 | — |
| 新疆 | 7 562 | 4 788 | — | — | 775 | 402 | — | 5 955 | 5 932 | 1 414 | 554 |
| 大兴安岭 | 188 943 | 172 895 | 9 687 | — | — | — | — | 100 729 | 100 729 | 52 577 | 5 215 |

## 工业销售产值

价格计算)

单位:万元

| 要 | 行 | 业 | 分 | | | | | | | | | |
|---|---|---|---|---|---|---|---|---|---|---|---|---|
| 及竹、藤、棕、草制品业 | | | | | | | | | | | | |
| 人造板制造业 | | | | 木制品业 | 竹、藤、棕、草制造业 | 家具制造业 | 造纸及纸制品业 | 林产化学产品制造业 | 建筑材料制造业 | 机械制造及修理业 | 电力生产业 | 其他行业 |
| 合计 | 胶合板制造业 | 纤维板制造业 | 刨花板制造业 | | | | | | | | | |
| **790 465** | **158 933** | **397 622** | **138 314** | **322 905** | **31 599** | **37 535** | **82 031** | **119 392** | **49 260** | **56 365** | **59 392** | **365 788** |
| — | — | — | — | — | — | — | — | — | — | 284 | — | 2 996 |
| — | — | — | — | — | — | — | — | — | — | — | — | — |
| 7 582 | — | — | 7 582 | 408 | — | — | 2 300 | 8 | — | — | — | 23 546 |
| 272 | 2 | 163 | 57 | 262 | — | 2 | — | 130 | — | — | — | 117 |
| 19 322 | 2 157 | 8 357 | 7 382 | 15 692 | 409 | 408 | 12 463 | 1 307 | 2 424 | 549 | 13 224 | 7 466 |
| 12 996 | 92 | 6 662 | 4 816 | 14 160 | — | 189 | 12 463 | 1 293 | 2 010 | 549 | 13 208 | 4 382 |
| 23 132 | 923 | 16 886 | 758 | 47 588 | 1 348 | 1 670 | — | 6 | 520 | 900 | — | 61 029 |
| 41 364 | 11 608 | 3 194 | 16 967 | 34 848 | — | 51 | 4 635 | 2 501 | 5 794 | 5 037 | 1 876 | 38 670 |
| 40 791 | 11 533 | 3 194 | 16 590 | 18 714 | — | 51 | 4 605 | 2 501 | 5 794 | 1 271 | 1 860 | 10 736 |
| 67 306 | 7 050 | 10 536 | 23 169 | 119 719 | — | 16 775 | 6 275 | 5 138 | 13 594 | 6 626 | 8 477 | 44 353 |
| 65 514 | 5 487 | 10 498 | 23 169 | 111 018 | — | 16 723 | 6 274 | 5 138 | 11 656 | 5 987 | 8 477 | 41 043 |
| — | — | — | — | 1 149 | — | — | — | — | — | 3497 | — | 1 223 |
| 5 657 | 3 596 | 1 880 | — | 1 728 | 1 500 | 100 | — | 36 | 2 673 | 12 345 | — | 52 432 |
| 48 993 | 2 304 | 40 597 | 1 369 | 4 135 | 5 697 | 1 575 | 1 447 | 5 085 | 2 275 | 2 101 | 549 | 15 574 |
| 27 798 | 2 298 | 2 983 | 7 167 | 5 104 | 2 985 | 171 | — | 1 123 | 6 855 | — | — | 5 287 |
| 89 182 | 29 058 | 48 342 | 6 373 | 3 338 | 1 362 | 1 994 | 8 438 | 21 257 | 394 | 6 529 | 403 | 26 205 |
| 23 765 | 9 872 | 10 537 | 3 356 | 492 | 10 | 125 | — | 7 719 | 301 | 3 830 | — | 3 527 |
| 53 406 | 28 178 | 9 944 | 15 284 | 3 372 | — | 4 420 | — | — | — | — | — | 7 084 |
| 21 906 | 9 726 | 8 032 | 1 949 | 7 823 | 10 227 | 409 | 47 | 2 023 | 300 | — | — | 12 289 |
| 107 718 | 30 595 | 34 890 | 23 103 | 18 742 | 783 | 1 867 | 1 000 | 3 600 | 2 247 | 429 | 132 | 9 583 |
| 23 976 | 9 075 | 8 430 | 3 657 | 4 317 | 5 344 | 1 066 | 4 175 | 3 999 | 1 109 | 890 | 2 181 | 6 486 |
| 71 043 | 1 982 | 61 009 | 8 044 | 1 099 | 133 | 4 561 | 361 | 10 934 | — | 214 | 10 714 | 1 927 |
| 76 517 | 1 306 | 72 185 | 3 026 | 278 | — | — | 27 155 | 30 601 | 472 | 897 | — | 1 364 |
| 358 | 358 | — | — | 843 | 200 | — | — | 1 259 | — | — | 800 | 373 |
| 302 | 302 | — | — | 83 | 14 | 100 | — | — | 1 600 | 530 | 88 | 139 |
| 35 216 | 93 | 34 050 | 1 058 | 761 | 125 | — | 13 461 | 9 784 | 6 805 | 3 058 | 7 581 | 12 291 |
| 5 985 | — | 2 216 | 3 769 | 90 | 646 | 289 | 181 | 868 | — | — | — | 3 063 |
| 24 274 | 6 907 | 12 589 | 2 900 | 3 765 | — | 621 | 16 | 10 980 | 258 | 4 721 | 48 | 3 875 |
| — | — | — | — | — | — | — | — | — | — | — | — | — |
| 8 587 | — | 8 091 | 333 | 3 245 | 816 | 1 138 | 77 | 1 034 | — | 3 366 | — | 1 901 |
| 2 364 | — | 2 364 | — | 146 | — | — | — | — | — | — | — | 21 |
| — | — | — | — | 70 | — | — | — | — | — | — | — | 16 |
| — | — | — | — | 26 | — | — | — | — | 121 | — | — | 2 713 |
| 402 | — | — | 402 | 458 | — | 193 | — | — | — | — | — | — |
| 4 038 | 1 543 | 347 | 609 | 43 324 | — | — | — | — | 1 518 | 562 | 13 319 | 20 238 |

**林业系统独立核算工业企业增加值（按生产法、现行价格计算）** 单位：万元

| 指标 | 工业总产出 | | | | 工业中间投入 | | | | | | 本年应交增值税 | 工业增加值 |
|---|---|---|---|---|---|---|---|---|---|---|---|---|
| | 合计 | 生产成品价值 | 对外加工费收入 | 在产品、自制半成品期末期初差额价值 | 合计 | 直接材料费 | 制造费用中的中间投入 | 管理费用中的中间投入 | 销售费用中的中间投入 | 利息支出 | | |
| **总计** | **2 423 704** | **2 389 020** | **21 749** | **12 935** | **1 465 451** | **955 954** | **177 204** | **179 104** | **61 302** | **91 887** | **94 915** | **1 053 168** |
| 在总计中：国有 | 1 820 564 | 1 796 392 | 18 153 | 6 019 | 1 087 574 | 706 898 | 129 816 | 140 933 | 37 551 | 72 376 | 65 018 | 798 008 |
| 在总计中： | | | | | | | | | | | | |
| 1. 木材及竹材采运企业 | 1 180 354 | 1 173 474 | 6 203 | 677 | 608 529 | 345 292 | 84 818 | 113 171 | 20 368 | 44 880 | 24 719 | 596 544 |
| 2. 木材加工企业 | 700 960 | 684 968 | 6 750 | 9 242 | 519 465 | 376 187 | 60 493 | 32 828 | 22 127 | 27 830 | 40 798 | 222 293 |
| 3. 林产化学企业 | 83 646 | 82 734 | — | 912 | 63 306 | 48 508 | 3 464 | 4 253 | 3 496 | 3 585 | 6 085 | 26 425 |
| 4. 林业机械制造及修理企业 | 36 911 | 31 642 | 4 368 | 901 | 28 781 | 19 591 | 3 615 | 3 160 | 981 | 1 434 | 2 324 | 10 454 |

**林业系统各地区独立核算工业企业增加值（按生产法、现行价格计算）** 单位：万元

| 地区 | 工业总产出 | | | | 工业中间投入 | | | | | | 本年应交增值税 | 工业增加值 |
|---|---|---|---|---|---|---|---|---|---|---|---|---|
| | 合计 | 生产成品价值 | 对外加工费收入 | 在产品、自制半成品期末期初差额价值 | 合计 | 直接材料费 | 制造费用中的中间投入 | 管理费用中的中间投入 | 销售费用中的中间投入 | 利息支出 | | |
| **全国合计** | **2 423 704** | **2 389 020** | **21 749** | **12 935** | **1 465 451** | **955 954** | **177 204** | **179 104** | **61 302** | **91 887** | **94 915** | **1 053 168** |
| 北京 | — | — | — | — | — | — | — | — | — | — | — | — |
| 天津 | — | — | — | — | — | — | — | — | — | — | — | — |
| 河北 | 44 407 | 43 090 | — | 1 317 | 37 428 | 32 055 | 1 517 | 1 392 | 1 277 | 1 187 | 1 681 | 8 660 |
| 山西 | 341 | 341 | — | — | 202 | 154 | 19 | 23 | 6 | — | 22 | 161 |
| 内蒙古 | 180 199 | 180 199 | — | — | 71 830 | 35 961 | 7 987 | 19 302 | 1 715 | 6 865 | 5 757 | 114 126 |
| 内蒙古集团 | 180 199 | 180 199 | — | — | 71 830 | 35 961 | 7 987 | 19 302 | 1 715 | 6 865 | 5 757 | 114 126 |
| 辽宁 | — | — | — | — | — | — | — | — | — | — | — | — |
| 吉林 | 341 411 | 332 616 | 5 261 | 3 534 | 195 571 | 109 686 | 34 726 | 32 828 | 8 281 | 10 050 | 9 558 | 155 398 |
| 吉林集团 | 169 750 | 162 505 | 4 125 | 3 120 | 94 390 | 50 020 | 17 118 | 17 962 | 6 110 | 3 180 | 5 647 | 81 007 |
| 黑龙江 | 534 275 | 528 720 | 2 416 | 3 139 | 295 622 | 190 987 | 29 734 | 45 108 | 10 368 | 19 425 | 11 492 | 250 145 |
| 龙江集团 | 525 906 | 521 108 | 1 761 | 3 037 | 289 109 | 187 759 | 27 531 | 44 506 | 10 184 | 19 129 | 11 093 | 247 890 |
| 上海 | — | — | — | — | — | — | — | — | — | — | — | — |
| 江苏 | — | — | — | — | — | — | — | — | — | — | — | — |
| 浙江 | 65 669 | 64 129 | 515 | 1 025 | 52 185 | 37 179 | 7 830 | 2 899 | 2 185 | 2 092 | 5 168 | 18 652 |
| 安徽 | 30 151 | 29 725 | 131 | 295 | 20 828 | 15 556 | 1 446 | 1 612 | 946 | 1 268 | 2 257 | 11 580 |
| 福建 | 209 028 | 204 380 | 4 549 | 99 | 141 929 | 103 855 | 11 537 | 16 062 | 5 410 | 5 065 | 10 250 | 77 349 |
| 江西 | 77 987 | 73 739 | 4 157 | 91 | 63 735 | 39 084 | 11 508 | 8 390 | 2 573 | 2 180 | 2 415 | 16 667 |
| 山东 | 74 760 | 73 149 | 1 225 | 386 | 62 148 | 50 561 | 4 613 | 2 329 | 1 538 | 3 107 | 4 981 | 17 593 |
| 河南 | 34 877 | 34 431 | — | 446 | 12 636 | 8 101 | 2 305 | 860 | 607 | 763 | 1 146 | 23 387 |
| 湖北 | 162 816 | 162 396 | 248 | 172 | 71 010 | 40 509 | 11 098 | 8 091 | 5 563 | 5 749 | 6 411 | 98 217 |
| 湖南 | 63 352 | 61 277 | 1 600 | 475 | 54 099 | 36 412 | 6 241 | 5 086 | 2 134 | 4 226 | 5 071 | 14 324 |
| 广东 | 93 060 | 93 005 | 70 | −15 | 81 264 | 67 814 | 6 865 | 3 188 | 969 | 2 428 | 2 788 | 14 584 |
| 广西 | 100 206 | 100 025 | 100 | 81 | 78 019 | 60 705 | 4 742 | 3 772 | 3 016 | 5 784 | 7 523 | 29 710 |
| 海南 | 22 386 | 22 386 | — | — | 20 473 | 13 494 | 4 358 | 933 | 1 395 | 293 | 142 | 2 055 |
| 重庆 | — | — | — | — | — | — | — | — | — | — | — | — |
| 四川 | 93 105 | 91 196 | 997 | 912 | 52 897 | 33 259 | 5 190 | 5 108 | 5 641 | 3 699 | 6 484 | 46 692 |
| 贵州 | 12 771 | 12 642 | 24 | 105 | 13 449 | 8 593 | 1 530 | 2 335 | 704 | 287 | 856 | 178 |
| 云南 | 65 098 | 64 300 | 71 | 727 | 48 841 | 31 827 | 8 238 | 3 799 | 1 875 | 3 102 | 4 260 | 20 517 |
| 西藏 | — | — | — | — | — | — | — | — | — | — | — | — |
| 陕西 | 17 212 | 16 954 | 112 | 146 | 4 105 | 2 736 | 522 | 448 | 183 | 216 | 433 | 13 540 |
| 甘肃 | 2 319 | 2 319 | — | — | 1 890 | 1 547 | 44 | 85 | 25 | 189 | 144 | 573 |
| 青海 | 125 | 125 | — | — | 125 | 67 | 27 | 25 | 6 | — | 2 | 2 |
| 宁夏 | 3 291 | 3 291 | — | — | 2 037 | 928 | 406 | 104 | 215 | 384 | 46 | 1 300 |
| 新疆 | 4 767 | 4 519 | 248 | — | 3 115 | 950 | 440 | 1 230 | 305 | 190 | 16 | 1 668 |
| 大兴安岭 | 190 091 | 190 066 | 25 | — | 80 013 | 33 934 | 14 281 | 14 095 | 4 365 | 13 338 | 6 012 | 116 090 |

## 林业系统各地区国有独立核算工业企业增加值(按生产法、现行价格计算)

单位:万元

| 地区 | 工业总产出 | | | | 工业中间投入 | | | | | | 本年应交增值税 | 工业增加值 |
|---|---|---|---|---|---|---|---|---|---|---|---|---|
| | 合计 | 生产成品价值 | 对外加工费收入 | 在产品、自制半成品期末期初差额价值 | 合计 | 直接材料费 | 制造费用中的中间投入 | 管理费用中的中间投入 | 销售费用中的中间投入 | 利息支出 | | |
| **全国合计** | **1 820 564** | **1 796 392** | **18 153** | **6 019** | **1 087 574** | **706 898** | **129 816** | **140 933** | **37 551** | **72 376** | **65 018** | **798 008** |
| 北京 | — | — | — | — | — | — | — | — | — | — | — | — |
| 天津 | — | — | — | — | — | — | — | — | — | — | — | — |
| 河北 | 34 945 | 33 644 | — | 1 301 | 31 235 | 27 477 | 1 092 | 1 053 | 756 | 857 | 1 401 | 5 111 |
| 山西 | 341 | 341 | — | — | 202 | 154 | 19 | 23 | 6 | — | 22 | 161 |
| 内蒙古 | 153 764 | 153 764 | — | — | 56 893 | 24 495 | 6 920 | 17 311 | 1 420 | 6 747 | 4 378 | 101 249 |
| 内蒙古集团 | 153 764 | 153 764 | — | — | 56 893 | 24 495 | 6 920 | 17 311 | 1 420 | 6 747 | 4 378 | 101 249 |
| 辽宁 | — | — | — | — | — | — | — | — | — | — | — | — |
| 吉林 | 291 430 | 287 205 | 3 811 | 414 | 163 283 | 87 233 | 31 594 | 29 682 | 5 577 | 9 197 | 8 311 | 136 458 |
| 吉林集团 | 119 769 | 117 094 | 2 675 | — | 62 102 | 27 567 | 13 986 | 14 816 | 3 406 | 2 327 | 4 400 | 62 067 |
| 黑龙江 | 397 886 | 394 158 | 1 798 | 1 930 | 213 614 | 137 661 | 18 985 | 33 267 | 7 090 | 16 611 | 8 128 | 192 400 |
| 龙江集团 | 392 316 | 389 273 | 1 158 | 1 885 | 209 650 | 135 134 | 18 476 | 32 780 | 6 918 | 16 342 | 7 815 | 190 481 |
| 上海 | — | — | — | — | — | — | — | — | — | — | — | — |
| 江苏 | — | — | — | — | — | — | — | — | — | — | — | — |
| 浙江 | 13 582 | 13 268 | 314 | — | 11 226 | 9 102 | 785 | 414 | 202 | 723 | 959 | 3 315 |
| 安徽 | 16 557 | 16 225 | 126 | 206 | 12 664 | 9 748 | 879 | 1 064 | 713 | 260 | 1 151 | 5 044 |
| 福建 | 142 730 | 138 756 | 3 959 | 15 | 91 928 | 68 807 | 6 180 | 10 964 | 2 627 | 3 350 | 6 632 | 57 434 |
| 江西 | 77 987 | 73 739 | 4 157 | 91 | 63 735 | 39 084 | 11 508 | 8 390 | 2 573 | 2 180 | 2 415 | 16 667 |
| 山东 | 69 344 | 67 733 | 1 225 | 386 | 56 838 | 46 075 | 4 320 | 2 176 | 1 375 | 2 892 | 4 761 | 17 267 |
| 河南 | 10 635 | 10 635 | — | — | 2 364 | 1 439 | 368 | 219 | 245 | 93 | 355 | 8 626 |
| 湖北 | 76 827 | 76 519 | 186 | 122 | 27 702 | 19 230 | 3 993 | 2 661 | 927 | 891 | 1 491 | 50 616 |
| 湖南 | 42 121 | 40 716 | 965 | 440 | 35 934 | 23 336 | 4 179 | 4 289 | 1 691 | 2 439 | 2 742 | 8 929 |
| 广东 | 86 020 | 85 965 | 70 | −15 | 75 994 | 63 353 | 6 525 | 2 884 | 907 | 2 325 | 2 085 | 12 111 |
| 广西 | 91 232 | 91 051 | 100 | 81 | 69 988 | 54 108 | 4 250 | 3 463 | 2 588 | 5 579 | 6 893 | 28 137 |
| 海南 | 22 341 | 22 341 | — | — | 20 473 | 13 494 | 4 358 | 933 | 1 395 | 293 | 142 | 2 010 |
| 重庆 | — | — | — | — | — | — | — | — | — | — | — | — |
| 四川 | 32 551 | 31 484 | 997 | 70 | 21 958 | 14 549 | 1 933 | 2 480 | 1 580 | 1 416 | 2 940 | 13 533 |
| 贵州 | 12 032 | 11 903 | 24 | 105 | 12 868 | 8 209 | 1 388 | 2 288 | 701 | 282 | 847 | 11 |
| 云南 | 57 387 | 56 599 | 61 | 727 | 42 951 | 28 408 | 7 367 | 3 253 | 1 343 | 2 580 | 3 606 | 18 042 |
| 西藏 | — | — | — | — | — | — | — | — | — | — | — | — |
| 陕西 | 13 496 | 13 238 | 112 | 146 | 2 136 | 1 272 | 330 | 323 | 93 | 118 | 161 | 11 521 |
| 甘肃 | 2 319 | 2 319 | — | — | 1 890 | 1 547 | 44 | 85 | 25 | 189 | 144 | 573 |
| 青海 | 125 | 125 | — | — | 125 | 67 | 27 | 25 | 6 | — | 2 | 2 |
| 宁夏 | 3 291 | 3 291 | — | — | 2 037 | 928 | 406 | 104 | 215 | 384 | 46 | 1 300 |
| 新疆 | 3 069 | 2 821 | 248 | — | 1 422 | 300 | 251 | 703 | 13 | 155 | 16 | 1 663 |
| 大兴安岭 | 168 552 | 168 552 | — | — | 68 114 | 26 822 | 12 115 | 12 879 | 3 483 | 12 815 | 5 390 | 105 828 |

## 林业系统主要工业产品产、销、存情况

| 主要工业产品名称 | 计量单位 | 年初库存量 | 本年生产量 | 本年销售量 | 其他 | 年末库存量 |
|---|---|---|---|---|---|---|
| 一、木材 | 万立方米 | 613.56 | 2 460.67 | 2 594.29 | 5.10 | 485.04 |
| 二、竹材 | 万根 | 249.83 | 5 035.33 | 5 092.71 | 2.90 | 195.35 |
| 三、锯材 | 万立方米 | 38.97 | 138.48 | 133.71 | 1.37 | 45.11 |
| 四、木片 | 万立方米 | 6.57 | 174.96 | 169.53 | — | 12.00 |
| 五、人造板 | 万立方米 | 77.15 | 493.52 | 477.13 | 2.22 | 95.76 |
| 其中:1. 胶合板 | 万立方米 | 31.68 | 47.17 | 60.93 | −0.18 | 17.74 |
| 2. 纤维板 | 万立方米 | 20.59 | 260.32 | 248.34 | 1.68 | 34.25 |
| 其中:中密度纤维板 | 万立方米 | 14.66 | 241.71 | 230.64 | 1.64 | 27.37 |
| 3. 刨花板 | 万立方米 | 19.80 | 151.20 | 136.03 | −0.23 | 34.74 |
| 六、松香 | 吨 | 40 825 | 170 077 | 170 105 | −1 373 | 39 424 |
| 七、栲胶 | 吨 | 5 226 | 7 230 | 6 373 | −118 | 5 965 |
| 八、紫胶 | 吨 | 45 | 763 | 535 | — | 273 |
| 九、木地板块 | 万平方米 | 887.71 | 973.89 | 1 240.18 | −4.70 | 616.72 |

## 林业系统各地区国有独立核算大中型工业企业主要工业产品生产能力

单位：万立方米、吨

| 地区 | 木材 | 锯材 | 胶合板 | 木质纤维板 | 刨花板 | 松香 | 栲胶 | 紫胶 |
|---|---|---|---|---|---|---|---|---|
| **全国合计** | **2 589** | **570.9** | **102.9** | **163.3** | **146.1** | **443 914** | **23 320** | **3 850** |
| 北京 | — | — | — | — | — | — | — | — |
| 天津 | — | — | — | — | — | — | — | — |
| 河北 | — | — | — | — | — | — | — | — |
| 山西 | — | — | — | — | — | — | — | — |
| 内蒙古 | 480 | 64.7 | 0.9 | 4.9 | 14.0 | — | 8 000 | — |
| 内蒙古集团 | 480 | 64.7 | 0.9 | 4.9 | 14.0 | — | 8 000 | — |
| 辽宁 | — | — | — | — | — | — | — | — |
| 吉林 | 425 | 113.6 | 12.6 | 12.4 | 18.2 | — | — | — |
| 吉林集团 | 188 | 62.6 | 8.4 | 4.9 | 11.7 | — | — | — |
| 黑龙江 | 658 | 237.5 | 11.6 | 12.8 | 30.7 | — | — | — |
| 龙江集团 | 658 | 237.5 | 11.6 | 12.8 | 30.7 | — | — | — |
| 上海 | — | — | — | — | — | — | — | — |
| 江苏 | — | — | — | — | — | — | — | — |
| 浙江 | — | 4.5 | 0.5 | 5.3 | — | — | — | — |
| 安徽 | — | — | 0.3 | 3.9 | 3.0 | 1 500 | — | — |
| 福建 | 67 | 34.6 | 26.9 | 27.9 | 8.8 | 93 579 | 1 000 | 250 |
| 江西 | 53 | — | 2.0 | 0.6 | — | — | — | — |
| 山东 | — | — | 4.1 | 8.0 | 9.1 | — | — | — |
| 河南 | — | 1.4 | 3.3 | 3.3 | 5.4 | — | — | — |
| 湖北 | 9 | 12.8 | 14.8 | 10.9 | 11.7 | 5 147 | 500 | — |
| 湖南 | — | 1.0 | 4.6 | 15.8 | 6.1 | — | — | — |
| 广东 | 16 | 7.0 | 1.6 | 4.3 | 10.5 | 48 510 | 1 000 | — |
| 广西 | — | 4.9 | 4.0 | 21.6 | 11.9 | 213 500 | 4 000 | — |
| 海南 | 24 | 0.2 | 0.6 | — | — | 6 000 | — | — |
| 重庆 | — | — | — | — | — | — | — | — |
| 四川 | 46 | 7.5 | 0.6 | 13.0 | 3.2 | 8 028 | — | 100 |
| 贵州 | — | — | — | 1.5 | 6.3 | 9 000 | — | — |
| 云南 | 180 | 44.7 | 11.8 | 13.0 | 5.8 | 58 650 | 8 820 | 3 500 |
| 西藏 | — | — | — | — | — | — | — | — |
| 陕西 | 34 | 2.4 | 0.7 | 2.3 | 0.4 | — | — | — |
| 甘肃 | 32 | 8.1 | — | 0.3 | — | — | — | — |
| 青海 | — | — | — | — | — | — | — | — |
| 宁夏 | — | — | — | — | — | — | — | — |
| 新疆 | 21 | 12.0 | — | — | 1.0 | — | — | — |
| 新疆兵团 | — | — | — | — | — | — | — | — |
| 大兴安岭 | 544 | 14.0 | 2.0 | 1.5 | — | — | — | — |

# 劳 动 工 资

## 林业系统国有单位从业人员和劳动报酬主要指标 2000 年与 1999 年比较

| 主 要 指 标 | 单位 | 2000 年 | 1999 年 | 2000 年比 1999 年增减(%) |
|---|---|---|---|---|
| 一、企事业机关单位个数 | 个 | 52 810 | 51 454 | 2.64 |
| 其中：1. 林业 | 个 | 44 585 | 43 092 | 3.46 |
| 2. 工业 | 个 | 2 118 | 2 302 | －7.99 |
| 二、从业人员年末人数 | 人 | 1 816 752 | 2 013 378 | －9.77 |
| 其中：1. 林业 | 人 | 790 946 | 808 374 | －2.16 |
| 其中：国有林场 | 人 | 456 049 | 478 021 | －4.60 |
| 2. 工业 | 人 | 795 469 | 953 707 | －16.59 |
| 其中：木材及竹材采运业 | 人 | 683 048 | 812 035 | －15.88 |
| 木材加工及竹、藤、棕、草制品业 | 人 | 65 192 | 77 014 | －15.35 |
| 林产化学产品制造业 | 人 | 9 626 | 15 574 | －38.19 |
| 三、在岗职工年末人数 | 人 | 1 770 821 | 1 968 405 | －10.04 |
| 其中：1. 林业 | 人 | 763 437 | 782 558 | －2.44 |
| 其中：国有林场 | 人 | 441 151 | 462 130 | －4.54 |
| 2. 工业 | 人 | 783 271 | 940 750 | －16.74 |
| 其中：木材及竹材采运业 | 人 | 678 437 | 804 987 | －15.72 |
| 木材加工及竹、藤、棕、草制品业 | 人 | 61 555 | 74 490 | －17.36 |
| 林产化学产品制造业 | 人 | 9 032 | 14 338 | －37.01 |
| 四、离开本单位仍保留劳动关系的职工年末人数 | 人 | 529 548 | 463 166 | 14.33 |
| 其中：1. 林业 | 人 | 97 312 | 87 569 | 11.13 |
| 其中：国有林场 | 人 | 67 882 | 60 229 | 12.71 |
| 2. 工业 | 人 | 376 526 | 328 677 | 14.56 |
| 其中：木材及竹材采运业 | 人 | 302 090 | 249 033 | 21.31 |
| 木材加工及竹、藤、棕、草制品业 | 人 | 41 439 | 51 107 | －18.92 |
| 林产化学产品制造业 | 人 | 4 501 | 4 101 | 9.75 |
| 五、在岗职工年劳动报酬 | 千元 | 9 823 769 | 10 112 532 | －2.86 |
| 其中：1. 林业 | 千元 | 4 497 424 | 4 355 005 | 3.27 |
| 其中：国有林场 | 千元 | 2 349 407 | 2 454 502 | －4.28 |
| 2. 工业 | 千元 | 3 606 995 | 4 054 347 | －11.03 |
| 其中：木材及竹材采运业 | 千元 | 3 010 400 | 3 350 191 | －10.14 |
| 木材加工及竹、藤、棕、草制品业 | 千元 | 35 2585 | 398 459 | －11.51 |
| 林产化学产品制造业 | 千元 | 58 736 | 71 573 | －17.94 |
| 六、在岗职工年平均工资 | 元 | 5 513 | 5 225 | 5.51 |
| 其中：1. 林业 | 元 | 5 920 | 5 632 | 5.11 |
| 其中：国有林场 | 元 | 5 371 | 5 397 | －0.48 |
| 2. 工业 | 元 | 4 529 | 4 422 | 2.42 |
| 其中：木材及竹材采运业 | 元 | 4 368 | 4 295 | 1.70 |
| 木材加工及竹、藤、棕、草制品业 | 元 | 5 641 | 5 324 | 5.95 |
| 林产化学产品制造业 | 元 | 5 876 | 4 989 | 17.78 |

**林业系统各地区按行业**

| 地 区 | 各部门总计 | | | | | 国有经 | | |
|---|---|---|---|---|---|---|---|---|
| | | | | | | 按国民经 | | |
| | | 合计 | 企业 | 事业 | 机关 | 农、林、牧、渔业 | 采掘业 | 制造业 |
| **全国合计** | **54 382** | **52 810** | **4 282** | **45 416** | **3 112** | **44 317** | **1 393** | **725** |
| 北 京 | 127 | 125 | 3 | 107 | 15 | 105 | — | 2 |
| 天 津 | 78 | 78 | 1 | 73 | 4 | 73 | — | — |
| 河 北 | 1 626 | 1 616 | 61 | 1 407 | 148 | 1 390 | — | 20 |
| 山 西 | 2 720 | 2 720 | 6 | 2 586 | 128 | 2 442 | — | 6 |
| 内蒙古 | 1 827 | 1 781 | 44 | 1 637 | 100 | 1 599 | 17 | 4 |
| 内蒙古集团 | 91 | 48 | 25 | 23 | — | 7 | 17 | 1 |
| 辽 宁 | 2 059 | 1 901 | 75 | 1 734 | 92 | 1 711 | 1 | 11 |
| 吉 林 | 1 758 | 1 722 | 362 | 1 285 | 75 | 1 565 | 18 | 7 |
| 吉林集团 | 32 | 26 | 23 | 3 | — | — | 8 | 5 |
| 黑龙江 | 2 928 | 2 738 | 199 | 2 432 | 107 | 2 228 | 40 | 63 |
| 龙江集团 | 311 | 237 | 141 | 73 | 23 | 10 | 40 | 26 |
| 上 海 | 26 | 26 | 2 | 24 | — | 26 | — | — |
| 江 苏 | 731 | 685 | 15 | 643 | 27 | 651 | — | 2 |
| 浙 江 | 1 765 | 1 712 | 100 | 1 531 | 81 | 1 518 | 2 | 15 |
| 安 徽 | 2 355 | 2 343 | 147 | 2 101 | 95 | 2 076 | 7 | 29 |
| 福 建 | 2 278 | 2 111 | 530 | 1 473 | 108 | 1 426 | 292 | 110 |
| 江 西 | 2 417 | 2 386 | 495 | 1 710 | 181 | 1 697 | 351 | 41 |
| 山 东 | 3 240 | 3 239 | 58 | 3 034 | 147 | 2 816 | — | 29 |
| 河 南 | 1 714 | 1 706 | 59 | 1 503 | 144 | 1 445 | 1 | 19 |
| 湖 北 | 2 179 | 2 017 | 281 | 1 657 | 79 | 1 623 | 57 | 81 |
| 湖 南 | 3 248 | 3 231 | 297 | 2 801 | 133 | 2 717 | 224 | 39 |
| 广 东 | 2 002 | 1 962 | 246 | 1 560 | 156 | 1 474 | 46 | 48 |
| 广 西 | 2 037 | 2 037 | 298 | 1 395 | 344 | 1 358 | 7 | 24 |
| 海 南 | 471 | 471 | 42 | 409 | 20 | 377 | 19 | 5 |
| 重 庆 | 1 063 | 1 061 | 131 | 890 | 40 | 883 | 2 | 14 |
| 四 川 | 4 657 | 4 624 | 249 | 4 171 | 204 | 4 140 | 90 | 51 |
| 贵 州 | 2 206 | 2 192 | 163 | 1 934 | 95 | 1 902 | 129 | 24 |
| 云 南 | 2 593 | 2 564 | 200 | 2 218 | 146 | 2 135 | 39 | 39 |
| 西 藏 | 257 | 257 | 5 | 199 | 53 | 186 | 5 | — |
| 陕 西 | 2 330 | 1 837 | 89 | 1 637 | 111 | 1 610 | 7 | 27 |
| 甘 肃 | 1 502 | 1 499 | 29 | 1 379 | 91 | 1 337 | 9 | 4 |
| 青 海 | 345 | 342 | 1 | 302 | 39 | 296 | 1 | — |
| 宁 夏 | 496 | 496 | 3 | 470 | 23 | 462 | — | 2 |
| 新 疆 | 1 219 | 1 210 | 66 | 1 036 | 108 | 1 031 | 20 | 7 |
| 局直属单位 | 128 | 121 | 25 | 78 | 18 | 18 | 9 | 2 |
| 大兴安岭 | 59 | 52 | 25 | 24 | 3 | 6 | 9 | 2 |

## 分企、事业及机关单位个数

单位:个

| 济单位 | | | | | | | | |
|---|---|---|---|---|---|---|---|---|
| 济行业分 | | | | | | | 集体经济单位 | 其他各种经济单位 |
| 建筑业 | 社会服务业 | 卫生、体育和社会福利事业 | 教育、文化艺术及广播电影电视业 | 科学研究和综合技术服务业 | 国家机关、政党机关和社会团体 | 其他 | | |
| **124** | **929** | **43** | **139** | **476** | **3 074** | **1 590** | **1 238** | **334** |
| 1 | 2 | — | — | — | 15 | — | — | 2 |
| — | 1 | — | — | — | 4 | — | — | — |
| — | 18 | — | 5 | 8 | 148 | 27 | 10 | — |
| — | 16 | 3 | 5 | 11 | 128 | 109 | — | — |
| 2 | 13 | 6 | 8 | 15 | 100 | 17 | 32 | 14 |
| — | 1 | 6 | 4 | 2 | — | 10 | 29 | 14 |
| — | 24 | — | 1 | 17 | 89 | 47 | 155 | 3 |
| 3 | 12 | 1 | 5 | 15 | 74 | 22 | 33 | 3 |
| 1 | 1 | 1 | 1 | 1 | — | 8 | 5 | 1 |
| 49 | 57 | 8 | 40 | 17 | 107 | 129 | 168 | 22 |
| 46 | 8 | 8 | 22 | 10 | 23 | 44 | 56 | 18 |
| — | — | — | — | — | — | — | — | — |
| 1 | 5 | — | — | 1 | 24 | 1 | 38 | 8 |
| 1 | 23 | — | 2 | 14 | 81 | 56 | 27 | 26 |
| 4 | 32 | — | — | 11 | 92 | 92 | 9 | 3 |
| 17 | 33 | 3 | 7 | 7 | 102 | 114 | 123 | 44 |
| 5 | 22 | 1 | 1 | 15 | 178 | 75 | 22 | 9 |
| 5 | 31 | — | 2 | 13 | 147 | 196 | — | 1 |
| — | 10 | — | 5 | 48 | 143 | 35 | 5 | 3 |
| 4 | 48 | — | 2 | 35 | 72 | 95 | 43 | 119 |
| 5 | 32 | 2 | 5 | 46 | 131 | 30 | 15 | 2 |
| — | 40 | 1 | 5 | 53 | 156 | 139 | 19 | 21 |
| 9 | 258 | — | 4 | 33 | 344 | — | — | — |
| 1 | 23 | — | — | 9 | 20 | 17 | — | — |
| 1 | 9 | — | — | 1 | 40 | 111 | 1 | 1 |
| 4 | 44 | 1 | 6 | 9 | 203 | 76 | 22 | 11 |
| — | 16 | — | 4 | 12 | 95 | 10 | 9 | 5 |
| 2 | 69 | 1 | 4 | 27 | 146 | 102 | 16 | 13 |
| — | 13 | — | — | — | 53 | — | — | — |
| 4 | 27 | 1 | 3 | 12 | 109 | 37 | 473 | 20 |
| 1 | 21 | 4 | 3 | 19 | 91 | 10 | 3 | — |
| — | 4 | — | — | — | 39 | 2 | 3 | — |
| — | 3 | — | 1 | 1 | 23 | 4 | — | — |
| 3 | 12 | — | 3 | 7 | 102 | 25 | 7 | 2 |
| 2 | 11 | 11 | 18 | 20 | 18 | 12 | 5 | 2 |
| 1 | 5 | 8 | 12 | — | 3 | 6 | 5 | 2 |

## 林业系统各地区按行业

| 地区 | 各部门总计 | 国有经 | | | | | | |
|---|---|---|---|---|---|---|---|---|
| | | | | | | 按国民经 | | |
| | | 合计 | 企业 | 事业 | 机关 | 农、林、牧、渔业 | 采掘业 | 制造业 |
| **全国合计** | **1 922 779** | **1 770 821** | **922 593** | **763 576** | **84 652** | **752 092** | **685 579** | **97 692** |
| 北　京 | 5 260 | 5 124 | 241 | 4 179 | 704 | 4 072 | — | 86 |
| 天　津 | 1 074 | 1 074 | 23 | 868 | 183 | 868 | — | — |
| 河　北 | 24 626 | 2 4471 | 2 298 | 18 821 | 3 352 | 17 784 | — | 1 609 |
| 山　西 | 26 475 | 26 475 | 629 | 23 118 | 2 728 | 20 070 | — | 629 |
| 内蒙古 | 184 255 | 156 670 | 98 857 | 55 643 | 2 170 | 53 318 | 91 370 | 517 |
| 内蒙古集团 | 130 409 | 102 866 | 98 493 | 4 373 | — | 4 381 | 91 370 | 456 |
| 辽　宁 | 31 965 | 31 622 | 2 680 | 27 732 | 1 210 | 27 492 | 43 | 920 |
| 吉　林 | 222 714 | 199 359 | 157 862 | 38 859 | 2 638 | 66 178 | 121 925 | 2 395 |
| 吉林集团 | 71 229 | 62 008 | 61 251 | 757 | — | — | 59 651 | 1 139 |
| 黑龙江 | 463 776 | 400 617 | 329 617 | 65 809 | 5 191 | 53 471 | 294 820 | 22 385 |
| 龙江集团 | 398 213 | 338 532 | 327 045 | 9 510 | 1 977 | 219 | 294 820 | 19 922 |
| 上　海 | 1 215 | 1 215 | 58 | 1 157 | — | 1 215 | — | — |
| 江　苏 | 24 378 | 23 706 | 3 954 | 19 496 | 256 | 22 751 | — | 83 |
| 浙　江 | 24 776 | 21 737 | 5 101 | 14 953 | 1 683 | 14 726 | 42 | 2 731 |
| 安　徽 | 35 552 | 34 748 | 8 335 | 24 971 | 1 442 | 24 567 | 392 | 2 666 |
| 福　建 | 58 845 | 49 813 | 25 158 | 20 744 | 3 911 | 18 493 | 13 646 | 8 044 |
| 江　西 | 93 258 | 92 357 | 31 934 | 53 887 | 6 536 | 54 577 | 21 939 | 3 916 |
| 山　东 | 33 812 | 33 576 | 6 384 | 25 085 | 2 107 | 21 958 | — | 5 776 |
| 河　南 | 31 156 | 30 935 | 3 376 | 24 059 | 3 500 | 22 528 | 125 | 2 021 |
| 湖　北 | 39 668 | 38 328 | 11 757 | 24 538 | 2 033 | 24 588 | 2 696 | 4 141 |
| 湖　南 | 73 748 | 73 434 | 14 758 | 52 279 | 6 397 | 47 970 | 8 112 | 5 155 |
| 广　东 | 52 227 | 50 280 | 8 799 | 35 401 | 6 080 | 32 931 | 2 746 | 2 598 |
| 广　西 | 66 378 | 66 378 | 13 664 | 45 894 | 6 820 | 44 536 | 271 | 5 987 |
| 海　南 | 8 926 | 8 926 | 3 926 | 4 370 | 630 | 3 728 | 2 896 | 265 |
| 重　庆 | 14 997 | 14 961 | 3 667 | 9 663 | 1 631 | 9 363 | 583 | 2 437 |
| 四　川 | 93 604 | 91 771 | 51 921 | 33 695 | 6 155 | 40 712 | 25 040 | 7 689 |
| 贵　州 | 25 746 | 25 571 | 6 751 | 16 501 | 2 319 | 15 321 | 4 375 | 1 518 |
| 云　南 | 59 428 | 58 060 | 22 724 | 28 850 | 6 486 | 24 728 | 7 517 | 8 384 |
| 西　藏 | 5 747 | 5 747 | 1 800 | 2 427 | 1 520 | 2 037 | 1 800 | — |
| 陕　西 | 35 883 | 35 320 | 7 587 | 25 983 | 1 750 | 25 072 | 3 005 | 3 040 |
| 甘　肃 | 38 822 | 38 758 | 10 364 | 26 737 | 1 657 | 25 389 | 7 830 | 1 643 |
| 青　海 | 4 528 | 4 480 | 258 | 3 989 | 233 | 3 856 | 258 | — |
| 宁　夏 | 9 900 | 9 900 | 168 | 9 455 | 277 | 8 511 | — | 165 |
| 新　疆 | 22 524 | 22 130 | 6 942 | 13 719 | 1 469 | 14 773 | 3 503 | 569 |
| 局直属单位 | 107 516 | 93 278 | 81 000 | 10 694 | 1 584 | 4 509 | 70 646 | 323 |
| 大兴安岭 | 99 040 | 84 802 | 81 000 | 2 961 | 841 | 3 870 | 70 646 | 323 |

**分在岗职工年末人数**

单位：人

| 济单位 | | | | | | | | |
|---|---|---|---|---|---|---|---|---|
| 济行业分 | | | | | | | 集体经济单位 | 其他各种经济单位 |
| 建筑业 | 社会服务业 | 卫生、体育和社会福利事业 | 教育、文化艺术及广播电影电视业 | 科学研究和综合技术服务业 | 国家机关、政党机关和社会团体 | 其他 | | |
| **22 457** | **31 521** | **6 593** | **10 965** | **23 203** | **83 990** | **56 729** | **113 920** | **38 038** |
| 64 | 198 | — | — | — | 704 | — | — | 136 |
| — | 23 | — | — | — | 183 | — | — | — |
| — | 596 | — | 285 | 240 | 3 352 | 605 | 155 | — |
| — | 440 | 67 | 402 | 272 | 2 728 | 1 867 | — | — |
| 718 | 823 | 1 181 | 722 | 1 463 | 2 170 | 4 388 | 19 900 | 7 685 |
| — | 146 | 1 181 | 353 | 749 | — | 4 230 | 19 858 | 7 685 |
| — | 715 | — | 14 | 623 | 1 209 | 606 | 153 | 190 |
| 2 662 | 1 344 | 180 | 455 | 1 143 | 2 500 | 577 | 13 968 | 9 387 |
| 13 | 150 | 180 | 146 | 431 | — | 298 | 21 | 9 200 |
| 9 840 | 1 046 | 3 006 | 3 022 | 1 532 | 5 191 | 6 304 | 59 088 | 4 071 |
| 9 758 | 325 | 3 006 | 2 601 | 1 359 | 1 977 | 4 545 | 55 767 | 3 914 |
| — | — | — | — | — | — | — | — | — |
| 486 | 136 | — | — | 1 | 237 | 12 | 583 | 89 |
| 10 | 709 | — | 6 | 357 | 1 665 | 1 491 | 381 | 2 658 |
| 211 | 741 | — | — | 159 | 1 296 | 4 716 | 133 | 671 |
| 1 127 | 932 | 374 | 479 | 430 | 3 919 | 2 369 | 2 696 | 6 336 |
| 379 | 381 | 15 | 13 | 740 | 6 481 | 3 916 | 660 | 241 |
| 123 | 938 | — | 22 | 286 | 2 107 | 2 366 | — | 236 |
| — | 296 | — | 439 | 1 225 | 3 479 | 823 | 81 | 140 |
| 186 | 1 304 | — | 324 | 1 000 | 2 000 | 2 089 | 207 | 1 133 |
| 67 | 2 295 | 56 | 541 | 1 835 | 6 180 | 1 223 | 141 | 173 |
| — | 1 195 | 6 | 223 | 1 418 | 6 080 | 3 083 | 321 | 1 626 |
| 528 | 6 878 | — | 216 | 1 142 | 6 820 | — | — | — |
| 20 | 347 | — | — | 295 | 630 | 745 | — | — |
| 75 | 300 | — | — | 66 | 1 631 | 506 | 17 | 19 |
| 2 442 | 2 953 | 256 | 454 | 574 | 6 239 | 5 412 | 821 | 1 012 |
| — | 294 | — | 304 | 582 | 2 319 | 858 | 134 | 41 |
| 921 | 2 256 | 288 | 403 | 1 739 | 6 486 | 5 338 | 707 | 661 |
| — | 390 | — | — | — | 1 520 | — | — | — |
| 181 | 988 | 200 | 286 | 316 | 1 669 | 563 | 373 | 190 |
| 32 | 637 | 244 | 171 | 929 | 1 657 | 226 | 64 | — |
| — | 116 | — | — | — | 233 | 17 | 48 | — |
| — | 758 | — | 99 | 30 | 277 | 60 | — | — |
| 665 | 109 | — | 308 | 361 | 1 444 | 398 | 113 | 281 |
| 1 720 | 1 383 | 720 | 1 777 | 4 445 | 1 584 | 6 171 | 13 176 | 1 062 |
| 1 660 | 822 | 642 | 1 067 | — | 841 | 4 931 | 13 176 | 1 062 |

## 林业系统各地区按行业

| 地区 | 各部门总计 | 国有经 | | | | | | |
|---|---|---|---|---|---|---|---|---|
| | | | | | | 按国民经 | | |
| | | 合计 | 企业 | 事业 | 机关 | 农、林、牧、渔业 | 采掘业 | 制造业 |
| **全国合计** | **10 322 068** | **9 823 769** | **4 292 997** | **4 791 678** | **739 094** | **4 413 731** | **3 051 491** | **555 504** |
| 北京 | 75 323 | 72 284 | 2 174 | 57 993 | 12 117 | 53 337 | — | 523 |
| 天津 | 8 987 | 8 987 | 97 | 6 839 | 2 051 | 6 839 | — | — |
| 河北 | 154 037 | 153 129 | 11 106 | 117 959 | 24 064 | 107 527 | — | 9 054 |
| 山西 | 136 766 | 136 766 | 1 693 | 116 852 | 18 221 | 100 050 | — | 1 693 |
| 内蒙古 | 873 852 | 779 362 | 450 157 | 311 808 | 17 397 | 279 430 | 415 230 | 2 143 |
| 内蒙古集团 | 574 523 | 480 184 | 448 373 | 31 811 | — | 18 018 | 415 230 | 1 850 |
| 辽宁 | 182 450 | 180 664 | 10 186 | 159 071 | 11 407 | 149 937 | 154 | 4 607 |
| 吉林 | 1 033 227 | 955 598 | 764 045 | 174 668 | 16 885 | 228 802 | 643 942 | 14 160 |
| 吉林集团 | 379 901 | 334 837 | 327 599 | 7 238 | — | — | 317 014 | 7 210 |
| 黑龙江 | 1 675 235 | 1 539 381 | 1 121 406 | 365 727 | 52 248 | 257 453 | 969 320 | 94 350 |
| 龙江集团 | 1 355 326 | 1 226 017 | 1 112 312 | 89 942 | 23 763 | 2 134 | 969 320 | 86 463 |
| 上海 | 18 304 | 18 304 | 1 571 | 16 733 | — | 18 304 | — | — |
| 江苏 | 176 017 | 172 236 | 26 162 | 142 985 | 3 089 | 163 763 | — | 390 |
| 浙江 | 230 233 | 203 905 | 41 119 | 140 190 | 22 596 | 135 070 | 323 | 23 296 |
| 安徽 | 212 160 | 208 611 | 41 134 | 154 813 | 12 664 | 152 298 | 2 264 | 16 847 |
| 福建 | 4 55162 | 401 648 | 173 484 | 184 553 | 43 611 | 158 569 | 93 495 | 58 315 |
| 江西 | 435 806 | 432 979 | 143 994 | 236 704 | 52 281 | 236 126 | 104 679 | 16 710 |
| 山东 | 271 765 | 270 755 | 36 619 | 209 419 | 24 717 | 179 784 | — | 33 197 |
| 河南 | 179 499 | 178 730 | 16 044 | 138 483 | 24 203 | 124 348 | 806 | 10 110 |
| 湖北 | 246 666 | 242 281 | 71 799 | 150 602 | 19 880 | 150 432 | 32 084 | 20 660 |
| 湖南 | 397 470 | 395 475 | 77 334 | 266 273 | 51 868 | 233 557 | 30 774 | 37 361 |
| 广东 | 420 801 | 404 612 | 54 277 | 287 737 | 62 598 | 259 891 | 17 765 | 17 604 |
| 广西 | 370 026 | 370 026 | 82 995 | 241 115 | 45 916 | 229 472 | 1 009 | 47 555 |
| 海南 | 48 961 | 48 961 | 18 832 | 25 814 | 4 315 | 21 131 | 14 444 | 713 |
| 重庆 | 75 217 | 75 057 | 10 506 | 50 554 | 13 997 | 48 088 | 2 190 | 5 916 |
| 四川 | 605 909 | 591 898 | 346 108 | 195 133 | 50 657 | 254 620 | 166 666 | 41 595 |
| 贵州 | 144 813 | 144 431 | 29 581 | 98 588 | 16 262 | 89 196 | 19 883 | 8170 |
| 云南 | 475 315 | 466 898 | 170 178 | 238 109 | 58 611 | 198 685 | 62 626 | 62 406 |
| 西藏 | 27 702 | 27 702 | 6 412 | 10 402 | 10 888 | 8 554 | 6 412 | — |
| 陕西 | 225 323 | 222 797 | 46 390 | 163 810 | 12 597 | 155 790 | 22 319 | 17 513 |
| 甘肃 | 268 472 | 268 097 | 39 005 | 214 366 | 14 726 | 197 632 | 29 997 | 5 129 |
| 青海 | 41 783 | 41 605 | 2 838 | 36 324 | 2 443 | 34 881 | 2 838 | — |
| 宁夏 | 56 820 | 56 820 | 550 | 53 750 | 2 520 | 46 410 | — | 540 |
| 新疆 | 161 298 | 158 598 | 50 512 | 94 954 | 13 132 | 101 672 | 26 076 | 2 861 |
| 局直属单位 | 636 669 | 595 172 | 444 689 | 129 350 | 21 133 | 32 083 | 386 195 | 2 086 |
| 大兴安岭 | 525 017 | 483 520 | 444 689 | 31 012 | 7 819 | 21 711 | 386 195 | 2 086 |

## 分在岗职工年劳动报酬

单位:千元

| 济 单 位 | | | | | | | 集体经济单位 | 其他各种经济单位 |
|---|---|---|---|---|---|---|---|---|
| 济 行 业 分 | | | | | | | | |
| 建筑业 | 社会服务业 | 卫生、体育和社会福利事业 | 教育、文化艺术及广播电影电视业 | 科学研究和综合技术服务业 | 国家机关、政党机关和社会团体 | 其他 | | |
| **126 195** | **201 207** | **64 465** | **120 877** | **217 781** | **732 331** | **340 187** | **267 051** | **231 248** |
| 3 949 | 2 358 | — | — | — | 12 117 | — | — | 3 039 |
| — | 97 | — | — | — | 2 051 | — | — | — |
| — | 4 389 | — | 2 719 | 2 545 | 24 524 | 2 371 | 908 | — |
| — | 3 042 | 263 | 3 347 | 2 292 | 18 221 | 7 858 | — | — |
| 6 185 | 4 445 | 8 190 | 5 474 | 12 312 | 17 250 | 28 703 | 55 262 | 39 228 |
| — | 801 | 8 190 | 2 460 | 5 792 | — | 27 843 | 55 111 | 39 228 |
| — | 5 531 | — | 132 | 5 950 | 11 407 | 2 946 | 460 | 1 326 |
| 18 487 | 10 131 | 1 780 | 5 040 | 12 250 | 14 537 | 6 469 | 32 516 | 45 113 |
| 252 | 850 | 1 780 | 1 731 | 3 727 | — | 2 273 | 110 | 44 954 |
| 42 603 | 7 196 | 30 594 | 27 444 | 13 371 | 52 248 | 44 802 | 115 896 | 19 958 |
| 42 313 | 2 485 | 30 594 | 22 470 | 11 497 | 23 763 | 34 978 | 110 017 | 19 292 |
| — | — | — | — | — | — | — | — | — |
| 3 888 | 1 134 | — | — | 9 | 2 932 | 120 | 2 953 | 828 |
| 35 | 6 099 | — | 39 | 4 941 | 22 596 | 11 506 | 2 750 | 23 578 |
| 1 500 | 3 596 | — | — | 1 524 | 11 602 | 18 980 | 545 | 3 004 |
| 6 912 | 9 467 | 3 735 | 5 594 | 5 049 | 43 705 | 16 207 | 11 097 | 42 417 |
| 2 223 | 1 300 | 63 | 117 | 5 434 | 51 743 | 14 584 | 1 458 | 1 369 |
| 1 780 | 6 916 | — | 233 | 4 121 | 24 717 | 20 007 | — | 1 010 |
| — | 2 102 | — | 5 465 | 8 915 | 24 113 | 2 871 | 309 | 460 |
| 690 | 5 510 | — | 2 030 | 6 415 | 16 831 | 7 629 | 401 | 3 984 |
| 366 | 14 010 | 248 | 6 426 | 14 357 | 51 888 | 6 488 | 540 | 1 455 |
| — | 6 830 | 36 | 8 086 | 15 593 | 62 598 | 16 209 | 2 506 | 13 683 |
| 3 915 | 30 516 | — | 2 361 | 9 282 | 45 916 | — | — | — |
| 72 | 2 208 | — | — | 2 475 | 4 315 | 3 603 | — | — |
| 378 | 2 100 | — | — | 623 | 13 997 | 1 765 | 76 | 84 |
| 18 426 | 21 956 | 2 571 | 5 407 | 5 220 | 51 555 | 23 882 | 2 819 | 11 192 |
| — | 2 021 | — | 2 881 | 4 490 | 16 262 | 1 528 | 155 | 227 |
| 4 533 | 17 016 | 3 054 | 4 004 | 19 310 | 58 611 | 36 653 | 3 743 | 4 674 |
| — | 1 848 | — | — | — | 10 888 | — | — | — |
| 930 | 4 450 | 2 375 | 2 312 | 2 110 | 12 233 | 2 765 | 1 149 | 1 377 |
| 199 | 4 435 | 2 896 | 2 132 | 9 476 | 14 726 | 1 475 | 375 | — |
| — | 1 254 | — | — | — | 2 443 | 189 | 178 | — |
| — | 5 910 | — | 790 | 180 | 2 520 | 470 | — | — |
| 5 168 | 918 | 63 | 2 877 | 3 374 | 12 652 | 2 937 | 622 | 2 078 |
| 3 956 | 12 422 | 8 597 | 25 967 | 45 563 | 21 133 | 57 170 | 30 333 | 11 164 |
| 2 751 | 6 153 | 7 812 | 12 157 | — | 7 819 | 36 836 | 30 333 | 11 164 |

## 林业系统各地区按行业

| 地　区 | 各部门总计 | 国有经 | | | | | | |
|---|---|---|---|---|---|---|---|---|
| | | 合计 | 企业 | 事业 | 机关 | 按国民经 | | |
| | | | | | | 农、林、牧、渔业 | 采掘业 | 制造业 |
| **全国合计** | **5 366** | **5 513** | **4 585** | **6 293** | **8 771** | **5 897** | **4 383** | **5 542** |
| 北　京 | 12 473 | 12 619 | 9 212 | 12 102 | 17 310 | 11 959 | — | 6 457 |
| 天　津 | 8 368 | 8 368 | 4 217 | 7 879 | 11 208 | 7 879 | — | — |
| 河　北 | 6 234 | 6 236 | 4 833 | 6 223 | 7 290 | 6 012 | — | 5 631 |
| 山　西 | 5 164 | 5 164 | 2 497 | 5 064 | 6 667 | 4 990 | — | 2 497 |
| 内蒙古 | 4 606 | 4 758 | 4 292 | 5 500 | 7 833 | 5 139 | 4 273 | 4 145 |
| 　内蒙古集团 | 4 258 | 4 404 | 4 290 | 7 035 | — | 3 928 | 4 273 | 4 057 |
| 辽　宁 | 5 698 | 5 703 | 3 829 | 5 725 | 9 266 | 5 444 | 2 906 | 5 130 |
| 吉　林 | 4 612 | 4 746 | 4 785 | 4 462 | 6 719 | 3 604 | 5 159 | 4 958 |
| 　吉林集团 | 5 377 | 5 385 | 5 333 | 9 561 | — | — | 5 317 | 5 365 |
| 黑龙江 | 3 784 | 3 964 | 3 510 | 5 741 | 10 079 | 5 010 | 3 424 | 4 109 |
| 　龙江集团 | 3 569 | 3 732 | 3 509 | 9 426 | 12 112 | 9 744 | 3 424 | 4 189 |
| 上　海 | 15 003 | 15 003 | 27 086 | 14 400 | — | 15 003 | — | — |
| 江　苏 | 7 169 | 7 206 | 6 420 | 7 307 | 11 927 | 7 138 | — | 4 699 |
| 浙　江 | 9 355 | 9 402 | 8 042 | 9 420 | 13 347 | 9 218 | 7 690 | 8 615 |
| 安　徽 | 5 982 | 6 023 | 4 977 | 6 208 | 8 831 | 6 209 | 5 776 | 6 369 |
| 福　建 | 7 366 | 7 597 | 6 223 | 8 768 | 11 066 | 8 497 | 6 078 | 6 375 |
| 江　西 | 4 776 | 4 792 | 4 620 | 4 476 | 8 276 | 4 419 | 4 678 | 4 373 |
| 山　东 | 8 039 | 8 066 | 5 786 | 8 343 | 11 561 | 8 181 | — | 5 799 |
| 河　南 | 5 771 | 5 787 | 4 748 | 5 763 | 6 961 | 5 533 | 6 500 | 4 951 |
| 湖　北 | 5 784 | 5 866 | 5 238 | 5 962 | 8 503 | 5 874 | 7 544 | 4 751 |
| 湖　南 | 5 373 | 5 368 | 5 170 | 5 092 | 8 070 | 4 865 | 3 789 | 6 960 |
| 广　东 | 8 029 | 8 021 | 6 105 | 8 110 | 10 299 | 7 872 | 6 427 | 6 729 |
| 广　西 | 5 573 | 5 573 | 6 012 | 5 245 | 6 937 | 5 143 | 2 734 | 7 902 |
| 海　南 | 5 492 | 5 492 | 4 797 | 5 751 | 8 630 | 5 493 | 4 988 | 2 691 |
| 重　庆 | 5 183 | 5 185 | 2 876 | 5 474 | 8 825 | 5 381 | 4 086 | 2 401 |
| 四　川 | 6 347 | 6 319 | 6 216 | 6 141 | 8 149 | 6 214 | 6 371 | 5 310 |
| 贵　州 | 5 763 | 5 788 | 4 790 | 5 990 | 7 013 | 5 847 | 4 553 | 5 350 |
| 云　南 | 7 916 | 7 957 | 7 357 | 8 199 | 9 009 | 7 990 | 8 205 | 7 331 |
| 西　藏 | 4 954 | 4 954 | 3 600 | 4 525 | 7 201 | 4 469 | 3 600 | — |
| 陕　西 | 6 215 | 6 332 | 6 039 | 6 359 | 7 235 | 6 268 | 6 951 | 5 746 |
| 甘　肃 | 7 040 | 7 042 | 4 066 | 7 993 | 8 876 | 7 757 | 4 180 | 3 518 |
| 青　海 | 9 228 | 9 287 | 11 000 | 9 106 | 10 485 | 9 046 | 11 000 | — |
| 宁　夏 | 5 834 | 5 834 | 3 274 | 5 784 | 9 032 | 5 554 | — | 3 273 |
| 新　疆 | 7 207 | 7 220 | 7 476 | 6 854 | 9 677 | 6 893 | 7 370 | 5 643 |
| 局直属单位 | 5 446 | 5 816 | 4 944 | 11 967 | 13 443 | 7 632 | 4 847 | 6 153 |
| 　大兴安岭 | 4 848 | 5 159 | 4 944 | — | 10 498 | 9 559 | 6 093 | 4 847 | 6 153 |

**分在岗职工年平均劳动报酬** 单位:元

| 济单位 | | | | | | | | |
|---|---|---|---|---|---|---|---|---|
| 济行业分 | | | | | | | 集体经济单位 | 其他各种经济单位 |
| 建筑业 | 社会服务业 | 卫生、体育和社会福利事业 | 教育、文化艺术及广播电影电视业 | 科学研究和综合技术服务业 | 国家机关、政党机关和社会团体 | 其他 | | |
| **5 155** | **6 405** | **9 519** | **11 015** | **9 201** | **8 764** | **6 056** | **2 564** | **6 166** |
| 13 905 | 11 616 | — | — | — | 17 310 | — | — | 9 772 |
| — | 4 217 | — | — | — | 11 208 | — | — | — |
| — | 7 352 | — | 9 540 | 10 649 | 7 351 | 3 919 | 5 858 | — |
| — | 6 929 | 3 925 | 8 854 | 8 426 | 6 667 | 4 209 | — | — |
| 8 614 | 5 401 | 6 167 | 7 571 | 8 010 | 7 841 | 6 522 | 3 010 | 5 172 |
| — | 5 486 | 6 167 | 6 969 | 7 661 | — | 6 568 | 3 009 | 5 172 |
| — | 7 746 | — | 9 429 | 9 535 | 9 266 | 4 926 | 3 007 | 6 979 |
| 4 657 | 7 504 | 9 889 | 11 053 | 10 680 | 6 293 | 8 380 | 2 317 | 5 219 |
| 12 600 | 5 667 | 9 889 | 11 856 | 8 647 | — | 7 865 | 5 238 | 5 320 |
| 4 213 | 6 247 | 10 034 | 9 051 | 8 826 | 10 079 | 6 569 | 2 288 | 5 351 |
| 4 209 | 6 827 | 10 034 | 8 603 | 8 586 | 12 112 | 6 813 | 2 309 | 5 393 |
| — | — | — | — | — | — | — | — | — |
| 8 000 | 8 338 | — | — | 9 000 | 12 217 | 10 000 | 5 283 | 9 099 |
| 3 500 | 9 049 | — | 6 500 | 13 537 | 13 347 | 7 467 | 6 807 | 9 356 |
| 7 109 | 4 833 | — | — | 9 585 | 9 008 | 4 068 | 4 098 | 4 285 |
| 6 418 | 9 750 | 10 067 | 11 487 | 13 168 | 11 007 | 6 776 | 1 167 | 6 772 |
| 5 585 | 4 127 | 4 200 | 9 000 | 7 506 | 8 263 | 4 860 | 2 179 | 6 223 |
| 14 472 | 7 373 | — | 10 591 | 14 260 | 11 561 | 8 485 | — | 4 280 |
| — | 6 716 | — | 12 449 | 7 272 | 6 977 | 3 536 | 3 815 | 3 286 |
| 3 710 | 4 550 | — | 6 265 | 6 302 | 8 143 | 3 331 | 1 937 | 3 516 |
| 5 463 | 6 210 | 6 200 | 11 434 | 7 423 | 8 073 | 7 290 | 4 320 | 8 267 |
| — | 5 808 | 6 000 | 36 260 | 11 043 | 10 299 | 5 131 | 7 548 | 8 384 |
| 7 331 | 4 434 | — | 10 931 | 8 135 | 6 937 | — | — | — |
| 3 600 | 6 363 | — | — | 8 390 | 8 630 | 4 836 | — | — |
| 5 040 | 7 000 | — | — | 9 439 | 8 825 | 3 447 | 4 471 | 4 421 |
| 7 460 | 7 277 | 9 117 | 11 529 | 8 118 | 8 185 | 4 323 | 3 685 | 10 898 |
| — | 7 017 | — | 9 477 | 7 349 | 7 013 | 5 418 | 1 157 | 5 537 |
| 4 384 | 7 489 | 11 065 | 10 035 | 10 867 | 9 009 | 6 786 | 5 355 | 6 976 |
| — | 4 800 | — | — | — | 7 201 | — | — | — |
| 5 776 | 5 097 | 11 875 | 8 084 | 6 677 | 7 330 | 4 902 | 1 574 | 4 050 |
| 4 326 | 6 951 | 11 820 | 12 468 | 9 281 | 8 876 | 8 194 | 5 859 | — |
| — | 10 810 | — | — | — | 10 485 | 11 118 | 3 708 | — |
| — | 7 870 | — | 7 980 | 6 000 | 9 032 | 7 833 | — | — |
| 8 126 | 8 422 | 12 600 | 9 654 | 8 997 | 9 470 | 7 129 | 5 868 | 6 747 |
| 2 126 | 8 879 | 12 143 | 14 687 | 10 118 | 13 443 | 9 085 | 2 323 | 7 311 |
| 1 538 | 7 440 | 12 400 | 11 404 | — | 9 559 | 7 358 | 2 323 | 7 311 |

**林业系统按行业分职工伤亡事故情况**

| 国民经济行业 | 轻伤（人次） | 重伤（人次） | 死亡（人） | 国民经济行业 | 轻伤（人次） | 重伤（人次） | 死亡（人） |
|---|---|---|---|---|---|---|---|
| **总计** | **1 646** | **201** | **180** | 2. 林产化学产品制造业 | 18 | — | 1 |
| 一、农林牧渔业 | 207 | 77 | 119 | 3. 机械制造及修理业 | 29 | 3 | 3 |
| 其中：国有林场 | 143 | 53 | 85 | 4. 建筑材料制造加工业 | 2 | 2 | — |
| 二、采掘业 | 1 179 | 79 | 36 | 5. 其他制造业 | 10 | 1 | 3 |
| 其中：木材及竹材采运业 | 1 134 | 71 | 28 | 四、建筑业 | 18 | — | 1 |
| 三、制造业 | 206 | 28 | 13 | 五、其他 | 36 | 17 | 11 |
| 1. 木材加工及竹、藤、棕、草制品业 | 147 | 22 | 6 | | | | |

# 固定资产投资

**林业系统营林固定资产投资主要指标 2000 年与 1999 年比较**

| 指标名称 | 2000 年 | 1999 年 | 2000 年与 1999 年比较（%） |
|---|---|---|---|
| 营林固定资产投资完成额（万元） | 1 510 541 | 917 812 | 64.58 |
| 一、基本建设投资完成额 | 1 506 583 | 915 591 | 64.55 |
| 其中：国家投资 | 1 101 385 | 575 578 | 91.35 |
| （一）按构成分：建筑安装工程 | 107 595 | 92 665 | 16.11 |
| 设备工器具购置 | 49 274 | 28 358 | 73.76 |
| 其他费用 | 1 349 714 | 794 568 | 69.87 |
| 其中：造林费 | 562 751 | 372 193 | 51.20 |
| （二）按用途分：营造林业 | 1 159 903 | 720 034 | 61.09 |
| 木材及竹材采运业 | 10 544 | 11 203 | −5.88 |
| 木材加工及竹藤、棕草制品业 | 8 194 | — | — |
| 住宅 | 20 544 | 20 235 | 1.53 |
| 其他 | 307 398 | 164 119 | 87.30 |
| （三）本年新增固定资产 | 422 969 | 183 501 | 130.50 |
| （四）完成的主要实物工程量（千公顷） | | | |
| 造林面积 | 3 851.1 | 3 332.1 | 15.58 |
| 中、幼龄林抚育面积 | 1 614.0 | 3 195.7 | −49.49 |
| 母树林木面积 | 35.1 | 19.5 | 80.00 |
| 种子园面积 | 13.4 | 7.8 | 71.79 |
| 公路（千米） | 5 049 | 4 252.8 | 18.72 |
| 林道（千米） | 13 849 | 9 380.7 | 47.63 |
| 防火线（千米） | 42 689 | 36 260.4 | 17.73 |

（续）

| 指 标 名 称 | 2000年 | 1999年 | 2000年与1999年比较(%) |
| --- | --- | --- | --- |
| (五)房屋建筑面积(万平方米) | | | |
| 施工面积 | 80.58 | 92.34 | －12.74 |
| 竣工面积 | 49.98 | 59.68 | －16.25 |
| 其中:住宅 | 26.23 | 35.39 | －25.88 |
| 二、更新改造投资完成额 | 3 958 | 2 221 | 78.21 |
| 其中:国家投资 | 2 239 | 921 | 143.11 |
| (一)按构成分:建筑安装工程 | 492 | 630 | －21.90 |
| 设备工器具购置 | 210 | 179 | 17.32 |
| 其他费用 | 3 256 | 1 412 | 130.59 |
| (二)按用途分:营造林业 | 1 800 | 1 023 | 75.95 |
| 木材及竹材采运业 | — | — | — |
| 木材加工及竹藤、棕、草制品业 | — | — | — |
| 住宅 | 84 | 382 | －78.01 |
| 其他 | 2 074 | 816 | 154.17 |
| (三)按建设性质分 | | | |
| 其中:新建 | 2 200 | 381 | 477.43 |
| 扩建 | 1 174 | 784 | 49.74 |
| 改建 | 238 | 264 | －9.85 |
| (四)本年新增固定资产 | 2 166 | 1 408 | 53.84 |
| (五)房屋建筑面积(万平方米) | | | |
| 施工面积 | 1.27 | 2.63 | －51.71 |
| 竣工面积 | 0.53 | 1.89 | －71.96 |
| 其中:住宅 | 0.13 | 1.10 | －88.18 |
| 森工固定资产投资完成额(万元) | 167 171 | 166 265 | 0.54 |
| 一、森工基建基本建设投资完成额 | 62 672 | 79 703 | －21.37 |
| 其中:国家投资 | 23 138 | 18 174 | 27.31 |
| (一)按构成分:建筑安装工程 | 32 942 | 43 398 | －24.09 |
| 设备工器具购置 | 19 354 | 27 093 | －28.56 |
| 其他费用 | 10 376 | 9 212 | 12.64 |
| (二)按用途分:营造林业 | 3 626 | 1 952 | 85.76 |
| 木材及竹材采运业 | 4 037 | — | — |
| 木材加工及竹藤、棕草制品业 | 9 693 | — | — |
| 住宅 | 9 579 | 13 177 | －27.31 |
| 其他 | 34 837 | 33 385 | 4.35 |
| (三)按建设性质分 | | | |
| 其中:新建 | 41 748 | 52 965 | －21.18 |

（续）

| 指 标 名 称 | 2000年 | 1999年 | 2000年与1999年比较(%) |
|---|---|---|---|
| 扩建 | 10 053 | 16 363 | −38.56 |
| 改建 | 7 502 | 8 273 | −9.32 |
| (四)本年新增固定资产 | 40 868 | 63 773 | −35.92 |
| (五)房屋建筑面积(万平方米) | | | |
| 建筑面积 | 35.99 | 49.98 | −27.99 |
| 施工面积 | 21.63 | 34.56 | −37.41 |
| 其中:住宅 | 12.32 | 15.96 | −22.81 |
| 二、森工更新改造投资完成额 | 65 347 | 50 288 | 29.95 |
| 其中:国家投资 | 2 148 | 92 | 2 234.78 |
| (一)按构成分:建筑安装工程 | 13 768 | 22 327 | −38.33 |
| 设备工器具购置 | 43 505 | 24 433 | 78.06 |
| 其他费用 | 8 074 | 3 528 | 128.85 |
| (二)按用途分:营造林业 | 5 804 | 1 400 | 314.57 |
| 木材及竹材采运业 | 10 548 | — | — |
| 木材加工及竹、藤、棕草制品业 | 41 025 | — | — |
| 住宅 | 1 035 | 384 | 169.53 |
| 其他 | 6 935 | 13 935 | −50.23 |
| (三)按建设性质分 | | | |
| 其中:新建 | 14 870 | 8 972 | 65.74 |
| 扩建 | 21 007 | 22 448 | −6.42 |
| 改建 | 28 616 | 17 318 | 65.24 |
| (四)本年新增固定资产 | 34 870 | 46 153 | −24.45 |
| (五)房屋建筑(万平方米) | | | |
| 建筑面积 | 9.48 | 2.79 | 239.78 |
| 竣工面积 | 6.30 | 2.93 | 115.02 |
| 其中:住宅 | 0.48 | 1.03 | −53.40 |
| 三、森工其他投资完成额 | 39 152 | 36 274 | 7.93 |
| 其中:国家投资 | 1 805 | 156 | 1 057.05 |
| (一)按构成分:建筑安装工程 | 28 029 | 24 999 | 12.12 |
| 设备工器具购置 | 9 161 | 7 484 | 22.41 |
| 其他费用 | 1 962 | 3 791 | −48.25 |
| (二)本年新增固定资产 | 30 586 | 31 135 | −1.76 |

## 全国历年林业系统固定资产投资完成额

单位:万元

| 年份 | 固定资产投资完成总额 | 营林固定资产投资 | | | 森工固定资产 | | | |
|---|---|---|---|---|---|---|---|---|
| | | 合计 | 基本建设 | 更新改造 | 合计 | 基本建设 | 更新改造 | 其他 |
| 1950年 | 1 009.7 | — | — | — | 1 009.7 | 1 009.7 | — | |
| 1951年 | 1 665.6 | — | — | — | 1 665.6 | 1 665.6 | — | |
| 1952年 | 5 523.9 | — | — | — | 5 523.9 | 5 523.9 | — | |
| 三年恢复时期 | 8 199.2 | — | — | — | 8 199.2 | 8 199.2 | — | |
| 1953年 | 13 873.6 | 512.3 | 512.3 | — | 13 361.3 | 13 361.3 | — | — |
| 1954年 | 12 414.9 | 423.0 | 423.0 | — | 11 991.9 | 11 991.9 | — | — |
| 1955年 | 11 482.8 | 725.2 | 725.2 | — | 10 757.6 | 10 757.6 | — | — |
| 1956年 | 17 732.9 | 7 507.1 | 7 507.1 | — | 10 225.8 | 10 225.8 | — | — |
| 1957年 | 21 393.2 | 3 332.0 | 3 332.0 | — | 18 061.2 | 18 061.2 | — | — |
| "一五"时期 | 76 897.4 | 12 499.6 | 12 499.6 | — | 64 397.8 | 64 397.8 | — | — |
| 1958年 | 32 666.0 | 3 787.0 | 3 787.0 | — | 28 879.0 | 28 879.0 | — | — |
| 1959年 | 61 239.8 | 9 290.4 | 9 290.4 | — | 51 949.4 | 51 949.4 | — | — |
| 1960年 | 84 021.0 | 15 516.0 | 15 516.0 | — | 68 505.0 | 68 505.0 | — | — |
| 1961年 | 34 396.3 | 7 051.3 | 7 051.3 | — | 27 345.0 | 27 345.0 | — | — |
| 1962年 | 39 329.2 | 12 064.7 | 12 064.7 | — | 27 264.5 | 27 264.5 | — | — |
| "二五"时期 | 251 652.3 | 47 709.4 | 47 709.4 | — | 203 942.9 | 203 942.9 | — | — |
| 1963年 | 63 497.6 | 18 144.2 | 18 144.2 | — | 45 353.4 | 45 353.4 | — | — |
| 1964年 | 81 208.6 | 23 769.5 | 23 769.5 | — | 57 439.1 | 57 439.1 | — | — |
| 1965年 | 80 974.1 | 19 365.8 | 19 365.8 | — | 61 608.3 | 61 608.3 | — | — |
| 三年调整时期 | 225 680.3 | 61 279.5 | 61 279.5 | — | 164 400.8 | 164 400.8 | — | — |
| 1966年 | 79 469.0 | 18 654.3 | 18 654.3 | — | 60 814.7 | 60 814.7 | — | — |
| 1967年 | 60 233.4 | 17 788.8 | 17 788.8 | — | 42 444.6 | 42 444.6 | — | — |
| 1968年 | 47 492.1 | 15 174.8 | 15 174.8 | — | 32 317.3 | 32 317.3 | — | — |
| 1969年 | 56 251.6 | 16 373.4 | 16 373.4 | — | 39 878.2 | 39 878.2 | — | — |
| 1970年 | 62 234.5 | 15 587.9 | 15 587.9 | — | 46 646.6 | 46 646.6 | — | — |
| "三五"时期 | 305 680.6 | 83 579.2 | 83 579.2 | — | 222 101.4 | 222 101.4 | — | — |
| 1971年 | 76 122.5 | 20 033.7 | 20 033.7 | — | 56 088.8 | 56 088.8 | — | — |
| 1972年 | 89 978.2 | 25 347.8 | 25 347.8 | — | 64 630.4 | 64 630.4 | — | — |
| 1973年 | 93 597.3 | 27 733.1 | 27 733.1 | — | 65 864.2 | 65 864.2 | — | — |
| 1974年 | 99 316.7 | 29 138.7 | 29 138.7 | — | 70 178.0 | 70 178.0 | — | — |
| 1975年 | 98 806.3 | 30 737.5 | 30 737.5 | — | 68 068.8 | 68 068.8 | — | — |

（续）

| 年 份 | 固定资产投资完成总额 | 营林固定资产投资 | | | 森工固定资产 | | | |
|---|---|---|---|---|---|---|---|---|
| | | 合 计 | 基本建设 | 更新改造 | 合 计 | 基本建设 | 更新改造 | 其 他 |
| “四五”时期 | 457 821.0 | 132 990.8 | 132 990.8 | — | 324 830.2 | 324 830.2 | — | — |
| 1976 年 | 68 668.9 | 30 723.0 | 30 723.0 | — | 37 945.9 | 37 945.9 | — | — |
| 1977 年 | 58 757.4 | 24 983.8 | 24 983.8 | — | 33 773.6 | 33 773.6 | — | — |
| 1978 年 | 105 729.9 | 31 248.8 | 31 248.8 | — | 74 481.1 | 53 926.2 | 20 554.9 | — |
| 1979 年 | 138 976.5 | 57 403.8 | 57 403.8 | — | 81 572.7 | 59 249.1 | 22 323.6 | — |
| 1980 年 | 144 953.8 | 57 302.7 | 57 302.7 | — | 87 651.1 | 81 270.6 | 6 380.5 | — |
| “五五”时期 | 517 086.5 | 201 662.1 | 201 662.1 | — | 315 424.4 | 266 165.4 | 49 259.0 | — |
| 1981 年 | 140 752.3 | 51 230.9 | 51 230.9 | — | 89 521.4 | 81 958.9 | 7562.5 | — |
| 1982 年 | 168 724.5 | 54 403.4 | 54 403.4 | — | 114 321.1 | 64 442.4 | 10 166.1 | 39 712.6 |
| 1983 年 | 164 399.3 | 46 577.8 | 46 577.8 | — | 117 821.5 | 73 066.4 | 15 413.7 | 29 341.4 |
| 1984 年 | 180 111.4 | 53 300.4 | 53 300.4 | — | 126 811.0 | 78 863.0 | 14 059.0 | 33 889.0 |
| 1985 年 | 183 303.0 | 61 898.0 | 61 898.0 | — | 121 405.0 | 76 700.0 | 12 771.0 | 31 934.0 |
| “六五”时期 | 837 290.5 | 267 410.5 | 267 410.5 | — | 569 880.0 | 375 030.7 | 59 972.3 | 134 877.0 |
| 1986 年 | 231 994.0 | 60 296.0 | 59 191.0 | 1 105.0 | 171 698.0 | 78 862.0 | 16 095.0 | 76 741.0 |
| 1987 年 | 295 048.0 | 69 691.0 | 68 157.0 | 1 534.0 | 225 357.0 | 87 292.0 | 26 561.0 | 111 504.0 |
| 1988 年 | 261 413.0 | 83 782.0 | 81 559.0 | 2 223.0 | 177 631.0 | 79 603.0 | 37 930.0 | 60 098.0 |
| 1989 年 | 237 553.0 | 93 261.0 | 92 160.0 | 1 101.0 | 144 292.0 | 75 567.0 | 33 100.0 | 35 625.0 |
| 1990 年 | 246 131.0 | 100 957.0 | 100 024.0 | 933.0 | 145 174.0 | 84 966.0 | 28 508.0 | 31 700.0 |
| “七五”时期 | 1 272 139.0 | 407 987.0 | 401 091.0 | 6 896.0 | 864 152.0 | 406 290.0 | 142 194.0 | 315 668.0 |
| 1991 年 | 272 236.0 | 109 462.0 | 107 639.0 | 1 823.0 | 162 774.0 | 104 359.0 | 27 322.0 | 31 093.0 |
| 1992 年 | 329 800.0 | 140 826.0 | 137 411.0 | 3 415.0 | 188 974.0 | 120 749.0 | 34 706.0 | 33 519.0 |
| 1993 年 | 409 238.0 | 162 777.0 | 158 849.0 | 3 928.0 | 246 461.0 | 145 700.0 | 54 853.0 | 45 908.0 |
| 1994 年 | 476 997.0 | 194 633.0 | 189 541.0 | 5 092.0 | 282 364.0 | 173 920.0 | 56 376.0 | 52 068.0 |
| 1995 年 | 563 972.0 | 212 546.0 | 208 531.0 | 4 015.0 | 351 426.0 | 206 932.0 | 112 608.0 | 31 886.0 |
| “八五”时期 | 2 052 243.0 | 820 244.0 | 801 971.0 | 18 273.0 | 1 231 999.0 | 751 660.0 | 285 865.0 | 194 474.0 |
| 1996 年 | 638 626.0 | 295 283.0 | 278 722.0 | 16 561.0 | 343 343.0 | 203 809.0 | 96 678.0 | 42 856.0 |
| 1997 年 | 741 802.0 | 392 904.0 | 384 653.0 | 8 251.0 | 348 898.0 | 215 739.0 | 80 701.0 | 52 458.0 |
| 1998 年 | 874 648.0 | 610 303.0 | 606 051.0 | 4 252.0 | 264 345.0 | 164 192.0 | 61 143.0 | 39 010.0 |
| 1999 年 | 1 084 077.0 | 917 812.0 | 915 591.0 | 2 221.0 | 166 265.0 | 79 703.0 | 50 288.0 | 36 274.0 |
| 2000 年 | 1 677 712.0 | 1 510 541.0 | 1 506 583.0 | 3 958.0 | 167 171.0 | 62 672.0 | 65 347.0 | 39 152.0 |
| “九五”时期 | 5 016 865.0 | 3 726 843.0 | 3 691 600.0 | 35 243.0 | 1 290 022.0 | 726 115.0 | 354 157.0 | 209 750.0 |
| **1950～2000 年合计** | **11 021 554.8** | **5 762 205.1** | **5 701 793.1** | **60 412.0** | **5 259 349.7** | **3 413 133.4** | **891 447.3** | **854 769.0** |

## 建国以来林业系统基本建设投资完成额

单位:万元

| 年份 | 林业系统基本建设投资完成额 | | | | | |
|---|---|---|---|---|---|---|
| | 合计 | 其中:国投 | 营林 | | 森工 | |
| | | | 合计 | 其中:国投 | 合计 | 其中:国投 |
| 1950年 | 1 009.7 | 1 009.7 | — | — | 1 009.7 | 1 009.7 |
| 1951年 | 1 665.6 | 1 665.6 | — | — | 1 665.6 | 1 665.6 |
| 1952年 | 5 523.9 | 5 523.9 | — | — | 5 523.9 | 5 523.9 |
| 三年恢复时期 | 8 199.2 | 8199.2 | — | — | 8 199.2 | 8 199.2 |
| 1953年 | 13 873.6 | 13 873.6 | 512.3 | 512.3 | 13 361.3 | 13 361.3 |
| 1954年 | 12 414.9 | 12 414.9 | 423.0 | 423.0 | 11 991.9 | 11 991.9 |
| 1955年 | 11 482.8 | 11 482.8 | 725.2 | 725.2 | 10 757.6 | 10 757.6 |
| 1956年 | 17 732.9 | 17 732.9 | 7 507.1 | 7 507.1 | 10 225.8 | 10 225.8 |
| 1957年 | 21 393.2 | 21 393.2 | 3 332.0 | 3 332.0 | 18 061.2 | 18 061.2 |
| "一五"时期 | 76 897.4 | 76 897.4 | 12 499.6 | 12 499.6 | 64 397.8 | 64 397.8 |
| 1958年 | 32 666.0 | 32 666.0 | 3 787.0 | 3 787.0 | 28 879.0 | 28 879.0 |
| 1959年 | 61 239.8 | 51 647.5 | 9 290.4 | 7 765.1 | 51 949.4 | 43 882.4 |
| 1960年 | 84 021.0 | 74 052.2 | 15 516.0 | 13 795.7 | 68 505.0 | 60 256.5 |
| 1961年 | 34 396.3 | 31 284.1 | 7 051.3 | 6 460.1 | 27 345.0 | 24 824.0 |
| 1962年 | 39 329.2 | 29 084.8 | 12 064.7 | 6 989.6 | 27 264.5 | 22 095.2 |
| "二五"时期 | 251 652.3 | 218 734.6 | 47 709.4 | 38 797.5 | 203 942.9 | 179 937.1 |
| 1963年 | 63 497.6 | 52 505.6 | 18 144.2 | 13 892.2 | 45 353.4 | 38 613.4 |
| 1964年 | 81 208.6 | 68 758.8 | 23 769.5 | 19 278.3 | 57 439.1 | 49 480.5 |
| 1965年 | 80 974.1 | 69 974.4 | 19 365.8 | 16 567.7 | 61 608.3 | 53 406.7 |
| 三年调整时期 | 225 680.3 | 191 238.8 | 61 279.5 | 49 738.2 | 164 400.8 | 141 500.6 |
| 1966年 | 79 469.0 | 62 657.3 | 18 654.3 | 13 557.5 | 60 814.7 | 49 099.8 |
| 1967年 | 60 233.4 | 44 232.2 | 17 788.8 | 13 880.7 | 42 444.6 | 30 351.5 |
| 1968年 | 47 492.1 | 34 054.3 | 15 174.8 | 11 742.2 | 32 317.3 | 22 312.1 |
| 1969年 | 56 251.6 | 39 680.4 | 16 373.4 | 11 179.3 | 39 878.2 | 28 501.1 |
| 1970年 | 62 234.5 | 42 977.1 | 15 587.9 | 9 713.1 | 46 646.6 | 33 264.0 |
| "三五"时期 | 305 680.6 | 223 601.3 | 83 579.2 | 60 072.8 | 222 101.4 | 163 528.5 |
| 1971年 | 76 122.5 | 50 339.0 | 20 033.7 | 9 972.5 | 56 088.8 | 40 366.5 |
| 1972年 | 89 978.2 | 58 054.9 | 25 347.8 | 12 982.7 | 64 630.4 | 45 072.2 |
| 1973年 | 93 597.3 | 64 052.2 | 27 733.1 | 16 088.8 | 65 864.2 | 47 963.4 |
| 1974年 | 99 316.7 | 63 436.2 | 29 138.7 | 16 325.3 | 70 178.0 | 47 110.9 |
| 1975年 | 98 806.3 | 55 519.3 | 30 737.5 | 15 491.3 | 68 068.8 | 40 028.0 |

（续）

| 年 份 | 林业系统基本建设投资完成额 | | | | | |
| --- | --- | --- | --- | --- | --- | --- |
| | 合 计 | 其中:国投 | 营 林 | | 森 工 | |
| | | | 合 计 | 其中:国投 | 合 计 | 其中:国投 |
| "四五"时期 | 457 821.0 | 291 401.6 | 132 990.8 | 70 860.6 | 324 830.2 | 220 541.0 |
| 1976年 | 68 668.9 | 49 658.7 | 30 723.0 | 15 086.7 | 37 945.9 | 34 572.0 |
| 1977年 | 58 757.4 | 46 008.4 | 24 983.8 | 15 142.6 | 33 773.6 | 30 865.8 |
| 1978年 | 85 175.0 | 65 368.8 | 31 248.8 | 15 691.9 | 53 926.2 | 49 676.9 |
| 1979年 | 116 652.9 | 90 757.6 | 57 403.8 | 34 415.5 | 59 249.1 | 56 342.1 |
| 1980年 | 138 573.3 | 68 480.7 | 57 302.7 | 28 797.2 | 81 270.6 | 39 683.5 |
| "五五"时期 | 467 827.5 | 320 274.2 | 201 662.1 | 109 133.9 | 266 165.4 | 211 140.3 |
| 1981年 | 133 189.8 | 61 024.5 | 51 230.9 | 21 747.3 | 81 958.9 | 39 277.2 |
| 1982年 | 118 845.8 | 68 432.1 | 54 403.4 | 22 528.5 | 64 442.4 | 45 903.6 |
| 1983年 | 119 644.2 | 73 556.6 | 46 577.8 | 26 435.2 | 73 066.4 | 47 121.4 |
| 1984年 | 132 163.4 | 81 782.4 | 53 300.4 | 30 891.4 | 78 863.0 | 50 891.0 |
| 1985年 | 138 598.0 | 78 732.0 | 61 898.0 | 31 375 | 76 700.0 | 47 357.0 |
| "六五"时期 | 642 441.2 | 363 527.6 | 267 410.5 | 132 977.4 | 375 030.7 | 230 550.2 |
| 1986年 | 138 053.0 | 81 753.0 | 59 191.0 | 29 510.0 | 78 862.0 | 52 243.0 |
| 1987年 | 155 449.0 | 97 348.0 | 68 157.0 | 32 720.0 | 87 292.0 | 64 628.0 |
| 1988年 | 161 162.0 | 91 504.0 | 81 559.0 | 36 758.0 | 79 603.0 | 54 746.0 |
| 1989年 | 167 727.0 | 90 604.0 | 92 160.0 | 36 305.0 | 75 567.0 | 54 299.0 |
| 1990年 | 184 990.0 | 107 246.0 | 100 024.0 | 46 327.0 | 84 966.0 | 60 919.0 |
| "七五"时期 | 807 381.0 | 468 455.0 | 401 091.0 | 181 620.0 | 406 290.0 | 286 835.0 |
| 1991年 | 211 998.0 | 134 816.0 | 107 639.0 | 53 691.0 | 104 359.0 | 81 125.0 |
| 1992年 | 258 160.0 | 138 679.0 | 137 411.0 | 55 936.0 | 120 749.0 | 82 743.0 |
| 1993年 | 304 549.0 | 142 025.0 | 158 849.0 | 54 300.0 | 145 700.0 | 87 725.0 |
| 1994年 | 363 461.0 | 141 198.0 | 189 541.0 | 59 283.0 | 173 920.0 | 81 915.0 |
| 1995年 | 415 463.0 | 179 222.0 | 208 531.0 | 73 435.0 | 206 932.0 | 105 787.0 |
| "八五"时期 | 1 553 631.0 | 735 940.0 | 801 971.0 | 296 645.0 | 751 660.0 | 439 295.0 |
| 1996年 | 482 531.0 | 176 439.0 | 278 722.0 | 90 844.0 | 203 809.0 | 85 595.0 |
| 1997年 | 600 392.0 | 187 715.0 | 384 653.0 | 121 998.0 | 215 739.0 | 65 717.0 |
| 1998年 | 770 243.0 | 369 898.0 | 606 051.0 | 305 910.0 | 164 192.0 | 63 988.0 |
| 1999年 | 995 294.0 | 593 752.0 | 915 591.0 | 575 578.0 | 79 703.0 | 18 174.0 |
| 2000年 | 1 569 266.0 | 1 124 523.0 | 1 506 583.0 | 1 101 385.0 | 62 672.0 | 23 138.0 |
| "九五"时期 | 4 417 715.0 | 2 452 327.0 | 3 691 600.0 | 2 195 715.0 | 726 115.0 | 256 612.0 |
| **1950～2000年合计** | **9 214 926.5** | **5 350 596.7** | **5 701 793.1** | **3 148 060.0** | **3 513 133.4** | **2 202 536.7** |

## 林业系统各地区固定资产投资完成额

单位:万元

| 单 位 | 合 计 | 营林固定资产投资 | | | 森工固定资产投资 | | | |
|---|---|---|---|---|---|---|---|---|
| | | 合 计 | 基本建设 | 更新改造 | 合 计 | 基本建设 | 更新改造 | 其他投资 |
| **全国合计** | **1 677 712** | **1 510 541** | **1 506 583** | **3 958** | **167 171** | **62 672** | **65 347** | **39 152** |
| 北 京 | 48 520 | 48 520 | 48 520 | — | — | — | — | — |
| 天 津 | 1 174 | 1 174 | 1 174 | — | — | — | — | — |
| 河 北 | 37 560 | 37 560 | 37 560 | — | — | — | — | — |
| 山 西 | 44 409 | 44 409 | 44 409 | — | — | — | — | — |
| 内蒙古 | 143 906 | 135 570 | 135 570 | — | 8 336 | 2 471 | 3 519 | 2 346 |
| 内蒙古集团 | 68 031 | 59 695 | 59 695 | — | 8 336 | 2 471 | 3 519 | 2 346 |
| 辽 宁 | 17 257 | 17 257 | 17 257 | — | — | — | — | — |
| 吉 林 | 157 427 | 83 224 | 82 972 | 252 | 74 203 | 19 098 | 31 914 | 23 191 |
| 吉林集团 | 81 695 | 26 238 | 26 238 | — | 55 457 | 18 087 | 29 170 | 8 200 |
| 黑龙江 | 170 396 | 155 313 | 155 313 | — | 15 083 | 12 612 | 166 | 2 305 |
| 龙江集团 | 156 414 | 141 331 | 141 331 | — | 15 083 | 12 612 | 166 | 2 305 |
| 上 海 | 24 094 | 24 094 | 24 094 | — | — | — | — | — |
| 江 苏 | 8 608 | 8 608 | 8 608 | — | — | — | — | — |
| 浙 江 | 20 907 | 17 644 | 17 644 | — | 3 263 | 845 | 2 393 | 25 |
| 安 徽 | 17 439 | 17 439 | 17 162 | 277 | — | — | — | — |
| 福 建 | 26 363 | 12 426 | 12 426 | — | 13 937 | 447 | 11 400 | 2 090 |
| 江 西 | 12 915 | 12 075 | 11 849 | 226 | 840 | 393 | — | 447 |
| 山 东 | 15 444 | 15 444 | 15 444 | — | — | — | — | — |
| 河 南 | 20 371 | 20 371 | 20 350 | 21 | — | — | — | — |
| 湖 北 | 40 276 | 35 319 | 35 052 | 267 | 4 957 | 3 977 | 458 | 522 |
| 湖 南 | 15 179 | 15 179 | 15 179 | — | — | — | — | — |
| 广 东 | 19 083 | 19 083 | 19 083 | — | — | — | — | — |
| 广 西 | 60 629 | 54 908 | 54 908 | — | 5 721 | 851 | 4 870 | — |
| 海 南 | 34 228 | 34 228 | 34 228 | — | — | — | — | — |
| 重 庆 | 29 863 | 29 863 | 29 863 | — | — | — | — | — |
| 四 川 | 247 239 | 240 218 | 239 440 | 778 | 7 021 | 2 770 | 3 308 | 943 |
| 贵 州 | 43 970 | 43 970 | 43 970 | — | — | — | — | — |
| 云 南 | 61 436 | 49 314 | 49 216 | 98 | 12 122 | 8 573 | 2 089 | 1 460 |
| 西 藏 | 3 122 | 3 122 | 3 122 | — | — | — | — | — |
| 陕 西 | 67 376 | 64 321 | 62 448 | 1 873 | 3 055 | 3 055 | — | — |
| 甘 肃 | 36 470 | 36 470 | 36 470 | — | — | — | — | — |
| 青 海 | 39 323 | 39 323 | 39 323 | — | — | — | — | — |
| 宁 夏 | 9 618 | 9 618 | 9 618 | — | — | — | — | — |
| 新 疆 | 69 534 | 65 262 | 65 096 | 166 | 4 272 | 2 619 | — | 1 653 |
| 新疆兵团 | 41 680 | 41 680 | 41 680 | — | — | — | — | — |
| 局直属单位 | 133 576 | 119 215 | 119 215 | — | 14 361 | 4 961 | 5 230 | 4 170 |
| 大兴安岭 | 93 441 | 79 080 | 79 080 | — | 14 361 | 4 961 | 5 230 | 4 170 |

## 林业系统各地区新增固定资产

单位:万元

| 单位 | 合计 | 营林固定资产投资 | | | 森工固定资产投资 | | | |
|---|---|---|---|---|---|---|---|---|
| | | 合计 | 基本建设 | 更新改造 | 合计 | 基本建设 | 更新改造 | 其他投资 |
| **全国合计** | **531 459** | **425 135** | **422 969** | **2 166** | **106 324** | **40 868** | **34 870** | **30 586** |
| 北京 | 5 865 | 5 865 | 5 865 | — | — | — | — | — |
| 天津 | — | — | — | — | — | — | — | — |
| 河北 | 10 920 | 10 920 | 10 920 | — | — | — | — | — |
| 山西 | 352 | 352 | 352 | — | — | — | — | — |
| 内蒙古 | 30 324 | 26 487 | 26 487 | — | 3 837 | 1 928 | — | 1 909 |
| 内蒙古集团 | 4 542 | 705 | 705 | — | 3 837 | 1 928 | — | 1 909 |
| 辽宁 | 3 318 | 3 318 | 3 318 | — | — | — | — | — |
| 吉林 | 65 029 | 17 791 | 17 539 | 252 | 47 238 | 4 196 | 20 168 | 22 874 |
| 吉林集团 | 34 683 | 3 003 | 3 003 | — | 31 680 | 3 495 | 20 168 | 8 017 |
| 黑龙江 | 24 181 | 12 888 | 12 888 | — | 11 293 | 9 023 | 140 | 2 130 |
| 龙江集团 | 22 449 | 11 156 | 11 156 | — | 11 293 | 9 023 | 140 | 2 130 |
| 上海 | 20 762 | 20 762 | 20 762 | — | — | — | — | — |
| 江苏 | 4 648 | 4 648 | 4 648 | — | — | — | — | — |
| 浙江 | 7 209 | 5 487 | 5 487 | — | 1 722 | 822 | 900 | — |
| 安徽 | 9 801 | 9 801 | 9 557 | 244 | — | — | — | — |
| 福建 | 10 767 | 5 959 | 5 959 | — | 4 808 | 447 | 3 219 | 1 142 |
| 江西 | 4 868 | 4 295 | 4 109 | 186 | 573 | 126 | — | 447 |
| 山东 | 1 578 | 1 578 | 1 578 | — | — | — | — | — |
| 河南 | 4 200 | 4 200 | 4 200 | — | — | — | — | — |
| 湖北 | 14 233 | 12 982 | 12 894 | 88 | 1 251 | 645 | 194 | 412 |
| 湖南 | 1 127 | 1 127 | 1 127 | — | — | — | — | — |
| 广东 | 6 490 | 6 490 | 6 490 | — | — | — | — | — |
| 广西 | 26 107 | 23 269 | 23 269 | — | 2 838 | 505 | 2 333 | — |
| 海南 | 2 348 | 2 348 | 2 348 | — | — | — | — | — |
| 重庆 | 5 286 | 5 286 | 5 286 | — | — | — | — | — |
| 四川 | 84 585 | 80 887 | 80 753 | 134 | 3 698 | 1 927 | 1 116 | 655 |
| 贵州 | 15 485 | 15 485 | 15 485 | — | — | — | — | — |
| 云南 | 19 185 | 11 211 | 11 211 | — | 7 974 | 5 236 | 1 721 | 1 017 |
| 西藏 | 2 747 | 2 747 | 2 747 | — | — | — | — | — |
| 陕西 | 27 626 | 23 611 | 22 808 | 803 | 4 015 | 4 015 | — | — |
| 甘肃 | 10 593 | 10 593 | 10 226 | 367 | — | — | — | — |
| 青海 | 23 982 | 23 982 | 23 982 | — | — | — | — | — |
| 宁夏 | — | — | — | — | — | — | — | — |
| 新疆 | 54 124 | 46 222 | 46 130 | 92 | 7 902 | 7 902 | — | — |
| 新疆兵团 | 41 680 | 41 680 | 41 680 | — | — | — | — | — |
| 局直属单位 | 33 719 | 24 544 | 24 544 | — | 9 175 | 4 096 | 5 079 | — |
| 大兴安岭 | 13 001 | 3 826 | 3 826 | — | 9 175 | 4 096 | 5 079 | — |

## 林业系统各地区固定资产投资施工、竣工房屋建筑面积及竣工房屋价值

单位：万平方米、万元

| 地区 | 房屋施工面积 | | 房屋竣工面积 | | 房屋竣工价值 | |
|---|---|---|---|---|---|---|
| | 合计 | 其中：住宅 | 合计 | 其中：住宅 | 合计 | 其中：住宅 |
| **全国合计** | **144.75** | **68.84** | **92.49** | **48.86** | **73 318** | **37 837** |
| 北京 | 6.92 | 0.26 | 0.12 | — | 157 | — |
| 天津 | — | — | — | — | — | — |
| 河北 | 0.44 | — | 0.44 | — | 261 | — |
| 山西 | 0.58 | 0.16 | 0.42 | — | 41 | — |
| 内蒙古 | 3.12 | 1.70 | 3.72 | 2.70 | 1 776 | 1 279 |
| 内蒙古集团 | 2.72 | 1.70 | 2.72 | 1.70 | 782 | 450 |
| 辽宁 | 0.45 | — | 0.20 | — | 65 | — |
| 吉林 | 21.81 | 11.02 | 14.97 | 8.38 | 13 370 | 6 973 |
| 吉林集团 | 11.21 | 3.74 | 7.01 | 3.36 | 5 496 | 2 516 |
| 黑龙江 | 11.75 | 5.18 | 7.33 | 3.07 | 6 134 | 1 896 |
| 龙江集团 | 9.05 | 3.46 | 5.32 | 1.88 | 4 747 | 1 007 |
| 上海 | — | — | — | — | — | — |
| 江苏 | 0.02 | — | 0.02 | — | 16 | — |
| 浙江 | 0.69 | 0.06 | 0.44 | 0.03 | 361 | 8 |
| 安徽 | 1.32 | 0.23 | 1.39 | 0.23 | 916 | 145 |
| 福建 | 6.87 | 3.35 | 4.34 | 2.44 | 2 842 | 1 471 |
| 江西 | 2.03 | 1.20 | 1.90 | 1.08 | 1 050 | 349 |
| 山东 | 0.38 | 0.09 | 0.30 | 0.09 | 193 | 90 |
| 河南 | 1.23 | 0.30 | 0.10 | — | 20 | — |
| 湖北 | 7.30 | 1.60 | 5.00 | 1.40 | 2 253 | 674 |
| 湖南 | 0.10 | 0.10 | 0.10 | 0.10 | 294 | 23 |
| 广东 | 5.41 | 2.87 | 2.31 | 0.76 | 3 977 | 2 129 |
| 广西 | 9.97 | 5.70 | 6.47 | 3.78 | 4 069 | 2 099 |
| 海南 | 0.28 | 0.28 | 0.28 | 0.28 | 450 | 450 |
| 重庆 | 0.63 | 0.18 | 0.38 | 0.18 | 441 | 72 |
| 四川 | 6.53 | 2.85 | 5.04 | 1.74 | 4 201 | 1 328 |
| 贵州 | 0.71 | 0.19 | 0.71 | 0.19 | 434 | 93 |
| 云南 | 16.13 | 11.3 | 12.09 | 8.65 | 10 347 | 7 052 |
| 西藏 | 0.30 | 0.30 | 0.30 | 0.30 | 250 | 250 |
| 陕西 | 5.17 | 3.09 | 4.87 | 3.09 | 4 669 | 2 292 |
| 甘肃 | 0.23 | 0.10 | 0.23 | 0.10 | 91 | 21 |
| 青海 | 0.29 | — | 0.29 | — | 162 | — |
| 宁夏 | — | — | — | — | — | — |
| 新疆 | 7.20 | 5.46 | 4.21 | 2.89 | 3 826 | 2 745 |
| 新疆兵团 | — | — | — | — | — | — |
| 局直属单位 | 26.89 | 11.27 | 14.52 | 7.38 | 10 652 | 6 398 |
| 大兴安岭 | 4.51 | 3.00 | 4.00 | — | 2 777 | 1 537 |

## 林业系统各地区按事业分的

| 地区 | 总计 | 造林 合计 | 其中 承包造林 | 其中 经济林 | 其中 飞播造林 | 其中 速生丰产林 | 其中 退耕地造林 | 中、幼龄林抚育 | 低产林改造 | 封山育林 | 迹地更新 | 种苗工程 |
|---|---|---|---|---|---|---|---|---|---|---|---|---|
| **全国合计** | **1 506 583** | **562 751** | **75 530** | **63 483** | **14 739** | **30 840** | **148 099** | **40 790** | **8 038** | **75 992** | **35 896** | **118 159** |
| 北京 | 48 520 | 34 673 | 376 | 1 358 | 263 | 253 | 5 721 | 793 | — | 371 | 128 | 5 554 |
| 天津 | 1 174 | 650 | — | — | — | — | — | — | — | — | — | 119 |
| 河北 | 37 560 | 24 363 | 523 | 6 100 | 1 528 | 2 884 | 1 763 | 243 | 15 | 450 | 101 | 3 055 |
| 山西 | 44 409 | 23 935 | 492 | 786 | 212 | 297 | 1 255 | 117 | 336 | 1 028 | 6 | 4 414 |
| 内蒙古 | 135 570 | 50 376 | 6 970 | 4 453 | 2 304 | 1 958 | 15 994 | 1427 | 6 | 3 762 | 137 | 5 113 |
| 内蒙古集团 | 59 695 | 4 993 | — | — | — | — | — | — | — | 1 700 | — | — |
| 辽宁 | 17 257 | 11 054 | 1 387 | 677 | 135 | 720 | 50 | 128 | 10 | 233 | 56 | 944 |
| 吉林 | 82 972 | 8 601 | 64 | 797 | 157 | 77 | 1 158 | 2 918 | 188 | 3 484 | 161 | 1 406 |
| 吉林集团 | 26 238 | 2 145 | — | 194 | — | — | — | 2 325 | — | 1 438 | — | 119 |
| 黑龙江 | 155 313 | 12 155 | 3 076 | 441 | 351 | 509 | 1 314 | 248 | 4 | 9 872 | 276 | 4 380 |
| 龙江集团 | 14 1331 | 7 582 | 1 824 | — | — | 96 | 166 | — | — | 9 410 | 276 | — |
| 上海 | 24 094 | 19 374 | 13 555 | 2 325 | — | 120 | 50 | 507 | — | — | — | 458 |
| 江苏 | 8 608 | 3 375 | — | — | — | — | — | — | — | 60 | — | 3 477 |
| 浙江 | 17 644 | 5 466 | 203 | 1 408 | — | 106 | 769 | 890 | 383 | 887 | 1 356 | 2 565 |
| 安徽 | 17 162 | 9 450 | 1 097 | 2 979 | — | 1 580 | 218 | 929 | 36 | 205 | 74 | 1 125 |
| 福建 | 12 426 | 4 056 | 401 | 427 | 8 | 101 | — | 284 | 136 | 1 155 | 634 | 475 |
| 江西 | 11 849 | 3 515 | 496 | 299 | 117 | 871 | — | 596 | 868 | 1 295 | 356 | 1 079 |
| 山东 | 15 444 | 9 118 | — | 2 474 | — | 253 | 171 | 774 | 172 | 95 | 83 | 2 978 |
| 河南 | 20 350 | 12 051 | 863 | 1 043 | 348 | 686 | 2 597 | 157 | 25 | 397 | 20 | 1 465 |
| 湖北 | 35 052 | 18 687 | 1 683 | 1 648 | 14 | 7 053 | 3 946 | 1 909 | 341 | 2 836 | 524 | 4 758 |
| 湖南 | 15 179 | 7 607 | 835 | 998 | — | 1 460 | 3 297 | 127 | 4 | 658 | — | 1 800 |
| 广东 | 19 083 | 1 018 | 74 | — | 8 | 62 | — | 283 | 2 389 | 633 | 2 590 | 1 438 |
| 广西 | 54 908 | 9 712 | 139 | 1 838 | 176 | 1 027 | 2 515 | 1 577 | 2 604 | 766 | 7 822 | 2 778 |
| 海南 | 34 228 | 11 207 | 719 | 5 500 | — | 7 028 | — | 815 | — | 540 | 15 700 | 3 000 |
| 重庆 | 29 863 | 14 962 | 1 864 | 2 481 | 646 | 22 | 6 108 | 150 | — | 4 233 | — | 3 479 |
| 四川 | 239 440 | 128 676 | 29 862 | 8 783 | 6 068 | 1 515 | 66 298 | 2 204 | 108 | 18 755 | 809 | 15 454 |
| 贵州 | 43 970 | 22 948 | 2 381 | 5 800 | 400 | 172 | 4 260 | 4 297 | 25 | 7 745 | 2 818 | 2 284 |
| 云南 | 49 216 | 14 262 | 2 625 | 2 681 | 147 | 1 483 | 1 213 | 4 043 | 105 | 4 787 | 1 793 | 4 547 |
| 西藏 | 3 122 | 1 160 | — | — | — | — | — | — | — | — | — | 610 |
| 陕西 | 62 448 | 32 522 | 2 463 | 2 232 | 1 412 | 572 | 18 882 | 746 | 193 | 7 909 | 44 | 14 098 |
| 甘肃 | 36 470 | 17 545 | 1 345 | 944 | 18 | 20 | 5 769 | 8 | — | 535 | — | 9 981 |
| 青海 | 39 323 | 12 317 | 1 433 | — | — | — | 2 425 | 450 | — | 550 | — | 5 417 |
| 宁夏 | 9 618 | 4 670 | — | 609 | 427 | — | 1 007 | 888 | 29 | 183 | — | 3 019 |
| 新疆 | 65 096 | 30 290 | 604 | 4 402 | — | 11 | 1 319 | 13 282 | 61 | 2 213 | 408 | 6 889 |
| 新疆兵团 | 41 680 | 21 680 | — | — | — | — | 1 129 | 12 000 | — | 1 900 | — | 5 600 |
| 局直属单位 | 119 215 | 2 956 | — | — | — | — | — | — | — | 355 | — | — |
| 大兴安岭 | 79 080 | 2 956 | — | — | — | — | — | — | — | 355 | — | — |

**营林基本建设投资完成额**

单位:万元

| 护林防火 | 森林病虫鼠害防治 | 林业工作站 | 森林公安 | 森林公园 | 自然保护区及野生动植物保护 | 花卉 | 林政及木材检查站 | 林业调查规划设计 | 林业教育 | 林业科技及重点实验室 | 其他 |
|---|---|---|---|---|---|---|---|---|---|---|---|
| **23 196** | **17 583** | **5 567** | **10 948** | **6 411** | **9 613** | **2 206** | **3 076** | **3 169** | **23 511** | **6 747** | **552 930** |
| 893 | 505 | 15 | 50 | 200 | 55 | 170 | 30 | 85 | 25 | 60 | 4 913 |
| 30 | 210 | 30 | — | 5 | — | — | — | 30 | — | 90 | 10 |
| 490 | 829 | 393 | 64 | — | 600 | 380 | 43 | 82 | 1 | 61 | 6 390 |
| 435 | 978 | 156 | 106 | 107 | 196 | 5 | 92 | 280 | 56 | 319 | 11 843 |
| 2 848 | 1 115 | 156 | 238 | 191 | 227 | — | 156 | 160 | 939 | 182 | 68 537 |
| 1 264 | — | — | — | — | — | — | — | — | — | — | 51 738 |
| 215 | 347 | 68 | 25 | 457 | 282 | — | 60 | 8 | — | 42 | 3 328 |
| 1 012 | 805 | 165 | 2 669 | 10 | 714 | — | 64 | 138 | 5 018 | 101 | 55 518 |
| 183 | — | — | 2 562 | — | — | — | — | 34 | 5 017 | — | 12 415 |
| 2 537 | 329 | 98 | 825 | 254 | 336 | — | 76 | 59 | 1 505 | 77 | 122 282 |
| 1 990 | 22 | — | 782 | — | — | — | — | 3 | 1 251 | — | 120 015 |
| 126 | 63 | 227 | — | — | — | 4 | — | 13 | 15 | — | 3 307 |
| 330 | 726 | 270 | — | 30 | — | — | 60 | 150 | — | — | 130 |
| 562 | 1 658 | 137 | 185 | 227 | 233 | 379 | 130 | 54 | 224 | 44 | 2 264 |
| 326 | 1 699 | 245 | 70 | 215 | 1 | — | 100 | 12 | 5 | 405 | 2 265 |
| 967 | 188 | 297 | 166 | 654 | 843 | 14 | 398 | 25 | 55 | 1205 | 874 |
| 381 | 446 | 105 | 242 | 26 | — | 1 | 41 | 56 | 25 | 162 | 2 655 |
| 409 | 367 | 62 | 55 | 300 | 161 | 20 | 48 | 65 | 40 | 50 | 647 |
| 70 | 204 | 65 | 64 | 12 | 56 | — | 69 | 40 | 735 | 367 | 4 553 |
| 721 | 298 | 219 | 104 | 432 | 568 | 1 217 | 130 | 228 | 15 | 126 | 1 939 |
| 605 | 565 | 180 | 150 | 25 | 410 | — | 60 | 100 | 30 | 240 | 2 618 |
| 868 | 664 | 281 | 244 | 65 | — | — | 106 | 207 | 310 | 421 | 7 566 |
| 894 | 350 | 281 | 100 | 13 | 621 | 8 | 262 | 22 | 100 | 152 | 26 846 |
| 112 | 300 | 50 | 25 | — | 230 | 2 | 60 | 25 | 45 | 218 | 1 899 |
| 179 | 333 | 139 | 99 | 75 | — | — | 40 | 19 | — | 215 | 5 940 |
| 1 460 | 1 193 | 331 | 875 | 1 866 | 1 563 | — | 191 | 260 | 302 | 489 | 64 904 |
| 170 | 394 | 220 | 259 | — | 355 | — | 60 | 140 | 84 | 251 | 1 920 |
| 1 472 | 360 | 438 | 255 | — | 423 | — | 138 | 100 | 159 | 1 083 | 15 251 |
| 209 | 80 | — | 50 | — | 750 | — | 160 | 40 | 30 | 33 | — |
| 164 | 138 | 81 | 18 | 45 | 97 | — | 25 | 1 | 81 | 36 | 6 250 |
| 550 | 712 | 118 | 6 | — | 463 | — | 13 | 500 | — | 48 | 5 991 |
| 69 | 538 | 294 | 24 | 1 022 | 158 | — | 30 | — | — | 234 | 18 220 |
| 55 | 408 | 125 | 10 | 16 | 100 | — | 30 | 40 | 15 | 30 | — |
| 1 035 | 228 | 248 | 522 | 164 | 78 | 6 | 123 | 207 | 352 | 6 | 8 984 |
| 80 | 50 | 110 | 180 | — | — | — | — | 80 | — | — | — |
| 3 002 | 553 | 73 | 3 448 | — | 93 | — | 281 | 23 | 13 345 | — | 95 086 |
| 3 002 | 553 | 73 | 3 448 | — | 93 | — | 281 | 23 | 13 345 | — | 54 951 |

## 林业系统各地区基本建设投资完成的

| 单位 | 造林面积 | | | | | | 封山育林面积 | 迹地更新面积 | 中、幼龄林抚育面积 |
|---|---|---|---|---|---|---|---|---|---|
| | 总计 | 其中：承包造林 | 经济林 | 飞播造林 | 速生丰产林 | 退耕地造林 | | | |
| **全国合计** | **3 851 105** | **320 974** | **823 952** | **538 869** | **152 390** | **568 060** | **7 405 769** | **401 710** | **1 613 991** |
| 北京 | 26 093 | — | 7 540 | 7 106 | 951 | 371 | 22 211 | 471 | 15 112 |
| 天津 | 9 324 | — | — | — | — | 449 | 3 333 | — | — |
| 河北 | 326 305 | 20 759 | 97 935 | 79 261 | 5 116 | 8 664 | 183 675 | 12 768 | 192 866 |
| 山西 | 404 864 | 13 728 | 113 051 | 36 617 | 5 219 | 19 343 | 116 639 | 1 016 | 76 218 |
| 内蒙古 | 550 121 | 70 879 | 67 616 | 104 938 | 13 494 | 75 315 | 453 937 | 3 190 | 191 198 |
| 内蒙古集团 | 20 800 | — | 62 | — | 9 450 | 3 260 | 42 500 | — | — |
| 辽宁 | 116 948 | 9 951 | 29 197 | 32 666 | 9 840 | 17 361 | 521 992 | 989 | 11 031 |
| 吉林 | 134 872 | 5 905 | 5 731 | 2 792 | 3 060 | 37 323 | 314 278 | 4 144 | 91 121 |
| 吉林集团 | 16 607 | 2 741 | — | — | — | — | 43 347 | — | — |
| 黑龙江 | 132 671 | 19 799 | 6 768 | 4 365 | 3 387 | 10 364 | 246 264 | 2 967 | 33 091 |
| 龙江集团 | 28 349 | 4 677 | — | — | — | 433 | 68 433 | 305 | — |
| 上海 | 4 071 | 2 127 | 1 543 | — | — | — | — | — | — |
| 江苏 | 3 170 | 451 | 616 | — | 338 | 944 | 967 | — | 5 222 |
| 浙江 | 13 972 | 128 | 7 505 | — | 444 | 4 238 | 263 944 | 8 795 | 56 952 |
| 安徽 | 41 043 | 8 776 | 15 384 | — | 10 585 | 4 459 | 127 390 | 2 041 | 53 214 |
| 福建 | 14 848 | 3 899 | 3 320 | 722 | 363 | 137 | 146 862 | 7 915 | 17 681 |
| 江西 | 15 469 | 2 897 | 1 673 | 1 907 | 5 520 | 37 | 372 977 | 2 324 | 3 281 |
| 山东 | 45 306 | — | 22 803 | — | 4 138 | 2 645 | 110 089 | 2 739 | 125 031 |
| 河南 | 126 267 | 4 595 | 25 339 | 17 216 | 14 301 | 15 281 | 94 743 | 3 006 | 24 454 |
| 湖北 | 114 548 | 13 063 | 44 206 | — | 24 867 | 24 842 | 1 182 936 | 7 616 | 174 627 |
| 湖南 | 37 006 | 2 127 | 1 889 | — | 6 576 | 4 911 | 65 327 | 1 888 | 19 032 |
| 广东 | 3 610 | 300 | 4 | — | 52 | — | 24 857 | 16 541 | 9 264 |
| 广西 | 41 218 | 1 955 | 14 860 | 1 666 | 2 612 | 11 179 | 208 416 | 41 413 | 51 641 |
| 海南 | 14 494 | 2 398 | — | — | 3 269 | — | 8 536 | 22 827 | 10 862 |
| 重庆 | 100 651 | 16 839 | 20 403 | 31 413 | 833 | 13 573 | 174 502 | — | — |
| 四川 | 483 696 | 50 358 | 54 041 | 92 433 | 16 574 | 80 400 | 178 171 | 5 140 | 25 846 |
| 贵州 | 158 690 | 18 835 | 31 742 | 8 474 | 8 883 | 13 333 | 306 064 | 98 485 | 62 101 |
| 云南 | 120 866 | 3 958 | 21 559 | 5 916 | 2 201 | 6 986 | 741 673 | 138 120 | 131 651 |
| 西藏 | — | — | — | — | — | — | — | — | — |
| 陕西 | 417 860 | 32 999 | 129 799 | 88 416 | 4 605 | 131 659 | 509 814 | 12 732 | 20 575 |
| 甘肃 | 184 798 | 11 304 | 47 187 | 6 440 | 5 162 | 55 461 | 165 343 | 1 443 | 10 745 |
| 青海 | 44 764 | 2 177 | 611 | — | — | 4 826 | 211 007 | 71 | 16 |
| 宁夏 | 81 897 | — | 11 353 | 16 521 | — | 11 259 | 67 700 | 3 | 43 987 |
| 新疆 | 71 938 | 767 | 40 277 | — | — | 12 700 | 578 189 | 3 066 | 157 172 |
| 新疆兵团 | 22 853 | — | 8 667 | — | — | 1 120 | 240 000 | — | — |
| 局直属单位 | 9 725 | — | — | — | — | — | 3 933 | — | — |
| 大兴安岭 | 9 725 | — | — | — | — | — | 3 933 | — | — |

## 实物工程量和购置的主要设备

单位:公顷、万立方米、千米

| 中、幼龄林抚育出材量 | 低产林改造面积 | 低产林改造出材量 | 种苗工程 | | | | 森林病虫鼠害防治面积 | 林道 | 防火线 | 公路 | 通讯线路 |
|---|---|---|---|---|---|---|---|---|---|---|---|
| | | | 合计 | 其中:本年新增苗圃面积 | 母树林 | 种子园 | | | | | |
| **204.98** | **222 580** | **55.46** | **151 868** | **51 112** | **35 117** | **13 406** | **2 954 009** | **13 849** | **42 689** | **5 049** | **3 939** |
| 0.10 | 35 | — | 3 242 | 1 774 | — | — | 26 160 | 3 | 2 036 | 30 | 11 |
| — | — | — | 1 324 | 1 324 | — | — | 13 720 | 170 | 350 | — | 50 |
| 13.00 | 11 994 | 11.00 | 13 531 | 9 071 | 298 | 709 | 285 628 | 160 | 1 317 | 30 | 14 |
| 3.09 | 8 589 | — | 10 441 | 1 469 | 540 | 133 | 138 866 | 486 | 835 | 94 | 22 |
| 15.50 | 2 621 | 1.84 | 18 078 | 640 | 306 | 4 223 | 361 472 | 620 | 4 724 | 663 | 192 |
| — | — | — | — | — | — | — | — | — | 653 | 123 | 40 |
| 5.86 | 20 305 | 4.98 | 12 183 | 2 044 | 9 002 | 583 | 100 035 | 209 | 29 | 59 | 88 |
| 83.75 | 10 181 | 9.13 | 1 822 | 248 | 910 | 221 | 80 636 | 347 | 764 | 14 | 6 |
| 11.51 | — | — | — | — | — | — | 19 | — | — | — | — |
| 2.82 | 20 | 0.07 | 6 254 | 2 451 | 1 964 | 92 | 61 988 | 219 | 2 095 | 113 | — |
| — | — | — | — | — | — | — | 3 | 69 | 149 | 103 | — |
| — | — | — | 184 | 84 | — | — | 10 000 | 15 | — | — | — |
| 0.50 | 63 | 0.10 | 2 399 | 1 434 | — | 3 | 18 391 | 4 507 | 124 | 420 | 2 |
| 6.21 | 7 812 | 0.61 | 2 790 | 1 109 | 188 | 181 | 155 017 | 473 | 974 | 130 | — |
| 5.97 | 1 359 | 3.30 | 2 606 | 813 | 741 | 232 | 64 714 | 509 | 868 | 49 | 25 |
| 2.96 | 4 946 | 0.57 | 326 | 11 | 76 | 215 | 13 647 | 498 | 2 866 | 274 | 94 |
| 4.74 | 32 124 | 0.64 | 936 | 194 | 252 | 404 | 67 296 | 190 | 633 | 11 | — |
| 1.14 | 6 893 | 0.21 | 1 373 | 361 | — | — | 106 526 | 33 | 247 | 16 | — |
| 0.34 | 3 870 | 0.10 | 4 342 | 1 299 | 2 150 | 33 | 54 138 | 200 | 486 | 477 | 113 |
| 0.93 | 8 548 | 0.20 | 11 672 | 4 365 | 788 | 708 | 99 756 | 1 650 | 4 917 | 888 | 342 |
| 26.00 | 3 718 | 13.13 | 1 534 | 373 | 93 | 15 | 17 133 | 451 | 978 | 35 | 15 |
| — | 11 408 | 0.12 | 472 | 84 | 56 | 217 | 16 694 | — | 2 256 | 16 | — |
| 7.99 | 24 158 | 0.38 | 946 | 463 | 102 | 298 | 81 833 | 49 | 1 301 | 138 | 17 |
| 0.14 | 250 | — | — | — | — | — | 6 | — | — | — | — |
| — | — | — | 1 368 | 623 | 130 | 258 | 54 530 | 265 | 274 | 47 | 104 |
| 7.55 | 7 787 | 0.57 | 10 935 | 2 549 | 6 712 | 1 030 | 433 804 | 256 | 716 | 25 | 2 346 |
| 4.84 | 2 366 | 0.10 | 3 536 | 605 | 741 | 1 558 | 49 299 | 166 | 1 519 | 647 | 146 |
| 0.51 | 2 253 | — | 824 | 364 | 181 | 53 | 93 686 | 1 640 | 4 701 | 322 | 6 |
| — | — | — | — | — | — | — | — | — | — | — | — |
| 2.05 | 37 819 | 0.45 | 19 421 | 7 647 | 8 247 | 950 | 105 136 | 157 | 193 | 60 | 34 |
| — | 7 318 | — | 8 189 | 2 054 | 1 295 | 646 | 142 439 | 379 | 28 | 14 | 15 |
| 0.03 | 200 | 0.03 | 1 472 | 356 | 59 | 533 | 66 920 | 8 | 28 | 39 | — |
| — | — | — | 7 448 | 6 014 | 10 | 7 | — | 37 | 8 | 51 | 190 |
| 8.96 | 5 943 | 7.93 | 2 220 | 1 289 | 276 | 104 | 108 781 | 17 | 17 | 99 | — |
| 1.20 | — | — | 867 | 549 | — | — | 30 000 | — | — | — | — |
| — | — | — | — | — | — | — | 125 758 | 126 | 7 405 | 288 | 107 |
| — | — | — | — | — | — | — | 125 758 | 126 | 7 405 | 288 | 107 |

单位:公里、座、张、台、辆 (续)

| 单位 | 输变电线路 | 瞭望台 | 中等学校学生席位 | 小学学生席位 | 医院病床 | 汽车 | | 汽车拖车 | 大中型拖拉机 | 小型拖拉机 | 绞盘机 | 起重机 | 动力喷灌机 |
|---|---|---|---|---|---|---|---|---|---|---|---|---|---|
| | | | | | | 合计 | 其中:载重汽车 | | | | | | |
| **全国合计** | **833** | **530** | **6814** | **5670** | **423** | **765** | **60** | **26** | **54** | **97** | **12** | **6** | **69** |
| 北京 | — | — | — | — | — | 3 | — | — | — | 2 | — | 1 | — |
| 天津 | 78 | 2 | — | — | — | — | — | — | — | — | — | — | — |
| 河北 | 26 | 29 | — | — | — | 4 | — | — | — | 2 | — | — | — |
| 山西 | 5 | 29 | — | — | — | 16 | — | 1 | — | 4 | — | — | 3 |
| 内蒙古 | 9 | 23 | — | — | — | 49 | 16 | 12 | 12 | 8 | — | — | 2 |
| 内蒙古集团 | — | 6 | — | — | — | 27 | 14 | 2 | 4 | 5 | — | — | — |
| 辽宁 | 10 | 5 | — | — | — | 5 | — | — | — | — | — | — | 4 |
| 吉林 | 40 | 7 | — | 2 560 | 94 | 76 | 8 | — | 31 | 24 | 1 | 4 | — |
| 吉林集团 | — | — | — | 1 280 | 47 | 14 | — | — | 5 | 10 | — | 2 | — |
| 黑龙江 | 17 | 4 | 1 250 | 2 680 | 295 | 69 | 7 | 2 | 4 | 10 | — | — | 2 |
| 龙江集团 | 17 | 4 | 1 250 | 2 650 | 295 | 28 | 7 | — | 4 | 9 | — | — | 2 |
| 上海 | — | — | — | — | — | 4 | — | — | — | — | — | — | — |
| 江苏 | 40 | 1 | — | — | — | — | — | — | — | — | — | — | — |
| 浙江 | 18 | 2 | — | — | — | 14 | — | — | — | — | — | — | — |
| 安徽 | 19 | 6 | — | — | — | 7 | — | — | — | — | — | — | 2 |
| 福建 | — | 2 | — | — | — | 23 | 1 | — | — | — | — | — | — |
| 江西 | — | 8 | 3 | — | — | 6 | — | — | — | — | — | — | — |
| 山东 | — | 28 | — | — | — | 5 | — | — | 1 | — | — | — | — |
| 河南 | — | 11 | — | — | — | — | — | — | — | 1 | — | — | 2 |
| 湖北 | 243 | 46 | 154 | 430 | 7 | 17 | 1 | — | — | 3 | — | — | 2 |
| 湖南 | 2 | 6 | — | — | — | 1 | — | — | — | — | — | — | — |
| 广东 | 10 | — | 2 000 | — | — | 21 | 1 | — | 1 | — | — | — | — |
| 广西 | 9 | 62 | 40 | — | — | 87 | — | — | — | 2 | — | — | — |
| 海南 | — | — | — | — | — | 1 | — | — | — | — | — | — | — |
| 重庆 | 59 | 2 | — | — | — | 7 | — | — | — | — | — | — | 1 |
| 四川 | 79 | 81 | 3 367 | — | 17 | 52 | 4 | — | 1 | 1 | — | — | 51 |
| 贵州 | 2 | 68 | — | — | — | 37 | 5 | — | — | — | — | — | — |
| 云南 | 8 | 72 | — | — | — | 135 | 8 | — | 1 | 5 | — | 1 | — |
| 西藏 | — | — | — | — | — | — | — | — | — | — | — | — | — |
| 陕西 | 2 | 3 | — | — | — | 7 | 2 | — | 1 | — | — | — | — |
| 甘肃 | 21 | 4 | — | — | — | 32 | 2 | — | — | 3 | — | — | — |
| 青海 | — | 6 | — | — | — | 9 | 1 | — | — | 1 | — | — | — |
| 宁夏 | — | 2 | — | — | — | 9 | — | — | — | 27 | — | — | — |
| 新疆 | 19 | 18 | — | — | — | 32 | 1 | — | 1 | 4 | — | — | — |
| 新疆兵团 | — | — | — | — | — | — | — | — | — | — | — | — | — |
| 局直属单位 | 113 | 3 | — | — | — | 37 | 3 | 11 | 1 | — | 11 | — | — |
| 大兴安岭 | 113 | 3 | — | — | — | 37 | 3 | 11 | 1 | — | 11 | — | — |

(统计信息处)

# 林业财务和会计

## 财 务 管 理

**【林业财务和会计综述】** 2000年，林业财务部门全面贯彻落实全国林业厅局长会议和全国林业计划财务会议精神，紧紧抓住国家加强基础设施建设、实施西部大开发战略和大力改善生态环境的有利时机，把党中央、国务院关于加强生态环境建设的重要指示和新时期林业发展战略贯彻落实到林业财务工作中，认真履行职责，创造性地开展工作，重点工作有了突破性进展。

**加大资金争取力度，积极做好资金下达工作** 一是积极争取国家对林业的投入。2000年，争取国家投入各项资金总量为149.1亿元。其中，国家预算内基本建设资金51.2亿元（其中：林业预算内基本建设投资9亿元，林业国债资金42.2亿元）；中央财政专项资金80亿元，比1999年增加52.11亿元，增长186%；林业事业费、森工事业费等各类财政性经费投入16.5亿元，农业综合开发资金1.3亿元。二是做好投资计划下达和资金拨付工作。截止到2000年12月28日，国家计委下达资金计划46亿元，其中下达国家林业局资金计划42.2亿元，直接下达有关省区计委计划3.8亿元。国家林业局下达投资计划25批，下达投资额42.3亿元。2000年，财政安排基本建设支出预算59.3亿元（含上年投资计划17.1亿元），国家林业局已下拨资金61.9亿元（含1999年未拨资金2.8亿元）。根据财政部下达的2000年预算控制数，及时编制下达林业事业费、森工事业费及财政专项资金等各类财政性经费预算，并按用款进度及时请拨到位，有效保障了林业事业发展和各单位的正常运转。三是为适应国家部门预算、建立公共财政体系的需要，并结合2001年部门预算改革和“零基数”预算管理要求，进行了调查研究和工作衔接。按照要求，及时编制《2001年林业生产计划（草案）》、“2001年中央预算内林业基本建设投资建议计划方案”和“国家林业局2001年部门建议预算和正式预算”，上报国家计委和财政部。

**积极争取林业重点工程财政、金融政策** 一是关于天然林资源保护工程，在46次、71次两次总理办公会议后，就天然林资源保护工程方案中涉及的资金测算、离退休人员保障、人员安置以及木材采伐、加工企业债务偿还等有关问题，多次协调财政部、劳动和社会保障部及中国人民银行等综合部门，在初步达成共识的基础上，对《长江上游、黄河上中游地区天然林资源保护工程实施方案》及《东北、内蒙古等重点国有林区天然林资源保护工程实施方案》作了进一步完善，方案上报国务院并最终批复；就天然林资源保护工程一次性安置解除劳动关系问题，会同财政部联合发文《关于做好森工企业下岗职工一次性安置工作的通知》，明确了安置原则，统一了安置政策，为指导各地开展一次性安置工作提供了依据；就天然林资源保护工程区木材调减产量问题多次协调财政部预算司，使2000年地方财政减收问题得到妥善解决。二是关于退耕还林工程，积极协调财政部，编制完成《长江上游、黄河上中游地区退耕还林（草）试点示范实施方案》，争取财政对退耕还林工程实施专项投入政策。经争取，财政部下拨2000年现金补助11 298万元。三是积极争取“环北京地区防沙治沙工程”中央财政资金。就财政部提出的关于2000年环北京地区防沙治沙试点示范工程意见，给予了认真答复，并就2001年财政预算问题多次与财政部协商，得到了财政部的支持。四是对三北工程与天然林资源保护工程范围的交叉情况进行了摸底，为确定三北工程四期规划范围提供了决策基础；从争取财政专项投入政策的角度出发，积极参与其他林业重点生态工程，如平原绿化二期工程、太行山绿化工程等，为下一步争取财政投入政策作好准备。

**积极争取落实国家对林业税收扶持政策** 一是针对“九五”期间林业税收政策中存在的问题，向财政部和国家税务总局提出“十五”期间的林业税收政策建议。通过积极协调和沟通，林业税收政策有望在维持“九五”税收扶持政策的基础上取得重大突破：农业特产税从16%降至8%～10%，其中对东北、内蒙古国有森工企业仍然实行5%的税收扶持政策；以“三剩物”

和次小薪材为原料的综合利用产品增值税即征即退政策有望从国有森工企业扩大到全行业；继续保留对进口种子种苗等免征进口环节增值税的扶持政策；继续对林业种植业、养殖业和木材初加工业所得免征所得税。二是针对中国绿化基金会提出的关于企业捐赠的绿化基金应免征所得税问题，多次协商国家税务总局，出台了《国家税务总局关于企业所得税纳税人向中国绿化基金会的捐赠所得税前扣除问题的通知》。三是就黑龙江省森工集团、内蒙古森工集团、大兴安岭林业公司“一户”缴纳所得税问题协商国家税务总局，国家税务总局已单独发文予以明确。

**加强资金管理，进一步强化检查与监督**　一是加强制度建设，进一步规范重点林业工程资金的使用和管理。配合财政部研究制定《天然林资源保护工程财政资金管理规定》、《退耕还林还草工程资金管理暂行规定》、《天然林资源保护工程财政资金会计处理规定》及《天然林资源保护工程财政资金会计核算办法》等多个文件，建立健全稽查工作规章制度，做好稽查的有关基础工作。研究起草下发《国家林业局关于重点林业工程资金稽查工作暂行规定》，使稽查工作进一步制度化、规范化。结合实际，逐步形成了稽查工作的办事程序，实现了稽查工作日常事务的规范化。针对资金稽查中反映的问题，为天然林资源保护工程省区林业财务负责人举办两期培训班。二是强化资金管理与监督，抓好国债资金和重点工程的监督检查工作。共计组织17个工作组对13个天然林资源保护工程实施省区资金使用和财务管理情况进行了稽查，根据群众举报对有关省区进行了专项检查。并根据检查情况，对有关省区存在的问题提出了限期整改意见，对问题比较严重的单位给予了通报批评，并采取了一定的调控措施；积极配合财政部、国家计委、国家审计署等部门对有关工程资金、财政事业费等进行检查和审计工作，针对发现的问题，进行深入调查，并及时反馈调查整改情况。三是强化了财务会计管理。加强了事业单位以及局本级各项资金收支预算的管理；开展了局属中央预算单位清产核资和企业产权重新登记工作；进一步规范了自有资金管理；积极配合国家审计部门开展资金、预算、计划等审计工作。

**进一步推进森林资源资产化管理改革**　根据林业发展新思路的要求，调整了森林资源资产化管理的工作思路及工作重点。在林业两大体系建设和分类经营原则的指导下，研究新情况、解决新问题，以产权管理为核心，以制度建设为重点，以课题研究及成果应用为突破口，探索公益性森林资源资产化管理的新途径，强化经营性森林资源资产的管理，加大国有森林资源资产的监管力度，切实维护森林资源资产的安全完整，维护森林资源资产所有者、经营者的合法权益。

**积极争取“十五”期间林业专项贷款优惠信贷政策，认真做好林业贴息贷款行业管理指导工作**　一是根据中国人民银行《关于改进专项贷款管理的通知》，协调中国人民银行、农业银行和工商银行，积极争取林业、治沙、山区综合开发、森工多种经营等4个专项贷款“十五”期间信贷政策，得到了中国人民银行和中国农业银行等有关部门的理解和大力支持。二是努力争取国家开发银行速生丰产林基地建设项目贷款，起草了准备由财政部、中国人民银行、国家开发银行、国家林业局的联合发文《关于加强速生丰产林基地建设贴息贷款管理工作的联合通知》，积极争取贷款的落实。三是努力改革贷款项目管理方式，积极协调落实重点项目贷款。林业、治沙和山区综合开发贴息贷款纳入中国农业银行管理以来，贷款落实率一直不理想。为了提高三项贷款在商业银行运作条件下的落实率，在农业银行总行的大力支持下，从2000年各省申报的贷款项目中，择优选出两批共13个重点项目推荐给农业银行总行，第一批项目已落实3个贷款项目，贷款资金2亿元。四是认真做好林业4项贴息贷款行业管理指导工作。加强贴息贷款管理工作，积极协调落实2000年贷款项目计划。由于农业银行和工商银行对林业4项专项贷款实行商业化管理与运作，使贷款项目计划落实遇到了前所未有的困难。积极与农业银行和工商银行协调，及时向基层单位了解并反馈工作信息，为2000年4项贷款项目计划落实做协调工作；同时继续做好贷款管理基础工作，及时布置日常工作和转发金融系统有关贷款管理文件，根据贷款管理工作的新形势，提出具体工作要求，并落到实处，较好地指导了林业行业利用4项贷款更好地为林业建设服务。2000年共下达林业4项贷款项目计划49亿元。五是积极做好林业4项贷款“九五”总结和“十五”有关准备工作，为新时期林业建设作出更大贡献。为做好2001年林业4项贷款申报工作，及时召开了2001年林业、治沙、山区综合开发、森工多种经营贴息贷款申请计划汇报会。六是积极争取“十五”期间林业专项贷款贴财政息政策，协调落实2000年中央财政贴息资金。起草上报财政部《国家林业局关于请求“十五”期间继续保留林业、森工、治沙和山区综合开发贷款财政贴息政策的函》，得到了财政部的积极支持，林业有关贷款贴息资金已保留，但要进行相应的改革。对此，对“十五”期间林业专项贷款中央财政贴息资金方案进行了测算，草拟了《“十五”期间林业专项贷款中央财政贴息办法》。七是加强财政贴息资金管理，积极协调落实2000年中央财政贴息资金。林业4项贷款2000年中央财政贴息资金额已落实到位，共计3.8亿元。

**加强周转金和统贷资金回收管理工作**　一是加强周转金回收管理工作。2000年继续贯彻执行财政部《关于清理整顿有偿使用资金具体实施意见的通知》，停止发放新的林业多种经营周转金借款，只收不贷。为加强周转金回收力度，采取多种形式加以催收。经过一年的努力，回收周转金本金1 260万元，收取占用费

400余万元，取得较好的回收效果。二是加强统贷资金回收和还款工作。统贷资金是利用国家扶持林业发展的优惠信贷政策及自身优势争取到的一项按商业贷款运作的贷款。为了使统贷资金良性循环使用，既为林业经济建设服务，又能杜绝呆死账，强化了该项资金使用管理工作，制定了相应的规章制度，规范管理。2000年是统贷资金还款高峰期，还款额高达6200万元，为此加大统贷资金回收力度，积极筹措还款资金，按要求完成还款任务。三是按照国家林业局《生态公益林捐赠资金管理暂行办法》的要求，加强了生态公益林社会捐赠资金的管理工作。

**中国会计学会林业分会的工作** 一是积极组织学术活动和学术交流工作，分别召开了南方片和中原片"以建立林业基金制度"为中心的学术讨论和学术交流会；二是开展了林业税费问题的研究，组建了"林业税费问题研究"课题组，并开展了有关调查研究工作；三是坚持办好《学会通讯》，目前已发行至21期，为沟通信息，反映动态，交流情况，给广大学员提供了学习材料；四是举办了学习新《会计法》研讨班，参加学员111人；五是坚持办好会刊《林业财务与会计》，为进一步适应林业经济体制改革的需要，更好地满足广大读者的要求，对会刊的办刊体制及其组织作了必要的调整。

（刘金富）

**【国家林业局实行部门预算改革】** 为了适应深化社会主义市场经济体制改革的要求，根据国务院决定，财政部制定下发了《关于改进2000年中央预算编制的通知》，正式要求从2000年开始，各部门编报部门预算。国家林业局在局党组的高度重视和领导下，认真学习领会有关文件精神，积极实行和推进部门预算改革。

部门预算是指各部门根据其职能和事业发展的需要，统一编制反映本部门所有收入和支出的预算。编制部门预算改变了原有预算收入按类别、支出按功能的分类编制方法，实行按功能分类的预算编制方法，并将大部分支出具体细化到有关单位和项目。为了做好部门预算编制工作，国家林业局紧密围绕林业发展的重点工作，借鉴有关部门预算改革的经验和做法，重点抓了以下几方面工作：

1. 调整内部职责分工，适应预算编制要求。根据财政部关于"各部门要调整内部职责分工、统一由一个机构负责编制本部门预算"的要求，经局党组同意，调整财务处室内部职责分工，在原事业财务处的基础上，成立了预算管理处，将工作重点转移到加强预算管理和预算资金争取上来。

2. 摸清家底。2000年结合财政部部署的清产核资工作，对直属单位的收入、支出，资产、负债以及人员等状况进行了汇总分析，为今后适应财政部深化预算编制改革，制定支出标准，细化部门预算打下基础。

（沈和定）

**【国家税务总局明确关于企业所得税纳税人向中国绿化基金会的捐赠所得税前扣除的政策】** 2000年8月15日，国家税务总局以国税函下发《国家税务总局关于企业所得税纳税人向中国绿化基金会的捐赠所得税前扣除问题的通知》，根据《中华人民共和国企业所得税暂行条例实施细则》第12条的规定，企业所得税纳税人向中国绿化基金会的捐赠，可按税收法规规定的比例在所得税前扣除。

（袁卫国）

**【国家林业局直属施工企业大兴安岭机械筑路工程局进入破产清算程序】** 1999年，中共中央办公厅和国务院办公厅发文决定对大兴安岭机械筑路工程局实施破产。2000年3月30日，大兴安岭地区中级人民法院正式宣告筑路工程局破产，大兴安岭地区行署、林业集团公司受国家林业局委托，抽调有关人员成立了破产清算组，于5月10日正式进驻。2000年，财政部下发《关于对大兴安岭机械筑路工程局破产中有关问题处理意见的通知》，决定对大兴安岭机械筑路工程局给予破产职工安置和清算补助费用17 094万元，该企业进入职工安置和破产清算阶段。

（李　斌）

**【全国森工企业财务状况】**

**损益状况** 2000年，全国森工企业财务报表汇总20个省（区），5省区盈利，15省区亏损。汇编企业1 597户，亏损企业1 065户，亏损面为66.69%，比1999年同期减少1.31%。全国森工企业实现主营业务收入174亿元，比1999年同期减少16亿元。营业成本127亿元，比1999年同期减少8亿元，管理费用37.5亿元，比1999年同期减少2.3亿元，财务费用8.3亿元，比1999年同期减少3.6亿元。全国森工企业盈亏相抵，全行业净亏损3.95亿元，比1999年同期减亏2.2亿元。其中，亏损企业亏损额为11.1亿元，减亏3.4亿元。至2000年末，全国森工企业历年累计未弥补亏损为65亿元，比1999年同期增长7亿元，增幅为12.14%。

总体来说，长江上游、黄河上中游天然林保护工程实施省区主营业务收入与1999年同期相比有较大幅度的下降。四川、云南、陕西、甘肃、青海、贵州等省区实现主营业务收入16.6亿元，比1999年同期减少8.7亿元，减幅达34.5%。东北、内蒙古林区木材销售收入大幅度下降，但由于积极开拓林区新的经济增长点，主营业务收入仍保持了与1999年同期基本持平，全年收入为99.7亿元，比1999年同期减少1.4亿元，减幅为1.4%。

2000年，全国森工企业共计拖欠职工工资15.2亿元，涉及职工65万人，拖欠离退休职工养老金13.2亿元，涉及人数28.2万人。

**上交税收状况** 2000年，全国森工企业共计交税16亿元，比1999年同期减少1亿元。其中，上交农业特产税5.1亿元，增值税7.6亿元，所得税0.9亿元，营业税0.67亿元，其他税收，包括资源税、城建税、消费税、印花税、土地使用税、房产税、车船使用税等，计1.9亿元。森工企业利用“三剩物”和次、小、薪材综合利用产品执行增值税即征即退政策，上交税收2.15亿元，返还1.67亿元，返还比例为77.7%。

**资产负债状况** 2000年末，全国森工企业共有资产总计738亿元。其中流动资产314亿元，固定资产358亿元。负债总额为531亿元，其中短期借款112亿元，长期借款109亿元。所有者权益207亿元，资产负债率为72%。

**产品产业结构状况** 2000年，全国森工企业实现全部业务收入（包括非主营业务）为201亿元，其中林业产品实现收入129亿元，占全部收入的64%。非林非木产品收入为72亿元，占全部收入的36%。实现销售利润40亿元，比1999年同期减少6亿元。其中林业产品销售利润31.5亿元，占79%，非林非木销售利润为8.5亿元，占21%。

林业产品的具体情况为：一是种植业，实现收入81.6亿元，占林业产品收入的63.2%；实现利润25.5亿元，占林业产品利润的80.8%。二是养殖业，实现收入0.85亿元，占林业产品收入的0.7%；实现利润0.1亿元，占林业产品利润的0.3%。三是初加工产品，实现收入8.8亿元，占林业产品收入的6.8%；实现利润0.39亿元，占林业产品利润的1.2%。四是三剩物和次小薪材加工产品，实现收入37.9亿元，占林业产品收入的29.3%，实现利润5.6亿元，占林业产品利润的17.6%。

**主要产品生产销售情况**

1. 木材：2000年，全国森工企业生产木材1 513万立方米，比1999年同期减少296万立方米，减幅为16.36%。收购木材344万立方米，其中收购林农264万立方米。全年木材销售量为1 822万立方米，比1999年同期减少422万立方米，减幅为18.81%。全年木材销售收入为77.6亿元，比1999年同期减少20亿元，减幅为20.52%。木材平均销售单价为425.81元/立方米，比1999年同期减少9.18元/立方米。全年木材实现销售利润24.7亿元，比1999年同期减少6.1亿元，下降19.89%。单位木材销售利润135.43元，与1999年同期基本持平。

2. 锯材：2000年，全国森工企业生产锯材为34.8万立方米，比1999年同期减少11.2万立方米，减幅为24.35%。锯材销售量为42.7万立方米，比1999年同期减少15.3万立方米，减幅26.38%。全年锯材实现销售收入3.1亿元，比1999年同期减少0.7亿元，下降18.06%。平均锯材销售单价为735.90元/立方米，比1999年同期增加74.73元/立方米。全年锯材实现销售利润0.2亿元，比1999年同期减少0.1亿元。单位锯材销售利润为48.74元/立方米，比1999年同期减少8.35元。

3. 纤维板：2000年，全国森工企业生产纤维板为94.9万立方米，比1999年同期增加6.8万立方米，增幅为7.72%。销售量为97.9万立方米，比1999年同期增加5万立方米，增幅5.38%。全年纤维板实现销售收入11.1亿元，与1999年同期基本持平。平均纤维板销售单价为1 129元/立方米，比1999年同期减少107.18元/立方米。全年纤维板实现销售利润1.67亿元，比1999年同期减少0.37亿元。单位锯材销售利润为169.85元/立方米，比1999年同期减少48.69元。

4. 胶合板：2000年，全国森工企业胶合板产量为12.9万立方米，比1999年同期减少2.7万立方米，减幅为17.31%。售量为12.7万立方米，比1999年同期减少5.7万立方米，减幅30.98%。全年胶合板实现销售收入2.7亿元，比1999年同期减少1亿元，下降27%。平均胶合板销售单价为2149.37元/立方米，比1999年同期增加125.51元/立方米。全年胶合板实现销售利润267万元，比1999年同期减少513万元。单位胶合板销售利润为21.02元/立方米，比1999年同期减少21.37元。

5. 刨花板：产量为100.3万立方米，比1999年同期增加19.3万立方米，增幅为23.83%。销售量为94.4万立方米，比1999年同期增加13万立方米，增长15.97%。全年刨花板实现销售收入9.67亿元，比1999年同期增加2.6亿元，增长35.91%。平均刨花板销售单价为1 024元/立方米，比1999年同期增加150.21元/立方米。全年刨花板实现销售利润0.97亿元，比1999年同期增加0.7亿元。单位刨花板销售利润为102.26元/立方米，比1999年同期增加68.14元，增幅达199.71%。 （吕红频）

**【全国国有林场财务状况】** 2000年，全国国有林场汇总30个省（区），汇编林场户数4 148户。国有林场经营总面积5 765万公顷，其中：有林地面积2771万公顷；职工总人数53万人，离退休人员14万人。

**主要指标完成情况** 2000年，全国国有林场资产总额188亿元（不含林木资产），其中：流动资产80亿元，比1999年增加2亿元，占资产总额的42%，其中：货币资金15亿元，比1999年增加1亿元；应收帐款12亿元，比1999年减少373万元；其他应收款36亿元，比1999年增加1.7亿元。固定资产91亿元，比1999年增加2.5亿元，占资产总额的48.63%。

负债总额149亿元，比1999年增加8.7亿元，其中，流动负债96亿元，比1999年增加4亿元，占负债总额的64.51%。其中：短期借款17亿元，与1999年基本持平；应付帐款6亿元，比1999年减少1亿元。长期负债53亿元，比1999年增加4亿元。所有者权益总额360亿元，其中：实收资本60亿元。

**利润情况** 2000年，全国国有林场盈亏相抵，亏损31 931万元，比1999年增亏5 794万元，利润总额下降 22.17%。主要因素分析如下：

增收因素 ①营业成本 256 635 万元，比 1999 年减少 8 346 万元；②营业费用 23 652 万元，比 1999 年减少 963 万元；③营业税金及附加 37 207 万元，比 1999 年减少 2 957 万元；④育林基金及维简费 60 291 万元，比 1999 年减少 4 991 万元；⑤其他业务利润 27 408万元，比 1999 年增加 2 325 万元；⑥财务费用 22 437 万元，比 1999 年减少 5 290 万元；⑦承包户上交净收入 33 169 万元，比 1999 年增加 972 万元；⑧补贴收入 23 175 万元，比 1999 年增加 8 644 万元；⑨营业外收入 27 557 万元，比 1999 年增加 1 270 万元；合计增收 35 758 万元。

减收因素 ①主营业务收入 510 502 万元，比 1999 年减少 22 153 万元；②管理费用 227 204 万元，比 1999 年增加 15 183 万元；③投资收益 1 482 万元，比 1999 年减少 924 万元；④营业外支出 26 483 万元，比 1999 年增加 2 742 万元。⑤以前年度损益调整1 415 万元，比 1999 年增加 550 万元。合计减收 41 552 万元。

**上交国家税金情况** 2000 年，全国国有林场营业税金及附加 4.0 亿元，比 1999 年减少 2 357 万元，其中：农业特产税 3.6 亿元，比 1999 年减少 1 175 万元，下降 3.18%；营业税 2 638 万元，比 1999 年减少 686 万元，下降 20.64%；应交增值税 8 988 万元，比 1999 年增加 518 万元；所得税 1 851 万元，比 1999 年增加 781 万元。

**主要产品销售情况** ①原木销售量 824 万立方米，比 1999 年减少 67.2 万立方米，下降 7.54%；销售收入 29.6 亿元，比 1999 年减少 3.1 亿元，收入下降 9.48%；木材单价 359.03 元，比 1999 年上升 8.24 元。②锯材销售量 23.80 万立方米，比 1999 年减少 6.4 万立方米；销售收入 1.2 亿元；销售单价 541.03 元，比 1999 年上升 130.96 元。③胶合板销售量 3.2 万立方米，比 1999 年增加 1 倍；销售收入 1.1 亿元，比 1999 年增加 7 385 万元；销售单价 3 423.27 元，比 1999 年上升 825.46 元。

**存在主要问题** ①亏损面继续扩大，困难进一步加重。2000 年，全国国有林场全行业亏损 3.2 亿元，其中，亏损林场亏损额 5.66 亿元，比 1999 年增亏5 339 万元。②资金紧张，后劲不足。全国国有林场负债总额 148.54 亿元，资产负债率已达 79.12%。③木材产品仍是国有林场的主要经济来源。2000 年，全国国有林场营业收入总额 65.0 亿元，其中：木竹营业收入 36.88 亿元，占营业收入总额的 56.74%；多种经营营业收入 13.95 亿元，占 21.46%；表明国有林场目前仍主要依赖森林资源，从事木材生产，产业结构不合理，产品结构单一。④税负过重。2000 年，全国国有林场原木农业特产税 3.6 亿元，税率 12.1%，税负过重，林场难以承受。

（闫春丽）

**【全国国有苗圃财务状况】** 2000 年，全国国有苗圃 30 个省（区），汇编苗圃户数 1 916 户。国有苗圃经营面积 25 万公顷，其中育苗地面积 3 万公顷，有林地面积 10 万公顷。职工总人数 5 万人，离退休人员 1 万人。

**资产及负债情况** 2000 年，全国国有苗圃资产总额 22 亿元（不含林木资产），流动资产 10 亿元，比 1999 年增加 2 237 万元，占资产总额的 47.03%，其中：货币资金 1.8 亿元，比 1999 年增加 1 873 万元；应收帐款 1.4 亿元，比 1999 年增加 1 891 万元；其他应收款 3.5 亿元，比 1999 年减少 2 056 万元。固定资产 10 亿元，比 1999 年增加 1 417 万元，占资产总额的 45.81%。

负债总额 14.5 亿元，比 1999 年增加 8 102 万元，其中：流动负债 9.5 亿元，比 1999 年增加 8 882 万元，占负债总额的 65.60%，其中：短期借款 1.6 亿元，比 1999 年增加 252 万元。长期负债 4.9 亿元，与 1999 年基本持平。所有者权益 9.3 亿元，其中：实收资本 1.6 亿元。

**利润情况** 2000 年，全国国有苗圃盈亏相抵，亏损 2.1 亿元，比 1999 年减亏 501 万元，分析如下：

增收因素 ①主营业务收入 40 911 万元，比 1999 年增加 4 846 万元；②财务费用 1 240 万元，比 1999 年减少 376 万元；③ 投资收益 228 万元，比 1999 年增加 101 万元；④承包户上交净收入 2 716 万元，比 1999 年增加 324 万元；⑤补贴收入 5 348 万元，比 1999 年增加 229 万元；⑥营业外收入 4 505 万元，比 1999 年增加 798 万元；合计增收 6 674 万元。

减收因素 ①营业成本 29 788 万元，比 1999 年增加 3 212 万元；②营业费用 3 734 万元，比 1999 年增加 564 万元；③营业税金及附加 660 万元，比 1999 年增加 111 万元；④育林及维简费 516 万元，比 1999 年增加 134 万元；⑤其他业务利润 1 745 万元，比 1999 年减少 635 万元；⑥管理费用 17 848 万元，比 1999 年增加 712 万元；⑦营业外支出 3 146 万元，比 1999 年增加 274 万元；⑧以前年度损益调整 518 万元，比 1999 年增加 531 万元。合计减收 6173 万元。

**上交国家税金情况** 2000 年，全国国有苗圃营业税金及附加 828 万元，比 1999 年减少 48 万元，其中：农业特产税 450 万元，比 1999 年减少 102 万元，营业税 270 万元，比 1999 年增加 29 万元；应交增值税 303 万元，比 1999 年减少 72 万元。

**存在主要问题** 资金紧张，后劲不足。2000 年，全国国有苗圃资产负债率 66.12%，偿债能力差。

（闫春丽）

# 资金管理

**【国家林业局加强重点工程资金和国债资金稽查】** 2000年随着国家对林业生态工程投入力度的不断加大，为促使项目实施单位管好、用好各项资金、确保项目的顺利实施，国家林业局重点工程稽查办公室对天然林资源保护工程的资金使用和财务管理情况进行了稽查，共组织17个工作组对13个天然林资源保护工程实施省区进行了检查。根据群众举报对河南、安徽、黑龙江等省的有关项目进行了专项检查。通过稽查和专项检查，发现各省区项目在天然林资源保护工程的资金使用和计划执行方面均存在一定的问题，根据检查情况，对有关省区存在的问题提出了限期整改意见，对问题比较严重的单位给予了全国通报，并采取了一定的调控措施。（李　斌）

**【全国天然林资源保护工程专项资金收支状况】**

**基本状况**　2000年，国家正式启动天然林资源保护工程，中央财政投入专项资金683 888万元，其中森林管护事业费266 294万元，离退休人员社会统筹补助费120 538万元，政社性支出145 195万元，职工一次性安置补助费103 995万元，下岗职工基本生活保障补助费47 866万元。按8∶2比例（大兴安岭中央财政全额投入），地方财政应配套149 541万元。决算反映，截至2000年底，天然林资源保护工程专项资金收入共计814 461万元，其中中央财政资金到位599 148万元，到位率为87.61%。地方财政配套36 455万元，为应配套的24.38%，企业自筹承担170 025万元，其他收入8 833万元。2000年，天然林资源保护工程专项资金共计支出697 346万元，2000年收支结余117 115万元，累计结余125 713万元，其中林业主管部门尚未下拨资金79 650万元。

**分项资金收支状况**

1．森林管护事业费：收入266 990万元，其中中央财政投入到位221 166万元，地方财政配套14 329万元，企业自筹30 691万元，其他收入804万元，支出221 500万元，其中人员经费支出134 038万元，公务费支出19 441万元，业务费支出22 810万元，集体林管护费支出21 013万元。2000年度收支结余45 490万元，其中林业主管部门未下拨资金27 035万元。

2．政社性支出补助费：收入182 488万元，其中中央财政投入到位136 133万元，地方财政配套3 780万元，企业自筹34 553万元，其他收入8 022万元。支出176 040万元，其中教育经费支出65 180万元，医疗卫生经费支出36 822万元，公检法司经费支出44 314万元，政府经费支出29 724万元。2000年度收支结余6 448万元，其中林业主管部门未下拨资金792万元。

3．养老保险社会统筹补助费：收入221 526万元，其中中央财政投入到位114 146万元，地方财政配套14 827万元，企业自筹92 546万元，其他收入7万元。支出218 252万元，2000年度收支结余3 274万元，其中林业主管部门未下拨资金712万元。

4．下岗职工基本生活补助费：收入39 005万元，其中中央财政投入到位37 683万元，地方财政配套390万元，企业自筹932万元。支出22 536万元，2000年度收支结余16 469万元，其中林业主管部门未下拨资金7 375万元。

5．一次性安置补助费：收入104 452万元，其中中央财政投入到位90 020万元，地方财政配套3 129万元，企业自筹11 303万元。支出59 018万元，2000年结余45 434万元，其中林业主管部门未下拨资金43 736万元。

**分地区资金收支状况**

*东北、内蒙古等重点地区*　2000年，中央财政投入东北、内蒙古等重点地区专项资金408 057万元，其中森林管护事业费73 006万元，养老保险社会统筹补助费84 603万元，政社性支出121 272万元，职工一次性安置补助费94 536万元，下岗职工基本生活保障补助费34 640万元。地方财政应配套80 584万元。决算反映，截至2000年底，天然林资源保护工程专项资金收入共计520 601万元，其中中央财政资金到位385 044万元，到位率为94.36%。地方财政配套6 452万元，为应配套的8.01%，企业自筹承担121 168万元，其他收入7 937万元。2000年，天然林资源保护工程专项资金共计支出453 580万元，2000年收支结余67021万元，累计结余71 223万元，其中林业主管部门尚未下拨资金50 806万元。

东北、内蒙古等重点地区中央财政资金到位率普遍较高，但地方实际配套比率较低。黑龙江森工总局、大兴安岭林业公司、新疆维吾尔自治区林业厅、新疆生产建设兵团到位率都达100%。吉林省林业厅、内蒙古大兴安岭林管局、内蒙古南八局、海南省林业局中央财政资金到位率分别为97.6%、72.93%、84.02%、49.97%。海南、新疆的地方配套情况较好，实际配套为应配套的比率分别达233%和112%，超出规定配套比例。黑龙江森工总局、内蒙古大兴安岭林管局、内蒙古南八局、吉林省林业厅地方配套与应配套的比率分别为4.9%、0%、15.13%和8.02%。

2000年，东北、内蒙古等重点地区天然林资源保护工程专项资金共计支出453 580万元，其中，森林管护事业费支出69 476万元，政社性支出补助费支出160 067万元，养老保险社会统筹补助费支出168 750万元，下岗职工基本生活补助费支出16 021万元，一次性安置补助费支出39 266万元。

长江上游、黄河上中游地区　2000年，中央财政投入长江上游、黄河上中游地区专项资金275 830万元，其中森林管护事业费193 288万元，养老保险社会统筹补助费35 934万元，政社性支出23 923万元，职工一次性安置补助费9 459万元，下岗职工基本生活保障补助费13 225万元。地方财政应配套68 958万元。决算反映，截至2000年底，天然林资源保护工程专项资金收入共计293 860万元，其中中央财政资金到位214 104万元，到位率为77.62%。地方财政配套30 003万元，为应配套的43.51%，企业自筹承担48 857万元，其他收入896万元。2000年，天然林资源保护工程专项资金共计支出243 766万元，2000年收支结余50 094万元，累计结余54 490万元，其中林业主管部门尚未下拨资金28 844万元。

中央财政资金到位情况是：云南、甘肃两省中央财政资金到位情况较好，到位率为100%，四川为73.81%，贵州为69.22%，重庆为79.62%，湖北49.99%，陕西为40.41%，青海为83.52%，宁夏为49.99%，内蒙古为42.18%，山西为59.38%，河南为76.35%。

地方配套情况是：山西、河南地方配套较好，实际配套为应配套的比率都超过100%，分别为140%和101%，云南为75.59%，四川为37.64%，贵州为18.8%，重庆为7.83%，湖北1.01%，陕西为12.91%，甘肃为38.67%，青海为24.43%，宁夏为56.68%，内蒙古为0%。

2000年，长江上游、黄河上中游地区天然林资源保护工程专项资金共计支出243 766万元，其中，森林管护事业费支出152 024万元，政社性支出补助费支出15 973万元，养老保险社会统筹补助费支出49 502万元，下岗职工基本生活补助费支出6 515万元，一次性安置补助费支出19 752万元。　（吕红频）

**【全国育林基金收支状况】**

**收入状况**　2000年，全国育林基金（林价）总收入36.3亿元，其中：①提取育林基金（含林价）20.46亿元，占总收入的56.4%；②征收育林基金10.38亿元，占总收入的28.6%；③营林产品销售净收入转育林基金0.8亿元，占总收入的2.2%；④其他收入4.65亿元，占总收入的12.8%。

**支出状况**　2000年，全国育林基金总支出33.1亿元，其中：1.营林生产支出10.5亿元，占总支出的31.6%。其中：①森林更新及造林支出6.96亿元，其中，整地支出0.91亿元，采伐迹地更新支出1.60亿元，幼林抚育支出1.97亿元。②成林抚育支出1.83亿元。③营林生产其他支出1.68亿元。

2.营林费用支出14.6亿元，占总支出的44.1%，其中：①营林管理费支出5.95亿元，其中经营林场（所）管理费2.24亿元；②森林保护费支出4.4亿元，其中护林防火支出2.5亿元，病虫害防治支出0.43亿元；③森林资源清查支出0.52亿元；④低产林改造支出0.21亿元；⑤天然幼壮林改造支出0.82亿元；⑥营林"三项费用"支出1.76亿元，其中修建营林道路支出7 118万元，营林设施6 739万元，营林设备3 693万元。⑦营林费用其他支出0.9亿元。

3.其他支出8.04亿元，占总支出的24.3%。其中弥补机构经费不足2.95亿元。　（吕红频）

# 资产管理

**【部署开展森林资源资产化管理重点研究内容】**　2000年2月24～25日，在浙江杭州召开的全国林业计财工作会议上，计划与资金管理司资产处召集有关省区和课题承担单位召开了森林资源资产化管理专题座谈会，会上罗江滨巡视员总结了自1995年以来开展森林资源资产化管理工作的开展情况，提出了2000年要以制度建设为重点、课题研究为突破口，继续推进森林资源资产化管理工作的要求。本着面向实际，求真务实的原则，根据实践的需要和各有关省区的实际情况，确定了2000年森林资源资产化管理的研究内容和承担单位，分别是：

| 研究内容 | 承担单位 |
|---|---|
| 森林资源资产会计核算研究 | 福建省林业厅<br>黑龙江省林业厅<br>广西壮族自治区林业局<br>大兴安岭林业集团公司<br>浙江省林业厅 |
| 森林景观资产产权管理及等级评价的研究和应用 | 中南林学院<br>北京市林业局 |
| 森林资源资产抵押贷款问题研究 | 湖南省林业厅<br>黑龙江省林业厅<br>黑龙江省森林工业总局 |

（续）

| 研究内容 | 承担单位 |
|---|---|
| 国有森林资源资产的分类和监督 | 四川省林业厅 |
| 资产重组改革中森林资源资产的处置 | 吉林省森工集团<br>黑龙江省森林工业总局<br>福建省林业厅 |
| 森林资源资产产权变动管理 | 四川省林业厅<br>广东省林业厅<br>贵州省林业厅 |
| 治沙产业资源资产化管理 | 内蒙古自治区林业厅 |
| 森林资源资产有偿使用和价值补偿 | 国家林业局计资司为主 |

目前，上述重点研究内容已取得了阶段性成果，为出台全国统一执行的有关规定、办法，规范森林资源资产管理奠定了基础。（徐信俭）

**【局属中央预算单位开展清产核资】** 国家林业局中央预算单位2000年度清产核资工作经过资产清查、资金核实、重点抽查和整章建制四个阶段，年底已基本结束。

列入本次预算单位清产核资范围的行政机关及直属事业单位共54户，使用财政专项经费的大兴安岭林业集团公司所属50户公、检、法、学校等基层单位也列入清产核资范围。根据财政部办公厅的批复，局清产核资办公室已将清产核资结果批复各预算单位。具体结果为：

局行政机关1999年末账面资产总额45 488万元，清产核资盘盈13 207万元，盘亏486万元，财政批复固定资产净盘盈12 841万元，核实总资产为58 209万元。这次盘盈的资产主要是已交付使用未入账的房屋16栋，估价入账金额12 712万元，汽车8辆280万元。报废（损失）资产主要是拆除的房屋、报废的汽车、电台、内部划转的胶印机（铅印室报盘盈）等。

局属事业单位53户，1999年末资产总额217 117万元，清产核资盘盈6 392万元，盘亏12 076万元，财政部确认净损失5 683万元，核实总资产211 433万元。这次盘盈的资产主要是账外在用的房屋、土地、汽车、锅炉、大型电子计算机工作站、程控电话交换系统、自来水工程等估价入账；盘亏资产主要包括报废固定资产3 807万元，房改挂账8 081万元，投资损失188万元。

大兴安岭林业集团公司所属基层事业单位50户，主要是学校、公检法机构等，1999年末总资产24 222万元，清产核资盘盈358万元，盘亏577万元，财政批复确认资产净损失219万元，核定资产总额24 003万元。

针对清产核资中暴露出来的问题，各单位针对各自存在问题采取相应的整改措施。如进一步明确各工作岗位的岗位职责、工作程序、工作标准，使责任到位、责任到人；强化单位内部控制制度，坚持重大投资集体决策，对购置新设备实施统一采购，对超预算计划的经费实行严格的审批手续；进一步强化会计稽核和审计监督环节，并对原有规章制度作进一步的修订和补充，有的单位制定了新的《财务管理制度》和《资产管理规定》，在已制定的《岗位责任制》中，对财务及资产管理人员的有关岗位职责也分别作了明确规定，增强了制度的可操作性。通过清产核资，各单位普遍对内部规章制度进行了修订补充，使内部规章制度更加完善。

（徐信俭）

# 精神文明建设

## 林业纪检监察

**【综 述】** 2000年，林业纪检监察工作坚持以邓小平理论和江泽民同志“三个代表”重要思想为指导，认真贯彻党中央、国务院、中央纪委和监察部的总体部署，紧密结合林业的新形势、新任务、新要求，及时调整思路，转变工作方法，强化组织协调，集中力量突破，狠抓重点任务落实，紧紧围绕林业的中心任务开展工作，有力地推进了林业系统党风廉政建设和反腐败斗争的深入开展，保证了林业各项改革和建设的顺利进行。

*学习和教育* 重点是围绕党中央、国务院和中央纪委有关党风廉政建设和反腐败斗争的会议、决议、指示等进行学习和教育。

一是学习和传达中央纪委四次全会和国务院第二次廉政工作会议精神。元月27日，国家林业局党组召开扩大会议，传达学习江泽民同志关于从严治党的重要讲话和尉健行同志的工作报告，研究局机关和直属单位党风廉政建设和反腐败措施，下发了《关于进一步深入扎实地做好林业系统党风廉政建设和反腐败工作的通知》。2月13、14日，国家林业局召开2000年机关党的建设和机关建设会议，组织机关司局、直属单位党政一把手和纪检监察部门负责人认真学习了中央纪委四次全会精神，总结和部署了局机关及直属单位党的建设和反腐败工作。2月26～28日，在湖南省召开了全国林业系统纪检监察工作会议，进一步传达学习了中央纪委四次全会和国务院第二次廉政工作会议精神，总结交流了1998年以来林业系统党风廉政建设和反腐败工作经验，部署了林业系统2000年反腐败工作。资源司、计资司和森林公安局的领导介绍了各自分管业务的总体情况，监察部执法监察室的同志到会指导。

二是学习传达了全国纠风工作会议精神，并根据会议精神，对林业系统2000年的纠正行业不正之风工作作了调整。

三是组织学习了邓小平和江泽民同志有关党风廉政建设和反腐败斗争的论述，尉健行同志在九届人大三次会议期间的三次重要讲话和在辽宁锦州、广东深圳等地考察的谈话要点。

四是组织开展了三次党风廉政教育活动。3至4月，结合“三讲”教育“回头看”活动进一步深入开展了廉政勤政教育；6月份，结合学习江泽民同志“三个代表”的重要思想，开展了世界观、人生观、价值观“三观”教育；8至9月，结合剖析成克杰、胡长清等典型案例开展了遵纪守法的警示教育，并组织党员干部参观了北京市打击和预防经济犯罪展览，观看了《生死抉择》电影和《胡长清案件警示录》录像。

*反腐败三项重点工作* 领导干部廉洁自律情况。突出抓了对干部职工自用小汽车、用公款为领导干部住宅配备电脑以及领导干部的配偶、子女就业情况和单位设立“小金库”情况进行清理摸底，即“三清一摸”工作。清理检查分两个阶段实施，第一阶段于2月2日至3月30日对机关司局、在京直属单位干部、职工自用小汽车情况进行了清理检查。第二阶段于4月21日至6月6日对机关司局、在京直属单位领导干部的配偶及子女就业情况、用公款为领导干部住宅配备电脑及支付上网费情况以及设立“小金库”情况进行了摸底登记和清理检查。清理结果，未发现机关及机关干部长期占用、借用下属单位车辆，司局级干部配偶、子女违反规定经商办企业、在外商独资企业或中外合资企业担任由外方委派、聘任的高级职务，处级以上干部用公款为其住宅配备电脑及支付上网费用，机关司局和在京直属单位设立“小金库”等问题。根据中央纪委的要求，5月上旬至6月下旬，对国家林业局党组成员的配偶、子女个人经商办企业或在外商独资企业、中外合资企业任职情况进行了清理登记；9月中旬至10月上旬，对局机关各司局、各直属单位“三清一摸”情况再次进行了检查，没有发现违反规定的问题。

案件查办情况。重点查处了局机关及直属单位处以上干部违法违纪和在全国有重大影响的乱批乱占林地、超限额采伐林木和挤占、挪用重点生态工程财政专项资金等方面的案件。2000年，驻局纪检组、监察局共收到各类举报信（包括电话举报、群众上访等）186件，1999年结转处理的举报信38件。其中对于非受理范围的131件，都及时进行了转办、督办；对于受理范围内的93件，有41件作了一般处理，有30件转直属单位查办，由驻局纪检组、监察局直接核查的17件。在驻局纪检组、监察局直接核查的17件中，已了结的14件。有3名司局级干部受到组织处理，有4人受到批评教育，其中1人在领导班子范围内进行了公开检查；有7名司处级干部受到谈话提醒。2000年4月至12月，资源司等部门收到反映破坏森林资源的举报721件，其中朱镕基总理亲自批办的19件，属大案要案的63件，查结63件，给予行政处分的97人，判刑17人，刑事拘留88人。驻局纪检组、监察局参与了破坏森林资源大要案的督、查、办工作。

纠风情况。根据全国纠风工作会议精神，按照谁主管谁负责的原则，重点对林业系统治理公路“三乱”情况进行了检查。2000年，驻局纪检组、监察局与资源司先后三次派出检查组，深入到十多个省（区），采取明查暗访的方法，对木材检查站进行了专项检查和治理。11月份，会同交通部、公安部、国务院纠风办，对首批申请全省公路基本无“三乱”省份——吉林、江苏、山东三省进行了检查考核，暗访行程总计达4 000多公里。同时，还通过专项教育、业务培训等形式，狠抓了执法队伍建设。

行政执法监察工作　坚持以群众反映强烈的重点、难点问题为切入点，不断加大行政执法检查和执法监察力度，推动上级重大决策的有效实施，确保政令畅通。

一是严密部署，严格要求。3月和6月，国家林业局在福建、山东两省分别召开全国森林资源林政管理工作会议和北方省（区）木片管理工作会议，会上就进一步加强行政执法监察，加大行业管理力度，规范执法人员行为，提高执法队伍素质，执行“收支两条线”规定等问题，提出了严格要求。

二是制定下发了《关于重点林业工程资金稽查工作暂行规定》，并对天然林保护工程财政专项资金使用情况开展了稽查。3至6月，由国家林业局稽查办和财政部农业司联合组成11个稽查工作组，对四川等9个省（区）和内蒙古、大兴安岭两个森工（林业）集团公司1998、1999年天然林保护工程资金的管理和使用情况进行了稽查，对发现的问题，及时与有关部门交换了意见，并提出了整改建设。

三是对局机关房改工作以及清产核资工作等重大事项进行了执法监督。

四是参与组织了以打击破坏森林资源行为为重点内容的“三号行动”。这次行动从7月开始到年底结束，国家林业局抽调32人组成10个执法检查组，派往27个省（区、市）进行指导、督办案件的查处工作。根据温家宝副总理的指示和监察部领导的意见，驻局纪检组、监察局会同有关司代拟了《监察部、国家林业局关于违反森林资源保护管理规定行政处分的暂行规定》，报中央纪委、监察部和国务院法制办审定。

源头治腐工作　根据党的十五大精神和中央纪委的要求，制定了《国家林业局关于反腐败抓源头工作的实施办法》，并着重抓了六个方面的工作。

一是从落实党风廉政建设责任制入手，进一步明确各级领导干部的责任。局党组细化了《国家林业局党组关于贯彻落实〈中共中央、国务院关于实行党风廉政建设责任制的规定〉的实施意见》，实行目标分解，强化了责任追究，明确局党组要对全局党风廉政建设负全面领导责任，局党组书记对全局的党风廉政建设负总责，其他党组成员根据分工，对职责范围内的党风廉政建设负直接领导责任；各司局、各单位的领导班子要对本司局、本单位的党风廉政建设负全面责任，司局和单位的正职对本司局、本单位的党风廉政建设负总责，其他班子成员根据分工，对职责范围内的党风廉政建设负直接领导责任。要求领导干部的权力行使到哪里，监督就跟踪到哪里，凡违反党风廉政建设责任制规定的，要按其应负的责任严肃追究。同时还制定了《国家林业局关于司局级以上领导干部配偶、子女个人经商办企业的具体规定》、《国家林业局关于跨地区、跨部门出国团组的审批规定》。

二是从规范审批审核事项办理程序入手，建立健全权力运行的监督约束机制。对国家林业局保留的具有依法行使审批审核的49个项目进行了清理检查，依据法规和上级授权规范了这些项目审批审核的主体范围、具体标准、基本原则和实施程序，明确了廉政行为规范。下半年，还就政务公开、完善办事规则问题，在国家林业局濒危物种进出口管理中心进行了试点。

三是从加强干部人事工作监督入手，严把选人用人关口。在干部选拔任用标准、考察任命程序、管理教育等方面，进一步健全了干部任职前公示、干部竞争上岗和试用期制以及谈话提醒和干部轮岗交流等制度，做到了考察干部实行责任制和征求党委及纪检监察部门的意见，任用干部多数不赞成的不提名，未经组织人事部门考核和没有征求纪检监察部门意见的不上会，集体讨论中多数人不赞成的不任命。

四是从强化重大林业工程建设项目监督入手，健全和完善监督约束机制。制定了《关于重点林业工程资金稽查工作的暂行规定》、《国家林业局基本建设财务管理实施办法》、《重点地区天然林资源保护工程建设资金管理规定》、《退耕还林还草试点示范工程资金管理规定》等有关工程建设及专项资金的管理办法，明确了项目建设实行法人责任制、招标投标制和工程建设监理制，使林业工程规划、建设项目审批和资金管理进一步规范化、制度化和科学化。

五是从狠抓森林资源保护管理入手，严格有关制度措施。各有关部门制定下发了《木材运输监督管理办法》、《木材经营（加工）管理办法》等9项规章制度，健全了木材采伐限额管理、木材采伐证和运输证管理以及“收支两条线”等方面的一系列管理办法。

六是从积极推行政府采购入手，不断完善政府采购办法。成立了电子设备政府采购领导小组，并在电子设备采购方面实行试点，组织了国家级森林病虫鼠害中心测报点物资、设备和计算机网络及其电子设备两次大的采购活动，其中森林病虫害鼠害中心测报点完成物资设备采购4 335台（件），金额1 450万元，节约资金350万元。在此基础上，制定了《国家林业局电子设备政府采购管理办法（草案）》、《国家林业局电子设备政府采购招标办法》。（驻局纪检组、监察局）

# 林业思想政治工作与精神文明建设活动

**【开展实施西部大开发战略中林业职工和林农群众思想状况的调查研究】** 我国西部地区包括云南、贵州、甘肃、河南、新疆、内蒙古、重庆、四川、湖北、陕西、宁夏、青海、西藏等13个省（区、市），生态建设是实施西部大开发战略中的主体工程，在西部地区实施陡坡耕地有计划、分步聚地退耕还林还草，增加这些省（区、市）的绿色植被，防治水土流失，改善生态环境，治理水旱灾害，是西部地区生态建设的根本之策和关键。但是，许多人对在西部地区进行生态保护与建设和退耕还林还草的政策认识不足，还存在一些疑虑、担心，甚至误解。为了有针对性的做好生态保护与建设和退耕还林还草工作中的政策宣传和思想政治工作，国家林业局宣传办公室决定对在西部地区进行生态建设和退耕还林还草工作中林业干部职工、林农群众的思想状况进行调查研究。国家林业局宣传办和中国林业政研会把这项调研内容作为2000年的一项重点工作列入计划，并要求西部13个省（区、市）林业政工部门组织开展调查研究。

在各地开展调查研究的基础上，2000年5月8日，中国林业职工思想政治工作研究会发出了《关于开展西部大开发战略生态保护与建设干部职工、林农群众思想状况问卷调查的通知》，得到西部地区林业干部职工、林农群众的积极响应，共有2 410人（其中干部1 399人，职工515人，林农496人）报送了答卷。依据答卷的内容写出了调查报告。8月7～17日，国家林业局宣传办派人到四川、重庆、贵州3省（市）对退耕还林还草工作中干部职工和林农群众的思想状况进行调查。调查人员分别在省（市）林业厅（局）召开了各主管部门领导座谈会3次，在退耕还林试点的地区林业局召开了座谈会5次，并深入到乡、村和农户家中座谈4次，实地查看了一个乡、两个村的退耕还林地，全面了解退耕还林试点工作的进展情况。

从对西部地区报送来的2 410份答卷的统计分析以及实际调查结果可以看出，人们对实施西部大开发战略中生态保护与建设和退耕还林还草工作的思想认识总体上说是明确的，行动是积极的，工作进展是顺利的。①西部地区人民生态意识不断增强，对生态建设的认识不断提高，这是搞好生态建设坚实的思想基础。②对西部大开发战略中林业和生态建设的政策绝大多数人是拥护的，政策是正确的。③退耕还林还草的政策得到广大农民的真心拥护，得到了社会各界的广泛支持和参与，进展顺利。④一些单位的领导和退耕农民都认为，退耕还林还草推动了西部地区经济的发展，改变了广大农民的生活模式，使农村的经济、文化发生了新的变化，生活质量不断提高。但是，调查中也发现，部分人对实施西部大开发战略和有关政策还不十分了解，意义和作用还不完全清楚，对西部大开发林业和生态建设首先应解决什么问题认识还不一致，在退耕还林工作中还存在急功近利、盲目性和等靠要等思想障碍，还有怕政策变、怕政策不兑现、怕干部贪占的“三怕”思想，对退耕还林政策的宣传和执行中也还存在一些需要研究解决的具体问题。

针对上述问题，调查报告提出了解决的对策和建议，得到了国家林业局领导和有关业务司局的肯定和重视。①在实施西部大开发战略过程中，林业机构需要加强；林业队伍需要充实、稳定，人员需要培训，提高其素质；需要加大科技力度；需要国家增加投入。②为适应西部大开发的需要，要加大宣传力度，大力开展“艰苦奋斗，自力更生”创业精神教育，要把政策兑现放在各项工作的首位并给予关注，继续帮助林业职工和林农群众解决实际困难，为他们办事实。

（林万春）

**【林业系统边疆文化长廊建设】** 2000年，林业系统文化长廊建设根据文化部的要求和年度工作计划安排，积极进行文化建设，各项工作都有了新的进展。

加强了对文化长廊建设工作的指导。年初，国家林业局宣传办制定了文化长廊建设的年度工作计划，对24个文化长廊建设的参建林业局的文化建设工作进行了部署，提出了要求。为保证工作计划的完成，支持一些单位的文化建设，国家林业局给满归、莫尔道嘎、八面通、鹤北、韩家园、珲春、白河、卫国等参建林业局共安排了100万元的建设补助费。

各参建林业局普遍加强了文化设施建设。满归林业局新建了一万平方米的文化活动场所，修建了室内游泳馆，广播电视站、图书馆、阅览室和十大风景园区，在北疆林海营造出一片“楼成群、树成荫、路成网、花如海”的良好社会生活和文化环境；临江林业局在150千米的沿江线上搞文化工程，做到了不丢面、不断线、不漏点，全面开花、全面发展。在局机关建设草坪2 000平方米，种花13 000盆，在全局建成了校园风景线、林场风景线和小区风景线；白河林业局投资300万元修建一座5 000平方米的多功能文化活动中心，基本满足了林业职工文化生活的需要。

文化活动坚持经常，内容丰富多彩，取得了良好的社会效果。通过开展广场文化、校园文化、节日文化、室内文化、旅游文化、生态文化等多种文化活动，满足了林业职工精神文化生活的需要，在维护社会治安和改善企业软环境方面发挥了重要作用。

8月份，国家林业局宣传办对文化长廊建设的基本情况进行了问卷调查，据统计，24个参建局共建有文化活动中心472个、体育活动中心105个、影剧院43个、文化广场22个、图书馆24个、阅览室151个、广播电视站24座、电视接收站264座，文化设施总面积为24.8万平方米。共有专业文工团（文艺队）3个，业余演出队700多个；专业文艺、体育工作者609人，专职文化管理人员645人。11月份又对吉林省3个文化长廊建设的联系单位进行实地调查，总结出了《以文化长廊建设为载体，促进林区“两个文明”建设》的经验材料，在12月份文化部召开的全国社会文化重点工程会议上作了典型发言，受到文化部领导和与会同志的一致好评。（林万春）

**【优秀思想政治工作领导干部张道相】** 为了深入贯彻中央思想政治工作会议精神，表彰、奖励先进，发挥典型的示范和榜样作用，进一步加强和改进林业行业思想政治工作，为林业改革和建设提供精神动力和思想保证，国家林业局于2000年8月25日作出在林业系统各级领导干部中开展向生命不息、奋斗不止的优秀思想政治工作领导干部张道相学习的决定。

张道相1944年出生在吉林省延吉市一个朝鲜族农民家里，1965年于中央民族学院毕业后，在吉林省委党校青年干部培训班学习三年，1968年在敦化林业局参加工作以来，一直做党务工作和思想政治工作，1993年调任延边州林管局纪委书记，现任该林管局党委书记。

张道相30多年如一日，在思想政治工作战线上刻苦钻研，积极探索，作出了突出贡献，不仅为林管局的改革与建设提供了思想保证和精神动力，也使延边林业建设在资源危机、经济危困中走出低谷。在木材产量锐减的情况下，1999年实现社会总产值、工业总产值、利税分别比上年增长9%、5.3%和3%。近10年来，延边林管局获得许多荣誉。在延边14户大中型企业中，有1户被中宣部、国家计委、全国总工会评为全国思想政治工作优秀企业，并被中组部评为全国先进基层党组织；被吉林省委和省政府评为全省思想政治工作优秀企业的有8户，精神文明标兵单位的有2户，精神文明先进单位的有8户。延边林管局党委被原林业部评为全国林业行业思想政治工作先进单位，被国务院授予全国民族团结进步模范单位称号。张道相也分别被省、州以及原林业部评为优秀思想政治工作者。

张道相的工作成就，是在与病魔顽强搏斗中取得的。1988年，他患了膀胱癌，1999年癌症复发，12年来，做手术3次，做膀胱镜检查25次，做膀胱冲洗80余次。在死亡的威胁和病痛的折磨中，他凭着共产党人的信念，无产阶级人生观、价值观和对党的事业的无限忠诚，始终战斗在自己的工作岗位上。他患癌症的12年，是他只争朝夕拼死工作的12年，是他呕心沥血、积极探索的12年，也是他取得工作成就的12年。

他的先进事迹和奋斗精神，具有鲜明的时代特点，展现了共产党人的优秀品质，塑造了一个优秀思想政治工作领导干部的光辉形象。因此，国家林业局要求各级林业领导干部，学习张道相生命不息、奋斗不止的工作精神，刻苦钻研、永不自满的学习精神，热爱人民、廉洁奉公的公仆精神，勤于思考、勇于开拓的创新精神，深入实际，真抓实干的务实精神。（林万春）

## 林业行业宣传

**【综　述】** 2000年是林业形势和任务发生重大变化的一年。在局党组和宣传工作领导小组的正确领导下，局宣传办公室认真落实全国林业宣传工作会议精神，按照“服务大局，抓住重点，明确目的，加强协作，强化管理，注重实效，增强后劲，为完成林业工作任务提供正确舆论导向和良好思想文化氛围”的工作思路，认真实施2000年林业宣传要点和计划，顺利完成了林业宣传任务。全年组织了10个林业宣传战役，实施新闻、文化、图书、摄影、广告等多种形式的各类林业宣传项目80多项，中央各新闻单位发表林业新闻突破3 000

篇（条），包括新华社 1 000 篇，其中《国内动态清样》138 篇；人民日报 180 篇，其中头版头条及一版 35 篇，评论 6 篇，专版、专栏 5 个；中央人民广播电台 200 多篇；中央电视台 1 163 条（集），其中新闻联播 101 条，“焦点访谈”19 期，各类电视专题节目 258 集。一些宣传活动受到李瑞环、温家宝、姜春云等中央领导同志和局领导的肯定。

*林业理论宣传战役初见成效* 出版了《世纪之交关注森林——林业的地位和作用》，赠送中共中央、全国人大、国务院、全国政协及各部委、各省领导同志，发挥了重要宣传作用，受到姜春云等党和国家领导人的好评。中央新闻单位发表了一批重要林业理论文章，《中国绿色时报》开辟了林业理论宣传专栏。

*马永顺系列宣传活动达到了预期效果* 经与中宣部多次协调，2000 年初，中宣部决定，马永顺同志为 2000 年第一个在全国推出的重大典型人物。2 月下旬，中央和首都 15 家报刊在显著位置刊发了反映马永顺同志先进事迹的长篇通讯。中央电视台连续播发了 15 条（集）新闻和专题节目。全国绿化委员会、人事部、国家林业局作出了《关于授予马永顺同志“林业英雄”称号的决定》，全国绿化委员会、国家林业局作出了《关于开展向林业英雄马永顺同志学习活动的决定》。2 月 24 日，中宣部、全国绿化委员会、国家林业局、全国总工会、中共黑龙江省委在人民大会堂，举行了马永顺同志先进事迹报告会，温家宝副总理出席会议并讲话。马永顺先进事迹报告团还在国家林业局、北京林业大学、首都大学生联合会举行了 3 次报告会和座谈会，首都各界 3 000 多人出席会议。组织北京中学生、新闻记者 200 多人在北京大兴县举办了营造马永顺纪念林活动。编辑出版了《林业英雄马永顺》一书。马永顺同志先进事迹的宣传，在社会上反响强烈，得到温家宝副总理的肯定。

*植树节宣传活动形成声势* 植树节前向各地发出了《关于做好植树节期间林业宣传工作的通知》，以“封山绿化、退耕还林”为主题组织开展了系列宣传活动。在《人民日报》刊发了评论员文章；中央电视台新闻联播、新闻 30 分、中国新闻、今日报道等节目，连续播发林业新闻；组织各新闻单位连续发表了各地动态；各地开展了多种形式的宣传活动，形成了宣传合力。

*西部开发、林草先行宣传战役形成重要影响* 《人民日报》刊出了西部生态建设专版；《经济日报》开辟了“西部开发看林业”系列报道，发表了 10 篇文章；配合中国科协开展了“再造西部秀美山川”大型科普宣传活动；与凤凰卫视联合组织了“穿越万里风沙线”专题系列报道，共播出节目 120 集，在海外形成重要影响；与北京电视台联合组织了“守望家园三北生态纪行”大型采访活动，共播出节目 60 集。

*保卫绿色、关注森林大型宣传活动成效显著* 按照全国政协主席李瑞环关于“初见成效，很有意义，坚持不懈”的重要批示，从 1 月开始，《人民政协报》开辟了“保卫绿色、关注森林”专栏。中央电视台新闻 30 分以组合报道形式播发 26 组系列报道。11 月 4～12 日，在赵南起副主席率领下，全国政协人资环委、国家林业局、国家计委、农业部、水利部等有关部门赴广西调研，向中央提交了《关于加强红水河流域龙滩等梯级电站库区生态建设的调研报告》，并通过新闻媒体和内参进行了宣传报道。12 月 19 日在全国政协礼堂召开了关注森林——国际森林年 15 周年纪念大会，李瑞环主席致信，赵南起、王丙乾、周生贤、杨继平等领导同志，各有关部门代表及联合国粮农组织，19 个国家驻华使节和首都各界 700 多人出席大会。

*关注沙尘暴宣传活动反响强烈* 2000 年春天北京地区发生沙尘暴后，组织焦点访谈及时采访报道，随后又组织中央各新闻单位进行了大量集中报道，引起了党中央、国务院和全社会的关注。国务院领导同志多次召开会议听取防沙治沙工作汇报。为落实朱镕基总理视察北京周围治沙工作的指示，国家林业局宣传办与河北、北京、天津林业厅（局）从 5 月 29 日至 6 月 7 日，联合开展了“京津周围看治沙”大型宣传采访活动。刊发了 40 多篇稿件。编辑出版了《关注沙尘暴》一书。这些宣传活动对推动环北京地区防沙治沙工程起到了重要促进作用。

*三江源自然保护区、南方二号行动、倡导禁食野生动物等保护野生动植物的宣传效果明显* 按照国家林业局开展南方二号行动的总体部署，邀请中央新闻单位的 30 多位记者深入广东、福建、广西、云南四省（区）现场采访。从 1 月 18 日起，中央和首都各媒体均以较大篇幅，积极组织专版、开辟专栏进行跟踪报道。中央和地方省级媒体发表稿件 400 多篇。配合中国野生动物保护协会开展了“倡导禁食野生动物”宣传活动，社会反响强烈。8 月 19 日前后配合保护司组织了三江源自然保护区系列宣传。中央电视台对揭碑仪式进行了现场直播。

*保护森林资源三号行动宣传报道促进了依法治林* 国家林业局从 6 月起，在全国范围内开展以督办、查处典型案例和新闻曝光相结合的保护森林资源三号行动。6 月 26 日举行了第一次新闻发布会，公布了 8 大案件，反响强烈。新闻举报电话自开通后，300 多人次打电话举报侵占林地、乱砍滥伐等违法犯罪行为。中央和地方新闻媒体共发表稿件 350 多篇。

*“退耕还林还草利国利民”主题宣传战役取得成效* 在《人民日报》刊发了“退耕还林还草”专版和摄影画刊。新华社和全国新闻媒体发表了《国务院关于进一步做好退耕还林还草试点工作的若干意见》和答记者问。制作了退耕还林还草宣传画。各地也围绕主题开展了各种形式的宣传活动，从上至下形成了宣传声势。

*“保护天然林、维护生命线”主题宣传效果显著*

根据局领导的指示，制定了国家林业局天然林保护工程宣传活动组织方案，向有关省（区）发出了《关于开展天然林保护工程宣传活动的通知》。组织中央新闻单位发表了《经过两年试点天然林保护工程全面启动》的重要消息，《人民日报》、《人民日报（海外版）》等报纸在头版头条位置刊发，中央电视台制作了焦点访谈，关于天然林保护工程的重要消息全国100多家报纸转发。

*林业文化宣传进一步拓展* 6月3日与赤峰市林业局、全国政协人资环委、国家林业局防治荒漠化管理中心，联合组织开展了当代文化名人沙漠植树活动，于洋、刘炳森、敬一丹、崔永元等33位当代文化艺术界名人及10余家中央新闻单位的记者参加。中央新闻媒体做了广泛报道。《人民日报》编发了消息、照片和文艺通讯《沙地上的绿色宣言》、纪实散文《沙漠绿魂》，以及长篇通讯《锁定流沙唤绿归》等。中央人民广播电台制作了30分钟的新闻专题。从5月开始，组织开展了“赤峰杯”摄影大赛，共收到参赛作品近500件，《人民日报》编发了两个专版，《人民政协报》编发了5个半版，《中国绿色时报》编发了5个专版。5月15～17日，宣传办公室和中国林业文联联合在广西贺州召开了全国林业文联（协）暨文化宣传工作经验交流会。组织召开了中国林业文联第一届第一次理事通讯会议。在《林业文坛》的基础上创办了《生态文化》。

*强化了林业行业思想政治工作* 为贯彻落实中央关于加强思想政治工作的精神，在全国林业系统开展了树典型学先进活动。在全国林业系统掀起学习马永顺精神的热潮后，又推出了优秀思想政治工作干部张道相，同时向中宣部推荐了张道相的先进事迹，中央电视台制作播出焦点访谈，引起较大反响，张道相同志被评为1999年度“半月谈思想政治工作创新奖”特等奖。为掌握林农群众和林业基层单位对实施西部大开发战略的思想认识和状况，在西部地区13个省（区、市）开展了“西部大开发战略生态保护与建设，干部、职工、林农群众思想状况”问卷调查。组织调研组到四川、重庆、贵州三省（市）进行调研，写出了《关于退耕还林还草中基层思想情况的调查报告》，受到局领导重视。

（综合处）

**【林业英雄马永顺】** 马永顺生于1913年，是天津宝坻县人，1948年在黑龙江省铁力林业局参加工作，1951年加入中国共产党，2000年2月10日病逝。他是新中国第一代伐木工人。在50多年的林业工作中，他把对党、对祖国、对人民的挚爱之情化作强烈的主人翁责任感和忘我的劳动热情，无怨无悔地献身林业事业。在职工作时，他一个人完成6个人的工作量，创造了当时手工伐木量之最；他创造的“安全伐木法”和“四季锉锯法”的推广运用，大幅度地提高了劳动生产率，为国家经济建设作出了重要贡献。从1959年开始，他按照周恩来总理“青山常在，永续利用”的教导，40年如一日坚持义务植树。1982年退休后，继续坚持义务植树。从1991年起，他带领全家18口人义务植树造林，共植树21 000棵，为建设祖国秀美山川再立新功。马永顺一生的最大追求是为国家多作贡献；他的人生定位是做一名合格的工人；他一贯的品格是为国家为企业分忧；他晚年的宿愿是给后人留下一片青山。1999年，朱镕基总理接见马永顺时说：“50年前你就是全国劳模。你一辈子干了两件好事：当国家建设需要木材的时候，你是砍树模范；当国家需要保护生态环境的时候，你是栽树英雄”。国家主席江泽民称赞他说：“马永顺同志很了不起”。

马永顺在长达半个世纪的林业生涯中，艰苦创业，甘于奉献，生命不息，奋斗不止，贡献卓著。党和国家给予他很多很高的荣誉。50年代初期他就成为全国著名劳动模范，曾获得黑龙江省劳动模范、全国先进生产者、全国劳动模范等称号，曾任第二届全国政协特约委员，当选第二、第三次全国人大代表和第十届、第十一届全国党代会代表，14次受到毛泽东、周恩来、刘少奇、朱德等同志的接见；90年代又成为全国著名植树英雄，先后荣获黑龙江省特别绿化奖章、全国老有所为奉献奖、全国十大绿化标兵、全国“五一”劳动奖章和联合国环境规划署颁发的“全球500佳”称号，受到江泽民、李鹏、朱镕基、李瑞环等中央领导同志的赞扬。

马永顺的英雄事迹和崇高精神，具有鲜明的时代特点，体现了中华民族的传统美德，展示了共产党人的优秀品质，塑造了中国工人的光辉形象，体现了中华民族为改善生态环境、建设美好家园的决心和斗志。在国家实施可持续发展战略、加快生态环境建设的今天，学习宣传马永顺具有重要的现实意义。2000年2月18日，全国绿化委员会、人事部、国家林业局追授马永顺“林业英雄”的光荣称号；2月21日，全国绿化委员会、国家林业局作出《关于开展向林业英雄马永顺同志学习的决定》。中宣部决定在全国宣传“林业英雄”马永顺这个重大典型。2月24日，由中宣部、全国绿化委员会、国家林业局、全国总工会、黑龙江省委在人民大会堂联合举行马永顺先进事迹报告会，由铁力林业局党委书记曹力卓、马永顺林场场长贾焕、马永顺长女马春华全面地介绍了马永顺的事迹。温家宝副总理在人民大会堂河南厅接见了报告团成员，并合影留念。会上，人事部副部长戴光前宣读了《全国绿化委员会、人事部、国家林业局关于追授马永顺同志“林业英雄”称号的决定》，温家宝副总理授予马永顺林业英雄金质奖章和证书，国家林业局局长王志宝宣读了《全国绿化委员会、国家林业局关于开展向马永顺同志学习活动的决定》。全国和地方的报刊、电视、电台对马永顺的先进事迹进行全面系统的宣传报道，马永顺事迹报告团还在国家林业局、北京林业大学、黑龙江省以及一些基层单位做了专题报告，各省（区、市）林业厅（局）和有关单位都转发了《关于开展向马永顺同志学习活动的决定》。通过举办报告会、座谈会、学习心得交流会等多种形式开展向马永顺学习的活动，对照马永顺的事迹找差距、表决心。为配合学习马永顺活动的开展，还向全国和林业部门印发了《马永顺传》等和有关学习材料。一场全面学习马永顺的活动在全国展开。

（林万春）

**【当代文化名人赤峰沙漠植树】** 以江泽民同志为核心的党的第三代领导集体，高度重视西部大开发，要求再造一个山川秀美的西北地区。为贯彻落实中央领导同志的批示精神，进一步引起全社会对西部生态环境保护与建设的关注，2000年6月3、4日，全国政协人资环委，国家林业局宣传办公室、防治荒漠化管理中心，内蒙古赤峰市林业局联合举办了“保卫绿色关注森林”当代文化名人沙漠植树活动。刘炳森、王成喜、李宝林、陆天明、雷抒雁、敬一丹、崔永元等33位当代文化艺术界的大师名流，参加了科尔沁沙漠植树、生态采风和笔会活动。著名表演艺术家于洋代表参加沙漠植树的艺术家宣读了倡议书，向全国文艺界呼吁：充分利用艺术家的一技之长，以群众喜闻乐见、体裁多样的文艺形式，保卫绿色，关注森林，宣传林业战略地位与巨大作用；探索、诠释生态理论、生态道德，以及生态环境、物种多样性对人类生存发展的重要性。

活动结束后，人民日报编发了活动消息、照片和文艺通讯《沙地上的宣言》、纪实散文《沙漠绿魂》，以及介绍赤峰治沙典型经验的长篇通讯《锁定流沙唤绿归》，中央人民广播电台午间半小时播发了35分钟专题报道；中央电视台新闻联播、《光明日报》、《农民日报》、《中国青年报》、《中国文化报》、《中国文艺报》、《中国艺术报》、北京有线电视台等编发了消息或通讯；《人民政协报》、《中国绿色时报》分别以半版或整版的形式做了重点报道。

（文化处）

**【“赤峰杯”摄影大赛】** 为了进一步引导全社会对林业和生态建设的广泛关注和支持，从2000年5月开始，国家林业局宣传办公室联合《人民日报》摄影部、《人民政协报》、《中国绿色时报》、国家林业局防治荒漠化管理中心（生态工程管理中心）、三北防护林建设局、赤峰市林业局六家单位举办了“保卫绿色关注森林”赤峰杯摄影大赛活动。

这次大赛到2000年12月底结束时，共收到各类参赛摄影作品500余幅，这些作品集中反映了各地义务植树、封山育林、退耕还林、飞播造林、天然林保护、防护林建设、防沙治沙工程、野生动植物保护、自然保护区管理、森林公园建设、城市绿化、山区综合开发等方面取得的成绩，特别是人民群众在与恶劣环境斗争过程中展现出来的时代精神面貌，以及人与自然、人与生态、人与林业的和谐景观与巨大反差，从多角度、多方位反映了各界人民群众建设秀美山川的生动实践，体现了广大摄影爱好者对森林关注的敏锐眼光和独特创意。

配合不同时期的宣传重点，《人民日报》6月17日编发了“保卫绿色关注森林”画刊，11月23日编发了“退耕还林绿化西部”画刊，《人民政协报》编发了4个半版，《中国绿色时报》编发了6个整版摄影画刊，充分发挥了摄影宣传的特点，图文并茂、生动直观地表现了林业的各个层面在生态建设中的主体作用，取得了很好的宣传效果，使摄影艺术在报刊宣传方面占有了一席之地。

大赛组委会邀请《人民日报》、《人民政协报》、《中国绿色时报》三家媒体摄影部主任及有关主办单位领导共同组成了评委会。经过认真评选，按照作品质量，以得票多少确定了一、二、三等奖。其中高华康的《鼎力救助大熊猫》、田水平的《金色的胡杨林》、刘晓玲的《陕西彬县水帘河退耕还林工程》3幅作品获一等奖；崔玉堂的《防护林》、杨丹的《宁夏中屯县沙坡头人进沙退》等16幅作品获二等奖；郑升亮的《绿色海疆》、许俊安的《干渴而死的胡杨林》等25幅作品获三等奖；另外42幅作品分获优秀奖。

（文化处）

**【《生态文化》杂志创办】** 《生态文化》杂志是在全球生态状况恶化，我国党和政府极其重视生态建设与环境保护的新形势下，经国家林业局批准、新闻出版署同意，由《林业文坛》更名，于2000年7月创刊。《生态文化》是国家林业局文化宣传的主阵地，是以文化艺术的形式传递党和国家生态建设与环境保护信息的重要媒体。

《生态文化》办刊宗旨是：以群众喜闻乐见的文化艺术形式，宣传林业战略地位与巨大作用；探索、诠释生态理论、生态道德，以及生态环境、物种多样性、“天人谐和”关系对人类自身生存发展的重要性，积极倡导既建立开发利用自然又保护自然、人同自然和谐发展共存共荣的新的人类文明——生态文明；颂扬在改善生存环境、再造秀美山川的奋斗中，人们所作出的种种努力和所表现出的忘我精神、奉献精神；揭露鞭笞反生态、反环保的恶劣行为，让生态警钟长鸣；沟通全球生态建设和环保信息，交流各国在改善生态环境工作中的做法、经验，并以刊会友、交友，齐心协力为改善全球生态环境多做工作，尽早还鸟类以蓝天、还空气以新清、还江河以清澈、还沙漠以青翠，为实现人类可持续发展，造福于子孙万代而尽全责。

（文化处）

# 林业出版

**【中国林业出版社】** 2000年，全体干部职工勤奋工作，团结合作，以邓小平理论为指导，认真贯彻党的十五届四中、五中全会精神，以服务绿色科技、服务社会为主要工作方向，加大科技图书出版工作力度，规范和完善企业化管理；加强选题策划，促进市场营销；提高经营水平，较圆满地完成了年初确定的各项目标任务，为实施第二步发展战略打下了坚实的基础。

**图书出版、销售和经营状况** 2000年是出版社继续加大选题结构调整力度的一年。各编辑室应对图书市场的变化，加强了选题策划，有所创新，使图书生产在平稳中又有新的发展。

1. 截至年底，全社共出版图书464种，比1999年同期393种增加71种。新排字数8 973.4万字，比1999年同期8 414万字增加559万字。总印数211.54万册，比1999年同期176.56万册增加34.98万册，平均印数4 559册，比1999年同期4 492册多83册。生产总码洋4 343万元，比1999年3 577万元增加766万元，增长21.4%，每种书平均码洋93 599元，比1999年91 032元增加2 567元。

新版图书296种，比1999年同期254种增加42种；新版图书总印数116.46万册，平均印数3 934册，比1999年同期4 685册减少761册，新版书码洋2 760.09万元，比1999年同期2 622.25万元增加137.84万元。新版图书中学术专著类21种，占总品种数的7.1%；论文集、资料、手册宣传类74种，占25%；实用技术类128种，占43.2%；教材、教辅类44种，占14.9%；其他类29种，占9.8%。可供市场销售的图书品种148种，占50%；码洋1 728.1万元，占65.9%。

重印书品种168种，比1999年的139种增加29种，占36.3%，比1999年的35.4%增加0.9个百分点；重印书码洋1 582.92万元，比1999年的955.29万元增加573.63万元，增长65.7%，占总码洋的36.4%，比1999年的26.7%提高9.5个百分点。其中科技图书重印品种85种，占重印书品种的50.6%（1999年为51种，占36.7%），码洋880.85万元，占重印书码洋的55.6%（1999年为308.76万元，占32.3%）；教材83种，占重印书品种49.4%（1999年为88种，占63.3%），教材重印书码洋702.06万元，占44.4%（1999年为646.53万元，占67.7%）。

2. 2000年共发稿273种，发稿字数8 794.4万字。当年已出版的230种，占发稿品种数的84.2%。其中学术专著类23种，占8.4%；论文集、资料手册类71种，占26%；实用技术类102种，占37.45；教材、教辅类48种，占17.6%；其他类29种，占10.6%；套（丛）书14套，62种，占22.7%；可供市场销售品种124种，占45.4%。

3. 2000年，发行部销售码洋1 654.09万元，比1999年1 626.6万元增加27.49万元；回款1 069.9万元，比1999年的872万元增加197.9万元，增长22.7%。

4. 库存图书121.19万册、2 633.57万元码洋。其中科技图书86.44万册、2 110.61万元码洋；教材34.75万册、522.95万元码洋。

启示之一：应对市场的变化，尽快从整体上调整图书产品结构，加大市场图书品种的选题策划和组稿工作力度，增加可供书目品种，提高重印率和可持续发展能力，取得社会效益和经济效益的较佳结合。“发展总是硬道理”，在现阶段，尤其要注重在确保正确出书方向的前提下追求利润最大化，把出版规模和效益搞大。从全年市场销售的实际情况和读者市场反馈看，销售册数多、码洋高的基本上是读者定位准确、价位合理，选题策划有创意，编辑加工有科技含量的套（丛）书，也包括突出主打产品、有市场竞争力的单品种图书。全年销售码洋超过10万元的9种，8万～10万元的16种，6万～8万元的24种，4万～6万元的43种。其中72种是主打品种。2万～4万元的70种，1万～2万元的75种。而1999～2000年新版图书中可供市场销售品种数、码洋、所占比例和重印书中科技图书品种、码洋、所占比例的变化说明，全年销售码洋的增长主要在于可供市场销售品种的增加，尤其是具有重印价值的市场品种（可供书目）的增加。图书产品结构的调整到位，可供书目的积累是极具发展潜力和可持续性的。

启示之二：科学规划、主动策划，获得有学术，技术意义，有开发价值，有自身特色的选题和书稿是做好科技图书出版工作的前提，也是在市场竞争日趋激烈的条件下争取主动，博奕取胜的基本条件。而要将选题、品种优势转化为市场优势和“两个效益”结合的优势，必须以读者需求和市场认同为基点，归口管理、规范运作、各司其职，加强各项工作环节的磨合和协作，以读者市场细分、科技内容创新、适度价格定位和出版周期优选等方面与市场对接，在竞争中树立品牌，形成规模。林业版图书的销售表现和景气指数分析，诸如“零售大于批销”、“淡季不淡，旺季不旺”的销售态势，一方面说明林业版图书有读者需求和市场认同的基础，具有一定的品牌特色和市场竞争力；另一方面也说明了林业版图书还没有在同类出版物市场上形成品种规模和名牌效应，所处的竞争环境还相对比较脆弱。图书价格总体偏高，不占优势，入市节奏缓慢，出书周期较长，与市场对接的时效性差，加上营销理念、方式、工作力度等多种因素综合的结果，影响到林业版图书的上架率、覆盖面和规模效益的形成。从管理的角度看，应当强化整体运作，规范编印发各环节的工作行为和运作方式，紧紧围绕市场的需求及其变化协同配合，做好有效供给的工作。

启示之三：科技出版的竞争最终是人才的竞争。实施阶段性转移，科技出版业的发展和日渐火热化的市场竞争已经呼拥一批高素质高能力的策划和营销人才脱颖而出。卖方市场向买方市场转化后，知识和人的智力劳动成为出版社生存与发展的有效因素，出版物的市场竞争除经济实力外，取决于图书质量、价格和物化在图书中的编辑技术和知识的含量。综合素质、能力强的策划和营销人才，一旦在市场上找准定位和做书方向，与高水平作者沟通、联手就会释放巨大的创新潜能进而转化为生产力，去拓展新的图书领域，占据新的市场份额。事业的发展要求我们尽快适应市场的变化，适当机制转换的要求，从体制、机制和政策上为这些人才的培养和积极性的发挥创造条件，做好各方面的准确。

启示之四：从发展的角度看，科技出版在经历了近几年市场定位、产品结构调整、机制创新、品牌培育、体制撞击的改革过程，面对我国加入 WTO 后两种资源的争夺，两个市场的竞争，必须按照产业发展的思路，大胆引入和实践现代企业制度及其运行机制，转变观念，提升理念，创造性地做好“十五”期间的改革与发展的工作。

“人无远虑，必有近忧”，“十五”初始，要有规划发展战略的意识，依据两种资源、两个市场找准位置，明确目标，直面市场，与国际接轨，从发展目标、产业规模、实施重点、队伍建设和技术等方面科学规划，寻求新的突破。要有现代企业意识，高度重视知识的价值和人才的作用，从行业垄断、专业分工和市场分割中跳脱出来，以国际化经营与竞争的观念，转换经营模式，集中资金，集中人力和出版资源创品牌、树名牌，形成自身的出版风格，增强抗市场风险能力和整体竞争能力。要有现代策划的理念，既要从广义上为出版社构筑一个在一定时期内反映出版发展方向和专业特色、优势的最优图书结构，开发出一批有学术技术价值，适合社会不同层次读者需求的选题方案；又要从狭义上在充分把握有关学科、专业的研究现状和发展水平，充分了解行业生产建设和业务技术工作对科技出版物的需求，充分了解掌握已出版图书的情况和读者市场需求的前提下，设计出有价值、有特色的选题，提出较为明确的选题思路和较为完整的可供论证的选题方案，包括设计选题的内容框架、文字表达风格、篇幅、读者定位、出版物形式（图书的开本、封面、版式风格，印装需求等）以及宣传广告、发行方式等等。成功的选题策划应是这二者结合的，充分考虑了投入和产出以及两个效益较佳结合的具有可操作性的出版工程项目。而选题策划和项目实施是以编辑队伍的学科、专业、学术、技术的知识结构和编辑个性化的综合能力素质为依托的。出版社的长远发展一定意义上取决于具有爱岗敬业精神、学历学术层次较高、专业知识面较宽、组织协调能力较强、市场应变素质较好、善于团结人一道工作的策划编辑队伍的形成及其积极性和潜能的充分发挥。

**重点工作任务完成情况**

1. 按照新闻出版署的要求进一步明确责任，注重质量，加快进度，基本完成“九五”和延续“八五”的重点图书的编辑出版任务。列入“九五”规划的 6 种，已正式出版 4 种：《中国哺物动物分布》、《世界蝗虫及其近缘种类分布目录》、《中国沙漠化防治》、《中国森林生态系统》2 卷。其中《世界蝗虫》获全国优秀科技图书一等奖，《中国哺乳动物分布》获“全国优秀科技图书奖”暨“科技进步奖”三等奖。“八五”延续的《中国树木志》已出版 3 卷；《中国果树志》13 卷已出版 10 卷，《木材工业大全》14 卷已出版 8 卷。行业重要基础研究成果的工具书《中国森林》4 卷，历时 20 年已全部出齐。全年被列入社级重点图书选题的科技图书 42 种，截至年底已出版 13 种（套）。这些重点图书的编辑出版，充分反映了出版社的学术特色和社会学术影响，对于“十五”规划及其国家重点图书的运作具有十分重要的指导意义。

2. 加强选题管理，进一步面向市场，注重整体策划，主动组稿，调整图书产品结构，扩大可供市场销售图书品种有了新的进展。按选题三级论证程序，全年共召开 9 次编务会议，先后审批通过了 7 批各类选题 352 种（套），其中 42 种（套）选题被列为社级重点选题，占选题总数的 11.4%。在这些选题中，学术专著类 31 种，占 8.8%；资料、论文、行业宣传、文件汇编类 64 种，占 18.2%；实用技术、科普类 159 种，占 45.2%；教材教辅类 48 种，占 13.4%；大型工具书、画册类 20 种，占 5.7%；其他 30 种，占 8.5%。可供市场销售的丛书 16 套 105 种，单品种 72 种。选题储备比较丰足。这表明选题策划和组稿正在实现三个转变：一是由原来的自投稿为主的被动跟进方式向以市场需求为主，在调研的基础上主动策划、组稿的方式转变；二是以单品种为主的选题策划运作向以丛书（套）为主，与单品种市场图书协调，立体化、多层次开发的方向转变；二是由以编辑个人为主，单兵作战的组稿方式向以室为单元，注重整体策划、组稿，协同作战的方式转变。市场意识、风险意识、效益意识、整体意识明显增强，新的一轮竞争和分化正在形成，为结构调整、出版和人力资源的重组做了观念、机制、政策上的有益探索和准备。

3. 市场营销工作力度加大，市场图书品种销售态势良好。在抓好大区域重点省（市）店、批销中心，稳固社店合作关系的同时，拓展新的业务工作领域，扩大基层销售网络，取得较好的销售业绩。

4. 坚持和完善书稿三审责任制，加强质量管理，进一步规范三审工作程序，切实负起管理责任；坚持和完善责任校对和三校一读制度，加强重点图书、工具书的编校质量把关；坚持社级以上重点图书付印前审读把关，试行对新出版图书以重点、随时抽查等方式进行审读、评议，取得较好的效果。

卖方市场向买方市场的转移，群众文化选择品位的提高和对图书冷竣审视的眼光，最终青睐的是科技含量高、编辑技术创新多的科技出版物。广大编辑（美术编辑）根据不同类型图书的审美要求，提高精品意识，刻苦钻研业务技术，提高图书制作质量和编辑技术含量，在封面设计、图片制作、版式设计、形象包装等方面有所创新，得到了市场的认可。

5. 认真学习贯彻中宣部、新闻出版署召开的两次通气会精神，就书号管理及自费、协作出版的问题进行了自查自纠的总结，增强了大局意识、责任意识和政治意识，从选题论证、合同管理入手，从严要求，取得了明显的效果，教辅类选题下降，协作出版项目得到严格控制。明确了今后可供市场销售的图书品种不与书商合作，不采取部分包销的方式；投资大，周期长的大型出版项目，要从严把握社会资金的介入，共同投资合作项目必须经过论证批准，利益分成必须慎重、合理，以不影响出版社利益和自办发行的有效市场为原则。

6. 各管理部门以规范管理和加强制度化建设为重点，增强了主动服务意识，逐步转变职能，协调配合，注意发挥各环节在经营管理中的决策参谋作用，有效地组织图书生产的全过程。

7. 以“三个代表”的重要思想为指导，抓好“三讲”教育“回头看”工作，进一步加强党的建设和思想政治工作。（张柏涛）

**【《中国森林·阔叶林（第3卷）》】** 《中国森林》编辑委员会编著。本卷是按照森林生态学理论和森林志的要求，准确地记述了覆盖在中国境内206个阔叶林类型，全面介绍阔叶林每一类型的地理分布、生态环境、组成结构、生长发育、更新演替等规律，并根据这些规律提出阔叶林类型科学经营的意见。为保护这些天然林，发挥森林的生态效益和经济效益，提供科学的理论基础和应用技术，是全面系统论述我国森林资源及林业科学技术的系列专著之一，是广大林业工作者必备的工具书。（刘若云）

**【《中国果树志·苹果卷》】** 陆秋农、贾定贤主编。该书是“九五”国家重点图书。是我国，特别是1949年以来，苹果种质资源及相关研究的阶段总结，在阐述了苹果的经济价值、起源和演化、栽培历史、苹果属植物分类、栽培区划、形态特征和特性、砧木等基础上，重点记载了苹果品种（品系）660个，是苹果种质资源的学术专著。

该书的出版，不仅为我国苹果生产和科研提供了详实的资源，对种质资源保护和利用有深远的指导意义，同时，该书的出版对促进国际交流也将产生巨大的推动作用。（刘若云）

**【《中国现代林业》】** 江泽慧等著。本书在分析研究了世界林业发展道路和中国林业发展历程的基础上，对世界和中国林业的发展阶段进行了划分，详尽论述了林业及现代林业的理论、内涵、基本特征和重点领域，系统介绍了建立现代林业指标体系的原则、依据及其使用方法，提出了国家层次和地区层次两个标准和指标体系框架，以及我国现代林业发展的六大重大领域和现代林业发展的战略构想，并制定了国家应采取的、符合国情林情的林业政策措施。

本书内容丰富，观点新颖，政策性强，适宜林业各级决策管理部门、科研教学人员、大专院校学生以及关心林业发展和生态环境建设的读者阅读。（刘若云）

**【《中国林业1949～1998（英文版）》】** 国家林业局编纂。本书全面、系统、准确地介绍中国发展与保护森林资源的成就、特色；国家与政府为推动林业发展制定的法律、法规、方针、政策；林业重点工程建设和林业产业与开发经营情况；教育与科技发展水平；对外开放情况等。

该书的出版，必将扩大中国林业与世界各国的信息交流，增进国外对中国林业的了解，吸引政府、组织、团体、企业对中国林业的关注和支持，为引进国外资金、技术和智力创造有利条件，进而促进中国林业事业的进步与发展，缩短与林业发达国家的差距。

（刘若云）

**【《中国花卉品种分类学》】** 陈俊愉主编。本书分上下二编。上编为总论，综合而概括地叙述花卉的概念，花卉品种分类学的任务、内容和研究方法；花卉及其品种分类的原则，品种命名的原则与方法，种及品种名称的整理、登记与统一问题，栽培花卉的起源问题，我国野生花卉的地理分布，种质资源问题，花卉品种学与邻近学科的关系以及计算机在花卉品种分类中的应用。下编为各论，每类一章，包括银杏、松柏类，落叶花木类，常绿花木类，藤本类，宿根、地被花卉类，水生花卉类，一二年生花卉类，兰类，竹类，棕榈类等。介绍了花卉品种的分类、起源及分布等问题。（刘若云）

**【《中国主要森林病虫害防治研究进展》】** 陈昌洁、沈瑞祥等编著。本书是国家“八五”科技攻关森林病虫害防治研究课题论文的主体部分。研究对象涉及松毛虫、杨树天牛等10多种森林病虫害。内容包括各种监测手段；杀虫微生物生产工艺的改进剂型的研制以及复合微生物的应用，多树种造林以及适宜的抚育措施与控制害虫种群的关系，引进国外天敌成功控制松突圆蚧，引诱物质用于害虫的监测及控制等。（刘若云）

**【《世界商品木材拉汉英名称》】** 杨家驹等编著。这是一部共包括797属、3 247个树种的关于世界商品木材名称拉汉英对照的工具书。主要内容包括商品材的拉丁学名、中文名称、英文名称及主要产地（地理分布）、中文和英文名称索引。各树种依拉丁文字母排序，在中文名称中的括号内的文字表示科名、别名或供溯源之用。主要产地中的名称，如高加索、西伯利亚、亚马孙、刚果盆地、喜马拉雅山、热带、温带等均为地理名称。商品材中文名称索引分别按汉语拼音和笔画排序，英文名称索引按英文字母排序。其后附有相应的树种序号，以便在正文中查找。（刘若云）

**【《世界林业科技现状与发展趋势》】** 孟永庆主编。本书是中华人民共和国科学技术部1999年关于“21世纪农业发展纲要”项目中关于“国外主要农业国家科研现状与发展趋势”课题中的林业专题。在书中，对当今世界林业科技现状与发展作了宏观总结，并选取了9个代表性的林业国家，对其科研机构设置、研究领域、改革动向等作了较为详细的介绍。可以看出，可持续发展、环境与生物多样性保护、高新技术的适用，产、学、研的密切结合是世界林业科研中的重要内容和特点。这对于我国科技兴林、可持续发展，当前西部环境建设以及林业政策的制定都有很好的借鉴作用。

（刘若云）

## 林　业　报　刊

**【2000年中国十大绿色新闻】** 由新华社、人民日报社、中央人民广播电台、中央电视台、中国绿色时报社和国家林业局专家组成的评委会，评出2000年中国十大绿色新闻：①生态警示：沙尘暴大范围肆虐；②2000年南方二号行动，保护森林资源三号行动相继开展；③中宣部等部门号召全国人民向林业英雄马永顺学习；④我国正式加入湿地国际；⑤三江源建立我国最大的自然保护区；⑥“天保”工程全面启动；⑦《中华人民共和国种子法》正式颁布实施；⑧“保卫绿化、关注森林”系列宣传活动2000年全面展开；⑨退耕还林还草取得阶段性成果；⑩我国森林面积、蓄积持续双增长。

（王左军）

**【《中国绿色时报》获奖情况】** 中国绿色时报社荣获2000年度中华环保世纪行优秀组织奖，同时有9篇作品获中华环保世纪行好新闻奖。《西有榆林》、《生存与生命的困惑》、《矿区荡漾浓浓绿》、《张北：沙尘暴告诉我们什么》获二等奖，《调整产业结构、严格监督管理》、《大漠英雄泪》、《巴渝大地涌新潮》、《走出沙尘暴阴影》、《西出阳关看绿色》获三等奖。

6篇作品获第十四届中国产业报好新闻奖。《狼烟起兮长城长》、《税费过重扼杀林业》获二等奖，《马永顺再登观礼台》、《黄土高原的曙光》、《天涯海角绿风正劲》、《黄普兴为何任“逍遥”》获三等奖。

中国绿色时报社荣获国家林业局颁发的“南方二号行动”先进集体称号。（王左军）

**【《中国绿色时报》版面调整】** 为提高报纸质量，满足读者多方面要求，对版面内容作了调整和充实。一版开设了《每周要闻》，刊发一周以来读者关心的重大社会新闻；二版重新包装《绿色军营》专栏的同时增设了《部门绿化》和《城市林业》专栏，加大了城镇绿化、部门和部队造林绿化的新闻报道力度；三版开设《焦点实录》专栏，着力捕捉全社会密切关注的、突发性的和重大的林业和生态建设中的典型事件（案件），刊发了一系列揭露性的报道，同时还开设了“人才高速路”等专题版块；四版把过去《绿色周末》的一些内容承担起来，推出了《综合副刊》，开设了《文化体育》、《健康顾问》、《生活指南》等栏目，改版后的《中国绿色时报》获得读者广泛好评。（王左军）

# 各省、自治区、直辖市林业

## 北京市林业

**【概　述】**

**发展与成就**　2000年，全市人工造林2.19万公顷，超计划1.33万公顷的64.7%，其中山区荒山造林1.22万公顷，平原造林0.97万公顷。完成封山育林1.33万公顷，中幼林抚育2万公顷，飞播造林1.93万公顷（撒播1.4万公顷，补植0.53万公顷），超计划1.07万公顷的80.4%。平原绿化中，农田林网和“四旁”植树1 325万株，超计划1 000万株的32.5%；卫星城和重点小城镇绿化0.06万公顷，植树43.46万株，各区（县）营造1万平方米以上的大型绿地19块，建设绿地60多万平方米；村镇片林0.04万公顷，植树38.76万株；新植农田林网468.38千米，植树43.55万株；更新完善林带541.77千米，植树54.24万株；治沙造林0.62万公顷。在城区，植树187万株，种草215万平方米，完成绿化面积263公顷。全市林木覆盖率增加1个百分点，人均公共绿地增至10平方米以上。全市累计育苗0.69万公顷，总产苗量1.4亿株，苗木销售总收入达1.28亿元。据测算，全市造林良种使用率达到35%，比1999年增加3个百分点。全市郊区发展果树2万公顷，果品产量5.6亿千克，产值10.3亿元。生产鲜切花8 500万支，盆花2 460万盆，实现产值近3.39亿元，创汇近280万美元。养蜂11万群，产蜜3 560吨，总产值5 100万元。森林旅游年接待国内外游客200万人次，总收入1亿元。

**改革与林政实施**

*加快造林绿化步伐，努力推进高标准的林业生态体系建设*　一是城市隔离地区绿化取得历史性突破。全市共完成城市隔离地区绿化0.27万公顷，超计划2万公顷的33.3%，栽植各类乔木、花灌木1 012万株。其中发展绿色产业0.14万公顷，占总面积的54%。新植林木、花草平均成活率为90%。初步形成10个333.3公顷以上绿色大板块和速生丰产林、植物观赏园等8大绿色产业类型。二是“五河十路”绿色通道建设开始启动。本着“适地适树、有气势、绿量大、色彩浓、看不透”的原则，在市绿色通道工程建设指挥部的领导下，及时制定有关政策，签订绿化责任书，确定绿化方案，努力实现政策引导与机制创新的有机结合。启动京石、京开、京津塘、京沈、京张5条高速公路绿化，总长249.52千米，共拆迁68.76万平方米，占规划总拆迁量的82.7%。各区（县）都已建成高标准示范段，并大力兴建水利设施，准备优质苗木2 000万株，为2001年大规模造林做好准备。三是荒山人工造林又有新发展，共完成荒山人工造林1.22万公顷，怀柔、昌平、平谷、密云、延庆、房山、门头沟等7个山区县全部完成了国家生态环境综合治理项目造林工程。四是爆破整地造林工程有了突破性进展。造林任务由过去每年0.03万公顷增加到0.13万公顷。全市造林0.14万公顷，植树198.45万株。五是林业科技支撑作用日益明显。积极开展林业科技交流，北京市与中国林科院建立了全面的科技合作关系，与多家科研院校开展科技攻关和成果转化合作项目13项。

*以结构调整为重点，努力推进高效益的林业产业体系建设*　全市种苗业有了长足进展，全市累计育苗0.69万公顷，其中农民个人和农民联合体育苗占总育苗面积的71%。总产苗量1.4亿株，超计划76%。出圃各类苗木4 000万株，占全市造林用苗的90%。北方国家级林木种苗示范基地建设项目，按照高科技、高投入、高产出的思路，走生产经营、科研开发、示范推广与旅游观光一体发展之路，建设规模化、产业化与国际水平接轨的大型种苗基地。主体工程基本完成，引进红豆杉等新品种苗木30多种30多万株，播种、扦插、嫁接培育各种苗木200多万株。

果品产业结构调整初见成效，全市郊区发展果树2万公顷，超计划1.67万公顷的19.8%，其中山区发展果树1.41万公顷，占发展总面积的70%。全市果品产量5.6亿千克，产值10.3亿元，果农人均果品收入1 520元。引进242个新品种，果实套袋1.5亿个，鲜果优种率达100%。全年新植果树1.25万公顷1 164万株，其中农业结构调整种植果树面积0.80万公顷，占新植果树的64%；更新0.54万公顷607万株；高接换优 0.20 万公顷 86 万株。果树发展注重区域特色，主导产品规模进一步扩大。共建成精品果园 278 个 386.67 公顷，累计果品商标注册 39 个；果树苗圃 0.04 万公顷，创产值 6 000 余万元；发展设施果树 722 个 0.01 万公顷；果品及加工品出口 3 928 万千克，创汇 6.1 亿元；果品加工 1.05 亿千克，产值 12.5 亿元；全市开放观光果园面积近 0.67 万公顷，观光采摘人数超过 300 万人次，收入 8 500 万元。

花卉业发展势头良好，全市花卉种植面积 0.22 万公顷，比 1999 年增长 36%；新植花卉生产面积 0.07 万公顷，保护地面积 0.03 万公顷，比 1999 年增长 20%。全市郊区生产鲜切花 8 500 万支，盆花 2 460 万盆，花灌木 550 万株，实现产值 3.39 亿元，创汇近 280 万美元。蜂业创历史新高，全市养蜂总数达 11 万群，创历史最高水平。蜂蜜产量 3 560 吨，蜂王浆 30 吨，分别比 1999 年增加 48.3%和 100%。出口蜂产品 2 000 吨，创汇 380 万美元，总产值达 5 100 万元。全市共建蜂业专业合作组织 20 个，有养蜂专业户 5 000 多个，户均收入 6 500 元。森林旅游业有新发展，已批准建立的森林公园 22 个，其中国家级森林公园 6 个，市、县级森林公园 16 个。全市 14 个郊区县，利用森林资源开办的森林旅游景区（点）200 多处。森林公园建设规模逐步扩大，基础设施有较大改善，接待能力明显增强，共接待国内外游客 200 万人次，总收入 1 亿元。

*加强森林资源管理，努力推进高水平的森林资源安全保障体系建设*　森林防火措施进一步加强。面对气候条件极为不利、火情火警增加的形势，市委、市政府对森林防火提出了明确要求。各级政府和森防部门采取措施，广泛开展森林防火宣传教育，加强火源管理，严防死守，坚持做到打早、打小、打了。全市共查处火险隐患 812 处，制止违法用火行为 1 678 起；发生森林火警 28 起，一般森林火灾 5 起，未发生重大森林火灾和人员伤亡事故，火灾损失也降到最低水平。

森林病虫害防治目标全面完成。全郊区病虫害发生面积 2.22 万公顷，发生率 4.28%；防治面积 1.87 万公顷，防治率 83.8%；各类测报点增加到 253 个，监测覆盖面积 44.27 万公顷，监测率 85.03%；种苗产地检疫面积 0.49 万公顷，产地检疫率 97.99%。完成了国家林业局下达的“四率”指标任务。经加大常规病虫害防治和三次普查，全市境内尚未发现美国白蛾。

林政资源管理工作得到加强。根据《森林法实施条例》，严格审核征占用林地、林木采伐，共审批使用林地 12 件 8.46 公顷，比往年减少近 1/2；审批发证 3 088 件，批准采伐株数 65.23 万株，直接减少工程建设林木采伐 7.1 万株；审批采伐林木蓄积 12.09 万立方米，占年采伐限额 18.3 万立方米的 66.1%。全市 231 个乡（镇）3 966 个行政村 1 922 个国有林单位基本完成林权初始登记工作，共完成初始登记 11.42 万份，面积 63.96 万公顷。对 188 个乡（镇）3 199 个行政村 1 871 个国有林单位的 7.93 万份林权登记申请进行了终审。

林业执法力度进一步加大。为了严厉打击盗伐、乱砍滥伐等破坏森林资源的违法犯罪行为，组织专项打击行动。全市森林公安机关共查处各类林业案件 221 起，已查清 211 起，处理 205 起。与 1999 年同期相比，案件数量下降 4.7%。共处理违法单位 81 个，违法人员 172 人，责令补种树木 8.45 万株。加强陆生野生动植物保护工作，围绕申办奥运，制定了《绿色奥运爱护野生动物行动计划方案》，开展了系列宣传教育及专项打击活动。基本完成全市野生动物经营利用许可证清理整理工作，共查处非法经营利用野生动物案件 25 起，收容、救治各类野生动物 3 000 只（头），没收野生动物制品 125 件。（张云飞）

**【首都绿化隔离地区建设取得历史性突破】**　2000 年 3 月，北京市召开绿化隔离地区建设动员大会。首都绿化委员会办公室、北京市林业局按照市委、市政府和绿化隔离地区指挥部统一部署，迅速行动，精心组织，加强指导，市绿化隔离地区内的 6 个区（县）和有关部门狠抓落实。树立新观念，遵循市场经济规律、按产业化发展思路进行建设；制定一系列优惠扶持政策，广泛调动农民的积极性和创造性；采取“谁投资、谁经营、谁开发、谁受益”的机制，拓宽投资渠道，吸引社会资金。大力开展义务植树造林活动，提倡、鼓励社会各界和市民在绿化隔离地区认建认养绿地。在新村建设上鼓励农民合作建房，集体经济引资开发进行建设，使隔离片林建设规模大、质量高、效果显著。全市共完成城市隔离地区绿化 0.27 万公顷，超计划 0.2 万公顷的 35%，栽植各类乔木、花灌木 1 012 万株。其中发展绿色产业 0.14 万公顷，占总面积的 54%。经检查验收，所植林木、花草平均成活率为 90%。初步形成 10 个 333.3 公顷以上绿色大板块和速生丰产林、植物观赏园等 8 大绿色产业类型。（曹美萍）

**【北京市“五河十路”绿色通道建设工程开始启动】**为构筑北京市第二道绿色生态屏障，形成 15 条通往外埠的宽阔绿色大通道，市政府第八十一次市长办公会决定用 3～5 年时间建设“五河十路”绿色通道。“五河”指永定河、潮白河、大沙河、温榆河、北运河；“十路”指京石路、京开路、京津塘路、京沈路、顺平路、京密路、京张路、外二环 8 条主要公路和京九、大秦 2 条铁路。“五河十路”植树造林总长 1 000 千米，其中“五河”384 千米，“十路”616 千米。整个工程涉及朝阳区、平谷县等 12 个区（县）98 个乡（镇）。规划植树造林 2.33 万公顷，其中，通道内侧营造 20～50 米的永久性绿化带，面积 0.33 万公顷，通道外侧营造以速生丰产林为主的绿色产业带，面积 2 万公顷。2000 年率先启动京石、京开、京津塘、京沈、京张 5 条高速公路绿化，涉及朝阳、丰台等 8 个区（县），规划造林

0.7万公顷。为保证永久性绿化带不断带，需拆迁房屋83.2万平方米。截至年底统计，已完成拆迁68.4万平方米，建设高标准示范段75.27公顷，栽植各种树木83万株，整地0.26万公顷，为绿色通道工程的全面开展打下了坚实的基础。（彭 华）

**【北京加快防沙治沙生态体系建设】** 经第九十二次市长办公会同意，市政府颁布了《关于加快本市防沙治沙生态体系建设步伐的实施意见》决定，力争用5～10年完成首都防沙治沙3道绿色生态屏障：一是以燕山、太行山绿化工程为主构筑山区绿色生态屏障。用5年时间完成2.67万公顷山地种植结构调整，用10年时间以太行山水土保持林、燕山水源保护林为重点，完成山区15.33万公顷宜林荒山荒地的造林绿化，搞好天然林保护和中幼龄林抚育管理；二是以"五河十路"绿色通道工程和农田林网建设为重点构筑平原地区绿色生态屏障。用5年时间完成5大风沙危害区1.33万公顷沙荒、卵石河滩的植树造林，完成平原防护林体系建设，平原地区基本农田全部实现林网化，以"五河十路"为重点，完成本市主要干线公路、铁路、河流沿线两侧的绿色通道建设，并与农田林网、治沙片林、城镇村庄绿化连成一体，构成点线面、带片网相结合的平原防沙治沙生态体系；三是以绿化隔离地区建设为重点构筑市区绿化隔离地区绿色生态屏障。用3～4年时间，在240平方千米绿化隔离地区范围内完成100平方千米以上的绿化面积。全市防沙治沙生态体系建设总体目标是：全市林木覆盖率达到50%以上，卫星城绿化覆盖率达到15%以上，人均公共绿地超过15平方米，重点郊区小城镇绿化覆盖率达到50%以上，人均公共绿地超过20平方米。全面提高防沙治沙水平，创造良好的首都生态环境。（吴红军）

**【北京前山脸爆破整地造林工程力度加大】** 北京市委、市政府高度重视前山脸爆破整地造林，进一步加大力度，推动工程建设深入开展。将爆破造林工程列入"2000年直接关系群众生活拟办重要实事"项目之一。年初，首都绿化委员会第十九次全会决定加快郊区前山脸爆破整地造林建设，尽快实现这一地区基本绿化，造林任务由过去每年266.67公顷，增加到0.13万公顷。国家计委予以立项，列入国家基本建设项目，给予资金支持。全市各级林业部门迅速部署和行动，以"高标准、上水平、创精品"为目标，克服时间紧、任务重、多风少雨、持续高温、严重干旱等困难，精心组织和施工，使全市10个区（县）、43个造林地段全部完成造林任务。经核查，全市共完成爆破造林0.14万公顷，为计划任务的103.3%，栽植以侧柏、油松、五角枫、刺槐、蒙古栎、黄栌、火炬等10余个针、阔叶树种198.95万株，成活率达90%。（王连军）

**【北京森林资源效益总体评估完成】** 由北京市林业局和中国林科院协作完成的北京市森林资源价值核算项目研究成果表明，北京现有森林资源总价值为2 313.37亿元（按现值计算），其中林地价值20.80亿元，林木产出价值159.16亿元（包括经济林产出价值），森林环境资源价值2 119.88亿元，森林社会效益已知部分的价值13.53亿元，森林资源环境价值是森林资源总价值的91.63%，是林木产出价值的133倍。在森林资源环境价值中，涵养水源价值为1 107.92亿元，净化环境价值675.73亿元，生物多样性价值269.24亿元，固碳制氧转化太阳能价值36.40亿元，防护林的环境价值16.26亿元，景观游憩价值9.98亿元，保育土壤价值4.35亿元。北京市森林资源价值核算全面计算和分析了北京市森林资源的价值总量和构成，客观地揭示了森林资源的多种效益和林业价值取向，得到了国内该领域专家的肯定，对全市林业发展、城市规划与决策有较强的指导作用，并为森林资源资产评估及森林环境价值补偿奠定了基础。（杜建军）

**【北京市果品产业结构调整见成效】** 为切实做好果树结构调整工作，年初北京市制定并印发了《关于调整郊区果品生产结构的若干意见》，各区（县）政府出台相应扶持政策，推广典型经验，注重科技含量，推广实用技术，加大劣质果树更新力度。据统计，全市共发展果树2万公顷1 857万株。包括新植果树1.25万公顷1 164万株，其中退耕还林面积0.8万公顷，占新植果树的64%；更新0.54公顷607万株；高接换优0.2万公顷86万株。7个山区县发展1.41万公顷，占总发展面积的70%；其中新植0.83万公顷。山区及全市的果树发展规模均创历史最高。果品产量6.09亿千克，比1999年增长8.9%；果品收入达11.23亿元，比1999年增长13.2%。（张 瑞）

**【北京林权发证工作基本完成】** 根据《北京市人民政府办公厅转发市政府农林办公室关于本市开展集体林权登记发证工作意见的通知》（京政办发［1999］47号）要求，在1999年开展集体林权登记发证工作的基础上，2000年北京市继续在14个郊区县开展林权初始登记发证工作。通过层层培训，严格把好审核关，及时督促、检查各区（县）林权登记发证工作进度和质量，截至年底，全市14个郊区县已有221个乡（镇）4 028个行政村、1 243个国有林单位完成了林权初始登记工作，占应完成总数的95%以上。共完成林权初始登记13.09万份，其中国有0.26万份、集体4.94万份、个人7.89万份。完成登记面积65万多公顷，登记林网1 566万米，登记林木1.634亿株。区（县）林业主管部门对11.81万份初始登记进行了终审，占初始登记的90.2%，已完成微机录入近7万份，打印林权证5 612本，颁发林权证2 981本。在发证过程中，共解决

林权纠纷81起，争议面积319公顷。（王丹英）

**【北京加强工程建设征占用林地和伐移林木管理】** 2000年12月，北京市人民政府下发《关于加强本市工程建设征占用林地和伐移林木管理的通知》（京政发[2000] 42号）。这是继《森林法实施条例》颁布实施后，全市加强工程建设征占用林地和伐移林木管理的重大举措之一，对加大森林资源保护力度，巩固首都绿化美化成果意义非常重大。该通知特别强调有关部门和工程建设单位要严格遵守不占或少占林地以及少砍伐林木的原则，充分考虑全市林业总体规划，尽可能保护林地和林木资源。要求计划、规划等有关部门在进行工程建设项目立项和选址规划时，必须征求林业主管部门的意见。凡涉及使用林地的，工程建设单位必须首先向区（县）林业主管部门申报使用林地申请，要在项目概算中明确列出绿化资金，按规定留出绿化用地。涉及使用林地和伐移林木的，申报单位和有关主管部门必须按法定程序办理有关手续。涉及伐移林木的，应尽量安排在林木采伐期内进行，向区（县）林业主管部门申报林木采伐申请的同时要上报绿化的具体方案。全市工程建设采伐林木，必须在年森林采伐限额内申请林木采伐许可证，涉及采伐量较大时，工程建设单位必须在年初向区（县）林业主管部门申报采伐量计划，以确保全市森林采伐限额管理制度的顺利执行。

（王丹英）

**【北京林木病虫害防治工作成绩斐然】** 为更好地保护首都的绿色景观和绿化成果，全市不断加大森林病虫害防治工作力度，加强森林病虫害预测预报、防治和森林植物检疫3个网络建设，取得了明显的成效。"九五"期间，北京市森防系统基础设施得到明显改善，通过政府采购等形式为郊区县和局属林场、苗圃配备各项基础设施设备484台(件)，为10个远郊区县全部达到全国森林病虫害防治标准站奠定了基础；在北京市西山试验林场建立的北京林业生物防治研究推广中心一期工程已基本完成，二期工程正在建设之中，中心建成后将以我国北方为重点，面向全国提供森林 病虫害天敌微生物等产品和技术。到"九五"末，全市共批准市级无检疫对象苗圃6个；全市林业、果树病虫害预测预报点达到253个，其中国家级中心测报点3个，市级中心测报点63个，对19种林业、果树病虫害进行预测预报。大兴县杨树主要害虫持续控灾工程项目实施3年，有效遏制了杨树主要病虫害严重发生的被动局面。"九五"期间，北京市全面完成国家林业局下达的"四率"指标，其中森林病虫害监测覆盖率达到82.89%，防治率达到80.2%，种苗产地检疫率达到94.51%，分别超过国家林业局下达指标2.89个百分点、10.2个百分点和4.51个百分点；郊区林木病虫害发生率控制在4.71%以内，比国家林业局下达的指标降低2.29个百分点，实现了"四率"指标的一降三提高。

（陶万强）

**【北京自然保护区建设】** 北京市自然保护区始建于80年代初期。1980年6月，市第二届科技代表大会提出北京应建立自然保护区的建议。1985年4月市政府批准建立百花山、松山2个市级自然保护区。1986年7月，经国务院批准，松山被定为国家级森林和野生动物类型自然保护区。北京地区的动植物区系为南北方动植物过渡地带，野生动物资源较丰富。据统计，有陆生脊椎动物420多种，列入国家级重点保护的有65种；有维管束植物169科2 088种171变种和亚种。1998年，经市政府同意，制定了《北京市自然保护区发展规划（1999～2010)》。1999年以来，全市自然保护区建设进入大发展时期。目前，全市已批准建立各种类型自然保护区17个，另外各区（县）批准建立县级保护区4个，总面积8.75公顷，占全市国土面积的5.25%。其中林业部门主管的自然保护区14个，其中国家级1个，市级6个，县级7个，总面积8.17万公顷，占全市国土面积的4.9%，基本形成北京西、北、东北三面环山自然保护区网络。在湿地保护中，已建立6个湿地自然保护区或保护地，其中市级3个，县级3个，总面积2.02万公顷。（侯宝昆）

**【首都绿化委员会办公室、北京市林业局机关机构改革人员定岗分流工作顺利完成】** 按照北京市委、市政府统一部署，2000年3～7月，首都绿化委员会办公室、北京市林业局机关进行了机构改革。办局党组认真学习领会中央、市委的文件精神，把握政策，成立了机构改革领导小组，起草了办局"三定规定"，结合实际，制定了人员定岗分流方案和具体实施办法。机构改革开始后，进行思想动员、征求意见、双向选择、民主测评、组织考察、党组决定，各项工作扎实稳妥、圆满完成。改革中严格把握和执行政策，准确掌握各种思想动态，逐人谈话，做了大量深入细致的思想政治工作，确保了机构改革的顺利完成。这次机构改革，机关内设职能处室精减为14个，精减幅度近30%，编制从104人精减为53人，精减50%。同时，进一步调整界定了各处室职责；组建了首都绿化委员会办公室、北京市林业局直属机关党委；制定了各处室定岗职位说明书；申请成立了市林政稽查大队、市林业局信息中心。（袁士保）

**【北京国际间林业合作进展加快】** 为了加强一些国际组织和发达国家对我国生态建设领域的援助、交流与合作，引进先进技术、管理经验与人才，2000年共接待日本、澳大利亚等6个国家8个林业项目团（组）37人次，其中部长级以上7人。林业对外交流与国际合作日趋广泛。中德合作密云水库流域保护与经营项目第一期进展顺利，第二期已在中德政府工作会议上得到确认，德国将无偿援助300万马克进行项目建设。中韩林业合作在京全面展开，中韩合作密云水库水源保护示范林建设项目已经中韩两国政府认可。中国日本、中国加拿大、中国澳大利亚等生态建设援助项目正在洽谈中。 （张云飞）

【北京市林政稽查大队成立】 为更加有效的依法保护森林资源，严厉打击破坏森林资源的违法活动，保障首都森林资源的安全，经北京市机构编制委员会批准，首都绿化委员会办公室、北京市林业局成立林政稽查大队。该大队为正处级执法机构，内设野保稽查科、林政稽查科、综合稽查科等部门。主要职责是，制定并实施林地、林木、陆生野生动植物保护、林木种苗方面行政执法稽查、检查的规定；监督森林资源消耗、凭证采伐、运输等活动，依法查处违法案件；监督检查征用、占用林地的执行，制止违法行为；监督检查郊区古树名木保护；监督检查陆生野生动物驯养繁殖、经营利用、狩猎、运输等活动，依法查处违法案件；监督检查野生动物经营利用活动，依法查处违法案件；监督检查林木种苗经营利用活动，依法查处违法案件。 （张健民）

【平谷大桃汇“金街”】 2000年8月3日，绿都平谷精品大桃展示会在寸土寸金的金街——北京王府井大街举行。由平谷县12个乡（镇）摆出的64个摊位带来的“大九保”、“蟠桃”、“油桃”等品种，个大色艳，货真价实，吸引了众多的消费者。展示会上，单果0.25千克的大桃每千克售价8元，单果0.35千克的大桃每千克售价20元，单果0.5千克以上的大桃论个卖，每个30元。虽然价格很高，但市民还是争先购买。平谷县土地肥沃，水源充足，是中国名特优经济林桃之乡、中国优质桃基地县。现有大桃种植面积1万公顷，形成白桃、油桃、黄桃和蟠桃4个系列，品种达150多个，年产大桃1亿千克，占据北京市场半壁江山。销往国内20多个省、市，年出口1 300万千克。全县山区、半山区农民人均大桃收入1 650元，约占全年人均纯收入的1/2以上。 （杜相堂）

【丰台区花卉产业发展迅速】 全区花卉生产面积达430.5公顷，其中保护地面积72.47公顷，分别较“九五”初期增长158.3%、158.8%，新建现代化新型温室近6万平方米，居全市首位。年产盆花7 005万盆，鲜切花502万支，分别较“九五”初期增长38.7%、26.1%。占全市份额22.9%的宿根花卉和10.8%的花灌木，及草坪草、水生花卉、干花、盆景等也都得到较大程度的发展。此外，花卉种籽、种苗、种球的生产销售居全市首位。全区花卉产值最高达到1.17亿元，占全市花卉总产值的44%，较“九五”初期增长116.7%；全区花卉纯收入3 000万元，较“九五”初期增长16.7%。出口创汇12.2万美元，较“九五”初期增长205%。花卉销售市场总面积达2.9万平方米，花卉园艺场75个。 （郭 红）

# 天津市林业

【概 述】

**发展与成就** 2000年，全市完成人工造林9 324公顷，其中：营造用材林89公顷，经济林3 983公顷，防护林5 252公顷。完成“四旁”植树493万株。年末实有育苗面积2 526公顷，其中当年新育1 342公顷，当年封山育林3 333公顷。中幼林抚育29 822公顷。全市果树面积53 759公顷，干鲜果品总产量298 123吨；其中干果类20 421公顷，产量18 886吨；水果类33 338公顷，产量279 237吨。全市林业系统林业产值（果业除外）达到13 070万元（现行价），其中：人造林木9 893万元，林产品2 104万元，村及村以下林木采伐1 073万元。据全市森林资源统计监测分析，2000年底全市农村林木覆盖率为15.19%。

*“三制”推动工程造林规模化发展* 按照天津市《关于继续实行领导干部绿化承包责任制的通知》和《天津市重点绿化造林工程管理办法》，市政府继续将造林绿化列入为城乡人民办好20件实事之一。市、县领导层继续加大领导和承包力度，配合推行督导监理制和专家技术指导把关制，狠抓工程造林。全市安排重点工程造林3 333公顷，国家增量资金直接投入有5项市级重点工程：①京津塘高速公路绿化带，北辰、东丽、塘沽及农垦集团共栽植乔木10.58万株。②京福高速公路绿化带工程，静海县完成植树22.2万株。③京沈高速公路绿化带二期工程，宝坻县全年完成植树29.5万株。公路两侧各栽有8行毛白杨，优质的良种、精细的栽植、葱郁壮观的景色在全国绿色通道造林工程中出类拔萃。④防洪堤绿化工程，市水利局完成植树19万株。⑤宁河县雁鸣森林公园完成植树33.3公顷、3.3万株。另外，启动北水南调水利工程绿化建设，绿化河堤7千米，植树1.8万株。外环线绿化带果园更新改造37.3公顷，栽植乔木5万株。宝坻县栽植“林业英雄马永顺纪念林”5.73公顷。

*林政与资源管理取得明显成效* 严格贯彻执行市政府［1999］《批转市林业局关于切实加强林木采伐管理工作的意见》，已原则上冻结各类林木采伐。全市全年活立木采伐19 572立方米，占年采伐限额的39%。

历时1年完成了全市陆生野生动物资源调查。为切实管好林地，7月下发了《天津市申请征占用林地报批程序（暂行）》。贯彻执行“行政领导任期目标责任制”和“群防群治，责任到人”制度，强化森林防火，使全市全年无森林火灾。重点防火林区蓟县打出30米宽防火道1.8万米，树标志碑43块，实现了第十个无森林火灾年。加大林业行政案件查处力度，全年共受理各类毁林案件75起，查处率和结案率均达93%。全市5个森林公园继续开放旅游，仅蓟县林业部门全年森林旅游实现综合收入180万元。

*以坚持物质利益为原则的营林多元化机制，有效促进了资源的保护和扩展* 全市主要营林机制为：拍卖宜林地买断植树权；集体造林后买断林木所有权；承包宜林地造林和新植幼树管护，林木收益归集体和个人按比例分成；集体专业队造林管护，收益归集体，专业队成员按管护效果取酬。武清区营林机制灵活多样，效果显著。宁河县政府出台《宁河县林业产权管理体制改革办法（试行）》，内含4章15条，从法制上保障了林业建设可持续发展。蓟县、宝坻、宁河、静海等县区也均采取了拍卖、买断、承包、专业队管护等多元化营林机制，造林护林效果良好。

*以美国白蛾为重点的森林病虫害防治取得新成果* 全市森林病虫害发生1.62万公顷，发生率13.1%；有效防治1.37万公顷，防治率84.6%；监测覆盖10.73万公顷，监测率86%；种苗产地检疫1 040公顷，检疫率81.2%。“四率”指标均达到“九五”期末国家管理目标规定。依据《植物检疫条例》全市共检疫苗木6 133.3万株、花卉79.7万株、竹材208万根、药材800千克，果品7 260吨。美国白蛾在天津已发生6年，2000年也是实施工程治理的第二年。按照天津市2000年美国白蛾查治工作意见，全面贯彻“系统监控、围歼一代，灭点打缘，生防主线，社会发动，专业支撑”的综合防治策略和“一挖二剪三施药”的技术措施，大区域防治取得显著成绩。全市监控林地5.6万公顷，除蓟县外11个县（区）虫情发生总面积6 494.7公顷，其中，重度发生537.3公顷，中度3 116.7公顷，轻度2 840.7公顷。全市农村共出动6万余人、7 193车次，用药65.6吨，挖蛹4.49万头，剪网、卵块9.08万片，捕成虫1.06万头，重复防治2.94万公顷，实际防治1.28万公顷。（张步峰）

**【天津市特色果品发展】** “九五”期间，在“稳定面积，调整结构，改造低产，提高质量”的果品发展思路指导下，全市经济林建设蓬勃发展。据天津市林业局统计，到2000年底，全市果树达到53 759公顷，干鲜果品总产298 123吨。其中：干果面积20 421公顷，产量18 886吨；水果33 338公顷，产量279 237吨。主要特色与成就：

*调整改造力度大* 全市共淘汰劣质果园5 200公顷。从周边地区引进苹果、梨、桃、板栗等12个树种200多个优良品种，新增金丝小枣、冬枣及酒用葡萄、板栗等优良果树4 733公顷。施用ABT生根粉、配方施肥等先进和实用园艺科技每年改造低产低质果园1 333公顷。推行《红富士苹果丰产栽培技术规范》等果树生产地方标准，使全市“九五”期间新增经济林10 469公顷，年均新增2 093.8公顷，年均果品产量254 047吨。

*名优果品比例增加* 在施行名牌战略中全市名优果品明显增多。市级农业名牌产品中：天津板栗栽培达到2 773公顷，当年产量223.5吨。盘山磨盘柿5 903公顷，产量5 674吨。汉沽茶淀牌玫瑰香葡萄2 037.6公顷，产量59 704吨。昆明世博会获奖果品中：银奖的北辰黄冠梨栽培达到33公顷，当年产量500吨。铜奖的静海大鸭梨达到200公顷，产量2 000吨。

*葡萄种植形成产业* 全市葡萄种植呈现“南北两基地，中部一大点”和“全面开花”的良好格局。2000年，全市葡萄面积达到5 884.3公顷，产量96 730吨。其中：以汉沽茶淀葡萄和宁河七里海葡萄为主的南片葡萄达3 084.3公顷，产量75 954吨。北片蓟县优种酒用葡萄达1 000公顷。中部武清区设施葡萄达到767个棚室、占地60公顷。“津港胡柳子棚室葡萄”销往北京大钟寺、天津王顶堤等农贸市场，效益颇丰。茶淀葡萄殊荣很多。“九五”末期汉沽又采用综合丰产技术如施用生物农药等来完成历时4年的RAPD技术项目，使茶淀葡萄具备中国加入WTO后国际市场的挑战条件。作为全国闻名的“东部吐鲁番”在名牌效益升温中又建成了133.3公顷高标准旅游观光葡萄园。红红火火的葡萄种植业，使天津葡萄贮藏、保鲜、酿酒业持续兴盛。汉沽区有3个葡萄加工企业，有206座保鲜库，年加工葡萄1.2万吨。蓟县有1个葡萄榨汁厂。天津孟庄园葡萄酿酒厂生产各类“华梦”牌葡萄酒14种，年产成品酒3 500吨。荣获14枚国际金奖的国宴用酒“王朝酒”2000年1～10月实现产量2 245万瓶，实现销售收入42 894万元，实现利税22 835万元。

*各类枣园蓬勃发展* 金丝小枣和冬枣为天津特产枣果。“津门冬枣第一村”的大港区太平镇崔庄村有163株200～400年的老冬枣树。天津市场鲜冬枣零售价20～70元/千克，韩国36美元/千克。静海县西翟庄乡矫庄子村靠红枣常年人均收入2 000元以上。金丝小枣市场坚挺和冬枣傲走洋市使全市枣树面积猛增。2000年底，全市枣树栽植达到11 286公顷，当年枣果产量13 857吨，其中以金丝小枣为主的干果枣树面积达到10 478公顷，当年干枣产量9 903吨。2000年天津东南部地区新植枣树5 243.3公顷，其中大港新植枣树2 667公顷，内含新植冬枣1 867公顷。

（张步峰）

**【天津市政府与中国林科院开展长期科技合作】** 天津市政府与中国林科院于2000年10月7日签订科技合

作协议，建立长期合作关系。市委书记张立昌会见了专程来津出席签字仪式的中国林科院院长江泽慧一行。

根据协议，市政府将聘请中国林科院知名专家为政府林业科技顾问，对本市林业发展重大问题提出决策建议。市政府支持中国林科院选择本市部分区（县）进行重点指导，共建本市生态环境建设示范先导区（县）。市政府支持中国林科院的林果新品种、新技术、新产品在天津进行产业化开发，建立林业科技企业，培植经济增长点，在试验、示范和建立良种繁育基地等方面提供各种方便条件，并物色合作对象。同时鼓励双方所属有关单位、部门之间进行广泛深入合作。中国林科院将发挥科技和信息资源优势，帮助本市解决林业建设中存在的主要技术问题。重点领域是滩涂林业综合开发、城市林业、工厂化育苗、资源信息管理、生物有机物及生物农药、治沙、果品贮藏以及保鲜与加工等。

（张步峰）

**【天津市林业科技人员状况】** 截至2000年10月，天津市各级林业机构共有科技人员720人，其中市级55人，县（区）级286人，乡（镇）级379人。三级机构中，大本以上学历123人，大、中专学历580人。高级职称28人，中级职称140人，初级职称195人。全市林业部门中，1980年后毕业的大学及以上学历者85人，吸引留日硕士齐崇辉1人。高级职称中，市林业局高德明、汉沽区农林局李俊柱为享受国务院特殊津贴的专家。

（张步峰）

**【天津市沙化、荒漠化土地调查与监测】** 根据国家林业局部署，天津市按照《天津市荒漠化、沙化土地监测技术方案》于1999年6月开展了沙化、荒漠化土地调查监测，2000年初汇总出调查成果。

*沙化土地* 分布在蓟县、宝坻、武清、北辰、西青和东丽区的43个乡（镇）。依照河流流域分布在蓟运河、潮白河、青龙湾河、北运河、永定河、新开河、漳河、周河、淋河。全市沙化区土地总面积181 278公顷，全市沙改田13 173.7公顷，占沙地总面积的62.5%；林地面积7 822.6公顷，占沙地总面积的37.1%。

与1994年天津沙化普查比较，在43个乡（镇）总面积181 278公顷范围内，有沙化土地21 090.3公顷，较上次减少4 606.7公顷；半固定沙地由1 558公顷下降到6.3公顷；固定沙地由10 383公顷下降为7 910.3公顷；经济林由6 722公顷下降至4 085.1公顷；用材林由480公顷增加到666.6公顷；农田防护林由3 143公顷下降到2 444.8公顷（因修建高速公路、公路和渠道）。

天津市沙化土地分布区经半个世纪艰苦卓绝的沙荒治理，多数地段在农田林网屏障体系庇护下呈现林茂粮丰、果实累累的生态景象。如永定河的王庆坨、汊沽港、石各庄、陈嘴、双口、上河头乡（镇）成为津西水果基地主产地。杨柳青镇形成大绿景观，镇内森林公园早已成为津门森林游乐旺地。青龙湾河的下伍旗、双树、大良、北蔡村四乡（镇）连片的800公顷沙改林已成为津沽重要人工森林景致。但由于沙化土地分布区年年干旱缺水，仍能继续沙化，同时也是天津沙尘暴源地。因此，沙化区域生态治理将是新世纪长期而艰巨的任务。

*荒漠化土地* 监测面积21 196.5公顷。95%在静海县台头、二堡、王口、梁头、北肖楼、独流、府君庙乡镇，面积为20 296公顷；武清区王庆坨镇仅有900.5公顷。监测区内有荒漠化土地14 771.1公顷。监测区内共有林地1 462.8公顷。荒漠化土地中，耕地13 338公顷，林地1 412.7公顷，未利用地20.4公顷。天津市荒漠化土地全部为盐渍化土地。按程度分：轻度10 850.9公顷，中度3 869.6公顷，重度50.6公顷。

通过调查，天津市荒漠化土地治理的根本途径是：一是要种植耐盐碱植物和扩大枣粮间作面积，二是要加大农田水利基本建设和在有条件地块推广暗管排咸工程后造林。

（张步峰　李果丰）

**【天津市“野生动植物保护法律法规执行年”成效显著】** 2000年，天津市开展了广泛的“野生动植物保护法律法规执行年”工作。主要成果：

*大案要案查处有力度* 市林业局在公安、海关等部门配合下，查获4起大案要案。即：非法出售、运输梅花鹿65只，非法出售、运输梅花鹿45只，走私猎隼44只，非法运输梅花鹿皮590张。

*专项打击有成效* 在对乱捕滥猎、非法运输、收购野生鸟类违法现象进行专项打击中，全市共查处乱捕滥猎、违法收购、经营野生鸟类案件30余起，其间放飞活体野鸟10万余只，查没死体野鸟2万余只，并销毁大量捕鸟网具。

*特种养殖业整顿有秩序* 对驯养繁殖、经营利用野生动物的40余家驯养场进行了认真调查。3月在北辰区召开现场会，宣传国家相关法律法规和驯养繁殖许可证办理程序。5月对执行情况进行检查和重点抽查。在此，取缔非法驯养繁殖场2家、非法经营利用单位2家，并对3家驯养繁殖场限期整改。通过清理整顿使天津特种养殖业秩序良好。

*爱鸟周活动有创新* 2000年是天津第十九届爱鸟周。其活动主题是“让我们拥有鸟语花香的新世纪”。借助全国世纪之年爱鸟、护鸟南北行大型宣传活动，在国家级湿地自然保护区七里海举行了隆重的第十九届爱鸟周启动仪式。仪式上散发野生动植物保护宣传材料3 000余份，悬挂标语、口号50余条，放飞野生鸟2 000余只，销毁大量捕鸟网具，并向天津市民推出了“191——保护野生动物”24小时热线传呼，此举为全国首创。

*新闻宣传有轰动* 市林业局查处的50余起案件中，大案要案均在新闻媒体进行了曝光。全年共在《人

民日报》、《中国环境报》、《中国绿色时报》和地方报刊、电台、电视台等新闻部门发表相关报道百余篇，其中：报纸专版6篇，电视专题、专访8件。通过社会宣传，从政府到市民保护野生动植物资源的意识不断增强。

（张步峰）

**【宝坻县城乡绿化建设】** 2000年底，宝坻县农村有林地达到20 844公顷，林木覆盖率15.8%；城区绿地达104公顷，绿化覆盖率37.5%。“九五”期间，宝坻县曾荣获全国造林绿化百佳县、天津市绿化先进县等多项殊荣。城区环城绿化带已成为天津园林“津门十大美景”之一。主要成就与特色：

绿色通道工程构成宝坻大地条条玉带　1996年始，京沈高速公路和津围、宝平、宝三、宝白、曹三、大新、宝黑、林钟公路共计141.7千米的绿化带相继建成。同时，全县境内干线公路带动了公路两侧500～1 000米以内的放射林网和乡村绿化。以高大乔木为主、绿美相间的市、县、乡“绿色仪仗带”纵横交织，构筑了宝坻大地骨干绿化带。37.1千米长的京沈高速公路绿化带两侧各宽25米，栽有8行毛白杨，两侧林带显得葱郁壮观。津围公路绿化带中1.5千米长的带状公园内设有28处景点、5处景观，并配置大型彩墙，呈现出壮美的园林景色。

城区园林景致壮美秀丽　围绕城区有周长13千米环城绿化带。环城绿化带是以毛白杨为主。城区内建设路、钰华街、东城南路主干道路和大小街路共计58条、长达60千米基本实现了园林式绿化。由两大荷花池、仿古拱桥、露天戏台、灯光舞池、敞开式大型音乐喷泉、立体植物花篮和花门连同四周鲜花草坪，并配置高耸高压汞灯组成的2.6万平方米的文化广场，成为天津园林精典。天宝华苑住宅小区呈现花园环境。整个城区三季有花、四季常青。

农田防护林网建设　这项浩大的林网工程使东南部洼淀区达到了“田成方，渠成网，路相通，林成带”的标准农田示范区，也是“九五”期间在黄庄洼、尔王庄洼、里自沽洼建设的。在此，共绿化干、支渠126条、总长800余千米、植树97.2万株，三洼林网生态屏障体系共保护农田4.67万公顷。

“九五”以来，宝坻县从津围公路绿化带建设起步，连续打响多项绿化重点工程硬仗，以大工程带动大发展，城乡绿化一体化建设水平和速度为天津前列。基本经验在于县级领导层和县林业园林局切实做到了“十到位”，即思路、部署、资金、政策、参谋、规划、督察、执法、良种、科技十到位。　（张步峰）

**【蓟县山区综合开发】** 1997年天津蓟县被国务院列入全国山区综合开发示范县以来，遵循国务院确定的“十字”方针，取得辉煌成就。

开发特色果品，三大经济林基地实现了区域化、集约化经营　4年累计缓坡开发经济林8 200公顷。到2000年末，全县果树总面积达到24 198公顷，其中：盘山磨盘柿、天津板栗、优种酒用葡萄和鲜食葡萄三大果品基地栽培总面积为10 343.9公顷。

以造林绿化为主体的生态环境建设取得重大进展　4年累计荒山造林1 666.7公顷，山区有林地达到48 606.6公顷，林木覆盖率69.07%，比“八五”末净增23个百分点。全县有林地达到55 720公顷，林木覆盖率38.4%，比“八五”末净增6个百分点。蓟县先后被评为全国造林绿化百佳县、全国林业生态建设先进县等荣誉。“后花园”美誉遍津门。

农业产业化发展初具规模　到2000年，全县蔬菜年产量达到94万吨，比“八五”末增长了47.3%；肉类产量达到8万吨，比“八五”末增长了1倍以上；水产品产量达到1.9万吨，比“八五”末增长了62.4%；苗木花卉达到1 293.3公顷，比“八五”末增长9.7倍。其中果品、畜禽、水产品生产规模和产量领先全市。全县农业总产值达到15亿元。年均递增9.8%。

山区基础设施得到有效加强，生产生活水平发生根本改变　①改土：完成坡改梯田4 466.7公顷，治理水土流失94平方千米。②治水：兴修小水窖3 356座。③修路：修建环山作业路482千米，铺设乡村油路134千米。④办电：建3.5万千伏安变电站2座，11万千伏安变电站1座，架设高压线路82千米，增容2.7万千伏安，完成了山区低压电网改造；安装电话33 655部，消灭了电话空白村；架设光缆440千米，开通光点202个，使344个山区村全部通上了有线电视。同时，全国示范县中，蓟县第一个正式开通了山区综合开发国际互联网“天津山区信息网”。

国家资金扶持　1997年以来，国家共给蓟县安排山区综合开发贴息贷款5 800万元，使蓟县农业产业化龙头企业经济实力显著增强，其中：1997年1 300万元，1998年1 300万元，1999年1 700万元，2000年1 500万元。4年贴息贷款实际到位率均达100%。共扶持葡萄榨汁、果品加工、林木育苗、森林旅游、工厂化蔬菜、肉鸭加工、肉鸡养殖、优质种猪繁育、肉牛屠宰、玉米制种、纸制品厂包装等20个项目。项目总投资12 983万元，连接基地1 034.8公顷，带动农户10 482户，年新增加产值24 353万元，年实现利税5 792万元。

通过山区综合开发，2000年全民人均收入4 000元，比“八五”末增加2 144元。其中，山区农民人均纯收入3 520元，比“八五”末增长了1 985元。全县城乡居民储蓄存款余额达到56亿元，比“八五”末增加30亿元。

（张步峰）

**【全国造林绿化百佳县——武清区】** 据1998年天津市森林资源调查：武清区森林面积达到14 933公顷，其中：防护林8 582公顷，用材林1 425公顷。全区林木覆盖率13.4%。全区活立木总蓄积量153.43万立方米，其中森林蓄积量88.98万立方米。2000年全区共有林网5 050条、总长9 750千米，达到了“田成方，林成网，绿树映村庄”的绿色生态环境。全区林木覆盖率由1981年的5.1%提高到2000年的15.1%，林业产值由1981年的249.9万元提高到2000年的14 431万元。该区林木覆盖率天津市排位第二，林木蓄积量名列全市第一。1998～1999年度被授予全国造林绿化百佳县。

*“七五”以来植树造林资源较多，效益较好* “七五”到“八五”期间，建成三大片森林景观：一是中北部建成了800公顷沙改林，后改建为森林公园。园内树木葱郁，绿草茵柔，景致优美。“植大树，搞大绿，形成大气候”是原天津市市长李瑞环在此视察时提出的。二是西北部的高村、大孟庄、大王古庄、白古屯等乡镇高标准农田防护林网年年呈现林茂粮丰的生态景象。三是西南部汉沽港等4乡(镇)形成高产优质高效津西水果基地主产地。2000年底，4乡(镇)果园达到1 694公顷，果品总产25 489吨。4乡(镇)盛产的苹果、梨、桃、葡萄成为天津市场畅销果品，还常外销。由汉沽港镇天津长城罐头厂生产的桃果罐头出口到日本，尽产尽销。

*“九五”期间林业建设成效显著* 重点绿化工程社会效益显著。区内京津塘高速公路绿化带植树22.6万株，放射林网22万株。该段大王古庄乡绿化带成为天津绿色通道工程样板带。该区以带片网点结合和以林果结合的京九绿色长廊共植树41.3万株，2000年秋季观测，树木胸径达10厘米左右。以推行良种化标准化和实用新科技的果品产业得到了快速高效发展，2000年全区果树达到4 625公顷，果品产量76 859吨。保护地果树达60公顷、767个棚室。区内园林式村庄不断涌现。城区绿地面积288公顷，绿化覆盖率24%。大孟庄镇农田林网和连片果园得到了可持续发展，成为全国造林绿化百佳乡。灰锅口村建成18.7公顷花园式住宅小区，成为全国造林绿化千家村。以拍卖、买断、承包、专业队管护等多元化造林护林的经营机制，有效地促进了全区森林资源的扩大和保护。全区自1998年以来，有317户农户买断植树7.9万株，有5 455户农户承包植树83.9万株，有3 469户个体经营植树，共造成林820公顷。 (张步峰 杨玉祥 何建凤)

**【大港区建成国家环保模范城区】** 大港区1999年被建设部命名为“全国园林绿化先进城区”，2000年又被国家环保总局命名为“国家环境保护模范城区”。大港区由盐碱荒滩一跃成为全国最绿、最美、最洁净的城区之一。到2000年底建成区绿化面积710万平方米，绿化覆盖率达28.27%，人均公共绿地14.5平方米。

*世纪广场成为津门宏伟景观* 广场总面积98 193平方米。广场南部建有12根罗马柱廊表演台，表演台1 400平方米。中部为占地3 513平方米的具有水型最多、水花最高(射高80米)、控制先进的旱式音乐喷泉，喷泉设有1 011个喷头、1 500套灯具。西部建有165平方米巨型电子显示屏。北部耸立着50米高“通向未来”大型不锈钢雕塑。整个广场地面铺满花岗岩彩石。广场灯光造型格外新颖别致，各类灯具12种，设有500套灯具。广场配置花钵62个，植草坪25 600平方米，植树56种41 000株。整个世纪广场展现出富丽堂皇、姹紫嫣红、水花飘逸、白鸽翱翔的美好景象。

*世纪大道成为津门秀美彩带* 世纪大道长5千米，南侧绿地宽28米，北侧绿地宽20米，道路红线中绿地占58%，绿化面积达19万平方米。全程大道中还建成迎宾、希望、奉献3个绿化广场。整个世纪大道是以草坪为底色、乔灌花相间、针阔相间、平面与立体相结合形成的复合式园林带，达到了三季有花、四季常青，展现出气象万千的园林景象。

*环城四路披锦绣* 东南西北环城路总长14.9千米，绿化面积达到43.6万平方米。南环路多以阔叶乔树、刺柏、龙柏等混植的防护林带。北环路为宽式绿化带。路中间是以草坪为底色伴有花团的具有40米宽的绿化带。两侧人行道则是国槐、垂柳、刺柏等相间的绿化带。

大港城区著名的园林绿化景观还有1万多平方米的晨晖广场，2万多平方米的站前广场，17万平方米的西苑住宅小区和19.8万平方米的石化公司化工厂以及大港公园。虽然大港土壤含盐量达4/1 000～8/1 000，但经人工治理，大港公园中菊园百余种菊花却能傲霜迎冬，显得绚丽多彩，美誉幽深。

(张步峰)

**【大王古庄乡靠林果产业致富】** 武清区大王古庄乡1990年时自然面貌较差，林木覆盖率仅为12.1%。乡党委、乡政府始终重视林业两大体系建设。经过坚持不懈地植树造林，使这个乡一跃成为天津平原林业先进乡(镇)之一。由此，靠林业产业致富的观念深入人心。到2000年底，全乡有林地达到1 187.9公顷，其中森林达到987.9公顷，林木覆盖率达到25.2%，林果总产值(不变价)达到1 060.32万元，占农业总产值(不变价)23.6%。主要成绩与特点：

*三林发展有规模有效益* 全乡基本上实现了农田林网化。2000年以农田林网为主体的防护林达到424.2公顷，保护耕地2 800公顷。京津塘高速公路绿化带6.5千米长的大王古庄乡段带内各类树木平均胸径16厘米。沙荒改造的速生丰产用材林达到53.1公顷，整齐划一的栽植和集约化的管理闻名天津。该乡防护林和用材林活立木蓄积量达到13.78万立方米，年生长量2 400立方米，年材积增值120万元。2000年，全乡红富士、新红星苹果、雪花梨等水果经济林达到510.6公顷，其中成果290公顷，当年果品产量10 003吨，果品产值1 000.3万元，占农业总产值的22.2%。

*林木育苗业红火* 2000年底，全乡共有苗圃200

公顷。近3年年均出圃苗木200万株，年出圃苗木产值600万元。大营村村民董学宁靠育苗年均收入10万元。刘庄村崔文承包本乡育苗地8公顷，承包外乡育苗地3.3公顷。2001年全乡新增育苗地200公顷，个体育苗户达到560户。

*木材加工小有规模* 2000年底全乡有木材经营小组和个体户75户；有私营木材加工厂1个，年创利80万元；全乡木材加工和经营总产值达到530万元。

*林果科技含量较高* 全乡林果基本实现了造林良种化。造林主栽树种为毛白杨、三倍体毛白杨、中林杨、沙兰杨、苏柳、馒头柳等。育苗树种品种达60多种，且多为中国林科院最新推出的107、108、2001杨和12、153号转基因杨等新品种。果树栽植除大多优良树种品种外还栽植了一些小杂果。全乡果园也均采用综合实用的先进丰产技术，技术水平全面提高。

（张步峰 杨玉祥 何建风）

**【66169部队天津苗木基地】** 1997年底以前为部队农场，以种植粮田为主业。为满足新世纪军队和地方环保需要，部队进行全面调整，转入林木育苗事业。在新任政委纪连祥科学实干带领下，启用我国林业顶级人才和新品种繁育项目，从1998年春正式起步，在不到3年的时间里，使这块千亩大田一跃成为我国北方军队重要的林木新品种苗木基地，为地方林木育苗树立了现代化科学化典范。到2000年底，部队在圃育苗达到40公顷，其中：培育三倍体毛白杨35万株，培育俄罗斯沙棘、美国红地球葡萄、四倍体刺槐和园林观赏树种苗木21万株。

为使部队苗木基地可持续发展，纪连祥与天津开发区园林绿化公司联手开创国内独有的“军民共建”绿化育林开发项目。3年来，基地共投入资金千万元，先后进行了垫高田地、敷设地下波纹盲管、改良土壤、环形道路、给排水泵站、小水库、组培室等系统基建工程，使基地水电供应有保障，土壤盐碱能淋除，育苗生产能科学的快速运转。

同时，纪连祥所在部队在此以艺术的大手笔正在构筑我军新颖别致的“绿色科技文化园区”。2000年底，园区已建成两座荷兰式风车，全军著名书画家林凡、电影艺术家王影夫妇艺术工作室主体工程竣工。

（郑兆欣 张步峰）

**【天津市创业人物】**

**杨继敏** 1946年6月出生，江苏无锡人，大学文化，中共党员，1979年从陕西省洋县园林场调入武清县农林局，1984年5月任武清县林业局副局长至今。

1969年参加工作以来，始终热爱绿化事业，成绩显著。1992年获绿色长城奖。1998年获全国绿化奖章，2000年获天津市特等劳动模范。同年获国家林业局全国营造林先进工作者称号。获部、市级科技成果奖8项，其他科技奖15项，各类荣誉奖7项，并获武清区优秀共产党员称号。1980年以来共撰写有影响有水平的论文著作25篇。勇于科技创新，不断奉献是他最显著的特点。他长期致力于林木良种引进推广，先后引进28个优良树种，90年代全区仅推广中林号杨300多万株，得到农民群众的欢迎，并取得显著的三大效益，使本区造林良种化和林木资源拥有量在全市处于领先地位。果树生产上主持、参加了几十项新技术推广项目，尤其在保护地栽培、名特优新品种筛选等方面做了大量超前性技术工作，为本区果树结构调整起到了很好的科技引导示范作用。如灰锅口、胡柳子两村保护地果树每亩效益均超过万元。仅1998～2000年引进国内外果树优良品种116个，从中筛选出24个优新品种，并建立了168.4公顷示范园，繁育良种苗木79.3万株，经济效益可观。与市林业局共同主持天津市3个林果地方标准的编制，1996年4月由市技术监督局发布，已在全市推广，效果良好。同时为武清建成林果标准化示范县作出显著成绩。市、区重点绿化工程建设从规划设计、项目申报、技术把关、组织实施到现场指挥都做了大量艰苦细致的工作，取得良好社会效益。如京津塘高速公路绿化带武清段，他亲临现场踏查走访，提出解决难题方案，组织技术培训和施工，使本段绿化带成为天津著名的绿色风景线。在全区林业科技队伍建设和技术培训及科技进步方面做了大量有益的工作。

**朱德林** 1949年7月出生，天津宁河人，中共党员，历任副乡长、乡长、乡党委书记和宁河县林业局副局长，1995年1月任宁河县林业局局长，1998年2月兼任本县园林局局长。

1969年参加工作以来，积极领导乡民绿化家乡，使所在乡镇林木资源不断增多。自到县林业局任职以来，以脚踏实地、开拓进取和科学务实精神，认真执行国家林业方针政策，结合本县林木资源现状，深入调研，亲自制定了“九五”时期本县林业战略“321”大框架绿化发展规划。在他的领导下，重点实施了绿色屏障工程、农业综合开发绿化工程、七里海生态林工程、森林公园和花园式村庄建设及林木种苗基地建设，并取得显著成绩。尤其是以俵口乡为代表的水田林网成为天津稻区农田屏障体系的特色工程，同时环七里海葡萄带也成为天津滨海葡萄基地的主产地之一。全县林木覆盖率由“八五”末的6%迅速增加到“九五”末的12%。1995年本县荣获林业部全国乡镇林业站建设首批达标合格县。1996年荣获天津市绿化先进县。朱德林本人也多次获殊荣。1986～2000年5次获天津市绿化先进个人。1998年荣获全国绿化奖章。

**高永利** 1951年11月出生，天津静海人，大专文化，中共党员。1970年参加工作以来历任副乡长、乡长、乡党委书记和县委、县政府信访办副主任。1998年任静海县林业局局长、党组书记、县绿化委员会办公室主任。

高永利同志求真务实、真抓实干、开拓进取的工作作风形成了他良好的领导风格和领导魅力，使其在各个领导岗位都取得了卓越政绩。他在乡镇工作时就十分重视林业各项建设，把大郝庄乡建设成为静海县枣果生产主产乡。担任林业局局长以来，经常深入基层，注重调查研究，亲自撰写《关于加快静海林业发展步伐的若干意见》等有科学观点有实践前景的各类文稿5万余字。在连续6年干旱、地上地下水源匮乏、条件极其恶劣的条件下，他不断强化领导并善于领导，3年共建成了京福（京沪）高速公路生态林、津涞线生态林、陈子路绿化带等市、县大绿工程12项。其中共存活树木211.5万株，新增绿地面积3 872.2公顷，林木覆盖率纯增2.7个百分点，达到16%。在积极建设林业生态体系的同时，因势利导科学发展林业产业体系。到2000年底，全县以金丝小枣为主，冬枣和各类枣树形成的枣树林网、枣粮间作、纯枣园共达到9 613公顷，枣果总产达到8 785吨，成为天津和华北地区著名的枣果生产重点县。优良品种静海大鸭梨也成为昆明世博会铜奖果品。由于政绩突出，高永利在2000年成为全国绿化奖章获得者。在他的领导下，静海县林业局连续两年获得国家林业局社会林业项目研究一等奖，被市政府评为绿化先进单位，被县委、县政府评为文明机关。 （天津市林业局）

**【世界园艺博览会银奖果品——北辰黄冠梨】** 北辰黄冠梨是天津北辰区1996年从河北省石家庄果树研究所引进的梨果新品种。当年试验栽培3公顷。这种新梨果是以雪花梨为母本、新世纪梨为父本进行杂交培育而成的。果实为椭圆形，端正整齐，平均单果重230克，最大500克以上。果皮淡黄绿色，光洁无锈，果点小而密，外观似金冠苹果，果肉白色，肉质细，松脆多汁有香气，风味酸甜可口，果心小，采摘时可溶性固形物11%以上。1999昆明世界园艺博览会被评为银奖。2000年北辰区黄冠梨推广栽培达到33公顷，产量达到500吨。由于品质格外优秀，通常是出不了果园就被抢购一空。 （姜立强 朱庆善 张步峰）

**【世界园艺博览会铜奖果品——静海大鸭梨】** 静海大鸭梨又名大果型鸭梨。1982年在静海县良王庄乡罗阁庄村梨园发现，经天津市科委鉴定，本品种为鸭梨同源四倍体芽变。平均单果重288克，最大果重500克以上，汁多、松脆，自然存放后可溶性固形物达11.6%，品质高于鸭梨。它的自花结实率高，抗黑星病，树势旺，同树龄同等立地同等管理条件单株产值比鸭梨高64%～88%。1996年获“天津高新技术百佳产品”称号，1999年获昆明世界园艺博览会铜奖。2000年底，该品种在静海县栽培达到200公顷，当年产量达到2 000吨。 （张金海 张步峰）

# 河北省林业

**【概 述】**

**发展与成就** 2000年，全省共完成造林合格面积34.94万公顷，是年计划的131%，其中人工造林合格面积26.38万公顷，是计划的136.4%，飞播造林有效面积8.56万公顷，是计划的116.7%。新封山育林20.85万公顷，是计划的104.3%。新育苗1.8万公顷，是计划的1.8倍。全省干鲜果品总产量68.6亿千克，果品总产值达到84亿元（1990年不变价）。全省发生火警火灾24次，受害面积46.74公顷，与1999年同期相比，森林受害面积下降54%，森林火灾受害率为0.013/1 000，大大低于全国平均水平。

**生态环境建设** 河北省在2000年以加大项目建设力度为突破口，狠抓重点造林工程，积极探索和完善造林机制，林业生态工程建设取得新进展。一是退耕还林还草和防沙治沙项目成功立项并实施。经多方努力，河北省坝上6县获国务院特批进行试点；环北京防沙治沙工程也经国家林业局、国家计委同意紧急启动20个试点示范县，2001年有望进一步扩大范围。二是探索造林促活机制，提高造林质量。在省内高速公路、铁路等窗口地带，集中力量，以“反租倒包”等形式，大力实施绿色通道工程，到2000年末全省共完成1 289千米通道两侧主干林带建设，植树260多万株。再建三个塞罕坝林场项目通过抓试点示范工程，完善联营制、报账制等，在大旱之年完成人工造林1.67万公顷，封山育林续封0.67万公顷。三是在抓好新建项目的同时，提高京津周围绿化、太行山绿化、沿海防护林等老工程的科技含量，推广抗旱技术、保水剂等新技术、新材料，确保了造林质量。全民义务植树活动多形式、多方位展开。

林业结构调整　按照“一稳、二增、三扩大”的基本思路，以果树结构调整为重点，将林业结构调整进一步引向深入。一是果树结构调整有所突破。通过资金拉动、示范推动、机制促动，以建立果品基地为载体，开展提质增效活动。2000年果树改劣换优和更新改造面积突破12万公顷，是历年调整力度最大的一年，一批果品生产重点县（市）如辛集、泊头等通过结构调整已取得了较好经济效益。二是种苗、花卉产业发展速度快速提高，全省2000年新增种苗面积0.37万公顷、花卉面积0.14万公顷、三是通过资金支持、政策倾斜和增加改建、扩建项目等，重点培植产业龙头，扩大龙头企业发展规模，如曲周赛博集团、青县纸业公司、魏县果品批发市场、石家庄花卉交易市场等项目建设，带动了地方林业结构调整工作。

科技兴林　狠抓林果技术推广和种苗工程建设。一是完善林业科技示范体系，建立辛集、乐亭、石家庄郊区等3个省级林业高效科技示范园区，林业科技“16推”活动和技术培训工作进一步加强。二是实施林果标准化管理，编制、印发果树综合管理地方标准5项，推广林果标准面积25万公顷。三是注重抓好林木种苗工程，在进一步强化原定示范苗圃管理的同时，集中力量抓了塞罕坝、丰宁、冀州等现代化育苗中心建设，健全完善育苗体系，瞄准市场发展种苗产业化。四是改革科研管理体制，实行科研课题公开招标制，效益明显。

**存在问题**　2000年全省旱情严重，天干物燥，对造林成活保存有较大影响；国有场圃经济困难，亟待加大扶持力度；造林绿化和森林保护的资金投入与其承担的繁重的生态环境建设保护任务不相适应。

（孙　阁　刘　洵　沈维刚）

**【“九五”期间河北林业再上新台阶】**　“九五”期间，河北省加大林业改革力度，动员全社会参与林业建设，使全省林业建设再上新台阶。5年共完成造林合格面积184.6万公顷，为“九五”计划目标的140%，比“八五”末减少5.5万公顷；义务植树完成6.25亿株，为计划目标的104.5%，比“八五”末增加1 496万株；争取林业建设投资14.1亿元，较“八五”增加7.6亿元；根据全省森林资源监测，到1999年底全省有林地面积达到365.5万公顷，比“八五”增加46.5万公顷；其中用材林100.6万公顷，防护林120万公顷，经济林140万公顷；林木总蓄积7 931万立方米，森林覆盖率达到19.48%，较“八五”末净增2.48个百分点；果品总产量达到68.6亿千克，较“八五”末增加29.8亿千克；果品总产值达到84亿元（1990年不变价），较“八五”末净增30亿元，增幅55.6%，林果总产值占农业总产值的12.2%。（孙　阁）

**【河北省林业机构改革工作】**　按照河北省委、省政府关于省直机关机构改革工作的总体部署，省林业局本着“稳定、稳妥、妥善”的原则，制定了切实可行的改革实施方案，严格政策要求和规定操作程序，圆满完成了定岗52人、分流27人的机关机构改革任务，基本实现了“秩序没乱、工作没断、走者愉快、留者安心”的预期目标，职工对改革的满意率达到98%。机关公务员队伍进一步优化，提高了工作效率。尽管机构改革中人员变动比较大，但全局干部职工情绪稳定，未出现任何新矛盾、新问题，工作又有新起色。（孙　阁）

**【河北省林业宣传】**　从2000年春季以来，华北地区连续发生12次沙尘暴和扬尘天气，引起党中央、国务院领导的高度重视，朱镕基总理受江泽民总书记委托亲自到河北省坝上地区视察土地沙化情况和河北省的防沙治沙工作，并就建设京津绿色屏障作了重要指示，从而促使全社会对林业的更加关注，也使林业建设成为新闻媒体报道的热点。省林业局抓住有利时机，就势造势，积极运作，组织策划了一系列有效的宣传活动，向全社会宣传林业，增加建设生态林业的使命感，宣传效果十分明显。到2000年12月底统计，中央“两报、两台”宣传河北林业的稿件40余篇（条），《新华社每日电讯》20余篇；省级新闻单位800多篇（条），《中国绿色时报》发稿94篇，其他省市报刊刊发河北省林业稿件10多篇，发稿量达历史最高水平。全年共组织策划了十余项大的林业宣传活动，如植树节前后的炮轰太行山和春季造林宣传活动；组织防治沙尘暴系列宣传报道和退耕还林还草宣传报道；绿色通道工程建设专题采访报道；以及配合国家林业局宣传中心开展了京津周围看治沙大型采访活动；还接待并配合开展了西部大开发建设绿色家园、绿色长城工程万里行考察宣传活动等。这些宣传活动都取得了较好的效果。为加大形象宣传力度，全年共制作播出电视专题片23部34集。2000年《中国绿色时报》河北记者站在绿色时报的宣传组稿工作也上了一个新台阶，2000年度被评为全国7个宣传工作先进记者站之一。一系列声势浩大的宣传活动，增强了社会对林业的了解、理解和支持，促进了河北林业建设和发展。（孙　阁）

**【河北省林业信息化建设】**　2000年10月，河北省林业局机关迁入新办公楼。迁入新址后，通过加大资金投入，在全面改善办公条件的同时，拨出专款为每位工作人员配备了一台高配置的计算机，初步实现办公自动化。机关局域网建设速度加快，使“河北林业信息网”主页内容更加丰富、更加完善。先进的设备和设施不仅提高了工作效率，而且也加大了省林业局的机关形象建设力度，加强了队伍的凝聚力。目前，河北省林业信

息化水平在全国林业系统和省直各部门中名列前茅。（孙　阁）

**【河北省森林资源保护】**　一是加大了林业立法工作。编制完成《河北省实施〈中华人民共和国森林法〉办法》，并获省人大正式通过，完成《河北省森林采伐管理办法（送审稿）》和《河北省人民政府关于进一步加快林业发展若干政策意见（代拟稿）》起草工作。二是开展了保护森林资源三号行动，实行局领导包案制度，使全省16起破坏森林资源重点案件得到处理，遏制了全省重特大森林案件上升趋势。通过林政执法大检查和普法培训，提高了林政执法人员素质和水平。三是加强林地管理，清理、整顿木片经营生产厂点，完成全省“十五”森林采伐限额编制工作，依法完成了26起国家建设征占用林地审核工作，收取植被恢复费420多万元。

加强森林防火工作。开展野外违法用火专项治理和森林防火宣传月活动，局领导还就防火工作亲自向79个市（县）一把手发送慰问信，督促落实行政领导负责制，在春旱时期火险等级长期居高不下的情况下，使全省森林火灾受害率远远低于控制标准。

开展了野生动植物保护执法年活动，加大了执法力度，重点查处了一批滥捕滥猎野生动物案件，社会影响较大。同时借助中央及省级新闻媒体的力量，多形式开展“爱鸟周”、“保护野生动物宣传月”活动。野生动植物管理和自然保护区建设得到进一步加强。（孙　阁　刘　洵）

**【河北省绿化通道建设】**　河北省把绿色通道作为生态环境建设的重要组成部分和形象工程、窗口工程来抓。省长钮茂生从工程的规划、实施到检查验收都亲自参与，提出要把河北的交通干线建成绿化带、风景带和经济带。领导关注林业生态建设，为河北省的林业发展起到了推波助澜的作用。省林业局抓住机遇，积极谋划，出台了一系列举措，变政令驱动为利益驱动。特别是在机制上，实行“反租倒包”等形式和相关的优惠政策，即政府出资租用农民承包的土地，再倒包给农民，由农民按要求栽植苗木，政府从财政上筹措资金在苗木、粮食、资金等方面予以补贴，平均每公顷投资近4 500多元。这种方式打消了农民的顾虑，兑现了政府承诺，极大地调动了农户的积极性，推动了通道绿化工作的进展。据统计，到2000年末全省共完成1 289千米通道两侧主干林带建设，植树260多万株。其中，京深高速公路绿色通道工程两侧共植树123万株，特别是栾城和涿州段高标准完成了50米范围示范路段植树46万株，以建设标准高、力度大、质量好成为河北省通道绿化的样板工程。（孙　阁　王　琳）

**【河北省领导带头种植“公仆林”】**　按照河北省营造“城市森林”社会公益活动2000年春季的安排部署，省直工委把种植“公仆林”活动作为省直机关精神文明建设和加强机关形象建设的重要工作来抓。2000年植树节期间，省直工委组织千余名党员干部在省会石家庄市中心地带开展营造“公仆林”公益活动。省领导赵世居、陈玉田、张士儒、刘德旺、陈来立、郭世昌等参加了此项活动。省领导带头参加植树，对推动全民义务植树运动的全面开展更具重要的意义。（孙　阁）

**【首届河北省（廊坊）林果种苗、花卉洽谈交易会】**　2000年10月，河北省林业局与国家林业局场圃总站在河北省廊坊市举办首届河北省（廊坊）林果种苗、花卉交易会。这次交易会首次尝试采取商业运作模式筹办，吸引种苗企业和科研单位参与交易和技术交流，取得了成功。交易会共设80多个国际标准展位，荟萃了北京、天津等17个省、市的130多个企业及科研、教学单位的1 500多个品种的种苗、花卉展品。观摩、交易人数达1.5万人，发放各类信息、技术资料32.4万份，达成意向性种苗交易2.21亿株，金额8 200万元。在没要政府一分钱的情况下，创造了规模大、交易品种多、效果好的以会养会先例，顺应了“政府搭台，企业唱戏”的客观要求，在林业企业和科研单位、生产单位搭起了一条共同发展的友谊之桥。交易会的成功举办得到了国务院西部开发办、国家计委、国家林业局和河北省委、省政府等有关领导的充分肯定。（孙　阁）

**【塞罕坝建成河北林业艰苦创业教育基地】**　经过3年的建设，塞罕坝机械林场总场建成了河北林业艰苦创业教育基地，并于2000年8月举行了揭牌仪式。国家林业局、河北省文明办和省直工委的领导及建场初期的老领导等70多人出席了仪式。代表们参观了展览室和王尚海纪念林，共同栽植了纪念树。这一教育基地的建成，展示了塞罕坝机械林场建场40多年取得的巨大成绩，也体现了“勤俭建场、艰苦创业、科学求实、无私奉献”的塞罕坝精神。省林业局利用这一典型，大力弘扬林业行业精神，推动了全省林业行业两个文明建设的进一步发展。（孙　阁）

**【科技攻关使河北鸭梨顶住“洋”水果】**　河北农业大学等单位的科研工作者集体开展了优质高效鸭梨研究，在我国率先建立了鸭梨优质高效标准化栽培技术新体系，取代了原来以高产、稳产为目标的生产技术模式；研制出提高果实内质的专用平衡肥料；探明了套袋鸭梨含糖量降低、风味变淡的原因，提出了技术攻关途径；首次发现水杨酸可降低果实失水率和软化程度；同时提出了鸭梨优质高效栽培标准等新技术。

新技术的引用使河北鸭梨品质得到明显改善，果面光洁，果型端正，优果率达到93%。以质量占据了市场，使产区农民每公顷平均收入增加21 000多元，并于2000年直销美国、加拿大、澳大利亚等国家，出口量近 8 000 千克，直接创汇 1 600 万美元。

（孙 阁）

**【林果花卉成为三河市支柱产业】** 河北省三河市发挥毗邻京津的区位优势，大力发展城郊型果品业、花卉业以及相关的服务业，产业体系日臻完善。他们以市场为导向，以调整农业结构，增加农民收入为切入点，完善管理措施，出台了一些地方扶持政策，使当地农民发展果品、花卉的热情空前高涨。在项目建设上，扶持重点，抓好龙头基地建设，2000 年扩建苗圃基地 6.67 公顷，引进新品种 12 个，扶持了燕赵园林公司等一大批林果花卉龙头基地，带动周边村镇发展林业产业。目前，该市农民人均收入的 20% 来自于林果花卉业，林业产业成为三河农村经济的重要支柱。（孙 阁）

**【卫星遥感查明河北省北部土地沙化现状】** 河北省遥感中心利用卫星遥感技术完成了《河北省环境地质遥感报告》，查明了河北省北部土地沙化现状。在张家口坝上及洋河两岸与承德的丰宁、围场两县 3.1 万平方千米土地上，共有土地沙化面积 5 309 平方千米，基本严重沙化（无植被、无人为改造痕迹）2 212 平方千米，植被稀疏、或有长势差的农田、草场的轻度沙化区 3 097平方千米。主要分布在张家口坝上地区，占沙化面积的 81%，其余的 1 005 平方千米分布于张家口洋河两岸及承德的丰宁、围场靠近坝缘一带。《报告》表明，河北省北部土地沙化现象是十分严重的，特别是坝上地区，占总面积的 25%。遥感数据结果为进一步改善首都周围的生态环境，为政府拿出综合治理决策提供了依据。（孙 阁 乔彦肖）

**【威县毛白杨落户陕甘新】** 河北省威县苗圃是部、县联营的林木良种繁育基地。近年来他们已繁育出毛白杨优良品种、毛白杨杂交无性系等 500 多个新品种，并引进北京林业大学培育的国内最先进的毛白杨品种 96、93、66 等系号，发展苗木生产取得突出成绩。2000 年，该县抓住西部大开发急需大量种苗的宝贵机遇，通过有关部门牵线搭桥、当地经纪人队伍的广泛联络和一批西部省（区）经销商的考察，威县毛白杨很快成为西部省（区）客商的抢手货。在 2000 年春季造林时节，威县 130 多万株三倍体毛白杨幼苗从苗圃场运往陕西、甘肃、新疆等省（区）“安家落户”。（孙 阁）

**【高邑天公花业集团成立】** 2000 年 12 月，河北高邑天公花业集团成立。这所规模较大、标准较高，集科研开发、示范推广、市场营销、旅游观光于一体的具有现代化水平的高科技农业开发项目园区的建成为河北花卉发展注入新的活力，是目前河北省档次最高、规模最大的花卉交易场所。该园区位于河北省会石家庄市南 40 千米的高邑县境内，西靠京广线和 107 国道，东临京深高速公路，占地 70 多公顷，计划投资 5 100 万元。从 1999 年 7 月开始筹建，100 栋高标准日光节能温室已投产见效，1 700 平方米的科研楼、500 平方米的净菜加工车间已开始运营，1 500 平方米的花卉展示交易大厅已正式启用，花卉交易大厅采用进口阳光板采光、地热辐射增温，达到国际先进水平。整个园区投资已达 2 100万元，另有一大部分现代化设施正在建设中。在科研技术上，园区与中国农业大学、河北省农业科学研究院等多家科研单位联姻，建立了稳固的协作关系，走出了一条产学研相结合的发展之路；与美国、日本、韩国等国际多家公司建立贸易合作关系，引进培育了一批特色明显、国内外稀有、观赏利用价值较高的花卉、苗木新品种。以一流的新技术、新品种和现代化的农业设施，实现了科研开发和科技推广相结合。辐射周边县（市）发展花卉、苗木等朝阳产业，带动了一大批种植大户和推广基地向高科技、高水准的花卉生产方向健康发展。（孙 阁）

**【邯郸曲周县实行订单林业】** 在省、市林业部门的支持下，河北省邯郸市曲周县的农民与当地的木材加工企业河北赛博板业集团有限公司签订树木种销合同，在自留地里种植速生丰产林。目前，全县建成人造板基地框架工程 5 333.3 公顷，合同植树 226 万株。由林业部门与林业企业拿出部分资金帮助农民购买苗木，指导农民种树，为人造板加工企业提供原材料。由企业按保护价收购。这种方法即为人造板企业提供了充足的原材料，也调动了农民植树造林的积极性，仅在 2000 年秋冬季，全县营造商品林示范工程 566.67 公顷，植合同树 50 余万株。该县发展订单商品林业为平原县探索出了一条新路子，促进了农民增收，企业增效。改变了林业生产观念，实现了“农、林、企”共同发展。

（孙 阁）

**【宣化农民李荣获得福特汽车环保黄河奖】** 2000 年 12 月 14 日，河北省宣化县东望乡青边口村民李荣获得福特汽车环保黄河奖，并得奖金 10 万元人民币。李荣是中国首届福特汽车环保奖唯一一个个人项目获得者。美国福特汽车公司为了奖励为环保事业做出突出贡献的单位和个人，于 2000 年 9 月，首次在中国启动福特汽车环保奖，拿出 100 万元用于奖励在 1999 年至 2000 年 10 月 15 日之前完成的自然环境保护项目及环境教育与青少年项目。在 239 份团体和个人项目申报材料中，经过层层筛选，共有 6 个项目获此殊荣。宣化农民李荣以外长城脚下开荒造林的显著成绩入选，他于 1990 年承包了东望山 306.67 公顷荒山。10 年来，共投资 5 万多元，奋斗了 3 000 多个日日夜夜，共开挖水平沟 2 万多米，挖鱼鳞坑 1 万多个，修筑谷坊坝 170 多道。修堤田 13 公顷，栽下了落叶松、油松、榆树 3 万多株，山杏、杏扁 1.2 万株。目前已初见收益。

（孙 阁）

**【河北省2000年林业大事】**

1.1月5日，河北省林业厅领导班子进行调整，萧凤来任党组书记，2月经河北省人大常务委员会任命为省林业厅厅长，2000年4月省林业厅在机构改革中改厅为局后改任局长。同时对其他班子成员进行了调整，原副厅长曲宪忠、白顺江改任副局长，原巡视员宋墨禄提前离岗，纪检组长、监察专员张振宇职务不做变动。新任命杨新世任省林业局副局长，原副厅长张彦斌调到省畜牧局任局长。

2.3月9～10日，全省林业工作会议在石家庄市召开，省政府副省长郭庚茂、省人大副主任白录堂做报告，省政协副主席杨国春出席了会议。会议布署了2000年全省林业工作。

3.3月28日，河北省政府机构改革动员大会在石家庄市召开，河北省委常委、省编制委员会主任刘德旺宣读了河北省人民政府机构改革方案，河北省林业厅改为河北省林业局，保留正厅级别不变。

4.4月5日，召开河北省春季京深高速公路绿色通道工程建设现场观摩检查评比会议。省长钮茂生、副省长郭庚茂，带领省交通厅、省林业局、省军区、省计委、省水利厅、省广电局、省环保局等部分绿化委员会成员单位对京深高速公路(河北段)绿化情况进行了观摩、评比。保定、邢台两市被评为先进市。栾城、内邱、定兴等被评为先进县。

5.4月14～16日，省长钮茂生、副省长郭庚茂带领省计委、省林业局、省畜牧局等单位到张家口坝上4县就实施退耕还林还草试点示范工程进行调研。在现场召开了张家口、承德两市所属坝上地区6个县(市)的主管副市长、县长、林业局长参加的座谈会。钮茂生省长和郭庚茂副省长分别就实施退耕还林还草实施意见做重要讲话。

6.4月26日，国家科技部部长朱丽兰、副部长邓楠、中国林科院院长江泽慧率领有关专家学者20余人，到河北省怀来县对土地沙化情况进行实地考察，研究治理风沙灾害、改善生态环境的对策。省长钮茂生、省政府秘书长赵铁练、省林业局局长萧凤来等陪同考察。

7.5月12～14日，朱镕基总理受江泽民总书记委托率领有关部委负责人在河北省委书记叶连松、省长钮茂生等省直部门领导的陪同下就加快防沙治沙、改善生态环境问题到承德、张家口坝上地区进行考察。并就建设京津绿色屏障作了重要指示。

8.5月24日，河北省政府召开全省治沙工作会议，传达贯彻朱镕基总理视察河北的指示精神，听取国家科技部科技治沙课题组专家的报告，研究部署全省防沙治沙工作。省长钮茂生、副省长郭庚茂作了讲话。

9.5月26日，省政府组织召开全省苗木工作会议，会议组织实地参观了深州市北四王村和定州东王习村两个典型苗木生产基地。

10.6月4日，省林业局副局长曲宪忠和日本林业技术协会理事长弘中义夫在承德市签署了中日合作生态造林项目协议书。项目建设地点在承德市双桥区冯营子镇，建设规模为275公顷，建设期限为5年，日方援助3 000万日元。

11.6月21日，中国林科院院长江泽慧与河北省副省长郭庚茂在北京签署了防沙治沙科技合作协议，共筑首都绿色屏障，作为院省合作的重要组成部分。

12.7月5～6日，河北省人民政府办公厅在张家口市沽源县召开河北省绿色屏障建设工作会议，省计委、省林业局等12个单位主要领导参加会议。钮茂生省长作了重要讲话。

13.7月31日至8月14日，根据省长钮茂生的指示，为搞好河北省的防沙治沙工作，萧凤来局长带团赴芬兰、澳大利亚考察工厂化育苗基地的苗木生产情况，并洽谈了设备引进事宜。

14.8月2日，河北省委书记王旭东、省委秘书长张群生、副省长郭庚茂和省直有关部门的领导同志在省林业局副局长曲宪忠的陪同下视察了塞罕坝机械林场旱情，并慰问了林场职工。郭庚茂代表河北省委、省政府作了讲话。

15.8月8日，省林业局在唐海县召开了基层林业站建设现场会，部署基层林业站的归属及管理权限等问题。省机构编制委员会在9月18日批复在河北省林业技术推广总站加挂河北省林业工作站管理总站和河北省果桑产品质量监督检验站牌子。从此基层林业工作站纳入正常管理轨道。

16.8月13～14日，河北省人民政府省长钮茂生、省政府秘书长赵铁练等领导同志视察了塞罕坝机械林场。参观了河北林业艰苦创业教育基地，并看望了离退休老干部和职工代表，同时考察了科技工厂化育苗基地建设情况。

17.10月12～13日，省林业局在廊坊市成功举办河北省林果、花卉种苗洽谈交易会。

18.11月8日，河北省人民政府2000年11月8日任命葛会波同志为河北省林业局副局长。

19.12月15～20日，省林业局副局长杨新世带队赴三峡建设对口支援单位重庆市丰都县进行了参观考察，与当地政府就对口支援和林业方面的互惠合作进行了座谈，并支援了丰都县林业局移民搬迁费10万元。

(孙　阁　赵淑芝)

# 山西省林业

**【概　述】**

**发展与成就**

造林绿化　2000年完成造林40.49万公顷，其中，人工造林36.83万公顷(干果经济林7.93万)，飞播造林3.66万公顷；育苗2万公顷(包括容器育苗面积)，其中新育1.69万公顷；“四旁”植树1亿株，其中义务植树0.7亿株。国家立项建设的太行山绿化、西山防护林、黄河中游防护林、防沙治沙4项国家重点林业生态工程完成造林21.27万公顷。

森林资源保护　森林防火工作，全面落实各项防火措施，加强督促检查，林区在清明期间全面封禁，禁止一切农事、上坟、旅游、踏青等野外用火，严防火种上山。加强了防火专业队伍建设和灭火物资储备，做好扑大火的充分准备。最易发生森林火灾的清明节、“五一”节，全省没有发生一次大的森林火灾。据统计，全省共发生森林火灾32次，过火面积2 197.5公顷，受害森林635公顷，分别比1999年同期下降61%、53%和69%。火灾发生率远远低于0.05%。全省未发生重特大森林火灾，未发生人员伤亡事故。森林病虫害防治工作，继续推行防治目标管理责任制，狠抓主要森林病虫害的工程防治，组织有关技术人员参加了国家林业局组织的赴英国、比利时、美国的强大小蠹防治技术考察学习，积极引进生物防治技术，提高防治能力。全年有效防治各种森林病虫害18.01万公顷，其中强大小蠹3.87万公顷，油松毛虫0.36万公顷，杨树蛀干害虫0.45万公顷(折合面积)，经济林害虫6.02万公顷；实施产地检疫面积1万公顷，检疫种子910.76吨，苗木2.79亿株，产地检疫率97.65%，监测覆盖率达71.71%。资源林政管理工作，严厉打击偷砍滥伐、侵占林地等不法行为，共查处各类林业案件3 059起，其中乱砍滥伐案件1 298起，非法收购和无证运输木材案件1 505起，国家林业局重点督办案件3起，结案2 906起，占案件总数的97%，处罚违法违纪人员3 918名，没收非法木材6 249立方米，罚款256万元，清理非法侵占林地33.33公顷。

林业产业建设　干果经济林项目，到2000年底，全省干果经济林面积达到87万公顷，总产量7亿千克，年出口核桃及加工品3 600多吨，创汇1 000多万美元。森林旅游资源开发项目，经国家林业局批准，关帝山国家森林公园增设云顶山和白马仙洞两个景区。据初步估算，2000年全省森林旅游人数为110万人次，收入1 100万元。林纸结合开发项目，三倍体毛白杨辐射推广面积1 333.33公顷，累计育苗面积达到133.33公顷。以三倍体毛白杨为主的林木良种繁育(山西太原基地)高技术产业化示范工程建设项目已由国家林业局和国家科委立项，总投资5 656万元，项目建设期2年，预计2002年建成投产。花卉开发项目，全省花卉大田种植面积达到327.27公顷，年产盆花1 123万盆，鲜切花759万多支，年花卉产值超过5 000万元，出口创汇30万美元。全省建成10个重点花卉基地，6座大型花卉市场。省花卉协会创办的宇美花村花卉市场在1999年修建31栋温室的基础上，2000年又新修了48间门市，成为省城居民购买花、鸟、鱼、虫的好去处。

林业改革开放　世行贷款造林项目三期工程于1999年正式启动，涉及16个县、8个省直森林经营局，2000年资金到位693万元，造林0.9万公顷。中德林业技术合作项目在使用土地和森林中发展和贯彻参与式方法于2000年3月正式启动。国有林区森林分类经营改革步伐加快。完成了“两区”调查和二类资源调查，编制完成了“十五”森林经营方案；森林资源分类区划和天然林资源保护工程区森林资源的界定划分工作圆满结束，决定先在太原市、大同市搞试点，提前上升到政府行为，在这两市完成分类经营改革后，逐步向全省推广。

继续推进林业产权制度改革。在1998、1999年扶持私有林大户的基础上，2000年省林业厅又拿出60万元对90个造林大户进行扶持，扶持大户新造林3 466.67公顷。为了进一步加大私有林发展的力度，研究制定私有林发展的相关政策，1999年开展了私有林发展专项调查，基本摸清了私有林发展的底数，提出了一些初步的发展意见，为今后进一步完善出台私有林的有关政策，加快私有林发展步伐奠定了基础。

科技兴林　制定了《山西省退耕还林(草)科技支撑方案》和《环北京地区防沙治沙工程实施方案》等技术文件。承担完成了国、省13项重点林业科技示范推广项目，示范推广面积达到5 000公顷，其中，元宝枫、黑核桃、三毛杨、大果无刺沙棘等林木良种示范推广2 000公顷，营造早实丰产林1 333.33公顷，营造旱坡地花椒、红枣丰产林1 666.67公顷，红枣、核桃、仁用杏等名特优干果经济林综合管理2亿株，增产果品1.8亿千克，为农民直接增加经济效益2.1亿元。“九五”确定的全省“双十”、“双生态”科技示范工程已全部完成任务，22个建设单位，有16个达到优秀工程标准，6个为良好工程。“九五”期间省林业厅承担的48项部、省科研项目和10项自选项目，已全部按要求完成任务，并通过国家林业局和省科技厅的验收和鉴定，共取得科技成果48项，其中43项获省科技进步奖，省林科院攻关课题《径流有机旱作山地经济林模式研究》获省科技进步一等奖。全省林业技术推广体系进一步完善，11个地（市）、94个县（市）林业技术推广站（中心）建成并投入使用，1 919个乡（镇）全部建立了林业工作站，全省从事林业技术推广工作的人员达7 000人。全年举办各类林业技术培训34次，培训科技人员、林农20多万人次。同时，建立了以省林业技术推广站为中心的全省林业技术信息服务网络，为林业基层提供方便、快捷的国内外先进林业技术信息。

林业投资　全年实际融资总量达65 160万元，是建国以来最多的一年。其中，中央级基本建设投资9 950万元，中央财政专项资金12 919万元，新增国债资金6 670万元；省计委基本建设资金3 140万元，省财政资金8 700万元；林业“三项”贷款12 000万元；通道绿化交通部门投资500万元，林业建设基金征收3 150万元，国家生态重点县林业部分投资7 272万元；外资到位资金859万元。

**困难和问题**　一是造林难度越来越大，现在造林大多在远山、深山，立地条件差的“四荒”地造林，对造林技术要求越来越高。二是林业技术装备和管理手段与形势任务的要求不相适应，电子化、信息化、现代化水平不高，难以适应林业现代化发展的需要。三是森林资源保护力度有待进一步加强。天保工程实施后，偷砍滥伐、非法侵占林地现象严重，个别地方团伙盗伐、销售一条线，毁林猖獗。有些案件涉及到地方领导干部，反映出领导干部的林业法制观念亟待加强。四是全省宜林“四荒”面积大，从治理的速度和效益看，全社会、全民参与造林的积极性远未充分调动起来，需要从产权制度改革入手，特别是要大力发展民营林业，实现林业发展的多元化。　（胡岚平）

**【山西省列入环北京地区防沙治沙工程范围】**　工程涉及大同、朔州、忻州3地（市）的15个县（区），其中天镇、阳高、大同、浑源、左云、怀仁、应县、山阴8县为试点示范县。工程建设期限从2000到2010年共11年。省林业厅编制了工程实施方案，报国家林业局审批。　（胡岚平）

**【山西省退耕还林（草）工程进展顺利】**　2000年国家将山西省列入全国退耕还林（草）试点范围，全年任务是8.33万公顷，实行“退一还四”，其中退耕地造林种草1.67万公顷，宜林荒山造林种草6.67万公顷。为搞好这项工程，调动各地的积极性，通过招标竞争的办法，从黄河流域72县（市、区）中，安排退耕任务大的20个县（市）参加竞标，择优确定了河曲、保德、偏关、岢岚、五寨、临县、中阳、方山、柳林、石楼、吉县、蒲县、乡宁、隰县、永和、平陆16县为国家试点示范县。省政府成立了退耕还林（草）工作领导组，范堆相副省长任组长，林业、计委、财政、粮食、农业等部门负责同志为成员。4月11日，召开了全省退耕还林（草）动员大会，省政府与各试点示范县签定了责任状。各有关地、县也成立了相应的领导组，加强对退耕还林（草）工作的组织领导。编制完成了退耕还林（草）省级实施方案并指导试点县完成了县级方案和作业设计，将退耕还林任务落实到户。制定了《山西省退耕还林（草）试点示范县林木种苗供应管理办法》，坚持谁造林（种草）、谁经营、谁管护、谁受益，鼓励造林种草大户、股份合作制等各种形式造林种草，允许拍卖、继承、转让；在册坡耕地，自退耕之年起全部核免农业税等一系列优惠政策。7月份，组织人员对16个试点示范县进行了一次督促检查。8月中旬，在国务院召开的中西部地区退耕还林（草）试点工作座谈会上，范堆相副省长对全省的做法与经验作了介绍，受到温家宝副总理的好评。为总结经验，寻找差距，落实国务院中西部地区退耕还林（草）试点工作座谈会精神，9月4、5日，在中阳县召开了全省退耕还林（草）现场会，这次会议出台了《全省退耕还林（草）粮食补助办法》、《苗木补助使用办法》和《退耕还林（草）检查验收办法》。据统计，到2000年底，全省完成已核实造林种草面积7.73万公顷，占全年总任务的92.8%，其中退耕地造林种草1.63万公顷，宜林荒山荒地造林种草6.11万公顷，合格率分别达到99%、98.2%，平均成活率分别达到92.5%、90.6%。　（胡岚平）

**【山西省绿色通道工程建设】**　1998年，山西省确定的太旧高速公路、大运路、307国道、108国道4条绿色通道工程建设得到进一步完善提高，任务已基本完成。通过4条重点绿色通道建设，调动了各地大搞绿色通道建设的积极性。2000年，各地在狠抓示范段的同时新建设了208国道、207国道、祁介一级公路、霍侯一级公路绿色通道建设，已高标准完成500多千米，完善公路绿化带、河渠绿化带6 000多千米，沿线新建农田林网、荒山造林工程300多处。　（胡岚平）

**【山西省加强天然林保护工作】**　贯彻省政府晋政发（1999）56号《关于加强天然林保护工作的意见》，省直林区调整充实了保护队伍，加强天然林保护管理网络体系建设。8个林区共配备护林巡查队伍1 917人，公安和灭火队伍1 087人，比工程实施前分别增加740人、292人；纵向实行局、场、站3级管护体系，逐级签订管护责任书，横向实行公安干警包片，护林员包点，木材检查站把口，林政稽查人员巡查，管护任务落实到山头地块，管护责任落实到人。按照近山承包，远山设卡的原则，积极进行了天然林资源保护工程职工承包管护的探索，规划设立了400个管护站；为摸索建站经验，制定统一标准，完成了15个管护示范站的建设工作，同时还利用原有作业点等设施，改建一般管护站40个，已逐步投入使用。进一步加大天然林资源保护工程宣传力度，林区共完成大型宣传标志牌54座，小型宣传碑1 000余块。省林管局印制了《山西省天然林资源保护管理手册》2 000余册，下发各基层单位。各项配套措施健康运行，林区经营结构调整取得明显成效。作为职工转岗分流重要渠道的种苗工程进展顺利，86.67公顷骨干苗圃已初步建成；对由于原料供应中断和设备老化，处于停产半停产的省直林区7个工业企业，采取了改造、改制等办法，求生存、求发展。与此同时，大力推进国有林区职工养老保险社会统筹工作。2000年省财政从天保工程经费中拿出200万元用于职工养老保险社会统筹专项补贴，中条、吕梁、太行和黑茶等森林经营局已全部纳入社会养老保险。

（胡岚平）

**【林木良种繁育（山西太原基地）高技术产业化示范工程建设项目正式启动】** 该项目被列为2000年高技术产业化发展项目，是国家林业局林木良种繁育高技术项目的5个基地之一。项目建设的目的是，选择具有区域性强、抗逆性好的优良林木品种（无性系）作为繁育材料，采用现代生物技术进行优质苗木的快速繁育和推广。项目建成后可培育组培苗600万株，大田繁育6 300万株。项目总投资5 656万元，预计2002年完成。

（胡岚平）

**【山西省中德合作项目在使用土地和森林中贯彻和发展参与式方法项目全面启动】** 已确定原平、介休、榆次、方山4县（市）为首期示范工程县。2000年3月1日正式启动，项目执行期8年，首期为3年，德方无偿援助800万马克，折合人民币3 600万元。2000年对项目区干部群众进行了培训和参与式规划，建立了地理信息系统，对土地规划利用情况进行了全面调查。该项目将为全省提供科学合理的农林复合经营可持续土地利用的模式。（胡岚平）

**【山西省林业厅直属事业单位开展“三讲”教育】** 2000年3月10日至6月底，山西省林业厅直属26个处级事业单位集中开展了“三讲”教育。3月10日召开动员大会。共分两批进行，每批50天，共有135名处级干部参与。通过民主测评，对班子的满意度均达到了90%以上，对处级干部个人的满意度除一位同志不达2/3以上外，其余均达到了2/3以上。（胡岚平）

**【山西省林业厅机关完成机构改革】** 2000年6～9月份，山西省林业厅机关进行机构改革，内设处室由原来的14个处室调整为12个，即办公室、植树造林处、森林资源管理处、野生动植物保护处、政策法规与宣传处、发展计划与资金管理处、科学技术处、林业公安处（对外为森林公安局）、对外合作处、人事教育处、机关党委和纪检监察室，行政编制由84名精减为51名。另设离退休人员管理处，编制9名。原审计处随职能整体转移到审计厅，原行政处与机关分离成立后勤服务中心。（胡岚平）

**【壶关县建成2 700千米森林防火墙】** 壶关县针对森林火灾多因林边、路边、地边用火不慎而引发的实际，因地制宜，就地取材，用石头在林地边沿垒筑了高1.5米，底宽0.5～0.8米，顶宽0.3～0.5米的森林防火隔离墙。在建设防火墙过程中，他们探索出一套股份制的模式，即把集体林划为股份，按户统计垒墙投工量，将工折股，以股分享集体林的收益，2000年，动用土石方4 500万立方米，垒防火墙2 700千米。

（胡岚平）

**【山西省8县（市）被国家林业局命名为中国名优经济林之乡】** 2000年被国家林业局命名的县（市）中，山西省的临县、稷山、汾阳、古县、平顺、芮城、万荣、临猗等8县（市）榜上有名，受命名的县（市）总数仅次于山东，与河北并列全国第二。（胡岚平）

**【山西省完成森林资源连续清查第四次复查工作】** 全省参加调查人员共1 080人，成立技术工作组375个。与以往复查相比，除将“四旁”树纳入全省连清体系外，还增加了荒漠化调查、湿地类型调查内容，第一次在全省范围内采用了遥感技术。共调查地面样地9 915个，完成遥感判读52 000个。经调查测算，2000年山西省森林覆盖率为13.2%。（胡岚平）

**【余晓兰被评为第五届全国十佳杰出青年农民】** 右玉县杨千河乡南崔家窑村女农民余晓兰是省林业厅扶持的造林大户，1992年率先承包村里的266.67公顷荒山，苦干巧干，种养结合，艰辛劳作。目前，已治理荒山荒坡100公顷，栽植果树6万株，仁用杏3万株，高秆杨1万多株，栽沙棘苗和柠条苗木各0.67公顷，养殖优种羊350头。与此同时，她免费为乡亲们提供优质苗木，义务修剪果树，为村学校捐款，救助贫困学生上学，累计帮扶资金达3.8万元。2000年12月，余晓兰被评为第五届全国十佳杰出青年农民，成为山西省继牛伟之后第二位因承包治理“四荒”、种树种草而获此殊荣的人，也是山西省第四位获此荣誉的人。

（胡岚平）

**【山西省2000年林业大事】**

1. 1月26日，省森林防火指挥部副总指挥、省林业厅厅长曹振声，省森林防火指挥部办公室主任、省林业厅副厅长翟转业，省林业厅助理巡视员周洪等，对在1999年森林防火工作中作出突出贡献的解放军52935部队、武警山西总队、山西省公安消防队进行了慰问，各赠送锦旗一面，慰问金1万元。

2. 2月22日，团中央十四届四中全会决定授予山西省林业学校团委全国“五四”红旗团委称号。

3. 3月8～9日，全省林业局长会议在太原召开，会议认真总结了1999年的林业工作，安排部署了

2000年林业工作。省委副书记刘泽民、省人大副主任武正国、副省长范堆相、省政协副主席赵凤翔参加了会议并讲话。

4. 3月9日，省绿化委员会召开第十五次全体（扩大）会议，省长刘振华给大会写了信，省绿委主任、副省长范堆相到会并讲话，省绿委副主任、省林业厅厅长曹振声总结了近3年的全省绿化工作，安排部署了2000年的绿化工作。

5. 3月12日，省绿委与太原市绿委在省城太原新建路开展声势浩大的"绿化宣传一条街"活动，省、市主要领导身披彩带上街宣传。

6. 3月20日，国家级六大防治工程之一的红脂大小蠹防治工程启动预备会在太原迎泽宾馆召开。

7. 3月22日，省委书记田成平、省长刘振华带领省直机关干部到汾河滩植树种草。

8. 3月28日，山西省中条山森林经营局公安科长杨建功获全国优秀人民警察称号。山西省吕梁山森林经营局公安科赵永刚获全国公安系统优秀人民警察称号。

9. 3月，山西省林业学校被国家教育部正式命名为国家级重点中专学校。

10. 3月，经山西省委省直工委检查验收，山西省林业技术推广站被评定为省级精神文明标兵单位并授牌。

11. 3月29日，省森林防火指挥部从19个成员单位抽调6名厅级干部、18名处级干部、8名科级干部组成11个工作组，分赴各地检查清明前后全省森林防火工作。

12. 4月11日，山西省召开全省退耕还林（草）动员大会。

13. 4月20日，《山西省森林公园管理办法》在山西省人民政府第四次常务会议上通过。5月25日由山西省人民政府以第142号省长令发布施行。这标志着全省森林公园和森林旅游事业步入了规范化、法制化轨道。

14. 7月2日，山西省紧急运送4 000发灭火弹支援北京密云县扑救森林火灾。

15. 7月20～30日，山西省五台山森林经营局公安科在铲毒专项行动中，发现并铲除罂粟64块，合计面积0.8公顷，总株数7.1万株。

16. 8月18日，山西省吕梁山森林经营局公安科和临汾火车站派出所查获薛二龙等5人非法收购贩运65只猫头鹰的特大案件。

17. 8月22日，山西省林业厅代表队获全省第二届会计知识大赛省直单位赛区第一名。

18. 9月4日，国家林业局党组成员、中国林科院院长江泽慧应邀参加了山西省退耕还林现场会议，并举行了国家林业局领导退耕还林（草）科技示范点挂牌仪式，江院长亲自向中阳县授牌。

19. 10月26日，山西省生态工程专修学院成立。该学院依托山西省林业技工学校的教学资源办学，是经山西省教育厅批准成立的公办民助性质的非学历高等教育机构。

20. 11月10日，美国林务局官员盖瑞来山西考察红脂大小蠹危害；国家命名山西省15个森防工作标准站，17个国家级中心测报点成立。

21. 11月30日至12月1日，全省森林防火工作会议在长治召开。会议总结表彰了全省"九五"森林防火工作，对"十五"全省森林防火工作进行了全面部署，国家林业局副局长马福、副省长范堆相等到会并讲话。

22. 12月20日，山西省召开紧急会议，部署全省天保行动。

23. 12月，山西省林业技术推广站站长张福计获全国农业科技先进工作者称号。

（胡岚平）

# 内蒙古自治区林业

## 【概　述】

### 发展与成就

**造林绿化**　2000年，全区完成人工造林合格面积47.7万公顷。飞播造林11.2万公顷，封山（沙）育林16.4万公顷。全民义务植树5 929万株，"四旁"植树4 467万株。育苗1万公顷，其中新育0.76万公顷。

**森林保护**　全区共发生森林火灾75起，其中森林火警39起，一般森林火灾26次，重大森林火灾7次，特大森林火灾3次，受害森林面积9 830公顷，森林火灾受害率0.46/1 000；全区共发生森林病虫害54.9万公顷，中度以上发生面积占总发生面积的62%，发生率为2.9%。完成有效防治面积37.8万公顷，防治率为68.8%。林木种苗产地检疫率达到97.19%，森林病虫害监测覆盖率达到92.78%。

全区共受理各类森林案件7 720起，其中野生动植物案件479起，共侦破和查处案件7 672起，其中野生动物案件471起，综合查处率为99.4%。共收缴木材2 349立方米，野生动物10 468头（只），枪支14支，猎具331件，打击处理各类违法犯罪人员8 962人次，挽回经济损失621万元。

**法制建设** 8月6日经内蒙古自治区第九届人民代表大会常务委员会第十七次会议通过，颁布实施《内蒙古自治区实施〈中华人民共和国森林法〉办法》；12月12日经内蒙古自治区第九届人民代表大会常务委员会第二十次会议通过，颁布实施《内蒙古自治区珍稀林木保护条例》。

**林业经济** 全区生产木材327.8万立方米，锯材23.8万立方米，人造板20.6万立方米；全区林业系统总产值达到55.8亿元，其中森林旅游收入达到478万元。

**存在问题** ①由于森林资源总量不足，且分布不均。特别是西部地区林草植被覆盖率低，生态环境十分脆弱，加上干旱少雨，致使沙尘暴连年发生，部分地区出现了生态难民。生态环境的形势仍然是“局部好转，整体恶化”。②个别地区毁林开垦、乱占林地、滥伐盗伐、乱捕滥猎等违法现象仍有发生，特别是超限额、超计划采伐依然存在。③近年来，自治区生态建设任务繁重，在造林上注重了数量和规模，而在造林质量和林木管护上却重视不够。个别地方造林成活率和保存率不高。 （乔 云 张爱军）

**【朱镕基总理视察自治区生态保护建设】** 2000年5月12、13日，朱镕基总理带领国家有关部（委、局）负责同志到自治区浑善达克沙地进行视察，对搞好防沙治沙工作特别是搞好京津周边地区沙源治理工作作了重要指示。 （张爱军）

**【温家宝副总理听取自治区生态建设汇报】** 2000年5月8日，温家宝副总理主持召开国务院办公会议，听取内蒙古自治区主要领导同志关于防沙治沙、改善生态环境的工作汇报，对解决土地沙化退化和京津周边地区沙源治理问题提出了明确要求。 （张爱军）

**【内蒙古自治区退耕还林还草试点示范工程启动】** 根据国家3部（委、局）联合下发的《关于开展2000年长江上游、黄河上中游地区退耕还林（草）试点示范工作的通知》，自治区有5盟（市）的11个旗（县）被列为退耕还林还草试点示范县，建设任务为退耕3.3万公顷，退耕还林还草11.8万公顷，其中退耕地造林种草3.3万公顷，宜林荒山荒地造林种草8.5万公顷。中央基建投资12 445万元，中央财政投资8 000万元，补助粮食0.5亿千克。11个旗（县）共完成退耕还林还草12万公顷，为计划的102.3%，其中，退耕地造林种草3.3万公顷，宜林荒山荒地造林种草8.7万公顷。资金和粮食补助都已发放到群众手中。

（周路明 张爱军）

**【京津地区内蒙古沙源治理工程】** 为贯彻落实朱镕基总理、温家宝副总理对自治区生态建设的重要指示精神，针对特大沙尘暴发生的频率越来越快（2000年共发生12次影响华北、华东地区的强沙尘暴天气），而且强度和范围越来越大，造成的危害也越来越严重的实际情况，2000年5月15日，自治区党委、政府为了抓住雨季，不失时机地开展沙源治理工作，决定紧急启动实施京津周边地区内蒙古沙源治理工程，重点在阴山北麓风蚀沙化区、浑善达克沙地和科尔沁沙地实施，项目区包括8个盟（市）53个旗（县）。自治区紧急筹措资金1.5亿元，其中财政资金7 500万元，银行贷款7 500万元，下拨到各工程旗（县）。9月国家计委下达中央预算内专项资金1亿元。工程共完成治理面积20.1万公顷，其中人工造林12.2万公顷，种草3.5万公顷，飞播造林2.9万公顷，封山（沙）育林0.84万公顷，退耕还林还草0.48万公顷，其他0.18万公顷。

（张爱军）

**【内蒙古自治区黄河上中游天然林资源保护工程启动】** 黄河上中游地区天保工程包括自治区7个盟（市）的29个旗（县、区），建设期限从2000年到2010年，建设总任务是185万公顷，其中，封山（沙）育林10.5万公顷，飞播造林174.5万公顷。

（郭 中 张爱军）

**【内蒙古自治区三北防护林工程建设】** 继在全面完成三北防护林一期、二期工程建设任务的基础上，2000年又全面超额完成了三北防护林三期建设任务。共完成人工造林130.7万公顷，飞播造林22.2万公顷，封山（沙）育林37.7万公顷，分别超计划的56.8%、166.2%和61.6%。在三北防护林工程第一阶段实施的23年中，工程总投资34.4亿元，其中中央投资9.1亿元，其余为地方自筹和投工投劳等。

（周路明 张爱军）

**【内蒙古自治区新建9个自然保护区】** 2000年，经自治区人民政府批准，新建自然保护区9处，总面积60万公顷，分布在5个盟（市）的6个旗（县）。其中，森林野生动植物类型自然保护区2个，主要保护对象为天然樟子松和落叶松次生林及国家重点保护野生动物金雕、马鹿等；荒漠植被、野生动物类型自然保护区6个，主要保护对象为柠条锦鸡儿种源基地，四合木、绵刺、蒙夏天扁桃、沙冬青等濒危植物、天然梭梭林，国家重点保护野生动物盘羊等；湿地水禽类型自然保护区1个，主要保护对象为天然湖泊、沼泽、河流等湿地及其80余种水禽迁徙、繁殖地。

（张全如 张爱军）

**【内蒙古自治区林业厅机构改革结束】** 为期4个月的内蒙古自治区政府机构改革工作已于2000年6月下旬结束，此次机构改革自治区政府保留了林业厅建制，批准林业厅内设8个职能处室，即办公室、人事处、发展计划与资金管理处、科技处、治沙造林处、资源林政处、公安处、防火办；加上离退休人员工作处、机关党委、纪检监察室，共计内设机构11个，核定人员编制65名。2000年2月，经自治区人大常委会选举，高锡林同志任林业厅厅长，王家祥同志为人大常委。

（张爱军）

**【大批蒙古野驴涌入巴彦淖尔盟】** 2000年7月中旬至8月上旬，大批国家一级重点保护野生动物蒙古野驴从蒙古国进入巴盟乌拉特中旗、乌拉特后旗境内，据自治区、盟、旗3级林业主管部门实地调查，这次进入自治区境内的蒙古野驴有近2万头，数量之大属历史罕见。为给入境的蒙古野驴创造一个良好的生存环境，切实依法保护好这一珍稀动物，8月31日，巴盟行署发出了保护蒙古野驴的紧急通知，并成立了蒙古野驴野生动物保护小组，盟委、行署责成财政部门紧急拨出10万元专款，用于保护蒙古野驴和盟、旗两级林业公安机关巡查、办案经费支出。为了让蒙古野驴找到回家的感觉，保证它们回得来、留得住、活得好，当地政府和林业主管部门先后投入40多万元，人工设置饮水点6个，投放饲料采食点10处，重点地区增设围栏加以保护，设立了4个永久性宣传标牌，同时，派出3个林业公安巡逻队，守护在通往蒙古野驴分布区的交通要道上，防止人为干扰和偷猎事件的发生。中旗、后旗林业部门通过广播、电视、宣传材料等对牧民进行说服教育，以增加全社会对野生动物的保护意识。2000年底，经多方调查与专家考证，滞留在乌拉特草原的蒙古野驴仍约有11 400头。（张爱军）

**【赤峰市被授予全国林业生态建设先进市称号】** 建国以来，赤峰人民在赤峰市委和政府领导下，大力开展植树种草、防沙治沙活动，林业生态建设取得了突出成效，全市森林面积从50年代初的45万公顷，达到了现在的200万公顷，森林覆盖率也由5%，增加到了22%，使赤峰市的生态环境得到了根本改善，出现了林茂粮丰、人民生活富足的新景象，有力地促进了区域社会经济的发展和精神文明建设，为我国防沙治沙探索出了一条成功道路。为表彰赤峰市在林业生态建设中取得的突出成绩，3月10日，国家林业局授予赤峰市全国林业生态建设先进市称号。（乔　云　张爱军）

**【巴彦淖尔盟大力扶持乡镇造林】** 2000年，巴盟林业局实行造林重点乡（镇）重点扶持办法，极大地促进了乡（镇）的造林积极性。造林大乡的标准是：年度造林合格面积乔木达到200公顷（成活率85%以上的面积），或灌木达到800公顷（造林成活率70%以上的面积）。乔灌混交的实行以乔折灌或以灌折乔，折算标准是0.067公顷乔木相当于0.267公顷灌木或相当于0.133公顷枸杞。造林地块要相对集中联片，精品工程面积要达到60%。达到这一标准的造林乡（镇），盟林业局乔木每公顷补600元，灌木每公顷补150元，一次性给予造林补助经费12万元。同时还规定，凡达到要求面积的造林大乡，可从兑现的造林补助费中拨出10%～20%，奖励造林有功人员。（张爱军）

**【伊克昭盟作出向殷玉珍学习的决定】** 2000年6月26日，伊盟盟委、行署作出了决定，在全盟范围内开展向殷玉珍学习活动。殷玉珍是伊盟乌审旗河南乡尔林川村的一位普通农民。从1985年起，她与家人自力更生，克服重重困难，在毛乌素腹地植树造林，绿化家园，15年累计造林2 000公顷，治沙总控制面积2 700公顷，有效地改善了周围的生态环境，为全盟乃至全区、全国防治荒漠化，加强生态环境保护与建设提供了范例，成为植树造林、绿化家园、治穷致富的先进典型，先后被授予自治区劳动模范、自治区“三八”红旗手、全国绿色奖章获得者、全国绿化劳动模范、全国劳动模范等光荣称号。（张爱军　佟金壮　王　华）

**【五岔沟林业局推行家庭生态林场】** 天然林资源保护工程启动以来，地处大兴安岭林区的兴安盟五岔沟林业局，将工作重点转移到保护和培育森林资源上，积极探索加快培育森林资源、妥善安置富余职工的有效途径，兴办家庭生态林场。家庭生态林场的经营区域由林业局统一区划，以林缘为主，面积控制在300公顷以下，用签订合同的方式确定林业局与承包职工双方的责、权、利，承包期为50年。家庭生态林场的承包者必须是在册的无岗职工，采取招标的办法确定经营者，由林业主管部门统一发放林权证和经营证，业主负责管护经营区内的森林资源，开发利用宜林“四荒”并依法纳税；对经营区域内原有的林木资源只具有管护权和审批后的抚育改造权，没有林木所有权和林产品销售权；对新造林木资源按规定比例，拥有林木所有权；对林木产品拥有经营管理权、采集权和销售权。林业局每年根据家庭生态林场的规模、类型，合理安排造林任务，针叶树最低不少于5 000株，阔叶树最低不少于3 000株，并规定森林覆盖率增长指标；在集约经营的前提下严格控制畜牧业规模，人均牲畜存栏数不能超过100个绵羊单位，每个家庭生态林场不能超过300个绵羊单位；严禁开荒种地。为了规范家庭生态林场的建设，五岔沟林业局相应地制定了家庭生态林场防火、林政、野生动植物管理实施细则，社会治安综合治理管理办法、造林规划目标及实施细则等，并出台了一些优惠政策。到2000年底，五岔沟林业局已经兴办了577个家庭生态林场，安置了800多富余职工，占全局职工总数的23%。（张爱军）

**【巴彦淖尔盟毛白杨引种试验成功】** 巴盟林业局1999年从河北省大量引进抗天牛树种二倍体、三倍体毛白杨，在黄河套区5旗（县、市）共嫁接毛白杨9.13万株。通过1年来的观察，新嫁接的毛白杨长势良好，引种试验成功。三倍体毛白杨当年5月初开始萌发，萌发率为80%。二倍体毛白杨于当年5月中旬开始萌发，萌发率为83%。据1999年10月调查，三倍体毛白杨1年生嫁接苗最高达到5.15米，平均高达4.63米，胸径最粗达到4.8厘米，平均粗4.1厘米，嫁接苗已全部生根，部分嫁接苗主根深达1.5米，根径粗达3厘米。二倍体毛白杨嫁接苗最高达到4.53米，平均高达4.06米，胸径最粗达到4.6厘米，平均粗达3.7厘米，嫁接苗已全部生根，部分嫁接苗主根深达0.71米，根径粗达2厘米。据调查结果显示，毛白杨嫁接苗经受住了巴盟冬季严寒的考验（1999年最低气温－27.9℃），未抽梢，未冻伤，芽饱满，生长力旺盛。

（张爱军）

**【赤峰市评选生态书记、生态县长（乡长）】** 2000年4月底，赤峰市市委、政府联合发出通知，决定在全市范围内开展评选生态书记、生态县长（乡长）活动，并制定了《赤峰市生态书记、生态县长（乡长）评奖办法》。《办法》规定，担任旗（县、区）党政主要领导3年以上，苏木（乡、镇）党政主要领导2年以上者，方有参评资格。具体评选条件：一是高度重视生态建设，领导有方；二是规划设计科学可行，落实到位，能够根据全市林业生态建设总体规划，结合当地实际，制定科学合理的生态建设长远规划和年度计划，全面完成年度和任期林业生态建设责任目标和其他各项林业建设任务；三是精品工程标准一流，示范性强，能够充分发挥科技先导作用，突出重点，狠抓林业精品工程建设，对规划的重点和精品工程，在实施过程中能够保证建设质量，达到一流标准，具有较强的示范作用和推广价值；四是保护管理措施得力，效果显著；五是获得全国绿化奖章的旗（县、区）和苏木（乡、镇）主要领导，直接获得生态书记、生态县长（乡长）称号。生态书记、生态县长（乡长）评选活动每年进行一次。

（乔　云　张爱军）

**【包头市实行乡（镇）党政主要领导末位淘汰制】** 2000年2月7日，包头市市委、政府印发《包头市林业生态建设实绩考评办法》，把林业生态建设纳入各级党委政府的工作目标实绩考核体系。对旗（县、区）党委政府实行一票否决制，乡（镇、苏木）党委政府领导实行末位淘汰制，并对玩忽职守，延误时机，给林业生态建设造成重大损失的责任人，实行重大责任事故追究制。《办法》从人工造林、造林预整地、林木管护、林木种苗生产、森林防火、森林病虫害防治6个方面进行考评，并制定了量化标准。

（张爱军）

# 内蒙古森林工业集团

**【概　述】**

**发展与成就**　2000年，林区人工更新造林完成3.66万公顷，为年计划的105%。造林后抚育完成14.39万公顷，为年计划的100%；幼中龄林抚育完成22.41万公顷，为年计划的100%；退耕还林完成3 300公顷。木材生产完成265.8万立方米，为年计划的97.5%。生产各类人造板15万立方米，集成材0.6万立方米，纸浆4.35万吨。电力生产完成0.3亿千瓦小时。多种经营产值及收入完成7.3亿元，农业播种面积2.87万公顷，农业主产品产量10.5万吨。基本建设投资完成2.99亿元，为年计划的82.4%。全年实现全部营业收入19.2亿元。其中，木材销售收入11.6亿元，木材平均售价378.59元/立方米。完成工业增加值11.35亿元，国有资产保值增值率为100.03%。完成税金及各项附加1.32亿元。完成自治区财政包干上缴1 600万元，实现利润837万元。清回应收货款6 837万元，全林区应收账款净下降5 861万元。按时发放了职工工资、离退休费和下岗职工基本生活费，没有发生新的拖欠。

**企业改革**　一年来，本着因地制宜、积极稳妥的原则，进一步推进了企业内部改革。一是进一步规范了各子公司的法人治理结构。按照党的十五届四中全会精神，对各子公司决策层、监督层和经理层进行了调整充实。董事长与总经理分设、党委书记和董事长一人兼任、双向进入、交叉任职的子公司领导班子的比例达到61.1%。二是首次进行了剥离社会负担的探索。完成了林师、林师附小、卫校、林校电大的剥离移交工作，为下一步剥离社会负担积累了经验。三是进一步规范了中小企业改制工作。先后3次分片召开座谈会，及时总结经验，推动各企业按“四自一独”的目标，放开搞活中小企业。四是本着精干、高效的原则完成了集团公司（林管局）机关机构改革。重新进行了“三定”，明确了部门职责，减少了20个职能部门及部门管理机构，提高了工作效率。五是启动了二次房改等综合配套改革。六是劳动用工清理整顿初见成效。经过调查摸底，基本掌握了林区劳动用工的底数，并相应进行了劳动合同的变更、续订、终止和解除等工作。到2000年底全林区已基本实现了全员劳动合同制，为下一步实行富余职工一次性分流安置、带资转岗、带资入股奠定了基础。

**企业管理**　一是重点抓了整章建制工作。修订并出台了强化计划、基建、资金、销售、清欠等各项管理的规章制度，加大了监督检查的力度，基本上杜绝了不履行程序、盲目投资、基建项目“三超”、违规购买控购商品、擅自借贷等问题。二是强化了对重大项目的宏观调控。停建了市场预测不准、发展前景不明的阿龙山复合地板项目和图里河人造板贴面项目，中止了乌尔旗汉人造板项目的前期工作，对根欧人造板扩建项目进行了调整，避免了投资的巨大浪费。三是实行了大宗物资集中统一采购。成品油、铁线、轮胎等大宗物资由大宗物资采购办统一进货，对自产建材、锅炉产品实行内部调控，节约物资采购资金4 000多万元。四是大力压缩了管理费、差旅费和招待费支出。把压缩管理费的量化指标纳入各单位经济目标责任状，严格控制了固定费用，大力压缩了可变费用。五是在全林区积极推行厂务公开。从职工福利、工资、奖金分配逐步向物资采购、产品销售、资金使用等企业经营管理领域延伸，极大地调动了职工参与民主管理、民主监督的积极性，密切了党群干群关系，提高了企业的管理水平。

结构调整　一年来，集团公司针对林区产业产品结构单一、经营分散、科技含量低、整体水平不高的状况，积极稳妥地进行了产业产品结构的调整工作。一是狠抓了现有林产工业项目的技改和达产达标工作。年产7.5万立方米的根欧人造板项目已破土动工，建设资金已经落实，设备正在陆续到货。栲胶公司5 000立方米集装箱底板和8 000吨单宁胶技改项目的前期工作已经完成，2001年可开工建设。富伦纸业公司的3号锅炉及纸板机技改工作已经完成。甘河纤维板厂的技改工作正在进行前期工作。加强了对富伦纸业公司的运营管理和原料调拨，提高了“三剩物”的利用率。下派工作组，对全林区的林产工业厂家进行调研、“剖亏”，督促各厂家深化改革，强化管理，降低物耗、能耗，向达产达标的目标迈进了一步。二是成立了人造板专业公司和集成材专业公司筹备处，完成了筹建专业公司的前期调研和论证，提出了组建方案。三是大力扶持非林非木产业的发展。各单位依托资源优势发展多种经营，形成了种、养、加、采、服多业并举的局面。通过政策引导，各企业规划了一批符合国家产业政策的非林非木项目，为今后进行经济结构调整奠定了基础。组建了旅游局，为林区今后旅游产业有计划开发做了前期准备。四是加强了赴俄采伐和劳务输出工作。集团公司通过规划指导，垫付资金，推动了赴俄采伐工作的开展。2000年有6个局赴俄进行采伐，全年采伐木材5.7万立方米，境外加工锯材6 000立方米，过货木材4.1万立方米，过货锯材5 000立方米。五是组建了集团公司科技开发中心，投入科研费用180多万元，用于新产品的研究开发工作。

再就业工程稳步实施　2000年加强了再就业基地建设，强化了转岗就业培训，对11 000多名下岗职工（含上年结转6 805人），通过实行带资入股、带资转岗、带资分流，大力发展家庭经济和第三产业，安置了7 300多人，再就业率达62.2%，培训率达80.5%，实现了“出大于进”的工作目标。在经济困难的情况下，全年筹集资金3 375万元，确保了下岗职工基本生活费的足额拨付，按时发放。

生活水平有所提高　在1999年加发1个月工资的基础上，又筹集资金9 300万元，从2000年10月份开始为12个单位的职工和离退休人员补发了43元福利补贴；为全林区职工增加了工资，人均每月增加48.67元。还为下岗职工每人发放生活补贴100元。此外，各企事业单位也尽量挤出资金为职工群众办实事、办好事。全年共投资1 900万元，进行了危房改造、饮水改造、修建文化广场等基础设施建设，改善了职工群众的生产生活条件。

**存在问题**　①林区的经济基础仍然十分脆弱，“两危”局面并没有从根本上得到缓解。②林区的产业结构调整刚刚破题，支柱产业体系尚未形成。大部分林产工业项目没有达产达标，难以成为新的增长点；非林非木产业经营分散，没有形成专业化、集约化经营，市场竞争能力不强，对经济的拉动不明显。③社会保障体系处于初级阶段。林区两条保障线的建设刚刚起步，养老保险覆盖面小，提取比例高，富余职工多，分流渠道窄，社会稳定的压力仍然很大，影响和制约着林区的改革和发展。④社会负担依然沉重。每年的社会性支出高达5.4亿元，占全部营业收入的28%。⑤观念陈旧，机制不活。经营理念和管理方式还比较落后，难以适应市场经济的要求。　（张　良　徐凤金）

**【天然林资源保护工程顺利实施】**　天保工程试运行两年来，在国家林业局的关怀和领导下，森工集团严格按照上级要求，通过切实加强领导、完善规章制度，加大宣传力度，强化林政资源管理，确保了天保工程在林区的顺利实施。

认真执行计划，木材产量逐年减产　两年来，按照国家林业局下达的产量调减计划，林区全面加强资源管理，把控制木材采伐量做为否定性指标与企业经营者签订责任状，在制止超计划和隐性超采方面取得了明显进展，并确保林区商品材产量由1997年的380.6万立方米调减到2000年的272.6万立方米，调减了108万立方米，减产幅度达28.4%。如果考虑1998年以前每年超采约120万立方米的因素，实际减产幅度超过40%。同时，根据天保工程规划，对占林区总面积36.4%的重点保护区的森林实行了禁伐。

较好地完成了公益林建设计划　1998年，国家分批下达给内蒙古森工集团各类公益林建设规模72.2万公顷，安排了公益林建设专项投资66 179万元。到2000年末，集团公司按计划全面完成了各类公益林建设任务。其中，森林抚育间伐完成46.6万公顷，人工更新造林完成7.1万公顷，人工促进天然更新完成4.3万公顷，封山育林完成14.3万公顷。公益林建设各项质量指标达到了国家有关技术规程的标准。

严格管理，按规定拨付、使用各类建设资金和专项补贴费用　截至2000年12月末，中央和自治区政府对内蒙古森工集团注入各类天保工程专项资金

175 681万元。其中，基本建设投资 69 054 万元，中央财政专项补贴 106 627 万元。森工集团按照天保工程资金使用和管理的有关规定，将天保工程资金全部拨付各森工企业，完成了工程项目建设计划。

通过实施天保工程，林区的资源保护意识明显增强，超限额采伐得到了控制；加快了消灭宜林荒山荒地、培育天然幼壮林的步伐；部分从木材生产领域分流的富余职工得到妥善安置；林区产业结构调整速度进一步加快。（韩印芳　张徐清）

**【林区山野菜资源开发初见成效】** 随着林区可采木材资源的减少和天保工程的深入实施，林区各企业开始把开发林间林下资源当作一项产业来抓。为统一管好林间林下资源，使山野菜行业尽快上规模，实现产业化经营，发挥出林下资源的最大效益，内蒙古森林工业集团于 2000 年 5 月份成立了半紧密型的大兴安岭山野菜开发集团。充分发挥整体优势，各入围企业都积极想办法，定措施，克服了各种不利因素采集了蕨菜、柳蒿芽、四叶菜、燕子尾等山野菜，而且山野菜已被日本、韩国客商订购一空，全年产值已达 2 500 万元。在采集过程中各大企业大多采取了准建证制度，规定采集者必须经林业局批准，签订合同后方可入山建点采集，有效地防止了山野菜资源的流失和掠夺性采集，为山野菜资源的可持续利用奠定了基础。企业职工在入山采集山野菜期间每个职工收入可达 1 000～2 000 元。不仅企业节约了开支，而且职工得到了实惠。如今，开发利用林间林下资源已经成为林区又一新兴产业，为推动林区经济发展，分流富余劳动力，减轻企业负担开辟了新的渠道，有效发挥了林间林下资源的经济效益和社会效益。（徐　浩　徐凤全）

**【乌尔旗汉森工公司发展种植业】** 乌尔旗汉森工公司为使种植业成为企业经济发展的新亮点，改变过去品种单一、效益低下的局面，为实现产业结构的战略性调整打下基础，在充分考虑市场、资源、效益、分流等因素的前提下，通过市场调查和可行性论证，确定了一批包括中草药种植、食用菌开发等储备项目。在海拉尔市奋斗乡建设了大型蔬菜基地，总经营面积达 306.67 公顷，已建成温室 36 栋，28 000 平方米，大棚 72 架，大地种植 4 300 平方米，以户为单位，分流职工 100 余人，年产值达 140 万元。此外乌尔旗汉森工公司还规划并实施了万亩中草药基地。与安徽省亳州市中草药技术推广中心签订了产销合同，其中桔梗 566.67 公顷，甘草 66.67 公顷，以及月见草等当年生药材 66.67 公顷。种植万亩中草药年产值可达 1 200 万元。为适应市场品种的调整，乌尔旗汉森工公司还培植了一级滑子蘑和袋木耳，使产业产品结构日趋合理，走以资源主体开发为圆心，同心多元化特色经济的发展之路。

（吴世军）

**【吉发木业有限公司采用新经营模式经济效益显著】** 吉发木业有限公司是吉文林业局通过招商引资刚刚建立的从事木筷加工经营的民营子公司，母公司是大连发禄公司——一家中日合资企业，产品直接出口日本、韩国。该公司投产两个月，生产出成品卫生筷子 29 万箱，创产值 188 万元，日产量 312 箱，平均售价 90 元。

两个月的试生产运行，吉发公司就能取得如此可观的经济效益，他们靠的是模拟市场核算，实行成本否决，效益化管理。邯钢经验在这个民营企业中显露出巨大的作用。该公司从筹建到运营，从员工工资分配到管理投入都是按邯钢的模式发展的。在公司里，员工即是企业的主人，他们直接面对市场，以员工生产产品的多与少，优与劣，劳动强度的大与小来支付员工的工资。等、靠、要、“大锅饭”的现象在这个民营企业没有滋生的土壤。工厂实行封闭式管理，对每个员工先培训后上岗，并且对每个生产工序的员工都定有成本指标，实行效益工资，即每月按最终生产出的成品数量、售价，倒推各车间工序每个员工的工资收入。哪个工序出了问题，扣除一定比例的工资，生产成本与每个员工的切身利益联系起来，各个工序实行的都是计件工资。在两个月的试生产中，公司按产品质量、劳动强度合理计付员工工资，试生产期间，员工平均工资 380 元/月，最高的 560 元/月，最低的 300 元/月，多劳多得，少劳少得。

吉发公司把产品质量放在首要位置，总公司派有专门的质检员，对产品质量具有一票否决权。公司的产品质量出了问题，直接推翻公司的各个生产工序。他们为防止降低成本而影响产品质量，实行成本质量双向否决，4 个车间形成每个车间之间的买卖关系。即上一车间生产的成品，是下一车间的初级产品，其质量够哪一级标准，就执行哪一级标准的价格，对上一车间不合格的产品，下一车间有权回绝。因此，公司在产品质量上实行上下齐抓、各环节抓、各级管理人员都抓、全方位的质量监督体系。（闫志刚　韩印芳）

**【牙克石森源建材有限责任公司转机建制强化管理】** 该公司是原牙克石林业建材厂和原吉文水泥厂依法破产后于 1999 年 2 月重新组建的公司制企业。破产前，建材厂连续几年大额亏损，1995 年亏损高达 602 万元。由于沉重的历史债务和社会负担，企业只能依靠林管局的亏损补贴维持简单运营，吉文水泥厂由于连年亏损，无法继续经营，到 1998 年末已被迫停产 1 年多。在两企业窘迫运营、回天无力的困境下，林管局、集团公司及时决策，依据《中华人民共和国公司法》、《中华人民共和国公司登记管理条例》，由国有法人、集体、职工个人共同出资设立了投资主体多元化的国有法人控股企业。

新企业成立之初，首先规范设立了“三会一层”的法人治理结构，即依法设立了股东大会、董事会、监事会、经理层，并依法明确了股东会、董事会、经理层、监事会的职权。由于公司法人治理结构职责明确，为企业的健康发展奠定了组织基础和组织保证。新公司加大了劳动、人事分配制度改革的力度，以充分调动和激发经营者、管理者、劳动者投身公司建设的主动性、积极性、创造性。将管理是企业永恒的主题细化在制度、办法中，落实在全员职工的行动上，体现在成本费用降低、质量提高、市场开拓、效益增加的成果里。建立和完善各项规章制度，制定了一整套包括财务、产品质量、产品销售、物资采购、物资消耗、成本管理、费用管理、质量控制、定额管理、计量管理工作标准等20多项管理办法。并在实际执行中靠“三严”加以落实，即严谨、严格、严肃。同时突出了财务管理在企业管理中的地位，强化企业的资金管理，用资本运营的理念，管好用好企业的资金，充分发挥财务筹资、投资、控制管理的作用。

改制设立的牙克石森源建材有限责任公司，1999年度实现利润128万元，两企业的失业职工60%以上得到安置，共安置768人，职工工资按时发放并有所提高，同时补发了原吉文水泥厂拖欠的职工工资1 446万元，股东在税后利润提取盈余公积金和盈余公益金后获得了10%的股利分配，取得了较好的经济效益和社会效益。

目前新企业无一分银行贷款，不欠职工工资，不欠税金，及时足额缴纳各项社会保险费用，企业资产优良，负债率低，流动性好。（韩印芳　闫志刚）

**【内蒙古莫尔道嘎国家森林公园】** 隶属于莫尔道嘎森工公司管辖，1998年由国家林业局批准建立。公园占地面积578万公顷，是目前我国保存面积最大，原始景观最好，观光路线最长的国家森林公园，也是内蒙古大兴安岭林区建立最早的国家森林公园。公园森林风景资源独具东北亚寒温带特色，保存着我国最后一片寒温带明亮针叶原始林景观。公园内山峦起伏，古木参天，植被丰富，溪流密布，林型树种、山川河流、动物植被均具有大兴安岭生物圈的典型特征，具有较高的科考、观光价值。

公园地理位置优越，南接呼伦贝尔大草原，北连中俄额尔古纳界河，辐射连接额尔古纳恩和俄罗斯民族乡、成吉思汗部落发祥地的室韦口岸、黑龙江漠河北极村以及根河市和敖鲁古雅等著名景区。处处展现幽、野、新、奇的边疆风采。以林海、松风、蓝天、白云的夏季风光和冰峰、雪岭、霜花、雾凇的冬季风韵，为人们提供了清凉避暑、休闲度假、生态考察和体验寒冷、观冰玩雪、挑战极限的理想境地，享有“南有西双版纳，北有莫尔道嘎”的赞誉。

莫尔道嘎国家森林公园自1999年开发建设，从规划设计到施工建筑，始终遵循“大旅游、大产业，高标准、高起点，上规模、上档次”的原则，抓投入、抓进度，顺利完成了第一期工程，开发出生态观光、水体娱乐、休闲度假3个重点项目。公园旅游线路、景点、景区的基本框架已经形成，基础设施得到完善，2000年8月，正式开业运营，向游人开放。截至2000年底，该公司与国内外多家旅游社建立了业务关系，并正式开通了草原—森林—界河旅游线，1999、2000年接待各类游客12 000人次。作为莫森公司立局项目之一，莫尔道嘎国家森林公园正在由先导产业向支柱产业发展。（吴世军　张徐清）

**【内蒙古森工集团2000年林业大事】**

1. 4月22～26日，国家林业局副局长马福率国家林业局春防检查团，在自治区政府副主席傅守正、林业厅厅长高锡林、武警内蒙古森警总队队长李全海的陪同下来林区检查春防工作，并在森工集团党委书记王南、总经理孔扎根的陪同下走访检查了部分林业局森林防火工作，看望了森警官兵。

2. 5月6～8日，森工集团组织广大职工群众和森警官兵成功地在阿尔山地区堵截了蒙古草原火的入侵。

3. 6月10～24日，因连续干旱，内蒙林区所属北部原始林区，金河、根河、大杨树、吉文、莫尔道嘎地区相继发生了雷击火和外来火。

4. 8月5～10日，由新华社、《农民日报》、《内蒙古日报》、内蒙古电视台、内蒙古人民广播电台记者组成的西部大开发——内蒙古万里行新闻采访团来林区，森工集团总经理接受专访。

5. 8月10日，莫尔道嘎国家森林公园正式开园。

6. 11月1日，森工集团党委立案检查图里河、根河、满归存在严重超计划采伐问题。

7. 11月2～3日，森工集团召开林区森林资源林政管理监督工作会议。为避免超限额、超计划采伐、林区停产近2个月。

8. 12月27日，森工集团召开全林区电视电话会议提出：实施天保工程是林区今后10年乃至更长一段时期的中心工作。（内蒙古森林工业集团）

# 辽宁省林业

## 【概　述】

### 发展与成就

森林培育保护　“九五”期间，全省完成造林合格面积73万公顷，超计划9.1%，飞机播种造林作业面积44.5万公顷，封山育林66.7万公顷，全民义务植树7.28亿株，分别超计划100%和4%。完成中幼林抚育26.8万公顷，低产林改造10.5万公顷，育苗完成4.4万公顷，产苗85亿株；各项生态工程建设进展迅速，三北防护林工程完成31.2万公顷，防沙治沙工程9.9万公顷，分别超计划的10.7%和60.3%；依法查处破坏森林资源的案件，为国家挽回经济损失2 500万元。2000年全省完成人工造林作业面积23.8万公顷；退耕还林4.7万公顷，超计划的46.4%；新封山育林13.3万公顷；“四旁”植树4 542.2万株；全民义务植树1.42亿株；完成铁路、公路、主要河流两侧绿色通道绿化7 145千米。新上了一批千亩、百亩苗圃。森林分类区划界定有98%的县开展外业区划调查，70%的县通过检查验收；林权登记发证完成255万公顷，占全省林业用地面积的45%。森林防火、病虫害防治、国有林场及林业站工作全面加强，特别是各级森防站和林业站建设走在全国前列。严厉打击各种森林犯罪，侦破各类森林案件2 380起，挽回经济损失960万元。

**改革与施政**　根据省情和林情，辽宁省提出了分类指导、分区突破、典型示范、全面推进的总体思路，结合实际，采取了一系列有效措施，仅2000年省政府就召开了3次林业现场会。坚持造、管、护并举，科技与经济结合，改革与发展结合，全面深化林业改革，已发展股份合作制林场386处，家庭林场200多处。抓生态上水平，抓产业求效益。对重点生态防护地区和天然林实行严格保护，天然林采伐量减少了50%，强化了林权林地管理、采伐限额、木材运输及加工管理，全省生产性林木采伐量没有突破国家下达的指标。强化了科技支撑，推广各类科研成果和技术项目292项，辐射13.9万公顷，增加了社会效益45亿元。全省林业产值完成100亿元，比“八五”期末增加85%。

**存在问题**　一是部分干部对林业面临的新形势缺乏清醒的认识。二是森林资源保护和发展任务艰巨。全省尚有70万公顷宜林荒山荒地，其中70%集中在自然条件较差经济落后地区。三是林业建设投入不足。四是林业经营较为粗放。　（张洪生）

**【辽宁省清理毁林开垦和毁林开采】**　1998年国务院8号明传《关于保护森林资源制止毁林开垦和乱占林地的通知》下发后，辽宁省委、省政府多次下发专门文件，多次召开专门会议落实国务院的通知精神。2000年6月6日省委书记闻世震又批示：矿业开采整顿和退耕还林已势在必行。再不能允许毁林开矿的现象发展，要下决心关闭小煤矿、小石灰、小水泥、小硼矿、小铁矿等，请国土资源厅一个一个矿落实，查办。退耕还林请林业厅和农业厅一个一个山落实。请主管省长召开专题会议部署工作方案，并检查督促落实。

多年来，辽宁省始终把制止和打击乱征滥占林地、乱开滥垦林地、乱砍滥伐林木、乱收购滥加工木材等破坏森林资源违法犯罪专项斗争同抓经济建设结合起来，通过开展专项严打斗争和信访案件专项治理活动，维护了林区的正常秩序。但是，在一些地区无视国法和生态环境建设，乱开滥采、毁林开荒、乱收购滥加工木材、乱砍盗伐林木等各类森林案件还屡禁不止。据到2000年8月上旬统计全省共清理出“五小”矿点1 244家，非法使用林地270.3公顷；全省尚有需退耕还林的面积19.3万公顷，其中25度以上的坡耕地6万公顷，在册耕地4万公顷，退耕还林难度大；全省现有木材经营加工厂点1万个，其中有许可证的5 800个，不到60%，无证的木材经营加工厂点，对全省森林资源的安全构成了严重的威胁；1998年以来，全省共发生各类森林案件6 728起，其中森林刑事案件259起，因各类案件损失林地364.3公顷，损失林木蓄积4 382立方米、幼树14.9万株，依法打击处理各种违法犯罪人员8 659人，其中逮捕281人，同期查处各类野生动物案件894起，收缴野生动物3.75万只（头），保护森林资源的任务还十分艰巨。

按照闻世震书记的批示要求，省政府于8月22日专门召开了清理毁林开采和毁林开垦、非法经营加工木材，严厉打击各种毁林犯罪的“两清一打”现场会。会议明确要求：对毁林开荒开采严重、非法收购加工木材严重，在当地影响较大的户，要依法从重从快处理，震慑犯罪、教育群众。对那些认错态度较好，积极采取补救措施的企业和个人，可根据实际情况，依据有关政策法规，适当减轻处罚。在退耕时要认真研究落实相关政策，从2001年起省政府将考虑对在册耕地的退耕实行粮食补贴的政策；耕地退耕后即行免征农业税；对退耕还经济林的5年内不开征农业特产税；对达生态林的经验收合格后还要给予苗木补助；对原承包者还林的，应保持原承包关系不变，并发给林权证，允许继承、转让、拍卖。　（张洪生）

**【凌源市生态经济型林业模式】**　该市地处辽西边陲，总面积32.8万公顷，其中耕地面积4.9万公顷，林业用地17.2万公顷，是个典型的山区市，多年来，该市充分利用山地资源，坚持发展生态经济型林业，常抓不懈。到2000年末，全市有林面积已达到15.2万公顷，森林覆盖率为45.8%。实现了经济林超百万亩、封山育林超百万亩，经济林产品及加工年产值达到8 700万元，成为山区人民致富的支柱产业。1999年被国家林业局授予全国经济林先进县和仁用杏之乡称号。

加强组织领导，推进生态经济型林业的发展　凌源市委、市政府把发展生态经济型林业作为专项工作，由市经济工作小组专门抓，自上而下形成了一套完备的组织领导体系。并且把发展生态经济型林业与农村经济建设、加快脱贫致富奔小康进程紧密结合，与各级党政领导干部任期目标责任制、评先选优紧密结合。多年来每年市委、市政府都召开3～5次大型林业专题会议或现场会，分析形势，部署工作，解决实际困难。多次组织有关乡（镇）党委书记到外地参观学习，大力推广石质山鱼鳞坑整地造林经验，大搞石质山整地，以栽植山杏或直播山杏、栽植油松为主，既解决了石质山造林难的问题，又为发展高山、远山生态经济型林业打下了基础。通过领导推动，宣传发动，典型带动，2000年在遭受严重自然灾害的情况下，仍完成人工造林9 000公顷，其中经济林造林3 667公顷。初步形成经济林四大商品生产基地，一是以大王杖子乡为重点的4.5万公顷山杏生产基地，年产山杏仁200万千克，产值达3 000万元；二是以松岭子镇为重点的1.17万公顷大扁杏生产基地，年产大扁杏仁15万千克，产值达450万元；三是以乌兰白镇为重点的7 467公顷大枣生产基地，年产鲜枣200万千克，产值达200万元；四是以佛爷洞乡为重点的6 000公顷板栗等其他经济林商品生产基地，年产板栗等干果3万千克，产值达22万元。

制定优惠政策，引导生态经济型林业的发展　为加快生态经济型林业的发展，凌源市出台了许多优惠政策，如延长荒山承包期限，最多可延长到50年不变；公开拍卖“四荒”，鼓励个人集体进山开发“四荒”；新建经济林10年内免征特产税，允许在经济林园内搞永久性建筑物；对于承包的荒山可以继承、转让和进入市场；鼓励企事业单位和农村各站租赁、承包和合作开发荒山发展经济林；实行优先使用贷款和谁投资、谁开发、谁受益的原则等。特别是2000年该市又加大了25度以上坡耕地的退耕还林力度，对退耕还林实行“三优一免”政策，即优先资金扶持、优先列入项目管理、优先使用贷款，对开发荒山33.3公顷以上的进山户免除全家义务工。在这一优惠政策的吸引下，许多农户纷纷进山、进沟开发“四荒”，仅2000年全市就公开拍卖“四荒”1.2万公顷，退耕还林3 333公顷。几年来，凌源的进山户已达1 200余户，都已取得一定成效。

科技先行，提高生态经济型林业的建设水平　凌源市林业科技人员围绕发展生态经济型林业加大科技攻关力度，在大扁杏发展上，省干旱造林研究所主持的《大扁杏早期丰产栽培技术研究》，取得了10项技术成果，获省政府二等奖。经过不懈努力，攻克了经济林育苗关，探索出大扁杏育苗上的嵌芽接新技术和大枣“十刀”嫁接法。还积极引进新品种、采用先进技术营造经济林，使大旱之年造林成活率达90%以上。为使全市经济林早产丰产，该市及时总结了乌兰白镇王福沟4年生大扁杏在大旱之年每公顷产990千克扁杏仁和进山大户冀万珍7年生大扁杏每公顷收入60 000余元的经验，大力宣传大扁杏大水平沟和大水平槽整地的经验，并在全市推广，收到了明显效果。

发展加工业，提高经济林产品的附加值　在加快经济林建设的同时，狠抓了经济林产品的加工转化，逐步实现了产、供、加、销一条龙，科、工、贸一体化，大王杖子活性碳厂以山杏核为主要原料生产的活性碳产品荣获国家星火计划成果博览会金奖；食品饮料总厂以山杏仁为主要原料生产的“奥扬牌”野杏仁露荣获国家林业局林副产品名、特、优、新博览会银奖。全市已有以果肉为原料生产果脯、饮料和进行杏仁脱苦等经济林产品加工厂共6家。年加工量占应加工量的70%，年经济林产品加工产值达5 000万元。

（张洪生）

**【法库县高标准生态林业建设】**　该县位于辽宁北部，全境处于内蒙古科尔沁沙地南缘，是全国防风治沙重点县、三北防护林建设重点县。全县区域面积2 320平方千米。近年来，法库县承担了国家启动的全国十大生态林业重点工程中的三北防护林、平原绿化、防沙治沙、辽河防护林等4个重点工程项目。历届县委、县政府班子高度重视林业建设，1993年法库县划归沈阳市以来，沈阳市委、市政府十分重视法库县的生态林业建设，在市政协等有关部门关注呼吁下，经市政府常务会研究决定，市政府连续3年每年投资300万元，启动1998～2000年沈阳市康法治沙工程，有利推进了法库县生态林业建设进程。

经过全县人民多年来的高标准造林营林，法库县生态林业建设取得了一定成果，全县有林面积从建国初期的0.1万公顷发展到5.3万公顷，森林覆盖率从不足0.5%发展到23%，生态环境得到初步改善。多次被部、省、市评为森林防火先进县、三北二期工程建设先进县、全国义务植树先进县、全国造林绿化百佳县。

领导重视高标准生态林业建设　多年来，县、乡两级政府十分重视林业建设，把林业建设列为农村工作的重中之重。每年春季造林前，针对当年林业生产形势和存在的困难，及时召开乡（镇）党委书记、乡（镇）长和主管乡（镇）长、林业站长及有关部门参加的造林动员大会。从造林组织、措施、质量、标准及资金筹措等方面进行全面安排部署。把任务指标层层量化，分解到人头，好的表扬，差的批评，赏罚分明。在造林过程中，县委、县政府主要领导深入生产第一线亲自指挥，带领有关部门逐乡检查任务指标的完成情况和质量标准。县各大班子主要领导率先垂范带头办好自己的绿化点，营造“书记林”、“县长林”、“主任林”、“主席林”。各乡（镇）党委、政府主要领导都亲临现场，既当指挥员，又当战斗员。营造了“全党动员，全民动手，全社会办林业，全民搞绿化”的良好氛围，全县上下出现了千军万马大搞生态建设的良好局面。

*坚持标准确保造林质量* 他们始终坚持造林“六不栽”的原则，即不整地不栽、品种不对路不栽、不是优质壮苗不栽、不浇水不栽、不落实造林责任不栽、没有管护责任制不栽。坚持“三个到位”，一是规划落实到位，保证规划面积、明确整地方式和栽植方法。对林网该延长的延长，确保农田林网标准化。村屯绿化作到环村有林、街道有树，农户庭院有花果草，村部、单位有绿化景点。二是技术指导到位，按造林技术规程要求，坚持适地适树，对造林苗木严格检查质量。三是工程质量到位，严格坚持质量标准，达不到工程质量标准的一律不予验收，对市级以上重点工程，林业局主要领导亲自检查验收。

*加大投入力度促进生态林业建设* 县委、县政府采取积极措施，多渠道、多元化、多层次筹措林业建设资金。县政府每年拨出50多万元专项资金，用于购买造林苗木。同时近年来法库县的林业建设，也得到了国家、省、市的大力支持。在此基础上，这个县还不断的坚持动员全县农民加大对林业建设投工投劳，近3年全县共投入林业建设人工350多万个。

*强化管护巩固生态林业建设成果* ①对新植幼林加大了管护。一是对荒山造林后，封山育林3～5年。二是村屯绿化实行包栽、包活、保管理。三是林网、速生林等实行专人管护。②对现有森林资源实行专人管护与统一管护相结合，明确责任范围。③加大了森林病虫害防治力度。尤其是2000年持续高温干旱，导致了食叶害虫的大面积暴发，引起了市、县两级政府的高度重视，共投资60万元，经过积极防治，保护了森林资源的安全。④近几年重点造林工程，实行全方位管护责任制，量化管理。西部防风治沙工程、风口造林每33.3公顷设1名专职护林员，边界带每1 000米设1名专职护林员，责任到人。 （张洪生）

**【辽中县林场建设杨树商品林基地】** 辽中县林场成立于1975年，现有职工206人。从1989年开始营造杨树速生丰产林，经过10年来的艰苦奋斗，在建场初期经营面积33公顷，有林面积16公顷的基础上，以年平均400公顷的建设速度，发展杨树商品林基地3 733公顷。成立5个工区，1个开发公司，1个苗木新品种培育基地。现有的3 733公顷杨树商品林，从2002年开始进入主伐期，到2010年本经理期结束，立木蓄积可达80万立方米，产值可达1.8亿元。

*走合作造林之路* 该场建场初期经营面积仅有33公顷，立木蓄积1 000立方米，还未到主伐期。职工工资经常拖欠。领导班子散，职工思想乱。针对这种情况，县林业局及时调整了林场领导班子。新班子上任后，经多方调查论证，探索出了一条与农民合作造林的新思路。即农民出地，林场负责造林、抚育管理，主伐木材收入按农民得3、林场得7分成。1989年，正是平原绿化达标和三北防护林建设关键年，各乡村对达标感到困难的关键时期，林场首先把眼光瞄向了荒地面积较大、经济比较困难的大黑乡，几经工作终于得到了乡党委、政府的认可，帮助落实地块，当年秋林场在沿河的马家岗村进行了一场前所未有的、工程浩大的高标准工程造林，林场全体干部职工全部吃住在造林工地，迎风冒雪，起早贪晚，当年完成工程造林113公顷，且成活率、保存率都达到95%以上，成为辽中历史上第一片面积最大、标准最高、成活率最高的杨树速生丰产林基地。马家岗村合作造林的成功，在大黑乡乃至全县引起了轰动。辽河沿线宜林荒地较多的城郊、牛心坨、满都户、老大房等乡（镇）都争先恐后地和林场签定了合作造林的协议，在短短十几年里，全县绝大部分宜林荒地、疏林地都变成了浩瀚的林海，林场也得到了发展，林场职工工资及福利待遇也有了保证。

*造林苗木自繁自育* 在马家岗村造林用的杨树苗都是外买的，造林结束后，大家算了一笔账，造这片林共花掉了苗木款2万多元，相当于14名职工1年的工资，随着造林面积的大幅度增加，建立自己的苗圃势在必行。1990年他们在茨于坨工区建立了苗圃，先后引进了辽宁杨、N3016、N3930等欧美杨品种。为了培育出更多更好的新品种，在满足自己用苗的基础上，向周边地区推广优良品种，实现苗木的品种新、品质优、抗性强，他们还在潘家堡乡选择一块土质较好的48公顷地租下来，建立了苗木新品种培育基地，近年来，仅造林苗木费用就节省60多万元。

*向管理要效益* 在各项管理上，都建立了生产承包责任制，制定了育苗、造林、抚育、间作、病虫害防治、护林防火等各个环节的操作规程及经济指标，制定奖惩制度，开展百分竞赛，各个工区把每个地块的管理都落实到人头，对护林员实行包干管理，在护林的同时，还负责对中幼林的抚育管理和病虫害的预测预报。1992年春，大黑工区东榆林班新植林地里发现大量黑绒金龟，采用传统方法防治，几次投药都被大风刮跑或被土埋上，不起作用，后经负责防治病虫害的人员研究，采用套塑料袋的办法防治，成功率达到100%，而且无药害污染。由于对根苗套塑料袋防虫，提高了温度，促进了树木的生长发育，到秋后套袋的比没套袋的树高高30～50厘米。

*不断寻求新的发展* 经过几年的发展，该县的宜林荒地越来越少，而林场先期营造的速生林又未到主伐期，为了继续发展造林事业，使林场得到更大的发展，必须探求新路，开拓进取。1998年，他们了解到康平县土地资源丰富，宜林荒地面积较大，而由于历史

原因，康平县属于国家级贫困县，又处于科尔沁沙地前缘，是国家三北防护林建设和防风治沙工作的重点县，每年造林任务量很重，但由于资金及技术等原因，在杨树速生林建设方面，特别是新品种造林方面比较落后，于是该场领导班子经过多方考察论证、研究，与康平县协商，最终与康平县政府达成协议，由该场承担康平县的世界银行贷款贫困地林业发展项目速生林建设部分，在康平县营造杨树速生丰产林1 000公顷。目前已确定了造林的主栽品种，科研、生产同步进行，已完成了部分造林任务。改变了过去康平县只能栽小钻类杨树品种的历史，为辽北平原地区杨树的栽培积累了成功的经验。（张洪生）

**【清原县国有林业改革】** 清原县是辽宁省重点林业县，有林地面积24.5万公顷，森林蓄积量2 100万立方米，森林覆盖率67.7%。全县有国有林场10处，在职职工1 660名，国有森林面积4.4万公顷，森林蓄积量583万立方米，分别占全县森林面积和蓄积量的24%和37%。党的“十五”大以来，这个县不断调整国有林场所有制结构，进行产权制度和管理体制改革，促进了国有林业持续健康快速发展。国有林业年实现总收入1.53亿元，上缴税金2 220万元，占全县税收总额的1/3。

*深化劳动人事制度改革，实行工效挂钩，减员增效* 几年来，清原县对国有林场进行了劳动人事工资福利改革。一是实行效益工资。各场首先取消了档案工资，实行工资与效益挂钩，干什么活挣什么钱，干多少活挣多少钱的原则。二是实行职工养老保险金制度。从1993年开始，全县国有林场在册职工全部参加了社会养老保险，保障了职工利益。三是对国有林场中层以上干部实行聘任制，打破了干部与工人的界线。四是精简机构，减员增效。林场办公室人员由1997年的279名减少到现在的186名，护林员减少32名，仅此一项每年节省支出50多万元。五是将离退休人员和遗属移交社会保险公司。全县国有林场离退休人员552名，每年需支出工资和医疗等福利费用400多万元，林场不堪重负。从1998年开始到200年5月末，经多方筹集资金848万元，将9个林场的538名离退休人员和遗属一次性移交社会保险公司，既保证了离退休人员的工资福利待遇，又减轻了林场负担。

*开展产权制度改革，明确权责利关系，调动职工参与发展建设的积极性* 1997年末以来，在国有林场全面清产核资、明晰产权的基础上，对林场的多种经营项目积极推行出售、租赁、兼并，实行股份制和股份合作制。全县10个国有林场所属的30个独立核算项目，出售9个，实行股份制2个、股份合作制5个，采取先租后售或先租后股的14个。一是组建集团。1998年2月，甘井子林场以先进淋漆地板生产线为龙头，吸收抚顺振清木制品有限公司的地板生产设备和干燥设备，组建了范荣木业集团有限公司，实行紧密型联合，开始向集团化、产业化方向发展。公司内部实行股份制，吸收职工股金100万元，增强了公司后劲，当年生产高档地板16.6万平方米，创利税130万元，1999年创利税200万元。二是积极推行股份制和股份合作制。城郊林场林业防腐厂固定资产79万元，年生产防腐线杆能力2万立方米，进行了内部转让，将固定资产量化给49名职工，实行股份合作制经营，公司效益直接与职工个人利益挂钩，职工参与意识明显增强，他们自筹流动资金，组织强有力的销售队伍，严格了经营管理，1999年创利税345万元，比1998年增加28%，使城郊林场一跃成为全县纳税大户。三是公开出售。城郊林场将林场商场公开竞价出售，采取划小划细分步出售的办法，以78万元售出，超出预计价格22万元。四是租赁经营。杨树崴林场地板厂设备陈旧，经营不善，1999年12月以12万元价格租赁给本场职工经营，2000年初，采取职工自愿报名的形式，将固定资产以配股方式交由35名职工，实行股份合作制经营，使林场再现了生机和活力。

*改革国有林管理体制，盘活森林资源资产* 党的“十五”大以后，这个县坚持一切从有利于森林资源增长、有利于林场经济实力增强、有利于职工收入增加出发，大胆推行了国有林经营管理体制改革。一是实行承包管护。杨树崴林场人员多，负债多，在广泛征求职工意见的基础上，将3 866公顷林地按资源状况和原来的4个工区划分成68片，安排了58名职工进山承包管护和开发。允许职工在履行好管护责任和不破坏森林资源的前提下，发展种植业、养殖业。林场节省了管护费用，同时也为职工提供了发展的空间和机遇。二是实行承包经营。夏家堡林场利用30年的红松，培育果材兼用林，每6.6公顷承包给一名职工经营，承包期为一个轮伐期，承包期内营林所得归承包者，主伐时木材归林场，并收回林地使用权。三是转让林木经营权。大苏河林场将127公顷红松林经营权实行内部有偿转让，以每公顷750～1 800元的不等价格转让给17名职工，转让期30年。转让后职工享有对红松的经营权，由林场统一安排经营活动，经营所得归受让者。不仅加强了红松林的经营管理，林场还一次性收转让费18万元，30年承包期内节省管护费50万元，少支出生产费用40万元，共增收节支108万元，同时职工也得到了可观的收入。四是实行股份制经营。大苏河林场成立了辽东绿源有限公司，全场上至场长下至工人均为股东，从成为股东的当年起，原岗位工资逐年递减，第四年开始停发。公司重点从事林冠下开发及依托林业资源的相关产业，第四年开始，经营区内抚育所得归职工股东，主伐公司与林场5∶5比例分成，公司无偿为林场管护400公顷的公益林。（张洪生）

**【桓仁县深化集体林经营体制改革】** 桓仁县全县林业用地面积27.4万公顷，森林覆盖率72.6%，人均有林地1公顷，其中集体林面积23.8万公顷。但长期以来，由于受多种因素影响，农民造林、护林和开发山区资源的积极性不高，森林综合效益低，林业经济总量和森林资源总量很不相称。针对这种情况，县委、县政府决定积极稳步推进林业各项改革，这个县从1996年开始集体林改革试点，1999年在全县的18个乡（镇）150个村全面开展了集体林经营体制改革。改革方案明确规定，集体林经营体制改革重点抓好三块。即：封住一块公益林，管好一块商品林，转出一块低产林和幼、中龄林。改革的主要实现形式，一是建股份合作制和合作制林场；二是实行经营承包和管护承包；三是实行森林资源有偿转让；四是放活自留山，规范承包山。

全县已有36 447户农户参与集体林改革，落实到农户手中的山林面积18.3万公顷，加上经营自留山和承包山，农户基本都有一块致富山林，形成了经营主体和管理主体的多元化，做到了山有主、主有责、责连利，极大地调动了群众和社会发展林业的积极性。①造林的积极性增强了。群众积极治理购买的荒山、低产林地、退耕还林地块，1999年造林1万公顷，为计划的145%，其中个人造林占60%；2000年造林0.7万公顷，为计划的129%，其中个人造林占57%。②多种经营的项目增多了。全县利用林下发展中药材0.17万公顷，同时还实施板栗园、榛子园、核桃园、葡萄园等精品工程，多种经营项目的发展增加了农民的收入，带动了县域经济的快速增长。③林区治安秩序明显好转。改革后群众成了山林的主人，增强了保护山林的责任感。全县乱砍滥伐林木最严重的二户来镇，现在群众对购买和承包的山林雇专人管护，乱砍滥伐案件明显减少。④集体林场管理得到进一步完善。对组建股份合作制和合作制林场的村，在村场分开、独立建账、按股分红的基础上，进一步引进家庭联产承包机制，由农户或联户承包管护，承包者除管护外还可以利用林地发展多种经营生产，林场采伐时承包者还享受二次分红待遇，增加了农民的收入，也壮大了集体经济。（张洪生）

**【辽宁省十强县——宽甸满族自治县】** 该县地处辽东山区，自然概貌为“九山半水半分田”，总人口45万人。五六十年代，这个县也同其他山区县一样，注重木材生产，而对山区资源优势的开发缺乏研究，资源闲置，人民贫穷。改革开放以来，这个县坚持省委、省政府确定的“以林为主、多种经营、全面发展、林兴富民”的山区建设方针，大力培育森林资源，强化资源管理，把林业生态体系建设作为宽甸人民财富之母，坚持常抓不懈。自1987年开展兴林杯竞赛以来，全县共完成植树造林4.7万公顷，人工林总面积达8.7万公顷，绿色通道建设31.7万公顷，水源涵养林骨干工程15.8万公顷，森林透光抚育1.3万公顷，封山育林16.3万公顷，退耕还林0.16万公顷，退蚕还林4.2万公顷。全县森林面积达到36.9万公顷，活立木蓄积量2 300万立方米，森林覆盖率76.1%。林业的发展，改善了生态环境，为发展依托产业奠定了坚实的基础，开辟了广阔的前景，也带来了巨大的效益。全县年林业总产值已达8亿元，占农业总产值的85%，全县年人均收入2 755元，财政收入1.7亿元，进入了全省十强县。

这个县主要是依托林产品及其森林环境开发了相关产业，并产生了可喜的效益。依托林业主产品木材资源发展精深加工业，全县木材加工厂已发展到589家，年加工木材15万立方米，生产集成材、马桶盖、地板块等20余个品种，年木业加工总产值达2.5亿元，利税3 000万元以上。

依托林副产品资源发展食用菌，充分利用木材加工产生的锯末子、森林抚育和采伐生产的小杆、枝桠梢头等，发展食用菌生产。全县年发展香菇1 145万块，产量1.43万吨，产值7 147万元；滑菇785万块，产量0.78万吨，产值3 924万元；木耳7 790立方米，产量39吨，产值233万元。加上袋栽木耳、平菇等，全县食用菌年产量达2.7万吨，产量14 568万元。

依托林地资源发展经济林、山野菜、中草药等，全县已栽植板栗面积2.5万公顷，1 133万株，其中结果面积1万公顷，320万株，年产量1万吨，产值4 300万元。板栗资源居全国第六位，产量居第五位，为全省之首。发展各种水果0.6万公顷，340万株，年产量2万吨，产值3 500万元。其中燕红桃1.5万吨，产值3 000万元。山野菜年采集量2 700吨，产值1 000万元。中草药材年产量1 500吨，产值2 800万元。

依托森林环境资源发展养蛙业，全县有适宜封育养蛙沟2 000条，可利用林地面积19万公顷，已开发林蛙养殖场1 755处，饲养量25亿只，年产商品蛙3 000万只，产值6 000万元以上。

依托森林景观资源发展旅游业，全县已建立国家级风景名胜区3处，省级风景名胜区2处。初步形成了以黄椅山、火山森林公园为轴心，青山沟风景区和天桥沟森林公园为前沿的风景旅游圈，年接待中外游客20多万人次，收入460万元。（张洪生）

**【新宾县林业工作总站】** 新宾县位于辽东山区，全县森林覆盖率为68.7%，其中集体的林业用地27.3万公顷，集体林为20.1万公顷，分别占全县的79%和74%。县林业局于1990年专门成立了对集体林业进行组织、管理、指导、服务的乡（镇）林业站的管理机构——县林业工作总站。县林业工作总站成立以来，真抓实干，锐意改革，取得了县、乡两级林业站建设和集体林业建设协调发展的显著成绩。10年来，县林业工作总站办实体创产值1 018万元、利税410万元，站有固定资产300万元。全县15个乡（镇）林业站中，80%拥有独立的办公用房，86%达到了标准化林业站建设的要求，100%的办了经济实体。10年来，乡（镇）林业站办实体创产值3 000万元、利税1 200万元，固定资产达1 350万元，使林业站的管理和服务功能得到进一步增强，推动了全县集体林业的发展。10年来，全县累计造林4.3万公顷，近两年退耕还林0.6万公顷，累计封山6.9万公顷，10年来全县森林覆盖率提高了7.2个百分点。1999年全县实现绿化达标。

*开展标准化林业站建设，巩固和强化基础* 县林业工作总站成立后，适时开展了乡（镇）林业站标准化建设活动，特别是财务管理，县林业工作总站除每年对乡（镇）林业站的财务进行一两次抽查外，还采取了对无独立账户的不拨经费、有违反财经纪律的不拨经费、乡（镇）政府截留挪用林业专项资金和乡（镇）政府给林业站"断奶"的不拨经费的措施，10年来先后18次阶段性的停止了不执行财务管理制度的乡（镇）林业站的林业经费拨款，有力地推动了乡（镇）林业站财务管理的规范化建设，保证了林业站经费以及其他林业建设资金的落实和使用。通过开展标准化建设活动，林业站的基础得到加强。一是建立健全了乡（镇）林业站的职能机构。二是建立和完善了各林业站的岗位目标责任制和分工负责制。三是森林资源管理实现了微机化。四是林业站的交通、通讯等基础设施设备日趋完善。

*创办经济实体，增强自我发展能力* 在县林业工作总站的率领下，各乡（镇）林业站相继办起了经济实体，目前，经济实体已有40多个。其中站办苗圃14处、木材加工厂20处、地板生产线3条，还有选矿厂、酒厂、养殖场和用材林基地。经济实体的收入，弥补了林业站经费的不足，增强了林业站的自我发展能力和服务功能。

*选好人员搞好培训，提高林业站队伍的综合素质* 一是把好进人关，本着林业大、中专和技校毕业生优先的原则，选配林业站工作人员。二是严把站长任免关，经与乡（镇）政府协商，县林业工作总站先后对8个林业站的正、副站长进行了调整，选拔了一批年富力强、勇于开拓进取、能吃苦耐劳的站长。四是采取多种形式进行培训，先后6次向县林业技校送代培生40人；组织14名站长和16名站员，参加省林校培训或函授；22名职工参加了电大和农广校学习。目前，全县林业站119名在编人员中，有大、中专以上文化程度的65人，有技术员职称的71人。

*充分发挥职能作用，促进集体林业健康发展* 一是组织实施了退耕还林、封山育林、节柴改灶三大生态建设重点工程。已完成退耕还林0.62万公顷；封山育林18.7万公顷；砌筑架空炕5.9万铺，改造灶具6万套，均通过了检查验收。二是严格了采伐管理。对集体的造林和育林作业实行了采造、采育挂钩的政策，并且乡（镇）林业站在生产单位领取采伐许可证前，收取造林和更新保证金，从而保质保量地完成造林和更新任务。三是推行集体林改革。从1997年开始试点，现已在70个村推行，通过林木有偿转让、联户承包经营和管护，明晰了林木的产权，从而，大大地调动了农民的造林和护林的积极性。 （张洪生）

**【甘愿奉献余热绿化荒山】** 于学家同志是盖州市万福镇林业站退休职工。1961年毕业于内蒙古林学院，1963年，任万福镇林业站站长。在任林业站站长期间，常年走村串屯、爬山钻林，搞林政管理。该镇现有人工中、幼林达3 000公顷，天然林3 800公顷，百亩以上的林业大户200多个，万福林业站先后被省、市、县评为先进林业站，他本人也多次获得国家和地方奖励。在轰轰烈烈的工作中，不知不觉于学家到了退休的年龄。尽管他为家乡的绿化作出了巨大的贡献，但他还是觉得对家乡父老奉献的少。为此，他决心要在有生之年再造万亩林。

1998年他正式退休了，女婿、女儿要给他买一户楼房到省城养老，他偏要在镇里承包荒山造林。孩子和老伴不同意，最后都被他说服了，并取得了家人的支持。他要承包荒山造林的信息一传出，得到了营口市、盖州市林业局领导以及万福镇领导的大力支持。他把一家一户分散的山场统一起来，连片承包集中造林管护，不用农民花1分钱。同时，每年农民还可以在他的承包山上干活，得到一定的劳务收入，这样就能解决农民每年买化肥、农药、种子等所需要的花销。现在当地的农民已经非常愿意跟于学家上山栽树，而且栽树时特别注重质量，相互监督，一丝不苟，造林后农民都还主动帮助看护。

3年来，于学家总投资63.8万元，总计栽树310公顷，其中速生杨树13公顷，落叶松220公顷，板栗20公顷，大枣7公顷，大扁杏50公顷。虽然经过两年严重干旱，但苗木成活率和保存率均在85%以上。在他的带动下，新增造林大户10余户。 （张洪生）

# 吉林省林业

**【综　述】** 改革开放以来，吉林省林业有了长足的发展。特别是进入"九五"以来，全省各地不断强化森林资源的保护、培育和开发利用，林业生产力不断发展，管理水平日益提高，经营领域明显拓宽，为经济和社会服务的功能逐步增强，较好地实现了“九五”计划的各项任务目标。

*生态建设取得显著成果* 按照省里提出的建设生态省、发展生态环保型效益经济总体要求，坚持举生态旗，走生态林业发展之路，扩大总量，提高质量，强化功能，全面加强了生态建设。“九五”绿化工程计划全面完成。全省共完成义务植树2.7亿株；绿化公路4 196千米，铁路214千米，江河两岸2 099千米；城市新增绿地1 532万平方米，县城新增绿地1 175万平方米，绿化村屯4 811个，全省城市绿化覆盖率、县城绿化覆盖率和森林覆盖率分别达到33%、29.9%和42.5%。重点生态工程实现阶段性目标。三北防护林三期工程共完成造林45万公顷，占规划总目标的135%，成为全国第一批三北防护林工程建设达标省；治沙工程完成治理开发面积30万公顷，占计划目标的128.7%。生态草建设试点有了良好开端，为面上全面铺开积累了经验，做了充分准备。

*资源管护工作力度加大* 强化资源管理、监督体系建设，建立了采伐限额政府目标责任制，实现了生长量大于消耗量和面积、蓄积双增长。实施了天然林资源保护工程，“九五”期间降低木材产量133.8万立方米。实现连续20年无重大森林火灾，森林火灾受害率为0.021‰，大大低于全国平均水平。森林病虫害防治“一站三网”建设基本完成，全省平均发生率仅为0.8%，防治率达94.2%。野生动植物保护事业健康发展，“5年禁猎”成效显著，现有陆生野生动物437种，野生植物3 890余种，保护了物种的多样性。自然保护区数量、规模不断扩大，省级以上自然保护区12个，面积达195万公顷，占全省面积的10.4%。开展了湿地保护调查，湿地保护工作得到加强。加大对各种毁林违法犯罪行为的打击力度，特别是重点查处了法人超伐和公职人员犯罪案件，有效地遏制了毁林犯罪。扎扎实实地开展了退耕还林试点，为全面推动这项工作打下了坚实基础。

*林业产业经济不断发展* 加大结构调整力度，强化森林资源综合开发，大力发展林地经济，林业经济实力显著增强，初步形成了多业并举的林业产业经济体系。到“九五”期末，全省林业形成固定资产40.4亿元，共生产商品材2.4亿立方米，实现工业总产值600多亿元、利税77.3亿元，安排1.7万人就业。依托丰富森林资源，结合实施天然林资源保护工程，强化项目开发。拓宽经营领域，大力发展外向型林业，开展了域外造林和出国采伐，取得了显著效益。2000年，全省林业实现社会总产值200亿元，利税4.2亿元，林业职工年人均工资收入达到4 600元，分别比1999年增长7.2%、2%和3.9%。

*体制改革取得实质性进展* 全面推行了森林经营机制改革，在东部主推白山市山林管护承包改革模式，在西部推行了先营后造、先造后包和荒山拍卖等成功经验，为森林经营注入了活力。积极推进了森林分类经营改革，完成了分类经营区划界定和国有场圃类型划分工作。推进产权制度改革，建立现代企业制度取得较大进展。强化了社会保障体系建设，稳步推进配套改革。按照省里要求，全面完成了机构改革任务。

*科教兴林迈出坚实步伐* 到“九五”末期，全省共有各级科研单位9个，科技人员4.9万人；研究开发科技成果225项，获国家和省部级成果奖123项，推广新技术79项，推广科技成果146项，创造直接经济效益21.7亿元；林业职工素质不断提高，具有技术职称的专业技术人员达到18.9%，具有中级以上专业技术职称人数占职工总数的4.9%。

*林业管理步入法制轨道* 到“九五”末期，全省共制定地方性林业法规、规章27部，林业法规体系初步形成；共设立林业行政主管部门67个，林业工作站915个，各级林业公安、检察、审判机构157个，森林资源监督机构238个，木材检查站170个，形成了比较健全的林业执法体系；开展了执法队伍整顿，强化了政法队伍建设，加大了执法力度；大力开展了林业法制宣传教育活动，逐步营造人人知法、懂法、守法的氛围。

*精神文明建设成果明显* 巩固扩大“三讲”教育成果，开展了“三讲”教育回头看活动，强化了“三个代表”思想的学习，进一步坚定了理想信念，密切了干群关系；狠抓了党风廉政建设和反腐败工作，大力加强行风建设，行业作风明显好转；强化了信访工作，加强社会治安综合治理，认真解决林业职工关注的热点问题，维护了社会稳定，为林业发展创造了宽松环境。

（王志新）

**【吉林省三北防护林建设】** 把造林绿化作为首要任务，加强组织领导，广泛宣传发动，落实造林责任，突出重点工程，狠抓薄弱环节，强化工程管理，严格检查验收，经过春季、雨季特别是秋季的艰苦奋战，全面完成了2000年度造林任务。人工造林9.5万公顷，完成年计划的116.4%，其中防护林5.4万公顷，用材林2.6万公顷，经济林1.5万公顷；完成封山育林4.7万公顷，其他各项指标也都超额完成任务。至此，全省已全面完成三北防护林三期工程规划任务。（王志新）

**【吉林省人工造林更新】** 经国家林业局核查，全省1999年度人工造林、更新核实率为99.7%，比1998年增长0.8%；核实面积合格率为54.6%，比1998年度降低29.3%，作业设计率、档案建立率、检查验收率、抚育率和管护率分别为96.9%、96.9%、96%、100%和96.9%，在全国排序第二十四位。 （林俊萍）

**【吉林省绿色通道工程建设】** 组织协调公路、水利、铁路3个部门和系统，以提高绿化美化水平为目标，大搞绿色通道工程建设。2000年春，3个部门以示范段建设为重点，加大力度，强化措施，狠抓落实，圆满完成了

各项任务。共完成绿色通道工程 1 643.7 千米，面积 2 882.6公顷，总投资 2 163.6 万元。（林俊萍）

**【吉林省林木种苗管理】** 2000 年，全省林木种苗工作紧紧围绕造林绿化和生态环境建设总目标，以提高质量为中心，以优化布局为重点，以贯彻法律法规为保障，深化改革，全面落实专营制度，专营工作基本推行到位。年产合格苗木 3.2 亿株，确保了造林绿化对种苗产品的需要。国有苗圃三项制度改革效果显著，苗木产量和质量大幅度提高，80%以上的中型苗圃实现赢利目标，利润达到 2 000 万元。良种基地建设步伐明显加快，良种产量不断增加，良种使用率达到 42%；种子经营单位实行企业化管理后，充分利用种子储备金，经营品种增加 35 个，为生态建设服务的整体功能得到增强。种苗基地的布局和结构进一步优化，促进了种苗繁育向基地化、良种化和产业化方向发展。国家批准重点建设 1 个省级种苗繁育中心、38 个苗圃、54 个良种基地、25 个采种基地和 3 个种子贮藏机构项目，2000 年启动由国家投资的建设项目 18 个，总投资 4 166 万元，一些基地在繁育造林绿化苗木的同时，还建设一定规模的草种繁育基地。这些项目将构成未来全省种苗产业体系的主体框架，并具有辐射作用和示范功能。种苗质量监督和检验力度得到加强，受检率达到 80%以上。先后组团参加了大连林木种苗花卉购销洽谈会和长春国际农业（食品）博览交易会，宣传了新产品，介绍了新成果，交易额达 300 万元。（吴为群）

**【吉林省生态草建设试点工作】** 根据洪虎省长“林业要抓好生态草建设”的意见，以厅长刘延春、副厅长张鲁风为首的调研组在大安、长岭、双辽等市（县）进行了大量的调研，确定了长岭县、双辽市、白城市 3 条国道公路两侧“三化”草原为生态草建设试点区。建设规划期为 5 年（2001～2005），建设任务 6 700 公顷，计划投资 1 150 万元。试点区建设主要采取以封为主，封、播、改相结合的方式来进行，即：采用工程围栏或生物围栏的方法封禁 5～10 年；对封禁区内较大面积的碱斑地块实施浅耕播和重耙后混播碱草、草木樨、羊毛等适宜草种，以加快植被的恢复；对经过围封已生长植被的草原逐步改良，促进其演替为优良的羊草草甸草原。（林俊萍）

**【吉林省天然林资源保护工程】** 工程区包括 18 个国有林业局和 4 个森林经营局。工程区总面积 367.8 万公顷，职工总人数 31.6 万人，其中在职职工 25.7 万人，离退休职工 5.8 万人。按照国家林业局关于启动天保工程的有关要求，1998 年吉林省政府成立了天然林资源保护工程领导小组及天然林资源保护工程管理中心，制定下发了《吉林省天然林资源保护工程森林分类区划实施细则》，到 2000 年，将全省天保工程区的木材产量由国家批准的“九五”森林采伐限额的 405.6 万立方米，调减到 270.4 万立方米，调减幅度为 33.3%，3 年累计调减木材产量 286.6 万立方米，减少采伐量 520 万立方米，并全面禁止在重点生态保护区进行各种类型的森林采伐，严厉打击乱砍盗伐活动，有效地抑制了超伐现象。同时，全省积极开展公益林建设，3 年累计完成公益林造林 8.4 万公顷，封山育林 32.1 万公顷，中幼龄林抚育 19.1 万公顷，并建设苗圃 2 处，采种基地 1 411 公顷。（王志新）

**【吉林省发布保护森林资源通告】** 要求自 2000 年 9 月 11 日通告发布之日起至 11 月 30 日止，在林区从事放牧和林副产品生产经营的人员，必须严格遵守有关法律、法规和入山管理制度，不得进入幼林地和特种用途林地，承包者集中投资人工种植的人参、药材场地，人工养殖林蛙的繁育池、变态池、越冬池和人工培植木耳等菌类的场地放牧，不得损坏沟系承包者的生产生活设施；不得采集承包者集中投资人工种养的人参、药材、林蛙及菌类场地林副产品。红松籽的采集，在维持现有承包关系基础上，由享有经营权的国有森林经营单位组织采集和回收，其他任何单位和个人不得组织采集和收购。河系承包经营者必须严格遵守森林法律法规，依法维护承包权益，不得采取放杆设卡等强制性措施阻止他人入山，不得对入山者罚款。林业公安机关、武装森林警察部队、森工企业林政管理机构，要依法加强对入山人员的检查、管理，及时处理各类纠纷和案件。国有林业局(公司)要在当地政府的统一领导下，做好森林防火工作。要加强对林副产品采集工作的组织管理。林区的地方政府要切实负起责任，确保森林资源安全，切实保证本通告的贯彻实施。（林俊萍）

**【吉林省保护森林资源三号行动】** 2000 年，按照国家林业局的部署，各级林业主管部门在全省范围内开展了一次督办、查处案件和新闻曝光相结合的保护森林资源三号行动，协调公检法等部门全力出击，有力地打击了犯罪活动和犯罪分子，进一步提高了全社会关心、爱护森林资源的意识，有效地保护了森林资源。全省共查处各类森林资源案件 2 810 起，其中林业行政案件 2 669 起，林业刑事案件 141 起；查处毁林盗窃犯罪团伙 32 个，处罚 4 338 人；收缴财物共 226.3 万元；收缴木材 1 883 立方米。（林俊萍）

**【吉林省征用、占用林地调查】** 据国家林业局调查，全省 2000 年共发生征用、占用林地项目 9 个，实际征用、占用林地 58.2 公顷，其中经林业主管部门审核项目 8 个，面积 57.6 公顷，项目审核率和面积审核率分别为 88.9%和 99%；应办林木采伐许可证面积 47.3 公顷，实际办证 45.3 公顷，面积办证率 95.8%；按标准应缴纳森林植被恢复费 80.9 万元，实际收缴 76.9 万元，落

实率95.1%。（王志新）

**【吉林省实现连续20年无重大森林火灾】** 截至2000年11月30日秋季森林防火期结束，吉林省胜利实现连续20年无重大森林火灾的奋斗目标，摘掉了重大森林火灾多发省、重灾省的帽子。对比1981年前后两个20年，森林火灾发生次数由8 754次下降到2 114次，下降76%；受害森林面积由17.2万公顷下降到0.6万公顷，下降96.5%；森林火灾控制率由19.7公顷/次下降到2.7公顷/次，下降86.3%；火灾造成的林木蓄积、幼树损失由860万立方米和2.5亿株下降到30万立方米和0.3亿株，下降96.5%和88%。按现价计算，灾害造成的损失由前20年的27.5亿元下降到后20年的0.9亿元，下降了96.7%。20年中共减少森林火灾直接经济损失28亿元。其基本经验是：党和国家高度重视，积极支持，领导有力；驻军部队全力配合，扑救及时，保障有力；全省上下狠抓责任落实，顽强拼搏，措施得力。一是坚持政府负全责，不断强化各级领导森林防火责任。二是坚持经常性的防火教育，不断强化全社会森林防火意识。三是坚持全民防火，不断强化群防群护措施。四是坚持依法治火，从严控制火源。五是坚持防扑科学化，不断强化现代森林防火体系建设。六是坚持多渠道筹资，不断强化基础设施建设。

（王志新）

**【吉林省国家级森林病虫害中心测报点】** 全省有16个单位被国家林业局确定为国家级病虫害中心测报点。其中，主测鼠害的为乾安、抚松、汪清林业局、黄泥河林业局、松江河林业局、和龙；主测杨树蛀干害虫的为双辽、镇赉、磐石、长岭、长春净月潭、临江、集安；主测松毛虫的为敦化林业局、东辽、主测日本松干蚧的为梅河口。（王志新）

**【吉林省通过禁止猎捕陆生野生动物决定】** 2000年11月24日，吉林省第九届人民代表大会常务委员会第二十次会议通过了《吉林省人民代表大会常务委员会关于禁止猎捕陆生野生动物的决定》，自2001年1月1日起，在全省范围内继续禁止猎捕陆生野生兽类、鸟类、两栖类、爬行类动物。对有害的陆生野生动物（如害鼠等），仍要积极预防和除治；国家批准的特殊场区，必须按照国家规定狩猎。（林俊萍）

**【大安市野生鸟类被捕杀】** 2000年11月12日，中央电视台《焦点访谈》节目报道了吉林省大安市发生毒杀、贩卖国家保护野生鸟类事件后，在全省引起强烈反响。省委、省政府对此高度重视，省委书记王云坤、省长洪虎作了重要指示，副省长杨庆才召开有关部门会议专题研究，并立即组成由林业厅、公安厅、环保局、工商局和水利厅等部门参加的省及白城市政府联合调查组，到大安市进行调查。白城市人民政府常务会议研究决定，对大安市分管工商和野生动物保护工作的副市长给予通报批评；大安市监察局决定对大安市林业局局长、副局长和工商局局长给予行政警告处分；对大安市林业局主管野生动物保护的副局长、市工商局主管市场的副局长给予行政记过处分；对大安市林业局木材检查站站长、市工商局市场管理所所长给予行政撤职处分。（林俊萍）

**【吉林省林业行政管理项目】** 经省政府审定，保留23项林业行政管理项目：①在林区设立木材检查站的批准和发放木材运输证明；②无证和违反规定运输木材的扣留；③出售、收购、运输、饲养、加工国家重点保护野生动物及其产品的批准；④在林区经营（加工）木材的批准；⑤收购驯养繁殖的国家重点保护陆生野生动物或者其产品的批准；⑥发放国家重点（非国家重点）保护野生动物驯养繁殖许可证；⑦核发野生动物收购、销售、加工许可证；⑧发放野生动物或者其产品运输证明；⑨发放吉林省重点保护野生动物准于运输（携带）证明；⑩调运、邮寄、携带林产品的植物检疫和森林植物及林产品运达调入地的复检；⑪发放森林植物产地检疫合格证；⑫利用林地栽种人参的审批；⑬生产经营、运输林木种子、苗木、繁殖材料的森林病虫防治检疫；⑭森林经营单位和个人间伐或小面积皆伐被病虫危害的树木时的现场鉴定；⑮对违反森林病虫防治检疫管理法规的处罚；⑯发放采伐许可证；⑰发放林木种苗生产、经营许可证；⑱在森林铁路用地进行建设的批准；⑲在划定的保护森林铁路的范围内挖沙、取土、采石、放牧、耕种、堆放柴草、修建房屋和水渠及鱼塘的批准；⑳因勘察设计、开矿和工程建设需要砍伐自留山林木或占用自留山的批准；㉑发放自留山使用证；㉒在林地上开展沟系开发和林粮、林药、林菜、林果等间作的批准；㉓发放木材经营（加工）许可证。取消3项林业行政管理项目：发放准猎证；发放饲养、繁育林蛙许可证；自留山使用者采取封山育林措施的批准。

（王志新）

**【吉林省林业厅新的职能配置、内设机构】** 根据《吉林省人民政府办公厅关于印发吉林省林业厅职能配置、内设机构和人员编制规定的通知》精神，省林业厅新的职能配置、内设机构正式确定。强化的职能是：围绕建设生态省的战略目标，加强保护和发展森林资源的职能，重点是封山育林、种草种树，扩大林草植被，绿化国土，改善生态环境。调整的职能是：将原由省水利厅承担的在宜林地区以植树、种草等生物措施防治水土流失的政府职能，交给省林业厅承担；将芦苇资源管理的政府职能，划给省林业厅。调整后的主要职责包括：①贯彻执行国家关于森林生态环境建设、森林资源保护和国土绿化的方针、政策和法律、法规，研究拟定地方性林业法规、规章并监督实施。②研究拟定全省林业发展战略、中长期发展规划和年度计划并监督实施；

管理省级林业资金；监督全省林业资金的管理和使用。③组织开展植树造林和封山育林以及国土种草（不包括农田种草、牧场种草）工作；组织、指导以植树种草等生物措施防治水土流失和防沙治沙工作；指导全省国有林业局、国有林场（苗圃）、林业工作站及集体林场的建设和管理；组织指导全省森林病虫鼠害防治工作和森林植物检疫工作。④负责全省森林资源的管理；负责派驻森林资源监督机构的管理；组织全省森林资源调查动态监测和统计；审核、监督森林资源的使用；组织编制森林采伐限额并监督执行；负责林木凭证采伐、运输；组织指导林地（含生态地、芦苇用地）、林权管理并依法对应由国家和省政府批准的林地征用、占用进行初审。⑤组织、指导陆生野生动植物资源的保护和合理开发利用；组织、指导全省森林和陆生野生动物类型自然保护区的建设和管理；组织、协调全省湿地保护管理工作。⑥组织协调、指导监督全省森林防火工作；协调全省林业公、检、法工作及队伍建设工作。⑦制定全省林业科技发展规划，组织安排重大科研项目，负责新技术和新成果开发、推广和应用；提供科技信息服务；负责全省林产品许可证发放和管理。⑧研究提出林业发展的经济调节意见；监管国有林业资产，审批重点林业建设项目。⑨指导各类商品林（包括用材林、经济林、薪炭林、药用林等）和风景林的培育。⑩承办省政府交办的其他事项。

5月24日至8月18日，省林业厅对内设机构进行了改革，改革后设内设机构10个，定编52人，增加机关老干部工作人员行政编制6名，接受军转干部增编2名，其中厅长1人，副厅长4人，正副处长18人；减编25人，其中退休9人，提前离岗2人。

（林俊萍）

**【武警吉林森林部队职能任务】** 根据国务院、中央军委关于武警森林部队承担森林防火、灭火任务，并根据部队所在省（区）政府的统一部署保卫森林资源的规定，吉林省政府于2000年4月24日明确了武警吉林森林部队承担的主要任务：①预防扑救森林火灾。②保卫森林资源。③其他抢险救灾等紧急任务，执行程序是：执行预防、扑救森林火灾任务，由地方森林防火指挥部按有关规定下达命令。调动部队配合主管部门执行较大规模的巡护、检查、制止破坏森林资源违法行为等项任务时，应安排在非防火期，并由当地政府及林业行政部门下达任务命令。部队执行任务之前，将任务内容向上级指挥部报告，便于上级掌握部队情况。

有关权限包括：①有制止各种破坏森林资源行为的权力；②在配合当地林业行政主管部门执行任务时，有实施检查的权力；③对违法行为嫌疑人有移交林业主管部门依法查处的权力。（王志新）

**【吉林省调整森工企业干部管理方式】** 根据省政府机构改革方案关于转变政府职能、实现政企分开的原则，同时鉴于森工企业目前没有实现政企和司企分离的实际情况，经省政府同意，省林业厅党组决定调整森工企业干部管理方式：①林业厅派驻森工企业局森林资源监督专员由林业厅党组管理，其专员办事处主任、监督站站长由专员提名，报林业厅任免。②森工企业局公安局长、检察院检察长、法院院长由林业厅党组管理，其副职干部报林业厅备案，经同意后由企业局党委任免。③森工企业主管森林资源的局长或副局长由森工集团总公司任免，报林业厅备案。森工企业森林资源由林业厅直接管理。森工集团总公司不再行使管理森林资源的行政职能。④除上述干部外，森工企业领导班子由森工集团总公司管理。（林俊萍）

**【调整吉林森林工业集团总公司党组织隶属关系】** 中共吉林省委组织部于2000年11月14日发出通知，将吉林森林工业（集团）总公司党组织的隶属关系由省直机关党工委调整到省委企业工委。（王志新）

**【调整吉林林学院实验林场隶属关系】** 2000年4月13日经省编委批准，吉林林学院实验林场由原隶属于吉林林学院调整为隶属吉林省林业厅，同时更名为吉林省蛟河林业实验区管理局。管理体制调整后，其单位性质、机构规格均不改变。原吉林林学院实验林场的债权、债务由更名后的吉林省蛟河林业实验区管理局承担。（林俊萍）

**【吉林省林业学校并入长春大学】** 经省政府批准，将吉林省林业学校并入长春大学，组建职业学院。

（林俊萍）

**【吉林省林业干部学校挂靠在吉林省林业公安干部警察学校】** 2000年12月7日经省编委批准，将原挂靠到吉林省林业学校的吉林省林业干部学校挂靠到吉林省林业公安干部警察学校，挂靠单位改变后，原隶属关系、人员编制、经费渠道等均不改变。（林俊萍）

**【吉林黄泥河自然保护区建立】** 地理位置为东经127°51′～128°14′，北纬43°55′～44°06′，包括：黄泥河林业局的团北、小白、马鹿沟和都陵等4个林场，总面积为23 476公顷，其中核心区面积为10 987公顷。该区属于森林生态系统类型自然保护区，主要保护对象为特殊的温带垂直植物分布景观带和偃松、东北虎等珍稀、濒危野生动植物。2000年4月12日经吉林省政府批准建立吉林黄泥河省级自然保护区管理局，隶属于延边州林管局，其级别、人员编制、机构设置及经费来源等由延边州政府按国家有关政策和自然保护区的实际需要确定。当地环保部门负责自然保护区的监督检查工作。

（林俊萍）

**【吉林省林业宣传中心成立】** 2000年11月3日，经省编委批准，成立吉林省林业宣传中心。林业宣传中心的主要职责是：指导全省林业行业宣传、思想政治工作；指导全省林业的对外宣传报道；把握行业宣传口径，联系协调新闻单位，办好记者站；指导全省林业宣传骨干和通讯员的培训。（林俊萍）

**【吉林省林木种子管理站更名】** 2000年11月3日，经省编委批准，将吉林省林木种子管理站更名为吉林省林木种苗管理站。吉林省林木种苗管理站增加苗木管理职能。根据国家林业局关于建设区域性、具有辐射带动作用的大型种苗示范基地项目的安排，经省编委批准，在吉林省林木种苗管理站加挂吉林省林木种苗繁育推广示范中心牌子，主要承担建设全省大型种苗繁育推广示范基地任务。（林俊萍）

**【吉林全省森林保卫机构更名】** 2000年12月25日，经省编委批准，吉林省林业公安局更名为吉林省森林公安局；市（州）林业公安局更名为××市（州）森林公安局；县（市）公安局林保科更名为××县（市）公安局森林保卫科；基层林业派出所更名为××公安局××森林派出所。（林俊萍）

**【吉林省森林植物检疫站更名】** 2000年11月3日，经省编委批准，将吉林省森林植物检疫站更名为吉林省森林病虫防治检疫总站，相应增加森林病虫防治工作的职能。同时从吉林省林业生物防治中心站划转4名事业编制给吉林省森林病虫防治检疫站，原经费渠道不变。（林俊萍）

**【吉林森林工业集团总公司】** 2000年，集团上下振奋精神，团结一致，坚持以提高经济效益为中心，在木材产量继续下调、企业各方面困难较多的情况下，努力搞好生产经营，做到了减产不减效益。2000年全集团实现社会总产值31.8亿元，工业总产值（不变价）13.5亿元；实现营业收入22亿元，比1999年增长19.9%；实现净利润4 414万元，比1999年增长29.5%。

**深化改革、强化管理，为实现跨越式发展打基础**

明确集团定位，理顺管理体制　集团成立以来，由于林业体制等多方面原因，一直处在非规范运行状态，集团整体功能没有得到充分发挥。1999年以来，随着国有资产管理体制和林业体制改革的逐步深入，省政府明确了国有资本出资人制度和出资关系，国家天然林资源保护工程全面启动，集团整体改制的条件基本具备。按照建立现代企业制度的要求，开始着手构建母子公司体制。首先，明确了集团公司定位，即集团公司作为省政府授权的国有独资公司和母公司，行使国有资本出资人和运营机构职能，负责运营省政府投入集团公司的国有资本，从事资产经营和生产经营，对被投资企业行使资产受益、重大决策和选择经营者三项权利，逐步建成功能齐备、运转有效的集团资本运营中心、投融资中心、科技与资源开发中心、市场营销中心。其次，结合集团实际，通过自下而上和自上而下相结合的办法，经过反复研究论证，制定了《吉林森工集团母子公司体制建设实施方案》，确定了“先易后难、先瓤后壳、积极推进、逐步规范”的改制思路和在2000年内在内涵上初步构建起母子公司体制框架的工作目标，目前改制工作已经进入实质性操作阶段。

为适应建立现代企业制度要求，加强母公司功能建设，1999年在集团公司本部进行了机构改革。强化了战略管理、资本运营管理、营销管理、市场开发等职能，弱化和分离了政社职能。改革后的机构设置基本符合精干高效的要求，初步建立起职能制和事业部制混合型新体制。管理人员全部实行聘任制，竞争上岗，并进一步深化分配制度改革，实行岗位技能工资制，初步形成了易岗易薪、收入能增能减的激励机制。

实施资产清查，为资本运营打好基础　自1999年9月至年底，在集团范围内开展了资产、负债、所有者权益清查和经营状况调查工作，基本核实了资产，摸清了家底，找出了资产经营中存在的问题，提出了具体处理意见，并已报省有关部门审核批准。为进一步强化企业各项经营管理，尤其是规范资产管理和资产经营，从2000年开始在集团范围内推行全面预算管理，把集团公司和各成员企业一切经济活动纳入预算管理范围。1999年年底，根据资产清查的初步结果，经过反复研究和测算，制定并出台了全面预算管理实施意见，并根据企业实际及市场预测，核定了集团公司和各成员企业的预算指标，形成《吉林森工集团2001年度财务预算方案》，已获省决策会议批准实施。根据全面预算管理的原则，在年初确定各级预算指标的同时，加强经营全过程的管理和监控，通过月分析、季审计、半年和年终终审，及时发现问题，采取对策予以解决。同时坚持以资金管理为核心，加强成本管理、营销管理、物资采购管理等专项管理，全面提升企业素质，为资本运营打好基础。

编制“十五”计划，明确发展战略和目标　“十五”是集团发展的重要时期。根据“九五”形成的基础，经过对集团内外部环境的认真分析、预测和论证，本着创新精神和加快发展原则，编制了集团“十五”计划，明确了集团“十五”期间乃至长远发展的方向、目标、思路和具体措施。确定“十五”发展总的思路和目标是，充分利用好国家有关扶持政策，继续深化改革，转换机制，全面调整优化结构，强化管理，加快发展，争取用3年左右的时间实现集团经济复苏，并步入健康发展轨道；到2005年末，实现营业收入50亿元，年均增长速度为18%，实现集团经济振兴。

在确定“十五”总量目标的同时，对集团总体发展战略进一步修改和完善，初步形成了四大发展战略。一是实施资源培育和木材采运基础战略。在商品林经营区大力营造速生丰产林，重点建设4.5万公顷杨树工业原料林，保证林产工业的发展和森林资源的可持续利用。按照采伐限额和采伐规程，搞好木材生产，并努力降低成本，提高售价，多创效益，为集团发展提供经济支撑。二是实施林产工业主导战略。依据集团比较优势，把林产工业发展方向定位在装饰装潢材料上，围绕建设60万立方米人造板和1 000万平方米地板工程，通过资产重组、技术改造、新建扩建等多种途径，调整林产工业结构，把集团内的林产工业项目向人造板和地板集中，逐步形成规模优势、技术优势和品牌优势。同时对现有存量资产进行全面重组，形成规模，提高创利能力，使林产工业成为集团主导产业。三是实施资源开发后续战略。依托长白山特色资源优势，大力发展林地经济，重点搞好初级产品的转化加工，通过建设龙头企业，带动产业升级，形成集团后续产业。四是实施外向型经济发展战略。以现有境外森林开发项目为依托，重点抓好3个海外企业的达标达产，找准优势，拓展空间。同时搞好木材进口业务，为国内深加工提供优质原料。

*努力扩大增量，加强企业管理* 1999年以来，充分发挥股份公司在集团中的产业龙头和经营骨干作用，按照"精包装、高效益"的原则，不断强化和规范管理，努力搞好生产经营和资本运营，提高经济效益，顺利实现增资扩股，配售股数2 550万股，募集资金22 083万元。同时，利用股份公司募集资金、企业自有资金和银行贷款，共投资6亿元新建6个林产工业项目，由于注重加强项目管理，建设速度快、质量好，基本实现当年建设当年投产，为壮大集团经济实力、加快发展提供了新的经济增长点。同时针对长期积累的海外企业、专业公司、债务、涉法等难点问题进行了集中整治，使这些复杂问题得到妥善解决，进一步规范了企业管理。

**思想政治建设情况** 集团党委始终坚持"两手抓"，一手抓经济建设，理清思路，明确目标，加快发展，不断壮大集团经济实力；一手抓思想政治工作，加强班子建设，促进集团的改革和发展，保证了林区社会和员工队伍的基本稳定。

*坚持"三个代表"思想，加强总公司班子建设* 集团党委精心组织，先后两次召开理论中心组学习会，深入学习江泽民同志"三个代表"的重要思想。学习中，注重紧密结合集团改革和发展的实际，围绕集团的发展方向、目标、发展战略以及母子公司体制建设、结构调整等事关企业长远发展的重大问题，进一步理清工作思路，统一班子思想，把大家的思想引导到围绕集团改革和发展目标想事、干事上来，把班子的工作重点调整到适应市场经济、促进集团发展上来，调动了班子成员的工作积极性，增强了搞好企业、加快发展的信心和决心。通过召开班子专题民主生活会，在集团范围内广泛征求对集团公司领导班子意见，制定领导班子建设规范，使班子思想政治建设得到进一步加强。在思想统一的基础上，就当前集团面临的突出问题和难点问题，采取有针对性措施，加大整治力度，使集团对外投资、海外企业、专业公司以及资产负债等一些制约企业发展甚至成为"瓶颈"的问题得到逐步解决。

*适应改革发展要求，加强成员单位班子建设* 1999年以来，结合重点企业、重点问题的整顿治理，加大干部交流和优秀年轻干部选拔力度，按照"四化"标准和岗位需求，坚持党管干部和民主评议相结合，对部分成员企业的领导班子进行了调整、充实；结合总公司机构改革，对集团公司本部的中层干部全部实行聘任制，竞争上岗，使一批具有专业知识和领导能力、政治素质高、作风正派的人才脱颖而出，走上领导岗位。同时，建立和实行干部谈话、诫勉制度，加强日常考核和动态管理，逐步健全干部考核、任用机制。加强后备干部队伍建设，积极培养后备力量。通过集中培训、岗位交流、换岗锻炼等途径，建立起一支数量比较充足、整体素质较高的后备人才队伍。注重提高班子业务素质，针对企业改革任务重，建立现代企业制度需要不断充实新知识的实际，制定了《领导干部学习教育三年规划》，采取集中组织和个人自学相结合、考试与考核相结合的办法，坚持学习、补充现代企业制度、资本营运、市场营销、战略管理、人力资源管理、经济法律等方面的最新知识，不断提高适应和驾驭市场经济及解决实际问题的能力，促进领导干部和经营管理队伍的学习和素质提高。

*坚持"一岗双责"制，加强精神文明建设* 为了保证和促进集团的改革和发展，集团党委认真贯彻落实"一岗双责"制，进一步加强思想政治工作和精神文明建设，取得了明显成效。根据改革力度大、任务重的实际情况，1999年，组织专门力量在全集团范围内进行了员工思想状况调查，分析形势，研究对策，制定了《加强思想政治工作的意见》和《"一岗双责"制实施办法》。同时，针对下岗职工增多，离退休人员要求提高待遇等问题，采取党员教育管理、离退休支部建设以及政策宣传等多种形式，增强针对性和实效性，开展了深入细致的思想政治工作，保证了林区社会安定和员工队伍稳定。按照集团统一规划，结合企业实际，1999年继续推进以文明森工城为主线的精神文明建设。坚持正确的舆论导向，在员工中扎实有效地开展思想道德教育，培塑积极向上的企业文化，营造解放思想、创新开拓的良好氛围。继续搞好群众性文明创建活动和环境建设达标活动，努力提高窗口服务质量，为企业招商引资、加快发展创造良好的软环境。（厅办公室）

**【长春市林业】** 2000年，长春市林业工作认真贯彻落实党中央、国务院关于高举生态建设旗帜，保护森林资源，全面加强造林绿化步伐的指示精神，紧紧围绕生态城市建设，集中力量狠抓了重点生态林工程和森林资源管护，全面完成全年各项任务目标。

**造林绿化任务全面完成**　按照“森林城”建设总体规划和2000年全市林业建设任务目标，共完成人工造林7 684公顷，超计划28%。其中，工程造林5 400公顷，退耕还林1 223公顷。按林种划分，营造防护林5 034公顷，用材林1 852公顷，经济林544公顷，特种用途林254公顷。绿化公路、乡路550千米，超计划10%；绿化江河堤防200千米，超计划30%；绿化村屯600个，超计划20%；全市完成义务植树1 727万株，超年计划44%；“四旁”植树130.6万株，超年计划9%；造林绿化投资4 664万元，其中环城绿化带工程投资1 813万元。

2000年，长春市造林绿化工作被全国造林绿化委员会授予全国部门造林绿化400佳单位。

**营林生产发展势头良好**　全年完成迹地更新面积394公顷；完成封山育林面积14 400公顷，其中本年新封7 230公顷；完成封山护林面积4 000公顷；完成育苗面积853公顷，其中本年新育面积340公顷，苗木产量2 723万株；完成幼林抚育作业面积48 900公顷/次；完成成林抚育面积8 480公顷；完成低产林改造面积1 000公顷；本年内实有母树林面积202公顷；实有种子园面积76公顷。全年生产木材2.82万立方米。全市林业实现总产值100 628万元，比1999年增长104%。按产业分，第一产业产值77 691万元，其中林业59 529万元，花卉9 198万元；第二产业产值10 208万元，其中采掘业4 732万元，建筑业401万元；第三产业产值12 729万元，其中旅游业5 140万元。本年内林业总投资5 926万元；完成招商引资2 015万元，超计划的7.5%。

2000年，长春市营造林工作被国家林业局评为全国营造林工作先进单位。

**环城绿化带工程建设速度加快**　环城绿化带工程是1998年启动的一项重点生态工程，2000年是工程实施的第三年，共完成造林面积725.3公顷。共栽植各种树苗128.9万株。其中丁香、榆叶梅、小桃红等花灌木5.4万株；京桃、五角枫、火炬树等亚乔木5.4万株；黑松、云冷杉、樟子松等针叶树9.1万株；杨柳树等阔叶树109万株；2000年，完成长30.23千米，面积302.3公顷的建设任务。共栽植各种树苗30万株，其中黑松、樟子松、云杉、冷杉等常绿针叶树3.5万株，京桃等亚乔木2.3万株，丁香、锦带、连翘、桃红等花灌木3万株，杨柳树21.2万株，成活率达90%以上。环城绿化带一期工程建设任务将在2001年全部完成。

**松嫩流域等重点防护林工程全面推进**　松嫩流域重点防护林工程是长春市1999年列入国家财政投资建设的重大生态工程。2000年，共完成造林任务4 620公顷，超计划的6%；此外，继续实施农田防护林更新改造工程，共更新改造农田防护林1 209.1公顷，其中更新472.6公顷，改造736.5公顷；继续推进大黑山生态林建设工程，共完成大黑山生态建设工程2 198公顷，其中，用材林905公顷，经济林610公顷，防护林683公顷。经省林业厅检查验收，三项重点工程全部达标。

**森林资源管理力度加大**

*严格森林采伐管理*　2000年国家下达的采伐计划92 450立方米，实际完成采伐指标64 800立方米，低于国家下达计划指标的30%。

*进一步加强林地管理*　遏制了毁林开垦和乱占林地的势头。国家重点建设工程占地，全部按照《森林法》规定，上报国家审批，并依据有关规定足额收缴4项补偿费用。全年共审批征占用林地项目10项，收缴4项补偿费用726万元，其中森林植被恢复费31.8万元。

*加大木材经营加工管理*　取缔不合理经营加工点187个，保留866个，其中经营单位219个，加工单位647个。新增木材加工单位16个；办理木材运输证570张，运输木材20 313立方米。

*坚持开展打击乱砍盗伐林木、破坏森林资源的专项斗争*　全市共查处各类林业案件255起，其中刑事案件61起，治安案件11起，林政案件183起。在61起刑事案件中，滥伐案件47起，盗伐案件14起。查处犯罪嫌疑人308人，其中报捕85人，治安拘留35人，治安罚款19人，林政罚款154人，其他罚款17人。全年收缴罚没款525 945.00元，收缴木材257立方米。森林防火工作实现全市连续17年无森林火灾的目标，被省政府评为全省森林防火模范单位。

*野生动物保护工作得到加强*　为强化法制建设，依法做好野生动物保护工作，制定了《长春市陆生野生动物保护条例》，2000年10月20日，经长春市第十一届人民代表大会常务委员会第二十次会议和2001年1月12日吉林省九届人民代表大会常务委员会第十一次会议讨论通过，现已颁布实施。

*加大森林病虫害防治力度*　2000年，全市森林病虫鼠害发生面积1 490.8公顷，发生率为0.53%，完成防治面积1 490.8公顷，防治面积达100%；检疫各类苗木1 482.43万株，木材5.94万立方米，种苗产地检疫率达95%；完成防治调查面积217 334.6公顷，调查覆盖率为96.6%。以上4项指标均达到省规定的标准。年末，根据国家和全省虫情预报，开展对日本松干蚧疫情调查，向长春市人民政府递交了《长春市林业局关于日本松干蚧疫情的调查及预防措施的报告》，长春市人民市政府决定投资1 000万元，用3年时间完成日本松干蚧的防治工作。

2000年，由于加大了森林资源保护的力度，全市共有林业用地327 098公顷，比1999年增加1 080公顷。其中有林地231 611公顷，比1999年增加1 333公顷；疏林地1 149公顷，比1999年减少64公顷；未成林造林地42 513公顷，比1999年减少897公顷；育苗用地593公顷，比1999年增加97公顷；活立木蓄积量达18 191 113立方米，比1999年增加625 637立方米；其中林分蓄积16 515 156立方米，比1999年增加632 211立方米，“四旁”蓄积1 653 789立方米，比1999年减少2 453立方米；森林覆盖率由1999年的14.21%增加到14.28%。

**多种所有制林业得到发展** 2000年，为了从政策上对个体私有制林业、股份合作制林业给予更大支持，长春市人民政府下发了长府发［2000］12号《长春市人民政府关于大力发展个体私营林业、股份合作制林业若干规定的通知》，推动了全市非公有制林业的发展。目前，国社合作造林面积已达3 000多公项，相当新建一个中型林场。个体承包造林面积也达2 000多公顷。招商引资额达2 000多万元。（魏运秀）

**【延边州林业】** 2000年，延边州林业实现社会总产值583 999万元（含地方林业93 282万元），实现工业总产值181 470万元（含地方林业32 557万元），上缴税金11 627.7万元（含地方林业3 020万元），全行业实现利润431万元（森工企业实现利润88万元，地方国营林业实现利润343万元），森工实现扭亏为盈。

*林业发展思路与改革工作* 2月21日，召开了全州林业工作会议，提出了延边林业2000年乃至今后一个时期的发展思路：以营林育林为基础，以生态效益、经济效益、社会效益协调统一为目标，落实天保工程，实现五个转变，培养四个产业，抓好三个开发，加大二个力度，确保一个稳定，发展林地经济，实行跨行业经营，开展第二次创业，全面实施战略转移，逐步将延边林业做大做强，实行跨越式发展。制定了2000年改革方案。突出抓了70户林产工业厂家的改革，基本完成了改制阶段性任务。完成股份制改造的28个，职工持股总额983万元，占总股本总额的13.2%。

*招商引资工作* 组织森工企业先后参加了2000年中国东西部合作投资贸易洽谈会，北京外资银行洽谈会，延边上海土特产品交易会，赴广东、福建招商引资贸易洽谈会及广东省名优产品展示暨经贸洽谈会。共签订项目合作合同、协议、意向13项，计划引进域外资金15 880万元；签订贸易合同19份，贸易额达33 144.8万元。

*林产工业* 管局对全州16户规模较大的林产工业厂家落实了达产达效责任制。全州森工系统年末实现林产工业总产值76 863万元，比1999年同期增长9.48%。林产工业实现利润308.7万元。

*森林资源培育与保护* 一是成立了木材检查总站和林政稽查大队。完成了全州木材经营（加工）许可证审核换证工作。取缔了92户无证或非法经营（加工）点。二是强化了林地征占审批管理。三是开展了严厉打击盗伐林木毁林犯罪专项斗争。截至12月末，全州共查处各类森林案件1 534起，收缴木材1 855立方米，挽回经济损失136万余元。查获毁林犯罪团伙29个，成员128人。四是全州完成森林病虫鼠害防治面积44 627.65公顷。五是全州完成更新造林计划面积为18 284公顷。六是加强了森林防火工作，实现了连续20年无重大森林火灾的目标。

*资源开发工作* 编制了林地经济发展规划，培育推出黄泥河林业局金沟林场等4个发展林地经济的典型，成立了延边长白山旅游发展公司。研制了长白山和平营子度假区开发规划。截至年末，全州林业实现多种资源开发产值77 912万元。其中，森工实现养殖业产值13 930万元，采集业产值12 456万元，商饮服务业产值19 172万元，其他产值32 000万元。旅游业产值539万元。

*科技兴林工作* 加快了科技成果的转化。24项营林、林产工业、病虫害防治、林区资源开发等领域的科研成果得到了及时推广和应用。

*党的建设和精神文明建设* 一是圆满完成了“三讲”教育任务，并认真开展了“回头看”活动。林管局党委书记张道相被国家林业局树为全国林业系统领导干部学习榜样。二是开展了全州林业党建工作调研活动。三是进一步加强了党风廉政建设。成立党风廉政建设协调小组11个，建立领导干部廉政档案226个。狠抓了案件的查处工作，截至12月底，全州林业纪检监察机关共立案81件，结案80件，处分127人，受党纪处分46人，受政纪处分81人。效能监察共立案27项，为企业避免、挽回经济损失1 780万元。四是召开了全州林业思想政治工作经验交流会，表彰了一批先进集体和个人。五是围绕“二次创业”，开展主题系列宣传“五个一”活动。林管局党委、林管局开展好思想政治工作的经验在中央电视台《焦点访谈》节目中向全国进行了宣传。六是广泛开展了群众性经济技术创新立功竞赛活动。全州林业共开发、推广、应用新技术131项；岗位技术创新390项；岗位经济技术创新成果190项；技术协作攻关232项；合理化建议创造价值1 778万元；职工技术革新创造价值1 009万元，其他“双增双节”项目创造价值1 631万元。

林区稳定工作。全州林区的各级领导特别重视稳定工作，对不稳定因素逐一排查，落实了“信访疑难案件责任制”，有效地控制了集体和越级上访量。妥善处理了“法轮功”问题。经过各级党组织的多方教育工作，绝大多数“法轮轼”痴迷者已经转化，转化率达98.8%。（范淑芬 尹 岚）

**【白山市林业】** 白山市地方林业按照市委三届七次会议确定的“生态立市、科教兴市、特色富市、建设长白山生态经济强市”的发展战略，圆满地完成了全年各项工作任务。造林绿化工作重点推进以杨树速生丰产纸浆林为主要内容的生态项目建设和加强“四旁”绿化工作力度。共完成全民义务植树144.14万株，公路绿化

60千米，村屯绿化48个，低质低产林改造493.7公顷，疏林地改造256公顷，经济林建设216.4公顷，防护林建设38.13公顷，营造速生丰产纸浆林895.6公顷。退耕还林工作按照《白山市林业局1999～2000年退耕还林实施方案》要求，全面完成了退耕还林任务，两年共完成退耕还林面积6 697.47公顷，占计划的107%。森林防火工作取得了全年无一般森林火灾的好成绩，胜利实现了全市连续21年无重大森林火灾的奋斗目标，为全省夺取20年无重大森林火灾作出了积极贡献。资源林政管理方面，把对林业行政执法队伍的教育整顿纳入了整体工作计划，分学习提高、自我剖析查摆、批评与自我批评等几个阶段来提高执法人员的素质和依法办事能力，取得了明显成效。全市地方林业主管部门开展了林政大检查和林业行政执法检查，没有发生较大影响的毁林案件和乱捕滥猎国家一、二级野生保护动物案件。全市地方林业共实现社会总产值31 453万元，利润756万元，税金2 312万元。

（赵永刚）

**【吉林市林业】** ①积极开展植“世纪树”、造“世纪林”活动，全市城乡参加义务植树人数达137万人，共完成义务植树659万株。②围绕生态园林城建设，新建重点绿化工程12项，改造提高了17个绿化项目。③实施小城镇绿化示范点建设工程，全市“四旁”植树234万株，绿化村屯65个，营造防护林1 068公顷。④全市共完成人工造林更新13 206公顷，其中迹地更新1 622.1公顷、退耕还林8 834.7公顷。⑤强化林木种苗建设，投入25万元作为良种补贴专项基金，建成母树林采种基地13处，面积2 400公顷，种子园3处，面积达240公顷。⑥认真开展森林防火工作，建立县级以上领导挂牌包保重点火险区55处，林区内防火法规、防火知识和防火责任义务“三到户”，实现了连续21年无重大森林火灾。⑦深入开展了打击毁林犯罪集中统一行动，有效打击了各种毁林违法犯罪活动，共查处各类涉林案件1 487起，收回林地2 481.8公顷，挽回经济损失63万元。“5年禁猎”成果显著，全地区陆生野生动物由禁猎前的253种增加到282种。⑧按照国家开展“三号行动”的要求，积极开展了林地清查，尤其对1998年“八五”通知之后继续非法侵占林地、蚕食林地的行为进行了清理。⑨全面实施天然林资源保护工程，封山育林1 830公顷，森林抚育4 260公顷。⑩全年开发林业新产品5项，推广林业科技新成果20项，全年实现林业生产总值3.55亿元，实现利税3 160万元。

（厅办公室）

**【通化市林业】** 2000年，是通化市实施百万亩红松阔叶林建设、百万亩封山育林和8 000公顷退耕还林三大跨世纪工程的第二年，又是启动生态市建设的第一年，全市林业生态建设取得了突破性进展，并被国家林业局授予全省唯一的全国林业生态建设先进市。

*以百万亩红松阔叶混交林建设为重点的三大跨世纪生态建设工程全面展开*

1. 红松阔叶林建设工程全面推进。2000年末营造红松阔叶林9 847.4公顷，占计划6 700公顷的147%。栽植成活红松苗木1 055.4万株，占计划82.2%。

2. 百万亩封山育林工程深入展开。全面禁止了天然林皆伐。2000年又新封山育林19.933公顷，占计划的104.1%。累计封山育林面积已达29万公顷。

3. 8 000公顷退耕还林工程任务圆满完成。共完成退耕还林4 515公顷，占年度计划2 956公顷的152.7%。两年共完成退耕还林10 453.1公顷，占退耕还林总任务的131.2%，圆满完成了8 000公顷退耕还林任务。

*以森林防火为主旋律的森林资源保护工作又有新起色* 全市共发生森林火警4次，过火面积1.35公顷，受害面积0.89公顷，全市共查处各类森林案件762起，林业刑事案件53起，重大案件4起，共处理各类违法人员843人，收缴木材224立方米，为国家挽回经济损失74.8万元。

*以三大产业结构调整为突破口的山区特色经济又有新发展* 一是以红松果林建设为重点的经济林培育。2000年，营造红松果林为主的经济林1 630公顷，占计划的163%，其中新植红松果林987.2公顷，改造红松果林321公顷，嫁接34.4公顷，嫁接红松25 800株。二是以林蛙养殖为重点的生态经济沟开发。三是以林下参种植为重点的林地资源利用。2000年新发展林下参1 467公顷，累计发展林下参4 333公顷。

*以资本运营和转换经营管理机制为重点的两项改革不断深入* 一是场圃经济出现了蓬勃发展的好势头。销售收入可达21 400元。二是集体林经营管理体制改革座谈会的召开，对今后一个时期的改革提出了指导性意见。已有38个乡（镇）、173个村进行了各类改革，共拍卖、转让、租赁、承包集体林52 500公顷，占集体林地面积的9.2%。

（田 宇）

**【白城市林业】** 2000年白城市林业工作，在市委、市政府的正确领导下，在省林业厅的大力支持和业务指导下，全市各级林业部门积极探索总结推行了“包、租、股、卖、给”和“以卖为主，合同造林，司法公证”等新的营林机制，大力总结推广国有林场兴办家庭林场的做法和经验，开展了造林质量大检查，加大了幼林抚育检查力度，强化技术培训，大力推广林业先进技术，推行造林绿化工程化管理，实行工程技术人员负责制，严格执行苗木专营和林木采伐现场审批、伐前交更新保证金、伐后迹地验收的制度，加大防火阻隔带网络建设，开展造绿工程杯竞赛活动。经过全市广大干部群众的共同努力，克服了严重干旱、任务繁重、资金短缺等重重困难，取得了较好成绩。全市造林5.87万公顷，超额完成市政府下达的造林计划，超过省林业厅下达造林计划的10.6%，是近年来造林数量最多、质量最好的一年。完成了工程总长184.2千米、植树322.47公顷的长白、图乌、镇白3条公路两侧盐碱地绿化带施工任务；完成了总长42.2千米、植树211公顷的环城林果园建设任务；退耕还林2.18万公顷，秋季完成整地、换土、播种马蔺577公顷，提前1年完成了省林业厅交给的建设任务。义务植树458万株，城市新增绿地65.4万平方米，绿化铁路、公路181千米，绿化江河两岸2.9千米，绿化村屯74个。全市连续22年无重大森林火灾发生，森林资源保护工作得到进一步加强。全市林业实现社会总产值2.1亿元。（肖凤祥）

**【辽源市林业】**

*把生态建设放在首位，整体推进造林绿化上水平*　坚持以建设高质量的生态环境为主攻方向，按照增绿量、出精品、建体系的要求，一方面狠抓了面上的造林绿化，确保了各项造林绿化指标的完成，并全面超额完成了“九五”绿化工程规划的各项指标。另一方面重点抓了万名市民环城造林绿化工程，使市区生态环境得到初步改善，受到市政府通令嘉奖。

*全面开展了森林经营管护承包的改革*　本着积极稳妥、因地制宜、分类指导的原则，通过采取个人经营、联合经营、出售经营等承包形式，21个国有林场全部落实了山林管护承包经营，面积达84 329公顷。集体山林管护承包试点工作正在进行之中。

*依法加强对森林资源的保护管理*　一是加大森林防火力度，确保既定目标实现。采取严、细、实的措施，层层落实防火责任制，开展群防群治，营造浓厚的森防氛围，强化野外火源管理，胜利完成了决战年的任务，实现了连续16年无森林火灾的奋斗目标。也为实现全省连续20年无重大森林火灾作出了贡献。二是森林病虫害防治工作和野生动物保护工作取得了新的进展。此外还开展了“百日会战”严打活动，有效地保护了森林资源。

*积极发展林业产业，狠抓富场裕民*　辽源市按照跳出林业抓产业，走出林业办实体的发展思路，积极寻求多种致富门路，开辟新的产业和多种经营项目。实现林业社会总产值4 100万元，为年计划的116%；实现销售利润950万元，为年计划的109%；实现多种经营利润220万元，为年计划的105%。4个示范林场也完成了预期的经济指标。（李茂生）

**【松原市林业】**　2000年，以生态经济型林业建设为中心，以生态环境整治为重点，保护与发展并重，加大森林资源管理力度，进一步深化改革，转换经营机制，把生态环境建设与经济发展紧密结合起来。实现了林业经济、社会、环境3个效益的协调发展。经过全市上下的共同努力，圆满地完成了各项林业工作任务。全年完成造林22 289公顷，占年计划的101%，其中完成经济林造林4 687公顷；封山育林8 166公顷；城市新增绿地面积10万平方米，县城新增绿地18.4万平方米；整治绿化村屯94个，森林覆盖率达到12.5%，实现林业产值3亿元。

在生态环境治理方面重点抓了农田防护林、防治荒漠化、生态草和城乡环境绿化等工程建设，最大限度地增加绿色植被，提高了生态环境建设水平。国有场圃经济有了进一步增强，果品业、木材业、森林旅游业开发取得了初步成果，林业经济有了显著提高。森林病虫害的发生和发展势头得到了遏制。严厉打击林业行政和刑事案件，有效地保护了森林资源。森林防火工作得到了进一步加强，实现了连续20年无重大森林火灾的好成绩。（郭景和）

**【四平市林业】**　2000年，认真贯彻了全省林业工作会议精神，坚持高举生态建设大旗，按照建设生态省、发展生态环保型效益经济，实现林业经济、社会、环境3个效益高度统一的目标要求，全面实施“三增二减一稳”，各项工作取得了较大成绩：全年造林6 981公顷，超年计划34.2%；全民义务植树490.4万株；实现了全省连续20年无重大森林火灾目标，自此，四平市已经从1955年开始连续46年无重大森林火灾；查处各类林业案件404起，毁林犯罪现象得到有效遏制；林业改革稳定推进，拍卖小型企业23户，发展个体私营经济331户；林场职工人均收入达到5 100元，生活质量明显提高，林业系统日趋稳定。全局有12个方面工作34人次受市以上有关部门表彰。（王世君）

**【吉林省2000年林业大事】**

1.2月21日，吉林省委宣传部、省森林防火指挥部、共青团省委、省教委、省林业厅、省广播电视厅、省交通厅、省气象局、省旅游局联合下发了《关于切实做好森林防火宣传教育工作的通知》。

2.3月10～12日，魏敏学副省长实地考察了长白山北坡山门、08瞭望台、地下森林、温泉、瀑布、高山滑雪场和长白山冬季旅游的其他基础设施建设情况，召开了长白山旅游调研座谈会。

3.3月22～25日，澳大利亚新南威尔士州消防代表团访华期间来吉林省考察。

4.4月21～29日，国家林业局春防检查组到吉林省检查春季防火工作。

5.4月29日，副省长杨庆才在省林业厅厅长宋文和的陪同下，到吉林敦化丹峰林业有限公司检查指导工作。

6.4月30日，洪虎省长在延边林业调研时指出林业企业要进行3个转变：林业生产经营方式要由过去的划定区域以采伐为主向跨区域、跨产业和资源综合开发利用转变；林业企业改革要由因企设政、政企不分向政企分开、调整重组和建立现代企业制度的方向转变；林业结构调整要由过去的“林木结合，以木为主”向“林草结合、综合利用、可持续发展”转变。

7.4月30日，副省长杨庆才、林业厅副厅长金德友及防火办主任孙亚强在延边州副州长栾胜宽及州管局副局长姜文杰陪同下，到黄泥河林业局视察工作。

8.5月12日，省委决定刘延春同志任省林业厅党组书记；王玉明同志任省林业厅党组成员。

9.5月26日，吉林省政府任命王玉明为吉林省林业厅副厅长。

10.6月16日，在长春参加会议的国家林业局党组成员、中国林科院院长江泽慧，专程到省厅看望了机关干部和事业单位负责人。

11.7月3～5日，洪虎省长在省计委、省水利厅、省环保局等同志及林业厅厅长刘延春的陪同下到前郭、大安、通榆调研。4日下午到向海自然保护区听取保护区规划和生态保护情况汇报。

12.7月11日，吉林省人民政府办公厅印发《关于吉林省林业厅职能配置、内设机构和人员编制规定的通知》。

13.7月11～12日，国家环保总局副局长宋瑞祥，在省政府副秘书长卢连大、省环保局局长王立英陪同下到长白山国家级自然保护区调研。

14.8月12日～13日，魏敏学副省长率延边州、白山市及省直有关部门的领导同志，对长白山旅游工作进行了实地考察并发表意见。

15.8月18日，省林业厅新的职能配置、内设机构正式确定。

16.9月11日，为严防森林火灾，保证林副产品采集和其他生产经营活动依法有序进行，保护森林资源，吉林省人民政府下发通告。

17.9月11日，省政府副秘书长包秦同志主持召开全省秋季森林防火工作暨确保实现连续20年无重大森林火灾电视电话会议。

18.9月20日，洪虎省长在省轻工业管理办公室《关于由省轻工行管办继续行使芦苇政府管理职能的请示》上批示：“芦苇作为一种植被资源由省林业厅统管是合适的。芦苇又可做造纸原料(这只是芦苇的一种用途)，可以划出一定区域作为造纸的原料基地由企业经营管理（和造纸用材林基地一样），省轻工行管办如有资金投入可投到造纸企业。省轻工行管办要转变传统的观念，与省林业厅协调把造纸用芦苇基地规划好。”

19.9月16日，杨庆才省长在省林业厅拟定的《全省2000年秋季森林防火安排意见》上批示：2000年秋季森林防火是实现全省20年无重大森林火灾的最后一个防火期。省防火指挥部、林业厅要组织协调有防火任务的各级政府、各有关部门、一定要高度防范、亲临一线、强化措施、狠抓落实。绝对确保秋防不出大的问题。要特别宣传好春季省防总提出的“十项制度”、“五个百分之百”；既要依法防护、科学防护，又要下笨功夫死看死守。舆论宣传、物质保障等各项工作都要有更高的水平。万万不可有丝毫麻痹大意，防止“功亏一篑”。

20.9月29日，经吉林省第九届人民代表大会常务委员会第十九次会议通过《吉林省集体林业管理条例》。

21.10月17日，洪虎省长就秋季森林防火工作批示：1981年以来，全省各级政府、各部门和单位进一步加大了森林防火的工作力度，克服了各种不利因素。取得了连续十九年半无重大森林火灾的好成绩。对此，应该给予充分肯定。当前，全省秋防已进入高火险期，在这样一个紧急关头，各级政府务必保持决战意识，高度戒备，从严管理，做好全天候扑火准备工作，确保实现二十年无重大森林火灾的奋斗目标！

22.10月30日，吉林省人民政府印发《关于延长秋季森林防火戒严期的紧急通知》。

23.12月6日，洪虎同志在省林业厅《吉林省林业厅党组关于全省胜利实现连续20年无重大森林火灾的报告》上批示：实现连续20年无重大森林火灾是林区人民和林业系统职工努力的结果，也是历届省委、省政府正确领导的结果，要很好总结经验和教训，在此基础上形成法规和制度认真加以贯彻，并注意提出预防和扑灭森林火灾的技术手段和装备。要再接再厉，创造更长时间无重大森林火灾的成绩。

24.12月22日，吉林省人大常委会在长春召开了宣传贯彻《禁猎决定》新闻发布会，进一步推动《禁猎决定》在全省范围内的宣传与贯彻。

25.12月24日，吉林省第九届人民代表大会常委委员会第二十次会议通过了《吉林省人民代表大会常务委员会关于禁止猎捕陆生野生动物的决定》。

26.12月26～27日，省林业厅在长春市召开全省林业局长会议。

# 黑龙江省林业

## 【概　述】

### 发展与成就

**植树造林**　2000年，全省共完成造林33.97万公顷，占计划的113.2%。退耕还林完成8.75万公顷，占计划的109%。封山育林完成20.8万公顷，占计划20万公顷的104%。育苗完成1.43万公顷，占计划1.33万公顷的107.5%。全民义务植树完成9 092万株，占计划的144%。

*森林资源保护* 全省共发生火警、火灾258次，其中火警199次，一般森林火灾47次，重大森林火灾8次，特大森林火灾4次，森林受害面积32 471公顷，受害率1.733/1 000。共查处各类森林案件7 013起，其中，森林刑事案件675起，治安案件146起，林业行政案件5 120起，野生动物案件1 072起。共查处4 896人次。收回林地520公顷，收缴木材5 406立方米，收缴野生动物3 330只（头），挽回直接经济损失230万元。认真组织实施了野生动物和湿地保护的国际合作项目。全省共发生森林病虫害29.56万公顷，发生率4.7%，防治率73.5%。调查监测面积289.87万公顷，监测覆盖率93%。检疫苗木13.07亿株，种苗产地检疫率94%。

*林业产业* 按照省政府提出的"打绿色牌，走特色路"的要求，围绕国有林场经济结构调整，编制了《黑龙江省地方林业产业发展总规划》和《黑龙江省地方林业林产工业发展规划》、《黑龙江省地方林业商品林营造规划》、《黑龙江省地方林业森林旅游发展规划》、《黑龙江省地方林业绿色食品发展规划》、《黑龙江省地方林业北药开发发展规划》、《黑龙江省地方林业苗圃建设规划》等6个分规划。林业产业建设逐步向基地化、规模化、商品化方向发展，并壮大龙头企业，推进北药和森林旅游的开发，加快产业化进程。哈尔滨市林业局所属市（县）已初步形成了木材精深加工、林蛙养殖、森林旅游、绿色食品、养殖、矿产、林药保健品、动物驯养、苗圃、花卉等十大基地；佳木斯市林业局所属市（县）农业、果品、森林旅游、食用菌、林蛙养殖、采掘、果品、森林旅游、食用菌、木材加工、果酒饮料、修理服务、种养繁殖等方面也都有了较大发展。2000年，仅林业厅系统森林公园接待游人80万人次，同比增长33%，旅游收入580万元，同比增长32%。全省林业社会总产值达到22.7亿元。

*林业科技* 2000年，科研项目全部采用合同管理，在原来正常管理的基础上，增加一份合同管理内容，课题主管单位、承担单位、投资单位三家定合同，保证项目按合同指标内容完成。技术推广课题项目采用跟踪问效管理，使多数推广项目都超过原定推广合同指标数。全系统获黑龙江省科技技术进步二等奖的项目2项，即嫩江沙地综合治理开发配套技术研究和白桦强化育种技术研究；获三等奖的项目2项，即杨树良种银中杨丰产栽培技术推广和拟青杨×山海关杨良种选育研究。

*精神文明建设* 以"学理论、作表率"活动为载体，以贯彻落实"三个代表"重要思想为核心，强化政治理论学习。举办学习班，请省委党校专家教授辅导，理解领会"三个代表"的主要内涵和重大意义，认真开展了"回头看"工作。还结合实际，开展了"以案说纪"、"奉献在岗位"等演讲活动。厅直机关标准化党支部达到95%以上。

**改革与林政措施**

*造林绿化重标准讲质量* 制定了《黑龙江省造林技术规程》。总结以往经验教训，把提高造林标准质量作为造林工作的重中之重，严把标准质量关，创建精品工程，带动面上造林。省绿化委员会、林业厅在各县（市、区）自查、地（市）抽查的基础上，抽调20余人，分成12个组，利用近1个月的时间，对全省各地的造林实绩进行了核查。哈尔滨市、绥化市、齐齐哈尔市、大庆市、牡丹江市、鸡西市、佳木斯市、伊春市、双鸭山市、七台河市、鹤岗市、黑河市、大兴安岭地区和尚志市等64个县（市、区）都完成或超额完成造林计划。人工造林核实面积、合格面积排列在前10名的县（市）是：尚志市、拜泉县、青冈县、海林市、延寿县、龙江县、甘南县、林口县、鸡东县、桦南县。没有完成造林计划的有：肇源县、汤原县、北林区、绥棱县和依兰县。

*狠抓野生动植物保护与管理* 2000年是全国野生动植物保护法律法规执行年。为此，4月份林业厅会同省公安厅、省工商局联合向全省各地下发了《关于开展野生动植物资源保护执法检查工作的通知》。明确规定检查的内容、重点、范围、时间、方法、步骤、组织领导和工作要求。还开展野生动植物保护宣传教育活动。同月下旬，省林业厅和省野生动物保护协会与国家林业局联合在鹤乡扎龙国家级自然保护区和鹤城齐齐哈尔市，举办了"千喜之年——爱鸟护鸟南北行"大型宣传教育活动，该活动从海南发起历经13个省（区、市），到黑龙江结束。12月，省林业厅会同哈尔滨市林业局、哈尔滨市工商行政管理部门，并抽调30余人分成3个执法小组，对哈尔滨市区的星级宾馆、酒店、药店、药材批发市场、菜市场、火车站、飞机场等140余家单位和场所，进行了为期两个阶段的突击检查，查处有非法出售国家级、省级重点保护野生动物及产品的共40余家。

*理顺湿地管理职能* 为加强湿地管理工作，省编委经省政府同意批准成立了省湿地管理领导小组，其办公室设在省林业厅，理顺了湿地管理职能，并明确各级林业行政主管部门是湿地保护和管理的牵头部门和主管部门。省林业厅向湿地重点分布的市（地）林业局做了专项部署，积极开展新建湿地保护区工作，使保护区总面积再增加30万公顷。

*启动GEF（全球环境基金）湿地项目* 由联合国开发署和中国政府共同组织实施5年期的由GEF提供援助的中国湿地生物多样性保护与可持续利用项目开始实施启动。省财政厅落实了省项目办的项目配套资金，确定了《项目5年工作计划》和《项目年度工作

计划》，完成了国家项目办和省项目办在黑龙江省举办的第一期湿地基础知识培训工作。

加大林业宣传工作力度　围绕林业中心工作，利用报刊、广播、电视等社会新闻宣传阵地，开展了多种形式富有成效的林业宣传工作。与省电视台共同推出了《绿色龙江行》22集系列报道；以“建设山川秀美的黑龙江”为主题，在《黑龙江日报》上组织发表了造林绿化套绿专版等。2000年，在省级以上报刊发表林业稿件150多篇，在省电视台发表林业电视新闻及专题报道60多条，在省广播电台发表林业新闻40多条。省林业厅决定每年将拿出10万元作为林业宣传奖励基金。

推进北药开发　制定了《黑龙江省林业厅关于加快北药开发的实施方案》。林业厅系统360处国有林场中，大部分不同程度地种植和养殖了中药材，有的已建立了中药材基地。

**存在问题**　观念陈旧，思想解放程度不够，产业结构不合理的问题十分突出，生态建设后劲不足，法制建设不到位，经营管理水平低。　（吴梅芳）

**【黑龙江省林业公安处由处变局】**　为理顺黑龙江省森林公安体制，进一步加强森林资源保护的机构和队伍建设，2000年2月，经省编委、公安厅批准，黑龙江省林业公安处更名为黑龙江省林业森林公安局。同时在省林业厅直属的尚志、庆安国有林场管理局设立两个直属分局，并在林场增加了11个森林公安派出所。

（吴梅芳）

**【《黑龙江省志·林业志》出版】**　按照省编纂委员会的部署，在省地方志办公室具体指导下，由省林业厅牵头，省林业厅、省森林工业总局和大兴安岭林业管理局共同承编的《黑龙江省志·林业志》，于2000年7月正式出版发行。该书本着尊重历史、详今略古的原则，扼要地记述了亘古以来至近代不同时期黑龙江林业发展的史实，并以浓墨重点记述了中华人民共和国成立以来至1985年之间的森林资源、开发建设、木材生产、林产工业、森林保护、植树造林、森林经营、林副产品、科技教育、人员机构及林业改革建设的伟大成就。全书以概述为先导，下设11篇、46章、168节，共计120余万字，含彩色照片16页70幅。　（吴梅芳）

**【《林业月报》改名】**　为更好地突出黑龙江林业特色，经国家新闻出版署批准，2000年7月，由省林业厅主办的《林业月报》改名为《黑龙江林业》。

（吴梅芳）

**【马永顺病逝】**　全国林业战线老英雄马永顺，因患突发性心肌梗塞，于2000年2月10日在铁力逝世，享年87岁。马永顺是新中国第一代伐木工人，曾靠弯把子锯1人完成6人的工作量，创造出手工年伐木1 200立方米的全国记录，曾多次被评为省特等劳动模范和全国劳动模范。离休后，他以“青山常在，永续利用”为己任，坚持“生命不息，造林不止”，同家人植树5万多株，实现了向大山“还账”的夙愿，由砍树功臣成为植树英雄。他多次受到党和国家领导人的接见，1998年获联合国授予的“全球环保500佳”先进个人称号，1999年被命名为“全国十大绿化标兵”。（吴梅芳）

**【中日合作嫩江鸟类环志研讨会】**　2000年9月18～28日，中日合作嫩江鸟类环志研讨会在嫩江县高峰林场召开。此次研讨会是由日本环境厅资助，国家林业局委托省林业厅承办的。全国鸟类环志中心、日本山阶鸟类研究所、香港、吉林以及黑龙江省候鸟主要分布区的扎龙、兴凯湖、三江和洪河等鸟类专家参加了研讨会。会议交流了世界各国在鸟类环志方面的最新动态、技术和鸟类保护管理方法，共环志鸟类51种2 288只。

（吴梅芳）

**【东北虎野生种群恢复计划国际研讨会】**　为了挽救濒临灭绝的东北虎野生种群，2000年10月，省林业厅与国际野生生物学会共同主办了2000中国哈尔滨东北虎野生种群恢复计划国际研讨会。来自美国、俄罗斯、英国、荷兰、韩国等国家和一些国际组织的近百名专家、学者和代表出席了会议。会议就如何恢复东北虎野生种群通过了建设保护区、生态走廊和优先管理区，加强国际合作、建立跨国界保护区等8项具体行动计划。

（吴梅芳）

**【哈尔滨市林业】**　现有经营面积130.62万公顷，其中有林地面积98.30万公顷，占林业经营面积的75%，森林覆盖率12.79%。在有林地面积中，天然林58.49万公顷，占有林地面积的60%；人工林39.81万公顷，占有林地面积的40%。活立木总蓄积7 406.96万立方米，其中天然林蓄积占75%，人工林蓄积占25%。按林种划分，用材林面积占83%，防护林占10%，薪炭林占4%，特种用途林占1%，经济林占2%。2000年，全市造林4.55万公顷；抚育采伐森林1.94万公顷，出材41.60万立方米；实现林业总产值7.6亿元。连续15年未发生重大、特大森林火灾，有林地面积和森林蓄积连续多年实现双增长。林产工业和多种经营产值达4.52亿元，林产工业骨干项目主要有：人造板年产0.14万立方米；板方材年产4.33万立方米；地板块年产2 670立方米；铅笔板年产700立方米；装饰门年产9 000扇；家具年产5 080件。（哈尔滨市林业局）

**【青冈县加快生态建设步伐】**　该县是个平原林业大县，近年来，坚持实行育、造、管、加一体化经营，有林地面积已达到4.2万公顷，森林覆盖率达到15.6%，林木蓄积量达到600万立方米。年可采伐木材1万立方米以上，林业产业的乡村集体年收入达到300万元。该县连续6年被省政府命名为造林绿化先进县，2000年又被国家授予全国生态建设先进县称号。他们的主要做法是：

*转变观念，准确定位* 1998年以来，该县从大农业观点出发，把林业生产定位在激活农业经济的主导产业的位置上。在发展林业的思想上实现了由单纯追求生态效益，转变为立足生态效益、社会效益，突出经济效益；由单纯抓造林生产，转变为实行育苗、造林、管护、利用相结合，突出龙头企业建设；由单纯依靠乡村集体造林，转变为全社会参与，突出以广大农民为主体的三个转变。

*突出重点，规模造林* 近3年来，造林规模以每年3 333多公顷速度递增。育苗实行内外结合办法，对内走集体、个人、股份多元化育苗之路，对外靠优惠政策和优质服务，吸引客商建苗木基地。到2000年，全县每年可生产1 000多万株树苗，基本实现苗木自给自足。乡村林场建设坚持与护林建设相结合，与招商引资相结合，与种草养畜相结合；主推以集体办、个人办、股份办的形式办林场的"三种模式"。到2000年底，全县集体林场达到169个、3 000公顷；家庭林场67个、400公顷；股份制林场5个、200公顷。还重点实施了绿色通道工程、防治盐碱化工程和绿色长廊工程三大骨干工程。

*放宽政策，延伸链条* 实施《青冈县招商引资优惠政策》、《青冈县关于拍卖承包"五荒"资源若干问题的规定》、《青冈县鼓励个人开发兴办林场优惠政策》，对个人投资绿化荒沟荒坡、兴办家庭林场、土地使用上，都给予优惠。同时，健全和完善管护机制，开通"森保110"举报电话。

*强化领导，明确责任* 形成了四大班子领导合力抓，县委、县政府主要领导挂帅抓，主管农业的副书记、副县长全力抓，业务部门具体抓的领导责任机制，并确定由县委常委、纪检书记主抓林业产业。实行了"六个一"责任制，即每人包一个村屯绿化，一个流域治理，一个林场建设，一条标准绿化路，一个标准街道绿化和一个苗圃建设。（吴梅芳）

**【巴彦县林业局发展"两非"经济】** 该局从林地面积小、木材产量少、职工人数多、生存难度大的实际出发，依托资源，发展非国有经济和非林产业，积极调整林区经济结构，搞活林区经济，促进林业产业体系建设快速发展。截至2000年底，全局实现总产值1 650万元，比1995年翻了1番。其中，非国有经济产值达到940万元，占总产值的62%；非林产业产值达752万元，占总产值的45%，是年木材总产值的1.5倍。林业经济发生了明显变化，"八五"计划末，木材、苗木生产产值占总产值的86%，非林产业产值占14%；"九五"计划末，木材、苗木生产产值占总产值的55%，非林产业产值已占总产值的45%。同时，实现分流职工205人，安置就业人员95人。

*提高认识，选准突破口* 按照市场牵龙头，龙头带基地，基地连职工家庭的产业化经营思想，认真编制了林业综合开发规划，明确龙头企业，并把发展"两非"作为突破口。同时针对存在的思想保守、观念陈旧、小富即安、不求发展、畏难怕乱、不思改革、经营单一、循规蹈矩、坐井观天、自我安然等问题，在干部、职工中开展学市场经济理论、学科学技术、学国家方针政策的"三学活动"，克服封闭性、依赖性和盲目性。

*制定政策，灵活机制* 制定了"三个有利于"和"两个重点支持"的政策，即有利于国有资产盘活，有利于职工就业和分流，有利于国有资产保值增值增效；对招商引资项目支持，对能够形成产业化经营的重点支持。在产权制度上，采取重组产权、股份经营，出售产权、国有民营，盘活资产、承租经营等方式，实现了所有权、经营权、使用权分离。到2000年底，该县林业已在6个区域形成养殖林蛙、蜜蜂，开采石灰石、蛙石、山砂，商业服务区，森林旅游，农副产业，木材经营加工，培育苗木花草，种植药材，养殖畜禽等12大主导产业。

*找准市场，选定项目* 根据市场的需求和发展，依托资源，重点抓了木材加工业、种植业、养殖业、开采业、旅游业的发展。到2000年，全系统经营加工木材的职工已有8家，年加工能力都在2千立方米；种植业已达1 000公顷，年创产值230多万元；建立8处林蛙养殖基地，放养面积500公顷；1处养殖基地，养蜂62箱；发展畜禽养殖专业户31户，畜类饲养量达1.2只，生猪、黄牛饲养量已达1 600头；已开发矿体2处，年产量达8千吨，建立7处砂石场，年收入达25万元。

（吴梅芳）

**【桦南县林业产业快速发展】** 几年来，这个县"依托林业发展林业，跳出林业发展林业"，通过采取生态拉动、项目带动、引资推动、龙头牵动、科技驱动等措施，林业产业结构调整步入了快车道。2000年初，组建了黑龙江省绿天林业集团，改造和扩建了4个龙头企业，建立了各种产业基地3 333多公顷，产品品种已达18大类72种，其中有3个品种获得了A级绿色食品证书。2000年林业产业经济效益200万元，出口创汇30万美元。其经验是：

*改革体制，发挥群众优势，加大规模经营* 改革管理体制，以原林业局所属9个国有林场、2个贮木场等基层单位为母公司，依靠县政府行政划拨方式和与县农行通过转贷停息扶持方式，以及企业优势互补等低成本兼并扩张手段，把县葡萄酒厂、县维胜饮料厂、桦南镇造纸厂、县果树示范厂、县对外经济贸易公司和县口口香炒货厂等6个相关企业吸纳进来为子公司，实现了对现有存量资产的盘活和优化配置，组建了全省地方林业系统规模较大的注册资金1.02亿元的产业集团——黑龙江省绿天林业集团。

*加大力度，开发支柱产业，推动特色产业* 在产业结构调整中，注重培植和开发支柱产业，充分发挥林区

资源优势，围绕“特色”和“新”，确立集约经营、商品用材林、开发纯绿色天然食品加大原料生产基地建设、培育美化和绿化苗木等4项支柱产业。用山葡萄酿制的酒，酸甜适口、营养丰富，在葡萄酒中备受消费者的青睐。红松籽属天然绿色食品，国内外市场一直走俏。五味子是地产药材，在古代列为上品，这些年来市场一直需大于供，价值居高不下。特大白瓜籽誉满全球。已建立标准优质酿酒山葡萄园33公顷，五味子园近70公顷，甘草及其他药材园133公顷。

加大投资，升级龙头企业，使特色产业走进大市场

注入山区综合开发资金1 500万元，对山葡萄酒厂、维胜饮料厂两个龙头加工企业进行全面技术改造。山葡萄酒厂的年生产能力从300吨增加到5 000吨，饮料厂从年产40万件增加到100万件。在全国已建立销售网点160多个。干红、爽口原汁山葡萄酒3个品种，已获得国家A级绿色食品证书。产品已远销德国、匈牙利、奥地利等欧洲国家。（吴梅芳）

**【穆棱市狠抓退耕还林】** 2000年，穆棱市被确定为国家和省退耕还林试点市。该市把握这一机遇，把退耕还林工作作为全市农业和农村工作的重点，强化领导，加大力度，科学规划，完善政策，活化机制，强力推进。全年完成退耕还林1.23万公顷；造林6 667公顷，其中退耕还林还草4 713公顷，荒山造林1 733公顷；新建苗圃14处、19公顷。他们在退耕还林中坚持一次到位，逐年分步还林，长期实施管护的原则，按照“不论成因，凡是25度以上的坡耕地一律退耕还林；不论面积，凡是在林缘、林中私开滥垦小开荒一律退耕还林；不论年代，凡是承包、联营、拍卖等治理协议履行过程中，未按规定进行治理继续耕地的一律退耕还林”的要求，编制了总体实施方案和分年度实施规划，分解任务，责任到人。造林前签定治理管护协议书，确定承包双包权利义务，造林验收合格后，市政府颁发林权证，保证经营者的使用权、受益权长期稳定。验收时坚持“四个一”的方法，即：一个验收队伍，一个验收标准，一把尺子，一量到底，逐地块实量实测。（吴梅芳）

**【2000年度黑龙江省造林绿化竞赛先进单位】**

**地市级先进单位** 哈尔滨市人民政府 绥化市人民政府 齐齐哈尔市人民政府 大庆市人民政府 牡丹江市人民政府 鸡西市人民政府 佳木斯市人民政府。

**县（市）级先进单位**

一等奖 尚志市人民政府 拜泉县人民政府 青冈县人民政府 海林市人民政府 延寿县人民政府 龙江县人民政府 甘南县人民政府 林口县人民政府 鸡东县人民政府 桦南县人民政府。

二等奖 杜尔伯特蒙古族自治县人民政府 密山市人民政府 佳木斯市郊区人民政府 富裕县人民政府 穆棱市人民政府 兰西县人民政府 大庆市大同区人民政府 泰来县人民政府 木兰县人民政府 巴彦县人民政府 林甸县人民政府 安达市人民政府 同江市人民政府 宾县人民政府 通河县人民政府 望奎县人民政府 海林市人民政府 集贤县人民政府 铁力市人民政府。

**森工系统先进单位** 友好林业局 大海林林业局 兴隆林业局 鹤北林业局 带岭林业局 亚布力林业局。

**农垦系统先进单位** 荣军农场 普阳农场 八五四农场 格球山农场 饶河农场。（吴梅芳）

**【2000年黑龙江省绿化奖章获得者】** 高巍 丁险峰 武艳波 夏重绵 解延忠 张卉 杨春旺 于开林 马学君 于宝亮 魏伟 白颖 戚桂莲 王乃巨 胡柏生 高春伟 黄绍彦 张跃山 刘利明 侯杰 牛伟君 任全树 张玉和 金永顺 高明 刘润德 顾广华 程明杰 张学 郭福山 肖诚 付贵 侯海军 王保田 唐守忠 朱忠植 王亚斌 李成伟 赵显全 华泽贵 周庆林 肖华 孙海军 谭吉宝 张福臣 王玉杰 马晓道 何玉江 高俊阳 曲云龙 王喜财 谭华 王贵海 徐满成 胡志民 王国文 郝桂林 马振远 朱汉伟 李弘源 姜兴林 闫德忠 李岩 杨殿选 孙常江 于建国 王平 陈树海 苗元庆 程慧英 徐克龙 闫青 耿金 周春来 荆培强 杨玉贵 刘秀华 娄玉林 李树林 张翠芝 赵贵才 吕庆友 蔡宝明 牛宝权 李天福 邹存利 赵明升 姜长有 周江红 顾振文 邓淑华 毕慧滨 王旭光 武哲风 翟国华 杨学 高学文 汪海霞 李海威 刘宇飞 慈敬元 薛婧 陶艳芬 陶俊杰 马滔 孙柏志 高亮 田金权 程少侠 李玉生 梁贤斌 温莉莉 （吴梅芳）

# 黑龙江省森林工业

**【概 述】**

较好地完成了各项经济指标 2000年森工产业总产值（现价）100.4亿元，同比增长3.5%。木材生产完成450.5万立方米，同比减少76.4万立方米；产

值19.4亿元，同比减少18.3%。林产工业产值完成27.5亿元，同比增长13.5%。多种经营产值及收入完成51.6亿元，同比增长15.2%；其中多种经营产值完成38.6亿元，同比增长19.2%；实现利润15 223万元，同比增长16.9%。全省森工93户预算内企业实现亏损1.58亿元，同比减亏1 767万元，减亏幅度为10.1%。提前完成上缴任务的有穆棱、大海林、兴隆、方正、苇河、亚布力、绥棱林业局。超额完成上缴任务的有方正、兴隆、亚布力、柴河林业局和飞天总承包公司。

*天然林资源保护工程取得成效* 2000年天保工程国家投资21.2亿元。公益林建设资金投入17 420万元，完成人工造林3.33万公顷，封山育林15.4万公顷；财政专项资金投入194 588万元（除79 822万元一次性安置费逐步到位外，其余资金全部到位）。

*森林资源培育保护效果显著* 2000年完成常规造林6.67万公顷，义务造林0.82万公顷，自费造林1.22万公顷；森林抚育9.08万公顷。查处森林案件7 522起，处理违法犯罪人员5 367人，收缴木材1 030立方米，挽回损失75万元。完成了第五次森林资源连续清查、湿地调查和野生动植物普查工作；清理回收林地0.67万公顷，退耕还林0.67万公顷。森林病虫害防治率达到90.5%，病虫害监测覆盖率达到70.3%。森林火灾发生率为0.208 9次/10万公顷林业用地，森林受灾率为0.053/1 000，低于省政府的控制指标。

*改革开放步伐加快* 推行了森林管护经营责任制改革，全系统管护经营总面积达559.6万公顷，占森工有林地面积的73.6%；参加管护经营的有61 599户，责任人65 711人。万成木业、万力木业、牡丹江木业、正阳河木业等企业进行了公司化改造。伊春林区和清河、方正、桦南等林业局通过改组、联合、兼并、租赁、委托经营、出售、合资合作推进了企业改革。大力发展个体经济，个体经济产值达30.8亿元。

*以绿色食品为主的多种经营有了较大发展* 播种面积完成22.6万公顷，产粮豆50.8万吨。生产药材1 940吨、原煤76.7万吨、黄金254千克、山野菜16 884吨、黑木耳3 863.4吨。养牛、羊、猪75.9万头，养林蛙5亿只，养禽902.2万只（其中森林鸡80万只），养鹿2 100只。推广新技术140多项。建成AA级绿色食品生产基地1处，A级基地5处。为6大类60个品种的产品注册了“黑森”牌商标，设计了系列包装。组织30多家企业参加穗、京、沪、昆明绿色食品展销会，销售额达39.27万元；签订销售合同和意向性协议116项，总金额7.26亿元；签订招商引资合同和意向协议41项，总金额11.05亿元，美金200万元。组织21家企业入驻北京绿色食品配送中心，建立了绿色食品销售网络。友好肉鸡养殖加工、伊春山菜王等龙头企业，发挥了牵动作用；绥棱林业局奋战78天建成松仁钙露、刺五加参茶和五味子冰啤生产线；东京城林业局苦干38天建成山副产品加工厂，都取得了较好效益。

*林产工业呈现上升势头* 2000年锯材完成11.6万立方米，同比增长34.9%；人造板完成41.9万立方米，同比增长16.1%。林产工业产品销售利润8 109万元，同比增长24.8%。17个林产工业厂亏损1.03亿元，同比减亏5 000万元。

*森林生态旅游业有了一定发展* 2000年接待旅游25万人次，收入5 000万元。开发建设了双峰雪乡、森林生态民俗游、日月峡国家森林公园等19处森林旅游景区、景点。五营国家森林公园被评为全国优秀文明公园，成功举办了第二届中国雪乡节、小兴安岭漂流节等，初步形成了冰雪、狩猎、探险、原始森林观光、漂流等旅游项目。

*林区社会事业发展有了长足进步* 14所学校晋升为省级和总局级规范化学校，调整了教育布局，加大职工培训力度。建立了医疗机构分类管理制度，强化基层卫生所规范化建设，疾病防治率、治疗有效率、抢救成功率都有所提高，人口自然增长率达2.24/1 000。取得科技成果28项，其中23项科技成果获总局科技进步奖，5项获省政府科技进步三等奖；科技成果转化率达40%，科技进步对林区经济增长贡献率达30%。

*林区社会稳定，职工生活得到改善* 加大了社会治安综合治理和“打邪制非”工作力度，越级集体访有所下降，老户缠访得到初步控制，维护了林区社会稳定。职工人年平均工资3 732元，基本没发生新的拖欠，还补发了3 950万元的陈欠工资。在34个企业开展了一次性安置试点工作，6.3万名职工申请一次性安置，企业下岗职工基本生活得到了保障。实现了森工系统养老金统筹，参保职工达22.5万人，基本上做到了按时足额发放；失业保险金收缴率达100%，2 063人领取了失业救济金。

**存在问题** 经济结构、产业结构不尽合理，经营机制不够灵活，企业整体素质不高，竞争力不强；管理粗放，经济运行质量较低，发展速度缓慢；科学技术相对落后；下岗分流、再就业压力加大，林区社会不稳定因素仍然较多。 （王文操）

**【亚布力林业局】**

*扎实推进森林资源管护经营责任制* 一是确定目标。2000年初，提出了管护面积、参加管护户数达到80%；二是措施保证。制定了推进方案和实施细则、林权林地管理办法、林蛙养殖、护秋保收、管护经营奖惩等一系列文件、办法；三是强力推进。大力宣传管护经营的意义、效益及发展前景，细化各项推进指标，责任到场所、到人头；四是典型示范。通过召开现场会、管护经营总结会，有效地推动了这项工作的健康发展。全局共落实管护经营面积241 526公顷，占应实行管护经营面积的93%；落实管护户2 676户，占应管护户数的88%，签订管护合同2 369份，已有1 656户发展

了林冠下项目，面积达 62 623 公顷。

*大力发展多种经营* 2000 年，该局把多种经营产业化作为主攻方向，在宏观上制定了 3 年发展规划，细化了全局及各单位的发展项目，逐单位落实，分层次推进。具体实施过程中，在规模化、基地化、产业化上做文章，在开发名优品牌上下功夫。选定了食用菌、五加参茶、经济作物作为龙头产业。带动了全局多种经营产业的蓬勃发展。建成了两个食用菌生产基地，建立了食用菌精深加工厂和以山副产品为原料的山野菜系列产品加工厂，山上建基地、山下上加工的食用菌产业化格局初步形成。统一注册了"亚布力牌"商标，以"亚布力牌"为标识的黑木耳系列产品、山野菜系列产品及"益宁"牌五加参茶在市场上已有相当的知名度，深受商家和消费者的喜爱。2000 年共完成食用菌 900 万袋，经济作物产量达到 2 200 多吨，全局多种经营产值及收入超过亿元。

*加大力度调整林产工业* 一是理顺了经营体制。凡以木材为原料的加工企业统一归属林产工业战线，打破了过去条块分割、多头管理的混乱局面；二是调整生产布局，向布局合理、规模经济方向发展。撤销了山上所有的木材加工厂，全部集中到山下统一管理。山下精深加工项目，产品有市场的扩大规模，抢占市场，取得了较好的效果，经济效益显著提高；三是实施能人战略。在全局范围内公开招聘了人造板厂厂长，并以此为发端，形成了人才的合理流动，使一批能人脱颖而出，走上领导岗位；四是实施品牌战略。统 注册了"亚布力牌"商标，提高了林木产品在市场上的知名度；五是实施产权制度改革。对发展缓慢的工业公司进行了大刀阔斧的改革，以 80 万的价格拍卖给个体私营业主，将工艺品厂拍卖给个人，有效地盘活了闲置固定资产；六是招商引资，扩大合作。与山东华联集团合作兴建的亚华木业有限公司已启动生产。与呼兰兰河集团签订了人造板车间、胶合板车间的租赁合同，预计在 2001 年下半年可投入生产。从沈阳引进的年消耗 8 000 立方米次薪材的个体加工厂——一飞木业公司也已经开工生产。 （总局办公室）

**【八面通林业局】** 深入实施森林资源管护经营责任制取得成效。该局在先行试点的基础上，全面实施了森林资源管护经营责任制，促进了林区产业结构调整和经济的发展，多种经营成为林业局的主导产业。全局形成了种植业、养殖业、矿产业、采集业、加工业和综合利用六大基地，多种经营项目达到 112 项，每个场所都形成了二三个立场项目，林业局的多种经营产值由 1996 年的 5 500 万元增长到 2000 年的 11 100 万元，年均增长速度为 25%；多种经营销售利润突破 1 000 万元，占林业局销售利润总额的 64%。基层以场自立利润总额由 1996 年 600 万元增长到 1 420 万元，实现了产值、利润"双翻番"。1997 年以来，通过上级政策扶持和企业的自身努力，八面通林区经济也发生了喜人的变化；银行债务减少 1 000 多万元，补发陈欠职工工资 1 000 多万元，企业新增资产 1 000 多万元，以场自立连续两年突破 1 000 万元以上。

*以解放思想为前提，树立"资源有价"的新观念* 为实现由砍树到栽树，由单纯取材到全面保护、合理利用森林资源的转变，林业局确定了"保护资源，永续发展；以副致富，强企富民"的经营思路。通过管护经营责任制的实施，在资源管护上由过去的林业局和林场所的专业人员两级管护，变成了由林业局、林场所、责任人三级管护，构建了专群结合的管护体系，做到护林防火人人有责；在推进措施上将管护经营与天保工程、再就业工程、多种经营和以户自立 4 项重点工作相结合，使职工家庭经济从房前屋后的小天地走向森林管护的大舞台，使职工群众树立了"资源国有、资源有价、使用有偿"的认识，激发调动了责任人管护森林和发展责任区经济的内在动力。

*以保护资源为根本，落实"管护有责"新措施* 建立了森林防火和林政管理联合巡护制度、病虫害防治反馈报告制度、控制资源消耗的双向监督机制和培育后备资源的激励机制，实现了由被动地封禁山林到积极地管护森林和培育后备资源的转变。"谁管护，谁负责"，管护责任人自行约伙，少则两人，多则十几人，在春秋防火，山副产品采集期间进行联户轮流巡护，发现问题及时制止。林场所组织有摩托车的责任人组建了快速扑火队，在防火期统一参加生产劳动，出现火情能够迅速出击。实施管护经营后，全局每年各类林政案件只有十几起，火警次数不足 10 次，森林火灾次数为零。管护经营责任制调动了广大责任人保护和培育资源的积极性，作业质量明显提高，更新造林合格率达 95%，幼林抚育质量达 97 分，伐区作业质量达 95 分。职工管护责任区林下培育和营造了五味子、山葡萄、刺嫩芽、刺五加、山杏、中草药等特色作物，促进了森林资源的多样性发展。

*以富民强企为目标，开辟"致富有方"新途径* 通过实施管护经营责任制，大力发展责任区经济，解决了林区人口对林木资源过分依赖的问题。管护经营责任区为职工发展私有经济提供了广阔的空间和丰富的资源，"谁管护，谁受益"，职工的主人翁责任感明显增强，发家致富的热情空前高涨。林业局也因势利导，从政策、资金、信息、技术、销售等各个方面全面服务，形成了个个责任区有人管，条条沟系有人护，家家户户有项目的局面。目前，全局责任区投资总额达到 241.6 万元，占职工家庭经济总收入的 1/10。

（总局办公室）

**【山河屯林业局】** 2 000 年，全局消化 2000 多万元减利增支因素，第一次实现对上不欠缴各种应缴款，对内不欠发职工工资，步入了可持续发展的轨道。一是大力推进天然林资源保护工程。组织了大规模的天保营林年活动，把1.6万职工5万人口的积极性空前调动起来，历经1年的努力，“百场电视，千次广播，万幅标语”的天保营林大宣传造成了宏大的声势，林区内地方政府所属的2个乡（镇）76个村（屯）的居民积极配合实施天然林资源保护工作，林业局所属17个林场和21个相关科室部门全面提升了工作质量，制定了192项管理办法，三站一圃全部达到省级水平，领导干部“示范林”、政法干部“警徽林”、下岗职工“贡献林”等10种义务林遍布林区，绿化覆盖面达90%以上，在国家审计署的专项检查中获得好评。二是发展绿色产业。他们把振兴林业的目光放在绿色产业上，走特色路，打特色牌，紧紧抓住森林资源实行管护经营责任制的有利时机，新建了以食用菌为主导的百万斤木耳滑菇基地，以集体、个体和私营为主的绿色项目纷纷上马，养熊、鹿、狍、狸、蛙，搞药、豆、稻、菜、茶，八仙过海，各显神通。“凤凰山”牌豆制品南下上海，“山泉水”北上大庆，暴马丁香花茶打入北京等城市。三是加快小城镇建设。到2000年底，林业局局址和山上林场（所）已全部实现了通国电、通程控电话、通有线电视，修整了8条1 700米主要道路，林区职工群众的生产生活环境有了很大改善。（总局办公室）

【双鸭山林业局】 2000年，全局多种经营产值及收入实现11 008万元，超年计划9 160万元的20.17%，比1995年的6 758.5万元增长62.88%；实现利润412万元，超年计划398万元的3.52%，比1995年的310.7万元增长32.6%，为企业减亏作出了重要贡献。

（总局办公室）

【苇河林业局】 在1999年试点的基础上，2000年全面推开，全局共区划管护责任区453个，总面积为92 059公顷，占全局施业区总面积191 417公顷的48.1%，管护户数为1 665户。通过管护经营责任制的实施，有效地把国家、企业和个人三者的利益有机地结合起来，充分调动了广大职工参与天然林资源保护工程实施的积极性，形成了全民参与管护森林资源的良好局面。

深入宣传，广泛发动，增强职工群众参与意识 一是把全面推行管护经营责任制作为林业局第一位的工作，从资金、人员的配备上，全力给予支持，并对该项工作进行了认真的部署。二是林业局、林场充分利用广播、电视、板报、标语、宣传车等各种宣传媒介，全方位、全天候、大范围的开展宣传，让广大职工群众充分认识实施管护经营责任制的重要意义，各林场还召开了全场职工大会，把有关政策以及职工群众普遍关心的问题说细说透，帮助职工群众进一步解放思想、提高认识、解除思想疑虑。通过以上措施，使广大职工群众认识到实施森林资源管护经营责任制是利国、利局、利场、利民的大好事，是森工摆脱“两危”，职工致富的最有效途径。因而增强了责任心和紧迫感，坚定了参与森林资源管护经营的信心和决心。

加强领导，制定政策，认真规范管护经营工作 为全面推进森林资源管护经营责任制工作，林业局成立了以局长为组长，成员由资源、林政防火、营林、生产、计划、劳资、财务、体改、生产、多种经营、森调等部门领导组成的森林资源管护经营责任制工作领导小组，并抽调资源、营林、林政等单位人员，组成专项推进工作组，深入各林场巡回检查指导。为严格把握政策，使此项工作顺利展开，林业局先后下发了《苇河林业局森林资源管护经营责任区工作方案》、《苇河林业局森林资源管护经营责任区实施方案》、《苇河林业局森林资源管护经营责任区承包实施细则》等13个相关文件，对时间及质量要求以及成果提报等都做了明确的规定，增强了指导性和可操作性，使落实工作有章可循。

优化布局，合理区划，确保管护经营工作质量 各林场依据工作方案，都分别成立了林木资源、经济植物资源、内业整理和社会走访4个调查组织机构，在具体工作中，做到了时间服从质量。在区划界定上，以浅山区的商品林区和一般生态公益林区，以及沼泽、河流流域、荒山、荒地和其他林业用地等为主，以二类经理复查确定的林班或经理小班为单位，结合森林分类小区，按照森林分类在先、管护经营在后的原则，实行自然区划。在有关调查上，各林场在进行社会走访调查时，努力做到了细化量化，力争全面真实掌握全林场的就业情况，为以后林场分流人员，安置就业人员打下基础。在外业调查的同时，依据森林资源、距离远后、火险等级、管理的难易程度等因子的不同，把管护责任区划分为若干等级，并分别确定每年每公顷的资源管护费支付标准。野生经济植物调查时，各林场根据各种植物资源的分布、储量以及采集的难易程度等因子分别确定了等级指标，并合理地确定出了各等级的年公顷资源补偿费的收取标准。

规范管理，科学管护，注重完善内业基础工作 林业局拨专款6万余元，为各林场和资源科购置了微机和档案盒，专项用于森林资源管护和森林档案管理。管护经营合同签订之后，各林场立即将有关文件、会议记录、原始调查野账、各有关报表、多种经营发展规划、承包合同等，按户建立管护经营档案，并将有关数据及家庭台账等输入微机，做到了专档、专柜、专屋、专人、专责的规范化运作，实现了用现代化管理手段监控森林资源管护经营责任制工作的质量。

实施森林资源管护经营责任制初见成效 一是多种经营初具规模。实施森林资源管护经营责任制以来，林业局将工作的出发点、落脚点放在了发展多种经营上，2000年全局多种经营产值实现10 561万元，同比增长17.1%。二是大力发展以种养采为主体的绿色产业。加快林冠下种植、养殖、采集业等多种经营项目的发展，为林区经济增加了新的增长点。三是森林资源管

护得到了进一步加强，林政案件发生率明显下降；森林防火工作得到了进一步加强。 （总局办公室）

**【穆棱林业局】** 积极拓展责任区经济，促进多种经营产业发展。自1999年开始，在全局推行森林资源管护经营责任制，他们发动职工群众在自己管护区的林地上，利用林下多种资源和空间发展多种经营，到2000年底，多种经营项目发展初具规模。西洋参种植已达10万平方米，袋栽木耳已发展到300万袋，繁育中草药6.69公顷，养猪达6 000头，养“笨”鸡达2万只，林蛙养殖占地2.5万公顷，养蜂发展到630箱，林区职工群众发展责任区经济和多种经营的积极性日益高涨，多种经营正逐步成为经济发展的替代产业，一项富民强企的工程正在蓬勃兴起。

**加强领导，完善机构** 首先，实施了目标化管理。林业局与各基层单位签订了多种经营工作目标责任状，把多种经营工作目标纳入基层单位党政一把手政绩考核的否决指标。并制定了《穆棱林业局2000～2002多种经营发展规划》。其次，完善了组织机构。在全局精简机构、压缩人员的情况下，为林业局多种经营局增设了技术服务部和销售服务部，选拔聘任27名同志为基层单位的专职多种经营技术员，基本满足了责任区经济和多种经营发展的人才需要。再次，建立了推进工作机制。制定了《局领导抓点推进工作实施方案》，建立定期碰头例会制度，定期总结推进工作，研究部署下步具体工作。

**典型引路，宣传引导** 一是外出找典型“学”。由林业局党政领导带队，组织各基层单位党政一把手到本局先进单位和本省森工系统其他先进林业局参观学习。二是全局树典型“引”，在发展责任区经济和多种经营上，始终注重总结、发现、选树典型，充分发挥典型导向作用，引导调动广大职工群众。先后选树西洋参、袋栽木耳、药材、山葡萄、林蛙等致富典型，增强了职工群众发展责任区经济和多种经营产业的自觉性和主动性。三是基层扶持典型“导”。林业局要求山上各林场（所）都要结合实际，扶持培植4户以上发展责任区经济和多种经营的典型，在潜移默化中影响和引导广大职工群众，形成比学赶超的发展趋势。四是领导做典型“带”。为了发挥基层领导干部在发展责任区经济和多种经营的带动作用，他们把市场前景好的生产开发项目用指令性创收指标形式下达给各基层单位，让基层领导班子作出样板来促进责任区经济和多种经营的发展，东兴、桦树河、红岩等基层单位的领导班子自筹资金种植袋栽木耳；局资源专员刘广业带头集资种植了刺嫩芽。

**服务为主，规模发展**

*技术指导服务* 他们始终坚持举办多种经营技术培训班，以适应责任区经济和多种经营发展的需要。聘请黑龙江省林副特产研究所的专家，对食用菌加工及保鲜技术、山野菜防纤维老化处理，刺五加、黄芪等中药材栽培、加工技术做了专题讲座。利用省科委开展送科技下乡活动之机，积极协助17名讲师深入到山上21个林场（所）传授农业、中草药材等专业技术。

*优惠政策服务* 在发展责任区经济和多种经营上，林业局始终坚持不限经营方式，不限经营机制，不限经营领域，不限经营方式，不限发展速度，不限发展规模，只要符合国家的政策法律，能发展什么就发展什么，能发展多快就发展多快，鼓励、支持广大职工群众放开手脚，大胆发展。

*销售信息服务* 林业局积极拓宽信息渠道，千方百计为生产单位提供信息上的服务。林业局分管领导多次参加哈尔滨市经济贸易洽谈会和广州贸易会，将需求信息反馈给局里生产部门和职工个人。桦树河林场党政领导多次到牡丹江市与客户洽谈，签订8 000只森林鸡（笨鸡）的销售协议书，充分调动了该单位职工在责任区内养鸡的积极性，该所的职工养鸡达万只。

*开发项目服务* 在紧紧依靠本局技术力量的同时，又采取多种形式引进外部设备技术和技术人员，全局推行了“五个一”工程，即山上单位的管理人员发展一万袋地栽木耳，种植一垧刺五加、一垧刺嫩芽、一垧五味子、一垧山野菜。这种开发项目的示范鼓舞了山上基层单位大搞开发项目的热情。莲河林场建立五味子园13公顷，牛心山建立五味子园4公顷，东兴所建立五味子、刺嫩芽、党参园4公顷，红岩所建立五味子园1公顷。 （总局办公室）

## 大兴安岭林业集团公司

**【概 述】**

**经济指标完成情况** 2000年，全公司林业企业总产值完成264 876万元，完成计划的113.6%，比1999年同期增长1.5%。在林业企业总产值中，其中，农业总产值完成39 279万元，工业总产值完成161 147万元，建筑产值完成16 350万元，职工自营经济完成46 330万元。完成木材产量2 384 000立方米，锯材产量100 704立方米，综合利用材产量585 814立方米，层积板产量704立方米，纤维板产量3 933立方米，胶合板产量8 819立方米，刨花板产量12 022立方米，木制家具完成 98 448 件。完成造林面积 26 222 公顷，迹地更新面积 3 700 公顷。单位从业人员 99 081 人，其中在岗职工 99 040 人。单位从业人员劳动报酬52 525万元，其中在岗职工劳动报酬 52 502 万元。天保工程资金总计 74 931.2 万元，公益林建设完成 13 658 公顷，转产项目投资 8 158.1 万元，森林防火投资 80 万元。

**天保工程取得阶段性成果** 集团公司调减木材产量 50.6 万立方米，是近年来产量调减幅度最大的一年。森林蓄积净增长 464 万立方米。集团公司、林业局两级天保办充实了人员，综合协调职能得到加强。各工程建设单位严格按照集团公司制定的《天保工程建设项目及资金管理暂行办法》和《天保工程专项资金会计核算办法》运作，专款专用，通过了国家财政部、审计署等上级部门的检查验收。加强林政管理，查处森林违纪违法案件 557 起，挽回直接经济损失 263.3 万元。

**产业结构调整有了新突破** 以市场为导向，订单农业发展到 4.47 万公顷，占总播种面积的 47.3%；按绿色食品标准种植的农作物 2.89 万公顷，增长 3.8 倍。农业实现产值 9.58 亿元，增长 3.4%；农业经济总收入 5.1 亿元，增长 17%。全区畜牧业产值实现 1.2 亿元，增长 36%。全区绿色食品生产企业 12 家，产品 8 大类 100 多个品种，创产值 2.4 亿元，增长 1.7 倍；实现收入 1.8 亿元，增长 2.4 倍。以落叶松为原料的胶合板、刨花板产量分别增长 5.2 倍和 75%。全区林产工业盘活闲置资产 3 800 万元，完成产值 5.41 亿元，增长 22.2%。全年旅游收入 1 267 万元，增长 3.5 倍。

**各项改革迈出实质性步伐** 应转制的 316 户小企业全面完成转制任务，盘活资产 3.2 亿元，剥离债务 4.1 亿元，新增产值 8 200 万元，新增利税 895.5 万元。各林业局撤并林场和分场 18 个、经营所 10 个、贮木场 4 个；对 1 723 台（套）设备进行有偿转让，收回资金 1 055 万元；精简管理人员 3 770 人，减少场级管理费支出 2 036 万元。全区私营经济实现产值 9 亿元，增长 19%；实现税收 3 066 万元，增长 37.9%，占全区总税收的 19.4%，提高 5.4 个百分点。地林直机关通过经费包干节约 133 万元。全区参加养老保险的职工增加到 10 万人，参保率达 98%，社会化发放率为 100%；301 户企业、5.97 万人参加失业保险；13 个单位、8.36 万人实施城镇医疗保险；为进入再就业中心的 2.3 万名下岗职工和 1 482 名城镇最低生活保障对象按时发放基本生活费和保障金；有 2 250 人实现再就业，再就业率为 54.7%。

**招商引资和对外贸易取得重大突破** 全区累计签订经济贸易合同 216 项，总签约额 10 亿元，实现净引资 2.17 亿元，增长 38%。其中，引进企业建设资金 8 965万元，贸易项目兑现合同 9 580 万元。招商引资和对外贸易统一打出大兴安岭品牌，在国内市场上初步确立绿色品牌的地位，确定招商活动的主攻方向，把招商引资、绿色食品宣传和销售、科技成果展示与引进作为重点，取得良好效果。为鼓励和支持企业开拓市场，促进销售，行署、集团公司为参加招商活动的企业匹配 50%的广告宣传费，达 371 万元。拓宽投资融资渠道，全年引进外地开发商 7 家，开发商业用楼和居民住宅楼面积 10.5 万平方米。增强企业出口创汇能力，充分利用 29 户企业的外贸进出口权扩大直接对外贸易，外贸进出口累计完成 252.7 万美元，增长 78.6%。

**千方百计为职工群众办实事** 全区发案率下降 10.5%，破案率提高 2.3%。接待受理人民群众来信来访 8 075 件（次），及时化解矛盾，保证社会稳定。职工工资在当年不欠的情况下，补发陈欠 9 448 万元。为 618 名离休职工每人每月调整工资及补贴 380 元，为 1995 年底前退休的 2.3 万名退休人员每人每月平均增加退休费 22.7 元，为 6 800 名遗属每人每月增加救济费 30 元。筹集社会保障资金 145.3 万元，救助贫困人口 2 452 人（次），为 2 000 名困难学生减免学杂费，为 221 名特困生补助 29.8 万元。全区完成城建总投资 4.6 亿元，增长 44%。2 514 户居民喜迁新居。加区给水工程、新世纪广场、站前广场等工程如期竣工，市政道路改造工程全部交付使用。投资 9 673 万元，完成加格达奇西出口 12 千米、111 国道加白段 23 千米二级白色公路建设任务，总投资 2 400 万元的漠河、呼玛、塔河 3 县 21.4 千米二级公路正在建设中。

**存在问题** 国有经济比重过大，特色旅游、绿色食品、北药开发等新的经济增长点还比较弱小；企业管理还比较粗放，宏观经济运行质量还有待于进一步提高；对部分贫困家庭照顾得不够，生活困难状况尚未彻底改变。 （安 丽 刘庚正）

**【天保资金专款专用】** 大兴安岭林区天保工程实施后，国家注入大笔资金。为了管好用好资金，林业集团公司多次召开专员、局长常务会议，研究制定资金管理方法，并专门下发文件，要求各地专款专用，否则严肃处理。针对多数林业局负有债务，入户资金容易被强行划拨顶债的实际，林业集团公司在要求各林业局将天保资金单独设账，单独开户，专户储存的基础上，行署还专门发出通知要求，各级执法部门一律不准以清理债务为借口，强行扣缴天保专项资金，以确保工程的顺利实施。为了严格管理每一笔资金，集团公司在成立天保办公室的基础上，专门设立监理科和费用科，各林业局也设置相应的机构，使资金管理、日常检查做到有组织、有责任、有专人，有效地防止了资金被占挪用现象的发生。集团公司天保办公室监理科专门聘请具有财务、营林专业知识的人员，定期或不定期深入各地进行检查，监督资金的使用和流向，发现问题就地整改。天保工程实施两年来，没有出现一起挤占挪用现象，最大限度地发挥了资金的使用效益。（安 丽 刘庚正）

**【全面完成退耕还林工作任务】** 行署、林业集团公司领导高度重视退耕还林工作，专门召开专员、局长办公会，全面落实退耕还林工作，林业集团公司筹措资金1 040万元用于退耕还林。有关部门编制下达了退耕还林作业设计及操作规程，退耕还林责任单位与农户签订了还林地管护责任书。2000年4月19日在全区营林工作会议上，行署、林业集团公司与退耕还林责任单位签订了退耕还林责任状。按退耕还林规划要求，全区各还林责任单位采取有力措施，认真抓好退耕还林工作，按计划完成各自的还林任务。在具体工作中，各单位都采取现场技术指导，按还林地块落实苗木、劳力，动员人员参加还林工作。全区参加还林的人员达7 000多人。全区全面完成退耕还林工作任务，完成退耕还林面积11 550.6公顷，加上1999年完成的1 758.8公顷，全区完成退耕还林任务13 309.4公顷。全区退耕还林植苗工作完成后，退耕还林责任单位重点抓了雨季补植和幼林抚育工作，保证了当年造林成活率85%以上。 （安 丽 刘庚正）

**【集装箱底板通过国际检验局质量认证】** 针对集装箱底板生产技术含量高，对材质和材性要求严格，国内生产需大量进口的实际，1999年初，松岭胶合板厂和塔河县盘古木材综合厂以及其他相关单位的科研人员开展了技术攻关，行署和林业集团公司十分重视这一工作，地区科委将其列为重点科研计划，在资金、技术上予以扶持和指导。2000年6月和8月，两厂生产的以落叶松和桦木为原材料的集装箱底板，在江苏扬州通过了法国国际检验局质量认证，标志着大兴安岭林区集装箱底板的技术创新和国产化取得重大突破。集装箱底板生产具有较高的经济效益，为林区落叶松利用和增值开辟了一条好的途径。两厂与扬州集装箱厂、青岛瑞达模板总公司签订3年供货合同。同时，盘古木材综合加工厂投入2 700万元扩建厂房，扩大了落叶松集装箱底板生产规模。 （安 丽 刘庚正）

**【全区天然林资源保护工程工作会议】** 2000年12月25日、26日，全区天然林资源保护工程工作会议在加格达奇召开。

会议传达全国天保工程工作会议和全省林业工作会议精神，全面总结全区实施天保工程两年来试点工作的经验，充分肯定试点工作取得的显著成效，深入分析研究了工程实施中遇到的新情况和新问题。会议出台《县（局）级天然林资源保护工程实施方案编制方法》、《天保工程费用预算编制办法》和《森林资源管护经营工作方案》。地委副书记、行署专员、林业集团公司总经理王忠林在讲话中强调，要提高思想认识，加强对天保工程工作的领导。要切实管好森林资源，坚决把森林资源消耗降下来。要充分利用天保工程的难得机遇，千方百计把经济搞上去，实现林区经济的可持续发展。地委书记杨喜军在讲话中强调，要全面理解和认识天保工程的重大意义，提高实施天保工程的责任感和紧迫感；要理解内涵，把握重点，确保天保工程实施到位；要加强领导，全民参与，为天保工程实施创造良好环境与条件。 （安 丽 刘庚正）

**【林产工业】** 全区林产工业系统充分利用资源优势，大力开发新产品，陆续开发出落叶松集装箱底板、落叶松和桦木混合底板、家具等一大批新的林木和绿色深加工产品，新增产值几千万元，产业产品结构得到调整。大胆探索，因企制宜，采取卖、送、换、并、破、停等多种转制形式，推进产权制度改革，所属小企业的产权制度改革基本完成。充分利用资源优势发展林木精深加工业，全区林产工业系统各企业坚持走出去、请进来的方式，广泛与各大专院校和广大厂家和客户接触洽谈，树立企业和产品形象，扩大企业和品牌影响。各企业充分挖掘潜力，以原有的项目为基础，本着低成本扩张，实现产品升级的原则，在资金普遍不甚宽裕的情况下，仍把企业技术改造作为重要工作来抓，自筹资金3 000多万元用于技术改造，收到良好效果。全区林产工业实现产值53 300万元，实现利润4 894万元，创造了历史同期最好成绩。 （安 丽 刘庚正）

**【林木产品销售运输工作】** 全区林木产品经销系统解放思想，更新观念，为促进发展强化市场销售，抽调10个林业局木材科的经销人员，组成4个组12人赴宁夏、陕西、青海、甘肃等地进行市场考察调研。同时，充分发挥林管局整体优势，保持木材价格在一定时期的相对稳定，并及时调整营销策略和价格政策，科学合理地制定和调整最低限价。在运输管理方面，林木产品经销部门强化了宏观调控和统一指挥，继续实行提报、编制批办运输计划微机管理，坚持资源、运输主管部门与各林业局运输主管人员联合办公、公开批办运输计划制度，坚持调度例会制度，进一步做好请配车的日间管理和强化林铁协作。累计经销调运木材65 120车，4 060 060立方米。 （安 丽 刘庚正）

**【森林资源培育保护科技发展工程】** 以实施五大科技系统工程为主要内容的"科教兴区"战略推动了全区经济发展，其中森林资源培育保护科技发展工程成绩显著。在营林生产方面，大力推广了保苗剂、苗木贮运保鲜包装袋、ABT生根粉和趋避剂鼠害防治等十几项新技术，提高了造林成活率和苗木生长量，降低了生产成本，鼠害防治率达到85%以上。苗木贮运保鲜包装袋项目是林区科技人员研制开发的专利产品，该产品填补了国内空白，应用该产品提高造林成活率15%，提高苗木生长量30%，降低综合成本50%以上，具有极高的推广价值。在森林防火方面，小机群化学灭火技术和新型高压化学灭火器、森林消防水车、现代化预测预报、决策指挥系统综合配套技术在全区得以运用，森林综合防灭火能力居国内领先水平。

（安 丽 刘庚正）

**【发展特色农业】** 随着资源危机、经济危困日益显露，大兴安岭人不等不靠，进行了种植技术改革。过去不能种植的西瓜、香瓜、玉米、烤烟等陆续在大兴安岭安下了家。在完全适应马铃薯、小麦、大豆等喜凉大田作物和蔬菜、药材等多种经济作物生长的岭南，进行农业综合开发，发展冷凉型特色农业产业。形成由“两个龙头”带动的“两个基地”。一是将地区多种经营蔬菜试验场委托给大兴安岭地区农科所经营，增大农科所马铃薯扩繁能力。以此为龙头，形成年生产500万粒原种的全国最大的万亩脱毒种薯基地，带起一批农户发家致富。一个是以年吞吐量14万吨马铃薯生产，加工精淀粉2万吨的丽雪精淀粉公司为龙头，带动商品基地建设和马铃薯粗淀粉加工业迅速崛起，为大兴安岭地产的粮食就地转化增值提供了条件。全区耕地面积达10.67万公顷，粮食总产达2.06亿千克，初步形成具有林区特色的农业优势产品加工基地。为25 000多人提供了就业机会，结束了大兴安岭粮食和肉、禽、蛋、菜不能自给的历史。 （安 丽 刘庚正）

**【发展特色畜牧业】** 2000年初，地区把发展特色畜牧业列为全区支柱产业之一，地委、行署、林业集团公司及时出台了《关于大力发展特色畜牧业的决定》，县、区（局）积极引导下岗职工从事养殖业。塔河县拿出10万元用于种畜推广补贴，为养殖户免费提供种公牛、种公羊。争取到省里项目周转资金，扶持牛、羊、鹅养殖大户。呼中区通过提供场房、建材等方法，从佳木斯引来养鸡大户王磊夫妇，仅这一个养殖场一年向市场提供鲜蛋10万千克，满足呼中区50%的鲜蛋供应。加格达奇区通过优惠政策从沈阳引来杨介新从事特种珍禽养殖业，饲养的鸵鸟、孔雀填补了全区空白。其他区（局）把扶持职工发展自营经济资金绝大部分用在养殖业上，收到可喜的成绩。各类养殖专业户达1 000多户，比1999年增长20%多。全区各类畜禽存栏为：肉牛16 423头，奶牛624头，羊25 054只，猪62 884头，禽60.4万只，分别比1999年同期增长13.20%、8.5%、5.8%、8.3%、5%，实现畜牧业产值1.37亿元，比1999年同期增长24.5%。

（安 丽 刘庚正）

**【多种经营工作】** 2000年全区多种经营系统抓住国有小企业产权制度改革的有利时机，因地制宜，分别采取“股、卖、送、破、换、并、停”等多种转制形式，积极推进企业产权制度改革，使所有制结构呈现出多元发展的态势，不断开展技术创新和技术改造活动，众多企业先后开发了绿色有机食品、特种经济动物养殖、食用菌等产品，受到消费者的欢迎。通过深化改革，整章建制，各企业和行业陆续建起管理制度和责任制，使企业的产品质量进一步提高，成本进一步降低，增强了竞争能力。北奇神公司、丽雪公司先后通过ISO9002质量体系认证。为确保农产品的顺畅销售，在农业发展上狠抓种植结构调整，大力发展订单农业。全区签订农产品供销合同（含意向性协议）贸易总额1.8亿多元。全区多种经营实现产值108 469.1万元，完成年计划的108.3%，比1999年同期增长36%，实现利润2 210.1万元，创历史同期最好成绩。 （安 丽 刘庚正）

**【北药开发】** 北药开发是地委确定的2000年11项重点专题推进工作之一。地区成立了北药开发办公室，建立了兴安北药开发网站，全区药材收购网络正在筹建之中，仅韩家园岭珍公司、塔河中医院、地区医药公司3家完成药材收购10吨，超过1999年全区药材的收购总量。从地区林科所、塔河中医院、呼玛科委及加区有关单位抽调中医专家及林业技术人员40余人，对全区重点有开发价值的26种药材资源进行普查。北药种植基地建设取得较大进展，省北药开发重点项目400公顷黄芪基地建设已经完成，加格达奇林业局、呼玛县、大子羊山等地进行了北药种植基地建设。开发了以地产药材组成的成药，红景天研究所成功开发治疗风湿病的红景天风湿1号、2号胶囊，红景天3号降糖胶囊、红景天4号康风湿胶囊和红景天药酒。塔河中医院利用地产药材进行临床治疗，回春痹痛膏50例，通脉灵100例，痹痛灵20例，可康20例，消渴散20例，效果良好。利用有毒植物开发生物农药项目取得阶段性成果，确定了狼毒大戟、毒白头翁等5种毒性强、杀虫效果明显的有毒植物。 （安 丽 刘庚正）

**【丽雪公司获绿色食品认证】** 天保工程转产项目丽雪公司的主打产品是淀粉、粉丝、粉皮，其原料是自家生产的马铃薯。自1997年投产以来，该公司对其马铃薯生产基地使用的农药和化肥按绿色食品生产标准进行控制，对其自然生长的生态环境也进行严密监测和控制，以使最终的产品达标。在产品加工过程中，他们采取封闭式生产，最大限度地减少污染，为产品取得绿色食品认证创造了条件。1999年，3种产品均获得A级绿色食品认证。2000年7月，主打产品的原料——马铃著，经过专家现场勘察和相对资料的审核，获得国家绿色食品发展中心A级绿色食品认证。在淀粉行业、食品行业原料取得绿色食品认证在全国是首例，从原料到产品全都是绿色食品也是独一家。丽雪公司拥有马铃薯生产基地近2万公顷，所生产的马铃薯都贴上了A级绿色食品标签。 （安 丽 刘庚正）

**【加格达奇周边地区栽植11万株樟子松】** 1998年，大兴安岭林区开始实施天然林资源保护工程，根据这项工程的要求，地委、行署、林业集团公司决定对加格达奇周边山区进行绿化。2000年，拨出栽植樟子松的专项资金，并进行认真部署。加区政府为此发出了关于实施退耕还林、绿化周边山区的通告。11月初，造林总公司在植树前制定了技术规范、奖惩制度和苗木质量验收标准，并组成20余人调苗小组分赴内蒙古和区内一些县（局）购苗。公司把苗木质量最终验收权下放给27个生产作业组，公司凭作业组签字的验收单支付调苗人员购苗费用。3年支付工资时，公司以"倒推法"验收作业组成活的株数，如发现死苗或缺株数现象，一律按高于苗木成本价扣发作业组生产费用。为了确保樟子松栽植质量，公司要求每个造林作业组最低组织40人。针对冻土造林难于踏实情况，公司要求各作业组必须在12月底前完成浇水工序，对山高坡陡的地块填埋碎冰，否则一律扣发生产费用。对明春管理工作也作出严格规定。11万株1～1.5米高的樟子松布满了加格达奇周边的荒山秃岭。（安 丽 刘庚正）

**【南瓮河森林湿地】** 2000年，南瓮河森林湿地被省政府正式批复为省级自然保护区。这是继呼中自然保护区之后林区第二个自然保护区。保护区地处大兴安岭支脉伊勒呼里山麓，为嫩江的源头，在松岭林业局境内。保护区总面积229 523公顷，其中森林面积147 751公顷，湿地总面积80 916公顷。该保护区属于自然生态系统类，为森林沼泽湿地生态系统类型，这里具有未被干扰破坏的、保持完整的原始森林草甸沼泽生态系统。区内原始生态类型齐全，几乎容纳了大兴安岭寒带原始林区所有的陆生、湿生、水生生物类群的物种。该区主要保护对象是本区内水生、湿生、陆生生物及其生态环境共同组成的特殊的森林湿地生态系统。其保护重点是区内森林、沼泽、草甸和水域。对其实施保护，不仅对大兴安岭林区保护生态环境具有举足轻重的作用，而且对松嫩平原也会发挥重要的生态屏障作用，其中涵养水源、固土保肥、净化水源和空气的作用不可替代。该区还将成为珍稀动物的乐园。有野生动物313种，有貂、貂熊、雪兔、金雕等。植物资源也十分丰富，有55个科419种，列为国家保护的种类就有5种。

（安 丽 刘庚正）

**【漠河岩金普查项目列人国家开发计划】** 大兴安岭林区地质背景特殊，成矿条件好。据加拿大卫星拍摄的航片解译发现，漠河县德尔布干大断裂构造带东段有明显矿化异常，是找矿的重要靶区，也是开发矿脉的延伸。2000年，漠河县德尔布干成矿带东北段老沟至二根河岩金地质调查项目被列入国家开发大西北计划，同时，也被国家国土资源部列入10个重点攻关项目之一，国家投资900万元，抽调7个小队共160余人在洛古河上游昼夜勘探。勘探队采用国家最先进的物探、化探、高磁测量等探测方法，各项工作已经顺利开展。漠河岩金普查被列入开发计划为大兴安岭矿业经济带来发展机遇。国家黄金指挥部投资110多万元，在漠河砂宝斯初步探明有11吨黄金储量。武警黄金三支队60余名官兵已在该区加紧工作。省地质勘探局齐齐哈尔区调二队也投资150万元，投入70余人，在漠河县境内进行2个岩金矿、1个煤矿的详查工作。

（安 丽 刘庚正）

**【城市建设确定全新发展思路】** 全区大规模城市建设和改造工作是1998年开始筹划的。地委确立了"一年一小变，三年大变样"的城市建设改造总目标和"以规划设计为指导，遵循综合开发，成片改造"的发展思路，并将城市建设作为全区调整产业结构，拉动经济持续健康发展的一个重要组成部分。城建资金紧张，坚持高水平设计，累进式建设原则，通过政府投一块，招商引资吸一块的方式，筹措建设资金。2000年，全区16个建设开发项目，规模投资2.3亿元，其中引进外地开发商7家，引进资金1.1亿元。加格达奇、呼玛、漠河、塔河、新林通过自筹、引资等集资形式建设经济适用住房，其中加格达奇新开工经济适用住房9.85万平方米，结转8.8万平方米，其他县区建设经济适用住房4.4万平方米。加格达奇城区净水厂工程、新世纪广场、站前广场、步行街、商业一条街综合楼、朝阳路综合市场等亮点工程已交工，这些亮点工程带动了其他县、区（局）旧城区改造和整治。加格达奇出入口道路基本得到硬化。通过"净、美、倡"活动，全区各城区环境建设登上新台阶，林中小城净起来、亮起来、美起来。（安 丽 刘庚正）

**【恒友家具狠抓市场营销】** 大兴安岭恒友家具公司走强强联合之路，采用多种方式狠抓市场营销。针对光明家具集团公司产品供应不能适应营销网络发展的实际，依靠其质量可靠，档次较高的产品与光明家具集团公司达成经销产品协议。恒友选择了几个主要城市的区域市场如北京、上海、西安等地，让给光明公司销售，实行强强联合，共同闯荡市场。光明公司为恒友公司销售产品近千万元。该公司还逐步放开部分区域市场，让给实力强、信誉好的经销商经营其产品，缩短了直销环节，为生产企业寻求产销最佳结合作出有益的探索。公司从规范经营入手，先后对各直销点进行审计，加强营销队伍建设，各直销网点基本健全完善。为调动员工销售的积极性，公司对直销网点逐一完善约束和激励机制，促使其进一步挖掘市场潜力，逐步向品牌运作的阶段发展，使各销售点的销售形势不断看好。

（安 丽 刘庚正）

**【南方花卉引种到大兴安岭】** 加格达奇中心苗圃是以育树苗为主的苗圃。引种南方花卉是1999年哈尔滨经贸洽谈会引进的项目。在资金不足的情况下，有32名职工自愿集资6万元。苗圃利用筹措的共计8万元资金，建起3栋1 440平方米的温室，在河南、北京、大连等地购得草本花卉种子30余种，花灌木种子14种，其中有来自美国、法国、比利时等国家的花卉品种。2000年初，苗圃根据土壤的化冻情况，开始育种。依据所学经验和书本知识，进行引种驯化，同时在温度、湿度、土壤有机含量施肥等方面严格要求，为花卉创造生存环境，使之逐步适应北方气候。经过努力，大兴安岭第一家花卉基地已初具规模，经过驯化的花卉亦能在普通家庭存活。苗圃已销售串红、万寿桔、孔雀草等草木花卉5万余株，杜鹃、月季、米兰、发财树等花灌木1万余株，创产值14万元。客户对花卉的质量反映良好。（安 丽 刘庚正）

**【加格达奇净水厂工程竣工】** 由于特殊的历史原因和体制上的矛盾，长期以来，加格达奇饮用水一直难以达到国家标准。为了彻底改变这种状况，地委、行署、林业集团公司切实将此项工作列入重要日程，经国家计委、省计委批复立项，于1999年3月将加格达奇自来水净水厂建设列为全省一号工程，并于当年7月正式破土动工。由于资金不足，致使工程一度受阻。2000年7月，省长宋法棠从省长基金中拨款1 000万元，支持净水厂建设。为了充分发挥建设资金的最佳效益，建设好这项牵动上级领导、人民群众关注的民心工程，地委、行署、林业集团公司领导多次深入实地现场办公，解决实际问题。经过14个月的艰苦奋战，2000年10月1日，山城15万居民关注的净水厂工程如期竣工，经过2个月的试运行，日供水量达到1.7万吨，净化水完全达到国家标准。宋法棠专门来信向山城人民表示祝贺。（安 丽 刘庚正）

**【建设旅游名城】** 漠河县围绕“3年内把漠河建设成北极旅游名城”的目标，进一步解放思想，加快发展，在资金投放、组织领导、政策保障、舆论导向等方面不断加大工作力度，使旅游业呈现出良好的发展态势。该县坚持开发与保护相结合，力求生态效益、社会效益、经济效益的三者统一，理清发展思路，确立产业格局，形成“一二三四五”的旅游业发展总体战略，“一”是建立一个以县城为中心的旅游基地；“二”是开发对俄边境旅游和北陲风光游两个拳头产品；“三”是形成北极村风景旅游区、漠河口岸旅游区、洛古河黑龙江源头旅游区三大旅游区；“四”是开辟兴安口岸旅游线、北极村风景旅游线、胭脂沟“黄金之路”旅游线、洛古河黑龙江源头旅游线4条重点旅游线；“五”是大力培育森林旅游与界江风光、冰雪旅游与野外狩猎、过境旅游与边民贸易、北极村游和“极光”、“白昼”、黄金旅游与民俗风情五大旅游项目。致力于实现经济的可持续发展，突出漠河大森林、大冰雪、大界河的特色，不断增添新的文化内涵，加快地缘优势、资源优势向经营成果的转化，切实发挥旅游业的龙头效应，形成了兴一业、带一方的发展势头。2000年接待国内外游客18 500人，比1999年同期增长15.6%，旅游收入实现759万元，比1999年增长14.5%，对拉动县域经济起到了积极作用。（安 丽 刘庚正）

**【韩家园林业局调整产业结构】** 韩家园林业局在结构调整工作上，遵循科学化、市场化、高科技含量、非木产业为主的调整原则，使结构调整工作不走弯路，稳步推进。该局对拟建项目既不盲目立项、乱铺新摊子，又防止安于现状、错过有利于企业发展的机会。老卡林场在结构调整中砍去了木材生产项目，建立了一个年生产食用菌种菌100万袋的培育厂，年创利50万元，解决了所有职工的就业问题。新建的产业一律实行新企新制，按照现代企业制度的要求规范运作。木材加工小区内由最初的4户发展到18户，全部是个体私营经济成分。新上项目必须有较高的科技含量和附加值，一律杜绝低水平重复建设。森宝实木玩具厂就是以高科技含量被批准立项投入生产的企业。其玩具图案设计软件具有同行业的先进水平，玩具投入市场后供不应求。选择项目过程中，尽最大可能体现了林区资源的多样性。（安 丽 刘庚正）

**【十八站林业局发展林产工业】** 十八站林业局以企业技术改造为重点，集中资金和人力，加大企业技术改造步伐，先后对古驿木业地板块车间、驿兴餐具厂等进行技术改造，陆续开发生产集成材、木衣夹、指接板等一批精深加工的林木产品，使之成为新的经济增长点。根据众多小企业“体制单一、资产闲置、管理粗放、效益低下”的实际情况，该局不断深化改革，采取“破、售、换”等形式，对局址8户加工企业实行了“模拟解体清算，变换私企执照，先租后卖增值”等形式进行产权制度改革，盘活资产2 100万元，闲置资产变卖400万元，吸收民营企业投资300万元。该局从改善经济发展环境入手，制定一系列优惠政策，以良好宽松的社会环境吸引外地客商前来投资办厂。引进外来投资者办企业9个，引进资金868.1万元，引进设备159台，盘活企业闲置资产1 368万元，收取闲置资产租金54.9万元，陆续安排新就业及下岗人员800余人，使林木产品的加工能力得到进一步优化。林产工业实现产值5 359万元，完成年计划产值的133.68%。

（安 丽 刘庚正）

**【改善经济发展环境】** 大兴安岭地委把改善经济发展环境专题推进工作作为一项重点工作，在建设舆论环境、服务环境、政策环境、法制环境上下功夫。成立领导机构和专题推进组，制定实施办法和方案，落实牵头部门和责任部门任务。建设“四个环境”，强化具体工作落实，全区形成一个思想大解放、环境大改善、经济大发展的浓厚舆论氛围。全区各级政府、各系统、各行业相继出台各类优惠政策425条，对阻碍经济发展、束缚企业手脚的政策规定57条予以废除。行署及时出台招商引资优惠政策及奖励办法，并对以前的奖励政策、优惠政策修改16条。为鼓励招商引荐人，行署、林管局出台26条招商引资奖励办法。地委政法委把抓好政治稳定和政法队伍建设作为一项重要任务来抓。法院系统以提高案件质量和效率，确保审判公正为重点，出台一系列硬性措施。公安机关转变服务作风，提高服务质量，以最有效的方法为经济建设服务。全区服务环境进一步改善，加大了招商引资工作的力度。全区有外来投资企业63户，投资总额31 405.9万元，净引资金20 994.5万元，安置职工4 708人，盘活固定资产4 904.06万元。 （安 丽 刘庚正）

**【大兴安岭林业集团公司2000年林业大事】**

1.1月上旬，全区县处级领导班子和领导干部集中开展以“讲学习、讲政治、讲正气”为主要内容的党性党风教育活动。

2.1月21日，地委常委（扩大）会议暨全区经济工作会议在加格达奇召开。会议确定全区2000年发展目标是：国内生产总值达到42.4亿元，比1999年增长4.5%；在木材产量调减的情况下，实现翻两番的目标；财政收人争取稳中有增，城乡居民收入有所增加。地委书记杨喜军，地委副书记、行署专员、林业集团公司总经理王忠林，分别作了题为《抓住发展机遇，加速结构调整，以二次创业的优异成绩跨入新世纪》、《以改革统揽全局，以结构调整为重点，推动全区经济健康发展和社会全面进步》的报告。

3.1月23日，全区第九届劳动模范表彰大会在加格达奇召开。阿木尔林业局等5个单位被授予先进企业称号；呼玛县运输公司等60个单位被授予先进集体称号；丁平等33名同志被授予劳动模范标兵称号；高峰等403名同志被授予劳动模范称号。杨喜军以《团结一致，艰苦奋斗，为“搞好二次创业，兴企富民强区”再立新功》为题作了讲话。

4.1月25日，以国家林业局副局长马福为团长的春节慰问团来区看望困难职工。听取地区领导的工作汇报，并与老干部代表座谈。马福对全区1999年的工作表示满意，对老干部们积极参政、议政的热情给予充分肯定，对今后工作提出要求。

5.2月6～13日，由地委常委、地纪委书记朱洪祥，林业集团公司副总经理徐建荣带领木材稽查、公安森保等部门组成的检查组，对全区10个林业局和呼玛县等地的木材流通流域进行了突击检查。共检查10个林业局，2个林场，26个贮木场，6个货物场，7个加工厂和嫩江152货场和130节车皮，有7名检尺人员受到经济处罚。检查发现，铁路运输好于往年。

6.2月17日，《地委行署林业集团公司关于向马永顺同志学习的决定》下发全区。文件号召，作为全国重点国有林区，要在向马永顺同志学习的活动中走在前列。号召全区党员、干部和群众，坚持以马永顺同志为榜样，进一步解放思想，振奋精神，坚定信念，争创佳绩，为实现地委确定的“搞好二次创业，兴企富民强区”的战略任务，为把大兴安岭地区早日建成全省最富裕、最文明的地区之一作出新的贡献。

7.2月，图强林业有限责任公司被中国设备管理协会授予第五届全国设备管理优秀单位称号，这是大兴安岭地区惟一一家获此殊荣的单位。

8.3月10日，原大兴安岭地区爱心基金会更名为大兴安岭地区献爱心工作委员会。原地区爱心基金会自1996年成立以来，得到了地委、行署、林业集团公司和全区人民的关心与支持，筹集了一定数量的资金，先后救助鳏寡孤独老人与孤儿25人、残疾人41人，下岗再就业特困职工19人，特困中小学生754人、特困大中专学生62人。

9.3月18日，省绿色食品办公室副主任、高级工程师王志国在地区营林局给地林直有关部门负责人、相关企业经理、管理人员共80多人讲授绿色食品基础知识。阐述了绿色食品的由来和现状，环境、食品与健康的关系，绿色食品具备的条件和分级管理及绿色食品标志的管理、包装、储藏等。

10.4月24日，加格达奇林业局与黑龙江圣中集团股份有限公司举行北药开发合作项目签约仪式。杨喜军、王忠林、行署副专员唐庭棣以及加林局主要领导，黑龙江圣中集团股份有限公司董事会主席孙世才等出席签约仪式。

11.5月，“质量兴区立业”活动和“打假”工作全面展开，此项活动从2000年起到“十五”期末结束。集中力量强化原木、锯材、饮料、矿泉水、胶合板等22种重点产品质量管理，争创一批省、国家免检产品、认证产品和名牌产品。进一步深入开展“打假”工作，重点开展“净市场、保两节”战役、“查农资、保春耕”战役、“查建材、保建设”战役。

12.6月5日，林业集团公司育才小学举行省环保局、省教委联合颁发的“黑龙江省省级绿色学校”揭牌仪式。育才小学为了落实《全国环境宣传教育行动纲要》精神，培养学生环境保护意识、责任心和使命感，开展了丰富多彩的课内外活动。育才小学是大兴安岭地区惟一一所获得“绿色学校”称号的学校。

13.6月12～13日，以谋划全区科技发展大计、推进两个根本性转变，加快实施“科技兴区”步伐为主题的全区技术创新工作会议在加格达奇召开。会议传达了全国林业技术创新大会、全省科教兴省大会精神；出台了《关于加强科技人才队伍建设意见》、《关于发展民营科技企业优惠政策》3个文件。

14.6月8～15日，中共中央“三讲”教育检查组来区检查。检查组听取了地区领导的“三讲”教育工作情况汇报，深入基层实地检查。检查组对全区“三讲”教育工作给予充分肯定并提出希望。

15.6月18日，加拿大籍教授弗兰西斯·叶来区作关于森林遗传与树木改良学术讲座。此次讲座由地区人事局主办、地区林科所和地区科委协办，同时也是地区人事局加强引进国外智力工作的一个项目。地区人事局以林业项目为突破口，为地区林科所申报的“北美短叶松引进”引智项目获取国家外专局的批准，这次特邀弗兰西斯·叶教授和中国林科院林业研究所树木引种室主任王豁然来区考察林科所引种树木生长情况、呼中寒温带明亮针叶林、呼中自然保护区偃松落叶松林、杜香落叶松林的生长情况，并就“北美短叶松及其他树种引种可能性、引种方式”进行讨论。

16.7月14～18日，由13人组成的沪浙知青回访团来区访问考察。行署专员、林管局副局长戴万春详细介绍了大兴安岭30年来的发展变化，同大家一起回忆当年开发建设时的生活和劳动情景。就回访团提出的在大兴安岭林区“创立全国独一无二的旅游纪念景点——大兴安岭林海知青巨型立体观光石雕的总体规划”问题，双方进行了研究确定，景点名字定为“中国大兴安岭知青纪念园”，成立运作办公室，吸引知青捐资兴建，2000年6月左右动工。回访团发起人黄彪率先捐献2000元，成员蒋林川捐献700元。

17.8月17～18日，大兴安岭北奇神保健品有限责任公司通过了1SO9002质量体系认证的现场评审，为本公司提高了产品在国际市场的竞争能力。这次认证是由中国进出口质量认证中心黑龙江评审中心执行的。

18.9月4日，行署、林业集团公司出台尊师重教若干优惠政策。

19.10月9日，北京2000年黑龙江绿色食品周大兴安岭地区新闻发布会在钓鱼台国宾馆举行。行署专员、林业集团公司总经理王忠林在新闻发言中介绍了林区的生态优势、地域优势、发展绿色食品优势，阐明今后绿色食品发展的方向、思路和措施。38家新闻媒体的60名记者以及各地企业界朋友出席了新闻发布会。

20.10月14日，地区精神文明委制定出台《倡导文明新风，争做文明公民》活动方案。进一步把全区“净化环境、美化家园、倡导文明新风”活动引向深入。

21.10月19日，111国道加白段和加格达奇西出口路公路建成正式通车。地区在加格达奇与内蒙古阿里河交界处举行通车典礼。地区领导杨喜军、王忠林，省交通厅厅长张铁军，省公路局局长王孝慈，施工单位工人代表李林华为公路通车剪彩。公路建成改善了加格达奇周边地区和通省达县的交通环境，树立了地区首府良好的形象，实现加格达奇高等级公路通省的一个良好开端，进一步增进了与民族地区的经济往来和友谊。

22.11月8日，加格达奇人民政府发出《关于实施退耕还林绿化周边山区的通告》，要求加格达奇辖区范围内开荒种地的单位和个人按照退耕还林要求配合绿化工作。对违反规定的有关单位和个人，将依照《森林法》有关规定予以处罚。

23.11月9日，林业集团公司召开冬运木材生产工作会议。会议全面分析冬运生产面临的形势，要求各林业局在冬运生产期间机械设备完好率稳定在92%以上，伐区优质率达到70%以上，伐区合格率达到100%，严格控制“三总量”指标不突破。

24.11月9日，设在地区招商局的“一站式”服务大厅首次为招商引资企业服务。来自地区招商局、地区工商联、地区计委、地区会计师事务所、地区资源局等9家单位的办公人员会聚一堂，在最短的时间内为企业办理有关手续，把改善经济发展环境工作落到实处。

25.11月7日，由中央电视台（电影频道）等单位联合组成的摄制组在十九站林场举行了拍摄《太阳风景》的开机仪式。这是由林区作者诚然小说《外站》改编创作的一部反映大兴安岭林区人民工作生活的电视电影。

26.11月14日，在中国绿色食品2000昆明博览会上，大兴安岭林区的丽雪精淀粉公司和北极泉天然饮品有限公司被中国绿色食品发展中心评为畅销产品企业。

27.11月29日，国家林业局局长、党组书记周生贤主持会议，专门听取大兴安岭各项工作情况汇报。行署专员、林业集团公司总经理王忠林汇报了大兴安岭林业集团公司前10个月经济工作情况、天保工程实施情况和2001年工作思路，地委书记杨喜军汇报了大兴安岭地委的有关工作情况。周生贤局长对大兴安岭的工作给予肯定，并对林区的长远发展提出具体指示。

28.12月31日，山城加格达奇上千人欢聚在新落成的新世纪广场，隆重举行跨入新千年，迎接新世纪纪念大会暨新世纪广场揭碑庆典。地区领导杨喜军、王忠林、张举、褚凤、朱洪祥、钟志山、魏文彦、黄臻、黄慰民、王树雨、李嘉麟、唐庭棣、戴万春、张赋、王守义、贾玉兰、石尚志、李廷祥、李英瑞，军分区司令员刘国胜，地委政法委书记陈广耀，离退休老干部，机关工作人员，军分区、森警官兵，大中小学生参加了庆典仪式。以育世纪人、植世纪树的特有方式，迎接新千年，跨入新世纪。

（安　丽）

# 上海市林业

## 【概 述】

### 发展与成就

造林绿化 2000年是上海市实现国家提出的“平原绿化达标”的最后一年。各县（区）围绕下达的年度任务和实现平原绿化达标的目标，结合种植业结构调整，加大造林力度，并采取集中造林、成片建设、工程化管理的办法，使全市林地面积有较大幅度的增长。据核查，全市2000年新增林地面积3 560公顷，其中经济林1 453公顷，防护林1 587公顷，用材林180公顷，特用林340公顷。成片造林成活率92.9%，面积核实率100%；“四旁”植树成活率92.8%；全年扩展农田林网控制面积5 447公顷。

1. 成片林工程。继1998年、1999年建设35个市级林业示范工程的基础上，2000年，本着既为本市造林绿化提供优质壮苗，又为形成人造森林奠定基础的宗旨，市财政安排专项建设资金1 278万元，县（区）配套7 356万元，共建成市级成片林工程项目10个，总建设面积324.8公顷。在市级成片林工程的带动下，县（区）成片林工程完成量为历年最高，共建成20公顷以上林地31片，造林面积1 200公顷；建成3.3公顷以上林地215片，造林面积1 267公顷。

2. 黄浦江水源涵养林工程。黄浦江水源涵养林工程是市人民政府关于加强本市环境保护和建设三年行动计划建设工程之一，也是实施淮河、太湖流域综合治理防护林工程之一。2000年先行启动了闵行区塘湾段，建设面积38公顷，平均宽度100米以上，为全面推进该项工程树立了样板，积累了经验。2000年共建设淮河、太湖流域综合治理防护林313公顷。

3. 沿海防护林工程。共完成沿海防护林建设面积301.9公顷，其中完成沿海防护林基干林带230公顷，建设海塘达标工程防护林带71.9公顷。

平原绿化达标 通过多年努力，上海市闵行区、嘉定区、宝山区、奉贤县、浦东新区多项绿化指标达到原林业部及上海市平原绿化标准。经上海市人民政府审核，上述5个县（区）被国家林业局授予1999年全国平原绿化先进单位称号，使之成为本市继1992年崇明县率先实现平原绿化达标后第二批达标县（区）。

森林公园 全年销售总收入2.03亿元，比1999年净增1亿元。其中佘山国家森林公园充分利用森林资源，建设旅游景点，在天马山、小昆山新建云壁听泉、古塔佛光、石洞探秘、北峰观日、竹影临溪、琵琶月夜等10大景观；建成了被东佘山、西佘山、小佘山、凤凰山4山环抱、占地33.3公顷的山中月湖，使之真正成为山青水秀的旅游胜地。东平国家森林公园利用水清、地洁、气净独特的地理优势，积极吸收社会资金加快公园的综合开发。两个国家级森林公园全年接待游客300万人次。

林政与资源管理

1. 森林资源管理继续加强。按照林业法律法规，进一步加强对林地、林木的管理，向社会公布了11个林政执法举报电话，接受社会监督；严肃查处了松江仓桥、崇明东平林场和浦东机场镇等67起滥伐林木、擅自占用林地等林业行政案件，罚款近百万元，增强了林政执法的威慑力；在全市范围开展了保护森林资源三号行动，对林政执法情况进行全面检查；建立健全林政执法队伍，严格依法办事，程序规范有序。

2. 首次编制了上海市“十五”期间年森林采伐限额，切实加强对森林采伐的监督和管理。

3. 完成了上海市森林病虫检疫普查工作，摸清了双条杉天牛等8种检疫对象的地域分布，完成标本制作，建立数据库工作。开展技术攻关，组织实施各项治理工程，进一步控制了松江林场松材线虫病疫情的危害和蔓延。

4. 加大投入，加强森林防火设施建设和火源管理，形成全方位消防体系，实现了连续12年未发生森林火灾的目标。

5. 全市共办理出省木材运输证、检疫证35 778份，对木材、胶合板、家具等木制品检疫达36.46万立方米，计22.9万件；检疫苗木、鲜花67万株（件）。

野生动植物保护管理

1. 加强野生动植物资源调查和栖息地保护管理。全面完成本市野生动物资源、国家重点保护野生植物、湿地调查，组织编制野生动植物及其栖息地保护工程规划、野生动物资源监测，珍稀物种调查；启动崇明东滩鸟类自然区工程。

2. 加强野生动物的驯养繁殖、经营利用和运输携带管理工作。加强对本市野生动物驯养繁殖场的管理；配合农业结构调整，发展珍稀有经济价值的野生动物养殖；会同公安、工商等部门加强了经营野生动物的市场管理。

3. 加强了濒危物种进出口管理。强化与海关的合作，利用计算机管理系统，对申报、审核、物种鉴定、标记进行科学化、现代化管理。

4. 加强行政执法和保护野生动植物的宣传。2000年是野生动物执法年，市人大对《野生动物保护法》开展了执法情况检查活动，市农林局与公安、工商等部门联合查处违法案件15起，没收野生动物及猎捕工具97件（只）；利用报纸、电台、电视台等宣传工具组织宣传保护野生动物，增强公众的保护意识；组织编写教材，对全市600名行政执法人员进行培训，提高野生动植物保护的执法水准。

**存在问题**　2000年上海林业建设得到较快发展，但还存在着许多问题，主要表现在：林业建设的长效管理机制还未形成；依法管理力度不够，毁林和非法调运木材现象时有发生；林业宣传力度不够，社会各界对林业部门作用和职责还不很了解，对林业开展工作较为不利；林业队伍自身素质与林业发展要求存在着差异，林业服务体系尚需进一步完善。　（吴云昌）

**【第一个市级千亩苗木基地建成】**　为加大全市苗木基地建设力度，探索新形势下苗木基地建设的投资和运行机制，2000年在各级财政部门支持下，由上海市农林局会同嘉定区农业委员会和嘉定区马陆镇人民政府共同建设本市第一个市级千亩苗木基地。

基地位于嘉定区马陆镇和方泰镇境内，建设总面积为85.07公顷，其中苗木种植面积70公顷，占建设总面积的82.3%。苗木基地总投资2 700万元，其中市级投入1 700万元，区、镇投入1 000万元。工程于2000年4月初动工，于年底基本建成。

基地共分林业植物苗区、引种驯化区、花灌木区、彩叶植物区、观赏果竹园区、四季花木区、芳香植物区和主入口景区等八大各有特色的区域，引进种植了珙桐、杂交马褂木、中山杉、苏桐3号、竹柏、木荷、桉树、七叶树、华木莲、罗汉竹、南酸枣等50个科62个属80个种的植物39.99万株。苗木基地建成后将兼有经济、生态和休闲观光三大功能，既为本市造林绿化提供苗木，又能成为本市的一块“绿肺”，大大地改善当地乃至周边地区的生态环境和投资环境，并为广大市民提供观光旅游的场所。

千亩苗木基地改变了过去投资和运行方式。由3家建设单位分别委托一家企业（单位）作为市、区和镇各自资本的代表者，共同投资。并成立董事会、组建有限责任公司，实行企业化运作，确保国有（集体）资产的增值保值。　（吴云昌）

**【沿海防护林建设上新台阶】**　按照常务副市长陈良宇关于“要善始善终地完成海塘护岸加高加固工程，全力以赴、出色地实施保滩工程和防护林绿带建设工程，提高上海的防汛抗灾能力”的批示精神，在完成230公顷沿海防护林基干林带的基础上，上海市农林局会同市财政局、市水务局联合成立了上海市海塘达标工程防护林建设指挥部，实施了海塘达标工程防护林带建设，建成高标准防护林带71.87公顷。并首次引进竞争机制，实行工程建设招投标，提高了海塘达标工程防护林建设水平。既成为沿海县（区）抵抗自然灾害的一条生态绿色屏障，也成为市民观光、旅游、休闲的好去处。（吴云昌）

**【首次编制上海市“十五”期间年森林采伐限额】**　根据《中华人民共和国森林法》、《中华人民共和国森林法实施条例》中关于森林实行限额采伐、年森林采伐限额每5年调整一次的规定，上海市首次编制了“十五”期间（2001～2005）的年森林采伐限额。

根据第五次森林资源清查结果，到1999年底，上海市共有林地面积21 727公顷，活立木蓄积量193.73万立方米。为严格控制森林资源采伐量，按照林木消耗量低于林木生长量的原则，依据全市正常的抚育间伐及更新采伐量、历年建设项目占用林地的砍伐量、商品林的采伐量，全市“十五”期间合理森林采伐限额为5 000立方米，其中，商品林合理年采伐限额3 000立方米，生态公益林合理年采伐限额2 000立方米；按采伐类型分，主伐3 000立方米，抚育间伐2 000立方米。（吴云昌）

# 江苏省林业

**【概　况】**　2000年，全省共完成成片造林合格面积5.43万公顷，其中速生丰产林0.68万公顷，干果林0.71万公顷，新建农田林网18.84万公顷，更新和完善农田林网48.66万公顷，“四旁”植树1.25亿株，育苗1.66万公顷，其中新育0.71万公顷，全面超额完成了计划任务。

林业重点工程进展顺利：沿海防护林完成工程造林1.07万公顷，农田林网折实面积0.36万公顷，营造海岸基干林带136.2千米；淮河、太湖流域综合治理造林绿化完成工程造林1.19万公顷，营造农田林网折实面积0.38万公顷；兴林灭螺完成工程造林0.1万公顷；苏锡地区城乡一体现代林业示范区工程完成成片造林0.24万公顷，营造高标准农田林网0.51万公顷，与示范区工程建设相配套的苗木基地建设面积达0.36万公顷；沪宁高速公路完成护路林带168.4千米，石山造林0.02万公顷，营造高标准农田林网0.39万公顷；宁通、宁连公路完成护路林带0.02万公顷，新建农田林网0.58万公顷。　（郑阿宝　李勇才）

**【绿色通道工程】**　绿色通道工程建设认识提高，力度加大。苏州、无锡等市为从根本上改变沪宁高速公路沿路面貌、改善周围的生态环境，狠下决心，在沿路两侧各建设不低于20米宽的防护林带。根据公路沿线人多地少、退耕造林难度大的客观实际，苏州、无锡等市克服重重困难，多方筹集资金并制定有关优惠政策，涉及规模经营单位的，减免相应承包金；涉及农民口粮田的，调整为责任田；对所涉及的土地补偿一定的青苗费，并减免了农业税，其中苏州市财政每公顷补助青苗损失费3 000元，每千米补助造林苗木费1万元，还专门拨款30万元用于表彰奖励。无锡市共补助青苗费50万元，造林苗木费200万元。在公路沿线干群的共同努力下，两市共调整土地400多公顷，建设护路林带115.9千米，开挖隔水沟250千米，完成土方工程近30万立方米，工程投入资金超出5 000万元。泰州市在宁通、泰高、宁靖盐、328、兴泰等高等级公路沿线大力推广意杨、银杏等优良用材、果材兼用树种，将绿色通道建设作为经济与环境协调发展的窗口工程和反映农业结构调整的形象工程。盱眙县突出高质量、高品位、高效益，全县12条国道、省道、县乡村道路每边绿化带都新建、扩建到50米以上。全省其他国道、省道及一些县乡级公路沿线地区大多数建设一定宽度的护路林带。 （郑阿宝 李勇才）

**【森林防火】** 全省共发生森林火警、火灾137次（其中森林火警113次），火场总面积444.24公顷，受害森林面积179.9公顷，分别比1999年同期上升9.1%和102%；发生率为29.62次/10万公顷·年，受害率为0.389/1000，控制率为1.31公顷/次，查处率为63.5%。火灾原因：一是林火发生次数受天气影响较大。进入防火期初期，全省由于阴雨较多，火情出现较少，但从2月中旬至4月初，全省大部分地区滴雨未降，天气持续晴好，气温较高且风力较大，林内植被干燥，森林火险等级一直居高不下，致使森林火灾发生频繁。据统计，2000年3月，全省共发生森林火警、火灾93次，过火总面积364.95公顷，受害面积155.58公顷，分别占全省总数的60.8%、73.5%和85%；二是多年林火次数不多且无大火的地区如今变成了重灾区。如常州市仅3月份就发生林火21起，过火面积183.9公顷，受害面积达84公顷，分别占全省当月的22.6%、50.4%和54%，大大超过往年水平；三是多数林火都能得到及时处置。一般火灾都能在2小时之内扑灭，但仍有较大森林火灾发生。如句容市黄梅镇九华山发生的山林大火，从12月26日下午3时至次日凌晨2时，经过11个小时才完全扑灭；四是上坟烧纸仍是引发森林火灾的主要因素，共有73起，占全省森林火灾总次数的56%。 （郑阿宝 李勇才）

**【森林病虫害防治】** 入春以来，由于气候持续高温干旱，有利于林木病虫害的发生与蔓延。2000年全省主要林木病虫害发生面积为5.95万公顷，其中：松材线虫病1.34万公顷、日本松干蚧0.73万公顷、杨扇舟蛾1.79万公顷、杨小舟蛾0.81万公顷、马尾松毛虫0.23万公顷、其他害虫0.57万公顷、其他病害0.49万公顷，发生率为8.12%，防治率86.2%。

*松材线虫病防治* 累计清除病死松树53.6万株；灭虫处理病枝材3.13万立方米；生物防治面积0.19万公顷；疫点更新改造544公顷；基本拔除疫区2个、初步消灭疫点14个；疫情监测面积6.47万公顷，较好地完成了省政府与各疫区市政府签订的《松材线虫病防治责任状》中所规定的各项防治任务及国家林业局对松材线虫病工程治理的各项要求。

*其他病虫害防治* 日本松干蚧、杨树病虫害等林木病虫的发生与危害也相当严重，对此，全省主要抓了以下工作：一是狠抓病虫情预测预报。在国家林业局的支持下，建立了7个国家级森林病虫害预测预报点，以此为龙头，带动各级预报点开展预报工作。全年各级测报点累计发出林木病虫情报180多期，计9 000余份，为领导决策、指导防治提供了科学依据，也为及时除治病虫害，减少灾害损失起到了积极作用。二是提高防治工作科技含量，推广运用新的防治技术与方法。由于杨树树高叶茂，采用通常喷洒药物的方法进行防治，效果不佳且易造成污染环境等弊端，2000年徐州市、连云港市大面积推广运用新型药物注干技术防治杨树害虫，已累计注干防治40余万株；针对杨舟蛾代数多、有效防治期短的特点，在已取得试验成功的基础上，将往年重点抓第二、三代杨舟蛾防治，提前为重点做好第一代防治，现已累计防治第一代杨舟蛾30余万株，均取得了良好的防治效果，并降低了防治成本。三是加强危险性林木病虫害的监测预防工作。根据全省的实际情况，加强了对松材线虫病、美国白蛾的监测预防工作，全省共设立监测点96个，同时明确责任人、确定定期报告制度，力争及时发现疫情，及早扑灭危害，将损失降低到最低程度。四是强化森防基础设施建设。全省有计划、分步骤的开展创建“森林病虫害防治检疫标准站”活动，经国家林业局审核，徐州市、沛县、邳州市、金湖县、句容市森防站被命名为“森林病虫害防治检疫标准站”。 （郑阿宝 李勇才）

**【资源及林政管理】** 一是组织起草、修改有关林业法规。先后对《江苏省土地管理条例》等地方性法规提出修改意见，保持与林业法规条款一致。对《江苏省实施〈森林法〉办法（修正稿）》进行认真修改，和省人大、省政府法制办在省内和山东省开展有关《江苏省实施〈森林法〉办法》修改的调研工作，几易其稿，10月17日在江苏省第九届人民代表大会常务委员会第十九次会议上，顺利通过了关于修改《江苏省实施〈中华人民共和国森林法〉办法》的决定，于同年12月1日执行，为江苏林业在新形势下发展奠定了法律基础。二是加强林地、林权管理。开展全省林地定权发证工作，已发放林权证10 000本。根据《森林法实施条例》精神，开展审核全省林地征、占用工作，对上报的林地逐一进行实地调查，分3次批准了31个单位的征、占用林地行为。三是进一步规范林木采伐管理。完成了"十五"编限工作，并上报国家林业局。分3次同意盐都、东台、沛县等县的林木采伐。四是木材流通管理。加强对木材检查站执法人员队伍的管理，开展2000年度木材检查证的年检。继续做好林业系统治理公路"三乱"工作，严防公路"三乱"反弹，对中央电视台、省电视台暗访出现的不规范现象进行严肃处理。顺利通过了交通部、公安部、国家纠风办、国家林业局的明查暗访，获得好评。对照《江苏省木材检查站标准化建设标准》，各检查站在自查的基础上，省、市进行初步验收，向国家林业局上报11个检查站，申请达标验收。为充分发挥木材检查站对木材运输的监督，报请省政府对8个检查站的站址进行了调整。五是开展对全省育林基金的汇审工作。6月开始对全省13个省辖市的育林基金进行会审。六是强化林业公安基层建设。鉴于全省基层林业公安派出所部分民警不断上访，要求解决林业警察享受国家公务员待遇及民警待遇问题，积极做好教育疏导工作，面对面地进行思想沟通，并联合公安厅对部分派出所进行调查，向省委、省政府提出了解决林业公安实际问题的建议。审核上报全省林业公安人员警衔晋升，并获批准。七是做好保护森林资源三号行动工作。根据国家林业局的统一布置，8月在全国开展了保护森林资源三号行动，全省各市、县高度重视，积极争取同级公安、检察、纪委等部门的支持，国家林业局专程派人进行督查，全省积极配合，以泗洪西城集乡滥伐林木为突破口，将逍遥法外的违法人员绳之以法。同时借此契机，对六合竹镇滥伐林木案进行了督查，对违法行为单位和责任人进行了查处。八是木材加工企业管理。根据朱总理的指示精神，参加省政府组织的联合调查组及国家五部委的联合调查组，对淮安、宿迁两市的木材加工情况进行调研，形成《关于淮宿两市林业资源及木材加工企业情况的调查报告》，配合省政府出台了《省政府办公厅关于对淮北地区木材加工业进行清理整顿的意见》及《关于进一步做好苏北木材加工业清理整顿第三阶段工作的通知》，对淮北地区木材加工企业进行摸底登记，统计出木材加工企业8 584家，年产量约500万立方米。九是全面、优质地完成了全省森林资源清查第四次复查工作。经过1年的辛勤工作，圆满地完成了各项预定目标：在全省顺利地建立了新的抽样体系；清查质量达到优级标准；清查初步结果令人振奋。清查结果表明，"九五"期间全省林业建设呈现出快速发展的态势，全省林地面积、活立木总蓄积、森林覆盖率都有较大幅度增长，全省林业用地总面积达100多万公顷，有林地面积77.3万公顷，活立木总蓄积量4 000多万立方米，森林覆盖率达10.56%。在全省桑园面积逐年下滑的情况下，经济林面积仍增长6.67万公顷左右，新造林面积增长143%，全省林木总生长大于总消耗量，林业建设逐步呈现持续发展态势。

（郑阿宝　李勇才）

**【林业科技】**　一是积极组织申报并参与科研项目。组织申报2000年国家科技成果重点推广项目2项、国家级星火项目2项，2000年度国家林业局林业科技成果推广项目6项，省林产品质量标准制订、修订计划102项。参与省科委"江苏省可持续发展行动与成就"软课题研究并撰写课题森林资源部分。完成国家林业局2000年6项科技成果推广项目合同签订工作。编写了《2000年林业三项更新工程招标指南》、《2001年省农业三项工程招标指南》林业部分、《2000年全省重点推广林业品种、技术目录》、《2000年林业知识更新工程培训计划》、《江苏省林产品质量标准创新计划》；申报1999～2000年林业技术更新工程并实施林业技术更新工程项目5项。申报2000年林业三项更新工程并组织实施；组织编写知识更新丛书3套；为加强对林业新品种、新技术的宣传，提高示范效果，编写了2000年林业有关新品种、新技术简介；组织完成三项更新工程展示会林业部分。三是做好在研项目管理工作。根据国家和省有关规定，认真做好在研项目的后期管理工作。年初要求对承担1998年度省林业新品种更新工程项目的单位进行自查并汇总总结报告报省三项办；组织有关单位召开了国家"九五"重点科技项目攻关课题"海岸带复合农林业综合配套技术"结题准备会议并完成此项目验收；完成1999年度江苏省农业科技进步奖评审工作。组织完成国家林业局下达的6020A型树干注射机项目验收结题工作。四是在全省范围内开展了两项调查：即全省"九五"期间林业全行业培训情况调查和林业科技人才队伍建设调查。

（郑阿宝　李勇才）

**【林业产权制度改革】**　盐城、淮阴、宿迁等地积极探索林业产权制度改革，取得了明显成效。特别是2000年2月省政府《关于推进林业产权制度改革的意见》下发后，对进一步健康推进林业产权制度改革起到了十分重要的作用。可以说大力推进林业产权制度改革已成为推动林业发展的重要措施。

林业产权制度改革从根本上解决了造林绿化的投入与利益机制问题，建立了投资者、经营者、管理者多元化的责、权、利相统一的经营管理新机制，在保持国家和集体林地所有权不变的前提下，将使用权交给那些能够和善于经营的主体，实现了"两权"分离，调动了经营者的积极性，促进了林业资源的优化配置和林业生产经营要素的合理流动。

它至少产生了4个方面的显著效果，一是加快了国土绿化步伐，提高了造林质量。林地使用权有偿流转，使林地使用者十分珍惜林地的时空资源，千方百计加快造林步伐，同时为了保证林木成活，积极向林地投资投劳，造林质量得到提高。2000年全省共完成成片造林合格面积5.43万公顷，新建农田林网18.83万公顷，比常年超出50%左右，而且造林成活率、保存率也大大提高，改制新造林地成活率普遍在90%以上。产权制度推进较为积极主动的地方，群众及社会造林热情普遍高涨，造林步伐明显加快，造林成活率、保存率能得到保证，形成了明显的"改制效应"。二是改变了造林绿化投资单一的局面，初步形成了造林绿化投资结构的社会化。2000年全省共收回林改资金约1.6亿元，其中72%来自民间资本，9%来自城镇居民和职工，11%来自社会团体单位，8%来自外来资金，形成了国家、集体、个人一起上的局面。投资者中既有农民，也有城镇居民和职工，既有本地的，又有外地的，大量社会资金流向林业，为林业的发展注入了新的活力。特别是民营机制的引入，形成了国有林、集体林和私营林共同发展的局面。三是有利于农民增收，集体增效。林业产权制度改革，使林地产权价值实现货币化，盘活了林业最重要的固化资产——地产。不仅解决了造林绿化投入不足的问题，而且减轻了农民负担，增加了集体积累。同时改制后，投资者为获取更多的经济效益，在造林开发上动的脑筋多了，想的办法多了，搞套种、搞立体种植，实现了以短养长、以耕代抚，经营者的收益大大提高；四是有利于林地保护与资源管理。改制后，产权关系清楚，利益比较直接，让农民群众和投资者有实实在在的拥有感，也能调动人的积极性。在利益机制的驱使下，经营主体把森林当做自己的资产经营，十分爱护林木。（郑阿宝　李勇才）

## 浙江省林业

**【概　述】**

**发展与成就**　2000年是浙江林业发展史上具有重要意义的一年。2000年是实施"10年绿化浙江"规划的最后一年，全省林业工作的重点是围绕"10年绿化浙江"规划，实施绿化攻坚战，如期实现了"绿化浙江"奋斗目标；同时大力发展高效林业，加强森林资源的保护和管理。全省林业行业总产值达到535.70亿元，比1999年增长28.9%；其中第一产业175.73亿元，占32.80%；第二产业289.31亿元，占53.95%；第三产业70.67亿元，占13.19%。在实现"10年绿化浙江"目标的基础上，省委、省政府提出了新世纪建设"浙江秀美山川"的新目标，明确了林业建设的发展方向。

绿化造林　省政府继续把3月份确定为全省的"绿化造林月"，这是自1991年以来连续第十年开展"绿化造林月"活动。各级党委、政府把绿化造林和生态环境建设放到与经济建设同等重要的位置来抓，加强组织领导。全省共完成人工造林面积33 310公顷，是计划任务的235.9%，其中竹林面积4 532公顷。按林种分：用材林7 173公顷、经济林19 814公顷、防护林5 378公顷、薪炭林637公顷、特种用途林308公顷；完成迹地更新24 197公顷，是计划任务的187.82%，封山育林面积754 605公顷，其中本年新封212 930公顷。进一步抓好退耕还林，重点是毁林开垦地和坡度25度以上旱地、临时耕作地、抛荒地的退耕还林，防止水土流失，本年完成退耕还林12 068公顷，是计划8 693公顷的138.82%。共完成低产林改造35 297公顷，是计划8 533公顷的413.65%。全民义务植树活动深入开展，参加义务植树人数达到2 048.4万人次，义务植树6 018万株，建设义务植树基地4 531个，面积30 867公顷。城镇绿化不断引起重视，全省城镇扩大绿地面积连续几年得到高增长，本年度完成1 194.3万平方米，以1999年增长54.4%。地处钱塘江源头的开化县，为保护和改善浙江省的母亲河——钱塘江，提出了"生态立县"的战略思路，全面启动了生态公益林建设，关闭沿线矿山和煤窑等，并开展"百里绿色长廊"建设。

效益林业　全省继续以百万亩千元山高效林业示范基地建设为抓手，加快调整优化林种树种结构、低产林改造和高效林业示范基地建设步伐，大力发展效益林业。全省共完成"五个一百万亩"工程造林37 493公顷，是计划任务的108.6%，其中名特优经济林9 700公顷、笋竹两用林9 160公顷、毛竹丰产林7 407公顷、毛竹低改11 227公顷，都超额完成了计划任务。通过花卉种苗工程的实施，全省花卉种苗业发展迅猛，新建花卉苗木基地3 480公顷，总面积达到2万公顷，产值达到21.3亿元。为提高花卉种苗的产业化程度，由浙江林业种苗服务中心作为主发起人，联合浙江物产集团、衢县林场、金华赤松佛手有限公司、萧山市新街镇农技站以及国家林业局场圃总站等5家单位，于2000年6月18日成立了全省最大的花卉种苗龙头企业——浙江森禾种业股份有限公司，当年实现利润411万元。争取到国家对浙江省种苗工程4个项目的立项，总投资8 000多万元，其中国家投入5 000万元，超出了过去50年国家对浙江省种苗事业投入总和的1倍。野生动物的驯养繁殖和合理利用有了进一步发展，象山县被国家林业局命名为特种野猪基地。2000年新建森林公园3处，至此，全省共有森林公园57处，其中国家级森林公园16处。全年全省森林公园接待境内外游客1 125万次，经营收入1.12亿元。嘉善县成为全国最大的人造板生产基地，人造板生产能力达到335万立方米；2000年全县人造板产值达到55亿元，占全县工业总产值的1/3。

全省共生产木材212.19万立方米，毛竹11 061.63万根，毛篙竹1 534.19万根，毛料129 432吨，杂竹88 755吨，锯材133.39万立方米，木片29.54万立方米；生产人造板477.46万立方米，其中胶合板401.37万立方米、纤维板52.19万立方米、刨花板5.89万立方米、其他人造板18.01万立方米；生产木地块195.51万平方米，卫生筷子36 504个标准箱（其中木卫生筷子6 000个标准箱），人造板表面装饰板957.37万平方米，热固性树脂装饰层压板89.95万平万米，单板29.87万平方米；生产松香2 233吨，松节油178吨，冰片31吨，活性炭5 607吨，软木纸2 530立方米；生产生漆137吨，油桐籽501吨，油茶籽32 547吨，乌桕籽287吨，棕片1 277吨，松脂5 352吨，竹笋干119 730吨，山核桃7 152吨，板栗33 450吨，香榧740吨，银杏1 271吨。与1999年相比，木材、竹材、人造板、装饰板、木地板块产量上升，主要林化产品除松节油、活性炭外产量上升，林特产品产量有升有减。

*各类林业试点工作*　为进一步探索经验，为林业生产探索路子，搞好示范，开展了一系列试点工作，取得了阶段性成果。一是义务植树示范基地和绿色通道示范路段建设。全省有2个义务植树基地被全国绿化委员会命名为全国义务植树示范基地，2条绿色通道被命名为全国绿色通道示范路段。二是封山育林示范县建设。桐庐、淳安2个全国封山育林示范县已建示范基地2万余公顷。三是森林经营示范县建设。安吉县被国家林业局确定为全国森林经营示范县，编制了实施方案，全面启动示范县建设。四是经济林示范县建设。衢县、黄岩2个县（区）被国家林业局确定为全国经济林建设示范县后，已编制完成了总体规划。五是生态公益林试点县建设。在继续抓好21个试点县的同时，将钱塘江、瓯江两大水系源头各县全部列入试点范围，使试点总数增加到28个，试点总面积为16.37万公顷。同时，还进行了高标准平原绿化、优质用材林、林业标准化等方面的试点。

*国有林场改革和标准化林业站合格县建设*　制定了《浙江省国有林场分类经营类型划分标准》，指导并完成全省国有林场的经营类型划分工作。特别是通过进一步落实贫困林场（苗圃）扭亏增盈的责任，加强重点指导，并在项目安排和资金扶持上给予倾斜，取得了较好成效。全省国有林场亏损额从1999年的400万元减少到295万元，下降25%。加大了标准化林业站合格县建设的工作力度，加强对12个当年要达标的县的工作指导和督查，12个县均达到了合格县的建设标准。同时还顺利通过了国家林业局对全省1999年申报的19个合格县的抽查和“八五”期间3个全国林业站建设合格县的复查。

*科技兴林*　全年共组织实施各级推广项目62项，通过推广，建立各类示范林1.33多万公顷，年增益10多个亿。其中毛竹笋用林丰产结构调控技术推广使林农增收2.6亿元，雷竹覆盖技术推广使林农增收近2亿元。组织制订了《金华佛手》、《衢县红竹》两个省级系列标准和《龙柏育苗技术（嫁接）规程》、《瓜子黄杨育苗技术规程》两个单项省级标准。全国林业标准化示范县——临安市经过努力，已制订了8个林业地方标准，其中菜竹、毛竹、山核桃全面实行标准化造林和管理。向科技部、国家林业局以及省科技厅组织申报了科研推广项目21项，是申报最多的1年，已签订合同的有8项。本年度有11个林业项目获取省科技进步奖，其中二等奖3项、三等项8项。省林业科学研究院改革有新的突破，在课题立项方面取得较大进展，当年新立国家重点项目6项，争取到经费260万元。

*森林资源保护和管理*　普遍开展了乡（镇）、村级林木采伐“源头”管理试点工作，规范林木采伐审批程序，建立林木采伐台账制度。同时，针对全省交通环境迅速改善和木材市场进一步放开，原有固定木材检查站对非法木材运输实施检查难度增大的严峻形势，经省政府同意，在4个县进行木材运输巡查试点的基础上，扩大到22个主要林区县和主要木材流通县开展木材运输巡查，促进了木材有序流通。完成了“十五”森林采伐限额方案的编制。进一步规范了征占用林地的审核工作，建立了林地审批档案和月报制度；全年共审核征占用林地项目765起，2 260公顷。山林纠纷调处工作有突破性进展，已基本完成了在册山林纠纷的调处任务，1年来全省共调处山林纠纷600多起，其中“老大难”积案19起。注重野生动植物保护和自然保护区建设。被列为全球极度濒危的十大物种之一的华南虎，在绝迹40年后，又在庆元百山祖自然保护区出现。制定出台了《浙江省森林和野生动物类型自然保护小区管理办法》；古田山保护区已顺利完成国家级的申报和通过专家的评审。在全省开展了林政执法大检查、野生动植物保护法律法规执行年和保护森林资源三号行动，并联合省公安厅、法院、检察院、监察厅、工商局等部门开展了严厉打击破坏森林资源违法犯罪活动的专项斗争，取得了较好成效。全省共查处各类林业行政案件5.16万起，查处率达到98.2%，处理罚款、赔偿损失和补缴林业规费786.4万元。全省森林公安机关查处各类破坏森林和野生动物案件4 520起，查处率99.2%；打击和处理各种违法犯罪人员5 800人；收缴木材近万立方米，查获野生动物16万只（头）；狠刹了非法木材交易、乱砍滥伐和非法猎捕、倒卖野生动物的歪风，为国家挽回直接经济损失458.13万元。全省森林公安队伍中，4个单位荣立集体二等功，1人荣立一等功，1人荣立二等功，2人荣获全国公安系统和森林公安系统优秀人民警察称号。

*森林防火和森林病虫害防治* 全省共发生森林火灾760次，发生率为13.6次/10万公顷；受害森林面积5 320公顷，受害率为0.96/1 000，森林火灾发生率和受害率都低于省政府25次/10万公顷、1/1 000的控制指标。2000年3月全省森林防火工作遭遇极为恶劣的天气，由于连续晴燥，气温急剧上升，风大物干，森林火险等级居高不下，一些地方森林火灾频发，损失严重，森林防火形势十分严峻。对此，省政府专门发出了紧急通知，省森林防火指挥部及时派出7个督查组，分赴各地检查落实森林防火措施。温州、杭州、宁波、丽水、台州、衢州等地相继发布森林防火戒严令，确定森林防火戒严期，禁止林区一切野外用火，并对重点火险地段实行封山，进行死看死守。通过全省上下的一致努力，有效地遏制了森林火灾的多发势头。2000年继续开展森林火灾综合治理，进一步落实预防和扑救措施；启动了森林重点火险区首期综合整治工程，对火灾多发的地区实行重点整治，切实减少森林火灾的发生。

全省森林病虫害防治继续认真抓好松材线虫病、马尾松毛虫、竹子害虫、日本松干蚧、板栗病虫害等浙江五大森林病虫害项目工程治理。全年共发生各类森林病虫害10.31万公顷，发生率为1.94%，控制在省政府规定的考核指标以内。防治面积8.67万公顷，实施监测面积128.75万公顷，实施林木种苗产地检疫面积7 687公顷，防治率、监测覆盖率、种苗产地检疫率分别达到84.1%、89.74%和96.32%，超出国家林业局和省政府的指标要求。松材线虫病防治坚持"全面封锁，严防死守，全力除治，除恶务尽"的总要求。经省政府批准，结合木材检查，在富阳、长兴、温岭、桐庐、临安、绍兴越城、安吉等7个县（市、区）及湖州市开展流动检疫检查，并增设了乐清市水涨和桐庐县窄溪镇2个临时检疫检查站，把好调运检疫关；加强对疫情监控区、重点保护区内木材加工企业、用材单位的监督，禁止到发生区调运病材及其制品；积极探索有效的除治方法。全省松材线虫病发生面积3.84万公顷，比1999年减少了5.85%；规划除治面积1.85万公顷，实际完成除治2万公顷。基本扑灭了湖州市菱湖区的疫情，彻底清除了杭州市拱墅区的疫点。西湖区、余杭市、长兴县的疫情已得到控制，西湖、千岛湖、天目山等风景区未发生疫情。

**存在问题** 一是造林质量下降。1999年度全省人工造林、更新实绩的综合评分为97.4，位居全国第十位，2000年全省人工造林质量合格率为89.5%，比1999年的94.4%下降4.9个百分点；中幼林抚育不合格面积占51.%。虚报面积、把关不严、以苗木株数推算造林面积等不良现象还时有出现。在实地检查中，发现最近几年新增的火烧迹地、采伐迹地还有许多未及时更新。二是森林资源消耗限额管理难度较大。据2000年森林资源监测显示，全省限额内采伐量829万立方米，突破了国务院下达的限额，个别重点林区县森林蓄积量明显下降，全省"四旁"林木消耗量也明显加大。三是森林防火形势依然不容乐观，局部地区的森林火灾发生数居高不下，森林防火手段落后。四是松材线虫病除治任务十分艰巨。2000年各地的除治任务都已完成，但是新的疫点又有出现；一些地方除治工作缺乏科学规划，头痛医头，脚痛医脚；防范措施不力，一些未经处理的病木仍然在流通。 （*卢苗海　吴三民*）

**【"10年绿化浙江"宏伟目标如期实现】** 1989年10月，省委、省政府提出了"2年准备、5年消灭荒山、10年绿化浙江"的宏伟目标，作出了《关于深化改革，绿化荒山，振兴浙江林业的决定》，经过全省人民的共同努力，于1994年按规划目标提前1年消灭了宜林荒山，受到了党中央、国务院的表彰，并被授予实现荒山造林绿化规划省的荣誉称号。灭荒以后，省委、省政府召开了全省林业工作会议，作出了《关于深化改革，绿化浙江，加快林业现代化建设的决定》，及时调整战略部署，把林业工作的重点转移到全面绿化浙江上来；各地紧紧围绕绿化浙江目标，坚持全社会办林业，全民搞绿化的方针，真抓实干，艰苦创业，于2000年如期实现了"10年绿化浙江"宏伟目标。全省从1990～2000年，共完成人工造林58.17公顷、封山育林136.73万公顷、迹地更新20.71万公顷。全省所有的县（市、区）都达到了省定绿化标准。据1999年森林资源清查显示，全省有林地面积从1989年的437.6万公顷增加到553.92万公顷，新增116.33万公顷；林木蓄积从1.12亿立方米增长到1.38亿立方米，新增2 600万立方米；森林覆盖率从42.6%提高到59.4%，森林覆盖率在全国名列前茅。城镇绿化覆盖率达到27.2%，人均公共绿地达到7平方米。通过实施"10年绿化浙江"规划，全省城乡绿化面貌大为改善，局部地区生态环境得到明显改观。全省水土流失面积从10年前的2.7万平方千米减少到目前的1.9万平方千米。

回顾"10年绿化浙江"的实践，主要有以下5条经验：

*领导重视，常抓不懈* 从省到市（县）、镇（乡）层层签订绿化造林责任状，实行目标管理，不因领导的变动而影响绿化，从组织上保证了绿化造林的顺利进行。同时各级领导积极兴办绿化造林点，每年参加义务植树劳动，全省乡以上领导共3 000多人创办了绿化点2 960个、建立示范基地1 400个，起到了很好的示范作用。

*坚持全社会办林业，全民搞绿化，各部门齐抓共管* 围绕"10年绿化浙江"，各部门、各行业结合各自的特点，明确工作重点，积极支持和参与绿化造林，极大地推动了整个绿化造林工作。驻浙部队和武警官兵在绿化好军营的同时，大力支援地方的植树活动；各级共青团组织发挥了造林绿化突击队和先锋队的作用，营建了金温铁路青年绿化工程、千里海塘绿化工程、保护母

亲河绿化工程等“青字号”工程；各级妇联组织结合“双学双比”活动，建设了一批“三八”绿色工程林；铁路、交通、水利等部门积极实施绿色通道工程，铁路、主要公路和标准海塘已初步绿化；城建、园林等部门大力推进城市、城镇绿化；民航部门积极营建花园式航站；教育部门把植树与育人结合起来；各级财政、金融部门在资金上给予大力支持；公检法等部门坚持依法治林，及时惩处破坏森林资源违法犯罪分子；各新闻单位在舆论上给予大力支持，营造了“10年绿化浙江”的良好舆论氛围。深入开展义务植树运动，10年来全省参加义务植树的人数近1.5亿人次，义务植树5.3亿多株。

*坚持依法治林* 省里先后制定颁布了《浙江省森林管理条例》、《浙江省陆生野生动物保护条例》、《浙江省森林病虫害防治实施办法》、《浙江省林地管理办法》等地方性法规和规章，全省已基本形成了以《森林法》为核心、地方性法规和规章相配套的林业法律法规体系。各级政府及林业等部门严格执法，加强普法教育，并加大了林业执法的力度；同时各级人大也加强了对林业执法行为的监督和检查。

*坚持科技兴林，提高科技贡献率* 在抓好关键技术研究的同时，加大了适用科技成果的推广力度。通过开展送科技下乡、组织科技培训等活动，层层兴办科技兴林示范点、示范林，大力推广容器育苗、良种造林、杉木无性系繁育、经济林高接换种、雷竹覆盖等先进实用技术。全省林业科技贡献率和成果转化率分别达到31.66%和50%，位居全国前列。

*坚持绿化造林与发展经济特产林结合* 根据浙江省的实际，把绿化造林与山区经济发展紧密结合起来，调整林种树种结构，大力发展名特优经济林和竹林。自1994年实施’“五个一百万亩”工程以来，已建成了竹笋、板栗、香榧、银杏、山核桃、青梅、杨梅、文旦、柑橘、胡柚、桃形李等一大批标准高、规模大、效益好的林果特产基地。同时，对一些低产林（园）进行改造，10年来全省共改造低产林25.92万公顷，使这些低产林效益有了明显提高。1999年开始实施了百万亩千元山高效林业示范工程，进一步促进了效益林业的发展，加快了山区农民脱贫致富步伐，许多林农尝到了林业开发的甜头，涌现了一大批兴林致富的典型。

（卢苗海　吴三民）

**【浙江省委、省政府提出今后10年林业发展奋斗目标】** 在基本实现“10年绿化浙江”规划目标的基础上，省政府于2000年11月召开了全省林业工作会议，同时省委、省政府发出了《关于巩固绿化成果　优化生态环境　发展效益林业的意见》，对今后10年林业工作作出了部署，提出了“建万里绿色通道，创千亿林业产值，造浙江秀美山川”的奋斗目标。要求全省建设200万公顷重点生态公益林、266.67万公顷商品林、133.33万公顷一般性生态公益林；森林覆盖率稳定在60%以上；全省的高速公路、国道、省道、铁路、河渠、海塘等宜林地段全面绿化，形成带、网、片、点相结合，层次多样、结构合理的绿色通道；林业行业总产值达到1 000亿元。“十五”期间，全省200万公顷重点生态公益林和133.33万公顷一般性生态公益林建设在试点的基础上全面启动，形成基本框架；森林覆盖率达到60%以上；80%的平原县（市、区）基本达到高标准绿化水平；城镇绿化覆盖率达到35%以上；所有的高速公路和60%的国道、省道、铁路、河渠、海塘等宜林地段实现绿化；林业行业总产值达到600亿元。“十五”期间重点实施好四大林业工程：一是生态公益林建设工程，二是万里绿色通道建设工程，三是平原、城镇绿化建设工程，四是林业产业化建设工程。为实现“浙江秀美山川”的奋斗目标，省委、省政府采取了更加扎实的措施，一是落实扶持政策，增加对林业的投入，“十五”期间，省财政每年安排7 000万元专项资金用于林业工程建设和资源保护工作，并视财力可能逐步增加对林业的投入。二是强化依法治林，保护和发展森林资源。三是推进科技兴林，搞好种子种苗工程建设。四是进一步稳定完善林业生产责任制，推进森林、林木、林地使用权有偿流转，增强林业活力。

（卢苗海　吴三民）

**【“10年绿化浙江”成就展示暨名特优新林产品展销会】** 为了全面展示10年来全省绿化工作和林业发展的主要成就，省政府于2000年11月25～28日在浙江世贸中心举办了浙江省10年绿化浙江成就展示暨名特优新林产品展销会。省政府专门就林业、绿化举办展示展销会在全省是第一次。整个展示展销会分为3个部分，一是“10年绿化浙江”成就展示，二是名特优新林产品展销，三是林业种子种苗招商洽谈。“10年绿化浙江”成就展示的内容主要包括：“5年消灭荒山，10年绿化浙江”目标任务完成情况和基本经验，林业产业化发展取得的主要成绩，林业发展对于改善生态环境、增加农民收入和推进经济社会发展所取得的重要贡献等等。名特优新林产品展销，以市为单位，组织所属县（市、区）参展。展销产品有8大类500余种，主要包括：果品、食用油料、饮料、调料、食药用菌、药材、食用笋、花卉、竹木制品、人造板、林化产品、野生动植物制品，林场、林业企业生产的非林产品，部分其他农产品等等。林业种子种苗招商洽谈，开辟林业种子种苗展销和招商洽谈区，邀请省内外林业种苗科研、生产单位和企业参加林业种子种苗展销和招商洽谈。为搞好展示展销会，省里成立了由章猛进副省长为主任的筹委会，各市也都成立了相应的组织机构，抓好筹展工作。省委书记张德江、省长柴松岳、省委副书记周国富和省人大主任李泽民、副主任斯大孝、李志雄，省政协副主席王务迪，以及老领导薛驹、沈祖伦、许行贯等专程观看了成就展和产品展销，给予充分肯定。国家林业局原局长王志宝也专门出席了展示展销会累计接待观众10余万人次，社会各界对这次展示展销会反映极佳。通过展示展销会，使社会对林业的地位和作用有了更深的了解，同时又宣传了一大批名特优新林产品，提高了知名度，拓展了市场。这次展示展销会还签订了一批投资招商和贸易项目，有27个林业综合加工利用方面项目，投资总额5.1亿人民币。这些项目涉及干鲜果、竹笋制品、茶叶、人造板和森林景观等。这批项目的签订和实施，不仅为全省林业产业的发展引进了资金和人才，而且将为林业产业的提升，新产品的开发起到积极的推动作用。（卢苗海　吴三民）

**【浙江省开展木材运输巡查】** 为使木材检查站检查工作适应交通道路发展变化的新形势，充分发挥其“森林卫士”的作用，确保《森林法》的实施，促进山区经济的可持续发展，1999年初，原林业厅党组提出了“实施流动巡查，实行固定木检站静态与巡查动态管理相结合”的木检执法管理改革思路，得到了省政府、省纠风办的大力支持。在1999年省政府批准开展巡查试点取得成功的基础上，2000年7月，省政府下发了《关于开展木材巡查和调整部分公路检查站设置问题的通知》，正式确定在22个县（市、区）开展木材运输巡查工作。

**巡查的组织实施** 为使巡查工作顺利开展，充分发挥其保护资源的作用，确保杜绝巡查工作中公路“三乱”现象的发生，采取了以下主要措施：

*统一认识，明确巡查工作的指导思想。* 巡查工作必须贯彻“依法治国，依法治林”的基本方针，牢固树立执法为群众服务、为保护资源服务、为经济发展服务的指导思想，做到依法行政、文明检查、秉公执法，为维护林区正常的生产秩序、社会稳定和良好的生态环境，发挥积极的作用。

*省、县（市、区）全部建立巡查工作领导班子* 全面负责全省巡查工作的组织领导、执法管理与检查监督。

*强化培训* 提高巡查队的政治业务素质和执法水平。

*规范执法，落实责任* 制定木材运输巡查实施方案，对巡查执法提出了规范化要求。

*制定措施，加强监督，严防公路“三乱”现象的发生。* 一是不得上国、省道巡查，二是不得超范围拦车检查，三是不得影响交通，四是巡查员必须做到廉洁自律，五是哪一个县（市、区）发生严重的“三乱”行为，则撤销该县（市、区）的巡查资格，并严肃追究有关领导和人员的责任。

**巡查工作的成效**

*严厉打击了违法运输木材的活动* 22个县（市、区）在巡查中共查处违法违章运输车辆3 615辆，木材2.55万立方米，毛竹18.91万株，为国家挽回直接经济损失372.22万元。

*加大了宣传教育力度，提高了群众依法运输木材的自觉性* 各巡查大队在查处违法违章运输木材活动的同时，积极开展《森林法》及其实施条例、《浙江省森林管理条例》等有关木材运输的林业法规、政策和保护森林资源、维护生态环境重要性、必要性的宣传教育，增强了群众保护资源的意识，提高了依法运输木材的自觉性。

*“源头”办证率和税费征收率明显提高，有力地促进了合法办理木材运输证和林业税费的正常征缴* 22个县（市、区）开展巡查后，共签发《木材运输证》88 838份，征收林业两金、规费1 850.17万元，比1999年同期增加了18.83%和14.69%。

*以动促静，促进了固定木材检查站的正常运输检查监督* 22个县（市、区）所属固定木材检查站5个月检查的木材运输车辆与木材比1999年同期增长了0.57%、0.39%，毛竹下降了37.91%。但查处违法违章运输车辆、木材、毛竹都比1999年同期分别减少13.67%、1.68%、18.54%，这充分说明木材运输检查动态与静态相结合后，促使当事人规范办证运输增多了，而不办证违法运输的逐渐减少了，维护了木材流通的正常秩序。

*有效地制止了林区源头乱砍滥伐林木行为，保护了森林生态环境，巩固绿化成果* 龙泉市通过巡查并追踪无证无印木材的来源，发现了林区源头12起盗伐滥伐案件，由林政、森林公安查处非法木材857.2立方米，有效地遏制了盗伐滥伐木材案件的发生。

*确保公路运输畅通，未发生一起公路“三乱”和违法乱纪事件* 巡查队伍严格按照法律法规和公路“三乱”治理的有关规定，不该上的路不上，不该查的车辆不查，不该处罚的不罚，做到文明巡查、依法行政、礼貌待人、合理处罚。（周子贵）

**【杭州市大力发展森林旅游产业】** 杭州市是国务院首批确定的历史文化名城，国家重点风景旅游城市，同时又是一个“八山半水分半田”的林业大市。灭荒绿化目标实现之后，青山绿水已随处可见，生态环境质量明显提高。山区山脉连绵，峰峦重叠，蕴藏的峡谷瀑布、潺潺溪流、古树名木、珍禽异兽、奇山怪石、名胜古迹、历史传说等丰富的自然风光和人文景观，为开展森林旅游奠定了良好基础。杭州现有森林公园13个，经营面积7.33万公顷；国家级自然保护区2个，经营面积1.33万公顷。13个森林公园和2个自然保护区中，已经开发建成森林旅游景点的有10个。同时，各地积极利用森林生态景观和山水资源的优势，抓住生态旅游方兴未艾的有利时机，以市场经济的思路，开发建立如临安市浙西大峡谷、太湖源，桐庐县天峒山、白云源，西湖区大清谷等极具自然特色和森林野趣的生态旅游景点41个。全市森林旅游景点达到51个。目前，以千岛湖、大奇山、富春江、天目山、浙西大峡谷等为主的大型森林旅游度假区已初具规模，越来越受到社会的欢迎和游人的青睐，成为杭州市旅游业的重要观光景点和一道亮丽的风景线。2000 年，全市森林旅游业接待游客达 600 万人次，创产值 2 亿多元。

*坚持高起点规划，努力建设森林旅游大市* 1995 年杭州市政府就把发展森林旅游业作为林业的重点工作之一，明确提出了发展森林旅游的总体要求：以杭州为中心，以 3 条放射状森林旅游干线为重点，组建杭州市森林旅游体系。第一条是南干线，沿钱塘江、富春江、新安江溯江而上至千岛湖，以体会生态景观和山水风光为主。第二条是西干线，沿公路从杭州至天目山、清凉峰、大明山，以观赏原始森林、奇山秀水为主。第三条是城郊干线，位于杭州近郊的东明山至杨静坞森林公园，以开发森林野趣，休闲度假为主。3 条旅游干线各具特色，自成系统，既体现了杭州市森林旅游的丰富内涵，也可以吸引不同层次组织，满足不同游客的需求，为今后的建设和发展指明了方向。1998 年杭州市政府进一步提出了“建设森林旅游大市”的奋斗目标，有效地激发了山区开发山水景观，培育新的经济增长点的热潮。近 5 年来，新增国家级和省级森林公园 4 个，新开发旅游景点 28 个，先后接待游客 2 000 多万人次，取得了游客增长 3 倍、产值增长近 7 倍的良好成绩。

*坚持以市场需求为导向，大力培植森林旅游产业* 主要做法是“三抓三提高”：一是抓开发资金投入，提高森林旅游产业的建设档次。运用市场对资源配置的基础性作用，按市场经济规律办事，立足资源优势，采取优惠措施，通过股份合作和有偿转让，争取社会各界的支持和民间资金的参与，走出了一条共同开发森林旅游项目，不断提高建设品位的有效途径，使山区的生态资源得到了充分利用，山区经济和农民收入得到了较好的回报。在过去的 5 年间，共筹集国家、地方和民间的开发资金达到 2 亿元，产值达到 6 亿元。2000 年，淳安县引进万向集团公司 5 亿元、开元旅业集团公司 3 亿元资金，按照高起点、高品位、高档次的建设标准，将在千岛湖森林公园建成大型的具有国际影响的世界一流山水旅游景点和旅游度假村，此举必将极大地促进杭州市森林旅游业的大发展，促使 21 世纪杭州市森林旅游业瞄准更高更新的目标，实现更快更大的跨越。二是抓旅游景点开发，提高森林公园的观赏品位。重点抓好森林公园和自然保护区的旅游景点建设，以此为龙头，带动区、县（市）森林旅游景点开发。现已开发的森林生态旅游景点，基本展现了杭州市峰峦叠翠、怪石嶙峋、峡谷飞瀑、参天古树、峰回路转等千姿百态的丰富的森林旅游资源，各尽所能，各显其长。在旅游基础设施建设上，提高服务档次。旅游景区内，建立攀栈道、渡索桥、观农舍、泛轻舟等一大批娱乐性参与性项目，让游客融于大自然中，寻找乐趣，享受野趣，保持游兴盎然。配备宾馆、小木屋、蒙古包等，为游客提供吃、住、行、游、购、娱一条龙服务，多方位增加旅游收入。根据游客求“新”、求“奇”的心理，旅游景区建设坚持一次规划、分年实施原则，逐步建设或更新游乐项目，增强景区的可游性，提高游客的“回头率”，确保森林旅游产业的可持续发展。三是抓宣传促销，提高杭州市森林旅游在全国的知名度。一方面积极利用报刊、广播、电视等新闻媒体向社会做广告，邀请新闻单位采访、刊登或播放专题报道。另一方面积极参加国内旅游交易会，加强同各旅行社联系，开展市场促销，宣传杭州市森林旅游特色、优美的生态景观和一流的山水风光，介绍杭州市森林公园、自然保护区和森林旅游景点，赠送宣传资料和精美画册。同时瞄准近年来出现的节假日旅游大潮，结合旅游业的宣传活动，直接到上海、宁波、南京等大中城市参与新闻发布会，洽谈休闲度假疗养观光接待项目，定向促销。通过多渠道宣传和促销，杭州市的森林旅游知名度日益提高，节假日游客人数大幅增长，淳安、临安、桐庐等县（市）一举跨入旅游大县的行列。

森林旅游业的兴旺，“吃、住、行、购、游、娱”六大功能也带动了地方交通、通讯、宾馆、餐饮、娱乐等相关产业的迅速发展，促进了一大批林特产品精加工企业的应运而生，茶叶、笋干、山核桃、银杏、板栗等林特产品身价倍增，连以往乏人问津的豇豆干、蕨菜干、蕃茄干等土特产品也受到游客的钟爱，为山区劳动力的转移创造了有利条件，为农民增收开拓了一个新的渠道。森林旅游业作为朝阳产业，正成为发展地方区域经济的支柱产业，林业经济的重要增长点。

（杭州市林水局）

**【绍兴市推进林业产业化向纵深发展】** 90 年代以来，绍兴市各级政府切实加强对林业工作的领导，积极发挥林业优化生态环境和促进山区经济发展的主体作用，在一手抓“绿”的同时一手抓“富”，以林业增效林农增收为出发点，探索出一条以市场为导向、资源为依托、科技为先导、林工贸一体化的林业产业化发展新路子。2000 年，全市林业总产值 57.22 亿元，其中开发林业产值占 80%以上；1999 年山区农民人均收入 3 830元，其中 65%以上来自开发林业。笋竹、花卉、名茶基地每年每公顷净收入在 60 000 元以上的占 51.2%，给林农带来了可喜的收益。

*区域化经济初成格局* 从全市布局看，诸暨主要发展香榧、银杏，嵊州着重开发桃形李、黄花梨和茶叶，绍兴县则以笋竹、花卉为主，上虞着重发展杨梅和青梅，新昌成功营造了名茶、板栗和杨桐柃木三大产业群体。全市已建成笋竹、板栗、花卉、香榧、名茶、桃形李、黄花梨、杨梅、银杏和杨桐柃木等十大主导产品基地 8.3 万公顷，其中，规模经营基地 5.17 万公顷，占总面积的 62.3%；涌现出生产林业主导产品的专业村 449 个，专业乡 26 个。

*名优化开发初见成效* 主要通过推广先进适用技

术改造老品种基地、开发新品种基地、建设名优新特示范基地，培育精品，争创名牌，从而基本上解决了“山上种什么”的问题，为推进林业产业化夯实了基础。全市已涌现出40多只名优林产品，其中，新昌的“大佛龙井”牌茶叶、“天姥山”牌板栗，诸暨的“枫桥”牌香榧、“绿剑”牌茶叶，上虞的“二都”牌杨梅、“东青”牌青梅，绍兴县的“山娃子”牌林产品等品种的质量，已达全省乃至全国先进水平，在市场上颇具竞争力，不断打入杭、沪、京等大城市的超级市场。

*多元化投资初具规模* 在以林农投资为主、国家补助为辅的基础上，积极引导工商企业投资开发林业。据不完全统计，目前全市投资林业的工商企业已达375家，1996～1999年合计投资4.3亿元。其中，投资额在100万元以上的有63家，投资2.1亿元。1999年，全市林农、工商企业和政府三者投资林业的资金达3.7亿元，比1995年增长197.9%。工商企业投资林业，不仅给林业带来雄厚的资金，还引进了工业经营理念。

*一体化经营初步形成* 全市有260余家林产品龙头企业内联基地，外接市场，实行产加销有机结合；60余家龙头市场形成上下联通、内外结合的市场营销网络，成为全市林产品的主要集散地；近3万家返销大户活跃在全国各地，拓展销售渠道，有力地促进了绍兴林产品的流通。

（绍兴市林业局）

**【全国闻名的“木业大县”】** 嘉善县地处浙北杭嘉湖平原。90年代以来，嘉善县顺应经济发展规律，抓住机遇，着力培育区域特色经济，使以胶合板为主的木业成为当地的主要支柱产业和具有较强市场竞争力的优势产业。目前，全县已有各类胶合板生产企业213家，热压机总层数3 500层，年生产能力335万立方米，占全国生产总量的1/6左右。2000年实现木业产值55亿元，占全县工业总产值的1/3，成为全国知名的“木业大县”。

**嘉善木业的发展现状**

*总量规模不断扩大* 嘉善县木业行业曾经历了1996年和1999年两次发展高潮。1996年全县生产标准板、拥有15层以上热压机、投资在200万元以上企业由10家发展到24家，年产量为35万立方米，年产值9.8亿元；1999年胶合板企业数量急剧增加，到1999年底全县拥有标准板生产企业141家，年净增企业101家，热压机总层数达3 500层，生产能力335万立方米。据不完全统计，目前企业固定资产6亿多元，从业人员超过3万人。在企业数量增加的同时，企业单体规模也不断扩大。嘉善已成为全国知名的胶合板生产基地。

*设备、品种不断更新* 到目前已有近50%的企业不同程度引进了热压机、砂光机、切割机、涂胶机等进口设备，特别是一些新办企业，基本摒弃土制设备，采用进口或国产先进设备，厂房设施更趋标准化、规范化和现代化。随着设备的更新，产品品种也不断拓展，改变了以前单一生产普通三合板为主的局面。

*质量、品牌意识不断增强* 在多年的市场激烈竞争中，企业的质量、品牌意识得到了大大的增强，产品质量也稳步提高。1991～1994年的产品质量监督检查仅有中兴一家企业的产品受检历年合格；1995～1997年中抽查了38个企业8批产品，只有3家企业3批产品合格，批次合格率仅为37.5%；1998～1999年抽查了138批次产品，合格108批次，批次合格率为78.3%。良好的质量为产品知名度的提高奠定了基础，以中外合资企业为主的近10只品牌在华东乃至全国享有很高的声誉。

**嘉善木业发展的做法与体会** 嘉善木业已走过10余年历程，之所以从无到有，从少到多，以至形成目前蓬勃发展的良好局面，主要做法和体会是：

*加强领导是木业得以迅速发展的前提* 1995年嘉善县仅有5家木业企业，1996年为24家，1998年为41家，1999年超过了140家，木业企业发展势头一年比一年猛，企业数量一年比一年多，其中一个很重要的原因就是县委、县政府的高度重视、切实加强领导。县委、县政府经过大量的市场调查与分析，充分认识到：一是嘉善县有得天独厚的区位优势，地处甬杭沪宁中心区域，紧靠各大中城市，一二百千米内拥有四大港口（即：上海港、张家港、宁波港、乍浦港），320国道、沪杭甬高速公路及沪杭铁路横穿境内，水陆交通十分便捷，原材料和产品易进易出，发展木业十分有利；二是随着房地产的兴起和住房制度的改革，市场对胶合板的需求急剧增加，而东南亚金融风波使印尼等胶合板大国生产能力大幅度锐减，让出了一个可观的市场空间，这为木业发展提供了极好的机会；三是胶合板生产技术门槛不高，可以利用民间资本，引导百姓发展木业，从而形成了大兴木业产业，着力培育区域特色经济的共识。1994年后，县委、县政府制定木业发展规划措施，把木业发展工作列入议事日程，作为嘉善经济的支柱产业来抓，并加大了软硬环境建设力度。从1996年起在国内外多次举办木业招商会，加大招商引资力度；每年还召开一两次木业企业形势分析会和研讨会；聘请国内知名林业专家、教授作学术报告和胶合板招商会，组织企业交流活动，充分发挥政府与企业之间的桥梁和纽带作用。同时加大了嘉善经济技术开发作为龙头、各乡（镇）工业园区相配套的园区建设力度，统一规划、完善设施、分步实施，为木业发展创造良好的投资环境。2000年，又提出了由“木业大县”向“木业强县”跨越的新要求，决定建设嘉善“中国木业城”。目前，“中国木业城”已组建启动，总体规划3平方千米，首期开发1.3平方千米，努力将“中国木业城”建设成为科技信息中心、管理服务中心、规模集聚示范中心。

*优化服务是木业有序发展的保证* 县级有关部门根据各自的职能各司其职为企业搞好服务。县工商等部门积极做好企业新发展的6项审批工作，均制定了承诺服务工作制度，提高工作效率，提供优质服务。县农林局积极做好行业管理服务工作，协助和配合上级主管部门对基本符合生产许可证条件的企业，组织好培训、资料申报、质量检测、考核验收等工作；加强对林产品运输管理服务。县技术监督局组建了木制品检测中心，及时为企业搞好林产品的检测工作，促进企业产品质量的提高。县各银行在资金上也给予了极大的支持，保证了企业正常运转，良性循环。县税务、环保、劳动、消防等部门也千方百计为企业提供优质服务，为形成特色经济创造了良好的软环境。

*注重质量是木业健康发展的关键* 一是加强质量意识教育。木业企业均采用多种形式进行质量意识教育，促进产品质量的提高。二是紧紧围绕质量这个中心，狠抓基础管理，确保产品质量。三是增加投入，引进先进设备，提高产品档次。近年来，全县已有近50%的企业主动淘汰落后设备，引进了约200多台套热压机、砂光机、切割机、涂胶机等主要的进口设备，有效地促进产品质量的稳定性和产品档次的提升。

*体制创新是木业持续发展的动力* 嘉善县1994～1997年兴办的木业民营企业，大多数是合伙制企业，出资者全是“皇亲国戚”，亲朋好友，人人参与生产经营、决策管理，实行家庭作坊式管理模式，个体素质参差不齐。时间不长，但体制的弊端日益暴露，合伙间矛盾突出，关系紧张，迫使企业改革体制，优化重组。近年来，按照“产权清晰、权责分明、政企分开、管理科学”的现代企业制度改革的要求，多数企业在自愿互助的基础上，改为独资和公司制企业（即有限责任公司），体制变革逐步趋向完善和成熟，企业体制得到了创新，企业管理也上了新的台阶，多数企业吸取和借鉴外资企业的先进管理模式，冲破了家庭作坊式的管理和权力高度集中的管理结构，严格的分级管理体制便应运而生。并坚持以人为本，引进人才，不断优化管理层和职工队伍。全县已有半数以上的企业聘用厂长（经理）管理人才，甚至已出现高薪聘请人才的新例。正是由于体制的创新，管理方式的变革，给企业注入了新活力，使嘉善木业出现质的飞跃。 （*嘉善县农林局*）

**【慈溪市大力推进城乡绿化建设】** 2000年，慈溪市通过开展以环境整治为主题的全面绿化活动，使全市绿化造林工作取得了可喜成绩。据统计，全市共完成人工造林904.3公顷，为宁波市计划的13.6倍；改造低产林88公顷，为计划的132%；“四旁”植树54.3万株；新建高标准农田林带140千米，为计划的175%。绿化造林主要有以下4个特点：

*领导重视，真抓实干* 年初，市委、市政府召开了开展环境整治年活动动员大会，市长徐明夫在动员报告中，提出要把全面开展绿化活动作为环境整治的主要任务之一，市委书记王勇在总结讲话中也着重强调了要做好净化、绿化、美化的文章，大力开展植树造林、种草种花，消除黄土裸露，留下一片绿阴。林业等有关部门及各镇也相继召开多种形式的会议进行贯彻落实，开展宣传发动，出台政策措施，把绿化造林任务落到实处。鸣鹤镇把2000年定为绿化年，在全镇开展“美我家园”全民绿化活动，由镇党委、政府主要领导挂帅，层层落实绿化责任，并作为对干部考核的重要内容。同时，各级领导率先垂范，带头履行义务植树法定任务，推动了绿化造林工作既扎扎实实又轰轰烈烈地向纵深发展，在全市上下掀起了一股“人人植树造林，共同美化慈溪”的热潮。

*突出重点，提高水平* 该市针对原来县级绿化达标中城镇、村庄绿化率低，平原农区绿化水平低的现状，在2000年结合实施环境整治活动，重点抓了两方面绿化工作。一方面，加快了城镇、村庄绿化建设步伐。建制镇以创建省级“绿色小城镇”为载体，大力开展社区绿化、校园绿化、企业绿化、庭园绿化等活动，能绿则绿，见缝插绿，美化家园。村庄则充分利用房前屋后、宅间、道路间隙搞绿化，重点抓好进村道路及护村林、护宅林建设，美化村庄形象。城市按照常年绿化与突出绿化相结合，全面绿化与重点绿化相结合，种绿和养绿相结合，增加绿化总量与提高绿化质量相结合的原则，城区新增绿化面积40万平方米，绿化覆盖率达到19%，人均公共绿地达到4.9平方米。城区15家房地产开发公司与房管局签订绿化责任状，并把绿化养护推向了市场。另一方面，主要是调整树种结构，全面提高平原农区绿化档次。按照“春有花、夏有荫、秋有景、冬有绿”的高标准平原绿化总体思路，逐步增加常绿树种比例，做到乔、灌、草相结合，积极开展多元化、复合化林带建设。2000年全市农区共植树35.6万株，其中常绿树种比例达到35%，比往年有较大提高。庵东镇在八塘横江及农业示范园区，种植了蜀桧、女贞等近万株常绿树，在冬天里增添了一片绿色。

*多方协作，合力推进* 为落实责任，市委、市政府下发了《关于开展环境整治年活动的实施意见》，把各项绿化任务的分管领导、牵头部门、责任单位、考核单位一一加以明确。市府又以文件形式提出了2000年度全市高标准绿化的任务、考核要求。其中一类河道的绿化由林业局会同有关镇共同实施；二类河道的绿化由当地镇政府负责实施；公路绿化由市交通局组织实施。并继续实行目标责任制考核管理，列入对镇、部门综合考核的重要内容。同时建立了完成任务的每株奖励0.5元，完不成的每株收缴3元，并取消当年先进评比资格的奖惩制度。市交通、共青团、铁路、水利、妇联等有关部门以及企事业也纷纷行动，投身到绿化建设行列。据不完全统计，2000年全市共投入绿化资金685万元。

*注重质量，强化管护* 为保质保量地完成绿化任务，做到种1株、活1株，慈溪市在抓好完成绿化造林任务的同时，对绿化造林实行项目化管理，严把植树造林的苗木、整地、栽植、管护四关。市林业部门组织开展日常的质量检查，对不符合要求的，该补课的补课，该返工的返工，切实提高绿化造林质量。还落实了绿化管理措施，对常绿树（竹）苗及大规格落叶乔木种后及时采用支架固定，并组织一批老党员、老干部建立护林队伍，采取了定人员、定地段、定责任、定报酬的“四定”措施。还加大宣传力度，提高全民绿化意识，以增强爱绿护绿的自觉性。 （吕建淼 黄胜利）

**【象山县优化林业结构增效益】** 象山县充分发挥林特资源丰富优势，合理调整产业和产品结构，科学配置生产要素，提高了林业的生态、经济和社会效益，使全县林业生产出现了持续、快速、健康发展的良好势头。

*引进国内外新品种、新技术，形成优质柑橘生产基地县* 象山县柑橘种植历史悠久。从1980年开始引入宫内伊予柑、市文、官川早熟蜜柑等品种。到了90年代初，又从日本引入最新品种41个。以后又从以色列、美国及国内农业院校和科研单位引入优质柑橘品种，极大地丰富了全县的柑橘种质资源。目前，全县已有柑橘新品种100多个，种类齐全，资源丰富。同时，从1991年起，每年选派有文化、肯学习的青年技术员、生产大户赴日本学习柑橘的栽培、加工技术。通过对新品种的考察、筛选，积极推广栽培经济性状比较突出的新品种。如象山红、南香、宫内伊予柑、胜山伊予柑、日南、崎久保等都是适合本县立地条件的优良品种，有些还是国内首创，形成了在全国领先的品种资源优势。象山红在第三届全国名特优果品展销会上荣获“中华名果”称号，被专家誉为21世纪希望品种。宫内伊予柑在'99中国国际农业博览会上被认定为名牌产品。

该县为加快优质柑橘品种的推广步伐，积极实施种苗工程。一是建设26.67公顷柑橘良种采穗圃，每年提供优质接穗60吨；二是建设13.33公顷柑橘良种繁育基地，年产苗木400万株；三是建立10公顷柑橘品种对比园，开展新品种试验。与此同时，该县以科技为依托，加快了品种改良进程，品种结构更趋合理。

*提高杨梅品质，形成优质杨梅生产和加工基地* 全县现有杨梅种植面积2 666.7公顷，已投产1 333.3公顷，年产量在4 000吨左右，是仅次于柑橘的大宗水果。前几年，该县结合松材线虫病除治和迹地更新，扩大杨梅种植，在大除、黄避岙、泗洲山、茅洋等镇（乡）建成了万亩优质杨梅基地，并建成了两条10千米杨梅走廊。通过对外交流和技术合作，全县已有乌紫、东魁、晚稻、荸荠、白梅、水梅、孙前等7只优质杨梅品种。显著的经济效益激发了农民发展杨梅生产的积极性，2000年全县发展杨梅达1 133.3公顷，占造林总面积的70%。预计今后3～5年内，全县可新发展优质杨梅3 333.3公顷。该县还利用紫乌杨梅最适宜加工杨梅酒的有利条件，已建成杨梅加工企业7家，年消耗杨梅1 000吨左右，大幅度提高了杨梅的附加值。2000年宁波永成酒业有限公司投资1 500多万元，开发杨梅发酵酒、果汁，产品已在人民大会堂国宴上使用，并计划向国际市场进军。

*合理开发野生动物资源，形成特种野猪养殖、科研和狩猎基地* 象山县目前已经突破野猪驯养繁殖技术，又有大量海岛（大小海岛300多座，总面积4 000多公顷）可用于放养杂交野猪，具备了规划开发的条件。为促进特种野猪养殖向产业化经营发展，该县林业部门按照“加强资源保护，积极驯养繁殖，合理开发利用”的方针，从建立野生动物保护协会着手，加强服务、管理和引导。一是依法办证，接受林业部门的监督管理；二是提供市场信息，引导养殖户开发市场适销产品；三是做好服务，帮助企业和农户解决发展中存在的问题及困难。至今全县已形成了以县林业局为主体、县野生动物保护协会为骨干的野生动物保护管理网络；以南方野生动物养殖公司为龙头、特种野猪养殖户为网络的特种野生猪开发产业化体系。目前全县已有野生动物驯养总场1个，杂交野猪繁殖分场18个，年产杂交野猪1万头，产值2 500万元，在8个海岛放养了杂交野猪，面积382公顷，并创办了宁波南方狩猎场和野生动物研究所。象山县野猪开发利用项目已由国家科技部列入国家级星火计划，1999年3月又获浙江省名特优新农产品银质奖，2000年确定为浙江省杂交野猪繁育基地，同时被国家林业局批准为唯一的全国杂交野猪繁育基地。该县规划在3年内，将杂交野猪的年出栏量提高到10万头，计划新增投资5 820万元，重点建设杂交野猪肉成品加工厂等项目，投产后年销售收入可达1.6亿元，年利润7 000万元。

*扶持林产品精细加工，建成全国竹根雕之乡* 象山县竹根雕虽然起步较晚，但发展很快，现已成为浙江三雕（东阳木雕、青田石雕、象山竹根雕）之一，并被授予全国竹根雕之乡称号。全县现有从事竹根雕艺人达300多人，拥有一批具有较高艺术造诣的行家，竹雕技术在全国处于领先水平，在国际国内市场上具有相当大的影响力，竹根雕作品多次在国际国内展评活动中获得大奖。竹根雕经济效益十分显著，其单件作品国内售价一般在千元以上，高级工艺师张德和在法国一次展览现场制作的竹根雕，售价高达8万元。竹根雕还是我国重要的出口艺术商品，外贸出口的竹根雕基本上是象山县生产的。 （林宇皓）

**【浙江省2000年林业大事】**

1.1月20～21日，在杭州召开全省林业局长会议，总结1999年工作，部署2000年的任务。

2.2月12日，国家林业局（林资发［2000］57号文）对在森林资源林政管理工作中做出显著成绩的83

个单位和257名同志予以表彰。台州市林业局、安吉县林业局荣获全国森林资源林政管理先进单位称号，陈勤娟、任斐、陈高、周华荣、程水根、梁寒生、宋光裕获全国森林资源林政管理先进个人称号。

3.2月14日，省绿委、团省委、省建设厅、省林业厅联合发文（浙绿委［2000］1号文）授予萧山市瓜沥镇等32个建制镇省级绿色小城镇荣誉称号。

4.2月18日，省林业厅在杭州召开浙江发现华南虎新闻发布会。中央和省级30余家新闻单位记者出席会议。程渭山厅长郑重宣布浙江庆元百山祖自然保护区重现华南虎。中国工程院院士、东北林业大学教授马建章，浙江大学副校长冯培恩，国家林业局野生动物保护司副司长刘永范在会上发了言。

5.3月3日，国家林业局（林造发［2000］104号）公布首批中国名特优经济林之乡名单，临安市被命名为中国名特优经济林山核桃之乡、诸暨市被命名为中国名特优经济林香榧之乡、慈溪市被命名为中国名特优经济林杨梅之乡、开化县被命名为中国名特优经济林龙顶名茶之乡。

6.3月16日，国家林业局（林贷发［2000］109号文）决定表彰世界银行贷款国家造林项目先进单位、先进个人，浙江省世行贷款造林项目领导小组办公室、临安市世行贷款造林项目领导小组办公室、开化县林业开发公司荣获世界银行贷款国家造林项目先进单位称号；鄢振武、戴寿连、唐明荣、李晓庆、蔡富春、潘重光、李红俊荣获世界银行贷款国家造林项目先进个人称号。

7.3月17日，省委、省政府（浙委［2000］8号文）印发《浙江省人民政府机构改革方案》，省林业厅改省林业局，列入省政府直属机构序列。

8.3月17日，公安部（公奖字［2000］30号文）发布表彰1999年度全国优秀公安局、全国优秀人民警察的命令，江山市公安局林业公安科科长姜建尔被授予1999年度全国优秀人民警察称号并颁发奖章和证书。

9.5月12日，国家林业局、中国花卉协会（林造发［2000］210号文）命名41个单位为全国重点花卉市场，浙江花卉市场、绍兴花市名列其中。

10.6月1日，国家林业局、中国花卉协会林造发［2000］246号文命名中国花木之乡，萧山市、奉化市、金华县、绍兴县漓渚镇命名为中国花木之乡，嵊州市命名为中国木兰之乡。

11.6月14日，台州市和海宁市、安吉县被国家林业局（林造［2000］266号文）分别授予全国林业生态建设先进市（地区）和全国林业生态建设先进县（市）称号。

12.6月14日，国家林业局（林造发［2000］267号文）表彰全国营造林工作先进单位和先进工作者，浙江省林业局造林经营处、桐庐县林业局、衢州市林业局、东阳市林业局、绍兴市林业局、龙泉市林业局、余姚市林业局被授予全国营造林工作先进单位称号；程渭山、程秋波、叶根发、王冬米、黄河、卢晓明、阮逸、金益元、毛岳方、徐卫南、张方钢、翁逸锋、袁荣根、张铉杰、徐伯忠被授予全国营造林工作先进工作者称号；浙江省森林病虫防治检疫站、江山市森林病虫防治检疫站被授予全国森林病虫害防治工作先进单位称号；林福平、林庆兰、赵仁友、吴沧松被授予全国森林病虫害防治先进工作者称号。

13.6月18日，经省人民政府证券委员会批准，浙江省森禾种业股份有限公司在杭州正式成立。"森禾种业"由省林业种苗服务中心、国家林业局国有林场和林木种苗工作总站、浙江物产集团公司等6家单位共同组建。公司总资产3 915万元，净资产3 607万元。

14.6月27日，省政府（浙政［2000］6号文）印发了《浙江省生态环境建设规划》。

15.7月12日，国家林业局公布全国第一批森林病虫害防治检疫标准站，江山市、临海市、衢县、临安市、宁海县、兰溪市等6个县市的森林病虫害防治检疫站名列其中。

16.11月23～24日，省政府在杭州召开全省林业工作会议。会议全面总结"10年绿化浙江"的成绩和经验，研究和部署今后10年的全省林业工作。省委副书记周国富、副省长章猛进出席会议并讲话；省林业局局长程渭山在会上作工作报告。省政协副主席汪希萱、国家林业局政策法规司司长陈根长、《中国绿色时报》总编辑万以诚等出席了会议；省级有关部门负责人和各市、县（市、区）政府分管领导、林业局长参加了会议。

（浙江省林业局）

# 安徽省林业

**【概　述】**

**发展与成就**

营林生产　2000年，全省遭受严重春旱伏旱，仍完成人工造林7.57万公顷，占计划的113.6%，其中经济林3.36万公顷，防护林0.47万公顷，特种用途林0.18万公顷。在重点林业工程中，完成长江防护林造林8 243公顷，淮河流域防护林9 000公顷，治沙造林2 067公顷，兴林抑螺造林2 600公顷，平原绿化工程造林5 429公顷，工业原料林基地造林8 173公顷，江淮分水岭“把树种上”工程造林1 360公顷。全省还完成“四旁”植树20 966万株（其中义务植树11 495万株），封山育林44.82万公顷（其中当年新封4.59万公顷），迹地更新6 564公顷，低产林改造1.86万公顷，幼林抚育39.94万公顷，作业面积75.05万公顷次，成林抚育43.17万公顷，追耕还林1.25万公顷。

2000年完成育亩5 933公顷（其中当年新育面积4 335公倾），占计划178%，完成容器育苗1 200万株，采集林木种子1 235吨，调剂林木种子33吨，调剂成片造林苗木2 500万株。林木种子基地建设继续推进，新建采种基地1 314公顷，使续建采种基地达4 046公顷；还在广德、宁国、金寨、舒城、太湖、岳西6县（市）建无性系采穗圃30公顷；年末，全省母树林面积已达1 517公顷，种子园面积达413公顷，分别比1999年增长47%和20.8%。

省林业厅组织全省秋季核查，共抽查229个乡（镇），429个行政村的1 608个小班，综合评定：全省人工造林面积核实率99.1%，比1999年提高1.8个百分点，有6个市达到100%，造林面积合格率99.7%，与1999年持平，有12个市达到100%；造林平均成活率90.9%，比1999年下降1.2个百分点；新造幼林抚育率97.9%，比1999年下降1.8个百分点，有12个市达到100%。

2000年核查，现有林培育间伐，完成合格面积50.67万公顷，占计划的147.6%，但比1999年下降7.3个百分点，其中蚌埠、安庆、巢湖、六安、淮北、马鞍山6市培育间伐26.55万公顷，完成率均超过全省147.6%的平均数。培育间伐面积合格率为99%。

**森林工业** 2000年，全省生产木材393.9万立方米，其中国有林场采伐木材52.78万立方米，乡村林场及村以下采伐270.62万立方米，抚育改造出材57.17万立方米。全省生产毛竹2 616.35万根，生产篙竹844.46万根。森工企业生产锯材24.39万立方米，生产木片3.12万立方米；生产人造板25.36万立方米：其中胶合板5.03万立方米，纤维板9.92万立方米，刨花板5.72万立方米，细工木板4.69万立方米，人造板产量比1999年下降15%；生产木地板块26.37万立方米，人造板面装饰板227.52万平方米，旋切单板2 943.4万平方米；林产化学产品生产松香1 108吨，松节油145吨，木炭8 831吨，活性炭311吨。

**林副产品产量** 2000年，主要林副产品产量，除香榧与1999年持平外，大部分产品产量上升增长：杂木棍29 332.71万根，上升11.1%；木耳2 001.4吨，上升17.6%；棕片1 884.2吨，上升32.6%；油菜籽10 419.2吨，上升38.4%；松脂8 851.3吨，上升40.9%；香菇4 936.9吨，上升39.9%；竹笋干18 679.9吨，上升54.9%；生漆279.9吨，上升63%；青檀皮6 818.1吨，上升99.3%；板栗45 710.2吨，上升31.4%；核桃182.4吨，上升137.8%；五倍子59.3吨，上升280%；香椿头23 233.5吨，上升685.6%；银杏30 803.8吨，增长近40倍。比较1999年下降的有：木本燃料7 659 770吨，下降1.3%；搪材91 573.1吨，下降2%；油桐籽3 109.1吨，下降2.5%；条类290 428.3吨，下降2.7%；元杂竹182 412吨，下降9%；山核桃1 886.9吨，下降47.4%；桂皮819.3吨，下降54%；乌桕籽2 648.8吨，下降16%。

**林业产值** 2000年，全省林业社会总产值按现价计算已达115亿元，比1999年上升35.5%，其中营林产值15.81亿元，林产品产值40.47亿元，林木采伐产值19.76亿元，第二产业产值8.98亿元，第三产业产值5.42亿元。林业系统工业总产值8.72亿元，比1999年上升9.8%，其中国有企业5.31亿元，集体、联营、股份制企业0.81亿元，外资企业1.29亿元。

**林业资金** 2000年林业建设资金实际投入27 746.71万元，资金到位率92.78%。其中预算内资金7 007.58万元，银行贷款3 929.54万元，利用外资1 574.6万元，自筹资金9 586.38万元，其他资金5 648.61万元。

**森林保护** 在森林防火上，全年发生森林火灾110次，其中火警40次，一般火灾69次，重大森林火灾1次，受害森林面积706公顷，烧死幼树21.32万株，损失林木蓄积15 875立方米，森林火灾受害率0.23/1 000，继续低于省政府下达的控制目标。2000年参加扑救森林火灾的达35 436人，因扑救林火轻伤2人，重伤2人。

在森林病虫害防治上，进入“九五”森防目标管理最后一年，全省共发生森林病虫害37.03万公顷（其中病害5.52万公顷，虫害31.51万公顷），病虫害发生率11.45%；全年防治森林病虫害27.44万公顷，防治率74.1%；应施监测面积255.32万公顷，实施监测面积190.21万公顷，监测覆盖率达74.5%；全年实施种苗检疫面积0.87万公顷，产地检疫0.82万公顷，种苗产地检疫率94.69%。“九五”期间，全省年均森林病虫害发生率10.55%，防治率68.68%，监测覆盖率70.04%，种苗产地检疫率90.08%，均达到国家下达的指标任务。2000年对松材线虫病害加大除治力度，在重点治理区，应用航空监测、打孔流胶诊断、引诱剂诱杀、生物防治等技术，并开展新药剂防治松褐天牛试验，提高治理科技含量，全省当年松材线虫病害除治共皆伐松林784.73公顷，择伐4 289.6公顷，超前皆伐127.73公顷，病木除害处理38 699立方米，完成了年度除治任务，延缓了松材线虫病大面积急剧扩散的势头。这一年还防治杨树天牛6.3万公顷，防治杨树食叶害虫2.73万公顷，防治经济林病虫害6.19万公顷，防治其他病虫害5.64万公顷。全省全年投入森林病虫害防治经费1 546万元。其中国家支持452万元，省、市、县3级投入585万元，群众自筹419万元。

在林木资源保护管理上，相继开展林政执法大检查和保护森林资源三号行动及林业专项打击：全年各级林业主管部门受理林业行政案件36 983起，结案36 835起，查处率99.6%，挽回直接经济损失1 500万元；各级森林公安机关立案查处森林案件3 506起，收缴木材4 219立方米，截获放归自然野生动物6.5万只（头），蛇蛙1.5万千克。共处罚6 253人次，其中逮捕79人，劳教3人，治安拘留212人，警告282人，治安罚款332人，林业行政处罚3 593人。

*林业科技*　2000年，林业科技有11项成果获省科技进步奖：其中林业科技经济一体化7亿元工程和生物多样性保护战略研究获二等奖；京九绿色长廊工程技术研究、经济林资源及病虫害研究、国有森林资源财产评估的研究获三等奖；长江中下游平原杨树工业用材林经营技术的研究、江淮分水岭易旱地区林业发展与造林关键技术研究等5项获四等奖；切花月季温室周年丰产栽培技术获省农林科技四等奖。此外，省林业科技进步奖还有5项获得一等奖。

**改革与林政实施**

*省林业厅机关机构改革*　2000年，省政府在机构改革中，重视林业工作，不仅继续保留省林业厅，而且作为省政府组成部门之一。在职能转移上，一是把职能转移到统筹规划、政策扶持、执法监督和组织协调上来；二是取消了木材生产、森林旅游、林木花卉、木本药材等林业产业管理，并将部分职能下放到事业单位或转移到基层；三是合理划分政事范围，设置10个职能处室和机关党委、纪检监察等机构，即设立办公室（政策法规处）、植树造林处（挂安徽省绿化委员会办公室牌子）、森林资源管理处、野生动物保护处、森林公安局（森林防火办公室）、发展计划与资金管理处、科学技术处、国际合作处、人事教育处、离退休工作处，其中离退休工作处编制单列。机构改革后，机关工作人员61人比机构改革前80人减少31.1%，现有公务员53人，比机构改革前72人精减35.8%。这一次机构改革，行政编制由原来的88人减少到53人，精减35人，精减比例66%。行政上有6人提前离岗，3人提前退休，7人提拔或分流到事业单位任职，2人待岗。这一次机构改革扩大了轮岗交流面，有22名公务员进行了交流，占总数31.4%，10名正副处级干部进行岗位轮换，5名事业单位处级干部调任行政处室，占规定职数的47.6%。机构改革优化了干部队伍，公务员平均年龄40.4岁，比机改前43.5岁下降7.1%，处级平均年龄45.2岁，下降12%，本科以上文化水平占86.7%。

*出台《安徽省林地保护管理条例》*　针对省内林业用地征占用较为严重的实际（每年损失林地近万亩），为加强林地保护管理，促进社会经济可持续发展，经省人大常委会审定，自2000年10月1日起，施行《安徽省林地保护管理条例》，《条例》共6章47条，对安徽省境内郁闭度0.2以上的乔木林地以及竹林地、灌木林地、疏林地、采伐迹地、火烧迹地、未成林造林地、苗圃地和县级以上人民政府规划的宜林地之权属管理、保护和利用、征用和占用都作了明确的规定。2000年依法审核征占用林地80起，责成市、县林业主管部门按标准收取森林植被恢复费133.77万元。这一年林权登记发证工作也稳步推进，全省正式使用国家林业局统一印制的新林权证，并组织对变更的林权换发新证和对新造林木确权发证，共有41个县（市、区）核发新林权证1.6万册。

*维护森林公园合法权益*　2000年5月，省民政部门一纸公告引发一位记者对林业部门主管的森林公园建公墓的失实报道，也误导了有关新闻单位和媒体的转载及片面宣传。对此，省林业厅在4个环节上做工作，有效地维护了森林公园的合法权益。

*引资开发对外交流合作*　一批林业引资引智和对外交流合作取得突破：①与新加坡金光集团亚洲浆纸业有限公司协议，建设中新合作安徽纸浆林项目，先期投资5亿美元，营造纸浆丰产林基地66.67万公顷。②中德合作皖南生态造林扶贫项目，由德国政府无偿援助1 200万马克，在皖南歙县、青阳、石台、铜陵4县营造防护林2.73万公顷，中德双方完成项目评估。③中日合作松材线虫抗性育种项目，日本无偿投资2 000万元和提供技术支持。④中芬合作长江绿色生态屏障恢复项目，芬兰专家完成考察，总投资1 810万元。将由欧盟无偿援助。⑤中日合作技术培训、茶文化交流、支援安徽教育等项目均取得进展。

**存在问题**　由于严重旱灾，影响造林进度，部分市未完成人工造林计划；现有林培育间伐进展不平衡，有的地方培育间伐不及时，质量不高；发生了青阳县庙前镇村民上坟烧纸的火灾，受害森林153.3公顷，为近几年仅有的重大森林火灾。　（安徽省林业厅）

**【天柱山国家森林公园】**　坐落潜山县境内的天柱山国家森林公园是在国有天柱山林场基础上，1992年经林业部批准建立的，总面积0.21万公顷，有职工200余人。2000年，全国文明森林公园评比，天柱山国家森林公园榜上有名，成为被国家林业局首批授予的全国16处“文明森林公园”之一。它们在创建中的具体做法是：①加强森林资源建设和管理。森林公园在继续造林抚育、封山育林的同时，加大林相改造和新建风景林的力度，3年投入资金200多万元，新造林86.67公顷，其中风景林14.67公顷，改造林相166.67多公顷，并停止大面积皆伐。在加强建设同时，注重森林病虫害防治、森林防火等资源保护工作，对景区内的珍稀树种、古树名木建立资源档案，加以重点保护，每一块山场管护都落实到人，签订责任状。多年来，公园内从未发生乱砍滥伐和森林火灾，多次受到上级主管部门的表彰。长期的建设和精心管护，天柱山森林覆盖率达84%，绿化程度94.9%，彻底改善了生态环境，形成独特的自然景观和众多的人文景观，奠定了旅游发展基础。②加快旅游基础设施建设及旅游资源开发。在实施通路、通电、通水后，公园投入2 500多万元，开辟了马祖、长沟两个大型停车场，改造了森林宾馆，完成卧云山庄一期工程建设，兴建了青龙涧客运索道，修建炼丹湖旅游接待设施并购置了游船，配套建设了一批旅游服务商店、饭店等。为进一步提高接待能力，2000年投入575万元，具有二星级标准的卧云山庄二期工程开工。现在，公园已形成行、游、住、食、购、娱一条龙服务体系，接待能力和接待水平初具规模。③强化管理，优化服务。森林公园对照“文明森林公园”标准，针对薄弱环节，采取有力措施，坚持以“诚实、优质、文明、卫生、安全”为服务准则。在园内多处醒目位置设置旅游投诉信箱并公布监督电话。多年来，森林公园没出现一起投诉事件，赢得了游客广泛赞誉。2000年公园被评为“安全生产优秀单位”。④综合治理，美化环境。天柱山旅游的不断升温，给环境保护带来很大压力，森林公园建立了天柱山环卫所，成立专业环卫队，及时清扫垃圾并转移处理；要求使用清洁能源，禁止烧柴和烧煤；合理设置固定垃圾箱；在宾馆、饭店等游客集散地兴建污水处理系统，山上全部实现冲水式公厕。2000年，森林宾馆和卧云山庄均被评为“卫生先进定点单位”。⑤加大宣传，开拓市场。公园重点在南方一些大城市和周边中小城市开展宣传促销，利用当地的电视、报纸介绍天柱山丰富的旅游资源；经常在《安徽日报》、《中国旅游报》、《深圳商报》、《长江日报》、《金陵晚报》等报纸上整版刊登天柱山的宣传图片和文字，使外省游客占70%左右。目前，公园又开始尝试向海外拓展，加强在国际市场上的形象宣传，吸纳外资投入天柱山的旅游开发，建设具有国际知名度的旅游品牌。

经过实施创建工程，公园发展三年三大步，一年一个样：1998年，接待游客6万人次，创旅游收入350万元；1999年接待游客12万人次，创旅游收入620万元；2000年接待游客20万次，创旅游收入917万元。旅游收入占公园（林场）总收入的90%以上。

（吴保华　张　舜）

**【中德合作安徽长防林项目成效好】** 中德合作安徽长江防护林项目是中德两国政府共同投资，在安徽岳西、太湖、潜山、宿松、望江、东至6县营造的长江防护林项目。项目总投资9 957万元，其中德国政府无偿援助1 200万马克，占总投资的66.3%，项目自1996年至2000年底建设期5年，已取得良好成效。

共累计完成造林31 166公顷，超额63公顷。其中防护林2 581公顷，用防林9 578公顷，生物多样性林30公顷，用材林866公顷，经济防护林4 677公顷，混农造林1 896公顷，村片竹园81公顷，封山育林11 457公顷。上述造林共有79个乡（镇）480个村参与，直接受益农民62万人，聘用183名护林员对营造林加强管理，使已营造的林木全部逐渐郁闭成林，提高治理区森林覆盖率30.7%，减少水土流失，改善了生态环境。

在完成项目造林同时，一些基础设施大大改善：在6县苗圃建起400平方米温室和2 000平方米塑料大棚，建立黄山松、枫香、栓皮栎、池杉、杨、板栗种子林分、采穗圃达46公顷，为项目造林提供良种，做到育苗前对种、穗、根条检测，极大改变了见种就育、有苗就栽的传统营林习惯；在水保工程上，建造沉沙凼1 898个，截洪沟10.5千米，防护墙4 450米，谷坊352个，坡改梯227公顷，特别对25度以下山坡改梯或修水平带，有效减少侵蚀，水土流失量明显减少；围绕项目工程，建成2个生物药厂，生产3.6万升白僵菌粉和2.5万支毒签、2万只鸟巢，奠定了生物防治工程的基础；项目实施5年来，还完成建设560个沼气池，6 000个节柴灶、10座防火瞭望塔、163千米防火道、35千米林区道路，并围绕造林、抚育、水保等培训农民7 455人次。5年来接待国际国内21位专家视察、咨询达1 191人日，受到德国等一批国内外专家和国家林业局的高度赞誉。

（邱　辉）

**【六安市森林防火】** 六安市地处大别山区，鄂豫皖3省结合部，境内山高林密，交通不便，森林防火点多面广。全市围绕“预防为主，积极扑救”的方针，1996年以来，连年受到省护林防火指挥部表彰奖励，被授予省护林防火先进单位称号，2000年全市仅发生一次森林火灾，森林受害率仅0.006/1 000，再创森林防火佳绩。

六安市森林防火主要措施是：①坚持政府统一指挥，强化行政首长责任。森林防火期未到之前，市及所属县（区）超前开会，做好防火准备；进入防火期，各级行政首长亲自部署，发布“森林防火命令”、“布告”，领导划片包干，定职定责，纳入考核，一票否决；防火戒严期，坐阵指挥不外出，扑下身子抓防火，严格督查不懈怠，预防扑救抓落实。②舆论引导，群防群治。重点从4个方面切入，一是突出标语宣传，重点林区及单位、交通要道设立森林防火标语、碑牌，警示干群；二是各级领导发表电视广播讲话，电视台组织防火宣传周活动，中小学开展“绿色盾牌”活动；三是运用典型案例教育群众；四是目标责任定到单位和一家一户。③严格火源管理，坚持依法治火。防火期清山清林、清坟地，建立坟墓档案，责任到户主；防火期，在入山口设立防火检查哨卡，严禁火种带入林区；戒严期禁止一切生产生活用火；推广成功防火办法，对易发火灾林区地段死看硬守。④强化素质，规范行为。主要是教育森林防火人员增强事业心责任感，组织扑火管理演练，并不断完善制度和业务建设，向森林防火规范化、标准化、科学化迈进。⑤加强基础设施，加快“四网两化”建设。舍得森林防火投入，2000年在经济困难情况下，仍投入防火经费91.8万元，装备专业扑火队伍4支，安装程控电话6部，架设电话线路20千米，修筑防火林带72千米，开辟机耕带、防火公路140.5千米，建立防火物资储备库11个，添置防火车4辆及灭火机具1.7万件。有效地增强了森林防火灭火的综合能力。

（张俊喜　王　冲）

**【泗县大庄镇依托林业富民强镇】** 地处淮北平原的泗县大庄镇按照“稳粮、扩桑、发展经果林和用材林”的思路，优化结构，使林业成为农村经济发展新的增长点和支柱产业。全镇发展林业，拥有各种林木130万棵，活立木蓄积量10万立方米，林业年收入400万元，占农业总收入的1/3，大庄镇因此被评为全国环保百佳乡镇，文明集镇，2000年荣获全国造林绿化百佳乡镇。

他们的主要做法是：①注重实效教育。通过多种形式宣传农田林网的建设意义，运用午季干热风导致大片庄稼倒伏的实例，组织干群参观农田林网化的现场，宣传林网防护效能，号召群众大力营造农田林网，使全镇农田林网网格面积达13.33公顷左右，庇护农田5 800公顷，形成高标准农田防护林体系。②坚持改造提高片林。对管理粗放的河堤片林、村片林制定改造规划，分年实施，使辖区内533.3公顷堤岸片林和1 000公顷村庄片林长势旺盛，全镇15条沟堤，全长120千米，绿化率达100%，村庄林木覆盖率达80%。③突出城镇绿化。开展花园式单位创建活动，90%以上镇直单位达标；抓好街道绿化，新建花坛100多个，达1 000多平方米；加强专用绿地建设，使人均专用绿地达3平方米标准，同时实施小公园、小游园项目，加快绿地建设步伐。④强化经济意识，围绕杨木做深加工文章。全镇扶持、引建木材加工企业100多家，由简单包装板条发展到细木工板、胶合板皮等系列产品精深加工，年销售收入5 000万元，吸纳富余劳动力就业，还发展经济林400多公顷，年产值120万元。经济效益引发一些村群众自发在大田连片造林100公顷。

（周　乐　薛胜平）

**【全国绿化千佳村——寨门李】** 涡阳县耿皇乡寨门李村有120户502人，人均耕地0.13公顷，人均拥有花果树56棵。该村从1988年起实施农田宅基科学规划，每年人均栽树10棵，常年坚持不懈，形成乔灌花草搭配，常青落叶交汇，用材、经果、薪炭兼备的立体农林生态体系，实现了农田林网化、沟渠林带化、道路林荫化和村庄园林化。

寨门李村宅占地13.3公顷，规划为44个宅基单元，中间东西柏油路贯穿，南北12条6米宽水泥路面。每栋房屋前后小路旁配置蜀桧、龙柏、月季、广玉兰、美人蕉、法国梧桐及乡土树种，庭院内有枣、柿、葡萄、竹、花，环村沟种植用材树种，沟外宜竹则竹，宜林则林，竹园面积1.28公顷，犹如江南水乡。

寨门李高标准规划农田林网绿化，全村农田内有12条沟路，总长1.29万米，中型路每边栽植2行用材树，小路每边植树1行，共栽植树木9 713棵，另有11条排水灌沟，沟边栽一二行树，共植树3 428棵。

寨门李利用沃土栽植优质矮化苹果和桃树8公顷，每户合0.07公顷果园，经果林及用材林每年给村民带来人均600元收入。1996年以来，寨门李村先后被评为联合国儿童基金会环境卫生合作项目村，省百佳生态村、省级文明村、全国绿化千佳村。

（杜立功　张　剑）

**【安徽省2000年林业大事】**

1.1月14日，赣鄂皖第四联防区第二十九次联防会在安徽省金寨县召开，3省6县80多名代表交流了护林联防工作经验，表彰了护林联防先进集体和个人。

2.1月16日，全省林业公安工作会议在合肥召开，王文副厅长到会作林业公安要为林业改革保驾护航的讲话。

3.1月18日，安徽省野生动物保护协会召开常务理事会扩大会议，研究野生动物保护与利用。

4.1月30日，安徽省林业产业化集团成立，省政府办公厅副主任章贻义、省农经办副主任邵国荷到会祝贺，并与省林业厅厅长周蜀生一起为集团揭牌。

5.2月12日，省万里绿色长廊工程建设指挥部召开第一次全体成员会议，成立指挥部，省委副书记王昭耀任指挥部政委，副省长王怀忠任指挥长。

6.2月14日，省政府召开春季植树造林工作电视电话会，张锋生副秘书长主持会议，王怀忠副省长在会上提出林业工作要抓好5个创新、5个到位、1个加强，打好1个硬仗的要求，周蜀生厅长在会上宣读林业整地情况通报，对完成整地较高的15个市地给予奖励。

7.3月2日，全省平原丘陵地区春季植树造林现场会在阜阳市召开，11个地（市）62个县（市、区）负责同志出席，王怀忠副省长到会讲话。

8.3月5日，蚌芜铁路绿色长廊工程建设现场会在定远县召开，王怀忠副省长到会讲话。

9.3月6日，省党政军领导许仲林、乔传秀、吴昌期、吴天栋、陈瑞鼎、王怀忠、田维谦、狄玉增、杨洪立等在合肥市郊参加义务植树，省长许仲林在接受记者采访时强调植树造林，把安徽建设成经济繁荣、环境优美的现代化省份。

10.3月12日，山区春季植树造林现场会在池州地区召开，与会同志参观了贵池市、青阳县造林现场，王怀忠副省长到会讲话。同日，安徽人民广播电台开辟“林业之声”专题直播节目，省林业厅副厅长王文、总工程师吕锡德作为嘉宾到直播室作专题讲话。

11.3月28日，中新合作安徽纸浆林项目在合肥启动，项目先期投资5亿美元，营建纸浆丰产林基地66.67万公顷，新加坡亚洲浆纸业股份有限公司副经理陈万吉、省林业厅副厅长王文分别代表中新双方在协议书上签字，省侨联主席吴诸添、林业厅副厅长刘永春、总工程师吕锡德出席签字仪式。

12.3月30日，国家林业局举办的“爱鸟护鸟南北行”活动在安徽展开，省政府副秘书长张锋生在合肥市野生动物园“百鸟园”启动仪式上致词，王文副厅长主持仪式,中国野生动物保护协会副秘书长李玉铭,省林业厅总工吕锡德和有关专家、记者在启动仪式后前往“全球环保500佳”的颍上县八里河镇,考察鸟类湿地及观赏万亩湿地湖滩越冬鸟类。

13.4月3日,省委组织部副部长张耀文代表省委、省政府赴省林业厅宣布厅新一届领导班子组成:厅长、党组书记唐怀民,党组成员、副厅长王文,党组成员、副厅长程鹏,党组成员、副厅长刘永春,党组成员、纪检组长时思玉。

14.4月14日,唐怀民厅长在安徽人民广播电台发表《植树造林抗旱保苗》讲话。

15.6月17日,省林业厅机关职工和林校学生近百人在省政府花园街设点,开展世界防治荒漠化和干旱日宣传活动,省政府副省长王怀忠,副秘书长郜国荷,省林业厅厅长唐怀民,副厅长程鹏、刘永春参加了街头宣传。

16.6月20日,万里绿色长廊工程补植现场会在淮南市凤台县召开。与会同志参观了科技育苗栽培基地。

17.7月1日,省人大常季会主任孟富林在唐怀民厅长陪同下,到肥西检查林业示范点工作。

18.8月18日,全省万里绿色长廊工程建设经验交流会在淮北市召开。与会同志参观了淮北市工程建设现场,淮北、铜陵、芜湖等市负责人在会上介绍建设经验,王怀忠副省长提出长廊建设要做到8个结合,迎接全国现场会在皖召开。刘永春副厅长通报了春季造林检查情况,唐怀民厅长作总结讲话。

19.9月11日,以国家林业局资源司司长寇文正为组长的保护森林资源三号行动督查组到达安徽,省人大副主任季昆森、省政府副秘书长陈树良、省林业厅领导班子全体成员会见督查组一行并分别介绍了有关情况。

20.9月21～23日,全国绿色通道工程建设现场会在安徽召开,来自全国各省的200多位同志参观了安徽万里绿色长廊工程建设现场。国家林业局副局长李育材在会上作了讲话,全国绿化委员会对安徽万里绿色长廊作出了表彰决定。安徽省党政领导王太华、孟富林、王昭耀、王明方、季昆森、张润霞分别到会并看望代表,副省长王怀忠自始至终参加会议。

21.10月17日,全省市地林业局长会议在合肥召开,会议确定了下步林业发展思路,提出“十五”全省有林地达346.67万公顷。森林覆盖率达到30%的新奋斗目标。

22.10月18日,首届安徽科技论坛隆重开幕,国家林业局党组成员江泽慧应邀作专题报告并提出安徽现代林业建设方向;省林业厅率先推出森林资源、水土保持、生态环境与可持续发展专题研讨会,王怀忠副省长到会祝贺,季昆森副主任及彭镇华教授等作专题报告和发言,200人参加的研讨会收到论文94篇,为党政领导科学决策林业提供了依据。

23.10月22日,中德合作安徽造林二期项目认证评估签字仪式在合肥举行,德国政府无偿援助1 200万马克在安徽歙县、青阳、石台、铜陵4县营造生态林工程。

24.11月15日,省人大常委会召开贯彻实施《安徽省林地保护管理条例》座谈会。

25.11月17日,全省建设万里绿色长廊工程电视电话会召开,省委书记王太华,省委副书记王昭耀,省委常委、省委秘书长王明方,副省长王怀忠,省军区副司令员秋玉增及省政府副秘书长王福宏、省政协副秘书长丁厚慈出席会议,会议宣读了《省政府关于表彰2000年度全省万里绿色长廊工程建设先进单位的决定》,布置了下阶段工程建设任务。

26.12月10日～12日,中国林业年鉴特约编辑会议在安徽省召开,中国林业出版社副总编贾蕴英到会讲话,会议表彰了对《中国林业年鉴》事业有突出贡献的34位特约编辑,安徽省林业厅党组成员、纪检组长时思玉向与会的24个省(区、市)及森工集团的51名特约编委、编辑介绍了安徽林业建设成就。

27.12月14～26日,省政府先后在合肥、六安、巢湖市召开森林防火工作会议、水利兴修及林业整地现场会、铁路绿色长廊工程建设整地现场会。王怀忠副省长、郜国荷副秘书长、唐怀民厅长、程鹏副厅长;刘永春副厅长和省直、市地领导、林业局长分别参加了会议。

(安徽省林业厅)

# 福建省林业

**【概　述】**

*森林培育*　2000年,全省共完成造林更新总面积7.94万公顷,占年计划的119.1%。其中:速生丰产林造林面积1.64万公顷;沿海防护林体系工程造林面积1.91万公顷;经济林、竹林面积1.97万公顷。完成竹林垦复面积27.33万公顷。全省新增封山育林面积20.77万公顷,占年计划的135.4%。完成中幼林抚育间伐面积10.63万公顷,占年计划的106.3%。全年完成大田育苗面积253.93公顷,容器育苗2 048万株。

全年累计参加义务植树人数达1 788.64万人,共植树 7 419.78 万株。完成全民义务植树工日 1 908.08 万个，占法定任务的 106%。大力开展绿色通道和城乡绿化一体化两大工程建设。完成公路绿化 1 140.2 千米，铁路绿化 25 千米，江河沿岸绿化 16 733.3 公顷。福州市被列为全国城乡绿化一体化试点城市。全省 23 个城市园林绿地总面积达 17 109 公顷，建成城市公园 193 个，建成区绿化覆盖率 32.89%，人均公共绿地面积 7.02 平方米。全省村镇绿化覆盖率平均达 14.3%。

全省现有林地面积 735.37 万公顷，竹林面积 82 万公顷，森林覆盖率达 60.52%。

2000 年造林绿化，各地进一步调整林种树种结构，沿海地区加大了经济林和防护林的造林比重。如漳州市主攻短轮伐期商品林，加大推广桉树、相思树、湿地松、柚木等。山区则加大竹林和阔叶树的造林比例。造林机制改革步伐加快，私有制、股份制、股份合作制造林比重已达 33%。林业生态工程建设取得新进展，泉州市将 2000 年确定为生态环境建设年。莆田市将主要交通干道"一重山"绿化作为市委、市政府的工作重点。省绿委、团省委等 7 家单位组织的"保护母亲河行动"取得良好的社会效益。

*林业产业* 全省木材总产量 406.3 万立方米，占年计划的 67%。全年生产竹材 2.25 亿根。生产人造板 97.6 万立方米，纸及纸板产量 110 万吨，分别占年计划的 145%和 100%。全省林产业总产值达 532.3 亿元。林业产业增加值 220 亿元。

产业结构逐步趋向合理，省林业厅提出大力推进第二产业，积极带动第一产业，全面培育第三产业的思路。第一产业主要以市场需求为导向，大力推进短周期工业原料林、速生丰产用材林、竹业和名特优经济林的建设。以企业为主体开展工业原料林基地建设正在兴起，永安林业（集团）股份有限公司、福州人造板厂、青山纸业股份有限公司、南平造纸厂、将乐腾荣达等企业与有关县（市、区）和国有林场共签订林纸、林板结合项目 35 项，建设基地总面积达 33.33 万公顷。第三产业加大新产品开发力度，调整优化产业、产品和所有制结构。大部分贮木场和林业汽车保修厂通过盘活资产存量，筹集资金，妥善安置了职工，使国有资本逐步退出。林业全行业管理已经起步，重点企业经济运行正常。福州人造板厂完成利税 6 086 万元，比 1999 年增长 21%。永林集团完成利税与 1999 年基本持平。省林业厅下发了《关于加强对全行业林业经济发展的指导协调服务的意见》，并召开非公有制经济林业企业发展情况座谈会，将非公有制林业企业纳入林业行业加以指导、协调和服务。第三产业方面，森林旅游发展势头不减，已建成开放的 10 个省级以上森林公园旅客总量达 170 万人次，经营收入 5 100 多万元。花卉行业管理职能正式移至林业部门，涌现了一批全国重点花卉市场和中国花木之乡。全省建成 8 处野生动物专项观赏园，73 家野生动物养殖场。厦门市利用外资 2 500 万美元，建设融天然景观与野生动物驯养为一体的大型多功能的生态公园。成功举办了 2000 年中国（福州）国际木材林产品交易会暨全省林业山海协作洽谈会。

*资源管护* 2000 年，福建省人大组织开展《森林法》执法检查。根据国家林业局的统一部署，开展了南方二号行动和保护森林资源的三号行动，加大对违法犯罪行为的打击力度。全年共查处林业行政处罚案件 44 214 起，审核征占用林地 300 余起。查处违法运输案件 28 401 起。森林公安查处林业刑事案件1 398起。调解处理各类山林权属纠纷 312 起。主要森林病虫害防治总面积 7.53 万公顷，防治率达 94.3%。全省共建设生物防火林带 7 050 千米，占年计划的 117.5%，森林火灾的发生率、过火率、受害率比 1999 年有较大幅度上升。全省新建自然保护区 5 个，保护小区 119 个，新增保护面积 2.49 万公顷。

*改革开放* 省林业厅机关行政机构改革完成。除保留原有职能外，增加了生物措施防治水土流失和花卉生产宏观管理两项职能。厅造林处、计财处、办公室分别增挂花卉管理办公室、外事外经办公室和宣传办公室 3 个牌子。省花卉协会正式挂靠省林业厅。厅行政编制从原来的 130 名减为 73 名。通过调任、转岗和办理退休等途径，分流人员已基本到位。取消了原来归口管理的办法，决定对一些行政机构的行政职能从 2001 年 1 月起正式交由部分事业单位行使。

林业分类经营改革取得新进展，全省规划生态公益林面积 285.2 万公顷。获得第一笔生态公益林管护补偿资金 650 万元。全年共下拨森工企业改革专项资金 1 740 万元。国有林业企业改制面达 70.5%，下岗职工再就业率达 76%。集体林经营体制改革全面推进，三明市完成改革的行政村达 1 630 个，占行政村总数的 94.3%；完成改革面积 155.07 万公顷，占总面积的 95.1%。税费改革、林业统计改革等也已全面展开。

*筹集资金* 林业发展投入稳定增加。各级财政部门投入林业事业经费 28 499 万元，比 1999 年增长 12%。各级计划部门可安排林业基本建设投资 4 498 万元，比 1999 年增加 15.8%。征收林业金费 41 060 万元。在利用外资方面，全年共签订协议项目 7 个，协议利用外资 2 571.3 万美元。签订合同项目 80 个，合同利用外资 24 825.4 万美元。

*存在问题* ①森林资源结构性矛盾日益突出，可伐资源出现断档；②营林生产质量不高，有些地方对封山育林和中幼林抚育间伐重视不够；③林业产业化水平不高，实力不强；④林业税费负担沉重，林业经营者积极性不高。

（陈玉华）

**【福建省人大检查《森林法》实施情况】** 2000 年 5～6 月，福建省人大常委会组织 8 个执法检查组，对《中华人民共和国森林法》实施情况进行检查。执法检查的对象为省人民政府及其林业、发展计划、财政、国土资源、建设、交通、水利、公安等部门和省检察院、省法院。检查的内容和重点为：①依法保护林地，尤其是沿海防护林和沿江生态林的保护建设情况；②依法保护林木，尤其是盗伐滥伐林木和森林火灾等重大案件的查处情况；③有关扶持林业、林农的规定、政策落实情况。

根据安排，全省各级林业部门都成立了以主要领导为组长，分管领导为副组长的执法检查领导小组。省林业厅抽调人员组成4个监督组分赴全省9个地（市）检查林业系统开展自查自纠工作情况。省人大执法检查组在听取各被检查对象及9个地（市）关于森林法实施情况的汇报后，深入全省16个县（市、区）和38个乡（镇），实地考察，广泛听取各方面的意见和建议。新闻媒体加强动态报道，曝光一些违法行为，在社会上引起较大的反响。

通过执法检查，省人大肯定了全省各级政府认真贯彻执行森林法，在林业法制宣传教育、资源培育和管护、依法治林和林业生态建设方面做了大量工作，取得较明显的成效。也指出了存在的问题，提出进一步贯彻实施森林法的意见和建议，将直接督办案件等一并转由省人民政府协调安排有关部门办理落实，定期反馈。

本次森林法执法检查有如下几个特点：①被检查单位认真作了自查自纠，省林业厅、省高级人民法院、省人民检察院发动全系统开展自查。②市、县人大常委会联动，配合开展执法检查活动，形成了监督合力。③发挥人民代表作用，有16名基层省人大代表参加检查活动，100多名县、乡两级人大代表参加了座谈。④突出重点，注重实效，认真解决落实法律实施中的突出问题。（陈玉华）

**【三明市推进林业分类经营改革】** 三明市系全国林业分类经营改革示范区，2000年，重新规划调整生态公益林建设面积，确定全市公益林面积为48.64万公顷，占全市林业用地总面积的25.7%。其中：国有林面积5.12万公顷，占10.5%，集体林面积43.52万公顷，占89.5%；特用林面积8.72万公顷，占17.9%，防护林面积39.92万公顷，占82.1%。同时将全市划分为三级生态保护和治理区。一级生态保护和治理区占全市公益林面积的58.5%，主要包括沙溪、金溪和尤溪三大溪流源头的6个县。二级生态保护和治理区占公益林总面积的18.2%，跨及2个县。三级生态保护和治理区占23.3%，主要包括205国道和鹰厦铁路沿线的4个县（市、区）。

三明市全面落实生态公益林管护责任，以保护好现有的公益林。国有公益林，主要由林业系统单位进行管理，落实管护责任。集体所有林，由林权单位与林农签订管护合同，明确权、责、利，至年底已有41.39万公顷的生态公益林落实管护责任，占集体所有林面积的95.1%。落实管护责任的形式有3种：①支付管护费，由林业股东会支付，每公顷每年7.5～22.5元不等；②以林养林，在落实商品林经营承包中，将邻近的生态公益林划归连带管护，村集体从商品林经营分成中让利10%～20%给村农，有的村把公益林松脂采割权划归承包者，将采脂的收入作为管护费；③聘请护林员，由村集体支付护林员的工资。

三明市在实施分类经营改革过程中，强调要制定综合配套的政策措施。生态公益林建设对地方经济和林农收入产生一定影响，如按规划全面建成生态公益林，全市将减少木材产量50万立方米，损失林业税金6 100万元，林权所有者不但要减少收益，还需支付2 600万元的管护费。因此建立森林生态效益补偿机制迫在眉捷。同时必须放宽放活商品林的经营管理政策，改革木材流通体制，实行产销直接见面。

（三明市林委）

**【福建省林业山海协作成效显著】** 福建省的森林资源主要分布在南平、三明、龙岩等经济相对欠发达地区，山区与沿海的林业长期处于相对隔离状态。一方面，山区急需引进资金、信息、技术、人才和管理经验，谋求加快发展林业的路子。另一方面，闽东南沿海经济发达地区因缺乏资源保障而难以进一步发挥经济优势。2000年，福建省林业厅加大宣传协调力度，通过采取召开山海协作洽谈会、收集汇编项目和政策优惠等切实有效措施，有力地促进了山海林业联动发展，共同繁荣。全年共签约林业山海协作项目150项，总投资达34.9亿元。其中：林纸、林板结合等基地建设项目35个，投资16.78亿元；木竹加工项目81个，投资7.12亿元；森林旅游项目5个，投资2.22亿元；林产化工项目5个，投资0.77亿元；其他项目24个，投资8.01亿元。合同项目98个，投资20.8亿元；协议项目35个，投资9.5亿元；意向项目17个，投资4.6亿元。青山纸业股份有限公司、光泽沪千、将乐腾荣达、福州人造板厂等纸板企业，都将建立起相当规模的原料林基地，推进了林业产业化经营。

加强林业山海协作的主要措施：①加强领导，形成合力。省林业厅和各设区的地（市）都成立了山海协作领导小组，下设办公室，并将目标、任务、责任落实到人。②加大宣传，营造氛围。省林业厅先后在福州、厦门等地召开新闻发布会，在漳州、泉州召开协作项目推介会，充分利用新闻媒体广为宣传。③抓住项目，抓住关键。各级林业部门抓住项目这个龙头，进行项目的设立、筛选、储备和开发。并做好牵线搭桥、跟踪落实等各项服务工作。全省共筛选项目573个，总投资107亿元。④借助活动，提高成效。各级林业部门通过举办各种活动，增强对企业的吸引力，如举办中国（福州）国际木材林产品交易会，同时召开山海协作洽谈会，取得成效十分明显。（林祚棡）

**【南平市实施林业减负改革】** 2000年，南平市实施笋竹、木材税费改革，统一规范税费征收项目和标准，取得较好成效。

南平市是重点林区，有林地面积196.4万公顷，森林覆盖率74.7%。尤其是竹林面积达34.93万公顷，林农收入的50%来自竹业。多年来，在木、竹生产经营中随意增加收费项目，提高收费标准现象严重，致使税费项目多达20多项。林农负担过重，经营林业的积极性受挫，直接制约了林业经济的发展。

南平市委、市政府首先出台了《关于统一规范笋竹税费征收项目及标准的通知》，规定从2000年起3年内，每根毛竹税费降至1.008元，每千克冬笋税费降至0.171元，春笋降至0.07元左右。具体的征收标准和项目为：①降低笋竹的收费标准，毛竹育林金和特产税的起征价下调为每根3元；竹笋的育林金一律为每千克0.018元，特产税起征价冬笋每千克2元，春笋每千克约1元。②放宽篙竹折率，6～7寸的篙竹每4根折1根毛竹，5寸以下的每10根折1根毛竹。③规范收费项目，毛竹的收费有6项，即育林金、林业建设保护费、植物检疫费、生产环节特产税、经营环节特产税、农村教育费附加等。竹笋的收费项目有5项，分别为育林金、林业建设保护费、植物检疫费、特产税和农村教育费附加。

在减轻木材"税担"方面，南平市决定从2001年1月1日起，将税费征收项目由原来的20多项减少为10项，分别是生产环节特产税、购销环节特产税、增值税、城建税、教育费附加、社会事业发展费、育林费、维简费、森林植物检疫费和林业保护建设费。税费负担降幅近1/2，仅占销售价的1/3。同时，木材生产经营中的税费征收，实行统一计征价制度，税与费同价计征，全市统一标准：杉木规格材每立方米400元，松、杂木规格材每立方米300元。非规格材的税费计征价均为规格材的1/2。但珍稀树种仍以实际销售价为计征价。（黄洪章）

**【中日技术合作福建林业项目进展顺利】** 至2000年，中日合作福建林业技术开发计划项目经过7年的科研合作，2年独立运转，各项活动均取得显著成果。

该合作项目于1991年7月正式启动，实施单位福建省林科院（原林科所），成立了福建省林业技术发展研究中心。总体目标是促进以福建省为中心的亚热带地区的造林事业和森林资源持续利用，中日双方进行林业技术的研究开发。主要在森林资源管理、人工林的生产力及生态系、人工林培育、林木育种等4个研究领域进行6大课题、12个中课题的研究开发。

在合作科研7年间，中日双方专家、研究人员密切配合，取得了一批具有较高学术水平和实用价值的研究成果。发表学术论文125篇，其中有10多篇论文获国家级或省级学会表彰。5项课题的研究成果达到国内领先或先进水平。如森林资源动态管理技术，国有林场、采育场森林经营方案实施效果自动化评价，利用弗兰克氏菌及非豆科固氮树木提高人工林生产力，以及木麻黄优树子代适应性的研究等成果，均获得省科技进步三等奖，并在林业生产单位广泛推广应用。日本政府通过国际协力事业团，无偿提供项目实施所需的器材、车辆等，共计4.8亿日元。中方项目实施单位先后选派24名研究人员到日本高等院校和科研机构，进行对口专业研修。

1998年7月后，项目转入中方独立运转。中心人员继续开展中日合作亚热带地区造林经营和森林资源持续开发的研究，同时进行树木生物活性物质利用技术研究。向国家林业局申报闽江流域森林可持续经营示范工程项目，争取与日方继续合作。目前，省林业厅批准成立福建省林业测试中心，将所有仪器归测试中心统一管理，在完成中日项目科研试验、测试任务外，还可向社会提供服务。（福建省林科院）

**【福建省森林资源清查结果】** 2000年3月份，省林业厅向新闻界通报全省森林资源最新情况。据1998年进行的森林资源连续清查第四次复查结果，全省现有土地总面积1 215.01万公顷，其中：林地面积901.83万公顷，占土地总面积的74.22%；非林地面积313.18万公顷，占土地总面积的25.78%。

在林地中：有林地面积735.37万公顷，占81.54%；疏林地面积18.28万公顷，占2.03%；灌木林地面积23.09万公顷，占2.56%；未成林造林地面积12.27万公顷，占1.36%；无林地面积112.82万公顷，占12.51%。

在有林地面积中：林分面积549.90万公顷，占74.78%；经济林面积103.44万公顷，占14.07%；竹林面积82.03万公顷，占11.15%。

全省森林覆盖率60.52%。

全省活立木总蓄积量41 763.62万立方米，其中：林分蓄积量36 490.99万立方米，占87.38%；疏林蓄积量351.51万立方米，占0.84%；散生木蓄积量4 751.07万立方米，占11.38%；"四旁"树蓄积量170.05万立方米，占0.40%。毛竹立竹总株数132 116万株。在林分资源中，按起源分，天然林林分面积312.04万公顷，占林分面积的56.74%；蓄积量23 326.31万立方米，占林分蓄积量的63.92%。人工林林分面积237.86万公顷，占林分面积的43.26%；蓄积量13 164.68万立方米，占林分蓄积量36.08%。

这次复查与1993年相比，森林资源有很大变化，具体表现：①有林地面积持续增长，但有林地逆转状况比较严重，逆转率达1.26%。②林木蓄积量呈持续增长，但超限额采伐消耗严重，超额率达20.78%。③林分总体质量不够理想，单位面积蓄积量呈下降趋势。（陈玉华）

## 福建省省级以上自然保护区一览表

| 单位名称 | 保护级别 | 面积（公顷） | 主要保护对象 | 类型 | 批建时间 | 所在县（市、区） |
|---|---|---|---|---|---|---|
| 武夷山自然保护区管理局 | 国家级 | 56 527.4 | 中亚热带常绿阔叶林原生植被及其他生物资源 | 森林生态类型 | 1979年 | 建阳、武夷山、光泽 |
| 梅花山自然保护区管理处 | 国家级 | 22 168.5 | 森林植被和生物资源、华南虎 | 森林生态类型 | 1988年 | 上杭、龙岩、连城 |
| 龙栖山自然保护区管理局 | 国家级 | 12 600.0 | 森林生态及生物资源 | 森林生态类型 | 1998年 | 将乐 |
| 邵武将石自然保护区管理所 | 省　级 | 1 218.3 | 生物资源和丹霞地貌、长叶榧 | 森林生态类型 | 1986年 | 邵武 |
| 建瓯万木林自然保护区管理站 | 省　级 | 189.0 | 中亚热带常绿阔叶林和珍贵树种 | 森林生态类型 | 1980年 | 建瓯 |
| 南平茫荡山自然保护区管理处 | 省　级 | 3 638.3 | 中亚热带常绿阔叶林及生物资源 | 森林生态类型 | 1988年 | 南平 |
| 三明格氏栲自然保护区管理站 | 省　级 | 1 125.6 | 格氏栲、米槠 | 野生植物类型 | 1980年 | 三明莘口 |
| 三明罗卜岩自然保护区管理站 | 省　级 | 327.3 | 楠　木 | 野生植物类型 | 1983年 | 沙县 |
| 永安天宝岩自然保护区管理站 | 省　级 | 1 974.6 | 森林生态及生物资源 | 森林生态类型 | 1988年 | 永安 |
| 南靖乐土自然保护区管理站 | 省　级 | 20.3 | 南亚热带雨林 | 森林生态类型 | 1980年 | 南靖 |
| 龙海红树林自然保护区管理处 | 省　级 | 200.00 | 红树林生态 | 湿地类型 | 1988年 | 龙海 |
| 永春牛姆林自然保护区管理站 | 省　级 | 249.7 | 南亚热带山地森林 | 森林生态类型 | 1984年 | 永春 |
| 德化戴云山自然保护区管理站 | 省　级 | 9 730.5 | 森林植被和生物资源 | 森林生态类型 | 1985年 | 德化 |
| 闽清黄楮林自然保护区管理站 | 省　级 | 232.4 | 黄楮林 | 野生植物类型 | 1985年 | 闽清 |
| 屏南鸳鸯猕猴自然保护区管理站 | 省　级 | 1 035.26 | 鸳鸯、猕猴及森林植被 | 野生动物类型 | 1984年 | 屏南 |
| 武平梁野山自然保护区 | 省　级 | 10 020.0 | 森林植被、红豆杉 | 森林生态类型 | 1999年 | 武平 |
| 南靖虎伯寮自然保护区 | 省　级 | 1 901.0 | 森林植被及生物资源 | 森林生态类型 | 1999年 | 南靖 |
| 宁化牙梳山自然保护区 | 省　级 | 4 733.0 | 森林植被及生物资源 | 森林生态类型 | 1999年 | 宁化 |
| 福安瓜溪桫椤自然保护区 | 省　级 | 1 438.0 | 刺桫椤及其生态 | 野生植物类型 | 1999年 | 福安 |
| 云霄漳江口红树林自然保护区 | 省　级 | 1 300.0 | 红树林、珍稀鸟类 | 湿地类型 | 1997年 | 云霄 |
| 厦门大屿白鹭自然保护区 | 省　级 | 217.0 | 鹭类及其生态 | 野生动物类型 | 1995年 | 厦门市 |
| 泰宁峨嵋峰自然保护区 | 省　级 | 2 717.30 | 森林植被及生物资源 | 森林生态类型 | | 泰宁（待批） |
| 永泰藤山自然保护区 | 省　级 | 15 910.0 | 森林植被及生物资源 | 森林生态类型 | | 永泰（待批） |
| 长汀圭龙山自然保护区 | 省　级 | 5 400.0 | 森林植被及生物资源 | 森林生态类型 | | 长汀（待批） |
| 合计 | | 154 874.50 | | | | |

（周冬良）

**【2000年中国（福州）国际木材林产品交易会成功举行】** 11月12～14日，2000年中国（福州）国际木材林产品交易会在福州市成功举行。该交易会由国家林业局林产品流通协调中心、中国木材流通协会、中国林产品经销协会、中国林产工业协会、中林林业设备调剂咨询服务中心、福建省林业厅和福州市人民政府联合举办，并由3家企事业承办、4家企业协办。

交易会集交易、展览、信息、中介等功能于一体。展品丰富多样，汇聚了包括国内外木材、林产品、林化产品、竹制品、林业机械、林副产品、花卉等的生产、加工、经销企业和经销商、代理商、电子网络企业等。有来自美国、英国、澳大利亚、日本、越南、芬兰、马来西亚和香港、台湾、澳门等28个国家、地区及西藏外全国所有省（区、市）的代表团或代表参会参展。近2 000家中外企业、客商参会参展。展位达600多个。交易会广泛应用信息技术和电子商务，进行网上直播宣传、产品演示、交易和新型理念推销。

这次交易会共签订合同或协议1 545份，成交金额44.7亿元。其中合同30.5亿元，协议14.2亿元。还有一大批为现金交易。在交易会期间同时举办的福建省林业山海协作洽谈会，提供选择项目573项，总投资107亿元。共签约34项，项目总投资8.7亿元。

交易会还专门举办了国际木材林产品贸易发展战略世纪论坛。来自28个国家和地区的600多名专家学者、政府官员参加了专题研讨。会议分析了当今世界林产品贸易和林产工业发展趋势，特别是针对中国加入世贸组织所面临的机遇和挑战，提出林业产业发展方向、对策和措施。 （福建省木材林产品交易中心）

**【中国·龙岩梅花山华南虎园开园】** 2000年8月1日，中国·龙岩梅花山华南虎园开园。该园设在福建省龙岩市梅花山自然保护区内，规划总面积499.73公顷。内设华南虎豢养区、草食动物区、猴山、天然湖，以及接待中心和科研所等。目前园内已有华南虎6只，各种动物200余只，工程总造价约1 300万元。

梅花山华南虎园是以野化训练、放生、壮大华南虎野外种群为目的的华南虎拯救工程。计划分3期实施，项目总投资1.46亿元。第一期，建立华南虎繁育拯救中心，时间安排在1998～2000年，投资1 200万元。第二期建立华南虎野化豢养基地，安排在2001～2005年，投资5 400万元。第三期建立华南虎自然保护区，安排在2005年以后，投资8 000万元。 （闽 林）

**【福州人造板厂强化木地板投产】** 福州人造板厂是引进国外先进技术设备建成的全国第一家中密度纤维板厂，1989年起至今，企业经济效益连年位居全国同行业第一，投产15年创造利税为建厂投资的4.3倍，以行业龙头列入520户国家重点企业。在市场激烈竞争中，该厂加大产品结构调整力度，建成了浸渍纸、素板降醛、压贴生产线。2000年10月份，从德国引进强化木地板生产线，实现产品深加工，多层次多品种，以适应市场需求。年底，年产260万平方米强化木地板生产线开始批量投产。集生产素板、表面装饰材料、胶料、素板降醛、压贴、双端铣一条龙。产品达标达产后将新增利润3 000万元。 （倪振榕）

**【福建省2000年林业大事】**

1. 3月6日，武夷山市政府举行交接仪式，程墩和四新两个国有林业采育场正式移交给武夷山市风景区管委会，以加强天然林的保护。

2. 3月份，南平市木材交易市场正式开通网上信息服务，10个县（市、区）的林产品动态信息将在互联网上发布。

3. 泉州市政府出台《泉州市2000～2004年生态环境建设实施意见》，重点抓好沿海防护林体系、晋江流域绿化工程、市区园林绿化，以及退耕还林和矿区植被恢复工程、水利工程周围一重山绿化工程、小流域水土流失治理、国家农业综合开发示范工程等的建设。

4. 根据福建省人民政府（闽政［2000］文60）批复，三明林业学校正式被确定为省部级重点普通中专学校。

5. 国家林业局公布首批中国名特优经济林之乡，建瓯市、建宁县、莆田县、平和县分别被命名为中国名特优经济林锥栗之乡、黄花梨之乡、枇杷之乡和蜜柚之乡。

6. 福州人造板厂、武平林化厂被确认为省技术创新示范企业，这样的企业全省仅有21家。

7. 明溪县被国家林业局确定为全国6个森林经营示范县之一。 （陈玉华）

# 江西省林业

**【概 述】**

**发展与成就**

*森林培育* 2000年全省完成造林3.52万公顷。其中：新造竹林0.17万公顷，退耕还林0.20万公顷。按造林方式分，人工造林2.82万公顷，飞机播种造林0.70万公顷。按林种分，用材林造林1.34万公顷，占

38.07%；经济林1.03万公顷，占29.26%；薪炭林0.01万公顷，占0.28%；防护林和特种用途林1.14万公顷，占32.39%。完成迹地更新2.26万公顷，其中人工更新1.52万公顷，人工促进天然更新0.74万公顷；低产林改造24.71万公顷；封山育林146.31万公顷，其中本年新封34.13万公顷；封山护林81.62万公顷："四旁"植树7 739万株；林木种子采集量263吨；育苗0.10万公顷，当年苗木产量24 209万株；幼林抚育27.34万公顷；成林抚育29.83万公顷，抚育改造出材量41.04万公顷；年末实有母树林0.30万公顷，种子园0.25万公顷。

**林业重点工程建设** 长江中上游防护林体系建设工程、防沙治沙工程、平原绿化工程，本年实际完成投资5 098万元，其中国家投资3 224万元；本年财务拨、贷款5 244万元，其中国家预算内投资3 550万元，国内贷款54万元，利用外资130万元，自筹资金770万元，其他渠道资金740万元。群众参与重点工程建设投劳折资1 952万元。三项重点工程共完成造林1.47万公顷，迹地更新0.50万公顷，低产林改造3.51万公顷，封山育林81.77万公顷(本年新增面积13.38万公顷)，中幼林抚育7.97万公顷。其中，长江中上游防护林工程造林1.26万公顷，迹地更新0.47万公顷，低产林改造3.03万公顷，封山育林54.61万公顷，中幼林抚育6.75万公顷；防沙治沙工程造林0.04万公顷，封山育林0.07万公顷；平原绿化工程造林0.17万公顷，迹地更新0.03万公顷，低产林改造0.48万公顷，封山育林27.09万公顷，中幼林抚育1.22万公顷。

**主要工业产品产量** 本年生产木材237.93万立方米，比1999年减少17.06万立方米。其中：国有林业企事业单位生产木材95.37万立方米，林业系统以外企事业单位采伐自营林地的木材13.98万立方米，乡(镇)集体企业及单位生产木材11.50万立方米，村及村以下各级合作组织和农民生产木材117.08万立方米。生产竹材3 698.72万根，比1999年增加396.20万根。其中：毛竹3 096.87万根，比1999年增加88.20万根；篙竹601.85万根，比1999年增加308万根。生产锯材14.37万立方米，比1999年增加8.94万立方米；人造板42.79万立方米，比1999年增加3.18万方立米，其中：胶合板15.81万立方米，纤维板16.62万立方米，刨花板7.16万立方米，其他人造板3.20万立方米。生产松香19 230吨，比1999年增加5 311吨，增长38.16%；松节油2 282吨，比1999年增加403吨，增长21.45%；樟脑221吨，比1999年减少208吨，减少48.48%；活性炭10 957吨，比1999年增加7 739吨，增长1.4倍。

**林业产业总产值** 本年实现林业社会总产值128.29亿元，比1999年增长3.59%。其中：第一产业产值79.08亿元(农业21.86亿元，林业51.47亿元，牧业2.30亿元)，占61.64%；第二产业产值44.53亿元(采掘业9.77亿元，制造业33.51亿元，建筑业0.87亿元)，占34.71%；第三产业产值4.68亿元，占3.65%。

**林业系统工业总产值和增加值** 国有林业企业完成工业总产值12.19亿元，销售产值11.72亿元，分别比1999年增长8.16%和6.74%。按主要行业分(工业总产值)：木材及竹材采运业8.02亿元，木材加工及竹、藤、棕、草制品业2.71亿元，林产化学产品制造业0.70亿元，机械制造及修理业0.37亿元，其他行业0.39亿元。林业系统独立核算工业企业总产出7.80亿元，中间投入6.37亿元，本年应交增值税0.24亿元，工业增加值1.67亿元。

**森林公园与自然保护区** 兴建了泰和县白鹭、铅山县鹅湖山、鹰潭市上清、弋阳县龟峰等4处国家森林公园和泰和县玉华山省级森林公园，使全省森林公园总数达到58处，面积22.5万公顷，其中国家森林公园14处，省级森林公园44处。兴建了宜黄县华南虎、资溪县马头山、浮梁县瑶里、黎川县岩泉、万载县三十把等5处省级自然保护区，井冈山自然保护区晋升为国家级自然保护区。到2000年底，全省已建立县级以上自然保护区55处、保护小区5 000多处，面积61万公顷，占全省国土面积的3.66%。

**森林防火** 全省发生森林火灾418次，其中火警108次，一般性森林火灾310次；受害森林面积4 584公顷，年森林火灾受害率0.42/1 000。与1999年相比，森林火灾次数下降19.0%，其中火警下降46.0%，一般性森林火灾下降1.9%；受害森林面积上升40.4%，年森林火灾受害率上升9.3%。

**森林病虫害防治** 全省森林病虫害发生面积20.53万公顷，病虫害发生率2.17%，成灾率1.54%，病虫害防治率63.0%；森林病虫害监测覆盖率85.0%，种苗产地检疫率96%。

**林业建设资金** 全省林业建设资金实际到位83 862万元，比1999年增加15 790万元，增长23.20%。其中：国家预算内资金13 961万元，国内贷款15 409万元，利用外资3 738万元，自筹资金24 311万元，其他资金26 443万元。在国家预算内资金中，预算内基本建设资金1 147万元，国债5 200万元，支援经济不发达地区造林事业费80万元，飞播造林事业费85万元，林木病虫害防治事业费195万元，防护林建设事业费397万元，农业综合开发资金6 716万元，扶贫资金161万元。

**林业固定资产投资** 林业固定资产建设本年计划投资12 105万元，实际完成12 915万元，其中：营林固定资产投资12 075万元，占93.50%；森工固定资产投资840万元，占6.50%。与1999年相比，营林固定资产投资增加3 533万元，增长41.36%；森工固定资产投资减少3 849万元，减少82.09%。

**营林基本建设投资** 营林基本建设本年完成投资

10 849 万元，比 1999 年增加 2 762 万元，增长 34.15%。其中：用于造林 3 515 万元，中、幼龄林抚育 596 万元，低产林改造 868 万元，封山育林 1 295 万元，迹地更新 356 万元，种苗工程 1 079 万元，护林防火 381 万元，森林病虫害防治 446 万元，林业工作站 105 万元，森林公安 242 万元，森林公园 26 万元，林政及木材检查站 41 万元，林业调查规划设计 56 万元，林业教育 25 万元，林业科技及重点实验室建设 162 万元，其他投资 1 665 万元。

*劳动工资*　全省林业系统国有经济单位 2 417 个，集体经济单位 22 个，其他经济单位 9 个。年末从业人员 98 737 人，比 1999 年减少 9 470 人。其中：在岗职工 93 258 人，其他从业人员 5 479 人。与 1999 年相比，在岗职工减少 11 035 人，其他从业人员增加 1 565 人。离开本单位仍保留劳动关系的职工 48 172 人，比 1999 年增加 2 958 人。林业系统离退休人员 37 605 人，比 1999 年增加 842 人。在岗职工年平均工资 4 776 元，离开本单位仍保留劳动关系的职工年平均生活费 779 元。

**改革与林政实施**

*林业发展新思路*　根据国家林业局关于“分类经营，分区突破”的发展战略和江西省委、省政府关于“建设生态经济强省”的战略构想，江西确立了“一个提高，两个调整，三个搞活”的新世纪林业发展思路。“一个提高”，就是坚定不移地把林业工作的着力点放在提高森林资源的质量上。提高森林资源质量，最根本的途径是实行分类经营。一方面，采取封山育林等措施，保护和恢复森林植被，发展生态公益林业。另一方面，选择一些立地条件好的地方，大力发展商品林业，发展林业经济。在商品林业方面，重点抓好以毛竹、油茶为主的经济林、定向培育的短周期工业原料林和平原林业。“两个调整”，就是下大力气调整林分结构和林业产业结构。一是采取营造阔叶林、保护天然林、补植阔叶树等综合措施，大力调整树种结构，增加阔叶林比重，提高生态防护功能。二是按照产业化的要求，大力调整产业结构，实现林业产业由资源导向型向市场导向型转变、由粗放经营型向集约经营型转变、由以木竹为原料的单一支柱产业向多元化产业转变、由二元所有制结构向多种经济成份共同发展的多元所有制结构转变、由传统的经济增长模式向可持续发展模式转变。“三个搞活”，就是千方百计搞活林业职工，搞活森林资源，搞活经营机制。搞活职工，就是通过深化改革，彻底破除陈旧、落后、僵化的思想观念，打破职工身份界限，实行按劳分配与按生产要素分配相结合，拉开收入差距，鼓励一部分职工通过诚实劳动先富起来。搞活森林资源，就是实行“两权分离”，稳定所有权，搞活经营权，通过租赁、拍卖、承包经营、股份合作等方式，推进森林资源的有偿流转，优化配置林业生产要素。搞活经营机制，就是以劳动用工制度、用人制度、分配制度的改革为重点，通过大刀阔斧的改革，把受到长期束缚的林业生产力彻底解放出来，充分调动林业生产者的积极性。

*确立“十五”林业发展目标*　《江西林业发展“十五”规划》提出，到“十五”期末，全省森林面积达到 967 万公顷，活立木蓄积量达到 3.5 亿立方米，森林覆盖率提高到 61%，城市绿化覆盖率达到 32%，建成森林公园 75 处，自然保护区 70 处，其中国家级自然保护区 10 处以上，森林公园和自然保护区总面积占国土面积的比重提高到 8%，全省生态环境进一步优化；新建各类商品林基地 18.7 万公顷，林分每公顷蓄积量提高到 42 立方米，毛竹每公顷立竹达到 1 950 株，林业总产值达到 240 亿元，林业职工和林农群众的物质文化生活水平显著提高。

*整合林业重点工程*　与系统整合后的国家 6 大重点林业工程相对接，考虑鄱阳湖流域水土流失治理的特殊性和紧迫性，将全省林业重点工程整合为三大块：一是鄱阳湖流域生态防护林建设工程，二是野生动植物保护及自然保护区建设工程，三是重点地区以速生丰产用材林为主的林业产业基地建设工程。具体整合办法为：①将长防林二期、珠防林二期、平原绿化二期、中德项目、日援项目、绿色通道、兴林抑螺、天然林保护、退耕还林还草、防沙治沙等整合到重点生态工程之中，并全部纳入鄱阳湖流域生态防护林体系建设工程的范围，分别与国家的重点防护林工程、天然林资源保护工程、退耕还林还草工程、防沙治沙工程相对接，其中的长防林、珠防林、平原绿化、中德项目、日援项目、绿色通道和兴林抑螺等 7 个项目对应于重点防护林工程；②将国家级自然保护区建设、鄱阳湖区湿地保护、自然保护区体系建设工程，整合到野生动植物保护及自然保护区建设工程之中；③将速生丰产用材林基地、工业原料林基地、毛竹丰产林基地、油茶丰产林基地、花卉生产基地、森林药材和森林食品基地建设，以及世界银行贷款造林、日本政府贷款造林项目等，整合到重点地区林业产业基地建设工程之中。　(钟世富)

**【江西省林业厅机构改革】**　根据江西省委、省政府的统一部署，江西省林业厅机构改革工作从 2000 年 7 月开始，至 2000 年 12 月全面结束。在这次机构改革中，继续保留了江西省林业厅，作为省政府 25 个组成部门之一。

*职能配置*　在原来的基础上，增加了在宜林地区以植树、种草等生物措施防治水土流失的政府职能，使林业管理职能更加完整。

*内设机构*　设立政策法规处，将原由办公室承担的林业综合政策调研和法制工作职能划给该处承担；设立老干部处，将原由人事处承担的老干部管理和服务工作职能划给该处承担；在原科教处的基础上组建科学技术与国际合作处，将原由办公室承担的林业外

事工作职能划给该处承担；在原人事处的基础上组建人事教育处，将原由科教处承担的林业教育工作职能划给该处承担；林政资源管理处和计划财务基建处，分别更名为林政资源保护管理处和计划财务处。同时，成立机关后勤服务中心，将原由办公室承担的后勤服务工作职能从机关剥离出来，交给该中心承担。经过上述调整，省林业厅内设办公室、造林经营处、林政资源保护管理处、政策法规处、计划财务处、科学技术与国际合作处、人事教育处、老干部处、省绿化委员会办公室、省人民政府森林防火总指挥部办公室和直属机关党委、驻厅纪检组（监察室）等12个处室。与改革前相比，撤销了产业处和驻厅审计处，增设了政策法规处和老干部处。

人员编制　机关人员编制75名。其中：行政编制50名、单列专项编制1名、为老干部服务编制5名、纪检（监察）编制4名、省绿化委员会办公室和省人民政府森林防火总指挥部办公室事业编制15名。与改革前相比，人员编制减少了38名，总体精减33.6%。

领导职数　厅级领导职数5名，其中：厅长1名、副厅长3名、纪检组长1名；处级领导职数26名，其中：正处12名、副处14名。（钟世富）

**【江西林木种苗工程建设】**　2000年利用国家投资改（扩）建了信丰县林木良种场、永丰县森林苗圃、安远县森林苗圃、资溪县森林苗圃、萍乡市森林苗圃、铜鼓县森林苗圃、进贤县森林苗圃和省林业厅金盘西苗圃等8处种苗基地，完成改（扩）建林木良种基地173公顷，新建果木经济林130公顷，对63公顷育苗地进行土壤改良及排灌设施建设，建温室3 600平方米、荫棚5 300平方米，新建、改造林区公路10千米，新建输电线路2千米；完成投资1 267万元，占总投资的93.9%。预计可新增各类优良苗木1 800万株、花卉5万余盆、良种2.5万千克的生产能力，新建的果木经济林可年增收益100万元。

强化管理，落实责任制　工程实施单位所在县都成立了以党委、政府领导为组长、有关部门主要负责同志为成员的领导小组，并在县林业局成立项目办公室，在实施单位成立实施领导小组，同时，建立责任制，把每一个工程分解为若干个子工程，将任务、责任落实到人，将责任人的工资、奖金与工程进度、质量挂钩，县林业局还长期派技术人员到工地蹲点，检查、指导、督促工程建设。

重视科技应用，提高工程建设科技含量　一是制定科学的设计方案。规定设计方案必须由具有乙级以上设计资格的单位承担，设计指标强调高起点、高标准。二是抓落实。施工单位必须严格按照设计方案要求进行施工，不得打任何折扣。如阔叶树繁殖材料，首先是树种必须优良，然后在优良种源的基础上，选择优良林分中的优良单株，优中选优，确保增益在30%以上。

加强资金管理，做到专款专用　省林业厅制定了资金管理办法，要求实施单位严格按经费预算控制各子工程、各环节的经费，严格按工程进度、质量和承包合同兑现资金，确保专款专用。

举办培训班　从3月下旬开始，分4期由省林业厅统一组织项目工程负责人和财会人员参加为期一星期的培训班，培训内容包括项目实施的具体要求和财务管理制度等。

实行工程项目招投标，组织统一采购　为确保项目建设安全运行，充分发挥国债资金的实际效益，省林业厅对在建项目中的喷灌设施、塑料大棚、生产车辆、计算机、检查设备等通过招投标的方式实行统一采购，收到很好的效果。（罗桂平　游环宇）

**【江西个体林业发展概况】**　林业“三定”后，部分林农开始投身于山地开发，江西个体造林开始起步。90年代以来，随着林业改革的逐步深入，大批农村能人、个体工商业主在党的富民政策的感召和经济利益的驱动下，纷纷涌向山区，把山地开发作为新的投资领域，掀起了江西个体造林热潮，个体私营林业如雨后春笋，呈现出强劲的发展态势。据不完全统计，全省已有个体造林户22万多户，经营面积达24.84万公顷。林种主要为经济林，占经营面积的53.1%；其次为用材林，占37.8%；防护林和其他林种分别占9.1%。截至2000年底，全省个体私营林业累计销售收入27.21亿元，而且其中的大部分用材林是80年代末到90年代初营造的，现在大多进入间伐期；以板栗、柑橘、桃、奈李等为主的果木林，大部分进入高产期和盛产期；以杜仲、厚朴为主的药材林和笋竹两用林也逐渐进入收益期，这些都将为从事个体开发的林农带来可观的经济效益。从调查发现，江西个体林业发展呈现出4个明显特点：

一是投资规模迅速扩大。全省累计投入个体造林资金21.23亿元，其中：个体私营业主投入林业开发的资金达14.39亿元，不少个体户从过去投资几千元、几万元发展到几十万元，甚至几百万元。

二是经营项目不断增加。个体造林户从过去单一经营用材林或林果业，发展到林、菜、猪、禽、鱼等立体开发，并延伸到毛竹、笋用林、花卉、药材、苗木等多种经营。

三是经营机制日益灵活。由过去单项承包集体林场发展到承包、“五荒”竟买、租赁、股份合作、联合经营以及家庭林场等多种经营方式。全省个体造林经营方式以承包经营为主，经营面积占总经营面积的54.5%；租赁经营的占15%，拍卖经营的占3.4%；其他经营方式占27.1%。

四是开发主体日趋多元化。从事个体林业开发的，不仅仅局限于农民，而且还有个体工商业主、下岗职工和机关干部，正是社会各界的积极参与，才使江西个体林业开发增添了新的活力。

江西个体林业的快速发展，得益于各级政府和林业部门的大力支持，得益于广大林农的积极参与和热心贡献。具体表现为“四动”：

一是政府推动。江西省各级政府高度重视个体私营造林工作，纷纷颁布文件，出台政策。南昌市政府制定了《关于发展个体私营经济的若干规定》，南昌市林业局出台了《关于加快个体私营林业发展的若干意见》；萍乡市林业局制定了《关于促进林地经营权流转加快林业发展的若干意见》；九江市政府颁布了《关于大力发展高效特色林业的决定》和《关于干部职工参与荒山开发的实施办法》等文件，积极推动个体私营林业发展，并成立了相应的领导机构，加强了对个体开发林业工作的领导。所有这些，都极大地激发了个体私营业者参与造林事业的积极性。

二是政策促动。为调动个体开发林业的积极性，优化个体造林的发展环境，解除其后顾之忧，各地制定了一系列优惠政策，积极扶持个体私营林业的发展。一是机制上搞活。在产权制度方面，明晰产权归属。两户一体造林、租山贷款造林、自营造林的，山权不变，林木产权归造林者个体所有，技术承包造林的，产权为国家所有；进一步稳定山地承包权属，允许山地开发成果有偿转让、转包和继承。在经营上，采取开放或自主经营为主，实行“谁造林，谁经营，谁受益”的分配原则。二是税费上优惠。各地规定，凡在“五荒”上从事开发的，3～5年内免征或减半征收各种税费；造林民工不征收工商费、暂住费，并减免劳务所得税等；造林清山材减免林价或还林金等。三是资金上扶持。有的地方明确规定，老区建设扶贫资金、以工代赈资金和农业开发资金，一律向私营林业大户倾斜；有的地方还从财政中每年安排一定的专项资金，给个体私营林业经营者有偿使用，滚动发展；有的提供贴息贷款；有的减少或免去个体造林苗木费用，对造用材林和经济林的给予一定的资金扶持。如吉水县，对造用材林和经济林经检查验收成活率达到80%和85%以上的，每公顷分别给予450元和300元的补助资金。

三是服务带动。各地林业部门主动为个体造林专业大户提供信息和造林技术服务，提供作业设计、苗木调运和栽植、抚育管理等技术服务；还不定期办实用技术培训班和经验交流会、座谈会，为林业个体大户提供学习和交流机会；林业技术人员实行造林小班跟班作业指导，确保造林成效。

四是示范牵动。在发展个体林业过程中，各地十分注重典型引路和示范带动工作，注重培植、宣传和扶持私营造林的典型，千方百计为其排忧解难，保驾护航。在各级政府支持下，涌现了新余市的李华学、宜春市的谢忠仁、南昌市的徐高柳、鹰潭市的曾泽生等个体造林先进人物，正是由于他们的示范带动，才成就了江西私营造林业今天的业绩。 （余江帆）

**【江西省防沙治沙喜结硕果】** 江西是南方土地沙化面积较大，危害较重的省份之一。沙化土地主要分布在长江南岸、鄱阳湖区和赣、抚、饶、信、修五大河流沿岸，有沙化土地8.99万公顷，涉及7市，31县（市、区），256个乡（镇、场）。特别是位于长江中下游南岸、鄱阳湖周边地区数百里的“江南沙漠”，在我国江南地区独具其有。截至2000年底，该省共治理沙化土地面积4.13万公顷，其中营造防护林1.77万公顷，用材林0.47万公顷，经济林0.78万公顷，封山育林育草0.33万公顷，人工种草及改良草场0.08万公顷，治沙造田及改造低产田0.43万公顷，种植药材及其它经济作物0.17万公顷，开发利用水面0.07万公顷。

该省防沙治沙工作始终坚持走可持续发展道路。在治理步骤上，首先特别重视目前沙区正在进行农业生产、已出现轻度沙化或具有潜在沙化危险的土地以及江河湖岸等地的防治，根据其生态条件和资源特点，合理利用土地，防止新的土地沙化；其次采取措施，对中度沙化土地整治，逐渐恢复其生产力；再次是控制重度沙化土地即流动沙丘的进一步扩展。主要措施：封、造、改、用相结合。

一是封沙育林育草，恢复、保护沙山植被。目前已恢复沙山植被面积达3.00万公顷，其中沙山（丘）草地1.42万公顷。

二是植树造林，增加沙地植被。据统计，全省在沙丘（地）上造林、封育保存面积累计达1.58万公顷，其中已成林的乔木林分、经济果木林1.07万公顷，灌木林地0.46万公顷，疏林地0.21万公顷。

三是大搞沙改田工程建设。在沙丘上围沙造田、造地，发展生产。在现有风沙化土地中开垦耕地5.64万公顷，占沙化土地的62.7%。这部分沙改田是沙区群众赖以生存的土地，各地对沙改田进行了大量的生态经济型治沙模式的探讨，如宁都县建设沙田商品林基地132公顷，成为丰产林，极大地调动了群众治沙的积极性。

四是种养结合，综合利用。该省南昌县富山乡建立了面积6.67公顷的亚热带风沙化土地综合开发试验站，进行种植、养殖试验，建庄园，养驼鸟、养猪、养鱼、养鸡鸭；南昌县岗上乡采取营造防风固沙林、建立沙地果业基地、在低丘地开发鱼塘等多种形式开发利用沙地；信江沙区实施笋用竹、果木工程；抚河沙区实施板栗、竹类基地工程；贡江沙区利用赣南的优良气候和地理条件种植脐橙、甜柚，开发桑树。通过种养结合，综合利用，有效地提高了沙区人民的生活水平。

（罗 勤）

**【国际重要湿地——鄱阳湖国家级自然保护区】** 江西省鄱阳湖国家级自然保护区位于中国最大淡水湖——鄱阳湖西北角，地处长江中下游、江西北部，是一块生物多样性非常丰富的国际重要湿地。保护区创建于1983年6月，1988年5月经国务院批准为国家级自然保护区，是江西省第一个国家级自然保护区，总面积为22 400公顷。

该保护区属亚热带湿润性季风气候，四季分明，夏季炎热潮湿，冬季寒冷干燥。每年4～9月为丰水季节，水位抬升，大小湖汊融为一体，茫茫一片；10月进入枯水季节，水位逐次下降，草洲滩地相继显露，各种湿地草本植物竞相萌生。丰富的野生动植物资源和得天独厚的气候条件为鸟类提供了良好的栖息环境。据统计，保护区内有312种鸟类，分属17目55科，数量多达数十万只，其中国家一级保护动物10种，如：白鹤、白头鹤、东方白鹳、大鸨等；国家二级保护动物48种，如白枕鹤、灰鹤、天鹅、鸳鸯、白额雁；有13种鸟类被国际鸟类保护组织列为世界濒危鸟类。属中日候鸟保护协定保护的鸟类有153种，占该协定中鸟类总数的67.4%；属中澳候鸟保护协定保护的鸟类有46种，占该协定中鸟类总数的56.8%。保护区不仅是鹤类、鹳类、天鹅等珍禽的重要越冬地，还是鹭类、鸭类和雀形目鸟类的繁殖及迁徙鸟类的重要驿站和中途食物补给地。

独特的湿地景观、壮观的越冬鸟群，吸引了大批中外专家、学者及游客等慕名前来考察观光。英国菲利普亲王、丹麦亨里克亲王和国际鹤类基金会主席阿基波博士等著名专家对鄱阳湖壮观的鸟群和资源保护工作给予了充分肯定，称这里是“鹤之王国”、“中国第二城”，野生动物的“安全的绿洲”，使该保护区闻名，称著于世。

鄱阳湖保护区自建立以来，先后被林业部和世界自然基金会（WWF）列为具有国际重要意义的5个A级保护之一；1992年被国务院指定列入拉姆萨尔公约中《国际重要湿地名录》；1994年在《中国生物多样性保护行动计划》中被确定为最优先的生物多样性地区；1995年6月，又纳入全球基金（GEF）资助的中国自然保护区管理项目5个示范保护区之一；1997年被林业部指名加入东北亚鹤类保护网络；2000年被世界自然基金会（WWF）定为全球重要生态区。

（罗盛金）

**【景德镇市封山育林突破13.3万公顷】** 2000年景德镇市封山育林面积突破13.3万公顷大关，达到13.7万公顷。该市将封山育林作为最重要的资源培育手段，连续多年坚持不懈地抓，森林整体素质得到根本提高。全市森林中单层林少、复层林多、纯林少、混交林多，针叶林少、阔叶林多，人工林少、天然林多，林内物种资源丰富，取得了较好的经济、社会和生态效益。主要经验和做法是：

*以制定制度为根本，严格封山管理* 1995年市政府以市长令形式颁布了《景德镇市封山育林管理办法》，运用行政规章规范了封山育林工作。为贯彻市长令，市林业局制定了封山育林“六有规定”，要求做到有规划设计、有领导小组、有护林队伍、有封山公约、有封山标牌、有封山档案；制定了《景德镇市封山育林百分制年度考核验收办法》，对宣传教育、管理措施、封山效果3方面共19项，分3级进行考核。各地也健全了封山育林配套制度，如护林员制度、开封审批制度、护林联防制度等。全市乡、村两级还制定了320个乡规民约，从而充分保证了市长令的贯彻落实。

*以宣传教育为先导，提高思想认识* 该市将宣传教育作为封山育林工作的第一道工序，大力宣传市长令，宣传封山育林的重要性，宣传林业法规，宣传乡规民约，宣传典型经验和先进事迹。通过宣传，封山育林工作引起了各级党政的重视，得到了广大市民的支持和关注。全市各级共组织宣传稿件210余篇；设置永久性宣传牌1 850块，刷写标语2 600条。浮梁县还在交通要道建立了3处特大宣传钢筋架和3块大型封山示意图。

*以组织领导为保证，强化行政措施* 市、县、乡3级政府都成立了封山育林领导小组。浮梁县林业局设置了封山育林办公室，专职管理百处万亩封山育林工作。全市封山育林年度目标任务，都以政府责任状形式一级一级分解和下达。该市乐平市政府将封山育林工作列入乡镇主要领导的政绩考核内容，占有一定的分数。全市各级建有专职护林组织，并将护林员工资与封山效果挂钩。据统计，全市共成立县级封山育林领导机构3个，乡级领导机构53个，村级护林小组890多个，配有护林员2 300余人。

*以国道封山为重点，实行以点带面* 横贯南北的206国道在该市境内全长120余千米，两侧山林面积1.73万公顷，涉及到4个县（市、区、场）、14个乡场、42个村。面广、线长，管理难度大。为树立形象，建立示范，该市将这部分山林纳入甲级封山育林区的死封范围，强化保护和管理，加强监测和检查。206国道两侧共封山育林1.33万公顷，占两侧山林面积的77%，设置大型封山标牌50块，固定观测样地36个，建立保护小区23个，封山总体效果明显，林相林貌有了较大改观。

*以技术服务为支撑，力求科学封山* 该市封山育林划分为甲、乙、丙3个等级，轮封、半封、死封3种方式，短期、中期、长期3类期限。为使全市封山育林等级明确、类型合理、期限适宜、质量提高，一是进行了全市封山育林的总体规划，并分小班进行具体作业设计；二是分类设置固定观测样地，定期做好观测记载，掌握规律，指导生产，全市共设样地256个；三是举办封山育林技术培训班，培训人数280人；四是开展调查，确定与封山相结合的改造方式，提高林分质量。

（江爱国）

**【鹰潭市全面推进绿色通道工程建设】** 鹰潭市是全国南方重要交通枢纽，206、320国道在鹰潭交汇，浙赣铁路、鹰厦铁路和皖赣铁路在鹰潭并轨，信江19条支流成网，县乡34条公路纵横，绿色通道工程建设任务十分繁重。为了加强生态建设，2000年鹰潭市把绿色通道工程建设作为林业建设的主战场，全市动员，完成通道绿化146.6千米，人工造林和疏林补植2 117公顷，总投资254.04万元。其中：公路绿化66.8千米，绿化面积1 444公顷，铁路绿化25千米、绿化面积253公顷，河渠绿化28千米、绿化面积420公顷。

*把绿色通道工程建设推向全社会* 鹰潭市委、市政府要求：全市各级行政、企事业单位（含条管单位）干部、职工和通道工程建设范围内的乡（镇）、村委会干部必须参与绿色通道建设，并建立通道绿化责任区，实施绿色通道建设领导和部门责任制。按3年需完成义务植树数计算，每人不少于12株，其中财政全额拨款单位在职干部每人增加10株任务，可以以资代劳。全市共收到绿色通道工程建设以资代劳款85万余元。

*各级领导高度重视* 重点通道工程建设方案出台前，市委常委会和市政府常务会分别召开专题会议进行研究，并召开全市动员大会。在实施过程中，市委、市政府领导经常深入贵溪市、余江县、月湖区等地进行现场办公，研究解决工作中遇到的各种问题，检查各工程建设情况。市（县、区）6套班子领导还亲自参与通道工作建设，在交通干线沿线营造“世纪林”。

*通道绿化与重点工程结合* 为加快全市绿色通道工程建设，该市决定：贵溪、余江、月湖区现有的林业重点生态工程项目，造林主要安排在绿色通道两侧的山场，坚持高标准、高起点，乔、灌、花结合，针、竹、阔混交，合理配置，一级苗栽植。

*普遍落实了管护责任制* 为强化绿色通道工程保护工作，各县（市、区）均落实了专门的管护人员，制定了管护措施，并与管护人员签订了护林合同，权、责、利结合，使绿色通道工程全范围、全过程受到管护。

（周森发）

**【铜鼓县国有森工林场改革】** 铜鼓县森工企业的改革，与该县经济体制改革同步，列入这场改革的单位包括龙门、茶山、花山、大沩山林场和县林业工业公司（含下属林场）。整个改革以森林分类经营为指导，以国有民营为战略取向，以转换经营机制、置换职工身份为突破口，并与商品林经营改革相结合，通过对现有商品林作价，将企业原有的职工固定身份置换出来，实行一次性补偿安置或进入县失业保险。具体做法包括：

1. 成立林业经营体制改革领导小组，由县政府主要领导任组长，县委、政府分管领导任副组长，林业、体制改革、财政、国有资产、人事劳动、社会保险、税务、土地管理等部门领导为成员。领导小组办公室设在县林业局。为加强对改革工作的领导，县里还向各森工企业派驻了工作组，由县6套班子领导挂点任组长，工作人员从县直有关部门抽调。各林场和林业工业公司也相应成立了领导小组和办事机构，负责抓好本单位的林业改革工作。

2. 将龙门、茶山、花山、大沩山林场和县林业工业公司及其下属林场的全民固定工、合同制职工、集体固定工、合同制职工（由县任命的干部、离退休人员、遗属、已买断工龄或已进入再就业服务中心的人员除外）全部纳入改革范围，实行一次性安置补偿后，即与原企业解除劳动关系，不再保留职工身份，并继续参加养老保险，由个人依法缴纳养老保险费。

3. 安置补偿的标准和办法为：①全民、集体固定工，以工作时间每满1年按其本人上年度1个月的基本工资标准，以林作价实行一次性安置补偿；②全民、集体合同制职工，以工作时间每满1年按250元的标准，以林作价实行一次性安置补偿；③距离正常退休年龄在10年以内的职工，可根据本人意愿，选择以林作价一次性安置补偿，自行缴交养老保险费，达到法定退休年龄后再办理退休手续，在此期间不再保留职工身份；④未经劳动部门批准，企业自行办理了病退、内退手续的职工，可根据本人意愿选择享受原待遇，或以林作价一次性安置补偿；⑤因公伤残人员，除享受一般职工的安置补偿外，另按县里的有关规定，区别不同等级给予以林作价一次性伤残补偿；⑥以林作价标准，在县商品林评估价格标准的基础上优惠30%。不愿以林作价实行一次性安置补偿的职工，可享受县失业保险。以林作价实行一次性安置补偿；⑦凡通过以林作价安置补偿方式取得山林经营权的，其经营期限为50年。

4. 林场改革后，其主要职能是从事生态公益林的管护、林政资源管理、基础设施建设；给生产者提供经营服务信息；按法律法规、政策和合同约定，收取税收、林业规费、养老保险费、租赁费、服务费等费用；做好统计建档工作；维护生产经营秩序和社会稳定，监管国有资产的保值增值。

5. 改革后的林场，机构设置严格控制在4个科室以内，场长、副场长由任命制逐步过渡到由县公开选聘。管理人员和技术人员，由场长根据林场实际工作需要，按照“双向选择，择优录用”的原则向社会公开选聘，人数控制在10～12人左右。林场现有的大中专毕业生，在同等条件下优先聘用。

6. 年满18岁的场内待业人员、移民户、职工家属，在同等条件下可优先购买或租赁场内的商品林经营权。

7. 职工通过以林作价安置补偿方式取得山林经营权后，依法实行自主经营，享受县委、县政府发展县域经济的优惠政策。经营者必须执行限额采伐制度，凭证采伐，并保证经营期内林木生长量大于消耗量，每年增长量不少于1%，由县每3年组织一次核查或抽查，达不到标准的依法追究其责任。

8.《商品林资产评估办法》由县林业局拟订，报县政府审定批准后实施。

铜鼓县森工林场的改革经验：这场改革确立的以国有民营为战略取向的指导思想，彻底打破了“国有国营”的传统思维模式，大胆将民营机制引入林业开发领域，借以改造国有林场长期以来存在的单一所有制经济结构。此举既符合中央关于大力发展个私经济的战略决策，也符合省林业厅提出的“一个提高，二个调整，三个搞活”的林业发展新思路，必将给铜鼓林业的发展注入新的、强大的活力。

这场改革以转换经营机制、置换职工身份为突破口，找到了国有林场经营机制不活的症结所在，抓住了主要矛盾，以此“对症下药”，推出一系列改革措施，使国有林场的改革得以全面深化。

以林作价、实行一次性安置补偿的做法，有效地走出了国有林场“一方面要深化改革，另一方面又缺乏资金，难以支付改革成本”的怪圈，同时又带动和促进了商品林资源的有偿流转，客观上达到了综合配套改革的目的，增加了改革成果。

职工身份置换出来后，林场原来的管理体制随之彻底打破，接着引入现代企业管理体制和经营机制，如：场长公开选聘制、职工全员合同聘用制等等，从而达到全面搞活林场职工、搞活经营机制的目的。

（严　成）

**【樟树市平原林业建设取得明显成效】** 全市农田林网面积达 24 000 公顷，林网控制率 72%；乡村公路绿化 277 千米，绿化率 91%；完成绿色通道建设任务 138 千米；完成滩涂沙洲造林 2 320 公顷；全市 1988 个村庄得到了全面绿化。在实现平原绿化的同时，樟树市建设了一批商品林基地。目前，全市药材种植面积发展到 4 000 公顷，其中连片 300 公顷以上的基地 2 个，7 公顷以上的 150 多个；建设杨树工业原料林基地 2 200 公顷；建设芳樟基地 200 公顷。经过多年坚持不懈地治山、治水、治沙、造林绿化，樟树市农业生态环境有了明显改善，农业灾害性天气明显减少，2 300 公顷滩涂沙地得到治理，受到风沙侵蚀的近 6 600 公顷低产田基本达到稳产高产，农林牧业得到全面发展。主要做法是：

*加强对平原林业建设的组织领导*　为使平原林业建设各项工作落到实处，樟树市坚持把绿化工作实绩列为考核各级领导干部政绩的主要内容，层层签订绿化责任状，做到任务落实、责任明确、措施到位。市、乡领导率先垂范，建立绿化点。同时，加强了对营林质量、林木管护的督查，并严格兑现奖惩。

*建立稳定、有效的多元化投入机制*　为保证平原林业建设的可持续发展，樟树市采取扶持政策，将林业建设所需资金列入财政预算，并对重点林业工程建设提供贷款优惠。为进一步拓宽林业建设的投资渠道，樟树市积极引进外资，充分利用本市大面积的滩涂沙洲与外商合作营造杨树工业原料林。从 1996 年开始，樟树市累计引进外资 430 万元，建设杨树工业原料林基地 2 200 公顷，同时，还建立了一个全省最大的现代化杨树苗木繁育基地，每年培育优质杨树苗 150 万株，为全市平原林业建设提供了充足的苗木。

*凝聚合力，全社会办林业*　樟树市鼓励一切组织和个人进行营林生产，造林者可享受外商投资造林的所有优惠政策；对农村造林专业户，市政府在资金、种苗、技术方面给予大力扶持，并按《森林法》有关规定提供长期贷款；对于 2 公顷以下的小片荒滩、荒地、荒山、荒坡及“四旁”造林，林业部门可以先提供苗木，待林木成材砍伐时归还苗木款；鼓励乡（镇）以国家或集体所有的“四荒”及“四旁”地的造林经营权进行拍卖或租赁，在公平公正的前提下，允许无偿转让，但必须确保在 2 年内全部实现绿化。这一系列政策措施的出台，极大地激发和调动了全社会办林业的积极性，股份制林业、部门办林业、个人办林业等多种新的林业经营模式不断涌现。全社会的共同参与，为樟树市平原林业建设增添了新的活力。

（罗　钢）

**【龙南县推行森林资源有偿转让见成效】** 面对森林企业步入资源危机、经济危困的“两危”境地，龙南县大力推行森林资源有偿转让。森林资源有偿转让的做法就是对效益差、负担重、债务多、难于盘活的森工采育林场和难于经营管理的林分的活立木经营权，通过对外公开有偿转让来盘活资金，使企业放下包袱，走出了困境，焕发了生机，并通过森林资源有偿转让盘活了资金，为培育后备资源奠定了基础。

*基本做法*　①认真做好广大干部职工的思想工作，使干部职工消除思想顾虑，解放思想，更新观念，把思想统一到改革改制上来，形成不改革传统的经营管理办法就没有出路的共识。②妥善安置好职工。采取由职工自愿申请，并签订安置协议，一次性发给安置费的办法，对在职职工进行分流，职工领取一次性安置费后，即与林场解除劳动关系，对接近退休年龄的职工实行内部退养，不愿领取安置费的职工，则作下岗处理，其身份作档案保留，进入再就业服务中心保职持编，按月发给基本生活费，3 年后仍不能上岗的，其劳动关系自行解除。③认真准确做好现有森林资源及资源可利用程度的评估，根据市场木材销售价格及预测情况，合理确定森林资源有偿转让单价，并根据资源数量、分布、交通等情况，合理确定转让期限。④大力做好森林资源有偿转让的宣传工作，以招商引资为突破口，广招客商，邀请客商到实地考察并投资。⑤根据林业特点和有关法律法规制订切实可行的转让合同条款，转让后加强管理积极做好各项服务工作为客户排忧解难。⑥符合森林资源有偿转让条件的林分采伐销售，全部实行有偿转让的办法，促进木（竹）材经销商购买森林资源经营管理权。

*主要成效*　①盘活了资金，提高了经济效益。近两年 44 896 立方米的森林资源有偿转让盘活资金 312.8 万元，平均每立方米获转让金达 69.69 元，同时在木材采伐后还可收取林业规费，改变了以前林场在木材经营中基本无利可获甚至亏本的状况。为此龙南县森工

企业从1998年亏损41.3万元，1999年亏损24.9万元，扭转为2000年度盈利24.65万元。②偿还了债务。通过森林资源有偿转让盘活资金，偿还了268万元债务，使企业解脱了沉重的债务，放下了包袱，做到了轻装上阵。③推进了企业的机制改革，利用森林资源有偿转让资金，一次性安置了86人，使企业摆脱了沉重的人员包袱，职工也从安置上得到了实惠，为今后发展打好基础。（曾传辉　李家昌）

**【新余市渝水区发展油茶产业】** 新余市渝水区是一个平原丘陵农业区，地处赣中偏西，现有油茶林3.07万公顷，分别占全区土地总面积、林业用地面积、经济林面积的16.1%、33.4%和87.3%，是全国的油茶重点产区。2000年被国家林业局批准为全国经济林建设示范县。

1990年以前，由于管理粗放，该区多数油茶林基本上处于荒芜或半荒芜状态，油茶产量低，每公顷油茶林年产油脂不足30千克，经济效益甚微，农民经营油茶林的积极性不高。1990～1995年实施油茶低产林改造工程第一、二期共2 600公顷，1998、1999年实施油茶跨世纪先导工程267公顷，油茶经济效益明显提高。该区抓住油茶效益提高的机遇，在下村镇开展油茶山租赁、拍卖、承包等经营机制改革的试点，并在全区推广，油茶山租赁、拍卖、承包面积已达2万公顷，解决了“有山无劳力、有劳力无山”的现象，农民经营油茶的积极性大大提高，真正做到“把山当田作，把油茶当果树管”。

油茶低改工程和“租赁、拍卖、承包”转换经营机制的成功，使油茶林的经济效益显著提高。经测定，1990～1995年改造的2 800公顷油茶林，1997年共产油脂50万千克，平均每公顷产油脂178.5千克，是低改前的6倍，2 800公顷油茶林累计产油脂153.74万千克，增收3 689.88万元。其中罗坊镇林场、下村镇马步陵村委、良山镇鹄桥村委的油茶山，改造后每公顷年产茶油225～300千克。最高的九龙山乡陈业太承包的4 000公顷油茶山，1991年改造，1995年捡收茶果60担，榨油196.5千克，1997年收茶果62担，榨油202千克，平均每公顷产茶油480千克和509千克。

油茶经济效益的提高，有效激发了群众经营油茶林的积极性。大批农民和企业主租山和买山栽种油茶，全区已种植高标准油茶林653公顷，其中罗坊镇田浦村委60多岁老农1996年购买6.67公顷荒山种植油茶今年已产茶油1 500余千克，马洪乡图山村村民利用开发煤炭的收入，以3 000元/公顷的投入栽种油茶20公顷，民营企业主李华学利用经营消防器材的收入，购买33多公顷山地高标准建设油茶林。

（胡秉南）

# 山东省林业

**【概　述】** 2000年，全省完成造林15.3万公顷，新建农田林网23.4万公顷，农林间作7.1万公顷，育苗1.76万公顷，新增封山育林24.9万公顷，全民义务植树1.4亿株，“四旁”植树1.5亿株，果品总产量达130亿千克，面积、总产继续保持全国首位。林业总产值达到291.7亿元，比1999年增5.8%。全省有林地面积达到227.4万公顷，活立木蓄积量达到7 660万立方米，森林覆盖率达到18.8%。省政府确定的封山育林工程、高标准平原绿化工程和“三沿一环”（沿路、沿河、沿海和环城镇）工程全面启动。

2000年是“九五”计划的最后一年，据森林资源清查显示，“九五”期间，全省森林资源持续稳步增长。5年累计完成造林93.3万公顷，建设农田林网112万公顷，封山育林94万公顷，植树8.3亿多株。

*森林资源管理*　调研、修订了《山东省森林资源管理条例》，2000年6月30日经山东省第九届人民代表大会常务委员会第十五次会议审议通过，并公布施行。根据国家林业局的部署，组织开展了林政执法大检查和保护森林资源三号行动。据统计，2000年共侦破查处各类破坏森林资源案件1 035起（林木案件999起，野生动物案件20起，火灾案件16起），其中刑事案件39起，治安案件81起，授权查处的林业行政案件879起，打击处理违法犯罪分子1 253人，其中判刑21人，逮捕26人，刑事拘留43人，治安拘留39人，党纪处分11人，林业行政处罚1 113人，收缴木材383立方米，挽回经济损失269万元。依法查处和办理40多起征占用林地案件，收缴森林植被恢复费800万元。全省有30名林业执法人员因违法违纪被调离执法岗位，受到行政处分的14人，8名分管局（股）长因涉嫌滥用职权、失职渎职被检察机关调查处理。“九五”期间，自然保护区增加到7个，面积达到30.8万公顷，其中国家级自然保护区2处。森林公园发展到70个，经营面积扩大到20万公顷，其中国家级森林公园达到24个，数量居全国第一。

*护林防火*　在省护林防火指挥部对各市实行年度火灾目标管理基础上，各市、县（市、区）、乡（镇）层层签定了防火责任书（状）。省护林防火指挥部与济南军区空军联合进行了航空护林和空投防火宣传单活

动，与省气象局、电视台联合每日播报全省17市未来48小时森林火险等级，与青岛海尔集团联合在山东电视台黄金时段滚动播放防火公益广告。共打烧防火隔离带680千米，新建生物防火林带263千米，垒防火墙300千米，火灾次数、受害林地面积、烧死烧伤树木和直接经济损失4项统计指标与1999年比，分别下降了40%、38.8%、43.7%和11.9%。森林火灾受害率0.18/1 000，未发生重大以上森林火灾和火灾伤亡事故。

*病虫防治与野生动植物保护* 完成21处国家级中心测报点的调查和布设；经国家林业局批准，建立10处无检疫对象苗圃；全省共发生各种森林病虫害53.8万公顷，发生率为16.8%，较国家指标低8.2%。赤松毛虫、日本松干蚧、大袋蛾、杨树蛀干害虫、美国白蛾和松材线虫病六大病虫害的控制达到预期目标，其中，国家级松材线虫病治理任务，达到基本扑灭的目标，受到国家林业局表彰。国家确定2000年为野生动植物保护法律法规执行年，全省林业主管部门联合公安、工商、海关、铁路、交通等部门，对集贸市场、宾馆饭店、交通运输等环节进行重点检查，对重点案件实行专项打击，全省开展专项打击行动131次，查处违法案件258起，放生活体鸟类（主要是麻雀、斑鸠等）20多万只，放生活体青蛙15万只。

*林权制度改革* 全省平原地区，广泛推行了以拍卖为重点的林权制度改革。据15个市统计，全省已有80多个（县市、区）进行了这项改革，改制的林地面积达78.4万公顷，林网长度2 881万米，树木2.7亿株，共回收资金7.94亿元，其中有5.89亿元用于林业再生产，占回收资金总数的74.2%，有效地盘活了林业资产。

*科技兴林* 确定五莲、冠县、乐陵为山东省林业标准化示范县，修订了部分林业技术标准，建立了山东林木种苗监督检验站，建立了山东省林木遗传改良重点试验室。全省林业系统共取得50多项科研成果。获得省科技进步奖15项，局科技进步奖37项。省三〇工程中杨树良种选育及产业化开发课题取得阶段性成果，培育出耐0.5%盐碱的转基因杨树12 000株；杂交育种培育出4个窄冠型杨树新品种；引种试验，选出了9个生长快、材质好、抗性强的杨树新品种，已成为生产中推广品种。引进银杏种质资源200多份，经过5年的区域性栽培试验，从中筛出了11个高黄酮甙、高内酯的叶用银杏良种。大樱桃、冬枣贮藏保鲜贮藏期达100多天，攻克了以往贮藏期不足30天的技术难关，达到国际先进水平。

*先进单位和个人* 山东省林业局被省直机关党工委评为文明机关；青岛市政府等13个单位被评为全国绿化先进单位，戚德英等13人被评为全国绿化劳动模范和全国绿化先进工作者。威海市被授予全国林业生态建设先进市称号；五莲县被授予全国林业生态建设先进县（市）称号。滨州地区林业局等8个单位被授予全国营造林工作先进单位称号；张广友等17人被授予全国营造林先进工作者称号。烟台、临沂两市森林病虫害防治检疫站被授予全国森林病虫害防治检疫先进站称号；李占鹏等6人被授予全国森林病虫害防治先进工作者称号。

*名特优经济林之乡、花卉之乡* 山东省林业厅、山东省经济林协会、山东省花卉协会决定授予：历城区红荷包杏之乡、沂源县花椒之乡、福山区樱桃之乡、龙口市葡萄之乡、临朐县柿子之乡、青州市青州蜜桃之乡、泰安市郊区板栗之乡、钢城区黄金桃之乡、河东区杞柳之乡、费县板栗之乡、冠县鸭梨之乡、茌平县圆铃枣之乡、无棣县金丝小枣之乡、菏泽市牡丹之乡、莱州市月季之乡、平阴县玫瑰之乡、德城区菊花之乡、青州市仙客来之乡称号。（刁训禄）

# 河南省林业

## 【概 述】

### 发展与成就

*造林绿化* 2000年，全省共完成人工造林12.57万公顷，飞播造林3.49万公顷，占目标任务的104.6%；本年新封山育林11.23万公顷，占目标任务的105%；新建和完善农田林网132.2万公顷，占目标任务的198.3%。完成大田育苗1.82万公顷，容器育苗2.14亿袋，分别占目标任务的124.1%和107%。全省参加义务植树人数达到3 200万人次，植树1.26亿株，占目标任务的100.8%。启动实施了黄河上中游重点地区天然林资源保护工程，在济源、灵宝、陕县和新安4县（市）组织开展了退耕还林试点工程，继续组织实施防沙治沙、太行山绿化、长江中游防护林等重点林业生态工程。完成通道绿化9 479千米，绿化率为73%，比1999年提高了22个百分点。完成了国家平原绿化高级试点县建设任务。组织开展了全省高级平原绿化县建设活动，在周口市和息县、睢县等10多个县（市、区）开展了高级平原绿化县试点。完成了国家下达的新县、卢氏、洛宁、商城、淅川和确山6个全国山区综合开发示范县年度建设任务。南阳、周口、信阳和林州市被国家林业局命名为全国生态建设先进单位。平顶山市城郊义务植树基地被全国绿化委员会命名为全国义

务植树示范基地，310国道平桥段、郑许高速公路郑州段、106国道濮阳段被全国绿化委员会命名为通道绿化示范段。全省有20多个县、乡和单位被国家林业局分别授予全国花卉生产基地、中国花木之乡和经济林之乡称号。

*森林资源保护* 加强了林木、林地和森林资源管理，进一步规范了木材检查站执法范围，全省森林、林木年采伐量未突破省下达的采伐指标，凭证采伐率达90.3%，比目标任务高10.3个百分点；征占用林地审批率、四费（林木补偿费、林地补偿费、安置补助费、森林植被恢复费）收缴率达93%，比目标任务高13个百分点。组织开展了以严厉打击非法猎杀、倒卖、加工利用野生动物违法犯罪活动为重点的“中原绿剑1号行动”，以查处破坏林木、林地资源案件为重点的保护森林资源三号行动和“天保行动”，共查处各类林业案件6 358起，查获各种野生动物13万只（头），为国家和人民群众挽回直接经济损失1 120万元。全省林业行政、治安、刑事案件查处率达到92%，比目标任务高7个百分点。全省共发生森林火警61次，一般性森林火灾32次，重大森林火灾1次，受害森林面积600公顷，受害率为0.28/1 000，低于国家规定的1/1 000的控制指标。全省发生各种森林病虫害62.49万公顷，发生率为13.9%，比目标任务低4.1个百分点；防治面积44.77万公顷，防治率71.7%，比目标任务高6.7个百分点。

*林业产业* 全省新发展经济林4.41万公顷，改造经济林低产园3.47万公顷，各类经济林果品产量35亿千克。新发展花卉0.22万公顷，占目标任务的110%；新发展木本药材0.45万公顷，产量比1999年提高了10%以上；森林蔬菜生产大幅度增加。以人造板为主导的林产品加工业蓬勃发展，年生产能力达到65万立方米；全省林业系统内工业和多种经营销售收入达到19亿元，实现利税2亿元，比1999年同期增长11.7%；全省林业总产值达到了151.8亿元。

**改革与林政措施**

*科技兴林* 全年启动国家科技项目5项；组织推广三倍体毛白杨、刺槐无性等优良林木品种57个，高效吸水剂、ABT生根粉、组培育苗、设施栽培等先进适用技术20余项；累计培训林业技术人员和林农10多万人次；林业科研、推广取得科技成果20多项，其中9项获省级科技进步奖和星火奖；全省林业生产良种使用率达到57%。

*广泛宣传* 省委、省政府主要领导多次对林业工作作出批示，省政府常务会议两次研究林业工作。省人大常委会作出了《关于动员全省人民，大力植树造林，搞好生态环境建设的决议》，并组织人大常委到豫西视察林业。省政协组织政协委员先后视察了治沙造林、林业科研和退耕还林工作。省政府印发了《河南省黄河上中游地区退耕还林（草）试点示范工作实施意见》，省直5部门联合下发了《河南省黄河上中游地区退耕还林（草）试点的补助粮食供应办法（试行）》，把国家的退耕还林（草）政策落实到了千家万户。

*深化改革* 各地积极推行个体承包、联户承包、股份制经营、兴办乡村林场等多种发展模式，大力发展非公有制林业，增强了林业发展的活力。信阳市发展乡村林场3 012个，总经营面积达12.67多万公顷；三门峡市共有2万多农民和职工购买“四荒”植树造林。

**存在问题** 一是有些地方造林质量不高。特别是由于春季持续干旱，有些地方造林技术把关不严，造林成活率偏低，个别地方的春季造林成活率不足50%。二是森林资源保护管理形势严峻。个别地方不能正确处理发展经济与保护森林资源的矛盾，过量采伐森林资源，特别是乡村干部参与组织乱砍滥伐林木案件增多。三是林产品结构不够合理，加工能力不足，林业产业化程度低，个别经济林产品出现了结构性过剩、区域性滞销的现象。四是林业项目资金供需矛盾突出，管理滞后。 （徐　忠）

**【河南省林业外资项目】** 2000年，如期偿还国家造林项目到期债务705万元。继续组织实施森林资源发展和保护项目和贫困地区林业发展项目。森林资源发展和保护项目投资726万元，完成抚育2.12万公顷。贫困地区林业发展项目完成造林1.79万公顷，经验收达到项目标准1.59万公顷，营建管护棚67座，采购微机、复印机、打印机及车辆、灌溉设备等49台（套）、化肥50吨，完成投资7 083万元，其中利用世行贷款3 651万元。举办省级培训班3次，培训市、县两级项目管理人员210人次。各造林树种平均保存成活率91.8%，胸径、树高生长量、环保合格率、I级苗使用率、良种使用率均超过95%。先后被省财政厅授予外资项目管理先进单位、被国家林业局授予世行贷款国家造林项目实施先进单位光荣称号，受到财政部、省财政厅的物质奖励。 （徐　忠）

**【河南省林业工作会议】** 2000年2月16日、17日，省政府在濮阳市召开了全省林业工作会议，总结1999年全省林业工作，安排部署2000年的林业工作，研究跨世纪林业生态建设。18个市（地）主管林业工作的副市长（副专员）、林业局长和50个重点造林绿化、防沙治沙、通道绿化县（市、区）的县（市、区）长参加了会议。王明义副省长出席会议并作了讲话。与会代表参观了濮阳市造林绿化现场，王明义副省长代表省政府与各市（地）、省交通厅签订了2000年造林绿化、森林资源保护、护林防火目标责任书和通道绿化责任书。大会表彰了濮阳、信阳、许昌、郑州、三门峡、洛阳、鹤壁7个1999年度先进市（地）林业局和在造林绿化，林政资源管理、护林防火、林业宣传等方面取得显著成就的11个先进单位。 （徐　忠）

**【河南省划定禁猎区】** 根据《中华人民共和国野生动物保护法》和《河南省实施〈野生动物保护法〉办法》等有关规定，省林业厅首批确定栾川县、嵩县、汝阳县、宜阳县、洛宁县、登封市、林州市、辉县市、卢氏县、陕县、渑池县、灵宝市、鲁山县、确山县、泌阳县、南召县、西峡县、内乡县、淅川县、桐柏县、平桥区、浉河区、商城县、罗山县、新县、济源市26个县（市、区）为禁猎区。禁猎区还包括上述26个县（市、区）以外的自然保护区、森林公园、国有林场、黄河滩区、水库及湿地、城镇市区及城市郊区、部队营区及军事禁区、风景名胜游览区等。 （徐 忠）

**【河南省造林绿化电视电话会议】** 2000年3月10日上午，河南省绿化委员会召开全省造林绿化工作电视电话会议，省绿化委员会成员，各市（地）绿化委员会成员及各级新闻单位记者参加了会议。省政府副省长、省绿化委员会主任王明义作了讲话。会议由省政府副秘书长、省绿化委员会副主任李庆贵主持，省绿化委员会副主任、林业厅厅长张敬增传达了全国绿化委员会《关于贯彻国务院温家宝副总理批示精神，进一步推进绿色通道建设的通知》，省交通厅、郑州市、焦作市、开封县作了典型发言。王明义副省长在讲话中肯定了当前造林绿化工作所取得的成绩，指出了今后一个时期的工作重点，要求抓住时机，切实搞好春季造林绿化工作。 （徐 忠）

**【河南省义务植树】** 2000年3月12日上午，省党政军领导、省直及郑州市市直部分干部职工、学生共1 500多人，在郑州新郑国际机场开展义务植树活动。省委、省人大、省政府、省政协、省军区领导范钦臣、郑增茂、王有杰、董雷、支树平、俞家骅、张以祥、王明义、杨显明、张建中等及省直、郑州市部分小学生在新郑机场共栽植银杏、三倍体毛白杨5 000多株。省委副书记范钦臣在接受记者采访时说，要把大规模的群众植树活动长期坚持下去，必须明确责任制，坚持质量第一，保证栽一棵，活一棵。要加强管理，并制定切合实际的政策，坚持谁栽植、谁管理、谁受益，调动全社会力量植树造林。3月12日下午，被列为国家级活动的2000年神州世纪游——河南省世纪之林植树活动在郑州举办。来自澳大利亚、美国、加拿大、德国、哈萨克斯坦、土耳其及省直有关单位近500人参加了揭幕仪式，在郑州花园口黄河旅游区种植了1 000余棵杨树。副省长、省绿化委员会主任王明义为河南省世纪之林纪念碑揭幕，并向参加植树的外国友人颁发荣誉证书。 （徐 忠）

**【河南省人大常委会决议】** 2000年3月30日，河南省九届人大常委会第十五次会议通过了《关于动员全省人民，大力植树造林，搞好生态环境建设的决议》。《决议》指出，党中央、国务院十分重视生态环境建设，当前，国家正在实施西部大开发战略，为了加强生态环境建设，省人民政府制定了《林业生态规划》，目标任务明确，符合全省实际情况。目前，全省还有大量的宜林荒山有待绿化，沙荒治理、退耕还林任务艰巨，平原和城镇造林绿化任务仍很繁重。大力开展植树造林仍然是我们在改善生态环境方面面临的头等大事。认真实施《林业生态规划》，对绿化中州大地，改善全省生态环境，实现社会经济可持续发展具有重要的作用。《决议》要求，各级人民政府要切实加强领导，加强对全民的生态环境意识和国策意识的宣传教育，把《林业生态规划》确定的目标任务纳入社会经济发展计划，继续深化林业产权制度改革，落实林业政策，保护和调动林业经营者的合法权益和造林积极性。多渠道筹集资金，加大对林业的投入，搞好退耕还林和荒漠化治理，认真实施重点林业生态建设工程。认真执行全国人大《关于开展全民义务植树运动的决议》，组织各行各业大力开展植树活动。《决议》强调，既要重视造林，更要重视管护。要依靠科技，推广采用新品种、新技术，建立责任制，努力提高造林成活率、保存率。要加大林业行政执法力度，认真贯彻林业法律、法规，对乱砍滥伐林木、乱占滥用林地的违法行为要依法严肃查处。各级人大常委会要加大监督力度，加强对《林业生态规划》实施情况的监督检查。决议号召，全省人民要发扬“愚公移山”精神，艰苦奋斗，持之以恒，讲究科学，真抓实干，为完成《林业生态规划》确定的目标任务而努力奋斗。 （徐 忠）

**【《河南省10年造林绿化规划》顺利完成】** 2000年3月27日召开的河南省九届人大常委会第十五次会议听取并审议了《河南省10年造林绿化规划（1990～1999）》实施情况的报告，认为规划所确定的目标任务已基本完成，造林绿化工作取得了显著成绩。据全国第四次森林资源清查和年度核查，规划实施10年来，全省累计完成大面积造林147.93万公顷，为规划目标的111%；成幼林面积达到266.8万公顷，为规划目标的100%。森林覆盖率超额完成20%的规划目标。活立木蓄积量达到1.32亿立方米，为规划目标的110%。1999年全省经济林产品总产量达到33.5亿千克，为规划目标的111.7%。全省林业总产值达到123.8亿元，为规划目标的251%。全省共营造用材林基地15.27万公顷，为规划任务的114.5%；在太行山区和豫西水土流失严重地区营造水土保持林26.67万公顷，为规划任务的101.5%。营造十大经济林基地16.67万公顷，为规划任务的104.2%。全省保存“四旁”植树总株数12.5亿株，在黄河故道沙区和主要河流两岸滩区营造以杨树为主的速生用材林3.87万公顷，完成了豫北黄河故道两条防护林带和宛东防护林带建成任务，全省94个平原、半平原和部分平原县全部达到了部颁平原绿化初级标准，息县、鹿邑、商水、睢县被确定为国家平原绿化先导工程示范区，在广大平原地区初步形成了点、片、网、带相结合的综合农田防护林体系。 （徐 忠）

**【"中原绿剑1号行动"】** 共查处破坏森林和野生动物资源案件1 235起，处理违法犯罪分子2 240人，查获各类野生动物14 961只(头)，其中国家一级保护动物268只，制品19件、602千克，国家二级保护动物185只，制品79件，省重点保护动物166只；依法取缔非法驯养场17个，收缴猎捕工具743件；收缴木材2 892立方米，挽回经济损失377万元。 （徐 忠）

**【世界银行林业项目考察团考察河南】** 2000年5月6～10日，以刘瑾女士为组长的世行官员一行14人对河南省拟实施的林业持续发展项目进行了最后一次评估，对项目的前期准备工作进行了检查。考察团先后赴温县、沁阳、新郑、开封4县（市）察看了现有林分生长情况、苗圃管理状况和宜林地准备情况，与当地林农和财政、金融部门的负责同志进行了座谈。考察团对河南省的项目准备工作非常满意，初步确定河南省项目总投资额为3.3亿元人民币，实施范围为20个县，共营造用材林3.3万公顷，经济林2.6万公顷，项目建设期5年，贷款期20年，项目建成后将生产木材365万立方米，干鲜果品29万吨，经济效益将达115亿元。省政府王明义副省长、李庆贵副秘书长分别会见了考察团全体成员。 （徐 忠）

**【河南省人大常委视察团视察林业工作】** 2000年5月27～30日，省人大常委会副主任亢崇仁率省人大部分常委视察了嵩县白云山国家森林公园、栾川县龙峪湾国家森林公园和栾川县飞播林基地建设情况。常委们分别听取了省林业厅张敬增厅长和洛阳市人民政府、嵩县人民政府、栾川县人民政府负责同志关于林业建设情况的汇报，对国有林场、自然保护区建设和森林旅游开发等方面提出了许多很好的意见和建议。省人大常委会副主任亢崇仁结合当前林业建设的形势和任务，发表了讲话。 （徐 忠）

**【河南省林业洪涝灾害】** 据统计，2000年全省林业受灾面积1.11万公顷，直接经济损失达22 739.13万元，其中国有场圃受灾面积8 200公顷，经济损失10 422.33万元，群营林区受灾面积600公顷，经济损失12 316.8万元。全省87个国有林场中有70个遭受了不同程度的水灾，共冲毁道路1 025千米，冲垮桥涵62处，倒塌房屋及危房1 113间，围墙倒塌3 084米，冲毁果园及苗圃地300公顷，800公顷林木长时间被水浸泡致死，直接经济损失达6 556万元，给林场职工生产生活带来了极大困难。全省88个国有苗圃中，有68个受到不同程度的水灾，受灾面积500公顷。共冲毁房屋321间，冲倒围墙4 347米，冲毁温棚（室）1 300平方米，毁坏水渠11 430米，淹没机井72眼，刮断电线3 975米、电杆60根，毁坏通讯线路928米，冲毁道路16.7千米，淹死或损坏苗木2 903.8万株，直接经济损失达3 866.33万元。 （徐 忠）

**【河南省森林病虫害防治】** 2000年，全省发生各种森林病虫害62.49万公顷（重度12.48万公顷，中度18.57万公顷，轻度12.48万公顷）。其中，杨树食叶害虫16.33万公顷、大小蠹90.5万公顷、马尾松毛虫6.19万公顷、杨树蛀干害虫5.02万公顷。防治各类森林病虫害44.77万公顷，其中：杨树食叶害虫11.28万公顷，大小蠹2.23万公顷，杨树蛀干害虫3.39万公顷，马尾松毛虫6.07万公顷。

全省产地检疫林木种子560吨、果品27 500吨、花卉4 100万株、药材4 000千克、苗木1.29万公顷。调运检疫苗木19 460万株、花卉4 580万株、林木种子582吨、木材198万立方米、果品24 500吨、药材4 100千克。处理违章事件665次，培训专兼职检疫员950人次，办理国外引种审批手续3份。全省森林病害发生率13.9%，比1999年下降2.1个百分点，比国家林业局下达指标低3个百分点，比"八五"末降低6个百分点；森林病虫害防治率71.72%，比1999年上升0.12个百分点，比国家林业局下达指标高5个百分点，比"八五"末提高1个百分点；监测覆盖率78.6%，比1999年上升0.6个百分点；种苗产地检疫率71%，比1999年上升1个百分点，比国家林业局下达指标高1个百分点，比"八五"末提高6个百分点。 （徐 忠）

**【河南省退耕还林】** 国家将陕县、新安县和济源市列为退耕还林试点示范县，后经有关部门认可，增加灵宝市为退耕还林试点县。为保证退耕还林的顺利进行，省林业厅于2000年3月2日召开了全省退耕还林试点示范县（市）林业局局长会议。4月份，组织三门峡、洛阳、济源市3市4县（市）政府和林业局负责同志参加，到先期启动退耕还林（草）工作的四川省进行考察学习。5月份，组织工程技术人员，对3市15个县的坡耕地面积、各坡度级分布情况、涉及农户以及2000年育苗面积、树种、可出圃情况等进行了摸底调查。7月17～18日，陕县召开了全省雨季造林暨退耕还林（草）工作会议。4个试点示范县组织52个工组237人开展了退耕还林施工设计工作，共涉及54个乡（镇）、485个村、5.4万退耕农户。规划良种基地15处，其中新建7处，改扩建8处；采种基地17处，其中新建14处，改扩建3处；改扩建国有苗圃31个。制定了《河南省黄河上中游地区退耕还林(草)工程建设科技支撑指导意见》，分别组织试点县主管县（市）长和林业局局长参加了国家林业局举办的领导干部班及县级科技支撑培训班。举办了退耕还林（草）试点县林业科技培训班。为了高质量、高标准建设好试点工程，省政府常务会议两次听取了退耕还林情况汇报，研究了全省实施天然林保护和退耕还林工作的措施，成立了王明义副省长任组长的河南省黄河上中游天然林保护工程和退耕还林（草）领导小组，工程涉及的3个省辖市、3个退耕还林（草）试点县（市）也都成立了政府一把手为组长的领导小组，为退耕还林（草）试点示范工作提供了组织保障。省人大、省政协组织人大代表和政协委员对退耕还林（草）工作进行了视察和深入调研，帮助解决问题。省政府于9月30日在郑州召开全省退耕还林（草）试点工作会议，有关市、县政府主管市长、县长、林业局长、计委主任、乡（镇）长和省直有关负责人参加了会议，王明义副省长在会上作了讲话。省政府印发了《河南省黄河上中游地区退耕还林（草）试点示范工作实施意见》，明确规定：对应税耕地，自退耕之年起，不再对退耕还林征收农业税。对必需的退耕还林（草）前期工作费用，除国家补助外，不足部分由省财政统一安排。粮食调运费用由试点县财政承担，绝不允许分摊到农民身上。退耕还林后，不允许搞林粮、林菜间作，可以进行不翻动耕作层的林草、林药等间作。农民承包的耕地和宜林荒山荒地，承包期一律延长到50年，允许依法继承、转让，到期后可按有关法律和法规继续承包，不许自行采伐。截至2000年底，工程区退耕还林还草的3 652万元资金和2 000万千克粮食全部到位，其中退耕还林生活现金补助400万元90%兑现到退耕农户；种苗补助资金2 250万元83%拨付到退耕还林农户或项目实施乡（镇）；种苗基础设施建设资金925万元73%到项目实施单位；科技支撑、前期工作费等77万元全部拨付到实施单位；粮食补助2000万千克55%兑现到退耕农户，剩余粮款待国家验收后全部兑现。经县级自查验收，4个试点县（市）共完成退耕1.35万公顷，占任务的101.5%；还林3.07万公顷，占任务的102.4%，其中生态林2.52万公顷，经济林5 500公顷，生态林与经济林的比例为8.2：1.8。新安退耕4 100公顷，占任务的101.7%；还林9 200公顷，占任务的102.2%；生态林与经济林比例为9.5：0.5。陕县退耕4 000公顷，占任务的100%；还林9 400公顷，占任务的104.8%；生态林与经济林比例为7.9：2.1。济源退耕4 100公顷，占任务的103.3%；还林9 100公顷，占任务的101.5%；生态林与经济林比例为7.4：2.6。灵宝退耕1 300公顷，占任务的100%；还林3 000公顷，占任务的100%；生态林与经济林比例为8.4：1.6。（徐　忠）

**【河南省森林公安】**　2000年，全省森林公安机关共查处各类案件6 385起，其中刑事案件604起，治安案件1 588起，林业行政案件4 166起，打击处罚人数10 320人（次），其中逮捕670人，治安拘留894人，治安处罚3 012人，林业行政处罚5 744人；查获各种野生动物130 181只（头），收缴木材16 518立方米，挽回直接经济损失1 120万元。查处了许昌县"1·21"猕猴案，焦作、济源非法猎捕金钱豹案，西峡县、巩义市非法贩运国家二级保护动物猫头鹰特大案，开封西寨林场林木被抢案，南阳卧龙区村办林场林地林木被抢等一系列重特大案件。全省已建立群众性护林组织2 618个，成立专项护林队475个，拥有护林员16 238人，设立林区治安室294个，入山检查站536个，初步形成全省性治安防范。在省公安厅举办的2000年全省公安系统军用手枪手射击比赛中，获得男子手枪慢射个人第四名和团体第五名。有68个集体和105名民警被记功、表彰，其中有7个集体和4名民警分别被记二等功一次，有2名民警被评为全国优秀人民警察。（徐　忠）

**【河南省天然林资源保护工程】**　河南省黄河中游天保工程实施范围为小浪底水库库区以上三门峡、洛阳、济源3个市所辖的卢氏、灵宝、陕县、渑池、义马、湖滨、栾川、嵩县、洛宁、新安、宜阳、孟津、伊川、洛阳郊区、济源等15个县（市、区）、26个国有林场。任务包括：全面停止28.29万公顷天然林商品性采伐；对现有86.47万公顷有林地、灌木林地和未成林造林地进行全面管护；封山育林4.27万公顷，飞播造林11.47万公顷；安置国有森工企业富余人员4 451人。项目（包括项目区的退耕还林）完成后，将新增有林地面积76万公顷、活立木总蓄积1 511万立方米、各类经济林果品产量1.7亿千克，森林覆盖率将达到54.5%，比现在提高30个百分点；减少水土流失面积159.87万公顷。项目总效益314.7亿元，其中生态效益271.5亿元，社会效益17.1亿元，直接经济效益26.1亿元。2000～2010年，国家安排工程总投资64 095万元，其中中央投入51 276万元，地方配套12 819万元。在总投资中，基本建设投资17 259万元，主要用于封山育林、飞播造林、种苗工程等；财政资金投入46 836万元，主要用于森林管护、养老统筹，社会性支出、一次性安置和下岗基本生活保障等。为搞好天然林保护工程，省林业厅先后两次派出5个调研组，分赴有关市县进行调研，编制了《河南省黄河上中游地区天然林保护工程规划方案》。省政府批准成立河南省黄河上中游天然林保护工程和退耕还林（草）领导小组。王明义副省长任组长，省政府李庆贵副秘书长、省计委夏宗勇主任、省林业厅张敬增厅长分别任副组长，有关委（厅、局）和农发行河南分行负责人为成员，领导小组办公室设在省林业厅。2000年，调减工程区木材采伐限额50.8万立方米，减幅55.0%。省财政安排工程配套资金1 268万元。国家应投入工程经费6 942万元（不含省配套和前期工作费），截至2000年底，共下拨工程专项资金4 882万元，占计划的70.3%；省财政配套1 229万元，

共计6 111万元，均已全部下拨各市。　（徐　忠）

# 湖北省林业

【概　述】

### 发展与成就

*植树造林*　全省完成人工造林19.12万公顷，占年度造林计划18.67万公顷的102.4%，其中工程造林14.45万公顷。国家防护林工程（含长江中上游防护林工程和淮太防护林工程）完成人工造林2.62万公顷；鄂北防护林工程完成人工造林0.75万公顷；高效经济林工程完成5.47万公顷；平原绿化（农田林网）工程完成1.97万公顷；武汉市城市林业建设示范区工程完成0.67万公顷。全省共完成"四旁"植树13 624万株，占计划的113.6%；义务植树12 667万株，占计划的126.7%。

*封山育林和退耕还林*　全省共完成封山育林360万公顷，占计划的108%；其中新增封山育林面积104万公顷，占计划的103%；中幼林抚育42.8万公顷，占计划的128.4%；低产林改造2万公顷；退耕还林6.8万公顷。

*绿色通道建设*　完成人工造林1万公顷；完成绿色通道建设里程3 260千米，占计划的108.7%；完成通道植树1 410.4万株，汉宜高速、武黄高速、汉十、京九等4条重点线路全部绿化。

*外资造林*　全省利用外资造林1.84万公顷，占计划的108%；中幼林抚育11.27万公顷，占计划的100%。共报账世行信贷资金4 400万人民币。

*林业育苗*　全省共建成4个工厂化育苗基地，17个省级示范苗圃，12个区域性中心苗圃和78个县级骨干苗圃，引进了一批新品种，推广了组织培养、无土栽培、容器育苗、截干扦插等先进育苗技术，完成林业育苗0.78万公顷，占计划0.53万公顷的146%。

*森林病虫害防治*　全省建立了6个国家级中心测报点，配备了一批较先进的仪器设备，省、市、县森防测报体系基础设施建设得到了普遍加强。同时加强病虫情预测预报工作，印发了《关于认真做好森林病虫害预测预报工作的通知》。全省森林测报监测面积343万公顷，占实施监测面积的72.9%；林木种苗产地检疫率为87.1%；发布病虫情信息650多条。全省森林病虫害发生面积25.42万公顷，发生率为4.78%；森林病虫害防治面积15.21万公顷，综合防治率达71.69%。

### 改革与林政实施

*国有林场建设*　全省国有林场共完成人工造林0.84万公顷，占计划的157.8%；完成林业育苗0.093万公顷，超计划的75%；完成中幼林抚育2.48万公顷，超计划24%；培育丰产林1.384万公顷；改造低产林0.309万公顷；封山育林14.21万公顷；年生产木材12.2万立方米，其中商品材10.5万立方米；生产竹材42.5万根；新修公路160.6千米，维修公路1841.9千米；建设林道237.3千米；维修林道2 225千米，占计划的111.6%；新建防火线189.3千米；维修防火线6 028.6千米，超计划的55.4%；新建厂房20 072平方米，维修厂房52 050平方米；架设输电线路1 033千米，通讯线路2 662千米。全省国有林场总收入45 459万元，其中林产品收入16 959万元，多种经营收入16 644万元，综合利用收入3 948万元，森林旅游收入2 469万元。实现利润1 662.9万元，上交税金1 824.9万元。

*森林采伐限额管理*　全省年森林采伐限额700万立方米，实际采伐总量520万立方米。

*林地管理*　全年报经省林业局审核的征占用林地项目93个，工程建设征占用林地和临时使用林地审核率达85%，同比增长60%。全省共依法征收各项林业规费8 099万元，其中森林植被恢复费2 600万元。

*木材流通管理*　全省共有40个木材检查站向国家林业局申报了木材检查站达标创建材料；从实际出发对木材检查站的布局进行调整，增设1个木材检查站，调整了4个道路木材检查站站址，取消了4个水上木材检查站；实行向木材加工企业派驻森林资源监督员制度，2000年对福汉、福江、巨宁、利达、吉象、远林、山山等重点木材加工企业派驻了首批森林资源监督员；继续执行省局统一印制发放湖北省木材经营许可证、湖北省木材加工许可证制度；开展对经营、加工木材单位清理，重新换发启用新的木材经营、加工许可证，并实行年检换证制度；向全省各个木材检查站和较大的木材市场公布省、市监督举报电话，受理相关投诉电话200多个，来信30多件；对个别检查站违规检查、乱收费和处罚不规范等问题及时进行处理和纠正。

*林业执法*　组织全省各级林业主管部门干部职工参加普法学习考试，圆满完成全省林业"三五"普法工作，评选推荐省林业局机关等4个单位为全国林业系统"三五"普法先进单位，石山等6位同志为全国林业系统"三五"普法先进个人；组织5批共30多名执法、普法骨干参加国家林业局、省政府法制办等部门组织的培训班，并举办10多期林业法制培训班，共培训了执法人员800多人次；在林业部门内部实行资源林政执法负责人"下管一级"制度，对各市、州、县（市）

林政科（股）长、稽查队长实行双重管理，所有林政执法人员都必须通过市、州级以上林业主管部门组织的考试和审核程序，获得林政执法资格并取得林业行政执法证后，才能从事林业行政执法工作；开展了以打击偷砍、盗伐为主要内容的专项治理整顿，全年共依法查处了各类森林和野生动物案件 3.28 万件，综合查处率达 96.5%。

**保护森林资源三号行动** 根据国家林业局《保护森林资源三号行动实施方案》要求，在全省组织开展了保护森林资源三号行动，集中力量全面清理了 1998 年以来发生的乱砍滥伐林木、乱收滥购木材、乱征滥占林地以及毁林开垦、非法运输、经营、加工木材等各类案件共计4 083起，其中行政案件3 834起，依法处罚6 661人。直接派员查处了在全省影响较大的罗田县大河岸镇滥伐林木案、宣恩县野溪沟村滥伐珙桐案、宣恩市西陵峡沿岸毁林炸石案等 8 起重点案件。

**严打专项整治行动** 落实中央有关领导关于立即停止神农架天然林采伐的指示精神，组织力量在神农架林区及其周边地区开展了定名为"神农架一号行动"的严打整治专项行动，共查处各类森林案件5 143起；处理各类违法犯罪人员4 791人次；摧毁森林犯罪团伙 7 个，处理犯罪团伙成员 89 人；收缴木材3 611立方米，野生动物37 518头（只），金丝猴皮 3 张、标本 2 个、骨头 15 件，野生动物制品 250 千克，枪支 193 支，猎具 365 件；挽回经济损失 430 万元。在对林区木材和野生动物经营市场、宾馆、饭店、酒楼、餐馆及木材和野生动物加工场所的清理中，共清理木材经营加工点 966 家，餐馆、饭店等1 552家，取缔非法经营野生动物窝点 2 处，捣毁樟树油加工点 31 处和非法经营木材及加工点 192 处，炸毁木炭窑 322 座。

**森林公安队伍建设** 组织 69 名新入警人员进行岗位培训，选派 78 名符合司晋督条件的人员参加南京警校的培训；开展森林公安队伍的清理整顿活动，共清退在编不在岗或在岗不在编人员以及不适宜森林公安工作人员 40 人，并按规定取消警籍；完成警衔申报工作，上报首授警衔 40 人，警督晋升 186 人，司员晋升 129 人；全省森林公安共有 4 个基层单位荣记三等功，2 个单位受集体嘉奖，5 名个人荣立三等功，11 名个人受到嘉奖；查处了孝感市大悟县三里镇聘用非警人员违法办案致人死亡事件。

**森林防火** 全省共发生森林火灾 377 次，其中重大森林火灾 1 起，一般森林火灾 132 次，森林火警 244 次，受害森林面积1 770公顷，受害率为 0.29‰，同比森林火灾起数下降 50.3%，受害面积下降 38.4%。

**林业经济** 全省林业行业总产值 121 亿元，比 1999 年的 108.68 亿元增长了 11.3%；林业系统内总产值 90 亿元，比 1999 年的 87.82 亿元增长了 2.48%；森工企业总产值 29 亿元，比 1999 年的 26.13 亿元增长了 11%。

**森工企业** 一是进一步完善《湖北省林业十大产业链发展规划》，着力培育产业链龙头企业。据初步统计，以湖北木业集团、石首吉象公司、监利中兴集团为产业链龙头的杨树加工企业，每年可直接创利税7 000万元。二是深化企业内部改革，实行资产优化重组，促进企业健康发展。组建了鄂林木业有限公司，3 家局直企业有 2 家实现扭亏为盈，1 家企业减亏。三是加强质量管理，创建精品名牌产品。经国家技术监督局批准，第一批人造板企业获得生产许可证；受省技术监督局委托，对石首吉象公司、福汉公司、山山集团的中纤板和细木工板产品质量进行了监督检验，抽查合格率达 100%；经国家林业局审查，报送中国科协、中国质量协会批准命名湖北山山集团人造板有限公司人造板 QC 小组为全国优秀质量管理小组；积极实施林业产业精品名牌战略，组织报送 2000～2002 年湖北省争创精品名牌 3 年滚动计划，其中福江、山山已列入 2000 年计划，以福汉、福江、山山、瑞汉、吉象、巨宁等品牌为代表的一批名牌产品正在壮大成长。四是加强林产工业企业营造工业原料基地建设。全省林产工业企业营造原料林基地 3.07 万公顷，企业投入3 150万元，省木业集团、吉象公司杨树基地建设项目已列入国家 2000 年农行贴息贷款项目计划，总投入达 6 亿多元，建设规模 126.667 万公顷。全省森工企业完成工业产值 15.9 亿元，同比增长 38.2%；完成销售收入 19.15 亿元，同比增长 17.1%；实现利润5 812.72万元，同比增长 2 倍；上交税金9 252.3万元，同比增长 13.8%。全省森工企业从整体上实现了扭亏为盈。亏损面已从 1999 年的 24% 下降到 10%，亏损额由1 018万元下降到 145 万元。

**林业科教** 除实施中的长江中下游低丘滩地综合治理与开发研究、中国森林生态网络体系建设研究等 33 项国家和省级林业科研课题外，又根据林业生产实际，组织力量对半干旱地区造林树种的引进与栽培技术研究等 25 项省级重点项目开展攻关。新启动的宜昌林木良种无性快繁基地项目，省林木种苗站、省林科院工厂化育苗项目等林业高新技术产业化项目进展顺利。以省林科院为依托新组建的银杏、竹类、杨树 3 个专业研究所开始运转。重点推广了"911"生根素、杨树截干造林等 17 项技术上比较成熟、适宜于推广的科技成果。与此同时，林业科技培训和科技下乡取得实效，林业科技体制改革和林业科技、教育管理工作也有新的进展。

**机构改革** 省林业局机关成功地进行了机构改革，同时加大了局直单位干部制度改革力度。全年共提拔正处级干部 12 名，平均年龄 45.2 岁；提拔副处级干部 15 名，平均年龄 39.5 岁。局机关机构改革中，处以下干部交流 56 人，交流面 72.7%。其中，正处级干部轮岗交流 10 人，交流面 71.4%；副处级干部轮岗交流 24 人，交流面 80%；科级干部轮岗交流 22 人，交流面

67%；机关内部处室之间交流38人，机关与直属机构之间交流18人，局机关任职回避2人。撤消了林产工业处和国有林场管理处，新设立了政策法规处、野生动植物保护处和对外合作与交流处。在林业事业机构设置方面，成立了湖北省林业基金站、湖北省天然林保护工程管理中心、湖北省国有林场工作站、湖北省野生动物救护研究开发中心。落实林业专业技术人员有关政策，推荐了3名享受政府津贴的林业专家；评审林业高级职称29人、中级职称17人；接收大专院校毕业生10人到局直单位工作，选调9名年轻干部到机关工作；接收军转干部2人，办理退休8人。离岗退养2人；组织局直系统281人、市（州、县）林业局长71名参加培训，下派22名1998、1999年应届毕业生下乡锻炼；结合农村基层工作队下派干部6人，选派科技副县长2人，接受来局机关挂职锻炼1人，组织局机关35岁以下干部到基层劳动锻炼13人；选派4名处级干部进党校学习。

对外合作　全年先后向联合国开发计划署（UNDP）、财政部、国家林业局、湖北省计委、湖北省财政厅、湖北省外办、世界自然基金（WWF）等部门和机构申报了中德财政合作湖北生态防护林项目、日本政府贷款长江防护林项目、监利湿地持续发展项目、英国援助蕲春县林业生态扶贫项目、中美林业科技合作项目、国家外专局引智项目等意向性项目。即将结束的日援林木育种项目和鹤峰林业扶贫项目成效显著，由意大利政府提供资金、中国政府和联合国粮农组织共同执行的湖北鄂州生态防护林工程项目已经启动，日援林木育种科技中心项目和全球环境基金赠款的后河自然保护区生物多样性保护与管理项目也即将启动。先后接待了近20人次的国外政府官员、专家及外商来鄂考察、洽谈和实施林业合作项目，派出了各类技术人员及管理人员10多人次到国外进行考察、培训和学习。

自然保护区建设　五峰后河自然保护区被国务院正式批准为国家级自然保护区，并列入全球环境基金（GEF）中国自然保护区项目，总投资130万美元；神农架国家级自然保护区投资1 900万元的二期建设工程已经启动；洪湖湿地被湖北省人民政府批准为省级自然保护区；梁子湖、沉湖、龙感湖提出申报省级自然保护区；通山九宫山、鹤峰木林梓、恩施星斗山等一批省级自然保护区组织力量进行了科学考察和编制总体规划，做好了申请升级的准备工作。

野生动植物保护　全省广泛开展了野生动植物保护法制宣传，成功举办了湖北省第十八届“爱鸟周”活动和全省野生动植物保护宣传月活动；进一步规范了管理，明确了野生动植物各种许可证件的管理权限；加强机构队伍建设，全省共设有81个野生动植物保护站（其中省站、中心2个，市州站17个，县市区站62个），人员1 000多人，1 504个乡镇有80%挂有野生动植物保护站站牌，执法人员达3 500多名；开展了野生动植物保护法律法规“执法年”活动，在执法大检查过程中，查处了一批野生动植物案件，清理了野生动物驯养繁殖场，收缴野生动物25 322头（只）、金丝猴皮3张、野生动物制品250千克、猎枪191支、猎具349件，取缔未经批准擅自饲养、经营野生动物的非法驯养繁殖场10个；开展野生动物收容救护工作，新组建了湖北省野生动物救护研究开发中心，全年共收容救护野生动物2万余头（条、只）。

林业宣传、档案和信息工作　全省林业宣传工作紧密围绕林业建设的大局，努力为林业发展创造有利的舆论环境。共在中央和省市的近20多家报纸杂志上发表各类报刊新闻稿约100篇，广播新闻稿约30条，电视新闻约20条，制作电视专题片5部。在中央和省、市10多家报纸杂志上，先后12次以专版形式宣传了花卉博览会、天然林保护和退耕还林工程、神农架“一号行动”、谷城林业综合改革试点、湿地自然保护区建设等工作；与新华社湖北分社、湖北日报等8家新闻单位合作，在恩施州和随州市继续开展了“保卫绿色行动荆楚行”宣传活动，共编发专题稿30多条。全省采用各地林业信息424条，同比增长66条；被国家林业局和省委、省政府采用的林业信息共107条，在全国林业厅（局）、总公司中名列第四。全省共有70个林业局档案管理达到省二级以上标准，有15个林业企事业单位档案管理达到省级以上标准，省林业局档案管理达到省一级标准。（涂定卓　何明飞）

**【湖北确立新思路构建林业发展新格局】** 2000年，湖北确立了“遵循现代林业的发展规律，以保护和改善生态环境为重点，以增加森林植被、改善生态环境、提高林业综合效益为目的，以实施分类经营为基础，以工程建设为载体，依靠科技进步，积极推进林业‘两大体系’的建设，促进林业和社会、经济的持续、健康发展”的新时期林业发展思路。根据这一工作思路，构建了林业发展新的格局，即将全省划分为5个区域，实行分类指导、分区突破，实现总体推进。第一个区域是鄂西和鄂西北地区，包括恩施州、宜昌市、神农架林区、十堰市及襄樊市的保康、南漳县。该区域通过保护天然林，实施封山植树、退耕还林等林业生态工程，使其在改善长江流域生态环境和保护国家大型水利工程的安全中发挥生态屏障作用。第二个区域是鄂东和鄂东南地区，包括黄冈、咸宁、黄石、鄂州市。该区域以发展用材林、经济林和竹类为主，兼顾发展生态公益林。第三个区域是江汉平原及周边地区。该区域大力发展速生丰产用材林、短周期工业原料林和经济果木林。第四个区域是鄂中和鄂北地区，包括襄樊（保康、南漳除外）、随州、荆门、孝感市及武汉市的黄陂区。该区域将以生态公益林（防护林）为主，兼顾商品林的发展。第五个区域是大中城市城郊及周边地区。该区域应充分发挥地理区位优势，大力发展防护林业、观赏林业和效益林业，最大限度地发挥林业的综合效益。

（何明飞）

**【2000湖北（武汉）全国花卉博览交易会成功举办】** 2000年9月28日至10月4日在华中国际博览中心举办了2000湖北（武汉）全国花卉博览交易会。包括台湾在内的21个省、市的216家花卉企事业单位参展，布展摊位238个，参展商品涉及花卉苗木、鲜切花等25大门类、2 000多个品种。经过7天的交易展览，共销售花卉595万盆（枝、株），成效额达1 938万元，达成引资合作和经贸交易项目协议金额达2.1万元。

（何明飞）

**【湖北采取超常规措施大力开展森林病虫害防治】** 2000年，湖北出现持续干旱天气，导致森林病虫害大面积发生，特别是马尾松毛虫在黄冈、宜昌、荆州、鄂州、十堰等地暴发，重大检疫性病害松材线虫病在恩施发生。根据这一情况，省林业局立即成立了防治工作领导小组，研究、部署森林病虫防治工作。一是派出工作组进驻恩施州，现场督办、指导防治工作。二是协调组织武警、公安干警、民兵预备役和防治专业队伍近800人，大打除治攻坚战。三是积极调配各种防治器械和药物，认真做好各项防治准备。四是派出专家调查组赴病虫重灾区指导全省马尾松毛虫、杨树害虫、竹煌等主要森林病虫害的防治工作。五是广泛开展技术培训，共培训400多人次，编写《松材线虫病防治技术手册》、《松材线虫病防治知识问答》，分发2 000多份。通过全省广大林业干部群众的共同努力，各地共增设固定标准地420多个，发布病虫趋势预报280期，防治工作简报1 530多期，投入资金700多万元，投工投劳580多万个，组织虫情调查组和防治专班1 300多个，使用白僵菌高孢粉2 500千克，白僵菌孢子粉10 000千克，毒签300多万支，敌杀死3 000多千克，Bt乳剂80 000多千克，共防治森林面积7.43万公顷。其中飞机飞行97架次，飞防近0.8万公顷，较好地控制了病虫害的扩展和蔓延。（何明飞）

**【湖北“九五”期间林业培训工作取得丰硕成果】** “九五”期间，湖北省结合林业两大体系建设，以全面提高从业人员综合素质为目标，加强了林业系统各级公务员、重点工程项目和关键岗位技术骨干的业务培训以及林农脱贫致富的实用技术培训，推动了林业事业的发展。①林业行业关键岗位培训取得较大进展。据统计，全省确定的地、市、州、县（市）林业局局长及营林、林场、林工、林政、计财、公安、科教和办公室负责人，国有林场场长、林校校长、苗圃主任、森林公园主任、推广站站长、森防站站长、野生动物保护站站长、林业工作站站长、木材检查站站长以及林业执法人员等19个岗位在职人员9 035人，已培训7 875人，占应培训人数的87%。②加强继续教育，提高全省林业科技人员的整体素质。首先建立了现有科技人员继续教育制度，以半脱产或不脱产的形式，每年大约培训2 600人，“九五”期间已培训12 000人，占应培训的92%；其次建立了科技人员继续教育基地，以省内林业院校（系）为主，分初、中、高3个不同层次进行培训，重点学习高新技术，加快知识更新。③开展了林农实用技术和普及科学知识的培训。省林业局每年组织科技人员开展科技下乡活动，进行技术指导、咨询与服务，帮助解决林业生产中的技术难题，普及和推广先进实用技术，培训基层技术人员，培养林农致富带头人。5年间开展的各类林农培训共达100万人次。④加大续建和新建的十大林业工程项目建设的科技含量，加强各种实用技术的培训工作。其中仅世行项目开展的省级培训就达14期，培训800人次；地、市、州、县培训近100期，培训1.3万人次。⑤各级林业学校的正规学历教育得到了长足的发展。省内5所林业学校每年培养近2 000人，“九五”期间共计达1万人左右。

（何明飞）

**【湖北省野生动植物资源丰富多样】** 湖北地处我国南北过渡地带，气候温湿，山地广袤，湖泊众多，素有“千湖之省”、“鱼米之乡”的美誉，全省总面积18.59万平方千米，约占全国国土总面积的1.94%，其中林业用地面积1 274.74万公顷，占全省国土面积46.4%，有林地面积617.7万公顷，森林蓄积量19 121万立方米，森林覆盖率31.6%。由于特定的地质历史条件，湖北受第四纪冰川的影响较小，野生动植物资源十分丰富。据统计，全省有野生脊椎动物约851种，约占全国种类总数的20%。其中，兽类118种，鸟类431种，爬行类52种，两栖类44种，鱼类206种。属于国家和省重点保护的野生动物有258种，其中金丝猴、华南虎、白鳍豚、丹顶鹤、白鹤、中华鲟等均为世界闻名的珍稀保护动物。全省有维管植物241科6 076种，其中天然分布的国家重点保护野生植物就有220多种，濒危野生动植物种国际贸易公约附录物种149种。湖北是水杉的原产地，闻名世界的“水杉王”就生长在利川市；素有“公孙树”之称的银杏在大洪山区广泛分布，国家一级保护植物珙桐在五峰后河、宣恩七姊妹山等地成群分布。

（李建军）

**【湖北林业综合改革谷城县试点取得初步成效】** 2000年，全县完成封山育林5万公顷，治沙造林0.12万公顷，基地造林0.37万公顷，绿色通道建设241千米；新发展袋料食用菌740万袋；通过林地使用权流转改革，有偿流转林木、林地1万公顷；在完成森林资源二类调查的基础上，稳步推进森林分类经营试点，划定生态公益林6.67万公顷，商品林10.1万公顷；新建了面积为0.2万公顷的国有汉江林场，政企合一的薤山林场完成改制撤并，恢复了国有林场事业单位性质，交由县林业局管理；开展了林业产值统计口径改革；完善了世行贷款造林项目的运行机制；加强了全县林业科技推广体系、林业执法和森林保护体系建设。通过实施林业综合改革，促进了思想观念的更新和生产方式的转变，改善了林业投入机制，初步形成了投资主体多元化、多种经济成分共存的林业产业格局，促进了市场、公司、基地、农户有机结合的林业产业化形成，探索出了一条林地有序流转、林业滚动发展的新路子。全县生态环境有了明显的改善，林种树种结构得到进一步调整，林业的科技含量不断提高。综合改革提高了林业经济效益，促进了农民增收，林业总产值占全县社会总产值的比重由8.12%上升到9.23%，全县农民人均纯收入增加100元，其中林业为农民人均增加纯收入14元。

（王松华）

**【湖北开展野生动植物保护法律法规执行年活动】** 根据国家林业局《关于开展野生动植物保护法律法规执行年活动的通知》，全省各地成立执行年活动领导小组或办公室，制定行动方案，开展舆论宣传，加强执法监督，切实把执行年活动落到实处。副省长贾天增带领省政府办公厅、省公安厅、省林业局等有关部门领导深入到神农架、十堰、襄樊等地进行调研，并在神农架林区主持召开了现场会，安排部署重点打击行动。全省连续开展了4次联合执法检查和专项打击行动，即省、市、州、县林业局组织开展的林业综合执法检查活动；省政府统一部署在神农架林区及周边地区的严打整治专项行动；在武汉市城区开展的野生动植物保护执法大检查；对全省243家（国家重点保护野生动物驯养繁殖场48家）驯养繁殖野生动物的场点进行的全面清理和整顿。为加强机构和队伍建设，提高管理执法水平，省林业局在机构改革过程中，增设野生动植物保护处，并成立湖北省野生动物救护研究开发中心，专门从事野生动植物的保护管理工作；先后举办了7期野生动物检查员培训班，培训检查员700余人；开展了以“站容、站貌”为主要内容的窗口形象工程建设，加强野生动植物保护管理的基础建设。认真贯彻执行《野生动物保护法》、《陆生野生动物保护实施条例》、《野生植物保护条例》和濒危动植物进出口管理等法律法规，使野生动物保护管理与执法工作步入法制化、规范化、制度化的轨道，实行规范管理，依法行政。深入开展法制宣传教育，提高全社会的野生动植物保护意识。在全省组织开展了“让我们拥有鸟语花香的新世纪”为主题的湖北省第十八届“爱鸟周”宣传活动；在武汉东湖举行了有11所中小学参加的“鸟语林”杯观鸟识鸟竞赛活动，参加的学生共计400余人，11家省市新闻单位进行了报道；组织有关新闻单位对一些典型违法案件进行新闻曝光和跟踪报道，实行舆论监督，扩大社会影响；组织开展第7个野生动物保护宣传月活动。（李建军）

**【咸宁市确立新时期国土绿化新目标】** 2000年，咸宁市绿化委员会明确提出了新时期国土绿化的新目标。即2000～2004年，绿化造林6.667万公顷，封山育林26.667万公顷，使全市森林覆盖率由现在的49.3%提高到55%；全市城镇绿化覆盖率100%，人均公共绿地面积8平方米，市区单位绿化达标率100%，花园式单位达标率50%；全市国道、省道建成高标准绿色通道，实现万里公路无空缺；铁路绿化率由现在的62%提高到85%；库区迎水面山地绿化率达到100%；平原农田林网控制面积达到80%；河堤绿化率由现在的81%提高到90%，实现百里堤防无空档。（何明飞）

**【湖北林业学校抓改革促发展】** 湖北省林业学校在省林业局的直接领导下，坚持以学校升级求生存，以制度改革促发展，以教学管理为中心，在全省中等林业教育领域中发挥了骨干示范作用。2000年，省林校抢抓机遇，申报国家级重点中专，并顺利通过了国家教育部和湖北省教育厅组织的专家评估及论证；抓教学现代化、信息化建设，投入近70万元建成校园网络控制系统和多媒体教室；进行机构和人事分配制度改革，使内部管理机构由18个减少到9个，管理人员由77人减少到57人。科级干部由25人减少到14人，平均年龄由44.5岁下降到39岁，本科学历干部所占比例由36%提高到54%，共分流人员59人。同时还推进新的管理运行机制，加强学校财务、环境建设、劳动纪律、后勤服务、成人教育等9个方面的管理。（周重想）

**【宜昌市十大林业项目顺利实施】** ①国家天然林保护工程项目在宜昌、兴山、秭归、长阳、五峰、宜都、远安、城郊等11个县、市、区同时启动实施，项目规划总投资23.7亿元，已到位资金1 005万元。②宜昌市城区被国家林业局列为全国中国森林生态网络体系建设工程十大示范点之一。围绕森林生态网络体系建设实施“大树进城”战略，加快了城区生态网络体系建设步伐，提升了城市绿化档次。③秭归县被纳入全国首批退耕还林试点示范县范围，并列入长江中上游退耕还林科技支撑示范县，首批0.333万公顷试点任务已全部完成。国家林业局局长周生贤、中国林科院院长江泽慧先后亲临视察和检查工作。④国家高新技术产业化示范工程项目在三峡植物园实施，项目总投资4 700万元。已完成平整苗圃354公顷，定植各种苗木40万株，建成组培温室1个，培育组培苗木15万瓶，建成自控温室2 000平方米。⑤五峰后河自然保护区经国务院批准升格为国家级自然保护区。规划保护面积13 108.6公顷，其中核心区面积8 603.2公顷。⑥中国2000年绿化江河足球义赛在宜昌举办并取得圆满成功；中国绿化基金会、中国足球协会捐赠宜昌市100万人民币用于三峡生态防护林工程建设，已营造中国足球纪念林350公顷。⑦磨基山森林公园被批准为省级森林公园。按照总体规划设计，公园将由植物保护移栽部分、人文景观建造部分、基础设施配套部分组成，包括现有森林保护、观赏植物及建造古典山居式文人园、休闲娱乐园、空中观景台和临江步行长廊等。目前，已完成整体规划和一期绿化任务。⑧三峡地区林业科技推广培训中心经国家计委、财政部同意，国家林业局批准动工兴建。规划建筑面积7 800平方米。⑨由香港商人投资13亿元兴建的三峡森林野生动物世界落户宜昌。⑩宜昌乌红杂交天麻被国家林业局确定为全国重点科技推广项目。其研制人王绍柏出席了全国农业科技大会。

（王　平）

**【不断发展中的湖北省太子山林场管理局】** 湖北省太子山林场管理局位于湖北京山县境内的西南部，是湖北省林业局唯一直属的国有林场，被誉为“江汉平原上一颗绿色明珠”。1957年建场，总面积7 930公顷，总人口2 026人，森林覆盖率80.4%，活立木蓄积36.02万立方米。建场以来累计生产商品材10多万立方米，商品苗2 000多万株，林木资产折价过亿元，固定资产净值1 988万元。2000年，太子山林管局在省林业局党组两次现场办公会精神的指导下，加强管理，深化改革，坚决贯彻“调整结构强林业，实施三改兴工业，放开搞活三产业，滚动发展旅游业，大力加强基础建设”的方针，在遭遇百年罕见的旱灾情况下，全局完成造林115.07公顷，新造林抚育413.47公顷，中幼林抚育622.73公顷；完成防火线维修198.5千米，林道维修47.5千米；森林病虫害防治面积1 400公顷；完成播种育苗3.107公顷，移植苗46公顷；生产商品材15 430立方米；实现销售收入3 446万元，利税120万元，纯利润56万元。职工人均收入达到6 000元，结束了连续6年亏损的历史，经济开始步入良性循环轨道。2000年获湖北省十强国有林场、省局直属系统先进单位等7项表彰奖励。

（柯善政）

**【咸宁市发挥生态优势推进绿色产业建设】** 咸宁市是有名的“桂花之乡”、“楠竹之乡”。为发挥生态优势，发展特色经济，咸宁各县、市、区积极实施“四乡六业”（四乡即楠竹之乡、桂花之乡、茶叶之乡、苎麻之乡，六业即苗木、蔬菜、猕猴桃、生猪、雷竹、水果6大支柱产业）的特色农业战略，按照“一县一业、多乡一品”的布局，大力发展县域主导产业。咸安区的苗木花卉、嘉鱼的意扬、赤壁的楠竹和猕猴桃、通城的楠竹和板栗、崇阳的雷竹和楠竹、通山的楠竹和水果均已初具规模，全市掀起了推进绿色产业、建设绿色家园的热潮。2000年全市完成造林1.71万公顷，义务植树910万株，封山育林24.4万公顷，林业育苗715公顷。市林业局建成了67公顷林业生态园，投资1.17亿元的兴林阻燃刨花板厂建成试产，投资400余万元建设的1 333公顷意杨原料林基地正式启动，引资2 600万元的综合市场项目开始实施，引资2 000万元的潜山国家森林公园旅游度假村开工建设。全市森林面积达到35.8万公顷，活立木蓄积增加到803万立方米，森林覆盖率上升到48.98%。市林业局被省林业局评为全省红旗林业局，被市委、市政府授予五强机关和文明单位称号。全市竹林面积7.53万公顷，立竹2.02亿支，年产商品竹1 800万支，楠竹面积、立竹量、产量均占全省70%以上，名列全国七大商品竹产区之一。桂花发展到120余万株，折合面积2 467公顷，年产桂花14万多千克，位居全省第一，全国第二。咸安区由此被国家林业局和中国花卉协会命名为中国桂花之乡。

（咸宁市林业局）

**【鄂、陕两省三县共筑秦岭南麓生态圈】** 湖北郧西与陕西镇安、山阳3县联合启动了秦岭南麓生态圈建设工程。3县在鄂陕交汇处的湖北大梁山栽松铭志，共同倡议：通过跨区域的联合，用10年的时间，以湖北大梁为中心，在方圆1万平方千米范围内大力开展封山育林、退耕还林和植树造林，力争通过30年的管护，使生态圈的森林覆盖率每年提高1个百分点，再建一个神农架规模的千里绿色长廊。该生态圈建设工程自启动以来，共完成退耕还林0.6万公顷，植树造林1万公顷，封山育林5.333万公顷。（十堰市林业局）

**【十堰市大力发展庭园经济林】** 十堰市素有“八山半水一分田，还有半分是水面”之称，人均耕地不足0.07公顷，人均山场面积0.6公顷，户均庭园面积达0.2公顷。根据这一市情，十堰市确立了大力发展庭园经济林建设的思路，将农村庭园经济林建设作为生态环境建设的一个重要组成部分，作为农村产业结构调整的突破口，作为农村经济发展、农民增收致富的经济增长点，在全市全面开展了农村庭园经济林建设，确立了户均栽植50株经济林木的庭园经济林发展目标。

（十堰市林业局）

**【钟祥市林业产业化蓬勃发展】** 钟祥市依托意杨、枫杨资源，兴建了年产1万立方米细木工板的湖北金林木业有限公司。该公司自1997年开工以来，产品供不应求，效益较好，带动力较强，被湖北省委、省政府确定为全省35家农业产业化龙头企业之一。2000年，公司生产细木工板1.2万立方米，实现销售收入2 500万元，利税250万元。该公司率先实行以“买断工龄、买断养老保险”为主的劳动用工制度改革，实行了全员聘用制，活化企业用工机制，增强职工的危机感，提高劳动效率。通过推行链条式管理，引进新工艺新技术等，提高产品质量，为公司产品进入国际市场打开通道。目前，该公司年生产能力已达2.5万立方米，预计年产值可达5 000万元，利税500万元。龙头公司的发展，带动了部分单位和农民脱贫致富，在全市初步形成了“公司＋基地＋农户”的产业化新格局。据统计，全市及周边地区已有5万农户和部分企事业单位投资兴建“两杨”基地，有300家板材加工户、木材运输户投入到林业产业化行列，年产值达3亿元，林农户平均增收500元。

（司传红）

**【湖北应用卫星遥感技术全面完成全省天然林资源保护工程区暨重点林业生态工程区森林资源现状调查】** 根据国家林业局部署，湖北省林业局于 1999 年 10 月至 2000 年 12 月，利用美国 TM 卫星图像，对全省两大工程区森林资源现状进行了调查。工程区共涉及 65 个县（市、区），其中天保工程区 21 个县（市、区），重点林业生态工程区 62 个县（市、区），两项工程重复的县（市、区）18 个。此项工作采取“先试点，后铺开”和“先培训，后上岗”的办法，参加调查的人员达 667 人，共区划调查小班 269 819个，面积 15 004 693.5公顷。为保证调查质量，省、市、县 3 级都进行了严格的质量控制，市、县两级共自查和检查小班18 627个，面积867 531.3公顷，分别占调查总数的 6.90%和 5.78%，小班个数综合正判率为 93.8%，小班面积综合正判率为 92.1%；省级质量检查共抽取 15 552个小班，占区划调查小班总数的 5.76%，抽查面积632 945.8公顷，占区划调查总面积的 4.22%，小班个数综合正判率为 94.0%，小班面积综合正判率为 95.9%。经国家林业局中南森林资源监测中心检查，认定其调查质量为优良。利用遥感技术进行全省范围的森林资源现状调查，在湖北森林资源调查史上尚属首次，这对引进先进科学技术和手段，提高湖北森林资源调查水平，促进全省林业调查规划设计跨越式发展，赶超国内外先进水平，具有十分重要的意义。

（湖北省林业勘察设计院）

**【湖北森林资源信息管理系统投人运行】** 为对全省森林资源二类调查所收集的森林资源信息进行全方位的动态管理，湖北省林业勘察设计院开发研制了全省森林资源信息管理数据库系统软件（简称 HBL 系统）。该系统在全省森林资源二类调查内业数据处理和全省森林分类区划数据处理工作中得到了全面的推广应用。运用该系统，全省已逐级建立起省一市（州）一县（市、区）一乡（镇、场）森林资源数据库，共收集小班调查记录 181.05 万条，样点调查记录 8.5 万条，计9 852.5 万个信息点，为全省“十五”期间年森林资源采伐限额编制和大冶、保康等 6 个县（市）林业地理信息系统的开发研制及众多的林业工程项目规划提供了基础数据。HBL 系统集信息收集。加工、储存及交换于一体，将全省林地小班的空间位置属性和林地（土地）及森林特征属性纳入统一的管理体系，成为全省森林资源管理体系中的基础信息源和系统功能操作平台。HBL 系统的建成，对全省林业地理信息系统（GIS）的建立和遥感技术（RS）及全球卫星定位技术（GPS）在林业上的应用起到了技术支撑作用，为全省林业信息管理实现数字化、网络化奠定了基础。

（湖北省林业勘察设计院）

**【湖北大冶市林业地理信息系统建成】** 该系统以大冶市 1999 年森林资源二类调查资料为基本信息源，以数据库技术、计算机制图技术和现代信息技术为手段，集林地空间位置信息和森林林分特征信息于一体，为实现林业建设管理的现代化提供了必要的手段。该系统主要由森林资源数据库和林业地理图形库两部分组成。其中森林资源数据库是森林资源信息采集、加工、处理的系统功能操作平台，它收集了大冶市全部 19 031个小班调查记录，每条记录包涵有 50 项森林资源特征因子信息，是林业地理信息系统的基础组成部分，可以为用户提供全方位、全动态的森林资源信息更新、查询、访问服务。林业地理图形库是以该市森林资源二类调查工作图为基础，采用计算机制图技术生成的全数字化地图，它以分层组合的方式集成了大冶市全部森林小班区划界线，以及各级行政界线、交通网线、水域界线和各种社会一经济信息点。图库以大冶市林业地理信息系统的空间信息载体，可以为用户提供全景、即时、动态的访问和更新服务。森林资源数据库与图形库相链接，形成了以林业地理信息为主体内容的林业综合信息数字化管理体系，用户可以通过该系统对任一空间位置上的林业地理信息进行管理和访问。

（湖北省林业勘察设计院）

**【枣阳市突出抓好鄂北防护林工程建设】** 枣阳市广泛宣传防护林建设对改善枣阳十年九旱的区域生态环境，实现农业增产、农民增收的重要意义，成立工程建设指挥部，层层签定责任状，落实工作任务和管护责任，积极筹措造林资金，把防护林工程建设同绿色通道、封山育林、绿色致富工程等林业建设项目结合起来，推动了全市造林绿化进程。2000 年，全市共投入劳力 50 多万人次，完成造林 0.463 万公顷，植树 550 多万株。在防护林建设方面，共完成省界绿化 125.5 千米，国道、省道补植 175 千米，绿化路、堤、渠 138 条 366 千米，建成 13.33 公顷以上片林 8 处，农田林网网格 210 个。2000 年度，枣阳市还被全国绿委评为全国造林绿化百佳县（市），316 国道枣阳段被授予全国绿色通道工程示范路段，枣阳市林业局被国家林业局评为全国营造林工作先进单位。（枣阳市林业局）

**【蕲春县全力营建黄黄公路绿色通道工程】** 为推进全国绿色通道建设，蕲春县从 2000 年 10 月起，对境内 35.2 千米的黄黄高速公路进行实地踏查，制定绿色通道工程建设方案，因地制宜地作好规划，投入苗木 40 万株，在 28.5 千米长的公路两侧，分别营建 15 米宽的绿化林带，实现了境内黄黄公路绿色通道的全线贯通。

（蕲春县林业局）

**【巴东县加大林业经济综合开发力度】** 随着国家林业政策的调整，巴东县林业工作的重点已从采伐利用转向发展保护，实现了由“砍树人”变”栽树人”的根本性转变，全面停止木材采伐，实施天然林资源保护工程。全县加大林业经济综合开发的力度，建成 66.67 公顷苗圃、66.67 公顷板栗、66.67 公顷核桃、66.67 公顷白柚、100万袋花菇、66.67公顷药材、66.67公顷蔬菜、66.67公顷茶园、100只梅花鹿等十大样板工程，为天保工程的顺利实施奠定了基础。（田宗伟）

**【新洲区全面开展森林分类区划界定工作】** 依据森林分类体系，新洲区林业分类经营界定工作以街道、乡(镇)、场为单位，按照森林分类区划的林种比例和建设重点，综合考虑全区社会经济情况和林业在国民经济中的地位及林业生产经营状况，按照技术标准，将森林分类区划界定到小班和地块，通过合法程序，以签订合同等规范形式，确定有关各方的权、责、利关系，实施生态公益林、商品经济林的分类经营和管理。全区共划分生态公益林10 629公顷，占林业用地的57.9%；划分商品林7 727公顷，占林业用地的42.1%。

（新洲区林业局）

**【湖北省林业工作先进单位】** 在2000年12月19日召开的全省林业工作暨林业系统自身建设会议上，湖北省人民政府、湖北省林业局对一批先进单位进行了表彰。

湖北省林业工作先进县（市、区） 武汉市新洲区 竹溪县 石首市 远安县 谷城县 钟祥市 大悟县 罗田县 通城县 建始县 随州市曾都区 仙桃市 潜江市

湖北省1990～2000年森林防火先进市（区） 宜昌市 襄樊市 鄂州市 神农架林区

湖北省2000年度红旗林业局 荆门市林业局 咸宁市林业局 潜江市林业局 谷城县林业局 石首市林业局 钟祥市林业局 竹溪县林业局 武汉市新洲区林业局 神农架自然保护区管理局 咸丰县林业局

湖北省2000年度先进林业局 黄冈市林业局 红安县林业局 蕲春县林业局 安陆市林业局 荆州市荆州区林业局 公安县林业局 襄樊市林业局 竹山县林业局 宜昌市林业局 枝江市林业局 五峰县林业局 云梦县林业局 巴东县林业局 鄂州市林业局 武汉市林业局 利川市林业局

湖北省2000年度十强苗圃 武汉市示范苗圃 武汉市花卉开发中心 黄冈市示范苗圃 鄂州市示范苗圃 荆门市示范苗圃 老河口市百花山林场苗圃 当阳市苗圃 通城县上拗苗圃 荆州市示范苗圃 枣阳市林业推广中心苗圃

湖北省2000年度十强国有林场 湖北省太子山林管局 赤壁市官塘驿林场 京山县虎爪山林场 荆门市十里牌林场 英山县吴家山林场 英山县桃花冲林场 钟祥市大口林场 宜昌市大老岭林场 罗田县薄刀峰林场 随州市七尖峰林场

湖北省2000年度十佳森工企业 湖北福江木业有限公司 湖北吉象人造林制品有限公司 湖北福汉木业有限公司 湖北巨宁森工集团股份有限公司 宜昌远林实业集团有限公司 德江集团嘉鱼木业有限公司 湖北山山集团公司 湖北金林木业有限公司 云梦县林业总公司 湖北九方圆特殊板材有限公司

湖北省2000年度十强林业工作站 武汉市洪山区建设乡林业站 随州市曾都区三里岗林业站 京山县杨集林业站 京山县新市林业站 随州市曾都区草店林业站 钟祥市双河林业站 荆门市东宝区栗溪林业站 随州市曾都区殷店林业站 兴山县古夫林业站 南漳县东巩林业站

湖北省2000年度十佳森林公安派出所 宜昌县公安局大老岭林场派出所 荆门市公安局掇刀开发区分局十里牌林场派出所 建始县公安局长江中上游防护林工程邺州派出所 神农架林区公安局自然保护区分局下谷坪派出所 竹溪县公安局标湖林场派出所 襄樊市公安局襄城区分局张公祠林场派出所 赤壁市公安局官塘林场派出所 武汉市公安局黄陂区分局林业派出所 大悟县公安局五岳山林场派出所 广水市公安局中华山林场派出所

湖北省2000年度十佳木材检查站 五峰县渔关木材检查站 咸宁市咸安区殷家咀木材检查站 谷城县石花木材检查站 荆门市直属子陵木材检查站 丹江口市土关垭木材检查站 利川市谋道木材检查站 阳新县白沙木材检查站 大悟县宣化店木材检查站 麻城市许家木材检查站 公安县高强木材检查站

湖北省2000年度十佳林业科技单位 湖北省林木育种中心 宜昌市林业科学研究所 潜江市林科所 孝感市林业科技推广中心 随州市曾都区林业科学技术研究所 石首市林科所 谷城县林业技术推广站 咸宁市林科所 襄樊市林科所 荆州市林科所

（何明飞）

**【湖北省2000年林业大事】**

1. 2月15日，恩施州发生松材线虫病，省林业局成立了防治领导小组。

2. 2月16日，省委、省人大、省政府、省政协及武汉市委、市政府领导在武汉市青山区南干渠开展义务植树活动。

3. 2月29日至3月1日，大冶市发生重大森林火灾，造成6人伤亡，省林业局副局长石山赴现场指挥扑救。

4. 3月10日，全省林业工作和退耕还林（草）试点示范工作会议在武汉召开，省委副书记王生铁对全省林业发展提出4点要求，贾天增副省长强调要把发展林业作为实施社会经济可持续发展战略的重要措施来抓。

5. 3月11日，长江上游地区退耕还林（草）试点示范工程在湖北省正式启动，全省秭归、咸丰、竹溪和神农架等4县（区）被确定为试点示范县。

6. 3月15日，湖北省国有林场工作管理站组建。

7. 3月27日，通山县发生重大森林火灾，造成3

人死亡，省政府副省长贾天增、省林业局局长吴先金赴现场指挥扑救。

8. 3月30日，省政府在武昌召开神农架林区及周边地区开展严打整治行动动员大会，副省长贾天增代表省政府作了重要讲话。

9. 3月30日至4月2日，国家林业局局长周生贤来湖北省视察林业工作，就如何抓住机遇、开创林业工作新局面作了讲话。

10. 经国务院批准，湖北省五峰后河自然保护区升格为国家级自然保护区。

11. 4月15日，省林业局局长吴先金受省长蒋祝平委托，在恩施州召开松材线虫病除治工作现场办公会。

12. 4月17日，襄樊市森林公安机关查获一起特大非法经营国家一级保护野生动物案。共查获国家一级保护野生动物梅花鹿制品55袋55千克，鳄鱼头1袋1千克，袋鼠制品14袋14千克，驼鸟制品2袋2千克，并依法进行了处理。

13. 4月19日，省政协副主席韩南鹏在十堰市视察林业工作，并作了“全面规划，具体安排；积极实施，循序渐进；政府指挥，部门协作；遵循规律，切忌刮风；注重实效，群众满意”的重要指示。

14. 4月26日，全省市（州）林业局长会议召开，会议组织学习了国家林业局局长周生贤来湖北检查指导林业工作时的讲话，讨论完善了新时期湖北林业发展思路和措施。

15. 6月7日，由意大利政府提供资金，中国政府和联合国粮农组织共同执行的GCP/CPR/034/ITA湖北鄂州生态防护林工程项目正式启动。

16. 6月28日，湖北省天然林保护工程管理中心成立。

17. 8月9日，省政府在神农架林区召开了“神农架林区野生动植物资源保护工作现场办公会”，决定继续开展“神农架一号行动”。

18. 8月23日，省政协副主席韩南鹏、蔡述明到省林业局检查指导全省湿地自然保护区建设工作。

19. 湖北省林业基金管理站成立。

20. 9月25日，全省退耕还林（草）试点工作会议在宜昌召开，副省长贾天增代表省政府宣布，从2000年10月1日起，天然林保护工程区的21个县（市、区）全面停止天然林采伐。

湖北省野生动物救护研究开发中心成立。

21. 9月28日至10月4日，2000湖北（武汉）全国花卉博览交易会在武汉举办并取得圆满成功。

22. 12月15～19日，全省林业工作暨林业系统自身建设会议在武汉召开，会间参观了荆门、石首两市林业建设，表彰了先进县（市、区）、先进林业局、十强、十佳、十面红旗先进单位，副省长贾天增与会并作了重要讲话。

23. 12月23～25日，国家林业局党组成员、中国林科院院长江泽慧同志来湖北省视察国家林业科技攻关项目，并为全国退耕还林科技示范点（秭归县）揭牌。

（何明飞）

# 湖南省林业

**【概　述】**

**发展与成就**　2000年，全省林业总产值233亿元（按新统计口径），比1999年增长21.85%，其中第一产业产值173亿元，第二产业产值51.3亿元，第三产业产值8.5亿元。有林地面积达到947万公顷，比1999年增加13.83万公顷；森林覆盖率达到52.44%，比1999年增加0.36个百分点；活立木蓄积量达到2.956亿立方米，比1999年增加1 253万立方米。

**造林绿化**　全年完成人工造林、迹地更新8.34万公顷（成活率85%以上面积），其中重点工程造林4.63万公顷。完成中幼林抚育27.28万公顷；完成低产林改造24.72万公顷；育苗0.12万公顷，产合格苗木34 667万株；新增封山育林80.4万公顷，累计在封面积达到300.67万公顷；义务植树1.27亿株，完成公路绿化2 182千米，铁路绿化350千米，河渠绿化108千米。按照省政府批转的《关于实现全省跨世纪造林绿化目标的意见》，将1999～2010年造林绿化的各项目标任务，按有林地面积、森林覆盖率、森林蓄积量等10项指标分年度下达到了各市（州），分解落实到了县（市、区）、乡（镇）。林木种苗结构得到调整，苗木品种由单一的用材林向多品种、多类型发展，特别是阔叶树育苗比重增大，育苗水平大大提高。据国家林业局核查结果，全省1997年度7县人工造林、更新实绩的7项指标均为100%，全国排名第一；1996年度6县人工造林、更新实绩保存率的3项指标综合得分为99.7%，全国排名第三。全省连续6年营造林质量排全国前3名。国家林业局授予湖南省全国营造林工作先进单位。沅陵、永顺、桑植、隆回等4县退耕还林试点示范项目已经国务院批准实施。国家林业局、国家计委、财政部正式行文核准中央投资7 820万元。

**森林资源保护管理**　以国家林业局“三号行动”为突破口，加大了林业行政案件的查处力度。全省共查处林业行政案件620多起，挽回经济损失1 800多万元。切实加大了林地保护管理力度，对重点工程项目征占用林地情况进行了认真审核，对乱占林地项目进行了逐项通报和依法处理。据国家林业局抽查，全省征占用林地审核率达到91.7%，面积审核率为75.1%，比1999年有较大幅度的提高。深入开展了林区严打整治斗争，狠抓了大要案件和历年积案的查处。全省共侦破各类森林案件12 815起，处罚和打击各类违法犯罪人员15 394名，判处人犯487人，收缴非法木材17 612立方米，挽回经济损失2 040万元。森林病虫害发生面积22.34万公顷，发生率2.4%；防治12.07万公顷，防治率54%。全年共发生森林火警火灾439次，受害森林面积1 660.71公顷，比1999年减少25.57%；森林受害率0.18/1 000，比1999年减少0.035个千分点。全省共查处违反野生动物保护案件1 847起。

*林业产业*　生产商品木材416.69万立方米，竹材6 360万根，各种人造板80万平方米，竹木地板203万平方米，松香1.05万吨，茶油8万吨，桐油1.19万吨，家具150万套(件)，造纸36万吨。森林公园接待游客376万人次，比1999年增加15.3%；创产值4亿元，比1999年增长14.3%。直接经济收入1.3亿元，比1999年增长16%。

*林业科教*　完成了湖南林校与中南林学院合并的工作。全年组织申报林业科研和推广项目29项，获得继续支持的10项，新批准立项的12项。组织推广先进科技成果和适用技术35项次，推广名特优新林木良种40多个，营建丰产示范林1 866.67公顷。

*对外开放*　全球环境基金湿地保护项目年内正式实施；世行第四期林业可持续发展项目已被列入3个重点实施省份之一，共获得无偿援助资金约900万美元、硬贷款约1 000万美元。竹制品出口已扩大到德国、加拿大、南非等国。10个引智和出国培训项目获国家外专局批准和部分经费资助。

**存在问题**　造林绿化宣传发动的难度大。一些“三难地”绿化攻坚任务大的地方，少数领导同志存在着畏难情绪。资金紧缺的状况仍未得到缓解，林业投入严重不足。林业生产和建设中的科技含量仍然不高，一些林业科技成果推而不广。林业行业整体素质仍然不高，行业作风转变和队伍建设的力度还要加大。(隆义华)

**【《湖南省林业条例》正式修正出台】**　2001年1月8日，省九届人大常委会第二十次会议审议通过了新的《湖南省林业条例》(以下简称《条例》)，并将于2001年3月1日正式实施。《条例》对《森林法》及其《实施条例》的一些原则规定都作了具体规范，对《森林法》及其《实施条例》没有规定、但在实际中又必不可少的一些重要制度进行了补充。与原《条例》相比，有以下几个方面的突破和创新：一是确定了实行各级人民政府保护和发展森林资源任期目标责任制，并明确了其主要内容；二是确定了基层林业站的事业单位性质及其职责；三是明确规定实行森林分类经营，并就划定程序、区划重点以及国有林场的分类经营等问题进行了明确；四是建立了森林、林木和林地使用权依法流转的审批制度和评估制度；五是建立了农村居民建房占用林地审批制度；六是规定了各级林业主管部门批准临时占用林地的权限和依法缴纳森林植被恢复费；七是加强了对活立木的管理，规定跨县级行政区域移植林木进行交易的，必须由移出地、县级林业主管部门的批准；八是明确了古树名木的要领及其保护管理措施；九是提出了一系列鼓励和督促社会力量发展林业的具体措施；十是理顺了林业主管部门和有关主管部门在核发林木采伐许可证方面的关系，明确规定铁路、公路的护路林和城镇林木的更新采伐，由有关主管部门审核发放省级林业主管部门统一印制的林木采伐许可证；十一是完善了有关法律责任制度，对采伐、毁坏、擅自移植古树名木和以伪装藏匿等方式逃避检查或者强行冲关运输木材的，均设立了相应的处罚，使条例的可操作性有了很大增强。(向延建)

**【《湖南省林业发展“十五”计划和到2010年长期规划》编制】**　按照省人民政府和国家林业局的统一部署，省林业厅组织编制了《湖南省林业发展“十五”计划和到2010年长期规划》。规划的指导思想是：按照现代林业理论，以建设比较完备的林业生态体系和比较发达的林业产业体系为目标，以实施林业分类经营为基础，以保护和改善生态环境为重点，以科技为支撑，深入改革，扩大开放，努力确保林区稳定、林农增收、行业搞活，促进全省林业持续、稳定、健康发展。发展目标是：到2005年，森林面积达到1 015.87万公顷，森林覆盖率达到54.06%，森林蓄积量达到3.49亿立方米，生态公益林经营区与商品林经营区的比例达到60∶40。到2010年，森林面积达1 066.13万公顷，森林覆盖率达到55%，森林蓄积量达到4亿立方米，生态公益林经营区与商品林经营区的比例达70∶30。为实现这一目标，未来5年和10年林业建设的主要任务：一是全面抓好造林绿化工作，不断改善全省生态环境；二是强化依法治林，切实加强森林资源保护管理；三是大力实施产业化经营，努力提高林业的经济效益；四是加强林业支撑体系建设，为林业顺利发展提供保障。围绕四大建设任务，还规划了一批重大建设项目，包括退耕还林工程、长江中下游防护林工程、珠江防护林工程、平原绿化工程、“一湖四水”地区造林绿化工程、自然保护区建设项目、生物多样性保护项目、森林病虫害综合治理工程、森林防火体系建设、林木种苗工程、速生丰产林基地建设、西南林产品市场、贫困地区非生态林综合利用项目等。(丁惠珍)

**【国家退耕还林试点项目正式启动实施】**　经国务院批

准，国家林业局、国家计委、财政部联合下文（林计发[2000] 268号），湖南省列入国家2000年退耕还林试点示范项目范围。永顺、桑植、沅陵、隆回4县被确定为试点县，试点示范面积2.74万公顷，其中退耕造林1.34万公顷，宜林荒山荒地造林1.4万公顷。2000年中央投资7 897万元，其中包括：每亩退耕地每年补助稻谷150千克（每千克按1.4元计算）、现金20元，每亩补助种苗费50元。7月22日，省委、省政府召开了退耕还林试点示范项目启动会议，省领导杨正午、储波、胡彪、罗海藩、庞道沐、陈彰嘉和省有关部门的主要负责同志以及怀化、张家界、邵阳、自治州、沅陵、桑植、永顺、隆回等项目实施市（州）、县和有关部门主要负责同志参加会议。 （李书明）

**【湖南省绿化委员会成员调整】** 2000年9月15日，湖南省人民政府办公厅发出《关于调整湖南省绿化委员会成员的通知》（湘政办函[2000] 140号），调整后的省绿化委员会由熊清泉、肖求如任顾问，庞道沐任主任，彭楚政、余长明、葛汉栋任副主任，陈吉芳、易鹏飞、曾柯立、江水波、李定一、刘定中、罗和秋、肖常锡、詹新华、邹定民、刘佩亚、葛洪元、钟志惠、秦林冲、谷文龙、欧阳常林、许冬生、吴天保、胡忠雄、喻民民、李光辉、肖绍勋、孔光明、何兆成、邓卫升为委员。委员会下设办公室，在省林业厅办公，由葛汉栋兼任办公室主任。 （兰成云）

**【"三定"改革完成】** 根据中央和省委、省人民政府的统一部署，按照"转变职能，理顺关系，精兵简政，提高效率"的要求，湖南省林业厅对厅机关进行了定职能、定编制、定人员的"三定"改革。湖南省人民政府湘政办发[2000] 35号批准，林业厅在职能上将原由水利厅承担的在宜林地区以植树种草生物措施防治水土流失的政府职能交给林业厅承担，木材生产，木材分配调拨，非统配材和松香的经销等职能取消。省林业厅产业管理局转为经济服务实体，其行政管理职能并入省林业厅，成立省森林资源利用发展中心，全额拨款，事业编制20名，为林业厅直属事业单位。林业厅内设机构设办公室、造林处（湖南省绿化委员会办公室）、资源林政法规处、野生动物保护处、科学技术与国际合作处、计划财务处、人事教育处等7个职能处（室），机关党委、监察室、森林公安局作为独立机构单独设置。外事职能并入科技处，称为科学技术与国际合作处。教育职能并入人事教育处。原省森林资源保护局分设为野生动植物保护处和森林病虫害防治检疫站。厅机关行政定编50名，其中厅长1名，副厅长3名，纪检组长1名，正副处级领导18名（含省绿化委员会办公室专职副主任，机关党委、纪检监察负责人各1名），离退休人员管理服务机构和编制实行单列，属于行政性质，管理人员实行公务员制度。省森林公安局（省森林防火指挥部办公室）为正处级，核定事业编制25名，其中局长1名，政委1名，副局长3名。机构改革后，离岗休息的27人，其中厅级3人，处级21人，科级及以下3人，有27名原为国家公务人员，分流到事业单位任职和工作，清退借用人员和临时工26人。 （陈运强）

**【森林资源连续清查第四次复查完成】** 根据原林业部的总体部署，1979年全省按系统抽样方法，采用4千米×8千米间距，在全省范围内布设了方形固定样地6 615块，每5年进行一次复查。第四次复查于1999年开始，2000年上半年完成内业统计分析。复查结果表明：全省林业用地总面积为1 171.42万公顷，有林地面积860.15万公顷，森林覆盖率为49.50%，活立木总蓄积量3.02亿立方米，首次突破3亿立方米大关，超过建国初期水平。本次复查与上次（1994）复查结果相比，5年间有林地面积增加36.17万公顷，年平均增加7.23万公顷；森林覆盖率增加3.47个百分点，年均增长0.694个百分点；活立木总蓄积量增加6 852.43万立方米，年均增长1 370.49万平方米。 （龙新毛）

**【人工造林、更新实绩和保存状况继续位居全国前列】** 2000年，国家林业局对全国各省（区、市）（不含西藏）及东北、内蒙古国有森工企业1999年度的人工造林、更新实绩进行检查，按核实率、合格率和作业设计率、抚育率、检查验收率、管护率、建档率等7率指标进行综合评价，湖南综合评分得分99.97，名列第一。对全国（不含上海、天津、西藏）1996年度的人工造林、更新保存状况进行了调查，按保存率和综合管理情况进行综合评分，湖南综合评分为99.70分，位居全国第三，这也是湖南在保存状况检查综合评分连续4年居全国前三名。 （何友军）

**【长防林工程建设一期工程任务全面完成】** 1989年6月，国家计委批准了《长江中上游防护林体系建设一期工程总体规划》。湖南省被列入一期工程治理实施范围，并于1990年正式启动13个县，1992年辐射了6个县，1994年又在原工程县周边辐射了11个县，1997年、1998年自我启动3个县。11年时间，全省共完成工程总投资30 524.4万元，其中国家和地方配套投资19 741万元。工程建设规划营造林任务135.3万公顷，实际完成135.26万公顷，占99.97%。其中重点工程造林59.3万公顷，一般营造林75.96万公顷。长防林工程的实施，为全省消灭宜林荒山和实现全面绿化达标，提高整体造林绿化水平，发挥了重要作用。 （何友军）

**【6个县（市、区）经国家林业局验收确认为林业站建设合格县】** 全省申报1999年林业站建设合格县的有：永兴、桂阳、安仁、安化、泸溪、芷山6个县（市、区）。经国家林业局验收，都已达到林业站建设合格县

的标准。国家林业局已在（林站发［2000］694号）文件上通报公布。至此，全省已有林业站建设达标合格县63个。（莫小林）

**【湘南丘陵区防护林体系建设配套技术研究与示范项目通过验收鉴定】** 该项目是国家“九五”重点科技攻关项目。湖南省林业科学院森林生态研究所经过5年科技攻关，在衡阳县以县为研究单位，建立试验示范区1个，营造试验示范林38.05公顷，林带网1 800米，累计农林间种示范面积125.6公顷。经过5年研究，试验区森林覆盖率提高了9.17%，水土流失面积减少了30%，土壤侵蚀减少了40.29%，年总收入增加了33.4%，农林复合系统作物产量增加10%以上。这些技术具有先进性、配套性、适用性和可操作性，在试验过程中，研究成果就已在长防林工程和退耕还林工程中推广应用，产生了很大的社会效益、经济效益和生态效益。该研究项目于2000年12月通过专家验收鉴定，成果具国内领先水平。（姚贤清）

**【一批先进单位和个人受到表彰】** 2000年6月，国家林业局在北京召开了自1952年以来第二次全国营造林工作会议，表彰营造林工作先进单位。湖南茶陵县、新化县、沅江市被授予全国林业生态建设先进县；湖南省林业厅造林绿化经营处、衡阳市林业局、怀化市林业局、郴州市林业局、长沙市林业局、绥宁县林业局、桃源县林业局、祁阳县林业局等8个单位被授予全国营造林工作先进单位；胡求凡、陈晓萍、左海松、寻爱国、黄丰生、黄清浦、廖玉良、马社军、陈先觉、周长生、吴仁铣、钟兴国、朱日光、袁汉升、刘伏良、曹丰禄、曾庆祥、刘德栾等18名同志被授予全国营造林先进工作者；湖南省森林病虫害防治站、衡阳市森林病虫害防治检疫站、邵阳市森林病虫害防治检疫站被授予全国森林病虫害防治工作先进单位；陈良昌、张立军、刘玉茂、张子平、练佑明等5名同志被授予全国森林病虫害防治先进工作者。（陈晓萍）

**【国家级松毛虫综合治理工程启动实施】** 湖南省在对主要森林害虫马尾松毛虫实施综合防治工程15年后，2000年首次被列入国家级综合治理工程。综合治理工程规划实施3年时间，范围涉及长沙、湘潭等8个市的20个县（市、区），面积66.53万公顷。治理工程将贯彻“预防为主，综合治理”的方针，实施“森林病虫害可持续控灾”战略，实行理论与实践相结合、行政与技术相结合、科研与生产相结合、营林与森保相结合、专业队伍与群众相结合、长效措施与应急措施相结合的治理方法，使工程治理更紧密地结合生产实际，起到了示范推广作用。（王溪林）

**【湖南省首批国家级森林病虫害中心测报点启动】** 国家森林病虫害监测预报信息网于2000年建立启动。长沙、岳阳、韶山、洞口、祁东、通道和桃江7个首批国家级森林病虫害中心测报点启动入网。根据全省主要森林病虫害发生情况，确定桃江中心测报点的监测对象为黄脊竹蝗，其他测报点的监测对象均为马尾松毛虫。国家林业局为各中心测报点配置了包括信息采集、观测试验、数据处理分析和传递等一套较为完整的森林病虫监测预报软、硬件设施。利用因特网络，中心测报点与各市（州）测报机构一同构成全省森林病虫害监测预报信息快递传递网，为各级政府和林业主管部门及时掌握森林病虫害发生发展动态、迅速决策、适时防治、有效控灾提供了信息。（罗贤昆）

**【加强松材线虫病预防监测】** 松材线虫病是最具毁灭性、传染性的一种森林病害，松树感病后一般2～3个月内死亡，国内外尚无有效的防治方法，俗有“松树癌症”之称。目前松材线虫病疫区湖北恩施距湖南八大公山国家级自然保护区直线距离仅68千米、距张家界国家森林公园和世界自然遗产武陵源风景区仅108千米，并对全省林业生产和生态环境构成严重威胁。温家宝副总理在国内动态清样第1639期《“松树癌症”逼近武陵源风景区》一文上作了重要批示。为了认真搞好松材线虫病的监测预防工作，防止病害传入湖南，省林业厅组织有关人员到恩施实地考察危害情况，与湖南出入境检疫检验局联合加强从日本、美国输华木质包装箱的检疫监管。省政府办公厅以特急明传发电湘政办明电［2000］69号向各市、县人民政府，省直有关单位下发了《关于加强松材线虫病预防监测工作的通知》，要求各级政府要提高认识，加强组织领导，提高全社会的预防意识。各市（州）政府和有关部门采取了检疫执法行动，加强了对国内外疫区调入的松类植物及其产品的检疫监管。有关专家起草了《松材线虫的传入对湖南林业和生态环境影响的风险性分析报告》，为制定预防监测措施提供充足的科学依据。7～9月组织了对全省松树枯死情况进行全面调查，在浏阳等30多个县（市）发现1.34万公顷松林范围内松树枯死现象，通过对枯死松树进行采样分析，尚未发现松材线虫病。（王明旭）

**【首次购置轻型飞机防治森林病虫害】** 为了提高森林病虫害防治的快速反应能力，根据国家林业局下达的国债项目要求，湖南购进国内最先进的海燕650C轻型飞机应用于森林病虫害防治。此飞机翼展14.9米、机长7.64米、机高2.14米，配有奥地利原产ROTAX914F2发动机、ICOM机载航空电台和IC—A200型地面电台，GPSMAP295型卫星导航仪、HU2—HF1型超低容量喷洒装置，可载农药220～240千克，每架次防治40～60公顷，具有载药量大、作业面积广、作业速度快、救灾能力强、安全系数高、使用维护简便、机场要求不高、防治效率高、成本低等特点，较地面防治能力可提高100倍。通过2000年在洞口县的飞防试验表明：此飞机不但能解决现阶段防治中存在的地面防治药械不能解决的问题，而且能提高防治工作中的科技含量，有效增强森防部门对重点病虫害及突发性病虫害的快速反应能力，极大提高了综合防治能力。（黄向东）

**【湖南省长防林工程区病虫害发生危害情况调查】** 2000年10月、11月，在全省范围内首次开展长防林工程区森林病虫害发生情况调查，范围涉及除湘潭市以外13个市（州）的33个县（市、区）约140万公顷林地。调查结果表明，在长防林区域造成危害的森林病虫害达20多种，以松毛虫、松毒蛾、萧氏松茎象、竹蝗、竹广肩小蜂、星天牛、杉木赤枯病、柑橘溃疡病等病虫为主，年平均发生近6万公顷，其中松类害虫危害面积4.39万公顷，占发生面积73.2%，分布于各地；竹类害虫危害面积4 240公顷，主要分布于益阳、衡阳、永州和邵阳等地；杉木病虫害面积5 767公顷，主要分布在衡阳、邵阳两市；阔叶林、经济林病虫害面积4 133公顷。（罗贤昆）

**【湖南省森林火险天气等级预报上卫视】** 为提高森林防火工作的科技含量，加大森林防火工作宣传力度，进一步推动森林防火工作，经省政府同意，自2000年1月3日起，每年的森林防火期内（10月1日至次年4月30日），在湖南卫视台天气预报节目中开展森林火险天气等级预测预报，时间为20秒。（杨跃前）

**【5省（区）边界护林联防会议召开】** 湘粤桂第二十七次、湘粤赣（闽）第二十二次边界护林联防工作会议于2000年11月9～11日在长沙市召开。会议由湖南省森林防火指挥部主持。湖南、广东、广西、江西4省（区）和福建省龙岩市森林防火指挥部领导、各联防区2000年值班县（市）及其所在地（市）的代表和1999～2000年护林联防先进单位代表共60人参加会议。庞道沐副省长代表省政府、省森林防火指挥部致辞；省林业厅厅长、省森林防火指挥部副指挥长葛汉栋代表值班省作联防工作情况报告；省政府副秘书长余长明等领导到会并讲话。会议表彰了18个护林联防工作先进单位，有关单位代表作了典型发言，进行了值班省交接仪式，接班的广东省森林防火指挥部办公室领导讲了话。形成的《会议纪要》下发到各联防单位，要求结合实际情况，认真落实各项措施，切实抓好森林防火工作，保护来之不易的造林绿化成果，为促进边界地区的安定团结和林业持续发展作出新的贡献。（杨跃前）

**【湖南省第一个野生动物及其产品专业市场建立】** 经野生动物救护繁殖中心牵线搭桥，香港商人投资500多万元，在长沙市红星农贸交易市场内建起了湖南省第一个野生动物及其产品专业市场。总面积200多平方米，68个门面。专业市场的建立，既为本省和外省的野生动物养殖户和经营户经营销售野生动物及其产品提供了市场，又可促进野生动物驯养繁殖业的发展。（欧阳叙回）

**【全省野生动物驯养繁殖取得突破性进展】** 与3年前相比，2000年全省梅花鹿养殖由1 000只增加到3 000多只，黑熊由30多头增加到200多头，果子狸由200多只增加到5 000多只。野生动物及其产品创年产值，已超过2亿元。（欧阳叙回）

**【完成生态公益林区划界定试点】** 为搞好林业分类经营，摸索森林分类区划界定经验，在参观学习外省生态公益林区划界定工作的基础上，2000年9月中旬开始在全省开展生态公益林区划界定和林权证现状调查试点。先后制定了《湖南省生态公益林区区划界定试点办法》、《湖南省生态公益林区区划界定图例》及有关表格，统一生态公益林区划界定标准、程序、方法。试点工作从成立班子、宣传发动、人员培训、室内区划、现场界定、成果汇总到评审验收，经历了7个阶段，并同步开展了林权证现状调查。到12月底止，全省14个市（州）都完成了1个乡的试点（怀化完成了1个县的试点），提交了生态公益林区划报告、生态公益林区划图、林权证现状调查报告等试点成果，为全省全面开展森林分类区划界定提供了宝贵的经验，奠定了坚实的基础。（张向前）

**【山区综合开发示范县“十五”规划编制】** 2000年，中方、江永、桃江、绥宁和双牌5个全省山区综合开发示范县，按照地方国民经济和社会发展总体规划和全国山区综合开发领导小组办公室的要求，组织编制了“十五”山区综合开发规划。规划遵循“改土、治水、修路、植树、办电”并重的十字方针，坚持治理与开发相结合，以改善生态环境为前提的原则；因地制宜的原则；富民与富县相结合，以富民为先的原则；以及科教兴山的原则。5个县从本县实际出发，都提出了一批体现地方特色的建设重点项目，其中包括改善生态环境和生产生活条件，发展竹产业、工业用材林、经济果木林和开发森林旅游。（丁惠珍）

**【林业行政执法队伍整顿】** 为进一步规范全省林业行政执法队伍的执法行为，加强队伍建设，树立良好的行业形象，2000年，省林业厅、监察厅于4月底联合下发了《关于整顿林政执法队伍，规范林业执法行为的实施意见的通知》（湘林监［2000］04号），对执法队伍的思想作风、执法行为和执法人员的着装等方面进行了严格的规范。同时，省林业厅又下发了《湖南省林政执法着装管理规定》，省监察厅以明传电报下发了《关于贯彻湘林监字［2000］第04号文件有关问题的通知》，明确要求全省各级监察机关对这个文件的落实要积极配合，大力支持、排除干扰，狠抓落实，加强教育，严肃查处。10月下旬，省林业厅会同监察厅对部分市、县的整顿情况检查结果表明，各市（州）、县（市、区）通过这次活动，使林业执法队伍真正达到了整顿思想作风、整顿执法行为、整顿执法着装的目的。

（莫小林）

**【重大森林案件侦破】** 全省森林公安机关坚持露头就打，重拳出击，2000年共侦破重大案件108起，特大案件4起。特别是7月份，省森林公安局侦破了湖南省森林公安组建以来最大的一起非法收购，出售珍贵、濒危野生动物制品案件。专案组成员先后赴广东、云南等地调查取证，经过40多天的努力，8名主要犯罪嫌疑人均全部抓获，其中4名已移送检察机关提起诉讼，3万多元违法所得已全部追缴，缴获虎皮、豹皮各一张。中央电视台、湖南卫视台、湖南经视台等多家媒体对此案作了详细报道。 （杨跃前 许星龄）

**【省、市森林公安执法权限问题得到解决】** 2000年12月14日，湖南省高级人民法院、省人民检察院、省公安厅联合行文，明确省森林公安局行使市（州）公安局的执法权；市（州）森林公安分局行使县（市）公安局的执法权，为实现省、市（州）森林公安机关从单纯管理型向管理与实战结合型转变创造了条件。

（杨跃前）

**【全国森林公安机关“三项教育”试点在怀化进行】** 2000年8月，国家林业局森林公安局确定怀化市为全国森林公安机关“三项教育”试点单位。怀化市森林公安机关广大民警按照要求，积极参与，全市共分离出36名民警参加学习培训。通过教育，队伍状况明显改变。12月23日，国家林业局副局长马福到湖南检查工作时，对试点工作给予了充分肯定。 （许星龄）

**【湖南省花卉协会挂靠单位转移并完成领导班子换届】** 湖南省花卉协会原挂靠省农科院，由中国花卉协会会长江泽慧提议并参考其他省（区、市）的做法，经省人民政府批准，省花卉协会挂靠在湖南省绿化委员会。新一届理事会由39人组成，省林业厅厅长葛汉栋兼任协会会长，并聘请熊清泉、罗海藩、庞道沐、陈彰嘉等领导为协会名誉会长。 （兰成云）

**【浏阳市、长沙红星花卉市场等分别被命名为中国花木之乡和全国重点花卉市场】** 2000年5月，国家林业局、中国花卉协会将浏阳市、长沙县跳马乡、株洲市石峰区云田乡命名为首批中国花木之乡，长沙市红星花卉大市场为全国重点花卉市场。 （兰成云）

**【株洲林化厂氢化松香后期处理工艺通过鉴定】** 由湖南省株洲林化厂和湖南省林业厅森林资源利用发展中心共同研制开发的氢化松香后期处理工艺，在经过产品研制和生产性试验后，2000年通过国内知名林化专家组成的鉴定委员会的鉴定。该工艺是在不改变氢化松香生产工艺和设备的条件下，利用导热油加热，采用在蒸馏过程中通入饱和蒸汽进行真空蒸馏，对氢化松香进行后期处理。经该工艺处理后，产品的软化点提高4度以上，酸价提高5mgKOH/G以上，颜色变浅，透明度增加，产品档次大幅度提高。同时，该工艺还具有设备投资省、操作简单、易于控制、成本低、可降低原材料消耗等特点。 （郑朗浩）

**【湖南人造板厂完成“债转股”】** 经多方努力，国家经贸委以[2000]541号文正式批准该厂“债转股”方案。债转股总额31 040万元，其中中国长城资产管理公司28 181万元、省国信1 590万元、省财信1 269万元。7月9日，中国长城资产管理公司主持召开了湖南长元人造板股份有限公司第一次股东大会，公司正式挂牌。“债转股”后，该厂资产负债率降至30%，生产经营形势有了明显好转，全年完成工业总产值15 600万元，实现销售收入19 500万元，分别较1999年同期增长50%和72%。

（吴振明）

**【林工企业新上8个较大项目】** 为加快全省林业结构调整步伐，2000年新上8个较大项目，即湖南长元人造板股份有限公司投资7 000万元新上3条年产9.5万立方米的中厚型中密度纤维板生产线，3条年产90万平方米的贴面板生产线，2条浸纸生产线，1条年产10万平方米的竹木复合地板生产线；郴州湘林实业公司投资1 600万元兴建的年产20平方米的竹地板生产线；洪江联合竹胶板厂1万立方米的集装箱底板生产线；省林业机械厂投资2 800万元兴建的林苑广场，以及怀化市林产品市场。 （吴振明）

**【“九五”林业培训完成】** “九五”期间，根据原林业部和国家林业局的要求，在全省14个市（州）开展了林业培训。全省在岗林业职工85 592人，教育培训累计209 900人次，参加各类培训196 709人次，专业技术人员继续教育13 860人次，接受成人高等、中等教育6 723人次，接受专业证书教育6 470人次，举办实用技术培训3 000多期，培训各类专业人员和林农40多万人次，用于培训的经费2 420余万元。 （王淑英）

**【林业“三五”普法全面完成】** 1996～2000年是全国第三个五年普法教育规划实施期。5年期间，省林业厅党组每年都要安排两三次集中学习，请有关专家讲授专业法和相关法律法规。平均每年用于普法宣传的专项经费在20万元以上。每出台一个林业法律法规，都要组织一次全省性的宣传月活动。1997年，在全省开展了规模空前的林业行政执法资格培训和闭卷考试，先后历时6个多月，共有1.36万人参加了培训考试，其中闭卷考试10 865人，开卷考试2 735人，总共11 320人考试合格，领取了林业行政执法证。结合普法活动，加大了执法力度，完善了执法监督管理体制，建立健全了执法检查、违法行政督办、明察暗访、治理“三乱”责任、行政公开、申诉案件听证、执法过错责任追究、林业行政执法委托、执法证件和文书管理、重大案件备案等一系列规章制度。通过普法活动，进一步提高了全民的法制观念和依法治林的自觉性，不仅在群众中形成了自觉爱林护林的风尚，而且提高了执法队伍的素质和办案质量，促进了林业的发展。　（向延建）

**【《湖南林业》荣获省首届“十佳科技期刊”称号】** 湖南林业杂志坚持“立足林业，面向社会，服务读者”的办刊方针，在栏目设置、内容安排、稿件质量、版式编排上紧紧围绕林业建设中心，不断提高刊物的档次和品味，全年12期按时出版发行，杂志差错率控制在万分之1.5以内，发行量5万多份。2000年5月，经省委宣传部、省科学技术厅、省新闻出版局评审，在全省120多家科技期刊中荣获首届十佳科技期刊称号。

（何志高）

**【林业外事】** 2000年共派遣23批42人次出国（境）开展行业考察、专业培训、科技交流和商贸洽谈等。被派人员多为专业技术人员和具有技术职称的领导干部，派往国分布于五大洲。共接待来自13个国家和若干国际组织的外宾35批83人次。来宾访湘目的涵盖了“五外”工作的所有范畴。8月15日至22日，约克·豪格马德等一行3人代表芬兰森林与公园管理局来湘出席了中芬合作委员会第五次会议，举行了《湖南省生物多样性行动计划》英文版发行仪式，还就湖南省种苗示范基地建设项目与我方进行了商讨；9月30日至10月3日，韩国驻华使馆经济参赞黄淳泽及夫人考察了张家界市的林业工作；英国亚太国际视讯3位摄影记者应邀于11月14日来湘进行了7天时间的洞庭湖及周边地区风光和世界自然基金会洞庭湖退田还林试验点项目开展情况的系列拍摄活动，活动成果已在国（境）外播出。

国家外专局部分资助湖南省林业2000年度引智和出国（境）培训项目10个，其中黑孢块菌引种及丰产栽培，林木种子包衣技术，用DNA技术测定树种及无性系变异，梨、李、杏优质水果高产栽培等项目的实施，对林业发展具有重要的理论和实践意义。

派员出席了美国园艺学会第九十七届年会。2批3位澳大利亚桉树专家来湘考察了桉树引种及栽培情况，并和我方进行了系列学术交流。1位赴日研修人员已完成工作任务；日本花甲协会专家成泽久先生向省森林植物园赠送了10种花卉原株和繁殖体，并作了一次专业讲座；日本青年海外协力队员山野井宽城于12月27日抵湘，将对省森林植物园的园艺和花卉生产进行2年的技术指导。省林业厅与芬兰赫尔辛基大学系统生物学系的科技合作正走向深入：由对方全额资助、留芬时间为6个月的我方2名专业技术人员已完成研修任务；9月16日，由玛雅·哈科伦教授率领的赫大隐花植物研究9人小组抵长沙；9月18日，中芬双方举行了中芬合作芬兰赫尔辛基大学系统生物学系八大公山国家级自然保护区教学实习基地挂牌揭幕仪式；《湖南隐花植物区系》第一册专著正在付印中，中芬双方已发表学术论文30余篇，发现新种3个，对方返回省植物园已作鉴定的隐花植物标本707份；研究隐花植物的药用价值和开展生态旅游活动已被列入2001年合作计划。　（邹望坤）

**【中德合作湖南省洞庭湖生态造林项目通过中期评估】** 2000年4月26日至5月29日，由国际社会专家和国内专家组成的中期评估小组，对中德财政合作湖南省造林项目实施的中期社会经济影响进行了考察。在澧县、津市、安乡、南县、华容、岳阳、云溪和临湘等8个项目县（市、区）的19个乡、22个村，采取随机抽样的方式进行实地调查和个案调查。专家组考察后评价是：执行机构组织得很好，实施取得了很好进展。1998～2000年，封山育林已全部完成，3 000个节能灶发放完毕，防护林营造超计划完成。农户从项目中受到益处：防浪林每户1.5公顷，防护林和补封每户0.6公顷，总共22 000户（占总农户数3.8%）农户将从项目中受益，平均每户收入1 100元，封山育林户34 000户（占总农户数的6%）将从项目中长期受益。

（欧阳硕龙）

**【全国林业系统纪检监察工作会议在长沙召开】** 2000年2月26～28日，全国林业系统纪检监察工作会议在长沙召开。中纪委监察部驻国家林业局纪检组、监察局及国家林业局有关司局的领导、全国各省（区、市）林业（农林）厅（局）及内蒙古、吉林、黑龙江、大兴安岭森工（林业）集团公司、新疆生产建设兵团林业局纪检组（委）监察室、局直属单位纪委、监察处共130多人参加。会议传达了江泽民、尉健行在中纪委第四次全会上的讲话，朱镕基在国务院第二次廉政工作会议上的讲话；中纪委驻国家林业局纪检组长、国家林业局党组成员杨继平作了工作报告；湖南等6个省介绍了经验。　（赖羽城）

**【浏阳市等53个单位、吴海山等18人分别荣获1998～1999年度全国造林绿化“四佳”单位、全国部门造林绿化“400佳”单位、全国绿色通道示范段和1999年度全国绿化奖章】** 2000年3月30日，全国绿化委员会第十九次全体会议表彰了1998～1999年度全国造林绿化“四佳”单位、全国部门造林绿化“400佳”单位、全国绿色通道示范段、1999年度全国绿化奖章获得者。浏阳市、湘乡市、武冈市、衡东县、苏仙区获“百佳县”称号；浏阳市柏加乡、洪江市深度苗族乡、安化县仙溪镇、临湘市坦渡乡获“百佳乡”称号，汨罗市三江乡湘平村、临湘市羊楼司镇双山村、汉寿县丰家卜乡仙人桥村、鼎城区石板滩镇毛栗岗村、古丈县断龙乡溪龙车村、保靖县水田镇龙凤村、凤凰县水打田乡东予山村、鹤城区盈口乡新家庄村、永定区大坪镇王姓垭村、醴陵市东富乡杨梅塘村、株洲县八斗乡八斗村、炎陵县霞阳镇黄沙垅村、湘潭县茶恩寺镇护湘村、新宁县莨山镇黄背村、双清区火车站乡朱家村、隆回县六都寨镇芙蓉村、蓝山县荆竹瑶族乡蒲林村、祁阳县茅竹镇詹家村、冷水滩区上岭桥镇枫木塘村、双牌县泷泊镇霞灯村、新化县奉家镇许家村、长沙县暮云镇湖塘村、宁乡县双江口镇万胜村、望城县丁字镇新塘村、安仁县新洲乡兴安村、临武县岚桥镇坪天头村、永兴县龙形市乡新棚村获“千佳村”称号；湖南省军区大院、湖南大学、湖南师范大学、长沙铁道学院、株洲电力局、资兴市委机关、澧县第一中学、湖南省网岭监狱、邵东县第三中学、湖南白云家用电器总厂、娄底电业局、衡东县第一中学、华容县塔市国有林场、长沙交通学院、资兴矿务局多种经营公司、中国人民武装警察部队湖南总队衡阳支队获“400佳单位”称号；韶山灌区干渠获“全国绿色通道示范段”称号；吴海山、陈登高、文合民、李斌、谭政、李光球、李德伦、吴宗源、覃汉初、肖思农、丁朱生、刘绍阳、程政红、侯中亮、彭湘云、钟国政、梁祖华、杜崇烟获1999年度全国绿化奖章。

（兰成云）

## 广东省林业

**【概　述】** 2000年，广东省林业系统认真贯彻省委工作会议和全国林业厅（局）长会议精神，抓关键，抓重点，抓示范，抓基地，有效地促进了各项工作的开展，积极稳步推进了林业第二次创业，取得了明显成效。进一步巩固和发展了十年绿化成果；林业生态建设取得重大突破；森林资源得到有效保护和管理，维护了生态平衡。全省有林地面积924.6万公顷，林木蓄积量达3.16亿立方米，林木年总生长量1 750万立方米，人均绿地面积10.11平方米，森林覆盖率为56.9%。全行业林业总产值305亿元。

**发展与成就**

*森林资源培育*　全省完成人工造林、迹地更新、低产林改造面积24.8万公顷，为计划任务的89.2%；当年新封山育林12.3万公顷，为计划任务的122.7%；新育苗0.19万公顷，为计划任务的91.5%；有1 818万人次参加义务植树劳动，植树9 500万株，为年度计划的100%。

*生态公益林体系建设*　组织检查了全省生态公益林建设和效益补偿工作，按计划下拨了生态公益林效益补偿经费；全线启动了京九铁路广东段绿化和深汕高速公路绿色通道工程；东江流域水源涵养林建设稳步推进；沿海基干林带和红树林逐步得到恢复；认真落实省人大的议案，加快了自然保护区建设步伐；开展了湛江市治旱林业综合示范区建设工程的工作。

*森林资源保护*　认真清理和严肃查处乱征占用林地的问题，开展换发林权证试点工作，编制林地保护和利用总体规划，有力地加强了林地管理；开展了林政执法大检查、以打击野生动物违法犯罪为主的南方二号行动及保护森林资源的三号行动，取得了显著战果。共立森林和野生动物案件4 605起，查破4 498起，破案率达97.6%，挽回直接经济损失1 594.5万元。

*森林防火*　全省共发生山火257次，过火面积3 114公顷，其中受害森林面积2 172公顷，与1999年同期相比，分别减少了1.2倍、2.6倍和2.3倍。全省没有发生特大、重大森林火灾。

*政策法规*　广东省政府转发了《广东省人大常委会关于加快自然保护区建设的决议》，并转发了省林业局制定的《关于加快我省自然保护区建设步伐议案的实施办法》。基本完成了《广东省野生动物保护管理条例》和《广东省经济林管理办法》的调研、修改等前期工作。7月，省政府作出了《关于巩固造林绿化成果提高林业三大效益的决定》（粤府［2000］44号），还批准了省林业局、省财政厅《广东省生态公益林效益补偿办法实施意见》。

*机构改革*　按照机构改革方案，林业厅改名为林业局，是省人民政府主管林业工作的直属机构，下设9个职能处室（不含森林公安局和离退休人员管理处），行政编制56名。根据“三定”规定和有关通知精神，制定了定岗定员方案，开展了正副处长竞争上岗，顺利完成了行政机构改革工作。

*森林工业*　全省林业系统工业总产值（扣除原局直属工业企业）完成（按1990年不变价）12.37亿元，比1999年下降9.2%；按现价计算13.53亿元，工业销售产值13.31亿元；全省木材产量250.5万立方米，比1999年增长0.6%，完成计划的63.3%；木片产量36.36万立方米，比1999年下降31.7%；木片出口量为19万千吨，比1999年同期下降9.5%；人造板产量144.51万立方米，比1999年增长56%；松香产量7.3

万吨，比1999年同期减少20.6%。

**存在问题** 森林资源增长缓慢，林种树种结构比较单一，林分质量较差，生态公益林生态功能等级低；森林资源保护和管理状况不容乐观；森林防火形势严峻；森林病虫害防治任务繁重；科技支撑力度不够；基层林业部门负债过重，林业基层执法队伍建设薄弱；对林业的扶持政策不到位，资金投入不足。（谭成略）

**【广东实施议案加快自然保护区建设步伐】** 广东省人民政府《关于加快我省自然保护区建设步伐议案的办理方案报告》，由广东省人大常委会审议通过并形成了相应的《决议》。广东省政府通知各地，要求认真贯彻决议精神，加快全省自然保护区建设步伐。

（谭成略）

**【广东南方二号行动】** 2000年，国家林业局在广东、福建、广西、云南等4省（区）组织开展了以严厉打击破坏野生动物资源违法犯罪活动为主要内容的南方二号行动，广东省经过近半个月的协调作战，共出动警力1.3万多人次，车辆近3 000次，全面清查了各地的集贸市场500多个，对各地的餐馆、酒楼普遍进行了地毯式的检查。共查获各类案件286起，抓获各类违法犯罪嫌疑人员359人，收缴各类野生动物8 142只（条）；收缴野生动物制品1.3万千克，毛皮159张，赃款15.5万元，赃车1辆；对其中的3 052只（条）完好无恙的野生动物放归于自然。（谭成略）

**【广东4县（市）被命名为中国名特优经济林之乡】** 国家林业局公布的首批中国名特优经济林之乡名单中，广东的梅县被命名为中国名特优经济林金柚之乡，普宁市为中国名特优经济林青梅之乡，高州市为中国名特优经济林龙眼之乡，高要市为中国名特优经济林肉桂之乡。（谭成略）

**【广东又有一批造林绿化先进单位和个人受表彰】** 全国绿化委员会通报表彰了一批造林绿化先进单位和个人。全省获1998～1999年度全国造林绿化"四佳"和"部门400佳"单位的有：1个"十佳城市"（惠州市），4个"百佳县（市）"（鹤山市、平远县、普宁市、高明市），5个"百佳镇"（东莞市清溪镇、电白县沙琅镇、天河区东圃镇、中山市古镇镇、德庆县永丰镇），22个"千佳村"，15个"部门400佳"单位。另有14位同志成为广东省1999年度"全国绿化奖章"获得者；105国道广州段、广梅汕铁路惠州段获得"全国绿色通道示范段（路）"称号。（谭成略）

**【广东3个单位成为首批全国重点花卉市场】** 国家林业局、中国花卉协会命名了41个单位为第一批全国重点花卉市场。其中广东顺德市陈村花卉世界、广州花卉博览园、广东花都南方花卉交易中心榜上有名。

（谭成略）

**【湛江治旱林业综合示范区建设工程正式启动】** 由广东省林业局投资、湛江市林业局具体实施的湛江市治旱林业综合示范区建设工程正式启动。该示范区位于徐闻县西南部的大黄镇，计划投资380多万元，规划面积326公顷。示范区建设分4年进行，预计2003年完成。（谭成略）

**【广东省林业局开展"三讲"教育"回头看"】** 经过思想动员、组织学习、通报整改情况与听取群众意见及民主测评、自查自看与完善整改措施等四个阶段，取得预期效果。群众对局党组在坚持民主集中制、认真落实党风廉政建设责任制、搞好林业第二次创业、加强局机关思想作风建设四项测评的满意与基本满意率分别是：97.9%、95.7%、98.9%、92.4%。（谭成略）

**【广东省林业局深入揭批"法轮功"斗争】** 认真落实领导责任制，加强防范和管理工作，做好"法轮功"练习者的教育转化工作，防止反弹。同时严肃处理了参加非法活动的人员，省林科院有3名党员因此被开除党籍。（谭成略）

**【广东省三大基地建设项目】** 国家林业局批准广东三大基地建设项目是林木种苗示范、林木采种、林木良种基地。基地建设总规模为1 412公顷共22处，总投资5 774.9万元，中央财政预算内林业基建（专项）投资3 464.1万元，项目建设期为3～5年。（谭成略）

**【广东省被确定为首批省级林业分类经营改革示范区】** 2000年，国家林业局将广东省确定为首批省级林业分类经营改革示范区。为做好改革示范的有关工作，省林业局成立了林业分类经营改革示范工作领导小组。邓惠珍局长任组长，邓梦柏、廖晓晨副局长任副组长，局办公室、法规处、计财处、营林处、林政处的主要负责同志和省林勘院的主要领导任小组成员，小组办公室设在政策法规处。（谭成略）

**【南方首个现代化花卉拍卖市场在顺德市陈村镇建成】** 2000年10月26日，广东省政府批准建设的顺德市陈村镇花卉拍卖市场正式开张。该市场建设规模达18 000平方米，采用电子屏幕报价和举牌竞买相结合方式，提供银行、保险、通讯、检疫、商务信息、报价中心、配送中心等完善的配套设施和服务体系。

（谭成略）

**【广东省林业局直属事业单位机构改革完成】** 2000年9月，广东省编办批复了省林业局所属事业单位机构改革方案，通过保留、合并、更名、分设和新设等改革方式设置了17个正处级事业单位（不含国有林场），编制由原来的1 114名减至921名，减少了17.3%，其中财政核拨经费的编制由1 060名减至888名，减少了16.2%。至12月全面完成改革工作。（谭成略）

**【广东省主要森林病虫害情况调查】** 发现全省湿地松粉蚧分布在13个地级市和54个县（区、场），有虫面积35.2万公顷，发生面积23.4万公顷。松突圆蚧分布区域为17个地级市和57个县级单位，有虫分布面积127.2万公顷，发生面积44万公顷。松材线虫病分布区域仍在深圳、惠州、东莞三市共7个县（区）、35个镇（乡），发生面积17 676.2公顷。（谭成略）

**【省劳动模范和先进集体】** 2000年，仁化县林业局梁国伟、雷州林业局廉江林场钟洁清和南雄市梅岭镇泰源焦坑林场黄志林等三位同志被省委、省政府授予广东省劳动模范荣誉称号；平远县林业局和国营天井山林场被授予广东省先进集体荣誉称号。（谭成略）

**【广东木材市场清理整顿专项行动】** 2000年10月20日凌晨6时，广东省保护森林资源三号行动领导小组办公室组织林政和森林公安执法人员近50人，从广州出发直奔三水市，在当地有关部门的配合下，对三水市建材市场进行了一次全面彻底的清理整顿专项检查行动。据查，该市场57家木材加工经营单位均没有办理木材经营许可证，检查组当场对这些单位发出了接受处理通知书，限期到当地林业主管部门办理木材经营许可证。（谭成略）

**【广东打击破坏野生动物资源违法犯罪专项行动】** 根据中共中央政治局委员、广东省省委书记李长春的批示精神和国家林业局关于开展野生动植物法律法规执行年活动的要求，广东省决定在2000年12月份开展打击破坏野生动物资源的违法犯罪专项行动。省政府成立了5个专项检查行动督察组，分赴有关市县督办和查处案件，指导基层开展检查工作。据统计，本次行动共查处案件288宗，抓获犯罪人员188人，收缴保护动物18 036只。（谭成略）

**【林业重要会议】**

南方森林经理理论与实践问题第八次座谈会 2000年12月1～3日，来自北京和南方各省（市）的森林经理、系统工程、生态及经济方面的专家，国家林业局资源司、法规司、规划院，中国林学会和森林经理分会，广东省林业局有关负责同志参加了座谈会。会议指出，林业的问题标志着一个国家文明发达的水平，忽视林业将对社会的稳定，尤其是对生态环境平衡具有颠覆性的破坏作用。原广东省委书记林若阐明了森林经理在林业发展中的战略作用，并在会上强调，提高各级领导、社会各阶层及各个层次的林业工作者的认识仍然是当前的首要任务，同时要进一步深化林业体制、政策等各个层面的改革。邓惠珍局长介绍了广东林业建设成就和“十五”林业设想，并指出森林经理是对森林经营管理全局进行谋划和控制的工作，使林业建设方向正确和目标切实可行。

广东省林业教育工作会议 2000年12月12日，全省林业教育工作会议在肇庆四会市召开。邓惠珍局长，邓梦柏、廖晓晨副局长，各市林业局主管教育的局长、科长，部分县林业局局长，局直属各单位和局机关各处室领导共71人参加了会议。会议总结和回顾了“九五”期间广东林业教育工作取得的成绩和经验，并提出要切实贯彻落实第三次全国教育工作会议精神，为广东林业第二次创业提供智力支持和人才保障。会议还表彰奖励了“九五”期间在林业教育工作中作出贡献的18个先进集体和34名先进个人。

深汕高速公路绿色通道工程建设现场会 2000年12月15日，广东省林业局在深圳市召开深汕高速公路绿色通道工程建设现场会。邓惠珍局长，廖晓晨副局长，深汕高速公路沿线5个地级市的林业局长、绿委办主任，有关县（市、区）林业局（农林局、绿委办）的局长（主任）参加了会议。会议传达了全国绿色通道工程建设现场会精神，部署了深汕高速公路绿色通道工程建设下一步的工作。与会代表参观了深汕高速公路深圳龙岗段绿色通道工程建设、风景林建设现场和深圳市的苗圃基地，交流了工程建设经验。

广东省森林防火工作会议 2000年12月19日，全省22个市主管森林防火工作的林业局局长（副局长）、防火办主任，省林业局有关处室负责同志，省属国有林场场长，以及省军区、省广播电视局、省气象局和有关新闻单位的同志共92人参加了会议。邓惠珍局长在会上作讲话，邓梦柏副局长作工作报告。会议传达了全国森林防火工作会议精神，总结交流了近两年来森林防火工作经验，部署了今冬明春特别是元旦、春节、清明期间森林防火工作，会议还表彰了1999～2000年森林防火先进单位和先进个人，茂名市森林防火指挥部等11个先进单位和陈巧能等40名先进个人受到表彰。

第五届中国十大竹子之乡联谊会 12月17～19日在广东广宁县召开联谊会。湖南桃江，贵州赤水，安徽广德，浙江临安、安吉，江西崇义、宜丰，福建顺昌、建瓯等县（市）的领导、林业局长以及张光楚等国内著名竹子专家共80多位代表出席了联谊会。廖晓晨副局长出席会议并致辞，国际竹藤组织副总干事竺肇华到会祝贺。代表们参观了广宁县万亩竹林基地、竹产品一条街和长荣竹木工艺制品有限公司以及竹乡文化展览。会议还举行了专题竹子学术交流会。

广东省林业工作会议 2000年12月28日、29日，广东省林业局在梅州市召开了全省林业工作会议。省林业局、各市林业局、省直有关单位、局直属有关事业单位、局机关有关处室和梅州市的有关领导共68人出席了会议。会议由倪南青组长主持，廖晓晨副局长传达了全国营造林工作会议和中国森林生态网建设研究会议的精神，邓惠珍局长在会上作了讲话。会议总结了2000年全省林业工作，研究部署了2001年林业工作。重点总结交流了生态公益林建设经验，研究部署今后全省生态公益林建设管理和效益补偿工作，颁发了国家林业局授予的全国林业生态建设先进市（地区）、全国林业生态建设先进县（市）、全国营造林工作先进单位和先进工作者、全国森林病虫害防治站检疫先进站和先进工作者奖。与会代表还参观了蕉岭县的生态公益林和苗圃基地、速生丰产林建设现场，梅县的生态公益林以及雁南飞茶田、华银垦殖场。 （谭成略）

**【郁南县连续9年无森林火灾】** 该县认真贯彻落实森林防火“预防为主，积极消灭”的方针，深化认识，强化领导，立足预防，真抓实干，从1992年起，实现连续9年无森林火灾的好成绩。他们的主要做法是：

1. 领导重视，切实负起森林防火责任。该县在森林防火工作中，重点是抓好森林防火行政领导负责制的落实。县成立了森林防火指挥领导机构，由县委副书记担任指挥长，副指挥长由分管林业的副县长、政法委书记、武装部长、公安局长和林业局长担任，成员由县直各有关部门的负责人共30多人组成。各镇（场）也相应成立了由镇委书记、镇长（场长）任总指挥的指挥机构。县委、县政府每年召开2次以上森林防火工作会议，总结经验，兑现奖罚，部署森林防火工作。每年进入防火期前，县与镇（场）、镇与村委会、村委会与农户、学校与学生均签订森林防火责任书，把森林防火责任落实到镇、到村、到户、到人，同时，把责任书列入镇一级班子年终政绩考核评比的内容。

2. 广泛宣传，不断强化全民的防火意识。每到防火季节，该县充分利用电视、电台、广播、专栏、标语、横幅、宣传牌、宣传车等宣传媒体、宣传工具，广泛深入开展森林防火知识、法律法规和乡规民约的宣传。县有线电视台每天晚上都播放森林防火“九不烧、十禁止、五有责”的规定，在高火险天气期间，及时播放有关森林防火戒严通告、戒严令等；县防火办的宣传车几乎天天往返镇村，利用高音喇叭播放防火内容，既巡逻，又宣传。另外，在省道、县道、村道树立各式各样的森林防火宣传牌，提醒使广大群众出街入市、进山作业都要注意森林防火。

3. 依法治火，严格管理野外火源。一是开展经常性的防火执法检查，严禁一切野外用火；二是对生产性用火实行严格的审批手续，凭证作业。在高火险天气期间，在林缘或林内停止一切生产性用火，决不以影响生产为由而放松管理；三是充分调动各村委会干部和护林员的积极性，实行分片包干，责任到人，落实奖罚制度；四是对进山作业的民工加强管理，收取防火安全保证金。如违反野外火源管理规定的，作罚款处理。对没有违反规定的，退场时，如数退还；五是对精神病患者加强监护，并明确落实监护人，精神病患者失火，由监护人负责；六是加大巡逻执法检查力度，在特别的森林防火期如重大节日期间，要求各镇（场）组织强有力的巡逻执法队伍，做到见烟查、违章罚，决不心慈手软。

4. 增加投入，加强森林防火基础设施设备建设。多年来，县财政把森林防火经费列入年度预算，各镇（场）也主动筹措森林防火资金。同时，还按照“取之于林，用之于林，以林养林，以林保林”的原则，多方筹集森林防火资金。全县平均每年投入的防火资金达100多万元。通过多年的努力，该县在森林防火软硬件建设方面都达到了一定规模。目前，全县有森林防火专用车辆64辆，巡逻摩托车1 078辆，建瞭望台12座，防火检查站31个，森林火灾报警点203个，各种宣传牌2 174块（个），铁皮横额186条，风力灭火机6台，油锯43台，二号扑火工具以及镰刀、大刀2 200把，卫星定位仪1台，营造生物防火林带956千米，重新组建450兆周的防火无线通讯网。同时，该县大力营造生物防火林带。从1981年开始，就坚持在原有防火线上种植荷木防火林带。1998年，县委、县政府成立了营造生物防火林带工程建设领导小组，认真落实配套资金，规划在原有基础上再营造1 208千米、面积1 314公顷的生物防火林带，分8年实施。目前，已完成营造生物防火林带206千米。

5. 防消结合，切实抓好森林消防队伍建设。该县按照广东省政府、省军区的通知要求，抓好扑火队伍建设，县城成立了120人的森林消防队，配备“七个一”的打火工具，还进行了必要的培训与演练。各镇均成立了100人以上的扑火突击队，配备打火工具。各村委会也相应成立一支人数不等的扑火队，作为第一梯队。县每年都举行一两次的扑火知识业务培训，以提高队伍的指挥和扑救能力。各镇也根据实际，制定切实可行的措施，如建城镇规定本镇如遇有山火突发事件，则在干部、职工和扑火队员BP机上统一以“999”为代号寻呼，他们收到信息后即以最快速度回到镇政府待命。这样，即使发生火警也能在最短时间内集结人力，组织扑救，将损失降至最低。 （谭成略）

# 广西壮族自治区林业

**【概　述】**

林业生产创历史新高　2000年，全区完成人工造林面积5.797万公顷；完成飞机播种造林面积0.777万公顷；至年末全区封山育林面积累计达425.124万公顷，其中年内新封面积28.709万公顷，城乡居民“四旁”植树3 355万株，育苗0.141万公顷，幼林抚育作业面积39.052万公顷，成林抚育面积29.032万公顷，低产林改造面积7.659万公顷。全社会林业产业总产值174.701亿元，其中第一产业121.591亿元，第二产业50.193亿元，第三产业2.917亿元。木材生产315.17万立方米，其中原木296.26万立方米，竹材321.26万根。主要林产品：松脂21.602万吨，油茶籽11.852万吨，油桐籽6.3万吨，竹笋干1.621万吨，板栗2.201万吨。

绿色工程建设　绿色工程是自治区党委“1234610”农业和农村工作思路中的重点基础工程，2000年是广西实施绿色工程的第二年。为了贯彻落实自治区党委七届六次全会精神，各级党委政府把绿色工程摆上重要议事日程，把绿色工程列为领导干部任期政绩考核内容之一，采取签订目标责任状，实行工程负责制等一系列有力措施，抓住春季植树造林的黄金季节，广泛发动群众参与植树造林活动，较好地完成年度任务。至6月底，完成了全年的植树造林任务，并在11、12月开展各县（市、区）的自查自检工作，各地（市）在各县（市、区）自检基础上，组织工作队对所辖县（市、区）进行核实验收。据统计，全区完成公路、铁路两旁各宽1 000米、江河两岸各宽2 000米范围内宜林地的造林面积6.58万公顷，占年度任务量的125.57%，占3年总任务量的50.2%。

珠江防护林建设　2000年，广西珠江流域防护林工程建设投入9 201.7万元，其中国家财政债券2 300万元，地方配套2 193万元（其中：财政1 087万元，林业317.1万元，其他788.9万元），贷款57万元，部门集资1 485.2万元，群众自筹3 166.5万元。完成造林面积5.1万公顷，其中防护林3.63万公顷，用材林0.85万公顷，经济果木林0.62万公顷。

2000年，各地一是将珠防林工程作为全区七大生态林工程建设的龙头工程，采取强有力措施，充实管理力量，强化项目管理和资金管理，确保工程顺利实施。二是将工程建设与山区综合开发、扶贫开发、农业综合开发结合起来，出台优惠政策，鼓励采取承包、联营、股份合作等方式营造以八角、玉桂、龙眼、荔枝、杧果、竹子等优质经济果木林为主的生态经济型防护林，较好地解决了生态效益与经济效益、长远利益与近期收益之间的矛盾，得到农民的广泛支持，社会方面参与工程建设的积极性提高，15个项目区试点县完成经济型防护林面积0.44万公顷，占完成面积的12.3%。三是加强宣传，增强全社会参与意识。2000年在交通干道边树立珠防林工程宣传碑（牌）952座（块），树立项目碑187座。同时，各地还利用电视、广播、报刊、板报等专题宣传。从而提高工程的知名度，使珠防林工程成为全区生态林工程的龙头工程、典范工程，在社会上产生了广泛的影响，提高了全社会参与的积极性。四是办示范点，以点带面推进工程建设。各地在抓好原有工程示范点的同时，2000年15个试点县还新建了领导示范点116个，面积5 125公顷。有力地带动面上工程建设，确保任务的完成。五是搞好工程建设技术培训，提高工程规划设计、施工和经营管理人员的技术技能。全年共举办珠防林工程技术培训班30期，受训1 500多人次，其中仅金秀县就举办了36期，培训300多人次。六是加强管理，逐步实现管理的科学化、规范化。实行专人负责制，分片包干，定期汇报，严格验收，设立项目档案，专款专用。

封山育林　2000年，广西封山育林投入资金550万元，其中国家林业局80万元，自治区林业局100万元，地（市）、县（区）370万元。2000年新增封山育林面积28.71万公顷。部分封山育林区已初见成效，特别是石山区效果更显著。

2000年，在封山育林建设中，一是明确任务，重点扶持，对于石山分布较广的大新、隆安、靖西、都安、马山、大化、平果等33个县（市）列为封山育林重点县扶持，实行轮封或死封。在封育期间实行五不准：不准砍树、不准修枝、不准烧山、不准割草、不准开荒。通过抓重点和示范推广，带动全自治区的封山育林工作。马山县持之以恒开展封山育林，先后完成封育面积10多万公顷，生态环境明显改善。二是加强宣传，提高封山育林意识，为使封山育林工作深入人心，家喻户晓，各地都采取报刊、电视、电台、标语、永久性碑（牌）等多种形式，大力宣传封山育林对改善生态环境的作用。据不完全统计，2000年度新建永久性固定宣传碑（牌）500座（块），标语3 000多条，出动宣传车70多架次。三是配备专职护林员，加强管护。目前全区共有护林员1.3万多人。其中专职护林员3 000多人，有效地控制违法行为。四是抓好改燃节柴，减少柴草资源消耗。2000年全区对石灰窑、砖瓦窑的改造200多座，关闭300多座，新建省柴灶和沼气34万多座。有效降低森林资源消耗，巩固了封山育林成果。五是实行封、造结合，缩短封育成效周期。对土壤较多的地方进行人工种植或补植，对于石头较多难于造林地段实行死封。全年人工补植1 666.67公顷，加快了植被，缩短了封育成效周期。

**林产工业** 2000年，全区以森林资源为原料的林产工业产值50.1927亿元。主要林产工业产品：人造板、竹木浆纸、竹制品、松香、松节油、栲胶、木片等销售价格普遍较1999年回落。其中人造板、木片和竹木浆纸呈量增价跌态势，量增幅度大于价跌幅度；松香、松节油量减价跌，但跌幅不大。人造板生产企业70多家，年生产能力约71.45万立方米。其中：刨花板厂19家，年生产能力19.87万立方米；中密度纤维板厂10家（生产线13条），年生产能力38.1万立方米；胶合板厂55家，年生产能力13.48万立方米。全年生产人造板69万立方米，比1999年增长40.8%。主要产品有普通胶合板、中密度纤维板、刨花板、水泥模板、饰面板、强化地板等。2000年生产松香19.53万吨，比1999年减少6.5%；生产松节油2.26万吨，比1999年减少8.1%。松香、松节油深度加工产品发展到40个，全年松香、松节油深度加工产品1.57万吨，比1999年减少7.7%。竹木浆造纸生产企业12家，年制浆能力38.5万吨，年产纸和纸板能力33万吨。竹木浆造纸产品主要有牛皮箱板纸、纸袋纸、牛皮纸、中高档文化用纸等品种；全年生产商品竹木浆12.2万吨，比1999年增长2.16倍；生产竹木浆纸和纸板37.36万吨，比1999年增长77.49%。全年生产栲胶6 156吨，比1999年增长5.8%。全年木片出口20万绝干吨，比1999年增长33%，创历史最高水平。经自治区人民政府批准，梧州木材厂整体改制为国有独资的广西三威林产工业有限公司。自治区人民政府授权该公司对其占有的国有资产行使所有者职能。

**林政资源管理** 2000年，制定了《关于进一步加强木材经营加工监督管理的通知》等规范性文件，对全区木材经营加工企业的设立、资格条件、监督管理等作出了明确规定。组织开展了对现有的木材经营加工单位清理整顿和年审换证工作。加大对违法经营加工木材的案件的查处力度，严厉打击各种违法经营加工木材行为。组织开展对区直国有林场木材运输证签发与管理情况的检查，促进了区直国有林场木材运输证签发与管理的法制化和规范化。强化出省木材运输证和广西壮族自治区木材运输证的发放和管理工作。加强了林业系统治理公路、水路“三乱”工作，2000年全区林业系统没有发现大的公路、水路“三乱”行为。

2000年，组织全区292个森林经营单位，在完成森林资源二类调查的基础上，开展“十五”森林采伐限额编制工作。至2000年7月底，全部完成森林合理采伐量测算、采伐限额的编制、评审和汇兑工作。组织全区99个县（市、区）结合森林资源二类调查，开展林业重点生态工程区森林资源现状调查的野外调查、卫片判读及实地验证工作，目前，99个县（市、区）已全部完成外业调查工作，其中有25个县已完成数据统计和图件制作。组织全区1 045名林业技术人员，开展广西森林资源连续清查第六次复查。至12月底，已全部完成4 948个固定样地的外业调查和6万个遥感卫片样地的判读工作，并通过了国家林业局中南森林资源监测中心的质量检查验收。以自治区人民政府名义组成46人的核查工作组，对融安等20个县（市、区）1998年及1999年度《县级领导干部任期森林资源消长目标责任状》的执行情况进行核查，至12月底，已完成20个县的综合考评及材料汇总工作，分别指出了《责任状》执行不力、考评成绩差的5个县（市、区）存在的突出问题。自治区培训了124名各地、市、县采伐证管理业务骨干及区直国有林场的采伐证申办人员，经考试合格均颁发了上岗证书。至12月底，全区各地、市已完成采伐证上岗培训。完成全区16个区直国有林场2000年度采伐证的核发及采伐监督工作，共审核发放采伐证1 200多份。

7～12月，在全区开展以督办、查处典型案件和新闻曝光相结合的保护森林资源三号行动。据不完全统计，开展“三号行动”以来，全区查处破坏森林资源案件3 600多起，其中林业行政案件3 100多起，刑事案件170多起，处理违法人员约3 300多人，收缴木材2.45万立方米，为国家挽回经济损失1 100多万元；清理整顿木材加工企业1 300多家，补办建设征占用林地手续14宗，面积152.4公顷，补交森林植被恢复费156万元。协助国家林业局做好1999年全区森林采伐限额、林地管理、人工更新造林状况、造林保存状况及退耕还林情况的检查工作。

2000年，经自治区林业主管部门审核同意的各项建设工程征占用林地面积为922.40公顷，用地单位按规定预交给林业主管部门的森林植被恢复费为623.02万元。一批自治区重点建设项目使用林地的遗留情况补办了用地手续，补交了森林植被恢复费。积极做好龙滩电站建设使用林地手续的前期工作。2000年8月，国家林业局林地征占用项目检查组共抽查广西自治区的桂林市雁山区、贺州市、浦北县、融安县、容县、田阳县、合山市、南宁市郊区8个县（市、区），抽查各类工程建设征占用林地项目16个，调查实际征占用林地面积为161.99公顷，其中6个项目（面积23.71公顷）是未经林业部门审核的，征占用林地项目未审核率为37.5%，面积未审核率为14.64%。

2000年，自治区政府召开了全区林地保护工作会议，对全区的林地管理作了部署，进一步明确使用林地要依法进行审批的要求。对全国人大工作组对中国农林工会反映广西区直林场林地被侵占情况进行了督察。

2000年，广西共发生森林火灾311次，其中重大火灾1次。火场总面积5 476公顷，受害森林面积1 692公顷，森林火灾受害率0.21/1 000。烧毁成林蓄积4.12

万立方米，幼树155万株，直接经济损失1 184.6万元。与1999年相比，火灾次数下降42.4%，火场总面积下降61.8%，森林火灾受害率下降了0.31个千分点，火灾烧毁成林蓄积减少了2.39万立方米，烧毁幼林株数减少了700万株。发生森林火灾重大伤亡事故2起，全年因森林火灾造成轻伤1人，重伤2人，死亡17人，是自1977年以来因森林火灾伤亡最多的一年。为扑救森林火灾出动人工49 438工日，车辆3 845辆次，飞机8架次，开支扑火经费104.4万元。火灾的发生主要是在春耕时节、清明前后，春防累计发生火灾199起，过火总面积3 353公顷，受害森林面积1 170公顷，分别占全年相应指标的64%、61%和69.2%。

2000年，自治区级机构改革后仍保留自治区森林防火指挥部办公室，负责森林防火日常工作。全自治区现有森林防火指挥部129个，成员数有2 466人；森林防火办事机构135个，编制数575人，实有人数780人；防火检查站856个，实有人数2 393人；专业、半专业森林消防队1 049支，人数25 683人；义务森林消防队6 701人，人数201 277人；专职护林员22 882人，兼职护林员29 050人。

全年各级、各种渠道共投入5 293万元，用于森林防火基础设施建设及更新改造。其中用于瞭望系统661万元，通讯系统670万元，阻隔系统1 234万元，交通工具714万元，扑火机具323万元，其他项目1 691万元。从投资的来源看，国家555万元，自治区631万元，地（市）331万元，县级2 506万元，其他1 270万元。经国家林业局批准，2000年开始实施桂西北（百色、河池地区）重点火险区森林防火综合治理工程项目。全区生物防火林带现场会议后，全面启动了全区生物防火林带建设。部分地（市）、县和国有林场完成了450兆无线电通讯网的更新换代。全年，全自治区新增瞭望台89座，铺设专用电话线7千米，安装有线电话26部，购置微型计算机20部，购置无线电台1 055部，新开防火隔离带4 490千米，其中林带1 379千米，新增防火公路3 776千米，购置森林消防车辆71辆，新建防火储备库10座，购置扑火机具5 400套，其中风力灭火机512台。

2000年度自治区森林防火目标考评，南宁地区、南宁市、柳州地区、百色地区、河池地区、防城港市获一等奖，柳州市、钦州市获二等奖，北海市、玉林市、贵港市获三等奖。

2000年，全区各级森林公安机关以“三项教育”为契机，狠抓队伍管理建设，忠实履行保护森林和野生动植物资源安全的职责，坚持以事实为根据、以法律为准绳的原则，“稳、准、狠”地打击了各种破坏森林和野生动植物资源的违法犯罪活动，有效地维护了林区的社会稳定。据统计，全区各级森林公安机关共查处各类森林和野生动植物案件6 233起，其中刑事案件485起，治安行政案件856起，林业行政案件4 892起。打击处理各种违法犯罪人员8 164人，其中逮捕351人，劳动教养39人，治安拘留652人，治安罚款549人，警告354人，林业行政罚款2 242人，其他处罚3 938人。通过办理案件，为国家挽回经济损失1 527.7万元。

2000年，全区发生森林病虫灾害15.58万公顷，其中马尾松毛虫发生面积12.66万公顷。年初在南宁地区、南宁市、防城港市及区直属高峰林场、七坡林场、良凤江国家森林公园等松毛虫越冬虫口密度较大的林区用飞机喷撒白僵菌进行防治，飞行作业100架次，防治面积2.67万公顷。同时各地积极组织群众进行人工施放白僵菌或使用化学农药对松毛虫及其他森林病虫害进行防治，全年全区防治森林病虫害面积11.25万公顷。全区没有出现大面积森林病虫害，各项指标均达到国家林业局的要求。从1999年开始，在全区范围内进行森林植物检疫对象普查，至2000年10月，内业和外业工作全部结束。查明全区共有国内森林植物检疫对象6种。调查发现国内森林植物检疫对象——湿地松粉蚧已从广东省蔓延进入广西壮族自治区的岑溪、容县、北流、陆川、博白等县（市）。经国家林业局批准，全区有22个县（市、林场）列为国家级松毛虫工程治理项目县，20个县（市）列为国家级森林病虫害中心测报点。2000年，组织有关单位对近年来在局部地区造成较严重危害的毛竹丛枝病、皱绿柄天牛、萧氏松茎象等几种病虫进行防治技术研究。组织举办测报、防治、检疫技术培训班三期，培训技术人员达100人次。

**野生动物保护管理** 2000年，广西野生动物保护管理工作认真落实贯彻《国家林业局关于开展保护野生动植物法律法规执行年活动的通知》，采取一系列措施加强野生动物保护管理工作。年初，由自治区人大环资委牵头，自治区林业局、水产局、工商局、公安厅、电视台、教育厅、医药管理局联合组织在全区开展保护野生动物，珍爱共同家园宣传活动，并在全区开展保护野生动物执法检查。3月20～26日，全区各地开展形式多样、内容丰富的爱鸟、保护野生动物的“爱鸟周”宣传活动，南宁市大中小学生近3 000人参加爱鸟周宣传活动，举办爱鸟知识板报展览宣传比赛，挂鸟巢和放生野鸟等活动，还深入到乡镇农村举办爱鸟和保护野生动物趣味知识竞答。6、7两月，发动社会各届开展救助邕宁县南晓镇那兰村鹭科鸟类行动。6～9月，由自治区党委宣传部精神文明办牵头，自治区林业局等16个部门联合在全区开展保护野生动物，营造生态家园宣传活动。9月，全区开展保护野生动物宣传月活动，自治区林业局、南宁市林业局联合在南宁市动物园举办一期野生动物标本展览。12月，在全区开展保护野生动物“冬季行动”。据不完全统计，全年查处野生动物案件3 000多起，没收国家重点保护野生动物巨蜥1 721千克、蟒637千克、穿山甲895千克，追究刑事责任60多人。年内，全区陆生野生动物资源、湿地资源调查外业工作两项已全部完成，5月份通过了国家林业局派出资源调查外业检查验收组的检查，完成了两项资源调查报告初稿编写工作。开展清理整顿野生动物养殖和经营利用活动，共清理取缔不规范或有违法的养殖场、经营利用单位800多家，现还保留460多家。野生动物养殖形成了以食蟹猴为代表产业，人工繁殖食蟹猴近万只，出口数量突破3 000只，为国家创汇超过180万美元。

水源林和自然保护区 2000年，金秀县大瑶山自然保护区经国务院批准列为国家级自然保护区，这是继花坪、弄岗、木论之后广西林业系统成立的第四处国家级自然保护区。大明山、猫儿山等两处自然保护区申报国家级自然保护区的基础准备工作也已完成，将于2001年申报国家级自然保护区。标志着广西自治区自然保护区在质和量等方面又有了新的提高。

随着国家对生态环境和自然资源保护的日益重视，各级政府及自然保护区主管部门切实加强了自然保护区的领导和管理，有力促进了全区自然保护区的发展和保护管理工作的开展。2000年，自治区对自然保护区的经费投入突破了1 000万元，使全区54处自然保护区的事业补助经费有了基本的保证；一些自然保护区的基础设施建设、保护设施建设、交通、通讯设备、科学研究、多种经营等项目经费也得到落实，自然保护区取得了稳步健康的发展。一批自然保护区职工工作、生活环境得到较大的改善，经营管理水平也取得了明显提高，如猫儿山、十万大山、大明山、木论等自然保护区，在开展、落实各项基础性管理工作的同时，不断调整经营机制，完善各项内部制度，在落实山林权属、宣传教育、理顺管理机构、进行科学管理、严厉打击破坏自然资源等方面都取得很大成绩；一批自然保护区利用资源优势，大力发展森林旅游，龙虎山、大明山、猫儿山、大瑶山、姑婆山、花坪等6处自然保护区旅游、服务等各项设施已经建立，并具一定规模。

森林旅游 至2000年底，广西已建森林公园30个，其中14个建成开放，2个对外营业，开展旅游的保护区有7个，有8个县成立了森林旅游公司。全年森林旅游共接待121万人次，比1999年增长38.3%，森林旅游收入达5 200万元，比1999年增长14.2%。

林业科技 2000年，广西制定了实施西部大开发，加快广西林业建设的科技支撑实施方案。组织专家筛选和组装了先进实用的10个方面49项林业技术作为重点推广项目。同时继续推进科技兴林战略，狠抓林业科技试验示范点和林业标准化示范县建设工作。重新修订了《广西林业局科学技术管理办法》。经自治区质量技术监督局批准，制定了森林火险区划等级林业地方标准。

2000年，自治区人民政府与中国林科院签订了《科技合作协议书》；自治区林业局与澳大利亚昆士兰林务局签订了《在广西发展杂交松的科技协议书》，并从澳大利亚引进了杂交松种子2.2千克、加勒比松种子2.2千克，在全区广泛开展引种试验示范工作。

全年组织鉴定了广西森林火险区划等级和103马来松香粒造纸施胶剂开发项目，并受国家林业局委托验收了杂交竹良种与丰产技术推广、观叶及盆花花卉新品种引进等项目；组织完成2000年度广西林业科技进步奖评审工作，评出了一等奖2项，二等奖2项，三等奖1项，向自治区推荐奖励项目5项，其中3个项目获奖；同时协助推荐国家特殊津贴专家、自治区优秀专家4人，自治区新世纪学科带头人2人。

林业教育 2000年，全区广大的林业教育工作者主动适应教育体制改革和对林业发展的新形势、新任务的需要，积极转变思想观念和工作职能，充分发挥教育的基础性作用，推动了对传统林业的改造。一是完成了林业普通中专招生1 300人、保送生22人的招生任务。二是开展了以林业关键岗位、继续教育、山区林农脱贫致富为重点的全行业培训，共培训各地（市）、县林业局局长175人，乡（镇）林业工作站站长290人，林业木材检验员500多人，森林植物检疫员110人，林业分类经营人员280人，林木采伐管理人员122人，林政执法人员5 000多人。三是完成了将广西林校升格为生态工程职业技术学院的前期准备工作，并通过了自治区专家组对广西林校进行的实地考察和全体委员会评议。四是有1 197人经过职业技能培训、考试获得职业资格证书。五是组织林业系统中小学教师参加中国林业教育学会组织的素质教育优秀论文竞赛，并获得一等奖1名、二等奖1名、三等奖2名。

林业宣传 2000年，广西林业宣传工作紧紧围绕广西林业的中心工作，特别是西部大开发做好广西生态这篇文章组织稿件和专题报道，大力宣传林业方针政策，充分发挥主观能动性，创造性地开展内容丰富、形式多样的宣传工作，取得了较好的成绩，成了广西林业工作的排头兵和号手，发挥了广西林业的喉舌作用，发挥了正确舆论的引导作用，有力地促进了全区林业事业的健康发展。据不完全统计，仅自治区林业局在区内外报刊、电视台、电台等新闻媒体发表的林业新闻就达280篇，其中中央一级的林业新闻32篇；在省级以上电视台播出专题片4部，组织了11个专题报道；在省级以上报刊组织了11个专版；在厅级以上新闻单位发表图片160余幅；被省级以上信息部门采用的信息达51篇，其中中央一级13篇，被新华社国内动态清样和内部参考各采用1篇；编辑出版《广西林业》6期，80万字。成功地组织了西部大开发建设绿色家园考察组、中国林科院考察组、全国政协生态考察组等大型的宣传报道活动。 （广西壮族自治区林业局）

**【广西国有林场建设】** 2000年，广西有国有林场151处（含中国林业科学院热带林业实验中心），职工41 048人，经营面积115.64万公顷，其中，有林地81.58

万公顷，新造林未成林地12.48万公顷；森林活立木蓄积量4 935.1万立方米。年末固定资产原值12.4亿元，净值10亿元，分别比1999年增长10.1%和7.76%。全年实现工农业总产值10.36亿元(按现行价计)，比1999年增加3.6%。其中，营林产值1.5亿元，木材产值4.81亿元；产品销售总收入8.61亿元，增加7.89%，多种经营收入4.64亿元，增长20%，占总收入的53.9%。缴纳税金7 621万元，增长0.8%，上缴林业基金2 543.6万元。亏损总额7 024万元，盈亏相抵后净亏5 366万元。

*营林生产* 完成荒山造林1 306公顷，迹地更新造林2.33万公顷，低产林改造4 434公顷。全年营造速生丰产林1.33万公顷，占造林总面积的44%；营造竹林1 314公顷；营造经济果木林1 783公顷，全区国有林场年末经济果木林总面积5.27万公顷，职工人均拥有经济果木林1.28公顷。幼林抚育作业面积10.5万公顷，实际面积6.69万公顷；育苗170.1公顷，其中年内新育117.65公顷。

*林产品生产* 2000年生产木材139.33万立方米，比1999年减少7.27%；销售木材137.02万立方米，较1999年减少8.18%；年末库存木材18.98万立方米，较1999年减少3.62%。生产松脂1.46万吨，松香1.73万吨，纤维板1.3万立方米(其中中密度纤维板12.74万立方米)，刨花板0.62万立方米，机制纸0.46万吨，木片出口7.06万绝干吨，比1999年减少9.5%，占全区木片出口总量的36.6%，创汇594万美元，减少9.7%。

*森林保护* 进一步加强森林"三防"工作，实行森林防火、病虫害防治责任目标管理，取得较好成绩。全年发生森林火灾42起，比1999年增加14起，森林受害面积178公顷，受害率0.2/1 000，无重大森林火灾。森林病虫害发生面积4 585公顷，发生率0.56%，防治率85%。

*科技进步* 2000年有三项科研成果获奖，其中七坡林场的七坡林场湿地松经营数表的研制获广西林业科技进步二等奖；东门林场作为协作单位与其他单位合作的中国及东南亚商用木材1 000种构造图象计算机光盘查询系统、高峰林场作为协作单位与其他单位合作的南亚热带珍稀花卉培育技术研究获广西林业科技进步一等奖。

*职工自营经济* 2000年职工自营经济进入规范发展阶段，大部分国有林场根据《广西壮族自治区林业局关于加快发展国有林场职工自营经济问题的若干规定》制定了相应的实施办法，加强对自营经济的管理以及产前、产中和产后服务工作，做到机构落实、技术指导、资金扶持和林地保证，切实解决发展中出现的新情况，使职工自营经济快速、健康地向前发展。据统计，2000年林场职工自营经济种植面积5.05万公顷，总收入1.72亿元，纯收入5 663万元，人均年纯收入1 786元；参加户数为20 217户，占总户数76%；参加职工达31 700人，占职工总数77%。自营经济已成为增加职工收入的主要渠道，成为林场经济的重要组成部分和新的经济增长点。

*林场改革* 2000年林场改革的重点主要有：一是深化三项制度改革，进一步建立竞争激励机制。全区国有林场稳步推进三项制度改革，普遍积极推行以干部聘任制、全员劳动合同制为主要内容的改革。打破干部与工人的身份界限，逐步建立平等竞争、择优上岗、能上能下、合理流动的用人机制，逐步推行全员劳动合同制。在分配制度方面，普遍坚持按劳分配为主体、多种分配方式并存的分配制度，效益优先、兼顾公平，合理拉开分配档次。二是加快结构调整步伐，促进林场经济发展。全区国有林场坚持以建立比较完备的林业生态体系和比较发达的林业产业体系为目标，加快结构调整步伐，在林种结构调整方面，加大低产林改造力度，大力发展速生丰产工业用材林和名特优经济果木林，2000年营造速生丰产工业用材林1.33万公顷，比1999年增加7 185公顷，增长117%。在产业及产品结构调整方面继续保持良好势头，场办工业的一些主要产品产量比1999年有较大增长，成为部分林场的经济支柱和龙头产业。如高峰林场中密度纤维板厂通过技改，提高中纤板年生产能力，产量由1999年的7.16万立方米提高到2000年的11.4万立方米，销售收入1.58亿元，利润500万元，中纤板收入占全场总收入的62%。

*存在问题* 一是林业各种税费过多，一些地方乱摊派、乱收费压力较大。林场每销售1立方米木材需交纳各种税费多达20多种，占木材销售价的40%～60%。二是缺乏发展资金。在大力发展速生丰产工业用材林项目中，有的林场因不能筹集足够的资金而难以发挥主力军作用；一些历史债务沉重的林场，贷款无门，投入严重不足，发展缓慢。三是林地、林木被侵占现象十分严重、屡禁不止，森林资源、林地的保护和管理形势仍然很严峻。2000年一些林场为收复被占林地做了大量工作，也耗费了大量的人力、物力和财力，但收效甚微，许多已备耕好的林地因此无法造林。

(苏 丽)

**【广西经济林建设】** "九五"期间，全区经济林建设得到持续快速发展，经济林建设总面积比"八五"期间增加约23.33万公顷，增幅为14.5%，平均每年增加4.67万公顷，至2000年底，全区经济林总面积已达184.33万公顷。具体分类为：果树林面积80.39万公顷，占经济林总面积的43.6%(下同)；食用油料林面积34.64万公顷，占18.8%；调香料林面积38.98万公顷，占21.1%；工业原料林面积(不含松脂林)21.61万公顷，占11.7%；饮料林面积2.51万公顷，占1.4%；药材林1.68万公顷，占0.9%；其他森林食品林面积4.51万公顷，占2.5%。2000年经济林产品总产量达325万吨，年总产值93亿元，约占全区林业第一产业年总产值的75%。油茶是全区经济林传统品种，是广大山区群众主要食油品种来源，2000年全区油茶林保存面积34.63万公顷，其中，已挂果（投产）面积31.48万公顷，年产量（茶籽）14.34万吨，产值2.96亿元。油桐作为全区主要的工业原料经济林品种之一，主要生长在桂北和桂西北地区，2000年全区油桐林保存面积20.27万公顷，其中，已挂果（投产）面积18.28万公顷，年产量（桐籽）10.71万吨，产值1.8亿元。广西是全国玉桂主要产区，2000年全区玉桂林保存面积13.90万公顷，其中，已投产面积5.98万公顷，年产量（桂皮）8.15万吨，年加工桂油约600吨，产值1.92亿元。广西是全国八角主要产区，2000年全区八角林保存面积24.65万公顷，其中，已挂果（投产）面积14.56万公顷，年产量（干果）3.82万吨，年加工茴油约1 000吨，产值5.5亿元。

全区经济林建设在种植方面发展较快，在品种选优和市场培育、保鲜贮运加工等方面也取得一定的突破，但从总体和质量上看，还存在经营管理措施粗放、科技含量低、名特优新品种少、低产林比重大、经济效益不高等突出问题。（余建成）

**【广西能源生态建设】** 至2000年底，广西农村能源行政管理机构有171人，农村能源科研机构33个，科研人员168人。2000年投入农村能源建设资金6 838.97万元，其中各级财政拨款6 407.75万元，贷款431.22万元，群众自筹资金35 463.64万元，折合劳力投资14 462.87万元。全区新建沼气池34.5489万座。年末累计实有数103.7895万座，沼气总产气量41 561.17万立方米，年户均产气量413.96立方米。大力推广“养殖—沼气—种植”三位一体生态模式，开展152能源生态示范工程建设，建成了一大批高标准的示范点，并幅射至全区各县、乡，该项目的建设起到了“三省”（省柴、省电、省劳），“三增”（增肥、增产、增收），“两减少”（减少生产投资、减少病虫害发生），“一净化”（净化环境）的作用，有效地解决了贫困地区“三低”（农民素质低、粮食产量低、农民收入低）和“三缺”（缺燃料、缺肥料、缺饲料）的贫困问题，使沼气与发展生态农业有机地结合起来，实现了粮食、生猪、水产、林果业丰产增收和推动了农村第二、第三产业的发展，进而推动了农村两个文明建设。

其他各项新的能源和可再生能源的开发利用也得到了快速稳步发展。新增微型水力发电873台，总装机容量970千瓦；年末，全区安装微型水力发电机3.641万台，总装机容量5.305万千瓦，年发电量8 884.92万千瓦时，用户数98 063户。利用地热种植农作物400.6公顷，养殖用地5.6公顷。新增小型风力发电机198台，装机19.8千瓦；年末，全自治区微型水电机累计910台，总装机122.1千瓦，年发电量32.22万千瓦时，用户数867户。新增太阳能热水器0.9773万平方米，年末累计3.2777万平方米。2000年全自治区省柴节煤灶用户796.17万户。

全自治区农村能源设施已形成年开发和节约能源折合500万吨标准煤的能力，农民因此增收节支20亿元，相当于每年少砍了约33万公顷的有林地面积，有效地保护了森林资源。（李　暹）

**【广西壮族自治区2000年林业大事】**

1. 1月23日，国家林业局李育材副局长抵达桂林，对国家林业局设在广西的扶贫点进行了检查及慰问。

2. 2月16日，全区绿色工程建设现场会议在防城港市召开。自治区党委副书记陆兵作了讲话，自治区副主席孙瑜总结了全区1999年绿色工程建设工作，部署了2000年工作。

3. 2月29日，自治区党政军领导曹伯纯、李兆焯、赵富林、陈辉光、周遇奇和即将赴就出席全国人大、政协两会的代表、自治区直属机关干部、南宁市群众等2 100多人，在桂海高速公路旁邕宁县长塘镇参加义务植树造林。

4. 3月29日，自治区森林防火指挥部第二十五次成员扩大会议在南宁召开。会议通过了1999年森林防火目标管理奖惩的决定，部署了2000年工作。

5. 4月12日，国家林业局李育材副局长视察了国有高峰林场中纤板厂。

6. 4月12～14日，全国林木种苗工作会议在南宁召开。会议总结了我国20年来种苗工作成绩和经验，分析形势，明确今后一个时期我国种苗工作的基本思路、工作重点及主要任务，提出了加强种苗工作的对策和措施。国家林业局副局长李育材作了工作报告。

7. 4月20日，区党委组织部副部长张延吉在自治区林业局宣布了自治区党委关于免去管炳六同志自治区林业局党组书记、局长职务，任命黎梅松同志为自治区林业局党组副书记、主持自治区林业局全面工作的决定。

8. 5月12日，自治区党委任命黎梅松同志为自治区林业局党组书记。

9. 6月1日，自治区政府任命黎梅松同志为自治区林业局局长。

10. 6月16～23日，澳大利亚昆士兰州林业厅厅长贝克先生、西姆森先生和拉斯特先生在南宁、北海、柳州、桂林等地考察杂交松引种栽培情况。

11. 7月8～16日，中国工程院院士李文华率领西部大开发，建设绿色家园考察组，对广西自治区生态环境建设进行了为期9天的考察。自治区政府副主席孙瑜会见了考察组成员。

12. 8月18～22日，全国政协人口资源环境委员会副主任、国家林业局党组成员、中国林科院院长江泽慧考察了广西林业的发展情况。8月22日，江泽慧院长与自治区副主席孙瑜在南宁签署了《中国林科院与广西壮族自治区人民政府科技合作协议书》。

13. 9月27日、28日，全区林业分类经营工作会议在南宁召开。自治区副主席孙瑜作了讲话。

14. 11月3～12日，全国政协副主席、“关注森林”组委会主任赵南起率调研组，对广西的生态建设进行了专题调研。自治区党委曹伯纯书记、自治区政协陈辉光主席会见了调研组成员，自治区政府孙瑜副主席作了情况汇报，自治区政协陈雷卿、梁裕宁副主席陪同考察调研。

（蒋卫民）

# 海南省林业

【概 述】

造林绿化　2000年，全省共完成造林5.07万公顷，其中椰林工程造林1.1万公顷，天然林保护工程造林0.4万公顷，浆纸林造林3.07万公顷，荒漠化治理造林0.07万公顷，水土流失治理造林0.07万公顷，一般造林0.43万公顷。在椰林工程中，高效椰林0.07万公顷，海防椰林0.23万公顷，绿色通道椰林0.13万公顷，村庄椰林0.67万公顷。2000年造林增幅最大的是浆纸林工程造林，由1999年的0.93万公顷增加至2000年的3.07万公顷，增幅高达230%。全省年度造林总面积与1999年同期相比增长67.32%，是海南省历史上造林最多的一年。全省新增封山育林0.67万公顷。全省全年参加义务植树人数200万人次，分别组织开展了春秋两次绿化宝岛百万人大行动，共植树1 000万株。此外，还通过收取绿化费等形式，在海口市秀英区建立了省直机关义务植树基地66.67公顷。主要措施：一是高标准制定年度计划。年初，省林业局根据全省林业发展的形势和要求，高标准地提出了植树造林确保4.67万公顷，力争6.67万公顷的目标。二是加强领导、狠抓落实。随着生态省建设战略的深入人心，各级党委、政府对造林绿化工作普遍重视，加强了领导，各地都成立了椰林工程建设和浆纸林基地建设等林业重点工程领导小组，切实把造林绿化工作当作日常工作来抓。三是早部署、超前抓种苗。除继续抓好文昌、陵水两个椰苗培育基地外，又在昌江县建立了一个大型椰苗培育基地。同时，着重抓好林业种苗的改良，使林木种苗不仅在数量上，而且在质量上较往年有明显提高。四是义务植树基地化。各地通过收取绿化费等形式，建设了本地区党政机关义务植树基地。五是严把质量关。通过不断对各地的检查监督，发现质量问题及时整改，强化管理手段，确保造林绿化的质量上了一个新台阶。

林政管理　2000年，全省森林消耗量为195万立方米，继1999年创建省以来最低，2000年又创新低，比1999年(200万立方米)下降2.5%。全省全年共发生各类林业行政案件759起，查处734起，查处率96.1%，抓获处理违法犯罪嫌疑人756名，收缴木材2 491立方米，松香8.75吨，没收违法所得32万元。查封烧炭厂98家，节约烧材20万立方米。依法取缔无证经营加工厂23家，没收无证木材262立方米。主要措施：一是签订保护森林资源目标管理责任状，将责任目标层层分解，逐一落实。二是加强对林地的保护管理，加大对海防林、红树林的整治力度，填塘面积344公顷，填塘回复造林57公顷。三是结合全国的保护森林资源三号行动，加大打击破坏森林犯罪的力度，集中力量查处大案要案。如东方陀兴水库、万宁牛路岭水库、松涛水库破坏水源林案；文昌毁林挖塘养虾、挖钛案；海南光益农业有限公司在乐东县境内的毁林开垦案；三亚、儋州的毁林挖塘案；海南高速公路股份有限公司违法征用林地案；琼中县境内毁林烧山种木薯案等典型案例，并将处理结果公开曝光，已起到震慑违法犯罪分子，社会反映强烈的良好作用。四是加强法制建设，实行依法治林，继报请省政府审议通过了《海南省木材管理办法》后，对《海南省林地管理条例》、《海南省植物检疫管理办法》等两个立法项目进行了调研，并将其申请列入2001年全省立法项目计划。同时还制定了《违反森林保护法规行政处分暂行规定》、《使用林地审核同意书》办理程序、《森林植被恢复费征收和使用管理规定》等管理制度，并在林业系统干部职工中掀起学法、用法、守法的高潮，进一步推动了依法治林的进程。

野生动物保护　一方面通过加大宣传，提高全民保护野生动物的意识，进一步使野生动物保护法规深入人心。另一方面则频出重拳，对非法经营野生动物的现象予以沉重打击。全年共检查各类酒店、餐馆、收购站900家，查获各类野生动物1 968条(只)，罚款110万元。特别是对海口山龟园酒家、文公山龟园酒庄以及文山饭庄等违法经营国家二级保护动物皇帝龟进行了严厉查处，除没收实物外，依法对当事人处以65万元的高额罚款。在查处该案的过程中，省林业局还举行了行政处罚听证会(这在海南是第一次)，进一步提高了林业行政执法的透明度，相当于进行一次全省林业法制教育，受到新闻媒体高度赞扬。根据国家林业局颁布的保护野生动物新名录，全省几乎所有的陆生野生动物都已列入保护范围，为了做到扩大宣传，人人皆知，省林业局通过办学习班，专项打击，新闻媒体跟踪报道相结合，全社会反映强烈，不少单位纷纷在《海南日报》上公开表态不吃野生动物。《海南日报》对该行动作了连续一个月的报道，在全社会引起了强烈反响，极大地推动了全省野生动物保护工作的顺利开展。

**森林防火** 坚持"预防为主，积极消灭"的森林防火方针，及时部署，严格管理，狠抓落实，取得了自建省以来少有的突出成绩。全省全年共发生森林火灾64次，其中火警29次，一般森林火灾35次。受害森林面积203公顷，森林火灾受害率为0.115/1 000，与1999年相比，火灾次数下降31.8%，森林火灾受害率连续7年低于国定指标。主要措施包括：一是继续层层实行森林防火行政领导责任制，抢前抓早，精心组织。二是加强防火队伍建设，提高队伍的战斗力。三是争取社会各界的支持，形成了全社会抓防火、全民重保护、政府负全责的良好局面。

**森林病虫害防治** 一是对森林病虫害实施目标管理；二是森林病虫害防治机构、队伍的建设在机构改革中得到加强；三是检疫、测报、防治的手段逐趋现代化。全年全省发生病虫害面积3.56万公顷，有效防治面积2.73万公顷，防治率76.5%，比国家林业局下达的防治率70%标准高出6.5个百分点；四是积极做好调运检疫工作，经检疫合格的木材29.8万立方米、苗木5 987万株、林副产品326吨、果品4 272吨、家具成品38 768件，共收取检疫费115万元。

**林业科技** 一是围绕六大林业重点工程开展17项课题研究，其中流动沙治理、丰产林栽培技术、椰子良种选育、桉树无性系栽培、棕榈藤种源研究、椰子间种芦荟研究、木本蔬菜开发利用研究等一大批成果已开始应用于生产，并获得成功。二是加强了林业调查监测，先后完成了全省沙化土地监测调查、荒漠化土地监测调查、沿海防护林调查、中央林世行林调查、重点生态林和天保工程区森林资源调查等，为林业决策提供可靠的依据，也为林业建设培养了一大批科研人才。三是加强国际合作交流，在顺利实施国防热带木材组织和德援项目的基础上，又为争取世界银行贷款支持的林业持续发展项目做了大量的前期研究和调查工作，为项目的成功实施创造了条件。四是建设科研与生产相结合的项目，在海口市西海岸旅游黄金地段建设海南热带森林博览园项目的前期准备工作已完成，2001年将进入全面施工阶段。该项目占地66.67公顷，毗邻海南热带海洋世界，建设内容包括大型热带植物良种良苗组培中心，热带珍稀濒危植物基因保护和繁殖基地，以及高水准的热带雨林模拟展示区，是集生物工程开发、科研科普、生态旅游为一体，体现科技与生态品位的省会新型绿色项目，将为海南省林业科学研究和林业产业结构升级产生重大的影响。

**林业产业** 2000年，全省各级林业部门加大产业结构调整力度，充分利用直属国有林场的土地资源，按照高产、优质、高效的原则，大力发展高效经济林，取得了明显的效果。目前，已初步形成3个新的林业经济增长点，即：速生丰产的工业原料林及其深加工，名特优新经济林及其深加工和热带森林生态旅游。全省已累计营造松树4万公顷，年产松香5 000多吨，松节油、松油醇130吨，松香及其深加工的产业链不断升级。霸王岭、尖峰岭、吊罗山等国有重点林区的林产品综合经营开发和森林旅游等林业产业已有新的突破。高效经济林示范基地已获得成功，如澄迈林场除营造桉树、马占相思、松树等用材林外，已建成优质杨桃基地45公顷，成为全省最大的杨桃生产基地。首次从台湾引进珍珠番石榴，种植12公顷。计划建设占地33.3公顷的"百果园"，已种植36个品种、1 800株。种植荔枝8公顷。儋州林场与省林业总公司、省林科所、中国林科院等单位合作，已建成高效椰林153公顷(其中套种菠萝133公顷、番石榴1万株)、芦荟26.7公顷、优质香蕉96.7公顷，无性系高产橡胶280公顷，复合经营立体林业基地已基本形成；省林业总公司在三亚已初步建立无土栽培无公害的薄皮西瓜、哈密瓜生产基地，前景非常看好。

2000年，省林业部门第一次组团参加在海口举办的全国冬季农副产品交易会就取得了可喜的成绩，为"冬交会"增添了新的亮点。参展3天时间，共签订林副产品、水果、水产品、鹿制品等购销合同10份，数量达16.5万吨，成交金额2.5亿元。花卉订货量达7 600万株（盆），成交额1 895万元。林业展馆和花卉展馆荣获"布展奖"，受到省政府的表彰。

在桉树木片基本停止出口的情况下，省林业部门又开拓了木麻黄木片出口韩国市场，2000年以木麻黄木片为主的出口10万干吨，松香3 000吨，创汇1 300万美元。

**"三讲"教育** 2000年1～3月，省林业局局、处两级领导班子和领导干部深入开展了以"讲学习、讲政治、讲正气"为主要内容的党性党风教育，紧紧抓住群众关心的热点、难点问题，并分解为106项逐项落实到各处室、事业单位，以及责任领导和责任人，认真整改，限期完成，收到了很好的效果。韩剑准局长代表省林业局党组在全省"三讲"教育总结大会上作典型发言，向大会介绍林业部门抓整改的经验。通过"三讲"教育，干部职工的精神面貌焕然一新，树立了新的林业形象。2000年11～12月，进行"三讲"教育"回头看"，进一步检验巩固"三讲"教育成果。

**精神文明建设** 2000年，全省林业系统普遍开展形象工程建设，通过整治环境、绿化美化，创建文明庭院、文明家庭等活动，全省林业单位呈现出了勃勃生机。省林业局机关大院荣获省级卫生先进单位，被海口市政府授予"花园式"单位。万宁市林业局、东方市林业局、文昌市林业局、临高县林业局、兰洋木材检查站等一大批林业单位跨入了全省精神文明建设先进单位行列，为生态省建设树立了榜样。

*存在问题* 林地管理难度大；林区基础设施建设任务重，资金缺口极大；林业投入机制不健全，林业资金没有可靠保障；产业化程度不高，林业经济的总体水平还比较薄弱。（张其光）

**【海南重点林业工程】**

*天然林保护工程* 继1998年海南省11个国有林区被列入全国重点国有林区天然林资源保护工程实施省（区）后，经过两年的实施试点，国务院于2000年12月正式批准海南省11个林区所管护的31.9万公顷天然林列入《东北、内蒙古等重点国有林区天然林资源保护工程实施方案》之中。2000～2010年，工程总投资30 317万元，其中：中央财政投入24 254万元，地方财政配套6 063万元。为加强对天保工程及项目资金的管理，海南省林业主管部门根据国家林业局、财政部有关规定，相继制定了《海南省天然林保护工程资金管理实施细则》、《海南省天然林保护工程管理实施细则》（试行）、《海南省天然林资源保护工程人工造林技术规程》（试行）、《海南省天然林资源保护工程森林管护责任管理办法》（试行）等，省林业主管部门及各实施单位实行专户储存，专项管理，单独建账，单独核算。至2000年底止，海南省完成天保工程公益林造林1.387万公顷、封山育林2.2万公顷、森林抚育1.78万公顷，完成工程投资8 337万元。天保工程用于森林管护及社会性专项资金到位4 321万元，安排了森林管护人员965人，解决了11个国有林区4 107名离退休人员的养老统筹问题。林区发展转产项目及自营经济安置待岗职工800多人。已完成的公益林造林项目合格率100%，林木长势良好，防火、种苗基础设施得到改善，天然林资源得到有效保护。

*百万亩椰林工程* 2000年是海南省实施百万亩椰林工程的第二年。一年来，全省各地和有关部门在省委、省政府的正确领导下，加强领导，广泛发动，精心组织，超额完成年种植任务。全年全省共完成种植椰树1.21万公顷，占年计划的121.2%。其中村庄（城镇）椰林8 099公顷，海防林套种椰树2 584公顷，绿色通道椰林1 104公顷，高效椰林基地332公顷。在抓好文昌、陵水、昌江3个优质椰苗苗圃建设、5个高效椰林基地建设、绿色通道椰林景观建设的基础上，着重抓好椰林工程示范乡镇建设。根据省政府的部署，省林业局在文昌龙湾、琼山演丰、琼海长坡、万宁长丰、陵水群英、三亚田独和昌江石碌等7个乡（镇）开展了椰林工程示范乡镇试点工作，免费为7个乡（镇）提供椰苗31万株（价值250万元），7个乡（镇）共完成新植椰树39.8万株，户均拥有新老椰树达38.2株，基本形成了茂密的椰树环绕村庄和农户的景象，达到了预期效果，推动了椰林工程的顺利开展。

*速生丰产用材林工程* 主要包括23.33万公顷浆纸林基地建设和珍贵树种大中径用材林建设。省林业局继续抽调24名干部组成8个工作组，积极协调海南金华林业有限公司营造浆纸林。2000年，该公司与林地权属者签订林地承包合同面积5.23公顷，实际造林面积3.07万公顷。完成投资1.85亿元，其中直接投资造林1.5亿元，苗圃建设0.3亿元，林道建设0.05亿元。浆纸林示范基地创造年生长量2立方米以上的经验，改变了以前年生长量0.5立方米的低产低效经营模式，为海南省的工业原料林生产树立了典范。

*沿海、沿路防护林工程* 包括沿海防护林的合拢改造，高速公路、国道、省道、市县道、乡村道的绿色通道、绿色长廊建设，以及治理风沙化造林。海南岛的1 528米长的海岸线的海防林已基本合拢，但由于大部分是木麻黄纯林，加上种植时间已久，防风固沙能力已大大下降。经过试验证明，在木麻黄纯林中套种椰子树，效果极佳，既可提高防风能力，又可增加沿海地区农民的经济收入，形成集生态防护、环境美化和经济效益于一体的多效防护林。2000年已在海防林中套种椰树0.23万公顷，绿色通道、绿色长廊种植椰树0.13万公顷。在儋州蚂蝗岭进行水土流失治理造林0.07万公顷。在昌江、东方、乐东等市县荒漠化较严重的地段，开展科技攻关，营造试验林。采取木麻黄与椰林套种，加种蔓荆、野菠萝、仙人掌，提高植被覆盖度，改善幼树生境，促进林木生长，荒漠化治理造林共0.07万公顷。（张其光）

## 重庆市林业

**【概　述】** 2000年，重庆市各级林业部门高举生态环境保护和建设的旗帜，认真实施西部大开发战略，以保护好现有森林资源为基础，以实施天然林保护、退耕还林和绿色通道工程为龙头，以恢复和扩大林草植被为重点，埋头苦干，扎实工作，促进了全市林业持续健康地发展。

*营造林生产任务超额完成* 全市完成营造林25.7万公顷，其中成片造林14.93万公顷，封山育林10.73万公顷，分别为市政府下达目标任务的128.3%、149.3%、107.3%；完成“四旁”植树7 200万株，为年计划的103%；完成播种育苗1 733公顷，为年计划的130%。

*年森林限额采伐大幅度减少*　全市森林限额采伐实际执行指标68万立方米，比国家林业局下达的采伐限额控制指标104.4万立方米少采36.4万立方米，低于控制指标的35%，有效地降低了森林资源的消耗。

*森林火灾得到有效控制*　全市各级政府和职能部门，坚持"预防为主，积极消灭"的方针，层层落实森林防火责任制，切实抓好以野外火源管理为中心的群防工作，收到了较好的效果，全市森林火灾受害面积为450公顷，森林火灾损失率为万分之二点六，低于市政府下达的森林火灾损失率控制在有林地面积万分之三以下的目标。

*森林病虫害防治成效显著*　坚持把森林病虫害防治纳入各级政府和职能部门的年度工作目标考核内容，严格奖惩，加强预测预报，适时进行防治，有效地控制了森林病虫危害。全市共发生各类森林病虫害14.25万公顷，防治面积10.95万公顷，防治率为76.8%，高于国家林业局提出的防治指标11.8个百分点；森林病虫害成灾率仅为0.055/1 000，低于国家林业局提出的0.5%的控制指标，保证了林木的正常生长。

*科技兴林进一步加强*　组织开展了重庆市生态环境建设林木种苗发展战略及对策研究、三峡库区珍稀濒危植物适地保护研究、三峡库区珍稀濒危植物的种群生态学研究、笋材两用竹丰产栽培技术推广、重庆市林业名优原种引种示范繁育研究等国家级和市级科研项目10项，已完成试验研究项目4项，推广林果优良品种20个，为年计划的200%，推广马尾松切根育苗，蜀柏毒蛾防治技术等先进实用技术10项，推广应用率达到52%，提高了林业生产的质量和效益。

*国有林场解困脱贫工作成绩突出*　坚持"以林为本，合理开发，综合经营，全面发展"的办场方针，采取对场施策，分类指导，具体帮扶的一系列解困措施，帮助林场走出困境。全市又有7个国有贫困林场实现脱贫，职工年均收入达4 150元。　（陈思明）

**【认真实施天然林资源保护工程】**　紧紧抓住"关"、"停"、"转"、"管"、"建"五个环节，全面推进天然林资源保护工程建设。全面关闭林区木材加工厂300余家，取缔林区木材交易市场12个，使现有森林资源得到有效保护；大幅度调减木材产量，全面停止了商业性森林采伐；妥善分流安置富余职工；采取措施，全面实施森林资源管理；落实国有森林管护人员达7 587名；扎实开展公益林建设，全面完成了公益林建设任务。（陈思明）

**【切实抓好退耕还林还草试点工作】**　国家安排重庆市6个试点区县退耕还林任务4.53万公顷。为了确保试点任务的圆满完成，市、区（县）政府采取有效措施，切实抓好退耕还林试点工作。一是市和试点区（县）建立完善了退耕还林还草试点工程领导小组；二是制定出台了"三补两免两落实"政策（"三补"，指国家向退耕农户每退耕还林还草一亩，每年无偿补助150千克粮食、20元现金和种苗费50元。"两免"，指免交农业税和核减粮食订购任务。"两落实"，指全面落实个体承包政策和颁发林权证政策）；三是集中时间，集中精力，全力以赴打歼灭战；四是实行退耕还林还草试点工程责任制，层层签订目标管理责任书；五是狠抓了技术指导和质量管理工作，有力地推动了退耕还林还草试点工作。全面完成造林种草任务4.53万公顷，其中退耕地造林种草1.34万公顷，均超额完成了年度计划，成活率达到90%以上。　（陈思明）

**【大力抓好林木种苗工程建设】**　进一步完善了种苗工作政策措施，制发了《关于搞好当前苗木管理工作的通知》、《关于颁发退耕还林还草工程"林木种苗生产许可证"及"林木种苗经营许可证"的通知》等6个规范性文件；加强了林木种苗的行业管理。全市颁发林木种苗生产许可证、林木种苗经营许可证2 000余份；全面启动了林木种苗工程建设，完成了市级林木种苗示范基地可行性研究、立项、审批和规范设计，并动工建设，还投资近5 000万元启动了25个苗圃基地建设；积极引进良种和推广育苗新技术，从福建、山东等5省筛选引进适合重庆地区栽植的优良种源20余个，推广杉木无性系育苗、"三当"育苗（当年播种、当年嫁接、当年出圃）等新技术和科技人员承包育苗办法，提高了林木种苗生产的科技含量。　（陈思明）

**【加大了国有林场深化改革的力度】**　重庆市林业局在实施西部大开发战略中，为了进一步放宽政策，加快国有林场改革发展的步伐，制定出台了加快国有林场的"一鼓励"、"七允许"、"九可以"的一系列政策。"一鼓励"，即鼓励林场职工入股经营或出资购买国有林场的经营权。"七允许"，即允许国有林场向社会各界公开拍卖经营权；允许各类经济组织兼并国有贫困林场；允许国有林场依法处置闲置或利用率较低的存量资产；允许国有林场将森林资源资产作为资本控股、参股，与外商以及其他企事业单位联合组建股份制企业；允许国有林场与乡林场、村林场、林农发展联营和股份合作林场；允许国有林场依法划出一定范围的国有林地，实行特殊经营政策，吸引外资经营、开发、利用森林景观；允许公民租用国有林场的林地兴办家庭林场。"九可以"，即国有林场较多、森林经营面积较大的区（县），可以以骨干林场为核心，联合组建国有林业总场，条件成熟的地方，可以按照自愿互利的原则，组建紧密或半紧密型的国有林场集团，或以产品为龙头组建松散型的国有林场联合体；经营规模大、多种经营项目多的国有林场，分解责任和利益，内部实行自主经营、自负盈亏，建立统分结合的双层经营管理体制；经营规模小、经济效益差的国有林场，可以就近并入规模大、实力强的国有林场；可以在产权关系不变的前提下，实行承包、租赁、联营，或以股份合作制经营；经营面积小、森林资源差、交通不便的国有林场，经区（县）林业主管部门申报，市级林业主管部门批准，可予以撤销，其森林资源可以划给林场职工或采取其他形式管护；零星分散、不便经营的小中型国有林场，可以划给林场职工或当地农民经营，实行有期限无偿使用责任制；林场的荒山荒地，可以由林业干部职工以承包、租赁、股份合作等多种形式经营；承包、租赁期放宽到50年，可以继承。各地认真贯彻这些政策，详细制定改革方案，并认真实施落实，一些场圃已取得初步成效。

（陈思明）

**【中德合作造林工程建设进展顺利】** 中德合作造林项目于1999年1月正式在涪陵区、丰都县、石柱县、忠县等4个区（县）启动实施。2000年，市及各项目区（县）严格计划管理，落实目标责任，搞好咨询培训，狠抓育苗造林，加强质量监督，确保了造林工程建设的顺利进行。4个项目区（县）共完成参与式土地利用规划9 204.05公顷，新育苗22.42公顷，产合格苗1 245万株，新造林1 850.9公顷，封山育林2 835.0公顷，开展幼林抚育933.3公顷，为下年造林清林整地2 133.3公顷；提交了项目第一次报账提款材料，编印了项目资料汇编、混农林业和经济林木培训教材，开展了项目咨询培训，参加国内外培训人员达22 688人次，其中对受益人培训21 465人次；完成造林成效监测1 026.4公顷，造林苗木监测22.42公顷。 （陈思明）

**【长江干流绿色通道工程建设又有新进展】** 长江干流重庆段沿江13个区（县）进一步完善了工程责任制度、奖惩制度等一系列有效措施，抓住冬春农田基本建设的有利时机，集中人力、物力、财力大搞植树造林活动，使长江干流绿色通道工程建设有了新进展，沿江13个区（县）共计完成造林任务2.8万公顷，绿化长江两岸600多千米。特别是奉节县做到认识、措施、责任、管护四到位，稳步推进了长江干流生态工程建设，截至2000年度，已完成长江干流生态林工程造林4 801公顷，为总目标任务的4 706.7公顷的102%。①认识到位。该县把搞好长江生态林工程建设作为实施西部大开发战略，改善三峡库区生态环境和农业生产条件的重要举措来抓，县委书记、县长多次带领“四大家”领导、各部（委、办、局）负责人和工程涉及到的乡（镇）领导召开现场会，帮助解决工程实施中的具体问题和困难，并带头营造样板示范林。②措施到位。一是工程造林合同化：县林业局作为甲方，将造林地块以合同的方式直接发包给乙方，并聘请林业站工程技术人员作为甲方的监理，对甲方负责。二是造林行为规范化：按照超前规划、按图施工、跟班作业、验收拨款等程序对造林工程进行管理。三是苗木检验责任化：苗木上山定植后，发现苗木质量问题，将追究检验人员责任。③责任到位。在工程造林过程中，重点落实造林承包合同、监理合同、甲方代表职责及考核办法，监理职责及考核办法。凡验收不合格的，对驻片技术人员暂缓职称评聘，年度考核降低一个等次。对监理单位的林业站，取消年度责任目标考核资格。④管护到位。该县在制定造林规划、落实造林任务的同时就将管护的人员、资金、制度、责任等加以落实，做到造林一片、管好一片、成林一片。 （陈思明）

**【开展“一杯一制”竞赛成效更加显著】** 重庆市绿化委员会和林业局继续在全市各区（县、市）人民政府和林业局中分别开展“绿化杯”竞赛活动和林业工作年度目标责任制考核活动。按照竞赛规则和考核办法，通过参赛单位自查总结和重庆市绿化委员会、重庆市林业局检查考核，综合评定，评出了合川市、渝北区、黔江区、云阳县、奉节县等5个区（县、市）为“绿化杯”获得者；涪陵区、万盛区、江津市、铜梁县、武隆县、潼南县、梁平县、巫溪县、酉阳县、秀山县等10个区（县、市）为造林绿化先进单位；有10个区（县、市）获目标责任制考核一等奖，有22个区（县、市）获目标责任制考核二等奖，有5个区（县、市）获目标责任制考核三等奖。市绿化委员会、市林业局分别对荣获“绿化杯”和目标考核获奖单位及责任人予以通报表彰，分别授予奖杯、奖牌和荣誉证书，并给予一定数额的奖金。通过开展“一杯一制”竞赛活动，有效地促进了全市林业的健康发展。 （陈思明）

**【重庆市2000年林业大事】**

1. 2月16日，重庆市绿化委员会第五次全体（扩大）会议在渝中区召开。副市长、市绿委主任陈光国主持会议并作讲话。会议回顾总结了1999年全市造林绿化工作取得的成绩，安排部署了2000年重庆绿化建设目标任务，表彰了1999年度5个“绿化杯”和10个“造林绿化先进”获得区（县、市），并对80位同志授予了重庆绿化奖章。

2. 2月17日，重庆市政府在渝中区召开了全市林业公安工作会议。市委常委、市农工委书记税正宽，市政府副市长陈光国，市政协副主席黄立沛等领导到会并作讲话。会议分析了当前形势，部署了2000年林业公安工作，表彰了1999年度林业公安先进集体10个和先进个人30名。各区（县、市）分管领导、林业局长、林业公安科（所）长参加了会议。

3. 3月18日，中国绿色时报社、中国绿化基金会、重庆市林学会、日本奥依斯嘉国际组织共同发起并在江北区铁山坪林场开展了以爱护环境，保护我们共同的家园地球为主题的中日青少年营造绿色纪念林活动。共植下各种常绿树1 500多棵。活动中，还举行了中日青少年营造绿色纪念林揭碑仪式。

4. 3月20日，重庆市林业局作出决定，在全市范围内开展保护野生动物专项整治行动。按照安排，整个行动分三个阶段，时间为10个月。

5. 3月28日，重庆市1 000余名市直机关干部和驻渝部队官兵在重庆城郊开展义务植树。市委书记贺国强、市人大常委会主任王云龙、市长包叙定等市的四大班子领导参加了这次植树活动。共栽植重阳木800余株，植下草坪近2 000平方米。

6. 3月29日，万州区五桥管委会溪口乡柏林村一社发生重庆历史上罕见的重大森林火灾，过火面积206.4公顷，其中受害森林面积达175.4公顷。

7. 4月1～7日，重庆市组织举办了直辖以来的第四届“爱鸟周”活动。开展了“爱鸟周”万人签名活动。

8. 4月24日，重庆市政府在渝中区召开退耕还林还草试点示范工作动员会议，正式启动了重庆市的退耕还林还草试点示范工程建设。市长包叙定主持会议并作讲话，副市长陈光国对重庆市退耕还林还草工作进行了全面部署。

9. 6月15～30日，重庆市开展集中整治非法捕杀经营青蛙专项行动。共抽调林业公安民警和野保执法人员250余人次，动用车辆320台次，检查集贸市场429处，查获青蛙14.45万只和其他野生动物320只，处理违法人员250人次。

10. 6月26日，重庆市制定印发《重庆市国有林场改革发展意见》，从政策措施、组织管理、投入机制、科技兴林等10个方面提出了改革方案，全面深化国有林场改革工作。

11. 7月3～5日，重庆市国有林场工作会议在南川市召开。市委常委、农工委书记税正宽到会并作讲话。会议对实施《重庆市国有林场改革发展意见》，全面开展国有林场改革工作进行了安排部署。

12. 7月13日，重庆市作出决定，在全市范围内开展保护森林资源三号行动。

13. 8月9日，经重庆市机构编制委员会审定，重庆市人民政府批准（市政府办公厅渝委办［2000］106号文），将重庆市林业局公安处更名为重庆市林业局森林公安局。

14. 9月1～30日，重庆市森林公安系统组织开展了“秋季严打”行动。共出动森林公安民警280人次，清查场（点）43个，关闭木材黑市交易市场2个，查处违法人员353人（其中刑事拘留6人），收缴木材73立方米、野生动物2 311千克。

15. 9月23日，国家审计署济南特派办派出的审计组按计划完成对重庆市1998年至1999年6月期间天然林资源保护工程资金管理使用的专项审计。这次审计，历时3个多月。

16. 9月26日，重庆历史上的第一次湿地资源调查工作顺利完成，并通过了重庆市湿地调查领导小组和专家技术人员组成的评审组评审。

17. 9月27日，国家林业局批复同意成立国家林业局法律事务中心重庆分部，杨富权同志被聘任为分部主任。

18. 10月1～31日，重庆市组织开展了直辖以来的第三届保护野生动物宣传月活动。

19. 10月11日，重庆市三项重点造林工程工作会议在渝北区召开。会议对重庆正在开展的长江干流生态林、世界银行贷款造林和中德合作造林等三项重点造林工程进行了认真总结，并对下一步开展好三项重点工程建设提出了具体目标和要求。

20. 11月14日，重庆市颁发《重庆市森林公园管理办法》，进一步规范了全市森林公园管理。该办法自颁发之日起施行。

21. 11月27日，涪陵、万盛、武隆、铜梁4区（县）林业站合格县建设工作通过了国家林业局林业工作总站的检查验收。

22. 12月20日，重庆市历史上第一次科学系统的动植物资源调查工作胜利结束。

23. 12月20日，重庆市颁发《重庆市推广应用林业科技成果奖励暂行办法》。该办法于2001年1月1日起施行。

24. 12月30日，重庆市全面完成天然林资源现状调查。调查精度经国家林业局西北林业调查规划设计院核查认可。（王太奇）

# 四川省林业

## 【概　述】

### 发展与成就

**营林生产**　全省完成造林面积48.9万公顷，其中，人工造林39.6万公顷，飞播造林9.3万公顷；完成迹地更新0.88万公顷；封山育林新封面积21.84万公顷；新育苗0.5万公顷。

**林业投资**　全省完成投资24.72亿元，其中国家投资22.04亿元；完成营林基建投资12.92亿元，其中造林投资12.77亿元，护林防火投资1 460万元。

**林业重点工程**　全省长江中上游防护林工程、平原绿化工程以及天然林保护工程、退耕还林还草工程等林业重点工程，完成造林面积29.53万公顷，其中，天然林保护工程造林 18.72 万公顷，退耕还林还草 9.92 万公顷，长防林 0.87 万公顷，平原绿化 0.012 万公顷；封山育林完成 10.9 万公顷；新育苗面积 0.25 万公顷。全省林业重点工程实际完成投资 166 813 万元，其中国家投资 157 046 万元，群众投工投劳 6 477 万元。

*林业产值* 全省林业系统产业总产值 119.25 亿元，其中第一产业 97.1 亿元，第二产业 18.43 亿元，第三产业 3.71 亿元。

**改革与林政实施**

*天然林保护工程取得新的进展* 一是在巩固停止天然林商业性采伐成果的基础上，对全省 1 920 万公顷森林（包括人工林、灌木林、未成林造林地）依法进行了管护。二是采取封、飞、造等多种方式，完成人工造林 12 万公顷，飞播造林 13.53 万公顷，封山育林 23.07 万公顷，均超过国家下达的计划。三是加强了对各市（州）和项目实施单位工程资金的稽查监督；配合国家审计署，对全省 1998 年和 1999 年两年来的工程资金进行了全面审计，审计金额达 16 亿元，占中央同期投资的 75%，审计结果没有严重的违纪问题。四是根据国家部署，编制上报了《四川省天然林资源保护工程规划方案》，并积极争取中央的支持，2000 年 11 月，得到国家林业局等四部（委、局）的正式批准。

*退耕还林还草试点工作初见成效* 一是加强试点工作的指导。从退耕还林还草工作一开始，省里就制定下发了实施方案；在试点过程中，针对部分地方存在的薄弱环节，省上先后两次发出通知，就突出治理重点、尊重农民意愿、严格执行计划等问题作了具体规定；国务院 24 号文件下发后，省政府又提出了具体贯彻意见，就落实责任制、加强工程管理、保障种苗供应等工作提出了新的要求，对规范试点工作起了重要指导作用。二是兑现补助政策。根据省上决定，2000 年 3 月 15 日前和 2001 年 1 月 20 日前，按国家标准分两次向退耕农户兑现了 2000 年度粮食和现金补助，极大地调动了农民退耕还林还草的积极性。三是积极探索退耕还林还草模式。2000 年 7 月，在天全县召开了退耕还林还草现场会，交流了试点经验。各地根据会议精神，在实践中不断探索，初步总结出了林—草—牧、林—竹—纸以及林草结合、林药间种等多种模式。四是完成退耕还林还草栽植任务。全省各级党政加强领导，林业部门精心组织，有关部门密切配合，广大群众共同努力，完成了国家下达的试点任务。经国家林业局和省上组织的专业队伍检查验收，面积合格率和成活率均达到国家规定标准，面积核实率 99.2%，合格率 99%，平均成活率 95%以上。

*种苗工程全面启动* 自 1999 年启动川西重点林区三州三市（甘孜藏族自治州、阿坝藏族羌族自治州、凉山彝族自治州、攀枝花市、乐山市、雅安市）9 个中心苗圃建设后，2000 年全省 25 个中心苗圃、158 个骨干苗圃和种子基地建设又全面启动。大部分中心苗圃按总体设计完成了改土、修路、供电、给排水、防护设施、塑料大棚、生产管理用房等建设项目；骨干苗圃和采种基地建设的规划设计工作已接近尾声。2000 年，不少地方种苗基地建设已经形成规模。全省共采集林木种子 120 万千克，从国外、省外调进种子 30 万千克；新育苗近 0.53 万公顷，产苗 23 亿株；引进和培育了三倍体毛白杨、杂交竹、巨桉等一批优良品种，保证了造林绿化所需种苗。

*科技教育健康发展* 继续实施科技兴林“双百”工程，到 2000 年底共筛选了 100 项新技术、新成果在生产中应用推广，试验示范面积达 5.33 万公顷；积极争取国家和省的扶持，落实高新技术产业化项目、星火项目、新技术中间试验项目 15 项；采取“双向选择”的形式，组织科技人员继续对天保工程实施单位进行科技帮扶活动；结合退耕还林还草试点，制定了《四川省退耕还林（草）工程科技指导纲要》，狠抓科技示范点建设；组织专家对干热干旱河谷进行了专题考察，为治理干热干旱河谷提出了很有价值的意见和建议。坚持开展各类业务培训和基本技能培训，全年共培训在职人员 1.8 万人次，林农 14.2 万人次。经过职业教育和技能培训，林业行业 35 个关键岗位全部实现持证上岗。

*生物多样性保护进一步加强* 各地抓住实施两大工程的机遇，加快了自然保护区和森林公园建设步伐。到 2000 年底，全省自然保护区由 46 个增加到 77 个，保护面积由 2.36 万平方千米上升到 4.74 万平方千米，占幅员面积的比例由 4.87%提高到 9.78%；森林公园由 48 个增加到 73 个，经营面积由 31 万公顷上升到 42 万公顷。这不仅使大量生物资源得到了有效保护，也为发展生态旅游创造了条件。卧龙保护区中华大熊猫园一期工程竣工。完成了 13 个县（市）和 9 个自然保护区的大熊猫资源调查及 16 个县（市）大熊猫栖息地社会经济调查；其他野生动物资源调查也取得了重要成果。全年繁殖大熊猫 8 胎 12 只，成活 11 只。

*“三防”工作取得明显成效* 2000 年，全省共发生森林火灾 114 次，受害面积 69.33 公顷，分别比 1999 年下降 58.6%和 84%，取得历史最好成绩。森林病虫害防治工作坚持预防为主，加强虫情监测，开展区域性防治，病虫害成灾率仅为 0.03%。森林资源保护管理力度加大。2000 年 9 月，国家林业局在四川省建立了森林资源监督专员办事处，有力地促进了森林资源保护管理工作。按照国家林业局的部署，开展了林政执法大检查、保护森林资源三号行动、野生动物保护执法年等活动，集中力量查处了一批乱占林地、乱砍滥伐林木和乱捕滥猎野生动物等典型案件。全年共查处各类林业行政案件 1.26 万起，案件比 1999 年下降 35.7%；对国家和省领导批转的 45 件大要案进行了跟踪查处和督办。全省森林公安配合“严打”斗争和天保行动，破

获各类森林案件 7 091 起，挽回经济损失1 369万元。

对外开放不断扩大　全省林业与德国、日本等国家及世界银行建立了广泛联系，在生态环境保护与可持续发展、生态旅游与种苗培育、野生动植物保护与自然保护区建设、营造林、资源保护、产业开发、智力引进、技术培训与研究等方面，继续扩大合作与交流。2000 年又新启动了中日专项技术合作项目、中日合作安宁河开发调查和亚洲动物基金黑熊救护项目。这些合作项目，不仅增加了林业建设的投入，培养了科技管理人才，而且扩大了四川林业，特别是天保工程、退耕还林还草和生物多样性保护在国际上的影响。

确定了今后一个时期的奋斗目标　四川省委省政府从四川所处的特殊地理位置出发，针对生态脆弱的实际，提出了把四川建成"长江上游生态屏障"的宏伟目标，要求生态环境建设五年初见成效，十年大见成效。到"十五"期末即 2005 年，新增森林面积 200 万公顷，森林覆盖率由"九五"期的 24.23%提高到 28.4%，年均递增 0.6 个百分点；到 2010 年，森林覆盖率提高到 30%以上。今后十年，要完成四大任务：一是对 1 920 万公顷森林实行常年性管护；二是对 94.47 万公顷疏林地实行封山育林；三是对 353.33 万公顷荒山荒地进行治理，每年造林 40 万公顷以上；四是对陡坡耕地有计划、分步骤地退耕还林还草。

**存在问题**　实施天然林保护和退耕还林还草两大工程后，除地方财政减收、林农收入减少外，林业部门的育林基金减少 4 亿元，以育林基金支撑的林业科技推广站、病虫害防治站、林业工作站、林科所等服务体系的 4 万多名职工无工资来源；林业企业离退休职工非统筹以外的费用（占 20%左右）以及按国家明文规定需提取的工伤保险、失业保险、医疗保险、工会经费、住房公积金、教育基金等 8 种费用（占工资总额的 40%左右）无列支渠道；森工企业的历史债务 20.8 亿元无力偿还。同时，因四川地处高山峡谷，山高坡陡、干旱干热河谷荒山面积大，又处高火险区，管护和造林难度大，国家给予的投入远远不能满足工程建设的需要。（李国明）

**【绿山富民双百工程成效显著】**　按照省委、省政府关于"科技兴川"和国家林业局"科技兴林"的部署，四川省林业厅于 1997 年启动了科技兴林绿山富民"双百工程"，即从 1997 年开始，到 2000 年，推广 100 项林业科技成果，每个项目建设后年新增产值 100 万元。

3 年来，各地围绕林业生产的实际，结合天然林保护工程、退耕还林还草工程、荒山治理及林业产业化建设等方面，共实施了 100 个项目，推广面积 5.33 多万公顷，取得经济效益近 1 亿元。如杂交良种撑绿竹推广项目，共培育杂交竹 200 多万株，产值达 500 多万元；种植面积 0.33 万公顷，3 年后，每公顷产竹材 15 吨，可增产竹 5 万吨，年增产值可达 1 000 多万元。

（李国明）

**【中华大熊猫园一期工程竣工】**　1999 年 9 月，朱镕基总理视察卧龙自然保护区时，指示要扩大大熊猫的生存范围，让大熊猫回归自然。2000 年 4 月，四川省委书记周永康考察卧龙保护区时，要求尽快修建大熊猫半野生放养场。根据中央和省领导的指示，从 2000 年初，国家林业局和四川省林业厅着手规划中华大熊猫园的建设，一期工程于 11 月 25 日竣工。中华大熊猫园一期工程占地面积 1.5 万平方米，新建 4 个半野外散放场，改建 3 个半野外散放场，建设兽舍等其他配套设施 616 平方米，修建壕沟、隔离墙、园内道路 2 290 米，工程投资 455 万元。

中华大熊猫园一期工程的建成，标志着大熊猫保护从圈养方式向与栖息地环境相似的开放式散放场迈进，标志着大熊猫保护工作在观念上的重大转变，将为下一步续建工程建设积累经验。目前，中华大熊猫园二期工程已完成可行性论证和工程的前期准备工作。

（李国明）

**【天保行动取得阶段性成果】**　国家林业局森林公安局部署的天保行动，在四川省各级党委、政府的高度重视下，在各级公安、林业部门的精心组织和全社会的关注下，取得显著成效。据统计，天保行动期间，全省共出动警力 18 772 人（次）、车辆 4 659 台（次）；查处各类森林案件 1 832 件；依法打击处理违法犯罪人员 2 312人，收缴木材 5 077 立方米，为国家和集体挽回经济损失 392.5 万元。其主要做法有：

1. 加强领导，周密部署。省林业厅成立了以曹正其厅长为组长的领导小组，制定了实施方案，确定重点范围和打击重点对象，保证专项工作经费。召开电台会议，下发文件，进行安排部署。各市（州）和县（市、区）成立领导小组，落实人员、经费和装备。

2. 精心组织，摸底调查。各地按照国家和省上的部署，精心组织，深入林区明察暗访，摸排线索；分片负责，寻找案源；收集证据，摸清犯罪嫌疑人；发动群众，设立举报电话。通过摸底调查，掌握了一批应予打击的第一手材料。

3. 重拳出击，统一行动。各地根据调查掌握的案件线索、犯罪嫌疑人，在国家规定的统一行动时间里，集中投入警力、装备，进行搜捕、巡查、守候、清理。在"统一行动"中，公安干警发扬吃苦耐劳和连续作战的精神，把侦破查处案件作为重中之重，集中优势兵力，各个击破。

4. 加强指导，实行舆论监督。从省到市（州），公安、林业主管部门的负责同志深入林区进行指导，检查督促，有效地推动了天保行动的开展。各地充分运用舆论工具，及时宣传报道感人事迹和违法犯罪事例，形成强大的舆论氛围。据不完全统计，全省各地新闻媒体共报道天保行动战况 156 件（次）。

通过开展天保行动，有效地制止了乱砍滥伐、乱捕滥猎等违法犯罪活动，巩固天然林保护成果。

（李国明）

**【北川县依靠科技推动退耕还林还草】** 北川县是国家林业局确定的全国退耕还林还草科技示范县。该县在国家林业局、中国林科院、四川省林科院的指导下，从实际出发，总结探索出了退耕还林还草六种模式。

1. 林草牧型模式。由桤、桦木林带和牧草带各30米一间隔构成，林下也可种草，牲畜圈养。

2. 林药型模式。由生态林带和草本药材种植带（如黄连、乌药等）间隔构成。

3. 生态型模式。由针、阔叶林木混交组成，其中经济林木控制在20%以内。

4. 坡改梯型模式。在山腰以上坡度较陡的地带发展生态林，在山脚25度左右坡度较缓的地带将坡地改为梯地，改善土质，提高产量，以弥补耕地减少对粮食的影响。

5. 森林管护型模式。以经济林和用材林为主，林下发展种植、养殖业，圈养牲畜和种植菌类。

6. 林茶桑模式。由桤木林带和茶、桑带间隔构成，以桤木根系富含氮来滋养茶、桑。 （李国明）

**【沐川县退耕还林走出产业化发展致富新路】** 地处四川盆地西南边缘的沐川县，通过以竹子为链条的公司＋基地＋农户的产业化经营模式，走出了一条致富之路。早在10年前，沐川县就采取了“政府投苗，农民投劳，谁造谁有”的政策及减免农税、缓征农林特产税、企业投入等措施，依托龙头企业——永丰纸业股份有限公司，鼓励农民退耕还林（竹）。十几年来，全县涌现出造林栽竹大户700户，面积达0.67万公顷。

通过退耕还林(竹)，沐川县现有竹林达2.67万公顷。农民每年为龙头企业提供原料的收入人均达到了470元，接近农民人均收入的1/3；为地方财政提供税收2 200多万元，占全县财政收入的1/3。永丰纸业公司也以丰富的原料为依托，不断壮大，现已拥有8条先进生产线，能生产20多个品种的高中档文化用纸，年创税利超过3 000万元。 （李国明）

**【安县百户农民承包荒山创新业】** 安县采取多种措施支持山区能人跨出家门外出承包荒山，为发展山区经济多作贡献。目前，全县已有120多名山区能人跨村（社）、乡（镇）和市（县）开发荒山，总投入1 400多万元，开发荒山荒坡1 066.67公顷，其中种植果树、木本药材等经济林达800多公顷，年均创产值6 000多万元，人均达110多万元，最高的达800多万元，支持当地贫困户发展经济林达2 800多户，2000年户均收入达32 000多元，被当地干部群众称为科技开发山区的领头雁，带头人。

晓坝乡西河村黄开金、刘云山、李华兵等12人自筹资金20多万元，承包了村外茶坪乡一个集体林场，年交集体12 000元，承包荒山10多公顷，他们运用科技种植药材、优质果苗，年收入达60多万元；茶坪乡农民王云华、刘文丰、何高平等人在北川县山区承包荒山2.67多公顷，投资18多万元栽植经济林木，经过6年的科学管理，现年产均创产值近20万元，人均纯收入3万多元。

许多能人致富后，不忘党的好政策，主动回报社会，帮助当地贫困户提供技术、优质果苗，走共同致富的道路，有的被当地党委、政府评为劳动致富先进个人和扶贫模范，为山区经济发展作出了重要贡献。

（李国明）

**【岷江造林局以天保工程为龙头，培植新产业】** 1998年9月1日，四川启动实施天然林保护工程，宣告了岷江木材水运局40余年木材水运历史的结束，昔日赶漂人，从此变成了种树人，更名为岷江造林局。

面对全新的事业，岷江造林局党政一班人讲团结、思政绩、谋发展、采取调整产业结构，加大转产力度，盘活闲置资产，努力减亏增盈等方法。围绕“抓转产，保稳定，求发展”的总思路，决定以天然林保护工程为龙头，加快转产力度，培植新的经济增长点。

岷江造林局原是一个木材水运企业，无经营范围，他们在州政府、林业主管部门的支持下，在岷江沿线与当地政府签订协议，落实造林地。岷江中游段是干旱河谷区，造林难度大。但是岷江人不怕困难，敢于挑战。2000年3月中旬，在理县桃坪吹响“挑战干旱河谷，绿化阿坝河山”的进军号角，在全州率先打响了大战干旱河谷的战役。通过两年多的不懈努力，先后在汶川、茂县、理县、小金等县境内完成人工造林1万多公顷，封山育林3万多公顷。

由于历史的原因，该局20世纪80年代后，被列为全省13户重点森工特困企业之一。面对困难和实施天保工程的机遇，他们按照省委、省政府提出的“停（停止天然林采伐、停止木材水运）、造（造林）、转（转产）、保(确保离退休人员养老金的发放)”的工作思路，决定将原几十年用于木材收购、发运的成都洞子口贮木场改建为四川大西南建材城，利用优越的地理位置，占地20多公顷的广阔场地，4.37千米的5条铁路专线，先进的装卸设备、仓储条件，以及几十年来木材交易所形成的商业口岸和声誉，进行招商和经营，共投资1 500万元，建开式、闭式库房2.1万平方米，露天货场2.6万平方米、停车场0.17万平方米、营业房1.7万平方米，安置下岗职工2 300余人。现初具规模，完全形成经营能力。

与此同时，面对激烈竞争的市场经济，为有效发挥国有资产保值作用，该局先后分类改造，清理整顿了失去市场竞争力的公司（厂）5个，对内存潜力大、实力强、具有市场竞争力的转产项目加以扶持，确保经营规模上档次。至此，岷江造林局形成了天保工程、西南建材城、调整发展起来的转产单位三根经济支柱。

（李国明）

**【全国劳动模范陈胜久】** 陈胜久，系凉山州木里林业局营林职工，2000年荣获全国劳动模范称号。

在木里林区只要提到陈胜久的名字，没有一个人不称赞的。15年来，他一直工作、生活在造林营林生产第一线上，带领的班组年年获奖，他也连续12年受到局、处的表彰。

“不怕苦，不怕累，哪里有困难就到哪里去”，这就是陈胜久的精神与作风。他常说：“我年轻，身体好，不到艰苦的地方去，难道还让老同志去吗?”正是这样，他带领全班七八个小伙子，哪里艰苦就出现在哪里。

参加工作不久，他主动接手了营造三次都不成功的200公顷迹地更新任务。这片地因被火烧过两次，土质极差，牛羊践踏严重，更新3次，补植多次，都没成功。当时，班上的一些同志劝他不要接手，搞不好工资都拿不全。陈胜久说：“困难是大了点，但总要有人去干啦!这么大一片荒地不栽上树让人感到心痛啊!大家苦点累点算什么?只要付出了总会有收获”。就这样，他说服了班组成员，接受了任务。目前，这片树木已经郁闭，长势喜人，最高达两米多。

森工采伐迹地一般都在海拔3 500米以上，那里气候恶劣，夏天一日三变，冬天白雪茫茫，几十里地没有人烟。就是在这样一个生存条件下，陈胜久带领全班人转战林区，使一块块采伐迹地披上了绿装。15年来，他带领全班职工完成迹地更新造林1 700多公顷。

（李国明）

# 贵州省林业

**【概　述】** 按照省委、省政府关于建设“两江”(长江、珠江)生态屏障的要求，抢抓西部大开发林业生态建设的机遇，扎实工作，林业建设取得了可喜成绩。

*营林生产*　全省完成造林面积29.37万公顷，为计划的110%。按造林方式分，人工造林26.36万公顷，飞播造林3.01万公顷；按林种分，用材林8.37万公顷，经济林8.26万公顷，防护林12.41万公顷，薪炭林0.17万公顷，特种用途林0.16万公顷。完成封山育林新封面积30.23万公顷，为计划的151%；“四旁”植树（含零星）4 265万株，为计划的142%；完成采种1 089吨，幼林抚育作业面积29.23万公顷(次)，迹地更新10.38万公顷。义务植树2 629万株，为计划的131%，参加义务植树的人数为1 087万人，人均植树3.8株。

*林业重点工程*　重点工程完成人工造林11.95万公顷，为计划的100.31%；人工促进天然更新9.15万公顷，为计划的91.53%；封山育林24.20万公顷，为计划的102.51%；新育苗1 073公顷，中幼林抚育5万公顷。退耕还林还草工程完成退耕地造林和宜林荒山荒地造林1.81万公顷，为计划的100.4%。1999年天然林保护工程完成公益林建设34.94万公顷，为计划的99.7%，1999年长防林工程完成人工造林1.47万公顷，为计划的104%；封山育林1.6万公顷，为计划的103%。1999年珠防林工程完成人工造林0.61万公顷，为计划的100%；封山育林1.11万公顷，为计划的100%。世行贷款贫困地区林业发展项目在25个县实施，完成造林1.97万公顷，为计划的98.4%。

*林业产业*　全省生产木材32.08万立方米、毛竹168.29万根、锯材3.76万立方米、木片1.36万立方米、人造板9.36万立方米（其中胶合板1.34万立方米、纤维板1.93万立方米、刨花板4.65万立方米、其他人造板1.44万立方米)、木地板0.64万平方米、松香2 914吨。森工企业实现销售收入13 000万元。国有林场加大产业结构调整，经济林面积已达5 246.67公顷。第三产业有较大发展。

国家天然林保护工程启动后，由于禁伐天然林，限伐人工林，部分森工企业已关停并转。

*林业投资*　全省应拨资金57 134万元，实际到位47 154万元，其中国家预算内资金到位37 585万元，国内贷款320万元，利用外资4 000万元，自筹资金99万元，其他资金5 150万元。计划用于固定资产投资45 770万元，实际完成投资43 970万元，新增固定资产投资15 485万元。

*林业产值*　全省完成林业总产值26.05亿元，比1999年增加5亿元。其中第一产业实现产值22.25亿元，占85.4%；第二产业实现产值3.50亿元，占13.4%；第三产业实现产值0.30亿元，占1.2%。

*林副产品*　全省生产生漆1 006吨、油桐籽116 593吨、油茶籽8 195吨、乌桕籽4 180吨、五倍子1 495吨、棕片4 620吨、松脂4 392吨、竹笋干3 593吨、核桃7 492吨、板栗7 471吨、紫胶11吨、银杏594吨、松籽237吨、花椒1 614吨、八角147吨、桂皮328吨、食用菌1 581吨、山菜78吨、人参20吨、中药材571吨。

*林业科技*　林业科研项目获省林业科技进步奖一项，二等奖两项。申报省科委基金项目获准7项，申报省科委“十五”林业科技攻关项目25项，议定“十五”科技项目85项，为“十五”林业生态建设科技支

撑做好了前期准备工作。林业教育取得了重大突破，省林业学校分别获省政府、国家教委批准为省级、国家级重点中等专业学校，现正积极申办贵州省林业高等技术职业学院。

*林政资源管理*　进一步加强林木采伐管理和木材流通管理，确保商品材产量调减。全省商品材实际采伐量33.21万立方米，未超过35万立方米的控制指标。《贵州省征占用林地补偿费用管理办法》于2000年3月24日经省人民政府第47号令批准发布，为林业主管部门依法履行林地管理职责，依法收取森林植被恢复费提供了依据。完成株六复线、内昆铁路、水柏铁路、贵新、贵毕高等级公路建设征占用林地补办手续工作，共办理征占用林地手续30份，面积1 088公顷，签订补偿协议30份，补偿金额1 495.3万元。林业工作站、木材检查站建设进一步加强，又有10个县和30个木材检查站基本达到国家林业局对"两站"建设的要求，17个县理顺了林业工作站的管理体制，将林业工作站的人、财、物三权收归了县林业局。

各级林业部门切实加大执法力度，全年共查处林业行政案件10 123起，查处率为96.96%，挽回经济损失696.57万元，补种树木23.16万株。

*森林防火*　各级政府认真贯彻落实"森林防火工作行政领导负责制"，把森林防火列入政府工作的议事日程，层层签订森林防火工作责任状和目标责任书，具体落实了从县长到乡（镇）长到村、组的森林防火负责制。林业部门切实加强野外火源管理，坚持巡山守护，查火源、查隐患，抓重点、抓薄弱环节，加大森林火灾案件查处力度，从快、从严查处"第一把火"，有效地防止和减少了森林火灾的发生。全省共发生森林火灾643次，其中森林火警437次，一般森林火灾205次，重大森林火灾1次。森林受害面积0.14万公顷，比1999年下降19%，森林火灾受害率0.31/1 000，低于1/1 000的控制指标。

*森林病虫害防治*　认真执行森林病虫害防治目标管理，加大工程治理力度。全年森林病虫害发生面积5.17万公顷，为全省森林面积的1.14%，低于国家林业局4%和贵州省3%的控制指标；防治面积4.34万公顷，防治率84.1%。在6个地区11个县（市）启动实施了国家级松毛虫工程治理项目，规划治理面积8.78万公顷，实际完成治理面积9.51万公顷，其中营林治理措施完成6.97万公顷，生物治理措施完成2.35万公顷，其他治理措施0.19万公顷。生物防治率达到了24.7%，比往年的2%提高了22.7个百分点。

*林木种苗*　组织采收、调剂各类种子15万千克，保证了全年的育苗用种和飞播、直播造林用种。完成育苗面积1 687公顷，为年计划的126%，产合格苗7.5亿株，保证了全省植树造林用苗。组织编制全省林木种苗工程建设可行性研究报告8个，国家林业局已批复7个，批复资金1.6亿元。已落实天然林保护、退耕还林采种基地、良种基地、苗圃基地51个，续建2个，投入中央财政预算内专项资金4 963万元，地方配套880万元。林木种苗调运实行"一签两证"制度，并规定了主要造林树种苗木中准价。

*存在问题*　森林资源保护工作有待进一步加强，个别地方破坏森林资源的大案、要案时有发生；种苗市场有待于进一步规范和加强管理；林业产业发展滞后，森工企业和国有林场的困难面还比较大。（杨胜德）

**【退耕还林还草试点工程启动实施】**　在国务院的亲切关怀和中央有关部委的大力支持下，贵州省于2000年在14个县（市、区）启动实施了退耕还林还草试点工程。国家安排退耕还林还草试点任务1.8万公顷，其中退耕地造林种草1.34万公顷、宜林荒山荒地造林4 666.67公顷，中央投资7 469万元（含粮食折款）。工程涉及109个乡（镇）、374个村和5.6万户农户。据各试点县自查，截至2000年底，全省共完成退耕还林还草和宜林荒山造林1.81万公顷（退耕地造林1.34万公顷，宜林荒山荒地造林4 733.34公顷），为计划任务数的100.4%，其中生态林1.48万公顷，占完成数的81.9%，经济林3 066.67公顷，占完成数的17.0%，种草200公顷。苗木成活率达到85%以上，合格率95%以上。在完成的造林面积中，25度以上坡耕地占95%。全省共兑现退耕还林还草粮食补助1 586万千克，占计划数3 000万千克的52.9%，兑现现金补助205万元，占计划数400万元的51.2%。未完成兑现的主要原因是计划下达较晚，冬季造林须经检查验收合格后方能兑现。完成种苗等基础设施投资1 505万元，占投资计划的100%。主要做法：

1. 加强领导。省政府高度重视，把退耕还林还草工程作为实施西部大开发的标志性工程之一，切实加强领导，认真研究部署，成立了省天然林资源保护和退耕还林工程领导小组，负责组织协调退耕还林还草试点工作中的重大问题。各有关地（州、市）和试点县都成立了相应的领导小组和办事机构。

2. 落实责任制。省政府《关于进一步做好退耕还林还草试点工作的实施意见》（黔府发［2000］38号），对退耕还林还草试点工作，从加强领导、明确责任、完善政策措施、到加强建设管理、强化监督奖惩等作出了明确规定。试点县与地（州、市）政府签订目标责任状，一把手负总责。领导办点、分片包干、责任到人。严格兑现奖惩。

3. 制定优惠政策。在国家对退耕农户每亩每年补助150千克原粮、20元现金和一次性补助种苗费50元的基础上，制定了有关优惠政策：对退耕地减免农业税和定购粮；粮食按玉米和稻谷各50%进行补助；粮食顺价销售出现的差价由省级粮食风险基金中解决（全省安排500万元）；粮食的调运费用由省、地、县按4：3：3的比例解决；省财政对试点县前期工作和技术培训给予每亩5元的补助；退耕户在完成退耕还林还草任务后其承包期一律延长到60年，并核发林权证，明确权属；及时兑现补助等。

4. 加强宣传与培训。印发《退耕还林还草试点工作问题解答》等宣传资料6万册，《贵州省退耕还林还草造林种草实用技术》1万份，报纸、电视、电台等新闻媒体，广泛宣传发动。省财政安排60万元专项经费用于开展技术培训。

5. 严格检查验收。10月省组织11个核查小组，抽调45名技术人员分赴14个试点县，对已完成的退耕还林还草任务进行省级核查，并将核查结果及时进行了通报。（杨胜德）

**【贵州省天然林保护工程】** 1999年天然林保护工程在42个县实施。国家计划投资14 153万元，下达公益林建设任务35.06万公顷，其中人工造林4.11万公顷，封山育林20.95万公顷，人工促进更新10万公顷。实际完成营造林任务34.94万公顷，为计划的99.7%，其中人工造林4.82万公顷，为计划的117.2%，封山育林20.97万公顷，为计划的100.1%，人工促进天然更新9.15万公顷，为计划的91.5%。完成投资13 623万元，为计划的96.3%。（杨胜德）

**【贵遵公路绿化工程通过竣工验收】** 贵遵高等级公路绿化工程，从省会贵阳至历史名城遵义，跨贵阳市的云岩、乌当、白云、修文、息烽5个县（区）及遵义市的遵义县、红花岗区，全长159.5千米，共涉及17个乡（镇）99个行政村，规划营造林面积6 001公顷，其中人工造林5 328公顷、封山育林673公顷。工程从1998年1月正式启动实施，历时3年全面完成了绿化造林规划任务。2000年12月省绿化委员会委托省林业勘察设计院采用闭合环随机抽样的方法，对全线造林绿化进行了竣工验收。经抽查核实，工程实际完成造林面积6 153.6公顷，为计划面积的102%，其中人工造林5 541公顷，为计划的104%；封山育林612.6公顷，为计划的91%。面积核实率100%，平均成活率为91.3%，面积合格率100%。主要做法：

1. 领导重视，真抓实干。省政府把贵遵公路绿化工程作为实施开放带动战略、树立贵州良好形象的林业重点工程予以重视，成立了专门指挥部，分管省长亲自抓，省绿化办具体抓。各市、县也成立了相应的管理机构，并将工程完成情况作为乡（镇）年终实绩考核的主要指标之一，使绿化造林任务落到了实处。

2. 任务落实，责任明确。为了确保营造林质量，各县将任务分解落实到相应的乡（镇）、村，落实到责任人，造林前由项目所在乡镇与造林农户签订造林合同与3年管护合同，任务完成好坏与利益挂钩。遵义县林业局为了保证任务完成，从1999年11月起将全局干部、职工分成4个组，分别由4个领导带队，对4个乡（镇）的造林绿化进行承包，并将工资、出差费和造林任务、造林质量挂钩，对任务完成好、质量高的进行奖励，达不到要求的扣发工资和出差费。

3. 加大科技含量，提高造林成活率。工程从开始实施，就注重推广应用新的营造林技术成果，注重树种选择，选用优良品种，严把苗木质量关，严禁不合格苗木上山造林，适时栽植，提高造林成活率，确保工程整体质量。（杨胜德）

**【《贵州省森林条例》颁布施行】** 经贵州省第九届人民代表大会常务委员会第十五次会议通过，《贵州省森林条例》于2000年3月24日正式颁布施行。《贵州省森林条例》是实施《中华人民共和国森林法》和《中华人民共和国森林法实施条例》的具体化，是促进林业依法行政，保护、培育和合理利用森林资源，推进国土绿化，改善生态环境，实施依法治林的重大举措。《贵州省森林条例》共6章35条，突出了贵州特色，具有可操作性和针对性。一是强化了林木采伐监督、经营加工和木材运输的管理，有利于森林资源的保护；二是强化了县级人民政府的职能，有利于推动全社会办林业；三是总结了封山育林的经验，有利于加速国土绿化；四是强调了林木种苗的重要性，有利于确保植树造林的质量；五是强调了禁伐天然林和退耕还林，有利于生态环境建设，有利于促进农村经济的持续发展；六是明确了征占用林地的法定程序，有利于林地的保护和管理；七是首次明确了对古、大、名树的保护措施，有利于加强对珍稀树木的保护。（唐贵芳）

**【《贵州省征占用林地补偿费用管理办法》发布施行】** 2000年3月20日，省人民政府第47号令批准发布《贵州省征占用林地补偿费用管理办法》。该《办法》对征占用林地的审核、审批权限及程序作出了规定；制定了征占用林地四项补助费用——森林植被恢复费、林地补偿费、林木补偿费和安置费的收取标准；明确森林植被恢复费由省林业主管部门或其委托的林业主管部门收取，按预算外资金管理，用于植树造林，保护和培育森林资源。该《办法》的发布施行，从根本上解决了长期以来征占用林地补偿没有法定标准的问题，维护了林地、林木所有者和经营者的合法权益，有利于依法保护林地资源，有利于森林资源的合理利用和各项建设事业的发展。（侯勇军）

**【大方县退耕还林还草】** 大方县土地总面积35.02万公顷，25度以上坡耕地5.31万公顷，占耕地面积的35.5%。长期以来大面积坡耕地垦殖造成严重水土流失，生态环境不断恶化。2000年列为全省退耕还林还草试点县，工程措施扎实，进展顺利，取得了初步成效。主要做法和体会是：

1. 县委、政府把试点工程作为争气工程、民心工程、形象工程和可持续发展工程，认真组织实施，成立了由县委、政府主要领导任组长、副组长，县委办、政府办、计划、财政、林业、粮食、畜牧等部门负责人参加的退耕还林还草试点工作领导小组。为实施好试点工程，县政府安排了10万元启动经费。

2. 认真规划。按照“山上戴帽子、山腰系带子、山脚抓票子”的路子，认真编制规划。山顶以营造生态林为主，山腰以栽种经济林为主，山脚以种植中药材、牧草增加收入为主。

3. 强化科学管理。严格技术标准，抽调技术人员负责整地、施肥、植苗、抚育等技术环节的技术指导，现场示范。一名行政领导、一名行政干部、一名技术人员负责三个小班，并一包到底，奖惩挂钩。对技术指导不到位、行政组织不力的实行“黄牌”警告。实行种苗质量终身制。大力推广良种壮苗培育技术，防护林、经济林栽培技术，病虫鼠害防治技术，植物生长促进和增产技术等。抓好骨干中心苗圃基地建设，保证为退耕还林还草工程提供数量充足的合格苗木。

4.“五子”下地。“一套技术班子”：由林业部门派出技术人员分赴各工程点严把技术关；“一张图纸”：造林种草坚持按规划设计图施工，不能走样；“一把尺子”：整地规格标准必须达到设计林种、树种的质量要求，不合格的不植苗；“一根绳子”：打破农户地界，纵到边，横到底，实行等距离、规范打穴植苗；“一种苗子”：一律要求种苗必须是一、二级苗，严禁不合格苗木上山。

5. 兑现政策，取信于民。为了让农户吃上“定心丸”，及时给退耕农户发放了《退耕还林还草粮食和现金兑现证》，并逐户签订合同，进行公证。县粮食局和有关粮管所、供应点和供应人员层层签订责任书，对粮食质量和服务进行承诺，保证粮源，群众随时来随时供应。县监察部门定期、不定期进行督查，并在每个点上派驻纪检干部负责现场监督。每个点上设公平秤，摆放粮源样品。县和有关乡（镇）设立举报箱和举报电话，方便群众监督举报。

6. 找准出路，巩固退耕还林还草成果。在注重长短兼顾、以短养长的同时，还着重从以下几方面解决好退耕还林农户今后的生活和经济发展的出路：一是加强基本农田建设，把退耕还林还草范围内已经梯化和成块的土地建成高产稳产基本农田。二是大力发展畜牧业，依托退耕还林还草工程，连片种植优质牧草，以草养畜，逐步让退耕农户平均每户饲养一头母牛、一至二头商品牛、十只鹅。三是加快小城镇建设步伐，用优惠奖励政策引导退耕农户向小城镇和乡镇企业转移，实行移民退耕。四是大力发展豆制品生产加工、生态旅游等新的产业，使农村劳动力向第三产业转移。五是积极组织劳务输出。（杨胜德）

**【赤水市调整林业产业结构】** 赤水市位于贵州省北部，全市林业用地面积12.8万公顷，占国土总面积的71%，其中有林地面积11.2万公顷（竹林面积3.59万公顷），森林覆盖率62.9%。实施天然林禁伐以后，商品材采伐计划大幅度削减，到2000年，商品木材采伐计划仅6 100立方米，削减幅度达85%。商品材产量的大幅度调减，国有森工企业亏损、下岗人员超过1/3。面对困难，赤水市紧紧抓住实施天然林保护工程机遇，大力调整林业产业结构，发展特色林业经济，取得了一定成效。他们的主要做法是：

1. 立足市情，选准目标，制定规划，发展竹产业。1998年，该市在认真调查研究的基础上，确立了以竹产业和生态旅游业为主导，以“竹、果、药、畜”为主要内容的产业结构调整思路，并制定了规划：提出到2005年，竹林面积发展到5.33万公顷，2010年达到6.67万公顷（其中退耕1.07万公顷），竹业产值由3亿元增加到10亿元，森林生态旅游业综合收入达5亿元，初步实现建成中国西部最大的竹业和贵州新兴旅游城市的目标。1998年以来，结合天保工程公益林建设，三年累计新造竹林0.5万公顷，改造低产竹林0.45万公顷。为发展竹林，市、乡两级政府从“吃饭”的财政资金中挤出500万元，用于补助林农购买种苗的资金缺口。现全市毛竹立木蓄积已达4 500万根，小杂竹蓄积达30万吨，可年产毛竹350万根、杂竹10万吨，竹笋2万吨。

2. 在大力发展竹林基地的同时，瞄准市场，制定优惠政策，积极招商引资，引导社会资金用于开发有规模、有档次的竹加工新产品。全市已拥有三家高级竹地板生产企业，年生产规模达40万平方米，年产值6 000多万元；两家竹席胶合板厂，年产量达1万立方米，产值达5 000万元；一家万吨造纸厂，产值8 000万元；两家竹笋加工厂，产值500万元；竹工艺加工产值2 000万元；全市竹筷年产值2 000万元。已初步形成了国有、集体、私营、农户家庭各种经济成分参与竹产业开发的喜人局面。2000年，全市仅竹加工业产值就达2.5亿多元，农民从竹加工中获得2 000万元以上的经济收益。国营葫市楠竹场是一个拥有在职职工400多人的老字号森工企业，1997年投资建成一个生产高级竹地板的竹加工企业，年产值达到1 500万元，实现利润20万元，同时分流安置工人80人。私营业主李文勋，1997年建起新宇竹业公司，生产高档竹地板，现年产值已达2 500多万元。

3. 发掘优势，大力发展森林旅游业。“九五”期间，通过引资、资产置换、自筹资金等形式，成功开发了国家级竹海森林公园、燕子岩原始森林公园、燕子岩原始森林公园、月亮湖风景区等新景区，重新包装完善了十丈洞大瀑布、四洞沟景区、侏罗纪森林公园等老景区，一个以森林生态旅游为主的旅游业正在成为赤水的新兴产业。2000年，川、渝两省市到赤水“洗肺”的游客年已超过20万人次。国有森工企业同兴林场贷款

20万元，职工筹资20万元，争取各有关部门支持20万元，2000年国庆节推出了燕子岩原始森林公园，两个月接待游客5 000多人次，门票及综合服务收入10万余元，安置富余职工20人。

竹产业和旅游业的发展，为林业产业结构调整找到了突破口，为国有森工企业实现战略性转产和企业富余人员的妥善分流安置找到了一条行之有效的出路。（杨胜德）

# 云南省林业

**【概　述】**

**发展与成就**　2000年，全省共完成造林40.62万公顷，为年计划40万公顷的102%，其中飞播造林11.9万公顷，人工造林28.72万公顷。完成封山育林54.39万公顷。国家重点防护林工程建设，包括长防、珠防、天然林保护、退耕还林工程共完成造林5.16万公顷。全民义务植树，参加人数达2 082.66万人。尽责率为93.8%；以资代劳142.1万人，收取绿化费725.72万元。全民义务植树13 948.6万株，人均植树6.7株。植绿篱109.67万延长米，铺草坪1 327.4万平方米，种植各种花卉45.7万盆（株）。新建义务植树基地158个（片），办产业20个。各级领导办样板林、绿化点1 920个，造林面积3.31万公顷。义务植树的建卡登卡率为92.1%。

*退耕还林还草试点示范工作稳步推进*　通过编制实施方案，层层签订目标责任状，制定管理办法及优惠政策，及时解决试点中出现的困难和问题，确保了工程质量。截至年底，已完成退耕1.33万公顷，为计划的100%；退耕地还林还草0.69万公顷；荒山荒地造林种草2.89万公顷。

*天然林保护工程进展顺利*　继续抓好天保工程区停止天然林商业性采伐工作，认真做好项目的实施和生产经营工作。截至2000年11月底，全省已落实森林管护面积577.86万公顷，占计划的103.3%；完成公益林建设99.25万公顷，占计划的118.98%。已完成总投资4.24亿元。

*造林绿化快速发展*　生态防护林体系建设工程逐渐成为云南省生态建设的主体。完成长防林工程1.87万公顷、珠防林工程0.63万公顷、澜防林工程1.27万公顷、南汀河防护林工程0.4万公顷。

商品林建设持续发展。干果基地造林0.98万公顷，速生丰产用材林基地完成2.71万公顷，扶贫绿色工程完成3.48万公顷。此外，德援项目、世行贷款项目、以工代赈林业项目、农业综合开发造林项目等均取得了较好成绩。

全省省级共投入营造林资金1.02亿元（不含天保工程），完成造林40.62万公顷，为年计划的102%，其中人工造林28.72万公顷，飞播造林11.9万公顷。完成封山育林54.39万公顷，义务植树1.3亿株；完成绿色通道绿化15 907千米。

*森林资源管理保护工作得到强化*　进一步清理整顿木材经营、加工企业，严格执行木材凭证运输、经营、加工和建设项目征占用林地审批制度。开展了以查处大案、要案和新闻曝光为手段的保护森林资源和林地资源的“三号行动”并取得显著成效。

规范了野生动物的调配和运输管理，对进出口的野生动植物及其产品进行认真审核。开展了野生动、植物及湿地资源三项调查工作。

全省森林公安机关按照新《森林法》的规定更名、扩建，执法权得以明确。积极开展南方二号行动等严打专项斗争和林区治安综合治理，取得明显成效。据统计，2000年全省共查处各类森林和野生动物案件10 152件，打击处理各类违法犯罪人员15 013人，收缴木材18 052立方米、野生动物53 123只（头）、野生动物制品21 535千克、野生动物皮2 164张，为国家挽回直接经济损失6 734万元。

全年新建农村户用沼气池10万户，改灶节柴8万户，推广太阳能热水器6万平方米。全省森林病虫害防治面积达19.21万公顷。

*林业科教取得新进展*　组织编报了高新技术产业化项目12项，有5个林业科技推广项目被国家林业局列为100个重点推广的科技成果。认真做好科技攻关工作，为天然林保护、退耕还林、林业基地建设项目提供了科技支撑。

*林产业行业管理逐步加强*　编制了《云南省林产业重点产品及骨干企业发展规划》和《生物资源开发创新工程林特资源培育基地规划》。加强了林业产业宏观管理和指导，加大了全省林业产业行业规划的落实力度。

切实加强企业管理工作。协助困难企业落实有销路产品流动资金贴息贷款300万元，贴息25万元；落实省级重点3户脱困企业脱困资金借款5 650万元，基本实现了脱困目标。认真做好企业下岗职工基本生活保障工作和企业职工自愿解除劳动关系工作。强化了安全生产管理。

*森林防火工作跃上新台阶*　2000年全省共发生森林火灾192次，其中火警154次，一般森林火灾38次，无重大森林火灾。各项考核指标都达到省政府的要

求，其中受害面积降到历史最低水平，火灾次数为历史第二个最低年份。

*法制建设与政策研究采取新举措* 进行《云南省实施森林法及其实施细则的若干规定》的调研和起草工作，完成《云南省林木种苗管理条例》修改、送审工作；起草了《云南省天然林保护条例》。开展林业行政执法大检查，培训地（州）、县各级执法人员885人。

基本完成森林分类区划界定工作。为实施生态公益林补偿制度打下了基础。对加强林地管理、森林生态效益补偿及林业税费改革等问题组织了专门调研，为省委、省政府及国家林业局提供了决策依据。

*精神文明建设取得新成效* 认真学习、深入实践江总书记"三个代表"重要思想，开展新一轮解放思想、更新观念大讨论。加强基层党组织建设，强化对党员的监督、管理和教育工作。认真落实老干部工作目标管理责任制，组织开展了厅机关处级领导干部"三讲"教育"回头看"活动及厅属事业单位"三讲"教育工作。通过耐心细致的教育转化工作，绝大部分"法轮功"练习者都已转变立场，脱离了"法轮功"邪教组织。

*厅机关机构改革工作顺利结束* 通过改革，厅机关处级干部平均年龄由49.9岁下降到43.5岁，下降了6.4岁，文化程度全部达到大专以上，确保了干部队伍的年轻化、知识化、专业化。

**困难和问题** 一是六大江河及九大高原湖泊的治理资金严重不足，林业生态环境建设的任务十分艰巨；二是商品林基地建设滞后，远不能适应建设绿色经济强省的需要；三是森林资源保护与利用的矛盾依然突出；四是野生动植物保护经费投入少，影响了群众保护野生动植物的积极性；五是林业基层基础建设薄弱，人员思想观念落后，综合素质有待提高。 （陈继海）

**【"九五"林业概述】**

**发展与成就** 经过广大林业职工和各族干部群众的共同努力，完成了"九五"计划确定的"造林166.67万公顷"，森林覆盖率提高到30%以上；消灭森林赤字，实现森林资源消长平衡；林业总产值超过100亿元；国有森工企业基本解困"等云南林业发展的主要指标。

*森林资源有了恢复性增长* "九五"期间，始终将林业生态建设放在重要地位，下大力气实施了长江、珠江、澜沧江、南汀河等流域防护林工程，德援项目、世行贷款项目、以工代赈林业项目、农业综合开发等造林项目均取得好成绩。1998年开始实施天然林资源保护工程，有力地推动了项目区内森林保护和森林植被的恢复。2000年启动了国家退耕还林还草试点工程，较好地完成了国家下达的任务。

5年来，全省植树年均40万公顷，共造林200万公顷，封山育林262.47万公顷，完成义务植树6.96亿株，在全国名列前茅。森林覆盖率（含灌木林）由40.66%提高到44.29%，较5年前增加了3.63个百分点；活立木蓄积量达到14.24亿立方米，增加了4.11个百分点。1997年消灭了历史上长期存在的森林赤字，实现了有林地面积和活立木蓄积量的双增长。

*初步形成了比较完善的森林资源保护体系* 严格实行森林资源采伐限额管理，严格木材"四证"（即木材采伐许可证、木材运输许可证、木材经营许可证、木材加工许可证）的核发和管理。林业部门依法对征占用林地的审核率逐年提高，遏制了林地流失上升的势头。5年间，全省批准新建和扩建国家级自然保护区3个，省级保护区8个，地（市）级保护区3个。目前全省林业部门主管的保护区已达98个，面积200.6万公顷。森林防火工作又上了一个新台阶，全省5年共发生森林火灾1 812次，过火面积6.02万公顷，受害森林面积1.21万公顷。年均森林火灾次数、受害森林面积、受害率均未超过省控制指标，其中，1996年森林火灾次数、2000年森林火灾受害率为历史最低值。

5年来，全省森林公安发挥保护森林资源、打击各种违法犯罪活动的主力军作用，共查处案件54 309件，为国家挽回直接经济损失6亿多元；全省农村能源建设成绩显著，共建农村户用沼气池34.6万户，节柴改灶138.3万户，推广太阳能热水器38.9万平方米、山区微水电6 202千瓦；森林病虫害监测覆盖率及防治率均有较大提高，森林病虫害防治率已达80%以上。

*建设了一批商品林基地* "九五"期间，商品林基地建设迈出了新的步伐。从1995年起，以种植核桃、板栗为主的干果经济林基地建设分两批在58个县展开，并带动了面上经济林的发展。1996年又在34个县启动了速生丰产用材林基地项目。1997年以种植各类经济林和用材林为主的扶贫绿色工程开始启动，进一步加快了商品林的发展。5年来，全省共发展核桃5.95万公顷、板栗1.31万公顷、银杏0.53万公顷、速生丰产林15.73万公顷，为全省新世纪林产工业的发展打下了基础。

*林业产业结构调整取得较大进展* "九五"期间，全省林业结构调整步伐加快，取得一定成效。在巩固木材采伐、贮运、加工、林化工等传统产业的基础上，林果、林纸加工，竹藤加工，森林食品、森林药品加工，林木种苗繁育，森林旅游以及林产品交易市场等产业有较快发展，产品品种达160余种。"九五"期末的林业总产值115.86亿元。（按1990年不变价计算），较"八五"期末的66.2亿元增长了75.02%，年均递增15%。

*重点国有森工企业实现了历史性转变* 在党中央、国务院的关怀下，全省实施了天然林保护工程，重点国有森工企业实现了由"砍树人"向"护林人、种树人"的历史性转变，全省分流安置职工42 893人，其中一次性解除劳动关系8 545人。离退休职工16 126

人生活有了保障。同时，11户省属森工企业和金沙江林产品公司的5个水运处实行了属地管理，落实了森林管护及公益林建设面积。省委令狐安书记亲自挂钩联系的金沙江林产品公司、黑白水林业局、碧泉林业局等3户特困企业，2000年已实现大幅度减亏，金沙江林产品公司减亏80.3%，黑白水林业局和碧泉林业局实现扭亏为盈。

*森林分类区划界定工作走在全国前列* 从1998年开始，全省率先在全国范围内开展森林分类区划界定工作，目前这项工作已基本结束。3年多来，全省有200余万基层干部和林农参与这项工作，共区划界定生态公益林1 486.67万公顷，商品林973.33万公顷，分别占全省林业用地面积的61%和39%。森林分类区划界定工作的开展，为建设林业生态体系和产业体系打下了基础，为建立林业生态补偿制度提供了条件。

*林业科技推广步伐加快* 林业教育的教学条件得到进一步改善，技术教育和专业技术培训方面均有较大进展，科技队伍得到加强，先后引进博士17人、硕士108人。科研条件和基础设施得到明显改善，省林科院建立了部省级重点实验室。地（州、市）、县科技推广体系初步形成，县级建站率由“八五”末期的8.7%提高到44.3%。林业应用技术研究和技术推广工作成绩显著，取得科技成果230多项，有156项获得国家、部（省）、地（厅）级奖励。

*林业资金投入及引进外资工作力度加大* “九五”期间，林业建设和发展得到党中央、国务院和省委、省政府的高度重视，据统计，五年全省林业投入达44.56亿元，年均8.9亿元，与“八五”期间全省林业总投入12.75亿元相比，有大幅度增加。此外，各级林业部门还通过各种渠道和方式吸引社会各界资金用于林业建设，促进了林业的发展。“九五”期间，林业国际合作也展现出勃勃生机。先后启动实施了世行贷款二期、三期造林项目全球环境基金自然保护区管理项目中德合作热带林保护与恢复项目中德合作造林项目中荷合作云南森林保护与社区发展项目等10多个项目，并与国外多个单位共同开展了一系列林业合作项目，共引进外国政府和国际组织援助资金折合人民币6亿多元。这些项目的实施，有力地推动了植树造林、自然保护区建设、社区发展及野生动植物、生物多样性保护等方面的工作。

*林业法制建设和基层基础工作得到加强* 林业立法步伐加快，每年坚持出台一个地方性林业法规或政府规章。5年来，已出台地方法规4个，政府规章2个。其中，《云南省珍贵树种保护条例》和《云南省重点保护陆生野生动物造成人身财产损失补偿办法》成为我国第一部保护珍贵树种的地方性法规和第一个野生动物造成人身财产损失实施补偿的政府规章。与此同时，全省8个自治州、29个自治县也相应制定了林业管理条例或单行条例，使全省林业建设从生产、经营到保护利用逐步做到了有法可依，有章可循。

全省已建有林业工作站1 544个，林政管理机构133个，森林公安机构430个，木材检查站304个，林政稽查队5个，林木种子苗木管理机构49个，森林防火机构154个，森林植物检疫机构143个，受委托执法的自然保护区管理局（处、所）110个，共有林业行政执法人员13 000余人。各级林业执法机构和人员依法行政，严格执法，全面加强了森林资源的保护和管理。

**主要经验** 一是必须坚持解放思想、实事求是的思想路线，不论何时都必须从云南的实际出发来研究全省的林业工作，制定符合云南实际的工作思路和工作措施；二是必须坚持“全社会办林业，全民搞绿化”的方针，不断完善各级领导干部保护森林、发展林业任期目标责任制，促进全省林业快速发展；三是必须坚持建立完备的林业生态体系和发达的林业产业体系不动摇，牢固确立林业的生态建设主体地位和基础产业地位；四是必须坚持依法治林、依法兴林，依法行政、从严治政的原则，建设高素质的林业干部职工队伍，切实管理保护好森林资源和生物多样性；五是必须坚持发展林业与农村经济发展和农民增收相结合，调动广大农民保护森林、发展林业的积极性；六是必须坚持“两手抓、两手都要硬”，使行业精神文明和物质文明协调发展。

**问题和困难** 一是六大江河及九大高原湖泊的生态治理资金投入不足，林业生态环境建设的任务十分艰巨；二是商品林、尤其是特色经济林基地建设滞后，产业和新产品开发能力较弱，远不能适应建设绿色经济强省的需要；三是森林资源保护与利用的矛盾依然突出，林业部门经常处在矛盾的焦点上；四是林业科技投入少，林业科技推广体系及基础建设比较薄弱；五是林业基层基础工作与林业建设任务相比，仍有较大差距，不少干部职工思想观念落后，综合素质有待提高。

（陈继海）

**【云南省商品林建设】** 据统计，全省1996年、1997年、1998年3年分别启动建设的速生丰产用材林、扶贫绿色工程、二期干果基地建设等三项商品林建设项目，分别完成造林13.04万公顷、18.55万公顷、2.97万公顷，分别占项目计划的107.8%、108.6%和111.3%。仅此三项全省就新增商品林34.53万公顷。

商品林建设在全省造林绿化中的比重逐年增加，有力地促进了全省林种、树种结构的调整。商品林在林业产业发展和山区群众脱贫致富发挥的重要作用日益突出。

（武建雷）

**【长江上游、黄河上中游天然林资源保护工程云南省规划方案】** 规划范围包括云南省的12个地（州、市）、66个县（市、区）和17户国有重点森工采伐企业。

工程实施范围为云南省地处长江流域（金沙江流域）的重点林区和西双版纳热带林区，占全省土地总面积的 57.95%。

规划主要任务及工程内容包括：对工程区内现有天然林实行有效管护；调减森林资源消耗量；通过采取封山育林及飞播后封山育林、人工造林，乔灌草结合，恢复宜林荒山荒地的林草植被；25 度以上坡耕地有计划有步骤地退田还林（草）；种苗、科技支撑体系和基础设施等与工程相关的配套项目建设。同时，《规划方案》对停止木材采伐后工程区国有森工企业富余职工及离退休人员、企业办社会等，作了妥善的分流安置规划。 （武建雷）

**【高黎贡山国家级自然保护区成为云南省科普教育基地】** 该自然保护区自 1994 年成立管理机构以来，全面实施“科教兴区”战略，不断以科学手段探索管理自然保护区的新途径，充分发挥保护区的基地优势，积极普及宣传科技知识、科学思想和科学方法，在国内外有关部门的资助下，先后开展了高黎贡山森林资源管理与生物多样性保护、高黎贡山西坡大田坡村社区环境教育等多项科研及科普教育项目。同时，建成了野生动植物标本展室及大蒿坪和百花岭科普教育小区，组织开展了保山地区野生动植物标本图片展、野生动植物保护知识竞赛、乡村中小学野生动植物保护宣传教育等科普教育活动。

通过科学研究及科普教育的深入开展，保护区管理水平和社区群众保护意识进一步提高，高黎贡山腹地的百花岭村村民自发组织成立了中国第一个农民生物多样性保护协会，高黎贡山西坡大田坡村村民与保护区管理站共同协商成立了中国第一个自然保护区共管委员会，成功地探索出了保护区生物多样性保护与周边社区发展和谐共存的新途径，也为提高保护区周边群众科学文化素质作出了贡献，引起了社会各界的广泛关注，得到了社会的认同。经云南省科普联席会议审议并报省政府批准，高黎贡山国家级自然保护区、昆明世界园艺博览园等 13 家单位成为第二批云南科学普及教育基地。

高黎贡山自然保护区也成为了保山地区唯一的省级科普教育基地。 （武建雷）

**【云南省扶贫绿色工程】** 全省以 506 个扶贫攻坚乡为重点的扶贫绿色工程实施 3 年来已完成造林 18.54 万公顷，为计划造林任务的 108.6%，取得了较好的扶贫效益。

各贫困县建立了一批以干果为主的经济林基地，为改善生态环境和培育新的经济增长点创造了条件。

据不完全统计，参与工程建设的农户达 107 万户，占攻坚乡贫困户总数的 52.7%，做到了扶贫攻坚到户。 （武建雷）

**【云南发现大批植物新种】** 由云南省林业厅、西南林学院、中科院昆明动物研究所等 13 家单位、100 多位专家组成的综合科学考察团，在云南大围山原始森林保护区发现了大批动植物新种。

本次考察历时两年多，共采集了 3 万多件标本，首次发现如苏铁、小薄竹、大竹节、玉山竹、银鹊树等植物新种；确定国家级珍稀濒危保护植物鸡毛杉、桫锣、长蕊木兰等 50 种；鉴定真菌 331 种，其中有我国新记录属 39 属、新记录种 65 种等。

大围山位于红河州屏边县和河口县境内，被称为“中国动植物基因库”，现有原始森林 2.67 万公顷，是我国目前唯一的东南亚温热性质最强的雨林类型——湿润雨林地区，因该地区在地质史上未遭受第四纪冰川的侵袭，许多古孑遗动物得以繁衍生息下来。

（武建雷）

**【云南省长防林一期工程建设成效卓著】** 云南省长防林一期工程 14 个重点县于 1990 年开始全面启动，10 年间，逐步扩大到 8 个地（州）26 个县（市）。共完成工程造林 41.99 万公顷，封山育林 30.36 万公顷，低产林改造 1.29 万公顷，幼林抚育 7.61 万公顷。超额完成了任务。

云南省长防林建设的成绩主要表现在建设的规模大、效益好，改善了生态环境，减少了水土流失，保护了农田、水利和公路设施。一是加快了全省灭荒步伐。二是增强了项目区造林绿化意识。三是提高了造林质量。人工造林核实率和合格率分别从 1990 年的 95.2%和 81.5%提高到现在的 100%和 98.1%。四是增加了森林资源。已增加森林面积 26.17 万公顷。五是改善了生态环境和群众的生产生活条件。六是工程区内林业在国民经济中的地位越来越突出。七是加快了工程区群众的脱贫步伐。八是促进了项目区旅游业的发展。长防林工程为山区群众造就了一个绿色银行。

在长防林工程建设中，云南省做到了六个结合：一是长防林工程与扶贫攻坚相结合。长防林工程启动的 26 个县（市）中有 19 个是贫困县，有 148 个乡（镇）在全省 506 个扶贫攻坚乡之列。生态恶化是造成贫困的重要原因之一，各地把长防林工程作为了脱贫致富的希望工程。二是质量与效益相结合。以科技为纽带，强化工程管理，把质量和效益统一起来，设立长防林科技推广奖，全省已有 25 项育苗、造林技术获此殊荣。三是宣传发动与行政措施相结合。积极与各种报刊、新闻媒体联办专版、专页或节目，多管齐下开展宣传；全省从省到地、县、乡、村、社都实行双向目标责任制，层层签订责任书，每年签订一次，检查验收后兑现奖惩。四是国家投资与群众投劳相结合。长防林工程单位面积投入的标准低，主要是依靠群众投劳，群众投工投劳就占总投入的 52.7%。五是生态、社会、经济效益相结合，实现“三大效益”的有机统一。积极调整林种、树种结构，适当加大经济林的比例，从而在防护林建设中兼顾了经济效益，激发了群众的造林积极性。六是群众意愿和政府、部门意见相结合。在充分调研的基础上，广泛听取群众和基层干部的意见，结合林业特点进行科学的规划、设计、施工，做到群众、政府和林业部门意见的相互统一。（武建雷）

**【云南省澜沧江防护林建设】**　由于多种原因，澜沧江流域生态环境形势严峻，森林植被长期遭到破坏，水土流失面积已占流域总面积的28.7%，导致输沙量逐年增大，据下游河段西双版纳水文站测定，目前年输沙量较60年代上升45%左右，给已建和在建的水利、水电工程和航运事业造成严重威胁；各种自然灾害频繁发生，人民生命、财产和国家经济损失巨大。

据不完全统计，仅1991～1995年就发生特大生态性自然灾害16次，受灾人口115.6万人，死亡109人，直接经济损失16.07亿元。为维护和改善流域的自然生态环境，确保国土安全，并为云南省发展经济和开展澜沧江——湄公河次区域经济合作提供保障，云南省委、省政府决定从1998年启动澜沧江防护林建设工程，由省财政每年投入1 000万元，用15～20年时间，建成以防护林为主的森林资源群体及防护林体系。

工程实施3年来，经项目区各级党委、政府和广大群众的共同努力，共完成营造林10.36万公顷，其中人工造林3.9万公顷，封山育林6.46万公顷，治理成效显著。（武建雷）

**【云南省铜壁关保护区科考记录40余新物种】**　2000年上半年完成的铜壁关省级自然保护区综合科学考察取得丰硕成果，至少有40个以上的新发现和新物种被记录。

铜壁关自然保护区位于德宏州境内，以生物类群总量大、珍稀特有种类丰富和引人注目的高纬度龙脑香热带雨林而被世界自然基金会选定为我国40个具有全球重要意义的A级保护区之一。

考察组发现的种子植物新分布类群和新分布种不少于30种，新分布群有小叶六萼藤、邹果梨藤竹、盈江龙血树等；新分布种有银鹊树、油朴、云南黏木等。鉴定出大型真菌171种，其中发现铜壁关集毛茵、铜壁关刺革菌和粗壮鬼笔等3个新种和中国新记录种15个。记录有兽类151种、鸟类382种、鱼类39种，并发现盈江间吸鳅新种1个。

采集鉴定昆虫346种，其中发现中国新记录属东亚叶甲属和二裂席瓢蜡蝉、光亮细颚猛蚁等6个新记录种。

另外，鸟类组采集到的花冠邹盔犀鸟使我国犀鸟科种类由4种增加到5种；植被组发现的数个半常绿季雨林群落将载入我国和云南省新的植被类型文献。该保护区已鉴定和记录到的种子植物3475种，平均种密度为每平方公里11.32种，居全省自然保护区之首。（武建雷）

**【云南省世行贷款林业项目】**　1990～2000年，全省共执行了三期世界银行贷款林业项目。

第一期国家造林项目，共启动8个地（州、市）的11个县（市）、3个森工局和1个地区林业局，计划造林4.4万公顷，实际完成6.425万公顷，为部省协议任务的146%；共投资17 149.76万元人民币，其中：世行贷款10 735.58万元、国内配套6 414.18万元（含劳务折抵）。据预测，全省项目规模产值可达21亿元，内部收益率为16.8%。该项目已于1998年通过了世行和国家的竣工验收，当前主要工作是还贷和幼林管护。

第二期森林资源发展和保护项目，1995年开始共启动6个地（州、市）的11个县（市）及部分森工企业，计划造林3.5万公顷，实际完成3.8万公顷，占计划的108%；共投资10 919万元，其中：世行贷款6 448万元、国内配套4 471万元。该项目当前的主要工作是准备项目竣工验收。

第三期贫困地区林业发展项目，项目建设期1999～2005年，共启动9个地（州、市）的15个县（市），计划造林27 697.2公顷，共34个造林树种，1999年全省已完成造林4 194公顷；项目计划总投资19 618万元，其中世行贷款10 790万元、国内配套8 828万元。项目取得的成绩有：

1. 促进了造林科技水平的提高。世行贷款造林项目在引进外资的同时，也引进了国外的先进技术。项目建立了完整的科技支持和保障体系，10年来推广了杉木优良地理种源试验结果松树天然菌根土育苗造林技术等6项科技成果，建立试验林13.3公顷，示范林19.2公顷，环境保护监测样地5组，实现了立地控制、遗传控制、密度控制、抚育控制和环境保护。

2. 促进了造林管理水平的提高。该项目认真按设计施工，检查验收制度严格，实行计划管理报账制，从部、省到县、乡都建立了组织、计划、资金、科研、技术、种苗、环保、信息等8个管理体系，环境紧扣，紧密结合。这套成功的管理体系，为云南省人工林的发展探索了一套科学的管理经验，使云南省造林管理水平更加科学化、规范化。

3. 促进了云南省速生丰产林的建设，间接地保护了云南省的天然林。世行项目造林经多次检查，面积核实率为98%，造林成活率和保存率达95%和90%以上。据专家计算，每亩速生丰产林的生长量相当于4亩天然林的生长量。

4. 促进了云南省林业的对外开放和与国际接轨。世行项目造林在技术和管理上直接与世界一些先进国家的做法接轨，学习了国外的一些先进实用技术和管理知识。（武建雷）

**【云南省干果经济林建设】**　1995年，云南省第一期干果基地共25个县正式启动建设，到1997年完成以核桃、板栗为主的干果经济林造林4.57万公顷，为3年计划任务的102%。1998年，第二期干果基地启动建设，到2000年8月中旬，全省第二期33个干果基地县已完成造林3.73万公顷，极大地促进了当地经济林的发展，起到了明显的示范和带动作用。

通过6年的基地建设，全省经济林得到迅速发展，其中核桃面积已由1995年前的20万公顷发展到26.67万公顷，年产量已达6万吨，产值超过3.5亿元，成为云南省栽培最广、面积最大、群众最喜爱的经济树种。现有核桃面积0.67万公顷以上、年产值逾千万元的基地县已有10多个。

继核桃之后的板栗、银杏、八角、梅子等名特优新经济林得到了较快发展，有的已初见成效，几年后将成为当地的又一经济之柱。 （武建雷）

**【云南省滇金丝猴数量倍增】** 据专家测算，世界珍稀濒危物种滇金丝猴的数量可能在2 000只左右。20世纪80年代，科学家经过调查确认生存在云南白马雪山的滇金丝猴有600余只；进入90年代，随着天然林保护工程的启动以及当地政府、群众的有效保护，森林覆盖率的不断提高，为野生动物的栖息繁衍提供了良好的生态环境，科学家确认白马雪山的滇金丝猴已有1 500只左右。滇金丝般是我国国家一类珍稀保护动物，与大熊猫一样被称作中国的国宝。 （武建雷）

**【云南省5年沙化面积减少近10%】** 1995～2000年，全省沙化、荒漠化土地面积呈逆转趋势，沙化、荒漠化面积减少近10%。

东川、元谋、元江、宾川等15个县（市）先后投入资金6 000多万元，投工投劳465万多个，共营造生态经济林0.47万公顷，修筑拦沙坝125座、护岸堤1 500多米。已有不少昔日的沙荒地，变成了今日的瓜果园。 （武建雷）

**【云南省银杏产业发展迅速】** 1995年以来，云南省的银杏栽培有了较快发展，特别是腾冲、富源、罗平3个县，都把银杏作为后续新兴产业来培植，近几年发展迅速。

富源县于1997年开始大面积种植银杏，到2000年8月止，全县11个乡（镇）共种植银杏6 713.33公顷。

为加快银杏产业的发展，在1998年启动的全省第二期干果基地建设中，省林业厅把腾冲、罗平、大关、威信4个县定为银杏种植基地县，1998～2000年3年共安排省级专项投资303万元，下达造林任务0.34万公顷。

据统计，云南省近5年来，新造相对集中连片的银杏幼林基地有1.6万公顷，其中果用林1.33万公顷。叶用林130公顷，果叶兼用林0.27万公顷。全省现有银杏苗圃地65.33公顷，年可出圃嫁接苗310万株，年产银杏果100吨左右，鲜叶1 300吨以上。

在大力推广种植银杏的同时，银杏果叶加工也在起步。由腾冲县绿保食品厂加工的银杏珍珠罐头已投入市场，每年产量达600万听，由腾冲银杏总公司加工的天然银杏果汁也即将上市。富源县建起了银杏加工厂，试生产的黄酮素，产品质量优于国际出口标准。银杏酒、银杏茶、银杏饮料等系列产品也陆续投入生产。 （武建雷）

**【珠江源自然保护区】** 2000年11月，云南省人民政府批准珠江源为省级自然保护区。珠江是我国的第三大河流，珠江源自然保护区以马雄山为中心，范围涉及曲靖市的沾益县、宣威市的18个乡（镇），总面积230 459公顷，其中沾益县辖区——南盘江水系120 184公顷，宣威市辖区——北盘江水系110 275公顷。保护区的主要保护对象确定为水源涵养林及其生态系统。珠江源省级自然保护区归口省林业厅负责管理。该保护区的建立，将有利于国家实施西部大开发战略、建设良好的生态环境，有利于流域区经济、社会可持续发展和源头地区人民生存环境及生产生活条件的改善。 （武建雷）

**【云南省繁育成功世界上最小的竹子】** 陆良玉山竹，又名爨乡玉竹，在野生状态下高不过30～40厘米，直径2～3毫米，是一种微型散生竹，叶片短而宽，常年翠绿。这种竹子似草非草，似木非木，具有较高的园艺观赏价值，是园林绿化和室内美化较理想的植物。为综合开发利用好云南省这一珍稀特有的竹种，经过西南林学院和陆良县几年的努力，在野生养植驯化的基础上，应用自制的植物生长调节剂，成功繁育出陆良玉山竹盆景。它的特点是四季常青、叶片翠绿。该竹在’99昆明世博会世博竹园中被用作绿篱，深受游人的青睐。 （武建雷）

**【西双版纳在树冠开辟空中走廊】** 西双版纳州勐腊县在原始森林中建成长700多米的树冠空中走廊。这条空中走廊，以热带雨林中的“巨人”——望天树为支柱，在树与树之间用数条钢索悬吊，铺上木板，就连成50多米高的走廊。在空中走廊下面的雨林中，还开辟了长1 000多米的小道，让游客能钻进密密的雨林探奇，并与空中走廊形成林上、林下的立体环游路线，大力发展森林旅游业。 （武建雷）

**【潞西市建设“榕树王国”】** 2000年，潞西市在孔雀湖生态旅游区种植榕树1 100棵，品种有高山榕树（大叶榕树）、垂叶榕树、橡皮榕树等10余种。兴建国内最大的具有热带、亚热带风光和边疆民族特色的“榕树王国”，使其成为海内外有影响的精品旅游景区。孔雀湖生态旅游区是德宏州重要的旅游景点景区之一。潞西市委、市政府决定用3～5年时间，分期分批有计划地收集各国各地榕树品种种植于孔雀湖生态旅游区。第二期计划种植榕树 2 000 棵左右，使其成为国内最大的约 3 000 棵以上的榕树集结地，10 年后，孔雀湖将以独具特色的榕树景观呈现在游人面前。

（武建雷）

**【中甸建成全国最大的郁金香种球生产基地】** 2000 年，地处迪庆藏族州海拔 3 300 米的中甸县 20 公顷郁金香种球喜获丰收，100 万头壮实的开花球采收后进入冷库。荷兰专家和中国花协及国内郁金香种球生产同行在考察了该县格桑花卉公司的种球生产规模、生产设备和技术以后，一致认为中甸已成为中国最大、技术最先进的郁金香种球生产基地。 （武建雷）

**【云南西畴建成东南亚最大珍稀木兰园】** 经过 10 多年的努力，云南省西畴县建成国内及东南亚面积最大、种群数第二的木兰科及珍稀濒危树木迁地保育种质基因库。该县选择香坪山林场 23.33 公顷林地作为育种基地，先后从省内各地和湖南、浙江、广东、辽宁、香港等地区及印尼等东南亚国家引种了国内外热带、亚热带木兰科及珍稀濒危树种 30 科 147 种。其中国内有国家一级保护树种 5 种、二级保护树种 31 种、三级保护树种 24 种、省级重点保护树种 12 种。

（武建雷）

**【世界银行贷款云南省造林项目】** 云南省共执行了 3 期世界银行贷款造林项目，即：国家造林项目、森林资源发展和保护项目、贫困地区林业发展项目。

**国家造林项目（简称“NAP”）**

实施项目区。保山地区：保山市、昌宁县、保山地区林业局；曲靖市：罗平县、师宗县；文山州：邱北县；红河州：石屏县、蒙自县；楚雄州：楚雄市；大理州：大理市；德宏州：瑞丽市；昆明市：富民县；森工局：南盘江、清水江、云台山。

计划任务。营造速生丰产用材林 4.4 万公顷，其中：杉木 2 万公顷，云南松 1.1 万公顷，桉树 1.3 万公顷。

计划投资。计划总投资人民币 10 910.90 万元。其中：世界银行贷款 1 403.6 万美元，折合人民币 6 626.9 万元；国内配套 4 284 万元人民币。

建设期和完成情况。建设期 1990～1996 年，4 年造林，3 年抚育。4 年共完成人工造林 64 250 公顷。其中：杉木 28 635 公顷，松树（云南松、华山松、思茅松）17 952 公顷，桉树 16 192 公顷，阔叶树 1 471 公顷。经实地检查，一类林 48 565 公顷，占总面积的 75.6%；二类林 10 370 公顷，占总面积的 16.1%，三类林 5 315 公顷，占 8.3%。总共完成投资 17 149.76 万元人民币。其中：世界银行贷款 10 735.58 万元人民币，国内配套（含劳务折抵）6 414.18 万元。该项目人工造林已全部结束，并进行了竣工验收。

**森林资源发展和保护项目（简称“FRDPP”）**

实施项目区。文山州：文山县、马关县、富宁县、文山州林科所；玉溪市：元江县、新平县、易门县（含峨山）；思茅地区：墨江县；临沧地区：双江县；西双版纳州：景洪市；大理州：永平县；丽江地区：永胜县；森工局：江边局、碧泉局。

计划任务。计划造林 3.5 万公顷。其中：杉木 9 300 公顷，松树 3 000 公顷，桉树 9 100 公顷，竹子 4 000 公顷，阔叶树（经济林）9 600 公顷。

计划投资。计划总投资 14 552.78 万元人民币。其中：世界银行贷款 1 003.64 万美元。折合人民币 8 731.67万元；国内配套资金 5 821.11 万元人民币。

建设期和完成情况。建设期 1995～2001 年，4 年造林，3 年抚育。完成情况到 1999 年底，共完成人工造林面积 39 648 公顷，其中：松树 12 994 公顷，桉树 1 303 公顷，杉木 9 580 公顷，竹子 6 511 公顷，阔叶树（经济林）9 260 公顷。共完成投资 13 072 万元人民币，占计划的 89%；提取信贷资金 642 万个 SDR，占计划的 90%；国内配套资金到位 4 731 万元，占计划的 81%。该项目还有部分收尾工作，尚未组织竣工验收。

**贫困地区林业发展项目（简称“FDPA”）**

实施项目区。昭通地区：绥江县、威信县；曲靖市：师宗县；文山州：邱北县、广南县；红河州：屏边县、元阳县；思茅地区：思茅市、景东县、镇源县；临沧地区：临沧县；西双版纳州：景洪市、勐腊县；楚雄州：牟定县；保山地区：腾冲县。

计划任务。人工造林 27 367 公顷，包括用材林、经济林、竹林等共 34 个造林树种，以及 6 个乡镇企业加工子项目。

计划投资。计划总投资 19 618 万元人民币，其中：世界银行贷款 1 300 万美元（折合人民币 10 790 万元）；国内配套 8 828 万元人民币。

建设期和完成情况。建设期 1999～2005 年，4 年造林，3 年抚育。到 2000 年，共完成造林面积 5 995 公顷，其中：用材林 2 488 公顷，经济林 2 449 公顷，竹林 558 公顷。完成投资 1 282 万元人民币。目前，该项目正在实施中。 （王世能）

**【中德合作云南省造林项目】**

**中德合作云南造林（一期）项目**

1. 1995 年 12 月 5 日两国政府正式签订财务协议。项目性质：属两国政府财政合作造林项目。项目实施期为 5 年：1995～2000 年。德国援款：1 200 万马克，中方配套 1 850 万元人民币。项目主要建设内容：人工造林 22 262 公顷；封山育林 7 410 公顷；治理白蚀沟 12 条，面蚀治理 600 公顷；修建防火带 88 千米；修建林区公路 51 千米；节柴改灶 20 000 户；建设管理房 15 200平方米。实施项目区：包括 6 个县（市）：昭通市、鲁甸县、会泽县、寻甸县、沾溢县、宣威市。

2. 项目实施与验收。项目实施从 1995 年开始启动，至 2000 年已进入第 6 个年头，所有生产建设任务均已完成，德方已投资 1 000 万马克，中方配套资金 2 050万元人民币。再经报两次账，资金可全部到位，到 2002 年由德方组织全面验收。

**中德合作云南省造林（二期）项目** 该项目于 1999～2007 年在武定、牟定、禄劝县实施，德方赠款 1 200万马克，项目目标是建设人工造林18 000公顷，封山育林 12 000 公顷，安装节柴灶 8 000 个。通过项目实施提高项目区森林覆盖率，减少水土流失，改善生态环境，并提高农民自身发展的能力，促进当地农村经济的发展。该项目已在实施中。（王世能）

**【中荷合作云南省森林保护和社区发展项目】**

*项目来历* 1995 年 9 月，云南省林业厅向荷兰驻华大使馆提交了《思茅林业行动计划》文本，该计划是一项在云南省思茅地区进行热带林生态系统和生物多样性保护的援助项目。1996 年 1 月，中国外经贸部向荷兰政府提交了一份思茅地区的森林保护和社会林业发展综合项目建议书。1996 年 3 月，荷兰政府发展合作部部分承诺 2 500 万荷兰盾援助云南省热带林区的保护。1998 年 6 月，由荷兰政府资助的项目认定专家组确定了可能合作的地区。随后，云南省林业厅准备并提供了项目的实施计划。1997 年 2 月，由荷兰政府资助的项目计划编制专家组编制了一份项目报告。1998 年 1 月 15 日，中荷两国政府签署了项目实施协议，项目实施期限为 5 年。

*项目目标* 该项目的长期目标是：保护云南省内的热带和亚热带森林和生物多样性资源，特别是思茅、保山地区和怒江州、德宏州的森林资源和生物多样性。

*项目的领导部门和实施* 云南省森林保护与社区发展项目的领导机关是中国国家林业局和荷兰政府外交部。项目在荷兰发展援助部、外交部国际合作司通过荷兰驻华大使馆挑选的技术援助小组的支持下，由云南省林业厅组织实施。

*根本问题* 云南省威胁森林和生物多样性资源的主要因素是不断增加的、来自保护区内和周边地区群众的压力。这种压力是由于社会和文化的因素、森林资源的非持续利用、不适宜的机构设置、管理落后、缺乏培训和设备等因素造成的。其他主要的制约条件还有缺乏资金来源，以及不具备相当的能力对职员进行综合参与性保护的培训。没有综合的参与性保护措施，现有的森林和生物多样性资源可能很快就会消亡。

*项目预算和援助* 荷兰政府对该项目的技术援助为 2 870 万荷兰盾，用于外援专家、国内和外国专家、车辆、设备、人力资源开发、社区发展以及项目运营和设备维护的费用。中国政府对该项目的投入为 6 225 万元人民币，主要分配到人员和项目运营费。这些开支包括现有和额外招聘人员的费用（包括补贴）、办公室地点的专修和建设（省项目办公室专修除外）、道路建设和办公室运营费（援助方预算分类中已明确的办公用品供给之外）以及车辆和摩托车的运营费。该项目正在实施中。（王世能）

**【世界银行全球环境基金（GEF）自然保护区管理项目】** 该项目由中国国家林业局向世界银行争取得到。

项目的目标：在我国用先进的、创新的办法建设一批示范性的，具有全球意义的自然保护区，并大大提高对全国自然保护区的管理水平，加强生物多样性保护。具体地讲，就是在吸取当前国际上新的理论和成功经验的基础上，通过制定管理计划、人员培训、科学研究和加强保护区野外设施建设，以及增加社区参与程度等方面的工作，从而提高中国自然保护区的管理水平。

项目的主要内容：归纳为五大块和 11 个组成部分。五大块即加强自然保护区管理、森工局结构调整、组织机构能力建设、信息系统和自然保护区的科学研究。五大块分为 11 个部分，即包括神农架、秦岭、武夷山、西双版纳、鄱阳湖等五个自然保护区，长青林业局转产，培训计划、科研计划、信息系统、云南省林业厅保护办机构能力建设、国家林业局自然保护区管理处机构能力建设。

项目总投资：2 364 万美元，其中 GEF 赠款 1 790 万美元。云南省共接受赠款 172 万美元，其中西双版纳国家级自然保护区 106 万美元，省林业厅保护办建设 66 万美元。项目期为五年，从 1996 年开始起动实施。（王世能）

**【中德热带林保护项目】** 1994 年云南省提出热带林恢复与保护的项目，寻求国际合作。1995 年 9 月，德国政府派出评估组，在云南省环保和林业专家陪同下，考察了西双版纳的热带森林。1995 年 10 月 17 日通过外经贸部同意，德国评估组代表团与中国林业部在北京签署了《中德合作云南省西双版纳热带雨林恢复与保护项目会谈纪要》，根据会谈纪要，云南省林业厅通过外经贸部和林业部向德方提出《项目建议书》，1996 年 7 月提出了《项目建议书》第二次修定稿。

*项目内容* 包括有：编制多内容的保护与恢复工程规划；建立恢复工程实验示范基地；建立热带雨林地理资源保护监测系统；建立生物隔离防火林带示范基地；加强保护管理设计建设；设置 4 个生态定位观测站和开放实验室；确定 5 个村寨为社区参与热带林保护与恢复的农村经济持续发展示范点等等。

*项目区范围* 西双版纳国家级自然保护区和纳板河省级自然保护区以及周围地域。

*项目目标* 中德两国政府，通过这项合作，即保护管理、社区参与、科学研究和教育培训等项目的实施，达到恢复和有效保护云南省西双版纳热带雨林的结果。

*资金来源及项目进度* 德国政府赠款 662 万马

克，中国政府配套1 500万人民币。德方通过实地考察后，正在研究《项目建议书》，有待正式认定。

（王世能）

# 西藏自治区林业

**【概　述】**

**发展与成就**　2000年，西藏林业工作在自治区党委、政府的领导下，在国家林业局的大力支持下，以西部大开发为契机，认真贯彻党中央、区党委关于西部大开发的战略决策和全区经济工作会议、区党委五届六次全委（扩大）会议精神，通过全区林业工作者的辛勤努力，积极推进林业改革与建设，各项工作取得新成效。

*理清思路，调整政策*　1998年洪灾之后，党中央对林业政策作了重大调整，提出了"植树种草、退耕还林"的方针。西部大开发又把生态环境建设作为关键和切入点来抓，提到了生态建设的成效直接关系到西部大开发成效的高度。

为了研究在新时期西藏林业工作如何适应党中央、区党委提出的新要求，研究林业的发展方向、指导思想以及发展思路等，作了大量的调查研究工作，征询了方方面面的意见，根据区党委五届六次全委扩大会提出的"创新的思路、创新的科技、创新的体制、跨越式发展"和"加强生态环境保护和建设，增强可持续发展能力"等精神，提出了新时期西藏林业工作的思路：以现代林业思想为指导，生态优先，保护第一，加强管理，积极建设，适度开发的前提下，以建立比较完备的林业生态体系和比较发达的林业产业体系为目标，以实施西部大开发为契机，深化分类经营改革，实施全区域突破战略，依靠科技兴林，依法治林和政策引导，促进全区林业持续、快速、健康地发展。

根据胡锦涛副主席的重要批示精神，结合西藏实际，林业局将昌都西部和林芝除墨脱外的有林县的林地中少部分作为区内商品材的采伐基地外，其余林地全部按公益林保护，并将原年商品材采伐指标22万立方米减少到14万立方米，停止原木、锯材外销，控制无节木的生产，整顿了设在林区的木材生产、加工、销售等行业，整顿了伐区，加强了木材检查站的建设。

*抓住西部大开发的机遇，加强生态环境建设*　为落实西部大开发战略决策，切实加强生态环境建设，重点抓了以"两江两河"林业生态建设工程，即西藏自治区（长江上游）天然林资源保护工程、西藏自治区雅鲁藏布江中游沙化土地综合治理工程、羌塘自然保护区晋升为国家级自然保护区和墨脱国家级自然保护区扩界更名为雅鲁藏布江大峡谷自然保护区的项目。在有关部门的大力支持下，经过积极努力，西藏长江上游三县（江达、贡觉、芒康）天然林保护工程，现已由国务院正式批准立项。森林管护，移民搬迁及一次性安置等资金开始到位，苗圃建设和森林管护等项目现完成投资1 000多万元。雅江中游林业生态工程苗圃建设2000年区内垫支500万元已启动。雅江中游林业生态工程项目已启动，改名为拉萨周围造林工程，正在完善规划工作。羌塘国家级自然保护区和雅鲁藏布江大峡谷国家级自然保护区立项工作已到了批准规划和可研报告阶段。根据生态保护、苗圃先行的原则，2000年全区改建、新建苗圃投入达2 000多万元。全区共完成各类造林面积1.07万公顷。其中面上造林0.47万公顷，工程造林0.22万公顷，新育苗面积400公顷，"四旁"植树654万株，种植经济林42万株，绿色通道工程植树2 500万株。封山育林3.2万公顷，自治区中心苗圃2000年出圃各类种苗15万株。圃存100万株，是1996年的6.6倍。到10月份，圃存苗木的95%已达到出圃标准。

*全面制定各项林业发展规划*　按照建立比较完备的林业生态体系的目标，加快项目规划设计工作步伐，强化项目前期准备工作，把林业发展各项规划作为重点工作来抓。2000年完成了《西藏（长江上游）天然林保护工程实施规划》、《西藏自治区边境森林防火规划》、《雅鲁藏布江大峡谷国家级自然保护区建设规划》、《羌塘自然保护区二期建设规划》、《察隅慈巴沟自然保护区规划》、《纳木错自然保护区晋升国家级自然保护区总体规划》等项目规划。同时完成了7地（市）中心苗圃、自治区科技苗圃、5个国有森工企业和60个重点有林、宜林县苗圃建设的外业调查和大部分内业的规划设计。全区野生动、植物，湿地等三项普查已基本完成。《全区林业十五计划和十年规划》的编写已完成。完成了江达、贡觉、芒康三县的森林资源一类清查和二类调查。

*加强森林资源保护，加大林业执法力度*

1. 森林防火取得可喜成绩，1999年冬季至2000年春以来，森林防火工作克服种种不利因素，切实贯彻"预防为主"的方针，坚决落实各项防火措施取得了可喜成绩。据统计：全年发生林火14起。其中：火警11起，一般森林火灾3起，过火面积402.9公顷，受害森林面积107.5公顷，直接经济损失1 290万元，间接经济损失61.7万。与1999年相比，火灾次数下降了48.1%，受害森林面积下降了56.5%。

2. 加大了林业执法力度，开展了严厉打击破坏森林资源违法犯罪活动的专项斗争，查办了一批大案要案，有力地遏制了对森林和野生动植物的破坏。据不完全统计，全区林业执法部门共受理各类案件850起，破792起。其中：刑事案件发3起，破3起；治安案件发89起，破87起；林业行政案件发758起，破704起。收缴各类野生动物皮张196张，木材3 400立方米，挽回经济损失50万余元。

3. 加强林政管理，加大监管力度。按照国家林业局的统一部署，对全区林政执法工作进行了全面检查，经区人民政府同意下发了《关于加强资源林政管理工作的通知》，召开了全区资源林政管理工作会议，就木材流通管理、市场管理等问题进行了调查研究，制定了措施。关闭了林区私营木材加工、收购点，实施了木材通行证的发放同采伐指标挂钩管理，林区群众的自用材纳入限额采伐指标。2000年全区共查处各类林政案件463起。

4. 自然保护区建设进一步完善，森林和野生动植物保护力度进一步加强。自80年代以来，全区相继建立了70多个不同类型的自然保护区。其中：国家级3个、自治区级10个，面积达38.57万平方千米，占全区总面积的32.1%。2000年又完成慈巴沟、滇金丝猴、一江两河湿地、纳木错湖自然保护区晋升为国家级自然保护区的规划设计和前期准备工作。雅江大峡谷保护区派乡管理建设正在进行。组织阿里、那曲林业执法人员在羌塘保护区玛依核心区进行了为期6个月的巡逻。两次与国际鹤类基金会和国家鸟类环志中心合作，对全区黑颈鹤越冬的基本数量和分布范围进行了调查，对全区境内繁殖的黑颈鹤系上了环志。加强湿地和越冬候鸟、热振寺周边柏木林、西藏马鹿的保护，首次开展了野生动植物资源抢救性保护，在野生动植物栖息繁殖重点区域设立宣传标牌，有效地控制了乱捕乱猎的非法活动。

5. 林业产业工作有新进展。为加强局直属林业的管理，2000年1月初，召开了局直属企业座谈会，总结了企业管理工作的经验和教训，对下一步的改革和发展提出了具体意见，对局直属企业开展了全面的清查审计。生态旅游公司、林工商公司、林盛且邦公司审计工作已完成。为加快全区国有森工企业改革和转产步伐，3月，召开了全区森工企业座谈会，就全区森工企业产业结构调整进行了讨论研究。由林业局和林芝地区共同起草的《森工改制方案》，已经自治区企业改革领导小组通过，同意组建雪林股份有限公司，各合作企业已签订了发起人协议书，组建股份公司工作正在紧锣密鼓地进行。

6. 科技兴林工作进一步加强。在林业建设中，实施科技兴林战略是关系到林业建设发展的重要问题。始终把科技摆在优先发展的位置，在各地县建立了不同类型和科技示范为目的的试验示范区。2000年，林业局先后在拉萨曲水县建立13.33公顷优质桃生产和示范基地，在日喀则南木林、仁布、定日县、日喀则市开展了优质桃树的栽培试验。同时，引进了经济林木新品种21个，分别嫁（高）接在林芝果园和色拉果园，成活率达到95%以上。针对全区造林树种单一，病虫害严重的现状，从重庆、北京等地引进了天寅速生杨和2000系列3个速生杨品种，在自治区试验林场开展了引种试验，天寅速生杨成活率达到95%，2000系列速生杨品种成活率达到70%，表现出良好的适应性。而且，开展了国槐、刺槐、核桃等树种的繁殖技术研究，取得一定进展。2000年，林业局和西藏农牧学院高原生态研究所合作按不同的海拔高度和不同的气候类型先后在林芝县八一镇、米拉山、拉萨墨竹工卡县等地开展了绿色通道造林试验示范工作。

7. 国际合作和交流取得可喜成绩。2000年，林业局与7个国际民间组织和2个国家（双边）建立了合作关系。2000年先后接洽了约100多人（次）国际项目考察专家，引进项目资金约400万元人民币。新建两座小型水电站，装机容量分别为25千瓦和50千瓦，解决了8个村500多户和3所小学的照明用电和部分畜产品加工用电；新建民办小学2所（累计建民办小学20多所），解决了约300个适龄儿童的入学问题；建设人畜饮水工程6座，解决260户1 600人口的饮用水和部分农田灌溉用水；在4个村进行了防洪水坝建设，减少了洪水灾害；为珠峰保护区4县培养了农民专业技术人员200人次，不仅解决了乡村缺乏技术人才问题，而且广开了农民就业和创收的路子；针对全区野生动植物和自然保护区管理工作中的具体问题，会同国外专家先后举行了社区参与式培训、自然保护区管理培训、野生动物管理培训各种培训班，并派出5个团队约30多人次到尼泊尔、泰国、挪威、美国等国考察学习野生动植物保护管理经验。

**维护社会局势稳定，加强精神文明和廉政建设**

全面深入地开展反分裂斗争。影响西藏稳定的主要根源是达赖集团的分裂破坏活动。维护西藏稳定的重点是坚持开展反分裂斗争。以中央第三次西藏工作座谈会关于维护祖国统一，反对分裂的精神总揽斗争全局，坚持把反对分裂、维护社会稳定和民族团结作为压倒一切的政治任务。党员领导干部、共青团员、国家干部职工立场坚定，旗帜鲜明地投入到反分裂斗争中去，影响和带领广大群众深入揭批达赖，自觉抵制达赖集团的各种渗透，遏制其在区内的影响，铲除其在境内分裂活动，为西藏人民创造安定团结的政治环境。

坚决打击“法轮功”邪教组织的违法活动。针对“法轮功”邪教组织死灰复燃，并有反弹现象，进一步加强对“法轮功”非法宣传物品的清理，加强对“法轮功”练习者思想转化和监管工作，林业局党组书记为第一责任人，成立了帮教小组。各级组织对“法轮功”练习者进行了多次耐心的思想教育和转化工作。局办和林勘院签订了监管协议，分工负责，加强和公安、民航、交通等部门的联系，加强信息通报工作。

廉政建设取得新成效。认真贯彻执行《廉政准则》和自治区有关规定，在继续抓好关于党员领导干部廉洁自律各项规定贯彻落实的基础上，结合实际，重点解决公款“吃喝玩乐”，参与赌博，借婚丧嫁娶、子女升学之机大操大办，损坏党在群众中的威信和行业形象的问题，认真开好以廉洁自律为主要内容来对照检查的专题民主生活会，通过民主生活会发现问题、解决问题，并对存在的突出问题提出整改措施。

*扎扎实实开展地厅级“三讲”教育和县处级“三讲”教育活动* 按照党中央和区党委的部署，积极开展了地级“三讲”教育和县处级“三讲”教育以及“回头看”活动。在整个“三讲”活动中，征求意见工作严谨细致，召开了不同层次座谈会活动，不同类型的座谈会，使群众能充分发表意见，敢于说真话，注重实际效果。由于组织学习方式较好，地、县级自我剖析和民主评议达到一次性过关。在整改中制定了完善的机关考勤制度、国有资产管理制度等16个规章制度。

通过“三讲”教育，职工中没有参加宗教活动，也没有出现请喇嘛到机关职工住宅念经的情况。使局干部职工真正达到了在思想上有明显提高，政治上有明显进步，作风上有明显转变，纪律上有明显增强，使机关面貌有了大的改观。

**存在的问题**

1．部分干部和群众，特别是少部分领导干部对生态环境保护认识不足，保护意识差，伐区管理混乱，并有超采伐现象，给林业行政部门下达高额上交任务，导致出现了“以罚代法”的现象。

2．西藏植被稀少，生态脆弱，荒漠化在加剧，造林成活率较低；个别地方乱捕滥猎和乱砍滥伐现象依然存在。

3．林业部门人才匮乏，科技机构几乎处于空白，地、县林业机构亟待充实，自然保护区机构人员远远不能满足工作需要。

4．森工企业改革步伐缓慢，自治区林业局直属企业管理混乱、亏损严重。林下资源开发、木材精深加工、野生动植物开发利用方面有待进一步加强。

（陈　平）

# 陕西省林业

**【概　述】** 2000年继续认真贯彻江泽民总书记“再造一个山川秀美的西北地区”的批示精神和朱镕基总理“退耕还林（草）、封山绿化、个体承包、以粮代赈”的十六字综合措施，以生态环境建设为中心，大抓植树造林，加大森林资源保护力度，进一步扩大对外交流与合作，林业和生态环境建设有了较大发展。

*植树造林* 2000年，全省共计完成造林41.8万公顷，其中：人工造林31.10万公顷，飞播造林10.70万公顷。育苗1.5万公顷，容器育苗4.2亿袋。全省城乡共有1 460万人参加了全民义务植树活动，栽植各类树木9 024万株，植绿篱17万米，铺草坪30.1万平方米。

*森林资源保护* 2000年，全省认真学习传达朱镕基总理批示精神，采取断然措施，坚决停止天然林商品性采伐，严格执行森林采伐限额制度；加大对各类林业案件的查处力度，开展了以督办、查处典型案件和新闻曝光相结合的保护森林资源三号行动；对全省历年的库存材进行了认真的清查；进一步规范森林资源资产评估工作，组织有关人员，完成了朱雀国家森林公园龙潭子景区等4处风景区的森林景观资产评估；完成了第五次森林资源一类清查的外业调查工作；加强林地保护管理工作，调处林权争议，规范征占用林地审核工作，并换发了新版全国统一的林权证书。

1．加强普法和林业立法工作。认真组织学习、宣传《森林法》、《森林法实施条例》等林业法律法规，省林业厅专门聘请国家林业局政法司领导和专家举办了3次法制讲座，指导各地开展各种形式的学习、培训活动，并于9月份组织全省3万多名职工进行了普法验收考试，进一步提高了林业工作人员的执法水平。同时，利用各种新闻媒体，面向社会开展林业法律宣传活动，增强广大群众林业法律意识。2000年，陕西省地方林业立法取得了突破性进展，经过大量调研和反复修改，《陕西省森林管理条例（修订稿）》已经省九届人大常委会第十九次会议审议通过。《条例》增加了森林公安、检察机构设置，建立防火专业队伍，实行木材经营加工许可证制度，切实保护天然林资源，实行退耕还林还草等重要内容；加大了处罚力度，为保护和发展森林资源提供了法律保障。

2．严厉查处各类森林违法犯罪案件。2000年，在全省范围内开展了林政执法大检查，组织进行了两次严打专项斗争和保卫森林资源三号行动。据统计，全省林业部门全年共受理各类案件7 165起，查处6 937起，综合查处率为96.8%。其中受理刑事案件94起，破案90起；受理治安案件180起，查处179起；受理林政案件10 531起，处理10 276起。全年共有11 726名违法分子受到法律制裁，为国家挽回直接经济损失

1 030多万元。

3. 进一步强化林政管理工作。编制了陕西省"十五"期间年采伐限额建议指标。严格林木采伐许可证发放管理,先后开展了3次检查活动,全省发证率和发证合格率都有了明显提高。加强了林权争议调处,进一步规范了征占用林地审核工作程序。

4. 加强森林防火和森林病虫害防治工作。根据国家和陕西省森林防火工作电视电话会议精神,及时对全省森林防火工作进行了安排部署,林业厅机关安排了梯队防火值班人员,时刻保持高度警惕。同时加强了火险预测预报工作,从3月1日起,在省电视台播放森林火险等级预报。认真查处森林火灾案件,2000年全省共发生森林火灾112次,其中森林火警49次,一般森林火灾60次,重大森林火灾3次,受害森林面积117.65万公顷,截至2000年底,已查处66起,处理69人。通过推行多种形式的防治责任制,狠抓预测预报,严把检疫关,森林病虫鼠害防治工作取得明显进展。据抽查,全省森林病虫害发生面积40.23万公顷,占有林地总面积的4.74%,森林病虫害发生率低于下达指标0.26个百分点,有效防治面积24.14万公顷,防治率62%,高于下达指标2个百分点。

对外交流与合作　发挥全省森林资源、自然景观和区域优势,组织人员、设立专门机构,大力开展对外交流与合作。通过扩大对外开放,全省林业共引进外资折合人民币5.4亿元,造林绿化工程项目已涉及51个县(区)。其中,世界银行资助的全球环境生物多样性保护项目引进资金681万美元,用于长青、太白、周至、佛坪、牛背梁等自然保护区建设,已如期完成了各项建设任务。中德合作西部造林项目引进资金1 300万马克,用于宝鸡、咸阳两市7个县造林工程,2000年,该项目任务全部完成,成活率超过85%的合格面积2.24万公顷,占97.5%。德援延安造林项目引进资金1 200万马克,用于延安市3个县的生态恢复。2000年已完成了财政协议和审计承诺的签署、设备询价、执行计划、苗情调查等前期工作,正式启动实施。比利时援助陕西贫困地区社会经济综合发展项目引资2 800万美元,已开始实施。利用日本协力基金贷款建设陕西省黄河中游防护林项目前期工作进展顺利,可引进资金42亿日元(折合人民币3.23亿元),用于渭、洛、泾河流域县区造林工程。2000年,省林业厅先后接待美、俄、日、韩等国林业专家团组17批近百人,对外交流与合作不断拓展。

(田　瑞)

**【退耕还林(草)工程】**　为了认真贯彻落实江泽民总书记"再造一个山川秀美的西北地区"重要批示和朱镕基总理视察陕西时提出"退耕还林(草)、封山绿化、个体承包、以粮代赈"的十六字综合措施的指示精神,陕西省委、省政府高度重视,把贯彻落实中央领导批示精神,搞好以退耕还林(草)为主要内容的生态环境建设,确定为全省生态建设的主体工程。组织编制了以退耕还林(草)为主要内容的《陕西省生态环境建设规划》,明确了全省退耕还林(草)工作的指导思想、基本原则、总体布局、奋斗目标和建设重点。按照因地制宜、先行试点的原则,1999年9月,陕西省确定延安市宝塔区川口乡、商洛地区山阳县赵源村为省级实施退耕还林(草)工作的试验示范点。示范点紧紧围绕落实"退耕还林(草)"十六字措施展开工作,并就土地资源配置、合理确定农林牧用地比例、粮食生产结构调整、以粮代赈措施的落实方式、农民经济收入和农村集体经济收入变化以及产业结构调整、植树造林与个人承包的衔接、巩固造林绿化成果、退耕还林(草)工作与调动农民群众培育商品林积极性等系列问题进行全面的试验和探索。各地、县结合当地实际,也都建立了不同类型和规模的试验示范点。在总结示范点经验的基础上,陕西省组织有关方面专家和管理人员,制定了《陕西省以粮代赈、退耕还林(草)粮食供应管理办法》、《陕西省退耕还林(草)作业设计办法》、《陕西省退耕还林(草)检查验收办法》、《陕西省退耕还林(草)苗木生产及供应管理办法》、《陕西省退耕还林(草)农户造林种草登记卡》等一系列管理试行办法和技术规程。省长程安东亲自挂帅,担任陕西省退耕还林(草)工作领导小组组长,主管副省长王寿森多次深入第一线,直接指挥退耕还林(草)工作。各地、县行动迅速,采取得力措施,组织动员群众,掀起了退耕还林(草)的热潮。2000年初,陕西省制定并印发了《陕西省退耕还林(草)与造林种草检查验收试行办法》和《1999～2000年农户退耕还林(草)与造林种草登记卡》,明确了检查验收的原则、范围、对象、标准和进度要求,并由省林业厅牵头,省计委、财政、农业、畜牧、土地、粮食和测绘部门密切配合,对全省1999年度退耕还林(草)与造林种草进行了初步检查验收,验收工作分为县级全面自查和省地联合抽查两步进行。2000年,经国家林业局等有关部门验收确认,陕西省1999年退耕还林(草)和荒山造林总面积为28.39万公顷,占当年全国的63.4%,其中退耕还林(草)21.74万公顷,占全国的57%,国家兑现粮钱折合资金73 466万元已足额到位。2000年,国家安排陕西省退耕还林(草)试点县34个,退耕还林(草)和荒山造林种草任务7.4万公顷,其中退耕还林还草5.33万公顷,荒山造林2.07万公顷。计划任务已全面完成。为保证退耕还林(草)工程顺利实施,全省共建成种苗基地164个,采种基地16处,国家投放资金110 616万元。

(田　瑞)

**【陕西省天然林保护工程】**　2000年以来,全省各级政府和林业部门结合林政执法大检查和保护森林资源三号行动,加大了对毁林案件的查处力度,省林业厅受理各类毁林案件100余起,直接查处30余起。各地林业部门按照省林业厅的安排相继查处了一大批破坏森林资源的重大案件。据统计，全省林业部门共受理各类林业案件7 165起，查处6 937起。其中受理刑事案件94起，破案90起；受理治安案件180起，查处179起；受理林政案件10 531起，处理10 276起。全年共有11 726个违法分子受到法律制裁，为国家挽回直接经济损失1 030多万元。2000年，陕西省全面实施天然林保护工程，停止天然林商品性采伐，在国家专项资金到位前，林区职工生活发生严重困难。省政府决定，省财政安排200万元专款，有关地、市、县政府也都采取了各种办法，自筹专项资金，及时解决落实林区职工生活费问题。国家天然林保护专项资金到位后，省财政厅会同林业厅已于2000年底，下拨各地（市）及省属森工采育企业21 770万元用于森林管护事业费、政策性社会支出、社会养老统筹补助、下岗职工生活保障费。有力地保障了全省国有林场职工生活，维护了林区稳定。（田 瑞）

**【陕西省防护林体系建设】** “九五”期间，全省共完成三北、长防、治沙三大防护林工程造林27.43万公顷，其中人工造林10.75万公顷，飞播造林10.94万公顷，封山育林6.33万公顷。三北防护林工程缩短战线，压缩规模，突出重点，集中投入，依据建设区五大地貌类型特点，重点抓了30个重点工程县和八大经济林产业基地建设，使生态建设同农民的经济利益相结合。完成三北防护林四期工程规划。长江防护林建设，围绕退耕还林（草）、天然林保护工程，结合“米”字工程和三江沿线流域治理，圆满完成各项建设任务。防沙治沙工程重点抓了绿色长城和绿色长廊工程建设，突出上规模、促成活、抓实效，完成了全省荒漠化监测、沙化土地宏观监测和重点沙化地区监测报告。（田 瑞）

**【陕西省科教兴林“4151”工程】** 科教兴林“4151”工程是陕西省林业厅“九五”期间贯彻落实科教兴林战略的一项重大举措。“九五”期间，在林木良种繁育新技术、ABT生根粉应用、节水林业及抗旱造林、榆林沙地飞播造林、低产经济林改造，森林病虫鼠害防治、森林防火技术等10大项林业新技术推广方面，共完成推广示范面积50.14万公顷，为计划任务的163.1%；在10个经济林基地和产业化建设方面，共完成经济林新建和丰产管护面积70.91万公顷，为计划任务的197.2%。（田 瑞）

**【陕西省林业科技推广体系】** 截至2000年底，全省有10个地（市）林业站、101个县（市、区）林业站和1 076个乡（镇）林业站，乡（镇）林业站的数量比“八五”末的844个增加了232个。从管理体制上看，有128个站为县林业主管部门的派出机构，571个站受县林业主管部门和乡（镇）政府双重领导，377个站由乡（镇）政府直接管理。全省现有乡（镇）林业职工4 021人，比“八五”末的3 220人增加了801人，其中具有中专学历和高中以上文化程度的职工3 035人，占到职工总数的75.5%；有2 744接受过林业部门举办的岗位培训，占到职工总数的68.2%。全省现有林业站建设合格县17个，“九五”期间有7个乡（镇）林业站、4名林业站建设先进个人和15名基层护林员受到国家林业局的通报表彰。（田 瑞）

**【陕西省森林公园及森林生态旅游】** 截至2000年底，全省共批建森林公园50处，经营面积18万多公顷。其中国家级森林公园9处，省级37处，市（县）级4处，已营运的森林公园、森林生态旅游小区近30处，全年接待游客186.44万人次，实现旅游直接收入4 674.36万元，分别比1999年增长18%、0.94%。2000年，全省共投入森林生态旅游事业发展、森林公园建设资金10 958.3万元，其中国家投资4 276.4万元，自筹4 292.9万元，引资2 389万元，主要用于基础服务设施建设。（田 瑞）

**【陕西省生态省建设规划编制】** 2000年在西安召开的中国科协2000年学术年会上，李振声、江泽慧等8位知名专家提出了将陕西建设为全国生态省的建议。对此，省委、省政府高度重视，成立了陕西生态省规划领导小组和专家顾问组，并由省林业厅牵头，国家林业局西北林业调查规划设计院具体负责，开展生态省建设规划编制工作。在省级有关部门的积极配合下，经过深入调查研究，搜集大量资料，召开有关方面会议认真讨论，目前，规划编制工作进展顺利，规划初审稿经省政府审阅、修改后，有关方面专家在西安进行了评审，根据评审意见，进一步修改完善后，省人民政府在北京召开大型专家评议会，李振声、江泽慧、曲格平、孙鸿烈、王涛、关君蔚等有关专家对《规划》进行了认真评议，一致认为《规划》总体上可行，建议修改后报上级有关部门批准实施。（田 瑞）

## 甘肃省林业

**【概 述】** 2000年，全省上报造林面积15.47万公顷，核实面积14.97万公顷，面积核实率96.76%，超计划4.57万公顷，超额完成任务43.97%。其中：退耕还林还草5.47万公顷，荒山造林8.7万公顷，分别占任务的102.63%和171.66%。新造经济林4.34万公顷，占任务的130.34%。经济林更新改造4.07万公顷，占任务的121.96%。育苗1.55万公顷（林业系统），占任务的96.63%。全民义务植树7 684.58万株，占任务的112.02%。全省实现脱贫的国有林场25个，国有苗圃15个，分别占任务的86.21%和100.00%。林果产品总产量172.37万吨，占任务的90.72%。2000年全省共发生森林火灾面积8公顷，低于年森林火灾发生控制面积200公顷。

在省委、省政府的正确领导下，各级党政部门的高度重视和全省各族人民群众的艰苦努力，2000年全省各项林业建设工作取得了较大的成绩，超额完成了退耕还林还草、三北防护林建设和防沙治沙工程年度植树造林任务。林业建设列入了各级党委和政府的重要议事日程，实行了领导干部目标责任制管理，造林绿化工作跨入了一个新的发展时期。通过对2000年各地（市、州）林业工作责任目标八项指标的考核评分，平凉、庆阳、武威、陇南、定西、张掖、酒泉地区、金昌、白银、嘉峪关市均在100.0分以上，临夏、甘南州和天水、兰州市低于100.0分。在3月17日召开的全省林业处局长会议上，省林业厅对在2000年度林业工作责任目标综合考核成绩突出的平凉地区林业处、庆阳地区林业处、武威地区林业处和陇南地区林业处进行了表彰，颁发了荣誉证书，并各奖励人民币1万元。

（何　熙）

**【甘肃“九五”林业工作】** “九五”期间，甘肃省林业发展经历了历史性的大转折、大跨跃。在适应和推动这一转折和飞跃的过程中，全省各级林业主管部门，在省委、省政府和地方各级党委、政府的正确领导下，带领广大林业干部职工和林农群众，坚持以邓小平理论为指导，紧密结合林业工作实际，做了大量的工作，有力地推动了全省林业的快速发展，取得了较好的成效。据统计，“九五”全省新增造林绿化面积59.54万公顷，完成计划的111.4%，封山（滩、沙）育林（草）93.14万公顷，全民义务植树3.34亿株，永昌等12个县（市）实现了平原绿化达标，泾川等9个县（市）实现了整县宜林荒山绿化，全省森林覆盖率由8.42%提高到9.04%，净增0.62个百分点；全省新增经济林面积29.12万公顷，累计达到61.48万公顷，其中挂果面积29.73万公顷，年果品总产量176.8万吨，商品率73%，年总产值突破22亿元，秦安、秦城、武都三县（区）被国家林业局命名为经济林之乡；全省新增自然保护区面积24.74万公顷，新批建森林公园10处，森林旅游年接待国内游客200多万人次，境外游客近3 000人次，年旅游收入6 345万元，上缴税金1 406万元；全省新增各类花卉栽培面积826.67公顷，累计达1 320公顷，年总产值8 818万元，临洮县大丽花生产基地、甘谷县实验月季园被国家林业局列为全国花卉生产示范基地，兰州市五泉花鱼市场、临洮县分别被命名为全国重点花卉市场和中国花木之乡；全省新增驯养繁殖各类野生动物2.5万多头（只），年产值达800多万元；全省新增优良树种推广应用面积10多万公顷，科技示范效益达6 000多万元，辐射带动效益突破5亿元。

解决了三个问题

1. 理清了发展思路。在认真总结经验，广泛调查研究，组织全行业集中开展西部大开发甘肃林业怎么办大讨论，群策群力，集思广义的基础上，提出了甘肃林业生态建设“六大块布局”，突出“四大工程”，林业产业建设“六大支柱”的基本框架。同时，根据省委、省政府和国家林业局的要求，围绕这一思路，先后编制完成了《全省林业“十五”和2015年发展规划》、《全省天然林资源保护工程规划》、《全省退耕还林（草）试点工程规划》、《全省三北防护林体系建设四期工程规划》和《全省防沙治沙工程规划》以及全省花卉业、林果业、野生动物养殖业等林业发展专项规划，及时报请国家林业局和省政府有关部门审批实施。

2. 理顺了运行机制。1998年召开了首次全省非公有林业经济建设现场会议，全面总结和推广了全省发展非公有林业经济建设的先进经验和典型，出台了《关于加快全省非公有林业经济发展的意见》；2000年召开了全省退耕还林（草）试点工程现场会议，认真总结和研究了实施退耕还林（草）试点工程的经验和对策。这两次会议找准和抓住了新时期加快林业生态建设的突破口，从宏观上进一步理顺了全省林业发展运行机制，在全省乃至全国都产生了较大反响，有力地推动了全省林业“两大体系”建设的全面发展。

3. 加强了组织领导。从“九五”开始，首次在全省林业行业实行了年度林业工作目标责任制度，年初签订责任状，年底检查评比。1999年以来，又以“三讲”教育和认真落实“三个代表”的重要思想为契机，进一步健全和完善了领导干部包片承包责任制和科技人员技术承包责任制，促进了各项重点工作的进展和落实。同时，不断加大宣传力度，积极主动给省委、省人大、省政府、省政协汇报，进一步引起领导重视，争取领导支持，甘肃省保留了林业厅，为稳定全省林业管理体制，加强对全省林业建设的组织和管理奠定了坚实的基础。

实现了两大突破

1. 林业经营模式的突破。1998年10月，省委、省政府根据党中央、国务院关于全面停止长江上游、黄河上中游天然林采伐，全力搞好生态环境建设的指示精神，及时作出了《关于停止国有天然林采伐的决定》。《决定》颁布之后，全省各国有天然林区在不到一个星期内全面停伐封锯，同时，还关闭了林区、林缘区13个木材交易市场，57个木材交易点，121家木材加工企业，对林区所有存材全面清理，全部限期调出林区，从此全面结束了延续几十年对天然林资源实施有计划采伐的历史。据统计，全省天然林资源保护工程实施两年多来，工程区各单位共完成人工造林5.19万公顷，封山育林19.84万公顷，森林抚育4.19万公顷，人工促进天然更新0.5万公顷，促使全省林业经营模式实现了较大突破。

2. 林业发展空间的突破。伴随退耕还林（草）工程的全面实施和地埂地边林业的兴起，不仅有力地带动了整个造林绿化事业的发展，而且还有效地扩大了林业发展的空间。据统计，全省现有15度以上坡耕地约100多万公顷，加上全省33.33万公顷可利用地埂面积，两块合计超过133.33万公顷，是现有各类宜林"四荒"地的一半左右，这对全省整个林业建设来讲，无疑是一大非常优厚的资源。过去两年全省已完成退耕还林（草）工程核实面积15.64万公顷，其中退耕还林（草）11.16万公顷，荒山造林4.48万公顷，退耕还林（草）面积是荒山造林面积的2.5倍，促使全省林业发展空间实现了较大突破。

促进了四个变化

1. 林业投入力度不断加大。"八五"期间全省累计落实中央和省林业总投资3.98亿元，年均0.8亿元，"九五"期间落实17.8亿元，年均3.56亿元，其中2000年达7.28亿元，"九五"是"八五"投资的4.47倍。特别是1998年以来，甘肃省林业厅除了较好地争取到天保、退耕还林（草）等国家重点林业生态工程投资外，还先后争取到现代化苗圃项目2 400多万元；兴隆山和祁连山保护区二期工程资金2 600多万元；武威濒危野生动物繁育中心二期工程资金740多万元；以及德国无偿援助生态工程项目、韩国生态环境建设项目、世界银行贷款造林项目和日本协力银行贷款项目等。同时，社会其他资金，特别是个体、私营等非公有经济投入林业建设的力度不断加大，全省林业投资环境发生了较大变化。

2. 林业法制建设步伐加快。1998年召开了建国以来首次全省林业法制工作会议，出台了《关于加强全省林业法制工作的决定》，理顺了关系，加强了领导，为全面推进林业法制建设打开了局面。近五年先后出台了《甘肃祁连山国家级自然保护区管理条例》、《甘肃省林木种苗管理条例》、《甘肃省实施〈中华人民共和国森林法〉办法》和《甘肃白水江国家级自然保护区管理条例》等四部全省林业建设迫切需要的地方性法规。去年又起草了《甘肃省生态林业保护建设管理条例》、《甘肃兴隆山国家级自然保护区管理条例》、《甘肃省生态林业建设若干政策规定》，以及林地管理、花卉生产管理等方面的法规和规章，已报省人大和省人民政府。同时，各级普遍建立了行政执法责任制，积极开展各项依法治理活动，全面实践、整体推进依法行政、依法治林工作，取得了较好成效，促进全省林业法制环境发生了较大变化。

3. 林业所有制结构得到调整。贯彻党的十五大精神，国有林场圃不断深化改革，转换机制，村社非公有林业经济异军突起，加快了整个林业所有制结构的调整。据不完全统计，"九五"期间全省先后有123个贫困林场，76个贫困苗圃实现了脱贫，其中还有近20个场圃基本达到了小康水平。全省现有经济林中，非公有部分占80%以上；全省林业总产值中，非公有部分占60%以上；全省依靠发展非公有林业经济脱贫致富的农户，接近脱贫农户总数的1/3；每年从事非公有林业经济建设的劳动力达百万人以上；全省已有一半县（市、区）通过发展非公有林业经济大幅度增加了林果特产税，缓解了地方财政困难；全省累计兴办各类非公有林业经济实体78万个，年创产值25.66亿元，促进了全省林业所有制结构发生了较大变化。

4. 森林资源保护进一步加强。伴随天保工程的全面启动和认真落实国务院关于进一步加强森林资源保护有关通知精神，全省整个森林资源保护工作，在"九五"期间得到了显著加强。据统计，5年来各级森林公安机关共受理各类森林案件10 566起，侦破和处理10 234起，打击处理各类违法犯罪人员17 336人（次），挽回经济损失1 897.19万元；全省连续10年无重大森林火灾；采伐限额管理严格按计划执行，林地林权管理实现历史性转折，征占用林地审核率由"八五"前的百分之几提高到现在的90%以上，查办了一批典型案件，加强了林地管理工作；森林病虫害累计防治面积101.93万公顷，防治率达到52.9%～66.06%，促使全省森林资源保护形势发生了较大变化

*存在问题* "九五"全省林业工作，虽然取得了一定的成绩，积累了一些经验。但也存在不少困难和问题：一是林业改革力度不够，在指导整个林业生产、运营过程中，还未从根本上摆脱计划经济的束缚，市场经济运行仍然比较艰难，制约着林业建设的快速发展。二是林业产业发展缓慢，结构调整措施不力，所有制结构调整还不到位，产品结构还停留在初期和低层次上，对变化了的新形势还不够适应，形不成市场经济优势。三是加快发展与自然条件严酷之间的矛盾更加突出，造林绿化难度越来越大。另外，在实施退耕还林（草）试点工程和天然林资源保护工程过程中，还存在着1999年2.66万公顷退耕还林（草）和荒山造林任务无法兑现补助粮款、2000年国家下达甘肃省任务调减和各地强烈要求增加任务；停采国有林业局（场）银行债务还没有实现停息挂帐，拖欠职工工资尚未完全兑现，转产开发力度还不够大，速度还不够快、人员分流安置任务艰巨等诸多难度较大的困难和问题。（何　熙）

**【甘肃省林木种苗工作】** "九五"期间，甘肃省的林木种苗工作取得了长足发展。一是种苗生产基地初具规模。建成各类育苗基地11 234处、面积1.23万公顷，年出圃苗木6亿多株。建成各类种子基地78处、面积1.47万公顷，年产种子38.3万千克；其中良种基地

18处、面积790公顷，年产良种6 067千克。二是种苗科技含量不断提高。选育、审定并颁布优良品种（系）59个，引进19个树种的优良品系400多个。全省良种使用率由1995年的5%增长到2000年底的20%，达到全国平均水平。塑料大棚育苗、地膜覆盖育苗、全光喷雾扦插育苗、容器育苗、组培育苗和ABT生根粉等新技术，在生产中得到应用。三是法制建设不断加强。省人大颁布了《甘肃省林木种苗管理条例》，省林木种苗管理总站制定了《甘肃省主要造林树种苗木标准》，进一步落实了林木种苗生产许可证和林木种苗经营许可证制度。同时，积极开展林木种苗生产、流通、使用环节的质量检测监督工作，检测率由1995年的40%提高到2000年底的60%以上。四是国有苗圃脱贫工作成效显著。全省76个贫困国有苗圃，已基本实现脱贫，酒泉市西峰苗圃已达到小康水平。同时还涌现出天水市秦城区四十里铺苗圃、张掖市新墩苗圃、正宁中湾油松良种基地等一批先进单位。（何　熙）

**【甘肃省全民义务植树】** 近20年来，全省各地始终坚持全社会办林业全民搞绿化的方针，年复一年的广泛开展全民义务植树运动，为甘肃省生态环境建设和国土绿化做出了巨大贡献，取得了前所未有的显著成就。主要体现在十个方面：

1. 全省有2.4亿人次适龄公民参加了全民义务植树，共植树12.2亿株，年均尽责率为82.14%，人均植树5.3株。

2. 全省城乡建立义务植树基地9 518个，年均办基地560个，累计植树110 974万株，面积24.66万公顷，保存株数37 731万株，保存面积8.38万公顷。

3. 全省建立育苗面积14.37万公顷，年产苗量为80 833万株。

4. 全省义务植树基地兴办产业523个，面积为1.66万公顷，累计投资7 714.5万元，年纯收入5 837.96万元。

5. 全省乡（镇）以上各级领导办绿化点9 296个，年均办点1 757个，共完成植树造林面积55.49万公顷，年均完成植树造林面积3.72万公顷。

6. 绿色通道建设进展情况：截至2000年上半年，全省各等级公路绿化15 492.31千米；铁路绿化434.5千米；26个大中型水库，已绿化面积468.79公顷；刘家峡库区绿化3 529.7公顷。

7. 整县宜林地绿化进展情况：已有酒泉、金塔、玉门、安西、郭煌、张掖、临泽、高台、武威、民勤、永昌、嘉峪关等12个县（市、区）实现平原绿化达标。泾川、成县、西峰、崇信、康县、临夏、西和、秦城、合水、西峰、成县、临夏市、灵台县等9个县（市、区）被全国绿委命名为百佳县。

8. 自1995年以来，全省确定的40个林果业基地县，经过几年的建设，成效显著。1998年全省林果业总产值已达53亿元，有41个县林果特产税超过100万元，其中10个县超过500万元，最高的县达1 000余万元。全省有1/4的农村贫困户依靠发展林果业走向致富之路，农民人均纯收入中，林业部分已达350元左右。

9. 经过20年的艰苦奋斗，甘肃省河西走廊已建成长达1 200千米的防风固沙林带，区域内53.33万公顷农田基本实现了林网化；河东及中部地区累计营造各类防护林64.2万公顷，控制水土流失面积308万公顷。建国50年来，全省累计人工造林366.66万公顷，保存120万公顷，全省森林覆盖率由1949年的2.55%提高到9.04%，上升6.49个百分点，活立木蓄积量净增3 000多万立方米。

10. 开展全民义务植树运动以来，全省涌现出了一大批造林绿化的先进单位和模范人物，分别受到全国绿委、林业部、人事部、省委和省政府的表彰。截至1999年底，全省共有44家单位（部门）荣获全国绿化先进单位；9个县（市、区）荣获全国造林绿化百佳县，14个乡（镇）荣获全国造林绿化百佳乡，131个村荣获全国造林绿化千佳村；23家单位（部门）荣获全国造林绿化400佳；22人获全国造林绿化劳动模范；9人获全国造林绿化先进工作者；144人获全国绿化奖章；有40人入选全国绿化功臣碑。兰州空军绿委办主任徐宝祯荣获全国十大绿化标兵称号；2000年春，古浪县土门镇八步沙林场张润元老人荣获第四届地球奖。

（刘兴贵）

**【甘肃省三北防护林三期工程建设】** 甘肃省三北防护林三期工程建设累计完成造林58.19万公顷(其中，防护林22.21万公顷，用材林9.48万公顷，经济林22.50万公顷，薪炭林及特用林3.99万公顷)，完成人工造林53.90万公顷，占规划任务的100%；完成飞播4.29万公顷，占规划任务的172%；完成封育35.73万公顷，占规划任务的755%；完成育苗3.2万公顷，占规划任务的93%。除育苗外，各项生产任务均超额完成。三北三期重点建设项目也如期完成任务，兰州市引大灌区生态经济型防护林体系建设完成造林0.42万公顷；景古灌区示范区生态经济型防护林体系二期工程建设完成造林0.64万公顷，封育1.2万公顷；祁连山水源涵养林生态保护工程完成造林666.67公顷，封育0.68万公顷，育苗16.36公顷。通过三北防护林三期工程的建设，甘肃省三北地区生态环境有了一定的改善，具休表现在：一是荒漠化蔓延趋势得到一定程度的扼制。全省累计已在风沙前沿形成了长1 200千米共28万公顷的防风固沙骨干林带，占风沙线总长度的70%；治理危害严重的大风沙口450多处，占风沙口总数的54%；控制流沙面积20多万公顷，使1 400多个村庄免遭流沙危害；恢复耕地近6.67万公顷，部分地区“沙进人退”的现象基本得到了缓解，许多地方“人进沙退”，建起了新的绿洲。黄河以东及中部地区治理控制水土流失面积达到6.6万多平方千米。二是农业生产条件有了明显改善。甘肃省河西走廊积极开展以平原绿化工程建设为重点的农田防护林建设，先后又有武威、民勤、永昌、嘉峪关等4县、市达标。至2000年，全省12个平原绿化县（市）已全部实现了平原绿化达标，并已着手建设高标准平原绿化县，整个河西地区累计营造农田防护林8.67万公顷，区域内60多万公顷农田实现了林网化，占农田总面积的85%以上，基本实现了以乔木为主，乔灌草搭配、带片网结合、渠路林相配套的防护林体系，有效地减轻了干热风等自然灾害的危害程度，保障了农作物的稳产、高产，促进了农业和农村经济的发展。三是加快了群众脱贫，培植了地方财源。三期工程建设期间，甘肃省三北地区按照林木良种化、栽植体系化、结构立体化和管理集约化的要求，建立了万亩以上的经济林基地近30处，千亩以上的1 200多处。全省农民人均纯收入中林业部分的比重逐年提高，林果业已成为农民收入和地方财政的主要来源。1999年全省人均林业收入300元，占农民人均总收入的21%。林果特产税超百万元的县达41个，其中500万元以上的达10个，最高的秦安县达800万元，占县财政总收入的41%，全县1万多农户借发展林果业实现了脱贫致富，农村贫困面由1982年的67%下降到17%。与此同时，林果业的发展带动了包装、贮藏、加工、运输、销售等配套产业和市场体系的兴起。全省已建成各类果库窖5 100多个，贮藏量31万吨，占果品总量的19.4%，实现税收近亿元。天水、泾川、张掖已建起千吨现代化气调果品贮藏库3处。武威的凉州葡萄酒厂年加工能力5 000吨，生产的莫高牌干红干白葡萄酒先后5次在国外获奖，成为全省葡萄酿造行业的龙头企业。镇原县已建成了以杏制品为龙头的各类果品加工企业76家，从业人员3 600人，年加工量1.61万吨，实现产值1.04亿元，并办起了彩印厂12家，纸箱厂3家，活性炭厂1家，从业人员386人，产值750万元。这些相关产业的兴起和发展，有力地推动了林业产业化的发展进程，为农民致富和地方财政增收找到了出路。（何　熙）

**【甘肃省花卉产业建设】** 2000年，甘肃省的花卉产业建设工作在省委、省政府的正确领导和国家林业局的大力支持下，以实施西部大开发和调整农村产业结构为契机，认真贯彻国家林业局和中国花卉协会的有关精神，充分发挥自身资源优势，把发展花卉产业作为农村经济发展的新型主导产业来培育，使全省花卉产业建设得到了持续快速发展，花卉业已成为农村经济结构调整的朝阳产业和新的经济增长点。截至2000年底，全省共有各类花卉栽培面积1 320公顷，各类盆花盆景85.60公顷，食用、药用及工业用花卉167.8公顷。年产鲜切花1 670万支，生产各类球种2 334万株（万粒），培育盆景盆花628万盆，花卉年总产值8 818万元。（何　熙）

**【甘肃省经济林建设】** 在省委、省政府的正确领导下，在国家林业局的大力支持下，以实施西部大开发战略为契机，以调整农村产业结构，培植地方财源为重点，以实现农村脱贫致富奔小康，振兴农村经济为目标，经过全省各族人民的苦干实干，使全省经济林建设有了长足的发展。2000年年初，省林业厅在深入调查研究，组织国内专家反复论证基础上，提出了《甘肃省经济林结构优化调整意见》，对苹果、梨、桃、杏、葡萄等品种中的淘汰品种、替换品种和重点推广品种都作出了明确规定；对枣、核桃、板栗、花椒、油橄榄等品种的重点推广品种进行了规定。并和全省14个地（州、市）林业处局签订了新造经济林3.33万公顷、改造3.33万公顷、果品产量达到190万吨的2000年经济建设责任目标，地与县、县与乡也都签订了责任目标，落实了任务。而且加强培训搞好技术服务工作。采取集中与分散相结合、理论与实践相结合、现场培训与示范指导相结合等多种形式，分层次、分步骤举办以花椒育苗、栽植、低产林改造管理等为主要内容的培训班420多期，培训人员20多万人次，提高了果农的专业技术水平和示范基地建设的科技含量。同时，突出新技术、新成果的推广应用，特别是丰产沟定植、无毒苗栽培、矮化密植、配方施肥、树盘覆膜、果实套袋、壁蜂授粉、施果形剂等8项先进适用技术。全年共完成新造面积4.34万公顷，低产林园改造面积4.06万公顷，果品产量达到172.4万吨，实现产值19.94亿元。

（薛高文）

**【甘肃省山区综合开发示范县工作】** 武都县、泾川县在全国山区综合开发领导小组办公室、国家林业局和省综合开发领导小组的扶持和领导下，在当地党委、政府及有关部门的支持下，立足县情，因地制宜，突出重点，坚持以市场为导向，以科技为支撑，以群众开发为主体，以“改土、治水、植树、修路、通电”为基础内容，以山水林田路综合开发、农林牧副渔全面发展为原则，大力开展以林果支柱产业和地方特色产业建设为主的山区综合开发工作，使山区综合开发取得了阶段性成果。2000年两个示范县在兴修梯田、植树造林、乡村公路建设、农林产品加工、林果业基地建设等方面做了大量富有成效的工作。武都县完成油橄榄基地建设续建1 000公顷、50万株；完成花椒基地建设续建800公顷；完成核桃、板栗基地续建666.67公顷；完成特种经济林建设666.67公顷，其中良种石榴园333.33公顷，杜仲经济林333.33万公顷；完成以桦木为主的矿柱用材林333.33公顷；年内新建了中药材、橄榄油、无花果、核桃饮料、茶叶5个农、林产品加工厂；建成科学养殖场1处。泾川县完成植树造林5 473.34公顷，育苗740公顷，种草2 913.34公顷，养畜6.8万头（只），完成坡改梯田1 580公顷，中低产田改造2 200

公顷，治理小流域12条1.66万公顷；新修集雨水窖12 000眼，“121”集流工程2 102处，维修小水利工程130处，新建人畜引水工程8处，提灌工程1处，增加有效灌溉866.67公顷，节水灌溉53.34公顷，解决了山区8 000口人，3 500头（只）畜的饮水困难；新修道路18条45千米，完成县乡公路罩面10千米；完成4乡（镇）35千伏送变电工程，架设农电线路62千米，解决了山区6个组的通电问题，全县乡村用电因电价降低减轻农民负担13.6万元，新建果品贮藏库180座（孔），新增果品贮藏能力1.8万吨，带动1 800多名果农参与市场营销，创利润320万元，开发温棚蔬菜产业，新增节能日光温室17.07公顷，带动429户农民走上了致富奔小康之路，开发温棚养猪养牛产业，新建禽畜暖棚1 005间，新增特种养殖场（户）12个，取得了较好的经济效益。烤烟产业继续发展壮大，至年底共收购烟叶124.7万千克，完成收购总产值428.5万元，创税85.7万元。扶持山区群众发展玉米、高粱制种产业，推广面积534.14公顷，带动47个村的5 236户农民脱贫致富。开发川区河道砂石资源，新建8处采砂厂，解决了农村富余劳动力316人，年创利润36万元。开发黄土资源，创办砖瓦场20处，安置农村剩余劳动力21 000多人，配套建设了窑店、飞云、丰台等乡的果库群，完善配套啤酒分公司生产线，完成投资500万元。合资新建的5 000吨浓缩果汁项目已启动，安置下岗职工360人，年产值达2 700多万元。

（薛高文）

**【甘肃省防沙治沙工程】** 1991年，甘肃省防沙治沙工程启动实施，按规划实施范围包括河西走廊5地（市）的19个县（市、区）和白银市景泰县及庆阳地区环县共21个县（市、区）。截至2000年底，共完成建设任务52.78万公顷，占规划任务65.78万公顷的80.2%。其中营造林43.92万公顷，占规划54.78万公顷的80.17%，治沙造田、改造低产田及种植药材等经济作物8.87万公顷，占规划11万公顷的80.6%。营造林43.92万公顷中，人工造林5.90万公顷，占13.4%；人工模拟飞播造林1 466.67公顷，占0.3%；封沙育林育草35.68万公顷，占81.3%；幼林抚育2.19万公顷，占5%；低质林改造133.34公顷。同时，工程规划总投资3.08亿元，实际完成投资1.63亿元，占规划的52.9%。其中国家投资3 677.2万元，占规划的60.4%；省、地、县配套2 653.2万元，占规划的43.6%；群众投工投劳1 392.1万个，其他部门投资533.6万元，占规划的16.1%。通过防沙治沙工程的实施，全省沙区形成了以乔木为主，乔灌草搭配，带片网结合，渠路林田配套的较完善的防护林体系，为沙区农业的稳产高产提供了绿色屏障，促进了沙区国民经济的发展。 （何　熙）

**【甘肃省退耕还林（草）试点工作】** 2000年度全省完成退耕还林还草试点任务8.51万公顷，面积核实率97.46%，超额完成国家任务6.4%；其中退耕还林还草5.48万公顷，荒山造林3.03万公顷。全省成活率大于85%的合格面积7.91万公顷，核实面积合格率93.01%；成活率在84%～41%，需补造的面积3 800公顷，占核实面积的4.5%；成活率小于40%的面积2 146.67公顷，占核实面积的2.5%。从检查验收结果看，陇南、平凉、定西、武威地区和白银市面积核实率、核实面积合格率均达到100%，从综合管理（包括工程作业设计率、建档率、检查验收率、管理卡发放率、上图率、抚育率、管护等）各项指标评分看，依此为陇南、武威、平凉、定西、庆阳地区和天水、白银市、甘南州、兰州市和临夏州。为了进一步提高退耕还林还草成效，省林业厅决定对2000年退耕还林还草试点工程面积核实率和核实面积合格率较低的兰州市和临夏林业主管部门进行通报批评，并调减2001年退耕还林还草试点工程任务。 （何　熙）

**【甘肃省依法治林工作】**

*初步构建了森林资源保护的法规体系* 根据《森林法》等法律法规的规定，甘肃省先后制定和颁布实施了《甘肃省实施森林法若干规定》、《甘肃省自然保护区管理条例》、《甘肃省林木采伐管理办法》、《甘肃省木材市场管理办法》、《甘肃省木材运输管理办法》、《甘肃省祁连山国家级自然保护区管理条例》、《白水江自然保护区管理条例》、《甘肃省实施野生动物保护法办法》、《天祝藏族自治县森林资源管理条例》、《甘肃省纪委省监察厅关于对违反国家森林法规行为实施党纪政纪处分的暂行规定》、《甘肃省木材运输票证管理办法》法规和规章，为森林资源保护与管理提供了强有力的法律保障，森林资源保护和管理步入法制化轨道。

*初步建立了森林资源保护和管理体系* 全省14个地（州、市）林业主管部门全面建立了森林资源专门管理机构，专门从事森林资源监督管理。1996年，根据国函［1995］120号文件精神，省政府以（甘政发［1996］18号）文件在全国率先批准成立省林政稽查总队，并先后在全省设立林政稽查组织23个，专司林政执法和执法监督。森林公安队伍已初具规模，省上成立了森林公安局，重点林区成立了公安分局，警力达1 400多人。早在80年代，白龙江和子午岭林区设立了林区检察院和法院。1996年，经省政府批准，在全省设立62个木材检查站，对木材运输实行严格监督和检查。目前，全省森林资源管理和林政执法体系已初步形成，执法人员总数达4 000多人，仅“九五”期间，全省就查处各类林业案件35 000多起，有力地打击了各种破坏森林资源的违法犯罪行为，有效保障了森林资源安全。

*初步建立起林型自然保护区网络* 全省林业系统已建立典型森林生态系统、野生动物和湿地类型自然

保护区32处，其中国家级4处、省级26处、地县级2处，保护面积达399.8万公顷，占全省面积的8.8%。自然保护区的建设和发展，有效地保护了森林资源和生物多样性，对保护和改善生态环境，发挥了重要作用。

实行领导干部任期森林资源发展目标责任制　为落实和强化各级领导干部森林资源保护职责，坚持实行各级领导干部任期森林资源保护和发展责任制。每年，省政府与各地（州、市）、省林业主管部门与各地（州、市）林业主管部门、地（州、市）与县（区）、县（区）与乡层层鉴定责任书，把森林资源保护和发展指标纳入考核的重要内容，年底进行考评。凡达不到考核指标的，追究主要领导的行政责任。

切实加强管理，严格控制森林资源消耗　①是严格执行国务院下达的森林采伐限额。在林木采伐管理中，采取全额管理、分项控制的办法，实行年采伐限额、木材生产计划、规格材和非规格材出材量三项控制，严格按低于限额指标的原则，审核发放采伐许可证。同时，加强对采伐作业设计、采伐作业活动、伐区检查和验收，使全省森林采伐量，严格控制在国家下达的限额内。"九五"期间，国务院批准甘肃省森林采伐限额总量为1 211.5万立方米，甘肃省实际下达执行927.5万立方米。②严格实行木材凭证运输制度。在对林区林缘区木材运输实行凭证管理的同时，在全国率先对非林区二次运输木材，也实行凭证运输。同时，加大木材运输检查和林政执法力度，使凭证运输制度落到实处。"九五"期间，全省林区木材凭证运输率达95%以上，二次运输木材凭证率达90%以上。③是实行木材经营加工许可制度。从1994年起，甘肃省即全面实行木材经营加工许可制度，凡经营加工木材，须先经林业部门审核，取得木材经营加工许可证后，并在工商部门办理营业执照后，方可从事木材经营加工。同时，加大监督和执法力度，防范和打击私购滥收、非法经营加工木材行为。④是严格执行林地用途管制制度。按照《森林法》和《甘肃省实施森林法办法》等法律法规的规定，坚持各项建设工程不占或少占林地，国家建设确需占用林地的，须经林业主管部门审核同意，核发使用林地许可证，由建设单位缴纳森林植被恢复费后，依法办理征占用林地审批手续。同时，加大执法力度，严厉打击毁林开垦、乱批乱占林地等严重破坏森林资源的违法行为，确保林地总量稳中有增。1949年，甘肃省森林面积为150.18万公顷，森林覆盖率仅3.3%。1974年，森林面积增加到186.9万公顷，森林覆盖率提高到4.13%。到1996年，森林面积增加到217.41万公顷，森林（有林地）覆盖率提高到4.83%。　（何　熙）

**【甘肃省保护森林资源三号行动取得重要进展】**　按照国家林业局关于开展保护森林资源三号行动的通知要求，甘肃省及时研究部署，认真组织安排，2000年6月至12月，在全省范围内，分四个阶段开展了以查处典型案件和新闻曝光为重点的保护森林资源三号行动，严厉打击了破坏森林资源的违法犯罪活动，维护了森林资源安全，全民保护森林资源的法律意识进一步深入人心，进一步完善了各项规章制度，认真查处了张掖市石岗墩植被保护站非法出让0.13公顷林地案，临洮县苗圃非法出让苗圃案，兰州市西固区陈坪乡范坪村毁林案，小陇山林业实验局高桥林场滥伐林木案，白水江自然保护区盗伐林木案，白水江自然保护区盗猎羚牛案。　（何　熙）

**【西和县实现整县宜林荒山绿化】**　2000年，在西和县自查和地区抽查的基础上，省林业厅派核查验收组于9月下旬，依据《甘肃省整县实现宜林荒山绿化县核查验收办法》，对西和县整县实现宜林荒山绿化工作进行了实地检查验收。验收结果：西和县现有最小起算面积以上宜林荒山剩余率为1.5%，其中集中连片宜林荒山剩余率为1.5%。两项指标都达到《甘肃省县级灭荒和绿化标准》中规定的最小起算面积以上宜林荒山剩余率≤3%的要求，符合整县实现宜林荒山绿化县标准，并经省林业厅2000年10月8日厅务会议审议，确认西和县为1999年实现整县宜林荒山绿化县。甘肃省人民政府于2000年12月27日以甘政函[2000]174号作出了《关于表彰西和县实现整县宜林荒山绿化县的决定》。　（何　熙）

**【吐鲁沟国家森林公园受到表彰】**　2000年，国家林业局做出决定，对自1997年开展创建"文明森林公园"活动以来，在森林公园管理和服务等方面做出成绩的全国16处森林公园进行表彰奖励，甘肃省吐鲁沟国家森林公园榜上有名，被授予全国文明森林公园称号。　（刘兴贵）

**【小陇山林业实验局于世峰受到表彰】**　为表彰奖励在甘肃省经济建设中作出突出贡献的优秀技术技能人才，激发广大职工刻苦学习技术的积极性和创造性，提高技术技能人才的社会地位，在全社会营造重视职业培训、尊重技能、尊重人才的良好氛围，2000年省劳动厅组织了第二届陇原技能大奖和全省技术能手评选表彰活动，省小陇山林业局百花林场营林实验工于世峰同志榜上有名，被授予"全省技术能手"荣誉称号，并颁发奖章、荣誉证书和奖金。　（刘兴贵）

**【祁连山林区森林防火无线电组网正式建成】**　祁连山林区森林防火无线电组网工程是以国家扶持、省财政补助为主，地、县适当配套、林场自筹为补充进行建设的，项目始于1997年，历时4年，总投资300万元，包括8县（市）的22个自然保护站，共安装超短波164台，短波43台，太阳能光伏电源46台，建成了以超短波为主，短波为辅的县林业局、保护站、护林站三级通讯网22个。在验收会上，领导及专家一致认为，通讯网络系统设计合理、实用。采用了多功能接口、交换机等技术措施，以保护站为中心，护林站可直接拨打该保护站的有线电话，保护站也可通过有线电话直接呼叫护林站，达到了有线进无线，无线进有线，无线进无线的互通网，呼通率高，信息传递快捷，符合森林防火工作信息传递及时、准确的要求，使森林防火信息传递由原来的几小时，甚至几十小时，缩短到了几秒钟，为及时准确地传递防火信息，保护森林资源，预防和扑救森林火灾提供了有力的通讯保障。（何　熙）

**【甘肃省东大河林区结束油灯照明的历史】** 在金昌市委、市人大、市政府的关心下，市政府决定从2000年起每年给东大河天然林区安排基础设施建设经费10万元，用于封山育林、人工造林和林区护林防火条件的改善。2000年度经费下拨后，东大河林区抓住机遇，集中力量办大事，给林区的9个护林站点装配光能电源和54厘米彩电，从而结束了东大河林区护林职工用煤油灯照明的历史，看上了画面清晰的电视，丰富了护林站的文化生活。（刘兴贵）

**【甘肃省森林采伐限额核查情况】** 2000年，国家林业局继续在全国开展了森林采伐限额执行情况的核查。甘肃省白龙江林管局洮河林业局为被查单位。2000年2月，国家林业局在全国林业厅（局）长会议上对2000年森林采伐限额核查情况进行了通报。根据国家林业局《关于采伐限额核查情况的通报》(林资发[2001]15号)，洮河林业局1999年度无证采伐消耗林木资源61 565立方米，占该局年森林采伐限额141 410立方米的43.5%。针对洮河林业局群众生活烧柴和乱砍滥伐等社会性消耗无证采伐林木被国家林业局通报的情况，省林业厅要求白龙江林管局和洮河林业局要加强领导，采取果断措施，进行认真整改。切实加大护林执法力度，努力降低烧柴资源消耗和乱砍滥伐等社会性消耗，进一步加强采伐限额全额管理。同时，各地各单位要从洮河林业局停止天然林采伐后，群众性乱砍滥伐和社会性烧柴数量较大的问题中吸取教训，认真执行国家批准下达的年森林采伐限额和年度木材生产计划，严禁超限额采伐林木和超限额核发林木采伐许可证。严格执行省政府下达的森林采伐限额，违反规定，将依照森林法和森林法实施条例的有关规定严肃查处。（何　熙）

**【甘肃省加强林地管理】** 2000年国家林业局组织直属调查规划设计院，对《国务院关于保护森林资源制止毁林开垦和乱占林地的通知》（国发明电［1998］8号）下发后，全国29个省征占用林地及森林植被恢复费落实情况进行了调查，并以《国家林业局关于2000年全国征占用林地调查情况的通报》(林资发［2001］2号)进行了通报。省林业厅根据国家林业局的要求也认真进行了抽查。

1. 国家林业局通报情况。2000年4月，国家林业局实地抽查了甘肃省定西县、甘谷县、永登县、临夏市、酒泉市5个县（市)，查出征占用林地项目2项。临夏市、酒泉市和甘谷县没有征占用林地项目；定西县和永登县各1项，均为国家建设项目，实际占用林地67.80公顷，经林业主管部门审核同意，办理了征占用林地审批手续，缴纳四项补偿费用798.6万元。以上两个占用林地项目的面积审核率、林木采伐办证率、森林植被恢复落实率均达到了100%。

2. 省林业厅抽查情况。国务院明电下发以来，全省共发生征占用林地建设项目21项，面积334.43公顷。其中依法经过林业主管部门审核的项目17项，面积253.40公顷，项目审核率81%；面积审核率75.8%。审核率较高的地（市）和单位有张掖地区、武威地区、兰州市、小陇山林业实验局、兴隆山保护局；审核率较低的地（市）有定西地区、平凉地区、陇南地区及天水市。

3. 国务院明令冻结期间乱占林地情况。在冻结期间，未按规定报国务院批准或未批先占面积较大的项目有：国道天公路定西县段，征用林地23.69公顷；国道天公路通渭县段，占用林地46.07公顷；国道312线改扩建工程泾川县段，占用林地9.64公顷；兰—成—渝天然气输油管道工程建设，占用成县、西和县、康县林地；天公路建设，占用秦安县林地；宝兰二线工程建设，占用北道区集体林地。

4. 森林植被恢复费等四项补偿费用收取情况。国务院明电8号下发后，全省21项征占用林地项目中，实际落实四项补偿费用的项目17项，收取补偿费用2 035.07万元。其中收取森林植被恢复费627.04万元。抽查结果表明，在国务院明令冻结征占用林地期间，有些地区林地流失仍较严重，乱占林地、森林植被恢复费得不到落实的情况仍有发生。因此，全省各级林业主管部门要进一步加强对林地林权的管理，认真履行管理职能，严格按规定审核办理征占用林地手续，按标准足额收取森林植被恢复费，同时要组织力量加大对乱占林地行为的查处力度，依法追究有关责任人的责任。切实把林地放在与耕地同等重要的位置，依法保护和管理好。对林业厅本次抽查的尚未依法处理的非法占用林地项目，各级林业主管部门要依据《森林法》、《森林法实施条例》、《甘肃省实施森林法办法》等有关规定严肃查处，该补办手续的限期补办手续，该责令停止的要求坚决停止。（何　熙）

**【全国政协委员保护母亲河项目考察团视察大砂沟项目区】** 以全国政协万国权副主席为团长，民建中央副主席、原农业部副部长路明和原林业部副部长沈茂成为副团长的全国政协委员保护母亲河项目考察团一行

40人，于2000年9月12日专程来兰视察保护母亲河行动绿色工程——甘肃·兰州大砂沟项目实施情况。团中央书记处书记、全国保护母亲河领导小组副组长崔波一同来兰视察。保护母亲河行动绿色工程——甘肃·兰州大砂沟项目是全国保护母亲河行动领导小组确定的全国范围内先期启动的8个重点项目之一，项目区位于兰州市黄河北大砂沟6千米至20千米，规划绿化面积2 535.40公顷，建设面积2 000公顷，从1999年9月开始启动建设，2002年全面完成。为搞好该项目的实施，市上成立了由兰州市市长张玉舜任组长的项目建设领导小组，项目具体实施由市两山绿化指挥部和皋兰县指挥部、城关区指挥部承办。经过一年的建设，一、二、三期上水工程业已完成，控制灌溉面积2 533.33万公顷，完成平田整地860公顷，完成水利配套面积1 753.33公顷，造林1 033.33公顷，植树252万株。考察团重点视察了项目区范围内的市直机关绿化基地、兰州军区绿化基地，参观了徐家山森林公园，听取了基地建设情况汇报。委员们对兰州市保护母亲河项目的实施情况表示满意。（刘兴贵）

**【静宁县退耕还林还草采取新举措】** 干旱少雨，春造期间降水稀少是静宁最基本的气候特征，也是造成苗木成活率低、年年造林不见林的根本原因。静宁县委、县政府认真总结近几年生态环境建设的经验教训，在重新审视县情、深化再认识的基础上，提出了春夏两季整林地、秋季抢墒栽苗木的建设方式，做到了农业生产与退耕还林两不误，抗旱造林与提高成活相统一。从2000年8月中旬开始，全县总动员，全民齐参与，富有成效的开展了以退耕林地整修为主的夏季生态环境建设。至9月上旬，全县已整修林地工程2 133.33公顷，其中退耕1 333.33公顷，三荒地800公顷。一是广泛宣传，及早落实。为使全县退耕还林（草）工作全面落到实处，“三夏”生产结束后，县委、县政府于7月28日召开了全县夏季退耕还林暨梯田建设动员会议，迅速掀起了建设高潮。整体启动时间较往年提前了半个月。全县共铺开退耕还林还草工程62处，3 466.67公顷，每日投入劳动力5.1万人（次），每日进度63.33公顷。二是集中连片，注重规模。县委、县政府在夏季退耕林地整修中，全面推行整流域综合治理、跨乡联村集中攻坚的成功做法，在时间安排上突出一个“早”字，在劳力组织上突出一个“联”字，巧妙安排各项工作的启承转合，集中力量啃硬骨头，连续施工打歼灭战，出现了乡乡联合、村村联战的新局面，形成了县不漏乡、乡不漏村、村不漏社、社不漏户“四不漏”的工作声势。乡乡都有一个千亩以上退耕还林还草示范点，全县133.33公顷以上工程达到12处，连片面积最大的达到406.67公顷，乡与乡联战一处大工程的有9处，村与村协同施工的42处。三是严格标准，突出质量。牢固树立精品意识，始终把提高工程质量作为集纳雨水、保水增墒的关键，贯穿于规划、组织、管理、施工全过程，严格按照技术标准规范建设，做到了水平台、鱼鳞坑、梯田合理摆布，林草型、乔灌型、果草型不同配置，新修工程普遍达到了“255”（即水平台宽2米，阶埂高、宽0.5米），阶埂坚实，阶内水平，不留空档的要求。全面推行县级领导包乡抓点、乡（镇）领导联村包点、部门抓点包质量的目标管理责任制，与奖金报酬相挂钩，责任到人，定期考核，形成了层层抓落实、树典型、求发展、促提高的工作格局。四是整体推进，综合治理。按照高起点、高标准、高效益，治理措施一步到位的“三高一到位”要求，坚持以流域为单元，点、片、带、网层层设防，山、水、田、林、路、窖同步配套，退耕还林、三荒治理、平田整地、筑路兴水科学布设，梁峁、沟道、坡地、地埂立体整治，实现了地尽其用、水不下山、土不出田、肥不外流、泥不出沟的目的，达到了规划一片、治理一片、见效一片的要求。全县在62处退耕还林工程规划区域内新修梯田1 400公顷，占全县完成面积的46%；配套林地道路63条249千米；修建集雨水窖2 500眼，基本达到了综合治理、综合开发的目的。（刘兴贵）

**【崇信县护林防火工作】** 近年来，特别是天保工程及退耕还林项目实施以来，把护林防火工作作为林业建设的头等大事来抓，常抓不懈，实现了连续20年无森林火灾的好成绩。一是深入开展宣传教育活动，提高全民护林防火意识。县上抓住春季植树造林和秋冬护林防火期两大时机，出动宣传车辆开展普法宣传教育活动，向群众散发宣传材料、播放录音，在各重点林区刷写宣传标语、立宣传牌、悬挂宣传横幅，对典型毁林案件公开处理，向社会曝光，达到了以法教育群众的目的。仅1999、2000两年，出动宣传车辆6次，印发护林防火宣传材料3 420份，刷写标语160余条，悬挂宣传横幅30多条，播放录音96小时。通过林业法律法规知识的宣传教育活动，强化了广大干部群众知法、懂法、守法的意识和观念，在全县上下形成了爱林、造林、护林的浓厚风气。二是加强组织领导，层层落实护林防火工作责任制。县、乡、村及国有林场各级护林防火组织层层签订护林防火工作责任书。各级领导经常深入到林区、乡镇检查督促，护林防火期坚持24小时值班制度，2000年春，对各退耕还林、工程造林大点落实了管护人员，协助各村社修订完善了《护林公约》、《林区用火制度》、发布了《关于加强林木管护保护森林资源的通告》、《森林火灾扑救预备方案》等。各国有林场还设立了护林哨卡，加强巡逻，严格入山登记手续，杜绝了火源，消除了人为隐患。2000年，全县共有各级护林防火组织59个270人，管护人员302人，其中：专职管护人员114人，为确保森林资源安全提供了组织保证。三是加强基础设施建设，提高护林防火装备水平。几年来，县上共建成护林防火瞭望塔一处；修建护林防火公路58千米，管护房86间740平方米，护林防火物资储备库3座58平方米。护林防火装备有了一定程度的改善和加强。四是认真开展学习培训，加强护林防火和林政执法队伍建设。为提高护林防火和林政人员业务工作能力，加强了对林业法律法规的学习培训。先后组织25名职工参加了全国、全省林业行政执法培训学习。组建了由32人组成的新窑林场半专业森林消防队；组建森林扑火队12个，人员达882人，为护林防火、依法治林奠定了坚实的基础。五是坚持依法治林，从严查处毁林案件。坚持防打结合，标本兼治的原则，利用行政、法律、经济等手段加强护林防火，从严查处毁林案件，特别是加大了对牛羊进林、非法运输木材、盗伐、滥伐林木等案件的查处力度。据统计，2000年上半年，全县共查处各类林业案件48起，打击处理违法人员55人，其中：批捕1人，拘留4人，收缴罚款14 878元，追回经济损失1 236元，有效地遏制了毁林歪风。 （刘兴贵）

**【西和县、礼县、成县人工林、飞播林区突发重大森林病虫害】** 2000年，由于气候异常，导致森林病虫害在西、礼、成三县大面积暴发成灾。据调查统计，仅突发成灾的森林病虫害发生面积达5 300公顷，已严重成灾的面积1 113.33公顷。成县索池乡长防林重点工程区云雾山人工林、抛沙镇东营集体人工林、乱山子国有林区人工林华山松松毛虫（暂定名）暴发成灾，发生面积1 346.67公顷，发生率72%，其中成灾面积360公顷，占发生面积的27%，有虫株率100%，平均单株虫口密度291头，单株虫口数最大6.68头，每天扩散蔓延面积达13.33公顷以上，并对鸡峰山国家级森林公园的林木构成直接威胁。西和县苏合尖山飞播区蠹甲虫（种名待定）突发成灾，该虫以取食树干、枝条树皮下与木质间韧皮部为主，导致树木枯死，发生面积1 333.33公顷，有虫株率50.1%，最高72.4%，平均虫口密度40头/株以上，已成灾200公顷；西和县香山飞播区松疱锈病暴发成灾，该病害是国列检疫对象，是一种毁灭性的危险性病害，已发生面积533.33公顷，感病株率40%，直接对香山飞播区2 333.33公顷森林构成极大威胁；西和县姜席白草山飞播区松毛虫（种名待定）严重发生面积20.67公顷，成灾面积17.33公顷，有虫株率1 100头/株。该虫具在有极强的扩散能力，有大暴发的趋势，影响到该飞播区466.67公顷森林的安全。礼县、西和刺槐尺蠖再度暴发成灾。该虫害自1997年在两县发生以来，已连续多年严重危害长防林主栽树种刺槐的生长发育，发生面积进一步扩大，已达2 066.67公顷。该虫具有群聚性、暴发性强的特点，一旦发生，刺槐叶片几天就被吃光，并转移寄主危害苹果、小麦、玉米等农作物。对此，陇南地区行署、林业处已发出紧急通知，要求各县、各有关部门高度重视，强化领导，筹措经费，加大投入，科学指导，严格防范，迅速组织干部群众，全力以赴开展群防群治，迅速控制灾情，把灾害损失降到最低限度。陇南地区林业处已派人深入虫灾一线，指挥灭虫。 （刘兴贵）

**【祁连山部分林区病虫鼠害暴发成灾】** 祁连山林区林分生态系统脆弱，病虫鼠害连年暴发成灾，2000年5月下旬以来，部分林区病虫鼠害再次暴发成灾。主要有：浅山林区青海云杉嫩梢害虫危害严重，人工落叶松林落叶松球蚜全面暴发成灾，幼林地中华鼢鼠危害严重。这3种害虫鼠发生1.47万公顷，成灾面积8 960公顷，对祁连山森林资源造成极大毁坏。

（李世霞 汪有奎）

**【陇南花椒科技下乡服务结硕果】** 陇南是全国最大的花椒基地，年产椒900多万千克，产值达1.8亿元。80多万人靠花椒走上了致富路。但是，由于花椒大多分布在高半山区，椒农科技意识淡薄，管理粗放，病虫危害严重，产量普遍较低。全区每年有1 200多万株花椒死亡，减产150万千克，造成经济损失3 000多万元。严重的损失引起了陇南各级组织的高度重视，确立了以管理为重点、向管理要效益、以效益促发展的指导思想。地区林业处专门组织花椒科技下乡服务队由花椒协会常务副理事长、花椒专家王世吉带队，深入到“一县五片”重点花椒基地开展科普活动。1999年11月至2000年5月，科技服务队深入到武都县、文县、康县、宕昌4县的12个乡（镇）110个村社举办培训班115期，培训农民技术员7 500多人（次），综合管理花椒200多万株，发放花椒科技资料5 800多册（份），为群众购置花椒专用农药肥料5 000多千克。赠送修剪工具150多套，指导栽植花椒50多万株。帮助成立乡（镇）花椒服务站6个，建立起了花椒科技综合服务网络体系，确定联络员90名。通过科技服务使广大群众真正认识到“花椒要丰产，关键要靠管，科技学不到，有树难结椒”，使200多名知识青年基本上掌握了花椒栽培管理技术，成为“永久牌”的农民技术员。2000年全区百万亩花椒获得丰收，实现产值2亿多元。

（陇南地区林业处）

**【成县科技兴林出效益】** 成县县委、政府按照全县总动员，奋战三五年，再造一个绿色铅锌矿的发展构想，把核桃产业开发作为产业结构调整和后续财源建设的重点项目来抓，计划用五年时间建成2万公顷、600万株规模的核桃产业基地，截至2000年4月10日已发展6 066.67公顷。近两年，县委、县政府在实施林业产业战略中，把核桃优质良种和嫁接工作作为发展的重头戏，1999年从四川简阳等地引进技术人员21人，管理人员4人，在成县河东区租用土地1.47公顷，从陕西黄龙、山东泰安等地引进辽—5、辽—4、香玲、元丰等国家级优良品种11个，采用先进的仔芽嫁接技术，嫁接定植优良核桃苗30万株、育苗10万株。目前，县产业办已在这个点投资45万元，购买薄膜1 200千克、支架竹片500千克，打井3眼，招用民工60人，正在开展新一轮的育苗及嫁接工作，并在全县的7个乡（镇）培训嫁接技术人员500多人次。据技术人员调查统计，采用新嫁接法嫁接成活率由过去的70%提高到90%以上，保证了苗木的纯度和质量，改变了就地嫁接分散作业难度，降低了劳动强度，缩短了苗木出圃周期，苗木生长期、出圃期由原来的3年缩短为1年，实现当年嫁接，当年出圃栽植，为2000年秋季在全县大规模栽植提供了苗木基础。（陇南行署林业处）

**【敦煌市大力发展特色经济林】** 敦煌市地处沙漠腹地，光热资源丰富，具有发展经济林得天独厚的条件，李光杏、葡萄、敦煌大枣等水果驰名区内外，是我区水果的主要产区之一，经济林面积达到3 333.33公顷，年产水果2 300万千克。近年来，随着中外游客的增多，对时令水果的需求不断增大，敦煌市进一步调整经济林的品种结构，大力发展葡萄、桃、杏等特色经济林，尤其是把葡萄作为该市经济林的主导产品，从区外引进美国红、黑提等优质品种，市上为鼓励葡萄种植，2000年对种植红、黑提的农户每公顷补助4 500元，发展普通葡萄品种者每公顷补助300元，到4月中旬，仅落实红、黑提葡萄种植面积就达240公顷，据统计，全市2000年新植经济林面积可达866.67公顷左右，累计面积突破4 000公顷。（酒泉地区林业处）

**【武威市林业局全力以赴组织防虫】** 据武威市林技中心最近对全市林木害虫发生情况进行实地观察，2000年，由于干旱少雨、气温偏高，杨大蚜、杨尺蠖、天幕毛虫等林木害虫普遍发生，根据对清水、武南、金沙、双城、永昌、金羊、洪祥、四坝、九墩、羊下坝、下双、怀安等乡（镇）的观测数据统计，平均每20厘米标准枝条上，有杨大蚜350头蚜虫，重者高达500头，轻者200头。平均每10厘米×10厘米的树皮样方上杨尺蠖产卵数为110粒，抽取胸径为15厘米的样树进行卵粒数估算，平均每株有13 477粒卵，每粒卵孵化一头幼虫，每株样树就有害虫13 477头，虫情形势十分严峻。4月20日，武威市林业局抽调局机关职工19人，市林技中心技术人员12人组成防虫工作队，分赴各乡（镇）全力以赴组织防虫除虫。工作队实行分组包片，领导挂帅，责任到人的办法，对所负责区域内的林木病虫害进行全面防治，并协助各乡（镇）做好林木病虫害防治的宣传发动、组织协调、检查督促、技术服务等工作。（武威市林业局）

# 青海省林业

**【概　述】** 2000年，青海省林业系统广大干部职工在各级党委、政府的领导下，紧紧抓住西部大开发、青海大发展、生态环境建设这一历史性机遇，振奋精神，齐心协力，围绕省委、省政府确定的青海林业生态建设总目标，立足实际，开拓创新，真抓实干，努力扩大林草植被，把三江源区生态环境保护和建设作为林业工作的重点，在继续组织实施三北防护林、防沙治沙等生态工程建设的同时，首次启动实施了退耕还林还草工程和天然林保护工程，开展了三江源自然保护区建设工作，林业建设事业呈现出前所未有的好形势。可以说2000年是青海省林业大发展的一年，也是历史上林业发展最好的一年。

*造林绿化* 2000年，在省委、省政府的正确领导下，在发生严重干旱的形势下，全省完成造林、退耕还林还草8.19万公顷，为计划任务的122.88%，创历史最高；封山育林完成20.57万公顷，为计划任务的102.8%。通过努力，“九五”期间，全省共完成人工造林22.47万公顷，为计划任务的129%；封山育林46.93万公顷，为计划任务的253%，其中林业重点生态工程、三北防护林工程完成造林18.33万公顷，封山育林19.2万公顷；治沙工程完成造林0.53万公顷，封山育林7.4万公顷；长防林工程完成造林0.4万公顷，封山育林12.33万公顷；天保工程完成造林1.07万公顷，封山育林8.53万公顷；国家重点生态工程示范县完成造林1.6万公顷；退耕还林还草1.81万公顷，均超额完成“九五”计划的各项任务。

*种苗生产* 为解决全省林木种苗数量严重不足，质量不高，品种单一的突出问题，狠抓了林木种苗生产。突出抓基地、抓骨干、抓示范，完成新育苗1 066.67公顷，是1999年新育苗面积的2倍，实施了10处重点苗圃改扩建及18处县级中心苗圃建设和18处采种基地建设项目，为造林绿化和退耕还林还草工程解决苗木1.4亿株，林木种子28.3万千克，确保了造林绿化和退耕还林还草任务的顺利完成。

*森林资源* 完成了6州1地1市，29个县的53个国有林场（局）以及劳改、水利、农垦、园林等单位的“十五”森林采伐限额的编制上报工作，核定“十五”森林采伐限额总量13.2万立方米。全省森林公安机关共受理森林案件361起、查处347起，处理违法犯罪人员526人（其中逮捕37人），收缴木材665立方米。森林防火和森林病虫害防治工作得到重视和加强，取得连续14年无重大森林火灾的好成绩。防治森林病虫鼠害

6.45万公顷，建立国家无检疫对象苗圃2个，标准站3个，国家级中心测报点6个，实现了降低发生率、成灾率，提高防治率、检疫率、监测率"二降三提高"的目标。

野生动植物保护　全面完成了有史以来的第一次全省陆生野生动物、重点保护野生植物和湿地调查工作。突出加强了藏羚等珍稀动物和自然资源的保护管理，组织开展了野生动植物保护法律法规执行年活动，共查获违法经营、食用各种野生动物产（制）品87件；成功破获9起非法猎杀、运输藏羚等珍稀野生动物重、特大案件，收缴藏羚皮1 900张、猞猁皮2张、沙狐皮14张；野生动物2 049头（只）；藏原羚等保护动物头（角）91个，赛加羚羊角37.5千克。与此同时，进一步加强了自然保护区建设，建立了三江源、格尔木胡杨林、柴达木梭梭林、克鲁克湖—托素湖4处省级自然保护区，保护面积达32.16万平方千米。

林业产业　省森林旅行社已与外省、市42家旅行社建立了长期业务往来，开辟了4条外省旅游专线，共接待游客2.8万余人次，旅游收入150万元，实现利税40万元，获纯利7万元。同时，积极开发具有青藏高原特色的森林野菜及林特产品，为青海森林野菜及林特产品发展奠定了良好的基础。国际狩猎再创佳绩，共接待国际猎人71人，较之1999年增加24.2%。林化物资供销两旺，实现销售额544万元，人均实现销售收入53万元。

林业基本建设　国家和地方共下达和落实林业投资4.2亿多元，林业基本建设投资比1999年增长20%。　（王恩光　许国海）

**【"高原绿化年"全年义务植树活动】**　通过开展"高原绿化年"活动，大大增强了全省各族人民义务植树的意识。2000年全省参加义务植树人数达272万人次，植树1 185.14万株，建立义务植树基地444处，造林1 600公顷；建立"三八"林、军民共建林、青年林等12处，造林773.33公顷，栽植各类树木261.7万株。（许国海）

**【青海承包治理"四荒地"】**　西宁、互助、循化、民和、乌兰、都兰等地公开招标拍卖"四荒地"，实行承包地50年不变，谁治理，谁受益，允许继承、转让的政策，积极鼓励引导社会各界投资承包、开发治理"四荒地"，广泛吸引社会资金投入生态环境建设，涌现出个体承包专业户144户，治理面积1.48公顷，其中千亩以上承包大户达63户。不论是荒山治理面积，还是投资规模较往年都有较大突破。　（许国海）

**【青海林业适用技术推广和培训】**　紧密结合林业生态环境建设和退耕还林还草工程，积极引进推广优良树种、植物新材料和林业科技成果、适用技术。特别是针对2000年发生持续严重干旱的实际，大力推广应用系列抗旱造林技术，并注重单项技术组装配套，为提高工程科技含量和造林质量，起到了积极作用。一是大力推广汇集径流抗旱造林提前整地技术。二是大力推广ABT生根粉在林业生产中的应用技术。三是大力推广容器育苗造林技术。四是大力推广荒漠、半荒漠地区杨树深栽造林技术。五是大力推广青杨伐根嫁接毛白杨技术。六是大力推广饲料灌木树种——四翅滨藜育苗造林技术。七是大力推广植物抗旱新材料"干水"试验示范技术。八是大力引进新品种。在省引智办和国家外专局支持下，从黑龙江齐齐哈尔市、辽宁阜新市引进大果沙棘优良苗木2万株，共7个品种，在民和、互助、海东省林科所等地建立大果沙棘繁育基地3.2公顷；从山西省林业技术推广站引进美国黑核桃苗木4 000株，在贵德、乐都、海东、省南山站建立试验示范基地4处。在重视抓好技术推广工作的同时，针对退耕还林还草和生态环境建设工程的需要，先后举办了全省退耕还林还草、大果沙棘引种与栽培、"干水"造林技术和西部大开发与黄河中上游地区生态环境建设培训班，全面提高林业队伍和广大农民的科技文化素质和植树造林水平。　（许国海）

**【青海加强森林和野生动植物资源保护】**　一是加强林业立法，进一步完善地方配套法规。2000年将《青海省造林绿化条例》作为省上重点法规进行起草调研。《条例》已通过各行业、专家论证。二是加强执法工作，开展专项整治。各级林业部门认真组织开展林业行政执法大检查和保护森林资源三号行动，查办林政积案和重大要案，切实加大森林资源保护管理力度；配合南方"二号行动"，开展了保护藏羚羊等野生动物专项斗争；结合开展保护野生动物执法年活动和"爱鸟周"活动，在全省开展了代号为"猎隼行动"的依法打击破坏野生动物资源的违法犯罪活动。三是突出加强可可西里自然保护区工作。召开了青海藏羚保护工作部署会，全面部署2000年冬季与2001年春季藏羚等珍稀动物保护工作，积极筹建可可西里自然保护区森林公安机构；加强基础设施建设；认真贯彻落实省政府发布的《关于加强可可西里国家级自然保护区自然资源和自然环境管理的通告》精神，加强巡山检查，开展反盗猎行动，纠正了在保护区内乱采乱挖自然资源和破坏自然环境的违法行为，切实有效地保护可可西里野生动物资源和自然环境。重视和加强森林公安、森林防火和森林病虫害防治工作，坚持预防为主，落实责任制，健全执法监督机制，突出重点，为森林资源安全和林业建设事业健康发展保驾护航。　（许国海）

**【加强机构改革工作，突出强化林业职能】**　2000年，在省级机构改革中，省委、省政府为加强全省生态环境建设的领导机构，强化省级林业机构的职能作用。将省林业局由县级建制升格为正厅级建制。各州、地、市、县也进一步强化了林业机构建设，西宁市、海东行署以及海北州祁连县正式挂牌成立了林业局，实现了全省林业机构建设的新突破。特别是在省林业局正式挂牌成立之际，国家林业局党组成员江泽慧同志亲临青海，同青海省党政领导一道亲自出席挂牌仪式，充分体现了国家林业局和省委、省政府对青海林业建设的关心和支持。 （许国海）

**【青海退耕还林还草工程】** 2000年，党中央、国务院实施了西部大开发战略，在青海省首次实施了退耕还林还草工程，工程范围：西宁、格尔木、大通、湟中、湟源、平安、互助、民和、乐都、化隆、同仁、共和、贵南、玉树、达日十六个县（市）。计划任务：退耕还林还草1.8万公顷，周边荒山造林种草3.87万公顷。省上还确定了乐都县蒲台乡、平安县古城乡、达日县满掌乡、共和县江西沟和塔拉滩五个省级示范点。

（许国海）

**【强化宣传，促进退耕还林还草工作】** 以退耕还林还草试点工作为契机，广泛开展了多种形式的林业宣传活动。省林业局和省委政研室联合编印了10万册《退耕还林还草政策宣传册》，发放到退耕农户手中；在《青海日报》开辟了“退耕还林还草，利国利民”、“退耕还林还草，再造秀美山川”、“退耕还林还草，改善生态环境”等专栏；在青海电视台和青海人民广播电台开设了“退耕还林还草，再造秀美山川”栏目。各州、地、市、县召开各种会议80多次，上街宣传30多次，举办宣传栏（板报）3 000多块，发放宣传材料30多万份，同时积极组织工作组深入农村，通过召开群众大会，与农户座谈、算账对比等形式，反复讲解退耕还林还草和造林绿化的重大意义和各项政策，使广大农民成为退耕还林还草的明白人和造林绿化的主力军。

（许国海）

**【三江源自然保护区】** 青海三江源自然保护区地处青藏高原腹地，位于长江、黄河、澜沧江源区，介于东经89°24′～102°23′，北纬31°39′～36°16′之间，海拔3 450～6 621米，面积31.8万平方千米，占全省总面积的44.1%，涉及玉树、果洛、海南、黄南藏族自治州和海西蒙古族藏族自治州的17个县(市)，是目前我国海拔最高、湿地面积最大、高原物种最为集中分布的自然保护区。青海三江源自然保护区的建立，为改善江河源区、“中华水塔”的生态环境，保护好世界“第三极”的森林、草原（草甸）、湿地生态系统和生物多样性，具有十分重要的意义。 （许国海）

**【三江源自然保护区设立】** 2000年3月，青海省人民政府和国家林业局联合在北京召开了建立三江源自然保护区研讨会。5月份，青海省人民政府批准设立了当前我国海拔最高，湿地面积最大，高原物种最为集中分布的三江源省级自然保护区。6月份，青海省人民政府、中国科学院、国家林业局、中央电视台联合组成科考队，深入三江源区进行了考察和宣传活动，中央电视台在“新闻30分”开辟了“关注三江源”专题系列报道栏目。江泽民总书记为“三江源自然保护区”亲自题写了碑名，布赫副委员长撰写了碑文。8月19日，举行了“三江源自然保护区”揭碑仪式，中央电视台成功地从玉树通天河畔向全国和全世界人民进行了现场直播。

三江源自然保护区的建立，充分体现了党中央、国务院高度重视江河源区生态环境保护和建设，标志着青海林业建设进入了一个新的历史发展阶段。同时，对宣传青海、宣传三江源生态保护起到了极大的促进作用，极大地鼓舞了全省各族人民投身于生态环境保护和建设的热情，增强了建设生态大省的信心和决心，在省内外、国内外掀起了“三江源”热。 （许国海）

**【社会各界支持、参与三江源生态建设】** 2000年，浙江宁波大红鹰集团向青海省捐资30万元，在循化县黄河岸边植树造林66.67公顷，命名为大红鹰林；联合利华公司捐资10万元植树造林33.33公顷；兰州军区捐资10万元，在贵德黄河岸边建设33.33公顷“军民共建绿色生态”项目；厦门大学捐资6万元，在贵德建设20公顷纪念林；北京国际交换系统有限公司捐赠4辆北京吉普车，用于保护区保护和管理工作；黑龙江省晓勤苗木责任有限公司援助大叶金丝柳插穗20万根，在民和、乐都、西宁、贵德等地建立试验示范基地4.67公顷；中国人民解放军57324部队离休干部谢定淑同志，不顾年老体弱、高寒缺氧，千里迢迢自费来青海省捐资1 600元，购买了1 300多株苗木，在贵德黄河岸边台地上，在当地群众的协助下，亲手造林0.47公顷；香港嘉道理慈善基金会援助海晏县生态建设项目（100万元）已举行签字仪式。 （许国海）

**【青海天然林保护工程】** 工程范围：包括玛可河林业局，西宁市湟水、西山、纳家山、北山、塔尔山林场，大通县宝库、东峡、实验林场，湟源县东峡林场，湟中县甘河滩、蚂蚁沟、群加、上五庄林场，平安县峡群、东沟林场，民和县满坪、古鄯、西沟、杏尔、塘尔垣林场、乐都上北山、下北山、药草台、湟水林场，互助县实验、北山、南门峡、松多林场，化隆县柏木峡、城关、塔白加、八宝山林场、循化县文都、夕昌、尕楞林场，共和县切吉林场，同德县河北、江群、居布林场，贵德县东山、江拉、西河林场，兴海县中铁林场，贵南县居布、莫曲沟林场，门源县仙米林场，祁连县祁连林场，同仁县兰采、西卜沙、双朋西林场，尖扎县东果、坎布拉、洛哇林场，泽库县麦秀林场，玉树县江西、东仲林场，昂欠县白扎林场，玛沁县洋玉林场，班玛县多柯河林场，共1个森工局、59个林场，管护面积198.33万公顷，职工5 121人。2000年计划完成情况：2000年造林任务 0.1 万公顷，封山育林 0.67 万公顷，实际完成造林 0.10 万公顷，封山育林 2.58 万公顷（2000 年下达计划时没有安排 59 个林场）。投资情况：2000 年共投资 9 924.2 万元，其中：林木管护事业费 4 534.2 万元，养老金 1 097 万元，政策性社会性支出补助 607 万元。基本建设投资 3 686 万元，其中基建投资中：种苗基础设施 3 126 万元，造林 303 万元，封山育林 257 万元。（朱　珠）

**【保护藏羚等野生动物资源专项斗争】** 2000 年，为巩固可可西里一号行动的成果，配合国家林业局组织的南方二号行动，青海省森林公安局从 2 月 20 日开展了为期 2 个月的“全省春季保护藏羚等野生动物资源专项斗争”。据统计，全省共成立了 39 个专项斗争领导小组和 31 个行动小组，专项斗争领导小组的组长由当地主管县长或政法委书记亲自担任。同时，各级林业公安机关和检、法、工商部门、地方公安各警种配合，协同作战，共出动警力 1 357 人（次），车辆 316 辆（次），上路检查 562 次，检查车辆 788 辆，对 368 处集贸市场、餐馆、饭店和野生动物加工点进行检查，并组织 5 个巡山小分队在藏羚羊分布区开展了 14 次巡山检查，侦破各类野生动物案件 26 起，抓获违法犯罪分子 58 人（其中逮捕 23 人），打掉犯罪团伙 5 个，收缴野生动物及制品 1 981 张（头、只）、枪支 15 支、子弹 6 100 发、车 14 辆，为国家挽回经济损失 67.2 万元。

（王军强）

**【青海省查获 941 张藏羚羊皮大案】** 2000 年 7 月，犯罪嫌疑人勉玉良（男，现年 38 岁，本省化隆县人）伙同他人在格尔木市黑三角地区非法收购藏羚羊皮 941 张。8 月将收购的藏羚羊皮全部运输到化隆县群科镇其妻姐家中窑藏，伺机出售。12 月 26 日，被可可西里国家级自然保护区森林公安分局一举侦破，当场抓获嫌疑人勉某，收缴藏羚羊皮 914 张，之后勉玉良被法院判处有期徒刑 15 年、剥夺政治权利 5 年，并处罚金 1 万元。（王军强）

**【青海省 2000 年林业大事】**

1．3月1日、2日，全省林业工作会议在西宁召开。会议贯彻实施党中央、国务院关于西部大开发的战略决策，落实全省农村工作会议精神，研究部署全省林业生态建设工作。

2．3 月 21 日，国家林业局与青海省人民政府联合在北京召开建立青海省三江源保护区研讨会。省政府穆东升副省长带领省计委，农林厅有关领导参加了研讨会。国家林业局副局长马福作了讲话。会议一致认为，在青海三江源区建自然保护区具有十分重要的意义。

3．4 月 6 日，青海省人民政府任命马福海同志为青海省林业局局长（正厅级）；任命李三旦同志为青海省林业局副局长（副厅级）；任命王谦同志为青海省林业局副局长（副厅级）。

4．4 月 12 日，青海省孟达自然保护区经国务院批准晋升为国家级自然保护区，使青海省国家级自然保护区数量增加到 4 处，受保护的面积达 5.02 平方千米。

5．4 月 26 日，省林业局在西宁召开青海省 2000 年野生动物保护执法统一行动（代号为猎隼行动）部署会。各州、地、市林业（农牧）局、动管站（办）、森林公安等单位领导参加了会议。

6．5 月 23 日，省政府作出批复，同意建立三江源、格尔木胡杨林、柴达木梭梭林和可鲁克湖—托索湖 4 处省级自然保护区。使全省自然保护区数量达 8 处，保护面积达 37.18 平方千米，占全省土地面积的 51.6%。

7．6 月 5 日，升格为正厅级建制的青海省林业局正式挂牌，国家林业局党组成员、中国林科院院长江泽慧，中国绿化基金会办公室主任董启昌，国家林业局保护司副司长陈建伟，青海省委副书记、省长赵乐际，省委副书记姚湘成，省人大副主任李明金，副省长穆东升、马培华，省政协副主席任震宇等领导出席挂牌仪式。

8．6 月 6 日～7 月 27 日，省林业局组织野生动植物管理处、林业勘察设计院等单位的业务骨干 14 人组成考察调研组，分三组对长江、黄河和澜沧江源区就建立三江源自然区工作进行了实地考察和调研。

9．6 月 20 日～7 月 15 日，国家林业局、中国科学院和中央电视台及青海省人民政府联合组织二江源科考队分三组赴长江、黄河、澜沧江源区进行了实地科学考察。通过科考，对三江源流域内的生态环境恶化的成因、水资源保护面临的问题，生物多样性保护以及建立保护区的意义等均有了较全面的认识，同时就制定相应的治理保护对策形成了初步设想。

10．7 月 17 日，青海省人民政府办公厅成立青海省三江源自然保护区建设领导小组，穆东升副省长任组长，省政府副秘书长曹宏、省林业局局长马福海、省计委副主任王胜德担任副组长，省财政厅、建设厅、交通厅等部门的领导 17 人组成领导小组。领导小组设办公室，办公室设在省林业局，王谦任办公室主任，郑杰、邢小方任办公室副主任。

11．7 月 17 日～19 日，召开全省退耕还林还草现场观摩会，现场观摩了民和、乐都、平安、互助、化隆、大通 6 个县的退耕还林还草和周边荒山造林种草情况，省人大副主任高尼、省政府副省长穆东升、省政协副主席任震宇参加了观摩会。副省长穆东升、省林业局局长马福海、副局长李三旦作了讲话。

12．7 月 22 日，江泽民总书记为青海三江源自然保护区亲笔题写“三江源自然保护区”区名，全国人大常委会副委员长布赫为青海三江源自然保护区区碑题写碑文。

13. 8月19日，国家林业局和青海省人民政府联合在青海省玉树藏族自治州通天河畔举行三江源自然保护区成立大会暨揭碑仪式。青海省委书记白恩培，国家林业局常务副局长周生贤、副局长马福，省政府穆东升副省长，省政协任震宇副主席等领导参加了揭碑仪式，周生贤副局长和穆东升副省长分别作了讲话。来自国家林业局、财政部、中科院、省内外新闻单位的领导、专家和记者，以及省内各有关厅局、自然保护区内的各州、县领导与玉树地区上万名藏族群众一道参加了成立大会暨揭碑仪式。中央电视台通过第一、四套节目向国内外作了电视现场直播。开创了中央电视台在青海省进行电视现场直播的先河。

14. 8月28日、29日，全省秋季造林暨种苗建设工作会议在西宁召开。穆东升副省长作了加强秋季造林和种苗工作的讲话，马福海局长作了种苗建设和秋季造林的工作报告。

15. 9月30日，可可西里藏羚保护工作部署会在格尔木市召开，马福海局长作了《强化宣传，严格执法，开创藏羚保护工作新局面》的主题讲话，要求进一步加强巡山检查，开展冬季反盗猎行动，通过宣传、执法、打击相结合的举措，切实为可可西里地区的珍稀野生动物创造良好的生存环境。

16. 10月24日、25日，召开了全省森林公安和森林防火工作会议。省政府穆东升副省长作了题为《认清形势，抓住机遇，努力开创我省森林公安和森林防火工作新局面》的主题报告，省林业局马福海局长、王谦副局长，省公安厅宋传明副厅长分别作了讲话。

17. 10月31日，省人民政府发布关于加强可可西里国家级自然保护区自然资源和环境管理的通告。通告明确可可西里自然保护区管理局是负责保护区内资源和环境的唯一合法机构；重申在保护区内严禁进行生产和非生产活动；决定自2000年10月1日起，可可西里国家级自然保护区实行禁采封育措施。

18. 11月20日，青海省首家工厂化苗木培育基地——玛可河林业局苗木培育基地在西宁建成。

19. 11月1～13日，省林业局组织20多名林业公安干警和行政执法人员，深入可可西里开展了以清理非法进入可可西里国家级自然保护区捕捞卤虫卵为主的破坏自然资源和环境行为的“冬季整治”专项行动。行动期间，共检查、清理出区各种机动车388辆，人员2 900余人，缴获小口径步枪1支、子弹2 850发。查扣卤虫卵1 000千克、价值约25万～30万元，发放、张贴通告1 500份。

20. 12月22日、23日，全省天然林资源保护工程工作会议在西宁召开。省人大副主任高尼、省政府副省长穆东升、省政协副主席蔡巨乐出席会议。穆东升副省长作了《以高度的政治责任感和历史使命感做好天然林资源保护工程实施的各项工作》的讲话。省林业局李三旦副局长对切实做好天然林资源保护工程进行了工作部署。

21. 12月29日，青海省人民政府任命党晓勇为青海省林业局副局长（副厅级）。

（许国海 何玉邦）

# 宁夏回族自治区林业

**【概　述】** 经检查验收，2000年全自治区完成人工造林7.70万公顷，其中成活率在85%以上的验收核实合格面积为6.78万公顷（含补植）；飞机播种治沙造林1.652万公顷；新育苗5 897.73公顷；封山（沙）育林6.86万公顷（包括贺兰山封育0.33万公顷）。分别为年计划任务的132.14%、116.32%、82.6%、319.37%和102.95%。比1999年实际完成任务翻了一番。

2000年还完成幼林抚育实际面积7.896万公顷；成林抚育实际面积5.694万公顷；以苹果为主的果品产量2.5亿千克；核桃83万千克；花椒7万千克；经济林总产值3.57亿元。生产木材8 043立方米。

**退耕还林还草** 按照国家对长江上游、黄河上中游地区退耕还林还草试点示范工作的统一部署，宁夏2000年计划退耕1.33万公顷，还林还草3.07万公顷，具体安排在彭阳（0.47万公顷）、固原（0.33万公顷）、西吉（0.2万公顷）、隆德（0.13万公顷）、泾源（0.2万公顷）5个县，27个乡为试点区域。经过艰苦努力，已完成退耕还林还草3.067万公顷。

为了确保退耕还林还草试点示范工作开好头、起好步，自治区人民政府专门召开会议，研究部署此项工作，并批转了区林业局编制的《宁夏回族自治区退耕还林还草试点示范实施方案》，实行行政领导负责制。4月7日、8日，陈进玉副主席到固原地区检查试点工作，主持召开现场办公会议，解决工作中存在的问题。6月18日，自治区人民政府召开了有山区8个县负责人参加的退耕还林还草试点工作分析通报会，自治区党委副书记任启兴、自治区副主席陈进玉出席会议并讲了话。9月，自治区人民政府召开了第五十一次常务会议，研究总结了退耕工作。会议特别指出，要采取各种有力措施，补救整地质量差、造林成活率低的问题，确保退耕还林（草）退得下，还得上，稳得住，能致富，不反弹。针对春季持续干旱，造林成活率低（不到

50%)的情况，自治区林业局紧急调运柠条种子20吨，补种补播，出苗生长情况良好；9月份又全面进行了补植，使退耕还林还草基本达到了验收合格标准。固原县整地质量不高，县委、县政府不遮丑，不回避，组织8 000人，奋战18天，将不合格的退耕地全部返工，达到高质量。《宁夏日报》为此作了报道，自治区主席马启智作了批示，肯定了固原县的做法，是对人民高度负责的体现，希望各县认真学习。9月13日～14日，自治区人民政府在彭阳县召开了全区退耕还林还草现场会，总结了2000年的试点工作，部署了2001年的退耕还林（草）的任务，推广了彭阳县的经验。

6月中旬，自治区政府对退耕还林还草试点情况进行形势分析后，兑现了50%的退耕还林还草补助粮（每亩50千克），涉及农户22 017户，总人口12万人，兑现粮食990多万千克，11月份计划供应第二批补助粮。2 300万元的种苗补助款和400万元的生活补助费，已拨付到各试点县。

**生态林业重点工程**

引黄灌区二代农田林网建设　经过10年的建设，灌区共栽植农田林网树木8 000多万株，灌区11个县（市）2000年新植农田林网树木2 096.8万株，成活1 794.8万株。一个以抗天牛树种为主体的高标准灌区二代农田林网大骨架已基本形成。经检查验收，青铜峡市和惠农县已率先达到林网化标准。

绿色通道工程建设　又称"五路四片"造林绿化工程，是自治区党委、政府为加快改善宁夏的生态环境，实施西部大开发而决定实施的战略重点项目。自治区政府下发了《全区绿色通道2000年工程建设实施方案》。各有关县（市）人民政府成立了工程建设领导小组，召开动员会。自治区绿化委员会、林业局先后3次发出以灌水抗旱保树、加强林木管护的紧急通知和明传电报，并专门召开了灌区林业部门、绿化部门负责人会议。承担任务的各县（市）和行业部门，在任务重、时间紧、战线长、天气异常的情况下，采取各种措施，组织动员社会各方面力量，大打工程攻坚战，工程进展顺利。据检查，"五路"即姚汝公路（姚伏至崇岗乡），银古、银灵（银川东门至河东机场），恩红公路（中宁县城至盐兴公路），201省道（银巴路口至苏峪口路口），苏峪口公路（201省道至苏峪口管理站），规划绿化长度117.4千米，面积631.33公顷，植树57.3万株。2000年春，完成绿化长度110千米，占规划长度的93.6%；完成绿化面积600公顷，占规划面积93%；植树67.1万株，占规划植树的117%。验收成活率：乔木60%，针叶树72%，花灌木70%，红柳、柠条等灌木为43%。"四片"即河东机场区、西夏王陵区、红寺堡开发区的造林绿化以及石中高速公路两侧配套农田林网建设，规划总面积3 958公顷，植树674.1万株，实际完成4 066.67公顷，植树690万株。

三项富民工程建设　从1995年，自治区林业厅、财政厅联合在引黄灌区和宁南山区18个县（市）先后实施了"兴果富民"、"两杏一果"和"优质名牌枸杞基地"三项富民工程建设，2000年新发展枸杞、葡萄、枣、小杂果、"两杏"等经济林1.19万公顷。6年来累计新发展经济林5.18万公顷，使全自治区经济林总面积达到8.33万公顷，比工程启动前扩大了一倍，果品总产量提高到2.5亿千克，果品总产值达到3.5亿元，分别比6年前翻了一番。其中新发展枸杞0.74万公顷，总面积达到0.88万公顷，总产量提高到480万千克，总产值实现6 750万元，同工程启动前相比，面积扩大了四倍，产量增加了三倍，年增值4 500万元。

六盘山及其外围针阔混交水源涵养林工程建设　这项工程建设，从1993年起，已实施了两期工程，将要实施第三期工程建设。该项工程包括六盘山林管局、彭阳县、固原县、泾源县、隆德县、西吉县以及海原县南华山的工程建设。2000年，完成造林1.37万公顷，其中成活率在85%以上的合格面积1.17万公顷。8年累计，已完成新造林6.55万公顷（1993～1999年累计完成5.38万公顷）。　（田　原　李惠芳）

**【森林资源连续清查第二次复查】**　按照国家林业局的统一部署，宁夏在2000年进行了森林资源连续清查第二次复查（简称连清）。宁夏的森林资源连续清查体系始建于1990年，1995年进行了第一次复查，为了保持体系的连续性、完整性，使体系有一定的可比性，与全国清查体系接轨，本次清查除将长形样地改为方形样地和利用GPS定位试点两项改进外，其余工作与前二期清查完全一样。

第二次复查工作，从1999年11月开始制定《工作方案》、《技术方案》、《技术操作细则》、《遥感技术操作细则》和《宁夏2000年森林连续清查第二次复查中全面试验应用GPS的设想》等文件，准备TM卫星影像图，购置作业用具、仪器等一系列准备工作。2000年5月12～18日举办了为期7天，有120多人参加的培训班。6～10月进行了外业调查和室内判译以及外业质量检查；11～12月进行内业，历时14个月。

外业调查资料和室内判译资料已全部送交国家林业局西北森林资源监测中心整理分析。

这次复查是由自治区林勘院、固原地区林勘队和各地（市）县（区）林业部门，六盘山、贺兰山国家级自然保护区等单位共同完成。全区共组建外业调查组28个，参加外业调查人员共185人，判读小组22个，还设立了3个外业质量检查小组，一个判读质量检查小组，共16人。经过质量检查组的检查，9 313个二次样点判读一致率为97.7%（要求为90%）。51 754个样地的总体判正率为95.2%（要求为80%）。外业样地的合格率为94.6%，检查质量评定为优。

（田　原　李惠芳）

**【日本国无偿援助黄河上中游宁夏生态防护林建设项**

目】　1998年提出申请立项，2000年11月10日正式签署会议纪要确认：项目造林总规模为4 281公顷，其中盐池县2 804公顷，陶乐县791公顷，灵武市676公顷。初步预算项目建设总投资约7 800万元（人民币），其中：日本国无偿援助项目建设直接投资的6.5亿日元，约折合人民币5 000万元。用于造林直接费用约5亿日元；设备购置费用约1.5亿日元。需中方配套2 800万元（人民币），包括直接费700万元，项目结束后的维护费2 100万元。整个工程项目4年完成（2001～2004），分两期交接，完工后的维护管理交由中方全面负责。

这个项目的运作方式与以往的项目有较大差别，其主要特点是：项目的全部调查设计工作由日方咨询公司承担；项目的整个实施由日方工程承包公司负责；项目的具体运作，日方承包公司与中方施工公司签定再承包合同，工程质量将由中方承包公司对日方公司直接负责。　　（田　原　李惠芳）

**【中德合作宁夏贺兰山东麓生态林业工程】**　该项工程是中德两国政府关于发展援助政策的财政合作项目之一。从1996年启动，到2000年结束，5年内计划完成封山育林育草3万公顷，造林8 550公顷，其中农田防护林1 308公顷，经济林3 512公顷，防风固沙林3 730公顷。项目由宁夏林业厅执行。总投资1.27亿元人民币，其中德国政府无偿援助1 200万马克（相当于6 600万元人民币），国内配套资金6 100万元。项目资金已落实到位。

项目区位于宁夏平原西部，北起石嘴山，南止青铜峡，东接第五排水沟、第二农场渠、唐徕渠和大清渠，西到贺兰山，南北长约200千米，东西宽11～50千米，土地总面积3 689平方千米。包括石嘴山区、惠农县、平罗县、贺兰县、银川市郊区、永宁县、青铜峡市、贺兰山国家级自然保护区等8个县级单位。

该项目主要包括封山育林、人工造林以及为实施工程修建的必要的配套设施（主要有新建5处扬水站、砌护水泥板渠道205千米、新建1处林业培训中心、2处林业技术推广中心和32千米林区道路等）。

该工程划分为10个子项目区，即：石嘴山西山防护林区造林501公顷，惠农农用林业区造林571公顷，平罗崇岗农用林业区造林233公顷，贺兰金山防护林区造林885公顷，镇北堡防护林区造林835公顷，银川郊区西部防护林区造林504公顷，永宁扬显固沙防护林区造林2 067公顷，青铜峡农用林业区和青铜峡甘城子生态经济型防护林区造林2 954公顷，贺兰山封山育林区封育林草3万公顷。

工程自1996年实施以来，到2000年，人工造林已超额完成，封山育林育草完成3万公顷，并设置了87个监测样地，增配了150名护林员，加强了封育区的管理，据观测，封育效果良好。5处扬水站，205千米水泥板渠道、32千米林区道路、7处护林站、1处林业技术培训中心、2处林业技术推广中心等配套设施已全部竣工并交付使用。

2000年是该项目新造林的最后一年，计划新造林1 711.7公顷，经实地核查，实际完成新造林2 035.91公顷，为年计划的118.9%。其中成活率达标的合格面积1 574.23公顷，成活率未达标需补植的面积461.68公顷，造林合格率为77.3%。（验收标准为：防风固沙林成活率70%以上，农田防护林80%以上，经济林85%以上）。封山育林育草完成3万公顷。

2000年还完成补植1998年、1999年不合格面积，应补植875.21公顷，补植合格455.84公顷，补植合格率52.1%。1999年造林合格面积应保存合格面积1 480.6公顷，经核查，保存合格面积1 381.64公顷，合格面积保存率为93.5%。　　（田　原　李惠芳）

**【宁夏国家重点保护野生植物资源调查】**　按照原林业部［1997］79号文《关于部署全国重点保护野生植物资源调查工作的通知》精神，宁夏1997～1999年对在宁夏分布的国家重点保护野生植物资源进行了调查。按林业部规定，宁夏共进行了四合木、裸果木、水曲柳3种植物的调查。

调查资料表明：四合木主要分布在宁夏与内蒙古交界的石嘴山市落石滩，面积75公顷，约103 950株。裸果木分布在中卫县黄河以南的上下河沿煤矿的小山沟内，只有零星分布，无法计算面积和株数。水曲柳主要分布在六盘山林区的秋千架林场，总株数16株。通过调查，可以肯定以上3种植物在宁夏分布面积小，生长不良，受人为影响，面积逐步减少，处于濒危边缘。

（田　原　李惠芳）

**【宁夏陆生野生动物资源调查】**　根据林业部林护通字［1995］60号文件精神，在自治区林业厅主持下，以宁夏林勘院为主，邀请宁夏农学院、银川市中山公园等单位的有关专家，在地（市）、县林业主管部门的配合下，1996～2000年，进行了宁夏陆生野生动物资源调查，历时5年，调查成果已由中国工程院院士马建章教授为主任的鉴定委员会，在2000年6月25日通过了审定。

这次调查，是按照原林业部批准的《宁夏回族自治区陆生野生动物资源调查与监测技术规程实施方案》规定的常规调查法和专项调查法进行的。常规调查法确定了1 079个样带，调查动物92种，专项调查法确定了15个调查项目。通过分类整理，计算机程序化计算处理，获得本次调查的种的分布范围及资源储量，完成了《宁夏陆生野生动物资源调查报告》、《宁夏陆生野生动物环境调查样带分布图》、《宁夏国家重点鸟类分布图》、《宁夏国家重点兽类分布图》、《宁夏非国家重点鸟类分布图》、《宁夏非国家重点兽类分布图》、《宁夏两栖动物分布图》、《宁夏陆生野生动物驯养繁殖分布图》

有关统计表格和磁盘以及工作实况录像带，并完成了15个专项调查报告。

鉴定委员会对调查资料审定后一致认为：成果齐全，符合国家林业局下达的编写大纲的要求；调查方法，数据处理方法符合原林业部颁布的《技术规程》和经审定的《宁夏调查实施细则》；以卫星影像图为基础，将3S技术引入野生动物调查，技术手段先进，科学合理；数据、图件准确可靠；查清了宁夏全境重要陆生野生动物的分布、种类、数量及生境状况，填补宁夏的空白。《宁夏实施细则》规定调查的92种，调查中见到86种，占93%，达到了部颁《技术规程》要求的比率，发现宁夏新记录三种——鹅喉羚、六盘山土豹子、薰鸡。宁夏陆生野生动物资源调查与研究，于12月25日被评为宁夏2000年科技进步二等奖。

（田　原　李惠芳）

**【宁夏护林防火和森林公安】** 2000年，宁夏森林公安在加强政治思想教育，推进队伍建设，加强森林防火基础设施建设等方面均取得较大成就。主要成就有：在区林业局建立起自治区森林防火指挥中心，制作了森林防火指挥图；完成了西吉、海原、中宁、中卫4县的防火通讯工程；在六盘山王化南林场、贺兰山四架坡、固原县叠叠沟林区和彭阳县挂马沟林场各建了一座集瞭望、通讯为一体的瞭望塔；增购防火专用车，由宁夏电视台每周四定期发布森林火险预报等工作。

2000年是宁夏40年来罕见的干旱年，森林防火形势十分严峻，在各级防火机构和广大群众的艰苦努力下，全自治区除六盘山、海原县南华山发生5起一般森林火灾外，没有发生重、特大森林火灾，实现了大旱之年无大火的目标，确保了森林安全。

2000年森林公安共发现、受理各类案件157起，查处155起，综合查处率为98.7%，为国家挽回经济损失85 776元。其中青铜峡库区盗伐林木案，海原金建平等非法贩运猎隼案，六盘山伍俊平私造枪支、非法狩猎案，王石军拐卖妇女案等，侦破难度大，在当地影响大。

（田　原　李惠芳）

**【宁夏林业厅机构改革】** 经自治区机构改革领导小组审批，将宁夏回族自治区林业厅改为宁夏回族自治区林业局，7月12日，自治区人民政府批准了自治区林业局的“三定”方案。方案一是确定了10项主要职责。新划入水土流失的防治、退耕还林还草的指导两项职能；下放林地调查、定级、估价、森林资产评估等工作给事业单位；取消木材生产、林产品市场建设等4项职能。二是批准林业局机关行政编制30名。其中局长1名，副局长3名，正处级领导8名，副处级领导5名。另外，保留离退休干部服务人员编制1名，增加军队转业干部专项行政编制1名，专列纪检、监察机构专职编制3名；后勤服务机构及编制另行核定。三是内设7个职能处（室）：办公室，植树造林治沙处（自治区绿化委员会办公室），森林资源保护处（野生动植物保护处），森林公安处（森林防火办公室），发展计划与资金管理处，科学技术处，人事教育处，机关党委。

“三定”方案批准下达后，林业局机构改革领导小组制定印发了《自治区林业局机关定岗定员实施办法》和《自治区林业局机关人员分流安排实施办法》。按自愿报名、资格审查、竞争演讲、组织考察、领导批准、公示等程序，确定了8名正处级领导和5名副处级领导。其他人员按双向选择的方式确定了岗位。由于职位数额所限而未能上岗的人员，按相关政策进行了分流。

林业局机关已按“三定”方案完成了全部机构改革，机关工作正常顺利地运转。（田　原　李惠芳）

**【宁夏造林治沙先进人物】**

**白春兰** 今年48岁的妇女白春兰，是宁夏盐池县柳杨堡乡沙边子村农民。从1980年起，她和丈夫冒贤（已于1997年10月病逝）带领儿子、儿媳，凭着她那勤劳而朴实的品质，用汗水、信念和毅力，在人迹罕见的沙漠地带，建设成一个占地86.67公顷，树木葱郁，粮丰畜壮的“绿色庄园”。她先后治理沙漠66.67公顷，种植树木23 000多株，其中上万株已成椽材，巩固草场53.33公顷，0.53公顷果树已挂果，水浇地2.67公顷，养羊200多只，养猪100多头，还有一个鱼池，年纯收入5万多元。为了治沙，她把大儿子送去读林业中专，毕业后带着儿媳也回到沙边子和她共同挑起治沙大业的担子。在她的精神鼓舞和实事教育下，被风沙逼走的88户农民又相继迁回。在她的带领和帮助下，全村4 666.67公顷沙漠，已有2 600公顷被治理。1999年该村人均年收入2 800多元，成为盐池县的“小康村”。受国家副主席胡锦涛的嘱托，在县、乡领导的支持下，2000年8月8日，白春兰沙产业开发有限公司正式成立。计划投资120万元，用5年时间，对133.33公顷沙漠进行农林水牧综合开发。白春兰付出的心血和汗水，得到党和政府的充分肯定，1994年被自治区人民政府评为劳动模范，1997年被评为全国“三八”绿化标兵和“三八”红旗手，1998年被评为全国环保百佳先进个人和全国民族团结先进个人，荣获中国“十大女杰”提名奖。2000年5月5日，国家副主席胡锦涛专程到沙边子村看望了白春兰和乡亲们，胡锦涛副主席称赞她：“你既是勤劳致富的模范，又是治理沙漠的功臣，希望你今后更好地带领周围群众，走联合治沙的路了，使更多的沙漠变绿洲”。

**李玉芬** 80年代初，李玉芬在盐池县治沙成绩显著，被评为全国劳动模范。1992年，她响应党的号召，举家迁往灵武市狼皮子梁开发区，挑起带领当地群众治沙的重任。为了治沙，她的丈夫把生命永远留在了这里，在北京工作的儿子，放弃了优厚待遇，也来到这里共同治沙。8年来，她在最早承包的133.33公顷沙丘上，植树6万株，形成了防风林、经济林、苜蓿相间的

93.33公顷绿洲。2000年，她在新承包的133.33公顷沙丘地上，打了两眼深井，栽种了26.67公顷苜蓿和3 000多米的防风林带。兴建的沙漠综合养殖场也将发挥经济效益，栽种的水稻亩产可达400千克。

**余　聪**　盐池县高沙窝乡余庄子村农民，29岁，6年前，他怀揣打工挣来的3万元回到家乡，开始了他治沙创业的艰苦历程。6年的艰辛付出，终于有了收获。他先后栽种了146.67公顷柠条，186.67公顷沙柳，乔灌结合、封沙育林733.33公顷，使风沙得到有效遏制。他还开挖带子井3条，土园井6眼，发展水浇地26.67公顷。他还建起了蔬菜温棚4座，暖棚猪舍2间，暖棚羊舍6间和一个饮料综合加工厂，走种养加结合的道路。年产反季节蔬菜2万千克，年出栏商品猪600头，羊只存栏460只。1999年，他家仅出售沙柳和柠条种子就收入9万元，他家的固定资产已增加到300万元。

余聪致富不忘乡亲，每年春、秋季节，他都带领村民栽沙柳、种柠条，使村子周围的生态环境大大改善。1999年，他拿出5万元，为村里架设了1.5千米的动力电线；投资1万元组织村民修通了3千米砾石路，用自己的固定资产做抵押，帮助村民向银行贷款12万元，全村家家建起种植或养殖温棚，使余庄子村人均年纯收入由1995年的200元增长到2 850元。在他的倡导下，成立了盐池县裕丰农牧开发有限公司，领导全村农民实行股份治沙，发展中药材、淡水养殖，走农、林、牧综合发展的路子。为表彰他的成就，1999年，余聪被评为全区优秀共青团员和盐池县十大杰出青年。2000年，他荣膺由团中央、农业部、水利部、国家林业局、全国青联举办的第五届“中国十大杰出青年农民”称号。　（田　原　李惠芳）

**【宁夏回族自治区2000年林业大事】**

1. 2月27、28日，全区生态建设会议在银川召开。自治区主席马启智在会上发表讲话，要求全区各级干部要抓住西部大开发的历史机遇，掀起生态建设新高潮，再造一个山川秀美的西海固，重塑塞上江南新景观。马启智主席特别强调指出，要把生态建设作为一把手工程，要强化政府行为。会上，刘仲副主席就全区生态建设作了安排部署，并与有关地（市）、县负责人签订了2000年绿化责任书。会议奖励了青铜峡等5个先进市（县）和交通厅等3个先进单位。与会代表还讨论了《退耕还林（草）试点方案》、《重点绿色通道工程建设实施方案》。

2. 为了迎接西部大开发，加快银川市绿化步伐，银川市人民政府决定设立“首府绿化节”。4月1日，在新城区玫苑广场举行启动仪式，市委书记陈育宁作了动员讲话，新城区区长朱俊玲代表干部群众表示了决心，自治区党、政、军领导任启兴、周秋英、张岳永等为启动仪式剪彩。

3. 4月，自治区绿化委员会对宁夏绿色通道工程重点路段绿化所需的苗木，首次进行公开招标，区内21家个体、集体和国有单位参加角逐，其中18家符合条件的单位中标。共招标采购了30多个品种、50多万株苗木。

4. 4月，国务院以国办发［2000］30号文批准宁夏回族自治区白芨滩为国家级自然保护区，这是宁夏继贺兰山、六盘山、沙坡头之后，第四个国家级自然保护区。

批准后的白芨滩自然保护区为荒漠类型，总面积8.18万公顷，仅次于贺兰山保护区。该保护区是在白芨滩防沙林场的基础上建立起来的，1980年国务院曾将该场列为全国三大毛条采种基地之一，1986年，自治区政府批准为自治区级自然保护区。

5. 5月18日，宁夏银信宝枸杞制品有限公司投资3 600万元兴建的枸杞速溶片项目，在惠农县红果子经济开发区正式破土动工。这是中国农科院支持西部大开发的首项技术合作项目。项目建成投产后，年产枸杞多糖速溶片360吨，可使宁夏的红宝资源优势变成产品优势，经济效益可观。

6. 5月27日，宁夏·岛根友好林植树活动，在灵武市白芨滩林场开展，自治区副主席冯炯华等领导与来自日本岛根县的100多位县民以及林场职工参加了植树。这个活动是从1997年开始的，4年来，岛根县民先后600多人，植树3 000多株，成活率100%，岛根县政府和县民共投资、无偿捐款44万元人民币。

7. 由自治区环保局、自治区计委共同编制的《宁夏自然保护区发展规划（1998～2010）》，5月份由自治区政府颁布实施。《规划》新规划了森林生态、草原生态、荒漠生态、内陆湿地、古生物遗迹、地质遗迹等6种类型，国家级、省（区）级、市（地）级、县级等4个级别的自然保护区31个，面积达51.5万公顷。其中国家级2个，面积12.3万公顷；地方级29个，面积25.44万公顷。《规划》到2010年，全自治区将建设自然保护区39个，总面积达63.93万公顷，占自治区国土面积的12.34%。

8. 6月14日，国务院发出了《关于禁止采集和销售发菜制止滥挖甘草和麻黄草有关问题的通知》后，自治区人民政府结合宁夏实际，于7月3日以宁政发［2000］55号文发出了《关于禁止采集和销售发菜制止滥挖甘草和麻黄草有关问题的公告》，7月21日以宁政发［2000］65号文发出了《关于禁止采集和销售发菜制止滥挖甘草和麻黄草有关问题的通知》。《公告》和《通知》明确规定，将发菜的保护级别调整为一级；坚决禁止采集发菜；实行甘草专营、许可证管理制度，严格管理；制止滥挖甘草、麻黄草，把人工种植甘草、麻黄草基地建设规划纳入防沙治沙、退耕还草和种苗基地建设规划；切实加强领导，加大执法监督力度。

9. 6月15日，彭阳县被国家水利部、财政部授予全国水土保持生态环境建设示范县称号。该县有水土流失面积2 300多平方千米，占总土地面积的90%。建县后，坚持治理，走山、水、田、林、草、路、电综合配套治理之路，截至1999年底，已治理1 179平方千米，为水土流失总面积的50.5%，其中基本农田5.07万公顷，造林5.4万公顷，种草近1.33万公顷。林木覆盖率由3%提高到13.9%。如今彭阳县人均有粮446千克，是建县初的1.9倍，人均纯收入1 041元，是建县初的18.8倍，分别比固原地区的平均水平高出19.9%和9.7%。

10．6月，由福建省厦门市政府无偿援助泾源县兴建的沙塘村苗木培育基地，首期13.33公顷标准苗圃建成。美国黑核桃、韩国四倍体刺槐、北美铅笔柏、美国黑樱桃等国际高档树种将落户泾源。这些树种是我国林业科技部门近年从国外引进的果材两用高档树木。这个项目是由福建在宁挂职干部引荐和专家考察论证后，在闽宁对口联席会上签订了协议，厦门政府提供的40万元先期资金。这个苗圃基地最终规模为33.33公顷，总投资200万元。

11．6月26日　继六盘山、云雾山之后，固原地区将增加10个自然保护区，总规划占地面积6.4万公顷。其中有7个被自治区人民政府确定为区级自然保护区，它们是：西吉县火石寨地貌自然保护区、西吉县黄家庄自然保护区、西吉县红耀自然保护区、西吉县党家岔自然保护区、固原县禅塔山自然保护区、彭阳县挂马沟自然保护区和海原县南华山自然保护区。西吉县月亮山、大寨山、固原县叠叠沟等3个为县级自然保护区。

12．7月8日，宁夏首家大型综合型花卉苗木市场——宁夏花卉苗木市场，正式运营。该市场位于银川南门外，占地2公顷，总投资300多万元，由全区林业系统集体投资建设，是国家林业局和全国花卉协会确定命名的全国41家花卉苗木市场之一，也是宁夏首家集花卉及相关产品经销、观赏、科研为一体的大型综合型新型花卉苗木市场。

13．8月14日，由国家科技部和自治区科技厅联合下达、由宁夏林科所承担的重点课题项目——无籽枸杞新品种选育，经过四年攻关，取得重大突破，通过自治区验收。这个课题，采用了先进的生物技术，在较短的时间内选育出无籽枸杞株系99-3，其品质比宁夏现有的最优品种有了较大提高，栽培性能及适应性强，是优良的鲜食和深加工品种，具有广阔的生产应用前景。

14．8月20日，自治区科委将"中华速生杨"列为宁夏2000年科技成果推广项目。该树种是由宁夏华龙综合工程有限公司斥资100多万元从中国林业研究院上海苗圃基地引进的种苗。4月中旬已在银川郊区红花乡和黄羊滩玉泉营农场2个种苗基地扦插培育26.67公顷。"中华速生杨"四年生，树高可达15米，胸径20多厘米，抗旱、耐寒、抗病虫害能力强。

15．10月18日，黄河防护林工程动员会在银川召开。陈进玉副主席在会上讲话。该项工程从2001年开始到2003年，分三年实施，计划营造黄河防护林1.69万公顷，使工程区有林面积达到2.14万公顷，林木覆盖率达到59.3%。

16．10月26日，自治区人民政府以[2000]130号文批准郭根生同志为革命烈士。郭根生同志生前是六盘山林业局秋千架林场护林队队长，1999年3月4日在扑救森林火灾时牺牲。他是宁夏回族自治区成立以来为扑救森林火灾而英勇献身的第一人。

17．10月，按照国家林业局［1999］519号《关于编制三北防护林四期工程规划的通知》的精神和要求，由区林业勘查设计院编制了《宁夏三北防护林体系建设第四期工程规划方案》。同时还编制了《宁夏平原高标准农田防护林体系建设》和《毛乌素沙地防护林体系建设》两个重点建设项目规划及《平罗县高标准农田防护林体系建设》和《盐池县沙地防护林体系建设》两个示范区的规划说明书。以上材料均已上报国家林业局。

18．11月5日，宁夏农林科学院沙漠治理研究所成立。这个所是公益型科研事业单位，主要职责一是对宁夏土地沙漠化发生、发展、变化情况进行监测，研究沙漠变迁规律与人口、经济、社会发展的关系，为政府防止土地沙漠化、进行沙漠治理的决策提供参考意见；二是研究沙漠整治技术，拟定沙漠地区整治与生态建设的规划，培育和引进优良沙生种植材料，研究推广植建技术和管理技术；三是探讨沙漠化地区经济发展模式，研究开发技术密集型高效特色沙产业，培植沙漠化地区新的经济增长点。

19．11月9日，由宁夏林业研究所和北京林业大学共同组建的自治区重点工程技术研究中心——宁夏林业生态建设研究中心，在宁夏林业研究所挂牌成立。自治区主席马启智发来贺信，副主席陈进玉为研究中心揭牌。该中心成立后，将在宁夏部分地区进行防沙治沙技术及对策研究；在宁南山区各县进行小流域为单元的水土流失综合治理研究和天然林保护、恢复及水源涵养林、针阔混交林研究；在引黄灌区腹地进行区域性防护林体系建设研究和林木良种选育研究。

20．2000年12月25日，宁夏回族自治区科技奖励评审委员会公告宁夏2000年度科技进步奖励项目，计一等奖4项，二等奖16项，三等奖55项。宁夏林业治沙获奖的有：一等奖两项——由宁夏广夏天然物产公司完成的宁夏征沙渠沙漠治理中药材基地建设；由自治区林业局、财政厅、中宁县林业局、区枸杞研究所完成的宁夏优质名牌枸杞高效栽培技术研究示范推广。二等奖两项——由宁夏农林科学院、盐池县人民政府完成的盐池荒漠化土地综合整治及农业可持续发展研究；由宁夏林业勘查设计院、宁夏林业局完成的宁夏陆生野生动物资源调查与研究。三等奖三项——由宁夏农林科学院、彭阳县林业局完成的彭阳果树基地建设及旱地果树栽培技术研究与示范；由自治区林业局、财政厅、彭阳县林业局、固原县林业局完成的宁南山区生态经济林基地营造技术研究、示范与推广；由陶乐园艺试验场完成的红富士苹果在我区引种栽培与推广。

（田　原　李惠芳）

# 新疆维吾尔自治区林业

【概　述】

森林资源培育　2000年，自治区共完成平原造林面积7.798万公顷（不含兵团），为年度计划的139.25%。其中用材林0.125万公顷，经济林5.393万公顷，防护林2.093万公顷，薪炭林0.169万公顷，特用林0.018万公顷。经核查实际完成合格面积5.766万公顷。义务植树3 156.69万株，零星植树4 276.13万株，退耕还林（草）面积2.017万公顷。完成山区人工更新造林面积0.12万公顷，森林抚育0.037万公顷，人工促进天然更新合格面积0.105万公顷，封山育林面积1.003万公顷。全区完成育苗面积0.553万公顷，其中新育0.337万公顷。完成沙区综合治理开发总面积19.39万公顷，其中治沙造林1.228万公顷，封沙育林育草14.051万公顷，治沙造田1.063万公顷，飞播造林（模拟飞播造林）0.744万公顷，种植药材及经济作物0.537万公顷，其他1.767万公顷。续封平原天然林40.47万公顷，其中新增封育面积13.33万公顷，引洪灌溉平原天然林10万公顷。

2000年又有昭苏、托里、和布克赛尔、阿合奇、伊吾、富蕴6个县（市）实现了农田林网化。玛纳斯、乌鲁木齐市东山区2个县(区)通过了自治区平原绿化验收。

森林保护　2000年完成了陆生野生动物资源调查工作，组织实施了国家林科院鸟环中心对隼类的环志工作。6月，经自治区政府批准，成立了新疆艾比湖湿地自然保护区和新疆夏尔希里自然保护区。巩留云杉自然保护区被国家林业局批准为国家级自然保护区，并更名为新疆巩留云杉自然保护区。

2000年，自治区共发生林火17次，其中森林火警12次，重大森林火灾1次，一般森林火灾4次。总过火面积1 681.8公顷，其中受害森林面积854.6公顷。全区森林火灾发生率0.6次（平均每10万公顷森林），森林受害率0.3/1 000。损失幼树2.6万株，火灾造成直接经济损失达330多万元。为加强护林防火工作，3月15日下发了《关于加强春季护林防火工作的紧急通知》，要求各级护林防火机构的工作全部进入戒备状态。4月初，组织了3个检查组，对天山中东部、天山西部和阿尔泰山的林区进行了森林防火督促和检查，重点检查了火源管理情况、预防措施落实情况、半专业扑火队的组织情况等。8月6日～8日及时组织3 000多名各族群众和武警、公安、边防人员，扑灭了由哈萨克斯坦国烧入裕民县的火灾。

2000年自治区森林病虫害发生面积15.807万公顷，防治面积12.907万公顷。森林病虫害发生率、防治率、监测率、检疫率分别为9.38%、81.65%、77.02%、95.05%。1月，在自治区林业局场长会议上，与各地、州、市林业局、天西、阿山林业局和直属林场签订了《2000年度森林病虫害防治目标管理责任状》，同时对1999年目标任务完成较好的塔城地区、博尔塔拉蒙古自治州和阿勒泰地区林业局进行了表彰、奖励。按照国家林业局《森林病虫害工程治理管理办法》和全国森防重点总体规划要求，制定出《国家森林鼠害一期工程新疆示范区2000年实施计划》和《新疆森林鼠害调查与监测技术操作试行办法》。10月，举办了为期10天的全疆首期森林鼠害防治调查培训班，培训人员50多人。

2000年共查处各类森林案件1 987起，打击处理违法犯罪人员2 957人，收缴木材1 706立方米，收缴野生动物1 569头（只）及其产品1 246千克，挽回经济损失436.1万元。

林业科技和教育　根据自治区林业工作会议确定的工作任务，以林果新品种引进及其丰产栽培技术和病虫害防治技术的研究、推广及天然林保护和荒漠化防治研究为重点，安排推荐科研推广项目12项，其中延续项目9项、新上项目3项。完成了2项林业科研成果的鉴定。组织申报自治区科技进步奖3项，其中新疆野巴旦保护区病虫害调查及治理技术研究项目获二等奖。举办了两期专业技术人员继续教育培训班，培训学员248人。在阿勒泰地区举办了一期俄罗斯大果沙棘栽培技术培训班，培训人员52人。

资源与林政管理　2000年完成了天然林保护工程区森林资源的调查工作和“十五”采伐限额的汇总编制工作。根据国家林业局的部署，开展了保护森林资源三号行动。

2000年，全区共发生林政案件1 954起，查处1 861起，损失林地127公顷，林木1 643立方米，幼树2.13万株，收缴木材407立方米，行政处罚2 018人次。

（蔡立新）

【自治区林业局出台《自治区林业局贯彻自治区西部大

**开发座谈会精神的意见》】** 2000年10月10～14日，自治区林业局召开了西部大开发加快林业发展观摩座谈会，这次会议还讨论通过了《自治区林业局贯彻自治区西部大开发座谈会精神的意见》。提出了绿洲生态环境建设和发展具有特色的林业产业体系的思路。“十五”期间，通过三北防护林体系、高标准农田林网化、平原绿化、实施天然林保护工程、退耕还林和绿色通道等工程建设，使天山北坡经济带的10个县（市）建成较完备的绿洲防护林体系。通过实施防沙治沙工程，利用10年的时间，在奇台至阿拉山口的准噶尔盆地南缘沙区，保护天然植被173.33万公顷，封沙育林育草100万公顷，种植甘草、麻黄草6.67万公顷，人工培植肉苁蓉3.33万公顷，使沙区生态环境明显改善。以市场为导向，实行林果重点区域发展战略，优先发展最具优势和潜力的特色林果产品和产业。按照《新疆2001～2010年26个名特优经济林商品基地重点县规划》，重点发展核桃、香梨、枸杞、葡萄、巴旦杏等优势特色树种11.27万公顷；发展石榴、酸梅、哈密大枣、制干杏等潜在特色树种4.73万公顷。

以资源资产为纽带，积极发展鹿产业。利用3～5年，分三个阶段，在天山北坡经济带、伊犁、阿勒泰建设4个千头以上马鹿繁殖饲养基地，争取10年后，将养鹿业发展成为一项重要产业。在保护好森林资源、治理荒漠化的基础上，利用森林资源和沙漠资源的优势，开展以森林公园、自然保护区为主的森林生态旅游和以沙漠治理工程、荒漠治理工程为重点的沙漠、荒漠生态旅游。 （蔡立新）

**【新疆维吾尔自治区保护森林资源三号行动】** 2000年，国家林业局在全国范围内开展了以督办、查办林业典型案件为主要内容的保护森林资源三号行动。

自治区林业局成立了新疆维吾尔自治区保护森林资源三号行动领导小组，制定了《新疆维吾尔自治区林业局贯彻国家林业局保护森林资源三号行动实施方案》，向社会公布了监督举报电话，公开接受社会、群众与舆论监督。

新疆三号行动确定的行动重点是：查处超限额采伐、毁林开垦、乱占林地案件；国家工作人员玩忽职守、以权谋私、滥用职权导致资源破坏案件；领导干部以权代法、重案轻办或阻挠办案等案件。

新疆上报国家林业局5起案件作为自治区三号行动的典型案件，查处了被国家林业局列为全国典型案件的哈纳斯自然保护区林地被非法占用案。查处了新源县农民就新源县林业局支部书记孟祥兴利用职权、滥批滥伐林木等一批重大典型案件。

据统计，三号行动期间，全区共出动宣传车621车次，粘贴、发放各类标语、传单80 260条，受理各类案件1 048起，查处1 023起，处罚1 122人次，收缴木材1 100立方米，收缴野生动物720头只，罚款110.21万元，赔偿经济损失49.13万元，收回林地127.92公顷。 （祁金山）

**【新疆退耕还林工程建设】** 皮山县、叶城县、乌什县、奇台县、库尔勒市、伊宁市、博乐市等7个县（市）为全国首批退耕还林试点示范县，其中奇台县被列为国家林业局领导的试点联系县。根据国家要求，新疆编制了《新疆维吾尔自治区2000年退耕还林（草）试点示范实施方案》和检查验收办法，建立了自治区、地（州）、县（市）三级党委和政府领导牵头组成的退耕还林（草）工程建设领导小组，层层签订责任状，落实责任制。各试点示范县（市）落实承包农户26 106户，完成退耕还林面积0.87万公顷，全面超额完成了年度计划任务。在试点示范县（市）带动下，其他县（市）也积极开展退耕还林工作，全区共完成退耕还林（草）2.02万公顷。

根据国家有关退耕还林工程建设的总体部署，新疆计划从2000年到2002年每年调减棉花种植面积6.67万公顷，3年共计20万公顷。其中13.33万公顷还林还草，6.67万公顷改种特色农作物和经济作物。此项工程已在全区范围内启动实施。 （赵炳武）

**【“九五”新疆林业建设成就】** “九五”期间，在以往三北防护林工程、防沙治沙工程等生态建设工程的基础上，又启动实施了天然林资源保护、退耕还林（草）、水土流失综合治理、生态农业建设等一批重点生态工程建设项目。全区累计完成平原人工植苗造林26万公顷（不含兵团），为计划任务的125.39%。有20个县（市）通过了自治区农田林网化验收，6个县（市）通过了自治区平原绿化验收。全区累计已有11个地（州）、80个县（市）基本实现了农田林网化，45个县（市）达到了国家平原绿化标准，有93%的农田受到了林网的有效保护。全区城市绿化覆盖率由“八五”末的24.2%提高到27.34%，人均公共绿地由5.1平方米提高到6.21平方米，有9个城市达到了园林城市标准。完成国道省道公路沿线绿化590千米，铁路沿线绿化108千米，河流沿岸及干支渠绿化分别达到总长度的17%和34%。新增平原天然林封育面积52万公顷，改造残次林0.2万公顷，年引洪灌溉平原天然林7.33万公顷，年均管护平原天然林379.73万公顷。防治土地荒漠化工程完成综合治理开发面积73.37万公顷，比“八五”时期增加了28.29%。山区完成公益林建设总量9.27万公顷，人工更新造林、封山育林、森林抚育均超额完成了计划任务，在“九五”初还清更新欠账的基础上实现了更新跟上采伐，人工更新保存率由“八五”的90.6%提高到99.78%。配合生态工程建设，完成育苗生产2.47万公顷，出圃合格苗木近10亿株。全区森林面积、蓄积继续保持“双增长”。 （赵炳武）

**【裕民县发生重大森林火灾】**　2000年8月6日下午，哈萨克斯坦阿拉湖东侧，中哈边境丘尔丘特河北岸，哈方瞭望塔附近草原起火。外来火迅速蔓延窜越裕民县丘尔丘特至布尔干河5千米长的界线，引发重大森林草场火灾。火灾发生后，各级领导非常重视，立即作出紧急部署，并派有关领导亲临火场，坐阵指挥，全力做好救灾工作。经过当地各族干部群众和驻地武警官兵奋力扑救，8月8日18时，大火全部扑灭。此次火灾过火面积0.95万公顷，实际烧毁面积0.65万公顷，其中野巴旦杏自然保护区野巴旦林面积840公顷，草场0.566万公顷。火灾扑救工作历时48小时，直接投入人力3 000多人次，大小车辆50台次，食品供应及火场医疗救护物资消耗20吨，直接投入50万元。

（田照敏）

**【新疆维吾尔自治区2000年林业大事】**　1. 1月16、17日，自治区林业厅在乌鲁木齐召开全疆林业局（场）长会议，全面安排部署2000年全疆林业工作。

2. 7月24日～8月1日，中国工程院院士关君蔚一行先后到自治区和田、库尔勒、昌吉、石河子等地考察新疆林业建设。

3. 7月26日，自治区林业厅改为自治区林业局，任命李湘林为党委书记、副局长，买买提·阿不都拉为党委副书记、局长，严效寿为党委副书记、纪检委书记，穆汉、侯翠花、张小平为党委委员、副局长。

4. 8月2日，全国人大农委副主任伍精华一行，在自治区人大副主任张恒陪同下，听取了自治区林业局的工作汇报，并进行座谈。

5. 8月5日，自治区林业局举行揭牌仪式，自治区副主席熊辉银、自治区人民政府副秘书长李德宏为林业局揭牌，自治区机构改革办公室主任刘晓延主持仪式，自治区党委组织部副部长卡宾·达吾提、自治区人事厅调研员乔华旭出席。

6. 8月7、8日，哈萨克斯坦外来火烧入塔城地区裕民县引发重大森林火灾。

7. 8月21～30日，中国林学会森林旅游和森林公园分会分别在伊犁乌拉斯台森林公园和天池国家级森林公园召开了21世纪森林公园和森林旅游发展战略学术研讨会。

8. 9月7日，中共中央政治局常委、国务院总理朱镕基在自治区党委书记王乐泉、自治区主席阿不来提·阿不都热西提等领导的陪同下，视察了阿克苏地区柯柯牙绿化工程。

9. 10月10～14日，自治区林业局召开西部大开发，加快林业发展观摩座谈会。自治区副主席熊辉银到会作了讲话。100多名与会代表现场观摩了14个点。会议最后形成《自治区林业局贯彻自治区西部大开发座谈会精神的意见》。　（田照敏）

## 新疆生产建设兵团林业

**【概　述】**　2000年，新疆生产建设兵团（以下简称兵团）紧紧抓住西部大开发这一历史机遇，积极响应国家“西部开发，生态先行”的战略，加快生态环境保护和建设步伐，全面完成2000年林业各项任务，取得了前所未有的好成绩。

**林业建设完成情况**

造林绿化　2000年兵团10个师都超额完成了造林绿化任务，全兵团共计完成造林面积2.17万公顷，为全年计划1.33万公顷的163%，较1999年增长45.6%，是兵团历年来完成任务最好的一年，其中防护林1.15万公顷，荒漠造林1 600公顷，封沙育林3.17万公顷；全民义务植树尽责率95%，超过国家要求2000年达到90%的指标，参加义务植树达110.5万人，义务植树2 808万株，人均植树28株；育苗873.67公顷，为年计划的131%，其中新育苗549公顷，留床苗324.67公顷。农三师行动早，林业备耕工作抓得紧、抓得实，责任制落实，有力地推动了师植树造林工作，全师完成造林任务2 939.07公顷，居各师之首。

林业重点生态工程　为建设兵团较完善的林业生态体系，兵团提出“两线、一边、一道、一田”重点生态林建设工程，即：准噶尔盆地古尔班通古特沙漠南缘和塔里木盆地塔克拉玛干沙漠西北缘防沙治沙工程、边境林工程、塔里木河下游绿色通道工程、农田林网建设等五大重点生态林工程建设，2000年兵团共完成重点生态工程造林9 466.67公顷。

退耕还林（草）工程试点示范工作　2000年兵团完成退耕还林（草）面积1.5万公顷，其中还林面积1.03万公顷，还草面积4 666.67公顷；国家批准的6个试点示范团（场）完成退耕还林（草）面积4 600公顷，为国家计划的111.2%。其中：退耕还林1 120公顷，还草2 080公顷，宜林荒地造林1 266.67公顷，种草133.33公顷。各试点示范团（场）责任制落实，退耕还林（草）成活率、保存率均在90%以上，得到国家林业局检查组的充分肯定，为今后退耕还林（草）工作积累了经验。

经济林、园艺生产　以3.33万公顷香梨、2万公顷葡萄、1.33万公顷干果为龙头的兵团名优特果品基地建设又有了突破性发展。2000年新建果园面积

8 666.67公顷，为年初计划的260%，首次突破6 666.67公顷大关，果品总产达28万吨，其中香梨、葡萄等总产量15万吨，比1999年12万吨增长25%；标准园面积达2 666.67公顷，比1999年增加一倍；西瓜、甜瓜播种面积1.27万公顷，蔬菜播种面积2.67万公顷，比1999年同期增长了1倍。

*天然林保护工程* 2000年10月，兵团天然林保护工程被国家林业局纳入实施范围，首批支持兵团天然林管护费191万元。兵团已将资金用于农四师61、67、74、77团山区林场的管护事业。

*兵团森林公安组建工作* 2000年兵团组建成立了兵团、师两级森林公安机构，兵团、师森林公安人员基本到位。

**林业生产和建设的主要特点**

1. 领导重视。主要体现在：一是兵团把加快生态环境建设和保护生态环境作为兵团实施西部大开发战略四项重点启动工程（红白绿工程）之一；二是兵团把造林任务作为2000年惟一一项指令性计划下达；三是各级主要领导亲自抓造林绿化工作，带头参加植树造林活动和创办造林绿化点，全兵团各级领导创办造林绿化点547个，面积830.67公顷；四是实行造林绿化责任制，把植树造林，改善生态环境纳入各级干部考核，作为评选先进单位、先进个人的重要条件，把完成任务的好坏与领导的工资、奖金挂钩，实行重奖重罚。

2. 加大宣传力度，进一步提高广大干部群众的绿化意识。一是以西部大开发为契机，紧紧围绕国家提出的加快生态环境建设是西部开发的根本和切入点这一主题，大力宣传植树造林、种草种树、改善生态环境的伟大意义和重要作用，是实现西部地区经济可持续发展的战略举措；二是加强林业法制宣传；三是加强林业科技宣传和造林绿化中的先进典型的宣传。

3. 加大了林业建设规划和生态工程项目的编制和申报力度。2000年兵团把编制林业规划作为重要的工作来抓，完成兵团“十五”及2010年造林绿化、兵团三北防护林体系建设四期工程、防沙治沙工程、退耕还林（草）工程、森林防火和森林公安“十五”及2010年规划和种苗基地建设、森林病虫害防治等30个项目，仅种苗工程国家批准实施投资总额达2 200万元。

4. 林业建设开始实行工程项目管理，林业建设质量明显提高。依据国家对重点林业建设工程实行项目管理的要求，对林业重点生态建设工程实行工程项目管理，以加强林业建设工程专项资金的监督管理。2000年兵团实施的退耕还林（草）工程、重点防护林建设工程和种苗基地建设工程都实行项目管理。由于责任明确，措施得当，资金落实，因而工程建设进展顺利，各单位都按照项目工程建设规划保质保量地完成了工程建设任务，取得了良好的效果。

5. 进一步加强种苗生产。为尽快改善兵团林业种苗生产布局不合理的状况，进一步加强林业种苗生产：一是抓好常规育苗工作，依据年度造林任务，有计划安排育苗面积，以保证造林绿化对苗木的需求。二是大力推广乡土树种——胡杨、沙枣，同时，积极引进内地优良造林树种和经济林树种，开展区域试验。三是建成种苗基地7 066.67公顷，良种基地433.33公顷，示范苗圃166.67公顷，这些基地的建成，将从根本上扭转兵团林业种苗生产布局不合理的局面。四是增加种苗建设投入，2000年用于林业种苗投资3 500万元，兵团林业管理总站、农八师、乌鲁木齐农场管理局（以下简称乌管局）等一批中心苗圃建设和以石河子大学为龙头的脱毒繁育基地建设已初具雏形。

6. 以“白、绿、红”工程为突破口，以名优特色果品基地建设为龙头，加快林业产业化体系建设。一是加快百万亩名优特色果品基地建设（3.33万公顷香梨、2万公顷葡萄、1.33万公顷干果）进程，取得重大突破。兵团2000年完成建园8 666.67公顷，为年初计划的260%，首次突破6 666.67公顷大关。二是以提高果品质量和增加经济效益为目的，加强果树标准园建设，果树生产标准化达标竞赛活动在兵团全面开展，标准化果园推广已达2 666.67公顷，基本实现了兵团果林生产由数量型向质量型转变，提高了市场竞争和果品整体效益。

7. 依靠科技进步，实施科技兴林。兵团把加强林业十大适用技术的推广和林业科技含量，作为提高林业整体水平的重要措施。2000年兵团推广节水造林技术3 333.33公顷，应用推广防啃剂技术1 533.33公顷，应用性诱剂技术1.33万公顷，推广BT乳剂技术30吨、1.19万公顷，地膜育苗技术266.67公顷，病虫害综合防治技术2.33万公顷，标准化果园建设技术2 666.67公顷。举办各类培训班380期，培训技术人员2.5万人次。

8. 森林防火和森林病虫害防治工作力度加大。2000年兵团编制完成了兵团森林防火“十五”及2010年规划的编制工作，加强各种森林防火规章制度落实，给重点防火单位配备一批防火通讯设备和防火机具，有效防止了森林火灾的发生。

森林病虫害防治组织机构进一步健全，全兵团已成立各级森防站102个，森林病虫防治率达到92.3%。

**存在问题** 一是对加强生态环境建设的重要意义有些单位认识不到位，不能完全正确处理经济建设与生态环境保护的关系，以破坏生态环境为代价换取一时经济发展的行为仍然存在。二是个别单位存在挤占、挪用林业部专项资金的现象；有的项目单位，项目批准投资到位后，不按工程建设内容实施，工程建设不能按规划如期完工。三是在加强生态环境建设的新形势下，思想观念跟不上国家实施西部大开发战略的需要，思路不宽，不注重项目的申报工作，影响兵团林业的发展。四是林业科技含量不高，科技发展慢。林业生产基本上仍然采取原有的生产方式和模式，科技含量不高，新技术的研究和应用推广乏力，直接经济效益低，经济运作能力差，生产力水平不高，科技兴林战略没有很好地赋予实践。五是一些单位法制观念不强，森林资源破坏，乱砍滥伐，随意征占林地现象仍有发生。

（罗　毅　贾寿珍）

**【兵团经济林、园艺生产】**　抓住“西部开发”的历史机遇，进一步贯彻落实“调整和优化产业结构以及发展特色”的指导思想，围绕“绿色、特色”产业这个中心，调整思路，提出了以“红、白、绿”工程为重点，以名优特优质瓜果基地建设工作为中心，以发展精品、特色、高效产业为目标，以扩大规模、优化结构为手段，进一步加大科技投入，增加科技含量，促进兵团经济林、园艺业向规模化生产、标准化管理、产业化经营方向迈进的总体思想，加大工作力度，取得了较好的成绩。

**经济林、园艺生产完成情况**

1．2000年新植果园面积8 666.67公顷，是年初计划（3 333.33公顷）的270%；其中新植名优特果园面积6 000公顷，占当年新植果园总面积的67%。结果面积1.93万公顷，果品总产27.46万吨，平均单产14.72万吨。果品总产及果园总面积再创兵团历史新高。

2．西瓜、甜瓜面积继续保持平稳发展势头。西瓜、甜瓜播种面积1.27万公顷，总产32万吨；延后甜瓜栽培区域继续向北延伸，栽培面积不断扩大，当年播种面积达2 000公顷。

3．蔬菜、花卉产量持续增加。2000年蔬菜播种面积达4万余公顷，总产量90多万吨；三坪花卉中心和石总场花卉苗木基地建设稳步推进，年产草花50万盆，盆花4万盆，绿化草坪近5.6万平方米，初步锻炼了花卉栽培和营销的能力。

4．新技术推广迈出了一大步。重点推广了五大主体技术——标准化果园技术、生物防治技术、节水灌溉技术、脱毒快繁技术、新品种推广等技术，推广面积达1.6万公顷。

5．园艺总产值达11亿元，比1999年增加1亿元，增长了10%。2000年兵团经济林、园艺生产实现了三个突破：①当年建园规模突破了6 666.67公顷的历史最高水平，达到了8 666.67公顷。②果品总产突破了25万吨，达到28万吨。③新科学、新技术应用的水平有所突破，五大主体技术应用得到进一步推广。以国家脱毒苗产业化项目引导的生物技术应用到园艺产业中，项目进展顺利，预计2001年脱毒苗产量可达300万株；标准化果园面积达2 666.67公顷；生物防治面积达1.33万公顷；节水灌溉面积达1 000公顷；引进新品种12个，其中巴旦2个，石榴3个，杏3个，核桃4个。

**主要做法和经验**

1．加快了地产名优特色瓜果的发展速度。兵团根据国家西部开发的战略重点，提出了以“白、绿、红”工程为突破口，进行农业产业结构的调整和优化，把以香梨为主体的绿色产业列入规划，为兵团特色产业的快速发展带来了新的机遇。提出了在近5年的时间里完成3.33万公顷香梨、2万公顷葡萄和1.33万公顷干果，与此同时再利用10年左右的时间，完成6.67万公顷香梨、6.67万公顷葡萄和6.67万公顷干果的“三个一百万亩”的设想，使兵团名优特瓜果实现规模化生产、商品化经营、科学化管理的目标，实现经济林、园艺总产值40亿～45亿元，占兵团农业总产值的20%～25%，成为兵团经济的又一支柱产业。

2．经济林标准化建设工作再上新台阶。果树标准园建设是我国加入WTO后，兵团瓜果尽快与国际水平接轨的重要技术手段，是兵团果树生产重点推广的技术之一。2000年兵团组织有关专家进行了检查指导。各师（局）抓住春剪和果树开花等有利时机，严格按标准化果园管理的要求，进行科学修剪、疏花疏果、人工授粉等工作，使标准化果园的推广普及面及推广面积进一步加大，2000年推广面积达1 666.67公顷以上。

3．生物防治面积进一步扩大。在南疆果产区，2000年继续开展了生物防治技术的推广应用工作，挂性诱剂防治瓶达80万瓶以上，防治面积在1.33万公顷。

4．推广果树节水灌溉技术面积1 000公顷，是近几年推广总面积的50%。

5．开展了果树新品种推广工作。香梨新品种——新梨2号、85－8－15，葡萄优良品种——红提，巴旦杏及核桃新品种推广面积达666.67公顷。

（肖明源　张利琪）

**【兵团标准化果园建设】**　2000年兵团果树生产“以资源优势为依托，以特色瓜果为主体，以科学技术为先导，以行政推动为手段，逐步实现特色园艺规模化生产、标准化管理、产业化发展”的指导思想为指南，紧紧抓住基地建设和科学化管理这个龙头，在大灾之年，取得了果树生产的全面丰收。

据统计，2000年兵团果树新植面积首次达到了8 666.67公顷，年末名优果品商品基地面积达到了2.48万公顷，占兵团果树总面积的66%；优质特色果树的面积比重进一步加大，2000年新植果园面积中名优果树面积7 333.33公顷，占当年新植果园总面积的82%；果树结果面积1.87万公顷，平均亩产989千克，比1999年亩产提高了125千克；在遭受早春低温、大风、沙尘暴等多种自然灾害的情况下，仍获得当年果品总产27.5万吨的历史最好水平。

2000年兵团以果园标准化管理为重点，狠抓果品产量和质量工作，取得了明显的效果。2000年标准园面积 2 666.67 公顷。完成“两高一优”攻关面积 5 938.13公顷，是年初计划的 82%，攻关面积产量 15.1 万吨，是当年兵团果品总产的 54.9%。农一师、农二师、农三师、哈密农场管理局(以下简称哈管局)、乌管局等 5 个师（局）标准化果园面积超过兵团下达计划；农一师、农二师、农三师、农五师、农六师、农八师、农九师、农十师、乌管局、哈管局等 10 个师（局）完成“两高一优”攻关面积指标。

2000 年兵团标准园建设有以下特点：

1. 认识提高，标准化果园的建设力度加大。2000 年兵团各师、团进一步提高建设标准化果园的认识，加大了标准化果园的建设力度，并以文件形式界定了标准园的建设内容、标准和要求，制定了具体措施。对标准园建设进行了广泛的宣传，提高了各级领导对标准园建设工作重要性的认识。同时，还成立了兵团标准化果园建设技术指导服务队，建立了农一师标准化果园示范点，加强了职工技术培训的力度，培训职工人数在 1 200 人次以上。

2. 加大了检查指导的力度，标准化果园从点到面全面展开。兵团和部分师（局）年初制定了标准化果园建设攻关目标，层层建立健全了组织，各生产阶段进行了检查指导，使标准化果园建设深入人心。兵团组织专家对部分师（局）标准化果园进行了现场检查、咨询和验收，对存在的问题进行了现场会诊指导；农二师等师(局)通过现场会、研讨会和技术推广普及会等形式，全面推动全师的标准化果园建设，并反复赴团场进行技术指导服务。由于各师（局）的努力，标准化果园已从样板单位农二师走向兵团大多数师（局）。据统计，有 11 个师（局）设立了标准化果园示范点，其中有三个师（局）达到兵团标准化果园的建设要求，通过了兵团标准化果园的验收。

3. 部分师（局）标准化果园建设热情高、力度大，成效显著。农一师在兵团园艺研讨会后，结合本师实际，组织两批近百人赴农二师参观学习，并以九团、良繁场为重点，进行树体改造、疏花疏果、地面管理、病虫害防治等工作，使该师 2000 年的标准化果园从规模到建设质量都有了较大的突破。

（肖明源　张利琪）

**【兵团脱毒快繁基地建设情况】** 为实现兵团瓜果生产由数量型向质量、效益型的转变，尽快适应市场经济发展的要求，2000 年园艺处重点狠抓了五大主体技术的推广应用工作，取得了明显的效果。

2000 年是国家下达兵团的名优特园艺园林植物脱毒快繁产业化基地建设项目（以下简称《项目》）启动实施年。兵团作为项目的具体管理部门，开展了扎实有效的工作，名优特瓜果脱毒快繁产业化项目取得了巨大进展，得到了国家重大项目稽查组在年度审查时的高度评价。

脱毒快繁产业化项目是一个系统工程，涉及科研、管理、技术、生产等方面，涉及行业多，不是一个单位、一个部门能单独完成的。根据项目内容和具体要求，在全面了解和认真分析的基础上，提出了设定 7 个点，进行分工协作，共同完成项目预定目标。这 7 个点是：石河子大学、农六师农科所、农二师 30 团、农三师 45 团、哈管局黄田农场、乌管局三坪农场和农七师林业工作站。前 2 个单位为教学科研单位，有与该项目相关的成熟的科技成果，分别负责香梨、葡萄和哈密瓜的脱毒原种苗（条）的提供，确保苗木纯正和脱毒；后 5 个单位均为生产单位，分布在南、北疆的主要特色瓜果生产区，利用石河子大学和农六师农科所提供的纯正脱毒原种苗，进行加代快繁，然后提供给生产单位，实现名优瓜果脱毒快繁产业化。目前，技术龙头单位提供脱毒原种苗（条），生产快繁点进行二级加代快繁的格局基本形成，具备了产业化的雏形。

认真组织了项目的扩初设计，下达了脱毒快繁计划。按照项目的要求，委托兵团勘察设计院分赴项目单位，进行了项目的扩初设计。根据每个项目单位所承担的任务，确定了基建工程及建设内容。同时，还下达了项目单位生产脱毒苗的数量及规格，规定了生产年限及生产量。

到目前为止，石河子大学的脱毒快繁车间及自动化控制温室已初步建成，生产脱毒苗 19 万株，培养无菌植株 5 400 瓶，建立了 9 个种类 15 个品种的特色瓜果资源脱毒苗无菌系和 6 类 55 个品种的特色瓜果种质资源圃，采种圃 0.67 公顷，香梨天然无菌株系筛选完毕。同时，在细胞工程技术方面、设施工程技术方面、硬枝扦插成苗及病毒技术方面和香梨天然无毒苗选择等方面有了重大科技创新；农六师农科所生产哈密瓜脱毒苗 1 万株，建立苗圃 0.2 公顷，同时还进行了脱毒快繁车间的筹建及设备配备工作；农二师 30 团、农三师 45 团、哈管局黄田农场、乌管局三坪农场及农七师林业站为二级脱毒苗快繁基地，2000 年重点进行脱毒苗快繁设施建设，现已新建日光温室 90 座，双玻温室 2 座，具备了脱毒苗二级扩繁的基本条件，同时还配备苗圃基地 254.67 公顷。（肖明源　张利琪）

**【兵团成立森林公安机构】** 2000 年兵团为加大林业执法力度，确保森林资源和野生动植物资源安全，提高造林绿化成效，兵团成立了兵、师两级森林公安机关，依法处理林业刑事、治安和林业行政案件，同时承担森林防火和野生动植物保护任务。

1. 兵团森林公安局。正处级建制，行政编制、定编 6 人，行政和后勤上受兵团林业局的领导，为兵团林业局的职能处；业务上受兵团公安局的领导，为兵团公安局十三处，执行兵团公安局相应执法权限。

2. 14 个师森林公安局。副处级建制，行政编制，定编 3～4 人，行政和后勤上受师林业局的领导，为师林业局的职能部门；业务上受兵团森林公安局和师公安处领导，为师公安处的十三科，执行师公安处相应执法权力。

3. 各级森林公安民警的工资、岗位津贴、奖罚、优抚等，执行国家对公安民警的统一规定。

（肖新艳）

**【2000年哈管局林木鼠害综合治理效果好】** 2000年，在国家林业局的关怀和支持下，在1999年鼠害治理的基础上，哈管局鼠害重点治理更加深入开展并取得较好成效。

2000年全师林木鼠（兔）害发生面积1 120公顷，防治面积1 140公顷，防治率为92.86%。从防治效果来看：每夹日捕鼠率防治前为26%～37%，防治后为1%～2%；林木啃食率防治前为25%～37%，防治后为1%～6.7%。减少林木损失149.7万株。

主要经验：

1. 领导重视，组织健全。哈管局领导非常重视林木鼠害治理工作，拨专项资金26万元用于林木鼠害的治理。同时，成立了局、团场两级鼠害治理领导小组，由局、团场领导任组长，负全责；局级鼠害治理领导小组主要负责鼠害防治工作的统一部署、监督、检查和验收；团场鼠害治理领导小组主要负责鼠害防治工作的组织实施。做到逐级把关、责任明确、任务落实。

2. 加强技术培训，提高人员素质。2000年8月，邀请西北农林科技大学专家来哈管局讲课，为哈管局培训专职灭鼠技术人员30余人。通过培训使技术人员了解和掌握害鼠种类识别、生活习性及调查、基本防治方法等基础知识，对鼠害有了较为系统的了解，提高了鼠害防治水平。

3. 科学制定防治方案。①现场调查，确定防治对象。②查明危害时期，确定防治时间。③总结经验教训，制定防治方案。④统一实施。统一时间投药防治，是防治鼠害的一项重要技术要求。

4. 做好检查、监督和验收工作。2000年鼠（兔）害防治工作，做到了防治前有宣传、中间有检查、防治后有验收。在投药防治前，各场进行了广泛宣传，提醒人们注意安全。投药防治时，进行监督检查，投药的时间和投药的技术是否按要求进行。同时，在防治过程中，进行防治调查，对防治效果差的林带，及时采取补救措施。最后，开展验收评比工作，完成防治任务，防治效果好的单位给予奖励。通过检查、监督和验收，使防治工作得到落实，并取得较好的防治效果。

（哈管局林业处）

**【兵团退耕还林（草）项目试点工作】** 兵团2000年启动退耕还林（草）工程的试点、示范工作，取得较好成效。2000年兵团已完成退耕还林（草）面积1.5万公顷，还林面积1.03万公顷，还草面积4 666.67公顷。6个试点示范团（场）实际完成4 600公顷，其中：退耕地还林1 120公顷，还草2 080公顷，宜林荒地造林1 266.67公顷，种草133.33公顷，完成计划任务4 133.33公顷的111.29%，还林还草成活保存率均在90%以上。

兵团退耕还林（草）工作的主要经验：

1. 认识统一，加强退耕还林（草）组织领导。兵团多数团（场）地处“三边”（沙漠边、戈壁边、盐碱滩边）地带、灌溉水系的最下游，174个团（场）就有121个团（场）地处古尔班通古特和塔克拉玛干两大沙漠的前沿地带，生态环境十分恶劣，严重制约兵团经济发展，只有尽快恢复林草植被、遏制风沙袭击、不断改善生态环境，才能为兵团在西部大开发中创造良好环境提供有利条件，才能实现兵团经济和社会的可持续发展。兵团把退耕还林（草）工作摆在突出位置，列为党委重要议事日程。成立了专门组织领导机构，组成由兵团副司令员胡兆璋任组长，兵团林业局、兵团计委、兵团财务局、兵团粮食局主要领导参加的兵团退耕还林（草）试点示范工作领导小组，师、团也分别成立了以师长、团长等主要领导为组长的退耕还林（草）试点示范工作领导小组，加强对试点工程的领导。兵团、师（局）、团场、连队就全面完成退耕还林还（草）项目试点示范任务签订了责任状。

2. 科学规划，认真施工。经国家批准，兵团2000年列入试点示范团场6个（农二师的34团和35团、农九师166团和168团、农十师181团、哈管局黄田农场），批准退耕还林还（草）计划4 133.33公顷，其中：退耕地造林种草2 733.33公顷，宜林荒山荒地造林种草1 400公顷。兵团坚持宜林则林，宜草则草，林草结合的原则，编制了兵团退耕还林（草）试点示范实施方案，并组织有关专家进行了论证。师、团接到任务后，就踏查落实退耕地块，尽快落实示范项目，制定政策、实施办法和管护责任制，及时整地，组织了退耕还林（草）大会战，实施单位在施工过程中严把质量关，坚持按设计施工、按工程管理、标准化造林种草，对个别未按工程设计施工的地段，坚决予以返工，从而保证了工程质量和工程进度，2000年退耕还林（草）成活、保存率均在90%以上。

3. 明确目标，全面落实责任制。从兵团到个人层层签定责任状，全面实行承包责任制管理。兵团与有关师（局）、团（场）签定了任务责任书；团场与承包人签定了以承包年限、管理承包面积、树种、成活率、保存率、生长率或年产量、资金投入、奖罚措施、双方责任等为主要内容的承包合同。兵团按照国家规定制定政策：每亩向团场补助种苗款50元。粮食补助金统一下拨到团场，再由团场对承包职工进行补助兑现。现金补助根据团场与职工签订的承包合同，按规定要求和标准经过兵团、师（局）、团（场）严格的检查验收后，由团（场）按承包面积直接与职工兑现。

4. 坚持原则，整体推进，实现生态、经济、社会三个效益协调发展。①坚持生态环境建设与经济发展相结合，按产业发展的思路，把生态环境建设同团

（场）的经济发展、职工脱贫致富结合起来，形成良性循环机制。②坚持因地制宜，区别对待，不断创新，改进完善，实行宜林则林，宜草则草，乔、灌、草相结合的原则。注重区域整体集中治理，保证治理一片成功一片，改善一片，退耕不反弹。③坚持科技为先导，重视引进和利用先进适用的科学技术，严格遵照适地适树适草的科学原则开展工作，提高退耕还林的科技含量。全面听取了技术部门和林业主管部门的意见，将科技支撑贯穿于试点示范的全过程，复盖试点的所有区域。④坚持加强督促检查，保证造林种草质量。做到退一亩，建设一亩，成活一亩，见效一亩。⑤坚持建设同保护、开发与利用相结合。实行退耕还林（草）、防护林体系建设和荒漠植被保护相结合。

（贾寿珍　赖　煜）

**【兵团"九五"林业】**　"九五"期间，兵团坚持以农田防护林建设为中心，进一步调整林业内部结构，开展防沙治沙和边境林重点工程建设，恢复和保护荒漠植被，积极发展经济林，林业工作取得了较大成绩。

1. 造林面积快速增长。"九五"期间兵团造林连续5年超额完成造林计划任务，造林面积连年递增，5年完成人工造林面积8.07万公顷，封山育林12.2万公顷，兵团垦区森林覆盖率提高1.6个百分点，有14个团（场）实现了农田林网化，"九五"末，兵团实现农田林网化的团（场）总数达到134个，使兵团80%的农田得到了有效的保护，有效地减少了自然灾害的危害，确保了农牧业的丰产丰收。

2. 以林业重点工程为主体，大力推进林业生态体系建设，垦区生态环境明显改善。一是以农田林网化建设为主体的三北防护林体系建设稳步推进。采取林随地走、林随路走、林随渠走的造林方式，造林与水土开发相结合、造林与小城镇和小康连队建设相结合，共完成人工林3.73万公顷，使兵团农田林网化建设水平不断提高。二是防风固沙工程建设力度加大。准噶尔南缘防沙治沙工程、塔里木河下游绿色走廊综合治理工程、塔克拉玛干沙漠西北缘600千米绿色生态带建设工程等，在沙漠边缘采取营造大型防沙基干林和封育荒漠植被相结合，取得了良好的效果。共完成人工造林1.43万公顷，封沙育林10.13万公顷。三是退耕还林（草）工程建设取得重大突破。2000年共完成退耕还林（草）1.5万公顷，其中6个试点示范团（场）完成4 600公顷，完成计划任务4 133.33公顷的111.29%。四是天然林保护工程开始启动。

3. 经济林、园艺增长较快。"九五"期间完成建园2.33万公顷，果园总面积达到3.73万公顷，比"八五"末增加7 466.67公顷，其中：2000年建园8 666.67公顷，完成计划的270%；果品总产27.46万吨，比1999年增加5万吨，同比增长21.3%，再创兵团历史新水平。西瓜、甜瓜面积继续保持平稳发展势头，西瓜、甜瓜播种面积1.27万公顷，总产32万吨；延后甜瓜栽培区域继续向北延伸，栽培面积不断扩大，当年播种面积达2 000余公顷。蔬菜、花卉产量持续增加，2000年蔬菜播种面积达4万余公顷，总产量90多万吨；三坪花卉中心和石总场花卉苗木基地建设稳步推进，年产花卉50多万盆（株）。

4. 资源林政管理工作进一步加强。"九五"期间，加强依法管理资源力度，超限额采伐和违法运输林木现象逐年减少；组建了林政执法队伍，加强执法培训，培训林政干部498人，使林政执法人员持证上岗；林政执法力度得到加强，使年林政案件处理率均在90%以上。

5. 科技兴林成效显著。"九五"期间主要推广林业"十大"主体适用技术，即：优良种苗、四个标准化、节水林业、速生丰产、地膜育苗、标准果园、脱毒快繁、综合森保、设施栽培、植被恢复，并不断注入新的内容，取得了良好的成效。"九五"期间，建设优良种苗基地13处、57.33公顷；节水造林2.53万公顷；标准果园建设2 666.67公顷；建设脱毒快繁基地7处；植被恢复8.67公顷；综合防治面积累计8.27万公顷，推广BT乳剂210吨，累计防治面积8.67万公顷。

"九五"期间存在的主要问题：一是造林绿化现状与发展国民经济和改善生态环境的要求不相适应；二是林业产值太低，在兵团国民经济所占比重太少，林业"短腿"的现状还没有改变；三是对生态环境建设的重要性认识不足；四是林业发展机制与市场经济体制还不相适应，林业改革滞后。　（罗　毅　贾寿珍）

**【新疆生产建设兵团2000年林业大事】**

1. 1月4日，成立兵团、师两级森林公安局。

2. 1月4日，成立兵团、师森林病虫害防治工作站。

3. 2月6日，兵团表彰1999年果树"二高一优"攻关及标准化果园建设先进单位。果树"二高一优"攻关先进单位第一名：农三师；第二名：农四师、农十师；第三名：农八师、农十二师、农五师。标准化果园建设先进单位第一名：农二师；第二名：农十三师；第三名：农一师、农七师。

4. 3月12日，兵团绿化委员会主任、兵团副司令员胡兆璋发表了题为《深化改革、开拓创新、把兵团造林绿化事业推向二十一世纪》的文章。

5. 3月，兵团启动退耕还林（草）工程，2000年完成退耕还林（草）1.5万公顷。

6. 6月14日，兵团农二师、农五师83团荣获全国林业先进市（地区）、县称号；农六师芳草湖农场林业科、农七师林业局、农八师148团林业科、农四师62团荣获全国营造林工作先进单位称号；朱维、李保国、王木森、郭大平、李瑞章荣获全国营造林工作先进个人称号；农七师123团森林病虫害防治检疫站荣获全国森林病虫害防治工作先进单位称号；陈文军、李叶春荣获全国森林病虫害防治工作先进个人称号。

7. 9月18～20日，兵团组织参加全国红枣交易会。兵团送展5个品种，5个参赛品种均获奖，其中：农一师十团的灰枣获干枣类金奖，和田农场管理局的和田小枣、和田骏枣、和田赞皇枣及农一师赞皇干枣获干枣类银奖。

8. 9月27日，兵团表彰春季造林绿化先进单位。获奖单位分别是A组第一名农三师、第二名农六师，B组第一名哈密农场管理局，C组第一名和田农场管理局。

9. 10月，兵团经国务院批准正式启动天然林保护工程。天然林保护工程实施单位是农四师61、67、74、77团4个山区林场，保护面积90 997万公顷。

（贾寿珍）

# 人事劳动

## 国家林业局领导成员

**局长、党组书记**：王志宝（2000年11月免去局长、党组书记职务）
周生贤（2000年11月任局长、党组书记）

**副局长、党组副书记**：周生贤　李育材

**党组成员**：江泽慧（副部长级）

**中纪委驻国家林业局纪检组组长、党组成员**：杨继平

**副局长、党组成员**：马　福

（李　琰）

## 新任国家林业局局长、党组书记

**周生贤**　男，1949年12月出生，汉族，宁夏吴忠人。高级经济师。1972年7月加入中国共产党，1986年7月毕业于中央党校。1968年7月在宁夏同心县参加工作，曾任同心县韦州公社秘书、副主任，下马关公社党委书记、乡长。1981年3月任宁夏同心县政府副县长，1983年7月任同心县县委书记，1986年7月任宁夏西吉县委书记、固原地委委员，1989年9月任宁夏回族自治区人民政府副秘书长，1990年6月任宁夏回族自治区人民政府秘书长，1993年5月任宁夏回族自治区政府副主席，1998年3月任宁夏回族自治区党委常委、政府常务副主席，1999年3月任国家林业局副局长、党组副书记，2000年11月任国家林业局局长、党组书记。

（李　琰）

## 国家林业局机关各司局负责人

**办公室**

主　任：卓榕生

副主任：王忠仁
张永利（2000年7月兼任调查研究室主任，副司局级）

助理巡视员：杨百瑾

**植树造林司**

司　长：雷加富

副司长：魏殿生　赵良平
郝燕湘（2000年7月免职）
王金喜（2000年5月任职，挂职时间半年）

助理巡视员：刘　红（2000年7月免职）

**森林资源管理司**

司　长：寇文正

副司长：李忠平　王祝雄
宣德义（2000年5月任职，挂职时间半年）

助理巡视员：苏春雨（2000年7月免职）

**野生动植物保护司**

司　长：张建龙

副司长：刘永范　陈建伟

**森林公安局（森林防火办公室）**

局长（主任）、分党组书记：肖兴威（2000年8月

任职）

副局长（副主任）、分党组副书记：肖兴威

副局长（副主任）、分党组成员：杜永胜 曹 真 潘世学（2000年1月任职）

**政策法规司**

司 长：陈根长

副司长：汪 绚 王洪杰

**发展计划与资金管理司**

司 长：姚昌恬〔2000年7月任职，兼任国家林业局天然林保护工程管理中心主任（正司局级）〕

巡视员：罗江滨（2000年7月明确为正司局级）

副司长：姚昌恬 单吉儒 孙 建

助理巡视员：柏章良

**科学技术司**

司 长：祝列克

巡视员：李东升

副司长：黎云昆 李 兴

**国际合作司**

司 长：曲桂林

副司长：吴 斌

助理巡视员：刘洪存

**人事教育司**

司 长：关松林

巡视员：李葆珍（2000年7月任职）

副司长：李葆珍（2000年7月免职）
马安全（2000年7月任职）
柳学军（2000年7月免职）

助理巡视员：马安全（2000年7月免职）

**直属机关党委**

常务副书记：刘玉来

副书记、纪委书记：杨建新

**离退休干部局**

局 长、党委书记：孙传玉（2000年7月任职）

副局长、党委副书记：孙传玉
柳学军（2000年7月任职）

副局长：刘雪平 薛全福

**机关服务局**

副局长、党委副书记：韩国祥（2000年7月免职）
焦德发（2000年7月任党委副书记，主持工作）

党委副书记：蒋瑞符

副局长：恽文田

**国家林业局机关工会联合会**

副主席：侯淑珍 李玉华

（李 琰）

## 中纪委、监察部驻国家林业局纪检组、监察局负责人

**组 长**：杨继平

**副组长、局长**：刘双来

**副局长、副局级纪律检查员**：阎建平

**纪检监察室主任**：严晓凌（2000年7月任职）

（李 琰）

## 国家林业局直属单位负责人

**国家林业局驻吉林省森林资源监督专员办事处**

专 员、党组书记：黄庆昌

副专员、党组成员：隋景海（2000年3月免职）
刘嗣上（2000年3月任职）

党组成员：及瑞华

**国家林业局驻黑龙江省森林资源监督专员办事处**

专 员、党组书记：孙丕文（2000年1月退休）
荆家良（2000年1月任职）

副专员、党组书记：荆家良（2000年1月免职）

副专员、党组成员：赵恩举
刘志忠（2000年1月任职）

党组成员：齐兴武

**国家林业局驻内蒙古自治区森林资源监督专员办事处**

专 员、党组书记：金永洪

副专员、党组成员：周广德 李文达

**国家林业局驻大兴安岭林业集团公司森林资源监督专**

**员办事处**

专　员、党组书记：王森业

副专员、党组成员：王荣满

党组成员：傅金龙（2000 年 9 月退休）

**国家林业局驻云南省森林资源监督专员办事处**

专　员：凌　鹤

**国家林业局驻福建省森林资源监督专员办事处**

专　员：周华永

**国家林业局驻四川省森林资源监督专员办事处**

副专员　石　峰（2000 年 7 月任职）

**国家林业局濒危物种进出口管理中心**

主　任：甄仁德

副主任：孟　沙　周亚非　孟宪林

**国家林业局林业工作站管理总站**

总站长：马广仁

副总站长：林海涛

韩学吉（2000 年 10 月退休）　米海生

苏春雨（2000 年 7 月任职）

**国家林业局国有林场和林木种苗工作总站**

总站长：周建铭

副总站长：王维正　孔　明（2000 年 7 月任职）

郝燕湘（2000 年 7 月任职）

**国家林业局林业基金管理总站**

总站长：高玉英

副总站长：林谷明　王翠槐

总会计师：韩　冰

**国家林业局世界银行贷款项目管理中心**

主　任：江行勇（2000 年 7 月退休）

宋士奎（2000 年 7 月任职）

副主任：宋士奎（2000 年 7 月免职）

姜喜山　刘　红（2000 年 7 月任职）

**国家林业局宣传中心**

副主任：封加平（主持工作）

汤升享

中国林业职工思想政治工作研究会秘书长：

柳维河（2000 年 1 月明确副司局级）

**国家林业局经济发展研究中心**

党委书记：主任：王成祖

党委副书记、副主任：黎祖交

副主任：孔　明（2000 年 7 月免职）

王前进　刘东升　王信建

**国家林业局天然林保护工程管理中心**

主　任：姚昌恬（兼，2000 年 7 月明确为正司局级）

副主任：张志达（2000 年 7 月明确为正司局级）

韩国祥（2000 年 7 月任职）　张周忙

**防治荒漠化（国家林业局生态工程）管理中心**

主　任：雷加富（兼）

副主任：张鸿文　刘　拓　张希武　胡培兴

**国家林业局林业国际合作交流中心**

主　任：曲桂林（兼）

常务副主任：金普春（副司局级）

**国家林业局人才开发交流中心**

主　任：安丰杰（副司局级）

副主任：谢　颖（正处级）

**国家林业局法律事务中心**

主　任：张　蕾（2000 年 12 月免职）

副主任：莫泽昇（2000 年 3 月退休）

**国家林业局审计中心**

主　任：缪荣兴

**国家林业局林产品流通协调中心**

副总裁：刘宝玉（主持工作）

徐向一　董新民

**中国林业科学研究院**

分党组书记、院长：江泽慧（兼，副部长级）

分党组副书记、常务副院长：张久荣（正司局级）

分党组成员、副院长：熊耀国　张守攻　李向阳

金　旻（2000 年 7 月任职）

分党组成员、京区党委书记：宋　闯

分党组成员、纪检组组长：蔡登谷

**国家林业局调查规划设计院**

院长、党委书记：林　进

副院长：王庆杰　刘国强　赵中南

副院长、党委副书记：张惠新

**国家林业局林产工业规划设计院**

院长、党委书记：丁建亚

副院长：朱志强　李　鹏（2000 年 7 月任职）

党委副书记：石廷克

总工程师：陈坤霖

**中国绿色时报社**

党委书记、社长：王宏祥

党委副书记、副社长：丁付林

总编辑：万以诚（副司局级）

副总编辑：海相涛（副司局级）

正司局级调研员：赵圣铁　李树明

**中国林业出版社**

党委书记、社长：张柏涛

副社长：张佩昌（2000 年 6 月调出）

副总编辑：陈　利　贾蕴英

**中国林学会**

秘书长：施斌祥

副秘书长：宋长义　程美瑾　李岩泉

**中国野生动物保护协会**

秘书长：王福兴

副秘书长：陈润生　李玉铭　耿　戌（正处级）

**中国绿化基金会**

办公室主任：董启昌

**中国花卉协会**
秘书长：姜伟贤
副秘书长：王殿富
**北京林业管理干部学院**
院长：刘于鹤（副部长级，兼）
党委书记、副院长：胡汉斌
副院长：朱延福　陈　森　王建子
**南京森林公安高等专科学校**
党委书记：周鸿升（副司局级）
校　长：苏惠民（副司局级）
副校长：张治平（正处级）　张南群（正处级）
副司局级调研员：侯文权
正处级调研员：吴马可
**国家林业局西北华北东北防护林建设局**
局长、党组书记：郭　涛
副局长、党组成员：刘裕春　曹之治　潘迎珍
总工程师：张文明
纪检组组长、党组成员：张秀斌
**国家林业局森林病虫害防治总站**
党委书记：吴长利（2000年6月免职）
总站长：陈凤学（副司局级）
副总站长：吴长利（2000年6月免职）
潘宏阳（正处级）
**国家林业局东北航空护林中心**
主任、党委书记：郝佩和（副司局级）
党委副书记、纪委书记：李炳泉（正处级）
副主任：李世奇（正处级）张宝柱（正处级）
**国家林业局西南航空护林总站**
党委书记、总站长：余　兵（副司局级）
副总站长：和　宏（正处级）
史永林（正处级，2000年3月任职）
**国家林业局华东林业调查规划设计院**
院长、党委书记：傅宾领（副司局级）
党委副书记：周琪（正处级）
副院长、总工程师：何时珍（副处级）
副院长：丁文义（副处级）
正处级调研员：黄文秋（2000年2月退休）
江一平
**国家林业局中南林业调查规划设计院**
院长、党委书记：包拓华（副司局级）
副院长：周光辉（正处级）
党委副书记：尹友轩（正处级）
总工程师：熊智平（副处级，2000年1月任职）
**国家林业局西北林业调查规划设计院**
院　长：郭天相（副司局级）
党委副书记：康晓达（正处级）
副院长：王金昌（正处级）　彭长清（正处级）
总工程师：李立球（正处级）
**国家林业局昆明勘察设计院**
院　长：杨开才（副司局级）
党委书记：杨开才（2000年9月免职）
刘文德（副司局级，2000年9月任职）
党委副书记：刘文德（2000年9月免职）
纪委书记：张贤才（2000年9月免职）
副院长：刘文德　张贤才（2000年9月免职）
唐芳林（正处级）
周红斌（正处级，2000年9月任职）
副院长、总工程师：思安悦（2000年9月免职）
张敏琦（正处级，2000年9月任职）
副司局级调研员：张贤才（2000年9月任职）

（敖安强）

# 各省、自治区、直辖市林业（农林）厅（局）负责人

**北京市林业局**
局长、党组书记：杨德宏（2000年1月免职）
宋希友（2000年1月任职）
副局长、党组副书记：李树旺
副局长、党组成员：甘　敬（2000年1月任职）
姜永洲（2000年1月退休）
赵根武
副局长：张　皎
总经济师、党组成员：康德铭（2000年1月任职）
总工程师、党组成员：周冰冰
纪检组组长、党组成员：冯端羽
助理巡视员：于志民（2000年8月退休）
逯庆选（2000年8月退休）
**天津市林业局**
局　长：张宝恕
副局长：王宜民　李森阳
**河北省林业局**
局长、党组书记：萧凤来
副局长、党组副书记：曲宪忠

副局长、党组成员：杨新世　白顺江
副局长：葛会波（2000年11月任职）
纪检组组长、党组成员：张振宇
巡视员：宋墨禄（2000年12月退休）

**山西省林业厅**

厅长、党组书记：曹振声
副厅长、党组成员：王银娥　霍转业　马双柱
副厅长、总工程师、党组成员：杨保庆
纪检组组长、党组成员：赵贺贤
助理巡视员：周　洪
党组成员：姚文达　温普德（2000年11月免职）

**内蒙古自治区林业厅**

厅长、党组书记：王家祥（2000年2月免职）
　　高锡林（2000年2月任职）
副厅长、党组成员：张纯良　邹立杰
　　敖斯尔（2000年3月免职）
　　曹文仲（2000年6月任职）

**辽宁省林业厅**

厅长、党组书记：陈天民
副厅长、党组副书记：舒兴第
　　王克余（2000年2月任职）
副厅长、党组成员：金连成　刘　镇
纪检组组长、党组成员：王振威（2000年2月调出）
　　孔秀香（2000年2月任职）
助理巡视员：吴兆忠（2000年2月退休）

**吉林省林业厅**

厅长、党组书记：宋文和（2000年5月免职）
　　刘延春（2000年5月任职）
副厅长、党组成员：刘延春（2000年5月免职）
　　公丕兴（2000年5月免职）
　　张鲁风　王玉明（2000年5月任职）　金德友
纪检组组长、监察专员、党组成员：宣德义
党组成员：刘志田
巡视员：魏连生

**黑龙江省林业厅**

厅长、党组书记：赵向东
副厅长、党组副书记：韩连生
副厅长、党组成员：王英忱　刘亚文　杨克杰
　　王凤友（2000年9月任职）
纪检组组长、党组成员：任耀文（2000年6月退休）
防火指挥部专职副指挥、党组成员：陈贵荣

**上海市农林局**

局长：陈文泉
党委副书记：范陈杰　朱仰东（2000年6月任职）
副局长：沈兰全　巫开梁（2000年2月退休）
纪委书记：庄福纯（2000年12月免职）
　　朱仰东（2000年12月任职）

**江苏省农林厅**

厅长、党组书记：冯惟珠（2000年5月免职）
　　张九汉（2000年5月任职）
副厅长、党组副书记：王　荣（2000年5月免职）　刘立人
副厅长、党组成员：徐希珍（正厅级）　张留芳
　　陆乃勇（2000年6月免职）
　　王春喜　吴沛良
　　夏春胜（2000年10月任职）
纪检组组长、党组成员：史遗秀
助理巡视员：陆乃勇（2000年6月任职）
　　程　健

**浙江省林业局**

局长、党组书记：程渭山
副局长、党组成员：陈国富
　　邢最荣（2000年4月任职）
　　叶胜荣（2000年4月任职）
纪检组组长、党组成员：陈炳龙

**安徽省林业厅**

厅长、党组书记：周蜀生（2000年3月免职）
　　唐怀民（2000年3月任职）
副厅长、党组成员：张玉良（2000年3月免职）
　　王　文
　　程　鹏（2000年3月任职）
　　刘永春（2000年3月任职）
纪检组组长、党组成员：程　鹏（2000年3月免职）
　　时思玉（2000年3月任职）
助理巡视员：张玉良（2000年3月任职）
　　吕锡德（2000年3月任职）
总工程师：吕锡德（2000年3月免职）

**福建林业厅**

厅长、党组书记：刘德章（2000年3月免职）
　　何团经（2000年3月任职）
副厅长、党组副书记：吴炳清
　　张添根（2000年3月任职）
副厅长、党组成员：陈则生（2000年3月免职）
　　吕月良　陈家东
纪检组组长、党组成员：柴喜堂
巡视员：张宗辉

**江西省林业厅**

厅长、党组书记：吴志清（2000年6月免职）
　　严金亮（2000年6月任职）
副厅长、党组成员：许青龙（2000年8月免职）

严金亮（2000年6月免职）
陈金生（2000年8月免职）
肖 河
龙远飞（2000年8月任职）
魏运华（2000年8月任职）
纪检组组长、党组成员：龙远飞（2000年8月免职）
巡视员：吴志清（2000年6月任职）
助理巡视员：许青龙（2000年8月任职）
陈金生（2000年8月任职）

**山东省林业局**

局长、党组书记：孙庆传（2000年3月任职）
副局长、党组成员：石效贵
丁希滨（2000年6月任职）
田庆斌（2000年7月任职）
纪检组组长、党组成员：孔庆荣

**河南省林业厅**

厅长、党组书记：张敬增
副厅长、党组成员：李德臣 张守印 余学友
纪检组组长、党组成员：李建庭

**湖北省林业局**

局长、党组书记：吴先金
副局长、党组成员：石 山
张和坤（2000年8月任职）
佐雄中（2000年6月任职）
巡视员：黄春发
纪检组组长、党组成员：李德珍（2000年9月任职）

**湖南省林业厅**

厅长、党组书记：葛汉栋（2000年2月任职）
副厅长、党组副书记：赵爱群（2000年7月任党组副书记）
副厅长、党组成员：葛汉栋（2000年2月免职）
刘炳树（2000年8月免职）
李定一（2000年8月任职）
胡长清（2000年10月任职）
总工程师、党组成员：李定一（2000年8月免职）
纪检组组长、党组成员：黄旭国
巡视员：刘绍祥（2000年3月任职）

**广东省林业局**

局长、党组书记：邓惠珍
副局长、党组成员：陈俊勤 邓梦柏
廖晓晨（2000年2月任职）
纪检组组长、党组成员：倪南青（2000年2月任职）

**广西壮族自治区林业局**

局长、党组书记：管炳六（2000年4月免职）
黎梅松（2000年5月任职）

副局长、党组成员：张 锁 裴安道 廖培来
罗永魁
纪检组组长、党组成员：黎先甫

**海南省林业局**

局长、党组书记：韩剑准
副局长、党组成员：吴华盛 秦忠文

**四川省林业厅**

厅长、党组书记：曹正其
副厅长、党组副书记：赵洪银
副厅长、党组成员：杨传邦（2000年5月免职）
彭晃时 杨冬生 鲁志明
纪检组组长、党组成员：李光怀（2000年12月免职）
李春富（2000年12月任职）
巡视员：杨传邦（2000年5月任职）
党组成员：唐洪均

**重庆市林业局**

局长、党组书记：周克勤
副局长、党组成员：马良清（2000年8月免职）
郑文鼎（2000年6月免职）
任大军（2000年3月任职）
何 平（2000年12月任职）
纪检组组长、党组成员：李新国
巡视员：郑文鼎（2000年6月任职）
助理巡视员：周尚前

**贵州省林业厅**

厅长、党组书记：杨 铁（2000年7月免职）
张锦林（2000年7月任职）
副厅长、党组副书记：张礼安
副厅长、党组成员：王 森（2000年7月免职）
伊世炎（2000年7月免职）
李国恒（2000年7月任职）
纪检组组长、党组成员：沈徐逵（2000年7月免职）
宋云忠（2000年12月任职）
巡视员：杨 铁（2000年8月任职）
助理巡视员：伊世炎（2000年8月任职）
沈徐逵（2000年8月任职）

**云南省林业厅**

厅长、党组书记：陈继海
副厅长、党组成员：徐光凡 李 军
陈德照（2000年6月免职）
史记武（2000年3月免职）
王德祥（2000年11月任职）
纪检组组长、党组成员：赵克清
巡视员：陈德照（2000年6月任职）
助理巡视员：宋新中 田钟贤（2000年3月退

休）

**西藏自治区林业局**

党组书记、副局长：多吉次仁（2000年11月任职）

局长、党组副书记：阿　布

副局长、党组成员：扎　西　李近如

**陕西省林业厅**

厅长、党组书记：钟高适（2000年7月免职）

权志长（2000年7月任职）

副厅长、党组成员：何发理　郝福财

赵秉正（2000年7月免职）

陈东升（2000年7月免职）

纪检组组长、党组成员：杨蔚中（2000年4月免职）

陈玉忠（2000年7月任职）

**甘肃省林业厅**

厅长、党组书记：马尚英

副厅长、党组成员：陈耀仁（2000年5月免职）

史本成　张生贤　田志勇

纪检组组长、党组成员：冯兴治

巡视员：陈耀仁（2000年5月任职，9月退休）

助理巡视员：陈哲民（2000年6月逝世）

绿化办副主任：魏至公

**青海省林业局**

局　长：马福海（2000年4月任职）

副局长：李三旦（2000年4月任职）

王　谦（2000年4月任职）

党晓勇（2000年12月任职）

**宁夏回族自治区林业局**

局长、党组书记：孙长春

副局长、党组成员：刘荣光　郭生岐

艾　矛（2000年12月任职）

纪检组组长、党组成员：郭玉堂

巡视员：李赞成

**新疆维吾尔自治区林业局**

党委书记、副局长：李湘林（2000年2月任职）

局长、党委副书记：买买提·阿不都拉

党委副书记、纪委书记：严效寿

副局长、党委成员：穆　汉（2000年2月任职）

侯翠花（2000年2月任职）

张小平（2000年7月任职）

（戴栓友）

## 国家林业局干部人事工作

【综　述】　2000年，国家林业局的干部人事工作，认真贯彻落实中央的精神和局党组要求，紧紧围绕局的中心工作，深化改革，强化服务，以推进干部队伍“四化”为重点，切实加强各级领导班子建设，取得了新的成效。

*公务员培训取得突破性进展*　2000年是《国家林业局机关公务员培训实施办法》下发后的第一年，局人教司按文件要求认真组织实施了公务员培训工作。在紧密配合党委、纪检监察部门做好理论学习和党校培训的同时，全年共举办公务员知识及技能培训班5个，其中公文写作培训班2个，计算机和网络知识培训班2个，英语培训班1个，培训公务员115人次，占机关干部总数的57.5%。与此同时，积极鼓励公务员参加在职学历教育。共有42人参加中国人民大学等高等院校在职学习和进修，时间一般为2～3年，其中进修研究生学历22人（博士7人，硕士15人），研究生课程进修班19人，进修本科及以下学历1人，占机关干部总数的21.5%，在机关初步形成了一种努力学习、积极向上的环境和氛围，有力地加快了公务员队伍整体素质提高的步伐。

*积极推进干部轮岗交流*　干部轮岗交流是培养锻炼干部、加快人才成长的重要措施。1998年机构改革中机关70%以上的干部已进行轮岗，2000年在继续抓好机关干部轮岗的同时，重点从机关选拔那些基本素质较好、有一定培养前途的年轻干部，有计划地交流到直属单位领导岗位工作。结合班子调整和干部的实际情况，提出比较切合实际的方案，主动配合协调有关司（局）和直属单位，提请局党组讨论决策，使干部交流迈出了实质性步伐。共有24名干部轮岗交流，其中司（局）级干部9名，处级干部15名，占机关干部总数的12%，较好地增进了机关的活力，同时也充实加强了直属单位的领导力量。

*加大年轻干部实践锻炼力度*　选派干部到基层挂职，是国家林业局培养干部多年坚持的一项行之有效的制度。2000年共有17名干部在6个省（区）基层挂职，承担着援藏、扶贫、林业综合改革试验示范区、林业重点工程等工作，在实践中经受磨练，增长才干。在加大选派力度的同时，加强了对挂职干部的跟踪、考察和关心的力度。专门组织并由局（司）和有关单位领导带队，分赴西藏、贵州、广西、江西、内蒙古、山东等地，对挂职干部进行了实地考察，了解掌握干部基层锻炼情况，对挂职干部提出要求。同时关心他们的实际困

难，主动向有关部门协调争取，以解除挂职干部的后顾之忧。

*积极探索干部制度改革的路子* 认真抓好《深化干部人事制度改革纲要》的贯彻落实。一是起草完成了干部任前公示制、任职试用期制等改革办法和方案，为这两项改革适时出台做了前期准备。通过公示和试用，将有利于在扩大民主的基础上使优秀人才脱颖而出，避免和减少用人上的失察失误，防止和纠正用人上的不正之风。二是在改革干部选拔任用制度方面，重点指导事业单位推行竞聘上岗、聘任制、选任制改革。在高等院校、科研院所、规划设计等单位已普遍推行了全员聘任制度，对聘期已满的单位，按新形势要求，积极促进通过竞聘上岗的办法产生新的人选，并逐步规范改革的程序和办法，提高竞争上岗干部人数占新提拔干部总数的比例。三是借鉴“三讲”教育经验，积极探索干部能上能下。对拟提拔使用的部分司（局）和直属单位主要领导干部，采取牵头主持工作的方式，实行用一段、帮一帮、看一看，进一步进行考察和锻炼，经考核合格再正式到位。截至年底，共有6个司（局）和单位一把手经过试用，其中3名干部已正式到位，2名干部平级调整，2名干部继续试用，这一做法为今后在国家林业局全面推行任职试用期制改革提供了有益的经验。四是牢固树立用人看主流、看本质、看发展的观念，放手大胆使用优秀年轻干部。坚持解放思想，坚决破除论资排辈、求全责备等陈旧落后的观念，对基本素质好，改革意识强、确有专长、实绩突出，但个性棱角分明、工作方法有明显不足的干部，敢于大胆启用。五是与有关司（局）密切配合，积极稳妥地推进机关后勤改革，充分利用改革优惠政策，使后勤部门老同志得到妥善安置，同时减轻了机关经费负担，为下一步改革奠定了基础。

*加强各级领导班子建设* 利用“三讲”及“回头看”的有利时机，搞好领导班子的调整充实工作，进一步加强各级领导班子建设。对德才素质好、群众公认、政绩突出的干部，及时提拔使用；对群众意见较大、本人又缺乏认识的，进行谈话诫勉，促其改正；对无明显改进、经考察确实不称职的，作出果断调整。一年来，共对27个司（局）和单位的领导班子进行了考察，其中已调整补充的班子22个，新提党政正职7人，副职13人，明确级别7人，平级调整13人，新提处级干部99人，进一步优化了领导班子结构，增强了干部队伍的活力和战斗力。

*围绕中心做好机构编制工作* 向中央机构编制委员会办公室（以下简称中编办）争取重要机构的审批工作取得进展。其中有：南京警校改建为南京森林公安高等专科学校、申请成立国际交流合作中心、林业科技发展研究中心（植物新品种管理办公室）和国际竹藤网络中心；濒危物种进出口管理中心申请增设办事处、森林资源监督机构申请增设专员办事处并申请增加事业编制。经多方工作，南京警校更名、国际竹藤网络中心、国际交流中心和林业科技发展研究中心（植物新品种管理办公室）成立事项已获批准。

及时掌握林业行业机构改革情况，为局领导决策提供参考。按照局领导的指示，随时与地方林业部门保持联系，掌握机构改革的动态，积极开展协调工作，同时组织调研组，对林业机构情况进行了调研。

着力解决难点问题。向中编办争取解决了天保中心全额拨付事业经费，向财政部争取解决了国际竹藤网络中心事业经费。

*做好干部调配工作，为干部职工解决实际问题* 本着急群众之所急，想职工之所想，积极创造条件，解决职工夫妻分居问题。共申报并解决了夫妻分居事项25件。为直属单位调剂业务骨干3人。全年共解决进京人口51人，为27名技术骨干（其中博士7人，硕士7人，本科11人）。

积极完成军转干部安置工作。在机关机构改革、企业脱钩、院校调整、事业单位面临进一步改革的形势下，经反复协商做工作，安置了4名转业干部，得到了国务院军转办的表扬。

*专家和人才队伍建设工作取得新进展* 开展了林业科技人才队伍建设情况调查工作。掌握了现状和问题。评选了林业科研、教学、科技推广和生产一线的第六届中国林业青年科技奖获得者16名。

选拔了21名享受政府特殊津贴人选。向人事部、全国博士后管委会申报在中国林科院设立生物学科博士后科研流动站，以促进林业系统生物科学的人才吸引、培养和学术交流。

积极发挥高级专家的作用，选派了6名高级专家，分别参加了人事部组织的赴贵州、甘肃、青海等西部地区考察、咨询等活动。

加强人员编制、工资基金管理，根据财政部、人事部、中编委联合下发的通知要求，局机关在编人员工资即由财政统一发放，重新建立起国家林业局职工工资基础数据。

编制下达了直属单位2000年劳动工资计划，规范了统计项目，调整了因统计口径变化而应核增或核减的工资总额。积极参与大兴安岭国有林区富余职工一次性安置工作。

总结一年来的干部人事工作，虽然取得一定成绩，但仍存在不少问题和不足，与新形势新任务的要求相比，还存在较大差距。比如，干部人事制度改革步子还不够大，年轻干部培养选拔措施还不够有力，各项规章制度落实执行情况的检查监督还需进一步加强等。根据中央的有关精神和总体部署，要进一步加大工作力度，围绕中心搞好人事人才服务等方面下工夫，力求抓深、抓细，抓出新的成效。（陈幸良）

## 国家林业局机构

**【国家林业局机构编制变更】** 为适应机构改革后林业事业发展的需要，经申请，中编办分别于2000年4月4日以《关于国际竹藤网络中心机构编制的批复》（中编办字［2000］35号）批准国家林业局成立国际竹藤网络中心；于12月20日以《关于国家林业局科技发展中心（国家林业局植物新品种保护办公室）机构编制的批复》（中编办字［2000］118号）批准成立国家林业局科技发展中心（国家林业局植物新品种保护办公室）；于12月27日以《关于国家林业局成立对外合作项目中心的批复》（中编办字［2000］121号）批准成立国家林业局对外合作项目中心。

根据《中共中央纪律检查委员会、监察部派驻纪检、监察机构职能配置、机构调整和编制配备方案》，经请示，中共中央纪律检查委员会于2000年11月1日以《对国家林业局党组〈关于中央纪委、监察部派驻国家林业局纪检组、监察局机构改革实施意见的请示〉的答复》（中纪干［2000］226号）批准了中央纪委、监察部派驻国家林业局纪检组、监察局机构设置方案。

根据《国务院关于进一步调整国务院部门（单位）所属学校管理体制和布局结构的决定》（国发［1999］26号），国务院于2000年2月12日以《国务院办公厅转发教育部等部门关于调整国务院部门（单位）所属学校管理体制和布局结构实施意见的通知》（国办发［2000］11号）批准原由国家林业局管理的北京林业大学、东北林业大学改由教育部管理，并经国务院领导批准，中编办于2000年8月31日以《关于教育部增加行政编制的批复》（中编办字［2000］78号）从国家林业局划拨1个行政编制给教育部，国家林业局行政编制相应由200人改为199人；南京林业大学、中南林学院、西南林学院由国家林业局直接管理改为国家林业局分别与江苏省、湖南省、云南省共建；国家林业局南京人民警察学校仍由国家林业局管理，后根据森林公安工作的需要，经申请，教育部同意，中编办于2000年7月7日以《关于国家林业局南京人民警察学校更名的批复》（中编办字［2000］63号）批准国家林业局南京人民警察学校更名为南京森林公安高等专科学校。

为进一步理顺国家林业局所属事业单位管理体制，便于开展各方面工作，国家林业局于2000年9月20日分别以林人发［2000］535号、林人发［2000］536号、林人发［2000］537号文将国家林业局森林病虫害防治总站、国家林业局东北航空护林中心、国家林业局西南航空护林总站等3个单位的行政级别明确为正司局级事业单位。

为加强对我国陆生野生动植物资源的监测工作；于2000年5月19日以林人发［2000］224号文批准成立国家林业局陆生野生动物与野生植物监测中心；为加强调查研究和综合文字工作，更好地为局党组决策服务，于2000年6月30日以林人发［2000］291号文批准成立国家林业局调研室；根据公安部《关于建立和规范地方各级公安机关警务督察机构的通知》（公通字［1999］57号）精神，为指导好全国森林公安机关的警务督察工作，于2000年8月31日以林人发［2000］480号文批准成立国家林业局森林公安局督察委员会；为加强对全国退耕还林（草）工作的指导、协调和服务，于2000年9月15日以林人发［2000］498号文批准成立国家林业局退耕还林（草）办公室；为进一步加强林权管理，切实做好林权争议处理工作，国家林业局于2000年10月17日以林人发［2000］573号文批准成立国家林业局林权争议处理领导小组办公室；为满足扑救特大森林火灾的需要，提高国家林业局协调指挥扑救特大森林火灾的机动能力，于2000年12月21日批准分别在北京市林业局、国家林业局东北航空护林中心、国家林业局西南航空护林总站成立北京、东北、西南森林防火物资储备中心。

为便于国家林业局濒危物种进出口管理中心开展工作，于2000年4月19日以林人综字［2000］24号文，重新调整明确了该中心内设机构和中层干部职数，9月7日以林人综字［2000］92号文对该中心驻各地办事处的编制进行了调整，9月27日以办人字［2000］49号对国家林业局濒危物种进出口管理中心职能配置进行了调整，10月20日以林人综字［2000］111号文改变了该中心所属昆明办事处管理体制。

为理顺工作关系，便于各直属单位开展工作，于3月9日以林人综字［2000］22号文重新调整明确了天然林保护工程管理中心内设机构职能、编制和领导干部职数；6月3日，以林人综字［2000］54号重新调整了林业工作站管理总站的处室设置和职能；6月29日以林人综字［2000］63号文对局机关工会联合会内设机构和处级干部职数进行了核定；6月30日以林人综字［2000］72号文对国家林业局森林病虫害防治总站的中层机构进行了调整；7月24日以林人综字［2000］81号文调整明确了国家林业局森林公安局的处室设置、编制和职能；8月9日，以林人综字［2000］87号文将林业部生态环境监测总站更名为国家林业局生态环境监测总站；10月26日以林人综字［2000］115号文批复成立国家林业局机关服务局物业管理中心；11月20日以林人发［2000］640号文批复成立《中国花卉园艺》杂志社。

为推动林业科研事业发展，利用各种社会资源为林业科研服务，于12月28日以办函人字［2000］123号文同意对中国科学院所属寒区旱区环境与工程研究所实行由中国科学院与国家林业局双重领导，以中国科学院为主的管理体制。

为规范事业单位管理，根据《事业单位登记管理条例》，国家林业局于2000年9月22～25日在厦门市召开会议，对65个单位的人事工作人员进行了事业单位法人登记管理工作培训。 （孙国吉）

# 知识分子工作

**【国家林业局直属单位2000年享受政府特殊津贴人员】** 郑德璋 曾庆波 惠刚盈 王浩杰 王振洪 管 宁 张方秋 付秀山 王长安 包拓华 周光辉 葛宏立 薄乖民 崔宇全 杨开才 苏惠民 沈凤阁 张春美 任景阳 刘明刚 张重忱 （李 明）

**【第六届中国林业青年科技奖获奖者】** 于文喜 李连芳 赵克昌 刘伟泽 赵秀海 周国模 尹光天 储富祥 房桂干 段新芳 康向阳 迟德富 吴智慧 陈 辉 杜红岩 唐芳林 （李 明）

# 社 会 团 体

## 中国林学会

**【综　述】** 2000年，中国林学会在国家林业局和中国科协的指导下，顺利完成了各项业务工作，取得了可喜的成绩。一年来，学会围绕林业建设的热点与重点问题，先后组织西北地区生态环境建设学术研讨会、全国病虫害防治与预测研讨会、全国减轻自然灾害学术研讨会以及中国科协第二届学术年会第二分会场等大型学术活动，交流学术论文159篇，参加人数211人次，并提出相关有重大参考的建议4项，产生了较大的社会影响；派遣中国林学会代表团参加了第二十一届国际杨树大会，学会副理事长尹伟伦当选为二十一届国际杨树委员会执委；派出以中国林学会副秘书长程美瑾为团长的林木种苗培育和森林资源管理考察团，邀请了芬兰农林部林业司司长率领的官方代表团参加西北地区生态环境研讨会作学术交流和实地考察；为响应中国科协"大手拉小手"倡议，先后与6个学校建立联系，为配合中国科协扶贫工作，为山西方山县从内蒙古引进沙棘近万株，培训了10多名技术人员；组织编撰了两套科普挂图，完成了《21世纪学科发展》丛书的撰稿、统稿工作；为配合西部大开发战略的实施，先后主办或配合国家林业局承办了中药材种植技术培训班、退耕还林与生态环境建设"百千万人才工程"高研班，共培训了50多名基层科技人才，对40名林业科技工作者进行了培训。学会主办刊物《林业科学》开辟西部大开发专栏，中国科学院、中国工程院部分院士及来自各方面17位专家，对"怎样实现退耕还林还草"、"我国北方风蚀荒漠化的成因与对策"等14个问题发表意见。

2000年学会发展高级会员381名，并发展了江西农业大学，枫树山林场、云南省林科院3个单位作为团体会员；为进一步调动各级秘书长的积极性，出台了《中国林学会优秀秘书长评选条例》。

中国林学会认真贯彻党的十五大和十五届四中全会精神，以"三个代表"的重要思想为指导，继续巩固"三讲"教育成果；认清形势、解放思想、转变观念，积极探索学会发展新思路、探索兼顾依靠政府与保持学会本色的同步发展道路；坚持"硬规定"与"软约束"相结合，进一步密切中国林学会与二级学会以及省级学会的联系。

（上官秀玲）

**【西北地区生态环境建设学术研讨会】** 为促进西部大开发特别是西北地区生态环境建设，在江总书记关于建设山川秀美的大西北号召开三周年之际，召开了150人参加的西北地区生态环境建设研讨会。会议由中国林学会与中国工程院学部以及国家林业局造林司等5家单位联合主办，中国农学会等六家全国性学会协办，国家林业局三北局承办。全国人大常委、农业与农村委员会主任委员、中国林学会名誉理事长高德占出席会议并作讲话。刘于鹤理事长致开幕词。中国工程院副院长沈国舫院士、石玉林院士、山仑院士以及中国科学院、农林院校、有关研究单位的知名专家参会并作学术报告，交流论文105篇。学科领域涉及农业、林业、草原、水保、治沙、生态经济、环境等方面。对生态用水内涵与运用、沙尘暴与荒漠化的综合治理、西北地区适宜的林草覆被率等热点和难点问题进行深入研讨；对今后多学科的协作，找准科研方向，运用系统工程推动西北生态环境建设将发挥积极的推动作用。研讨会上对生态用水、科学决策、科学规划、种苗建设、克服边建设边破坏问题等5个方面提出了具体的建议；并被中国工程院作为《黄土高原开发咨询报告》附件上报国务院。

（朱乾坤）

**【关于将陕西省作为西部生态省建设的建议的提出】** 受中国科协委托，中国林学会牵头组织了关于将陕西省作为西部生态省建设的建议工作，建议面向新世纪，吸收现代林业、生态学、系统科学、经济学等多学科最新成果。李振声、江泽慧等8位农业、林业、生态、水保领域的专家提出前瞻性、适时性和可操作性的建议，在中国科协第二届年会上发表后，反响大，得到陕西省领导同志的高度重视，随即成立了以副省长为领导的生态省建设规划领导小组和规划编制机构。2000年11月初，提出了生态省建设规划草案。　（朱乾坤）

**【科学家建议促进森林病虫害防治工作取得明显成效】** 中国林学会撰写的《2000年森林病虫鼠害发生趋势预测及防治对策》被国家林业局作为信息刊登；国务院办公厅摘录登在国务院办公厅秘书局的专报信息89期上。温家宝副总理于2000年5月专门作出批示，要求必须把防治森林病虫害的工作摆到重要位置，加大力度，狠抓落实，常抓不懈。为落实温家宝副总理对森林病虫害防治工作多次批示的精神，推动工作，森林昆虫分会先后召开两次会议。国家林业局领导同志亲自到会讲话并听取专家建议，共商发展大计，使与会者深受鼓舞。会上分别提出了《关于我国森林虫灾的现状、存在问题与控灾对策》和《全国林业杀虫微生物学术研讨会建议书》，并得到中国科协的重视。　（孙肇凤）

**【中国林学会常务理事会制订了《林业科学》编委会工作条例】** 2000年1月5～6日召开《林业科学》八届二次编委会。会议用中央关于加强技术创新的"决定"精神认真对照检查办刊工作。根据中国科技信息研究所和万方数据（集团）公司统计，1998年《林业科学》总引频次达544，在1286个统计源中排第31位。1999年《林业科学》的影响因子、自引总引比、基金和资助论文比例分别比1998年提高41%、31%和30%，并荣获首届"国家期刊奖"。中国林学会九届十次常务理事会为了进一步规范和加强《林业科学》编委会的组织和工作，依照中国林学会章程的有关条款，于2000年4月28日讨论通过了《中国林学会〈林业科学〉编委会工作条例》。"条例"就中国林学会常务理事对编委会、中国林学会秘书处和编委会对编辑部的领导关系，编委会的组成、届期、换届、编委的聘任年龄、职责，通讯或荣誉编委等做出了相应的规定。

（郑槐明）

**【《林业科学》开设西部大开发笔谈专栏】** 在中国工程院副院长、《林业科学》主编沈国舫的倡导下，《林业科学》2000年第5、6期开设了"西部大开发中的生态环境建设问题"专栏，邀请中国科学院、中国工程院部分院士及林业、生态、水保、治沙、草地、信息技术、森林病虫害防治等方面共17位专家，就"怎样实现退耕还林还草"、"我国北方风蚀荒漠化的成因与对策"、"西部大开发与生态水资源合理利用"、"黄土高原林草资源的适宜覆盖率"、"中国西部地区退化草地的恢复与重建"、"西部生态环境建设与国民经济信息化"等14个问题发表意见。　（郑槐明）

**【国际及港台地区交流活动】** 2000年，中国林学会共派出团组3次、接待团组3次，主办国际会议1次。

2000年9月24～28日派出由中国林学会副理事长尹伟伦教授率领的代表团一行13人赴美国参加了第21届国际杨树大会，代表团展示了我国在杨树领域的最新研究成果，中国林学会推荐的执委候选人尹伟伦当选为国际杨树委员会执委。2000年10月14～28日，派出了以程美瑾副秘书长为团长的林木种苗管理及森林经营技术考察团一行10人赴芬兰、瑞典访问，学习芬兰、瑞典先进的林木种苗培育、管理技术及森林经营的经验。2000年12月26日，派出了森林可持续经营和公众参与考察团一行9人赴美国进行为期15天的考察，访问了美国旧金山、波特兰、华盛顿、洛杉矶等地的林业管理机构、院校、工商企业，并与有关机构建立了合作交流关系。为配合8月5～8日在宁夏举办的重点学术活动西北地区生态环境建设学术研讨会，中国林学会邀请了芬兰农林部林业司陆长率领的芬兰代表团一行6人参加了会议，并作了题为《芬兰林业的生态可持续性》的学术报告，会议期间，还组织了芬兰林业与国际合作专题研讨会，加深了双方林业界的相互了解，促进了中芬林业国际合作。2000年2月，接待了韩国林学会会长率领代表团一行5人的来访，中国林学会常务副理事长施斌祥会见了该团并就两国林业建设、科技教育、学会工作及今后合作交换了意见。2000年5月，邀请了由台湾中华林学会两岸林木种源及林业产销交流团一行16人来大陆访问，该团参观访问了北京、南京、上海、福州、海口等地的林业学术、科研、生产单位，并与中国林学会商定了互访及其他交流计划。2000年8月15～21日，由中国林学会主办、森林生态分会承办的森林生态系统——生态、保育与可持续经营国际研讨会在成都召开，共有23个国家的110名代表参加了会议（外宾56人），提交论文108篇。此次会议被列入国际林联的学术活动项目，会议总结了生态系统经营的研究现状，了解了该学科最新的研究动向，找出了我国在该领域的不足和缺陷，并提出了我国加强该学科研究的建议。会议期间，中国和意大利达成了进一步合作研究意向，中国和德国、挪威、以色列达成了联合申请欧共体研究项目的意向。

（冯彩云）

# 中国野生动物保护协会

**【全国野生动物保护协会组织建设工作研讨会】** 2000年12月11～13日在厦门市召开。这是中国野生动物保护协会成立以来，首次召开的专门研究协会组织工作的一次全国性会议。来自全国29个省（区、市）协会的代表共60多人参加了会议。中国野生动物保护协会副会长兼秘书长王福兴作了《加强组织建设，争取新世纪有更大作为》的讲话，福建省林业厅副厅长张添根、厦门市林业局副局长王维平到会并讲了话。

福建、山西、安徽、广西、陕西等省（区）协会的代表，在大会上介绍了组织建设的情况和加强会员发展、搞好换届选举、发挥协会优势、当好政府助手、开展会员重新登记以及加强对基层工作指导等方面的经验。会议期间，听取了中国科协学会部吴亚光处长关于《怎样做好社团组织工作》的专题讲座，同时，学习了社团组织工作有关的知识和规定。会议针对组织建设工作中存在的困难和问题进行了分组研究和探讨；讨论、修改了协会秘书处草拟的《关于加强野生动物保护协会组织建设工作的意见》。通过交流、学习和研讨，对在当前社会主义市场经济发展的新形势下，协会组织要得到巩固和发展，必须加强协会会员的发展和管理，加强协会理事会、常务理事会及办事机构的建设，以及要增强自我完善能力、多渠道开辟资金来源等方面取得了共识。

协会副会长兼秘书长王福兴同志在会议结束时的总结讲话中，回顾了协会两年来的工作，提出了加强协会组织建设的意见，进一步明确了2001年的工作任务，并着重谈到了要把组织工作作为一项重点工作来抓。要大力发展会员，各地协会要确定会员发展的任务和目标，采取切实可行的措施，积极发展团体会员和个人会员，壮大野生动物保护的队伍和力量；要开展对会员的普查和重新登记工作，建立会员档案，进行计算机管理。（黄承清）

**【提倡不食野生动物，树立饮食新风尚新闻发布会】** 2000年1月，中国野生动物保护协会召开了提倡不食野生动物，树立饮食新风尚的新闻发布会，公布了食用野生动物状况调查结果。在北京的28家新闻单位记者，国家林业局保护司及宣传中心、中国科学院、中国林科院等单位的有关领导、专家参加了发布会。从1999年10月开始，中国野生动物保护协会组织15个省（区、市），开展了食用野生动物状况调查，印发了2.3万份野生动物食用状况调查问卷，并组织有关专家从营养、卫生、免疫、病理的角度，对野生动物进行分析。调查结果表明，大多数人不赞成食用野生动物。目前国内主要食用的野生动物，属于国家重点保护的占34.8%，90%以上的种类直接来自野外。81.1%的人认为食用野生动物会对生态环境造成破坏，只有约三分之二的人知道《野生动物保护法》。在调查的1 381家餐厅中，经营野生动物的占49.8%，其中办理了经营许可证的占35.2%；调查的286家副食商场中，经营野生动物及其产品的占15.4%，其中具有野生动物利用许可证的只占6.8%；调查的218家集贸市场中，经营野生动物的占41.7%。91家集贸市场中有1 675个摊位经营野生动物，具有经营许可证的仅占28.6%。目前主要食用的野生动物有兽类16种、鸟类17种、两爬类9种、鱼类1种。会上对调查结果进行了初步分析，一是食用经营野生动物的现象有所抬头；违法经营野生动物的情况还比较普遍；滥吃野生动物可能对食用者造成危害；滥吃野生动物的现象正受到社会的广泛关注。

调查结果公布后，国家林业局保护司张建龙司长指出：要加强行政管理，加强执法，坚决制止滥吃野生动物的行为。要加大宣传力度，提高全民的保护野生动物意识。会上，中国野生动物保护协会还向社会发出了“提倡不食野生动物，树立饮食新风尚”的倡议。全国各有关省、市也开展了多种宣传活动，不吃野味引起了社会的关注。（蔡炳城）

**【开展野生动物小卫士活动】** 根据中国野生动物保护协会2000年开展的全国21个城市食用野生动物状况调查表明，城市居民滥吃野生动物是引发乱捕滥猎野生动物现象的根本原因。这些乱捕滥猎野生动物的行为多发生在野生动物的栖息地区，因此提高野生动物栖息地区少年儿童的野生动物保护意识，使他们行动起来，积极参与保护野生动物的宣传教育活动十分必要。为此，中国野生动物保护协会联合部分省级野生动物保护协会，在野生动物栖息地区的小学生中开展了争做野生动物小卫士活动，并在河北省西柏坡希望小学举行了启动仪式，北京、山西、河北3省（市）野生动物保护协会代表，平山县领导、新闻记者以及西柏坡希望小学学生300多人参加了启动仪式。

在启动仪式上，江苏省无锡市日月童神服饰有限公司和北京百鸟园还为西柏坡希望小学捐赠了服装和文具。北京、山西野生动物保护协会也相继在本省（市）开展了野生动物小卫士活动。（尹 峰）

**【“爱鸟周”科普宣传活动】** 2000年2月29日，国家林业局保护司和中国野生动物保护协会联合组织的第十九次“爱鸟周”，在素有“白鹤王国”之称的江西省鄱阳湖国家级自然保护区举行了启动仪式，拉开了“世纪之年——爱鸟护鸟南北行”的帷幕，4月底在黑龙江省扎龙自然保护区结束。从南方的海南岛，到北部黑龙江省的11个省、市，共同参与了这次科普宣传行动。2000年“爱鸟周”的主题是：“让我们拥有鸟语花香的新世纪”，整个“爱鸟周”活动历时两个多月，在25个城市、乡（镇）开展形式多样的普及鸟类知识，宣传《野生动物保护法》及相关法律、法规，到9个自然保护区考察鸟类栖息地的保护，开展执法检查等，开展上百场活动，悬挂标语口号400多条，发放宣传品40多万份，直接参加人数超过20多万人，中央和地方各有关新闻单位做了近300篇的宣传报道。在海南省三亚市举行的爱鸟周启动仪式上，三亚市政府将流经市区的三亚河划定为白鹭保护区；山东省青岛市从1994年开始发起挽留海鸥行动，青岛湾越冬的海鸥由几十只增加到上千只，爱鸟护鸟的人越来越多，为城市社会精神文明建设增添了一道靓丽的风景线；天津市率先开通了野生动物保护寻呼热线；河北省在“爱鸟周”开展执法检查，没收并烧毁了捕鸟网具；辽宁省丹东市“爱鸟周”活动规模仅次于该市国庆50周年的庆祝活动，几万人上街宣传，并在东港市举行两万人的宣传大会。全国各地也都组织了各具特色的科普宣传活动，“爱鸟周”在社会上起到了很好的宣传效果。

（蔡炳城）

**【第四届海峡两岸鸟类学术研讨会】** 2000年8月16～18日，中国野生动物保护协会与中国鸟类学会、台北市野鸟学会，在昆明市共同举办了两年一度的第四届海峡两岸鸟类学术研讨会。来自大陆、台湾、香港两岸三地的科研、教学、生产单位等方面的专家、学者、管理人员以及鸟类爱好者共100多人参加了会议。

会上，与会代表就近几年来我国鸟类的生物学、生态学、分类、饲养繁殖、疾病等方面的研究成果进行了交流；对鸟类的种类、分布调查情况进行了介绍；对如何深入对公众进行鸟类保护的宣传教育，加强保护管理措施等进行了探讨。会后，大部分代表还分别到西双版纳、宾川、大理和丽江等地进行观鸟和考察活动。本次会议的特点：一是活跃在科学研究第一线的中青年科技工作者占多数，能熟练运用现代的实验系统和测试工具，展现了我国鸟类学研究光明的未来；二是这次论文的大部分属于基础性的研究成果，有分类学新种的发现，中国鸟类类群研究的系统总结；有生态学上的繁殖生态、栖息地选择，保持了鸟类学研究的多样性和创造性；三是随着科学技术的发展，在依靠鸟类学家的创造和思维的同时，利用卫星遥感、分子生物学等高新技术，已越来越多地在鸟类研究中得到应用，提高了工作效率和研究结果的准确性。会议出版了第四届海峡两岸鸟类学术研讨会文集《中国鸟类学研究》，共收录了研究报告62篇，研究简报15篇。

（蔡炳城）

**【中国野生动物保护协会1999～2000年科研课题】** 中国野生动物保护协会在1999年发出了《关于组织申办中国野生动物保护协会科研课题的通知》，并制定了《中国野生动物保护协会1999～2000年科研课题指南》。这次科研课题资助总的指导思想是：突出重点，使有限的科研经费发挥最大的效益，并根据当前我国野生动物保护的特点和趋势，通过组织小型科研、调研活动，从社团组织的角度，配合政府主管部门的工作重点，努力发挥协会这一民间组织的作用，为政府部门的决策和管理提供科学依据，以促进我国野生动物保护的进一步发展。为此，各省（区、市）野生动物保护协会按照《通知》的要求认真组织申报，截至1999年底，共收到13个省（区、市）野生动物保护协会申报的课题42项。2000年，经中国野生动物保护协会科技委员会专家严格评审，确定资助下达了有关食用野生动物和疾病的传播、发生关系的分析研究等7项科研课题。

（尹　峰）

# 中国治沙暨沙业学会

**【综　述】** 中国治沙暨沙业学会于2000年1月20日在北京21世纪饭店召开了常务理事扩大会议。出席会议的有学会常务理事及国家林业局有关司局领导、北方沙区13个省（区、市）林业厅（局）负责同志等共50多人。会议中心议题是总结1999年工作，研究部署2000年工作。中国治沙学会理事长董智勇代表学会作了工作报告，王志宝局长打电话向会议代表表示问候。李育材副局长作了题为《搞好防沙治沙工作，服务西部大开发》的书面报告，国家林业局植树造林司司长雷加富也在大会上发了言，政策法规司司长陈根长就《中华人民共和国防沙治沙法（草案）》作了说明，与会代表对《草案》进行了讨论，并提出许多修改意见。学会副理事长兼秘书长朱俊凤作了会议小结。

会议决定2000年学会将开展西部大开发、建设绿色家园考察宣传活动，编纂出版《中国治沙名人录》，同时研究学会换届改选工作，拟在成都召开中国治沙暨沙业学会第二届会员代表大会，选举产生第二届学会理事会及学会办事机构。

（赵兴华）

**【西部大开发，建设绿色家园考察活动】** 2000年5月，西部大开发，建设绿色家园考察宣传活动由国家林业局、全国人大环境资源保护委员会、全国政协人口资源委员会、中央电视台联合举办，具体工作由中国治沙暨沙业学会承办。2000年5月22日，全国政协副主席赵南起任组委会主任，并主持召开第一次组委会会议；6月9日召开全体考察人员工作会议；6月17日举行了考察宣传活动出发仪式。考察人员由生态、环境、林业等方面高级专家和新华社、中央电视台、北京电视台、中国人民广播电台、人民日报社、中国绿色时报社等单位的记者共50多人组成。中国工程院院士关君蔚、王涛、李文华、马建章带队，分为西北组、西南组、东北西部华北北部3个大组，于6月17日至8月5日，历时40多天，考察了15个省（区、市）的150多个县，现场调查300多个点，行程7万多千米。收集各种资料450多份，新闻记者报道60多次，时间长达620分钟，稿件28份，5万多字。考察组每到一地，受到了当地的领导、专家、记者的重视，积极参加考察，并作及时报道，对促进当地生态环境建设，起到了积极的推动作用。考察宣传活动外业结束后，于9月1日开始进行内业工作，经过一个多月的资料整理，分析归类，编写出西北、西南、华北东北地区3个大组考察报告，在此基础上，编写出《西部大开发，建设绿色家园》考察总报告，总字数达23万余字，由中国林业出版社出版发行。这为在成都召开西部大开发，建设绿色家园学术研讨会，准备了基础材料。（赵兴华）

**【长城绿色工程考察活动】** 长城是中华民族的象征，保护长城，改善长城沿线生态环境已迫在眉睫。2000年7月29日，长城绿色工程万里行考察团从明长城东端起点辽宁省丹东市虎山出征，沿长城向西，途径河北、天津、北京、山西、内蒙古、陕西、宁夏、甘肃、新疆10省（区、市），考察了56个单位，收集了大量第一手资料，拍摄近30小时电视资料片，照片4 000余幅。中央、地方多家新闻媒体对这次活动进行了广泛的报道。考察团乘汽车行程11 369千米，于9月3日在新疆库尔勒市圆满结束考察活动。考察活动外业结束后，于9月10日开始，历时一个月进行资料整理，分析归类，编写出《长城绿色工程考察报告》。

（赵兴华）

**【西部大开发，建设绿色家园学术研讨会】** 2001年3月27～29日在成都召开。学会理事长董智勇主持会议，会上首先宣读全国政协副主席赵南起给大会发来的贺信，四川省常委、副省长陈文光到会致辞。国家林业局副局长李育材，组委会副主任、国家林业局党组成员杨继平，中国科协副主席刘恕主席会议并作讲话。中国工程院院士关君蔚、马建章在会上作了学术报告，中国工程院院士、中国农科院研究员卢良恕作了书面发言。

北京、天津、河北、甘肃、新疆、内蒙古等25个省（区、市）林业厅（局）负责人和北京林业大学、中科院兰州沙漠研究所等20多个科研、教学、设计单位的专家、工程技术人员以及国家环保局、中国科协、铁道部、国土资源部、中国天然气总公司、全军绿化办等单位130多名代表参加了会议。大会交流论文80多篇，共17位院士、专家和学者在大会上作了学术报告。

会上就西部地区生态环境建设状况、建设目标与总体布局实施对策进行了研讨。（赵兴华）

**【中国治沙暨沙业学会改选换届】** 2001年3月29日召开中国治沙暨沙业学会第二届会员代表大会，会议修改了《中国治沙暨沙业学会章程》，选举第二届理事会常务理事，召开第二届第一次常务理事会。大会共选举产生第二届理事172人，常务理事55人。选举产生了第二届理事会领导成员。

**中国治沙暨沙业学会第二届理事会**

**名誉理事长：**赵南起　高德占　周生贤　李育材　刘　恕　董智勇

**高级学术顾问：**关君蔚　王涛（女）　李文华　马建章　冯宗炜

**理事长：**蔡延松

**副理事长：**雷加富　朱震达　朱俊凤　郭　涛　王　涛　张守攻

**秘书长：**朱俊凤（兼）

**副秘书长：**刘　拓

**常务理事：**蔡延松　雷加富　朱震达　朱俊凤　张守攻　刘　拓　贾幼陵　孙保平　寇文正　林　进　陈根长　张鸿文　柏章良　赵兴华　刘玉凯　刘洪胜　朱建华　宋希友　万以诚　申元村　慈龙骏　高尚玉　董　鸣　林　宇　李国栋　李树明　李法兰　工　涛　郭　涛　张文明　郭天相　张宝恕　白顺江　霍转业　高锡林　邹立杰　王家祥　王克余　张鲁凤　杨克杰　魏运华　丁希滨　余学友　李定一　杨冬生　张礼安　何　平　郝福才　张生贤　吴华盛　陆文正　刘荣光　穆　汉　李康庄　彭德福

（赵兴华）

# 中国水土保持学会

**【综　述】**

*学术交流*　①参与中国科学技术协会牵头，19个全国性学会参加的2000年减轻自然灾害学术研讨会和编撰《减轻自然灾害白皮书》工作。中国水土保持学会分工负责“水土流失与荒漠化”灾种。②组织专家参加中国科学技术协会2000年西部大开发，科教先行和可持续发展学术年会。③联合中国农学会，中国草原学会共同组织草原与荒漠化学术研讨会。向中央提出了

"关于促进西部草地发展和生态环境建设的建议"，此建议报中央批转有关业务主管部门处理，为人大修改《草原法》提出了可操作性的意见。④参与中国林学会主办、水土保持学会协办的西北地区生态环境建设学术研讨会。向党中央国务院有关部门提交了关于西北地区生态环境建设的5项建议。⑤中国水土保持学会和中国科学院成都山地灾害研究所共同组织于2000年9月14～27日在台湾中兴大学举办了第二届海峡两岸山地灾害与环境保育学术研讨会。⑥2000年6月10～22日，中国水土保持学会组团完成赴澳大利亚访问和考察活动。

科学普及　①参与中国科协"再造西部秀美山川"科普系列宣传活动。②参加申报中国科协"西部科普工程"项目工作，中国水土保持学会西部地区林业生态建设与治理模式科普培训项目批准立项。③与水利部、北京市水利局联合于2000年6月24日在西单图书大厦门前举办了纪念《水土保持法》颁布9周年宣传咨询活动。内容包括专家咨询、布置图片展览、发放宣传材料、邀请林大附小学生鼓号队表演等。④参加"世界地球日"30周年科普宣传咨询活动。⑤2000年6月在杭州举办了一期水土保持方案编制甲级单位持证上岗培训班，200多名技术人员参加了培训。⑥参与学生科协科技周活动，为学生们介绍科技社团的性质、任务，并带他们参观学会的资料室。⑦与外单位合作共同举办中小学生爱科学、爱环境，世界名花无土栽培科普活动，要求学生作出名花的生长观察日记（生根、发芽、开花等过程），为活动中组织工作突出的老师和学生颁奖。⑧印刷出版《古今智者话水保》字帖。

组织建设　①按照《社会团体登记管理条例》完成在民政部换证登记工作。②组织推荐两名科技工作者入选中国科协全国优秀科技工作者候选人的工作。③评选第四届中国水土保持学会青年科技奖19名，择优推荐第七届中国青年科技奖候选人3名。④开展推荐著名学者、学科带头人及科技业务骨干入选人才库的工作。　　（黄　元）

**【第二届海峡两岸山地灾害与环境保育学术研讨会】**中国水土保持学会和中国科学院成都山地灾害研究所共同组团参加的第二届海峡两岸山地灾害与环境保育学术研讨会议于2000年9月14～27日在台湾中兴大学举行。这次会议是1998年成都第一届会议的延续，大陆组织了35位学者赴台参加活动。会后，考察了台湾"9·21"集集大地震危险区，参观了泥谷地形，流域治理工程，河道整治与减灾工程，水土保持户外教室，废矿区生态环境恢复工程等，访问了中兴大学、成功大学、台北大学等有关院系研究中心等，所到之处给大陆学者留下深刻的印象。　　（黄　元）

## 中国林业经济学会

**【综　述】**

1. 学术调研。　2000年学会就黑龙江省部分国有森工企业实施的森林资源管护经营责任制问题，组织会员两次赴黑龙江进行专题学术调研。森林资源管护经营责任制是以保护国有森林资源为目的，在所有权与经营权分离、责权利关系明晰的基础上，将林木资源的管护、多资源的经营利用承包给职工个人，实现林茂、企兴、民富目标的一种责任制度。学会在此调研的基础上完成了调研报告。

2. 社会成本效益分析培训班。　2000年8月学会与中国科学院农村政策研究中心在北京举办了社会成本效益分析培训班。来自全国十多个省、市、自治区林业厅，大专院校，林业生产实践部门及有关单位30余人参加。培训班邀请了美国、中国及台湾地区的教授、研究员进行讲授，并邀请国家林业局、中国科学院部门领导进行讲座和做报告。

3. 2000年4月学会与北京林业大学经济管理学院在北京联合举办了面向21世纪中国林业经济青年论坛，就林业的定位问题、21世纪林业发展问题、林业50年的回顾与展望，对面向21世纪的中国林业从不同角度与侧面进行了讨论。

（中国林业经济学会）

**【面向21世纪中国林业经济青年论坛】**　2000年4月15日，中国林业经济学会与北京林业大学经济管理学院在京联合举办了面向21世纪中国林业经济青年论坛。来自国家计委、国家林业局、国家林业局经济发展研究中心、中国林科院、中国农业科学研究院、北京林业大学、山东农业大学、福建林学院、浙江林学院、人民日报社、中国绿色时报社等10多个部门和单位的20多名青年学者聚集一堂、各抒己见，对面向21世纪的中国林业从不同角度与侧面进行了活跃而热烈地讨论。

关于林业的定位问题　一部分人认为，世纪之交，中国林业处于重大的转换与调整时期，需要给中国林业进行科学的定位，以便明确发展的方向。另一部分人认为，林业的定位问题用不着讨论，林业的地位是由森林来决定的，社会对林业的认识随着对森林认识的加深而加深，反映出社会发展的必然要求。林业的根本任务包括生态和经济两个方面，林业部门存在的意义是如何搞好林业的宏观管理，合理配置资源，而不需要人为地去给林业定位。

**关于21世纪林业发展的一些重要问题** ①林业的发展机制与动力。与会者认为，林业的发展机制与动力是21世纪林业发展的关键问题。21世纪造林干什么？政府强调的是生态效益，老百姓更看重经济效益，而两种效益的发挥都要以森林资源的存在和发展为前提。所以21世纪的林业发展首先要能调动社会各方面和千家万户的造林积极性，这也应是21世纪林业政策的出发点。②关于林业产业化问题。有的同志分析了农业产业化带来的成果，认为林业需要产业化。产业化就是产品直接进入市场见效益。有的同志谈到，把林业划分为生态体系和产业体系的做法值得商榷。应恢复国家林业局的产业协调职能，重点是拟定好产业政策，调整产业布局，培植后备基地，推进国有林业改革。③关于退耕还林问题。与会同志认为退耕还林政策是继联产承包责任制以来，第二次在农村得到上下一致的响应。④林业的社会化与舆论动员问题。到会的新闻界同志认为，林业的许多会议仍是口号多，眼睛总是向内，路子不宽。林业应找准舆论宣传的切入点，打开小的缺口，作大的文章。

**对林业50年的回顾与展望** 与会者讨论了新中国50年值得思考的一些问题。①重数量，轻质量。②重林造，轻树种。③重新种，轻管护。④重造林，轻利用。⑤重单项，轻综合。⑥重内部，轻外部。⑦重人力，轻自然力。⑧重计划，轻市场。⑨重行政，轻技术。

**展望21世纪的中国林业，是否可以设想如下目标** 森林覆盖率达到30%；森林生态体系建设基本完善；林种树种结构合理；林农生活水平达到全国平均水平；诸多保障体系进入规范化、正规化轨道。21世纪的林业应能做到：还青山绿水和林业富裕于21世纪。

（中国林业经济学会）

## 中国林产工业协会

**【综　述】** 2000年是中国林产工业协会新老交替的一年，在2000年里，中国林产工业协会主要完成了以下工作：

1. 根据国务院颁发的《社会团体登记管理条例》和《中国林产工业协会章程》要求，做好中国林产工业协会第三届理事会的换届选举工作是我们今年工作的重点。

10月23～24日，《中国林产工业协会第二次全国会员代表大会暨21世纪林产工业发展研讨会》在北京如期召开，国家林业局李育材副局长、国家林业局计划与资金管理司姚昌恬司长等130人出席了会议，李育材副局长作了题为《发挥桥梁作用开拓进取推动林产工业大发展》的报告。大会请到了中国工程院张齐生院士、财政部文琮宇博士、南京林业大学周定国教授等七位国内著名专家到会并对大会作了精彩讲演。会议按照民政部的有关要求选举产生了国家林业局副局长李育材、党组成员江泽慧为中国林产工业协会第三届理事会名誉理事长，中国林产工业公司总经理张森林为理事长、国家林业局计资司司长姚昌恬等12人为副理事长，沈贵当选为专职秘书长。

大会修改了《中国林产工业协会章程》，通过了《中国林产工业协会第二届理事会工作总结》、《关于修改中国林产工业协会章程的报告》、《中国林产工业协会收费管理办法》及《中国林产工业协会2001年年度工作计划》，新当选理事长张森林同志作了大会总结报告。

2. 协会通过了民政部统一布置的全国社会团体的清理整顿，民政部重新颁发了“社会团体法人登记证书”，再次明确中国林产工业协会为全国性社团组织，主管部门仍为国家林业局。中国林产工业协会按民政部、公安部的规定重新由民政部刻制了公章，并于2000年六月七日正式启用。

3. 参加了国家林业局李玉材副局长牵头的对山东省、江苏省和河北省的木材加工发展情况调查。

4. 对东北黑龙江、吉林两省林产工业发展状况进行了初步调查。对国有森工企业在社会主义市场经济条件下，在可采资源日趋减少，天然林保护工程实施以后所面临的诸多困难及其采取的不同应对措施有了新的认识。

5. 组织国内林产工业企业参加了意大利米兰和美国亚特兰大的木工机械和家具配件展览会；组织林产工业考察团两次赴德国等欧洲国家考察；积极参与国家林业局国际合作司接待了马来西亚木材经济和技术考察团。

6. 筹备2001年4月在北京举办的国际木材木制品展览会。

7. 组织印刷并发放会员证书，制作铜牌分别向理事长、副理事长、常务理事、理事单位发放。

8. 组织编写和印刷《中国林产工业协会第二次全国会员代表大会暨21世纪中国林产工业发展论坛会刊》、《中国林产工业协会简介》和《中国林产工业协会章程》。

（张文玲）

# 中国林业体育协会

【综　述】　2000年是《全民健身计划纲要》第一期工程的最后一年，中国林业体育协会按照国家林业局、国家体育总局的部署，结合林业行业的实际情况，开展形式多样的体育活动，有力地推动了全行业的全民健身工作。

全民健身工作　为了进一步推动林业行业的全民健身工作，中国林业体育协会按照计划的安排，于6月16～23日在河北省承德市举办了全国林业第七届象棋“塞罕坝杯”赛；在举办象棋赛的同时，中国林业体协于6月16～18日在承德市万树园宾馆召开了全国林业体协秘书长年会，有17个省（区、市）林业体协的负责同志参加，会议传达了全国体育工作会议和有关群体工作的文件。与会同志相互交流了职工体育工作的经验，体会；议定了林业体协近期工作重点和2001年工作安排。

参加全国竞赛　中国林业体育协会本年度参加全国性比赛共计2次。5月15～21日在山东省胜利油田举行的全国拳击锦标赛上，中国林业体协运动员白冰冰夺得男子63.5公斤级第5名；5月6～15日在江西省宜春市举行的全国象棋团体赛上，由四川、山西林业厅联合组队代表中国林业体育协会获乙组第8名。

筹备第九届全国运动会　中国林业体育协会经过广泛接触和多方努力，在拳击、跆拳道、武术散打、短道速度滑冰四个项目上与安徽省、吉林省签订了交流运动员的协议；着手第九届全国运动会的前期工作，为参加2001年举办的九运会做准备；中国林业体育协会征求各省区意见，届时将组织林业第九届全国运动会观摩团。

（郑　飞）

**2000年中国林业体协举办活动及参加全国竞赛一览**

| 项目 | 时间 | 地点 | 参加单位 | 成绩 |
|---|---|---|---|---|
| 全国林业第七届象棋“塞罕坝杯”赛 | 6.16～23 | 承德 | 河北、山西、黑龙江、四川、广东省林业厅、内蒙古、吉林森工集团 | 团体名次：四川一队、山西林业厅、黑龙江林业厅<br>个人名次：曾启泉（四川一队）吕晓波（黑龙江）、赵利琴（山西） |
| 全国林业体协秘书长年会 | 6.16～18 | 承德 | 各参赛省区、辽宁、天津、河南、山东、甘肃、云南、江苏、湖南、广东、南京森林公安专科学校 | |
| 全国拳击锦标赛 | 5.15～21 | 胜利油田 | 中国林业体育协会 | 白冰冰（63.5公斤级）并列第5名 |
| 全国象棋团体赛 | 5.6～15 | 江西宜春 | 四川、山西林业厅组队 | 乙组第8名 |

（伊尧正）

# 大事记与重要会议

## 2000年中国林业大事记

### 1月

**15～29日**　国家林业局在福建、广东、广西、云南四省（区）开展南方二号行动。行动期间，共出动森林公安民警1 664人次，查破各类野生动物案件2 672起，处理各类违法犯罪人员2 705人，极大地震慑了违法犯罪分子。

**21日**　国家林业局决定在全国范围内，开展野生动植物保护法律法规执行年活动。

**25日**　国家林业局副局长李育材在北京会见加拿大自然资源部部长古德尔，表达了进一步加强林业合作的愿望，共同出席了中加林业合作研讨会，签署了《中加森林防火培训合作意向书》。

**26日**　国际竹藤组织在北京举行总部大楼和国际竹藤网络中心工程开工典礼。中共中央政治局委员、国务院副总理钱其琛，国家计委副主任刘江，国家林业局局长、国际竹藤组织理事会主席王志宝，国际竹藤组织董事会主席高登·史密斯等出席典礼仪式并剪彩。

**29日**　国务院总理朱镕基签署第278号国务院令，发布《中华人民共和国森林法实施条例》。

**31日～2月11日**　国家林业局和外交部共同组成的中国政府代表团出席了在纽约联合国总部举行的政府间森林论坛第四次会议。

### 2月

**2日**　国家林业局局长王志宝签署国家林业局第5号令，发布《中华人民共和国植物新品种保护名录（林业部分）》（第二批）。

**10日**　全国著名劳动模范、黑龙江省铁力林业局退休工人、中共党员马永顺同志，因心脏病突发逝世，享年87岁。国务院总理朱镕基、全国政协主席李瑞环分别打电话对林业战线著名劳动模范马永顺的病逝表示深切哀悼，并对马永顺的家属表示诚挚慰问。2月18日，全国绿委会、人事部、国家林业局决定追授马永顺同志“林业英雄”称号。2月21日，全国绿委会、国家林业局决定开展向林业英雄马永顺同志学习活动。2月24日，林业英雄马永顺同志先进事迹报告会在人民大会堂举行。中共中央政治局委员、国务院副总理温家宝出席报告会并号召大家向马永顺同志学习，把植树造林、绿化祖国的伟大事业一代一代地进行下去。

**12日**　国务院办公厅以国办发［2000］11号文转发《教育部等部门关于调整国务院部门（单位）所属学校管理体制和布局结构实施意见的通知》，对国家林业局所属学校的管理体制作出如下调整：北京林业大学、东北林业大学划转教育部管理；南京林业大学、中南林学院和西南林学院划转所在省实行中央与地方共建，以地方管理为主；白城林业学校、宁波林业学校划转所在省管理。国家林业局南京人民警察学校、北京林业管理干部学院继续由国家林业局管理，其中北京林业管理干部学院改为部门培训机构。

**15日**　全国政协人资环委、全国绿委会、国家林业局、国家广电总局和中国绿化基金会共同主办的“保卫绿色，关注森林”2000年宣传活动在北京启动。全国政协副主席赵南起出席启动仪式并讲话，国家林业局局长王志宝主持仪式，党组成员、中纪委驻局纪检组组长杨继平作工作部署。

**19～20日**　全国林业厅局长会议在杭州召开。会议分析了林业面临的形势，部署安排了当前及今后一个时期的林业工作。国家林业局局长王志宝在会上作了题为《分类经营，分区突破，全面开创新世纪林业建设新局面》的重要讲话，常务副局长周生贤作会议总结，副局长李育材、马福等出席会议。

**29日**　国家林业局和中国野生动物保护协会联合发起的“爱鸟周”暨“世纪之年——爱鸟护鸟南北行”大型科普宣传活动在江西省鄱阳湖国家级自然保护区启动。活动按鸟类迁徙路线，南起海南岛，北至黑龙江，跨越11个省（市），历时两个月，规模为历年之最。

## 3月

9日　国家林业局、国家计委、财政部印发《关于开展2000年长江上游、黄河上中游地区退耕还林（草）试点示范工作的通知》，确定在长江上游的云南、四川、贵州、重庆、湖北和黄河上中游的陕西、甘肃、青海、宁夏、内蒙古、山西、河南、新疆等13个省（区、市）的174个县（团、场），开展退耕还林（草）试点示范工作。

10日　国家林业局决定授予赤峰市全国林业生态建设先进市称号。

13日　国家林业局局长王志宝签署国家林业局第6号令，发布《林业工作站管理办法》。

19～21日　濒危野生动植物种国际贸易公约虎问题高级专家考察团就老虎保护、虎产品利用及野生动植物保护等问题对中国进行考察。国家林业局局长王志宝、副局长马福与考察团专门就中国野生动植物保护、国际敏感物种及其产品利用等问题进行了座谈。

20日　国家濒危物种进出口管理办公室和国家海关总署对《进出口野生动植物种商品目录》进行了调整，决定将国家重点保护野生植物种的进出口管理纳入海关监管范围，并规定自2000年5月1日起执行调整后的《进出口野生动植物种商品目录》。

22日　国家林业局印发《国家林业局关于重点林业工程资金稽查工作的暂行规定》。

23日　国家林业局在海口市召开国家造林项目竣工总结大会。国家造林项目从1988年着手准备，1990年世行贷款3亿美元，加上国内配套资金共投入人民币37亿元，在全国16个省（区）的300多个县（市）实施，历时10年，于1997年全面竣工。16个项目省（区）共完成高标准速生丰产林130多万公顷，成为全国一亿亩速生丰产林规划的骨干工程。

24日　国家林业局印发《长江上游、黄河上中游地区2000年退耕还林（草）试点示范科技支撑实施方案》。

27日　国务院召开全国森林防火工作电视电话会议，部署2000年的森林防火工作。国务院副总理温家宝在会上作了重要讲话，要求各地和有关部门紧急行动起来，采取有力措施，全力做好森林防火工作，确保不发生大的森林火灾。国家林业局局长王志宝分析了全国森林防火的形势，并对2000年的森林防火工作作了具体部署。

31日　国务院总理办公会听取了国务院法制办关于建立森林生态效益补偿基金问题的报告，对建立森林生态效益补偿基金的进一步协调工作提出了意见。

## 4月

1日　党和国家领导人江泽民、朱镕基、李瑞环、胡锦涛、尉健行、李岚清等，在北京中华世纪坛参加首都义务植树活动。江泽民同志指出："开展全民义务植树活动，提高了人民群众的绿化意识，也美化了我们的生活环境，一定要长期坚持下去。西部大开发首先要改善环境，加强生态建设，植树种草的工作要抓紧抓好。"朱镕基同志指出，首都的绿化工作很重要，不能放松。李瑞环同志指出，北京要多植树、多种草，加强大气综合治理工作。

4日　中央机构编制委员会办公室以中编办字[2000] 35号批准国家林业局成立国际竹藤网络中心。

9～20日　以国家林业局副局长马福为团长的中国政府代表团，出席了在肯尼亚内罗毕召开的濒危野生动植物种国际贸易公约第十一次缔约方大会。会上，中国被选为新一届常委会副主席国。

10日　中国正式成为湿地国际第57个国家会员。经国务院批准，国家林业局副局长李育材致函湿地国际主席卡尔登先生，提名国家林业局野生动植物保护司司长张建龙、林业国际交流中心常务副主任金普春为湿地国际国家会员的中国代表。提名得到了湿地国际的确认。

12日　全国林木种苗工作会议在南宁召开。会议总结了建国以来特别是改革开放以来林木种苗工作的经验和教训，分析了当前面临的形势，提出了今后一段时期林木种苗工作的基本思路和到2005年林木种苗生产建设与管理的目标。国家林业局副局长李育材出席会议并讲话。

15～22日　国家林业局局长王志宝率中国林业代表团访问美国，与负责自然资源的美国农业部副部长詹姆斯·莱昂在华盛顿共同签署了《中华人民共和国国家林业局和美国农业部关于林业合作谅解备忘录》。

18日　国家林业局决定启动全国第三次大熊猫调查工作，范围涉及四川、陕西、甘肃3省55个县的33个大熊猫自然保护区。

同日，国家林业局决定实行全国统一林权证式样。

27日　国务院批准国家林业局使用第四批日本海外协力基金贷款1亿美元，加上国内配套资金共投入人民币11.62亿元，在陕西省、山西省和内蒙古自治区的75个县实施黄河中游生态林建设项目，预计营造生态公益林、用材林、经济林等34万公顷。这是我国林业迄今使用的最优惠的国外贷款。

28～30日　全国劳动模范和先进工作者表彰大会在北京召开，林业系统有27名先进模范人物受奖，分别是（按姓氏笔画顺序）：王开慈、王明、王领香（女）、王源楠、车克钧、邓荫伟、艾比保·安木都尔、刘泽林、刘殿阁、孙海军、张晓光、张磊、杨金华（女）、花晓梅、远立伦、陈文化、陈洋珠、陈胜久、姚桂兰（女）、姜淑清（女）、赵崇全、赵清旭、唐智生、黄孝存、黄宜进、彭河、程政红。

## 5月

**12～14日** 国务院总理朱镕基在河北、内蒙古考察防沙治沙工作时指出，我国土地沙化形势十分严峻，必须把防沙治沙、加强生态环境建设，作为一项重大而紧迫的任务抓紧抓好。要认真总结经验教训，进一步明确工作思路、政策措施，充分调动各方面的积极性，构筑绿色屏障，遏制土地沙漠化趋势，促进可持续发展目标的实现。国家林业局局长王志宝陪同考察。

**17日** 国务院总理朱镕基在听取国务院办公厅举办的防沙治沙科技知识讲座后指出，改善我国生态环境，特别是防沙治沙问题，迫在眉睫，要抓紧决策，制定一个科学的方案，不要再拖。

同日，中国足球协会2000年“绿化江河”义赛款捐赠仪式在北京举行。中国足协向中国绿化基金会捐赠2000年“绿化江河”义赛款145万元，这笔捐款将用在长江上游的三峡库区建造“中国足球纪念林”。中国绿化基金会主席王丙乾向中国足协副主席王俊生颁发了捐赠证书。国家林业局局长王志宝出席捐赠仪式。

## 6月

**2～13日** 国家林业局常务副局长周生贤率中国林业代表团参加在法国举行的世界山区论坛，并考察了法国林业，与法国农渔业部签署了《中法林业合作协议》。

**6日** 首期退耕还林还草试点示范县县级领导干部研究班在北京举办。国家林业局局长王志宝在开班典礼上发表题为《统一思想，提高认识，扎实开展好退耕还林还草试点示范工作》的重要讲话。2000年，国家林业局共举办退耕还林还草试点示范县县级领导干部研究班3期，培训学员183人。

**9日** 国家林业局、全国人大环资委、全国政协人资环委、中央电视台在北京召开“西部大开发，建设绿色家园”考察宣传活动动员大会。全国政协副主席赵南起出席会议，国家林业局党组成员、中纪委驻局纪检组组长杨继平作动员报告。

**13日** 国家林业局举行新闻发布会，公布第五次全国森林资源清查结果：林业用地面积26 329.5万公顷，森林面积15 894.1万公顷，森林覆盖率16.55%，活立木蓄积量124.9亿立方米，森林蓄积量112.7亿立方米。森林面积位居世界第五位，森林蓄积量位居世界第七位，继续保持双增长的良好发展势头。

**14日** 国家林业局决定授予衡水市等18个市（地区）全国林业生态建设先进市（地区）称号，密云县等63个县（市）全国林业生态建设先进县（市）称号。

**19～21日** 全国营造林工作会议在北京召开。会议总结了改革开放以来我国营造林工作取得的成就和经验，分析了当前林业面临的新形势，明确了新世纪我国营造林工作的基本思路，并研究部署了今后一个时期的营造林工作任务。国家林业局局长王志宝在会上作了题为《认清形势，提高认识，全面加强新世纪的营造林工作》的重要讲话，副局长李育材作工作报告。

**21日** 经国务院同意，国家林业局、国家计委、财政部印发《关于在湖南、河北、吉林和黑龙江省开展退耕还林（草）试点示范工作的请示》的通知，增补湖南、河北、吉林和黑龙江4省计14个县（市）为退耕还林（草）试点县。

同日，国家林业局决定，在全国范围内启动实施以督办、查处典型案件和新闻曝光相结合的保护森林资源三号行动，旨在进一步加大森林资源保护管理力度，促进依法行政，严厉查处打击各种破坏森林资源违法违纪行为，动员全民的力量共同保护我国宝贵的森林资源。

**21～25日** 外交部、国务院港澳办、国家林业局、国家濒危物种进出口管理办公室等部门组成的中央政府濒危野生动植物种国际贸易公约履约管理机构代表团赴香港特别行政区，与香港渔农自然护理署就有关濒危野生动植物保护及做好履约工作进行会谈。同时，还根据《公约》的规定，举行了罚没野生动植物及其产品的返还仪式。

**26日** 国家林业局副局长李育材在北京会见蒙古国民防局局长兼国家常设委员会副主席伦琴汗德上校，向蒙方介绍了我国的森林防火情况。双方还就制定中蒙关于边境地区森林、草原防火联防协定实施细则等问题交换了意见。

## 7月

**8日** 九届全国人大常委会第十六次会议审议通过《中华人民共和国种子法》。国家主席江泽民签署第34号主席令予以公布，自2000年12月1日起施行。

**16日** 中国大熊猫保护研究中心提供的两只大熊猫“锦竹”和“爽爽”运抵日本神户市王子动物园，由中国野生动物保护协会与日本神户市开始为期10年的大熊猫合作研究。合作研究期间，日方每年将向中国捐款100万美元用于大熊猫的保护工作。

**19日** 国家计委、财政部根据《财政部、国家计委关于调整野生动植物进出口管理费政策有关问题的通知》，联合印发了《关于野生动植物进出口管理费收费标准的通知》，大幅度调低野生植物和人工繁殖、培植野生动植物出口的收费标准，同时对进口野生动植物实行收费制度。

同日，全球环境基金、联合国开发计划署和澳大利亚发展援助署共同资助的中国湿地生物多样性保护与可持续利用项目正式启动。项目区包括黑龙江省三江平原湿地、江苏省盐城沿海湿地、湖南省洞庭湖湿地和四川与甘肃两省的若尔盖沼泽湿地。项目期5年

(2000～2004年)，资金总额3 457万美元，其中：联合国开发计划署、全球环境基金无偿援助1 168万美元，澳大利亚政府无偿援助259万美元，中国政府配套2 029万美元。

**26日** 中西部地区退耕还林还草试点工作座谈会在北京召开。中共中央政治局常委、国务院总理朱镕基在会上强调，既要充分认识退耕还林还草工作的重要性、紧迫性，又要清醒地看到这项工作的复杂性和艰巨性，必须进一步加强领导，认真落实各项政策，完善具体办法，切实注重实效，积极稳妥、健康有序地搞好试点和示范工作。

## 8月

**1日** 国家林业局局长王志宝签署国家林业局第7号令，发布《国家保护的有益的或者有重要经济、科学研究价值的陆生野生动物名录》。包括兽纲、鸟纲、两栖纲、爬行纲和昆虫纲5纲46目177科1 591种陆生野生动物被列入保护名录。

**2日** 国家林业局副局长李育材在北京会见埃塞俄比亚农业部部长格斯图·胡鲁卡博士，双方就加强两国在植树造林方面的合作问题交换了意见。应埃方要求，中国向埃塞俄比亚捐赠了部分泡桐种子。

**4～8日** 国家林业局党组在北戴河召开党组扩大会议，重点研究了当前林业改革和发展中的有关重大问题。

**19日** 三江源自然保护区揭碑仪式在青海省玉树州通天河畔举行。中共中央总书记、国家主席江泽民亲笔题写碑名，全国人大副委员长布赫书写碑文。青海省省委书记白恩培、副省长穆东升，国家林业局常务副局长周生贤、副局长马福出席揭碑仪式。中央电视台进行了现场直播。

## 9月

**1日** 我国第一部林业法律法规数据光盘——《中国林业法律法规大典》出版发行。大典收集了1949年以来我国颁布的部分共同法律，林业及与林业相关的法律法规、政府规章、司法解释及规范性文件，各省、自治区、直辖市颁布的地方性法规、政府规章及规范性文件等，计3 466条（件），1 300余万字。

**4日** 国家林业局印发《森林病虫害国家级工程治理项目检查验收办法》。

**4～10日** 中共中央政治局常委、国务院总理朱镕基在新疆考察工作时指出：生态建设和环境保护是西部大开发的根本，要有计划、分步骤地抓好退耕还林还草、荒山荒漠绿化等生态建设工程，改善西部地区的生态环境和生产条件。这项工作做好了，不仅对西部地区，而且对全国的可持续发展都具有十分重大的意义。

**6日** 国家林业局局长王志宝在北京会见联合国粮农组织总干事迪乌夫。王志宝向客人介绍了我国西部大开发和退耕还林还草方面的情况，指出退耕还林还草所造成的粮食减产可通过采取其他措施弥补，不会影响中国的粮食安全。

**10日** 国务院以国发［2000］24号发出《国务院关于进一步做好退耕还林还草试点工作的若干意见》，要求试点区各级政府认真做好退耕还林还草试点工作：(一) 加强领导，明确责任，实行省级政府负总责；(二) 完善退耕还林还草政策，充分调动广大群众的积极性；(三) 健全种苗生产供应机制，确保种苗的数量和质量；(四) 依靠科技进步，合理确定林草种结构和植被恢复方式；(五) 加强建设管理，确保退耕还林还草顺利开展；(六) 严格检查监督，确保退耕还林还草工程质量。

**11日** 国家林业局颁布实施《中国湿地行动计划》。

同日，中国电信集团公司与中国青少年发展基金会联合推出的以资助“保护母亲河行动，倡导绿色文明”为主题的中国电信IP电话“绿色家园行动”在人民大会堂举行启动仪式。中国电信通过开展这项活动将向保护母亲河行动捐款200万元，与用户一起共同营建“中国电信万亩世纪林”。全国政协副主席经叔平出席启动仪式。

**12～14日** 全国森林公安和森林防火工作会议在南昌召开。会议总结交流了“九五”期间全国森林公安和森林防火工作的成绩和经验，分析了当前面临的形势，并对今后一个时期的工作进行了部署安排。国家林业局副局长马福出席会议并讲话。

**20日** 国家林业局驻四川省森林资源监督办事处在成都挂牌成立。

**21～28日** 国家林业局局长王志宝率中国林业代表团赴芬兰出席中芬林业工作组第十一次会议，双方签署了《中芬林业第十一次工作组会议议定书》，确定了2001～2002年度中芬林业合作的7个项目。

**28日** 西南林学院局省共建交接仪式在昆明市举行。西南林学院划转云南省管理，实行局省共建、以省为主的新管理体制。

## 10月

**4日** 国家林业局副局长马福率领的中国政府代表团出席了在约旦首都安曼召开的第二届世界自然保护大会。中国野生动物保护协会以非政府成员身份出席。

**8日** 中日绿化合作纪念林营造仪式在北京昌平举行。中共中央政治局常委、全国政协主席李瑞环在人民大会堂会见来京参加中日民间绿化合作纪念林营造仪式的日中绿化推进议员联盟代表团。全国人大常委会副委员长布赫，中国绿化基金会主席王丙乾出席纪念林营造仪式。

同日，国家林业局授予柴胜元等120位首批植物新品种权代理人资格，并颁发植物新品种权代理人资格证书。

11日 国务院以国发［2000］31号发出《国务院关于进一步推进全国绿色通道建设的通知》，要求各地、各部门进一步推进全国绿色通道建设。通知明确全国绿色通道建设的目标是：到2005年，全国的高速公路、60%的现有铁路、国道、省道、河渠、堤坝实现绿化。到2010年，力争全国所有可绿化的公路、铁路、河渠、堤坝全面绿化，形成带、网、片、点相结合，层次多样、结构合理、功能齐备的绿色长廊，使绿色通道与生态环境、城乡绿化美化融为一体。

14～20日 朱镕基总理访问日本期间宣布，为进一步增进中日两国人民友谊，代表中国人民向日本人民提供一只取名为"美美"的雌性朱鹮，与1998年江泽民主席访日期间向日本人民赠送的一对朱鹮"友友"和"洋洋"1999年产下的雄性幼仔"优优"配对。应日本环境厅邀请，国家林业局派出以李育材副局长为团长的代表团护送"美美"赴日，实施雌性朱鹮提供事宜。

15～18日 国家林业局副局长马福应邀出席由中国野生动物保护协会与中国动物园协会、世界自然基金会、美国圣地亚哥动物园协会在美国圣地亚哥共同举办的2000年大熊猫国际研讨会。

30日 南京森林公安高等专科学校成立庆典大会在南京举行。新成立的这所森林公安高等学校，系经教育部批准在原国家林业局南京人民警察学校的基础上建立，仍隶属国家林业局管理，为全日制普通高等专科学校。

## 11月

3日 中华人民共和国政府和俄罗斯联邦政府在北京正式签定《关于共同开发森林资源合作的协定》。

8日 国家林业局主办的蒙特利尔进程第十二次会议在北京召开。来自12个成员国和有关国际组织的代表出席会议，并就蒙特利尔进程的进展情况、技术报告及其他机构的关系、未来发展方向展开了讨论。国家林业局副局长李育材出席开幕式并讲话。

9日 中共中央批准，周生贤同志任国家林业局党组书记、局长和中央农村工作领导小组成员。

同日，北京国际交换系统有限公司在北京将四辆北京吉普车捐赠给三江源自然保护区。国家林业局副局长马福出席捐赠仪式并讲话。

21日 中南林学院局省共建协议签订和管理体制交接仪式在湖南省株洲市举行。中南林学院划转湖南省管理，实行局省共建、以省为主的新管理体制。

22日 最高人民法院公布《最高人民法院关于审理破坏森林资源刑事案件具体应用法律若干问题的解释》。

27日 最高人民法院公布《最高人民法院关于审理破坏野生动物资源刑事案件具体应用法律若干问题的解释》。

## 12月

1日 国家林业局、国家计委、财政部、劳动和社会保障部印发《长江上游、黄河上中游地区天然林资源保护工程实施方案》和《东北、内蒙古等重点国有林区天然林资源保护工程实施方案》。

2日 国务院决定任命周生贤同志为国家林业局局长。

3日 国务院决定任命王志宝同志为国务院西部地区开发领导小组办公室副主任。

4～5日 中国共产党国家林业局直属机关第六次代表大会在北京召开。会议审议并批准了国家林业局党组成员、局机关党委书记杨继平代表局直属机关第五届党的委员会所作的工作报告，选举产生了新一届局直属机关党的委员会，杨继平同志被选为中共国家林业局直属机关第六届委员会书记。国家林业局党组书记、局长周生贤在大会上发表重要讲话。

5日 国家林业局发布《公益林与商品林分类技术指标》（林业行业标准）。

同日，国家林业局决定在全国布设510个国家级森林病虫害中心测报点。

6日 中国大熊猫保护研究中心提供的两只大熊猫"添添"和"美香"运抵美国华盛顿，由中国野生动物协会与美国华盛顿国家动物园开始为期10年的大熊猫合作研究。合作研究期间，美方每年为中国提供100万美元的捐款用于大熊猫的保护工作。

6～8日 天然林资源保护工程工作会议在北京召开。会议总结了1998年以来工程试点的经验，研究解决试点工作中出现的问题，全面部署工程实施工作。国家林业局局长周生贤在会上作了题为《认清形势，明确任务，领会精神，扎扎实实做好天然林资源保护工程实施的各项工作》的重要讲话。

11日 国家林业局机关年终总结动员大会在北京召开。国家林业局党组书记、局长周生贤在大会上作题为《振奋精神，开拓进取，扎实工作，以崭新的姿态进入二十一世纪》的重要讲话，明确要求把国家林业局建成勤政、廉洁、务实、高效的政府机关。

11～22日 国家林业局和外交部共同组成的中国政府代表团出席在德国波恩举行的联合国防治荒漠化公约第四次缔约方大会。国家林业局副局长李育材和全国人大环资委委员王涛分别出席了防治荒漠化部长级会议和议员圆桌会议。

18日 中国绿化基金会常务副主席蔡延松和香港嘉道理慈善基金会执行董事李文德在人民大会堂签订协议：香港嘉道理慈善基金会向中国绿化基金会捐赠200万元绿化扶贫款。这笔绿化扶贫款将分别用于资助青海省海晏县西岔村生态扶贫项目和河北省涿鹿县清宁堡村造林扶贫项目。

19日 关注森林——国际森林年15周年纪念大会在全国政协礼堂举行。中共中央政治局常委、全国政协主席李瑞环在致大会的信中指出，保护森林，改善生态，实现可持续发展，是21世纪人类面临的重大历史责任。中国政府十分重视森林问题，把发展森林作为经济社会可持续发展的战略任务。我们愿意和世界各国人民一道，不断加强森林领域的国际合作，为重建地球绿色植被、共创人类绿色家园履行应尽的义务。

同日，国家林业局局长周生贤在北京会见了韩国国际协力团（KOICA）总裁闵形基一行。韩国政府决定出资500万美元用于中国西部地区开展植树造林、改善生态环境的合作项目，并通过韩国国际协力团具体实施。

20日 中央机构编制委员会办公室以中编办字[2000]118号文同意成立国家林业局科技发展中心（国家林业局植物新品种保护办公室）。

25日 中央军委决定周生贤同志兼任武警森林指挥部第一政治委员。

27日 中央机构编制委员会办公室以中编办字[2000]121号文同意成立国家林业局对外合作项目中心。

29日 第一部中国林业白皮书《2000年中国林业发展报告》出版发行。

31日 国家林业局局长周生贤签署国家林业局第1号令，发布《林木和林地权属登记管理办法》。

（涂先喜）

# 林业重要会议

**【全国林业厅（局）长会议】** 2000年2月19、20日，国家林业局在杭州召开了全国林业厅（局）长会议。会议的主要任务是，贯彻落实中央经济工作会议、中央农村工作会议和国务院西部地区开发会议精神，分析林业形势，部署安排2000年及今后一个时期的林业工作。国家林业局局长王志宝，常务副局长周生贤，副局长李育材、马福，武警森林指挥部政委尹成富，各省、自治区、直辖市的林业厅（局）长，东北、内蒙古四大森工（林业）集团的主要负责人，计划单列市和新疆生产建设兵团的林业局长以及国家林业局机关各司（局）和直属单位的负责人参加了会议。中央、国务院有关部门和单位的同志应邀参加了会议。

王志宝局长在会上作了《分类经营，分区突破，全面开创新世纪林业建设新局面》的讲话，提出了新形势下林业工作的基本思路。

常务副局长周生贤作了会议总结。

会议认为，1999年是我国历史上很不平凡的一年，也是林业发展史上具有重要意义的一年，各项林业事业有了很大发展。一是造林绿化继续保持良好的发展态势。二是林地管理工作进一步加强。三是森林资源保护工作取得新的成效。四是以分类经营为重点的林业改革不断深化。五是林业法制建设进一步加强。六是科教兴林工作取得新的进展。七是国家对林业的各项投入稳定增加。八是林业国际合作进一步扩大。

会议指出，1999年，江泽民总书记和国务院领导同志进一步对造林绿化、改善生态环境问题作出一系列重要指示，其基本精神是：一是改善生态环境刻不容缓。二是改善生态环境必须大抓林草植被建设。三是加强生态环境建设是西部大开发的根本。四是要采取强有力的措施促进生态环境建设。五是加强生态环境建设的时机已经成熟。六是要切实做好重点生态工程建设的规划和组织实施工作。

会议提出新形势下林业工作的基本思路是：以现代林业思想为指导，以建立比较完备的林业生态体系和比较发达的林业产业体系为目标，以保护和改善生态环境为重点，深化分类经营改革，实施分区突破战略，促进我国林业持续、快速、健康发展。

会议强调，要根据不同地区的不同情况以及国家对各地区林业建设任务的不同要求，分区域确定林业建设的重点。具体布局上，把全国分为四个区域，实行分类指导，分区突破，从而实现全国林业发展的总体推进。

第一个区域是长江上游、黄河上中游地区。其主要任务有三项：一是对天然林要停止采伐，并采取有效措施严加管护。二是对宜林荒山荒地要造林绿化，尽快恢复林草植被。三是对陡坡耕地，应有计划、分步骤地退耕还林还草。

第二个区域是西北北部、华北北部和东北西部风沙干旱地区。其主要任务有四项：一是全面保护好现有林草植被，严禁乱砍滥伐、乱采滥挖和乱垦滥牧，避免造成新的土地沙化。二是在沙漠仍在推进地带，大力植树种草，建立起遏制沙漠推进的生态屏障。三是对已经沙化的地区开展综合治理，积极扩大林草植被。四是对已经形成的沙漠绿洲，要在巩固的基础上不断扩大。

第三个区域是东北、内蒙古国有林区。主要任务是减少木材采伐，使林区能够有效地休养生息。

第四个区域是除上述区域以外的地区。其主要任务是，在继续加速推进生态建设的同时，大力发展商品林业，努力满足国家建设和人民生活的需要。

会议要求，围绕实行分类经营改革和实施分区突破战略，要集中力量抓好七项重点工作。一是全面制定和组织实施四大区域林业建设规划，实现林业发展的总体推进。二是搞好森林分类区划界定，推进分类经营改革。三是调整造林工作指导思想，提高造林绿化的效率和效益。四是加强和改善森林资源保护管理工作，进一步巩固造林绿化成果。五是加强林业立法和执法工作，强化依法治林。六是加强科技兴林工作，提高林业建设的科技含量。七是进一步搞好林业全方位开放，促进林业加快发展。 （刘树人）

**【全国森林防火工作电视电话会议】** 2000年3月27日，国务院召开了全国森林防火工作电视电话会议。会议由国务院副秘书长马凯主持，中共中央政治局委员、书记处书记、国务院副总理温家宝在会上作了重要讲话。国家林业局局长王志宝在会上通报了1999年森林防火工作情况并作了工作部署，内蒙古自治区和黑龙江、吉林省人民政府的负责同志在会上作了发言。

王志宝局长通报了1999年森林防火情况，并就如何贯彻落实温家宝副总理的重要讲话精神，做好2000年森林防火工作提出了具体要求：一要更加广泛开展宣传教育，确保思想认识到位；二要更加周密细致地落实森林防火责任制，确保责任到位；三要更加严格扎实地做好各项扑火准备，确保防范措施到位；四要进一步加强值班和调度工作，确保信息畅通。 （刘　萌）

**【全国营造林工作会议】** 2000年6月19～21日在北京召开。会议的主要任务是全面总结几十年来营造林工作的经验，深刻分析营造林工作存在的问题，深入贯彻落实党中央、国务院关于生态环境、林业建设的一系列指示和局党组提出的分区突破、分类经营发展战略，明确营造林工作的战略目标和战略重点，研究部署新时期的营造林工作，全面开创我国营造林工作新局面。参加会议的有各省（区、市）、计划单列市主管林业厅（局）营造林的厅（局）长，内蒙古、吉林、龙江、大兴安岭森工（林业）集团公司主管营造林的负责人；各省（区、市）林业厅（局）营造林处长，森林病虫害防治检疫站站长，全国林业生态建设先进地市、县、先进单位和先进工作者的代表。6月19日上午大会开幕式，国家林业局在京的党组成员，全国政协经济委员会副主任、原林业部副部长刘广运，全国政协委员、原林业部副部长沈茂成，北京市副市长岳福洪，中央农村工作领导小组办公室、国家计委、财政部、科技部、国家开发银行等部门有关方面负责同志，国家林业局各司局和有关事业单位负责同志，国家林业局各司局和有关事业单位的负责人以及新闻记者约300人出席了会议。

会议期间，王志宝局长代表国家林业局党组作了《认清形势，提高认识，全面加强新世纪的营造林工作工作》的讲话，全面总结分析了我国林业面临的形势和任务，提出了今后我国营造林工作的指导思想和基本方针，深刻阐述了营造林在林业乃至国民经济和社会发展中的基础地位和重要作用，为今后一个时期全国营造林工作指明了方向，对营造林工作者寄予了殷切的期望。国家林业局党组副书记、副局长李育材同志作了《总结经验，开拓创新，把我国营造林事业全面推向21世纪》的工作报告，全面总结了建国以来特别是改革开放以来全国营造林工作成绩的经验，深刻分析了当前营造林工作存在的主要问题，提出了新时期全国营造林工作的基本思路、发展目标、战略布局、重点、总体要求以及需要采取的对策。会议表彰了一批全国林业生态建设先进市（县），全国营造林工作先进单位和先进工作者，全国森林病虫害防治检疫先进站和先进工作者。北京、广东、福建等10个省（区、市）林业厅（局），江西省赣州市、内蒙古自治区赤峰市人民政府，山东省滨州地区行署作了典型发言。会议讨论《全国生态公益林建设系列标准》和《2001～2010年全国造林绿化规划纲要》框架。 （王恩玲）

# 附　　录

## 国家林业局有关司局和单位简称全称对照

| | |
|---|---|
| 1. 造林司 | 植树造林司 |
| 2. 资源司 | 森林资源管理司 |
| 3. 保护司 | 野生动植物保护司 |
| 4. 公安局 | 森林公安局 |
| 防火办 | 森林防火办公室 |
| 5. 政法司 | 政策法规司 |
| 6. 计资司 | 发展计划与资金管理司 |
| 7. 科技司 | 科学技术司 |
| 8. 国际司 | 国际合作司 |
| 9. 人教司 | 人事教育司 |
| 10. 场圃总站 | 国家林业局国有林场和林木种苗工作总站 |
| 11. 工作总站 | 国家林业局林业工作站管理总站 |
| 12. 基金总站 | 国家林业局林业基金管理总站 |
| 13. 宣传中心 | 国家林业局宣传中心 |
| 宣传办 | 国家林业局宣传办公室 |
| 14. 国家濒管办 | 国家林业局濒危物种进出口管理中心 |
| 15. 世行中心 | 国家林业局世界银行贷款项目管理中心 |
| 16. 治沙办 | 防治荒漠化管理中心（国家林业局防沙治沙办公室） |
| 17. 天保中心 | 国家林业局天然林保护工程管理中心 |
| 18. 合作中心 | 国家林业局对外合作项目中心 |
| 19. 新品办 | 国家林业局科技发展中心（国家林业局植物新品种办公室） |
| 20. 中国林科院 | 中国林业科学研究院 |
| 21. 三北局 | 国家林业局西北华北东北防护林建设局 |

# 索　引

## M



## N



## P



## Q

# 先进单位光荣榜

# 全国天然林资源保护工程试点单位——大兴安岭林业集团公司

地委书记、林业集团公司党委书记　杨喜军

行署专员、林业集团公司总经理　王忠林

2000年，在黑龙江省省委、省政府和国家林业局领导下，大兴安岭地委、行署、林业集团公司，率领全林区人民，以“三个代表”思想为动力，不断深化林区改革，全力实施所有制、经济结构、产业和产品结构改革，成功地完成了全国天然林资源保护工程试点工作，取得了显著的经济、社会、生态效益。全年实现国民生产总值42.6亿元，同比增长4.8%；木材产值比重达54.6%，结束经济上“独木支撑”的局面；森林资源总蓄积净增长484万立方米；全部完成退耕还林任务；森工企业结束多年亏损局面首次实现盈利；原有300余户国有中小企业基本全部实施了产权明晰的所有制改造。林场改革、招商引资、城市改造、改善投资和发展环境、职工自营经济、“天保”工程转产项目建设、转岗职工安置和社会保障体系建设、领导班子和党组织建设、社会治安综合治理等经济和社会发展前所未有，创造了林区可持续发展的良好开端。

天然林资源保护工程成果喜人，2000年森林资源总蓄积净增长484万立方米

结构调整中掀起绿色食品“风暴”,2000 年实现产值 2.4 亿元

职工自营经济飞速发展，图为职工养殖畅销大江南北的黑木耳

木材精加工产品如雨后春笋,图为实木门窗

集装箱地板成为出口拳头产品和林产工业主产品，拉动结构调整

城市改造使林城净化、美化、亮化、绿化,图为加格达奇新世纪广场

# 全国平原绿化达标先进单位——河北省永清县

河北省永清县地处冀中平原，永定河故道贯穿县境。1986 年该县被林业部评为“平原绿化达标先进单位”，1987 年又被国家绿化委员会命名为“全国绿化先进县”。1998 年以来，在局长王铁鹏的带领下进行了第二次创业，他们立足于本县位于京津之间的区位优势，把林果业作为调整农村产业结构的重点，积极为县委、县政府出谋划策，使林业地位逐步提升，林果业成了强县富民的支柱产业。平原速生丰产林、优质苗木基地和果品三项重点工作取得了好成绩，带动了林业整体工作又上了一个新台阶。2000 年底，全县有林地面积已经达到 25 580 公顷，其中速生丰产林 6 400 公顷，果树 14 666 公顷，果品总产 8 000 万千克。花卉、苗圃面积 1 800 公顷，森林覆盖率达 33%，林业总产值 1.6 亿元。林果专业村 152 个，专业户 10 950 个，林产品加工重点乡镇 2 个。由于大规模的植树造林，使永清县的沙荒地得到绿化，密林区蔽日成荫，防护林带绵延不断，果园星罗棋布，永清县已成为京津之间一颗绿色明珠。

局长　王铁鹏

撰　稿：芦保良

公路绿化

平原防护林

杆子林

种苗基地

森防站工作人员研究标本

硕果累累

# 吉林省连续20年无重大森林火灾模范单位——三岔子林业局

三岔子林业局始建于1947年，是国家大型一档综合性森工企业，总经营面积为223 438公顷，辖区内有7个林场、1个参场和1个苗圃。

多年来，三岔子林业局党政班子对森林防火工作非常重视，仅1994年以来，就在森林防火上投入达557万元，保证了森林防火基础设施和设备完好，人员配备齐全。全局设有瞭望台15座、望远镜16部、罗盘仪15部、通讯基地台18部、手持机140部、各种专用车辆31台、快艇3艘、风力灭火机87台、二号工具700余把、其他扑火工具1 000余件、林火监测电脑1套、GPS卫星定位导航仪4部、传真机1台。设置专职护林员351人、瞭望员31人、专业机械化扑火队3支、半专业扑火队8支，共计180人组成，兼职义务扑火队11支，共计5 500人组成。

三岔子林业局截至2000年实现连续17年无一般森林火灾，并且被吉林省人民政府授予全省连续20年无重大森林火灾模范单位荣誉称号。

撰　稿：孔繁良
撰　影：吕高鹏

局部分领导坐阵指挥

林海哨兵观察瞭望

森林消防队员实战演练

护林员对入山车辆行人宣传、检查截留火种

# 吉林省森林防火模范单位——和龙林业局

和龙林业局于1958年5月23日建局，总经营面积170 489公顷，其经营区跨吉林省和龙、安图两县，地理位置为东经128°21′~128°58′，北纬41°59′~41°29′，森林覆盖率为93.8%，经营区共有13个林场，其中6个主伐林场，7个经营林场，一个路电管理处，一个煤矿，5个村屯。

防火办于1980年成立以来，为了使防火设施尽快跟得上防火工作不断发展的需要，提高森林防火工作现代化水平，先后购置更新宣传车3台，指挥车3台，运输车3台，摩托车105台，推土机1台，水泵10台，油锯100台，风力灭火机150台，建立瞭望台8座，中转基地1处，各种电台150部，手持机400部，发电机3台，于1988年4月1日成立了全国第一支林业局专业扑火队，仿部队现役管理。和龙林业局先后被吉林省政府授予连续10年、15年、20年无重大森林火灾模范局，并先后奖励一台北京越野车和一台猎豹越野车。

撰　稿：玄香淑
摄　影：金完一

加大宣传力度，兴建永久性宣传碑

建立在中朝边境的防火瞭望塔

因20年无重大森林火灾被省政府奖励的防火指挥车

专业扑火队员奔赴火场

# 吉林省森林防火模范单位——红石林业局

吉林省红石林业局位于长白山富尔岭山脉的西部，松花江畔，辖区总面积342 591公顷，有林地面积299 171公顷，是全省最大的森工企业、省重点火险区之一。

多年来，历届局党政班子对防火工作高度重视，全局共区划86个防火区域，全部实行领导包保责任制，落实了“十户联防”工作，严格入山管理和野外火源管理，对重点火险区实行专业人员驻点巡护，死看死守，加大了设施设备投入和扑火队伍建设，全面提高了扑火战斗力和综合防护能力。全局共有护林员237人，机械化专业扑火队50人，投资兴建了防火瞭望塔14座、电台20部、手持机90部、2号工具625套、风力灭火机95台、摩托车27台、森防指挥车3台、宣传车1台、巡护船1艘、快艇3艘。

吉林省红石林业局局长、党委书记石国新(右二)、副局长方立军(右一)在森林防火指挥室研究森林防火扑火方案

目前，红石林业局已实现了连续23年无重大森林火灾，多次受到省、市政府表彰奖励，在吉林省连续20年无重大森林火灾表彰奖励大会上被省政府评为森林防火模范单位。

撰　稿：郇兴利
摄　影：李广友

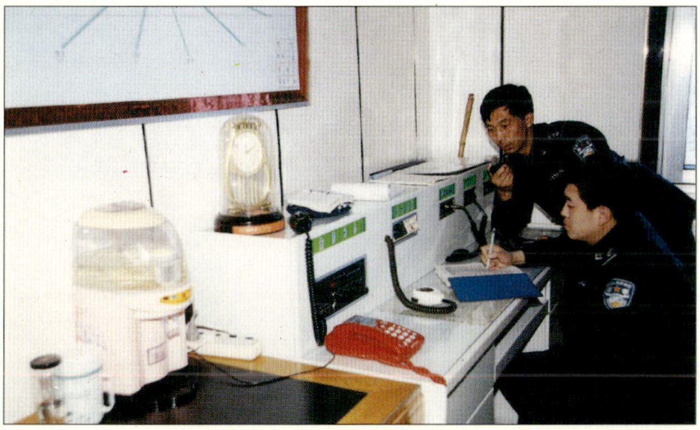

工作人员在防火电台室下达森林防火命令

局机械化扑火队在进行扑火演练

局机械化扑火队严阵以待，一有火情，随时出动

# 黑龙江省森工“双文明”兴林杯大赛金杯标兵——黑龙江兴隆中密度纤维板有限公司

中德合资的黑龙江兴隆中密度纤维板有限公司坐落在哈尔滨市巴彦县兴隆镇，受惠于哈绥高速公路、铁路，交通便捷。

公司成立于1994年，总投资3.2亿元，注册资金1 183万美元。项目全线引进欧洲设备，建成热鼓型连续压机高、中密度纤维板生产线和欧式模压门生产线各一套，年产“圣维”牌高、中密度纤维板6万立方米，模压门25万扇。

董事长、总经理　刘卫权

几年来，公司在总经理、党委书记刘卫权的带领下，精神文明和物质文明建设协调发展，硕果累累，通过科技、观念、管理创新，呈现出改革深入、生产稳定、效益递增、企强民富的崭新局面。荣获2000年黑龙江省森工“双文明”兴林杯大赛金杯标兵荣誉；获得了由国家方圆认证委员会颁发的ISO9002国际质量体系认证证书；被哈尔滨市外资管理局评为先进外商投资企业和先进技术企业；被中国市场研究中心评为“名牌企业——质量·服务·信誉AAA级企业”。

工厂一角

“圣维”牌高、中密度纤维板

欧式模压门

# 全国林业生态建设先进市——浙江省台州市

台州市林业局长　张明超

黄岩东魁杨梅

台州素有“七山一水二分田”之称，全市现有林业用地61.2万公顷，占陆域总面积的64.8%。走进台州，只见青山葱郁、平原滴翠、城乡繁荣。林业建设在为改善和优化生态环境，促进社会经济可持续发展方面发挥了积极的作用。

国家林业局、浙江省委省政府曾先后授予台州市“全国平原绿化先进市”、“全国林业生态建设先进市”、“绿化浙江先进市”等荣誉称号。

1989年，原台州地委、行署提出“1年准备，5年消灭荒山，10年绿化台州”的奋斗目标，10多年来台州的林业建设、绿化事业实现了跨越式发展和第一次腾飞。1994年，全市比规划提前1年完成了宜林荒山的灭荒任务；1997年，沿海6个平原县(市、区)通过省级平原绿化达标验收；2000年，全市全面实现绿化达标，森林覆盖率上升到62.2%。

在“绿”起来的同时，台州林业经济驶上了快车道。10多年来，全市共发展经济林、速生丰产林、笋竹两用林等商品林基地45 000公顷，建起了一批富有地方特

果农喜采仙居蜜梨

玉环文旦丰收

色、面积超万亩的名特优经济林基地群，如玉环的文旦基地、黄岩的杨梅基地、仙居的蜜梨基地等。林产品加工、森林旅游等林业二、三产业日益繁荣，全市涌现出了 3 000 多家林产品加工企业，年产值达 50 亿元。林业产业已经成为拉动台州地方经济发展的一大支柱产业。

10 年绿化，实现了台州林业的第一次腾飞。进入新世纪，台州林业二次腾飞的蓝图已经制定：到“十五”期末，建成 23 万公顷生态林，林业行业年产值达 100 亿元；到 2015 年，基本建成比较完备的林业生态体系和产业体系，实现林业现代化。

台州林业的明天将更加美好。

温岭防护林

天台木珠产品

城镇绿化

华顶森林公园

# 浙江森禾种业股份有限公司

浙江省委副书记周国富(右一)、浙江省副省长章猛进(左一)在公司成立大会上为森禾公司揭牌

浙江森禾种业股份有限公司是浙江种业发展史上的第一家股份制有限公司。公司以浙江林业种苗服务中心为主发起人,联合浙江省物产集团公司、衢县林场、金华县赤松佛手开发有限公司、萧山市新街镇农业技术推广服务站等5家单位组建而成，于2000年6月18日在杭州成立。总股本3 650万股。公司被浙江省人民政府命名为“省级骨干农业龙头企业”,是浙江省农业企业中惟一的高新技术企业、杭州市AAA级信用企业和商业承兑汇票再贴现试点企业。

公司集研究开发、规模生产、应用示范和高效营销于一体,以花卉和林木种苗的生产经营为主业,依托高新技术,坚持技术创新,积极开发优质高效的高品种和新技术,致力于我国种子种苗业的产业化发展。

目前,公司正式员工165人,大专以上人员占员工总数的75%。公司在杭州、上虞、金华和衢县下设4个分公司和虹越、金禾酒业两个子公司,以及研发、营销、园林3个中心。其中杭州、金

国家林业局副局长李育材(左一)在公司董事长郑勇平(中)的陪同下,参观杭州分公司花卉生产基地

公司现代化、规模化的仙客来生产基地

项目50多个，其中省部级以上成果25项。据专家评议，公司在花卉及木本植物育种和品种产业化方面达到国内领先水平；在花卉产品的工厂化、规模化生产技术方面达到国际先进水平。同时，公司还创办了国内同行业一流的“中国绿色产业网”，利用互联网技术提供专业化服务，为全省乃至全国的种苗从业单位建立了一个高效便利的信息和贸易平台。

面对加入WTO后我国农业即将面临的严峻挑战，公司将抓住我国农业产业化的有利时机，引进一流的人才，采用一流的技术，开发一流的产品，创造一流的业绩，争取早日成为国内花卉和林木种苗方面的名牌企业，并能够与国际一流的花卉、种苗公司相抗衡。

华分公司是“全国花卉示范基地”，衢县分公司是“国家级名特优经济林良种繁育中心”和“全国林木良种建设十大标兵单位”。

公司拥有206.7公顷花卉和林木种苗生产基地，具有园林绿化工程施工二级资质和花卉、林木种苗自营进出口权，生产销售花卉、佛手、景观绿化和名特优新经济林种苗及其成品等4大类100多种产品。公司先后自主或联合开发科技

蟹爪兰现代化、规模化生产基地

森楠系列苗木生产基地

佛手盆景

# 山西省林业建设先进单位——太行山森林经营局

局党委书记、局长　张芝庆

始建于 1950 年的山西省太行山森林经营局位于省东部太行山脉中段，经营面积 6.38 万公顷，涉及晋中市和顺、左权、榆社 3 县，局址在和顺县城。全局现有 7 个林场及木材转运站、林产品经销站、纤维板厂、设计队、种苗站等 12 个单位及苗圃、化工厂、林产品经销公司等多种经营单位，有职工 720 人。1998 年山西省在全国率先实施天然林资源保护工程以来，太行山森林经营局在改革中求生存，在改革中求发展。一是实施完成了局场两级机构改革。全局管理人员由原来的 118 人精简为 69 人，分流人员全部妥善安置。二是对造林工程实行报账制和职工承包的办法，出台了《关于在全局推行职工造林的实施意见》，造林质量得到显著提高。三是走出山门，开源创收。局领导率领机关全体职工走出去承揽社会绿化工程，先后完成了和顺县云龙山、西大街、水泥厂、电业局、第一建筑公司等 10 多处绿化工程，总收入达到 100 多万元。在此期间，还为职工建成了 5 000 平方米的职工宿舍楼、种苗站办公大楼和一个林场的办公大楼。1999~2000 年连续两年被评为“山西省林业建设先进单位”。

林区秋景

# 华中腹地绿色明珠——湖北省神农架国家级自然保护区

团结、务实的保护区领导班子：左四为管理局副局长朱兆泉；左五为管理局书记、局长谢登峰；图中为林区党委书记谢继伦；右四为管理局党委副书记、副局长钟然　　摄　影：黎国华

作为湖北最早的森林和野生动物类型的国家级和目前惟一的生物圈保护区，神农架自然保护区以其较完整的森林生态系统、丰富的生物多样性在国内外具有重要的地位。

从 1983 年始建至今，保护区已建立了较完善的资源保护组织和管理体系，生物资源得到了有效保护，生态环境进一步优化；围绕本底的科学研究年年取得成果；各项基础设施和设备建设持续推进，全局职工工作和生活条件不断得到改善；致力于走生态旅游景区品牌战略，生态旅游正以其强劲的活力显示出蓬勃发展的态势。由于神农架保护区卓有成效的工作，先后受到国家和湖北省的多项嘉奖。2000 年获得国家林业局、国家环保总局、农业部、国土资源部等四部局联合授予的“全国自然保护区管理先进集体”等荣誉称号。

撰　稿：叶春元

神农架保护区　　摄　影：黎国华

神农顶景观　　摄　影：银道禄

# 全国营造林工作先进单位——湖北省潜江市林业局

潜江市地处江汉平原腹地，素有“水乡园林”之称。市林业局下辖14个乡镇(处)林站、1个分局、7个国有林场。全市现有立木蓄积98.96万立方米，森林覆盖率达到15.4%。1995年潜江市被评为“全国造林绿化百佳县(市)”。近年来，通过实行林业分类经营改革，逐年推行股份合作造林、买断经营及一个轮伐期承包造林等多种营林体制，大力发展以“中潜3号”杨为主短周期工业原料林基地和优质水果基地，营林管理水平、林业科技水平和产业化程度不断提高。

2000年，潜江市林业局被国家林业局和湖北省林业局评为“营造林工作先进单位”，同时连续两年被湖北省林业局评为“红旗林业局”、“十佳林业科技单位”。

潜江市林业局党委班子研究“十五”期间潜江林业建设规划，中间为林业局党委书记、局长程书俊

潜江市万亩速生意杨基地在干旱的情况下仍然茁壮成长

# 全国营造林工作先进单位——湖北省建始县林业局

建始县位于湖北省恩施自治州东北部，是一个“八山半水分半田”的贫困山区县。全县土地面积26.7万公顷，林业用地面积17.1万公顷，有林地面积12.8万公顷，森林活立木蓄积424万立方米，森林覆盖率69.2%。

1958年，建始引种落叶松并获得成功，已建成中国南方最大的日本落叶松种苗基地，累计发展日本落叶松速生丰产林1.67万公顷。“八五”以来，建始县以长防工程、世行贷款造林等工程为契机，不间断地开展大规模植树造林，一个以日本落叶松、杉木为主的2.67万公顷速生丰产林基地，以“三木”、林果为主的2.67万公顷高效经济林基地初具规模。10年来全县有林地面积增加88.4%，活立木蓄积量增加289万立方米，森林覆盖率提升39个百分点，林业产值翻五番，林木后备值增加3.6亿元。连续10年被评为湖北省林业工作先进县，1999年被评为全国造林绿化百佳县(市)，2000年县林业局被评为全国营造林工作先进单位。

撰　稿：黄庭文　向远清

摄　影：向远清　向友荣

长岭岗10万亩日本落叶松基地

12年生日本落叶松速生丰产林一角，平均树高13米，平均胸径14厘米

海拔1700米高山针阔混交林

# 全国营造林工作先进单位——湖南省郴州市

郴州市现有土地总面积193.86万公顷，其中山地面积132.68万公顷，占68.44%，是湖南省重点林区之一。"九五"期间，全市林业工作取得了巨大成绩。突出表现在：一是造林绿化成效明显。5年间，完成人工造林、迹地更新4.42万公顷，完成油茶、楠竹、用材林低改18.47万公顷，中幼林抚育14.2万公顷次，新增封山育林11.11万公顷。涌现全国造林绿化百佳县3个、百佳乡镇2个，省级园林式单位46个，市级园林式单位124个。1997年6月提前一年半实现全面绿化。2000年被国家林业局授予"全国营造林工作先进单位"称号。二是森林资源全面增长。据统计至2000年底，森林覆盖率由"八五"期末的57.5%提高到61.4%，森林蓄积量由2 804万立方米增长到3 600万立方米，森林面积由96.13万公顷增长到102.4万公顷。三是高效林业初见成效。全市已建成速生用材林基地10.16万公顷，其中大径材基地3.4万公顷；工业原料材基地4.52万公顷；林果、林约和特种经济林基地1.21万公顷。四是林业产业稳步发展。全市现有18家系统内森工企业，18个国有林场和2个国家森林公园。以森工企业和国有林场为龙头，初步形成了造林营林、木竹加工、林化造纸、建材、绿色食品、花卉盆景、森林旅游、多种经营等多门类的产业体系。林产品加工能力大大提高，形成了年产中密度纤维板、竹胶板、细木工板、刨花板共7.4万立方米，竹木复合地板40万平方米，纸浆3万吨，松香1万吨的综合加工生产线。

郴州市城区一隅

莽山国家森林公园风光

雷家洞采育场杉木林基地

莽山林场原始次生林

资兴市烟坪银杉群落

郴州林业跨世纪发展目标是实现两个“65”，即到 2010 年森林覆盖率达 65%，到 2025 年森林蓄积量达 6 500 万立方米。“十五”期间，重点抓好自然保护区、农田防护林、水土保持与水源涵养林、四旁绿化和天然阔叶林等生态公益林工程建设和商品林基地、林产工业、市场销售网络和森林旅游等林业产业建设，着力培育五大商品材基地，即大径级速生丰产用材林和工业原料林基地各 20 万公顷，楠竹基地 10 万公顷，优质林果基地 3.33 万公顷，林油基地 13.3 万公顷，林药和特种林基地 0.7 万公顷。改造四大加工线即楠竹笋加工线、马尾松脱脂材加工线、杉木改性材加工线、松脂松香和茶油加工线，使林业总产值到 2010 年达 34.3 亿元。

莽山烙铁头蛇(一级保护动物)

汝城县热水楠竹基地

# 全国林业科技推广先进单位——湖南省林业科技推广总站

湖南省林业科技推广总站受省林业厅委托，负责全省林业科技推广、林业科技成果转化、林业科技示范体系建设和科技宣传培训工作。自 1986 年省林业科技推广总站成立以来，在省林业厅的正确领导下，为指导全省林业科技推广体系建设和林业科技成果推广做了大量的工作，取得了较大的成绩。到 2000 年，全省共建立县级以上林业科技推广站 102 个，乡镇林业科技推广站 1 820 个；建立了国家级林业科技示范县 3 个、省级林业科技示范县 10 个、林业科技示范乡 99 个、示范村 365 个、示范户 2 427 个；举办各级各类林业技术培训班 2 000 多期，培训各类人员 10 多万人次；"九五"期间，承担国家、省级重点项目 99 项，推广名特优新良种(优良种源、家系、无性系)90 多个，营建试验示范林 1.07 万多公顷；推广新技术、新成果 200 多项次，开发新产品 6 个；全省累计推广 ABT 生根粉和绿色植物生长调节剂 GGR100 多千克，推广使用面积 6.67 多万公顷；全省林业科技成果推广应用率达到 35%。1994 年，省林业科技推广总站被林业部授予全国林业科技推广先进集体称号，1998 年被国家林业局评为全国林业科技推广先进单位。

奖状

湖南省林业科技推广总站

你单位在林业科技成果推广工作中取得了突出成绩，授予"全国林业技术推广先进集体"称号。

中华人民共和国林业部

一九九四年十二月

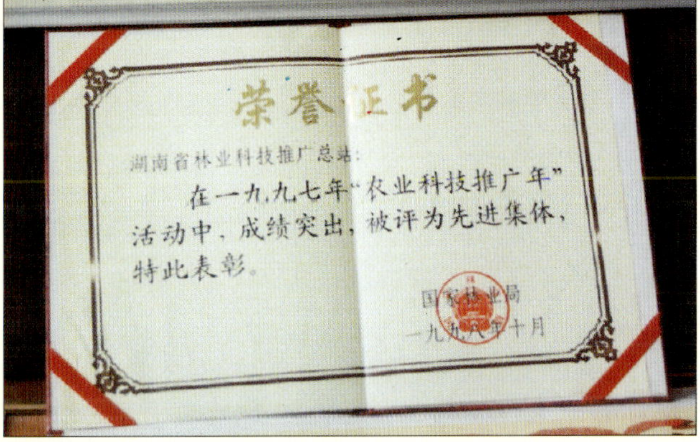
荣誉证书

湖南省林业科技推广总站：

在一九九七年"农业科技推广年"活动中，成绩突出，被评为先进集体，特此表彰。

国家林业局

一九九七年十月

"九五"以来，利用各种条件每年举办各级各类林业技术培训班约 200 期，每年培技术人员上万人次

1988 年以来，共选出耐寒桉树优株 331 株，其中已转化为无性系的 34 号、18 号、2 号已经-7.9℃低温考验无冻害症状，生长高峰期每天长高 3 厘米，年生长量每公顷 45 立方米。图为赤桉耐寒无性系 34 号在道县造林 4.5 个月林相

由绥宁县承担的林业部1995年毛竹低产林改造技术，经5年实施，每公顷立竹由1 500株增加到3 741株，每公顷度产竹材由7 500千克增加到23 445千克，每公顷度产值由2 250元提高到19 557元，辐射推广面积15万公顷。图为楠竹低产林改造新技术推广示范区竹林

自70年代以来，湖南省大力推广应用杨树新品种优良无性系欧美杨、南抗杨、中汉杨系列10多个品种，营造农田林网、防浪林、工业用材林、四旁林4万多公顷，8年生杨树平均胸径24厘米，平均高17米。图为在洞庭湖推广的中汉杨树

大力引进、积极推广应用新技术新成果ABT生根粉和绿色植物生长调节剂GGR，自1988年以来，推广面积不断扩大，使用量不断增加，已累计推广使用100多千克。图为应用绿色植物生长调节剂GGR的马尾松切根育苗

自70年代以来，湖南省已选育符合国家标准的油茶优良无性系100多个，油茶产油量试验示范林已由过去的每公顷45~75千克增加到450千克，衡东2号、39号等5个无性系每公顷产油均突破1 500千克。图为汨罗市推广的油茶优良无性系高接换冠3年结果状况

# 全国森林病虫害防治检疫先进单位——湖南省森林病虫害防治检疫站

葛汉栋厅长与专家一起参加省级无检疫对象种苗基地检查验收

湖南省森林病虫害防治检疫站成立于1981年，担负着全省森林病虫害监测与防治、森林植物检疫的组织和管理工作。在国家林业局和湖南省林业厅党组的正确领导下，全省建立了以森林病虫害防治检疫站、防治服务网络、检疫网络和测报网络为主体的“一站三网”森防检疫体系，至2000年底，全省建立健全了森林病虫害防治检疫机构站127个、20个国家级中心测报站、5个国家标准站、9个国家级无检疫对象苗圃、34个省级无检疫对象种苗繁育基地、14省级中心测报站、3个生物药厂、5个林用机场、1个森林植物检疫检查站，并购置了1架小型飞机，全省年森林病虫害控灾能力达20万

省森防站陈良昌站长陪同国家林业局有关人员检查森防工作

国家级标准站——长沙县森林病虫防治检疫站

全国森林病虫害防治检疫

先 进 站

国家林业局

2000年

证 书

湖南省 森林病虫害防治检疫站

你单位在森林病虫害防治工作中成绩显著，特授予全国森林病虫害防治检疫先进站称号。

国家林业局

2000年六月十四日

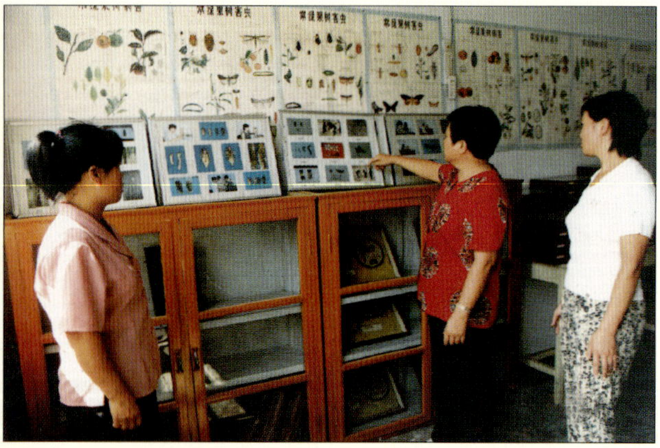

公顷。率先在全国开展了森林病虫害目标管理、森林病虫害工程综合治理、无检疫对象种苗繁育基地创建和应用生物农药大面积控制病虫灾害工作。开展了马尾松毛虫、竹蝗、竹广肩小蜂、杨树天牛、毛竹枯梢病、松针褐斑病等主要病虫害的监测预报和控制技术研究，完成科研和推广项目 15 项，并以省站为龙头制定和推广应用新技术标准达 15 项，获省级以上科技成果奖 10 项，科学贡献率达 50%，全面推动了全省森防事业的不断发展。2000 年被评为全国森林病虫害防治检疫先进单位，森防站党支部被评为湖南省厅直林业系统先进党支部。

飞机喷洒生物农药防治马尾松毛虫

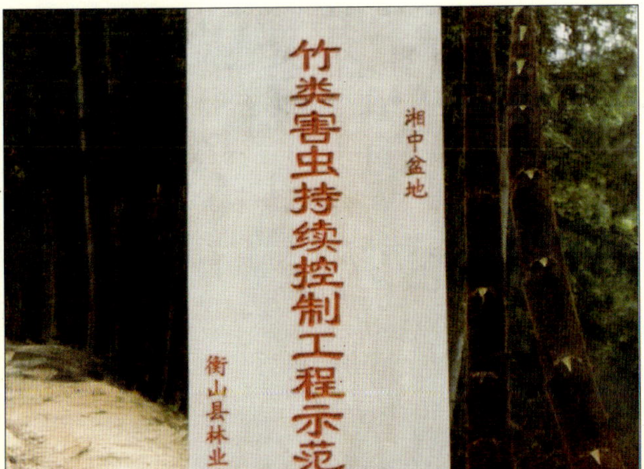


湘中盆地竹类害虫工程治理区

赵爱群副厅长与专家参加工程鉴定会

用于病虫防治和监测的轻型飞机 650C

在火车站宣传《湖南省植物检疫实施办法》

# 全国造林绿化百佳县——云南省官渡区

官渡区地处昆明近郊，环绕昆明市东、南、北三面，西南濒临高源明珠滇池，属城郊兼容区。全区面积102 968公顷，其中林业用地面积53 582公顷，有林地面积42 992公顷；2000年全区森林覆盖率48%，活立木蓄积量128万立方米，绿化覆盖率32.7%，人均占有公共绿地13平方米。区内森林主要分布在昆明近郊城市面山和松花坝、宝象河水库水源区，是昆明市重要的绿色生态屏障。

多年来，官渡区的林业生态环境建设，受到区委、区政府和区林业部门的高度重视，先后提出了“八五”末期消灭宜林荒山和“九五”绿化官渡大地的奋斗目标，工作中一直坚持领导干部任期绿化目标责任制和行政首长负责制，采取行政和经济措施扶持林业发展。1995年，官渡区在昆明市率先实现灭荒达标，同年被全国绿化委员会评为全国造林绿化百佳县；灭荒后，林业工作重点从大规模荒山造林向以提高林分质量为主的低产林分改造、补植补造和森林管护转移，“九五”期间，区财政共投入933万元，省、市投入213万元，共完成工程造林2 300多公顷，补植补造1 300多公顷，幼林抚育700多公顷，封山育林3 400多公顷，育苗25.7公顷，2000年实现了“九五”绿化官渡大地的奋斗目标。

林业局党支部书记　陈昆华

摄 影：孙 平

林业局局长　牛存荣

1992年组建了官渡区森林经济民警中队，编制72人，负责全区森林保护，在保护全区森林资源中发挥了重要作用

松华坝水源保护区经多年的造林绿化和森林保护，森林覆盖率达64%

官渡区大力推广营养袋苗——华山松“双月苗”工程造林，新造幼树长势良好

# 全国绿化先进集体——云南省腾冲县

腾冲历届县委、政府都高度重视林业建设，以现代林业思想为指导，抓住国家生态环境建设，实施西部大开发和云南绿色经济强省建设的机遇，狠抓森林资源培育基础工作。采取加大宣传力度，调动全社会造林绿化的积极性；实行造林绿化目标管理，层层签订造林绿化责任制；激活营林投资机制，加大资金投入；严把营林质量关，做到造林计划早安排、造林地块早规划、造林思想早动员、造林苗木早准备、造林资金早筹措，注重造管封并举，确保了造林成活率、保存率的不断提高。"九五"期间共完成人工造林 1.55 万公顷，四旁义务植树 934.12 万株，工程封山育林 2.27 万公顷，城市绿化率达 65%，有林地覆盖率从 1994 年的 45.4%提高到 47.76%，活立木蓄积从 3 613.7 万立方米，增加到 4 051.25 万立方米，活立木生长量从 115.7 万立方米，提高到 184.14 万立方米，林业社会总产值从 1.2 亿元，增加到 3.58 亿元，达到了"山青水秀、林茂粮丰"，富民、富县、富行业的目的。1996 年腾冲县被全国绿化委员会、林业部授予"造林绿化百佳县"荣誉称号，2000 年被国家林业局确定为"经济林建设示范县"，2001 年 4 月，腾冲县人民政府被全国绿化委员会、国家人事部、国家林业局授予"全国绿化先进集体"光荣称号。

撰　稿：腾冲县林业局

中共保山市委常委、腾冲县委书记沈培平审定《腾冲县林业"十五"发展计划和 2015 年长期发展规划》

图片提供：腾冲县林业局

县长王彩春在全县森林防火工作会议上作讲话

图片提供：腾冲县林业局

团结务实、勇于开拓进取的腾冲县林业局党政班子（前排左起：党委书记杨如梅，党委副书记、局长朱耀春，纪委书记左国萍；后排左起：副局长番仁杰，副局长车运舒，副局长蒋顺福，党委副书记李国清）

图片提供：腾冲县林业局

腾冲县森林面积最大的古永林场场部　摄　影：王根才

古永林场狼牙山林区的原始森林——铁杉林　摄影：王根才

# 全国森林防火先进单位——新疆维吾尔自治区护林防火办公室

林业局书记李湘林和局长买买提·阿不都拉研究护林防火工作

新疆维吾尔自治区护林防火办公室在自治区护林防火指挥部和自治区林业局的领导下，扎实开展预防、扑救森林火灾工作，取得了显著成绩。经过多年努力，在全疆逐步建立了林火监测预警系统、有线无线通讯系统、防火阻隔系统等，组建了专业、半专业护林防火队伍，人员达 3 000 多人。森林火灾的预防和扑救能力明显提高。近 10 年，火灾受害率控制在 0.5/1 000 以下，“九五”期间火灾发生次数比“八五”期间下降了 46.7%，为保护新疆森林安全作出了贡献，多次获得国家林业局和自治区的表彰，1999 年荣获全国森林防火先进单位称号。

副局长穆汉(右一)到林区检查工作

护林办副主任贾尔肯(右一)下基层检查工作

护林办工作人员分析火情

护林办工作人员商讨护林防火工作

护林防火队伍

防火演练

# 前进中的新疆维吾尔自治区林木种苗管理总站

新疆林木种苗管理总站现有在职职工 22 人，其中具有高级职称 5 名，中级职称 9 名。

经过多年的努力，在全疆范围内已组织建立各类育苗基地 8 667 公顷，良种基地 1 100 公顷，其中部省联建良种基地 428.6 公顷，已建采种基地 7 733.3 公顷，建立品种汇集圃 53.3 公顷，汇集核桃、巴旦、杨树、榆树、云杉、落叶松等 16 个主要造林树种优树 1 300 株，选育出 38 个新品种。取得了 44 项科研成果，15 项成果获原林业部和自治区科技进步奖，10 项成果获地州科技奖。5 处部省合建良种基地可年产良种 50 吨，良种穗条 2 000 万根，良种苗木 500 万株，每年组织全疆生产造林用成品壮苗 2.5 亿株，为新疆造林绿化事业做出了贡献。

种苗总站领导班子：左起分别为站长樊新民、副站长佟俐、副站长崔卫东

种苗总站全体职工积极参加各项文体活动

种苗总站检验人员正在认真检验林木种子质量

新疆的山区林场苗圃

新疆的榆树子代测定林

种苗总站园林开发服务中心绿化工程

种苗总站园林开发服务中心绿化工程

# 新疆维吾尔自治区绿化先进单位——富蕴林场

富蕴林场位于新疆阿勒泰山脉东南部，成立于 1952 年，现有职工 429 人，拥有固定资产 650 万元，森林面积达 60 万公顷。建场以来，生产木材约 76 万立方米，为国家上交利税 2 000 多万元。更新造林近 1 300 公顷。

随着天然林保护工程的启动实施，林场积极开拓新的经济增长点，大力发展旅游业、养殖业、中心育苗等，为富蕴林场今后的发展奠定了良好的经济基础。

富蕴林场于 1999 年被命名为自治区二级企业，同年被评为自治区级文明单位，2000 年 5 月被伊犁州评为“民族团结先进单位”，2001 年 6 月荣获“自治区绿化先进单位”称号。

富蕴林场领导班子：左起分别为：副场长努尔兰、副场长汪佐龙、上任场长李杰程、党委书记热合买都拉、纪检书记于斌华、现任场长牛建新、党委书记徐福军

富蕴林场综合楼

富蕴林场职工住宅小区